中国交通运输改革开放30年

地方卷

中华人民共和国交通运输部
《中国交通运输改革开放30年》丛书编委会 编

人民交通出版社
China Communications Press

1 2 3

1. 建成后的广安大街

2. 广安大街原貌

3. 喇碾路改造后的新貌

1. 绿海蓝天外环线
2. 天津港全貌

1
2
3

1. 保津高速公路顺利通畅

2. 通往赞皇旅游景区的农村客运班车

3. 改革开放前革命老区涉县桑栈村的农村道路

1
2

1. 金光大道富三晋——山西大运高速公路侯马至运城段

2. 大同至运城高速公路祁县至临汾段灵石石村沟特大桥

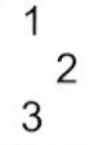

1. 2002年建成的包头黄河公路二桥
2. 农用车行驶在平坦整洁的农村牧区公路上
3. 满洲里至俄罗斯后贝加尔斯克国际旅客运输

1
2
3

1. 滨海公路
2. 繁忙的大连老港区
3. 沈大高速公路

1
2

1. 陶赖昭松花江特大桥

2. 吉林通化市乡村水泥路建设现场

1
2

1. 2006年建成的绥满公路

2. 2006年建成的庆安农村公路

1
2
3

1. 洋山深水港

2. 洋山旧貌

3. 2001年12月大型海事巡视船“海巡21”轮入役

1
2 3 4 5

1. 苏通大桥创造了最大主跨、最深塔基、最高桥塔、最长拉索四项桥梁“世界纪录”，被誉为中国由桥梁大国向桥梁强国转变的标志性工程
2. 和谐号
3. 生态环保的宁常高速公路
4. 繁忙的连云港港
5. 南京禄口国际机场

1
2
3 4

1. 杭州湾跨海大桥

2. 曾经繁忙的浮桥

3. 杭徽高速公路

4. 杭新景高速千岛湖支线金竹牌大桥

1
2 5
3
4

1. 2. 3. 4. 村路巨变——安徽农村基本实现了乡乡通油路或水泥路，村村晴雨通车

5. 通往梦境之路——合铜黄高速公路铜陵段上水互通立交

1
2 3

1. “捷安”客轮首航金门
2. 同三线泉厦高速公路互通立交
3. 福建过去的交通运输设施

1
2
3 4

1. 2. 景婺黄高速公路

3. 江西农村公路新貌

4. 江西农村公路旧貌

1 2
3 4

1. 今天的青岛港
2. 曾经的青岛港
3. 今天的黄河大桥
4. 曾经的黄河大桥

1
2
3 4

1. 2007年12月建成的河南省郑州至石人山高速公路
2. 2006年11月建成的大广高速公路濮阳至安阳段
3. 2006年11月28日,大广高速公路开封黄河大桥建成通车
4. 河南京珠高速与连霍高速立交桥

1
2

1. 汉十高速部营互通
2. 神宜公路

1
2
3

1. 2007年11月10日建成通车的湖南省邵怀高速公路雪峰山隧道

2. 1978年前位于湖南省怀化市境内的公路垭口——书箱乐垭口

3. 长沙霞凝新港港区一角

1
2 3

1. 1997年7月1日香港回归之日通车的广东虎门大桥

2. 广东西翼的交通大动脉——广东开（平）阳（江）高速公路

3. 广东省“黄金水道”——沟通西江、北江和珠江三角洲的重要经济航道

1
2

1. 2005年12月底广西建成的“南疆国门第一路”——南宁至友谊关高速公路
2. 凤山县盘山公路

1
2 3
4

1. 依山傍海景色迷人的海南高速公路
2. 海汽快车开进黎苗村寨
3. 环海南岛国际公路自行车赛在海南举行
4. 寸草不生的洋浦如今成为我国第四个保税港区

1
2
3
4

1. 通往四川成都的歌乐山盘山公路
2. 西南地区第一条高速公路——成渝高速重庆段西环立交
3. 1997年12月，建成的江津长江大桥，结束了“走遍天下路，难过江津渡”的历史
4. 改革开放前，长江江津段没有大桥，交通极不方便，人、车只能依靠渡船通过

1 2
3

1. 1994年4月建成的通往邓小平家乡的公路
2. 成渝高速公路鸟瞰
3. 成渝高速——1995年9月21日建成通车，是四川和西南地区第一条高速公路，也是国内第一条建设在山岭重丘地区的高速公路

1
2 3

1. 关岭至兴义高等级公路北盘江特大桥

2. 美丽和谐的新农村画卷

3. 贵新公路大良田立交

1. 水麻高速公路——如此大转角的螺旋曲线和桥、隧相连，在全国高速公路建设中尚属首例，在世界高速公路史上也极为罕见
2. 昭通至待补高速公路是国道主干线二连浩特至河口公路在云南境内的重要路段

1. 中尼公路曲大段

2. 拉贡机场拉萨河特大桥

1
2 3

1. 包茂高速榆靖沙漠段的无定河特大桥

2. 包茂高速西柞段秦岭终南山隧道

3. 原210国道柴草路遗址

1
2
3

1. 2002年10月建成通车的京藏高速公路——甘肃省兰州至白银段

2. 2002年10月建成通车的连霍国道主干线——甘肃省古浪至永昌高速公路

3. 2004年11月建成通车的京藏高速公路——甘肃省兰州至西宁段

1
2
3 4
5

1. 古城西宁新貌
2. 21世纪通向牧区的公路
3. 20世纪70年代通向牧区的公路
4. 21世纪养路工人居住的工区（道班）
5. 20世纪70年代养路工人居住的道班

1
2

1. 姚叶高速公路银川立交桥

2. 2001年9月28日建成的古（窑子）王（圈梁）高速公路

1. 新疆和田至阿拉尔沙漠公路一段
2. 天池旅游公路
3. 新疆阿勒泰哈巴河县白哈巴村通往牧区的公路
4. 博格达峰下的乌—奎高速路

1
2
3
4

1. 2004年建成的哈皮公路
2. 2006年10月建成的兵团农十三师黄田农场通营公路
3. 2004年6月建成的兵团农八师143团通连公路候车亭
4. 2006年建成的兵团农二师33团杏塔(通营)公路

1. 大连滨海公路金州段金州湾大桥
2. 大窑湾疏港高速公路互通立交桥

1 3 2 4

1. 即平高速建成，通车里程突破700公里，标志着青岛五市三区高速公路互通和“一小时经济圈”建成
2. 现在的204国道
3. 1998年拓宽改造后的省道薛管路铁山段
4. 拓宽改造前的省道薛管路铁山段

1
2 3
4

1. 2008年5月1日杭州湾跨海大桥建成通车是迄今世界上已建和在建的最长跨海大桥
2. 1996年12月建成通车的沪杭甬高速公路宁波段为双向四车道
3. 2007年11月沪杭甬高速公路宁波段由双向四车道拓宽为双向八车道
4. 改革开放以来，宁波海运总公司船舶呈现大、特、新、优协调发展的局面

1
2
3
4

1. 2008年建成通车的双向8车道集美大桥
2. 1999年建成通车的双向6车道海沧大桥
3. 厦门环岛路
4. 旧环岛路

1 2
3

1. 2007年6月26日开通后的深港西部通道大桥

2. 2002年9月4日深圳蛇口招商港务客运码头

3. 2002年7月20日深圳黄田机场航空物流装卸情景

1

1. 西部沿海高速公路磨刀门特大桥

《中国交通运输改革开放30年》丛书

地　方　卷

我国公路水路交通改革发展30年的实践与经验

交通运输部部长　李盛霖

党的十一届三中全会开启了中国改革开放的历史新时期，启动了我国从高度集中和封闭、半封闭状态，到全面改革和全方位开放的伟大历史转折。30年来，在中国特色社会主义伟大旗帜指引下，在党中央、国务院的正确领导下，公路水路交通抓住机遇，深化改革，扩大开放，奋力拼搏，着力发展运输生产力，取得了举世瞩目的发展成就，为经济社会发展和提高人民生活水平提供了交通运输的有力保障。

一、30年交通改革开放的历史进程

在改革开放的春风吹拂下，以党的十一届三中全会到党的十四大召开、党的十四大到党的十六大以及党的十六大以来三个重要发展阶段为标志，全国交通行业勇立改革开放潮头，以思想大解放推动事业大发展，走出了一条中国特色的公路水路交通改革开放和创新发展之路。

——积极探索，放宽搞活（从1978年党的十一届三中全会到1992年党的十四大前）

这一时期，我国公路水路交通基础设施建设严重滞后、运输装备水平落后、运输保障能力不强，成为制约经济社会发展的瓶颈。为扭转被动局面，交通行业解放思想，开拓进取，在放开搞活交通运输市场、探索社会化筹融资机制、制定前瞻性交通发展规划等方面，作了一系列开创性、基础性的探索。

一是率先创办对外开放的“窗口”——蛇口工业区。中国的对外开放是从创办经济特区开始的。1979年2月，经国务院批准，由交通部驻港企业——招商局在深圳创办蛇口工业区，按照国际惯例招商引资，发展出口加工业。交通部门率先创办对外开放的工业区，使蛇口工业区在全国改革开放的棋盘上先行一步，成为全国改革开放浓墨重彩的起笔。从这里，中国向世界敞开了博大的胸怀，最终形成了全方位对外开放的新格局。

二是放宽搞活交通运输的市场。公路水路交通的市场化取向是贯穿交通改革开放30年的一条主线。改革开放初期的放宽搞活打开了市场化改革的大门，打破了所有制单一、封闭的交通运输经济格局。1983年，交通部提出“有河大家走船、有路大家走车”；1985年，又提出“各部门、各行业、各地区一起干，国营、集体、个人以及各种运输工具一起上”。自此，我国公路水路交通运输业突破所有制的束缚，掀起了社会办交通的热潮，集体、个体和中外合资运输业户纷纷涌入交通行业，对缓解交通运输紧张状况起到了重要作用。

三是探索推进交通筹融资的社会化。1984年12月，国务院作出对中国公路交通发展具有历史意义的三项重大决定，即：提高养路费征收标准；开征车辆购置附加费；允许贷款或集资修建的高等级公路和大型桥梁隧道收取车辆通行费（即“贷款修路、收费还贷”政策），使中国公路建设有了稳定的资金来源和加快发展的政策环境。国务院还决定动用粮棉布和低档工业品，用以工代赈方式帮助贫困地区修建公路、整治航道。同时，积极引进外资参与交通基础设施建设，逐步形成了“国家投资、地方筹资、社会融资、引进外资”的多元化交通投融资格局。

四是推进政府职能的转变。针对交通管理体制政企不分、重企轻政等问题，1984年，交通部提出以“转、分、放”和“实现两个转变”为主要内容的改革思路。“转”就是交通部门要从生产业务型转到行政管理型，发挥政府职能部门的作用；“分”就是要实行政企分开，简政放权；“放”，就是把应该下放的企业放到中心城市，同时放权给企业，使企业有更多的活力，成为按经济规律运行的经济实体。“两个转变”就是各级交通管理部门从主要抓直属企业转变到面向整个交通运输行业，加强行业管理和指导；从直接抓企业的具体生产经营活动转变到抓好行政管理。根据交通部门履行职能的需要，全国建立了五级交通行政管理机构，并对沿海港口体制、海洋运输体制、内河航运体制、公路运输体制、航务航道体制、交通企业经营机制等进行了全面改革。

五是增强交通发展的前瞻性和系统性。把交通发展规划和战略研究放在谋划交通长远发展的重要位置，抓紧制定交通发展战略、发展规划，取得重大进展。1981年划定国家干线公路网，1987年制定了《2000年水运、公路交通科技、经济和社会发展规划大纲》，1989、1990年提出用几个五年计划的时间建设公路主骨架、水运主通道、港站主枢纽和交通支持保障系统（即“三主一支持”）的战略构想。这些规划和战略构想，为加快交通发展指明了目标和途径。

——求实奋进，深化改革（从1992年党的十四大到2002年党的十六大）

邓小平同志南方谈话回答了困扰和束缚人们思想的许多重大认识问题，掀起了新一轮思想解放运动；党的十四大明确提出我国经济体制改革的目标是建立社会主义市场经济体制。这一时期，我国公路水路交通行业提出了推进交通运输市场建设，加快国有企业改革，加大对外开放力度，加大交通基础设施建设等重大政策措施，并取得了突破性进展。

一是积极培育和发展适应社会主义市场经济体制的交通运输和建设市场。1992年，交通部发布《关于深化改革、扩大开放、加快交通发展的若干意见》，进一步加大交通运输改革开放力度；1995年，交通部制定实施了《关于加快培育和发展道路运输市场的若干意见》，健全运输法规，规范市场行为，鼓励经营者自主经营、平等竞争、协调发展，加快建立全国统一、开放、竞争、有序的道路运输市场体系。1996年交通部发出《关于进一步加强水运市场管理的通知》，开展全国范围的水运市场调查，推进水运市场的培育和完善。

二是加大实施战略规划的力度。抓住难得的历史机遇，实现了我国公路水路基础设施的飞速发展。1993年召开全国公路建设工作会议，提出了加快公路建设步伐的目标任务和政策措施。1995、1998年两次召开全国内河航运建设会议，极大地推动了内河航运基础设施建设。1998年，为应对亚洲金融危机，国家实施积极财政政策，交通行业乘势而上，通过组织实施公路建设“五纵七横”、“两纵两横三个重要路段”和水运建设“一纵两横两网”发展战略，全面推进公路网、航道网、港口群建设，高速公路快速发展，专业化深水码头泊位迅速增加，显著改变了我国交通基础设施的落后面貌。

三是深化交通行政管理体制改革。从战略上调整交通行业国有企业布局，推动国有交通大中型骨干企业建立现代企业制度，完成了交通国有企业改革攻坚战。1998年，交通部与直属企业全面脱钩。积极推动全国水上安全监管体制改革，实行“一水一监、一港一监”

的管理体制。深化港口管理体制改革，将原由交通部管理的港口和双重领导港口全部交由地方管理；港口行政管理和装卸作业实行政企分开。积极探索市场经济条件下交通行政管理部门职能定位，建立和完善办事高效、运转协调、行为规范的交通行政管理体系，行业管理提高到一个新水平，有力指导推动了交通运输业的健康发展。

四是提出了交通现代化“三步走”的战略目标。根据十五大提出的到21世纪中叶实现新“三步走”战略，1998年交通部提出实现交通现代化的战略构想：第一阶段，从“瓶颈”制约、全面紧张走向“两个明显”（交通运输的紧张状况有明显缓解、对国民经济的制约状况有明显改善），这个目标到21世纪初实现；第二阶段，从“两个明显”到基本适应，即在总体上交通运输能够适应国民经济和社会发展的需要，这个目标到2020年实现；第三阶段，从基本适应到基本实现现代化，发展水平进入中等发达国家行列，这个目标到21世纪中叶即建国100周年时实现。从现在看，第一步战略已如期实现，第二步战略正付诸实施，我国公路水路交通发展掀开了新的一页。

——与时俱进，科学发展（2002年党的十六大以来）

党的十六大以来，我国公路水路交通围绕全面建设小康社会的战略部署，以科学发展观为指导，积极探索实践交通科学发展之路。

一是牢固树立交通科学发展的新理念。十六大以来，党中央提出了科学发展观、构建社会主义和谐社会、建设社会主义新农村、建设创新型国家等一系列重大战略思想，为交通在新的历史发展阶段实现科学发展指明了方向。交通系统坚持以科学发展观统领交通工作全局，推动交通转入科学发展轨道。从交通是国民经济基础产业和服务性行业的实际出发，明确提出要做好“三个服务”，即：服务国民经济和社会发展全局，服务社会主义新农村建设，服务人民群众安全便捷出行。保证“四个重点”，即从科学发展的理念出发，调整交通投资结构，重点保证纳入国家规划的公路水路重点项目建设、保证农村公路建设、保证交通安全保障工程建设、保证交通科技创新，同时向中西部地区特别是西部地区倾斜、向公益性强的基础项目倾斜。

二是着力推进交通全面协调可持续发展。注重公路水路交通发展的协调性和可持续性。处理好公路与水路的关系，公路、水路内部的关系。积极探索交通可持续发展之路，把资源节约、环境友好作为推进交通增长方式根本转变的重要抓手，落实到交通规划、设计、建设和管理的各个环节，建设资源节约、环境友好型交通行业。努力促进交通发展方式“三个转变”，即交通发展由主要依靠基础设施投资建设拉动向建设、养护、管理和运输服务协调拉动转变；由主要依靠增加物质资源消耗向科技进步、行业创新、从业人员素质提高和资源节约环境友好转变；由主要依靠单一运输方式的发展向综合运输体系发展转变。

三是切实建设服务型政府交通部门。明确提出要做一个负责任的政府部门，推动交通行业成为一个负责任的行业，着力解决交通建设、运输管理、安全监管中直接关系到人民群众切身利益的问题。进一步加快政府交通部门的职能转变，充分认识政府的经济调节、市场监管、社会管理、公共服务职能，强化社会管理和公共服务职能，在服务中实施管理，在管理中体现服务，增强政府交通部门的行政执行力和公信力。通过信息手段，推进政务公开，贯彻《行政许可法》，规范行政权力运行，创新交通公共服务体制，健全完善惠及全民的交通公共服务体系。

四是不断丰富和完善交通战略规划。把制定和完善战略规划摆在突出位置，先后制定并经国务院批准实施了《国家高速公路网规划》、《农村公路建设规划》、《全国沿海港口布局规划》、《全国内河航道与港口布局规划》、《国家水上安全监管和救助系统布局规划》，构成了覆盖国家高速公路、农村公路、沿海港口、内河航道与港口、水上安全监管和人命救助等较为完整的交通长远发展规划体系。先后研究21世纪头二十年公路水路交通发展目标，以及2010年、2020年发展现代交通业的奋斗目标。

二、公路水路交通改革开放取得的重大成就

30年的改革开放，大大地解放和发展了交通运输生产力，交通基础设施建设取得巨大成就，公路水路运输服务能力大大增强，基本适应了国民经济和社会发展的需要。

第一，公路基础设施发展突飞猛进

1978年我国公路通车总里程为89万公里，公路密度9.27公里/百平方公里。到2007年底，我国公路通车总里程达358万公里，公路密度达到37.3公里/百平方公里，均比1978年增长3倍多。总规模约3.5万公里的“五纵七横”国道主干线比原计划进度提前13年基本建成，公路运输大通道主骨架基本形成。

1988年12月我国第一条高速公路——沪嘉高速公路建成通车，结束了我国大陆没有高速公路的历史。20年来高速公路从无到有，快速发展，平均每年建成通车近2 800多公里，相当于韩国（2 968公里）高速公路总里程，2007年建成通车里程（8 574公里）超过日本现有高速公路总里程（7 400公里），创造了世界高速公路发展史上的奇迹。到2007年底，全国高速公路已达到5.39万公里，仅次于美国（7.5万公里），位居世界第二，第三位的澳大利亚为1.8万公里。高速公路在提高运输能力，降低运输成本，增强运输安全性，节约国土资源，改善投资环境，优化产业布局，提高国家经济的机动性，增强国家竞争力，保障国防安全等方面，发挥着越来越重要的作用，已成为我国经济社会发展不可或缺的重要基础设施。

农村公路建设成为社会主义新农村建设的开路先锋。30年来，新改建农村沥青（水泥）路255万公里，是改革开放前的4倍多。目前农村公路总里程达313万公里，全国乡镇、建制村通公路率分别达到99%和88.2%，不通公路的乡镇由1978年的5 018个减少到目前的404个，不通公路的建制村由1978年的213 138个减少到目前的77 334个；客车通达率分别达到98%和81%。农村公路和交通的发展，彻底改变了农村交通长期落后的局面，为统筹城乡协调发展提供了有力支撑。

桥梁隧道建设达到国际先进水平。到2007年底，我国共有公路桥梁57万座，2 319万延米，而1978年仅有12.8万座，328万延米；公路隧道4 673处，256万延米，而1979年仅有374处，5万延米。近年来，先后建成了润扬长江大桥、南京长江三桥、东海大桥、杭州湾跨海大桥、苏通长江大桥等一批施工难度大、科技含量高的世界级大跨度公路桥梁、长大隧道。其中杭州湾跨海大桥全长36公里，是世界上最长的跨海大桥；苏通长江大桥的主跨跨径、主塔高度、斜拉索长度和群桩基础规模创造了四项世界之最。

第二，道路运输能力大幅度提升

改革开放以来，道路运输装备的现代化水平迅速提高，运力向大型化、专业化方向发展。到2007年底，全国民用汽车发展到4 358.4万辆（1978年仅为135.8万辆）；其中公路营运汽车发展到849.2万辆，中高档客车比例已超过营运客车总量的40%。道路运输能力得到巨大增长。2007年全年公路完成客运量205亿人，旅客周转量11 507亿人公里，货运量164亿吨，货物周转量11 355亿吨公里，比1978年分别增长13倍、21倍、10倍和31倍。在综合运输体系中，公路客运量、旅客周转量、货运量、货物周转量所占比重，由1978年的58.8%、29.9%、47.5%、3.5%上升到2007年的92%、53.3%、72%和11.2%。公路运输在抗洪抢险、抗击“非典”和低温雨雪冰冻灾害、“5·12”四川汶川大地震救灾以及北京奥运交通运输保障等方面，都发挥了重要作用。

第三，港航基础设施长期落后局面明显改观

1978年，全国港口生产性泊位仅为735个，沿海万吨级及以上泊位133个，内河没有万吨级以上泊位，没有一个亿吨大港。1978年港口货物吞吐量仅为2.8亿吨，1979年集装箱吞吐量仅为2 521标准箱。改革开放以来，全面推进环渤海、长江三角洲、东南沿海、珠江三角洲、西南沿海港口群建设和内河航道建设，我国港口迅猛发展，现代化管理水平显著提高，成为对外开放的主要门户、综合交通运输体系的重要枢纽和现代物流系统的基础平台。2007年，全国港口生产性泊位达到3.59万个，其中万吨级及以上泊位1 337个，分别比1978年增长了48倍和19倍。港口货物吞吐量和集装箱吞吐量跃居世界第一，分别达到64亿吨和1.14亿标准箱，拥有14个亿吨大港。2006年港口货物吞吐量居世界前10位的港口，我国占了5个（不含香港），上海港成为世界第一大港。2007年集装箱吞吐量居世界前10位的港口，我国占了2个（不含香港、高雄）。上海、深圳集装箱吞吐量居世界第3、第4位。长江干线、京杭运河已成为世界上运量最大的通航河流和运河。2007年我国内河通航里程12.3万公里，其中50%以上为等级航道。

第四，水路运输能力长足发展

水路运输的大发展，有力地保障了我国能源、原材料等大宗货物运输，支撑了国民经济和对外贸易又好又快发展。我国水运承担了90%以上的外贸货物运输量，港口接卸了95%的进口原油和99%的进口铁矿石。国有大型骨干航运企业规模化、专业化、集约化水平不断提高。到2007年底我国民用运输轮驳船19.2万艘（1978年为10万艘），净载重量1.19亿吨（1978年0.16亿吨）。2007年全年水路完成货运量28亿吨，货物周转量64 285亿吨公里，比1978年分别增长5倍和16倍。

第五，水上安全监管和救助能力显著增强

健全完善水上安全管理架构和责任体系，初步建成了全方位覆盖、全天候运行的安全监管和救助体系，突发事件应对能力和人命救助能力明显提高。建立了海上搜救部际联席会议制度，制定了国家海上搜救应急预案。加强“四区一线”（渤海湾、舟山水域、琼州海峡、西南山区和长江干线）重点水域、“四客一危”（客船、客滚船、高速客船、旅游船及危化品船）重点船舶，以及重点时段的安全监管，实施动态值班待命救助制度，初步建立了海陆空立体搜救网络，救助快速反应能力和搜救成功率显著提高。在重点水域实施了船舶航行定线制，组织了一系列重大海难救助和油污染应对处置行动，保护了人命和国家财产安全，避免了重大环境污染。

第六，交通科技创新成果丰硕

坚持“科学技术是第一生产力”，贯彻落实中央建设创新型国家的战略部署，积极推进科技创新，形成了交通行业科技进步的体制机制，提高了科技成果转化率和科技进步贡献率。特殊地质成套筑路技术、高墩大跨径桥梁和公路长大隧道设计与施工技术、码头建设和航道治理技术等取得重大成果，自主研发了一系列成套技术装备。认真做好资源节约、环境保护和节能减排工作，启动了环保公路示范工程和内河水运建设示范工程，在全行业开展节能降耗活动，降低了车船单位运输能耗。

第七，交通法制建设成效明显

交通法制建设在改革开放后取得长足进步。30年来，贯彻落实依法治国基本方略，按照《国务院全面推进依法行政实施纲要》的要求，推进交通立法、执法和执法监督，提高交通依法行政能力。全国人大常委会颁布了《海上交通安全法》、《公路法》、《海商法》、《港口法》等4部法律，国务院颁布了《水路运输管理条例》、《道路运输条例》、《船员条例》等31部行政法规，我部制定了327件规章，目前现行有效交通法律4部，行政法规30件，规章252件，初步建立起了公路水路交通法律法规体系，形成了规范的交通行政执法机制。

第八，交通对外开放与交流合作取得重大进展

适应改革开放的新形势、新需要，深化与周边国家多双边合作。建立了中国—东盟（10+1）和上海合作组织交通部长会议机制；签署了《亚洲公路网政府间协定》；积极参与亚洲公路网、欧亚公路运输通道连接、大湄公河次区域经济合作等多边合作。扩大与发达国家的交通合作。参与了中美经济战略对话，与美国、欧盟等国家签署了海运协定。密切与发展中国家的交通合作，组织和参与交通领域各种双边合作活动，注重多边国际合作，对外交流不断扩大，合作领域进一步拓宽。

三、公路水路改革发展的基本经验

改革开放30年来，我国公路水路交通在改革发展的实践中积累了十分宝贵的经验，概括起来，主要有以下几点：

第一，必须牢牢把握交通行业面临的基本国情和社会主要矛盾，把加快发展作为第一要务。交通为什么要发展、为谁发展、怎样发展，都是由基本国情和社会主要矛盾决定的。新中国成立以来，我国取得了举世瞩目的发展成就，从生产力到生产关系、从经济基础到上层建筑都发生了意义深远的重大变化，但我国仍处于并将长期处于社会主义初级阶段的基本国情没有变，人民日益增长的物质文化需要同落后的社会生产之间的矛盾这一社会主要矛盾没有变。就交通来说，经济社会发展和人民群众对交通运输的日益增长的新需求与交通运输还不能满足这种需求之间的矛盾始终是我们面临的主要矛盾。由此出发，交通行业紧紧抓住发展这个第一要务，聚精会神搞建设，一心一意谋发展，并努力加快发展、适当超前发展；坚持以人为本，努力提高服务能力、服务质量；坚持全面协调可持续发展，自觉地贯彻落实科学发展观，促进交通行业又好又快地发展。扭住发展不放松，这是交通行业改革开放30年来最根本的经验。

第二，必须贯彻中央的方针政策，以好机制、好政策推动交通发展。30年来，全国交通行业在中国特色社会主义理论体系指导下，认真贯彻党中央、国务院提出的关于交通运输是国民经济的战略重点，必须优先发展的方针；贯彻“发展以综合运输体系为主轴的交通业”的方针；贯彻“统筹规划、条块结合、分层负责、联合建设”的方针；贯彻“国家投资、地方筹资、社会融资、利用外资”的投融资方针；贯彻以科学发展观推进交通又好又快发展的方针。正是因为30年来始终贯彻执行这一系列正确的方针政策，使交通的发展具有好的机制，取得举世公认的重大成就，为国民经济、社会发展作出了应有的贡献。

第三，必须抓住发展机遇，加快交通发展步伐。邓小平同志指出：“抓住时机，发展自己，关键是发展经济。”改革开放30年来，我们在几个关键时期抓住了机遇，用好了机遇，使交通建设实现了跨越式发展。一是在十一届三中全会确立全党工作着重点转移到经济建设上来后，交通运输抓住了“优先发展”的机遇。交通部党组不失时机地向国务院领导提出了解决的思路。1984年12月，国务院作出了对中国公路交通发展具有重大历史意义的三项决定。二是在1992年邓小平同志南巡谈话后，交通部党组抓住加快发展的机遇，提出要下定决心，集中力量，加快步伐，抓好“两纵两横和三个重要路段”的国道主干线建设，使我国公路建设的等级和质量迈上了一个新的台阶。三是党的十四大提出要开发开放上海浦东，尽快把上海建成国际经济、金融、贸易中心之一的战略决策后，交通部抓住机遇，加大投入，推动了上海国际航运中心的建设，成功整治了长江口，上海港成为世界货物吞吐量第一大港和集装箱吞吐量第二大港。四是1998年亚洲发生金融危机，中央提出了扩大内需的方针，交通部抓住机遇，进一步加快高速公路和公路网的建设。五是在中央作出实施西部开发战略后，交通部适时召开了西部开发交通建设工作会议，使交通建设从东部推向更广袤的西北地区。六是在进入新时期，党中央、国务院作出建设社会主义新农村战略决策后，交通部启动建国以来规模最大的农村公路建设，使我国农村公路得到了快速发展，极大地改善了农村的交通条件。30年的实践证明，机不可失，时不再来，要抓住机遇、珍惜机遇、用好机遇，牢牢把握战略机遇期对交通发展尤为重要。

第四，必须注重科学规划，使交通发展战略、发展步骤、重大举措落到实处。根据国民经济和社会发展的总体目标，我们大力加强了交通发展战略、发展规划、发展政策的研究，80年代我们制定了建设“三主一支持”的战略构想。在实际工作中，我们又不断加以深化和充实，并认真做好交通建设项目的前期工作，坚持不懈地分步组织实施。1998年，我们又提出实现交通现代化三个发展阶段的目标。进入新世纪，交通部又陆续制定了高速公路、农村公路和沿海港口等中长期发展规划，并得到了国务院的批准。这样，我国交通发展的蓝图更加清晰，步骤更加明确。

第五，必须坚持调动各方面的积极性，营造交通发展的强大合力。30年来，我们坚持统筹规划、条块结合、分层负责、联合建设的方针，充分发挥中央、地方和人民群众的积极性，形成了加快交通基础设施建设的联动机制。各级地方党委和政府对交通发展倾注了心血，给予了坚定支持，在组织领导，征地拆迁、资金筹措等方面做了大量工作，并实行了一系列倾斜政策。广大人民群众充分认识到“要想富先修路”，积极支持并踊跃参加交通建设。交通发展离不开中央与地方的密切配合，离不开各级党委、政府和人民群众的关心支持。只有凝聚各方力量，形成共同推进交通事业的强大合力，才能克服前进道路上的各种困难，不断把交通改革发展事业推向前进。

第六，必须坚持改革开放，不断解放和发展运输生产力。30年来，交通行业的各级领导不断解放思想、转变观念，破除"一大二公"的所有制模式，形成了多形式、多成分的运输经济结构；破除了计划经济的僵化体制，建立了统一开放、竞争有序的公路水路建设市场和运输市场；破除了国家投资的单一渠道，形成了多元化的投融资格局。经过不断深化改革，完成了企业管理体制、港口管理体制、海事救捞体制等重大改革；引进了国外先进技术、资金和管理经验，使交通管理具有了国际视野，交通行业拓展了发展空间。正是与时俱进的思想解放和不断深化的改革实践，推动交通运输业不断提高现代化、市场化、国际化水平。

第七，必须坚持"科教兴交"和"人才强交"战略，把科学技术作为交通发展的第一生产力。改革开放以来，交通科技工作紧密结合基础设施建设、运输生产中的关键问题，通过软科学研究、重大装备开发、行业联合科技攻关、引进先进技术、科学成果推广应用等多种形式，开发应用了一批先进适用的成套技术和装备，使公路、水运的技术水平和技术构成发生显著变化。交通行业科技进步的机制初步形成，促进了科技成果转化率和科技进步贡献率的提高。"交通人才工程"建设也取得很大进展。我们从交通的实际出发，以院校和科研院所为依托，以交通建设的广阔实践为舞台，为公路、水运发展培养造就了一批又一批的高素质人才。科技创新和人才成长，使我国在沙漠等特殊地质的公路建设技术，特大跨径的桥梁建设技术，特长大隧道的建设技术和深水航道的整治技术等方面都取得了重大突破和创新，达到了世界先进水平。

第八，必须坚持依法治交，加强交通法制建设。改革开放以来，我们坚持立法与执法并重、执法与执法监督并举，依法治交通的局面正在逐步形成。《海上交通安全法》、《海商法》、《公路法》、《港口法》、《水路运输管理条例》、《公路运输管理条例》和一批交通行政法规、规章相继出台，初步搭起了交通法规体系框架，为交通改革和发展提供了法制保障。交通法制工作是各项交通管理工作的基础，必须把法制建设提到更加突出的地位，坚持改革、发展与法制建设同步进行，实现各项交通工作的法制化，这是探索交通发展的必然要求。

第九，必须坚持以人为本，不断提高公共服务能力。改革开放以来，特别是进入新世纪以来，我们在科学发展观的指引下，努力坚持以人为本，加强服务型政府建设，推进政府职能、工作作风和工作方法转变，增强交通部门的行政执行力和公信力，着力提高适应经济社会发展能力、统筹规划和协调发展能力、公共服务和组织保障能力、运输和建设市场依法监管能力、安全管理和重大突发事件应急处置能力。只有坚持执政为民，依法执政，做负责任部门和负责任行业，才能使交通发展拥有深厚的群众基础，获得不竭的力量源泉。

第十，必须抓好行业文明和党风廉政建设，为交通发展提供强大精神动力和坚强政治保障。改革开放30年来，以交通建设为中心，以提高职工队伍素质为根本，以加强领导班子建设为基础，以具有行业特点的精神文明建设为重点，积极开展了"学先进、树新风、创一流"等群众性精神文明创建活动，大力宣传了杨怀远、严力宾、包起帆、陈德华、曹广辉、许振超、陈刚毅、孔祥瑞、“华铜海”轮、青岛港等在行业内外具有重大影响的一批先进典型。弘扬了各具特色的交通精神（“铺路石精神”、“筑港精神”、“灯塔精神”、“救捞精神”等），并注重加强交通行业文化建设。认真贯彻中央关于党风廉政建设的部署要求，建立健全了具有交通特色的教育、制度、监督并重的惩治和预防腐败体系，为交通运输不断取得新的成就提供可靠保证。

四、在新的历史起点上推进交通科学发展

在改革开放 30 年后的今天，我国公路水路交通发展站在了新的起点上。今后发展方向，必须紧紧抓住以下三条：

第一，我们要紧紧抓住我国经济发展战略转型的机遇，加快发展现代交通运输业。用现代科学技术、管理技术改造和提升交通运输，提高基础设施和技术装备的现代化水平和运营效能；适应现代服务业的发展要求，不断拓展交通运输服务领域；走资源节约、环境友好发展之路，加强行业节能减排和资源节约、环境保护。

第二，我们要紧紧抓住国务院机构改革的机遇，加快发展现代综合运输体系。党的十七大明确提出探索实行职能有机统一的大部门体制，十一届全国人大一次会议审议通过《国务院机构改革方案》。2008 年 3 月，组建了交通运输部，在推进现代综合运输体系建设方面迈出了积极的步伐。发展现代综合运输体系，就是推进各种运输方式有机衔接，实现交通运输资源优化配置，发挥各种运输方式比较优势和组合效率。发展现代综合运输体系，符合世界交通发展的普遍规律，是我国交通运输业贯彻落实科学发展观的必然要求，也是发展现代交通运输业的必由之路。加快构建现代综合运输体系，一是加强公路水路民航交通运输规划的衔接，做到“宜路则路、宜水则水、宜空则空”，使各种运输方式有效衔接配合。二是加强中心城市综合交通运输枢纽规划建设中各种运输方式的衔接。按照“布局合理、能力充足、换乘便捷、服务优质”的要求综合考虑市内交通的方便和进出城区的快捷，使各种运输方式之间和某种运输方式内部有机衔接，实现客运“零距离换乘”和货运“无缝衔接”，“人便于行、货畅其流”。三是加强城市客运和农村交通的衔接，统筹规划，合理布局，消除分割，建设统一协调的区域和城乡交通运输网络，使交通运输发展成果惠及城乡，实现公共服务均等化。四是整合交通运输资源，加强公路水路民航运输方式的有效衔接，为邮政业发展搭建便捷、通畅、安全、高效的综合运输平台。

第三，我们要紧紧抓住全面建设小康社会的机遇，确保各项交通规划目标任务的全面实现，获得人民满意的成果。党的十七大在十六大时确定的全面建设小康社会目标的基础上，对我国到 2020 年的奋斗目标提出了新的更高要求。交通运输发展要按照党的十七大确定的全面建设小康社会奋斗目标的新要求，“十一五”后两年，要确保公路水路交通“十一五”规划目标任务的完成，为“十二五”、“十三五”时期交通运输发展创造良好条件，为逐步实现全国公路、港口、航道、水上安全监管与救助等各项规划而努力奋斗。为此，必须使基础设施网络化程度、信息化水平和运营管理水平得到提升；运输组织进一步优化，服务质量得到提高，公众交通服务领域得到拓展；资源利用水平明显提高，单位运输能耗和污染物排放量明显下降；安全监管、救助打捞和应急保障能力显著提高；行业创新能力不断增强；基本建立符合社会主义市场经济体制要求的交通管理体制机制，形成比较完善的政策法规体

系。到2020年，交通发展的质量和效率显著提高，运输服务和管理显著改善，行业创新实力显著提升，资源节约、环境保护显著增强，基本建成更安全、更通畅、更便捷、更经济、更可靠、更和谐的交通运输服务体系，实现交通运输科学发展、和谐发展、安全发展，使交通运输发展成果惠及城乡、人民共享，适应全面建成小康社会的需要，为本世纪中叶实现交通运输现代化打下坚实基础。

李盛霖

前 言

2008 年，在我国历史上是具有特殊意义的一年。30 年前的 1978 年，党的十一届三中全会开启了我国改革开放历史新时期。30 年的变化，波澜壮阔、日新月异。

这 30 年里，在改革开放政策引领下，在广大交通运输干部职工的不懈努力下，交通运输行业率先开放，勇于改革，勤于创新，艰苦奋斗，积极进取，实现了跨越式发展，取得了令世界瞩目的辉煌成就。为我国的社会经济发展当好先行、为广大农民致富奔小康铺就金光大道。

党的十七大报告中以“改革开放的伟大历史进程”，对这 30 年作了十分精辟的概括。在 2008 年的交通工作会议上，部党组对交通运输行业纪念改革开放 30 年活动做了安排部署。编辑出版《中国交通运输改革开放 30 年》系列丛书就是纪念活动的重点之一。

编好这套丛书，不仅是对改革开放进程的回顾，充分展现交通运输业取得的巨大成就，而且是要总结经验，把握规律、推进交通运输业又好又快发展。

《中国交通运输改革开放 30 年》系列丛书分三部分。第一部分为《综合卷》，内容为：一是改革开放 30 年来交通部（交通运输部）召开的一系列重要会议文件汇编，汇集了国务院领导的重要讲话；二是 30 年来召开全国交通工作会议文件汇编，反映了我国交通运输改革发展的历史进程。第二部分按运输方式不同，分为《公路卷》、《水运卷》，反映两种运输方式改革发展的情况。第三部分，即《地方卷》和《企业卷》，聚焦各省（区、市及计划单列市、特区）以及交通企业改革开放的丰富实践。

编写《地方卷》其意义在于：

首先，我国交通运输改革开放的整体进程是同地方的具体实践密不可分的。第二，改革开放重要的体现是体制和机制上的重大变革，而众多体制、机制上的改革创新都是由地方交通部门探索出来的。第三，交通运输发展的不平衡形成了明显的地方特色，东部有东部的特色，西部有西部的特色，中部有中部的特色。也正是各省（区、市）各具特色，才实实在在地反映了30年来全国交通运输业改革发展的绚丽多彩画卷。第四，各个地方在改革发展进程中，通过自身实践，创造了很多新鲜经验。这些经验有共同的，也有不同的。通过认真总结，可以达到相互学习、相互借鉴的目的。

《地方卷》共收入31个省（区、市）、新疆生产建设兵团、大连等5个计划单列市及珠海经济特区共计38篇稿件。

为确保《地方卷》如期出版，部领导、各省（区、市）交通主管部门领导高度重视，迅速成立了组织机构，确定了撰稿人。在部、各省市交通运输部门、编审委员会专家以及众多编撰人员的共同努力下，完成了《地方卷》的编审任务，并如期付梓。

我们相信《地方卷》的编辑出版，可以集中反映改革开放30年各地交通改革发展的历史进程、突出成就和丰富经验，成为鼓舞交通运输业广大干部职工推进现代交通业发展的强大精神动力，为确保社会经济的平稳较快发展做出新的更大的贡献！

《地方卷》编辑工作委员会

目 录

我国公路水路交通改革发展30年的实践与经验 交通运输部部长 李盛霖
前言
首善之区的立体交通 …… 北京市交通委员会（1）
水陆纵横看津门 …… 天津市交通委员会（18）
燕赵大地上的交通华章 …… 河北省交通厅（36）
三晋交通的沧桑巨变 …… 山西省交通厅（51）
大草原的血脉 …… 内蒙古自治区交通厅（70）
为东北振兴当先行 …… 辽宁省交通厅（82）
长白山下的交通新貌 …… 吉林省交通厅（101）
龙江交通气象新 …… 黑龙江省交通厅（114）
大上海的大交通 …… 上海市建设和交通委员会（129）
江苏交通的辉煌篇章 …… 江苏省交通厅（152）
陆水并举绘宏图 …… 浙江省交通厅（169）
徽风徽韵走安徽 …… 安徽省交通厅（185）
吹响海西交通奋进曲 …… 福建省交通厅（198）
红土地上的丰碑 …… 江西省交通厅（219）
齐鲁大地的先行官 …… 山东省交通厅（239）
中原交通的崛起 …… 河南省交通厅（259）
九省通衢天地宽 …… 湖北省交通厅（275）
芙蓉国里尽春晖 …… 湖南省交通厅（294）
开放前沿 敢为人先 …… 广东省交通厅（304）
八桂交通的历史跨越 …… 广西壮族自治区交通厅（329）
天涯不再遥远 …… 海南省交通厅（343）
山城大交通序曲 …… 重庆市交通委员会（361）
万里蜀道展新姿 …… 四川省交通厅（376）
贵州发展的金光大道 …… 贵州省交通厅（392）
云岭高原飞彩虹 …… 云南省交通厅（407）

雪域高原的交通变迁 …… 西藏自治区交通厅（421）
八百里秦川今胜昔 …… 陕西省交通厅（437）
丝绸古道换新颜 …… 甘肃省交通厅（456）
青海湖畔路纵横 …… 青海省交通厅（476）
塞上江南绘通途 …… 宁夏回族自治区交通厅（494）
大道出天山 …… 新疆维吾尔自治区交通厅（509）
超常规发展的兵团交通 …… 新疆建设兵团交通局（526）
大连湾的春之声 …… 大连市交通局（540）
今非昔比的岛城交通 …… 青岛市交通委员会（552）
大港口促进大发展 …… 宁波市交通局（565）
日新月异的厦门交通 …… 厦门市交通委员会（578）
深圳交通春来早 …… 深圳市交通局（595）
东方明珠的光彩 …… 珠海市交通局（604）

首善之区的立体交通

北京市交通委员会

1978 年党的十一届三中全会作出了把全党工作重点转移到社会主义现代化建设上来的战略决策，北京的交通事业迎来了改革开放的春天。在中共北京市委、市政府的正确领导下，在交通部（交通运输部）的领导和支持下，经过 30 年的不懈努力，特别是 2001 年北京奥运会申办成功以来，北京交通系统紧紧抓住"新北京、新奥运"的重大战略机遇，使首都交通走上了科学发展的道路，实现了跨越式发展。交通运输一度是北京经济和社会发展薄弱环节的局面有了根本性的改变，"出行难"、"乘车难"、"运货难"基本得到解决，圆满完成北京奥运交通保障任务，交通发展总体上适应了日益增长的交通需求，交通成为服务、支持和引导首都经济社会发展的基础性行业。

一、交通改革发展的主要进程

（一）逐步理顺交通管理体制

1978 年以来，北京市积极进行交通管理体制改革，逐步破解交通发展的体制性障碍。1978 年 8 月，北京市交通局一分为二，组建北京市公共交通局和北京市交通运输局，加强公共交通和道路运输的行政管理。1981 年 4 月，成立北京市地下铁道公司，加强地铁建设和运营管理。1984 年 5 月，北京市地下铁道公司升格为市属局级公司。1988 年 5 月，为加强对北京地铁建设工作的领导，又专门成立了以主管副市长为总指挥的北京市地铁建设指挥部。1989 年，北京市地下铁道公司更名为北京市地下铁道总公司，并成立北京市地下铁道建设公司，专门负责北京地铁建设的各项工作。1991 年 4 月，成立北京市公路局，加强对公路建设的领导和管理。1997 年后，相继成立北京市公联公路联络线有限责任公司（简称公联公司）和北京市首都公路发展有限公司（简称首发公司），专门负责道路建设和高速公路建设。2000 年 1 月，不再保留原北京市交通局、北京市出租汽车管理局、北京市公共交通管理办公室，组建新的北京市交通局，对公共交通与公路、水路运输实行统一管理。2001 年 7 月，经过改制，北京地铁集团有限责任公司以独立的法人财产，承担地铁建设的融资及融资还贷责任，同时设立北京地铁建设管理有限责任公司和北京地铁运营有限责任公司。2003 年 2 月，组建北京市交通委员会，下设北京市路政局、北京市运输局、北京市交通执法总队，对公共交通、公路和水路客货运输、公路和城市道路建设实行统一管理。同年 11

月，为加强轨道交通建设和运营管理，再次改革北京地铁体制，由北京市地铁运营有限公司承担运营管理，轨道建设公司承担建设管理，北京市基础设施投资有限公司承担建设投资，政府通过职能部门对轨道交通的规划、建设、运营实施管理。通过积极的探索和改革，北京市基本理顺了交通管理体制，为交通行业全面健康发展奠定了体制基础。

（二）交通基础设施建设实现跨越式发展

1. 城市道路建设突飞猛进

1976年至1985年两个五年计划期间，北京城市道路按统一规划、统一计划、统一建设的要求，分轻、重、缓、急展开，建设重点放在提高市区干道通行能力，尽力开拓一些城市干道，打通一些卡口、断头路，以及在规划的快速路上有计划地建设立交桥。1986年，按照“人车分流，各种车辆各行其道，路口交通渠化、路段设港湾停车站，建设主路不设信号灯管制的城市快速路”的要求，落实市政府“打通两厢、缓解中央”、“建设二、三环快速路”的战略部署。1998年特别是2001年7月13日北京申办第29届奥运会成功以来，随着北京经济实力的大幅提升和筹办奥运交通的需要，北京市道路建设进入了飞速发展时期，城市道路建设实现了历史性跨越：二环路完成了全线加铺和整治，三环路实现了全封闭、全立交，四环路全线竣工通车；建设完成了平安大街、广安大街工程；陆续建成西外大街、学院路、德外大街、南中轴路、马家堡西路、丰北路、莲花池西路、万泉河路、东北城角联络线、展西路等。市区基本建成了17条放射干线与4条快速环路构成的中心城区快速路网系统，使路网整体通行能力得到明显改善。

2. 高速公路网络基本建成

北京市高速公路从无到有，从个别区县通高速到区区通高速，从一条高速通车到基本形成高速公路网络，经历了起步、快速发展、规范发展三个阶段。1984年，国家出台“贷款修路、收费还贷”政策后，北京市认真执行收费公路政策，重点建设放射线高速公路。1986年4月，北京市第一条高速公路——京石高速公路动工，之后京津塘高速、机场高速、京哈高速、八达岭高速等陆续开工建设。截至1998年底，共建成高速公路163公里，平均每年13公里。随着改革的持续深化，北京市高速公路从单一投融资渠道模式逐渐转变为以财政性资金投入为主，银行贷款、社会投资、发行企业债券等多种股权、债权融资手段为辅的多渠道投融资模式，有效地促进了高速公路的快速发展。1999年，通过多渠道筹集建设资金，盘活存量国有资产，加快高速公路建设，北京市高速公路建设进入快速发展阶段。1999年至2004年，共建成高速公路362公里，平均每年60公里。2005年以来，重点完善高速公路路网并建设首都机场周边等区域性高速公路网，步入了规范发展阶段。2005年至2008年9月底，共建成高速公路253公里，平均每年63公里。截至2008年9月，高速公路通车总里程已达到762公里，初步建成了“两环、八放射”的环线加放射线高速公路网络。

3. 一般公路技术等级大幅提高

改革开放的头十年，北京市主要贯彻交通部“全面规划，加强养护，积极改善，重点发展，保障畅通”和“普及与提高相结合，以提高为主”的方针，通过引进先进技术和理念，在确保养护的前提下，先后改建、扩建北京城市进出口公路——京密路、京张路、京开路、京塘路、京榆路、昌平路等多条一级公路，修建了八达岭过境公路。“八五”到“九五”的十年里，北京市公路建设进入了快速发展时期。1991 年，公路总里程突破了 1 万公里大关，达到 10 259 公里。2005 年初，开始实施郊区公路三年提级改造计划。“十五”期间，在全市公路体制改革的基础上，顺利实施养护生产方式和管理方式的改革，落实“管养分离”。截至 2007 年底，公路总里程达到 20 754 公里（含村道 5 606 公里），其中三级以上公路达到 8 462 公里，公路网密度达到 126.5 公里/百平方公里。

4. 农村公路率先实现村村通

1986 年，北京市在全国率先实现了“村村通公路”；1991 年，又在全国率先实现了“乡乡通油路”，全市农村公路面貌发生了巨大的变化。2003 年，北京开始实施“村村通油路”工程，到 2005 年底，全市农村公路新增 2 000 公里，总里程已达 1.25 万公里，其中，乡道 7 500 公里，村道 5 000 多公里，全面实现了“村村通油路”。2006 年 12 月，北京市发布《北京乡村公路管理养护体制改革实施意见》，2007 年初，正式组建市路政局农村公路办公室，制定完善乡村公路养护管理办法等规章制度，落实市、区县、乡镇农村公路管理养护机构和养护管理及作业人员，并同时开展人员培训，建立农村公路管理养护数据库，实行科学、规范管理。

5. 轨道交通建设进入快速发展期

改革开放以前，北京市仅建成 23.6 公里的地铁一期工程，且作为战备工程，在通车后很长时期内不对市民开放。1984 年 9 月，北京地铁二期工程建成通车。1987 年 12 月，北京地铁复兴门底层 350 米折返线工程建成，并实现了 1 号线和 2 号线独立运行，地铁通车运营总里程达到 40 公里。1988 年 5 月，市政府提出加快推进地铁建设。1990 年，地铁西单站和复兴门至西单区间开始施工，这两个工程在国内地铁工程首次采用了浅埋暗挖法施工，开创了不开挖马路修建地铁的先例，成为北京城市轨道交通建设的一个里程碑，为日后轨道交通工程暗挖施工奠定了良好的基础。1995 年，复兴门至八王坟（四惠）工程开工建设并于 1999 年 9 月通车。此后，城市轨道交通建设步入了快速发展期。2002 年 9 月，地铁 13 号线建成；2003 年 12 月，八通线建成通车；2007 年 10 月，地铁 5 号线建成通车；2008 年奥运会前，奥运支线、地铁 10 号线一期工程、机场线同时建成通车，北京城市轨道交通有 8 条线路，通车里程达到了 200 公里。目前正在同时建设地铁 4 号线、6 号线、8 号线二期、9 号线、10 号线二期、大兴线和亦庄线，地铁建设速度达到了空前的水平。

6. 建立综合客运交通枢纽新型建管体制

客运交通枢纽是交通网络的重要节点，对于全面发挥各种交通基础设施的功能、方便市民出行具有重要的作用。1992 年 6 月，北京市建成了第一个一级公路客运站——赵公口长途客运汽车站。2004 年，动物园公交客运枢纽建成投入使用。2005 年初，以长途客运为主，集公交、出租、社会车辆、地铁（规划 2010 年建成）等多种换乘方式于一体的大型综合客运枢纽站——六里桥长途客运枢纽建成并投入使用。2007 年 10 月，地铁 5 号线天通苑北站驻车换乘停车场与地铁 5 号线同期开通试运营，标志着交通枢纽理念进入了一个崭新的阶段。为加快枢纽建设，2007 年成立了北京公联交通枢纽建设管理有限公司，建立“政府主导、建管合一、管用分离”的新型交通枢纽建管机制。

（三）公共交通走上优先发展道路

1. 地面公交有序发展，运营线网逐步优化

改革开放以来，北京公交经过不断探索，找到了优先发展的道路，制定了公共交通“两定四优先”政策（“两定”即确定发展公共交通在城市可持续发展中的重要战略地位，确定公共交通的社会公益性定位；“四优先”即公共交通设施用地优先、投资安排优先、路权分配优先、财税扶持优先）和三步走策略（第一步，就低统一票制票价，优化提升市区地面公交系统；第二步，加快轨道交通建设，实行轨道交通全网低票价政策；第三步，改革郊区公共客运，加快构建农村公共交通系统）。首先是就低统一市区地面公交票价，普惠于民。针对市区地面公交月票普票并存、月票无效线路与月票有效线路车辆满载率不均衡，月票有效线路乘车拥挤等问题，在综合考虑乘客利益的基础上，自2007年1月1日起，就低统一市区地面公交票制票价，发行市政交通一卡通普通卡和学生卡，实行持卡成人4折、学生2折优惠。低票价政策实施后，原月票有效线路和无效线路车辆高峰平均满载率趋于均衡，市民公交出行费用大幅降低。二是优化公交线网，减少重复线路，扩大覆盖范围。从2006年8月起，分6批优化调整线路276条，逐步建立起了以快线网为骨架、普线网为基础、支线网为补充的相匹配的三级公共交通网络。三是加大实施公交专用道的力度。截至2007年底在80条道路实施217公里公交专用道，逐步建立公共交通信号优先系统，对大容量快速公交实行公交优先信号。四是建成动物园、六里桥、西客站北广场等公交换乘设施，方便乘客换乘，减少公共交通与其他交通的相互干扰。

2. 统一轨道交通网络票制票价，提高轨道交通运营效率

从2006年5月1日起，北京市采用市政交通一卡通替代公交地铁纸质月票。2007年1月1日起，取消公交地铁联合月票卡，保留了地铁专用月票卡。同年10月7日，随着地铁5号线的开通试运营，轨道交通实施全路网单一票制、每人次2元的低票价政策，同步实现了进站换乘不再两次购票验票，提高了换乘效率和服务水平，做到了全网无障碍换乘和“一票通”、“一卡通”。同时，轨道交通不断提高运营管理水平，缩短地铁发车运营间隔。地铁1号线、2号线、13号线、八通线4条线路先后多次缩短高峰时段发车间隔，最小间隔分别由3分、3分30秒、4分、5分缩短到2分30秒、2分30秒、3分、3分30秒，同时13号线、八通线列车编组由3节调整为6节。特别是2007年10月7日地铁5号线高水平开通，完成土建、供电、消防等全部8项验收，保证了列车超速自动防护系统（ATP）、安全门等稳定运行，创造了地铁开通试运营发车间隔4分钟的国内最高水平，目前最小发车间隔已缩短到3分钟。

3. 郊区客运快速发展，方便郊区群众出行

1984年至1999年，为解决郊区县群众出行，全市共审批境内客运企业432家，营运车辆1 622辆（以中巴车为主，大客车为辅，有固定的营运线路），营运线路253条（包括跨省市长途线路），安置从业人员4 085人。1999年，根据客运市场的实际情况，共审批境内客运企业158户，营运车辆967辆，营运线路154条。2002年，对境内长途客运行业进行了为期两年的治理整顿，郊区客运行业得到了初步规范。2007年，根据北京市委十届二次全

会“解决好郊区公交问题，坚持实行公交公益性低票价政策”要求，按照“整体推进、分级负责、分步实施”的原则，推进城乡公共交通一体化，对郊区公共客运进行改革。2008年1月15日起，市郊9字头公交线路在现行票制票价的基础上，实行持卡乘车与市区公交线路同折扣优惠，即持卡乘车成人4折、学生2折。各远郊区县政府根据实际情况，对远郊区县境内客运也实行了票价折扣优惠政策。同时，大力推进农村“村村通公交”，加大对郊区公共客运的投入，先后建设了22处场站、1 000个候车亭，新开、调整线路30条，全市行政村通车率已达96.1%以上，目前，除密云、延庆两个山区县外，已全部实现了行政村“村村通公交”，极大地方便了郊区群众特别是农民的出行。

4. 小公共汽车完成历史使命退出运营

1984年，北京市出现第一辆“招手即停、就近下车”的小公共汽车。4月，第一条北京站至动物园12.89公里的小公共汽车线路投入运营。1985年末，开通线路达28条，线路总长度272公里。经过十年的发展，1994年，小公共汽车大量增加，为了维护乘客的合法权益、保障公共交通秩序，北京市市政管理委员会成立了北京市公共交通管理办公室，负责小公共汽车行业管理工作。1998年，正式颁布《北京市小公共汽车管理条例》。截至1999年底，小公共行业共有企业33家，车辆3 664辆，营运线路499条，司乘人员7 328人，年客运量1.9亿人次。2000年，市政府成立整顿出租汽车行业和企业、小公共汽车经营和营运秩序工作领导小组，下发《关于整顿小公共汽车经营和营运秩序意见的通知》（京政发［2000］26号），开展为期两年的小公共汽车行业整顿工作。小公共行业逐步走入了正常有序的发展阶段，成为公共交通的补充。2004年，随着公共交通的快速发展，小公共汽车基本失去了作为公共交通补充的地位。2007年底小公共汽车退出客运市场，完成了其历史使命。

（四）出租汽车行业稳定发展

1978年，北京市共有出租汽车企业2家，出租汽车1 000余辆，从业人员2 000余名，车型以华沙、上海、212吉普、小丰田、菲亚特等为主。改革开放以来，北京市出租汽车行业经历了初期发展（1990年以前）、快速发展（1991年~1995年）、整顿规范（1996年~2002年）和稳定发展（2003年以来）四个阶段。1984年，市政府根据乘客出行需要，放宽对出租汽车行业的审批政策，出租汽车行业形成国营、集体、合资、个体共存的局面，行业规模不断扩大。20世纪90年代初，为解决乘车难，市政府鼓励各种经济形式自筹资金开办出租汽车企业，出租汽车行业由此进入迅猛发展阶段，形成了工、农、商、学全民办出租的热潮，出租汽车由1 000多辆迅速发展到6万余辆，从业人员由2 000余人发展到9万余人；经营方式也由定额经营管理逐步转变为单车承包式经营模式。同时，行业也出现了小、散、乱，经营管理不规范、驾驶员合法权益落实不到位等问题。1996年后，出租汽车总量控制在6万多辆的水平并保持到现在。1996年~2002年，市政府对出租汽车行业集中开展了两次整顿，纠正企业变相卖车行为，扩大企业规模，减少企业数量，规范企业财务管理和用工制度等；健全管理体制，完善企业经营机制，规范企业经营行为，明确特许运营权归市政府所有。整顿后，企业由1 008家减至277家，企业与所有驾驶员签订了劳动合同，为4.5万名驾驶员补上了“三险”，将出租汽车驾驶员纳入了社会保障体系，形成了以公司制经营为主体的企业经营体制。2004年12月，颁布《更新出租小轿车技术要求》，第一次统一规范车辆的技术要求，提高了出租汽车的车辆技术水平。2006年5月，为应对燃油价格的不断上涨，北京市调整出租汽车租价，每公里租价由1.6元调整为2.0元。同时，为应对燃油价格上涨，按国家规定多次对出租汽车增发燃油补贴，维护了出租汽车行业稳定。2007年，北京市共有出租汽车企业252家，营运车辆6.66万辆，驾驶员9.5万人，车型以伊兰特、捷达、索纳塔为主，年完成客运量6.4亿人次。

（五）道路运输行业发展迅速

1. 省际客运服务水平稳步提高

1976年1月，北京市成立了第一家经营长途客运的企业——北京市长途汽车公司。1979年，开始重点发展跨省市长途客运线路，主要开设了通往河北廊坊、唐山、承德、保定、沧州、衡水、张家口7个地区的26条线路。之后，北京市长途客运行业打破了多年由国有企业独家经营的局面。随着多种经济成分进入长途客运行业和外省市长途客运汽车进京运营，有效缓解了北京多年来存在的“乘车难”问题，但同时也带来了盲目竞争和运营秩序混乱等问题。1985年11月，北京市政府颁布了《北京市公路长途客运管理暂行办法》，规定长途客运线路、站点由北京市运管部门统一规划设置，客运经营者必须在批准的线路、站点内经营，做到定路线、定站点、定发车班次、定发车时间的“四定”运输。1994年12月，北京市政府发布了《北京市道路长途旅客运输管理规定》，进一步规定长途客运必须遵循安全、正点、方便、舒适的经营原则和实行定路线、定站点、定发车班次、定发车时间的方式运输。1997年7月，颁布《北京市道路运输管理条例》，标志着省际客运法律规范体系的建立。2001年，北京市针对行业“小、散、乱”现象，开展了省际客运行业整顿工作。一方面按照交通部《道路旅客运输企业经营资质管理办法》的要求，全面推动企业经营资质管理，一大批不符合资质要求的企业被重组兼并。另一方面，对省际客运市场秩序进行全面整顿，有力地打击了违法运营行为。2005年，作为市政府“折子工程”（折子工程是指由北京市主管副市长分工负责，相关委、办、局及承办单位协调配合的重要工程项目，它要求做到任务时限、责任明确具体到位、确保落实，是政府批准并亲抓亲办的工程。）之一的北京市省际客运联网售票系统建设完成并投入试运行，2008年实现了全市10个省际客运站、社会代理点的互联，以及网上查询、订票等功能，共开设83个社会联网售票代理点，方便旅客购票。

2. 道路货运形成国有、集体、个人一起上的局面

道路货物运输是北京市货物运输的主要方式。改革开放以来，在“有路大家走车”思想指导下，城近郊区和远郊区县部分机关、企事业单位和个人，纷纷购置车辆，或将多余运力组成营业性货物运输公司、汽车场和汽车运输队。同时，道路货物运输逐渐趋于专业化，如长途货物运输、化学危险品运输、集装箱运输、零担货物运输等等，并形成了一定的规模，长途货物运输逐渐增多。1989年，北京市交通运输总公司成立公路货运配载信息服务处，全市建立23个配载站，相互沟通协调，形成货运配载信息网络。实施配载的车辆，里程利用率明显提高。随着高等级公路的不断增多，道路货物运输的合理运距逐步延长，鲜活易腐货物经济运距可达1 000公里。为确保化学危险品运输安全，北京市先后出台《关于整顿化学危险货物运输秩序加强安全管理的意见》、《北京市化学危险物品道路运输管理办法》等文件，2003年，道路危险货物运输押运员配备率和持证上岗率均达到100%，成品油、液化石油气和搬家运输企业的经营资质均达到了4级以上，提高了北京市道路专业化运输服务水平。2007年，进一步加强了对危险货物运输企业和单位、运输车辆资质等的监管。集装箱运输快速发展。1983年成立国际集装箱汽车运输联营公司。随着社会对专业化运输需求的增长，北京市集装箱运输进入了飞快发展的时期，2006年，北京市公路标准集装箱（TEU）合计货运量达到了83万吨，箱运量达到了49 504个。

3. 旅游客运行业稳步发展

旅游客运行业起步较晚。20世纪80年代初，北京市政府批准组建了“国旅”、“中旅”、“青旅”三大旅行社。但当时主要为国外旅游者、港澳台同胞和旅居国外的侨胞服务。直到90年代，伴随着国内旅游的兴起，北京成为国内旅游的热点地区和中心城市，随着承揽国内旅游的旅行社大量涌现，承担旅游客运任务的专业公司纷纷成立，旅游客运逐步走向了市场化经营的道路并进入发展最快的时期。2003年，北京市运输管理局设立旅游车管理处，对市内、省际旅游客运统一管理。2006年底，北京市发布了《旅游客运行业经营技术条件》（试行）和《旅游客运行业安全服务管理基本规范》（试行），分别从车辆、设施、人员和经营管理及企业管理、安全生产、运营服务、公共卫生、运营人员管理等方面予以规范。近年来，随着班车、重大活动、会展等市场需求的兴起，旅游客运市场的外延又有了新的拓展，基本形成了以旅游团队客运（接待国内外旅游团队为主）、旅游班线客运（定点定线，以中低端散客为服务对象）、其他包车客运［临时包车、会议包车和企事业单位班（校）车］为主线的北京旅游客运市场格局。

4. 汽车租赁行业规范发展

1989年8月1日，中国第一家汽车租赁公司——北京市出租汽车公司租赁分公司正式营业。1992年首汽租赁分公司（首汽租赁公司前身）和北京东方汽车租赁公司相继成立。截至2000年底，登记的汽车租赁企业共有223户，租赁车辆20 165辆，同年12月19日，开始对汽车租赁行业进行整顿。2002年8月颁布《北京市汽车租赁管理办法》，明确行业主管部门的职责，对规范汽车租赁市场秩序和经营行为起到了重要的促进作用。2006年，在广泛调研和摸底调查的基础上，确定了两套管理模式，先后制定了《汽车租赁备案管理办法》、《汽车租赁特许经营管理办法》和以加强监管为核心内容的监管考核、企业等级评定、信息服务、经营服务与安全管理规定等项制度。2007年，颁布了北京市地方标准《汽车租赁经营服务规范》，规范汽车租赁企业的经营服务行为，促进行业公平竞争和健康发展；发布《汽车租赁经营备案管理办法》和《汽车租赁行业监管考评办法》，有效地加强了汽车租赁行业的监管工作。

5. 汽车维修产能持续增长

改革开放30年，汽车维修企业的维修能力、维修作业环境、硬件设施、设备条件、人员构成、经营管理及服务质量等各方面都有较大发展，一个以整车一类企业为骨干，整车二类企业为基础，整车三类企业专项维修业户为补充，布局合理，方便用户的汽车维修网络已经基本形成。汽车维修企业由1987年的1 873户发展到2007年底的5 802户，汽车维修从业人员已达8.2万余人，年维修营业额达944亿元，2007年维修车量达982万辆次，是1988年的18.89倍。

（六）机动车停车纳入行业管理

1978年，北京市机动车公共停车场主要为大型活动使用的服务型停车场。1981年9月，市政府办公厅转发市公安局《关于对全市公用机动车停车场的管理规定》，规定道路两侧、公共活动场所以及游览地区的机动车停车场（包括各单位经城市规划管理部门批准自建的停车场），均属公共交通设施，一律由公安交通管理部门统一管理。除城市规划管理部门统一规划外，任何单位不得任意占用或改变其使用性质，公用机动车停车场，经公安交通管理部门批准，可以组织人员收停车费。1999年8月，成立第一家国有专业停车场管理公司——北京安达公司，接收原市公安交通管理局负责的229个停车场（车位17 179个，人员958名）。2002年12月，北京市市政管理委员会等5个相关委局联合发布关于《加强本市机动车公共停车场管理工作的通知》，实施机动车收费停车场联合备案审批职能。2003年，停车行业管理职能划入北京市运输管理局。2006年下半年，北京市运输管理局开通了停车场查询服务系统，为群众提供停车场查询服务。2008年9月，北京南站配建停车场（规划停车位1 000个）纳入市运输局备案、监督管理范围，标志着北京市新建的交通枢纽、场站等配建停车场都将纳入市运输局的备案、监督管理范围。

（七）水路运输保持安全运行

北京市属于内陆非水网地区，城市河道功能以排洪泄洪为主。境内水域除官厅水库、密云水库、怀柔水库、海子水库（金海湖）等大型水库水域面积较大外，其他水域分布较零散，以小块封闭水域为主，互不通航，多分布于公园、风景游览区以及中小型水库。受水域面积、水深、航道、季节等因素影响，北京市的水上运输仅限于水上旅游观光。2003年北京市地方海事局（与北京市运输管理局两块牌子，一套人马）成立以后，水上安全管理进入了一个崭新阶段，逐步理顺了区县水上交通安全管理体制，远郊区县交通主管部门均成立了地方海事机构，市交通执法总队组建了海事执法专业队伍，初步实现了管理制度、机构布局、监督管理、证件服装、执法装备“五统一”，地方海事管理职能得以全面履行，确保水路运输运行安全。

（八）交通行政执法得到有效加强

改革开放以来，北京市交通行政执法工作经历了从无到有，从单一到综合，不断发展的历程。1985年后，北京市交通运输行业逐步由部门管理转向行业管理，由北京市运输管理处和北京市汽车维修管理处，北京市出租汽车管理处（北京市出租汽车管理局）分别负责公路运输、汽车维修行业管理、出租汽车管理以及交通行政执法工作。1991年4月，颁布《关于取缔无照经营出租车的暂行规定》。1995年，成立市公共交通管理办公室，承担对小公共汽车的行政执法职能。2000年1月，成立北京市交通执法总队，负责全市公共交通、公路及水路交通行业的综合执法工作，具体承担全市交通行业行政执法的组织协调，依法对交通违法违章行为实施处罚；负责全市公路交通检查站执法管理工作；对远郊区县交通行政执法从业务上进行指导。2003 年 4 月，明确了交通执法总队执法主体地位和对远郊区县交通局处罚案件的复议管辖权，基本形成了独立和相对集中行政处罚权的交通综合行政执法队伍，实现了执法依据、执法标准、执法程序、执法文书、执法管理制度和方式的统一。

（九）圆满完成奥运交通筹备和交通保障工作

在市委、市政府的领导下，7 年来特别是 2003 年市交通委成立以来，北京市交通系统各单位坚持以科学发展观为统领，抓住“新北京、新奥运”机遇，以举办一届有特色、高水平奥运会为标准，牢牢树立“绿色奥运、科技奥运、人文奥运”理念。从制定交通发展战略、政策和奥运交通行动规划入手，全面推进交通基础设施建设养护和优先发展公共交通以及智能交通系统建设，分阶段缓解市区交通拥堵情况，研究制定奥运期间交通保障措施及配套措施，实施安全隐患治理和制定交通应急预案。设置 23 条 286 公里奥运专用道，开辟 34 条公交专线及地铁奥运支线，新增或更新符合环保标准的公共电汽车 13 803 辆、地铁空调列车 606 辆、旅游客车 2 788 辆、出租汽车 6.1 万辆。组建高水平交通服务团队做好赛事交通服务，对公交、地铁、出租汽车、旅游客运、高速公路收费等五大窗口行业 20 万名一线员工开展培训，重点对 7 100 余名直接承担奥运服务的专业驾驶员及 8 627 名奥运赛事外围交通服务保障人员进行强化培训，圆满完成了奥运交通筹备和交通保障工作。

二、交通改革发展的主要成就

（一）交通基础设施建设成就显著

1. 道路建设实现跨越式发展

改革开放 30 年来，北京的城市面貌发生了历史性的巨大变化，道路建设在支持首都经济和社会发展中发挥了重大作用。1978 年，北京的城市道路总里程只有 1 900 余公里，道路面积 1 446 万平方米。到 2007 年底，城市道路总里程达到 4 460 公里，道路面积 6 272 万平方米，市区基本建成了 3 条快速环路和 17 条放射干线构成的中心城区快速路网系统，使路网整体通行能力有了明显改善。尤其是 1998 年四环路工程，不论在设计、施工、技术工艺、材料方面，还是在管理模式方面都是历史性的突破，其规模、气势、技术等级、复杂程度等方面都创下了当时北京道路建设之最和国内城市道路建设的数个“第一”，成为北京市道路建设创新模式的一座里程碑！

2. 高速公路建设快速发展

北京市高速公路从 1986 年实现零的突破，到 2008 年 9 月通车总里程达到 762 公里，初步建成“两环、八放射”（“两环”即五环路、六环路两条环线高速路，“八放射”即京石、京开、京津塘、京沈、京哈、机场、京承、八达岭等 8 条放射线高速路）的高速公路网。京石高速公路是北京最早建设的高速公路，也是中国大陆第三条开工建设的高速公路，被誉为“中国公路建设的新起点”，是北京西南方向的重要货运通道和一条畅通无阻的放射干线。八达岭高速公路是北京最长、最繁忙的旅游线路，缓解了北京西北方向交通拥挤的状况，还为晋煤外运提供了一条安全、快捷的运输线。五环路连接丰台、石景山、清河等10个边缘集团以及主要奥运场馆和科学城等重要地区，并与八条高速公路相连，对引导土地合理开发利用和市中心区人口向城市外围疏散起着非常重要的作用。2008年京平高速公路的竣工通车，标志着北京全面实现"区区通高速"，从10个远郊区县政府所在地到市区出行时间不超过1小时。

3. 农村公路支持新农村建设

2005年，北京市在全国率先实现了行政村"村村通油路"，全市3 985个行政村的道路全部实现油路、水泥路面。2007年，按照"统筹城乡、服务奥运"的原则，北京市完成了郊区公路3年提级改造工程，共改造郊区公路8 771公里，比原计划7 700公里超额完成1 071公里；2008年，全市重点自然村均实现通油路。"要想富，先修路。"农村公路建设的快速发展，有力地推进了新农村建设的进程。

4. 轨道交通建设速度力度空前

1978年以后尤其是近15年，北京新建轨道交通线路达176.4公里，全市轨道交通总里程达到200公里，初步显现网络效应。另外，在北京轨道交通建设发展过程中，通过编制《地铁设计规范》、《地下铁道轻轨工程测量规范》、《地下铁道、轻轨交通岩土工程勘察规范》、《地铁车辆通用技术条件》等十多项规定、规范，不仅统一了设计技术标准，还基本形成了成套的设计理论、设计方法，实现了设计的现代化。

（二）公共交通更加方便快捷

1. 公共交通分担率明显提高

2007年，北京市公共交通运营车辆达到19 395辆，比1978年增长了6倍多；运营线路总里程达到17 353公里，比1978年的1 217公里增长了16 136公里，增加了13倍多。2008年轨道交通运营里程也由1978年的16.1公里增至200公里。尤其是2007年12月24日，北京市轨道交通全网日全线开行列车2 306列，日客运量首次突破300万，达到3 018 347人次，是1978年日均客运量8.5万人次的35.5倍，成为中国大陆第一个日客流超过300万人次的轨道交通系统。2007年，北京全年公共交通完成客运量50.45亿人次，公交出行比例达到34.5%，为近年来首次超过小汽车出行比例，交通出行结构得到了初步改善。特别是奥运会期间，北京开通了赛事奥运公交专线34条和地铁奥运支线以及192条赛会志愿者通勤班车线路，奥运会期间全市地面公交日均发车17.2万车次，日均运送乘客1 313.9万人次；地铁全网8条线路日均开行列车4 312次，日均运送乘客395.1万人次；公共交通出行比例达到了45%。

2. 初步实现城乡公共交通一体化

2007年底，北京市研究制订了郊区公共客运改革发展方案，坚持实行公交公益性低票价政策，加大对郊区公共交通客运发展的投入，推进城乡公共交通一体化进程。2008年，各郊区县共建设了22处场站、1 000个候车亭，新开、调整线路30条，全市行政村通车率达到95%，其中房山、昌平、通州、大兴、顺义五个区已全部实现行政村"村村通公交"，极大地方便了郊区群众出行。

（三）出租汽车行业服务水平逐年提高

改革开放以来，尤其是20世纪90年代以来，北京市出租汽车企业一度发展到1 498家，行业经营秩序曾一度混乱，成为影响交通行业乃至社会稳定的不利因素。通过两次集中整顿，尤其是2004年以后陆续出台相关标准、规范，实行企务公开，开展社会信誉评价，评选“北京的士之星”等活动，不断加强对出租汽车行业的管理，出租汽车行业整体精神风貌、服务水平和文明程度不断跃上新台阶，出租汽车行业逐步走上了稳定发展的道路。目前，出租汽车行业规范的服务，整洁的车身，已经成为北京服务窗口行业一道靓丽的风景线。

（四）道路运输实现质的飞跃

1. 省际客运线路通达全国大部分省区市

1978年省际客运线路仅为182条，总里程为8 917公里，最远的也仅为北京至河北遵化线路，里程为305公里。经过近30年的发展，截至2007年底，省际客运线路已通达3个直辖市，15个省会城市，19个省、市、自治区的400多个地、市、县，形成了以首都为中心，南到重庆、福建，北到黑龙江，西到甘肃，东到山东、浙江等地区，向各省市放射的公路省际客运线路网络，省际客运班线达到790条，线路总里程437 000公里，最远线路里程达到2 600多公里，2007年省际客运日均发车2 200余班次，年客运量达到2 571万人次。至2007年，北京市省际客运站已由1978年仅有的北京市长途汽车公司所属马圈、天桥、永定门、北郊4个客运站发展到11个，在运营方式上均为社会站，且集咨询、购票、候车、检票、停车等完善的功能于一体。客运经营企业由1978年仅有的北京市长途汽车公司一家，车辆均为普通级车辆发展到2007年的264家（其中本市11家，外埠253家），省际客运车辆4 089辆（其中本市1 102辆，外埠2 987辆）。到2008年6月，车辆中高级车比例达到90.12%。

2. 道路货运基本解决“运货难”

改革开放以来，北京市货运市场逐步放开，道路货物运输打破了地区、行业和部门的限制，出现了多种所有制货运经营主体共同发展的局面。货运经营业户由1978年仅有的北京市运输公司等少数几家货运企业的几千辆车发展到目前的5.6万户13.6万辆营业性货运车辆，“运货难”问题得到根本解决。随着经济全球化速度的加快以及我国加入WTO，货运市场要面对的是更为广阔的国际市场。北京市积极推进物流信息化、系统化，推动货运企业向现代物流企业的转型，加快现代物流的发展。2007年，道路货运业通过改善货运车辆结构，节能减排工作取得初步成效，通过发展货运专用车辆和多轴重型车辆，提高了运输效率，降低了单位货物周转量的燃油消耗。2007年，北京市道路货运专用车辆比重从1990年的4.23%提高到了18.2%。货运站场的数量也上升到了12家。

3. 汽车维修技术水平和服务水平逐年提高

改革开放30年来，北京市汽车维修企业数量逐年增加，并且改变了过去全民单一的封闭经营方式，形成了多种经济成分并存，多层次、多类型的汽车维修市场。同时，汽车维修企业逐步实现由生产型向服务型转变，并且涌现出一批集汽车销售、汽车维修、配件供应和信息反馈为一体的品牌特约维修企业（4S店或3S店），汽车维修环境明显改善。随着电子技术和计算机技术在汽车行业的广泛应用，加快了维修设备的更新发展和检测手段的提高，维修技术发展迅速，发动机综合检测仪、汽车故障诊断仪、四轮定位仪、车身整形仪等现代维修设备已在一、二类维修企业中普遍使用。通过开展技术练兵、技术比赛活动，培养一批汽车维修专家、工程师、高级技师、高级工以及管理人才，汽车维修从业人员也逐步向年轻化、知识化、专业化方向发展，质量检验人员经过专业培训考核，持证率达100%。汽车维修行业涌现出一批先进集体和先进个人，汽修公司总工程师魏俊强荣获“全国五一劳动奖章”，被评为全国劳动模范。青年工人阚友波被授予“首都技术能手”称号。

（五）智能交通技术得到广泛应用

改革开放以来特别是近几年来，北京市按照“一个共享平台、七个应用领域”的智能交通技术应用工作思路，全面推进北京市“十五”智能交通系统示范工程建设。至2008年奥运会前，除建成启用了现代化的公安交通指挥中心等道路交通安全管理系统外，还在公共客运管理方面建成了公交运营组织与调度系统、公交车辆抢修救援调度系统、轨道交通路网指挥中心、交通客服中心、出租汽车调度及信息采集系统、省际长途综合客运枢纽信息系统；在公路交通管理方面，建成了北京市高速公路电子收费系统和高速公路监控系统；在综合交通管理方面，建成了北京市交通综合信息共享平台与综合信息服务系统、交通应急指挥系统等。智能交通技术的应用，提高了交通现代化管理水平和交通运营效率，不仅为奥运会赛事交通服务，而且面向公众出行、为交通行业管理和政府决策提供信息服务。公众出行可以通过GPS卫星定位系统实时了解路况，可以通过交通服务热线咨询反映问题，可以通过网络订购长途客运车票等，政府管理部门可以通过指挥调度系统掌握路况指挥交通，可以通过数据采集系统搜集处理分析交通运行状况，掌握动态信息，可以通过信息显示屏等发布实时交通信息，为公众出行服务。

（六）实现奥运交通和社会交通和谐运转

扎实做好2008年北京奥运会各项交通筹备和保障工作，实现了奥运交通和社会交通和谐运转，为成功举办一届有特色、高水平的北京奥运会、残奥会做出了应有贡献！奥运期间，全市公共交通实现了方便、快捷、稳定运行。地面公交采取增加车辆、延长运营时间等措施，车辆运行准点率提高，每日公共电汽车1.78万余部，日均发车17.2万车次，运送乘客1 313.9万人次；地铁全路网运营安全稳定，客流有序，日均开行4 312列次，运送乘客395.1万人次；出租汽车每日出车率达95%，约6.3万辆以上，日均运送乘客221万人次。8月8日奥运会开幕式当天，公交专线、地铁奥运支线共运送进出场观众约7.38万人次。散场时各国政要和运动员到达驻地用时分别为27分钟和50分钟，中心区观众疏散用时75分钟，比计划缩短了15分钟。奥运交通筹备和保障工作圆满完成，有力地保障了“两个奥运，同样精彩”的实现，受到国际社会、各国运动员和广大市民的高度称赞，实现了让国际社会满意、各国运动员满意、人民群众满意的“三个满意”目标，不仅促进了城市交通管理理念的转变，也为今后北京交通发展积累了十分有益的经验。

三、交通改革发展的体会

国内外大城市交通发展经验和北京市改革开放以来的交通工作实践表明，单纯依靠增加交通基础设施供给来提高道路交通承载能力，难以走出“面多了加水，水多了加面”的恶性循环，只有大力发展公共交通特别是轨道交通，同时实施交通需求管理政策，才是解决城市交通问题的根本出路。回顾改革开放以来特别是2003年北京市交通委员会成立以来的交通工作，主要有以下体会：

（一）党中央、国务院的重视和关怀，为发展北京交通提供有力支持

改革开放以来，北京交通事业的发展，一直受到党中央、国务院的高度重视和亲切关怀。早在1975年，国务院就批复了北京市《关于解决交通市政公用设施等问题向国务院的请示报告》。1976年至1985年的两个五年计划期间，国家每年给北京市安排专款1.2亿元，用于改善相关设施。大到北京交通发展规划，小到某个行业的管理，党中央、国务院领导都非常关心，多次就有关北京交通方面的事项作出明确批示。2005初，国务院正式批复了《北京城市总体规划2004年~2020年》，进一步明确了北京交通发展的思路。特别是2008年北京奥运会召开前夕，胡锦涛总书记实地考察北京奥运会配套交通设施，对北京交通建设发展作出明确指示，更是体现了党中央、国务院对北京交通发展的关怀和支持。

（二）坚持改革创新，奠定发展交通的体制基础

改革创新是交通发展的不竭动力。1978年以来尤其是近几年来，北京市积极推进观念创新、体制机制创新、科技创新和管理创新，在交通管理体制上积极进行探索，经历了交通管理体制的多次分合。直到2003年2月，北京市在2000年对公共交通与公路、水路运输实行统一管理的基础上，组建了北京市交通委员会，实现了对公共交通、公路和水路客货运输、公路和城市道路建设实行统一管理，初步理顺了交通管理体制。坚持贯彻和落实科学发展观，不断解放思想和更新观念，逐步建立政府主导、市场化运作的交通基础设施投融资体制，分别成立公联公司、首发公司和轨道建设公司等专业公司，专门负责道路、公路、地铁等交通基础设施的建设；组建轨道交通指挥中心，对轨道网络实行统一调度指挥；推进乡村公路管理养护体制改革和枢纽建管机制改革等等，为北京市实现交通事业快速发展奠定了体制基础。

（三）全面贯彻落实科学发展观，推进交通事业又好又快发展

交通是支撑经济社会发展的基础性、先导性的现代生产服务业，与人民群众生产生活息息相关。要实现交通运输的健康可持续发展，必须全面贯彻落实科学发展观。党的十七大报告指出，科学发展观，第一要义是发展，核心是以人为本，基本要求是全面协调可持续，根本方法是统筹兼顾。改革开放30年来，特别是近几年来，北京市交通系统紧紧围绕首都经济社会发展全局，坚持统筹交通与经济社会协调发展，发挥交通基础设施在城市空间布局和产业布局调整中的引导作用；统筹城乡交通、市域与城际交通发展，着力推进“区区通高速”、“村村通油路”，城乡交通一体化进程大大加快。坚持把不断满足人民群众对交通的需

求作为交通工作的出发点和落脚点，把以人为本的理念努力贯穿到交通规划、建设、运营、管理、服务等各个环节。优先发展事关民生的公共交通，让市民享受更快捷、更方便、更实惠的公共交通服务。坚持建养管并举，充分发挥既有交通设施潜力，注重各种运输方式的整合衔接，推进交通领域节能减排降耗，发展集约型环保型的现代交通综合运输体系，走可持续发展之路。坚持文明执法、严格执法，寓管理于服务之中，营造和谐良好的交通环境。

（四）制定和发布《北京交通发展纲要》，明确北京交通发展方向

新世纪的第一个十年是北京实施“新三步走”战略的重要时期，北京经济社会的快速发展将有力地支持交通事业的持续发展。同时，交通的现代化也将为北京建设成为具有鲜明特色的现代国际城市、文化名城和宜居城市提供必要的基础条件。北京交通发展既面临世界大城市发展的共性问题，但也有其特殊性。2003 年，北京市委、市政府审时度势，不失时机地作出正确决策，编制并发布了《北京交通发展纲要（2004 年～2020 年）》（以下简称《纲要》）。作为今后一个时期指导制定全市交通规划、交通政策和实施计划的纲领性文件，《纲要》在总结历史经验教训的基础上，分析了交通问题的症结与未来发展趋势，提出了建设“新北京交通体系”的目标，制定了实现这一目标的战略途径、基本交通政策和近期实施的重大行动计划。《缓解北京市区交通拥堵工作方案》、《关于优先发展公共交通的意见》、《北京市轨道交通近期建设规划》等一系列文件的陆续出台，也为落实《纲要》要求提出了相应的政策措施。

（五）坚持交通先导和公交优先，促进交通健康稳定发展

坚持城市交通基础设施适度超前、优先发展，充分发挥交通建设对城市空间结构调整的引导和支持作用。交通基础设施建设的快速发展，带动了交通运输业的整体发展。坚持公交优先政策，从城市可持续发展的要求出发，按照公平和效率的原则，合理分配和使用交通设施资源，在规划、投资、建设、运营和服务等各个环节，提出了“两定”、“四优先”政策，为公共交通发展提供条件，有力地促进了首都交通运输业的健康稳定发展。

（六）坚持确保行业安全稳定，营造交通发展的和谐环境

安全稳定是北京第一位的政治任务，也是交通行业和谐发展的基本要求。北京市在工作中逐步建立了交通公共安全责任体系，全面落实行业安全监管和企业主体责任。实施了地铁消隐、危病桥改造、公路安保工程、治理超载超限等安全隐患治理，交通基础设施的安全性、可靠性明显提高。不断完善交通应急体系和工作机制，成功组织了多次重大工程改造和抢险抢修，增强了突发事件的快速反应和处置能力。同时，以维护出租汽车行业稳定为重点，不断推进和谐行业建设。这些扎扎实实的工作，为交通快速发展营造了和谐的发展环境。

（七）加强干部职工队伍建设，保持良好精神状态和工作作风

改革开放 30 年来，交通行业广大干部职工，始终坚持高标准、严要求，脚踏实地、真抓实干，发扬特别能吃苦、特别能战斗、特别能攻关、特别能奉献的精神，始终保持良好的精神状态和作风，战胜了一个又一个困难和挑战，取得了一个又一个成功和胜利。尤其是近

年来，努力加快政府职能转变，着力建设为民、务实、清廉、高效的服务型政府交通部门，通过制定规划、法规、政策、标准和帮助基层、企业解决实际问题来加强行业监管，为市场主体提供服务，不仅赢得了社会各界的理解和支持，进一步增强做好工作的决心和信心，也成为促进交通事业又好又快发展的巨大精神动力。

四、交通发展展望

站在30年发展成就，特别是为成功举办2008年北京奥运会和残奥会提供最好交通保障的新起点上，北京交通发展任重道远。必须坚持以科学发展观为指导，坚持“人文北京、科技北京、绿色北京”理念，努力建设并全面建成适应首都经济和社会发展需要，满足全社会不断增长和变化的交通需求，与国家首都和现代化国际大都市功能相匹配的“新北京交通体系”。

今后一段时期，北京市将以建设可持续发展的“新北京交通体系”为目标，集中力量建设以现代化交通设施为基础、以公共运输为主导的综合交通运输体系；努力以信息化、法制化为依托，为公众提供安全、高效、便捷、舒适和环保的交通服务；努力实现城市交通建设与历史文化名城风貌和自然生态环境相协调，引导、支持城市空间结构与功能布局的优化调整，实现城市可持续发展。

（一）继续加快交通基础设施建设

1. 实现城市轨道交通网络化

根据《北京市城市快速轨道交通建设规划（2007年~2015年）》，到2015年，北京市将实现“三环、四横、五纵、七放射”总里程为561公里的轨道交通网络，四环内市民出行平均步行不超过1公里，即可到达地铁站。轨道交通将实现与城市重点功能街区及交通枢纽的便捷联系，中关村、金融街、西客站、北京南站、奥林匹克公园和CBD等，都将有多条地铁轨道相连。昌平、顺义、门头沟、房山、通州、亦庄和大兴等7个周边新城，将均有轨道交通通行，进一步促进城市空间结构和功能布局调整，有效缓解交通拥堵状况。到2020年，北京还将建成由16条地铁线路和7条轻轨线路组成、总长度为763.4公里的中心城轨道交通网络。

2. 建设完善的交通基础设施系统

2010年之前，初步建成交通设施功能结构较为完善，承载能力明显提高，运营管理水平先进，基本适应日益增长交通需求的“新北京交通体系”框架，初步形成中心城、市域和城际交通一体化新格局，中心城交通拥堵状况有所缓解。到2020年，北京市将形成一个由国市道等干线公路为骨架、以县乡公路为支脉，功能完善、布局合理的棋盘式环路加放射线的公路网系统，形成以国市道等干线公路组成的环路和放射线相结合的公路网主骨架，以县乡公路为支脉的全市公路网系统。

3. 基本实现交通枢纽布局规划

预计到2020年，全市民用机动车保有量将达到500万辆左右，全市出行总量将达到5 200万~5 500万人次/日。中心城公共交通出行分担率将由目前的34.5%提高到50%以上，其中轨道交通及地面快速公交承担的比重占公共交通的50%以上。作为衔接各种交通方式的交通枢纽，对于实现以上指标至关重要。到2020年，北京市将基本建成布局合理、设施完善、功能齐全、环境优美、管理先进，基本适应交通发展需要的现代化交通枢纽系统，为北京交通健康有序发展提供有力支撑。

4. 加快城市停车设施建设

2010年以前，通过修改建筑物停车位配建指标，优先解决各类车辆基本停车位短缺问题；加快驻车换乘停车位建设，初步建成与道路交通容量相匹配的停车系统，公共停车位总量达到汽车保有量的10%以上；基本建成覆盖中心城区的智能停车诱导系统和自动停车计时收费系统，增加停车信息服务设施，通过互联网、广播、移动终端定制、停车指数发布、停车资费、时段查询等形式，实现对驾驶员行车、停车决策的一级诱导；通过道路诱导信息电子显示屏，实现对行驶中的驾驶员告知即将进入区域内停车资源现状的二级诱导；通过停车场周边诱导信息屏，实现对行驶在停车场周边驾驶员的三级诱导。

（二）继续推进公共交通优先发展

坚持公共交通优先发展特别是加快轨道交通建设。到2020年，北京将全面建成与城市社会经济发展和人民生活质量提高相适应，支持城市空间战略布局调整，满足出行需求，地面公交、轨道交通线网结构合理，场站及换乘系统布局完善，服务水平显著提升，管理先进，与其他客运交通方式相协调，城乡一体化的公共交通体系。公共交通将承担全市50%以上的交通出行量。

（三）继续推进道路运输又好又快发展

1. 省际客运资源配置进一步优化

到2015年，按照适应经济结构战略性调整的要求，省际客运将进一步引入高科技手段，鼓励投放高级车辆，适时在运营车辆安装GPS等系统，提高车辆安全运营系数和调度能力。结合高速公路建设情况，发展连接大中城市的快速客运和铁路提速甩站线路；结合市场发展情况巩固调整周边省市客运网络；试点线路配载和节点运输，进一步优化运输组织，促进行业集约化、经营规模化、服务规范化发展。

2. 道路货运基本适应经济发展需要

2020年，道路运输供给与社会需求趋于平衡。智能交通技术将在道路货物运输中广泛应用，行业信息化发展水平将接近中等发达国家水平。随着高等级公路的不断涌现，道路货物运输的合理运距也将有进一步延长的趋势，我国将建立起运输安全型、资源节约型和环境保护型的公路货运交通体系。市场经济的发展和货运市场的竞争将促使运输企业不断提升服务意识和服务质量。多轴、大吨位车辆，专用厢式和集装箱运输将得到很大发展。货运站将广泛采用托盘、包装机具和性能优良的装卸设备。

（四）继续推进交通科技发展和智能交通系统建设

依靠科技创新，继续推进智能交通系统建设，提高交通管理服务水平。继续整合交通信息资源，全面收集公路、城市道路和公共交通、交通运输、停车、交通行政执法等交通行业管理信息，建立公众、企业和政府三方信息共享、实时服务的交通信息平台。继续推进行业科技建设和创新。客运方面，围绕车辆快速通行和公众出行，建立客运交通指挥调度和服务信息系统；停车诱导系统；货运方面，围绕第三方物流发展，建立面向货主、用户、车主的货物运输信息服务系统；在交通基础设施建设与养护方面，围绕建设资源节约型、环境友好型社会，开展使用环保、降噪等新材料、新工艺的试验和研究。

（五）进一步推进交通法制化进程，建设责任型、服务型政府交通部门

改革开放30年来，北京市逐步形成了以北京市交通委员会作为基本框架的交通管理体制。今后一段时期，将通过深入学习落实科学发展观，牢固树立“以人为本”和“发展为了人民、发展依靠人民、发展成果由人民共享”的施政理念，进一步完善交通法制化建设，从管理理念、管理职能、管理制度、管理手段和管理方式等方面实现根本性转变，起草修改完善交通法规规章，依法行政。强化公共服务职能，改进管理手段和方式，建立健全民主决策机制、政府信息公开机制、群众监督和参与机制，建设责任型、服务型政府交通部门。

水陆纵横看津门

天津市交通委员会

党的十一届三中全会以来，天津交通在市委、市政府和交通部（交通运输部）的正确领导下，坚持高举中国特色社会主义伟大旗帜，坚持走中国特色社会主义道路，坚持以邓小平理论和“三个代表”重要思想为指导，深入贯彻落实科学发展观，不断解放思想，深化改革开放，励精图治，奋力拼搏，创新进取，扎实苦干，全面推进交通基础设施建设，交通运输保障能力显著提高，交通行业监管能力和水平明显提升，为天津和区域经济社会又好又快发展提供了强有力的交通保障。

一、历史进程

（一）水运

天津是我国北方最大的港口城市，水运历史悠久。改革开放30年来，港口建设和水路运输取得了长足发展，成为天津对外开放、经济建设、服务区域经济发展的重要保障和拉动力量。

1. 港口

天津港是中国最大的人工港，腹地广阔，服务辐射范围包括京津冀及中西部地区的14个省、市、自治区，总面积近500万平方公里。回首天津港的发展，是改革开放给天津港带来了翻天覆地的变化，是改革开放为天津港注入了快速发展的动力，是改革开放给天津港插上了腾飞的翅膀。

纵观天津港三次跨越式的发展历程，形成了一条“超常规发展”的清晰主线。

(1)第一次跨越（1978年～1992年）：敢于尝试、率先破题，港口体制改革开辟天津港探索发展之路。

党的十一届三中全会，掀开了中国历史发展的新篇章。作为我国首批对外开放的港口，1984年6月10日，经党中央、国务院批准，天津港在沿海港口中率先实行了“双重领导、地方为主”的行政管理体制和“以港养港、以收抵支”的财政政策，成为了我国港口改革破冰的“第一人”，掀开了新中国港口史上的崭新一页。又经过6年的拼搏奋斗，天津港人凭借着改革的信心与勇气，将27公里长的单航道拓宽为双向深水航道，有效缓解了港口压船问题，并相继实现了煤炭等大宗货类的进出口装卸作业，使这座历经沧桑的百年老港重新焕发出了青春。

在这一时期，天津港先后创造了沿海港口中的数个“第一”：建成了全国第一个集装箱专用码头、第一个达到国际最先进标准的自动化散粮专用码头和第一座从海底建起的固定式灯塔，率先开展了集装箱大陆桥运输，与荷兰渣华集团合资兴建了我国第一家商业保税仓库，第一个聘请外国人担任港口规划建设的最高顾问。1991 年的天津港，货物吞吐量已由改革开放初期的 1 千多万吨猛增至近 3 千万吨，港口的综合实力显著增强。

1986 年 8 月 21 日，邓小平同志视察天津港，当了解到天津港所发生的巨大变化时，兴奋地说：“天津港下放两年来，经济效益显著提高。人还是这些人，地还是这块地，一改革效益就上来了，无非是给了你们权，其中最重要的是人权”。一席话，不仅充分肯定了天津港的工作成绩，对天津港人起到了巨大鼓舞作用，而且深刻地揭示出改革开放是使天津港发生巨变的根本原因。

(2)第二次跨越（1992 年～2002 年）：科学谋划、调整布局，以市场为导向奠定天津港快速发展之路。

党的十四大明确了建立社会主义市场经济体制的奋斗目标，邓小平同志南巡讲话使天津港如沐春风，迎来了改革开放的第二个春天。进入 20 世纪 90 年代，天津港确立了以市场为导向的发展思路。为了增强对市场需求变化的适应性，面对国际航运业呈现出的船舶大型化和专业化发展趋势，果断破除了“深水深用、浅水浅用”的束缚，在大量科学研究的基础上，提出了建设国际化深水大港的发展思路。将航道水深由 5 万吨级推向 10 万吨级，在北疆港区新建了大型专业化煤码头和集装箱码头，吸引了当时国际上最先进的第四代集装箱船在天津港首航。

与此同时，提出了“南散北集”的港口布局调整，拉开了开发建设南疆港区的序幕。通过一手抓基础设施建设，一手抓货源市场开发，自 1993 年起，天津港吞吐量每年以千万吨级递增，2001 年货物吞吐量突破亿吨，成为我国北方第一个亿吨大港，跻身世界港口 20 强。

在不断扩大规模、实现吞吐量较快增长的基础上，天津港深化体制改革，建立符合社会主义市场经济要求的现代企业制度。在体制改革上走出了具有重大意义的两步棋：一是 1992 年对下属的储运公司进行了股份制改造，并于 1996 年实现了在上交所挂牌上市，成为全国港口企业中第一家上市公司；二是天津港下属的两个公司和集装箱公司于 1997 年随天津发展在香港联交所上市。天津港成功进入资本市场，经营规模不断扩大，经济效益显著提高，为我国的港口企业体制改革进行了有益尝试。

(3)第三次跨越（2002 年至今）：深化改革、扩大开放，创建世界一流大港战略铺就天津港科学发展之路。

党的十六大以来，随着我国正式加入世界贸易组织，我国全面参与经济全球化和区域经济一体化的进程进一步加快。天津港紧紧把握这一历史性机遇，把自身的发展置于提高区域经济的国际竞争力大格局中考虑，以前瞻性的战略眼光，提出了“创建世界一流大港”的战略构想。世界一流大港的内涵体现为：一是规模化，吞吐量要始终居于世界港口前列，能力适度超前，适应船舶大型化要求，成为深水大港；二是国际化，国际集装箱班轮密度高，外贸吞吐量规模大，与国际上大的航运企业和物流企业结成战略联盟，按国际通行标准运营港口，实现投资来源的国际化；三是现代化，包括技术装备、港口功能现代化，企业员工知识化，港口环境生态化。

2002年至今，是天津港发展速度最快、发展质量最好的一段时期。天津港航道等级由10万吨级迅速提升至25万吨级，吞吐量用两个三年时间连续跨越了两个亿吨台阶，年度主营业务收入和基本建设投资双双超过百亿元，进一步巩固了我国北方第一大港的地位。2007年底，全国最大的保税港区——东疆保税港区首期4平方公里成功实现开港和封关运作，向世界展示了滨海新区开发开放的勃勃生机，展示了天津作为国际港口城市的风采。天津港再次在先行先试中走出了一条独具特色的科学发展之路，向世人展示了“打造北方国际航运中心和国际物流中心，建设世界一流大港”的决心与勇气。

2. 行业监管

改革开放以来，随着国民经济和对外贸易的高速增长，天津港口生产持续快速发展，水上交通安全管理任务日趋繁重。为服务航运经济发展，支持地方经济建设，适应港口管理体制改革需要，1988年，在天津港务监督和交通部天津航道局航标测量处的基础上，交通部和天津市人民政府共同组建了天津海上安全监督局，实行交通部和天津市双重领导、以部为主的管理体制。1998年，交通部实施水监体制改革，天津海事局挂牌运行，统一管理辖区水上交通安全，防止船舶污染，船舶和海上设施检验，港口航道测绘和航标，水上无线电通信等工作。在交通部和天津市委、市政府的正确领导下，天津海事局（天津港务监督）以“航行更安全，水域更清洁，航运更便捷”为目标，按照“船舶适航、船员适任、安全畅通、有效监管、优质服务”的总体要求，在服务地方经济建设、促进航运发展、保护水域环境等方面发挥了重要作用。

30年来，天津海事始终坚持科学发展，探索出了“一线一点四区”重点监管区域，“四重点、四优先”重点监管和服务船舶，“四季三节”重点监管时段等有天津特色的海事监管规律；始终坚持安全发展，保证了辖区水上交通安全持续稳定；始终坚持服务地方，为北方海区水上交通运输构建了一个全面可靠的航海保障平台；始终坚持可持续发展，科技兴局、人才强局的战略硕果累累。

2003年8月，天津市地方海事局、天津市航运管理处、天津市船舶检验处重新挂牌；2007年，12个区县海事处完成执法主体名称变更，明确了监管责任，监管范围已全面覆盖全市通航水域，在海河通航水域形成了动、静态相结合管理的特色模式。按照统一部署，先后开展了渡口渡船、低质量船舶两防专项整治，桥区航道验收，航运企业年度资质核查和水路运输量调查等一系列活动，及时消除了安全隐患，完善了管理机制。加强了对“四季三节”和“四客一危”船舶的监督管理，落实了乡镇渡口安全管理责任制，命名了两个安全文明示范渡口，开展“创建安全、文明、畅通航线”活动，制定了《天津市水路客运企业文明服务公约》，建立了执法点位，建造了两艘海巡艇，加强了现场监管工作力度，彻底改变了二十多年来“水上执法、岸上执行”的现状。船舶检验5.0系统正式运行，监管设施设备改善，监管能力不断提高，始终保持了水上交通安全和服务质量投诉的双零目标。

为加快天津港口建设，推进滨海新区开发开放，在全市营造依法建设港口、经营港口和发展港口、管理港口的氛围，制定了第一部天津港口地方法规《天津港口条例》，并于2008

年4月1日颁布实施。《天津港口条例》的实施，对于加快港口法制环境建设，建立配套的法规规范体系，更好地开发利用有限资源，有序推进港口建设，提升港口参与国际竞争能力，加快推进滨海新区开发开放，具有重要的推动作用。

（二）公路

党的十一届三中全会以来，天津公路建设步入了快速发展时期，大体上经历了三个阶段。

1. 第一阶段（1978年~1987年）：**乡村公路普遍建设和高等级公路初步建设时期**

(1)大力兴建乡村公路，实现快速发展。1982年，天津市乡村公路仅有635公里，全市3 800多个村庄，仅有23.9%通了油路，大多数农村仍然是土道，处于“晴天浑身土，雨天满身泥，车辆进不去，货物依靠背”的闭塞状态。

为发展农村经济、改善农村面貌、让农民群众走上富裕之路，天津市人民政府将改善乡村道路列为改善农村人民生活十件实事之一。1982年6月，组织郊区、县制定了《村镇公路十年规划》，从1983年起，市政工程局每年从公路养路费中拨出一定款额，补贴郊县用于修建乡村公路。十年间，共建成乡村公路4 668公里，到1987年基本实现了全市224个乡镇通公路。

(2)改建新建国家干线公路，提高技术等级和通行能力。这十年，先后改建了天津境内的5条国道，提高了路线等级和通行能力。对市级干线公路也有重点地实施了改建，共改建拓宽路基、路面480多公里。

在此期间，天津市实施了在全国具有重要影响的两项工程即外环线和京津塘高速公路工程。外环线是天津城市快速干道系统“三环十四射”的重要组成部分。它既是城市的外环线，也是城市公路网的“内环线”。外环线的主要功能，是承担市区货运交通，截留和疏导过境车辆，方便市区同郊县的往来，使市区干道与公路网联成整体。外环线为一级公路线形标准，全长71.44公里，全宽100米，其中路基宽50米。工程共征用土地1万多亩，挖河取土539万立方米，建大型跨河立交桥10座，修筑桥梁面积6.8万平方米，除征地拆迁外，工程投资仅3.2亿元，成为全国少花钱多干事的典范。1986年秋，天津市委、市政府发动全市人民义务劳动挖河取土、填筑路基土方，组织各有关专业施工队伍修建桥涵、立交及与农田水利配套的构筑物工程，1987年10月1日全线建成通车。外环线、外环河、500米宽的绿化林带、果园和鱼塘，构成了天津市中心城区的规划控制线和都市绿色环境保护圈。时任天津市长的李瑞环同志说：“这是城市建设史上的又一奇迹”。

京津塘高速公路是我国接受世界银行贷款，进行国际公开招标，按菲迪克（FIDIC）合同条件实施建设的第一条跨省市高速公路。京津塘高速公路的建设，拉开了天津大规模修建高速公路的序幕。

1986年5月17日，国务院正式批准修建京津塘高速公路。1987年12月23日开工，1993年9月，全线建成通车。京津塘高速公路全长142.69公里，其中北京及河北省段共41.84公里，天津段长100.85公里。天津段设桥梁43座、互通式立交5座、服务区2处。路基总宽度26米。

京津塘高速公路工程验收和运营结果表明，它是我国设计标准较高、工程管理完善、施工质量较好的一条高等级公路，标志着我国公路建设的技术和管理水平已进入国际先进行列。该工程1993年被交通部授予改革开放以来“全国十大公路工程”称号；1994年被建设部评为改革开放以来对国内外有重大影响的“全国最佳工程设计奖”；1995年被交通部评为“公路优质工程一等奖”；1996年获“中国建筑工程鲁班奖”和“交通部科学技术进步特等奖”；1997年获“国家科学技术进步一等奖”。

(3)不断提升公路桥梁技术水平，提高承载水平和通行能力。这一阶段，天津公路桥梁建设水平不断提升，科技含量不断提高。桥梁结构由过去的普通钢筋混凝土板梁桥、石桥发展到大跨径斜拉桥、预应力混凝土连续箱形梁桥、双曲拱桥、T形梁桥及互通式立交等多种类型。干线公路新建改建的桥梁荷载标准均按汽车-20级、挂车-100或汽车-超20级、挂车-120进行设计和建设，先后建成了芦台、大张庄、西流城、东风、东堤头、永和等具有代表性的特大型桥梁。

(4)天津市路网规划编制工作开始启动。1981年国家计委、经委、交通部联合批准《国家干线公路网试行方案》，标志着我国公路网规划工作开始步入正轨。天津公路网规划的编制开始启动。以时任市长李瑞环为首提出的由市政工程局组织实施天津市“三环十四射”道路网架，成为全国各省市学习的榜样。

2. 第二阶段（1988年~1997年）：**建立多元化、多渠道投融资体制，高等级公路全面加快发展的新时期**

这一阶段，在三十年公路网规划的指导和多元化投资政策的引导下，天津公路建设走上健康有序、良性循环发展的轨道。

1991年，按照交通部的部署，天津市历时五年编制完成了《天津市公路网规划（1991年~2020年）》（即“三十年公路网规划”），1996年局部修改后纳入《天津市城市总体规划》（1996年~2010年）。30年公路网规划提出了“一带、二环、三纵、四横”的干线公路网骨架布局，里程为2467公里，公路网规划总里程为12 400公里。该规划开创了天津公路规划的新纪元，制定了未来几十年公路远景规划的战略目标，对指导公路建设的有序发展具有重要意义。

随着社会主义市场经济体制的逐步确立，“国家投资、地方筹资、社会集资、国内贷款、利用外资”的公路建设多元化投资方式逐步形成，公路建设资金市场得到扩大。“贷款修路（桥），收费还贷，合资兴路，经营受益”项目开始起步。自1995年天津市与香港中国工业投资有限公司集团合作建设、联合经营津淄公路万家码头大桥项目开始，90年代末成功转让了津沧高速（天津南段）经营权，并与多家投资商合作建设经营津沧高速（天津北段）、京塘公路（天津南段）、唐津高速（河北丰南界——京塘公路）和蓟州立交桥等诸多公路建设项目，合作建设里程达278公里。

除合作建设项目外，还采用贷款、集资等多种融资方式新建和改建了一批重要的国、省干线公路，项目有：京津塘高速（天津段）、京福公路（天津北段）、津榆公路宁河段、京塘公路（河北界——杨村段）、宝平、津歧、津霸、邦喜、津汉、津涞公路等，建设里程达498公里。利用地方政府对公路建设的积极性和有关优惠政策，对一批干线公路在现状基础上进行了提级改造，建设里程达170公里。

公路桥梁建设的重点是改造国省干线上的危桥及新建部分交通繁忙的铁路平交道口的立

交桥。宁河立交、万家码头、大刘坡、江洼口等多座大型公路桥梁的建成通车，解决了干线公路多处危桥断交、公铁平交等严重阻碍公路通行能力的难题。

3. 第三阶段（1998 年～2007 年）：**高速公路大规模建设和公路实现跨越式发展时期**

这一阶段，天津公路建设坚持科学发展、统筹规划、突出重点、稳步提高，实现了又好又快发展。

2001 年由天津市市政工程局统一组织开展了对 30 年公路网规划的调整工作，提出要形成以围绕中心城区的“一环、七射、四主”高速公路网为主骨架的干线公路网络，规划公路网总里程为 15 000 公里，其中干线公路 3 237 公里，高速公路 862 公里。

随着我国进入全面建设小康社会新时期，高速公路发挥着越来越重要的作用。2004 年，国务院批准了《国家高速公路网规划》，标志着我国高速公路建设进入了新的历史阶段，规划中有 5 条国家高速公路经过天津。同年，交通部开展了环渤海地区现代化公路水路交通基础设施规划，涉及到天津高速公路与周边地区的衔接。国家和区域公路网规划及研究对天津公路的发展产生重大影响。同时，城市总体规划修编、滨海新区战略地位的提升以及京津冀区域一体化进程的加快都为天津公路的发展带来新的机遇与挑战。2005 年天津开展了新一轮高速公路网规划调整，提出了“3310”的规划建设方案，即由 3 条过境主通道、3 条京津城际高速公路通道、10 条中心城区和滨海新区对外放射线组成的高速公路网络，里程约为 1 200公里，规划线路纳入 2006 年经国务院批复的《天津市城市总体规划（2005 年～2020 年）》。规划的“3310”布局对“十一五”期间天津高速公路网建设起到了重要的指导作用。

“九五”期间，通过大规模招商引资，极大地推动了天津高速公路的发展，建设里程达 332 公里，其中通车里程 162 公里。京沈、津沧高速全线贯通，形成了沟通东北、华北、华东之间的快速运输通道。普通干线公路建设成绩斐然，以“贷款修路，收费还贷”政策为依托，采用市场贷款融资模式集中修建了 16 条、全长 842 公里的普通干线公路。

“十五”期间，规划的“3310”布局中绝大部分高速公路项目开工建设，建设总里程达到 592 公里，规划目标的实施大大提前。唐津、津蓟、津晋高速建成通车，总长 299 公里；京沪、京津、海滨大道、津汕、津蓟延长线等在建，总长 293 公里。

“十一五”以来，高速公路建设里程 308 公里，其中京沪高速（天津段）于 2006 年竣工通车，成为我国第一条全线建成高速公路的国道主干线。京津、津汕、津蓟延长线、国道 112 线、海滨大道等高速公路也正在加紧建设。

（三）铁路

天津铁路枢纽内铁路主要由京山、津浦、京秦三条干线及若干支线和联络线组成。这些线路以天津市为中心，西向北京、东南沿渤海湾延伸，纵贯河北省，涉及北京市和山东省的德州市，是沟通华北、东北、华东、西北的重要枢纽，经济和军事意义极为重要。

1978 年，党的十一届三中全会后，随着国民经济的快速发展，天津铁路分局铁路建设进入了快速发展的时期。主要建设项目有：

1981 年动工修建京秦电气化铁路，1983 年建成通车，1985 年电气化开通；1987 年 4 月 15 日，天津铁路枢纽改造工程开工，1988 年 10 月 1 日竣工开通；1989 年，京山线京津三线建成通车；1994 年 11 月 1 日，京山线压煤改线工程全线开通，同时建成唐山和唐山北等

5个站；1996年，连接京九线的霸州至北仓联络线开通；同年，京秦、京山、津浦三大干线提速改造工程拉开序幕，提速区段快速旅客列车最高时速达160公里，一般旅客列车最高时速达120公里；1999年，天津铁路分局在天津经济技术开发区投资兴建泰达站。泰达站是全国首座建在经济技术开发区内的火车站；2000年6月28日，改造后的北戴河新客站开通；2001年4月28日，京山线狼秦段电气化改造工程开工，2002年12月31日竣工送电；2001年11月6日，蓟港铁路开通运营；2002年4月1日，南仓站东疏解工程开工，2003年11月19日开通；2003年12月25日，北塘西站扩能改造工程竣工开通；2004年10月，津秦沈电气化改造工程开工，2007年竣工并全线开通。

在这些铁路建设和线路改造工程中，对国家和天津市经济发展发挥重大作用、被纳入国家重点工程的有以下两项：

1. 修建京秦电气化铁路

1981年，国家计划委员会为解决山西煤炭至秦皇岛港下水转运和分流京山线的部分直通运量问题，决定修建北京至秦皇岛电气化铁路，该工程是国家“六五”期间铁路建设重点工程，总投资20.9亿元，平均每公里造价342万元。1981年下半年建点进行施工准备，1983年12月全线铺轨完成，1984年下半年开始运煤，1985年12月15日完成电气化工程。京秦线的建成不但为国家开辟了一条新的山西煤外运通道，扩大了煤运量，增加了运输的机动性，并可为运输能力已经饱和的京山线分流。同时，由北京枢纽到秦皇岛，货运里程缩短约70公里，客运里程可缩短110公里。

2. 天津铁路枢纽改造工程

1987年4月15日，天津铁路枢纽改造工程开工，1988年10月1日竣工开通。这项工程规模宏大，工程包括“两点两线”，即扩建改造天津客站、扩建改造南仓编组站，增建北环线部分二线，新建南曹联络线，同步建成邮政枢纽、商业服务楼（龙门大厦）、地下商场、李公楼立交桥以及站前广场等市政设施。整个工程由铁道部、邮电部和地方投资7亿元；总建筑面积28万平方米；正站线铺轨150公里；新建桥梁17座，其中特大桥4座，大桥1座，中小桥12座，土石方200万立方米。天津铁路枢纽改造工程竣工后，综合能力提高，基本适应铁路和天津市中长期运输发展规划的需要并取得显著的投资效益。

从1978年至2004年底，天津铁路分局的线路延展长度由2 559.4公里增至4 189.982公里，增加63.71%。营业里程由875.5公里增至1 317.1公里，增加50.44%。重载铁路、准高速铁路和快速铁路从无到有，分别达到787.9公里、399.6公里和358.6公里。电气化铁路也从无到有，建成460.2公里，其中双线及以上电气化铁路达436.1公里。行车信号自动闭塞由1978年的不足1 000公里发展到1 063.831公里，半自动闭塞由600多公里降至335.689公里，到20世纪80年代末已全部淘汰了人工闭塞设备；联锁站所由114个增至136个，增加19.3%。配属机车增至523台，较1978年增加193台，增加58.5%。配属客车由320辆增至809辆，增加1.53倍。车站数量由118个增至128个（含泰达站），增加8.5%。固定资产原值由106 593万元增至1 625 750万元，增长14.25倍。进入20世纪90年代后，围绕天津市关于滨海地区基础设施的规划，经十余年建设，天津市区铁路已形成环线，扩大了通过能力；加强了港前站与京山线的联系，扩大了港口的货运能力；经过改造，各编组站扩大了为城市和滨海地区服务的客货运能力。

2005 年 3 月 18 日，天津铁路分局撤销后，原天津铁路分局管内铁路又有了新的发展。2007 年 1 月 15 日，天津站进行了有史以来最大的一次改扩建，2008 年 8 月 1 日正式开站运营。改扩建后的天津站总建筑面积 18.5 万平方米，其中新建北站房 7.1 万平方米，改建既有南站房 3.3 万平方米，高架候车厅 2.2 万平方米，能同时容纳 6 000 人候车，成为集铁路、地铁、公交车、出租车等多种交通方式为一体的现代化综合交通枢纽。

2008 年 8 月 1 日，我国第一条具有世界一流水平、最高运营时速 350 公里的高速铁路——京津城际铁路正式通车运营。京津城际铁路技术先进，具有世界一流水平，全线铺设具有世界铁路先进水平的无砟轨道，运用了先进的无缝线路和高速道岔，充分满足了时速 350 公里高速列车安全平稳运行的要求；开行了拥有完全自主知识产权、具有世界一流水平的国产 CRH2—300 型和 CRH3 型“和谐号”动车组；独具我国特色的通信信号、列车控制、牵引供电系统等技术具有世界先进水平。同时，建立了科学严密的安全保障体系，体现了更加人性化的服务和节能环保理念。京津城际铁路是中国铁路进入“高速时代”的重要里程碑。

二、辉煌成就

改革开放 30 年来，天津交通充分发挥在国民经济中的基础和先导性作用，以基础设施建设为重点，全面推进港口、公路、铁路建设，初步建成了天津现代综合交通体系，为天津和区域经济社会发展，满足人民群众生产生活需求提供了有力保障。

（一）港口

1. 从“匀速前进”到“加速奔跑”，天津港货物吞吐量跻身世界港口十强

货物吞吐量是衡量一个港口发展规模和地位的重要指标。回首既往，实现亿吨大港曾经是天津港几代人的梦想。从 1952 年天津新港重新开港时的 74 万吨，到 2001 年实现亿吨，整整用了 49 年。而从 2001 年至 2007 年的六年间，突然加速的天津港用了两个三年的时间连续跨越了两个亿吨的台阶。2007 年，天津港货物吞吐量在中国北方沿海港口中率先突破 3 亿吨，居世界港口第 6 位；集装箱吞吐量突破 710 万标准箱，稳居世界集装箱港口前 20 强。

2. 从“市场开发”到“功能开发”，天津港市场辐射带动作用与日俱增

1984 年，在全国沿海港口中，天津港率先提出了市场开发的理念，并逐渐形成了以集装箱、煤炭、原油、矿石为“四大支柱”的货源结构。近年来，天津港又提出了以“建设国际资源配置枢纽”为目标的新理念，走出了一条以功能开发带动市场开发的新路。一是建设了 12 平方公里南疆散货物流中心和 7 平方公里北疆集装箱物流中心以及多个货类的分拨中心，拓展了港口物流、配送、交易等功能；二是建设了天津国际贸易与航运服务中心，在全国沿海港口率先实现口岸各部门的联合办公，为客户提供了“一站式”服务；三是大力开辟建设内陆“无水港”，开辟亚欧大陆桥的集装箱过境运输业务，努力适应腹地客户对货类快捷通关运输的需求。目前，天津港 70% 以上的货物吞吐量和 50% 以上的口岸进出口货值来自天津以外的各省区，港口对城市地位的提升作用和对区域经济的辐射作用得到了明显增强。

3. 从“资本积累建港”到“市场融资发展”，天津港资本规模不断壮大

从20世纪80年代末起，天津港就开始从世界银行贷款搞建设，并逐步拓展资本市场融资。一方面从1992年开始发行内部股票到1996年在上交所挂牌上市，再到2007年将主要经营性资产注入到A股上市公司，做大做强股份公司，提高融资能力。另一方面，从下属两个公司1997年随天津发展在香港联交所上市，到2006年在香港成功分拆上市。期间又于2006年挂牌成立了国内港口首家拥有法人金融机构的财务公司。通过多种融资渠道，为港口的基础设施建设注入了大量新鲜的血液。基本建设投资由“九五”时期的年均7亿元，到“十五”时期的年均26亿元，再到目前的年均超过百亿元。

4. 从“浅水浅用”到“建设深水大港”，天津港循环发展模式世界瞩目

历史上，天津港曾经受到了“深水深用、浅水浅用”观念的束缚。在大量的科学研究以及对国际航运业走势分析论证的基础上，果断地实施了深水化战略。通过近年来持续开展的深水化建设，天津港的航道等级已经达到25万吨级，成为世界上等级最高的人工深水港，实现了进入渤海湾的船舶天津港都能够接待，从而巩固了在北方港口中的竞争地位。同时，我们用疏浚航道的淤泥开展吹填造陆，既避免了淤泥对海洋的污染，又为港口的可持续发展创造了新的空间，探索出了一条发展循环经济的有效途径。截至目前，天津港陆域面积已由改革开放初期的13平方公里增加到60平方公里，到2010年，港口陆域面积可达100平方公里，这样的发展空间和岸线资源在世界港口中都是不多见的。

5. 从“建设推着规划走”到“超前规划、合理布局”，天津港规划和现代产业布局行业闻名

30年来，天津港坚持“国内领先，世界一流”，高起点规划、高水平建设，逐步形成了“四大港区比翼齐飞”的全新发展格局。在北疆港区重点发展集装箱和杂货运输，建设北疆集装箱物流中心，形成与集装箱干线港相配套的基础设施，成为中国北方最大的港口集装箱物流区；在南疆建设大型深水化散货码头群，重点发展原油、煤炭、铁矿石等大宗散货，建设南疆散货物流中心，为大宗散货运输提供配套的仓储加工交易区；在东疆港区将重点发展集装箱业务，规划建设码头作业区、物流加工区、港口综合配套服务区“三大区域”，发展集装箱码头装卸、集装箱物流加工、商务贸易、生活居住、休闲旅游“五大功能”，打造滨海新区开放度最高、经济最活跃、环境最宜人的新港城；临港产业区将成为以港口为核心、重装备产业聚集、配套服务完善、生态文明的天津港新的发展空间和经济增长点，成为滨海新区重要的功能区及我国北方重要的装备制造业基地。

天津港在发展空间上形成了四大港区，同时在产业发展方面做出了积极探索。提出港口装卸业、国际物流业、港口地产业、港口综合服务业为四大产业的产业布局。这将使天津港形成多增长点支撑、多区域发展的总体格局，也将为滨海新区及环渤海区域经济的大开发、大开放、大发展起到积极的推动作用。

6. 从“自发自生”到“自动自觉”，天津港企业文化建设全国叫响

30年来，天津港“老码头”文化的积淀与升华，给世人留下了深刻记忆。20世纪80年代中期至20世纪90年代末，天津港逐步形成了以“团结奋斗、开拓创新、务实进取”精神和“优质服务是生存和发展生命线”的主流文化。自2002年，率先在全国港口行业中全面系统地开展企业文化建设，并将“文化制胜”战略纳入港口整体发展战略。形成了以学校观、军队观、家庭观为“三大目标”，以发展、人本、卓越、和谐为“企业哲学”和以“发展港口、成就个人”为“核心理念”的三足两耳鼎文化体系；通过实施“人才强港”战略，涌现出了以知识型产业工人“蓝领专家”孔祥瑞、农民劳务工苏现凯等一大批先进典型个人和集体，在实践中完成了文化力向生产力的转化，实现了对企业发展的提升和推动。

7. 从“注重自身效益”到“关注社会责任”，天津港对外品牌形象有口皆碑

天津港在谋求快速发展的同时，始终以发展来回报全社会的支持。一方面，在履行公共责任上，即使加大投入增加成本也决不破坏生态环境。用时十年、投资100亿元完成了“北煤南移”工程，全方位有效治理了煤尘污染；大力推进“节能减排”工作，使每万吨吞吐量综合能源单耗由20世纪90年代初期的18.3吨标煤缩减到2007年的6.8吨标煤；持续加大对港口综合治理力度，积极宣贯认证OHSAS18001职业健康安全标准，并依照SOLAS公约履约的内容要求建立安保体系；着力强化现代企业制度创新，解决了员工住房、绩效考核、薪酬分配、个人职业发展等改革重点难点问题，做到了“无过失不下岗”，还使员工待遇始终保持全国同行业领先水平。

（二）公路

30年来，天津公路基础设施建设不断加快，正在形成通达三北、服务环渤海和滨海新区，支撑天津经济社会发展的现代化公路网络体系。

1. 高速公路从无到有发展迅猛，基本形成服务国家和区域、服务滨海新区和天津市的通道体系

从1987年建设京津塘高速公路起步，先后建成了京津塘、津沧、京沈、唐津、津保、津滨、津晋、津蓟、京沪、京津东段、海滨大道南段等高速公路11条（段）。截至2007年底，天津高速公路通车里程已达694公里，超过北京、上海，路网密度为5.8公里/百平方公里，高于北京、重庆。2008年，京津高速和津汕高速天津南段又建成通车，初步形成了以中心城区和滨海新区为中心的对外辐射型高速公路网络骨架。

2. 由注重数量到数量与质量并举，普通干线公路日臻完善与高速公路共同形成天津公路网络骨架

30年来，对京哈、京塘、京福、津涞、山广等国道和津围、津汉、津沽、津静、宝平、津歧、杨北等20条（段）市级干线进行了改建，提高了技术等级，新建成外环线、新津杨、津港、海防路等高等级公路。按照天津市确定的服务社会主义新农村建设公路项目计划，近年来新改建了宝白、汉蔡、津芦公路等130公里重要干线，全面大修宝芦、通唐公路等300公里市道。天津干线公路网的使用功能和通行能力得到较大提高，干线公路网的规划布局不断得到优化。

3. 乡村公路持续发展，实现由乡乡通公路到村村通公路、再到村村通油路的公路支脉

1998年底天津市农村公路管理工作归口市政工程局，农村公路建设进入了新的发展阶段，谱写了新的篇章。市政工程局每年都超额完成市政府确定的改善农村人民生活10件实事中关于维修乡村公路500公里的任务。1999年11月16日，宁河县北岳庄桥竣工通车，当地村民50年来靠摆渡出行的历史从此结束，标志着天津市彻底实现了村村通公路的目标。自2005年起，每年安排新建、改建、扩建乡村公路1 000公里，全部达到四级以上等级公路标准。乡村公路建设正在进入有路必养和提级改造的科学发展新阶段。

4. 公路桥梁建设技术等级不断提高，实现新的突破

1987年建成的津汉公路永和大桥是天津市第一座大型预应力混凝土斜拉桥，全长512.4米，桥宽13.6米，主孔跨径260米，跨径当时位居全国和亚洲第一；1999年建成的京沈高速宝坻大桥和2000年建成的唐津高速津塘互通立交均荣获中国建筑工程鲁班奖；2003年，在唐津高速公路天津南段建成了滨海大桥，该桥横跨海河，主桥为双塔双索面预应力混凝土结构，主跨364米，为我国华北地区同类型最大的桥梁。

5. 依靠科技进步，路况质量有了较大提高

天津市公路管理部门有计划地开展了文明样板路建设活动和推行GBM工程建设，完善交通工程设施，使公路整体养护质量大幅度提高。104、102国道天津段在交通部组织的文明建设样板路验收中两次荣登榜首；公路绿化多年来始终保持国家先进单位荣誉。在科技兴路方面，天津公路行业一贯致力于科技项目的开发和应用，其中多项科技成果在天津市和交通部获奖，同时积极引进国内外公路建设的先进机械设备，增强了发展后劲。

截至2007年底，天津市公路通车里程达11 531公里，比1978年净增8 140公里，增长3.4倍。干线、县道及专用路里程4 521公里，比1978年净增1 765公里，增长1.6倍。乡村公路达7 010公里，比1978年净增6 375公里，增长11倍。有公路桥梁2 410座，比1978年净增1 801座，增长3.96倍；长度228公里，比1978年增长8.26倍。公路绿化里程10 799公里，比1978年增长5.36倍。

6. 道路运输业迅猛发展

改革开放30年来，天津道路运输业得到迅猛发展，道路运输市场由专业运输企业一统天下的局面已不复存在，“有河大家走船，有路大家走车”成为道路运输业改革开放的重要发展趋势。多渠道、多形式、多种经济成分共存的局面迅速形成，运力结构发生深刻变化。

天津是老工业城市，城区内街道狭小，河流纵横，人口集中，运输难，出行难，交通多有不便。1978年以前，道路运输业发展缓慢，当时，天津的运力结构是以人力三轮车、畜力车、拖拉机、机动三轮车为主，汽车主要集中在专业运输企业，20世纪70年代末，全市营业性客车共有359部，营业性货车4 459部，吨位小、座位少、车辆老旧，道路运输业发展非常滞后。截至目前，天津的道路运输业营运性客车共7 761部，比改革开放前增加了21.6倍，全市共有客运班线877条，通达18个省市自治区，全市转运旅客6 500万人次，占各种运输方式的75%，营运性货车83 753部，比改革开放前增加了18.6倍，真正实现了货畅其流，人便于行的良好局面，道路运输的比较优势越来越明显。

改革开放30年来，随着我国经济高速发展，加快了工业化、城镇化的步伐，推进全面建设小康社会，使人民群众的生活环境和生活质量不断改善和提高。汽车工业的快速发展，带动汽车保有量增加，私人小汽车持续快速增长，已经成为生活消费品进入百姓家庭。目前本市机动车保有量约为135万余辆，私人汽车保有量达66万余辆，作为汽车后市场的朝阳产业——维修服务业随之蓬勃发展。

改革开放之初，天津的汽车维修企业仅以交通局系统的货车修理厂、小客车修理厂、特种车修理厂和轮胎翻修厂等6家国有企业为主，公交系统企业以内保为主，不对外经营。1987年，根据交通部、国家经委、国家工商总局等七部委联合颁发的《汽车维修行业管理暂行办法》（交公路【1986】956号文件），全国实行汽车维修行业管理。

随着经济高速增长，天津的汽车维修快速发展，截至2007年末，全市共登记注册机动车维修企业4 050家，其中：一类企业156家、二类企业873家、三类企业2 890家、摩托车维修业户113家、其他车辆维修业户18家。在上述企业中有涉外企业17家；品牌4S店135家；机动车综合性能检测站23个；机动车维修从业人员约7.2万人。2007年全市完成机动车维修487万辆次，实现年维修总产值25亿元。

（三）铁路

1978年，党的第十一届三中全会后，全国工作重点转到现代化建设上，实行改革开放经济政策，各行各业飞速发展，天津铁路运输经营迎来了发展的大好时机，取得了显著成就。

1. 运输量大幅增长

2004年，天津铁路分局完成换算周转量91 465.4百万吨公里，是1978年的1.24倍。货物发送量和旅客发送量分别完成7 131.8万吨和2 874.4万人，分别比1978年增长10.3%和11.1%。日均装车完成3 334.7车，比1978年下降11.4%；日均卸车完成7 874.7车，比1978年增长64.4%；“卸大于装”的运输特点更加明显。其中，换算周转量和货物发送量创分局历史纪录。天津铁路分局管辖的营业线路仅占全国铁路营业总里程的2.2%，但每公里营业线路完成的换算周转量是全国铁路平均水平的2.6倍。

2. 运输能力显著提高

1978年以来，天津铁路分局运输设备更新换代，运输能力显著提高。到2004年底，分局配属内燃机车451台，较1978年增加372台，增加4.7倍；电力机车从无到有，1985年开始配属电力机车28台，2004年增至65台；1999年全部淘汰了蒸汽机车。货车车辆淘汰了载重40吨以下的车辆，全部更换为载重50吨、60吨车辆。客车中22型老式绿皮车已经很少，只在短途普通旅客列车使用，干线长途旅客列车全部换成25B、25G、25Z、25D、25K、25T新型车辆；客车配属量较1978年增加1.53倍，其中卧车和软席座车分别比1978年增长5.2倍和4.6倍。货物列车先后开行了5 000吨、7 000吨、10 000吨重载组合列车；旅客列车编组辆数由1978年的最多13辆，增加到最多20辆。旅客列车对数由1978年的60对，增加到128.5对，增加1.14倍。电子计算机技术广泛应用于运输指挥、运输组织、运输统计和客货制票等工作中，既保证了行车安全又成倍提高作业效率。

3. 安全生产日趋稳定

1952年至1978年天津铁路分局共发生行车事故16 721件，年均发生行车事故619.3件。从1978年底开始，分局先后开展了“安全教育日”活动和落实路局《关于实行“安全工作三十条”的通知》，安全形势逐步好转。1979年至1984年行车事故从253件降至77件。从1984年起，分局开展了“二二四”强化标准化活动和安全集体立功竞赛活动，安全生产形势日趋稳定。1987 年 10 月 27 日，分局首次实现连续安全生产 1 500 天。到 1990 年有 21 个运输站段实现安全集体立功。1991 年 4 月 25 日至 2001 年 9 月 20 日，分局实现连续安全生产十周年，安全生产进入持续稳定时期。至 2004 年底，实现连续安全生产 4 851 天，创分局安全生产历史最好成绩。

4. 服务功能逐步扩大

2004 年，天津市境内国有铁路旅客发送量为 1300 万人左右，货物发送量为 2 700 万吨左右，货物到达量为 11 000 万吨左右。北塘西站扩能改造后，使蓟港铁路的通过能力由年 1 000万吨提高到 2 200 万吨。2004 年天津港铁路疏港 1 300 万吨左右，塘沽站是天津港铁路集疏港的主要车站，港口货物发送量占塘沽站货物发送量的 75. 4%；港口装车数占塘沽站装车数的 75. 7%。1997 年 11 月 23 日，铁路与天津港务局合资组建了天津港暨天津海铁集装箱运输有限公司，主要从事国际集装箱和铁路集装箱的发运、到达和换箱业务。此外，分局还在天津港实行了“点对点”、“以重顶空”等运输模式，加快了疏港物资运输。

5. 运输产品呈现多样化

1978 年以来，天津铁路分局为适应市场需求，不断推出新的运输产品，以满足旅客和企业货主的不同需求。在旅客运输方面，先后开行了天津至北京间、泰达——天津——北京间城际快速“神州号”动车组、天津——上海 Z41 次直达特快、天津至各大旅游景点的旅游专列及优质优价列车、学生和民工专列。在货物运输方面，1995 年 9 月 8 日，开行天津至西安地区国际集装箱直达快运列车，标志着铁、港、船合作的新起点，是铁路国际集装箱运输发展的新阶段。此外，还先后开行了重载组合列车、五定班列、行包专列、汽车专列、高价值货物专列等。

6. 经济效益显著增加

2004 年天津铁路分局运输收入达 446 980 万元，较 1978 年的 54 018. 9 万元增长 7. 3 倍。利润总额 20 627 万元，其中运输利润 18 861 万元，分别较 1978 年的 1 499 万元、643 万元增长 12. 76 倍和 28. 3 倍。多种经营年营业收入 222 178 万元，利润 11 233 万元。集体经济年营业收入 20 656 万元，利润 928. 61 万元。职工月均工资收入达 1 712. 5 元，比 1978 年增长28 倍。

7. 企业整体素质提升、实力增强

1987 年，天津铁路分局参加了国家级企业升级活动，经天津市和北京铁路局考核评审，被命名为天津市级先进企业；1988 年晋升为国家二级企业；1989 年被评为天津市企业管理优秀单位，获“金帆奖”。1990 年参加全国企业管理优秀单位评审，1991 年 4 月被命名为全国企业管理优秀单位，荣膺榜首，获“金马奖”。1993 年分局在全国五百家最大服务企业铁路运输业评价排序中位于第二位。2003 年和 2004 年，分局连续两年在天津市公布的企业 100 强中名列第十四位。

三、基本经验

回顾改革开放 30 年来天津交通的发展历程，是探索交通科学发展规律的过程，为交通行业深入贯彻落实科学发展观，实现天津交通全面协调可持续发展提供了宝贵经验。

（一）始终坚持以党的路线、方针、政策为指导，用科学的态度统领发展

30年来，始终坚持以党的路线、方针、政策为指导，把建设中国特色社会主义理论及科学发展观的要求与交通实际紧密结合，紧紧把握发展这个主题，围绕实现天津城市定位和滨海新区功能定位，全力推进以“两港两路”为重点的现代综合交通体系建设，取得明显成效和重大进展。切实转变发展方式，着力推动结构调整，促进产业升级；注重提升建设理念，在项目规划、设计、施工建设全过程中坚持以人为本、全面协调、可持续发展的新理念，力求达到建设资源节约、环境友好的目的；着力完善功能，提高服务水平；着力推进改革创新和科技自主创新，不断增强综合实力及核心竞争力；着力提高交通发展的质量和效益，使交通经济步入全面协调可持续的发展轨道。

（二）始终坚持改革开放，发挥市场机制的基础作用，用创新的观念指导发展

改革开放和市场机制是交通更快更好发展的强大引擎，制度变革是交通发展的持久力量。深化改革，注重创新观念。以改革统揽行业管理工作，以创新的理念和改革的方式解决交通事业发展中的热点难点问题。30年来，围绕交通如何更快更好地发展，交通行业始终坚持深化改革、扩大开放。通过不断改革，解决发展中的深层次矛盾和关键问题；通过不断开放，吸引国内外先进技术、资金和管理经验。“有河大家走船，有路大家走车”政策的出台，引发了运输市场的革命性变化，客货运输能力迅速提高；组建交通企业集团，逐步建立现代企业制度，大大提高了海运企业的国际竞争力；“贷款修路，收费还贷”、公路建设投融资体制改革等多项改革措施，进一步加强银政、银企合作，加大招商引资力度，采取股份制、BOT、合资合作、上市融资等多种形式筹集建设资金，不断开辟交通建设资金新渠道，形成了多元化的投资机制；交通行政管理体制、海事管理体制、港口管理体制、引航管理体制、救捞体制的改革调整，加强了交通执政能力，提高了交通公共服务的水平。

（三）始终坚持统筹兼顾，制定科学的交通发展战略与规划，用前瞻的思路谋划发展

保持交通快速健康发展，必须以交通发展重大战略问题的统筹研究做支撑，有符合交通发展客观规律的科学规划做指导。注重超前战略研究，紧紧把握行业和国家经济发展的趋势，明确不同阶段的工作目标、思路及重点，提高工作的前瞻性和系统性，保持发展思路上的与时俱进。比如，为构建布局合理、功能完备适应天津发展实际需要的现代公路交通体系，不断补充完善公路网发展规划，先后组织编制了30年路网规划、干线公路网规划、高速公路网规划，进一步增强公路发展的前瞻性、针对性和时效性，特别是坚持高速公路适度超前发展，对增强城市载体能力，提升服务辐射功能，促进区域经济社会又好又快发展发挥了重要保障作用。目前，天津市正在开展新一轮的综合交通规划编制工作。

进入新世纪后，按照国家对滨海新区的功能定位要求，加强了北方国际航运中心和国际物流中心建设研究，先后完成了《北方国际航运中心发展研究》、《北方国际航运中心发展纲要》、《北方国际物流中心发展研究》、《北方国际物流中心发展纲要》。目前正在抓紧完善

《北方国际航运中心发展规划》、《北方国际物流中心发展规划》、《天津公路运输枢纽总体规划》等重点规划，为落实国家发展战略，实现天津城市发展定位，加快推进滨海新区开发开放，构建天津现代综合交通体系，打造北方国际航运中心和国际物流中心提供了有力指导。

（四）始终坚持依法行政，强化市场管理，用规范的管理促进发展

全面推行政务公开，建立公平、公正、公开的招投标管理机制，加强法制教育，提高执法人员的法律素质和执法水平；建立健全工作规则、基本制度、程序流程和台账记录，加强执法监督和工程质量监督力度，完善动态监管机制，实施“六项措施”、“八项纪律”等一系列管理举措；提升信息化管理水平，实现所有行政审批事项网上申报、网上审批、网上公布和一个门户入网、一站式服务，为企业和群众提供方便、快捷、阳光、高效的行政许可服务。

立足交通行业长远发展，组织编制了《天津市道路运输发展规划》、《天津市机动车维修行业发展规划》、《天津市航运发展规划》等交通行业管理规划，为加强交通行业宏观调控、形成统一开放竞争有序的市场体系、促进行业健康规范发展提供了科学指导和有力保障。

（五）始终坚持以人为本，调动各方面积极性，用良好的社会氛围和舆论氛围保障发展

以人为本是科学发展观的核心，交通发展离不开各级党委、政府的关心，离不开人民群众的支持，离不开正确舆论的引导。多年来，我们通过各种形式加强中央与地方以及与大型企业的沟通，取得了交通战略部署和重大政策措施上的共识，形成了中央与地方、政府与企业的合力；通过加强特色文化建设，努力构建和谐交通，让每一名交通人都能感受到和谐温暖，让利益相关者得到价值回报，实现和谐共融；重视社会舆论的作用，通过各种媒体宣传交通发展的重大决策和建设成就，营造了交通快速发展的良好舆论氛围。充分调动各方面的积极性，构筑和谐的发展环境，是交通发展的一条极为宝贵的经验。

四、发展展望

（一）面向国际，建成世界一流大港

天津港是滨海新区重要的功能区及组成部分，天津港的发展关系到滨海新区的开发开放，关系到天津城市定位的实现，关系到国家战略的顺利实施。天津港在新的形势和要求面前，必须向更高水平、更高目标迈进。

1. 明确发展定位，调整发展目标

要抓住滨海新区开发开放的机遇，积极应对来自各方面的挑战，努力把天津港建设成为设施先进、功能完善、管理科学、运行高效、人文和谐、生态环保的现代化国际深水港，为滨海新区的建设和区域经济发展提供最优良的服务和强有力的支撑，为建设北方国际航运中心和国际物流中心、实现天津城市定位做出贡献。

天津港的发展目标是：到2010年确保货物吞吐量超过4亿吨，集装箱吞吐量达到1 200万标准箱，企业资产规模达到500亿元。临港产业区一期陆域开始形成，具备开发建设条件。全面建成覆盖内陆地区的物流网络，港口功能进一步完善，对腹地的辐射力、影响力和带动力明显增强，将天津港建设成为面向东北亚、辐射中西亚的集装箱枢纽港，中国北方最大的散货主干港，环渤海地区最大的综合性港口，成为世界一流大港。

2. 扩大对外开放，进一步加快国际化步伐

要加快国际化步伐，就必须努力把天津港集团打造成为跨地区、跨行业经营的企业集团，并逐步建设成为跨国经营的港口运营商。实现天津港集团的国际化投融资，通过国际、国内两个资本市场，进行资本运作，扩大企业的经营规模和盈利能力。

要加快国际步伐，就必须努力加强与国际上大的跨国航运企业、港口企业和物流企业的资源共享和优势互补，打造覆盖区域和全球港口的合作网络，提升在国际物流供应链中的整体竞争力和话语权。在人才、技术、管理等方面要加快与世界接轨的步伐，实现港口经营要素的市场化、港口运行的高效化、港口管理的科学化、港口投资来源的国际化。

要加快国际化步伐，就必须在建设好东疆保税港区、做好海关特殊监管区域政策叠加和功能发挥的基础上，按照国际惯例作法，为东疆保税港区乃至天津港全域发展成为自由贸易港区奠定良好的基础，努力把天津港全域逐步发展成为自由贸易港区。

3. 不断深化改革，增强自主创新和自我发展能力

要进一步解放思想，弘扬敢为人先的创新精神，把改革创新贯彻到港口发展的全过程和各个环节。建立适应集团化经营的体制机制以及与主要经营性资产注入上市公司相适应的管理结构。发挥上市公司的作用，加大资本运作力度，提高资本的运营水平，利用战略投资、收购兼并等方式，拓宽盈利渠道和发展空间。

（二）提升能力，打造高等级公路网络体系

“十一五”公路建设发展的目标是：公路交通基础设施适应并适度超前于国民经济和社会发展需求，为滨海新区的发展及天津市实现基本现代化发挥支撑和先导作用。

继续以高速公路建设为重点，加大一般干线公路和农村公路的建设和改造力度。实现中心城区与各卫星城之间均有高速公路或快速路直接连通，市域内各新城与中心镇之间均有二级及以上等级公路相通，农村公路全部达到四级以上的等级公路标准。建设高速公路600公里，新建和改建一般干线公路350公里，新建和改造农村公路5 000公里。

高速公路基本建成以天津港为龙头，以中心城区和滨海新区核心区为双核心，通达“三北”腹地和华东、华南地区，便捷连接京津冀都市圈各大中城市，直达周边城市和市域内11个新城，覆盖重要的中心镇、旅游景点、开发区的网络。

普通干线公路基本实现相邻新城之间以一级公路连通，新城与周围中心镇以二级以上公路连通，新城、中心镇与一般镇之间以二级以上干线公路连通的网络。

农村公路形成以县道为局域骨架、乡村道路为脉络，布局合理、四通八达、服务可靠的网络，等级标准、路网连通度和路面质量明显提高。

预计到“十一五”期末，天津市公路通车总里程将达到12 500公里，公路网密度达到

105公里/百平方公里。其中高速公路突破1 100公里，密度达到10公里/百平方公里。

以实施天津公路主枢纽规划建设为重点，以老场站改造为辅助，以国家公路主骨架、天津公路网和市区道路网为依托，利用信息网络系统，促进道路运输与铁路枢纽、港口、空港相衔接，形成和完善综合运输体系。

按照城市空间布局，根据各功能区的客、货运发展需求，计划投资40亿元，在全市范围内规划建设21个货运物流中心和18个客运场站。形成布局合理、功能完备的现代化货运物流体系和客运枢纽网络。规划建设21个货运物流中心，其中，中心城区及外围地区5个，滨海新区9个，其他新城7个。建设中心城区及外围地区2主5辅七个客运站，滨海新区1主4辅五个客运站，以及其他新城七个客运站。到2010年全社会公路货运量达到3亿吨，公路客运量达到5 000万人次。

（三）完善功能，构筑现代综合铁路枢纽

到2012年，天津铁路枢纽将建设成为沟通南北方、联系东西部、四通八达的骨干铁路枢纽网络大通道。一方面是客运系统。建设京津城际铁路、津秦客专、京沪高速、京津城际延伸线天津至塘沽、京津城际延伸线塘沽至于家堡、机场引入线，改扩建天津站、塘沽站，新建天津西站、华苑站、于家堡站、滨海西站、军粮城站、汉沽站。另一方面是货运系统。建设蓟港铁路扩能改造、进港三线、津保联络线、山岭子集装箱中心站、天津港集装箱中心站。建设津保铁路，打通天津——霸州——保定——石家庄——太原——中卫的铁路大通道。从服务辐射方向上，将建成6条对外铁路通道。

1. 东北通道

天津——山海关——东北地区，由既有津山线和规划津秦客专线组成，承担着天津与冀东、东北地区的客货交流。

2. 西北通道

天津——北京——包头，由既有津山线、丰沙线、京包线、京津城际铁路和在建的京沪高速、京津四线组成，承担着天津与冀北、晋北、蒙西、宁夏、甘肃、青海、新疆等地区的客货交流。

3. 北通道

天津——蓟县，由既有的蓟港铁路、大秦铁路和规划中的津承线组成，承担着天津与蒙东、承德地区的客货交流以及与晋北、蒙西地区的部分煤炭交流。

4. 南通道

天津——上海方向，由既有的京沪铁路和在建的京沪高速组成，承担着天津与京沪沿线及华东地区的客货交流。

5. 西南通道

天津——霸州——保定与京九铁路沿线，由既有的津霸铁路、京九铁路、石太铁路和规划中的津保铁路、太中银、石太客运专线组成，承担着天津与京九沿线、华中、华南、西南及冀中南、晋中南、陕西北部等地区的客货交流。

6. 神华通道

神朔——朔黄——黄万，由既有的神朔铁路、朔黄铁路、黄万铁路组成，承担着神华集团煤炭及天津港的下水运量。

30年辉煌成就，得益于改革开放，展望未来，实现天津交通又好又快发展必须继续坚持改革开放。认真贯彻党中央、国务院各项决策部署，全面落实国家发展战略，按照市委、市政府和交通运输部的要求，进一步解放思想，深化改革开放，全面构筑天津现代综合交通体系，为加快推进滨海新区开发开放，为把天津建设成为国际港口城市和北方经济中心，实现科学发展、和谐发展、率先发展做出新的更大贡献！

燕赵大地上的交通华章

河北省交通厅

河北地处京畿重地，特殊的区位，彰显着河北交通的重要性，它不仅关系着河北经济社会的发展，而且对于加强东北、华北、华中和华东地区的经济合作与交流，具有十分重要的枢纽作用。

党的十一届三中全会做出实行改革开放的决策，为河北交通发展注入了勃勃生机和强大活力。30年来，在省委、省政府的坚强领导和交通部（交通运输部）的正确指导下，河北省交通系统广大干部职工以邓小平理论和“三个代表”重要思想为指导，坚持解放思想、与时俱进，求真务实、真抓实干，推动了交通事业快速健康发展。

一、改革开放，开创交通发展“燕赵路径”

回首30年河北交通的改革历程，可以梳理出较为清晰的交通改革发展的三大步：第一步，以十一届三中全会为起点，河北交通人以破解交通运输对经济发展的“瓶颈”制约为重点，积极推进交通建设和运输事业实现新突破；第二步，以邓小平南巡讲话和党的十四大为起点，河北交通人抢抓机遇，深化改革，满足国民经济发展对交通运输的需求；第三步，以党的十六大为起点，河北交通人进一步冲破思想观念、体制机制束缚和障碍，致力于推动交通服务水平的提高，服务经济建设和促进社会进步的能力得到进一步提升。

（一）第一步，破“瓶颈”（1979年~1992年）

十一届三中全会吹来的改革春风激荡在燕赵大地，河北交通人以破解人民群众行路难、乘车难、运货难为目标，掀开了交通建设与运输发展的新篇章。

改革开放之初，河北省公路通车总里程仅有4.02万公里，其中晴天通车里程1.78万公里，干线公路不足1万公里，严重制约着当地经济的发展，迫切需要加快改造既有公路，建设高等级公路。从1979年开始，全省集中财力物力分期分段对主要交通干线按一、二级公路标准进行技术改造：路面宽度由原来的7~8米加宽到9~12米，部分大交通量路段加宽到15~18米；路面结构材料由渣油表面处治路面改建为5~8厘米厚的灌入式和沥青混凝土路面，部分路段开始修建水泥混凝土路面；桥梁荷载标准逐步采用汽车—20级、挂车—100级。1985年，在京深公路邯郸至马头段进行了15公里的快慢车分道行驶试点，将新建的二级路复线作为快车道供汽车专用，成为河北第一条二级汽车专用公路。1987年京承公路开工建设，1990年9月竣工通车，全长96.16公里，成为河北第一条高等级旅游公路。1987年3月，启动建设“河北第一路”——京石高速公路，成为全国少数几个开始修建高速公路的省份之一。1987年12月，积极参与京津塘高速公路建设，1990年9月河北段（主线6.84公里）建成通车，在燕赵大地上，拥有了首条具有国际水准的全幅高速公路。为扶持农村经济改革与发展，自1984年始，在财政非常困难的情况下，动用国家库存粮、棉布和中低档工业品，采取“以工代赈”形式，帮助贫困地区修建公路。到1992年底，全省公路通车里程达到48 334公里，较1978年增加8 074公里，增长幅度达20％。

在加快公路建设的同时，积极推进运输业发展。1979年10月，河北省交通局恢复河北运输公司建制，将各地区直属的全民所有制运输单位全部收归省管，实行集中领导、统一经营，扭转了汽车运输多头领导、条块分割、分散经营的局面。但由于国有运输企业独家经营，线路开发、车辆更新以计划为导向，班线短、班次少、覆盖面不广，不能满足城乡居民出行需求，乘车难制约了当地经济的发展。对此，1984年交通部提出“有河大家走船，有路大家走车”，鼓励“国营、集体、个人一起上，各地区、各部门、各行业一起干”。在开放政策的引导下，河北省快速发展个体运输业。同年，作为全省交通运输改革的一项重大决策，省运输企业下放各设区市管理。1985年，为加强公路运输行业管理，以河北省运输公司为基础，成立了河北省交通厅公路运输管理局，各地（市）也相继成立了运管机构。1986年，交通运输企业从改革分配制度入手，推行了各种形式的承包经营责任制，极大地解放了道路运输生产力，出现了国营、集体、个体相互竞争、共同发展的新局面。同年，按照交通部“交通部门要管汽车维修行业”的要求，河北省将汽车维修纳入行业管理，并对维修市场进行整顿，结束了维修市场盲目发展的历史。1987年，经省政府同意，河北省开始征收公路运输客票附加费，为公路客运站场建设提供了资金保障。通过发展，到1992年年底，全省营运汽车达到19.33万辆，比1978年增加了18.4万辆，增长18.9倍。其中客车17 899辆、货车174 861辆，分别比1978年增长了9.2倍和21倍；公路运输部门拥有营业性运输汽车达到1.75万辆，非运输部门拥有营业性汽车达到17.5万辆，非运输部门营业性汽车是运输部门的10倍。

与公路运输一样，改革开放前河北省的水路运输也很不发达。1978年全省内河航道仅有177公里，机动船81艘，5.31万载重吨位。为适应改革开放的新形势，大力发展海运事业。1980年6月，中国远洋运输总公司河北省公司正式成立，同年8月31日，河北远洋第一艘远洋货轮“兴隆”号首航香港成功，实现了河北远洋运输零的突破。同时，随着经济建设对能源运输需求的不断增加，国家选择隶属交通部管理的秦皇岛港作为第一条煤炭运输大通道的入海口，由此加快了秦皇岛港的建设步伐。自20世纪80年代初，相继建成了一期、二期、三期共7个专业化煤码头，装船能力达到6 000万吨，其中1980年4月开工建设的煤二期工程是我国利用第一批日本国政府海外经济协力基金会贷款兴建的4个大型重点项目之一。从1982年开始筹建黄骅地方港，1984年经河北省人民政府批准千吨级码头开工。1986年9月，黄骅港河口港区2个1 000吨级煤炭杂货泊位建成投产，设计通过能力75万吨。黄骅港河口港区的开发建设，标志着河北省地方港口正式起步。唐山港从1984年开始筹建，1986年经河北省人民政府批准立项，1989年8月，唐山港7号、8号泊位正式开工建设。到1992年年底，河北省港口泊位达到28个，设计通过能力9 360万吨。其中，地方港口泊位4个，设计通过能力125万吨。

1979年7月，河北省地方铁路管理局恢复建制，并由此拉开了地方铁路建设的帷幕。1982年6月，沧州至黄骅盐场铁路建成，成为全省建设速度最快、投资最省的典型。1985年10月，该线延伸至大河口港（现黄骅港河口港区），沧州至黄骅港铁路全线贯通，不仅支持了地方港口的建设，而且为陆海联运开辟了新途径。1992年，河北首条联建联营地方铁路——坨港铁路（现滦港铁路）建成投产，直接服务于京唐港区建设和发展。1992年年底，地方铁路延展里程达到886公里，较1978年增加323.3公里。同期，地方铁路运输生产也稳步增长。1992年度完成货运量669.6万吨、货物周转量2.3亿吨公里，分别较1978年增加205.4万吨和1.1亿吨公里。

（二）第二步，求适应（1993年~2002年）

邓小平同志南巡讲话和党的十四大所确立的社会主义市场经济体制改革目标，极大地解放了河北交通人的思想，较好地适应河北省经济社会发展对交通运输的需求，已成为河北交通改革发展的主旋律。

为满足经济社会对交通提出的快速便捷要求，河北省以高速公路建设为重点，加快了公路网建设步伐。1994年12月18日，京石高速公路全线全幅贯通。1995年10月18日，河北省第一条穿越山岭重丘区的高速公路——石太高速公路建成通车。至此，河北省高速公路通车里程达到310公里，步入全国先进行列。1997年12月30日，河北省第一条利用世界银行贷款修建的高速公路——石安高速公路建成通车，开辟了河北省利用国际金融组织贷款建设高速公路的新路。1999年12月18日，保津高速公路全线建成通车。此时河北省高速公路达到1 009公里，成为全国第二个高速公路通车里程突破1 000公里的省份。2000年10月，河北省第一条由设区市做业主的高速公路——唐港高速公路竣工通车，开启了高速公路建设多元化投资时代。同时，在一般干线公路建设上，大力实施新改建工程，相继新改建了承栗、富武、承围等公路，打通了大量“断头路”和“卡脖子路”。在农村公路发展上，大力推进“八七交通扶贫实施意见”的落实，实施“三个一”典型示范工程，重点改造了部分影响农村经济发展的县道、乡道，农村公路状况有了较大改善。到2002年，全省公路通车里程达到6.3万公里，公路密度33.61公里/百平方公里，分别比1978年增加2.3万公里和12.17公里/百平方公里。

在加快路网建设的同时，道路运输管理部门集中精力抓市场的培育和发展。1994年至1997年的4年时间里，狠抓货运市场建设，全省初步形成了以大宗货源为节点，以货运交易市场为依托，以信息服务系统为纽带的货运服务网络体系。1997年，为树立河北道路运输行业品牌，扶持企业做大做强，增强市场竞争力，由河北省交通厅牵头，省内各大运输企业参与，组建了河北省高速公路客运有限公司和河北省快速货运有限公司，成为河北省道路运输业发展的典范，并在交通部武汉会议上介绍了经验。同年，以建立现代企业制度为目标的企业改革正式启动。1998年，沧州交通运输集团公司和唐山通达运业集团公司，在企业改制方面进行了积极探索，按照“四有”原则，实施科学管理，企业活力明显增强。1996年，河北交通厅与公安厅联合下发了《关于立即开展汽车驾驶员培训行业管理工作的通知》，明确了交通行政主管部门的管理职责。经过近3年的努力，1999年驾驶员培训管理全部归口交通运管部门管理。2001 年，以倡导“服务人民、奉献社会”的文明新风为主题，在全省出租汽车行业开展了“落实江泽民同志《复信》，开展优质服务百日竞赛”活动，促进了交通系统文明行业建设。到 2002 年年底，全省道路运输客运、货运站场分别达到 343 个和 190 个，营运性车辆达到 36.1 万辆，道路运输经营户达到 30 万户。全年完成旅客运输量和旅客周转量分别达到 7.11 亿人次及 488.6 亿人公里，完成货物运输量和货物周转量分别达到 6.7 亿吨及 632.4 亿吨公里，分别比 1978 年增长 11.4 倍、18.1 倍和 3.5 倍、19 倍。交通运输保障水平明显提高。

为适应河北改革开放的新形势，沿海港口建设步伐加快。1992 年 7 月唐山港正式通航，并引起了北京市的高度关注。1993 年 7 月 17 日，唐山、北京两市政府签订《唐山市人民政府北京市人民政府关于联合建设京唐港的协议》，将唐山港更名为京唐港，作为国家一类口岸对外开放，实现了具有划时代意义的新突破。1996 年，京唐港一港池 8 个泊位相继建成并形成生产能力。作为我国第一个挖入式万吨级港口、第一个全面采用地连墙作为码头主体结构的深水港口、第一个全部采取有偿投资建设的港口，京唐港对于开发利用冀东资源、促进沿海地区经济发展、推动对外开放，具有重要意义。1997 年，黄骅港煤炭港区煤炭一期工程开工建设。以黄骅港煤炭港区的开工建设为标志，河北沿海港口开始进入多港共同发展、综合实力迅速增强的新阶段。京唐港建成 7 个散杂货泊位、2 个煤炭泊位、3 个通用泊位，年通过能力 1 128 万吨。黄骅港河口港区建成 3 000 吨级散杂货泊位 2 个，年通过能力 50 万吨。秦皇岛港建成新开河港区 4 个散杂货泊位和腈纶厂化工码头，年通过能力 275 万吨；建设了煤四期工程和煤四期扩容工程，建成 5 个泊位，年通过能力 4 500 万吨；开工建设了东港区 10 万吨级航道工程，使煤三期、煤四期的装船能力大幅提升。到 2002 年年底，全省沿海港口泊位达到 55 个，设计通过能力 16 989 万吨，吞吐量达到 14 432 万吨，分别比 1978 年增长 550%、665% 和 650 %。全年完成货物吞吐量 14 432 吨，比 1978 年增加 12 213 万吨，增长 6.5 倍。

受运输市场多元化、资金短缺等因素制约，地方铁路建设不断在调整、适应中寻求新发展。一方面，为适应市场需求窄轨铁路逐步退出历史舞台，1991 年 4 月，高易线由窄轨扩建为准轨。自 1993 年起，邯常线的广常段、王饶线、辛成线、肥曲线、邯野线、前安线等 300 多公里窄轨铁路相继停运拆除。地方铁路甩掉沉重包袱，轻装寻求新的发展机遇。2001 年 7 月，抓住国家整顿与规范市场经济秩序的难得机遇，将首钢矿业公司运输部专用铁路作为试点纳入行业管理，为地方铁路运输能力实现快速扩充探索了新途径。2002 年，全省地方铁路完成货运量 2 914.9 万吨，货物周转量 10 亿吨公里，分别较 1978 年增加 2 450.7 万吨和 8.8 亿吨公里。另一方面，铁路项目建设开始探索从各级地方政府筹资建设向合资建设转变。在总结滦港铁路建设经验基础上，沙蔚铁路、张双铁路相继启动建设工作。2002 年 11 月，以正线长度 141.6 公里位居全省第一的沙蔚铁路全线铺轨贯通，由此地方铁路延展里程达 1 004.7 公里。

（三）第三步，上水平（2003 年~2007 年）

党的十六大提出了全面建设小康社会的奋斗目标，同时也对交通发展提出了新的更高要求。河北交通人以发展为己任，立足河北，服务全国，推动了交通建设上档升级。

按照全省建设小康社会的要求，公路建设明确了“抓两头”的发展思路，即一头抓住对全省经济发展具有战略性推动意义的高速公路发展，加速高速公路网络的形成；一头抓住农村公路建设，为加快农村经济发展、实施城镇化战略服务。5年间，投资1 006.6亿元，建成和在建高速公路里程达2 630公里，超过2003年前15年的总和；建成通车1 256公里，通车里程达到了2 853公里，11个设区市实现了市市有高速，高速公路已成为河北公路网的主骨架。同期，投资228亿元，新改建农村公路7.2万公里，是建国后至2002年53年总和的1.59倍，解决了108个乡、2.5万个行政村通油（水泥）路问题。到2007年年底，全省农村公路总里程达到12.82万公里，除张家口、承德外，其余9个设区市具备条件的行政村全部实现村村通油（水泥）路。

沿海港口以2002年秦皇岛港下放河北省管理为契机，以全省“一号工程”——曹妃甸的开发建设为标志，河北沿海港口进入一个高速增长的新时期。2006年，秦皇岛港煤五期工程建成，新增大型专业化煤炭装船泊位4个，新增通过能力5 000万吨，是目前国内规模最大、工艺最先进的输煤码头；同年，唐山港曹妃甸港区25万吨矿石码头实现通航，从开工建设到通航只用了13个月时间，不但刷新了我国港口建设的记录，而且抗冰墩等筑港技术为国内首创，创造了闻名全国的“曹妃甸速度”。2007年，唐山港京唐港区3 000万吨煤码头工程建成，新增生产泊位6个，新增通过能力3 750万吨。同时，为改变黄骅港单一的煤炭运输格局，加快黄骅港综合港区建设步伐，2007年7月，河北省政府批准沧州市沧州渤海新区挂牌成立，作为新区龙头的综合大港建设将取得突破性进展。到2007年年底，全省万吨级以上泊位达到77个，占泊位总数的84%。其中，10万吨级泊位由2个增加到6个，15万吨级泊位（1个）和25万吨级泊位（2个）均实现了零的突破。全省货物船舶保有量123艘共545万载重吨位，分别是1978年的6倍和104倍。特别是远洋运输船舶日益向大型化、专业化方向发展，最大船舶吨位达到30万载重吨，以巴拿马型、好望角型和超大型油轮为主力船型的适应市场需求和具有较强竞争力的干散货、液体散货船队已经形成。在海运大发展过程中，河北远洋发展迅速，运力规模已位居全国第三位。

地方铁路以2003年7月沙蔚铁路投产为契机，2005年9月张双铁路一期工程通车。2006年12月首条电气化重载铁路迁曹线主干线建成通车。随着遵小、蓝丰、司曹等项目相继开工建设。到2007年，全省地方铁路延展里程达1 522.7公里，跃居全国第二位，较2002年增加518公里。合资铁路建设深度拓展，邯黄、蓝丰、保霸、桑张等地方项目列入国家铁路规划；石太客运专线、张集铁路等重大铁路项目开工建设，拉开了河北铁路大规模建设的序幕。同期，在总结对首钢矿业公司运输部专用铁路实施行业管理经验的基础上，积极引导承钢、开滦集团、峰峰集团、石钢、神邦矿业、新晶焦化、开滦精煤等单位的专用铁路、铁路专用线参与社会运输，实现了铁路运输能力的快速扩充。2007年，地方铁路完成货运量7 497.6万吨，货物周转量32.8亿吨公里，分别较2002年增加4 582.7万吨和22.8亿吨公里，增长1.6倍和2.3倍。这一举措得到中国地方铁路协会的高度评价，并作为先进典型在全国推广。

管理与服务走向规范化、现代化。积极引进现代化管理手段，强化高速公路运营管理，大力推进信息化建设，实施机电系统技术改造。到2007年年底，全省除京承、邯长（涉县段）高速公路外，已通车高速公路全部实现了联网收费，联网里程达到2 756公里。其中，率先实现了京秦高速公路的京津冀三省市联网收费，为跨省区合作树立了典范。同时，开通了路况信息服务系统，为驾驶员提供及时的路况信息服务，并建立了公安、交通部门共同参与的高速公路保安全、保畅通工作协调机制和道路信息资源共享系统。在全国首创高速公路服务区星级管理，2007 年全省高速公路建成五星级服务区 9 个，四星级服务区 17 个。全面推行标准化、规范化和精细化管理，15 个路段管理单位通过了 ISO 9001 标准质量管理体系认证，3 个路段管理单位通过了 OHSAS 18001 职业健康安全认证。2003 年 9 月，交通部在全国首批 7 个试点单位——廊坊市召开了“全国农村客运网络化试点工作会议”，对河北农村客运试点工作给予充分肯定。2005 年，农村客运网络化建设工作在全省推开，村村通班车率由 2003 年的 90% 提高到 2007 年的 97%，高出全国平均水平 14 个百分点，解决了 3 590 多个行政村通客车和 510 多万人的出行难问题。廊坊、石家庄、秦皇岛、唐山、沧州、衡水、邢台等 7 个设区市实现了村村通班车的目标。

二、不辱使命，书写经济发展先行华章

经济社会的发展赋予了河北交通人神圣的历史使命，改革开放激活了河北交通人的无穷创造力。30 年来，真抓实干、开拓创新的河北交通人在燕赵大地上一笔一笔地书写了服务经济社会发展的华章！

30 年间，河北省全社会旅客运输量和旅客周转量达到 8. 26 亿人次和 569. 80 亿人公里，分别较 1978 年增加 7. 69 亿人次和 544. 52 亿人公里，增长 14. 5 倍和 22. 5 倍。全社会货物运输量和货物周转量达到 8. 95 亿吨和 2 933. 60 亿吨公里；分别较 1978 年增加 6. 5 亿吨和 811. 74 亿吨公里，增长 3. 7 倍和 1. 4 倍。

1. 公路发展实现历史跨越

截至 2007 年年底，全省公路总里程已达 14. 73 万公里，位居全国第 5 位，较 1978 年增加了 10. 7 万公里，增长 2. 5 倍；公路密度达到 78. 46 公里/百平方公里，比全国平均水平高 40 个百分点。高速公路从无到有，20 年建成通车 22 条高速公路共计 2 853 公里，11 个设区市实现了市市有高速，国道主干线河北省境内高速公路全部建成，“五纵六横七条线”高速公路主骨架初具规模，形成了省内各设区市之间、设区市与京津及周边城市之间的高速公路网络，对加快生产要素流通，缩短省内中心城市间以及与外省的时间距离，推进开发、开放和城镇化进程，服务京津冀经济一体化，促进环渤海湾经济圈发展，具有重要的意义。同时，一般国省干线公路得到新提高，通车总里程达到 1. 6 万公里，较 1978 年增加 0. 61 万公里，实现了所有县通二级以上高等级公路。农村公路里程达到 12. 82 万公里，较 1978 年增加 9. 79 万公里，实现了全省 97% 的行政村通客车。河北农村公路建设得到了国务院、交通部和省委、省政府的肯定，成为群众得实惠最多的“民心工程”之一。据初步统计，2003 ~ 2006 年农村公路建设的直接受益群众在 2 500 万人左右，占全省农业人口一半以上，带动全省农村经济增长 40 亿元以上。“铺下的是路、竖起的是碑、连接的是心、通达的是富”，“唐修塔、宋修庙，共产党带领咱修大道，修完大道修村道，这样的政府就是好”已成为民谚，在河北农村广为流传。河北省农村公路建设的经验做法和显著成效得到了国务院、交通部和省委、省政府的充分肯定。2004 年国务院办公厅《政务情况交流》（第 30 期）刊发了河北省农村公路建设的经验。在河北“十五”期间的十大成就中，农村公路建

设被列为重要方面。农村公路延长了干线公路的“触角”，促进了国、省、县、乡、村道的有效衔接，实现了从“大动脉”到“毛细血管”的融合贯通，使公路的网络化布局更加科学、合理，使“门到门”的公路运输优势得到了更大程度地发挥。

2. 道路运输能力显著提升

改革开放30年，河北道路运输业实现了持续快速发展。一方面，道路运输能力逐年增长，道路运输保障水平显著提高。30年来，运力快速增长，运输量逐年增加。截至2007年年底，全省营业性汽车达51万辆，其中营运载客汽车达到8.1万辆，营运载货汽车达到42.9万辆，分别比1978年年底增长46倍和47倍。2007年完成客运量8.26亿人次、旅客周转量569.8亿人公里，货运量7.98亿吨、货运周转量843.23亿吨公里。客货运量在综合运输体系中的比重分别达到92.8%和75.6%，满足了国民经济快速发展和人民群众生活水平不断提高的需求。另一方面，道路运输基础设施明显改善。经过30年的建设和发展，全省货运站达到235个，等级汽车客运站达到211个；其中一级站21个，二级站137个，三级至五级站53个，简易站及招呼站13 044个，道路运输站场服务环境明显改善。同时，运输结构调整稳步推进，行业可持续发展能力不断增强。运输组织化程度明显提升，涌现出沧州运输集团、邯郸交通运输集团、河北吉运等一批跨区域和管理水平较高的规模化企业。大力推进公车公营改造，石家庄至太原、沧州至保定、秦皇岛至北京等客运班线实现了公司化经营。传统货运企业开始转型，2003年~2007年，全省共投资6.2亿元对15个物流中心项目进行建设，已建成邯郸、张家口等10个物流中心。张家口运输集团、沧州运输集团、邯郸运输集团等运输企业及时调整经营战略，积极融入现代物流，在现代物流管理和运作方面，取得了可喜的成绩。

3. 港口发展取得重大进展

2007年全省港口泊位达到92个，设计装卸能力、完成吞吐量分别达到3.92亿吨和3.99亿吨，在沿海11个省（市）中，分别居全国第3位和第6位；较1978年分别增加3.66亿吨和3.77亿吨，增长15倍和18倍。30年间，港口生产性泊位、设计装卸能力分别净增82个和3.66亿吨，相当于每年建设1个千万吨级大港。自2002年以来，为加大港口对区域经济的拉动作用，港口在保持煤炭运输优势的基础上，铁矿石、钢铁、集装箱等杂货运输的比重不断加大，港口货种结构不断优化。2007年全省港口完成装卸铁矿石4 892万吨、钢铁1 666万吨、石油786万吨、集装箱49万标箱。同时，海运船队规模发展迅速，海运运力和货物运输量实现大幅增长。到2007年年底，全省沿海货物船舶保有量达到123艘共计545万载重吨位，分别是1978年的5.8倍和104.8倍。水路完成货物运输量2 162万吨，货运周转量2 057.3亿吨公里，分别是1978年的14.7倍和236.5倍。

4. 铁路发展迈上新台阶

截至2007年年底，地方铁路延展里程达到1 522.7公里，较1978年增加960.0公里；在建铁路项目达5个，总里程510公里。准轨铁路所占比例已由1978年的7.5%增至2007年的96.2%，实现了与国家铁路的直接过轨、交接货物，运输能力得到极大提高，服务区域经济发展的作用明显增强。2007年，地方铁路货运量完成7 497.6万吨，较1978年增加7 033.4万吨；货物周转量完成32.8亿吨公里，较1978年增加31.6亿吨公里。直接保障了唐山、黄骅等港口和西柏坡、王滩、邯峰、马头、下花园、沙岭子、滦河、陡河等电厂，以及开滦集团、峰峰集团、蔚州能源、首钢矿业、石钢、迁钢、承钢、首秦金属、耀华玻璃等重点企业的运力需求。

同时，抓住投融资体制改革机遇，积极推进合资、合作铁路项目建设，先后建成邯济、朔黄、迁曹、黄万4条共计664.7公里铁路并投产。与铁道部形成的“8+3”合作框架，建设总规模达2 000公里，总投资超1 000亿元。2006年，省部合作项目迁曹铁路提前1年建成通车，既打通了大秦线北煤南运新的出海通道，又构筑了唐山港集疏运系统铁路运输主骨架，为曹妃甸工业区建设提供了经济便捷的运输方式。另一方面，大力支持境内国家铁路干线建设，提供多方位协调服务。自1983年12月我国第一条一次建成的双线电气化铁路京秦线投产以来，1992年12月，我国西煤东运主通道之一的大秦线全线开通运营。1996年9月，我国迄今为止规模最大、线路最长、投资最大、进度最快的战略通道京九线全线开通运营。2003年10月，我国第一条快速客运专线秦沈客运专线开通运营。至2007年年底，全省铁路营业里程达5100公里，国家铁路营业里程较1978年增加近2 200公里；每万平方公里拥有铁路271.71公里，每百万人拥有铁路73.46公里，分别高于全国平均水平3.3倍和1.2倍。

5. 行政管理体制基本确立

为不断适应交通事业的蓬勃发展需要，河北省交通厅紧扣时代发展脉搏，积极推进行政管理体制改革。1980年，河北省革命委员会交通局改称河北省交通局。1983年，省交通局改称省交通厅。20多年来，省交通厅多次进行机构调整，将人员进行合理分流，使厅机关各处室、厅属各职能部门设置更加精干、合理、科学，职能更加清晰、明确，逐步形成较完善的行业管理体系。1985年成立河北省公路运输管理局，2000年10月更名为河北省道路运输管理局。1993年交通厅公路处更名为河北省交通厅公路管理局。1990年~1994年先后成立省高速公路管理局、省交通厅国际金融组织贷款项目办公室、省道路开发中心3个高速公路项目法人单位，负责全省高速公路建设、运营、管理。1998年，成立省交通规费征收稽查局。2000年，省航运管理局改变企业性质后，更名为河北省港航管理局，受省交通厅委托，承担全省航运管理的职能。2001年，河北省港航监督处进行调整，更名为河北省地方海事局。进入21世纪，交通跨入大发展时期，省交通厅坚持“精简、统一、效能”原则，大力推进行政管理体制改革，逐步实现政企分开、政事分开。2002年，重新组建省交通厅港航管理局，建立了全省统一的港航管理体制，对港航工作的管理得到强化。省公路工程局由事业改为企业，改制成“河北省公路工程建设集团有限公司”，并最终划归省国资委序列，实现了与省交通厅的彻底脱钩。厅属16家国有企业的改革工作，截至2007年底已完成15家，剩余的石家庄轨枕厂也在积极推进。在行业结构调整的基础上，自1992年开始，陆续组建了厅通信管理局、公路工程定额站、厅宣传中心、厅国有资产管理中心、厅机关服务中心、厅招投标中心等直属事业单位。2004年11月，河北省地方铁路管理局更名为河北省铁路管理局，并于2006年9月加挂河北省铁路工程质量监督站牌子，全省铁路行政管理职能得以明确和加强。经过上述一系列改革，逐步形成了适应当前及今后一个时期交通改革与发展的行业管理体系。同时，交通行政许可项目经过3次改革，由原来的116项精简为49项。通过行政审批制度改革，对交通部门许可机构设置、性质、权限划分进行了清理和明确，解决了职能交叉、多头许可、多层许可、许可扰民问题。在此基础上，积极做好网上审批系统建设，交通行政许可工作迈上了新台阶。

6. 精神文明建设硕果累累

30年来，特别是近几年，河北省交通厅始终坚持“两手抓、两手都硬”，把精神文明建设与交通建设、运输发展等中心工作统一规划、统一部署、统一实施，推动了文明创建工作持续深入开展。一方面，积极开展群众性文明创建活动。从1997年起，在公路收费站、运管站、征稽站、长途客运汽车站和客运汽车等，陆续开展“三星级”服务窗口、“文明示范窗口”、“青年文明号”创建活动，全省交通系统已建成不同类型的示范窗口2 220个。1982年，保定地区京深公路定县段开展的文明路建设，在全省首次被命名为文明路。之后，全省公路系统积极开展文明样板路、文明执法示范路建设，102、307、109、104等国道先后被交通部授予文明样板路。1996年，交通部在石家庄召开现场会，将石家庄市出租汽车行业开展的“争做文明使者，光大河北形象”的经验推向全国，并在人民大会堂专题召开经验座谈会，中宣部、团中央、交通部及省委、省政府领导对石家庄的做法给予了充分肯定。全省交通系统自1997年连续11年被省文明委命名为“全省创建文明行业优胜行业”。全省11个设区市交通局中，3个被中央文明委授予全国精神文明建设先进单位，9个进入省级文明单位序列。全省交通系统100多个单位成为省级文明单位。“十五”期间，全行业获得省部级以上劳动模范、先进工作者荣誉称号的个人达65名，先进集体21个；获得省级以上表彰的青年岗位能手62名，青年文明号集体160个。另一方面，积极培育交通文化。在高速公路运营管理中推行制度化、标准化、规范化管理，统一标志、标识和服务用语，打造阳光高速、绿色通道、文明走廊。开展交通精神的提炼和专项文化探讨活动。大部分市交通局总结提炼了有特定内涵的交通精神，有的单位积极探索公路文化、执法文化，形成了路政之歌、收费员之歌、海事之歌、出租汽车文明使者之歌等一批优秀作品。开展了企业文化建设。邯郸运输集团积极开展“以人为本，感动为魂”为核心内容的企业文化建设，被中国企业联合会、中国企业家协会评为全国企业文化十大优秀案例企业，被中国企业文化促进会评为全国企业文化建设先进单位；河北高客公司提出“安全、舒适、快捷、温馨”的经营理念，积极探索人性化管理，推行航空式服务；石家庄向国家工商总局申请注册了出租汽车行业的“争做文明使者”、长途客运的“亲情服务”两个知名品牌；承办了交通部下达的专业文化——站文化研究，目前，《站文化》一书已由人民交通出版社正式出版。

三、总结经验，凝结改革发展宝贵财富

30年来的交通发展实践积累的经验，成为进一步推动交通改革与发展的宝贵财富，概括起来主要有6点。

一是河北交通的发展，得益于用改革的思路、创新的观念和市场化的办法，解决制约发展的主要矛盾和关键问题。30年来，河北交通建设之所以快速发展，根本原因就在于坚持改革开放，把基础设施建设与市场化运作结合起来，有效地解决了交通发展的最大制约——资金问题。以公路为例，在高速公路建设中成功实行了“三个多元化”筹资体制；在农村公路建设中，摸索出交通部门补助一点、市县财政支持一点、对口帮扶一点、争取社会捐助一点、农民一事一议筹措一点、市场化运作解决一点的“六个一点”筹资方式；在一般国

省干线建设中探索出养路费安排一块、高速公路连接线带动一块、建设收费公路解决一块的方式，在没有增加非收费路贷款的情况下，加快了一般国省干线发展。

二是河北交通的发展，得益于以科学发展观为指导，科学谋划发展思路和发展规划。30年来，河北省交通厅结合行业实际，出台了一系列科学发展的思路和规划。按照河北省国民经济和社会发展五年规划、交通部行业发展规划要求，及时编制完成了符合河北经济社会发展实际需求的交通发展规划，明确了阶段性发展思路与目标，并据此编制年度建设计划，指导交通工作。特别是进入新世纪以来，根据党的十六大精神和省委、省政府部署，省交通厅党组提出了“高速公路连网、干线公路提速、农村公路升级”的公路发展战略和“一头抓高速公路、一头抓农村公路”的发展思路，编制了《河北省2003年至2007年高速公路建设计划》和《河北省农村公路发展目标及实施意见》，经省政府批准实施。同时，着眼于建立综合交通运输体系，编制了《河北省道路运输发展目标及实施意见》、《河北省沿海港口布局规划》、《河北省铁路中长期发展规划》等。以这些规划为指导，全省交通工作目标明确，措施到位，指导全省交通事业取得一个又一个辉煌成就。

三是河北交通的发展，得益于始终坚持求真务实、真抓实干的工作作风，狠抓各项工作的落实、落实、再落实。30年来，全省交通系统始终把狠抓落实作为一条工作主线。特别是2003年以来，根据总体发展规划，省交通厅党组提出“4个干”，即“干什么”——各级各部门都要根据全省各项交通规划明确自己的发展目标；“怎么干”——针对落实发展目标落到实处存在的难点提出解决的措施；“谁来干”——任务目标明确到单位、人；“什么时间干成”——明确时间进度。在全系统形成了任务明确、措施明确、责任明确、时间进度明确的干事机制，促进了各项工作的落实。

四是河北交通的发展，得益于把依法依规办事作为交通工作的一项基本准则。30年来，面对经济体制转型以及各种矛盾错综复杂的现实情况，始终把交通法制建设工作和坚持原则作为处理复杂矛盾的一把快刀。在贯彻落实国家《公路法》、《港口法》、《铁路法》、《收费公路管理条例》、《道路运输管理条例》等法律法规的同时，积极推动地方性立法工作。1986年5月7日，《河北省公路管理条例》经省6届人大常委会第20次会议通过。1995年4月22日，《河北省公路条例》经省8届人大常委会第13次会议通过。两部地方性法规自公布实施以来，极大地促进了河北公路的建设、养护和管理工作。1997年6月29日，《河北省道路运输管理条例》经省8届人大常委会第27次会议通过，为依法加强道路运输行业管理提供了法律依据，为规范道路运输市场秩序起到了积极作用。2007年5月24日，在《河北省地方铁路管理规定》实施15年后，《河北省地方铁路条例》经省10届人大常委会第28次会议表决通过，为全面加强和规范铁路规划建设、运输营业、安全管理等工作确立了必须遵循的行为准则，使铁路管理实现了法制化。经过多年努力，基本形成了法律、行政法规、地方性法规、政府规章、规范性文件5个层次的行业管理法规制度体系。特别是2003年以来，为强化依法依规办事，依据有关法律、法规先后制订了70多项规章制度，有力地确保了依法决策、规范管理；省交通厅所有厅长办公会，纪检监察和法规部门的负责同志必须列席；凡以厅名义制发规范性文件，必须事先由法规部门审核把关。厅长办公会决策数百项重大工作，全部符合法律、法规要求，较好地处理了很多复杂矛盾和问题，确保了交通工作健康持续发展。

五是河北交通的发展，得益于狠抓党风廉政建设，为交通发展提供强有力的政治保障。30年来，河北交通人始终坚持一手抓交通建设、一手抓党风廉政建设，探索出一些行之有效的办法。首先抓机制建设。在全系统初步形成了“四位一体”的廉政机制，即建立健全廉政责任机制、廉政预防机制、廉政约束机制、廉政监督机制，为党风廉政建设提供了制度保证。其次抓领导班子建设。廉洁自律从省交通厅党组做起，要求别人不做的，自己首先不做；要求别人做到的，自己首先做到。要求交通系统每个领导干部要时刻牢记“三个坚决”：一是坚决不收受任何现金、有价证券和支付凭证；二是坚决不违规干预、插手工程招投标、材料供应、工程分包及合同变更等活动；三是坚决管好配偶、子女，不利用职权为任何亲属谋私。第三抓重点环节。充分认识、把握经济规律和交通本质属性，在高速公路建设领域率先推行“十公开”，有效预防了腐败问题的发生。“十公开”涉及了高速公路建设的全过程：一是高速公路发展规划、建设计划公开；二是项目审查、审批管理公开；三是招标过程公开；四是征地拆迁管理公开；五是施工过程管理公开；六是设计变更管理公开；七是质量监督公开；八是竣（交）工验收公开；九是资金使用公开；十是建设市场管理公开。“十公开”的做法，得到中纪委和交通部领导的充分肯定，2007年交通部召开现场会向全国推广河北经验。

六是河北交通的发展，得益于重视交通文化建设，激发广大干部职工热爱交通、奉献交通的热情。30年来，全省交通系统狠抓行业文明建设，树立了交通新形象，展现了交通新风貌，并为推动交通文化建设搭建了平台，积累了经验。进入新世纪以来，始终把交通文化建设放在重要位置来抓，培育了一批文化建设典型示范单位。把“爱我交通、我为交通做贡献”作为2003年以来贯穿始终的主题活动，涌现出了一大批爱岗敬业的先进模范。通过开展“树交通新风，建廉政行业”活动，交通行业正气得到了进一步弘扬，并得到社会广泛认可。通过开展“想干事、会干事、干成事”的大讨论，极大地激发了广大干部职工干事创业的热情。

四、科学发展，构建现代综合交通运输崭新格局

当前和今后一个时期，是河北省实施“科学发展、富民强省”战略、实现经济社会又好又快发展的关键时期，也是交通事业发展的黄金机遇期。河北省交通系统将秉承改革开放30年积累的宝贵经验，以科学发展观为指导，紧紧围绕“三个服务”，进一步加快交通事业发展，尽快建立现代化综合交通运输体系。

（一）发展思路

以建设沿海强省和科学发展、富民强省战略为指导，以提升交通对经济社会发展的适应能力和发挥交通引领作用为目标，按照“培育一个龙头、建好两大动脉、完善三个网络、疏通四个节点、构建六大通道”的思路，促进水路、公路、铁路全面、协调可持续发展，为构筑“东出西联”互动格局提供畅通、安全、便捷、高效、低成本的交通保障和支持。

“培育一个龙头”，就是以唐山、秦皇岛和黄骅三大港口为基础，通过完善规划、加快发展，努力构建功能合理、分工明确、优势互补、内外通连的沿海港群系统，发挥沿海港口

对建设沿海经济社会发展强省的“龙头”作用。

“建好两大动脉”，就是以高速公路、铁路协调发展为重点，加快构建沿海港口集疏运系统，实现港口与港口之间、港口与产地之间、港口与用户之间的高效便捷连接。

“完善三个网络”，主要是指完善具有“门到门”运输优势的公路网络。一是高速公路网络，继续加快完善“五纵六横七条线”，重点建设直接服务于“东出西联”互动格局的14 条高速公路。二是国省干线公路网络，继续按照省政府《河北省干线公路网布局调整方案》批复意见，加快一般干线公路建设，连通高速公路以及铁路等运输方式到达城镇等节点，增强大通道辅助和区间交通连接、集散作用。三是农村公路网络，利用好省部合作投资农村公路的政策，在实现村村通的基础上，提高通达深度和质量，尤其是要提高县乡道路的技术等级和畅通水平。

“疏通四个节点”，一是疏通“出海”节点。加大对连接秦皇岛、京唐、曹妃甸以及黄骅港四大港区的公路和铁路交通基础设施的资源整合，重点疏通用于集疏港口的公路、铁路、水路等枢纽建设，加快实现各种运输方式的有机衔接，全面提升运输通达能力。二是疏通连接外省的节点。充分发挥邯郸、张家口、承德、石家庄、保定、秦皇岛、唐山、沧州等城市的枢纽作用，逐步完善“东出西联”通道功能。三是疏通京津冀都市圈的节点。该区域资源积聚度较高，加快完善进出“京津”疏通干道和站场设施建设，重点缓解京西通道压力。同时实现多种运输方式一体化，高效衔接、快速沟通，承担起京津冀三地间各类资源的集疏功能。四是疏通服务省内区域的交通节点。加快省内区域之间、城市之间的站场枢纽建设，通过合理布局，形成沟通南北两厢、畅通中间一线、实现便捷出海的快速通道。

“构建六大通道”，分别是：济南—长治综合运输通道（邯济、邯长铁路和青兰、邢临、邢清高速公路组成）；青岛—太原综合运输通道（石太、石德铁路与石太、青银高速公路组成）；黄骅港—太原综合运输通道（朔黄、沧港地方铁路和石黄、石太高速公路组成）；唐山港—朔州综合运输通道（津霸、保霸、保大铁路以及保津、唐曹高速公路组成）；西北出海通道一（丰沙、京张、大秦铁路与京张、京秦高速公路组成）；西北出海通道二（唐遵、滦港铁路和张承、承唐、承秦高速公路组成）。

（二）发展目标

1. 总体目标

以加快港口、高速公路及港口集疏体系为重点，建立“能力充足、组织协调、运行高效、管理上乘，服务优质、安全环保”的交通运输体系，实现沿海各港口与省内城市，省内城市与周边省市，水路、公路、铁路、航空、管道等运输有效衔接，提供通畅、便捷、安全、经济的运输服务。2020 年港口、公路、铁路、民航全面适应建成沿海经济社会发展强省的需要，总体发展达到“适度超前”的更高阶段，基本实现交通现代化。

2. 分阶段目标

1)2010 年发展目标

基本形成区域水路、公路、铁路、航空等基础设施网络骨架，综合交通基础设施保障能力明显提高，结构日趋合理，功能日趋完善，基本适应经济和社会发展需要。

(1)沿海港口：适应度达到1.1，吞吐能力达到5.92亿吨，形成煤炭、铁矿石、集装箱等大型专业化码头布局；大力发展临港工业和物流园区，港城互动初见成效，基本建成各港口的信息化网络系统，沿海港口总体能力基本适应经济社会发展需求。

①形成以唐山港曹妃甸港区为核心的铁矿石中转运输体系。

②各港进港航道与港区码头泊位相匹配，基本适应到港船舶大型化需要。

③主要港口启动新港区建设。

④加快曹妃甸港区、京唐港区煤炭专业码头建设，优化煤炭运输组织，提高运输效率。

(2)公路交通：加快高速公路网络化建设，基本建成规划的"五纵六横七条线"主骨架高速公路网，通车里程达到4 500公里。实现全省97%以上的县城能在30分钟内驶上高速公路，形成省会与设区市、与京津及周边省市、各重要城市与港口之间布局合理、快速便捷的高速公路网络。

①石家庄及北京、天津3个中心城市之间基本实现多路连通。

②中心城市半日交通圈覆盖所有地市，相邻地市实现便捷连接。

③区域内四大港区与区域内城市快速连接，并沟通山西、内蒙古两大能源基地，构建"东出西联"14条大通道。

④高速公路覆盖大部分县市，基本实现县级以上节点30分钟内驶上高速公路。

⑤全省公路网密度达到80公里/百平方公里。

(3)道路运输：道路运输站场基本适应经济发展需要，全省所有设区市均建有1个以上的客运一级站，新改建一批二级站，使所有县（市）建有功能完善的二级客运站，需要建站的乡镇建有乡镇客运站、候车亭和招呼牌，建制村通车率力争达到100%。基本实现高速客运直达化、农村客运网络化、城城客运快速化、出租旅游客运规范化。初步形成以11个省辖市物流中心为核心的货运服务体系，初步搭建起覆盖全省、辐射京津及渤海经济区乃至全国的现代物流网络框架，初步建成全省智能道路运输管理综合信息系统。建立安全高效、文明诚信、规范有序、协调发展的道路运输市场新秩序，打造运力充足、结构合理、安全高效、服务优质、节能环保的道路运输体系。

(4)铁路交通：以完善沿海港口集疏体系为核心，以构建省中心城市快速客运网络为重点，加快形成"一环四纵八横"铁路交通格局，规划建设新线2 155公里，其中港口通道1 340公里，客运专线815公里，境内铁路营业里程突破6 000公里。具体线路见表1。

河北省"一环四纵八横"铁路线路 表1

线路走向	通道名称	主要组成线路
一环	环渤海通道	京秦城际唐山至秦皇岛段、津唐城际、滨海新区至渤海新区城际南曹线、黄万线、黄大线
四纵	京沪通道	京沪高速、京沪线
	京九通道	京九线
	京广通道	京广（深）客专、京石城际、石邯城际、京广线
	京赤通道	京承城际、京承线、承赤线、京通线

续上表

线路走向	通 道 名 称	主要组成线路
八横	大秦通道	大秦线、迁曹线、滦港线
	京哈通道	京秦城际北京至唐山段、京秦线、津秦客专、津山线
	京包通道	京张城际、丰沙大线、京张线、张集线
	天保大通道	津保城际、保霸线、保大线
	朔黄通道	朔黄线、沧黄线
	邯（邢）黄通道	邯黄线、邢和线
	青太通道	石太客专、石济客专、石太线、石德线
	济邯长通道	邯济线、邯长线

适应铁路客货运输需求的变化，结合客运专线和城际铁路建设及既有线提速改造，优化运输结构，改善服务设施，创新服务方式，不断提高运输服务水平和运输效率。优化调整客车开行方案，增加直达特快、夕发朝至、朝发夕归、一日到达及旅游列车，积极开发适应不同旅客需求的新产品。结合路网大能力通道建设，优化调度指挥和运输组织，减少运输中间环节，提高日装车数量，发展重载运输、直达运输。同时，健全重点物资运输的应急预案，提高对重点物资运输的保证能力，确保关系国计民生的煤、油、粮、化肥等重点物资运输。加强与其他运输方式的衔接与合作，发挥铁路在综合物流链中的骨干作用。

2)2020 年发展目标

(1)沿海港口：总体能力适度超前国民经济发展要求，港口适应度达到 1.2 以上，吞吐能力 10 亿吨左右，满足重要货类运输对大型深水专业化码头和航道的需求，拓展现代物流、临港工业和商贸等功能，主要港口的物流中心作用明显，主要港口在技术装备、管理体制和服务质量等方面达到当时的国际水平，港口与城市和谐发展，沿海港口基本实现现代化。

①唐山港基本形成规模化的煤炭装船能力，与秦皇岛、黄骅港共同形成支撑我国能源外运的通道。

②在满足本省钢铁企业需求的基础上，辐射范围进一步扩展，形成布局合理、能力充足、运输高效的外贸铁矿石运输体系。

③沿海港口在临港产业开发中的基础作用增强，港口物流园区得到大力发展。

(2)公路交通：全省通车里程达到 18 万公里，其中高速公路 6 000 公里，干线公路 2 万公里，农村公路 15.4 万公里，全省公路网密度达到 93.8 公里/百平方公里。

①基本完成河北省高速公路网主体建设，形成连接东部港口及沿海发达地区与省内各地及周边省份的高速公路网络，实现高速公路覆盖所有市县。

②干线公路建设，以优化网络布局、全面提升路网等级为重点，坚持新建与改建并举、建设与养护并举，全面提高干线公路的服务水平和运输保障能力。国省干线达到二级以上标准，县城到主要乡镇通二级公路。

③农村公路在继续提高通达深度的基础上，适当提高技术标准，逐步实现农村公路网络化，为建设社会主义新农村服务。

(3)道路运输：国家及省级运输枢纽建成，整体功能与作用得到充分发挥，形成以石家庄为中心，对内辐射全省、对外连接全国，设施完善、功能齐全、管理科学、运作灵活的客货站场服务网络。

(4)铁路交通：境内铁路营业里程突破8 000公里，形成“高效、便捷、安全、舒适”的现代化铁路网，适应河北省经济发展和社会进步需要。

（三）保障措施

建设沿海强省，构筑“东出西联、南北通衢”交通格局，需要各级党委、政府的指导支持，需要相关部门的密切配合和协调联动，共同保证规划的顺利实施。

1. 切实加强政策保障

一方面经济与社会发展对交通的需求日益加大；另一方面土地、环保等政策对交通建设要求日益提高，都需要各级政府和部门解放思想，以更宽阔的思路、更有力的措施，深入探索交通发展的规律，研究合理的解决方案和途径，提供有效的政策保障，把发展目标从规划图变成实实在在的港和路，使交通在“东出西联”互动格局中的枢纽作用得到充分发挥。同时也需要各级党委、政府加强对交通工作的领导，在人力、财力以及技术等方面给予更多支持和帮助。

2. 努力优化施工环境

随着《物权法》等实施，对拆迁工作提出新要求，增加了交通建设的难度。近年来，高速公路征地拆迁费用连年增长；施工过程中，电力、文物、水利、环保等部门要求越来越严格，相关各方的利益问题解决同样带来较多困难。为此，必须在科学规划、项目比选、优化设计上下功夫，加强科学论证，尽量少占耕地、少拆迁。必须牢记为民宗旨，多听取群众意见，做好土地征用、拆迁、青苗补偿等各类关系群众切身利益的工作。同时做好宣传解释工作，加强沟通，争取理解，营造良好的施工环境。

3. 运用市场手段加强资金筹措

当前和今后一个时期，交通建设的资金供需矛盾还很突出。必须在高速公路投资主体多元化、农村公路“六个一点”融资方式的基础上，兼顾交通基础设施的社会属性和商品属性，深化交通投融资体制改革，进一步加快体制改革步伐，用市场的办法鼓励社会各类投资主体参与交通建设、多渠道筹集资金，形成既能完成繁重交通建设任务，又不增加政府债务负担的良性发展局面。鼓励和引导社会资金特别是运输企业，在符合城市规划和交通规划的前提下，投资建设道路运输站场，缓解政府投资站场的资金压力。开辟站场建设投资项目绿色通道，简化投资手续，下放审批权限。

4. 加强交通建设的组织保障

建立综合交通运输体系需要各级各部门的密切配合，需要一个能够协调多种运输方式的综合机构。由于体制原因，交通仅负责公路、水路、地方铁路的行业管理。构建“东出西联”综合交通运输体系，借鉴高速公路建设指挥部的成功模式，成立由政府牵头组织，省交通厅、发改委、建设厅、民航等部门共同参加的统一协调、强力高效的领导组织，为实施“东出西联、南北通衢”交通基础实施规划提供有力的组织保障。

三晋交通的沧桑巨变

山西省交通厅

党的十一届三中全会以来，全省交通系统在省委、省政府正确领导下，始终高举中国特色社会主义伟大旗帜，坚持走中国特色的社会主义道路，坚持以邓小平理论和“三个代表”重要思想为指导，深入贯彻落实科学发展观，坚持“一个中心、两个基本点”基本路线，围绕“三个服务”，立足“又好又快”，落实“三个并重”，抢抓机遇，锐意进取，使全省高速公路“人字骨架、九横九环”基本成型，“五纵七横”国道主干线全面建成，全省具备条件的建制村全部通公路，大运高速公路被省政府和交通部联合命名为“千里文明高速路”，山西交通行业率先跨入全国交通文明行业行列，在全省经济社会发展和构建社会主义和谐社会中发挥了重要作用。

一、山西交通 30 年发展成就卓著

（一）公路建设实现新跨越

30 年来，全省公路建设得到空前发展。1978 年底，全省公路通车里程仅有 27 261 公里，其中二级路 188 公里，三级路 3 200 公里，四级路 16 487 公里，等外路 7 386 公里。符合技术标准的公路只占通车总里程 73%。

随着改革开放不断深入，作为能源重化工基地道路交通逐渐成为经济建设瓶颈。为此，省委、省政府将公路建设列为重点产业，采取各种倾斜政策，支持鼓励和大力促进全省公路事业飞速发展。1995 年建成太旧高速公路，实现山西高速公路零的突破；2003 年建成大运高速公路，从根本上改变全省交通落后现状。通过开展“高质量工程、高效率管理、高科技应用、高素质队伍、高品位服务、高效益经营”六高目标创建活动，使全省高速公路管理水平得到迅速提高。

太旧高速公路西起太原武宿，经寿阳、阳泉、平定至省界旧关，与河北境内北京至石家庄高速公路相接，全长 144 公里。为解决资金短缺，全省各级干部群众捐资 2. 3 亿元，齐心协力，攻坚克难，夜以继日，奋力拼搏，实现“三年工期两年完、总投资不突破 30 亿元概算、工程质量达全国一流”目标。1995 年 10 月 1 日东西两段和武宿立交枢纽建成通车，1996 年 6 月 25 日全线竣工通车，1997 年获全国建筑工程最高奖——鲁班奖。全省人民创育的“自力更生，艰苦奋斗，不屈不挠，勇于奉献”的太旧精神，享誉全国，成为山西的一张品牌。

大运高速公路北起大同市南郊区西河河，南至运城市盐湖区，全长666公里，由大新、新原、原太、太原东山过境、南过境、太祁、祁临、临侯、侯运9段高速公路组成。途经大同、朔州、忻州、太原、晋中、吕梁、临汾、运城8个省辖市，连接全省经济发达区、人口稠密区和产业集中区。2003年9月28日全线建成通车，2004年该工程获鲁班奖。此后，雁门关隧道、赵康枢纽双双荣获“鲁班奖”和“詹天佑大奖”。2007年12月2日，被交通部和省政府命名为“千里文明高速路”，开创全国先河。

太长高速公路北起省城太原，南至长治，纵贯3市9县区，全长210公里，2003年10月开工建设，2005年11月全线竣工通车。长晋高速公路全长93.045公里，起于长治市下秦，终于晋城市牛匠，途经2个市5个县区，2002年12月开工建设，2004年11月竣工通车。两段均是二连浩特至广州国家高速公路在山西省境内的重要一段，是全省人字形高速公路主骨架的重要组成部分，也是省会与各市三小时通达的关键路段。2005年7月15日，中共中央政治局委员、书记处书记、中宣部长刘云山视察太长高速公路建设；7月29日，中共中央总书记胡锦涛视察太长高速公路，在范家岭隧道旁听取全省公路建设情况汇报。当他听到全省2005年底实现“三小时高速通达地市”，建成通村水泥路（油路）4.3万公里、新增8 300个建制村通公路，“十一五”期间实现“人字骨架，九横九环”，新建设4 050公里公路时，非常高兴，笑着说：“公路建设成绩很大，规划令人鼓舞”。胡总书记详细询问九横建设情况，并语重心长地说：“任重道远啊”。

“十五”时期是全省交通事业发展的鼎盛时期。省交通厅党组与时俱进，乘势而上，以科学发展观为指导，以构建和谐社会的战略思想谋划和推动交通发展，以人为本，改革创新，带领全省12万职工，艰苦奋斗，拼搏奉献，5年完成投资700亿元，为“九五”投资2.1倍，为建国51年总投资1.6倍。截止2007年底，全省公路通车里程119 868公里，公路密度76.49公里/百平方公里，为1978年4.4倍。高速公路总里程达到1 893公里，在全国排名第14位。全省实现了省会与各市三小时通达，全省公路技术标准提高，干线公路消灭了等外路和砂砾路。同时，交通事业服务三农大局，大力实施乡乡通油路、村村通水泥（油）路、通客车工程，2002年至2007年6年间，全省新改建农村公路15.2万公里，其中改造县乡公路1.9万公里，新建通村公路4 514公里、通村水泥油路12.8万公里。到2007年年底，全省通油路乡镇由“九五”末期的86.4%上升到100%，通水泥路（油路）建制村由“九五”末期的42.5%上升到84.6%，通公路建制村由“九五”末期的94%上升到99.9%，通客运班车建制村由“九五”末期的58%上升到91%。广大农村交通基础设施条件得到明显改善，广大农民群众行路难、乘车难、运货难问题基本得以解决。交通系统广大干部职工为全省社会主义新农村建设作出了积极贡献。

（二）道路运输有了新提高

30年来，省交通厅党组坚持公路建设和运输发展并重的原则，认真贯彻国家公路运输政策，不断深化企业改革，建立和完善现代企业制度。在对国有运输企业进行承包经营、集团化重组的同时，积极扶持多种经济成分的运输组织从事社会运营，逐渐培育运输市场，形成竞争局面，激活企业活力，全省营运车辆大幅度增长，客货运输量和运输周转量都创造了辉煌成绩，有力促进全省国民经济建设又好又快发展。

1978 年，全省拥有民用汽车 45 716 辆（其中货车 34 383 辆、客车 8 423 辆，特种车 2 910辆），其中运输部门拥有营运车 5 042 辆（货车 4 025 辆，客车 1 017 辆）。2007 年，全省汽车保有量达到 173. 5 万辆（其中营业性货车 30. 7 万辆，客车 102. 8 万辆），为 30 年前 37. 8 倍。公路运输部门拥有汽车 23. 77 万辆（货车 22. 1 万辆，总吨位 147. 4 万吨，客车 1. 66 万辆，总座位 35. 8 万个），分别为三十年前的 54 倍、85. 7 倍、15. 3 倍、7. 7 倍。在运输市场中，多种经济成分的营运车辆异军突起，增长迅速，激励着国有运输企业实现重组和集团化、股份化经营，山西汽车运输集团成功改制，标志着全省公路运输行业进入科学和健康的发展轨道。

全省运输管理部门积极适应运输市场变化，不断加强管理，依法治运，关注民生，热情服务，提高运管人员素质，积极推动运输市场健康发展。特别是进入 21 世纪后，运管部门将工作重点放在社会主义新农村建设上，认真规划，分步实施，积极引导，市场运作，为全省村村通客车作出突出贡献。先后减免农村客运车辆交通规费，协助财政部门落实农村客运班车燃油补助，使农村客运车辆开得动，留得住，有效益。截止 2007 年年底，全省农村客运线路发展到 2 687 条，班车 6 153 辆，占全省客运线路和客运班车近一半，全省村村通客车率达 91%。共建乡镇汽车站 358 个，安装候车亭 4 395 个，招呼牌 15 811 个，30% 乡镇有汽车站，71% 建制村有候车亭和招呼站牌。77 个县市实行城乡客运一体化管理体制，占到全省县市总数 80%。2007 年，全省完成公路客运量 3. 96 亿人，旅客周转量 207 亿人公里；完成货运量 8. 2 亿吨，货物周转量 427 亿吨公里；分别为 1978 年的 15. 7 倍、16. 9 倍、4. 3 倍和 37. 3 倍，全省公路运输量分别占综合运输量的 89. 5%、55. 4%、57. 9%、26. 5%。

（三）规费征收谱写新辉煌

随着交通事业迅猛发展，交通建设资金需求量逐年增大。1986 年国家对交通监理体制进行改革，道路交通安全监理业务划入公安系统，征费业务仍保留在交通系统。这种机构的变化，对筹措交通建设资金既是机遇，也是挑战。为此，省交通厅不断改革交通征费稽查体制，采取新方法、新措施，同心协力，努力工作。1995 年成立省交通征稽局，各地设立分局，县市区设所，干线公路设站。全省征稽系统干部职工不断加大工作力度，搞好部门协作，提高服务质量，深挖货源，严查黑车，杜绝漏费、逃费、欠费，规费征收额逐年上升。同时，还积极开展站所整洁化、牌表统一化、办公洁净化、环境优美化、管理科学化、制度规范化、服务标准化、政策公开化、办事程序化、处罚透明化达标竞赛活动，使全省交通征稽工作进入科学化、制度化、规范化的轨道。

“十五”期间，全省交通征稽系统坚持以人为本、方便车户、服务车户的原则，新增缴费网点 181 个，在全省范围内实现公路养路费、货运附加费异地征收和银行代征。通行费管理实现省局、分局、收费站三级联网，实现电子监控和数字传输，有效地杜绝了征费过程中的违规违纪行为；先后出台 AB 岗制度、限时办结制度、首问责任制和延时工作制，设立减免审批窗口，推行一站式服务；实现办理项目、时间、质量三承诺；开设公示栏，设置便民服务台，及时帮助车户排忧解难，全面提高服务质量，促进规费征收。2007 年，全省交通征收各种交通规费 39. 6 亿元，而 1978 年全省征收机动车养路费和公路基金仅 9 399 万元。改革开放 30 年后，交通规费征收增加 40 倍。既展示了交通征稽系统职工为国家筹集公路建设资金的辉煌业绩，也折射出交通事业日新月异的变化和国民经济建设蒸蒸日上的喜人景象。

（四）引资融资开创新局面

建设资金是发展交通事业的关键。山西底子薄，自然条件差，经济发展水平低，建设资金短缺一直制约着交通事业发展。数十年来，虽然通过加大交通规费征稽力度，筹措了一些资金。但全省交通基础设施建设要赶上经济发达地区水平，适应经济快速发展需求，资金存在巨大缺口。进入20世纪90年代，省交通厅在引资融资方面不断探索新思路，争取新措施。先后组建专门机构，委托香港融资总代表。根据省政府引资奖励办法，重奖有功人员，并鼓励各地市交通局对外引资，为其提供贷款担保，在全省形成对外引资合力。期间先后与美国、韩国、澳大利亚等国200余家客商，就20多项公路工程项目进行洽谈，从而起到锻炼队伍，宣传山西的作用。到1997年，全省交通对外开放水平逐步提高，引进工作取得显著成绩。全省成立中外（港）合作公路经营企业10家，累计引进协议外资13.4亿元人民币，当年到位9.1亿元，这种经营模式走在全省前列。

进入21世纪以后，厅党组更加重视交通资金筹措工作。通过银行贷款、固定资产置换、协议引资等多种形式开展融资。省交通厅成为国家开发银行和中国工商银行重点支持的优质客户，合作项目由高速公路建设拓宽到干线路网改造和旅游公路建设，合作形式由项目贷款拓展到企业授信、规模扩充、资本运作，合作内容由单纯硬贷款拓展到硬软兼顾。仅2003年即争取到国内银行合同贷款155亿元，为全省公路建设提供了全方位金融支持。同时，还对太旧高速公路实行企业并购，置换出资本金20亿元，成功启动大运高速公路建设。京大高速公路通过转让经营权收回投资14亿元。

同时，省交通厅放宽市场准入，积极引导社会资本进入公路建设市场。通过BOT方式、经营权转让、股份合作等渠道，吸引民间资本投资公路建设。阳城至侯马高速公路由中昌、中港集团采取BOT方式合资建设经营。通过政策导向作用，对农村公路建设以奖代补办法，加大奖励力度，进一步激发了市县各级政府和广大群众建设公路的积极性。2003年，全省农民义务投入就完成投资10亿多元。

从1998年至2007年，全省交通基础设施建设共引进外资（折合人民币）45亿元（其中祁临、侯禹高速公路还争取到亚行贷款3.75亿美元），争取到交通部补助102亿元，争取到国债资金25.5亿元，中央预算内拨款0.99亿元，银行贷款456.5亿元，社会资金25亿元。山西通过运用市场经济思路和方法，不断推进金融创新和投融资体制政策，走出了一条经济欠发达地区公路建设新思路的经验，受到交通部及金融部门高度评价。

（五）改革管理取得新进展

为了不断适应交通事业蓬勃发展的需要，30年来，省交通厅对管理体制做过多次改革。1991年根据上级指示精神，对机构实行编制管理。厅机关对未入编制的临时机构作了合并和撤销，将人员进行合理分流，使厅机关处室设置更加精干、合理、科学，其职能更加清晰、明确。1995年，交通建设进入大发展时期，又对全省征费系统机构进行改革，成立省交通征费稽查局，各地市均设分局，实行垂直领导。同时成立太旧高速公路管理局，对太旧高速公路进行管理运营。为了传承历史，资鉴未来，在原厅史志办的基础上成立厅资料信息中心；为了宣传交通，扩大影响，又成立厅宣传教育中心和山西交通报刊社。

进入21世纪后，省交通厅党组坚持“精简、效能、统一”的原则，大力推进行政管理体制改革，在政企分开、政事分开、事企分开等方面取得突破性进展。一是整合原厅属运输企业和工程建设单位，经省政府批准，组建山西路桥建设和山西汽车运输两个省属大型一类企业集团，划归省国资委序列，实现与省交通厅彻底脱钩。2005年，两大集团分别进入交通企业百强行列。二是整合高速公路资源，先后组建大同、朔州、忻州、太原、吕梁、长治、晋城、运城等区域性高速公路公司，建立高速公路偿债平衡资金，逐步形成精简、高效、统一、特许的管理体制。三是组织实施行政审批制度改革。交通行政许可项目经过3次改革，由114项精简为23项；建立路政、运政、交通征稽3个审批窗口，对外审批项目全部纳入窗口集中管理。四是完善行政管理体系。按照强化政务，弱化事务，搞好服务的原则，把事务性、专业性工作从政府职能中分离出来，组建了厅重点办、厅发展规划中心、厅会计核算（审计）中心、厅公路交通工程定额站、山西交通环境保护中心站、厅新闻宣传中心、山西交通安居置业管理中心等事业单位，建立水上交通安全监管系统，组建省、市、县三级地方海事机构，明确地方政府对乡镇船舶安全监管责任；根据工作需要，省交通战备办公室由厅内设处室变为挂靠单位；顺利完成车购税征管机构移交税务部门管理。五是认真贯彻《党政领导干部选拔任用工作条例》，积极推进干部人事制度改革，建立了竞争上岗、民主推荐、考试录用、挂职锻炼、岗位交流、考察报告、任前公示、述职述廉和诫勉、回避等干部选拔、任用、监督、管理机制，营造了一个使优秀人才脱颖而出的环境。六是指导大同、运城市交通局开展地方交通综合执法试点等工作。交通管理改革有效适应交通建设需求，推动全省交通事业又好又快发展。

（六）反腐倡廉创造新经验

30年来，在省纪委、省监委和省交通厅党组正确领导下，全省交通系统努力践行“三个代表”的重要思想，始终把加强廉政建设贯穿于交通工作各个环节，积极创新纪检监察工作体制机制和制度，在全省交通跻身全国先进行列的同时，圆满实现“修好一条路，不倒一个人”的廉政建设总目标，反腐倡廉工作在服务和保障交通发展方面发挥重要作用。一是立足教育规范，各级领导干部廉洁自律意识进一步提高。先后开展“艰苦奋斗、廉洁从政”主题教育，“廉政论文征集”、知识竞赛、警示教育等活动；驻厅纪检组组织编撰了《正气·交通专刊》、《领导干部廉政从政手册》、《纪检监察常用政策法规汇编》等资料。先后举办廉政教育培训班50多期，培训18 000余人次，有力地提高了各级领导干部的廉洁自律意识。“十五”期间为全系统680多名处级干部健全廉政档案；先后组织开展了对公款为领导干部配备电脑和支付个人费用、领导干部兼职、收受礼金、公款购买商业保险、国家机关工作人员投资入股煤矿等行为的清理纠正工作，并设立廉政账户。组织开展了以清车、清房和制止奢侈浪费为主要内容的“三项治理”工作，共清理超标车22辆；对338名领导干部住房进行摸底，清理违规住房88套。在抓规范的同时，制定行为规范和相关制度20余项，建立处级领导干部长效机制，有力增强各级领导干部拒腐防变意识。二是高度重视群众来信来访，案件查处工作稳步推进。“十五”期间，仅驻厅纪检组直接受理各类信访600多件次，接待来访380余人次，处理率达100%。三是坚持纠建并举，大力推进政风行风建设。全省交通系统各级纪检监察部门充分发挥组织协调作用，围绕树行风，创环境，积极开展政风行风建设，针对不同阶段工作要求，先后组织开展清理整顿收费站点、超载、超限专项治理、执法队伍整顿、政风行风建设评议、纠正公路建设领域损害群众利益行为等专项工作，先后聘任400多名行风监督员，组织有关人员明察暗访200余次，拆除或撤销不符合规定的收费站点12个，有力地遏制了公路“三乱”问题的滋生蔓延，如期实现跨入所有公路基本无“三乱”省行列目标。通过认真听取群众呼声，深入开展行风宣传咨询、听证对话、行风热线等活动，公开承诺，自觉接受社会监督，使全系统政风行风建设取得新进展，行业风气明显好转。四是坚持标本兼治，切实加强以工程建设领域为重点的源头治理腐败工作。各级各部门紧紧围绕人权、财权和事权，对容易发生腐败的关键环节、重点环节和重点部位进行全过程监督。从决策、管理入手，先后建立健全了“三重一大”议事制度、决策咨询制度、行政过错责任追究制度、交通行政执法责任制等。纪检监察部门全部参与干部推荐、考察、提拔等工作，严格执行民主推荐、民主测评、考察预告、任前公示等程序和干部选拔任用“廉政一票否决制”。省交通厅先后制定出台《反腐败抓源头实施办法》、《关于在全省交通系统建立健全教育、制度、监督并重的惩治和预防腐败实施意见》、《关于进一步加强交通基础设施建设领域廉政工作的实施意见》、《关于进一步加强重点公路工程建设系统党的建设和党风廉政建设的意见》等行业指导性意见。为加强对工程建设重点环节监督，制定《工程廉政合同考核暂行办法》、《全省交通基础设施实施纪检监察人员派驻制度的暂行办法》、《山西省农村公路建设养护监督管理办法》、《设计变更监督管理办法》、《公路经营权转让监督管理办法》、《工程招投标监督管理办法》等廉政建设监督管理10项制度。同时建立廉政建设党委集体负责制、项目法人廉政建设责任制、廉政建设分级负责制、纪检部门全程监督制、重点公路建设项目董事长任命制、总经理竞争上岗制、总会计师委派制、纪检监察人员派驻制、廉政合同制、合理低价评标制等工程廉政建设10项机制，坚持用改革和制度创新推进工程廉政建设。在工程建设中，积极探索从源头上治理腐败办法，与相关部门配合，先后推行无标底投标和公开工程最高限价，抽取系数的合理低价中标法，以及取消专家评标打分，严格资格审查等一系列措施，确保工程招投标工作公开、公平、公正。为了强化监督，先后邀请省人大、省检察院、省监委、省重点办、省发改委、省审计厅等部门参与招投标工作全程监督，通过严格资格审查、联合监督、联签、联审、计量支付和柜台前移等办法，严把市场准入关，严把招标投标关，严把资金管理和拨付关，严把材料采购关，严把设计变更关，严把用人关。认真受理群众举报投诉，加大对扰乱交通建设市场秩序行为的惩处力度。根据群众举报，严肃查处江苏泰州海阳实业总公司投标中弄虚作假的行为，山西路畅、北京华宏不按合同履行职责造成质量缺陷等问题。在全省公路建设年投资100多亿元情况下，在全国交通行业腐败案件频发严峻形势下，不仅通过关口前移、加强监督，有力地维护了全省交通良好形象，而且培育和树立了祁临高速公路为全国交通系统廉政建设先进典型。2003年3月8日，中共中央政治局常委、中央纪委书记吴官正听取汇报后，对省委、省政府提出的“建好一条路、不倒一个人”廉政建设总目标，以及省交通厅在工程建设中采取源头监管、标本兼治的具体做法，给予充分肯定和高度评价。

（七）党建工作再上新水平

30年来，省交通厅党组坚持党要管党，从严治党方针，党的建设在交通跨越式发展中得到巩固和加强。

首先，认真贯彻党在各个时期的路线、方针和政策，紧跟党中央战略部署，不折不扣地执行省委、省政府各项指示和要求，坚持用马克思主义中国化的最新理论成果武装广大干部职工，重点学习十一届三中全会以来党的历次全国代表大会报告，学习党和国家各个时期的战略方针政策等，用科学发展观指导工作实践，克服重重困难，取得一个又一个胜利。党的十六大和十七大召开以来，全省交通职工认真学习，深刻领会，密切联系交通改革发展实际，认真制订计划，完善学习制度，丰富学习内容，创新学习方式，激发动力，不断提高职工思想认识水平，激发工作积极性。2007年，全省交通系统掀起学习贯彻党的十七大精神热潮。厅党组成员身先士卒，坚持每周一次厅长碰头会，集体学习十七大报告。厅领导结合交通改革发展实际，深入基层多次宣讲，深入解析十七大提出的新形势、新任务、新要求，收到很好效果。各级党组织也在中心组学习的同时，组织全员学习。此外，还邀请省委党校专家教授讲课，对全系统600多名处级以上干部进行集中培训。同时开展党的十七大知识“百题万人”学习竞赛，组织举办全系统“回顾奋进历程，贯彻十七大精神”成就展。通过各种行之有效的形式，激发职工的学习热情，进一步提高思想觉悟，唤起大家投身交通建设的积极性，促进各项工作开展和落实。

其次，加强党的建设，巩固执政地位，强化党对交通事业领导。一是思想建设不断加强。在不同历史时期，厅党组都把党的思想建设放在首位。既注重党员时事学习，又重视理论武装。特别是在进入21世纪以后，组织党员认真学习领会胡锦涛总书记提出的社会主义科学发展观，并用之指导工作实践，使交通工作发展更加科学，更加环保，更有利于服务社会主义新农村建设。二是基层组织建设不断加强。多年来，厅党组坚持把加强基层组织建设作为一项重要工作来抓，所有新成立单位都同步建立党组织，所有不健全的党组织都进行了及时充实调整，所有任届期满的党组织都及时进行换届。“十五”期间，厅直系统新组建党委、总支、支部16个，充实调整党组织24个，发展党员700余名。做到哪里有党的工作，哪里有党的组织，哪里就有健全的组织生活和坚强的战斗力。厅直各级党组织紧紧围绕交通建设和改革发展的中心任务，认真履行职责，卓有成效地开展工作，大力开展“创造争优”活动，较好地发挥了政治核心、战斗堡垒和先锋模范作用。仅2001年以来，涌现出先进基层党组织193个，优秀党员921名，优秀党务工作者206名。特别是在重点工程建设和抗击“非典”斗争中，各级党组织统揽全局，科学决策；各级领导干部靠前指挥，率先垂范；广大共产党员不畏艰险，冲锋在前，树立了新时期党的新形象。三是作风建设不断加强。广大干部职工牢记“两个务必”，认真贯彻“为民、务实、清廉”要求，严格执行“八个坚持、八个反对”和“四大纪律八项要求”；不断加强党内民主建设，坚持科学执政、民主执政、依法执政，建立和落实决策咨询、专家论证、群众听证、省市联系和集体决策制度。四是制度建设不断加强。“十五”期间，各级党组织把制度建设作为一项重要的工作来抓。厅党组出台《关于进一步加强重点公路工程建设系统党的建设和党风廉政建设的意见》、《进一步加强高速公路管理系统党的建设的意见》；厅直各单位以党的工作目标责任考核为突破口，充分发挥组织生活制度性、原则性的作用，进一步规范“三课一会”、中心组及干部理论学习、党支部生活会和领导班子民主生活会等制度，用组织制度加强组织建设。尤其是通过建立保持共产党员先进性长效机制，各级各部门都较好地形成一系列针对性强、操作性强、体现行业特点、符合时代要求、适应任务需要的，有利于进一步加强党的先进性建设的工作制度，推动党建工作朝着制度化、规范化、科学化方向不断发展。五是党的先进性建成成效明显。通过扎实有效的党建工作，全省交通系统在造就一支高素质党员队伍上取得明显进展，在提高基层党组织凝聚力、战斗力和创造力上取得明显进展，在转变作风、转变职能、转变观念上取得明显进展，在推进交通率先发展，促进构建和谐社会上取得明显进展。特别是通过保持共产党员先进性教育活动，广大党员受到一次深刻的马克思主义教育，学习实践“三个代表”重要思想、全面落实科学发展观自觉性进一步提高，党的观念、党员意识进一步增强，服务群众，促进科学发展行动更加自觉，党群关系、干群关系更加融洽，先锋模范作用更加突出；广大基层党组织得到一次全面整顿，党组织作用得到强化，工作覆盖面进一步扩大，政治核心作用、战斗堡垒作用充分体现，创造力、凝聚力和号召力明显增强，有力地推动了各项工作。厅党组代表省直机关接受中央关于落实加强党的先进性建设四个长效机制文件检查，受到中组部充分肯定和高度评价。

（八）行业文明跃上新台阶

30年来，省交通厅坚持典型引路、整体推进、突出重点，将行业文明建设与交通率先发展紧密结合，将物质文明建设与精神文明建设密切结合，通过精神文明建设推动物质文明建设，取得显著成绩。一是形成有效工作机制，实现交通行业精神文明建设持续快速健康发展。从厅党组到基层各单位，始终坚持“两手抓、两手都要硬”方针，不断加大组织领导力度，一手抓物质文明，一手抓精神文明和政治文明；一手抓教育，一手抓管理；一手抓德治，一手抓法制；持之以恒，常抓不懈，形成有力工作保障机制，规范服务标准机制，有效监督考核机制。先后制订并实施“七五”至“十一五”期间全省交通系统《精神文明建设规划》以及《千里大运文明路建设规划》，达到提高职工队伍素质和行业文明程度目的，逐渐实现安全交通、绿色交通、数字交通、法制交通、诚信交通和廉政交通总要求。二是群众性文明创建活动蓬勃开展，管理服务水平逐步提高。根据交通系统点多、线长、社会影响大的特点，狠抓典型引路、全员创建工作。仅“十五”期间创建文明路5 000公里，文明客车500辆，文明示范窗口150个，文明标兵窗口10个，选树文明交通职工100名。公路、征费、高管、运管系统也根据自身特点，开展形式多样文明行业创建活动，使精神文明建设在全行业深入人心，产生广泛影响，呈现良好发展势头，促进管理服务创新和提高。三是加强德育教育，使职工整体素质明显提高。30年来，各级党组织始终不渝地加强理想信念教育，唱响主旋律，广泛开展马克思主义指导思想、中国特色社会主义共同理想和“三观”教育，开展“艰苦奋斗、廉洁从政”教育，及时进行党风、党纪及党的路线、方针、政策和法律法规教育，最大限度激发广大职工投身交通事业热情。同时，各级党组织还坚持不懈地加强道德建设，开展教育活动，着力抓基本行为规范，培养良好道德习惯，把职业道德融入管理和服务之中，大力开展“做人民满意公务员”、“创文明机关，做人民公仆”等活动，广大职工在日常生活和工作中，遵守社会公德自觉性进一步提高。四是培育大运文化，行业凝聚力进一步增强。大运高速公路建设跨越两个世纪，是交通建设龙头和亮点，根据省委要求，省交通厅党组提出“建好一条路，锻炼一支队伍，培育一种精神”指导思想，提出“科技大运、绿色大运、人文大运、国防大运”理念，开展“千里大运文明长廊”建设活动，大力推进机制创新、体制创新、科技创新和观念创新，培育“与时俱进，勇于奉献，讲求科学，争创一流”的大运精神，在全省产生广泛影响，受到省委、省政府高度评价。五是加强综合治理，行业风气进一步好转。作为窗口行业，交通自身行业风气好坏，直接影响社会进步和发展。历届省交通厅领导高度重视行风建设，通过各种制度管理和综合治理，巩固文明建设成果。到2007年年底，全省交通行业省级文明单位达到70个，占全省总数九分之一，国家级青年文明号达到11个，省级青年文明号达到148个。

（九）交通战备闯出新路子

30年来，省交通厅根据国家和北京军区交通战备办公室要求，按照“因地制宜、求实重效、巩固完善、发展提高”原则，积极探索“双应一体化”运行机制。一是健全组织机构。按照巩固省级、加强市级、推动县级、带动企业思路，规范各级交通战备组织机构。全省各级交战办均有固定办公场所，有专、兼职人员负责，为全省交通战备工作顺利开展奠定组织基础。二是建立交通战备基金。为缓解资金不足矛盾，省交通厅每年为交战办拨款100万元。三是加强地方性配套法规建设。首先，制定《山西省实施〈国防交通条例〉办法》、《山西省交通战备工作正规化建设实施办法》、《关于建立交通战备基金的意见》和《山西省应急交通保障暂行规定》，为依法开展交通战备工作打好法制基础。其次，制定交战办工作职责、程序、制度，做到工作有目标，考核有标准，检查有依据，实现科学管理。再次，通过广播电视、报刊网络、知识竞赛等手段，大力宣传交通战备法规知识，增强全民国防意识和法规观念，营造依法开展交通战备工作的良好环境。四是完善应急保障预案。进一步规范动员程序，理顺工作关系，明确任务分工。截止2007年年底，全省交通系统先后建立起以保障车队和救援车辆为支撑的救援网络，保障了春节、黄金周等客流高峰期的旅客运输和煤炭等重点物资及城市居民生活品运输。交通战备专业保障队伍在历次军交演练和整训点验中发挥了重要作用。2006年6月28日，北京军区作出推广学习山西省交通战备全面建设经验的决定，“国防大运”成为交通基础设施贯彻国防要求样板。省国防动员委员会给省交通战备事业保障队伍记集体二等功。

（十）依法治交迈开新步伐

30年来，全省交通系统认真贯彻“依法治国，建设社会主义法治国家”的基本方略，积极落实省委、省政府法制宣传教育和依法治省工作规划，围绕交通中心工作，以立法为基础，以法制宣传教育为保障，以推进政府职能转变、规范行政执法行为为重点，全面推进依法治交工作，为全省交通事业持续、快速、健康发展提供有力法制保障。一是地方交通立法取得重大突破。“十五”期间，全省出台地方性交通法规两部、省政府规章四部，即《山西省高速公路管理条例》、《山西省公路养路费征收管理条例》、《山西省实施〈国防交通条例〉办法》、《山西省公路车辆通行费收取办法》、《山西省高速公路路政管理办法》、《山西省高速公路管理暂行办法》。2007年5月，省政府印发《山西省水上交通安全管理办法》。

这些法规，填补全省交通管理地方法规空白，扭转了交通立法滞后局面，初步形成适应全省交通事业发展的地方法规框架，为全省交通系统推进依法行政、加强行业管理奠定法律基础。二是依法行政、依法办事能力明显提高。首先，领导干部和公务员依法决策、依法行政能力进一步增强。无论是交通发展规划，还是重大公路建设项目、交通法规等重大决策，省交通厅党组都要组织专家论证，广泛征求社会各界建议和意见，做到民主决策，科学决策，依法决策。先后出台一系列交通基础设施建设项目、工程、质量、定额、计划、资金、人事、安全管理和廉政建设制度。其次，执法部门和执法人员依法行政、公正执法能力进一步增强，做到执法依据、程序、方法、过程、结果“五公开”，疏通群众监督渠道。第三，企事业单位和职工依法管理、依法办事意识进一步增强。特别是在公路建设中，各级交通部门、项目建设单位严格遵守和落实《中华人民共和国公路法》、《中华人民共和国环境保护法》、《中华人民共和国招标投标法》等法律法规，严格基本建设程序和公路建设四项制度，依法征地，保护环境，公开招标、依法监管，维护群众合法权益和工程建设秩序。交通系统各企事业单位普遍建立法律顾问制度，依法维权，依法治企。草拟签订重大合同，出台规范性文件，都要由法制部门和法律顾问把关审查。三是普法教育成效明显。处级以上干部全部建立学法档案，先后举办岗位培训40期，培训5 000余人；举办各类法律培训150余期，培训近3万人次。四是行政审批取得实质性进展。全系统以建立行政审批服务窗口为标志，实行集中审批，逐步建立科学管理、规范高效运行和严密有效监督机制。省交通厅制定《行政审批服务窗口监督办法》，开发《行政审批管理系统》。自运行以来，三个窗口共受理各类审批事项3 000余起，接待咨询1 000余次，受到省有关领导和社会公众普遍赞誉，成为省直部门先进单位。五是行政执法工作进一步规范。省交通厅制定和完善《交通行政执法检查制度》、《重大行政处罚决定备案审查制度》、《行政执法错案追究制度》等7项制度，交通行政执法基本走上规范化、制度化轨道。2002年，省交通厅在全省推进执法责任制工作会议上作了经验介绍。

（十一）科技教育夯实新基础

30年来，省交通厅党组紧密结合交通发展实际，全面实施“科技兴交”战略，不断深化科技体制改革，加大科技投入，交通科技事业取得可喜成就。科研条件不断改善，创新能力不断增强，突破一批交通建设、运输生产和组织管理中的关键技术，提高科技对交通发展贡献水平，支撑公路交通快速发展。“九五”期间组织开展科技攻关课题230项；“十五”期间组织开展科技攻关课题205项，取得科研成果130多项。其中，《公路工程灾害预防与治理综合研究及工程应用》获国家科技进步等奖，《雁门关长大公路隧道建设与运营管理成套技术研究》等4项课题获省科技进步一等奖；此外，获省科技进步二等奖20项、三等奖5项，获中国公路学会科技进步奖8项，获国家专利10项。针对全省软弱黄土、高危边坡等特殊地质，开展公路修筑技术和相应病害防治研究，攻克特殊地质条件下多项筑路技术。相继出版了《山西河流洪水糙率》、《高速公路采空区（空洞）勘察设计与施工治理手册》。晋焦高速公路丹河特大跨径石拱桥，主跨146米，为世界之最，总结出了大跨径石拱桥设计计算方法和施工工艺。祁临高速公路主跨145米的高墩大跨度刚构—连续组合体系桥梁仁义沟特大桥、大原西北环高速公路主跨径150米矮塔斜拉桥及侯禹高速公路大跨径混凝土双塔斜拉桥等，均达到国内公路桥梁建设先进水平。全长5.2公里雁门关隧道为国内建成通车公路隧道之最，在断层涌水处治、围岩爆破等施工技术和通风、消防、监控等运营技术上取得重大突破。研究开发的ATC—4汽车自动变速器检测台，不仅占领国内市场，而且打入日本市场。这些技术的开发和应用，有力地保障全省交通运输业快速发展，大大提高技术水平。此外，《菲迪克网络化工程管理系统》、《山西省运政管理信息系统》、《山西省养路费计算机征收网络管理系统》、《高速公路三维可视化信息系统》等的研发和推广应用，推动全省交通信息化建设水平不断提高。《山西省交通产业可持续发展战略研究》、《山西省物流发展规划》、《大运高速公路沿线资源整合研究》等项目，极大地提高全省交通管理部门决策质量、效率和水平；《交通综合执法》、《公路超限运输危险与治理研究》、《高速公路高效益运营管理体系及模式研究》、《山西省高速公路投资问题研究》等有关管理体制、机制方面研究，为深化交通基础设施建设投融资体制改革、依法治交提供理论支持和科学依据。

30年来，山西省交通厅对教育的重视程度逐年增强，投资和管理力度不断加大，正规学校教育与多渠道、多形式职工培训相结合，为本省和外省交通系统输送大批专业人才，全省上下形成以山西省交通干部学校为主、覆盖全系统成人教育和干部培训网络，形成以山西交通职业技术学院为龙头的交通技能型人才培养基地，为全省交通事业又好又快发展提供了强有力的智力支撑和人才保障。2004年9月，省交通厅获劳动和社会保障部“全国交通职业教育工作先进集体”称号。省交通学校成立于1958年，中专学制。1979年8月，成立省交通技工学校，与省交通学校两块牌子，一套人马。1984年成立省交通厅职工学校，1985年5月经省政府批准更名为省交通干部学校。1987年5月，经省计委批准，省交通学校和省交通技校分设。1988年3月省交通学校迁至太原武宿，2001年5月11日，经省政府批复同意，升格为山西交通职业技术学院，为专科层次的高等职业学校；1999年12月，省交通技工学校被国家劳动和社会保障部批准为高级技工学校；2005年10月，省劳动和社会保障厅批准增挂山西交通技师学院牌子。1978年至1985年，省交通学校招生1 258人，省交通技校招生244人；2001年至2005年，两校招生攀升至6 387人、1 438人，分别增长4倍和5.8倍。招生专业分别由3个、1个扩展到16个和11个。在抓好学历教育同时，省交通厅花大力气抓好职工培训。“十五”期间，全省29 800名公路行业职工、30 319名运输行业职工参加培训；同时培训直属单位中层干部733名，培训技术工人9 506名、专业技术干部3 230名，开展继续教育1 191次。“八五”期间，投资6 000余万元，对722名领导干部进行任职资格培训，开展岗位培训12 018人次，中级技术培训8 415人次，短期适应性培训35 075人次，班组长培训率达90%以上。“九五”、“十五”期间，为适应交通发展需要，省交通厅先后组织开展各类干部理论培训，市县交通局长培训，地方交通行政干部教育培训，公路施工企业项目经理、公路监理工程师等资格培训，统计、会计等专业人员的继续教育，举办以现代物流技术、改性沥青技术、设计理念等新思维、新知识、新技术、新理论为主要内容的讲座，全方位提高职工队伍素质。从1996年开始，省交通学校开始承办第一期全省机关职业单位汽车驾驶高、中级工培训，当年有3 000余人次参加，到2007年年底共培训3万余人。及时有效的岗位培训和职业教育，成为交通行业健康发展的助推器。

（十二）安全保障得到新提升

30年来，全省交通系统认真贯彻落实国家和省部级有关安全生产的指示精神，坚持“安全第一，预防为主”方针，强化“以人为本”和“安全发展”理念，以落实安全生产责任制为手段，以强化安全生产基础和预防重特大事故为重点，以开展“旅客运输市场整顿”、“危货运输市场整顿”、“汽车站整顿”、“低质量船舶整治”、“安全生产月”活动和实施“公路安全保障工程”为载体，以安全生产研究和制度建设为支撑，不断提升行业安全生产管理能力和水平，取得明显成效。一是组织开展“安全生产月”等活动。全系统紧紧围绕“遵章守法、关爱生命”这一主题，利用广播、电视、报刊、网络、电子显示屏等有效载体，并通过印发宣传资料、组织知识竞赛、悬挂标语、制作图板、举办咨询日等形式，广泛开展安全生产宣传教育活动。二是举办各类培训班。对全省600多名客货运输企业经理和安全科长、车队队长、海事局长进行培训，为厅直单位和运输企业复制赠送安全警示光盘，全省800多名干部参加省建设厅、省交通厅共同组织的公路施工安全业务知识考试。三是利用多种方式强化安全生产意识。省交通厅每年召开10多次安全生产会议，每年印发近百份文件，及时传达上级有关指示精神，部署全行业安全生产工作；利用高速公路可变情报板和汽车站电子显示屏进行“安全信息”传递活动，发布安全信息及警示标语50余万条。四是注重交通行业安全法制建设和安全文化建设。省交通厅编印《安全生产管理工作规范》、《安全生产法律法规汇编》、《安全生产规章制度汇编》万余册，分发各单位学习贯彻。五是安全投入不断加大，安保能力有效提升。“十五”以来，全省交通系统大力实施“公路安全保障工程”、“汽车客运站安检系统”、“汽车客运站监控系统”、“高速公路监控系统”、“GPS安全监控系统”五大工程建设。先后投资1.4亿元，治理危险路段2 025公里，治理安全隐患8 226处；投资2.37亿元，治理改造危桥361座；投入2 230万元，安装185块高速公路可变情报板，成为全省宣传安全知识、发布安全信息重要平台；投资1 199万元，为21个汽车站装备“三品”安检仪，为7个汽车站装备安全监控系统；全省3 000多台客运车辆及危货运输车辆安装GPS卫星定位仪；配备和更新一批消防器材以及安全管理器材等，安全管理能力得到提升。连续多年被省政府评为全省“安全生产先进单位”。

二、改革开放30年经验总结

回顾改革开放30年伟大实践，全省交通事业取得巨大成绩，为全省经济社会发展提供强有力交通支撑，同时也加深了我们对交通改革发展的规律性认识。

（一）坚持走中国特色社会主义道路，是全省交通改革发展的基础

十一届三中全会召开之后，全党工作重点转移到经济建设和社会主义现代化建设上来。全省交通事业与其他事业一样，坚持以经济建设为中心，进入一个全新快速稳定发展时期。公路建设重点也由国防公路转移到晋煤外运公路、经济公路和县乡公路上来，公路管理逐步实现从计划经济向市场经济转变，从而大大缓解交通拥挤和运力不足状况。随着改革开放方针深入贯彻执行，省交通厅党组紧紧抓住国家宏观调控历史机遇，解放思想，创新思路，扩

大开放，调动各方面积极因素，使全省交通建设步入一个高起点、超常规、大跨度、全方位发展新阶段，公路建设由重视数量向重视质量转变，公路等级逐年提高，高速公路建设突飞猛进，县乡公路建设跃上新台阶。党的十六大以来，全省交通系统坚持以科学发展观为统领，按照省委、省政府“走出四条路子、实现三个跨越”要求，着力在调整交通结构、转变增长方式、注重推进创新、强化行业管理上下工夫，围绕“三个服务”，坚持“三个并重”，加强交通基础设施建设，加快发展综合运输体系，加快建设创新型交通行业，加快发展现代交通业，实现交通率先科学发展，跨入全国交通文明行业行列，在全省经济社会发展和构建社会主义和谐社会中发挥重要作用。

（二）坚持以科学发展观统领全局，是全省交通改革发展的关键

坚持“发展是第一要务”。立足“又好又快”，围绕“三个并重”（高速公路、干线公路、农村公路三网并重，建设与养护管理并重，公路建设与运输发展并重），抢抓机遇，乘势而上，科学规划，加快发展，在全国首家出台省级高速公路网规划，规划实施“四大工程”（“三小时高速通达”、县际公路改造、乡乡通油路、村村通水泥路）。持续加大公路水路交通基础设施建设力度，高速公路“人字骨架、九横九环”基本成型，“五纵七横”国道主干线全面建成，交通对经济社会发展“瓶颈”制约初步缓解，大大改善交通运输紧张状况，提高运输保障能力和安全性，改善投资环境，优化产业布局，提升山西形象。

坚持“以人为本”。高度重视民生和安全问题，努力把实现好、维护好、发展好最广大人民群众切身利益作为各项工作出发点和落脚点，加大投入力度，改善服务条件，丰富服务内涵，延伸服务链条，提升服务水平，大力推行人性化服务，文明和谐的交通服务环境不断优化。突出旅客运输、危货运输、水上交通、重点公路施工安全监管，强化源头治理和基础管理，加强安全设施建设，严把市场准入、车船技术状况、从业资格“三道关口”，严肃查处安全隐患和事故，安全生产保持稳定发展良好态势。

坚持“全面协调可持续”发展。坚持资源节约型和环境友好型发展之路，从山西省情出发，充分考虑交通与经济社会发展协调性、可持续性。在发展理念上，坚持交通与自然和谐，依靠科技进步，节约土地，保护环境，促进可持续发展。在发展规划上，注重合理布局，做好各种运输方式相互衔接，发挥组织效率和整体优势，推进形成便捷、通畅、高效、安全的综合交通运输体系。在工程管理上，确立全寿命周期成本理念，特别注重建设、管理和服务协调发展，促进量的增加和质的提升。

坚持“统筹兼顾基本方法”。坚持“五个统筹”，即统筹经济社会与交通发展，统筹区域经济与交通发展，统筹城镇化建设与交通发展，统筹新农村建设与交通发展，统筹资源环境与交通发展，把交通跨越式发展与土地综合利用、环境保护、水土保持有机结合起来，完成高速公路网环境影响报告，出台交通基础设施环境监测管理办法。实施生态补偿战略，省交通厅与太原市政府共同启动太原绕城高速公路增绿工程。制定出台建设节约型交通行业实施意见，推广粉煤灰综合利用、沥青再生利用技术，出台鼓励甲醇车发展扶持政策，实现速度与结构、质量、效益相统一，交通建设与区域经济、生态环境相协调。

（三）坚持做好“三个服务”，指导交通发展，是全省交通改革发展的根本

坚持把“服务国民经济和社会发展全局”作为交通工作总任务。大力加强公路养护管理，提高现有通道资源利用效率和运输服务集约化水平；加强干线公路环境专项整治，综合运用经济、法律和必要行政手段综合治理超限超载；全面实施全省高速公路货车计重收费，保护公路消费者和运输经营者合法权益；组建战略物资道路运输保障车队，走出一条平时营运、急时应急、战时应战“三位一体”运输保障新路子；完善鲜活农产品运输“绿色通道”网络，落实优惠政策。交通适应经济社会发展需求能力、统筹规划和协调发展能力、公共服务和组织保障能力、交通运输和建设市场依法监管能力、交通安全管理和重大突发事件应急处置能力得到不断提高。

坚持以“服务社会主义新农村建设”作为交通工作重中之重。从2001年开始启动新中国成立以来最大规模的农村公路建设，将交通建设重点转移到农村和“两区”上来，大力实施村村通水泥（油）路、村村通客车“双通”工程，沿黄扶贫旅游公路开工建设拉开“两区”交通建设序幕，全省具备条件的建制村全部通公路，84.6%的建制村通水泥（油）路。坚持把扩大农村客运覆盖面与实现可持续发展结合起来，围绕提升服务水平，出台扶持农村客运发展优惠政策，落实燃油补贴政策，加快推进站场网络化、经营公司化、运营公交化、管理规范化，全省91%建制村通客车。逐步解决好建养管运问题，改善农村生产生活条件，为农村经济发展、产业结构调整、农民增收提供良好的交通条件。

坚持以“服务人民群众安全便捷出行”作为交通工作根本要求。加大对服务场所、工作环境建设改善力度，特别注重改善直接为群众服务窗口（包括车、船、港、站、所、场）服务条件。大力开展人性化服务，从服务环境、态度、技能、规范、效率等各个方面加强综合治理，着力解决“高速不高、低速不畅”问题，不断增强交通有效供给能力和安全监管能力，努力为人民群众安全便捷出行提供功能完备、整洁美化、舒适便利交通服务。

（四）坚持解放思想和自主创新，是交通改革发展的强大动力

坚持解放思想，深化自主创新，引导广大干部职工不断从不合时宜的传统观念、思维定势中解放出来，善于用改革创新的思路和办法破解交通发展中的重大课题，大力推进观念、融资、体制、管理和科技创新。推进观念创新，即积极推进交通基础设施服务能力增长方式由外延式增长向外延式增长与内涵式增长并重转变，推动交通发展模式由粗放式发展向资源节约型、环境友好型发展转变，推动交通产业由传统产业向现代服务业转变。推进体制机制创新，即坚持“集中、统一、高效、特许”原则，整合原厅属运输企业和工程建设单位，整合高速公路资源，强化行业管理，建立行业统管、集中统一、产权明晰、特许经营、依法监管、保障公益的高速公路管理体制。推进管理创新，即按照强化政务、弱化事务、搞好服务原则，完善行政管理体系，组织实施行政审批制度改革，对外审批项目全部纳入窗口集中管理。推进科技创新，即启动信息化建设“1166”工程，集中攻克一批具有国际国内领先水平的关键技术，形成一套具有山西特色的交通建设技术体系。推进投融资创新，即运用市场经济思路和方法推进金融创新和投融资体制改革，公路建设形成“国家投资、地方筹资、社会融资、利用外资”投资格局，走出一条经济欠发达地区公路

建设市场化新路子。

（五）坚持发挥“四个作用”，夯实“三基工作”，是全省交通改革发展的重要保证

30年来，省交通厅党组始终把加强班子建设放在突出位置，特别是在提高各级领导班子和领导干部推动科学发展能力和领导社会主义和谐社会建设本领上下工夫，较好地把党的先进性建设成果转化为促进科学发展、行业和谐的实际举措，实现交通发展理念、战略、思路的跨越和提升，各级班子创造力、凝聚力和战斗力明显增强，有力地保证交通事业又好又快发展。

构建社会主义和谐社会重心在基层。省交通厅党组牢牢抓住发挥党员先锋模范作用这个根本，抓住发挥党员领导干部带头表率作用这个关键，抓住发挥党支部战斗堡垒作用这个基础，抓住发挥党委政治核心作用这个保证，坚持把“四个作用”发挥作为党的执政能力建设和先进性建设与交通又好又快发展有机融合、协调推进的最佳结合点，大力加强基层组织、基础管理和党员基本素质“三基工作”。在强化基层组织上，所有新成立的单位都同步建立党组织，对不健全的组织及时进行充实。尤其是针对工程建设点多线长、流动分散的特点，省交通厅专门成立重点公路工程建设领导组办公室党委，所有新开工管理单位都同步成立党委、纪委，同时要求所有参建单位在进驻工地同时都要健全党组织，把党的基层组织建到工队、班组；在强化基础管理上，强化党的工作目标责任制落实；在提高党员素质上，各级党组织在加强政治理论学习培训同时，从规范和加强组织生活入手，通过严格组织生活，强化党员意识，增强党性观念，提高综合素质。党的先进性建设不断加强，有力地促进党内和谐，并以党内和谐促进行业和谐，以行业和谐带动社会和谐。加强党风廉政建设，坚持教育、制度、监督并重，特别注重加强重点公路工程建设中党风廉政建设，构建建设具有交通特色的惩治和预防腐败体系，实现“修好多条路，不倒一个人”的廉政目标。

三、交通发展展望

在新时期新阶段，全省交通系统将全面贯彻党的十七大精神，按照“走出四条路子、实现三个跨越”要求，围绕“三个服务”，坚持“三个并重”，加强交通基础设施建设，加快发展综合运输体系，加快建设创新型交通行业，加快发展现代交通业，提升交通服务能力水平，推进交通率先科学发展。主要目标是：公路建设完成投资550亿元；新增公路通车里程2 100公里，达到122 000公里以上，公路密度达到77.8公里/百平方公里。

（一）坚持“三个并重”，加快公路建设

高速公路续建晋城至济源、阳城至翼城、运城南外环3个项目，新开工建设大同至呼和浩特高速公路大同至右玉杀虎口段等共18个项目，约1 700公里，到2010年之前建成1 000余公里。

干线公路重点抓好包括运煤通道在内的经济干线、沿黄扶贫干线、旅游干线建设，抓好过城镇路段改造和国道二级化改造，使干线公路连通所有乡以上行政中心、经济中心和重要旅游景区、交通枢纽。国道全部达到二级以上标准，市到县90%实现二级以上公路连接，

县与县之间85%实现二级公路连接。

农村公路重点抓好“村村通”工程、县乡公路改造及晋西北和太行山两大革命老区扶贫公路、沿黄扶贫旅游公路、社会主义新农村试点村公路建设，实现县到乡等级公路连接，全省具备条件的建制村通水泥（油）路。

（二）坚持建养管并重，大力加强公路养护与管理

坚持计划、资金、管理、科技进一步向养护倾斜，继续抓好公路危桥改造、安全保障、灾害防治、公铁立交安全整治和干线公路综合整治五项工程。加快旅游景区与高速公路、干线公路、支线机场、铁路客运枢纽连接的便捷通道建设，实施重要旅游景点到最近机场、省辖市或高速公路“一小时通达”工程。推广高速公路联网收费和刷卡消费，开展ETC车道试点，建立和完善应急预案，提高公路应急保畅能力。

加强高速公路养护的科学化管理和人性化服务，提高养护规范化、机械化和专业化水平，改进管理方式，提高养护质量，为用户提供安全、舒适、快捷、优美行车环境。全面推进预防性养护，注重日常养护，到“十一五”末，全省高速公路平均优等路率达到95%。加大干线公路养护投资投入，全面提高路况水平。继续实施安全保障工程，集中改造危桥险路，完善标志标线。到2010年，干线公路基本消灭危桥，平均好路率保持在88%。宜村路段绿化率100%，文明路达到8 000公里，养护实现良性循环。按照以县为主体、乡镇实施、行业管理、分级负责原则，逐步建立起机构健全、职责明确、资金稳定、运行平稳的农村公路养护管理体制和运行机制。到2010年，县公路平均好路率、乡村公路路面平均完好率分别达到76%。

深入开展车辆超限超载治理。按照“抓综治、保畅通、保安全、为人民”的总体要求，集中精力抓好治理车辆超限超载工作。紧紧依靠地方政府和相关部门支持，强化政府领导，强化源头治理，强化联合执法，强化运用经济、行政、法律手段加强综合治理力度。加强治超站点规范化、信息化建设，完善治超监控网络，进一步完善运管人员派驻厂矿现场监管制度，抓紧推行干线公路计重收费，积极探索长效机制。进一步完善产业政策，引导厢式运输、密闭运输等先进运输组织方式发展。切实加强治超队伍建设，落实治超经费，严格执法监督和责任追究制度。

（三）坚持结构调整，提高运输保障服务能力

大力推进道路运输运力结构、组织结构和经营结构调整，清理车辆挂靠经营，鼓励和引导运输企业通过收购、兼并、重组等方式推行股份制经营，发展规模化、集约化、网络化运输，逐步实现货运“无缝衔接”和客运“零换乘”。同时优化运力结构，引导营运车辆向标准化、专业化、清洁化的方向发展；发展公共客运，构建由快速、干线、农村、旅游客运组成的多层次客运网络服务体系，推进城乡交通一体化和区域交通一体化。到“十一五”末，实现高级长途客车在全省营运客车中比重增长3%；城际客运和旅游客运中高级客车达到90%；专用货车在营运货车中比重增长20%，重型车增长30%；长途客运和货运市场集中度分别提高15%。全省实现中型城市之间当日往返，全省有条件的建制村通客车。

充分发挥运输站场在物流中的结点作用和运输企业在现代物流发展中的比较优势，大力

推进场站企业向现代物流企业转变，引导和鼓励道路运输企业拓展业务范围，按照市场机制，向现代物流产业链上下游延伸和拓展，提升运输专业化、社会化服务水平，由单一的运输承运人向现代物流经营人转换，发展第三方物流，逐步形成仓储、运输、加工、城市配送等服务集成一体化的物流体系。加强综合运输枢纽建设，建立多种运输方式有效衔接和现代化物流发展平台。加快太原、大同、临汾、长治4个现代物流综合枢纽建设，推进物流配送中心建设，初步构筑起覆盖全省、布局合理的物流网络和信息平台。到2010年，实现市市有一级客运站、县县有二级客运站，50%乡镇有等级客运站，85%建制村有候车亭（牌）。

（四）坚持改革开放，增强发展动力

扩大开放领域，深化投融资体制改革。制定出台具体实施办法，明确社会资本投资建设高速公路的政策途径、准入条件和转让公路经营权具体途径，全面推进投资人招标制度。对国家高速公路网项目，采用招标合作方式引进社会资本，其他项目优先社会资本投资建设；对已建成项目，通过转让经营权收回投资，滚动用于新项目建设。加强项目推介工作，加大招商引资力度。重点抓好汾阳至平遥、运城南环等8个高速公路项目招商引资。积极推进高速公路上市，探索在资本市场融资的新路子。主动了解和运用金融新产品，创新融资理论，扩大融资渠道。与开行建立交通建设金融合作平台，扩大合作深度和广度，为交通建设提供稳定可靠的资金来源。加强交通规费征收，堵漏挖潜，依法征管，文明服务，确保规费收入稳定增长。

（五）坚持转变发展方式，推进传统产业向现代交通产业转型

坚持以科学发展观统领交通发展全局，提高认识，统一思想，深化对交通服务本质认识，把做好“三个服务”作为交通发展出发点和落脚点。转变政府职能，强化公共服务、市场监管等职能，创造公平竞争市场环境。制定发展现代交通产业政策，完善交通统计指标体系。调整投资结构，发挥财政性资金引导和杠杆作用，加大对安全保障、节能环保、科技创新、信息化建设等领域投资力度。充分调动和利用全社会科技资源加强交通科技创新，建立交通科技创新体系，全面提高交通行业自主创新能力。着力抓好先进适用技术推广应用和已有成果转化工作。研究探索资源节约、环境友好交通建设技术和发展模式，研究推广交通节能减排、高速公路不停车收费等关键技术。加快推进交通信息化“1166”工程，抓好部科技示范项目。大力推进节约型行业建设。强化全行业节约意识，在使用土地、能源、原材料等方面厉行节约，在规划、建设、维护、运输、管理等环节倡导节约。结合行业实际，用先进技术和科学管理提高交通节能减排水平。

继续深化改革，积极推动交通运输管理体制、交通执法体制、高速公路管理体制、干线公路养护机构、农村公路管理体制等改革，全面引导和推动现代交通产业发展。力争通过3～5年努力，实现交通发展由主要依靠基础设施投资建设拉动向建设、养护、管理和运输服务协调拉动转变；由主要依靠增加物质资源消耗向科技进步、行业创新、从业人员素质提高和资源节约环境友好转变；由主要依靠单一运输方式发展向综合运输体系发展转变。

（六）坚持依法治交，加强市场监管

加强运输市场监管，严厉打击非法经营，建立和完善运输企业信用考核评价、失信惩戒和动态管理机制，进一步规范企业经营行为，建立和完善统一开放、竞争有序的运输市场体系。加强重点工程建设监管，积极推广施工总承包、设计施工总承包等先进管理模式。加快交通建设市场诚信体系建设，严格落实工程质量责任制，提倡和推广精细化管理。强化项目审计，开展交通建设项目投资绩效评价。切实加强交通规费征收管理，依法行政，文明征稽，确保规费应征不漏，稳步增长。加强建设项目安全监管，建立桥隧工程设计和施工安全风险评估制度并开展试点工作，建立工程安全监管联络员制度。加强道路水路运输安全监管，强化“三关一监督”职能，加大安全投入，完善安全保障设施和安全生产监管机制。全面改善重点水域重点渡运设施，到2010年，新建和改造分布在黄河、汾河水库、漳泽水库等重点水域渡口，完善水上交通安全监管救助设施，改善渡运监管条件。建立和完善事故应急救援体系，推进安全认证工作，夯实基础，预防各类事故发生，保持安全生产形势稳定。

（七）坚持统筹兼顾，构建和谐交通

树立和落实安全发展观念，坚决遏制重特大事故发生。进一步强化“三关一监督”职能，落实企业对驾驶员安全生产监管措施。依靠科技进步，加强对道路运输特别是旅客、危货运输安全生产动态监管，建立省、市、企业三级安全监管平台，对重点营运车辆实时监控，提高对事故的预防和控制能力。工程建设施工安全管理要从严格市场准入入手，认真落实许可制度，没有安全资格企业不得参加投标。切实抓好重点项目、工程、路段施工安全监管，提倡文明施工，杜绝违章作业。水上交通重点抓好重点水域渡运、安全、求助设施建设和安全监管，建立水上应急救援体系，确保安全形势稳定。

继续加强交通战备“双应一体化”建设。以实施“国防高速”工程为重点，抓好国防公路、部队进出口道路、国防交通培训及物资仓储基地建设，强化交通基础设施国防功能，推进指挥智能化、管理信息化、队伍正规化建设，确保国防交通战备安全。

全面贯彻落实国务院《收费公路管理条例》和山西省《公路车辆通行费收取办法》，大力加强收费公路管理。制定出台管理办法，强化定额管理，对全省收费公路实行统一审批、统一管理、统一票据、统一标准、统一上解，控制管理成本，提高还贷能力。按照“控制总量、优化结构、产权归位、统贷统还”思路，整合优质资产，清理整顿收费站点，规范收费管理行为。下决心撤并一批收费到期、效益较差、养管不善的收费站点。

高度重视并切实抓好稳定工作。继续加强内部治安综合治理和信访工作，注重发挥工会在维护队伍稳定、维护职工权益中的作用，推进民主决策、民主管理，支持困难企业改革发展，关注弱势群体生活。建立和完善矛盾调处机制，建立困难职工和大病救助的长效机制，解决好事关群众切身利益问题，为交通改革发展创造稳定环境。

（八）坚持围绕主题，深入开展行业文明建设

紧紧围绕交通发展中心工作，全面实施精神文明建设精品带动战略，以省政府、交通部

联合命名“大运千里文明高速路”为契机，深入开展共建共享活动，挖掘内涵，丰富形式，提升品位；深入开展文化建设活动，推动行业文化大发展、大繁荣，以文化建设改进管理，推动发展，提升行业文明，让更多人民群众享受到交通文明成果；深入开展创建文明客运线路、文明站场、文明道班、文明服务区活动，进一步推进“学树创”活动，加强工会工作和老干部工作，建设文明和谐交通行业。

（九）坚持执政为民，大力加强部门和干部队伍建设

转变职能，建设公共服务型政府部门。各级交通部门要把主要职能切实转变到经济调节、市场监管、社会管理和公共服务上来，不该管的事坚决不管，该管的事一定要管好、管到位。坚持民主、科学、依法决策，健全重大事项决策协调机制及专家咨询制度，建立行业与政府、企业、人大代表、政协委员定期联系制度。着力改变政府权力部门化、部门权力个人化，部门职能交叉、权责脱节，行政效率低、成本高，以及决策、执行集于一身，缺乏必要约束和有效监督等问题，保证政府交通部门及其工作人员严格按照法定权限和程序行使职权、履行职责。要建立行政责任制、绩效考核制和行政管理监督机制，完善政务公开、首办负责、服务承诺、行政不作为和过错追究等行政交通监察制度，以严格管理、严明纪律，保证交通部门公信力。

转变作风，建设一支高素质领导干部队伍。各级领导干部要加强修养，注重实践，适应时代，提高素质，努力担当起交通率先发展重任。一要勤奋学习，做学习型干部。二要解放思想，做创新型干部。三要求真务实，做实干型干部。四要反腐倡廉，做廉洁型干部。

（十）坚持从严治党，加强党的建设和党风廉政建设

以改革创新精神推进交通各级党组织建设和领导班子、党员队伍建设，按照政治坚定、求真务实、团结创新、勤政廉政要求，推进各级领导班子加强思想政治建设，认真贯彻民主集中制，健全议事规则和决策程序，提高决策科学化、民主化水平，营造讲团结、干事业、谋发展的生动局面，增强创造力、凝聚力和战斗力。巩固先进性教育活动成果，加强行政效能和机关作风建设，切实做到科学执政、民主执政、依法执政，建设创新型、法制型、服务型、效率型交通行业。

坚持标本兼治、综合治理、惩防并举、注重预防方针，按照中央提出的更加注重治本、更加注重预防、更加注重制度建设要求，抓住工程建设、行政审批（许可）、干部使用三个重点，以改革精神推进制度建设，以创新思路寻求治本办法，借鉴其他行业和外省有效做法，总结新经验，研究新情况，解决新问题，更加科学有效地防治腐败。坚持治标与治本、惩治和预防两手抓、两手都要硬，惩治于已然，防患于未然。把反腐倡廉建设贯穿于交通改革发展全过程，不断深化对交通行业反腐倡廉的建设规律认识，努力形成拒腐防变的教育长效机制、反腐倡廉的制度体系、权力运行的监控机制，打造廉政交通。严格党的政治纪律，确保政令畅通。

大草原的血脉

内蒙古自治区交通厅

党的十一届三中全会后，改革开放的春风吹遍了神州大地。30年来，在自治区党委、政府和交通部（交通运输部）的正确领导下，内蒙古的交通事业和其他各项事业一样，实现了历史性跨越，基本缓解了对经济社会发展的“瓶颈”制约。经过30年的发展，内蒙古的交通事业已经发生了巨大的变化，取得了辉煌的成就，我们坚信，在中国特色社会主义理论体系的指引下，内蒙古的交通事业必将迎来新的辉煌。

一、改革进程

改革开放以来，为适应交通事业发展的需要，内蒙古不断推进交通系统机构、公路建设管理养护、道路运输管理、交通规费征收等方面的改革。

（一）积极推进机构改革

1979年7月，中央决定将原划出内蒙古自治区的东三盟、西三旗划回内蒙古自治区管辖，1980年5月成立阿拉善盟，同年7月，恢复兴安盟建制，至此全区所辖8个盟、4个市、101个旗（县、市区），基本健全了交通管理机构。1980年7月，内蒙古自治区交通局改为内蒙古自治区交通厅，全区健全了三级交通管理体制。经过1983年、1995年和2000年机构改革，按照统一、精简、效能和转变职能的要求，交通厅内部处室经历了几次调整，到2007年年底，交通厅内设办公室、人事处、综合规划处、财务处、审计处、科技教育处、交通战备处、地方海事处、机关党委、离退休人员工作处10个处室和自治区纪委驻交通厅纪检组（监察室）。其中，交通厅纪检委于1984年11月改为由自治区纪委监察厅和交通厅双重领导的驻厅纪检组，又于2004年8月改为自治区纪委监察厅直接领导。全区各盟市、旗县交通主管部门的机构改革也不断推进。通过不断的机构改革，基本适应了各个时期交通发展的需要。

（二）积极推进公路建设管理养护改革

1983年恢复成立自治区公路局，加强公路建设管理养护工作。改革开放以来，内蒙古的公路建设一直坚持“统筹规划，条块结合，分层负责，联合建设”的方针，国家及自治区重点项目全部由交通厅负责建设管理。为确保重点公路工程项目的顺利实施和建设目标的实现，按照国家关于公路建设必须实行项目法人负责制和有关建设程序的规定，自1998年年底开始，经自治区人民政府批准，交通厅组建了若干公路建设项目办公室和监督管理办公室。项目办或监管办是受交通厅委托，在重点公路工程项目建设过程中代表建设单位业主行使项目管理和监督职能，并接受上级交通主管部门的领导和监督检查的临时法人机构，项目完成后机构解散。自2004年起，自治区党委和政府决定推行公路建设管理权限下放改革，国家、自治区重点公路建设项目全部下放盟市行署政府。这一改革，明确了地方政府公路建设的主体责任，调动了地方政府建设公路的积极性。

公路建设市场逐步开放，由单一的国有企事业单位承建，全面推行了招投标制度，同时不断加强公路建设市场管理，实行项目法人制、合同管理制、工程监理制等制度，使公路建设市场日趋规范。

路政管理不断加强。1983年，国务院发布《关于加强公路路政管理，保障公路安全畅通的通知》，自治区的公路路政工作由各级公路管理机构的养路科、股兼管。1987年，《中华人民共和国公路管理条例》施行后，在公路局成立了路政科，负责全区的路政业务管理。1992年，根据原交通部《公路路政管理干部岗位规范》（讨论稿），自治区中西部盟市公路管理机构相继成立了单独的路政管理机构。1998年，《中华人民共和国公路法》颁布实施后，全区规范了路政机构名称。2004年9月自治区成立了处级建制的公路路政执法监察总队，与自治区公路局合署办公。全区形成了总队、支队、大队三级路政管理体制，加强了路产路权维护和超限超载治理。

为适应公路养护的需要，不断探索公路管理养护体制和运行机制改革，特别是“九五”计划后广泛推行以“事企分开、精简机构、培育市场、定额养护”为目标的干线公路养护改革，目前全区基本形成了以“定额养护、计量支付”为核心内容的养护内部招投标体制，促进了干线公路养护不断迈上新台阶。按照2005年《国务院办公厅关于印发农村公路管理养护体制改革方案的通知》精神，2006年自治区政府出台了《内蒙古自治区农村牧区公路管理办法》，到2008年年底，自治区将全面完成农村牧区公路养护管理体制改革任务，使各级地方政府特别是旗县政府切实履行农村牧区公路建设养护管理主体的责任。

随着自治区高等级公路的建成，为加强高等级公路的管理养护，1997年成立呼包高等级公路征稽分局和呼包高等级公路管理分局。2001年9月，上述两分局合并组建呼和浩特高等级公路管理处，同时成立了包头高等级公路管理处和集宁高等级公路管理处。2004年7月，成立内蒙古高等级公路建设开发有限责任公司，呼和浩特、包头、集宁3个高管处划转为其分公司，同时组建乌海、巴彦淖尔两个分公司，对自治区中西部高等级公路进行统一运营管理。2007年10月，成立了东部区高等级公路管理处，对交通厅统贷统还的东部盟市高等级公路实施了统一管理。

（三）积极推进道路运输体制改革

按照1983年交通部提出的“有河大家走船，有路大家走车”的政策，内蒙古自治区坚持国营、集体、个体一起上的方针，积极发展运输业，打破了交通运输国有企业一统天下的格局，使运输生产力得到极大解放，缓解了人民群众“出行难、运货难、修车难”的状况。随着市场经济体制的逐步建立，全区货运、维修市场基本放开，实现了市场配置资源。旅客运输企业推行了承包经营，转换经营机制等一系列改革，但是由于长期受计划经济体制机制的影响，多数企业一度出现了亏损。“九五”计划后，经过抓大放小、学邯钢、建立现代企业制度、进行民有民营的股份制改造，以及加强管理，全区旅客运输企业彻底扭转了亏损的局面。按照交通部2000年颁发的《道路旅客运输企业经营资质管理规定（试行）》、2001年颁发的《道路货物运输企业经营资质管理办法（试行）》和《关于道路运输业结构调整的若干意见》，全区道路运输企业积极走集约化、规模化经营的发展路子。目前全区有1个一级、13个二级、4个三级旅客运输企业；3个二级、10个三级货物运输企业。这些企业成为了运输市场的主导力量。维修、驾培市场也形成了大企业主导和多企业竞争的局面。

改革开放之初，自治区交通厅设社会运输处，1983年后改为运输处，盟市设公路运输管理总站，旗县设运输管理站，对运输市场进行管理。管理主要以行政手段为主，执行的主要是“三统”（统一计划、统一货源、统一运价）或“四统”（统一货源、统一平衡运力、统一收费标准、统一油料供应）政策。1983年后，随着运输业发展，按照交通部“职能转变”的要求，全区运输管理基本从抓直属企业转为面向全行业，从直接抓企业经营活动转向宏观调控，加强行业管理。1986年交通部、国家经委出台《公路运输管理暂行条例》，成为交通部门进行运输管理的主要依据。随着运输市场的发展，交通部门不断对市场进行治理整顿，规范市场秩序。为了适应运输管理的需要，1995年交通厅撤销运输处，成立相当处级事业性质的交通运输管理局，同时挂口岸交通运输管理局的牌子，盟市运输管理总站更名为运输管理处，旗县运输管理站更名为运输管理所，全区形成了“条块结合、以块为主”的交通运输管理体制，主要任务是对运输业进行行业管理，培育和规范运输市场。1998年，自治区出台《内蒙古自治区道路运输管理条例》，又于2007年修订为《内蒙古自治区道路运输条例》。2004年，国务院颁布《道路运输条例》，使运输管理进一步走上法制化轨道。“九五”计划后，各级交通部门和运输管理机构，在培育和发展运输市场，加强运输市场管理的同时，注重了运输结构的调整，注重了运输基础设施的建设，注重了信息化手段的使用，注重了运政队伍的建设，注重了行业文化建设，使全区道路运输业的服务能力和水平不断提升。

（四）积极推进征稽体制改革

1978年，自治区交通厅设监理处，各盟市旗县设监理所，负责养路费征收和道路交通安全工作。1986年，国务院下发《关于改革道路交通管理体制的通知》，1987年交通监理机构成建制移交公安部门管理。同年，自治区交通厅成立公路征费稽查处，各盟市、旗县也成立了由地方交通局管理的相应机构，负责养路费、过桥费、车辆购置附加费的征收稽查，同时负责交通安全教育及管理工作。1995年，按照交通部、国家计委、财政部、物价局“交工字［1991］714号”文件关于对养路费征收工作实行统一领导、集中管理的原则和《内蒙古自治区公路管理条例》有关规定，自治区对交通征稽体制进行改革。交通厅撤销了征费稽查处，成立了相当处级事业性质的征费稽查局，同时挂车辆购置附加费征收管理办公室的牌子。除呼伦贝尔盟外，全区各级征费稽查机构的业务、人事、财务、计划、基建设备由自治区征费稽查局统一管理。通过整章建制，加强管理，交通各项规费征收实现了大幅度增长。为适应车辆购置附加费改为车辆购置税的需要，2004年，401名在职、114名退休车购费征稽人员以及车购费资产化转自治区国税局。2007年，呼伦贝尔市征稽局上收自治区征稽局管理。征稽体制不断改革，推动了征稽事业的不断发展，按照“带好队、征好费”的总体要求，通过强化管理、加强队伍建设、使用现代化手段，养路费征收实现了大幅度增长，2003 年突破了 10 亿元，2005 年突破了 20 亿元，截至 2008 年 7 月上旬，2008 年的养路费征收已经突破了 30 亿元大关。

（五）积极推进海事及水运管理体制改革

改革开放初期，自治区设港航安全监督所，负责港航安全监督工作。1980 年，自治区交通厅决定将港航安全监督所交由内蒙古黄河航运公司代管，内部为该公司 1 个科室。1982 年撤销黄河航运公司，交通厅收回港航安全监督所为厅直单位。1983 年该所更名为黄河港航安全监督所。1987 年经自治区人民政府批准，全区组建了港监机构，基本形成了水上安全监督体系。负责水上交通安全管理，重点开展船舶检验、船员考核发证、事故处理及安全宣传教育工作。为了加强对港监工作的领导，1987 年 7 月厅成立了港监科。1988 年，交通厅将黄河港航安全监督所改为港航监督所，并由包头市迁至呼和浩特与厅港监科合署办公，管理全区水上港监业务。1993 年，港航监督所升格为处级。1995 年，该所更名为港航监督局，为交通厅直属相当处级事业单位。同时，自治区交通运输管理局内设航务科负责全区水上运输管理。2000 年机构改革时，将自治区港航监督局职能划归交通厅，成立港航监督处，2002 年更名为地方海事处。全区 12 个盟市均设有地方海事局，其中正处级局 1 个、副处级局 1 个、正科级局 10 个。各盟市水运管理机构尚未统一，呼和浩特市、锡林郭勒盟由交通局直接负责；兴安盟、通辽市由运输管理处负责，其他 8 个盟市由地方海事局负责。内蒙古属非水网地区，冰冻期长，每年 5 月 1 日后方能开业，9 月底停业。航道通航能力差，只有少量的季节性渡运船舶和旅游船舶分布在全区的水域，船舶类型主要是小型挂浆机船。海事机构的不断改革，使全区水上交通安全监管得到加强。各级海事部门加强了对“三重一线”即重点水域（黄河和从事旅游的湖泊、水库）、重点时段（黄金周、暑假和旅游高峰期、冬春季流凌期）、重点船舶（渡船、游船和浮桥）和黄河沿线的监管，取得了多年未发生水上交通安全责任事故的好成绩，为人民群众营造了一个安全、和谐、有序的水上交通环境。

（六）积极推进其他各项改革

1. 质监体制改革方面

为了加强公路工程质量监督，1988 年 6 月成立内蒙古公路工程质量监督站，对内为自治区公路局的一个内设科级机构。1995 年该站独立为交通厅直属副处级事业单位，2003 年该站升格为相当处级规格，各盟市均设立了公路工程质量监督站，全区建立了比较完善的公路工程质量监督网络。各级质监机构通过认真贯彻落实国家、自治区相关的法律法规，按照自治区实际制订公路工程质量控制标准、各类公路项目建设的质量监督指导意见等规章制度，实行统一指导、分级管理的监督工作机制，突出实体工程质量监督和建设行为监督两大重点，加大质量指标符合率检查，加强规范公路监理、试验检测等一系列市场措施，确保了公路建设工程的质量。

2. 教育体制改革方面

为了适应交通教育的需要，1978 年 7 月，内蒙古交通学校划归交通部领导。1979 年成立厅直属呼和浩特交通技工学校，同时挂内蒙古交通职工中专和交通部电视中专内蒙古分校牌子，主要培养路桥和公路养护人员，同时承担全区交通系统技术工人培训任务。2002年，自治区政府同意内蒙古交通职工中专和交通部电视中专内蒙古分校组建内蒙古交通学校，与呼和浩特交通技工学校一套人马两块牌子。2005年，该校撤销，成立内蒙古交通培训中心。1980年，成立厅直属赤峰交通技工学校，主要培养汽车修理和汽车驾驶人员，同时承担全区交通系统技术工人培训任务。2000年，该校更名为内蒙古交通高级技工学校，2001年，增挂内蒙古交通职业技术学院牌子，2006年，该校划归赤峰市管理。一些盟市交通局也成立了培养交通人才的学校。交通系统的这些学校，为全系统培养了大批急需实用人才，同时通过在职学历教育、培训、考察等形式，全面提高交通干部职工的素质。

3. 交通战备体制改革方面

2000年，自治区人防办交通战备建设管理职能划归交通厅。2002年年底，各盟市交通战备办公室全部由人防办转到各盟市交通局。2003年后，加快了旗县交通战备机构的转隶步伐，目前各旗县市区交通局均设立了交通战备办公室。经过努力，全区交通战备工作基本实现了机构、人员、经费三落实。在信息化建设、正规化建设、交通战备基础设施建设、国防交通专业保障队伍建设等方面取得了突破性进展，综合保障和应急处置能力全面提升，圆满完成了上级交办的各项任务。

4. 交通信息化建设体制方面

为适应内蒙古交通通信发展的需要，1995年成立厅直属内蒙古交通通信站。1999年该站成建制划归交通厅机关事务服务中心，对内称“事务服务中心通信部”，对外仍保留交通通信站称谓。2003年，该站更名为内蒙古交通通信信息中心，成为独立的厅直属相当副处级事业单位。该中心成立以来，积极推动各盟市交通局成立信息中心，到2007年年底，全区有6个盟市交通局成立了信息中心。交通通信信息机构的成立，标志着自治区交通信息化建设步伐迈上了快车道。目前，交通厅及各盟市交通局门户网站均已建立，成为了宣传交通、发布交通信息、促进政务公开的重要窗口。交通厅建立了内网并与各盟市交通局实现了互通互联，成为了交通职工办公、学习、交流、娱乐的重要平台。在交通厅与各盟市间搭建的视频会议系统，发挥了重要作用，取得了巨大的社会效益和经济效益。开发应用了全区联网征费系统、电子稽查系统、路网辅助决策系统、人事人才基础数据库、运政管理信息系统等一系列专项系统，促进了交通工作效率的提高，实现了资源共享。

5. 厅直企业改革方面

改革开放以来，按照党和国家的方针政策，先后组建、撤销、下放、合并了一批厅直企业。目前，厅直属的4家企业，除内蒙古高等级公路建设开发有限责任公司为特许经营大型国有独资企业，由自治区政府授权，交通厅履行出资人职责，依法对国有资产进行监督管理外，内蒙古公路工程监理有限责任公司、内蒙古交通物资有限责任公司、内蒙古交通设计研究院有限责任公司分别于1998年、1999年和2000年完成了股份制改造，国有股比重均较小。

回顾内蒙古交通行业改革和管理的历程，就是一个建立行为规范、运转协调、公正透明、廉洁高效的交通行政管理体制的过程；就是一个由单一行政管理手段向经济、法律、行政等综合管理手段转变的过程；就是一个实现交通资源以计划配置为主向市场配置为主的转变过程；就是一个不断适应交通发展需要的过程。

二、辉煌成就

（一）基础设施建设

党的十一届三中全会后，内蒙古的公路建设蓬勃发展。在国家优先发展交通事业的政策支持下，自治区交通厅根据国家总体路网规划和自治区经济发展及国防建设的需要，对全区公路按行政级别和技术等级进行了重新规划和调整，制订了《内蒙古自治区公路路网规划》。同时动员一切力量，依靠国家的优惠政策，全面开展公路建设。“六五”、“七五”期间，重点建设了呼和浩特至准格尔（喇嘛湾）、海拉尔至牙克石、临河至麻黄沟、锡林浩特至赛汗、巴彦浩特至银川等公路以及包头、乌海、喇嘛湾黄河大桥等桥梁。到1990年年底，全区公路通车里程达到43 274公里，桥梁达到3 960座共计102 914延米。

“八五”期间，全区交通系统坚持“抓住机遇，深化改革，扩大开放，促进发展，保持稳定”的方针，完成交通基础设施建设投资26.8亿元，建成了301国道牙克石—满洲里公路，110国道包头东出口公路，集宁—老爷庙公路等。扶贫公路完成4 077公里，使44个苏木乡镇、353个嘎查村通了公路。到1995年年底，71%的旗县实现了通油路，88%的苏木乡镇、63%的嘎查村实现了通公路。全区公路总里程达到了44 753公里，其中二级公路达到1 218公里，高级、次高级路面达到7 930公里，公路桥梁达到4 113座共计115 592延米。

“九五”期间，全区交通系统抢抓国家扩大内需和实施积极财政政策的机遇，加快实施以“三横九纵十二出口”为重点的公路交通基础设施建设，5年完成投资153亿元，呼包高速公路、包东一级公路、通辽—好力堡一级公路等和一大批二级以上高等级公路相继开工建设或建成。新改建县乡村公路3.3万公里，95%的旗县实现了通油路，乡乡基本实现了通公路，83%的村嘎查实现了通公路。全区公路总里程达到了67 346公里，其中二级以上公路达到4 005公里，公路桥梁达到5 506座共计153 181延米。特别值得一提的是，“九五”期间成功引进了世行、亚行贷款14 502万美元，实现了公路建设利用外资零的突破；参照BOT方式引导利用民营企业投资21.3亿元，建设二级以上公路511公里、桥梁5座。

“十五”期间，全区交通工作围绕发展与廉政两大主题，公路建设投资快速增长，投资规模及增速跃居全国前列。5年累计完成建设投资783.7亿元，是自治区成立到“九五”末52年的4.1倍。110国道内蒙古境内段高速公路、省际通道高速、一级公路等一大批高等级公路建成通车，以构建自治区东西公路大通道和打通重要经济出口路为重点目标的高等级公路建设全面推进。5年全区累计完成农村牧区公路建设投入117亿元，新改建县乡公路4.96万公里。2002年实现了101个旗（县、市区）通油路。新增338个苏木乡镇通油路、2 977个嘎查村通公路。全区苏木乡镇通油路率达到73.2%、嘎查村通公路率达到92.6%。公路通车里程达到79 029公里。其中，高速公路从无到有达到1 001公里；一级公路达到2 139公里；高等级公路达到1.15万公里。全区公路桥梁达到8 096座共计271 522延米。

“十一五”计划的前两年，全区交通工作围绕发展、服务、廉政三位一体主题，全面落实科学发展观，克难奋进，乘势而上，保持了高位平稳运行的态势。两年完成交通固定资产投资509亿元。全区公路通车总里程达到13.8万公里（含村道），全区高速、一级、二级公路里程分别达到1 768公里、2 836公里和10 778公里。全区公路桥梁达到11 370座共计373 890延米。其中：永久性桥梁10 767座共计356 241延米，占桥梁总座数的94.7%。两年新增110个苏木乡镇通油路，新增1 285个嘎查村通公路，苏木乡镇通油路率达到77%；嘎查村通公路率达到62.46%（因统计口径变化，导致该指标较“十五”计划末下降）。

经过30年的发展，横贯自治区的东西公路大通道基本建成，全区12个盟市行署政府所在地基本实现以高速、一级公路连通，通往北京、西安、银川、沈阳、承德等大中城市的重要出口公路以高速、一级公路打通，县乡公路等级普遍提升。公路交通的大发展，促进了自治区经济社会的大发展。

（二）运输发展

党的十一届三中全会后，自治区公路运输呈现了多层次、多形式、多渠道发展的格局。到1990年，自治区共有盟市级运输公司11个，集体运输企业112个，旗县级国营运输公司68个。共有民用汽车127 260辆。

“八五”期间，全区公路运输能力有了显著提高。运输业户达到76 303户，从业人员20万人，民用车辆达到21.7万辆，营运车辆突破10万辆，开通国内客运班线1 770条，国际班线10条。全区新建、改建汽车运输站场37个。以转换经营机制为重点的运输企业改革取得一定进展，公路运输的主导地位、竞争能力进一步增强。“八五”期间公路运输完成的客运量、旅客周转量、货运量、货物周转量在综合运输体系中分别占72.6%、48.6%、75.3%、20.9%。

“九五”期间，围绕建设“一个市场、两个体系、十二个枢纽、三个网络”的公路运输发展目标，运输生产能力大幅度增长，全区民用汽车达到34.5万辆，营运汽车突破15万辆，开通客运班线3 727条。各类运输站场达到195个。“九五”期间公路运输完成的客运量、旅客周转量、货运量、货物周转量在综合运输体系中分别占97.1%、54.1%、79.8%、21.2%。通过加强对运力总量的调控，严格经营资质审查，强化监督检查，集中力量开展打击“黑车”、规范经营行为、维护运输市场秩序的专项治理，建立并不断完善了道路运输市场的宏观调控体系。

“十五”期间，公路运输以结构调整和规范市场为重点，全面提升运输保障能力和整体服务水平。全区民用汽车保有量达到118.99万辆。全区公路运输站场达到374个，国内营运线路达到5 103条，国际营运线路达到33条，苏木乡镇通班车率达到100%，嘎查村通班车率达到98%。“十五”期间公路运输完成的客运量、旅客周转量、货运量、货物周转量在综合运输体系中分别占88%、55%、77%、21%。全系统积极应对各种重大突发事件，不断完善重特大突发事件的防控机制。特别是2003年发生“非典”疫情和2005年发生禽流感疫情后，全区交通系统积极采取行动，达到了“交通不断、货流不断、人流不断、病源切断”的总要求，为全区整体防控工作做出了积极贡献，受到了自治区领导的高度肯定。

“十一五”以来，以结构调整和提升服务水平为重点，继续促进公路运输业大发展，公路运输在综合运输体系中的主体地位进一步增强。运输市场主体进一步向集约化、规模化方向发展。运力持续增长，结构进一步优化，高中档运力的比重大幅提高。城乡、区域运输协调发展。运输市场秩序不断规范。提出了“一个核心、三个区域、两个口岸”的交通现代物流业发展总体思路，加快了现代物流园区建设，促进交通现代物流业的发展。到2007年年底，全区公路运输业从业户数达到19.8万户，从业人员达到60万人，公路运输的服务水平和保障能力进一步提升。公路运输车辆快速增长。全区民用汽车保有量达到147.5万辆，是1978年的57倍。营运汽车达到26.8万辆，其中：营运货车21.2万辆，营运客车5.6万辆。

公路运输的主导性地位日益突出。2007年公路运输完成全社会客运量3.5亿人次、旅客周转量219亿人公里、货运量7.3亿吨、货物周转量492亿吨公里，分别是1978年的21倍、23倍、17倍和51倍，在综合运输体系中的比重较1978年提高了42、28、18和19个百分点。

公路运输网络日趋完善。全区公路客货运输站场1 388个。客运班线达到5 449条，平均日发班次12 996个，客运班线通达国内16个省市区；区内所有苏木乡镇和嘎查村均实现了通班车。开通了与俄蒙间的国际道路客运线路18条、货运线路15条。

经过30年的发展，自治区的公路运输基本上缓解了对国民经济发展的“瓶颈”制约，在较高层次上，实现了“货畅其流、人便于行”。

（三）行业创新

改革开放30年，内蒙古交通的发展历程，就是始终坚持立足区情，用创新的办法解决交通发展中的矛盾和问题的历程。

1. 不断推进观念创新，科学定位内蒙古交通发展思路

在发展思路创新方面，确立了跳出交通看交通的发展理念。始终从区情出发的思想观念，因地制宜，走具有内蒙古特色的发展之路，科学制订了符合内蒙古实际的交通建设规划和发展政策措施。树立了加快发展才是硬道理的思想观念，敢为人先，大胆尝试，大胆创新，努力实现交通超常规、跨越式发展。树立了抢抓机遇、乘势而上的发展理念，既抓住大的机遇寻求保持大的长周期发展，又不放弃每一个小的机会寻求细微发展。树立了以开放促发展的思想观念，主要是加大了“跳出去”的力度，创造了“请进来”的良好环境，摈弃了有多少钱办多少事的观念，采取了多元化筹融资，推动内蒙古交通发展强行起飞。树立了充分发挥市场对交通生产要素的配置起基础性作用的思想观念，推动交通发展实现从部门行为向政府行为、行业行为向社会行为的“两个转变”。树立了在自力更生的基础上积极争取国家的支持和外援的思想观念，坚持以我为主，不等不靠。树立了以交通行业精神文明建设和党风廉政建设作为重要保证的思想观念，努力实现工程优良、干部优秀。在这些观念的指引下，内蒙古交通人正确把握内蒙古交通发展趋势和规律，抓住了各个阶段影响交通发展的主要矛盾，围绕需要解决的关键问题，不断突破内蒙古交通发展中的重点难点，探索了加快交通发展的有效途径，提高了在市场经济条件下驾驭和领导交通工作的能力。

2. 积极稳妥推进体制创新，为加快交通发展提供制度保障

内蒙古公路网是全国交通网的末梢、边缘，过境交通量和转换运输方式有限，造成多数公路项目具有很高的社会效益，但是财务效益相对较差，招商引资比较困难。资金缺乏是制约内蒙古交通发展的最大困难。30年来，内蒙古交通取得的每一个发展，关键是坚持了解

决资金问题从体制机制创新上找出路的思想，通过体制机制的创新，打破了单一的所有制结构，形成了“国家投资、地方集资、银行贷款、社会融资、利用外资”多条腿走路、多渠道筹融资的格局，极大地解放了交通生产力，实现各路资金、资本向交通建设领域的流入。在企事业单位管理体制改革上，坚持有所为有所不为，依托事业兴产业，按照市场经济和现代企业制度要求，国有交通企业实行“不怕企业不姓交，姓什么能搞好搞活就姓什么”的政策，重组和壮大交通产业，扩大了交通企业的市场竞争力。

3. 因地制宜地推进技术创新，为交通跨越式发展提供了强大动力

30 年来，在科技创新方面始终从“实际、适用”出发，取得的每一个突破，都带来了巨大的效益，提高了质量、优化了结构、节约了资源。一是根据内蒙古不同地区的自然条件、气候特点、经济状况等综合因素和具体情况，制订实施了内蒙古公路建设地方性标准。例如，草原路定线、3. 5 ~5 米小油路、穿沙公路、立标定线公路等。二是根据内蒙古公路交通运输的特征，探索了低造价沥青公路的技术标准。在比内地造价相对偏低的条件下，建成了一批质量较高的社会满意工程。三是从内蒙古绝大多数地区二、三级公路的行车速度相当于内地高速公路的实际出发，在公路等级标准选择方面，灵活地执行国家某些规定标准，走“宜高则高，宜低则低，一路多等”的路子。探索了“两条二级路等于一条一级路，重载方向强结构、轻载方向弱结构”的模式。对于偏远农村牧区、边防公路因地制宜，确立合理的时间—成本—效益原则，既解决了群众出行问题，又节约了建设资金，保护了生态环境。四是针对内蒙古地区特殊的地质条件，开展了“公路沙害综合治理技术”、“公路风吹雪雪害防治技术”、“高寒地区涎流冰防治技术”、“水泥稳定类路面基层防裂关键技术研究”及“SuperPave 混合料施工工艺与质量控制技术”、“内蒙古干旱地区公路边坡生态恢复技术应用”等的科技攻关，使内蒙古特殊地质路段的通行条件有了极大改善。五是在高速公路建设中，广泛引进了适应内蒙古特点的世界先进技术。比如，应用美国“高性能沥青混凝土路面设计方法”，有效提高了沥青路面抗车辙能力和温度稳定性。抗车辙能力由原来规范规定的 800 轴次/mm，提高到了 4 000 轴次/mm 左右，低温开裂也有了极大改善，提高了路面的使用效果，适应了内蒙古公路上大吨位车辆多的特点，同时节约了大量的路面翻修费用，提高了公路通行能力和交通部门的声誉。成功引进了韩国波形钢管涵技术，有效解决了混凝土圆管涵的裂缝问题。

到 2007 年年底，全区交通系统共承担交通部科技项目 27 个，自治区交通厅批准立项的科研项目 180 个，累计获内蒙古自治区科学技术进步一等奖 2 项、二等奖 5 项、三等奖 21 项；获中国公路学会科学技术特等奖 1 项、一等奖 1 项、二等奖 1 项、三等奖 6 项。

到 2007 年年底，全系统共有交通专门人才 1. 5 万人，占职工总数的 37. 5%；技术工人 2. 1 万人，占职工总数的 54%；有大专及以上学历 8 500 人，占职工总数的 21. 5%，其中博士和硕士研究生 120 人。

4. 大力推进管理创新，为又好又快发展交通事业提供了保证

30 年来，内蒙古交通始终把管理工作纳入制度化、法制化轨道。从讲政治的高度抓质量，全面强化质量意识，狠抓质量保证措施的落实。连续开展了“质量效益年”或“质量管理年”活动，积极推行质量分级责任制和目标管理责任制、严格市场准入“四项”制度，强化了政府监督、法人管理、社会监理、企业自检四级质量保证体系；严格了奖惩制度，实行质量终身责任制和“黑名单”制度，大力开展科技攻关，减少质量通病。连续十几年全区新开工项目没有发生重大质量问题。在全区推行了“横向到边、纵向到底”的工作目标管理责任制，并强化了监控、考核和奖惩。建立了比较完善的交通行政管理、服务网络和一整套规范化的制度。行业管理坚持以人为本，以服务为本，以畅为中心，加强公路养护管理，加强交通财务管理及内部审计监督力度。认真开展普法和依法治理工作，全系统法治意识极大提升，依法行政全面推进。在国家法律法规框架下，形成了以《内蒙古自治区公路管理条例》、《内蒙古自治区道路运输条例》为龙头，规范性文件相配套的法规体系。认真贯彻落实党风廉政建设责任制和责任追究制、建设项目双合同制、重点项目纪检监察特派员制、与检察机关联席会议制、交通建设项目“十二公开”规定等一系列行之有效的制度，自觉接受专门机关及来自社会各方面的监督，通过努力，全系统廉政建设取得显著成效，为交通发展提供了有力的政治保障。典型经验方面，及时总结和推广各地创造性地开展工作的经验，用以推动全区的工作。

5. 有效推进政策创新，为交通发展打造双赢平台

30 年来，内蒙古交通除了用好用足国家关于支持公路交通发展的优惠政策外，还下大力气进行政策研究，出台许多符合区情、适应大发展形势要求的政策。政策创新方面主要的做法是：“试、闯、放、低”。“试”，就是大胆试验，进行了许多政策的尝试，有的成功了，有的不可行，但都取得了宝贵的经验。“闯”，就是敢于闯别人没有采取过的政策。没有敢作敢为的胆量和气魄，就没有内蒙古交通的巨大变化。“放”，就是大力实施开放政策。“低”，就是低门槛，实行“谁投资、谁经营、谁受益”的政策，采取有偿转让、垫资修路、让利引资、以热线带冷线等措施。通过政策创新，不仅节省了大量的建设资金，降低建设成本，而且产生了更大范围更深层次的社会效应，激发强大的凝聚力和感召力。

（四）文明建设和廉政建设

30 年来，全区交通系统始终坚持一手抓公路建设和运输发展，一手抓精神文明建设。通过不断地开展形式多样的“学、树、创”活动，从自治区党委、政府开展实绩考核以来，交通厅连续 12 年被考核为实绩突出厅局，2003 年被评为自治区文明单位，2007 年晋升为自治区文明单位标兵，还先后被评为全区思想政治工作先进单位、全区抗击非典先进集体、全区社会治安综合治理先进集体、党建工作先进厅局、全区窗口行业创建文明行业先进单位，2005 年被国务院授予“全国民族团结进步模范集体”，2006 年被自治区法制办评为“全区行政执法责任制依法行政工作突出部门”，自治区交通厅及公路局、运管局、征稽局先后被交通部评为全国交通系统文明行业。到 2007 年年底，全区交通系统各级文明单位达到 574 个，文明单位建成率达到 97.6%，并且涌现出一批以全国劳模、交通系统劳模为代表的先进人物，使交通的行业形象、文明程度和服务水平都迈上了一个新的台阶。

全系统始终把确保廉政作为交通工作的重中之重，围绕“工程优质、干部优秀”的双优目标，不断推进教育、制度、监督并举的具有交通特色的惩防体系建设，全系统干部职工廉洁自律意识显著提高，多年来始终坚守防线，没有发生大的问题。

全面推进“依法治交”战略。交通立法、学法、行政执法、执法监督和执法队伍建设等工作取得积极进展，干部职工的法制意识明显增强。

精神文明建设、党风廉政建设和依法治交战略的实施，为内蒙古交通跨越式发展提供了巨大的动力和保障。

三、基本经验

改革开放30年的交通实践，为内蒙古交通行业今后的发展积累了许多宝贵的经验。

一是必须坚持党的思想路线，不断完善发展思路。改革开放以来，内蒙古交通人始终坚持解放思想、实事求是、与时俱进的思想路线，坚持交通服从、服务于经济社会发展的指导思想，坚持求真务实、先急后缓、分步实施、突出重点的原则，根据自治区经济社会发展总体战略，及时调整制订交通发展规划，集中人力、财力、物力，突出抓好对经济社会发展有重大影响的大型骨干交通项目和交通薄弱环节建设，使交通基础设施规模、等级和通过能力迅速提高。

二是必须坚持改革开放，为交通发展不断注入活力。改革开放以来，特别是自治区第七次党代会以来，内蒙古坚持用社会主义市场经济理论指导交通发展，遵循市场原则，不断深化交通改革，扩大对外开放，为交通发展注入了新的生机和活力。

三是必须把交通作为国民经济的基础性、先导性产业和服务业，摆在优先发展的战略位置。要求必须采取重点扶持、倾斜和优惠的政策措施，必须发挥地方、行业、社会的积极性，形成全社会发展交通的强大合力和联动机制。

四是必须牢牢抓住历史机遇，不失时机地加快交通发展步伐。改革开放以来，内蒙古交通行业先后抓住了几次大的机遇，推动了交通事业的发展。特别是1998年以来，国家实施积极的财政政策，加快公路等基础设施建设，使公路交通得到快速发展。自2000年以来，国家实施西部大开发、振兴东北等老工业基地等战略，为交通发展带来了千载难逢的历史机遇，自治区党委、政府及时采取积极措施，抢抓机遇，加大投入，掀起了加快交通发展的热潮。

五是必须紧紧依靠各级党委政府和人民群众。一切依靠群众、一切为了群众。跳出交通发展交通，交通问题社会解决，充分调动地方、行业、社会“三个积极性”，是推进交通事业又好又快持续发展的重要法宝。30年来，我们紧紧依靠各级党委、政府的坚强领导，充分调动广大人民群众的筑路激情，形成了“领导重视、部门配合、上下协作、齐抓共管”的工作机制，形成了“国家投、地方筹、群众干”的社会合力。各级地方政府、广大人民群众特别是农牧民积极参与公路建设，以实际行动改变农村牧区交通落后面貌，又一次实现了交通发展的历史性飞跃。

六是必须把创新作为交通发展的战略基点，走创新发展的路子。必须大力推进理念创新、科技创新、体制机制创新和政策创新，积极探索资源节约、环境友好型交通发展之路，不断破解影响交通发展的难题。

七是必须要有坚强的组织保证和精神动力。必须不断深化行业文明建设，加强领导班子和领导干部、公务员和高素质人才队伍建设，保持干部职工队伍昂扬向上、风清气正的精神风貌。必须大力加强交通文化建设，用先进的交通文化引领交通事业的发展。必须按照“标本兼治、综合治理、惩防并举、注重预防”的反腐倡廉基本方针，积极构建完善具有交通行业特点的惩治和预防腐败体系，打造廉政交通。

在看到成就和总结经验的同时，也应当清醒地认识到内蒙古交通存在很多矛盾和问题需要在今后的工作中认真加以研究和解决。

四、发展展望

党的十七大报告强调“加强基础产业基础设施建设，加快发展现代能源产业和综合运输体系”，这是新时期党和国家对交通发展提出的总体要求。21 世纪的前 20 年是发展的重要战略机遇期，如何进一步抓住机遇、解放思想、深化改革、扩大开放，扎实推进交通事业又好又快发展，是内蒙古交通行业面临的首要任务和全新课题。

按照自治区交通发展规划，到 2010 年，自治区公路网主骨架全面形成，呼包鄂“金三角”地区形成高速公路网，自治区与毗邻地区形成高速公路通道。国省干线公路等级全面提高，旗县际公路交通条件得到显著改善，农村牧区公路建设取得突破性进展。实现重要路段（自治区首府到各盟市、主要出区通道、重要口岸公路及其他规划路段）以高速、一级公路连通，盟市至旗县基本以二级公路连通，乡乡基本通油路或水泥路，村村基本通公路，村村通客运班车。到 2020 年，内蒙古自治区公路水路交通基本适应国民经济和社会发展的需要。公路主骨架和公路运输枢纽系统全部建成，路网结构更趋合理，内河、界河水上运输系统基本建成，形成功能齐全、四通八达的公路水路运输网络。全区公路总里程（包括村道）达到 20 万公里，其中：高速公路达到 6 000 公里，一级公路达到 6 000 公里，二级公路达到 2. 5 万公里；高级、次高级路面达到 10 万公里，占到总里程的 1/2；所有的苏木乡镇、嘎查村通油路或水泥路。公路水路交通将发生根本性变化。

纵观发展前景，内蒙古交通既有良好的基础，又有广阔的空间；既有大好的机遇，又有严峻的挑战。对形势的基本判断是“基础良好、潜力巨大、机遇难得”。内蒙古交通要站在新起点，寻求新突破，实现新跨越，必须坚持“一个主题”、突出“两个重点”、把握“三个关键”、寻求“四个突破”、强化“五项建设”，为自治区经济、政治、文化、社会和生态“五个文明”建设提供交通支撑和基础保障。

回顾过去，内蒙古交通走过了改革开放 30 年的辉煌历程；展望未来，高歌猛进的内蒙古交通事业必将迎来更加美好的明天。在中国特色社会主义道路和社会主义理论体系的指引下，按照站在新起点、寻求新突破、实现新跨越的“三新”要求，内蒙古交通必将在改革开放的大道上勇往直前、再建新功，不断提升“三个服务”的能力和水平，为内蒙古的改革开放和现代化建设做出新的更大贡献。

为东北振兴当先行

辽宁省交通厅

改革开放以来，辽宁省交通系统在省委、省政府和交通部（交通运输部）的正确领导下，始终站在战略性高度，始终运用前瞻性眼光，紧紧围绕全省不同历史时期经济社会的发展需求，以“提高发展质量，实现高水平发展和加快发展速度，实现跨越式发展”为两大主线，团结一心、抢抓机遇、锐意进取、艰苦奋斗，实现了一个又一个的发展新目标，使辽宁交通事业发生了翻天覆地的变化，为全省经济发展、社会进步和人民生活水平的提高做出了历史性的贡献。

一、发展成就

（一）高速公路

1. 开辟了中国大陆高速公路建设的新纪元

十一届三中全会后，公路交通的落后局面与国民经济迅速发展的矛盾越来越突出。为了适应经济社会发展对公路交通的迫切需求，辽宁省交通厅以沈大路为标志，在全国率先吹响了高速公路建设的号角。

沈阳至大连高速公路是国家“七五”重点建设项目，总计投资22亿元，全长348公里，路基宽26米，分上下行4车道，中间有3米分隔带，全线封闭为汽车专用公路，设计时速为100～120公里，日通过能力为5万辆次，历时6年零2个月的时间建设完成，是当时我国公路建设项目中规模最大、标准最高的工程，全部工程由我国自行设计、自行施工，开创了我国建设长距离高速公路的先河。

1984年6月7日，沈大高速公路正式开工。1985年9月，沈大公路沈阳至鞍山段88公里建成通车，时任国务院总理李鹏出席通车仪式。1986年10月25日，大连至三十里堡段43公里建成通车。1990年8月20日，沈大高速公路全线建成通车。

沈大高速公路北起辽宁省省会沈阳市，南至北方明珠大连市，纵贯辽东半岛，沟通连接大连、营口两大港口和沈阳桃仙、大连周水子两大国际机场，是同江至三亚国道主干线的重要组成部分，是东北三省及内蒙古东部地区通过海上进入华东、华南的主要公路运输通道，是辽宁省最重要的公路运输大动脉，被誉为辽东半岛的“黄金大道”，对辽宁全省乃至东北和内蒙古东部地区的经济发展和对外开放发挥了十分重要的基础性和先导性作用，被誉为

“神州第一路”。更为重要的是，这条公路的修建完成，为全国高速公路建设探索了经验，提供了典范。

当时的国务委员邹家华称沈大路是“志气之路，腾飞之路”。交通部部长钱永昌指出：沈大高速公路是我国公路建设史上的里程碑；要在全国推广沈大公路的建设经验，推动全国的公路建设，更好地为改革开放和四化建设服务。1989 年 7 月，第一次全国高等级公路建设现场会在辽宁沈阳召开，这次会议是专题研究高等级公路建设的第一次会议，明确了中国必须发展高速公路，并提出了规划和建设要分层负责、长远规划、分阶段实施等 10 条高速公路建设政策措施，为辽宁乃至全国掀起更大规模的高速公路建设高潮，奠定了思想基础，明确了发展方向，标志着中国高速公路时代的来临。

2. 率先完成国家“五纵七横”路网规划内的项目

沈大高速公路建成后，辽宁省交通厅紧紧围绕全省经济社会发展需求，抢抓机遇，奋力拼搏，使全省高速公路步入了加快发展的快车道。到 2002 年，辽宁提前 8 年完成国家“五纵七横”路网规划的项目，在全国率先实现了全部省辖市通高速公路。根据路网调整结果，到 2008 年年底，辽宁省共通车高速公路 18 条。(1)沈阳至大连 348 公里；(2)沈阳绕城 81 公里；(3)沈阳至抚顺 13 公里；(4)沈阳至丹东 222 公里；(5)沈阳至四平 158 公里；(6)沈阳至山海关 361 公里；(7)锦州至朝阳 101 公里；(8)锦州至阜新 119 公里；(9)盘锦至海城到营口 107 公里；(10)丹东至大连 273 公里；(11)沈阳至抚顺南杂木 76 公里；(12)大窑湾疏港路 22 公里；(13)沈阳至彰武 89 公里；(14)本溪至辽中 115 公里；(15)铁岭至朝阳 527 公里；(16)沈大丹大连接线 10 公里；(17)沈阳至康平 68 公里；(18)大连上城子至羊头洼 57 公里。高速公路总里程为 2 747 公里，位居全国第七位，密度 1.9 公里/百平方公里。

目前，辽宁高速公路主骨架网络已经基本形成，辽宁与邻省全部由高速公路对接，通高速公路的县（市、区）达到 99 个，占总数的 94%。

3. 独特的建设和管理体制

辽宁实行的是集中统一的高速公路建设和运营管理体制，这种体制可以概括为“四个统一”。一是统一制定规划。即省交通厅作为行业主管部门，负责统一编制全省高速公路中长期发展规划和分年建设计划，统一组织开展项目前期工作。二是统一组织建设。即省交通厅下设高等级公路建设局（厅直属事业单位），作为省交通厅授权的项目建设法人，分项目统一组织全省高速公路建设，对工程设计、施工、质量、进度、资金运行负全责。为强化指挥调度，省高建局组成若干项目建设指挥部，由一名副局长作为项目法人授权代表，任指挥，并以质量、工期、投资为控制内容，与省高建局签订目标责任状，具体负责所辖项目或段落工程的组织、管理工作。项目指挥部常驻工地，及时检查、掌握、调度、解决施工中的各种问题，协调征地动迁、地方关系等各种问题，对项目实行动态管理。三是统一收费还贷。即省交通厅作为融资主体，统一筹措和使用建设资金，对全省高速公路通行费实行“统收统支”，对全省高速公路建设贷款实行“统贷统还”。通行费收入纳入省财政预算管理，实行收支两条线。四是统一运营管理。即省交通厅下设高速公路管理局（厅直属事业单位），对已建成的高速公路实施集中统一管理。具体负责道路收费、养护、路政、超限治理、监控指挥和服务区的经营服务等管理工作。结合行政区域，下设 18 个直属管理处，具体组织实施管段区的管理工作。另下设一个直属国有企业——辽宁省高速公路实业发展总公司，统一负责全省高速公路服务区的经营和管理。

4. 紧紧抓住了“质量”这个中心

质量是工程的生命。为确保高速公路建设质量，辽宁省交通厅制定了“设计一流、施工一流、管理一流、质量一流、景观一流”的建设目标，切实贯彻落实“严字当头、质量第一、受控有序、争创一流”的质量管理工作方针，使辽宁的高速公路建设质量得到了有效保证。一是健全质量保证体系，充分发挥“企业自检、社会监理、质量稽查、政府监督”四级质量管理体系的作用，通过层层把关、各负其责，形成了一个严密准确、控制有效的质量管理网络。二是严把市场准入关。严格审查进场施工队伍，对不符合投标书承诺、不能满足施工需要的施工队伍坚决清除。严格检查进场原材料，要求监理做到“车车检、吨吨检、批批检”，发现不合格的材料，坚决清除出场，同时对相关施工和监理单位及责任人进行严厉处罚。三是实行“优质优价”和“优监优酬”，按照《工程质量优质优价实施办法》和《监理工作质量优监优酬实施办法》的规定，通过严肃的评比、通报、奖惩，强化了监理、承包单位的质量管理意识，使工程质量得到稳步提升。

5. 运营管理目标：“四化”、“四路”和“七个一”

经过20多年的发展，辽宁省高速公路管理工作基本实现了“四化”、“四路”的目标。“四化”就是实现收费自动化、养护机械化、通信现代化、管理规范化；“四路”就是创建安全畅通路、经济效益路、文明服务路、旅游观光路。在“十一五”期间，辽宁省交通厅提出了“七个一”的新目标：维护一个安全畅通的公路网络，构建一个“以人为本”的公路服务体系，建立一个科学高效的公路管理体制，培育一个规范有序的公路养护工程市场，装备一个技术先进、功能齐全、运行可靠的硬件支持系统，建设一个先进高效的公路管理信息平台，培养一支拼搏奉献的公路管养职工队伍，努力争取使全省高速公路的管理达到世界中等发达国家水平。一是高速公路通行费收入持续增长。1988年全省高速公路通行费收入仅为323万元，到2007年实现通行费收入53.7亿元，1988年至2007年通行费收入总额达283.95亿元。二是高速度公路养护管理水平不断提高。基本实现了路容养护、路面维修、除雪防滑、隧道养护、交通设施维护作业的机械化。截至目前，全局机械设备总计1 189台，其中养护机械438台，运输车辆715台。建成了配备科学、手段齐全的机械化养护体系，大大增强了辽宁省高速公路综合养护维修能力和抵御自然灾害能力，为全省高速公路各项管养工作的完成提供了强有力的保证。三是机电系统建设达到国内一流水平。共设置1个监控中心、30个监控分中心，以应急辅助收费系统和车牌自动识别、移动视频系统为代表的科技创新成果陆续投入运行。面向社会开通的96199咨询投诉服务电话，实现了自动语音播报、人工语音、网站信息发布、服务区触摸屏实时信息、高速公路可变信息标志、移动短信息发布等服务功能，为用路人提供了便捷、及时、准确的出行信息服务。四是服务区经营管理实现规范化。服务区的经营模式经历了从自主经营、统一经营、承包经营、责任目标经营、租赁经营到目前品牌化连锁经营的转变。从2002年开始，引进如中石油、中石化、大商集团、锦州华联、吉林众诚、沈阳万事达等社会知名企业，形成了品牌化的连锁经营模式。

（二）普通公路

改革开放30年来，经过艰苦努力和不懈奋斗，辽宁公路事业得到了健康、持续、快速发展，实现了量的突破和质的飞跃。

1978年，全省公路总里程为30 439公里，晴雨通车里程13 468公里。到2008年，全省公路总里程达到98 900公里，晴雨通车里程80 300公里，分别比1978年增加了68 461公里和66 832公里；与1978年相比，公路密度由20.8公里/百平方公里，达到66.64公里/百平方公里，增加45.84%；桥梁由17.20万延米增加到88.6万延米；新增二级以上公路18 562公里，总里程达到19 316公里，比重由2.5%提高到19.8%；新增有铺装路面47 398公里，里程达到51 997公里，比重由15.1%提高到53%。经过30年的发展，辽宁已经形成了层次分明、功能齐全、四通八达、遍布城乡的公路网络。

回顾改革开放以来辽宁公路建设的发展历程，从发展理念、发展思路和发展水平上，大致经历了两个大的历史阶段。

第一个阶段，“七五”和“八五”时期。这一阶段的显著特征是：实行“普及与提高相结合、以普及为主”的工作方针。当时，我国经过10年浩劫之后，经济发展刚刚步入正轨，全省百废待兴，对公路交通需求空前迫切。而公路设施基础薄弱，供给严重不足，已经出现了明显的“瓶颈”制约。

进入“七五”期间，国家把交通基础设施建设摆在十分重要的位置。党的十二大确定交通建设为国家经济发展的战略重点之一。1986年9月20日，辽宁省建国以来第一部公路管理法规《辽宁省公路管理条例》正式颁布，从此，全省公路建设和养护管理步入了法制化轨道。1988年12月，辽宁省出台了《辽宁省贷款修建高等级公路和大型公路桥梁、隧道收取车辆通行费办法》。1989年2月，鞍山、锦州等市部分收费站开始收费。这为全省公路建设提供了新的资金来源。1989年辽宁省政府召开了建国以来第一次公路工作会议，提出了“改革、提高、优质、发展”的公路发展原则。102和304国道改造等27项重点工程纷纷启动。到“七五”末，全省公路总里程达到40 109公里，高级次高级路面10 172公里，占公路总里程25.4%，公路密度达到27.5公里/百平方公里，桥梁达到9 966座304 913延米，实现了省会沈阳到所有省辖市通油路，市到县通油路。台安县在全国率先实现了乡乡、村村通油路。

“八五”期间，全省新改建黑色路面1万多公里，网络化建设取得重大胜利。但由于受资金限制，当时的公路路线等级低、结构标准低，寿命周期短。按照交通部提出的“全面规划、协调发展、加强养护、积极改善、科学管理、提高质量、依法治路、保障畅通”的公路工作方针。结合全省“八五”经济和社会发展规划，决定实施以县际间通油路为重点的公路网化工程建设。到“八五”末，全省公路整体面貌发生了很大变化，服务全省经济社会发展的适应力显著增强。公路总里程达到43 434公里，公路密度达到29.77公里/百平方公里，二级以上公路达到6 602公里，桥梁达到13 607座410 445延米。完成的黑色路面工程量相当于前7个五年计划的总和。全省43个县际间全部铺通黑色路面，基本形成了“一网、四射、两环”的公路网格局。

“八五”期间，干线公路通行能力进一步增强，共完成国省干线大修工程2 080公里。

建成了锦朝、锦阜两条疏港公路。招投标工程实现零的突破，为进一步培育和发展全省公路建设市场积累了成功的经验。1994 年、1995 年连续两年战胜了百年不遇的水毁灾害，路况质量稳步上升。养护管理进一步增强，共建设文明样板路 1 368 公里，实施 GBM 工程 800 公里。公路绿化被全国绿化委员会授予“全国绿化 300 佳单位”。

第二个阶段，“九五”、“十五”和“十一五”期间。这一阶段的显著特征是，实行“普及与提高相结合、以提高为主”的工作方针。一方面，辽宁省正处于老工业基地脱困和经济转型的重要时期，经济社会发展对公路交通提出了新的要求。另一方面，全省公路网络已经基本形成，养路费和通行费收入也达到一定规模，具有了以提高为主的物质基础。

在党的十五大精神指引下，辽宁公路紧紧把握国家拉动经济增长战略的机遇，按照交通厅党组确定的“登台阶、上水平”的奋斗目标，1997 年 5 月出台了《辽宁省公路发展技术政策》，拓展了公路建设理念和标准。到“九五”末，公路总里程达到 45 547 公里，公路密度达到 31.01 公里/百平方公里，高级次高级路面达到 24 264 公里，桥梁达到 16 690 座 52.4 万延米。“一网、五射、两环”的公路格局基本形成。实现了“工程出精品，养护树形象，管理上水平，科技求进步，改革促发展，精神文明出成果”的奋斗目标。在 1997 年全国干线公路养护与管理检查评比中，辽宁省公路取得优异成绩，名列全国前五位。

“十五”期间，全省公路建设实现了历史性跨越。到 2005 年年底，全省公路实现了“两个突破”和“两个百分之百”的目标。“两个突破”即：公路总里程突破 5 万公里，达到 5.3 万公里；高级次高级路面突破 3 万公里，达到 37 361 公里。“两个百分之百”为：实现 100% 的乡镇通油路，基本实现 100% 行政村通公路。公路密度达到 36.29 公里/百平方公里；二级以上公路达到 16 341 公里；创建国家级文明样板路 1 条 660 公里，省级文明样板路 34 条 2 607 公里。

“十一五”以来，辽宁公路全面贯彻落实科学发展观，用“安全、舒适、美观、和谐、经济、耐久”的新理念指导工程设计、施工和养护管理工作。3 年来，完成县级以上公路黑色路面 8 200 公里；完成农村公路黑色路面 16 219 公里，行政村接近 85% 通油路；滨海公路完成路面 680 公里，路基 1 377 公里，桥梁 24 428 延米；维修改造危病桥梁 69 316 延米，1 078座；安保工程增设钢护栏 367 公里，划设标线 242 万平方米，安装各种标志 5 308 套。

（三）道路运输

改革开放以来，全省各级道路运输管理机构紧密结合辽宁省道路运输工作实际，以“全面规划，远近结合，整体推进，协调发展”为原则，不断转变观念，加强行业管理，加快发展步伐，运输生产力得到大幅提升，在综合运输体系中的地位和作用日益增强，已经成为国民经济的重要组成部分，为全省经济和社会发展提供了重要保障。

1983 年，交通部确定了“有河大家走船、有路大家走车”的工作方针之后，通过允许和鼓励个体户经营道路运输，辽宁省形成了各地区、各行业、各部门多家经营，国营、集体、个人一起上的运输新格局，道路运输进入快速发展的阶段。1998 年，为解决道路运输市场经营主体多小散弱、服务质量低下等问题，辽宁省先后开展了一系列运输市场专项整治活动。同时启动道路运输结构调整，重点推进客运集约化经营和运力结构调整，市场集中度得到较大提升，运输服务质量明显提高，基本满足了国民经济和经济社会发展的需求。

1. 道路运输生产力大幅提升

1977 年，全省民用汽车 8. 2 万辆，营业性运输车辆 15 567 辆，全年完成客运量 7 746 万人次，旅客周转量 208 611 万人公里；货运量 8 193 万吨，货物周转量 147 218 万吨公里。截至 2007 年年底，全省民用汽车已达 217. 4 万辆，为 1977 年的 26. 5 倍，其中营业性运输车辆 44. 6 万辆，为 1977 年的 28. 7 倍。1977 年运输生产量铁路占较大比重，公路运输比重较小。2007 年公路运输完成客运量 6. 0 亿人次，旅客周转量 263. 5 亿人公里；货运量 9. 0 亿吨，货物周转量 568. 1 亿吨公里，分别为 1977 年的 7. 7 倍、12. 6 倍、11. 0 倍和 38. 6 倍，在综合运输体系中的比重分别达到 83. 5%、32. 7%、74. 9%、9. 7%。在加快日常运输保障的同时，道路运输应急与抢险机制得到健全和提升。全省各地普遍建立了各种类型的客货应急运输车队，在抗击非典、防范禽流感、防汛防洪、抗震救灾、奥运服务等工作中发挥了重要作用。

2. 运力结构调整取得阶段性成果

1977 年，全省营运客车 1 561 辆、总座位 63 395 个，平均每百公里拥有营运客车 5. 2 辆、平均每万人拥有营运客车 0. 5 辆，平均运距 26. 9 公里。截至 2007 年，全省营运客车 16 348辆、总座位 425 399 个，分别为 1977 年的 10. 5 倍、6. 7 倍；平均每百公里拥有营运客车 16. 8 辆、平均每万人拥有营运客车 3. 8 辆，平均运距 44. 2 公里，分别为 1977 年的 3. 2 倍、7. 6 倍和 1. 6 倍；从 1979 年第一家拥有 400 辆出租汽车的沈阳出租汽车公司成立，到 2007 年底全省出租汽车已经达到 78 676 辆；1977 年客运班线以国有企业经营为主，通达能力很低，发展到 2007 年年底，全省拥有客运班线 7 047 条、平均日发班次 49 565 个，其中，高速公路班线 428 条、平均日发班次 1 044 个。

1977 年，全省营业性载货汽车 5 535 辆，总吨位 23 006 吨，载货挂车 4 098 辆，总吨位 15 739 吨，畜力车、货运人力车分别为 952 辆和 2 055 辆。截至 2007 年，全省营业性载货车辆总数 34. 3 万辆，为 1977 年的 62 倍。

1994 年辽宁省建立了运力结构调整资金，利用此项资金为企业投贷 5 247 万元，启动各市自筹及其他资金 1. 14 亿元，企业购置各种车辆 1 051 辆，运输车辆结构和技术状况得到较大改善。2002 年以来，全省先后出台了《辽宁省国际标准集装箱运输车辆高速公路通行费优惠政策实施办法》、《辽宁省货运出租车养路费优惠政策实施办法》、《辽宁省高速公路营运客车通行费优惠政策实施办法》，加快推进高档客运车辆和专用货运车辆发展。截至 2007 年，全省中高级客运班车、中高级包车、品牌出租汽车总数分别达到 6 370 辆、2 650 辆和 16 766 辆，比重分别达到 39%、83% 和 21%；集装箱运输车、厢式货车、多轴重载车总数达到 5 561 辆、45 229 辆、29 049 辆，比重分别达到 1. 6%、4. 4%、8. 5%，安全性、舒适性、快捷性得到显著提升。

3. 道路运输企业结构调整取得突破性进展

随着计划经济体制向市场经济体制的转变，辽宁省道路运输市场由国有运输企业独家垄断、一统江山的局面逐渐演变为民营经济为主，多种所有制协调并存、相互竞争的格局。运输生产关系的变革极大地促进了运输生产力发展，打破了多年来道路运输保障能力的“瓶颈”，满足了国民经济和社会发展的需求，为下一步调整运输经济结构、建立现代企业制度、实施集约化规模经营奠定了坚实的基础。1998 年 7 月，辽宁省组建了辽宁虎跃快速客运股份有限公司，以高档客运车辆和全新的经营机制实施高速公路客运经营，树立了道路快速客运和集约化、规模化经营的典型，开始拉动辽宁省道路运输向高效率、集约化、高质量目标迈进。2001 年，全省客运领域集约化进程持续加快，本溪靓马快客公司、丹大客运股份有限公司等一批道路客运企业相继亮相。“十一五”期间，全省规划以定线、定期的方式，完成 113 条高速公路线路、143 条普通公路线路的集约化改造工作。截至 2007 年，全省共有一级客运企业 1 家、二级客运企业 19 家、三级客运企业 27 家。全省实现集约化经营客运线路 472 条、车辆 4 405 辆，分别占线路和班车的 7% 和 27%，其中省会沈阳到其他 13 个省辖市市际双向客运班车集约化程度达到 86%；道路班车客运经营业户为 1 997 户，平均每户拥有车辆 8.2 辆，相比 2000 年的 8 077 户、1.9 辆，业户减少了四分之三，车辆增加了 6.3 辆。

在货运领域，积极引导传统货运企业向第三方物流企业转型，加快经营结构调整，沈阳运输集团、大连交运集团、大连洲际物流有限公司、沈阳宅急送有限公司、营口红运集装箱运输有限公司、中床国际物流有限公司等规模不同的典型货运企业，相继开展集疏港运输、城市配送、仓储、小件快递等不同层次的物流业务，对货运行业结构调整、经营转型起到了较好的先导和示范作用。截至 2007 年，全省共有二级货运企业 12 家、三级货运企业 49 家。其中集装箱运输企业 283 家，车辆 5 561 台，户均拥有车辆数 20 辆。全省危险货物运输企业 597 家，11 304 台，户均拥有车辆数 19 辆，货运企业的集约化、规模化水平显著提高。

4. 农村道路运输得到较快发展

党的十六届五中全会提出建设社会主义新农村的重大历史任务后，辽宁省交通厅把加快农村客运发展、拓展农村客运的通达深度和密度，摆到了更加突出的工作位置。农村客运从以县到乡、乡到乡线路为主，逐步延伸至行政村、自然屯，实现了通公路的行政村 100% 通客车。截至 2007 年年底，全省农村客运班线达到 3 657 条、车辆 8 042 辆，分别占全省总量的 52% 和 49%，进一步方便了农民出行，促进了农村经济发展；实现农村客运线路集约化 169 条、车辆 1 300 辆，比重为 4.8% 和 15%，鞍山台安、锦州北镇、营口大石桥等地基本实现了农村客运集约化经营。同时，农村客运站建设进程加快，一批设计新颖、经济实用的农村客运站相继建成并投入使用。截至 2007 年年底，全省共建设等级以上乡镇客运站 157 个，极大地改善了农民的出行条件。针对部分偏远地区农产品及农用物资运输难等问题，各级交通主管部门以农村物流配送为切入点，积极探索构建农村货运体系，努力提高货物运输的通达度，为农产品及农用物资运输提供了有力保障，在促进农民增产、增收方面发挥了重要作用。

5. 机动车维修行业取得长足发展

1977 年，辽宁省只有为满足企业内部运输需要的附属汽车修理部 120 余家。改革开放以来，随着机动车数量的增长和质量的提高，维修行业发展迅速，全省形成了以城市为依托，辐射城乡和公路沿线，以一类企业为骨干、二类企业为基础，三类企业为补充的门类齐全、方便及时的维修市场格局。截至 2007 年年底，全省维修企业总数达到 10 640 户（一类 851 户、二类 3 105 户、三类 6 684 户），年均维修车辆 840 余万台次。汽车综合性能检测站从无到有，全省达到63家。现在车辆维修诊断设备和计算机系统得到全面应用，维修车型基本涵盖世界所有品牌，维修水平和技术能力接近发达国家水准。全省96 122汽车维修救援服务网络初步形成。

6. 道路运输基础设施不断完善

1978年以前，全省客货站场主要由市、县客货运输公司自有场地建设形成，规模较小、设施简陋、功能不全、没有专业性货运站。改革开放以来，通过征收客货建设基金，全面规划客货场站建设，不断提高建设标准和集疏能力，道路运输基础设施体系逐步形成。截至2007年，全省等级客运站达到228个，其中一级站30个，二级站38个，平均日发送旅客量678 834人次。货运站116个，其中一级站75个，二级站16个，年平均日换算货物吞吐量6.68万吨。“十五”以来，全省市县级客运站功能、规模、形象均有大幅度提高，绝大多数的市、县级客运站都得到改造。大连、丹东、锦州、营口、葫芦岛5个市的物流园区项目已初具规模。

（四）港口和航运

辽宁省南濒渤海与黄海，是东北地区及内蒙古东四盟连通世界的海上门户。改革开放之后，经过“七五”“八五”“九五”的建设与发展，曾经长期困扰经济发展的“压船、压港、压货”问题得到了根本解决。“十五”以来，辽宁港航发展抢抓东北老工业基地振兴和对外开放双重战略机遇，形成了功能完备、布局合理、安全可靠的港口群和技术先进、种类齐全、灵活高效的运输船队，为东北老工业基地的振兴提供了必要和重要的交通运输保障。

1. 港口建设成绩斐然

改革开放前，辽宁沿海港口吞吐量不足1 000吨。1985年年底，全省共有大、中、小商港11个，共有码头139个，其中生产性码头96个，万吨级泊位26个。全省港口完成货物吞吐量4 570万吨，是1978年的4倍多。到2000年年底，全省港口泊位达到250个，比“八五”增加了48%，吞吐能力达到10 112万吨，比“八五”增长了31%。

跨入21世纪，辽宁港口步入了加快发展的新时期。2001年大连港港口吞吐量首次突破亿吨大关，成为我国第7个国际亿吨港口。2003年，中共中央11号文件颁布，作出了把大连建成东北亚重要的国际航运中心的战略部署。“十五”以来，建成了全国乃至亚洲地区作业效率最佳的集装箱码头，世界先进水平的30万吨原油码头，国内最大最先进的30万吨矿石码头，亚洲规模最大的现代化粮食专业码头，具有国际水平的汽车滚装专用码头，具备了完善的内外贸集装箱运输和原油、成品油、铁矿石、散粮、煤炭、散杂货、钢材、商品汽车、液体化工的装卸、仓储、运输、服务及滚装运输、火车轮渡等功能。辽宁同世界160多个国家和地区建立了贸易航运往来，每年承担着东北地区70%以上的海运货物，80%以上的外贸运输，90%以上的集装箱外贸运输。2007年，全省沿海港口共有生产性泊位322个，其中万吨级以上泊位132个。完成货物吞吐量4.16亿吨，其中集装箱吞吐量581.8万标准箱。大连港吞吐量突破2亿吨，营口港吞吐量突破一亿吨。港口沿海已经形成了以大连、营口为主要港口，丹东、锦州为地区重要港口，盘锦、葫芦岛等一般港口为补充的分层次港口布局体系。

2. 航运业蓬勃发展

改革开放以来，辽宁省深入贯彻中央、地方、集体、个人一齐上的方针，通过优化船舶结构，发展地方船队，允许企业贷款购置国外二手船等手段，使全省航运事业得到了比较快的发展。随着改革开放进一步深化，国家实行的“扩大内需，增加出口”等宏观政策，为辽宁省船队发展带来了发展机遇。“九五”期末，辽宁省拥有水运运输业户405家，其中水运企业105家。拥有营运船舶833艘，135万载重吨，3万客位。国际船舶代理企业25家，外商独资企业及分公司8家，外商驻辽宁省办事处143家，国内水路运输服务企业298家。

“十五”以来，辽宁航运业紧紧依托密集的疏港公路、发达的高速公路、四通八达的铁路、航空、管道网络，大力发展客滚船、内外贸集装箱船、大型散杂货船、液化气特种船，淘汰老旧船舶，提升单船运力，形成了船龄合理的梯形层次分布，构建起具有地方特色的国际油品运输、日韩近洋货物运输、冷藏鲜活运输和国内渤海湾客滚运输、成品油运输、集装箱、散杂货运输的航运体系。特别是，货运船舶日趋大型化、专业化，30万吨级超大型油轮的投用，打造了中国油轮运输的品牌；客船日趋快速化、豪华化、舒适化、国际化，四艘“岛”字号客滚船代表了我国海上客运的最高水平，拉近了辽东半岛和山东半岛之间的距离，使四大航运热点之一的渤海湾市场成为全国运量最大的客运市场；大仁、营仁、丹仁航线的开通，成为促进我国与韩国之间贸易往来、文化交流的“绿色通道”。“十五”期间，全省水路运输完成货运量19 623万吨，货运周转量5 599亿吨公里，完成客运量3 061万人，客运周转量41亿人公里，分别比“九五”增长20.4%、30%、2%、1.5%。

辽宁航运建立了公正、诚信、便捷、高效的综合服务体系，在通关时效、整体运作、服务经营和科技应用上已经达到国际先进水平。2002年成立的大连航运交易市场在我国航运交易史上率先实现口岸通关及物流发展“一站式”服务、“一网式”交易，将海关、检验检疫、海事、边检等查验功能以及信息、金融、市场交易、物流等服务功能集为一体，大大提高了货物贸易的进出口效率。规范、统一、有序的航运市场有效地促进了1 200多家水运及辅助企业经营国际化、服务物流化、管理数字化、制度现代化。中远、中海以及国内外大型航运集团，加速了辽宁航运的战略合作进程，其组建的远洋运输公司、客轮有限公司、海运公司已经成为辽宁省海运的骨干企业。伴随着国有大型企业实现集团化，航运民营经济迅速发展，中小企业逐步向规模化、集约化方向发展，个体水路运输业户与航运辅助企业也逐步实现了规范化、企业化经营。日益壮大的辽宁航运业在区域经济的发展中发挥着越来越大的推动作用，是东北老工业基地振兴的强有力的“催化剂”。

（五）精神文明

在全面推进交通建设发展的同时，辽宁省交通行业坚持围绕中心、服务大局，大力加强行业精神文明建设。

1. 全系统思想理论水平不断提高

改革开放以来，特别是十六大以来，辽宁省交通厅把全系统干部职工的理论学习摆在了重要的位置来抓。交通厅党组坚持每年定期召开中心组理论学习扩大会议，结合交通工作实际，加强思想理论武装，确保全系统上下始终思想统一、目标明确、凝神聚力、开拓进取，为交通事业持续健康发展提供了强大的精神动力和思想保证。

2. 文明行业创建活动取得新突破

紧密结合中心工作，开展了形式多样、富有成效的群众性行业文明创建活动，显著提高了行业文明程度。在政府层面，普通公路建设和道路运输管理工作坚持面向地方政府开展公路文明市、县竞赛活动，极大地调动了全社会支持、投入和参与公路建设和道路运输管理的积极性。高速公路管理系统以青年文明号、巾帼文明岗、青年文明号示范路为创建载体，不断丰富了创建内容；普通公路系统开展了文明样板路、文明收费站、文明路政所、文明养护公司、文明拌和站等创建活动，提升了行业的管理服务水平；道路运输系统开展了文明出租车、品牌驾校、百强汽车维修诚信企业、十佳客车驾驶员等先进评选活动，改善了服务窗口形象；港航系统开展了文明港口企业、文明水运企业、文明客船、文明客运站争创活动，促进了水上安全生产和优质服务；交通征稽系统积极开展窗口收费示范点、收费服务标兵评比活动，提升了征费管理服务水平。5 年来，全系统共有 419 个单位、123 名个人受到省部级以上表彰，14 个市交通局全部被评为省、市级文明单位，省交通厅 2004 年跨入“省级文明单位标兵”行列、2005 年被国务院授予“全国民族团结进步模范集体”称号，全省交通行业 2008 年被交通运输部命名为“全国交通文明行业”。

3. 先进的行业精神得到弘扬

大力培育和弘扬了“爱岗敬业、开拓创新、敢打硬仗、无私奉献”的行业精神。爱岗敬业精神，集中体现在全行业涌现出一大批工程建设一线的“铺路石”、行业管理一线的“创新者”、科研设计一线的“攻关手”、窗口服务一线的“排头兵”，成为推动事业发展的主导力量。开拓创新精神，集中体现在破除因循守旧、安于现状的思想观念，坚持与时俱进，不断调整发展思路、深化交通改革、创新体制机制，增强了交通发展动力。敢打硬仗精神，集中体现在迎难而上，勇挑重担上，在抗击非典、抵御禽流感、抗洪抢险、抗击特大暴风雪等急难险重任务面前，拉得出、打得胜，忠诚地履行了交通职责。无私奉献精神，集中体现在广大交通职工不言任务繁重，不畏环境艰苦，不计报酬高低，默默无闻地为交通发展抛洒汗水，在平凡的工作中创造了交通发展的辉煌成就。

4. 行业风气建设取得新成果

着力解决了交通工程建设领域拖欠工程款、征地拆迁补偿费和农民工工资等突出问题，切实维护了群众利益。开展了执法队伍、执法主体、执法行为“三整顿”，严格执行行政执法责任制、执法过错追究制，进一步规范了交通执法行为。建立了行风举报投诉快速反应机制，注重解决社会反映强烈的突出问题。率先成为全国所有公路基本无“三乱”省份。

5. 构建起具有辽宁交通行业特色的惩防体系

一是党风廉政建设责任制得到有效落实。深入开展党风廉政教育，筑牢拒腐防变的思想防线。领导干部廉洁自律各项规定进一步落实，始终坚持重大事项报告、专题民主生活会、述廉评廉、建立领导干部廉政档案、领导干部任前谈话和诫勉谈话等项制度。反腐倡廉责任机制更加完善，厅党组每年都将党风廉政建设和反腐败工作，从教育、制度、监督、查办案件和建立责任制等方面，分解工作任务，落实到各相关部门和人员，为各项工作的完成提供了机制和组织保障。各市交通局、厅直各单位通过签订廉政建设责任状、签订工程建设廉政合同及完善组织领导机构等形式，建立了党风廉政建设责任机制，形成了上下联动、职责明晰、齐抓共管的廉政建设工作格局。二是紧紧抓住了工程建设领域这个关键环节。招标投标机制进一步完善，重点工程建设在经历了业主标底招标法、复合标底招标法、最低投标价法和合理低标价法后，于2006年探索推行了无标底合理低价法，有效地制约了权力的运行。材料采购进一步规范，对重要原材料玄武岩、沥青等加大调控管理力度，本着“公平、公开、择优及效益”的原则，通过竞争性谈判实施集中采购。设计变更的监管程序进一步规范，出台了《辽宁省高速公路工程设计变更管理办法》，对设计变更条件及类别划分、审批权限及审批程序、造价核定和责任追究等方面都做了严格的规定，有效避免了变更的人为因素和不合理性。建设资金管理进一步规范。制定了交通建设专项资金管理若干规定，对全系统的各项专项资金从征收、使用到管理都作出了严格的规定。建立资金监管制度及银行保函询证制度，对工程建设资金流向进行全过程监控，遏制了施工单位挤占、挪用、转移建设资金，预防了工程转包及非法分包，有效避免了工程建设中商业贿赂行为。三是切实加强了行业监管工作。干部选拔任用机制进一步完善，全面落实《党政领导干部选拔任用工作条例》，干部的任用坚持德才兼备、注重实绩、注重群众公论的选拔标准，严格坚持民主推荐、组织考察、班子集体讨论决定的工作程序，避免了选人用人环节腐败问题的发生。深入开展了治理商业贿赂工作，以在建工程项目为切入点，围绕工程招标投标、转包分包、设计变更、设备材料采购、质量监督等主要环节，认真组织开展自查自纠，着力建立防治商业贿赂的长效机制。对容易出现“小金库”的部位进行了有效的整治，彻底杜绝了账外账；规范了招待费使用，实施招待费阳光操作。四是强化对党风廉政建设的监督制约。各级纪检监察部门对容易产生腐败问题的重点部位和重点环节，如项目立项审批、工程招投标、材料设备采购、质量控制、资金管理使用以及干部选拔任用等方面，通过列席会议、参与招投标全过程、对重点工程建设开展督察巡视、与反贪部门共同预防职务犯罪等方式开展了卓有成效的监督。对重点工程建设积极开展督察巡视，在工程施工一线，通过听汇报、开座谈会、查阅相关资料、到施工单位了解情况等形式，对基层单位贯彻落实党风廉政建设责任制情况、预防职务犯罪情况和治理商业贿赂工作的开展情况和行风建设情况，进行全方位的督察巡视，进一步增加了廉政监督的深度和广度。

二、基本经验

（一）坚持发展是第一要务，抓住历史机遇，抢占发展先机

改革开放30年来，辽宁省交通系统始终把发展作为第一要务，坚持用发展的办法解决前进中的问题，在求真务实的基础上敢为人先，不失时机地抢抓发展机遇。在每一个重要发展阶段，始终明确自身的历史定位，准确把握中央、交通部（交通运输部）以及省委、省政府确定的发展战略，将国家大政方针、辽宁经济社会发展需求与交通工作实际紧密结合，找准发展突破口，不断实现新的飞跃。具体来讲，抓住了四个重要的发展机遇。

第一个机遇，“七五”和“八五”时期，全省经济发展刚刚步入正轨，对公路交通需求空前迫切；而公路设施基础薄弱，供给严重不足，已经出现了明显的“瓶颈”制约。面对这一客观实际，省交通厅把解决“瓶颈”制约作为当时的工作重点，集中有限资金，全力

加快公路网络化建设，努力提高黑色路面比重。特别在“八五”计划期间，全省掀起了网络化建设高潮，共完成路基改造1.5万公里，新增桥梁10万延米，新增黑色路面1万公里，是前7个五年计划的总和，一举奠定了辽宁公路网络的基础，有效地解决了经济社会发展的“瓶颈”制约问题。

第二个机遇，20世纪80年代后期，紧紧抓住国家为解决主要干线公路交通紧张问题，探索实施高速公路建设的有利时机，多方筹资，科学规划，成功修建了沈大高速公路，为日后全国大规模的高速公路建设积累了经验，同时因其带来的令人瞩目的经济效益和社会效益，为当时“中国要不要修建高速公路”这一争论提供了明确答案，真正拉开了全国高速公路快速发展的序幕。

第三个机遇，“九五”至“十五”初期，紧紧抓住国家拉动内需、实施积极财政政策的机遇，加快了交通基础设施建设步伐。以省辖市通高速公路和乡乡通油路为重点，加速高速公路主骨架建设，形成了具有现代化水平的主通道和大动脉。同时，加密国省干线路网，提高县乡公路通达深度，增强了全省路网的整体功能。

第四个机遇，“十五”中期以来，党中央、国务院作出振兴东北老工业基地的重大战略决策之后，按照全省振兴规划的总体部署，紧紧抓住国家制订高速公路规划、支持大连国际航运中心建设和加大农村公路建设投入的机遇，以支撑和拉动全省经济社会发展为出发点，不断完善高速公路主骨架，加快内通外联步伐。不断延伸并加密普通公路网络，统筹加快区域城乡交通发展。2005年~2007年，辽宁省公路、港口建设完成投资连续3年超过百亿元，掀起了交通建设新的高潮。

（二）以统筹兼顾为根本方法，推动交通事业全面协调可持续发展

改革开放30年来，特别近两个五年计划以来，辽宁交通系统在推动交通运输产业实现规模发展的同时，始终高度重视交通产业发展内部的功能性、结构性和协调性问题，紧紧把握统筹兼顾这一根本方法，科学规划交通工作、推动产业结构不断优化升级、着力改变交通增长方式粗放问题，交通运输产业走上了全面协调可持续发展之路。

高度重视交通发展规划的制定工作。做到了5个注重：注重规划的全局性。坚决执行国家交通发展规划，并充分兼顾辽宁的区位特点，努力服务全省经济社会发展，保证了规划的战略性高度。注重规划的前瞻性。规划制定既立足当前，又考虑长远，同时适度超前，特别是“十五”中后期，在即将圆满完成前3个五年计划任务的基础上，按照省委省政府的总体部署，及时着手制定了2020年交通发展规划，描绘了今后3个五年规划的交通发展蓝图，明确了实现交通现代化的奋斗目标。注重规划的连续性。在规划制定中努力做到中期与长期规划有机接合，五年规划与年度计划有机接合，总体目标与阶段目标有机接合。注重规划的可操作性。坚持从全省交通的财力、物力、人力实际出发，科学确定建设标准，合理控制建设规模，保持适度的发展速度，坚决不搞建设透支，避免发展大起大落，保证了交通发展良性循环、持续推进。注重规划的科学性，在规划中统筹安排高速公路、普通公路、沿海港口、运输站场等基础设施建设，使各种方式相互支撑、有序衔接，提高了综合交通体系的整体效益。

通过统筹配置交通要素推动产业结构优化。优化路网结构。从“七五”期间沈大高速

公路首开国内高速公路建设先河、到2002年实现所有省辖市通高速公路、再到“十一五”初期加密辽宁省中部城市群高速公路网以及开辟东北地区第二条入关通道，支撑全省经济发展的高速公路主动脉逐渐畅通。普通公路高标准实施，区间快速通道和文明样板路加紧建设，区间公路交通能力不断提升，为推进区域协调发展、调整地区产业布局创造了良好条件；农村公路建设力度逐年加大，实现了全省乡乡通油路、村村通公路，使得惠及广大农民群众生产生活的农村路网逐步完善。优化港口结构。通过市场行为，积极引导港口企业自主联合，促进全省港口资源整合。同时加快集装箱、原油、散杂等大型专业码头建设，完善港口集疏运体系，区域协调、重点突出、层次分明的港口发展格局逐渐形成，为全省依托沿海优势，加快建设国家重要的装备制造业基地提供了重要支撑。优化站场结构。集中建设了一批具有“功能性、标志性、超前性”的市级客运站，较好地发挥了城市客运集疏功能；重点改扩建了一批县、乡（镇）客运站点，较好地改善了农村广大群众出行候车难的问题。优化运输结构。以市场为导向，以线路为依托，以站场为结点，大力推进集约化、规模化经营，一批具有相当规模和较高服务质量的品牌客运企业发展壮大，虎跃公司成为全省乃至全国客运市场的一面旗帜。优化运力结构。道路客运向高速公路高档化、普通公路中档化的方向发展，道路货运向重型化、专用化、低耗能化发展，老旧车船运力更新速度不断加快。

逐步转变交通增长方式。进入21世纪以来，中央提出了“建设资源节约型、环境友好型社会”的国策，交通系统及时转变观念，确立了走可持续发展交通道路的思路。在公路建设中，逐步转变了设计理念，严格遵守节约资源和保护环境这个基本国策，尽最大努力减少土地占用面积和对植被的破坏，避让基本农田，并大力实施公路绿化和生态恢复工程，以减轻公路建设对生态环境的破坏和影响。在港口建设的布局规划中，合理地开发利用港口岸线资源。在科技创新中，积极开展了环保材料替代和废旧材料循环利用工作，交通循环经济得到大力发展。在运输行业管理中，认真落实营运运力的节能减排标准，不断推动车、船运力向低能耗、低污染方向发展。

（三）把改革创新作为转变发展方式的根本动力，不断深化交通体制改革，加快交通科技进步

改革开放30年来，辽宁交通系统在坚持以往成功经验的基础上，不断深化对新时期、新阶段交通发展规律的认识，着力解决体制性、机制性矛盾，形成了一套具有辽宁特色的交通管理体制和运行机制。在高速公路建设管理方面。始终坚持全省集中统一管理模式，避免了管理主体多元化带来的主体不清、责任不明、政出多门、路网分割的弊端，保证了全省高速公路运营管理顺畅，路网完整统一。在普通公路建设、道路运输发展方面。坚持在每个五年计划初，省厅代表省政府与各市政府签订目标责任书，明确权利责任，逐年评比考核，充分调动了各方面积极性，成为加快交通发展的有效激励机制。在质量管理方面。建立健全了政府监督、法人稽查、社会监理、企业自检四级质量保证体系，质量管理机制的有效运行，确保了全省交通工程建设质量水平稳步提高。在交通改革方面，以建立公开、公平、竞争、有序的公路建设养护市场为导向，实行公路施工单位与管理部门分离，推行养护单位企业化管理，探索实行养护招投标，公路建设和养护领域中的体制性矛盾开始得到解决；积极推动道路客运企业开展产权制度改革，引导传统运输企业与先进的物流企业开展合资合作，使与

社会主义市场经济接轨的道路运输市场主体得到培育和发展。

在实现体制机制创新的同时，坚持把科技作为提升产业优化升级的根本动力，加强科技资源整合，强化科技成果转化应用，注重科技人才培养，不断提高交通科技含量。紧紧围绕交通建设、养护和管理的重点，大力实施科技攻关，以沈大高速公路改扩建工程为代表，集中攻克了一批关键技术难题，集中解决了一批常见的工程质量通病，集中研究或应用了一批如高模量沥青混凝土、SMA、SBS 改性沥青、旧沥青路面再生、废橡胶沥青改性等适用技术，全面推广应用了稀浆封层、碎石封层等养护技术，使公路建设的质量实现了质的飞跃。交通信息化水平不断提高，高速公路通信监控和自动化收费系统达到国内一流水平，全省交通地理信息、道路运政、工程监督、公路管理等信息管理系统相继启动运行，信息技术在行业管理中发挥了重要作用。

（四）把握市场运行规律，提升市场监管水平，积极培育和规范交通行业三大市场

坚持“培育与规范并重、整顿与引导并举”的原则，不断提高市场管理水平，着力营造健康和谐的市场环境。

一是道路运输市场。以治理整顿为重点，积极开展道路化学危险货物运输、出租汽车等专项整治，严厉打击非法经营及车匪路霸，努力打破地区封锁和地方保护，规范了经营行为，维护了市场秩序。以结构调整为主线，逐步优化市场主体结构、运力结构、经营结构，健全准入和退出制度，严格评定企业经营资质等级，基本实现了市场主体的合理分工。二是水路运输市场。在全国率先建立了水运市场退出机制，形成了较为完善的市场监管体系。老旧船舶管理、水运企业经营资质管理、水路运政检查等制度，船舶准入源头管理显著加强，船舶运力结构不断优化，水运企业走上了集约发展的道路。三是公路建设市场。以工程招投标为龙头，“四制”（工程建设招投标制、项目法人制、施工监理制和合同管理制）管理覆盖范围不断拓展，全省工程招投标由施工拓展到设计、监理，由主体工程拓展到交通工程、通信工程、绿化工程、设备采购，切实做到了公开、公正、公平。不断强化对监理、试验检测和施工市场的监管，以严格的诚信考核把住市场准入关；以有效的动态监管把住市场运行关，通过推进建设市场信用体系建设，构建起从业单位和人员信用管理平台；以严肃的惩戒机制把住市场退出关，严肃“黑名单”惩罚及禁入机制，提高了从业单位和人员的诚信自律意识。

（五）加强交通行业立法，完善交通法规制度体系，为交通事业发展提供法治保障

始终紧紧围绕辽宁交通事业发展实际，坚持依法治交，不断加大交通法规制度建设力度。

加快交通立法步伐。坚持从改革开放的大局和辽宁省经济社会发展的目标出发，注重把交通改革发展的重大决策同立法结合起来，将实践证明行之有效的工作经验和做法上升为地方性法规和政府规章，进一步发挥了法律法规对交通发展的指导和推动作用。在公路建设方面，为加强公路路政管理，保证公路安全畅通，于 1986 年出台了《辽宁省公路管理条例》。

2006年，结合公路建设管理发展实际，出台了《辽宁省公路条例》，在进一步明确了农村公路的养护和路政管理有关问题的同时，独创性地纳入了公路建设、养护资金问题，填补了全国地方公路法规中的空白。在高速公路管理方面。1994年，颁布了全国第一部高速公路管理的地方性专门法规《辽宁省高速公路管理条例》，明确了辽宁省高速公路管理体制以及高速公路管理部门的养护责任，以及路政执法、交通安全等有关问题，把高速公路管理纳入了法制轨道，有力地维护了高速公路管理者和用路人的合法权益。在道路运输方面。根据辽宁省道路运输业在从计划经济向市场经济转变过程中的发展实际，不断强化道路运输的地方立法工作。1987年，出台了《辽宁省公路运输管理实施细则》；1994年，出台了《辽宁省道路运输管理条例》。一系列法规规章的出台，对于调整道路运输市场主体关系，强化道路运输管理市场监管，维护各方当事人合法权益，推动道路运输市场沿着法制轨道发展，提供了有力的法律保障和重要的法律依据。在港航管理方面。2004年，颁布了我国沿海地区第一部省级港口法规《辽宁省港口管理规定》，使全省港口管理工作纳入到法制化轨道，推动了辽宁港口快速发展，为老工业基地的振兴、沿海经济带的发展提供了坚实支持和有力保障。在公路征稽方面。1997年，经省八届人代常委会审议通过，出台了《辽宁省公路养路费征收管理条例》，确保了公路养路费收入持续稳定增长，为辽宁省交通事业发展提供了重要的资金保障。

逐步完善交通法规制度体系。在加大交通立法的同时，结合交通建设和管理实际，制定了一批规范性文件，为交通法规制度体系建设提供了有力补充。在交通建设管理方面。陆续出台了《辽宁省普通公路建设实施“四制”管理暂行规定》、《辽宁省普通公路工程管理暂行办法》、《辽宁省普通公路项目管理（暂行）办法》、《辽宁省普通公路工程验收实施细则》、《辽宁省农村公路网建设管理实施方案》、《辽宁省高速公路工程设计变更管理办法》、《辽宁省高速公路合同管理办法》、《辽宁省道路运输站场建设管理办法》等制度办法，加强了辽宁省交通建设项目管理，促进了工程立项、设计、招投标、施工、验收各个环节工作的高效运行。在交通市场管理方面。一是陆续出台了《辽宁省道路旅客运输线路经营权有期限使用暂行办法》、《辽宁省道路客运经营权招投标管理暂行办法》、《辽宁省引导典型物流企业工作方案》、《关于推进道路客运线路集约化工作的指导意见》、《辽宁省航运业结构调整的意见》、《辽宁省船舶管理业实施办法》、《辽宁省水路运输业退出市场管理办法》等制度办法，推动依法治运工作不断增强，确保了全省交通运输市场健康、快速、持续发展，更好地适应了社会经济发展的需要。二是陆续出台了《辽宁省公路建设市场管理实施细则（试行）》、《辽宁省公路水运工程试验检测管理实施细则》、《辽宁省公路水运工程施工监理市场管理办法》、《辽宁省公路养护工程市场准入实施细则》、《辽宁省公路工程施工单位业绩管理规定（试行）》、《辽宁省公路、水路建设市场信用评价管理暂行办法》、《辽宁省公路施工企业信用评价实施细则（试行）》等制度办法，进一步规范了辽宁省交通建设市场的秩序，加快了交通建设市场化和信用体系建设的进程。在建设质量管理方面。陆续出台了《辽宁省公路水运工程施工质量自检体系管理规定》、《辽宁省公路水运工程质量监督规定》、《辽宁省公路工程质量监督管理实施办法》、《辽宁省公路水运建设工程质量责任追究办法》、《辽宁省公路工程质量鉴定实施细则》、《辽宁省交通建设工程质量事故处理规定》等制度办法，有力地发挥了质量监督和约束机制的作用，引导质量管理工作步入了规范化轨道，确保了辽宁省交通基本建设质量水平的逐年提高。

（六）坚持以人为本的执政理念，提高服务水平，造福人民群众

坚持把以人为本作为工作的出发点和落脚点，增强服务意识，提高执政能力。一是全面推行依法行政。大力精简审批程序，交通行政审批效率显著提高，清理并取消了一系列不符合政府职能定位的审批事项，切实把政府部门管理交通经济工作的职能转到为市场主体服务和创造良好的发展环境上来。二是全方位加强了安全生产管理。采取部门联动和区域联合的方式，不断加大对超限超载运输的打击力度，逐步建立了治超长效机制。全面加强了交通建设设施建设安全监督管理，开展了基础设施、道路运输、水路运输、危险化学品运输和地方铁路运输等安全专项整治活动。交通安保体系建设逐步完善，公路安保工程和险桥改造逐年推进。汽车客运站源头监管责任得到落实，安检设备配备率位于全国前列，GPS、行车记录仪和危险品检测仪得到推广应用，道路、水路和地方铁路运输安全水平不断提升。三是加大了对农村的交通扶持力度。结合农村公路建设，同步推进村屯路段的综合治理。建立了农村公路养护专项资金，为养护管理提供了长远保障。积极开展农村客运站点建设试点，一批农村客运设施投入运营，有效地改善了农村生产生活环境，改善了农村群众的出行条件。加大了对少数民族地区交通建设的倾斜力度，积极开展了对口地区扶贫帮困工作。四是努力建设良好的交通软环境。交通服务的范围得到有效拓展，高速公路救援服务网络以及高速公路应急收费辅助系统相继启动，公众出行路况信息系统全面开通。积极推行政务公开，认真答复人大建议和政协提案，及时办理群众来信来访，一大批群众关心的热点难点问题得到妥善解决，得到了社会各界和广大人民群众的广泛拥护。

（七）坚持两手抓、两手都要硬，推动交通行业物质文明和精神文明建设同向、同步前进

始终大力弘扬求真务实、开拓进取的行业精神，牢固树立服务人民、奉献社会的行业风气，造就了一支优秀的交通职工队伍，为交通事业的发展提供了不竭的动力源泉。一是全面加强交通职工队伍建设，培养和造就了一支团结向上、奋发有为、能够驾驭全局工作的领导干部队伍，一支精于业务、依法行政、努力适应市场经济需要的管理干部队伍，一支勇于钻研、献身科技、致力于科教兴交的专业技术干部队伍。二是认真落实从严治党、从严治政的方针，坚持不懈地开展党风廉政建设和反腐败斗争，研究交通领域腐败发生的特点和规律，加大从源头上治理和预防的力度，制定和完善了一整套制度和办法，狠抓责任制的落实。不断完善工程招投标机制，实行了工程建设与廉政建设“双合同制”；坚持大额度资金使用集体决策，实行资金运行全过程监督管理；加大交通行政执法监察力度，自觉接受党内、行政、法律和社会监督，积极防范违法违纪问题的发生。三是不断深入开展窗口行业竞赛和创建文明行业活动，积极搭建交通文化建设载体，创建出一批具有典型示范作用的文明车、船、港、站、路和文明单位，打造出一批过硬的服务品牌，推出了一批叫得响的先进典型。

三、发展目标

全面建设小康社会的新要求和全面振兴辽宁老工业基地的新部署，赋予辽宁交通产业更

加艰巨的历史使命。辽宁交通系统将以科学发展观为统领，以经济社会发展需求为导向，以又好又快发展为主线，坚持以人为本，坚持统筹兼顾，坚持改革创新，推动交通运输产业全面协调和可持续发展，努力发展和完善科学合理、完整统一、运转高效、保障有力的交通网络体系，到2020年基本实现辽宁交通运输产业现代化，为经济全面振兴、社会和谐稳定、人民生产生活提供全面适应的交通支撑和保障。具体发展和完善以下四个体系：

（一）公路网络体系

紧紧围绕东北老工业基地振兴的总体战略，全面适应辽宁沿海经济带开发、沈阳经济区建设以及满足辽西北等经济战略需要，努力完善布局超前、规模适度、结构合理、衔接顺畅、功能完善的全省公路整体网络。

1. 高速公路

对外加强省际沟通联系，建设起统一完整的中国北部区域公路网络；对内重点推进省内经济大通道建设和实施扩能改造，形成具有强劲拉动和支撑作用的高速公路主骨架系统。

到2020年，全省高速公路总里程达到5 000公里，六车道以上高速公路突破1 000公里。建成环沈阳中心城市、环中部城市群和环黄渤海的3大高速公路环线，7条高速公路以沈阳为中心向外辐射，高速公路主骨架之间的连接线基本完善，跨省大通道与周边省区高速公路全面对接，基本实现县县通高速公路的目标，全省高速公路网络全面完善。

2. 普通公路

以区间快速通道建设为重点，进一步加快干线公路的升级改造，大力提高通行功能和整体形象；高标准、高质量地推进滨海公路建设，全面提高对沿海产业带的支撑力；持续推进农村公路建设，努力推动农村公路网络向自然屯不断延伸扩展。

到2020年，全省公路总里程达到12万公里，密度达到百平方公里81.5公里。黑色路面里程达到9.9万公里，比重达到82.3%。二级以上公路达到3万公里，比重为25.3%。市到所辖县公路达到一级以上标准；国省干线及重要的县级公路全部达到二级以上标准；“五点一线”地区和其他重要区域的区间快速通道全部建成；85%以上的自然屯通油路。

（二）道路运输体系

适应人民群众消费升级和物流产业快速发展的趋势，通过搭建客货运输基础设施平台和有效的行业调控，增强保障能力，优化运输结构，提高服务水平，推动道路运输向安全、高效、便捷、环保、智能的方向发展。

1. 客货基础设施

到2020年，再改造建设客运站180个，其中市县级20个，全省县级以上客运站全部达到二级以上标准；有需求的乡镇全部完成客运站建设；有需求的建制村全部完成乘降站点建设。再建设完善物流园区10个，货运站场40个。

2. 道路客运

以省内高速公路客运系统为基础，进一步增强道路客运向周边省份的通达和辐射能力；大力发展和优化干线公路客运网络，充分满足城乡旅客运输需求；重点加快农村客运发展，努力扩大客运服务网络。

到2020年，全省道路客运全面满足需求，形成沈阳、大连、锦州客运集散枢纽和各省辖市区域客运集散中心，以县区为节点、辐射乡镇、延伸至农村的客运网络全面完善，农村客运实现公交化。高速公路和国省干线公路上营运客车全部达到高级车标准。

3. 道路货运

以整合货源信息为切入点，以新增经济区域为主要对象，以政府引导、市场运作为主要形式，大力推动现代物流体系建设。

到2020年，利用现有的货运站场平台，通过货运信息服务网络，积极开展货运代理、信息配载、仓储理货等综合服务，形成能力充沛、保障有力的全省道路货物运输保障体系。各种专业货运车辆占货运车辆总数的60%。

（三）水路运输体系

适应我国参与东北亚经济协作、环渤海黄海经济圈发展和全省对外开放战略的需要，统筹规划发展分层次的港口体系和高效率的航运体系，努力形成能力适应需求、资源配置合理、功能科学完善、管理手段先进、运输组织高效的港航发展局面。

1. 沿海港口

适度加快港口建设步伐，重点优化港口泊位结构。通过各港口之间的广泛协作，推动全省港口良性互动、共赢发展，不断提高港口群的整体功能和核心竞争力。

到2020年，大连东北亚国际航运中心基础设施比较完备，布局科学、结构合理、层次分明、功能完善的港口群全面形成，现代化的集装箱、原油、铁矿石、散粮等运输体系得到全面完善，对广阔腹地经济发展的强大支撑力得到全面发挥，辽宁港口的吞吐能力和服务功能全面适应经济社会发展的需求。

2. 水上运输

壮大水路运输规模，引导骨干企业积极开辟航线，支持干散货、油轮、集装箱等大型船队建设，加快危险品船、汽车滚装船等特种船舶发展，稳步发展旅游客船和客滚船。

到2020年，水上运输企业集群全面形成，拥有运力和控制运力2 000万载重吨。

（四）交通市场体系

充分发挥政府部门、市场主体和中介组织的作用，完善调控手段，规范管理行为，提高服务水平，努力形成政府监管到位、行业运行规范、市场竞争有序的交通市场体系。

1. 公路建设养护市场

以完善诚信体系和养护市场化为重点，进一步规范公路建设市场，积极推进公路养护市场化进程。

到2020年，公路建设市场的动态监管体系和诚实信用体系全面完善，形成开放统一、规范竞争、诚实守信、守法经营的市场环境；高速公路养护市场与建设市场全面接轨；普通公路养护运行机制改革基本完成，县以上公路养护全部实行市场化。

2. 道路运输市场

继续全力推进集约化、规模化经营，加强道路运输安全监管，强化汽车维修检测和驾驶员培训市场管理，维护道路运输整体市场秩序。

到2020年，道路客运全部实现集约化、规模化经营；普通货运企业和客运站全部通过安全生产评估并达标；汽车维修检测和驾驶员培训市场得到全面规范，全部达到品牌企业标准。

3. 水路运输市场

积极引导航运市场向扩展业务、优化结构、提高功能的方向发展。

到2020年，全省航运基本市场和辅助市场全面健全；航运主体结构更加合理，大型港航集团成为航运市场的主导力量，形成20%的企业占有80%运力的格局，航运业的总体发展水平进入全国先进行列。

长白山下的交通新貌

吉林省交通厅

改革开放以来，吉林省交通系统广大干部职工在省委、省政府以及交通部（交通运输部）的正确领导下，埋头苦干，改革创新，用30年的时间，实现了交通基础设施跨越式发展，同时在行业管理、交通长远规划、发展科技教育、精神文明和廉政建设等方面取得了突破性进展。

一、改革发展历程

党的十一届三中全会以后，吉林省公路建设进入一个新的发展时期。

1. 干线公路的跨越式发展

改革开放初期，吉林省公路交通彻底摆脱“左”的思想桎梏，开始迈开发展的大步。

1982年10月，吉林省交通厅提出了《关于开创我省公路工作新局面的意见》（简称《意见》），提出实行公路交通工作的重点转移。这个《意见》还提出要大力抓好公路工作，首先应从抓好现有公路养护、提高做起，充分发挥现有公路的作用。提出要按照“通盘安排，立足治本，坚持标准，逐年提高”的原则，认真规划，付诸实施。在《意见》的指导下，吉林省交通厅自1982年起，加强了干线公路的改造。重点工程主要有：

1982年改建了图们至乌兰浩特公路长春至小合隆段，全长16公里，在原三级公路东侧另筑一条路，与原路会成一条一级公路，设计时速100公里，昼夜交通量5 000辆次，于1983年10月竣工。

1982年，改造北京至哈尔滨公路四平至长春段，全长105公里（其中四平至东辽河段37公里已于1979年改造为二级公路）中剩余的65.8公里按二级公路标准改造，于1984年竣工。

1982年，决定改造长春至吉林（北线）公路，其中吉林市至四家子段1984年备料，1985年施工，当年完成；长春圈道至四家子段1985年备料，1986年施工，同年10月竣工。长春至吉林（北线）改造后为二级标准，全长118公里，设计交通量昼夜5 000辆次。

1986年，改造北京至哈尔滨公路哈拉哈（长春）至拉林河段。全长191公里，全线按二级标准建设，总投资34 541万元，设计日交通量5 000辆次（1989年建成通车）。同年改建四平至浑江（今白山市）公路。该路全长330公里，按二级标准建设，1991年全线贯通通车，设计日交通量5 000辆次。

除上述国省干线公路外，“七五”期间，吉林省为了配合边境贸易及原材料、旅游资源开发，还建成了罗子沟至省界三级公路、图们至珲春公路、明月镇至东清公路、大盘岭至九号桥公路、和平营子至长白山天池旅游公路等。干线公路的改造，结束了吉林省“没有一条像样的路”的历史，将长春、吉林、四平、延吉等大中城市的往来交通变得更加便捷畅通，对东部山区的开发及边境贸易提供了便捷的道路交通条件。

1991年，全省有公路27 110.3公里，其中，等级公路24 837公里，高级路面里程586公里。有一级公路22.4公里，二级公路1 047.2公里。有公路桥梁4 093座120 757.6延米。这些数字比1978年均有所提高。如1978年全省公路有30 817.6公里，其中土路有15 645.8公里，占总里程的50.8%；1991年有土路6 565.4公里，占总里程的24%。10多年的时间里，新建桥梁716座26 426.8延米。

1992年，在党的十四大各项方针政策指引下，吉林省交通各项改革逐步深入，并步入一个新的历史发展时期。自1993年起，吉林省交通厅党组带领全省交通系统职工，开始了新一轮的创业历程。吉林省交通事业在实践中大胆创新，在改革中奋力前行。改革与开放为交通事业注入了巨大的活力，行业管理步步深入；创意并构建了“公路建设市场、公路养护市场、公路运输市场”；提出了“依法治交通”、“科教兴交通”、“以人为本”、“文明在交通”等交通发展战略措施，为交通事业的发展提供了法律依据、思想保证，提供了动力和智力支持，促进了生产力的尽快发展和提升。

随着改革开放和商品经济的发展，落后的交通状况已经不适应经济发展的需要，成为严重制约国民经济快速健康发展的“瓶颈”。吉林省交通厅党组顺应时代的发展和人民的要求，积极忠实地履行了职责，紧紧抓住国家加大交通基础设施建设投入的机遇，克服人才、技术短缺，资金、设备的匮乏，以及外部环境的艰辛和前期工作超极限运转等重重矛盾和困难，围绕构筑畅通快捷、优质安全、经济方便的现代化运输体系，始终记住“发展是硬道理”这一时代主题，脚踏实地，埋头苦干，全力推进交通事业跨越式发展。

针对吉林省交通发展的公路建设重点不突出，形不成规模效益等问题，省交通厅把交通发展规划作为一项具有前瞻性、战略性的基础工作来抓。1993年，在对全省公路交通状况进行实地调查后，在专家论证的基础上，制定了30年路网建设规划，即《四纵三横两环出口成网公路发展总体规划（1990年~2020年）》，确定了“分级负责、分期建设、突出重点、注重效益”的实施原则，并经省政府常务会议审查通过。根据这个规划又先后制定实施了1995年~2000年6年路网建设计划和交通发展“九五”、“十五”计划。提出到“十五”末，省到市达到一级以上公路标准，市到县达到二级以上公路标准，县到乡达到三级以上公路标准，“村村通公路，路路通汽车”的目标。依据科学的规划和目标，省交通厅集中力量，本着加快建设和适当超前的原则，对事关经济发展和交通战略有全局影响的大项目实施了重点突破。

1994年4月10日，吉林省第一条高速公路——长春至四平高速公路破土动工，标志着吉林省公路建设进入了一个新的历史发展时期。长四高速公路于1996年9月建成通车，结束了吉林省没有高速公路的历史，标志高速公路开始步入快速发展阶段。

1995年4月至6月，长春至吉林、长春至营城、长春绕城（西北环）3条高速公路先后开工建设，并于1997年9月同时建成通车。

1997 年 5 月 18 日，吉林至江密峰高速公路开工建设，1999 年 12 月建成通车。

1998 年 8 月 5 日，延吉至图们高速公路开工建设，2001 年 9 月建成通车。

1998 年 10 月，国家和吉林省重点工程——长春至扶余（拉林河）高速公路开工建设，2002 年 9 月建成通车。

2003 年，吉林省交通厅加快干线公路建设，长春至白城、四平至白山、吉林市绕城一级公路全线通车。开工建设了肇源至松原、江密峰至珲春高速公路、松原至金宝屯一级公路，改造国道 102 线（北京至哈尔滨公路）部分路段。全省交通发展总投资 138 亿元，比上年增长 38.4%。全省公路在建规模达到 10 299 公里，全年新增公路里程 2 912 公里。

2004 年，全年交通发展完成投入 183.3 亿元。其中，基础设施投资持续增高并首次突破 100 亿元，达到 118 亿元。全年公路竣工里程首次突破 1 万公里，达到 15 779 公里。建成二级以上公路 1 082 公里，全省二级以上公路达到 8 226 公里，占公路总里程的 17.4%，高于全国平均水平 1.4 个百分点。

2005 年，开工建设国道 102 线四平至长春一级公路、建设环长白山二级旅游公路、续建肇源至松原、松原至金宝屯、口前至北大湖滑雪场、吉林市绕越线等重点工程。续建江密峰至珲春、长吉高速公路长春至龙家堡国际机场高速公路（4 车道改建为 6 车道），续建长余高速公路莱园子互通立交桥工程。全年交通发展计划投资 201 亿元，其中，交通基础设施投入 130 亿元。截至 2005 年年底，全省公路总里程达到 50 308 公里，公路密度达到 26.8 公里/每平方公里。其中有一级公路 1 529 公里，二级公路 7 335 公里。除延边外，全省地市级市均实行了与省会长春一级以上公路连接，市（州）到县基本实现了二级公路连接。2003 年～2005 年建成农村公路 37 646 公里。乡镇通水泥（沥青）路率达到 98.5%，行政村通水泥（沥青）路率达到 65.6%。是全国第 5 个实现乡镇、行政村全部通公路的省份，实现了“让农民走出泥泞”的目标，成为交通发展的突出亮点，被评为省直机关为使吉林经济快跑做 10 件最佳实事之一。

2006 年，吉林省交通厅坚持以科学发展观为指导，紧紧抓住振兴老工业基地的历史机遇，以发展、创新、服务为主题，以高速公路建设为重点，以改革创新为动力，以法治、科技和人才为保障，以统筹协调发展为目标，进一步解放思想，开拓进取，建设便捷、畅通、高效、安全的交通运输体系，推动交通事业更快更好地发展“十一五”总体发展要求。即：交通基础设施建设投资 1 000 亿元，全省公路总里程达 8.75 万公里，二级以上公路达 1.3 万公里，省会与各市（州）基本实现高速公路连接，市（州）至县（市、区）基本实现二级以上公路连接，初步形成“五纵五横”的公路交通框架。高速公路建设投资 550 亿元。建设项目 11 个，新增高速公路 1 500 公里，高速公路通达县（市）达 32 个，占总数的 76%；国省干线公路投资 155 亿元。新建、改建国省干线公路 2 310 公里。农村公路投资 270 亿元，建成农村公路 42 000 公里，所有乡镇和 90% 以上行政村通水泥（沥青）路。

2006 年，基础设施建设完成投资 147.5 亿元，比上年增长 12.7%。全年开工建设 5 条高速公路，即江密峰至珲春高速公路、通化至沈阳高速公路吉林境内段，长春至松原高速公路，肇源至松原高速公路，伊通至辽源高速公路。总里程达 566.8 公里。建成一级路 123 公里，二级路 866 公里。农村公路建设投入 63.7 亿元，建成农村水泥（沥青）路 8 692 公里。

2007 年，吉林省新开工建设图们至珲春高速公路，全长 49 公里，建设期为 2007 至

2010年；建设营城子经东丰至梅河口高速公路，全长75公里，建设期为2007至2009年；建设吉林至草市高速公路，全长257.7公里，建设期为2007至2011年；建设营城子至松江河高速公路，全长249.8公里，建设期为2007至2011年；建设松原经白城至石头井子高速公路，全长240.3公里，建设期为2008至2011年；建设松原至双辽高速公路，全长254公里，建设期为2007至2010年；建设通化至新开岭高速公路，全长52.4公里，建设期为2008至2011年。全年基础设施建设投资153.3亿元。其中高速公路投资为56.3亿元，农村公路建设投资为58.2亿元。

2. 农村公路的突破式发展

在抓主骨架建设的同时，吉林积极推进县乡公路建设，充分发挥路网的整体效能，大幅度提高公路通达深度。为尽快使农民从泥泞中走出来，1996年在辉南县召开水泥路建设现场会，又于2002年在吉林市召开乡村水泥路和农村公路建设现场会，制定出台了扶持农村公路建设的优惠政策。

2003年初，省政府出台《关于加强农村公路建设的若干意见》，提出了多渠道、多元化的农村公路建设、养护筹资体制，明确规定农村税费改革后，从财政转移支付和农拖费资金中提取一定比例的资金用于农村公路建设和养护，并允许财政困难的县（市）从土地增值和资源开发投入中提取一定比例的资金。此外，省交通厅通过压缩部分干线公路项目，紧缩非急需建设资金等手段，逐年加大农村公路建设资金的投入，并积极申请银行贷款，解决农村公路建设资金。各地政府通过采取荒山荒地使用权转让、林地资源转换等方式筹措资金，加快农村公路建设。各地政府还鼓励社会资金投入，动员企业、个人投资农村公路建设，并积极引导农民投工投劳，弥补农村公路建设资金不足的问题。

2003年~2007年，吉林省农村公路建设，共投入291.6亿元，占30年建设总投入的82%；新建农村水泥（沥青）路51 449公里，占30年建设总里程的87%。

二、主要经验和做法

30年的艰苦努力，吉林交通事业已经今非昔比，取得了令人瞩目的成绩。

1992年至2007年，吉林省交通事业发展总投入1 221.4亿元。

截至2007年年底，全省公路总里程达到85 445公里，是改革开放初期的3.63倍，平均年增长2 063公里，其中国省干线公路7 626公里、县道10 120公里、乡道27 344公里、村道36 007公里（2005年纳入公路里程），有专用公路4 348公里。在公路总里程中，有高速公路542公里，一级公路1 918公里，二级公路8 263公里。二级以上公路达到10 723公里，是改革开放前的72.9倍，占总里程的12.55%，比改革开放初期提高12.5个百分点。在总里程中水泥（沥青）路程达到49 094公里，是改革开放初期的14.8倍。

截至2007年年底，全省乡镇通公路率达100%，行政村通公路率达91.4%。乡镇通水泥（沥青）路率达98.9%，行政村通水泥（沥青）路率达75.7%，分别比有记载的1991年提高59.9和63.3个百分点。地方铁路建设和航运基础设施也有了一定程度的发展。1996年10月建成图们至珲春地方铁路，并与俄罗斯铁路实现接轨，开始客货运输。2005年7月建成靖宇至辉南地方铁路。2008年7月建成长春经双阳至烟筒山地方铁路。1978年至2007年，航运重点建设了第二松花江扶余至三岔口段航道。港口建设，自1985年起，重点建设了大安港。

截至2007年年末，全省客运班车1.07万辆，其中，高级客车2 542台，中级客车4 274台，分别占总量的23.8%和40%；出租汽车6.8万辆（交通部门管理3.6万辆、长春、吉林、通化、白山、松原市区由建设部门管理3.2万辆）；营运载货汽车14.7万辆，其中，普通货运车辆14万辆，专用货车6 930辆，重型货车2.8万辆，危险品运输车辆2 820辆，集装箱车79辆。

2007年，公路客货运输量在综合运输体系所占的比重达到83.7%、75.8%，主导优势更加明显；农村客运网建设快速发展，全省所有乡镇和100%的行政村通了客车。

回顾30年发展历程，吉林省交通运输在改革开放中能够实现跨越式发展，以下的主要经验和做法值得总结和记取。

1. 建立交通事业发展的良好外部环境

1993年，吉林省交通厅提出把交通建设由交通部门行为变成为各级党委行为、政府行为和社会行为，并采取契约化的形式，明确责任。采取典型示范，考察学习，经济驱动等方法推进交通建设行为的转变。吉林省政府每年都召开有市、州、县（市、区）政府领导参加的全省交通工作会议，省政府同市、州领导签订交通建设责任书。各级政府和交通部门纷纷仿效省里的做法，把公路建设的责任契约化，使公路建设具有了合同性质和法律效应。确保了公路建设不会因为领导人的更替而发生更改，突出了路网建设的权威性和严肃性。

为了进一步调动全社会大办交通的积极性，解决过去那种投资无责任、无风险、无约束和“太公式的钓鱼和财神式的施舍”等问题，省交通厅改革了计划投资管理体制。实行分级负责，省交通厅制定了《吉林省公路工程建设管理办法》，明确地方政府和交通部门对公路建设项目的管理权限和责任。实施了“投资倾斜五项政策”，即向少数民族地区、贫困地区、东部山区、旅游公路和交通建设积极性高的地方倾斜，利用经济手段，鼓励地方政府加快公路建设的积极性。实行计划监督稽核，加大了计划执行情况的监督和检查，定期对计划执行情况、全省重点工程建设项目、过路（桥、隧）费收费管理、事业费支出以及国有资产经营情况进行稽核，对存在的问题及时纠正。计划投资管理体制的改革，实现了交通建设及管理“责、权、利”的统一，改善了交通发展的外部环境，形成了各级党委、政府和全社会共同抓交通工作的合力。

2. 一切从实际出发，创造性地开展工作

吉林省交通厅通过分析国内外、省内外和交通系统内外的形势，从破解制约和影响交通发展的难题入手，寻求跨越式发展的途径，引导广大干部、职工从等、靠、要的依赖思想中解放出来，增强跨越式发展的责任感、紧迫感；根据新形势、新问题、新任务，用科学的思维，确定跨越式发展目标；采取改革性措施，推进跨越式发展的速度。1994年~1995年，先后开工建设了4条高速公路，并提前一年完成建设任务。1998年，根据国家扩大内需的政策，及时调整计划，增加工程项目，同时改建3条、740公里一级公路、7条700余公里的二级公路。同年交通投入63.2亿元，比上年增长47%。1999年投入70.1亿元，2000年投入74.7亿元，2001年投入89.6亿元，2002年投入99.7亿元，此后，公路建设的投入保持了连续增长的态势。资金投入的增多，使公路建设实现了跨越式的发展。交通建设的大幅度投入，还直接拉动了建筑安装、建材、运输等13个行业、40个相关产业的发展，扩大了省内的需求，为经济增长、维护社会稳定、扩大就业机会做出了贡献。

在交通发展计划的实施过程中，按照事物发展的客观规律办事。在公路建设上，坚持尽力而为和量力而行的原则，把加快发展的热情同实事求是的科学态度结合起来。一方面坚持从实际出发，充分考虑各地经济发展水平和实际承受能力，量力而行，防止盲目建设，影响发展后劲；另一方面，充分发挥主观能动性，尽力而为，积极创造条件，加快交通发展。同时，吉林省交通厅还正确处理了经济发展与交通量增长的关系，根据交通量的发展状况合理确定公路建设的标准和规模，提高资金的使用率。公路建设的标准是从吉林省经济发展需要、现有的经济条件而科学确定的，并坚持基础设施建设适度超前的原则。在交通发展上，坚持合理确定公路建设周期，既不能因为公路建设滞后影响经济建设与发展，又不能因为盲目超前影响资金使用效益。正确处理公路的新建、改造和养护三者之间的关系，坚持建、改、养并重的方针。该新建的一定新建，能够改造的一定不铺摊子新建，把着眼点放在现有基础设施的挖潜改造上。同时，强化公路养护管理，树立养护好现有公路也是发展的观念，以取得投资少、见效快的效益。坚持公路建设、养护管理和公路运输管理统一经营管理的原则，在大规模搞好基础设施建设的同时，注重发挥公路运输的整体效益，制定了公路运输发展规划，加快运输主枢纽建设，建成了长春、吉林、四平等客、货运输中心和一大批县乡客、货运场站，人民群众的出行条件得到显著改善。

在交通建设资金筹措上，既敢于大胆举债建设，又要科学地分析负债率，走良性发展的路子。在筹融资管理体制上进行改革，变过去的“量入为出”为“量需求入”，实行多元化、多渠道、多形式筹资，逐步形成了国家投入与地方投入、资金投入与政策投入、内资投入与引进外资、无偿投入与有偿投入相结合的投资主体多元化的格局。通过实行优良资产重组上市，延边公路股份公司和东北高速公路股份公司先后筹集资金6.4亿元。积极推行BOT建设方式，长余高速公路3个服务区引进社会资金3 510万元。征收养路费120余亿元，有效地支撑了吉林省公路建设的快速发展。

在环境保护和资源的利用上，吉林省交通厅坚持可持续发展的方针。从建设生态省的战略出发，树立大环境保护意识，将环保工作放在重要位置，保护好青山绿水，避免环境污染，保持生态平衡。在国省干线公路边坡和宜林路段实现高标准的绿化、美化，对高速公路取土场进行复垦，受到农业部的充分肯定和高度评价。

在推进跨越式发展的过程中，吉林省交通厅始终坚持辩证唯物主义的发展观，将其认识论与方法论贯穿于交通工作的各个环节。不仅在重大问题上处理好局部与全局、眼前利益与长远利益之间的关系，而且坚持从实际出发，围绕尽快建立快捷畅通、优质安全、经济方便的现代化交通运输体系，因地制宜地确定发展新思路和工作新举措。“依法治交通”、“科技兴交通”、“构筑三个市场”、“以人为本”等发展战略的实施，以及全局工作抓重点，关键工作抓关键的工作方法的确定，确保了公路建设和经济发展相适应，资源利用和环境保护相协调，交通发展速度和质量、效益相统一，有效地推进了交通事业的全面、协调、可持续发展。

3. 创意并构筑交通“三个市场”

自1993年起，吉林省交通厅从解决实际问题和弊端入手，不断探索改革传统的交通管理体制，利用市场机制，构筑公路建设、公路养护和公路运输市场，完善交通市场体系，逐步建立改革的目标和发展市场经济的基本框架，推动交通经济的发展。1994年，提出并实施公路建设招投标、构筑和培育公路建设市场；1996年，开始探索公路养护管理体制改革，提出建立公路养护管理市场；1997年，开始探索和培育公路运输市场。2000年，在全国率先提出了构筑公路建设、公路养护、公路运输三个市场的改革目标，完善了交通市场体系，促进了交通经济的发展。

构筑公路建设市场。1994年，在高速公路建设项目上引入竞争机制，实行公开招投标，并在以后工作中逐步扩大招投标范围，完善监督机制。吉林省交通厅先后制定了《吉林省公路工程管理办法》、《吉林省公路工程招投标管理办法》、《吉林省公路建设市场管理办法实施细则》和《吉林省公路建设管理的规定》。这些文件为构筑统一规范、竞争有序的公路建设市场奠定了良好的基础。

1998年2月起，强化了吉林省公路建设市场的准入管理，对在吉林省施工的单位进行了资信登记评审工作。1999年国家《招投标法》颁布后，吉林省交通厅依法组建了招投标中心，重点招投标全部委托给社会中介机构办理；进一步加大纪检、监察部门进行全过程的监督力度。在此基础上，对交通工程、物资采购等招标也进行了完善。《招投标法》的实施，对于规范工程分包，杜绝转包行为都起了积极作用。

构筑公路养护市场。1996年，吉林省交通厅借鉴发达国家经验，进行了“国路民养”试点，在公路养护管理中引入竞争机制，探索把公路管理职能与养护职能分开。1997年在全省逐步推开，收到较好的成效。1999年提出构筑公路养护市场，并制定下发了《公路养护招投标管理办法》、《公路养护招标范本》，使公路养护市场化进程加快。将公路养护与公路管理分开后，培育了市场主体，全省建立了养护公司123个。通过将公路管理权上交后，对养护工程实行公开招投标，打破了行政区划界线。公路管理体制改革和养护市场的构建，进一步促进了公路养护水平的提高。时任交通部部长黄镇东评论说：“吉林省对公路养护管理体制改革的尝试，在行业管理上具有指导意义，在养人与养路的关系上走出了一条新路”。

构筑公路运输市场。1993年，吉林省交通厅在全省部分地区试行了客运班线有偿使用，但是没有达到提高服务质量的目的。1997年全省停止客运线路的行政审批办法，探索运用市场机制优先配置运输资源。1998年，在四平市和敦化市进行了试点，把车辆结构和从业人员素质作为进入运输市场的准入条件，有效地提高了服务质量。2000年，在总结试点经验的基础上，在长春至白山等6条客运线路上采取了资质准入条件（企业资质，车辆资质，从业人员资质）招标的办法确定经营权，从而提高了运输服务水平，基本满足了旅客对畅通快捷、安全优质、经济方便的出行需要。同年，吉林省政府下发了《吉林省人民政府批转省交通厅关于道路旅客运输资源优化配置若干意见的通知》，省交通厅印发了《吉林省道路旅客运输业开业条件》、《全省道路旅客运输资源优化配置实施方案》。2002年，全省所有新增客运线路一律停止原来的行政审批办法，运输资源优化配置改革全面推广。

4. 全面推进依法治交通战略

1993年，吉林省交通厅提出了“依法治交通”战略措施。并聘请法律顾问为具体工作决策提出咨询，避免工作中出现失误引发行政诉讼。1994年确立了“立法是基础，普法是保证，依法行政是重点，执法监督是关键”的工作思路。1995年成立了法律咨询委员会，为重大决策和投资经营行为提供法律依据和支持。1999年，出台了《关于加强依法治交通工作的意见》，全面实施“依法治交通”战略，推行依法行政，使交通管理逐步走上科学、规范、法制的轨道。

提请人大立法。吉林省交通厅提请人大修改出台了《吉林省公路管理条例》、《吉林省运输管理条例》两个地方性法规，报请省政府批准出台了6个政府规章，制定出台了100多个规范性文件，初步建立起交通法规体系的基本框架，并成为推进事业健康、快速发展的先决条件。

开展普法教育。1993年至2007年，每年都开展职工的普法教育，对执法人员进行全员法律培训，全系统200多名处级以上领导干部，5 000余名行政执法人员及交通系统职工培训测试合格率达95%以上，行政执法人员持证上岗率达100%。

建立法律顾问制度。为保证决策的科学、正确，吉林省交通厅建立了重大决策法律咨询制度。聘请了法律顾问，道路和经济顾问（28人），成立了工程技术专业会员会和金融、经济决策咨询委员会。对涉及大宗资金使用，重要物资及设备采购的决策，坚持按决策程序办事，不经过法律咨询和专家论证不决策，不经过领导班子集体讨论不决策。决策制定出台后，厅督察委员会和纪检监察部门加强督促检查，保证决策的落实。至2005年，法律顾问为决策提供咨询500余次，提供书面咨询意见200余份，最大限度地避免了因决策失误造成的经济损失。

依法强化行业管理。依据公路建设投资大、使用周期长以及公路运输与人民群众生产、生活紧密相关等特点，坚持把质量、成本、安全作为实行行业管理的重中之重，作为交通工作的永恒主题，一抓到底，抓出成效，并在多年的探索过程中形成了比较科学的行业管理体系和运行机制。在质量管理上，明确提出“没有质量的工程是无效的工程、浪费的工程、犯罪的工程”。在工程建设中始终坚持“质量第一”的原则，当质量与工程造价、工期、进度发生矛盾时，必须服从质量第一的原则。为保证工程质量，建立起三级质量保证体系，抓住工程设计、招投标、原材料采购、施工现场管理、试验检测、检查验收等关键环节，综合运用教育、监督、经济、组织、法律、科技等手段强化管理。主要成就表现在已建成的高速公路经检查验收均为优良工程。

5. 全面推行科技兴交通战略

1993年，吉林省交通厅提出了依靠科技振兴交通的方针，全面启动了“科技兴交通”战略。

1995年，吉林省交通厅制定了《吉林省公路、水运交通科技发展“九五”计划和到2010年长期规划》，提出了科技发展的任务和措施。之后，建立了一整套科技发展的激励机制。1996年制定出台了《吉林省交通科技发展基金管理暂行办法》、《吉林省交通科技发展基金项目管理暂行办法》、《吉林省交通行业联合科技攻关管理暂行办法》和《吉林省交通科技成果推广计划管理暂行办法》4项科技管理规定。重新修订了《吉林省交通科技奖励办法》，增设了交通科技成果推广奖、科技先进集体奖和优秀科技管理者奖等奖项。1998年制定了《吉林省交通青年科技英才评选暂行办法》，设立了交通青年科技英才奖，引导和鼓励应用新技术、新工艺、新材料、新设备，调动广大工程、技术和管理人员的积极性，使交通科技管理工作逐步走向了正规化、法制化、科学化轨道。

6. 大力发展交通教育

20世纪90年代初期，高速公路相继开工建设，交通建设面临的“思想难统一、资金难筹措、改革难深入、人才难选择”的问题更加突出。吉林省交通厅党组认识到这些问题的产生，归根结底是人才短缺的原因。为培养造就一批高素质的领导人才和各方面的专业人才，吉林省交通厅加快实施了“交通人才工程”，制定了“九五”、“十五”人才培养规划，加大了职工教育的投入。1994年，建立了交通教育发展基金制度。通过捐资助教，建立了交通教育奖励基金，加强了教育基地的建设。1997年，投资300余万元，先后与吉林大学、吉林工业大学、哈尔滨工业大学（原哈尔滨建筑大学）等高校联合举办了经济管理、会计学、运输管理、道桥、法律、金融6个专业研究生课程进修班，培养研究生254人，博士生7人。在高速公路建设中，提出“修一条路，锻炼一支队伍，造就一批人才”的工作目标，先后把29名优秀的处级干部调到两个高速公路建设办公室，使其在建设的第一线接受实践的磨炼，增长才干。先后把152名优秀的管理和技术干部调到技术含量高、管理难度大、工作任务重的一线去工作。至2007年，吉林省交通系统共培养研究生319人，厅管专业技术干部有高级职称的65人，有享受国务院特殊津贴、交通部科技人才、省有突出贡献青年专家、跨世纪后备人才32人。这些为交通事业的可持续发展打下了坚实的人才基础。

7. 抓好班子建设

1994年，吉林省交通厅党组提出以提高凝聚力、战斗力、创造力为重点的抓班子建设目标，并探索与创新用人制度。坚持干部的理论学习；贯彻民主集中制；抓好干部的选拔和任用。吉林省交通厅党组强调，决策的失误是最大的失误，用人的腐败是最大的腐败。把用人的标准统一到用实践的观点看政绩，用群众的观点看民意。

坚持抓好干部的理论学习。为使各级领导班子担负起事业发展的重任，成为重视践行“三个代表”重要思想的带头人，厅党组始终把加强学习、提高素质作为各级领导班子的首要任务。提出“领导班子不学习就是不称职，不抓学习就是失职”的要求，制定了《关于组织处以上党政领导干部搞好在职自学的实施意见》。通过会议、办班、考察、调研、自学等形式，全面系统地学习党的方针政策、法律知识、市场经济和现代管理科学的新理论、新知识。1993年至2007年共举办处以上领导干部学习班20余期，请国内外著名学者、专家、教授讲课。通过学习，更新了观念，开拓了干部的思路和视野，提高了领导干部分析形势和解决实际问题的能力。

狠抓民主集中制的落实。既重视发扬民主，也注意解决集中统一的问题。对重大事项的决策，都在事前深入调查研究的基础上，实行集体讨论决定。严格执行民主集中制的原则，做到不符合工作程序不研究，党组成员意见不统一不决定。

狠抓作风建设。吉林省交通厅历届厅党组一班人起表率作用，通过民主生活会开展批评和自我批评，不断增强团结，增强责任心和事业感。在工作中做到敢于负责、善于负责，在是与非、情与法面前坚持讲立场、讲原则。针对厅直属单位个别班子存在的问题，通过教育、民主生活会、集中整顿、督促检查等方式，限期改正。厅党组要求党组成员和各级干部深入实际发现问题。发现问题更要解决问题，解决不了的问题要反馈，反馈后要有结果。交通厅党组成员每年要拿出一份调查报告。通过调查研究，掌握第一手材料，保证在重大问题的决策上从实际出发，审时度势，与时俱进，进而在决策中能够做到科学与统揽全局。

抓好干部的选拔任用。吉林省交通厅厅党组制定了《吉林省交通厅加强人事管理工作权力制约的有关规定》，在选人用人上，认真贯彻落实《党政领导干部任用管理条例》，把德才兼备的干部提到领导岗位上来。打破陈规旧念束缚，破除论资排辈的旧观念，做到讲台阶不惟台阶，看年龄不惟年龄，重文凭不惟文凭，用符合市场经济的观念去选人，从事业的出发去用人。对人才不搞求全责备，不从一时一事下结论，而是从干部成长的全过程去考察，看本质、看主流、看能力、看发展，坚持用人所长。拓宽用人视野，扩大用人渠道，推行竞争上岗。改变以往那种由少数人选人，在少数人中选人的做法，把伯乐选马变成为赛场选马。在厅机关机构改革中，对19个正副处长职位进行了公开竞争，22名竞争者有16名走上领导岗位。1996年至2000年，厅机关及直属单位共有32名处级领导干部通过公开竞争上岗。

8. 加强党的建设与开展文明在交通活动

吉林省交通厅党组在市场经济条件下，不断探索加强党的建设的新途径，加强党的思想、组织和作风建设。深入开展“文明在交通”活动，不断创新载体，建立两个文明建设一起部署、一起检查、一起评比、一起奖励的机制，为加快交通发展提供了思想保证、精神动力和智力支持。

在党建工作中，重视政治学习，坚持用邓小平理论和“三个代表”的重要思想武装党员的头脑，使党员思想不断提高。在基层党组织建设中，积极开创标准化党支部活动，使其得到不断强化。厅直属机关单位有51个党支部被吉林省直党工委授予“标准化党支部”。在发展党员中，始终“坚持标准、保证质量、改善结构、慎重发展”的方针。吉林省交通厅直属机关党委于1994年、1998年、1999年、2001年、2003年~2006年度省直党工委表彰为先进基层党组织标兵，4次被吉林省委和省直机关党工委命名为先进基层党组织。吉林省交通厅直属有27个基层党组织受到省委和省直机关党工委表彰，有200余名党员和近百名党务工作者被各级组织评为优秀共产党员和优秀党务工作者，有13名党员被评为省、部级劳动模范。

广泛开展“文明在交通”活动。文明在交通活动包括精神文明和物质文明两个方面的内容。每年在省政府召开的全省交通工作会议上，通过省领导与各市、州政府领导、吉林省交通厅领导与各市、州交通局领导分别签订“文明在交通”各项工作目标责任书，把各方的责任、权利和义务以契约的形式固定下来，把物质文明和精神文明同时部署，成为各级党委、政府和交通部门的目标和任务。对两个文明建设情况，每年进行统一检查、评比，对文明在交通活动开展好的市（州）、县（市、区），省政府予以表彰，并给予资金奖励。对于文明在交通活动开展好的地方，吉林省交通厅在投资上给予倾斜，实行以投代奖，有效地调动了地方政府开展“文明在交通”活动的积极性。

在精神文明创建活动中，吉林省交通厅重点抓了创建文明窗口和树行业新风活动。通过多种载体和多种形式引导全系统职工参与到“创一流工作业绩，创双文明单位和个人”活动中来。通过务实、灵活、多彩的思想政治工作调动职工的工作热情，鼓励职工为社会无私奉献。通过创建活动，全省交通系统省级文明单位由1992年的29个发展到2007年的115

个，涌现出省级文明建设标兵单位9个、国家级5个、部级先进集体164个、全国及省、部级劳动模范、先进工作者69人。吉林省交通厅连续6次被省委、省政府命名为精神文明建设先进系统，1999年、2002年、2005年连续3次被国家文明委命名为精神文明建设先进单位，2008年被交通运输部命名为全国交通文明行业，被国家民委评为全国民族团结进步先进单位。

9. 加强廉政建设

吉林省交通厅注重加强廉政建设。1997年提出了从法律、纪律、道德上构筑三道坚固防线，从源头上预防和治理腐败。针对交通系统人、财、物、计划、招投标和客运线路管理等容易产生权钱交易的环节，研究制定了6项共121条限制权钱交易的规章制度。这些制度严格规范了交通部门及其工作人员权利的运用，堵塞了乱用权力的可乘之机，使权力的行使置于各级组织与人民群众的监督之中。在处以上领导干部行政行为的规范上，吉林省交通厅制定了《落实党风廉政建设责任制实施办法》、《交通基础设施建设中加强廉政建设的若干规定》、《吉林省交通厅政务公开实施细则》等一套规范行政行为的廉政建设规定。此外，还制定了“六个不得随意”和“八不准”的规定。2002年6月，交通厅党组下发了《吉林省交通厅党组关于加强对厅管党政主要领导干部监督的试行办法》。这个制度对政治、组织纪律、民主集中制原则、廉政自律行为、作风建设规定、党风廉政建设责任制、财经纪律和组织人事纪律等7个方面33项内容的监督做出明确规定，并制定了相应的11项监督办法。

这些卓有成效的改革性措施，使交通系统树立了良好的社会形象。在全省行风测评中，交通行业的综合满意率连年在90%以上。时任省委书记王云坤说：交通工作取得了很大的成绩，不仅事业发展快，班子建设也比较好；不仅物质文明搞得好，精神文明也搞得好。很多方面都有创新，这一点应向你们学习，全省都应该好好学习交通厅的思想、作风和管理经验。

吉林省交通厅按照“三个代表”的重要思想，抓住机遇，解放思想，坚持把造福百姓、服务人民作为根本宗旨，把发展作为第一要务，把改革创新作为事业发展的根本动力，把构筑交通市场、发展交通经济作为目标；坚持公路建设养护管理与运输管理经营并重；坚持以质量、成本和安全为重点，依法加强行业管理；坚持以人为本，不断提高职工队伍素质，实现以质量和效益为中心的交通生产力的整体提升，并逐步向畅通快捷、优质安全、经济方便的现代化交通运输体系迈进，为实现经济跨越式发展奠定了坚实的基础。

三、今后发展目标

吉林省交通运输“十一五”发展的重点目标为：

1. 运输服务

公路运输。优化道路客运运营方式，大力发展快客运输，加快高速公路长途客运网络化、中途客运直达化、短途客运公交化、出租车客运规范化进程。加快构筑遍布城乡、四通八达的农村客货运输网络，改善农村运输服务质量。引导货运场站完善物流服务功能，鼓励大型运输企业由承运人向第三方物流经营人转变，提高综合物流服务水平。提高快速货运、集装箱、化学危险品、大型物件、冷藏保鲜货物等运输的专业化、规模化与现代化水平。开拓出入境汽车运输市场，争取开通长春至海参崴国际运输线路。提高出入境运输服务能力，开展与邻国的交流与合作，促进出入境运输发展。

水路运输。重点发展具有特色的内河水上旅游运输和高速客船运输，满足日益增长的旅游运输需要。发挥内河航运优势，提高航道利用率。新建500吨级航道养护船队1个，提高航道养护管理水平。新建1 000吨级粮食船队1个，重点运输二松吉林至陶赖昭段沿岸玉米原料，为吉林市30万吨乙醇工程服务。

地铁运输。引导企业加大设备的更新改造速度和维修水平，提高线路设备完好率和运输能力。

2. 基础设施建设

公路建设。加快构建区域高速公路网，重点安排国家高速公路网项目。一是重点建设出海入关通道，强化与辽宁省等周边省、区的联系，接受环渤海经济圈辐射；二是加快省会到市（州）的高速公路建设，缩短时空距离，充分发挥长春中心城市对全省的辐射作用，改善投资环境；三是建设长春至长白山的快速、便捷、安全的高速公路通道，促进长白山资源开发。基本建成珲乌高速公路、吉沈高速公路吉林至草市（省界）段、长春至长白山高速公路、鹤大高速公路（东通道）抚松经通化至岗山岭（省界）、集双高速通化至东丰段。高速公路建设要充分体现建设节约型交通原则，要适度把握技术标准，注重保护环境，充分利用线位资源，尽量少占耕地和基本农田。继续实施干线公路升级改造工程，适当安排国省干线公路的改造项目。为完善路网功能和结构，逐步提升干线公路的等级和服务水平，使各等级公路协调发展，满足不同公路用户需求，服务区域经济社会发展，将适度安排部分干线公路项目建设。优先安排列入交通部“十一五”规划、东北骨架公路网规划的项目，如：长春经济圈环线农安至德惠、九台至双阳段一级公路，环长白山旅游公路等。为促进区域经济发展和重点区域开发，规划建设无并行高速公路、现有二级以下（含二级）公路升级改造的项目，如：省道五桦线北大湖至桦甸一级公路及长清线烟筒山至东清、朝长线松江河至长白（含长松岭隧道）、榆江线榆树至天德、通化至七道江等二级公路。虽有并行高速公路，但对区域经济发展和将来路网改造都具有重要作用的项目，如长春至拉林河（G102）、延吉至汪清、延吉（和龙）至长白山（和平营子）等一级公路，及三江口至巴西、朝阳镇至抚民等二级公路。为改善安全状况，或需要局部改线的项目，如辽源北绕城3座互通立交，老龙口水库改线段等。加快农村公路建设。把实现村村通油路，促进城乡道路和运输网络一体化作为建设社会主义新农村的一项重要任务，重点加快粮食主产区和农产品加工重点地区农村公路建设，同时，结合农村公路建设，做好农村客运站（亭、牌）建设，加快渡口、渡船改造。完善公路运输场站和枢纽。重点完善国家级主枢纽、市（州）中心城市、边境口岸等运输基础设施建设。

内河港航建设。以加强航道基础设施建设为核心和突破口，带动港口和船队货物运输的发展。重点建设第二松花江吉林市区至陶赖昭段177公里四级航道。新建松花江干流1 000吨级货运泊位1个。鼓励支持社会投资建设第二松花江吉陶段区间的港口。

3. 运输装备

鼓励使用高级、多轴、大吨位货车，限制和淘汰技术等级低、排放不达标、老旧的车辆；鼓励发展厢式货车和集装箱、冷藏、散装、液罐车等专用车辆。鼓励发展大中型高档客车，大力发展适合农村客运的安全、实用、经济型乡村客车。鼓励使用柴油车，加快更新老旧车辆。客运船舶与旅游产业紧密结合，向舒适化、休闲化方向发展；货运船舶向标准化、大型化、现代化方向发展。

4. 支持系统

加大交通运输安全保障。在规划、前期工作、建设管理、运营管理中深入贯彻“安全第一”的思想。建立国省干线公路抢险救灾机制和水上应急救援体系。完善交通科技服务体系。结合高速公路建设开展关键技术、适用技术攻关，突出山区高速公路适用技术、高速公路机电等系统研究。建立体现季冻地区特点的试验研究基地。制订适合吉林省气候特点和地理特征的地方技术标准。加快交通信息化建设步伐，推进政务办公信息系统整合。加强交通人才队伍建设。建立完善的人才培养、考核制度，优化交通人才结构，培养一批适应现代交通发展的交通人才。

中共中央提出，要在本世纪头20年，集中力量，全面建设惠及十几亿人口的更高水平的小康社会，使经济更加发展、民主更加健全、科教更加进步、文化更加繁荣、社会更加和谐、人民生活更加殷实。2011年~2020年，正是全面建设小康社会最关键的时期，公路、水路、地方铁路交通必须全面适应并保持适度超前于国民经济和社会发展，初步建立起公路、水路、地方铁路与其他运输方式布局协调、衔接顺畅，智能化、信息化的现代交通运输体系。预计到2020年，吉林省公路总里程达到7.5万公里，高速公路达到3600公里。高速公路主骨架全面建成，全省75%以上的县（市）实现高速公路连接，市（州）到县（市）基本达到一级以上公路标准，县市到乡镇基本达到二级以上公路标准，实现村村通油（水泥）路的目标。公路信息系统完善，支持保障系统齐全完备，内河航道等级提高。物流服务和运输管理向系统化、智能化方向发展。水路运输优势得到发挥，地方铁路与国铁、公铁联运网络完善。形成统一、开放、竞争、有序的公路交通市场体系，公路交通安全水平将有显著提高。

龙江交通气象新

黑龙江省交通厅

改革开放以来，黑龙江省交通工作在省委、省政府和交通部（交通运输部）的正确领导下，广大干部职工开拓进取，奋勇拼搏，扎实工作，努力为我省经济社会发展提供重要支撑，为交通事业又好又快发展开创了新局面。特别自“九五”以来，是黑龙江公路发展史上发展速度最快、质量最好、效益最明显的时期。我们不仅确立了交通在社会经济发展中“先行”的优势地位，同时从四个方面进一步夯实了可持续发展的坚实基础：一是紧紧围绕全面振兴黑龙江老工业基地战略，全力加快交通基础设施建设，充分发挥了全局性基础支撑作用；二是不断提高道路水路运输能力，基本满足了全省经济社会发展的旺盛运输需求；三是大力推进产业优化升级，显著提高了交通发展质量；四是全面加强市场调控和行业管理，有效提升了交通公共服务保障能力，交通工作进入了发展质量最好、发展速度最快、服务保障能力显著增强的历史新时期。

一、公路交通30年历史进程和辉煌成就

（一）公路建设长足发展，通行能力大幅度提升

1985年年底，黑龙江省公路通车总里程45 487公里（晴雨通车里程25 076公里，有路面里程38 924公里，高级次高级路面4 376公里）。其中国道7条，省道10条，国省干线公路6 664.5公里；县道173条8 523.4公里；乡道15 229公里；边境公路6条1 735公里；合计里程32 151.9公里。其余为林业、油田、垦区等专用公路。

1986年~2005年，黑龙江省进入了改革开放深入发展的新时期。省交通厅在省委、省政府的正确领导和交通部的大力支持下，抓住难得的历史机遇，在全省实行“统一规划、分级负责、多元投入、形式多样”的方针，以线路改造、等级提高为重点，以各级交通部门为骨干，依靠政府领导，动员全社会力量办交通，实现了公路建设跨越式发展，路网规模持续扩大，技术等级普遍提高，以“公路通、百业兴”的生动实践，逐步缓解了公路基础建设对国民经济发展的“瓶颈”制约状况，为全省经济社会持续、稳定、健康发展提供了有力支撑。

“七五”期间（1986年~1990年），全省筹资29.3亿元，按照省政府1985年底批准印发的《黑龙江省省级干线公路网试行方案》开始了较大规模的公路建设和改造，完成重点公路建设12项。突出建设“五路四桥”，即：北京至哈尔滨公路黑龙江段；哈尔滨至阿城

一级汽车专用公路；哈尔滨机场路；牡丹江至镜泊湖公路；大庆至林甸公路；建成哈尔滨松花江公路大桥，佳木斯松花江公路大桥等。此外，还拓展了哈尔滨、佳木斯、鸡西等7个大中城市的进出口公路，重点改造了46个县（市）的过境路和10座公铁立交桥。“七五”期末，全省新增加公路里程1 558公里，总里程达到47 250公里。

“八五”期间（1991年~1995年），交通部对国道路网规划进行了调整，下发了交发《关于编制1991年~2020年全国公路规划网的通知》【［1991］707号文件】。规划黑龙江省国道由7条增加至8条（即增加北京至加格达奇公路）。黑龙江省经济计划委员会与省交通厅根据交通部规划，对本省路网进行了调整，联合编制了黑龙江省公路网规划。经省人民政府批准，省经济计划委员会下发了《关于印发省政府〈批准黑龙江省30年（1991年~2020年）公路网规划〉的通知》【［1996］299号文件】。省交通厅印发《黑龙江省三十年（1991年~2020年）公路网规划》【［1996］304号文件】（下文简称《公路网规划》）的通知。全省各级交通主管部门按照《公路网规划》，筹措资金55.8亿元，重点建设了221国道同江—三亚线佳木斯至哈尔滨段；301国道绥芬河—满洲里线绥芬河至阿城段；201国道鹤岗—大连线鹤岗至佳木斯段；202国道黑河—大连线宝泉至北安（二井子）段；222国道哈尔滨—伊春线翠峦至铁力段；101省道哈尔滨—肇兴线鹤岗至名山段；206省道鸡西—图们线鸡西至马桥河段，以及大庆公路绕行线，齐齐哈尔嫩江公路大桥等项目。共建成6条高等级公路计1 024公里；改造了22个县（市）过境线和10座公路立交桥；新增公路桥梁250座共13 487延米。全省二级以上高等级公路占公路总里程的比重，由“七五”时期的2.2%，上升到4.5%；公路网建设开创了可喜的局面，全省地方道路路面里程比1987年增加了2倍；公路养护质量也有较大幅度的提高，好路率和路况综合值分别达到了46%和60.7%，有效地保证了公路畅通。

“九五”期间（1996年~2000年），随着国家扩大内需、拉动经济增长政策的实施，公路建设规模进一步加大。全省投资320亿元，是“八五”期间的4.67倍，重点建设了国道同江—三亚公路同江至佳木斯段，北京—哈尔滨公路哈尔滨至拉林河省界段，绥芬河—满洲里公路哈尔滨至大庆高速公路，鹤岗—大连公路佳木斯至牡丹江段，哈尔滨—伊春公路哈尔滨至庆安段，鸡西—图们公路东宁至绥阳段，省道碾子山至北安段，林甸—肇源公路林甸至泰康段等，竣工通车总里程4 082公里。其中高速公路244公里，一级公路591.3公里，二级公路3 230.5公里，竣工总里程是“八五”期间的3.5倍。经过“九五”时期的建设，全省“OK”形公路骨架和“一环五射”高速公路网取得突破性进展，通车里程达3 000公里，占总里程的80%。第二、第三层次的公路网技术状况得到全面提高。到2000年年底，除黑河、大兴安岭外，全省各区域中心城市与省会哈尔滨均实现了以二级以上（含二级）高等公路相连，贯通率为85.3%，比“八五”期末提高41.3%；有43个县（市）、278个乡镇及1 268个村屯实现了由二级以上公路相连接；公路已通达99%以上的乡镇和90%以上的行政村。

“十五”期间（2001年~2005年），全省交通基础设施建设投资屡创新高，保持平均递增10亿元的水平，呈现了持续、快速、健康的高位运行态势。5年累计完成投资595亿元，是“九五”时期的1.6倍，超过“十五”计划投资目标的162亿元。投资主体基本实现多元化，资金来源渠道多样化，为交通基础设施建设注入了新活力。“十五”期间，重点公路建设投资370.2亿元，实施了同三公路佳木斯至哈尔滨段高速公路；绥满公路亚布力至刘秀屯段高速公路；哈尔滨绕城高速公路；鹤大公路佳木斯至牡丹江段；黑大公路黑河至北安段、兰西至哈尔滨段等重点项目。建成国省干线主骨架公路4 458公里，其中高速公路714公里，一级公路715公里，二级公路3 029公里，分别是“九五”时期的2.5倍、4.1倍、1.1倍，交工重点工程优良品率达到100%。“OK”形公路主骨架提前2年实现二级以上沥青（水泥）路相贯通，“一环五射”高速公路网架基本建成。全省除大兴安岭行署加格达奇外，其他各区域中心城市与省会哈尔滨之间，全部实现了以二级或二级以上高等级公路相贯通。

2003年~2005年间，投入资金99.3亿元，建设农村公路。建成水泥、沥青路8 092公里，是建国以来全省农村公路建设里程总和的3.1倍，与“九五”时期相比，全省行政村贯通率提高了6%，开创了农村公路建设发展的新局面。

截至2005年，全省乡级以上公路总里程67 077公里（不含村道30 404公里）。其中高速公路958公里，一级公路1 118公里，二级公路7 140公里，三级公路32 805公里，四级公路19 669公里，等外公路5 386公里。二级以上高等级公路达到了9 216公里，占总里程的13.7%。与“九五”时期比，全省区域中心城市高速公路的一级公路贯通率提高了30.8%；县（市）二级以上公路贯通率提高了11.7%，路网结构和质量跨上了新台阶。全省公路密度达到了14.8公里/百平方公里，比“九五”期末的11.1公里/百平方公里，提高了3.7个百分点。

截至2007年年底，全省公路总里程达到140 909公里。其中，国道5 008公里，省道8 156公里,县道8 648公里，乡道54 319公里，专用公路3 091公里，村道61 687公里。按技术等级划分，高速公路1 044公里，一级公路1 453公里，二级公路7 443公里，三级公路33 027公里，四级公路50 883公里，等外公路47 059公里。全省13个区域中心城市中，有6个（哈尔滨、大庆、绥化、佳木斯、鹤岗、牡丹江）实现以高速公路相连接。64个县（市）中，有62个通水泥（沥青）路，有2个（嫩江、呼玛）在建高等级公路。全省931个乡镇中有922个通公路，其中764个通水泥（沥青）路，分别占99%和82.1%。9 121个行政村中有7 572个通公路，其中4 571个通水泥（沥青）路，分别占83%和50.1%。全省农垦系统154个农场（分场）中，有134个通水泥（沥青）路，占87%；2 313个连队中，有1 366个通公路、800个通水泥（沥青）路，分别占59.1%和34.6%。全省森工系统638个林场中，有617个通公路，占96.7%。

改革开放30年尤其是2006年以来，农村公路建设突飞猛进，全省乡村公路里程达到了71 076.3公里，其中乡级公路40 964.9公里，村级公路30 111.4公里，在总里程中，二级以上高等级公路608.4公里，占总里程的1%，黑色路面2 749.2公里，占总里程的4%，白色路面41 418公里，占总里程58%；乡村屯公路通路通车范围扩大，全省共有乡镇931个，行政村9 121个，自然屯1.5万余个，到2008年已建成通车公路的乡931个，占总乡数的100 %，已建成通车公路的行政村8 829个，占行政村总数的96.8%；乡村屯公路通过能力大提高，县乡公路好路率达到58.8%，比1978年提高20.5%，综合值达到68.8，比1978年提高19.8%。

经过多年来的农村公路建设，农村公路基础设施条件得到了进一步改善，乡镇公路硬化率达到82%，行政村公路硬化率达到42.6%，乡镇通车率达到100%，行政村通车率达到96.8%。在农村公路建设中，坚持最大限度地使用农民工，提供了47.4万个就业岗位，近16亿元资金转化为农民收入，使沿线农民生活水平有了较大提高。同时，农村公路也给广大农民群众带来巨大的间接效益，使他们真正享受到了农村公路发展带来的实惠。“十一五”期间，全省农村公路计划建设5万公里，总投资213亿元。

（二）规费征收管理不断加强，有力地支持了公路建设

随着改革的深入，公路交通行业也进入了快速发展的新时代。1978年，全国各省、自治区、直辖市相继成立了交通管理机构，公路养路费的征收统一划归交通监理机构负责，征收方式也由在道路上设卡收费改为固定的按牌收费。

1979年，国家计委、交通部、财政部、中国人民银行联合发布《关于公路养路费征收和使用的规定》决定由各省、自治区交通厅和直辖市公路主管部门设置机构及人员征收公路养路费，由省交通厅统一管理。1987年10月，国务院发布《中华人民共和国公路管理条例》决定监理划归公安后，各省市相继成立了交通规费征稽机构，履行行政管理职能，征收公路交通规费。1984年年底，国务院第54次常务会议决定，自1985年5月1日开始征收车辆购置附加费，2000年10月批准同意《交通和车辆税费改革实施方案》。2001年1月1日，车辆购置附加费正式改为车辆购置税，交由国税征管。

黑龙江省交通征费稽查局成立于1987年，机构设置为省设局，各（地）市设处，县设所，乡镇（部分）设站。人、财、物隶属于地方交通局，1993年经过省委省政府的批准，交通征稽稽查施行了“三权”上收，隶属于省交通厅集中统一管理。全省设省局，各市地（农垦）15个处、132个所、47个站。养路费征收从当年的3.2亿元发展至超过25亿元以上，累计筹资公路建设资金逾248.6亿元，在公路交通建设中发挥着筹资主渠道的作用。目前，全省年征收额已达25亿元以上。

大力加强高等级公路过路过桥费征收管理工作。1991年经省编委批准成立的黑龙江省高等级公路管理局，负责全省高等级公路的“建、管、养、营”。2000年，根据交通部“一路一公司”原则和我省收费公路实际，撤销了黑龙江省高等级公路管理局，成立黑龙江省哈绥高速公路管理处。2006年2月黑龙江省哈绥高速公路管理处更名组建黑龙江省收费公路管理局，并于当年9月正式挂牌运行。

自1991年黑龙江省高等级公路管理局成立至今，我省收费公路从不足百公里发展到3 000多公里，全省13个市（地）实现高等级公路相连接。征收过路过桥费从1992年的3 570万元到2007年的15.7亿元，增长近44倍，截至2008年7月累计征收过路过桥费66.5亿元，为我省的公路建设和经济发展做出突出贡献，为偿还建设收费公路贷款，维护收费公路及基础设施建设，保证收费公路的畅通无阻，推动公路交通事业的快速发展，提供了可靠的资金保障。

强化地方养路费征收，为乡村公路建设提供有效资金保证。自1990年地方公路养路费下放征收管理以来，10多年来，这项政策为我省筹集了近44亿元公路建设资金，极大地推动了县乡公路发展。

（三）道路运输业进入新的发展阶段

党的十一届三中全会以来，我省的道路运输业紧紧抓住机遇，经过30年的不懈努力，形成了国营、集体、个体三者一起上，高中低档、大中小型运输车辆配套发展的新格局，使运输能力、运输效率、运输质量、科技创新能力都得到了显著提高，适应了市场经济的需求，实现了“人便于行，货畅其流”的良好局面。在全行业发展中取得了巨大成就，促进了全省经济的发展。

目前，全省道路运输业和改革开放前相比，基本上形成了门类齐全，设施较为先进，通信发达，信息流畅，初步形成现代化理念，使用现代化管理手段，为全省经济建设做出了较为突出的贡献。全省有公路客运站593个，货运、物流仓储站160个。民用汽车保有量达到108万辆，其中营运汽车22.7万辆，长途客车1.4万台，出租汽车7万台。有汽车维修企业7 920家，驾驶员培训学校204家。

2007年全省完成公路客运量5.5亿人、旅客周转量313.9亿人公里、货运量5.2亿吨、货物周转量289.9亿吨公里，分别占综合运输总量的84.4%、52.3%、70.3%、20.5%；完成水路客运量257万人、旅客周转量3 246万人公里、货运量1 250万吨、货物周转量13.6亿吨公里。

改革开放前，我省实行的是计划经济体制下的国营运输企业独家经营模式。到1978年末，全省国营运输企业仅有营运客车1 315辆，客运量5 560万人次，旅客周转量17.6万人公里，营运线路829条，营运里程5.4万公里；市县客运站点74个，分站239个。在全省综合运输中客运量占41.6%，旅客周转量占19.3%；全省有货运汽车7 819辆，货运量1 108.4万吨，货物周转量57 540.6万吨公里，在综合运输中货运量占38.2%，货物周转量占2.5%。这种运输结构，对国民经济形成了“瓶颈”，严重制约经济的发展。

党的十一届三中全会后，改革了运输管理体制，将省直属企业下放到地方，加强了行业管理。打破了交通部门独家经营运输业一统天下的局面，取消了对道路运输经营的各种限制，为全社会办运输创造了一个宽松环境，鼓励国营、集体、个体三者一起上，呈现出多渠道、多层次、多种经济成分、多种经营方式并存与发展的新格局。短短几年中，吸引全社会向道路运输业投资10多亿元，使“出行难、运货难”的卖方市场，迅速变为“人便于行、货畅其流”的买方市场。

道路旅客运输在放开搞活政策的指引和推动下，运输能力、运输组织形成和服务水平不断提高，初步形成了以班车客运为骨干、以包车客运为辅助、以旅游客运为专项服务、以出租汽车客运相衔接，各种运输方式合理分工、相互促进、共同发展的客运市场。基本建立起以城市为中心，乡镇为节点，公路为纽带，连接城镇、辐射农村、干支相连、长短结合的客运网络。

到1988年，全省营运客车8 188辆，其中，国营3 529辆、集体479辆、个体4 180辆，完成客运量1.32亿人次，旅客周转量52.85亿人公里；通车里程7.8万公里，营运线路1 390条，乡镇通车率96%，行政村通车率73%；市县客运站82个，分站281个。营运车辆比1978年增长6.2倍。

全省货物运输有了长足发展。运力、运量不断增长，市场机制逐步建立，经营方式灵活多样，专业化程度越来越高，初步形成了长途与短途运输结合，干线与支线运输连接，普通与专用车辆共同发展。到1988年有营运货车87 427辆，其中，国营51 994辆、集体20 188辆、个体13 315辆，完成货运量1.9亿吨，货物周转量51亿吨公里，分别占综合货物运输比重的50.8%和23.2%。货运汽车比1978年增长11.2倍。货运量和货物周转量分别增加143%和360%。

积极发展零担运输。改革开放之后，为满足市场和群众的需要，汽车零担运输也随之发展起来。1985年，全省零担干线有16条，年完成零担货物1.3万吨，至1990年，全省零担运输车辆达126辆，运输线路发展到56条，完成货运量9.1万吨，基本形成了以哈、齐、牡、佳等城市为中心，以干线为骨架，内接省内城乡，外联全国各地的零担运输网络。

努力发展集装箱运输。集装箱货物运输，是交通运输现代化的重要一环。1979年，全省只有7家企业参加了集装箱运输，几年间就发展到70多家，除开通哈尔滨至兰西、青岗、明水、拜泉等省内集装箱运输外，还开辟了哈尔滨至长春、沈阳、大连等省外直达集装箱运输。全省公路运输企业已组建集装箱运输车队21个，拥有车辆163辆，至1988年全省完成集装箱运输48万吨。

开展大件货物运输。大件货物运输，是改革开放后发展起来的一种新的道路货物运输方式。进入20世纪80年代，哈、齐、牡、佳、大庆等城市，随着经济建设的发展，一些大型设备急需大型拖板汽车运输。1983年全省一些大中城市相继组建大件货物运输公司、车队，全省拥有大吨位拖板车60辆。

恢复边境口岸运输。1982年之后，黑龙江对前苏联经济贸易、科技交流开始得到恢复和发展。国务院批准，黑河、绥芬河、同江等地为开放口岸，后来又增加了东宁、逊克2个口岸。从此，口岸运输开始发展起来，1988年，仅黑河口岸当年过货7 000吨。

发展小型出租汽车。改革开放前，我省出租汽车基本为零。自1983年起，在搞活经济的指导下，个体出租汽车如雨后春笋般的发展起来。至1988年，全省已有个体出租汽车8 530辆。出租汽车的发展，极大的方便了广大乘客，并缓解了城市客运的紧张状况。

运输服务业迅速发展。首先是装卸搬运行业获得了迅速发展。全省14个地市和省直相关部门先后成立了一批不同所有制经济形式的装卸企业，活跃了装卸搬运市场，方便了用户。至1988年，全省有装卸（包装）企业1 247户，职工57 733人，年完成装卸量约13 470万吨左右。其次，汽车维修业也得到较快的发展。我省在1976年以前，只有交通部门建有8个规模较大的汽车修配厂，分别承担本系统的汽车维修。放开搞活后，由于社会运力的迅猛发展，汽车修理业也随之发展起来，出现了国营，集体，个体一起上的局面。至1988年全省汽车维修业户已增加到5 810户。其中国营510户，集体1 877户，个体3 423户，年完成汽车大修15 824辆，零、小修90万辆次，对保证汽车状况良好运行起了重要作用。

道路运输供给能力显著提高。到2007年年底，全省营运客车、营运货车、出租汽车分别达到1.5万辆、16.4万辆、7.8万辆，全省客运线路达到6 843条，较2000年增长了52.2%，乡镇通车率达到100%，村通车率达到96.9%。2007年，全社会完成旅客运输量5.5亿人、旅客周转量313.9亿人公里；分别占全省综合运输比重的84.5%和55.6%；完成货物运输量5.2亿吨、货物周转量289.9亿吨公里，分别比2000年增长了38.2%、46%、313%、74%，占全社会运输总量的84.5%、55.6%、71.1%、22.4%。道路运输在社会综合运输体系中的主导作用和连接功能进一步增强。

道路运输发展质量显著提高。2007年年底，高中级营运客车所占比重达到总量的50%，厢式化、专业化货车所占比重达到总量的11%。危险品运输经营业户由1092户下降至363户，下降了66.8%，50%的出租汽车实现了公司化经营。旅游客运、物流、快件运输、连锁维修、汽车租赁、学生接送等新型运输形式方兴未艾，满足了不同的运输需求。

道路运输基础设施保障水平显著提高。1997年~2007年10年间，全省累计投入基本建设资金34亿元，加快了道路运输基础设施建设步伐。到2007年年底，全省13个中心城市客运站的站容站貌得到了很大改善，建成乡镇客运站387个、农村客运停靠点近546处，8个区域中心城市建设了较大规模的货运站，11个国家一级边境公路口岸建设了口岸枢纽站，绥芬河、东宁建设了公路口岸，联检设施得到更新或改造，新、改、扩建了61个县级客运站。有效提高了道路运输效率，集疏运功能明显增强。国际道路运输程度显著提高。与俄罗斯毗邻的5个边区（州）开通了41条国际道路运输线路。其中客运线路21条，货运线路20条，专门从事国际道路运输的企业28户，运输车辆850台。国际道路运输向着专业化、企业化、集约化方向发展，经营管理水平、安全、服务质量普遍提高。

依法行政能力显著提高。全系统以贯彻实施《行政许可法》和《道路运输条例》为契机，强化依法行政意识，不断增强市场监管能力，引导和规范道路运输市场经营行为。其中，颁布实施了《黑龙江省机动车驾驶员培训行业管理办法》，送审了《黑龙江省出租客运管理办法》，制定了加强道路运输行业管理和市场建设的政策性、规范性文件共18件，培训运政执法人员5 000人次。使全省运政执法队伍的整体素质有所提高。2001年，按照交通部的统一部署，全系统组织开展了道路运输秩序清理整顿专项活动，有力规范了长途客运市场、中心城市出租客运市场、危险品运输市场、货运中介服务市场和汽车维修市场经营行为，对促进行业健康发展起到了重要作用。

道路运输科技创新能力显著提高。以信息化建设为重点，完成了省局及全省15个市级节点（13个地市和农垦运管处、哈尔滨出租处）的光纤专网建设，建立了基于IP的视频会议和语音电话系统；开发了黑龙江省标准协同式三级道路运输业务管理信息系统，实现了网上规费征收；开发了办公自动化系统，实现了网上收发文、政务公开等功能；开通了黑龙江省道路运输管理局门户网站，及时对各级部门行业管理的工作动态、客运班线调整、政府相关政策决定、领导讲话等信息进行通知和公告，为道路运输业发展提供了信息渠道。科技对行业发展的推动作用日益增强。《黑龙江省货运物流构筑模式及应用研究》、《长途客运线路车辆优化配置的研究》、《黑龙江省道路运输地理信息系统》、《GPS在交通管理中的应用》、《道路运输市场发展建设的研究》、《运输企业向现代企业制度和集约型经营模式转换途径的研究》等现代信息技术的应用，加快了智能运输的发展进程和科学决策水平。另外，研发了客运站微机联网售票系统，97家二级以上客运站实现了车辆调度、数据统计、运费结算的信息化；在机动车综合性能检测、二级维护、运价管理、GPS监控管理等领域广泛应用了信息技术，为道路运输发展提供了科技支持和技术保障。

（四）航运业持续稳定发展

我省内河航道通航里程为 5 131 公里，其中等级航道 4 756 公里，占 93%。有港口客货运泊位 166 个，营运船舶 1 466 艘。

中国第一艘气垫驳船在黑龙江诞生。在 1963 年航运管理局高级工程师樊鸿基提出的垫气驳的理论设想的基础上，1976 年 4 月 7 日，上海船舶运输科学研究所和黑龙江水运科学研究所根据设计要求按照 1/5 缩尺分别制造了 9 种不同气室、不同船型的黑龙江 1 000 吨 ×2 200 吨 -300 吨 ×2 分节驳模型，于 1979 年底至 1980 年初，先后完成了垫气驳施工设计和模型试验。1980 年夏，2 ×200 ×300 吨热垫气驳在哈尔滨船厂木兰分厂开始建造，1981 年 5 月，首尾驳先后下水。垫气驳的研制成功，为中国船舶科学填补了一项空白，1982 年 7 月 26 日，垫气驳通过部、省鉴定并荣获科技成果二等奖和世界发明博览会金奖。

分节顶推船队在松花江问世。分节顶推船队在 20 世纪 50 年代美国就已经开始建造并参加营运。自 1975 年 8 月，交通部在哈尔滨召开了内河分节顶推船队研制工作会议，1976 年完成施工设计，由哈尔滨船厂制造，1977 年，建成喷水式 220 千瓦推轮 1 艘，300 吨级分节驳船 4 艘，并编队进行试航。1978 年又进行重载试运。同年 9 月，交通部委托航运管理局组织技术鉴定，测试各项技术经济指标均达到设计要求。历经 10 年，到 1986 年陆续建造了分节驳船 108 艘，可以说 20 世纪 80 年代是黑龙江航运从落后的船型和运输方式迈向现代化先进运输方式年代，它标志着黑龙江航运在运输方式上一次质的飞跃。

中共十一届三中全会以后，改革、开放政策给地方航运注入了生机和活力。“六五”期间，局直营货运量和货物周转量比“五五”期间分别增长 24. 8% 和 38. 4%，计运矿建物资 301. 7 万吨。各单位开办的多种经营计盈利 961. 9 万元，占总利润的 27. 8%。

港口建设蓬勃发展，货物吞吐能力成倍增加。港口兴，航运兴。从 1986 年至 1993 年共投资 1 亿余元，使各港口建设在普遍加强的基础上形成了多点开花、蓬勃发展的新局面，新建成了年产 60 万吨的富拉尔基港；沙河子港新建了一座年产 70 万吨的码头；哈尔滨港（以下简称哈港）在新建了一座年产 70 万吨的阿什河煤炭码头后，又建成了年产 80 万吨的西坞散杂货码头；在哈市道外北七道街江畔建成了全省最大的水上客运码头——哈尔滨航运站码头；特别是随着中俄贸易及旅游的发展，黑河港新建 4 个泊位，增加了 80 万吨吞吐能力，成为我国北部边疆最大的港口；原来是边陲小站的同江、抚远、逊克航运站，港口设施得到改善，因其与俄罗斯接壤的地理优势发展边境贸易，后升格为港务局；呼玛、嘉荫、名山、饶河等港站建设也有不同程度的发展，尤其是投资达 5 000 万元的佳木斯杏林河外贸码头于 1993 年建成，成为全省最大的外贸专业码头。

由于港口建设成就辉煌，提高了货物吞吐能力，产量逐年增加。1986 年全省港口货物吞吐量完成 6 208 047 吨，到 1993 年提高到 8 155 416 吨。其中哈港 1986 年完成吞吐量 2 215 993 吨，到 1993 年上升为 4 116 333 吨，增加了将近 1 倍。此外，1993 年中俄外贸物资港口过货量达 898 268 吨，也创造了黑航有史以来的最高记录。

在客运方面，为了争取旅客，弥补客轮速度慢的缺点，黑龙江航务局于 1991 年从俄罗斯引进了高速水翼船（平均时速 65 公里），在全国内河率先开辟了第一条国际高速客运航线，从中国的佳木斯到俄罗斯的哈巴罗夫斯克。此线一开，由于提速 3 倍多，而且稳定性好，安全舒适，服务周到，所以深受中俄旅客的欢迎，趟趟客满。接着又引进水翼船9艘，投入到哈尔滨至哈巴罗夫斯克等9条国际、国内高速客运航线，使客运量迅速增加，不仅促进了中俄旅游和边贸的发展，也使航运企业获得了一定的经济效益，1992年结束了客运长期亏损的历史。1993年客运又增加了盈利。在货运方面，1985年及前几年，全省航运业的年货运量和货物周转量一般是二三百万吨、12亿吨公里左右。随着改革开放的深入，运输生产得到较大的发展，到1986年货运量和货物周转量跃升到442.2万吨、13.8亿吨公里。1990年再创新高，货运量突破500万吨，货运周转量达到16亿吨公里以上。但这时作为传统货源的煤、木、粮这些大宗货物正在逐年减少，黑航局于1991年提出了“冲出内河，走向海洋”的重大战略举措。经过积极筹备和多方争取，于1992年7月开辟了从松花江装载玉米，经黑龙江下游出海至日本酒田港的江海联运航线。至1993年，江海联运共向日本运去了13 620吨玉米，很受日方欢迎。实现了黑航人冲出内河、走向海洋的梦想。同年购进一艘万吨级的货轮，命名为“哈尔滨号”，并于同年10月投入到我国沿海运行，以海运补河运，为黑龙江航运做出贡献。1993年，全省水上运输共完成货运量525.5万吨，货物周转量创记录，达到16.42亿吨公里。同时，依托主业大力开展多元化经营，开展了江砂产运销一条龙供应。利用港口多余的货场办市场，变物流为商流，变冬闲为冬忙；以及开办旅游服务、劳务输出、海员外派等，增加了新的经济增长点，使航运业连续8年，连年盈利，实现净利润8 113.2万元，上缴税金3 681.1万元。其中，1993年创造的利润数和上缴的税金额都是黑龙江航运历史上最高的，利税总额达2 485万元。其中利润1 437万元，比1992年增长37.9%，税金1 048万元。由于航运业的迅速发展，固定资产猛增，1986年航运固定资产为3.23亿元，到1993年翻了1番多，达到8.689亿元。

开发建设航电枢纽。航务局领导班子按照松花江航运规划，提出在距离哈尔滨46公里处的大顶子山建设第一个航电枢纽工程。该工程是以航运、发电和改善哈尔滨水环境为主，兼有交通、水利、旅游和水产养殖等多项功能，可渠化航道128公里，彻底解决哈尔滨区段航道和港口水深不足的问题。建成后哈尔滨区段水位可增加5米，为创建生态城市提供良好条件。成立了松花江大顶子山航电枢纽工程筹建指挥部，启动各项工作。

江海联运新发展。2001年，新成立的航务局和航运集团开始筹划恢复江海联运事宜。2002年江海联运航线得以恢复，由木兰号江海货轮将黑龙江省的玉米经过黑龙江下游运达日本酒田港，使沉寂5年的“东方水上丝之路”又活跃了起来。2003年的运量比上年翻了1番，创江海联运的新记录。翌年，又开辟了黑龙江至浙江温州的国内货物江海联运航线。当年将地产2 597吨玉米通过江海联运航线运达温州。由于江海联运的恢复，使海运量创新高，有力弥补了内河运量的不足，加大了运输收入，使得航运集团整体扭亏。

2005年，加大了江海联运的宣传，加强了与有关部门的协作，提高了营运率，完成的海运量和周转量分别为年计划的112.2%和113.3%，整体实现利润202万元，为航运业的继续发展做出了新的贡献。

松花江大顶子山航电枢纽工程推进工作进展顺利。2006年6月份，交通部在全国内河水运基础设施建设领域开展了示范工程活动，大顶子山航电枢纽在建项目被列入了典型示范工程。2006年11月1日，松花江大顶子山航电枢纽工程二期截流成功。2007年5月15日，大顶子山航电枢纽船闸正式通航成功，11月2日，大顶子山航电枢纽首台发电机组正式发电并网，这标志着松花江大顶子山航电枢纽工程蓄水、通航和发电三大功能都已具备。

同江至哈巴罗夫斯克开通水路集装箱运输航线。2006 年 10 月 27 日，在同江港举行了首航仪式。这是我省开通的第一条内河国际水路运输集装箱航线，标志着中俄边境地区水路货物运输迈进新里程。

重大装备（件）水路运输工作取得阶段性成果。2007 年 2 月 14 日，《黑龙江省重大装备（件）水路运输（江海联运）建设项目可行性研究报告》通过了专家评审，同年该报告得到省发改委批复。2007 年 6 月 19 日和 7 月 31 日，省政府分别召开了省长办公会和省长专题会议，对江海联运运输重大装备有关事宜进行了专题研究。2008 年 2 月，省政府第一次全体会议把江海联运确定为省政府重点推进的八项重点工作之一，要求“尽快启动江海联运大件运输项目的前期工作，力争齐齐哈尔重件码头和江海两用驳船等项目早日开工”。

（五）公路勘察设计工作跃上了新台阶

从 1958 年 ~ 1978 年十一届三中全会召开之前的 20 年中，黑龙江省公路勘察设计院承担的都是一些三级以下公路，其中国防公路占多数，累计设计里程 3 174. 83 公里，只是在 1976 年设计了安达至大庆萨尔图区 25. 82 公里二级公路。

十一届三中全会以后，特别是邓小平同志提出：“科学技术是生产力”，使广大设计人员挣脱了多年的桎梏，轻装上阵，聪明才智得到发挥，公路勘察设计工作跃上了一个新台阶，我省公路建设开始了跨越式的发展。

由于交通量急剧增加，而我省主要干线公路大部分还是三级公路，且为砂石路，严重制约了我省经济的发展，此时我省的公路建设重点，确定为以哈尔滨为中心，呈放射状向周边地市发展的思路，设计并修建了哈尔滨至肇东、哈尔滨经明水至克东、哈尔滨至绥化、哈尔滨至宾县二级公路，均为黑色路面。在我省几个大城市进出口位置设计了一、二级标准的高等级公路。从此黑龙江大地上有了一、二级沥青混凝土和水泥混凝土公路。

1985 年，我省公路勘察设计院自行设计了我省第一条高等级公路，全封闭、全立交的一级汽车专用公路——绥满公路哈尔滨至亚沟段，这条公路虽然只有 37. 365 公里，但却是我省高等级公路建设的里程碑。

1986 年设计完成的京哈公路双城拉林河大桥，全长 446. 24 米，采用 40 米预应力混凝土箱形连续梁，顶推法施工，当时，这种施工工艺在东北高寒地区首次采用，该设计获得全省优秀设计一等奖。

1982 年开始设计，1986 年建成的哈尔滨松花江公路大桥，位于哈尔滨市区，南岸接道里区河图街与斯大林公园毗邻，北岸接道外区前进乡（现松北区）与太阳岛风景区遥相辉映。它是新中国成立以后，在黑龙江省境内 830 余公里的松花江上修建的第一座特大型公路桥梁。也是我省高寒地区修建的第一座特大型连续箱梁桥，该桥全长 1 656 米。其中主桥长 1 198 米，南岩引桥长 458 米，采用预应力混凝土箱形连续梁，最大跨径 90 米，主桥桥面宽 24 米，技术标准设计荷载汽—超 20、挂—120，设计洪水频率 300 年一遇。1986 年 9 月 20 日大桥通车，该工程被黑龙江省建设委员会评为“甲级优质工程”并颁发金牌奖，于 1987 年 11 月获得中国建筑业最高质量奖“鲁班奖”，1988 年荣获国家质量评审委员会“银制奖章”。

3 年以后，佳木斯松花江大桥建成通车，该桥位于佳木斯市北部松花江上距佳木斯市区 3 公里，1984 年完成初步设计，1985 年完成施工图设计，于 1986 年 7 月 1 日开工、1989 年

10月竣工通车。该桥建成对三江平原地区形成了完整的公路网，结束了佳木斯向北与伊春、鹤岗无公路桥的历史。

哈尔滨松花江公路大桥、佳木斯松花江大桥和哈阿一级汽车专用公路的建成通车，代表了从党的十一届三中全会到1988年10年间，黑龙江公路建设的成果。在这十年中，我省公路建设无论在勘测、设计还是施工方面在国内都是比较先进的，设计院的设计水平，在全国甲级院中也较高、技术领先，并且体现了“设计先进，奠定千秋大业”的设计理念。

实行体制改革的“七五”期间，我省公路勘察设计院共设计京哈、哈同、绥满等主要公路19条，全长1 230公里，哈尔滨、佳木斯、齐齐哈尔嫩江大桥、拉林河大桥等16座特大、大型桥梁5 249延米。“七五”期间设计费收入约为2 195万元。

随着国家进一步改革开放，黑龙江省公路勘察设计院企业化的步伐也越迈越大，形成了以设计为主，多头发展的经济模式。

1986年以前，黑龙江省的公路是以三、四级公路为主，平、纵面线形指标较差，桥涵构造物标准较低。1986年以后，则以开辟新线，修建二级公路或高速公路半幅、一级公路半幅为主。以当时修建的项目以绥满公路阿城至哈尔滨段一级汽车专用公路、京哈公路哈尔滨至省界段二级汽车专用公路、绥满公路哈尔滨至大庆段二级汽车专用公路为代表。由于勘测和设计时间紧、任务急，公路勘测大部分采用一次定测。1997年黑龙江省第一条高速公路——同三公路哈市至省界（拉林）段100多公里的高速公路开始采用两阶段勘测。这是我省第一条高速公路，其采用的技术标准和设计规范是以1995年技术标准和1994年设计规范为主。大家在没有经验的情况下，边学习，边摸索，根据新设计标准，在边设计、边积累经验的情况下，利用2年左右的时间进行勘察设计，完成了黑龙江省的第一条双向四车道，设计行车时速120公里，28米路基宽度的高速公路，填补了我省高速公路建设的空白。此项目从1995年末开始着手进行可行性研究，1996年7月初测，1997年4月~1997年8月转入初步设计阶段，并于1998年1月~3月对初步设计进行了修改，1998年4月开展施工图勘测，1998年6月~1998年8月完成施工图设计。1998年9月开工建设，于2000年10月通车。从设计到施工历时约5年的时间完成。

1988年~1998年期间，黑龙江省公路勘察设计院共完成大型路桥设计195项，勘察设计路线达12 800公里，勘察设计高等级公路15条共1 200公里，其中哈大公路设计获省优秀设计一等奖，全国十大明星工程。这期间哈大公路、哈同公路（哈尔滨至佳木斯段）绥满公路（哈尔滨至牡丹江段）、黑大公路、鹤大公路、伊勃公路、哈绥公路、哈伊公路、鹤伊公路、碾北公路、京哈公路（哈尔滨至吉林段）相继勘察设计完成并建成通车，我省公路已形成以哈尔滨市为中心，辐射我省各主要地市的公路网。

随着国家开放公路勘察设计市场，2002年，公路勘察设计院相应地成立了投标办和体改办，组建了广东分院和北京分院，并与辽宁院、福建院、天津市政院、广东院等兄弟院合作，承担了大量外省的勘察设计任务，在全国公路勘察设计市场占有了一席之地。

1998年~2008年的10年中，设计院共完成科研设计3 312公里，初步设计1 383公里，施工图设计3 095公里，设计大型、特大型桥梁近6 000余延米，获得国家、部、省级优秀勘察设计和科学进步奖20多项，其中大齐公路建设项目荣获“鲁班奖”。2004年设计收入4 600万元，2005年设计收入4 700万元，2006年设计收入更是达到创历史记录的13 520万元。

（六）交通科研能力大幅提升

从1978年~1987年，省厅交通科研所共进行了60项课题的研究，主要包括路基、路面、筑路材料、道路网规划等，其中获奖和已经组织鉴定的科研成果共38项，获得各种级别奖励的成果27项，包括与其他单位合作获国家科技进步二等奖1项、部级科技成果三等奖5项，四等奖1项；省政府科技成果奖二等奖1项，三等奖2项，四等奖2项，优秀科技成果奖2项；全国科学大会奖2项等。

松花江公路大桥建成于1986年8月，其规模巨大，结构新颖，成为当时全国公路桥之最，也是解放后50年来黑龙江省松花江流域上建设的第一座特大型永久性公路桥梁。在这一工程建设中，省厅交通科研所进行了多项研究，在黑龙江省建桥史上开创出多个先例。

省厅交通科研所在解决公路冻害方面取得了重要成果。1986年~1992年，黑龙江省交通科学研究所戴惠民、王兴隆与中国科学院兰州冰川冻土研究所合作完成了中国科学院课题“土冻胀、盐胀试验及其应用”。该项目1994年获中国科学院科技进步一等奖，1995年获国家科技进步三等奖。1989年~1992年，黑龙江省交通科学研究所戴惠民、王兴隆等人完成了省交通厅重点科技项目“季冻区公路路基土冻胀性的研究”。课题成果达到国际先进水平。1993年获交通部三等奖。

人才队伍与科研成果比翼齐飞，通过几年的锻炼，省厅交通科研所有多人进入国家、部省级知名科研人员的行列，有的还在国际相关学术界崭露头角，涌现出首批交通部新世纪“十百千人才工程”人选1人、“全国交通系统青年岗位能手”1人、交通部优秀青年科技英才3人、“交通部模范科技工作者”1人、省级学科带头人2人、省级后备学科带头人2人、黑龙江省“十大杰出青年创业明星”1人、黑龙江省“青年五四奖章”1人、中国公路学会“百名优秀工程师”3人等一批人才。6人作为东北林业大学、吉林大学兼职教授、硕士研究生导师。承担各类科研项目85项，获奖11项。

科研成果的广泛的应用为解决工程实际问题、制定行业政策规划提供了技术支撑。其中“钢筋混凝土桥桩切向冻胀力的研究”等11项成果纳入行业或地方规范，获得国家发明专利1项，软件著作权4项。还有部分成果形成了产业化，沥青路面材料相关技术等在省内公路建设中广泛应用，既为工程建设提供了服务又创造了过亿元的显著经济效益。为提高寒冷地区高等级沥青路面的高、低温及抗水损害性能，科研所技术人员研究了“寒区沥青路面相关技术”，在呼绥高速、哈双高速、同三高速等10余条高等级公路上推广应用里程达1 300余公里。其应用得到了相关部门的一致好评，为提高寒区沥青路面质量发挥了重要作用，创经济收益近千万元。

寒区公路建设科研成果累累。完成了黑龙江省交通厅重点科技项目“寒区水泥混凝土路面灌缝材料的研制”获省科技进步三等奖，“多年冻土地区桥涵工程技术研究”通过交通部组织专家鉴定，达到国际领先水平，“公路风吹雪雪害成因与预警研究”通过交通部组织的专家鉴定，成果达到国际先进水平，获中国公路学会科学技术二等奖。

国际国内科研合作成效显著。国际科研合作方面：与日本北海道土木开发研究所签订了“国际技术研究交流备忘录”，与日本新潟县土木部开展了“季冻区排水路面、路面结构排水及水泥混凝土路面铺装技术的研究”等实质性的科研合作与成果交流，加强了与俄罗斯的交流与合作。目前已完成的国际科技交流合作项目，如季冻区排水路面、路面结构排水及水泥混凝土路面铺装技术的研究（中日JICA项目）、大兴安岭地区油砾石路面技术的开发研究（中芬合作项目）、公路风吹雪雪害成因及预警系统研究（中日合作项目）均取得了很好的效果。

1991年~2007年，我省共承担科研项目270余项，项目的类型包括交通部西部交通建设科技项目、交通部相关规范制的修订项目、交通部“十五”行业联合攻关项目、黑龙江省科技攻关项目、黑龙江省交通厅重点科技项目、重点工程科研项目等。经鉴定项目成果水平达到国际领先1项，国际先进6项，国内领先33项，国内先进33项。

（七）交通干部教育培训有了新提高

黑龙江省交通干部学校是黑龙江省交通厅唯一直属的教育培训基地，1982年正式成立，自此揭开了交通干部教育的新篇章。1984年正式开学，承担全省交通系统在职干部、职工的岗位培训和电视大学学历教育的任务。建校初期，与黑龙江省广播电视大学联合办学，开设了电大普专班，办学13年间（1996年停办），累计培养毕业生500余人。

随着形势发展的需要，1985年，经交通部批准，成立了交通部电视中等专业学校黑龙江分校，办学16年间，累计培养毕业生4 051人。随着教育体制的改革，电视中专于2000年撤销。1992年，经省委批准，成立了中共黑龙江省交通厅党校，承担全省交通系统党员干部的培训任务，到目前为止，党员干部培训4 000余人次。1999年，被中国交通教育研究会确定为哈尔滨培训中心。

建校20多年来，已累计培养大专毕业生700余人，中专毕业生4 000余人，完成岗位培训4万余人次，党员干部培训4 000余人次，驾驶员培训3 175余人次。为全省交通系统输送了大批优秀的建设人才，为推动全省交通事业和经济建设的发展发挥了积极的作用。

2001年年末由北京交通大学、北京交通管理干部学院、黑龙江省交通干部学校联合创办的一所远程学历教育学校——北京交通大学现代远程教育黑龙江交通教学中心，2002年年初正式招生，先后开设了交通运输管理、公路工程与管理、财务会计两个层次6个专业。经过近六年的努力，已培养了149名毕业生，现有在校生310名。

2003年8月，学校与黑龙江工程学院职业技术学院联合创办了大专学历全日制普通高等教育——黑龙江工程学院职业技术学院南校区。目前共开设两个专业：汽车运用与修理、会计与审计。先后为国家培养了156名毕业生，现已遍布全国各地。2008年增开机电一体化和数控技术两个专业。

2001年6月，为在正常干部培训的同时开辟第二战场，校党委决定利用现有场地和人员开展驾驶员培训，经过努力，省、市驾管办于当年8月批准成立了省交通干校驾训班。2005年被批准升格为驾校，定名“哈尔滨市东方驾驶员培训学校”。自2001年成立驾训班，2005年升格为驾校至今，东方驾校经过白手起家，艰苦创业，现已发展成为一个拥有150万元固定资产的经济实体，为社会输送了合格的汽车驾驶人才9 000余名，为发展交通事业做出了贡献。

目前，省交通干部学校是省交通厅直属的唯一的教育培训基地，是集交通厅党校、中国交通教育研究会哈尔滨培训中心、北京交通大学现代远程教育黑龙江交通教学中心、黑龙江工程学院办学点、东方驾校于一体的综合教育机构，承担着全省交通系统的岗位培训、党务培训、驾驶员培训、应用型人才培训及成人继续教育和普通高等教育等任务。

二、改革发展的基本经验

回顾30年来的工作历程，有以下六点体会应在今后的实践中加以完善和借鉴。

第一，必须以党的创新理论为指针，全面贯彻落实科学发展观，不断更新发展思路和发展理念，使交通事业发展方向更明确、工作思路更清晰，使广大干部职工始终保持坚定不移的理想信念和昂扬向上的精神状态。只有发展理念对头，干部职工才能思想统一、步调一致，行动才能有方向、有力度。

第二，必须以省委、省政府的决策部署和人民群众的新需求为着眼点，统筹行业布局，调整工作力度，整合各种资源，实现又好又快发展。每一个时期必须坚持做到四个基本清醒，即：清醒上级要求什么、群众盼望什么、机遇优势有什么、阶段重点是什么，进而突出主题，统筹兼顾，开创事业新局面。只有符合上情、顺应民意、立足实际，工作才能出成效、得人心、有价值。

第三，必须以改革创新为动力，不断破解阻力障碍，化解矛盾困难，优化体制机制。要在解放思想中统一思想，在改革创新中实现局面创新。要坚持深化改革，勇于创新，不断创新，用新理念、新思维、新方法、新机制，促进交通发展。只有敢于改革、勇于创新才能引来“源头活水”，涌现生机活力。

第四，必须以求真务实为原则，客观理性地分析阶段特征，正视问题，剖析自我，变压力为潜力，变被动为主动，促使形势向好的方面发展。在前几年交通陷于困惑的境况下，我们各级干部坚持求真务实，严于解剖自我，“知耻而后勇”，正视现实，振奋精神，打了一场重塑形象的翻身仗，达到了预期效果。只有敢于求真理，重实际，按照客观规律办事，才能凝聚人心，有效缓解压力，实现形势根本好转。

第五，必须以做好“三个服务”为导向，加大交通基础设施建设，强化整体服务功能，提高行业综合发展实力，给地方经济以促进，给社会建设以拉动，给人民群众以实惠，给历史未来以交代。无论是做好服务，还是提供保障，都必须以交通实力为基础，只有这样，才能与经济社会发展全局相适应。

第六，必须以构建和谐交通为目标，凝聚干部职工的向心力，调动一切积极因素，实现上下、内外关系畅通，营造生动活泼的发展局面。构建和谐交通既是交通发展的奋斗目标，也是全系统干部职工共同的价值取向，更是开展各项工作的动力。只有和谐的环境、协调的关系，才能有心思、有能力、有力量干好、干成我们的事业。

三、交通发展展望

确定加快全省交通建设的发展目标。把做好“三个服务”，作为全省交通改革发展的根本。坚持把“服务国民经济和社会发展全局”作为交通工作总任务；坚持以“服务社会主义新农村建设”作为交通工作重中之重；坚持以“服务人民群众安全便捷出行”作为交通工作根本要求。2008 年 5 月 8 日召开的省委十届 31 次常委会议和 6 月 6 日召开的全省加快公路建设工作会议确定了加快全省交通建设的发展目标：全省要投入公路建设资金 900 亿元，力争用3年多一点的时间，建设高速公路2 207公里，一、二级公路3 983公里，农村公路60 799公里，实现13个市（地）全部通高速公路或一级公路，64个县（市）全部通二级以上公路，所有乡（镇）和行政村通硬化路面的公路。省委、省政府提出，举全省之力，一定要把高速公路建设成推动黑龙江经济又好又快发展的发展之路，带动黑龙江人民走进全面小康社会的致富之路，四方客人来黑龙江旅游观光的风景之路，北国大地美好自然环境的环保之路，共产党干部干净干事的廉政之路。

不断完善公路水路运输体系。以哈尔滨为重点、以高速公路网和江海联运为依托，建立连接邻近省区、辐射俄远东地区和我国东南沿海的省际、国际运输网络体系。以区域中心城市为核心、以骨架公路网为依托，建立高效便捷的省内干线运输网络体系。以县际运输和农村支线运输为基础，以农村公路网为依托，建立四通八达的城乡道路运输网络体系。以松花江、黑龙江、乌苏里江和嫩江为重点，以三、四级航道为基础，建立运行通畅、结构合理、保障有力的内河水运网络体系。

着力加强交通科技创新。进一步加大对交通科技的投入力度，加强交通创新体系建设，促进产学研相结合，提高科技创新能力。努力突破一批行业共性关键技术，加强高新技术和现代管理技术的应用，推动科技成果转化，实施科技成果推广示范工程。整合交通科技资源，构建交通信息资源共享平台。加强人才队伍建设，为发展现代交通产业提供智力支持。

切实加大行业管理力度。积极推进交通各项改革，消除影响和制约交通发展的体制性和机制性障碍。科学制定交通政策法规、标准规范，搞好信息引导，规范和指导行业发展。通过规范程序、专家咨询、公众参与等方式，提高政策法规制定与执行的科学性、民主性和透明性，推进行业管理的规范化、制度化和标准化。大力实施交通政务公开，简化办事程序，规范行政权力运行，提高交通部门工作效率。强化安全生产监管，加强交通安全保障能力建设。

积极转变发展方式。促进运输技术装备结构提档升级，提高运输组织化程度，提升运输效率，推进交通运输节能减排，发展交通循环经济。贯彻落实国家耕地保护政策，节约利用土地，把资源节约、环境保护落实到交通规划、设计、施工、运营的全过程，实现交通可持续发展。

全面提高交通服务质量和水平。充分发挥运输场站、物流园区在现代物流中的结点作用，积极发展第三方物流，切实提升交通运输专业化、社会化服务水平。建立竞争公平、管理规范、服务优质的客运体系，提供安全便捷的出行服务。发展农村运输，促进城乡运输服务均等化。积极拓宽运输服务领域，满足多样化运输服务需求，提高交通运输服务品质。

省交通厅党组深刻理解省委、省政府关于加快交通建设的重大决策部署，通过认真回顾总结多年来交通发展经验，结合学习领会省委、省政府和交通运输部的有关要求，联系交通工作实际，对下一步工作提出了“拓宽思路、完善制度、提升管理、统筹摆布”的总要求，切实把全系统广大干部职工的思想统一起来，力量凝聚起来，紧紧抓住这些有利条件，做到组织到位、措施到位、落实到位，上下同心、形成合力、众志成城、团结拼搏，全面实现黑龙江交通大发展、快发展的宏伟目标，努力开创全省交通事业特别是公路建设新局面，为全省经济社会又好又快、更好更快发展做出新的更大的贡献！

大上海的大交通

上海市建设和交通委员会

上海是我国重要的综合交通枢纽之一，拥有排名世界前列的海港和航空港，拥有华东地区最大的铁路枢纽和我国运营里程最长的城市轨道交通网。经过30年的改革开放，上海交通运输在经济模式、管理方式、市场管理等方面都发生了深刻的变革。交通供应能力大大提升，交通法制建设日趋完善。上海国际航运中心建设取得重大突破，洋山深水港区已具规模，航运要素加快集聚，港口货物吞吐量和集装箱吞吐量分别位居世界第一位和第二位，港口工程、航道工程和港机制造水平等已跻身世界先进行列。上海航空枢纽建设基础已经奠定，浦东机场货运量跻身世界第五位，国际货运枢纽地位初步确立。以高速公路为主干、干线公路为骨架的公路网已经形成；公路建设养护管理的信息化、科技化水平快速提升；公路运输运力结构优化，集约化、专业化程度逐步提高，旅客运输与货物运输成倍增长。公共交通出行比重逐年提高，轨道交通成网运行，市民出行条件明显改善；城市道路交通信息化系统初步形成。邮政业规模进一步扩大。交通行业精神文明建设蒸蒸日上。以中海集团、中远集运、上港集团、东方航空、上海航空等为代表的交通运输企业日益壮大，蜚声海内外。上海交通运输业在科学发展的道路上迈出了坚实的步伐。

一、发展进程

（一）恢复起步、探索发展阶段（1978年~1992年）

十一届三中全会召开后，上海交通运输进入恢复起步、探索发展新阶段。随着国民经济迅速恢复和发展，促使工农业原材料等大宗散货和能源运输需求不断增加，充分发挥各种运输方式优势、缓解交通运输压力，成为改革开放初期交通运输发展的主要思路。上海交通运输业锐意改革，推进运输市场开放，加快交通基础设施建设，扩大交通供应能力，取得了历史性发展。

1. 以道路运输为标志的运输市场逐渐开放，行业改革初见成效

道路运输市场实行开放政策，迅速形成多种经济成分并存、多家经营的新局面。根据交通部提出的“有河大家走船、有路大家走车”，“各部门、各行业、各地区一起干”和“国营、集体、个人以及各种运输工具一起上”的准入政策，上海在1983年后迅速推出系列放宽搞活道路运输市场的举措，包括允许非道路交通部门的运输企业进入市场，组建合资企

业，发展个体运输户等，使大批非道路交通部门运输企业迅速成为上海运输市场增长最快、市场占有率最大的一支力量；同时推动国有骨干运输企业转变机制，包括下放经营权、推行“以业养业”和承包责任制。经过一系列改革，到20世纪80年代末，上海公路运输运力充足，形成多种经济成分并存、多家经营的新局面，国有骨干企业市场竞争意识逐步加强。作为上海交通运输主体的国有道路客货运输企业抓住机遇，推行以承包经营为核心的经济责任制，划小核算单位、组建内部企业、实行分级分权管理。农村经济改革后，上海跨省市公路旅客运输成倍增长。1982年组建了市长途汽车运输公司，当年新辟沪浙等客运班线11条；1984年和1985年先后开通沪闽、沪鲁、沪赣、沪豫间公路客运业务。到1990年底，全市省际班车客运企业有16家，客运线路286条，营运里程95 523公里，形成了以上海为中心、扇形辐射覆盖苏、浙、皖、赣、闽、鲁、豫七省的公路客运网。

(1)公交和出租汽车行业引进竞争机制。公共汽电车行业积极探索社会资金办公交，先后为部分地处郊区的企事业单位开辟公交专线。同时调整内部管理格局，引进竞争机制，增强了公交系统活力。出租汽车行业是公共交通较早进入市场的行业，1983年后，上海推出了多层次、多渠道兴办出租汽车企业的措施，运能快速增长，缓解了市场供需矛盾。1988年，市政府推进出租汽车行业公司化经营，停止发展个体户，并规范个体户经营行为；完善规章、制定规范性文件；理顺运价，调整收费方法，规范计价器；增加运能。大众出租汽车公司率先成立，以全新的管理方法和优质服务，在行业内刮起一股“旋风”。

(2)民航脱离军队建制和实行政企分开，使民航走上快速发展之路。1980年，民航上海管理局脱离军队建制，实行企业化管理。1987年12月，民航上海管理局的体制实行政企分开，分别组建成立中国民用航空华东管理局、中国东方航空公司和上海虹桥国际机场。

(3)邮政重组，城市现代通信设施建设走上快车道。上海市邮政局于1978年重新组建，开始完善法规，拓展邮政业务。1984年成立了由邮电部和上海市联合组成的上海市通信建设领导小组，加快了城市现代通信设施的建设速度。

2. 公路和港航建设加快步伐，交通基础设施陈旧状况大有改善

(1)公路建设加快实施，沪嘉高速公路开启中国大陆高速公路建设新阶段。1978年起，为配合宝山钢铁总厂建设，先后修建了蕴川路、同济路、富锦路、泰和路等外围公路。1984年起，上海开始兴建高速公路。1988年10月31日沪嘉高速公路建成通车，成为我国大陆上第一条建成通车的高速公路，在中国公路史上具有里程碑的意义。1989年，亭卫公路竣工通车；312国道曹安公路由三级公路改建成二级公路竣工。1991和1992年，月罗公路和杨高路分别实现改建工程当年开、竣工。1992年12月，崇明岛陈海公路中段改建工程竣工通车。至1992年底，全市公路总里程由1978年的1 978公里增加到3 625.36公里，增长83.28%，其中高速公路36.38公里，一级公路46.85公里；养护公路里程1 857.58公里；全部公路好路率达78.43%；公路绿化里程2 451.47公里。

(2)港口码头建设再兴高潮，首批集装箱码头建成运营。为发展港口集装箱运输，20世纪80年代初在军工路码头四号、五号泊位和张华浜一号、二号泊位改建或新建了上海港第一批4个集装箱专用泊位。1978年~1980年和1980年~1985年上海港分两期建成共青码头10个3 000吨级泊位；1989年建成朱家门煤炭专业化码头，形成万吨级和3 000吨级泊位各1个；1990年建成关港码头（后改称龙吴码头），形成8个万吨级泊位和20个内河港池泊位；同年建成宝山码头，形成8个万吨级泊位，其中包括3个集装箱专用泊位。截至1992年底，上海港共有码头泊位近1 000个，其中港务局的公用码头泊位131个、长17 387米，分别比1978年增长32.3%和34%；公用万吨级泊位达到63个。

(3)通航安全技术得到改善，外高桥航道摘掉“危险区”帽子。上海海事局先后主持了黄浦江大桥和隧道等越江工程的通航技术论证和施工组织方案；开展了外高桥“危险区”的调查与勘测工作，摘掉了“危险区”帽子，为浦东的开发开放提供了10余公里黄金深水岸线；主持开辟了外高桥内航道的论证、设计和施工，为外高桥沿江单位提供了一条3万吨级的航道。

救捞船舶和设备极其陈旧的面貌初步改变。上海救捞局相继从国外引进了自航打捞工程船“沪救捞3号”、大马力救助船“沪救101”轮、大马力救助拖轮“德大”轮、“德跃”轮，还有2 500吨浮吊船“大力”号等一批大功率救助拖轮和多功能、大吨位工程作业船舶，初步改变了救捞船舶和设备极其陈旧的面貌。

(4)客机扩容和机场扩建，机场能力获得大提升。民航上海管理局在20世纪80年代初购买了一批大中型客机。1984年对虹桥机场候机楼进行了扩建，实际新建候机楼9 117平方米，改造老楼6 500平方米，总面积达20 100平方米，设备全部更新。1991年，建成由荷兰WAEO集团负责设计、面积达2.97万余平方米的虹桥机场国际候机楼。

3. 水路运输生产力获得解放，运输行业各类业务量迅速蹿升

(1)远洋航线迅速发展，市属远洋船队开始起航。1979年3月，上海远洋运输公司“柳林海”轮首航美国西雅图港，恢复了中断30年的中美海上航线。从80年代起，上海远洋运输公司对船队结构进行大幅度调整，增添集装箱船、多用途船，减少普通散杂货船。上海海运局打破以往沿海运输企业只从事沿海运输的局限，开始跻身国际航运市场，1978年首次派船参加外贸运输，1984年开始自主经营远洋运输，1990年上海海运局的外贸运输量已超过700万吨。1983年，锦江航运以一艘豪华客货轮从事上海—香港的旅客运输起步，“利用外资、负债经营、借鸡生蛋”，通过境外融资平台，购买二手船舶，建立了一支初具规模的市属远洋船队，开辟了日本、香港、台湾、泰国、韩国等航线，在近洋航运市场上初步站稳脚跟。

(2)沿海客货运输恢复扩展，快速客运开始兴起。20世纪80年代恢复了中断30多年的上海至香港间的客货运输，先后开辟了上海—福州、上海—广州（后扩展为上海—厦门—广州）、上海—厦门的客班航线。80年代末，上海沿海客运干线已由改革开放前的4条扩大至8条，年客运量近380万人次。同时，上海与浙江间先后恢复与开辟多条沪浙间客班航线，并从80年代末起投放小型高速客轮，兴起海上短程快速客运。

(3)长江客货运输稳步增长，内河运输步入机动化和拖带化。先后开辟了上海—武汉的申汉快班和上海—九江的申浔快班。1978年~1990年，上海长江进出客运量从414万增加至579万人次，货运量从1 432万吨增加至2 111万吨。内河运输企业积极延伸航线，扩大服务，拓展进江出海运输，创办“运销联营”项目，改善干支直达运输服务。1984年~1990年，每年通过内河集疏运进出上海港的物资达6 000万吨以上。崇明、长兴、横沙“三岛”客运不断发展，对江轮渡客运量增长迅速，内河水上旅游客运逐步恢复。1979年5月恢复浦江游览，开发了淀山湖水上旅游等项目，受到国内外游客的欢迎。至1990年，上海内河运输已有各类经营性运输企业和个体联户2 932家（户），初步形成多种经营方式、多种经济成分并存、多家航运企业竞争发展的繁荣局面；全国运输船舶12 564艘，载货能力643 976吨，航舶功率246 188千瓦，载客能力12 925客位。木帆船运输已经废绝，机动化和拖带化成为主要运输方式；内河运输完成货物运输量5 306.7万吨，客运量38 116.5万人次，其中江河渡运量37 114.6万人次；内河港口吞吐量5 713.9万吨。1990年，上海在占全国2%的内河航道上，用约占全国总数10%的船舶，完成了占全国22%的内河货运量，航道货运密度高达3.11万公里，是全国密度的10倍；对江渡运量每天100多万人次，渡运量为世界第一。

(4)海港生产能力大解放，货物吞吐量蹿升成为亿吨大港。1984年突破1亿吨，成为当时世界上为数不多的亿吨大港之一。至1992年，全港完成货物吞吐量16 297万吨，其中外贸吞吐量3 178万吨。

(5)救捞力量不断壮大，经营养救助走出发展新路。上海救捞局开拓了拖航运输、大件装运、水工建筑、海洋石油服务等业务领域，并自筹资金购置了各类救助打捞作业船，壮大了救捞力量，走出了一条以经营养救助的发展道路。1981年1月28日，上海救捞局在距长江口250海里的黄海海面成功救助了遭到狂风袭击的13艘渔船的180多名渔民，与风浪搏斗了120多个小时。

(6)航空运输进入加速扩张期，地方航空企业展翅飞翔。相继开辟由上海通往乌鲁木齐、成都、昆明、重庆、兰州、沈阳、长春、连云港的8条国内直达航线，开辟了上海通往庐山、黄山、厦门等地直达定期航线，国内干线的航班密度不断提高，至1987年底，上海民航已有通往34个大中城市的37条国内航线，以上海为中心的华东地区航空运输辐射网基本建成。上海民航还先后开辟了通往日本、美国、加拿大、意大利、新加坡、香港等地的国际和地区航线。1985年12月，国内第一家自主经营国内航线干线客货运输的地方国营航空公司——上海航空公司成立，有力地促进了上海航空基地港的建设。至1992年，上海航空企业拥有飞机67架；上海空港完成旅客吞吐量从1978年的41万人增至615万人，其中国际航线旅客从1977年的1.75万人增至67.8万人，货邮吞吐量从1978年的8 824吨增至187.5万吨。

(7)特快专递业务率先开办，邮政储汇点多面广。1980年7月，上海邮政成为全国三大邮政特快专递业务试办点之一；1984年11月开办了国内特快专递业务。1994年11月在长江三角洲区域10个城市开通了快速邮路，实现了该地区邮件当日收寄、次日投递。1989年6月，台湾当局正式开办寄往大陆函件业务，与上海互换局建立直封航空总包关系。1986年，恢复了停办33年的邮政储蓄业务，并成立上海市邮政储汇局，邮政储蓄点多面广，营业时间长，大大方便了社会用户。至1990年底，上海邮政储蓄网点达276个、储蓄额11.05亿元。

4. 国际集装箱运输开始起步，多式联运初步发展

1978年9月，上海远洋运输公司所属“平乡城”轮装载着162只集装箱，驶往澳大利亚的悉尼和墨尔本，标志着上海口岸国际集装箱运输起步。1981年1月，中远“张家口”轮首航美国旧金山，开辟了第一条中美集装箱班轮航线。1981年6月，中远“抚顺城”轮自上海港装载集装箱首航神户，开辟了中日集装箱班轮航线。1982年，中远开辟了第一条中欧集装箱班轮航线。

从1979年开始，上海远洋运输公司先后向日本订购建造8艘载箱量分别为430标准箱和753标准箱的滚装船。1982年9月～1985年12月，又先后在联邦德国、日本和国内船厂承接了22艘集装箱船，全部投入集装箱班轮运输。1987年～1992年又增加15艘，其中载箱量2 700标准箱的5艘第三代集装箱船是代表当时最新科技的全集装箱船舶。

至1992年，以上海港为枢纽，共形成17条国际集装箱航线。其中干线11条、支线6条，每月开出86个航班。

1978年，市汽运公司上运六场自行改装25辆“集卡”，组建上海首个国际集装箱公路运输专营车队。1983年，交通、港务、外运等单位联合成立上海市国际集装箱汽车运输联营公司，1985年改制为股份有限公司，将原来松散的联营企业组成一个独立核算、自负盈亏的经济实体。80年代后期，上海国际集装箱公路运输运力迅速扩大，运输能力不断提高。

（二）重点突破，加快发展阶段（1992年～2002年）

1990年4月，党中央、国务院作出开发上海浦东的决策，浦东开始实行经济技术开发区和某些经济特区的政策。1992年10月，党的十四大提出“以上海浦东开发开放为龙头，进一步开放长江沿岸城市，尽快把上海建成国际经济、金融、贸易中心之一，带动长江三角洲和整个长江流域地区经济的新飞跃”的重大战略决策。1996年1月，国务院正式对外宣布，建设上海国际航运中心。这一系列的战略决策，使上海交通运输发展的指导思想、发展战略等发生了根本性的转变。上海交通运输行业紧紧围绕四个中心建设目标，按照上海“一年一个样，三年大变样”的要求，加快建设东北亚国际集装箱枢纽港、亚太航空枢纽港、公路运输主枢纽和城市立体交通网，继续开放和培育发展运输市场，努力提升上海交通服务全国的能力。

1. 国际航运中心开始起航，城市立体交通设施加速建设

(1)以上海港为主体，浙江、江苏的江海港口为两翼的上海国际航运中心建设正式启动。上海港确立了“以上海国际航运中心建设为中心，做好发展集装箱优势产业和老港区功能转换两篇文章”的发展思路，加快了集装箱码头建设和老港区改造。1997年～2000年，先后完成外高桥一期集装箱化改造工程、新建二、三、四期工程和配套内支线码头工程，形成大型集装箱泊位12个和支线泊位2个，码头长3 925米，实现了外高桥港区集装箱业务规模化运营。

(2)长江口深水航道一期工程实现治理目标。作为上海国际航运中心的重要基础设施建设内容，1992年国家计委将“长江口拦门沙航道演变规律与深水航道整治方案研究”列入国家“八五”科技攻关项目，经过论证，制定了长江口深水航道水深12.5米（理论深度基准面以下）的整治方案，明确了“一次规划，分期建设，分期见效，先治理至8.5米”的工作部署。1998年1月27日，长江口深水航道治理一期工程正式开工。由交通部、上海市和江苏省三方出资组建的长江口航道建设有限公司同时挂牌成立。2000年一期工程竣工，实现了8.5米目标水深。

(3)海港水上交通管制达到世界先进水平，海区巡视执法快速有效。1994年，具有世界先进水平的上海港水上交通管制系统（吴淞VTS）正式启用，2003年进行了改扩建；2004

年洋山 VTS 系统建成投入试运行。该系统对改善上海港通航环境，减少事故，提高船舶营运率发挥了极其重要作用。1994 年 1 月，上海海事局在全国海事系统中率先对船舶载运外贸危险货物实行申报签证管理；2000 年 2 月，又率先试行 EDI 电子申报系统。2001 年 12 月，千吨级巡视船“海巡 21”轮入役，实现了对海区巡视执法的快速反应、有效监管。

(4)快速道路网络框架基本形成，轨道交通实现“零”的突破。1992 年以来，上海实施了大规模的城市交通基础设施建设。先后建成内环线高架、南北高架、延安路高架和“三纵三横”等主干道，基本形成南北相通、浦东浦西相连、高架地面相接的快速道路网络框架。1990 年 1 月，国务院批准上海轨道交通 1 号线建设，上海轨道交通实现“零”的突破。1995 年 4 月 10 日，地铁 1 号线开通试运营。2000 年 6 月，贯通浦江两岸的轨道交通 2 号线通车；12 月，第一条高架轨道交通线 3 号线一期通车。至 2002 年，上海轨道交通运营线路总长度 63 公里，日均客运量达到 98 万人次。

(5)跨市高速公路网初步构架，公路建设进入了全面拓展和推进期。1993 年建成沪嘉高速公路东延伸段工程、完成沪青平改建工程，实现了上海公路史上一级公路零的突破。1994 年竣工的罗山路立交桥和龙阳路立交桥，开创了本市交通立体化的先河。1995 年竣工沪太公路改建工程和奉浦大桥，其中奉浦大桥是黄浦江上第一座大跨度预应力混凝土连续梁桥。1996 年先后建成南芦公路和沪宁高速公路（上海段）。1997 年竣工的外环线越江工程和郊区环线的大亭公路，为缓解市中心区的交通压力起到了十分重要的作用。1998 年～2002 年，先后竣工的有：特大型交通枢纽莘庄立交桥、沪杭高速公路（上海段）、莘奉公路、沪南公路改建、嘉浏一级公路（一期）、外环线一期、沪宜公路、同三国道主干线（上海段）、莘奉金高速公路，以及浦东国际机场疏港公路远东大道、龙东大道、迎宾大道。2002 年 12 月竣工的 A30（同三高速公路），是第一条连接沪杭、沪青平、沪宁等上海通往外省高速公路的环状联结线，至此已初步构架起上海通往长三角地区快捷的高速公路网。与此同时，各区（县）政府加大县（乡）公路建设投入，逐步提高了公路等级和通行能力，加快了城乡经济一体化建设。建成了交通大众客运站、交运高速恒丰路站、浦东白莲泾站等一批客运站，进一步提高了公路运输服务能力。截至 2002 年底，上海全市公路总里程由 1992 年的 3 625. 36 公里增加到 6 286. 59 公里，增长 73. 41%。其中拥有高速公路 240. 23 公里，一级公路 442. 03 公里；全部公路好路率达 77. 20%，干线公路好路率达 91. 52 %，公路绿化里程达 4 796. 15 公里。

(6)航空枢纽港建设加快推进，上海成为全国第一个拥有两个民用机场的城市。1995 年～1996 年，上海虹桥国际机场投资 2. 6 亿元人民币进行改扩建，国内候机楼面积增至 5. 2 万余平方米；机坪扩大为 8. 1 万平方米，新增机位 11 个。与此同时，国务院批准在浦东新建一个具有国际水准的航空枢纽机场。1997 年 10 月，浦东国际机场一期工程全面展开，总投资 130. 56 亿元人民币。1999 年 10 月，浦东国际机场正式投入运营，使上海成为全国第一个拥有两个民用机场的城市。

2. 交通运输改革全面深化，综合运输竞争能力明显增强

(1)航运及服务业开始集聚，在沪注册航运企业加快发展。为支持上海国际航运中心建设，1997 年 7 月组建的中海集团将总部设在上海；同时，中远集团对中远航运体制进行资产重组，在上海成立中远集装箱运输有限公司，负责中远集装箱船队的统一经营与管理；随后，中外运集装箱运输公司也入驻上海。由此，逐步吸引了一大批货代、船代、无船承运人、船舶管理公司和外商航运企业，加快了航运要素的集聚。中远集运和中海集装箱运输业务进入发展的高速跑道。1997 年，中远集运承接了 5 446 标准箱的“鲁河”轮，这是中国第一艘第五代超巴拿马型全集装箱船。上海长江轮船公司开始跳出长江，购置海轮，开辟了沿海、近洋和江海直达货运航线。上海锦江航运有限公司于 2000 年率先推出以精品航线为载体的品牌战略，将交货时间精确到小时，成功地在海运业实现空运服务标准。

(2)海港货物吞吐量和集装箱吞吐量跻身世界前茅。2000 年上海港货物吞吐量突破 2 亿吨，成为世界第三大货运港。集装箱吞吐量 1994 年突破 100 万标准箱，1997 年突破 200 万标准箱，此后每年上一个台阶，2002 年超过 800 万标准箱。1995 年首次进入世界港口集装箱吞吐量前 20 位，排名 19。之后名次不断提升，2001 年已升至世界第 4 位。

(3)公共客运交通持续发展，出租汽车行业取得突破性发展。至 2002 年，上海常规公交线路数、线路总长度和车辆数分别达到 951 条、22 005 公里和 18 541 辆，分别比 1992 年增长 174 %、282 % 和 171 %。1992 年以后，上海出租汽车行业取得突破性发展，初步建立了本市出租汽车法规体系，开展了规范服务达标活动，开通 24 小时“出租汽车热线”，推出优质服务的星级驾驶员和红顶灯车。1996 年上海开始对出租汽车实行总量控制。2000 年，继五大骨干企业创建品牌后，又推出蓝色联盟和法兰红等第 6、第 7 服务品牌。2001 年率先在国内推出区域性出租汽车。

(4)航空公司集团化规模化发展，上市融资助推上海航空业快速发展。1993 年中国东方航空集团成立，1995 年进行重组，成立东方航空集团公司和股份公司，有力地促进了航空运输市场的发展。1997 年，民航总局批准中国东方航空集团公司兼并中国通用航空公司。2002 年，以东航集团公司为主体、联合云南航、兼并西北航的中国东方航空集团公司正式成立。同年，上海航空公司 A 股在上海证券交易所挂牌上市，成为国内第一家整体上市的航空企业。除基地设在上海的东航和上航外，20 多家国内航空企业和 20 多家境外航空企业在沪设立了分支机构，开拓了往返上海的客运航班。一批 A300、310、320 和 340、B737、747、757、767、777 等先进大型机投入航行。上海航空逐步引入货运专机，开辟货运专线。1998 年，我国第一家航空货运专业企业中国航空货运公司在上海组建并投入营运。

(5)上海邮政大力推进邮政通信的自动化和信息化，传统邮政向现代邮政转变。1991 年～1997 年，上海邮政从德国先后引进 5 台全自动信函分拣机，获美国邮政赠送 2 台分拣机，自此改变了邮政信函长期以来使用手工分拣的历史。1995 年起，上海邮政陆续在全市 74 个支局（所）安装了“综合业务计算机管理系统”，推广使用业务办理“一席清”。沪、台两地开通信函业务后，上海邮局业务量骤升，1989 年～2001 年，两岸往来信件 8 992 万（封）件。

3. 对外开放有力突破，体制机制改革成效显著

20 世纪 90 年代以来，上海交通运输加快对外开放，坚持深化改革，取得了令人瞩目的进展。

(1)加快对外开放和合资合作的步伐。1992 年，市公交总公司探索与外资合作办公交，台资长城汽车服务公司和港资汽车服务公司相继成立。1993 年 8 月，上港集箱与香港和记黄埔上海港口投资有限公司合资组建了当时国内最大的港口合资企业——上海集装箱码头有限公司（SCT），为上海港集装箱运输的发展提供了现代化管理经验，充实了集装箱专用机械。

(2)积极探索投融资体制改革。上海公路管理部门对公路建设投融资体制改革进行了积极的探索。1994年，以股份制形式集资建设的奉浦大桥、以国有企业集资建设的徐浦大桥和1997年以“贷款建设、收费还贷”集资形式改建的沪宜公路（嘉定段）等公路建设项目多渠道投融资模式应运而生。1999年10月，市政府先后对沪青平、同三国道（上海段）和莘奉金三条高速公路项目面向社会公开招商，实行BOT融资建设模式，使高速公路投融资体制改革取得实质性进展。

(3)实施交通建设和管理体制与机制改革。上海市政府成立上海市空港管理委员会，建立起适应“一地两场”的机场管理模式。公路工程建设逐步实施建设项目法人责任制、工程招标投标制和监理制，对构筑“统一开放，竞争有序”的公路建设市场起到了积极作用。同时，公路设施管理事权下放、事企分开、管养分开等一系列改革举措给公路的建设与管理注入了新的活力。上海邮电实行分营，邮政企业从体制和机制上增强了市场化运作的适应力和自觉性，逐步成为市场竞争主体。

(4)积极培育交通运输市场。上海市颁布实施了《上海市道路运输管理条例》，明确公路运输市场运作规则、市场主体权利义务、政府管理职责等；推进市交运局转制改革，组建市交运集团公司和客货运合资公司；建立上海陆上货运交易中心，与市内其他区域性交易市场联网运行。为破解“乘车难”矛盾、减轻财政负担，上海公交实施了以“体制、机制、票制”为突破口的全面改革，通过取消月票，实行普票；变暗补为明补；撤销市公交总公司，将其下辖的13个营运企业全部实行独立核算，实现了公交行业从计划经济向社会主义市场经济的历史性转折。浦东新区政府将浦东公交拆分成三家，建立了竞争机制。到2000年，上海已形成方式多样、运力充足、竞争充分的公路运输和城市公交运输市场体系，使“乘车难”矛盾得到缓解。

(5)积极推进交通运输企业产权制度改革和股份制改革。包括实行资产经营责任制；倡导内部重组，强化二级单位“自主经营、自负盈亏、自我发展、自我约束”的“四自”功能；对投入产出差、资金分散的小单位实施关停并转。上海钢铁汽车运输公司、亚通轮船公司、上港集箱、东航、上航、上海虹桥机场等纷纷进行了股份制改造并成功上市，引入了规范化的公司治理结构，实施了资源配置的市场化。

（三）统筹协调，科学发展阶段（2002年~2007年）

进入21世纪后，我国成功加入WTO，进一步融入了经济全球化；党中央确立了科学发展观，提出了区域发展总体战略；中国申请2010年世博会上海举办权获得成功，这些变化再次引导上海交通运输实施重大战略转型。上海交通运输行业认真学习贯彻党的十六、十七大精神和“三个代表”重要思想，自觉实践科学发展观，紧紧围绕上海建设四个中心的目标，突出服务国民经济和社会发展全局，服务社会主义新农村建设，服务人民群众安全便捷出行；坚持建设与养护并重、管理与服务并重、科技与效率并重，坚持区域交通一体化发展，使上海交通运输行业进入统筹协调、科学发展阶段。

1. 国际航运中心建设成效明显，港航水平跻身世界先进行列

(1)深水港建设取得突破性进展，吞吐量跃居世界第一大货运港和第二大集装箱港。2002年6月，洋山深水港区一期工程开工建设，2005年12月竣工试运行。接着，2006年12月和2007年12月又先后建成二期工程和三期第一阶段工程。至此，洋山深水港区形成集装箱码头长4 350米、泊位13个，设计吞吐能力超过700万标准箱。与此同时，还先后建成外高桥港区五期工程和罗泾港区二期工程，分别形成集装箱泊位4个和散杂货泊位33个。2003年~2007年，上海港共完成固定资产投资373.5亿元，其中上港集团完成142.8亿元，2003年后5年完成的投资接近2003年前25年的总量。上海港货物吞吐量连续超过3亿吨、4亿吨大关，2007年达到5.6亿吨，约占全国规模以上沿海港口货物吞吐量的11%，成为世界第一大货运港；港口集装箱吞吐量2003年突破1 000万标准箱，2006年突破2 000万标准箱，2007年达到2 615.2万标准箱，约占全国规模以上沿海港口集装箱吞吐量的23%。2003年，上海港集装箱吞吐量在世界集装箱港口的排名升至第3位，2007年首次超过香港，居世界第2位。已吸引国内外65家船公司加盟国际班轮航班营运，平均每月开出的国际国内航班密度达2 182班，其中国际航班1 057班。上海港通达世界12大航区，与200多个国家和地区的500多个港口建立了业务往来。全年引领船舶6万艘次。船舶平均在港停泊时间仅为0.38天。

(2)长江口深水航道整治二期工程取得成功，内河高等级航道起步建设。2002年4月长江口深水航道整治工期工程开工，2005年3月10米水深北槽双向航道全面贯通，航道水深由8.5米增深至10米。三期工程于2006年9月30日开工建设，目标是加深到12.5米，形成全长92.2公里、底宽350~400米的双向航道。长江口深水航道治理工程形成的整套技术获得国家科技进步一等奖，创新多达74项，其中原始创新49项，极大地推进了我国河口及内河航道整治、港口工程、疏浚工程、海岸及近海工程等相关学科领域的科技进步，被专家誉为“世界河口航道治理的成功范例”。“十五”期间，上海内河航道相继完成了苏申外港线（上海段)、蕴藻浜东段（一期)、平申线（上海段)、浦东运河（南汇段）一期、上海化学工业区内河配套等航道整治工程和蕴藻浜东段（二期）航道疏浚工程等，完成了135公里高等级内河干线航道的整治改造。“十一五”以来，上海加快组织开展内河高等级航道建设，先后启动大芦线、赵家沟等航道建设。至2007年，上海共有内河航道196条，通航总里程2 110公里。

(3)水路运输发生巨大变化，中海集团和中远集运跻身世界十强。截至2007年底，上海共有从事国际海上运输及其辅助业经营企业958家，其中国际船舶运输企业40家，国际船舶代理企业111家，国际船舶管理企业57家，无船承运企业750家；在沪办理注册登记的经营国际海上运输及其辅助业的外商驻沪代表机构总数达到295家；从事国内水路运输企业有254家。中海集团和中远集运已成为位居世界班轮公司十强之列的航运公司。其中，中海集团2007年末拥有船舶436艘，1 768.36万载重吨、44.9万载箱位、12 819载客位、7 165载车位，完成货运量3.7亿吨、货运周转量6 456.4亿吨海里，集装箱重箱运输量992.5万标准箱。中远集运共经营集装箱船舶144艘、43.5万标准箱位，其中包括5 000标准箱以上超巴拿马型集装箱船32艘，完成集装箱运输量766万标准箱，其中重箱量571万标准箱。中波轮船股份公司全力推进航运主业由“区域性件杂货运输”向“全球重大件设备货专业化运输”的战略转变，目前拥有22艘现代化万吨级远洋杂货船舶，总运力近50万载重吨。锦江航运以准班准点和优质服务享誉东瀛，上海—日本航线的集装箱承运量名列各船公司前茅，公司拥有集装箱船舶9艘。2007年，上海内河运输货运通过量为1.48亿吨，货运周转量2 268 152.64万吨公里，客运量13 102.98万人，运输船舶1 861艘，上海内河港口货物吞吐量为6 918万吨。黄浦江游览船舶数从1979年的2艘1 000余客位已发展到2007年的36艘8 615客位，游客接待量也从22万人次发展到300多万人次。世界上最大的8个国外船级社在上海开设了代表处。上海航交所已基本确立了中国航运政策研究中心和国际航运信息发布中心的地位，同时成为国家级的二手船买卖平台。中国海事仲裁委员会在上海设立了目前国内唯一的区域性海事调解中心。

(4)集装箱公路运输覆盖东西南北。上海加快推进国际航运中心建设，为集装箱公路运输提供良好的发展机遇。2006年，上海港通过公路运输集疏的集装箱有1 463万标准箱，占集装箱总吞吐量的67.41%。2007年，公路国际集装箱运输覆盖面南达广东深圳，西南达广西北海，西北达甘肃兰州，东北达黑龙江哈尔滨。

(5)港口实行政企分开，“长江、东北亚、国际化”三大发展战略全力推进。2003年初，上海港实行政企分开，成立上海市港口管理局，负责港政航政管理；原上海港务局改制为上海国际港务（集团）有限公司。2005年6月，又与招商国际等公司合资成立了上海国际港务（集团）股份有限公司。2006年10月，上港集团吸收合并上港集箱并成功上市，成为全国首家整体上市的港口集团企业。上港集团全力实施“长江、东北亚、国际化”三大发展战略，近年来投资近30亿元推进与重庆、武汉、九江、南京、江阴等长江沿岸港口的战略合资合作。2006年9月，上港集团与A.P穆勒马士基集团签订了关于比利时泽布吕赫集装箱码头项目的合作框架协议，首次跨出国门参与海外码头的经营和管理。港口现代化程度大大提高，2008年1月3日，盛东集装箱公司在对“伊迪丝马士基”轮装卸过程中，创造了船时量达到850.53自然箱/小时、桥吊单机最高效率达到123.16自然箱/小时的世界装卸新纪录。

2. 航空枢纽港建设进展顺利，国际货运枢纽地位初步确立

航空枢纽建设实现阶段目标，国际货运枢纽地位初步确立。2003年~2007年，上海航空枢纽建设基本实现了“打牢枢纽建设基础”的第一阶段目标，主要保障资源大幅提升，有41个国家的97个城市和国内82个城市（含香港和澳门）与上海通航，有20家国内航空公司和51家国际及地区航空公司开通上海的定期航班。至2007年底，上海民航2个机场（虹桥、浦东国际机场）共保障飞机起降440 577架次，旅客吞吐量5 155.34万人次，货邮吞吐量294.79万吨。上海机场的国际航线旅客运量占全国的1/3，国际货邮约占全国的3/5。其中，浦东国际机场全货机货运航线广度、密度不断提升，与42家中外航空公司开通了140条全货机国际航线，每周全货机航班达到1 163个班次。2002年，浦东机场货运量首次进入ACI全球货运机场前30名，居第26位，2007年已跃升世界第5位，国际货运枢纽地位初步确立。

(1)航空运输能力迅速扩张，机队结构不断优化。上海地区航空运输能力迅速扩张，基地设在上海的航空运输公司有东航、上航、春秋航、吉祥航、中货航、上货航、扬子江航、长城航8家；运输飞机由1998年的98架增至2007年的311架。东航、上航等通过融资租赁、经营租赁和购买等多种途径积极引进飞机，扩大机队规模，优化机队结构，并与国际、国内等一些其他航空公司进行双向代码共享合作。至2007年，东航股份公司已有飞机221架，而且主要是当今世界上先进的大型远程客（货）运输飞机，开辟航线467条，旅客运输量3 916.12万人，货邮运输量94.01万成龙配套吨，运输总周转量771 392万吨公里。2004年，隶属空军的中国联合航空公司正式转让上海航空公司。至2007年，上航已拥有波音系列等各型飞机49架，开辟航线73条，旅客运输量869.27万人次，货邮运输量21.30万吨，运输总周转量133 852万吨公里。

(2)民营航空起步发展，货运航空建立基地。随着民航市场的进一步开放，一些民营单位积极在沪筹办航空运输企业。2005年，春秋航空有限公司在沪成立，成为新中国成立以来首批获准筹建的民营航空公司之一，也是第一家定位于低成本、引进差异化节约型客舱服务以及把B2C直销作为主要销售渠道和由旅行社筹办的航空公司。至2007年，春秋航空拥有空客飞机8架，开辟航线28条，旅客运输量235万人，货邮运输量1.36万吨。2005年，上海吉祥航空有限公司开始筹建，翌年正式运营，致力于向旅客提供“准五星级”服务，努力打造让旅客“如意到家”的高端服务品牌，在航空运输行业中独树一帜。至2007年，吉祥航空拥有空客飞机6架，开辟航线14条，旅客运输量96.92万人，货邮运输量9 719.98吨。此外，基地在沪的中国货运航空有限公司、扬子江快运航空有限公司、上海国际货运航空有限公司和长城航空有限公司，共有波音、空客、麦道等各型飞机27架，开辟航线47条，2007年完成货邮运输量64.98万吨。

3. 围绕世博建设大局，城市交通成就显著

(1)公交线网调整优化，市民出行较大改善。2003年以后，上海坚持以人为本，着力推进公共交通全面、协调、可持续发展，落实优先发展城市公共交通战略，先后制订了《关于优先发展上海城市公共交通的意见》和《优先发展上海城市公共交通2007年~2009年三年行动计划》。交通供应能力快速增长，公交线网调整优化，市民出行条件得到改善。2007年，全市公共交通客运总量达到45.17亿人，日均1 237万人，公共汽电车、轨道交通、出租汽车的日均客运量分别为726万、223万和288万人，承运比例分别为59%、18%和23%。出租汽车行业进入稳步发展阶段，运力大幅度提高，至2007年，全市有出租汽车48 614辆，日均客运量288万人，日均客运量278万人，占全市居民出行总量的6.5%。企业从2000年的232家减少到150家，行业集中度进一步提高。

(2)轨道交通进入大规模建设新阶段，环线加射线的网络运营格局初步形成。2004年上海轨道交通建设指挥部成立，组织近十万建设大军，运用集团化管理协同施工建设。通过组成全国12家银行展开银企合作，确保建设资金。2003年11月，轨道交通5号线通车。2004年底，轨道交通1号线北延伸段通车。2005年底，轨道交通环线4号线工程实了“C”字形运营，2007年底实现环线运行。2006年底，轨道交通2号线西延伸段和3号线北延伸段通车。2007年12月，上海轨道交通6、8、9号线以及1号线富锦路停车场（1号线北北延伸段）、4号线修复段同时开通试运营。至2007年底，上海已建成8条轨道交通线，环线加射线的网络运营格局初步形成，运营线路总长度234公里，在世界各大城市中位列第七。同时，轨道交通在建工程包括7条线路的8个项目，总建设里程194公里。

(3)区域路网建设进一步完善，“153060”目标基本实现。根据“153060”高速公路网规划，2004年~2006年，先后建成A1（迎宾大道）、A2（沪洋高速公路）、A5嘉金高速公路、A20（外环浦东、浦西高速公路）、A30（东南环、北环、同济高速公路、南环高速公路）、A7（亭枫高速公路）、A9（沪青平高速公路）和A6（新卫高速公路）。为服务社会主义新农村建设，上海加快农村公路建设。2002年~2007年，共建设农村公路4 942.35公里，改造农村公路危桥3 262座。2007年底，农村公路（乡道和村道）7 480公里，占上海公路设备量的67%，其中三级及三级以上技术等级公路里程所占比例达到39%；全市所有的行政村达到“村村通”。至2007年底，全市公路总里程由2002年5 825.66公里增至11 162.59公里，其中高速公路634.62公里，一级公路341.58公里；桥梁总数达到8 931座；公路密度达到176公里/百平方公里，6.15公里/万人。养护公路里程2 932.50公里，其中干线公路782.52公里；全部公路好路率达80.28%，养护综合值79.77；公路绿化里程达5 790.43公里。

(4)公路货运向特种货、专用化、专业化发展，道路客运向高速化、联营化、舒适化发展。上海道路运输行业不断完善运输市场机制，调整运力结构，提升服务质量。仅占企业总数4.3%和运力总量54.8%的专业运输企业承担了63%的社会运量。集运力、货源信息、配载、交易信息、验证、中介功能、票据、统计管理为一体的上海陆上交通货运交易中心平台建成投用，为建立国内一流的货物功能性要素市场创造了条件。上海货运车结构向特种货、专用化、专业化发展，形成了集装箱、冷藏、危险货物运输、商品车发送、搬场运输、货运出租、零担货运、汽车租赁等多功能、多方式经营的货运体系；货运车中，大型、重型车占货车总数的29.1%，专用车占7.1%，厢式车占12.4%。危险货物运输车辆全都安装了GPS。道路客运快速发展，通过推进线路整合，提高整体效率，让旅客出行更加舒适、安全、快捷。颁布了《上海市省际道路客运班线经营权管理规定》，行业开始实行线路经营权管理。交运股份、巴士股份、上海交投、巴士长运等公司联手重组上海交运巴士客运（集团）公司，积极创建上海高速客运品牌。在上海—昆山等线路上探索公交化发车模式，在上海—盐城等主客流班线线路上试行联营模式。上海长途汽车客运总站和上海长途客运南站相继建成，正在推进虹桥枢纽长途客站建设。2007年，上海公路货运量当年完成35 634万吨，承担全市货物运输总量的46%；旅客发送量2 872万人次，承担全市旅客发送量的28%。全市10座以上的公路客运车达到6 995辆，其中，高中等级客车占67.3%。公路车辆全部安装了GPS。

4. 交通支持保障系统再上新台阶，为交通发展提供可靠保障

(1)水上交通安全管理预控能力和应急反应能力不断加强。上海海事局先后颁布《上海水上安全监督规则》、《上海港防止船舶污染水域管理办法》、《长江上海段船舶定线制规定》和《黄浦江通航安全管理规定》等规章。完成长江口AIS基站网络系统工程建设，形成对船舶全方位的动态监控。至2007年，已形成黄浦江内CCTV覆盖、长江与洋山港区由VTS覆盖、全辖区AIS覆盖的局面，构成上海水上安全监管的内、中、外三层管理网络，配上大型巡视船“海巡21”轮、高速巡逻艇以及租用直升机，已经基本形成现代化立体监控网络。设在上海海事局的中国船报系统对我国海上搜救活动的协调指挥功能日益凸显。自1990年5月交通部授权对船舶实施安全检查和港口国管理以来，上海海事局至今保持适检船舶开航前检查率100%，经上海港开航前检查的中国籍船舶在国外滞留率为零的骄人记录。

(2)海上应急反应救助能力进一步增强，远洋拖航、海洋工程及三用船服务产业形成规模。2003 年 6 月 28 日，交通部正式组建垂直管理的东海救助局和上海打捞局。至 2007 年，东海救助局已拥有大小各类专用救助船（艇）21 艘，其中 6 000 千瓦以上全天候大功率救助船 3 艘、3 200 千瓦以上专用救助船 3 艘、1 940 千瓦专用救助船 5 艘、720 千瓦港内救助船 1 艘、沿海快速救助船 2 艘，从英国引进的具有自扶正能力的救生专用救助艇 7 艘。6 支应急反应救助队（分队）配有多型轻、重装潜水装具等装备。交通部东海第一救助飞行队在上海浦东机场部署两架 S－76C ＋救助直升机。2003 年～2007 年，东海救助局共组织完成救助任务 1 212 起，营救遇险人员 4 964 名，救助遇险船舶 219 艘，获救财产估算 96. 195 亿元。上海打捞局加快结构调整和产业延伸，逐步形成了远洋拖航、海洋工程及三用船服务三大核心产业。其中，远洋拖航已进入世界顶级拖航承包商行列，业务范围涉及超大型 FPSO、海上平台、航空母舰、桥吊运输等拖航领域；海洋工程获得“詹天佑土木工程大奖”等多项荣誉称号；“华威”品牌的三用船服务享誉国内外海工和石油服务市场。至 2007 年底，上海打捞局拥有各类救捞船舶 41 艘以及饱和潜水系统、海上溢油回收系统、大型浮筒等一批专业装备，其中，远洋拖轮有 8 艘，6 艘为大马力拖轮；打捞工程船 7 艘，最大单船起重能力 2 500 吨；海洋石油三用船 17 艘，1 艘具有动力定位功能；近海和港作拖轮 4 艘；具备整体打捞 4. 5 万吨级沉船以及对发生火烧、搁浅等事故的各类难船（设施）实施综合救助的能力，创造了我国商业饱和潜水作业“零”的突破，并保持 124 米的国内作业记录。

(3)道路交通信息化开始系统建设。2004 年建成上海市中心区道路交通信息采集系统工程；2008 年 3 月初步建成上海市交通综合信息平台，实现了以道路车流为主要内容以及与道路通行相关的交通信息资源在交通综合平台上的汇集、整合与交换。

5. 邮政服务加快走向现代化，快递服务形成发展新格局

2003 年，上海浦东邮件处理中心竣工投产，进一步实现了邮件分拣自动化、装卸搬运机械化、生产管理标准化、内部处理容器化、邮件识别条码化、数据传输信息化。2006 年，上海邮政南站邮件转运站投产启用，拥有 242 台（套）各类信件处理和自动分拣设备，成为上海邮政的又一现代化标志。邮政 EMS 加快发展。上海邮政不断优化网络、改革作业组织、改造业务流程，加强市场营销，为用户提供“11185”客服热线。至 2007 年，上海邮政营业服务点达到 657 处，邮政函件、包裹业务量达到 112 780. 49 万件，快递业务量达到 347 384 万件，邮政国际快递业务已通达 196 个国家和地区，国内快递业务通达 1 985 个市、县地区；邮政业务收入达到 104. 7 亿元，实现了历史性的跨越。2006 年，上海邮政实行政企分开，成立上海市邮政管理局，正式建立企业独立自主经营、政府依法监管的邮政体制，标志着邮政体制改革迈出了实质性的步伐。上海快递服务形成了国有、民营、外资企业相互竞争、共存发展的新格局。2005 年开放了除中国邮政依法专营以外的快递业务，国际快递公司开始落户上海，四大国际快递企业巨头美国联邦快递（FedEx）、美国联合包裹公司（UPS）、荷兰天地集团（TNT）、德国敦豪（DHL）相继进入中国市场。FedEx、TNT 均将中国总部设在上海，UPS、DHL 在上海设立了分公司。四大公司通过兼并、收购中国快递企业，在我国境内搭建了快递服务网络。民营快递企业迅速崛起，全国九大民营快递公司，有

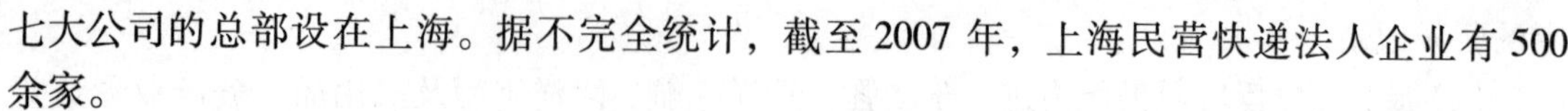

七大公司的总部设在上海。据不完全统计，截至2007年，上海民营快递法人企业有500余家。

二、辉煌成就

（一）综合运输

2007年与1978年相比，上海综合运输货物运输量和周转量分别增长3倍和11.5倍（见表1）；旅客发送量增长了近5倍，旅客周转量比1980年增长17倍（见表2）。

上海市综合运输货物运输量和周转量（1978年～2007年） 表1

年份	单位：万吨						单位：万吨公里					
	货物运输量	铁路	公路	水运	远洋运输	民用航空	货物周转量	铁路	公路	水运	远洋运输	民用航空
1978	19 645	4 329	7 184	8 131	939	1	1 267	81	7	1 179	698	
1980	20 037	4 484	7 284	8 267	1 098	2	1 487	87	8	1 392	778	
1985	24 243	5 059	9 216	9 965	1 402	3	2 015	102	11	1 902	1 072	
1990	22 848	1 257	8 714	12 864	2 246	13	3 359	111	11	3 236	1 957	1
1995	22 531	1 376	6 273	14 845	2 778	37	4 187	143	9	4 030	2 259	5
2000	47 954	1 055	28 369	18 442	7 022	88	6 620	122	56	6 430	5 285	12
2005	68 741	1 278	32 684	34 557	10 091	222	12 132	47	73	11 986	9 285	27
2007	78 108	1 143	35 634	41 041	12 575	290	15 949	35	85	15 789	12 039	40

上海市综合运输旅客发送量和周转量（1978年～2007年） 表2

年份	单位：万人					单位：亿人公里				
	旅客发送量	铁路	公路	水运	民用航空	旅客周转量	铁路	公路	水运	民用航空
1978	1 763	1 272	140	330	21	—	—	—	—	—
1980	2 369	1 692	200	446	31	49.31	15.67	1.24	32.39	—
1985	3 434	2 320	410	622	82	87.20	24.30	4.32	44.63	13.95
1990	3 835	2 476	605	555	199	113.94	26.85	8.42	40.84	37.84
1995	5 265	2 929	1 257	512	567	170.98	34.18	8.23	31.71	96.86
2000	6 893	2 980	2 482	539	892	234.72	35.40	16.44	6.77	176.11
2005	9 487	4 313	2 468	626	2 080	663.93	48.86	75.06	4.52	535.48
2007	10 371	4 795	2 872	95	2 609	883.25	51.34	94.02	6.10	731.79

注：港口旅客发送量从2006年起口径不包含海港到内河港区部分。

（二）港口

2007年上海港货物吞吐量、外贸吞吐量和集装箱吞吐量分别是1978年的7.1倍、16.3倍和3 269倍。其中货物吞吐量1984年进入世界前10位，2007年成为世界第一大货运港；集装箱吞吐量1995年进入世界前20位，2007年成为世界第二大集装箱港（见表3、表4）。

上海港吞吐量（1978年~2007年） 表3

年　份	货物吞吐量（万吨）	外贸吞吐量（万吨）	集装箱吞吐量（万标准箱）
1978	7 955	1 573	0.8
1980	8 483	1 791	3.1
1985	11 291	2 872	20.2
1990	13 959	2 593	45.6
1995	16 567	4 087	152.7
2000	20 440	7 633	561.2
2005	44 317	18 492	1 808.49
2007	56 145	25 574	2 615.2

注：上海港吞吐量2005年以前均为海港吞吐量，2006年起统计口径调整，海港和内河港吞吐量合并统计。

上海港与世界主要大港集装箱吞吐量比较 表4

单位：万标准箱

港　口	1995年		2000年		2007年	
	吞吐量	上海港与其比较	吞吐量	上海港与其比较	吞吐量	上海港与其比较
上海港	153	—	561	—	2 615	—
新加坡	1 185	-1 032	1 704	-1 143	2 794	-179
香港	1 265	-1 112	1 810	-1 249	2 388	+227
深圳	28	+125	399	+162	2 110	+505
釜山	450	-297	754	-193	1327	+1 288
鹿特丹	479	-326	630	-69	1 079	+1 536
高雄	505	-352	743	-182	1 026	+1 589

（三）航空

2007年上海航空客运吞吐量、货邮吞吐量分别是1978年的125倍和334倍（见表5）。

上海航空客运和货邮吞吐量（1978年~2007年） 表5

年　份	客运吞吐量	单位：人次			货邮吞吐量	单位：吨		
		国内航线	国际航线	地区航线		国内航线	国际航线	地区航线
1978	411 098				8 824			
1992	6 152 441	4 853 876	677 886	620 679	126 172	61 854	46 946	17 372
2002	24 714 789	15 306 959	6 832 101	2 575 729	1 074 871	402 230	573 073	99 568
2007	51 553 394	34 295 815	13 257 915	3 999 664	2 947 910	724 129	1 874 928	348 853

（四）公路建设和运输

2007年上海公路总里程是1978年的5.6倍。2007年与1978年相比，货物运输量和旅客发送量分别增长了4倍和19.5倍（见表6、表7）。

上海公路总里程对比表（1978年～2007年） 表6

年 份	公路总里程	单位：公里			国道里程（公里）	省道里程（公里）	县道里程（公里）
		高速公路	一级公路	二级公路			
1978	1 978						
1979	2 134			151		938	1 124
2007	11 163	635	342	2 691	316	1 133	2 233

上海公路客货运输量（1978年～2007年） 表7

年 份	通车总里程（公里）	货物运输量（万吨）	货物周转量（亿吨公里）	旅客发送量（万人）	旅客周转量（亿人公里）
1978	1 978	7 184	7	140	0.9
1980	2 116	7 284	8	200	1.24
1985	2 058	9 216	11	410	4.32
1990	3 050	8 714	11	605	8.42
1995	3 787	6 273	9	1 257	8.23
2000	5 970	28 369	56	2 482	16.44
2005	8 110	32 684	73	2 468	75.06
2007	15 458	35 634	85	2 872	94.02

（五）公共交通

1. 轨道交通

上海轨道交通从无到有，至今已初步成网运行，开通8条线路，运营总长达234公里（见表8）。

上海轨道交通运营线路及长度变化表 表8

单位：公里

年 份	合计	1号线	2号线	3号线	4号线	5号线	6号线	8号线	9号线
1995.4－1997.7	15.686	15.686							
1997.7－2000.12	20.064	20.064							

续上表

年 份	合计	1 号线	2 号线	3 号线	4 号线	5 号线	6 号线	8 号线	9 号线
2000.1 – 2003.11	62.863	20.064	18.319	24.48					
2003.11 – 2004.12	79.476	20.064	18.319	24.48		16.613			
2004.12 – 2005.12	92.07	32.658	18.319	24.48		16.613			
2005.12 – 2006.12	118.668	32.658	18.319	24.48	26.598	16.613			
2006.12 – 2007.12	140.245	32.658	24.223	40.153	26.598	16.613			
2007.12 – 2008.9	233.726	36.889	24.223	40.153	33.835	16.613	32.657	21.873	30.475

2. 公共汽电车

2007 年全市公交线路 974 条、线路总长 21 662 公里、运营车辆 16 690 辆，大大改善了市民的出行乘车条件（见表 9）。

上海公共汽电车和客运总量（1978 年 ~ 2007 年） 表 9

年 份	全市户籍数（万人）	公共汽电车					
		线路条数（条）	线路长度（公里）	营运车辆（辆）	其中：汽车（辆）	电车（辆）	客运总量（万人）
1978	1 098.28	180	2 952	2 983	2 298	685	250 408
1980	1 146.52	222	3 584	3 719	3 034	685	340 743
1985	1 216.69	269	4 213	5 036	4 153	883	500 741
1990	1 283.35	315	4 926	6 264	5 341	923	543 208
2000	1 321.63	978	23 260	17 939	17 358	581	264 900
2005	1 360.26	940	21 794	17 985	17 509	476	278 090
2007	1 378.86	991	22 375	16 944	16 672	272	265 170

3. 出租汽车

2007 年全市出租汽车 48 614 辆，日均客运量 288 万人次，里程利用率 60%（见表 10）。

上海出租汽车行业发展情况（1978年~2007年）　　表10

年　份	营运车辆（辆）	其中：小客车	客运量（万人）	服务车次（万次）	行驶里程（万公里）	运营收入（万元）
1978	1 720	269		41.23	1 272.05	589.62
1980	1 813	448		53.44	5 243.29	1 717
1985	2 033	599		281.95	5 696.83	3 606.71
1990	11 298	8 095		2 128.73	37 649.55	57 631.62
1995	36 991	33 968		15 536.35	225 782.42	373 833.25
2000	41 199	38 800	77 830	37 599	464 832	766 763
2005	47 794	45 900	102 889	56 401	581 189	1 154 121
2006	48 022	45 959	107 488	58 920	610 508	1 249 676
2007	48 614	46 758	105 117	57 764	606 634	1 275 198

（六）邮政

上海邮政的营业服务点从1978年163处增至2007年657处；邮路长度从1978年4.68万公里增至2006年18.97万公里；上海邮政函件、包裹业务量从1978年13 557.33万件增至2007年112 780.49万件；上海快递业务量从1990年24.485 0万件增至2007年347 384万件。

三、基本经验

改革开放30年是上海交通运输业加快发展、全面发展的30年；是大胆创新、勇于突破的30年；是依靠科学的政策引导、规划指导和法制规范，各方参与，协同发展的30年；是统筹部署，综合协调，体制和机制不断完善，与时俱进的30年；是交通行业全面进步，两个文明双丰收的30年。

经过30年的建设和发展，上海交通运输业发生了重大转变。交通运输由不适应和被动适应上海社会经济发展到基本适应，对上海社会经济发展的支撑和保障作用明显增强；由改革初期注重数量上的增长转向数量与质量并重，不仅满足客货运输基本需求，而且着力提供高质量、高水平的运输服务；由注重运能和运力总量上的增长，到加快运输结构的优化和交通运输企业国际国内竞争力的提高；由注重建设到建管并举，努力提高综合交通协调管理水平，发挥交通基础设施的系统效能；由注重单一运输方式发展，到着重发展联合运输、内外交通的衔接、交通枢纽换乘和交通资源的优化配置；由外延型和粗放型增长，转向集约化、组织化、集团化、规模化、网络化、信息化发展。

回顾上海交通运输行业30年来改革开放的历程，其基本经验可以归纳为以下“四个坚持”。

（一）坚持解放思想，将与时俱进、开拓创新的精神贯彻改革开放全过程

解放思想是改革开放的前提。波澜壮阔的改革开放滚滚洪流，使上海交通运输业发生了日新月异、翻天覆地的变化。改革开放的发展成果，来源于改革开放带来的思想解放、理念

更新和观念转变。30年来，上海城市交通管理部门和交通企业，坚持解放思想、开拓创新。一方面，积极推进各项交通运输改革，推进政企分开，引进外资，探索市场化发展道路，努力打破制约上海交通运输现代化发展的体制和机制性制约，如出租车行业改革、航空企业集团化和上市融资、集装箱码头合资经营、大机场下放等都走在全国的前列；另一方面，根据上海特大型城市的特点，积极探索建立与之相适应的交通运输发展模式，提出了举全市之力，大力发展轨道交通的战略部署，提出了在洋山跨海建设深水枢纽港的宏伟规划，制定了“一市两场”的航空机场布局，提出了网络化建设、网络经营的先进理念，并在交通投融资模式方面进行了大胆创新，形成了外国政府和外汇贷款投资、市区两级共同投资、银企、银银联手等投融资新模式，从而确保了上海交通运输改革开放的顺利推进。

（二）坚持国际化标准，围绕“四个中心”目标，努力打造特大型城市综合交通运输体系

定位决定方向，标准决定水平。国际化大都市的发展目标决定了上海交通运输业必须始终坚持国际化高标准，瞄准国际先进的交通运输技术和管理水平，努力打造先进的综合交通运输体系。改革开放以来，上海交通发展的重要特色之一，就是坚持国际化高标准，在发展目标上，鲜明地提出要建设国际航运中心、亚太航空枢纽港和一流的城市综合交通体系；在发展方向上，瞄准国际一流的城市交通、港口和航空枢纽作为参照；在规划建设中，十分注意吸取国外交通现代化的先进经验，在制订轨道交通规划布局、深水港和航空枢纽港建设论证时，都邀请国外同行中顶尖的专业咨询公司参与论证；在交通装备和信息化建设方面，积极引进国际先进的新技术、新装备，迅速提升了上海交通运输的现代化水平，并增强了上海交通参与国际竞争的综合能力。

国际航运中心建设，带动了城市交通布局大幅度调整，促进了集疏运系统的基础设施、各类运输方式和航运服务业的联动发展，提高了上海交通运输业参与国际竞争、推进长江黄金水道建设和服务长江流域的能力，以及支撑和支持上海其他三个中心建设的能力。从20世纪90年代以来，上海交通运输配合城市中心东移和深水港、航空枢纽建设，统筹规划并大幅度地调整交通布局，先后实施了一批重大交通工程，确保交通面貌实现一年一个样，三年大变样。尤其是在极其艰难的条件下，在国家有关部委和浙江省的支持下，成功实施了洋山深水港区建设工程，为上海国际航运中心建设奠定了坚实的硬件设施基础。

瞄准国际一流水平始终是上海交通运输现代化发展的动力。上海交通改革开放的30年，就是赶超世界交通先进水平的30年，是坚持“科技兴交”的30年。上海交通行业坚持科技创新，把信息化建设作为交通现代化的主要突破口，把创新完善交通投融资模式作为改革开放的重要内容，引进和自主创新相结合，理论研究和实际应用相结合，使上海交通部分门类的现代化程度达到了世界先进水平。如振华港机、上海航标享誉世界；大型河口治理成套技术、深水海港建设技术和集装箱电子标签应用技术在世界处于领先地位；空港和轨道交通建设达到世界先进水平。

打造符合特大型城市的国际化、一体化的综合交通运输体系，需要前瞻性的交通规划指导，需要统筹兼顾、综合协调和有序发展，而这些工作都离不开科学决策。上海历届政府都十分重视综合交通规划和交通决策咨询研究工作，1985年就成立了上海市综合交通规划领

导小组和工作组，开启了上海交通管理科学决策工作的先河。上海市政府组织相关部门和单位，通过编制《上海城市交通白皮书》和《上海市综合交通规划》等交通发展纲领性文件，为综合交通管理决策和构建一体化的综合交通运输体系提供了有力的技术支持，不断推进上海交通规划、建设和管理水平。

（三）坚持以人为本，面向“三个服务”，努力形成长三角交通联动合作新格局

服务全局，方能优化自我。改革开放以来，上海交通运输始终以人为本，把解决市民群众“出行难”问题作为改革发展的出发点；始终坚持上海是全国的上海，把服务长三角、服务长江流域和服务全国作为交通发展的着眼点。“服务国民经济和社会发展全局，服务社会主义新农村建设，服务人民群众安全便捷出行”的宗旨在上海交通发展中具体落实在下述两个基本点上。一方面，大力建设快速路网、轨道交通网和城乡道路网，完善陆岛运输，改造乡村渡运，优化公共客运服务，通过持续建设不断改善市民出行条件，同时在服务市民的过程中不断提升交通服务水平。另一方面，抓紧建设省际公路，实现与周边省市的交通对接；积极参与长江口深水航道建设，不断提升港口水水中转能力；交通企业通过资本运作参与长三角和长江流域港口及其他交通项目建设，构筑辐射内陆腹地的服务网络。上海交通在辐射全国的过程中也有效地增强了集聚能力，使上海运输业务获得了井喷式的增长。

现代交通是开放式的交通，区域交通一体化是区域经济和社会发展的客观要求。同时，建设上海国际航运中心是长三角两省一市的共同任务，也是推进长三角资源整合、联动发展的和谐工程。因此，上海交通管理部门在改革开放发展过程中，十分重视与江苏、浙江两省交通部门的沟通合作。洋山深水港区建设得以成功，就是上海和浙江合作推进上海国际航运中心建设的典范。近年来，江苏、浙江和上海两省一市共同建立了交通合作协调机制，在省际公路对接、短途省际客运线路开辟、内河高级航道建设衔接等方面加强了合作。区域公交“一卡通”合作项目正在持续推进。在上海组合港管委会办公室的协调下，长三角地区的港口和航运单位提高了交流合作的频率。上海与宁波、南京、南通的港口管理部门共同发起成立了长三角港口管理部门合作联席会议制度，开通了长三角港口合作信息网，并与复旦大学等共建长三角港口发展研究中心。此外，民航、邮政快递、海事管理、港航企业、航运交易等单位都在推进区域合作方面进行了卓有成效的工作。一个合作联动、协调发展的区域交通一体化发展新格局正在逐步形成。

（四）坚持市场化取向，努力培育公平有序的交通运输市场环境

市场兴，交通活，交通的活力取决于市场化的程度。改革开放以来，上海交通行业始终将培育运输市场作为重要的改革内容，予以持续推进，先后对出租车行业、公路运输、公交系统和邮政快递等实行市场开放，大批非国有交通部门运输企业和邮政快递企业冲破部门分割，进入运输和邮政快递市场，成为增长最快、市场占有率最大的一支力量。交通运输和邮政行业逐步步入市场经济轨道，形成多种经营成分并存、多家经营的新局面，有力地促进了交通运输能力增长和服务质量的提高。公路、港口、机场建设采取项目投融资模式，引入社会资金，逐步形成投资主体多元化、招商形式多样化、项目运作市场化。为适应运输市场发

展需求，交通运输和邮政管理部门转变政府职能，加强法制建设；放宽市场准入，加强市场监管，规范市场秩序；创导文明交通，开展诚信建设；发挥行业中介组织作用，引导运输企业加强自律，为全市交通运输企业发展创造了良好的市场环境。

四、发展展望

面向新时期新形势，上海交通运输行业将坚持邓小平理论和“三个代表”重要思想，自觉实践科学发展观，把握历史机遇，承担历史使命，站在新高度、新起点，进一步解放思想、改革创新、扩大开放，加快国际化、市场化和法制化，努力创造良好的投资运营环境；继续大力推进世界一流的城市交通建设，努力形成设施先进、功能完善、管理科学、运行高效、人文和谐、生态环保，与“国际大都市”相适应的海空枢纽、公铁均衡和多种方式协调的综合交通体系，在促进上海“四个率先”和建设“四个中心”的伟大实践中实现上海交通运输又好又快地发展，在服务长三角、服务长江流域和服务全国经济发展中作出更大的贡献。

（一）发展战略

至2020年，上海将形成与国际大都市相适应的海空枢纽、公铁均衡和多种方式协调发展的综合交通运输体系，上海交通运输由目前的基本适应社会经济发展到适度超前，交通运输规模和运行质量位居世界特大型城市前列。全市形成“2 +3 +4 +1”的发展格局，即2个国际枢纽：国际航运枢纽港和国际航空枢纽港；3个区域交通网络：公路、铁路和水路区域交通网络，打造服务长三角的集约型复合城际交通；4个市域交通系统：公共交通系统为主、机动车系统和慢行交通系统为辅、货运交通系统为特色的市域交通系统；1个交通综合信息平台：面向全社会、覆盖全行业，构建高效、实时的交通综合信息平台。为此，上海将坚持以下三大发展战略：

一是坚持集约化发展战略，实现交通运输又好又快发展。以提高城市运行效率为抓手，建管并举，重在管理，建成各类交通设施平衡发展，各种运输系统协调服务，各个职能部门协同管理的集约型综合交通体系，并且与区域发展、土地利用、经济增长、社会繁荣和资源环境保持动态协调发展。

二是坚持综合交通协调发展战略，实现交通建设与城市规划协调发展，交通运输市场化运营与公共财政公益性补贴有机结合，交通需求管理与环境保护协调发展，交通枢纽和交通网络有效衔接，全面实现交通信息化和智能化。

三是坚持区域交通一体化发展战略。按照国务院对长三角地区改革开放和社会发展的新要求，上海交通运输将主动对接、积极融合到长三角区域交通一体化的发展进程中，把城市交通规划、建设和管理，纳入区域交通一体化发展蓝图中，为建成中国综合实力最强的区域和世界级城市群发挥龙头作用。

（二）发展阶段

(1)2008年~2010年：世博会效应显现，综合交通体系全面进入加速增长阶段。该阶段以满足交通需求量的快速增长为主，交通设施规模和承载容量成倍扩大。

(2)2011年~2020年：以拓展交通功能和提高服务品质为主，各交通系统逐步完善，综合交通体系处于持续加速增长阶段。基础设施建设引导需求，交通发展以质的提高为主，以深水港和航空港为核心，规模扩张和功能开发兼顾，强化国际和国内的双向辐射客货运协调发展，规模继续增长。至2020年，综合交通服务水准大幅度提升，满足城市发展对交通服务品质的要求，形成高服务水准的综合交通体系。

(3)2020年~远景年：上海逐渐步入平稳发展阶段，该阶段上海综合交通以完善交通功能和提高服务品质为主，交通规模和设施保持惯性增长，增速逐步放缓。上海将形成以深水港和航空港为核心，规模扩张和功能开发兼顾，辐射国际和国内的规模巨大、服务一流和管理高效的国际海陆空枢纽中心。

（三）发展重点

1. 国际航运中心建设

将紧紧围绕建成国际枢纽港的目标，重点建设集疏运体系和航运服务体系。到2012年，稳固确立集装箱国际枢纽港地位，基本形成高效快捷、结构优化的港口集疏运体系，形成基本功能完整的航运服务体系，健全上海国际航运中心建设的保障机制。实现协调推进国际航运中心建设的组织、人才、口岸和资金保障机制。到2020年，全面建成国际枢纽港，成为航运资源高度集聚、航运服务功能健全、航运市场环境良好的具有全球资源配置能力的上海国际航运中心。

2. 民航现代化建设

将围绕建成亚太地区航空枢纽的目标，继续推进航空枢纽建设，以浦东机场为主构建枢纽航线网络，推进股份制改造，加大市场配置航线资源的力度。至2012年，上海航空枢纽基本建设成为融本地集散功能、门户枢纽功能、国内中转功能和国际中转功能为一体的大型复合枢纽，亚太地区航空枢纽地位初步确立；上海两场起降架次将达到102.5万架次，比2007年翻1番。到2015年，全面确立亚太地区航空枢纽地位，成为世界航空网络的重要节点，客货吞吐量在亚太地区排名前列，旅客运量达到1亿人左右，货邮吞吐量达到600万~700万吨；空中交通管制能力达到世界先进水平；主要枢纽运营经济技术指标达到世界先进水平，中转旅客比例约30%；通航点和航班周频超过世界枢纽机场的平均水平。

3. 公路建设和管理

以推进长三角区域经济联动发展为目标，加大公路设施建设力度，进一步完善上海公路网的形态与布局，推动长三角“3小时都市圈”城际公路交通体系的构建与运营。至2010年，干线公路网主骨架基本建成；郊区公路基本建成高速公路网，公路网总里程达到10 400公里左右，其中高速公路880公里（含外环线），其他国省干线公路约1 220公里，农村公路总里程达到8 300公里；公路路网密度达到162公里/百平方公里；初步建立现代化管理网络，依法管理、动态管理、应急保障能力和信息化水平进一步提高，ETC车道覆盖全路网。到2020年，城市道路和公路满足本市450万辆保有量的出行需求；道路交通与设施管理的信息系统更趋完善；形成功能完善、结构清晰、可靠性高、覆盖面广、设施和管理水平先进的现代公路网络，干线公路技术指标达到国内领先水平；公路网总规模达到13 000

公里。

4. 道路运输

将抓住优化调整结构、完善市场机制、改进管理方式三大环节，着眼于提高交通供应能力和服务水平，大力建设“以人为本、客畅货通、环境友好”的和谐交通，加强与长三角区域交通体系的统筹协调，全力提升道路运输的整体服务水平和综合管理水平。道路客运努力实现短线公交化、中线直达化、长线驿站化；长途客运站点形成中心城“四主六辅”、郊区新城“一城一站”的新格局。道路货运以建设国际航运中心为契机，以发展现代物流业为主导，构建与口岸物流、制造业物流、城市配送物流相配套的道路货运系统，重点发展道路集装箱运输、省际快运和城市物流配送，形成社会化、专业化、集约化、标准化道路货运体系。

5. 城市公共交通

将着力构建与现代化国际大都市地位相匹配、市郊协调发展、内外有机衔接的一体化公共客运体系。到2010年，公共交通的硬件设施条件明显改善，职工素质、服务质量、行业风貌和整体形象明显提升，公共交通客运量占机动出行比重达到65%以上，占市民出行总量的比重达到33%以上；实现公共交通站点500米服务半径在中心城和郊区城镇的全覆盖，其中内环线以内区域实现300米服务半径基本覆盖，郊区实现行政村“村村通公交”；服务效能实现“三个1”目标，即中心城两点间公共交通出行在1小时内完成，郊区新城1次乘车进入轨道交通网络，新市镇与所属中心村之间1次乘车到达。

6. 邮政系统

将加强邮政法律体系建设，完善普遍服务、特殊服务机制，建立邮政市场准入制度，构建竞争有序的市场体系，促进快递服务发展，加强行业监督管理，确保公民用邮寄递渠道安全；改善服务设施，提高装备水平，提升传递速度；形成指挥统一、协调有序、技术先进、运转高效、安全畅通的通信体系，满足城市经济社会发展的新需求。

改革不息，创新不息，上海交通运输行业将在改革开放新的历史征程上争取实现新跨越！

江苏交通的辉煌篇章

江苏省交通厅

改革开放以来，在交通部（交通运输部）和省委、省政府的正确领导下，在社会各界的大力支持下，江苏省交通系统紧抓机遇，推进改革，扩大开放，锐意进取，积极探索适应时代要求、具有中国特色和江苏特点的交通发展之路，扎实推进交通事业持续快速健康发展，为全省经济社会发展作出了重要贡献。

一、发展历程

改革开放30年，江苏交通事业先后经历了恢复发展、跨越发展和统筹发展三个阶段，各阶段均呈现其显著特点。

（一）恢复发展阶段（1978年~1991年）

1978年，党的十一届三中全会胜利召开，开启了我国改革开放历史新时期。江苏交通事业自此揭开了崭新篇章，进入全面恢复发展时期。

改革开放之初，江苏百业待兴。薄弱滞后的交通基础设施及运输服务能力，严重制约经济社会发展。当时，江苏的公路不仅里程短、而且等级低，铁路只能依靠建国前所建的3条，跨江大桥和机场都只有一座，航道基本处于自然状态，港口站场规模偏小、设施不全、功能单一，总体运力明显不足，交通运输客观上已经成为事关全省经济社会发展全局的问题。为了尽快缓解交通“瓶颈”制约，江苏省委、省政府明确提出“经济发展、交通先行”加快交通发展的重大决策，全省交通部门按照交通部和省委、省政府的统一部署，从探索建设筹资模式、开放运输市场、改革交通管理体制和转变交通管理职能等方面入手，全力推进交通运输事业尽快恢复发展。

1. 交通建设在拓展筹资中发力起步

改革开放初，由于计划经济体制下的交通基础设施建设单纯依靠政府投资，国家财力极其有限，因而资金严重不足，建设速度十分缓慢。资金缺乏，一度成为影响交通基础设施建设的突出问题。1984年，国务院决定：对所有新增车辆征收车辆购置附加费，提高养路费征收标准，贷款修建的公路、桥梁可收取过路、过桥费。从1985年起，江苏积极实行“贷款修路、收费还贷”政策，注重发挥养路费、客货运附加费、通行费、航养费、过闸费等交通规费的使用效率，加大高等级公路、大中桥梁、汽车轮渡、城市出入口“卡脖子”路段、国道“断头路”以及部分干线航道、船闸工程的建设养护力度，同时在干线公路以及京杭运河扩建工程等项目上积极争取国家配套资金，使公路、航道、港口等建设出现了良好势头。此外，港口建设上实施以收抵支的“以港养港”政策，扩大与提高港口建设费的征收范围和标准，同时开展转让、租赁基础设施经营管理权，扩大了资金利用渠道。在积极筹措资金的基础上，江苏先后建成了宁扬一级公路、312 国道江苏段、盱眙淮河大桥、响水灌河大桥、京杭运河苏北段续建二期整治工程、南京新生圩港、徐州万寨港扩建工程等当时急需建设的一批项目，并于 1989 年启动了苏南路网成片改造工程，形成了江苏公路建设的第一个高潮。

2. 交通运输经济在开放中搞活

20 世纪 80 年代初，交通部先后提出了“有河大家走船、有路大家走车”，“各部门、各行业、各地区一起干，国营、集体、个人以及各种运输工具一起上”等一系列放宽搞活的政策措施。从那时起，江苏交通运输市场开始了新的孕育与发展。一方面，积极发挥国有交通企业的主导作用，落实企业经营自主权，帮助企业转换运营机制，使企业不断增强活力和竞争能力。另一方面，在部分国有运输企业逐步推行承包经营责任制，积极引导各类有资质的经营主体有序进入初始的交通运输市场，促进运输市场机制的初步形成。江苏交通运输经济由此发生了深刻变化：一是形成了多形式、多层次、多渠道的运输经济新格局，车船运力迅猛增长，各省辖市均新组建上规模的汽车运输公司，个体运输从无到有。二是车站港口面向社会开放，鼓励多家经营和合理竞争，允许社会运力参加营业性运输，使出行难、运货难的矛盾得到一定缓解。三是逐步缩小指令性计划，扩大指导性计划和市场调节范围，将全省道路、水路客货运输以及汽车维修业务等先后引入市场。四是江苏远洋运输业得以起步和发展，从 1980 年起，中远江苏省公司、江苏省海运公司、南京远洋运输公司等一批海运企业先后成立，开辟近海、远洋航线。五是一批具备条件的港口率先成为对外开放港口，经国务院批准，1982 年～1986 年，南京、张家港、南通、镇江等港口向外轮开放，成为一类口岸。放宽搞活的政策实施后，全省客运量、旅客周转量、货运量、货物周转量和港口货物周转量等运输指标每年均以 11% 以上的速度迅速增长。

3. 公路、水路交通管理体制在改革中加强

1978 年，江苏调整省级交通管理机构，成立专司公路、航道、桥梁、船闸建设与养护管理的省交通厅工程管理局。1983 年，江苏撤地建市、实行市管县行政体制改革，交通部门抓住机遇，在原地区公路航道养护段及工区的基础上，组建市公路、航政管理处以及县公路、航道管理站。自 1984 年起，交通部对沿海、沿江港口政企合一、高度集中的港口管理体制进行改革，将沿海、沿江港口下放交由地方为主管理。根据这一改革方案，1984 年～1987 年，南京港、镇江港、张家港、南通港、连云港港改为由交通部与地方政府双重领导；泰州、江阴等港口改为由地方政府管理。1986 年，省交通厅在安全监督处的基础上改建水上安全监督局，主要负责水上安全指挥、港航监督、船舶检验、船员考试、海损事故处理等，1987 年全省各港航监理机构统一名称为江苏省交通厅港航监督局及市（县）港监处（所）。1988 年，江苏省交通厅撤销运输处和工程管理局，成立江苏省交通厅公路局、航道局、运输管理局，分别负责全省公路、航道的建设、养护和管理，以及公路、水路的运输管理，同时成立京杭运河江苏省交通厅航务管理局及苏北航务管理处，专门负责京杭运河苏北段的建设、养护和管理。全省公路、水路交通管理体制的不断改革与完善，为交通运输事业的恢复与发展提供了重要保障。

4. 交通部门的管理职能在转变中明晰

1984年，交通部根据改革开放新形势，在全国交通系统开始推行“转、分、放”和“两个转变”。从那时起，江苏省交通部门大力转变政府职能，积极推行政企分开，进一步下放管理权限，同时本着精简、统一、效能的原则，两次较大规模地调整交通管理机构，调整企事业单位管理体制，使交通管理部门从主要抓直属企业加快转向主要抓全行业，从直接抓企业的生产经营加快转向对运输经济进行宏观调控，从而弱化了微观事务管理，强化了宏观管理职能。一是根据交通运输业社会性强、行业构成复杂和管理跨度大的特点，逐步建立健全了从省到市、县、乡的四级交通管理体制。二是将南京长途汽车客运公司、江海航运公司等部分由省交通厅直接管理的企业下放地市管理。三是从微观管理中解脱出来，初步形成了重点抓统筹规划、政策法规、组织协调和监督检查等宏观管理的工作格局。

归结起来，江苏交通事业在这一阶段较好地实现了自身的恢复发展，为全省经济社会的全面恢复发展提供了有力保障，也为下一阶段江苏交通事业实现跨越发展奠定了重要基础。尽管这一阶段江苏交通事业取得了令人鼓舞的成就，但总体上看，仍属于“改革管理体制、急补历史欠账”的恢复性发展。

（二）跨越发展阶段（1992年~2002年）

1992年，邓小平同志视察南方发表重要谈话，党的十四大胜利召开，我国改革开放进入了一个新阶段。江苏交通事业进入跨越发展时期。

1. 基础设施建设大规模推进

20世纪90年代初，按照国家“三主一支持”交通发展规划，江苏省委、省政府决定集中力量建设沪宁高速公路江苏段、江阴长江公路大桥、宁连一级公路、宁通一级公路、苏南运河综合整治、南京禄口机场高速公路等六大交通重点工程。从1992年沪宁高速江苏段开工建设，至1999年江阴长江公路大桥建成通车，六大交通重点工程建设取得辉煌成就。其中，沪宁高速公路江苏段实现了江苏高速公路“零”的突破，工程质量达到国际先进水平，并获得鲁班奖；江阴长江公路大桥实现了我国千米悬索桥的首次跨越，获得国际桥梁大会首届尤金·菲戈奖；苏南运河整治工程实现500吨级船舶全线贯通，成为我国历史上规模最大、标准最高、难度最大、效益最为显著的一次综合整治，成为全国内河航道建设的第一个水运样板工程。1997年，开工建设南京长江第二大桥，2001年建成通车。1998年，江苏省委、省政府作出了“奋战五年，决战苏北，实现全省高速公路联网畅通”的重大决策，先后开工建设了广靖高速公路、锡澄高速公路，京沪高速公路淮安至江都和新沂至淮安段、宁宿徐高速公路、宁靖盐高速公路、连徐高速公路等，江苏高速公路建设进入了全面发展时期。随后，又开工建设徐宿、京福国道主干线徐州东绕城高速公路、宁杭高速公路、沿海高速公路盐通段、通启高速公路、沿江高速公路、扬州西北绕城等，江苏高速公路建设形成了“南北并举、东西共进、滚动发展、规模推进”的局面。1999年，谏壁二线船闸开工，利用世界银行贷款计划新建5座现代化船闸的京杭运河船闸扩容工程正式启动。2000年，江苏高速公路通车总里程突破1 000公里，润扬长江公路大桥开工建设。2002年，苏通长江公路大桥奠基。

2. 交通市场体系逐步形成

1993年，党的十四届三中全会作出了《关于建立社会主义市场经济体制的决定》，为交通建立市场经济体制指明了方向。江苏交通部门认真贯彻中央决定，进一步放开公路、水路运输市场，允许各种运输从业主体公平竞争，着力培育和发展统一、开放、竞争、有序的交通运输市场；进一步放开交通建设市场，从勘察、设计到施工、监理等完全按照市场化模式运作，坚持用市场机制选择设计、施工、监理队伍和建设材料、设备。1994年，在全省运管系统增设车辆技术管理机构，加强汽车维修与检测的市场监管。1995年，专门发布有关规定，对危险品运输经营主体实施严格限定。1998年前后，多次与邻近省市加强沟通协调，并达成共识和协议，联手推动交通运输市场有序发展。2000年，开展“交通安全与运输市场管理年”活动，集中整顿清理客运市场。在交通工程建设领域，一手抓交通建设市场的培育与发展，一手抓交通工程质量的严格监管。1996年起，加快建立交通工程项目招投标管理体系。1999年，全省交通行业开展声势浩大的“交通工程质量年”活动，健全工程质量管理体系，采取强有力的监管措施，此后每年开展交通工程质量创优活动，确保重点工程招投标率100%，重点工程优良率100%，一般工程优良率85%以上。

3. 交通规划和政策法规工作得到加强

交通规划方面，集中力量加强交通发展战略研究，组织编制全省公路、水路中长期发展规划和年度计划。20世纪90年代初制订5 100公里的干线公路网规划，1993年制订《运输管理信息系统市级总体规划》，1996年制订“四纵四横四联”总里程3 500公里的高速公路网规划。此间，内河航运以提高航道等级和充分发挥水运主通道联网的规模效益为重点形成了“两纵两横”总体规划，港口规划则重点加强能源、集装箱、主要原材料装卸泊位建设和配套设施。政策法规方面，建立健全工作机制，加强交通立法，进一步规范交通行政执法工作。1996年起，在各级交通管理部门设置政策法规工作机构，加强对交通行政执法队伍的建设，认真贯彻执行《中华人民共和国行政处罚法》，不断推进交通行政执法规范化。1995年~2002年，出台《江苏省内河管理条例》、《江苏省公路条例》、《江苏省道路运输市场管理条例》、《江苏省高速公路条例》等4部省级地方性交通法规。1992年~2002年，先后出台《江苏省航道管理条例实施办法》、《江苏省搬运装卸业管理办法》、《江苏省公路养路费征收管理规定实施细则》、《江苏省内河航道养护费征收和使用办法实施细则》、《江苏省船舶过闸费征收和使用办法》、《江苏省内河交通事故处理办法》、《江苏省港口管理办法》、《江苏省苏南运河交通管理办法》、《江苏省江阴长江公路大桥管理办法》、《江苏省船舶检验管理办法》和《江苏省渡口管理办法》11部省政府规章以及若干规范性文件。1999年制订实施《关于实行依法治交通的意见》，加快推进交通法制进程。

4. 交通体制机制改革持续深化

不断完善“政府投资、地方筹资、社会融资、利用外资”的投融资体制，1993年设立江苏省地方重点交通建设资金；1997年宁沪高速公路股份有限公司在香港成功上市，成为国内首家上市的高速公路公司，江苏交通进入了资本运营新阶段；2000年、2001年先后组建江苏交通控股有限公司和江苏交通产业集团公司作为交通建设的投资主体，通过股权转让、发行股票和企业债券等形式筹集资金，确保高速公路建设投资两年完成220亿元，并为未来交通发展创造了筹资机制。建立健全交通建设管理体制，在1991年成立省高速公路建设领导小组及指挥部的基础上，江苏省政府分别于1994年、2002年与交通部联合成立省长江公路大桥建设领导小组、苏通长江公路大桥建设领导小组及指挥部，为领导和指挥交通重大工程建设提供了组织保障。此间，省高速公路建设采用“省市共建，以省为主”的建管模式。积极推进厅属企事业单位改制工作，在1998年试点的基础上，2000年，厅属全部18家企业、5家科研应用型和生产经营型事业单位全面实施改制，2002年底取得重大进展，为2005年底历史性实现政企分开、政事分离奠定了基础。积极稳妥推进新一轮政府机构改革，2000年政府机构改革，调整机关职能和内设机构，精简机关工作人员，新成立交通行业与产业项目招投标管理办公室、交通规划研究中心、交通通信信息中心等，部分管理职能转移或取消。2001年，实施新一轮港口管理体制改革，全省港口下放由地方政府直接管理；按照全国水上安全监督管理改革实施方案，调整全省水上安全监督管理机构，成立江苏省地方海事局，全省地方海事系统形成省市县三级管理体系。

5. 交通精神文明建设等同步推进

坚持两手抓、两手硬，大力推进交通行业文明建设，1993年召开全省交通系统精神文明建设经验交流会；1996年全省交通窗口推行“您好工程”，全国交通创建文明行业大会在江苏南京召开；1997年召开全省交通创建文明行业大会，省交通厅成立文明委，全面开展创建活动，并推出“一把手抓典型”制度和江苏省交通行业“三学一创”典型，文明创建活动蓬勃开展；2001年交通部在江苏南京召开第二次全国交通创建文明行业大会；至2002年，江苏交通已形成较为完善的创建体系。204国道江苏段建成部级文明样板路，京沪高速公路沂淮江段和南京机场高速公路建成省级文明样板路，连云港新浦汽车总站长途服务组、江苏宁沪高速公路公司、邵伯船闸管理所、杨小虎等先进典型不断涌现，并受到中央文明委、交通部、省文明委的表彰，这些都为2003年全省交通创建成省文明行业创造了有利条件。坚持不懈抓党风廉政建设和纠正行业不正之风，从2000年开始向所有高速公路、跨江大桥等重点交通工程派驻纪检监察机构，并积极推行“双合同制”和质量责任人档案制，1996年江苏成为全国第一批国道、省道基本无“三乱”省份，2001年国务院“两部一办”宣布江苏为第一批所有公路基本无“三乱”省份。交通教育事业得到调整和优化发展，1999年无锡船舶工业学校和无锡航运技工学校合并成无锡交通学校，后改为无锡交通高等职业技术学校，2000年淮阴工业专科学校交通分部彻底划出，2000年南通航运学校升格为南通航运职业技术学院，2001年南京交通学校升格为南京交通职业技术学院。交通教育为交通行业培养了大批人才，成为交通事业大发展的有力支撑。交通科技攻关及创新的投入明显加大，在特大跨径桥梁、公路建设与管理养护和交通信息化建设方面不断取得科研成果。

总体上看，江苏交通的改革发展在这一阶段尽管遇到了项目资金紧缺、建设任务繁重、改革矛盾突出、国企经营困难等巨大挑战，但依然保持着投资规模大、发展速度快、改革力度强的迅猛态势。经过这一阶段，江苏交通基础设施的“瓶颈”制约明显缓解，基本适应了江苏经济社会快速发展的需求，实现了超常规、跨越式发展。

（三）统筹发展阶段（2003 年开始）

2003 年，党的十六届三中全会提出以人为本、全面协调可持续的科学发展观。江苏交通从服务全省“两个率先”的实际出发，开启了以构建现代综合交通运输体系为目标和主线的新思考、新实践。江苏交通事业由此进入各种运输方式统筹协调发展的新阶段。

1. 在理清发展思路的基础上构建现代综合交通运输管理体制

针对公路、铁路、水运、航空 4 种运输方式发展还不协调、区域交通和城乡交通发展还不平衡、交通现代服务业发展的潜力还没有充分发挥、交通发展中面临的资金、土地、前期工作等压力还比较大等突出矛盾和难题，江苏交通部门认真学习领会科学发展观的深刻内涵，主动适应新形势，立足江苏省情及交通发展实际，明确提出构建现代综合交通运输体系的发展思路。随后，在省委、省政府以及交通部等国家部委的关心和支持下，省交通厅开始探索构建现代综合交通运输管理体制。2005 年 11 月省港口管理局成立，作为省交通厅副厅级的内设机构，负责全省港口的规划和管理；2006 年 8 月省铁路建设办公室并入省交通厅，负责全省合资铁路、地方铁路（含专用线）的建设和管理；2007 年初在省交通厅增挂省航空产业发展办公室牌子，下设航空产业处，负责全省航空产业的规划和管理。至此江苏在全国各省区中率先形成了公路、铁路、水运、航空齐抓共管的综合交通运输管理体制。2007 年 10 月，省政府召开加快现代综合交通运输体系建设工作会议。此间，省政府同意将省铁路建设办公室更名为“江苏省铁路办公室”，把原省铁路办投资方面的职能转交其他单位，明确了铁路建设和管理的 6 项新职能，同时将原省铁路办所属铁路质监站并入厅质监站。2008 年 6 月经省政府批准在省高指基础上组建“江苏省交通工程建设局”。由此形成了有利综合交通运输发展的工程建设管理和质量监督工作新格局。目前，全省高速公路路政管理体制改革取得重大突破，市县两级综合交通运输管理体制改革也不断推进，部分省辖市形成了公路、铁路、水运、航空齐抓共管的工作格局。

2. 在“四紧”形势下保持交通建设的高投入、高位运行

在宏观政策调紧、项目审批从紧、用地计划控紧、建设资金紧缺的形势下，积极策应沿江沿海开发、振兴苏北战略和沪宁线高新技术产业带、东陇海线加工产业带发展，高速公路、跨江大桥、重要干线公路和航闸工程建设强势推进。2003 年～2007 年完成公路水路基础设施建设投入 1 631 亿元，平均每年 400 亿元以上。2003 年建成京福徐州东绕城段、徐宿、锡宜、苏嘉杭北段等高速公路和苏申内港线江苏段航道整治以及淮安、淮阴三线船闸，全省高速公路通车总里程突破 2 000 公里；2004 年建成宁杭江苏段、沿江、通启、扬州西北绕城等高速公路和无锡硕放机场一期改扩建工程、连云港 10 万吨级泊位和第五代集装箱码头、宿迁三线船闸；2005 年，润扬大桥、南京三桥和沿海高速盐通段、苏沪、苏昆太、宿淮等高速公路建成通车，312 国道江苏段拓宽改造、大丰港一期工程、长湖申线江苏段整治工程、芜申运河宜兴绕城段前期工程完工；2006 年南京绕城、沿海高速连盐段、盐徐高速淮盐段、宁洛高速江苏段、宁连高速宁淮段等高速公路建成通车，完成京杭运河壁虎河口段和苏浏线苏昆太航道整治、京沪铁路电气化改造，全省高速公路突破 3 000 公里；2007 年建成京福高速徐州绕城西段、宁常、镇溧等高速公路和苏南运河常州段改线、太仓港二期、南京龙潭港二和三期、镇江大港三期、皂河三线船闸，完成芜申线宜兴段、苏北运河两淮段、锡北线等干线航道整治和东陇海铁路电气化改造、新长铁路淮安、盐城、南通等车站改扩建工程；2008年苏通长江公路大桥、宁杭高速二期工程建成通车，江苏首轮规划的高速公路已提前建成，高速公路在全国各省区率先实现联网畅通。从2003年开始，每年新建改建农村公路1万公里以上，至2007年底累计6.3万公里；每年新建改建一批公路客运站，累计新建成35个标准化客运站，并完成24个客运站的标准化改造。其间南京长江第四大桥、崇启大桥奠基，泰州大桥、江海高速公路、京沪高速铁路、沪宁城际铁路等一批交通重点工程开工建设。

3. 在公路率先的优势下统筹推进各种运输方式协调发展

在公路处于率先发展的优势下，开展综合交通运输发展战略研究、综合交通体系规划和专题研究，努力从战略高度、规划角度着力解决长期存在的交通运输方式不够协调问题。经过近几年努力，全省干线航道、铁路、民航发展规划和港口布局规划编制取得重大突破。2005年，省交通厅推出“以路补水”战略措施，江苏省人民政府、交通部联合批复下达了《关于同意江苏省干线航道网规划的批复》；2006年，省政府召开了全省加快水运发展工作会议，交通部先后在南京召开全国水运建设工作会议、全国内河水运建设示范会议和长江水运发展协调领导小组第一次会议；2007年，省人大审议通过《江苏省航道管理条例》，省政府出台《关于加快水运发展的意见》，航道建设连续三年保持50%以上的投资增长速度；2007年，江苏省政府与国家民航总局就江苏民航建设与发展举行会谈并签署会谈纪要，省政府出台《关于加快航空产业发展的意见》；同年江苏省政府与铁道部就加快推进江苏铁道建设举行会谈，并就江苏铁路建设规划和重点项目达成协议，铁路建设呈加速发展之势；2008年，省人大审议通过《江苏省港口条例》，在各方面的关心支持和各项政策措施的推动下，近年来先后有连云港港25万吨级矿石码头、太仓港20万吨级矿石码头、连云港港疏港航道工程以及京沪高速铁路等重点工程开工，全省万吨级泊位连续7年以每年30个以上的速度增长。

4. 治超、治挂和船型标准化等专项工作促进行业健康发展

根据交通部等国家8部委的统一部署，从2002年起，江苏省交通厅联合省公安厅等12个部门，开始在全省开展公路货车运输超限超载治理工作，综合运用宣传先导、政策引导、计重收费、联合执法、联网监控、社会监督等措施，当年查处“双超”货车6.3万辆，卸载货物20.7万吨，为期3年的集中治理累计更正“大吨小标”车辆23万多辆，使超载运输率从80%下降至5%，公路平均行驶速度提高到20%，公路运输市场价格回升了20%，由超限超载引发的公路交通事故降幅达11.9%，常规养护下普通公路好路率达87.5%，随后形成了《江苏省车辆超限超载运输长效管理意见》。从2004年开始，江苏根据统一部署启动并实施了京杭运河船型标准化工程，经过4年多的努力，全面完成挂桨机船拆改工作，累计拆改2.3万艘、88万总吨，发放中央、省政府补贴资金6.8亿多元，新建标准船舶4 700多艘，在京杭运河江苏境内全线实现水泥船和挂桨机船禁航，船型标准化使通航设施利用率提高，船舶运输结构得到优化，节能减排能力不断增强，水上交通事故明显下降。2006年10月，省政府成立由8个部门共同参与的领导小组，按照宣传发动、调查取证、集中治理和总结提高4个阶段，在全省开展外挂汽车船舶的集中治理活动，经过为期两年的集中整治，累计回归汽车12 000多辆、载荷超过14万吨，船舶9 200多艘、总吨超过19万，集中治理车船外挂对规范运输市场、保护运输主体利益、加强税费征管、减少异地经济纠纷、促进运输业健康发展起到了重要作用。此外，江苏还组织开展了“防碰撞、防泄漏”、治理水上超载等专项整治活动。

5. 以务实举措深化交通精神文明建设、反腐倡廉和机关作风建设

在精神文明建设方面，先后制定《全省交通行业精神文明建设规划纲要》、《江苏省交通文化建设实施意见》等制度；2003年江苏省交通行业创建成省文明行业；2005年开展共产党员先进性集中教育活动，与省文明办联合启动全省文明交通“点—线—网”体系创建活动，开展首届全省交通十大服务品牌评选活动，推出全国重大先进典型润扬长江公路大桥建设集体；2006年召开全省交通行业精神文明建设工作会议，举行“先行者风采”先进事迹报告会；2007年交通部在南京召开全国交通文化建设研讨会，开展第二届全省交通十大服务品牌评选活动，推出全国“迎讲树”重大先进典型李瑞班；2008年开展深入贯彻落实科学发展观学习实践活动试点，承担的交通部《交通廉政文化建设》课题通过终审，江苏省交通系统创建成全国文明行业。在反腐倡廉和机关作风建设方面，先后制订出台《省交通厅制度建设规划》、《关于加强厅级领导班子建设的意见》等158项反腐倡廉制度，并修订45项；连续几年在春节后上班第一天召开全省交通系统党风廉政建设和作风建设工作会议；从2004年起在全省农村公路建设中试行和推广纪检监察巡查制；从2006年起实施以“便民十项措施、为民十件实事”为主要内容的“双十工程”，当年底在第二轮省级机关民主评议作风中实现大幅进位；2007年通过制作廉政台历、参观监狱等深化廉政警示教育；召开全省交通行政执法工作会议，出台《江苏省交通行政执法行为规范》、《交通执法人员“十项禁令”》等5个文件，开通江苏省公众出行交通信息服务网，经过三轮清理，交通行政许可由53项减至29项，并将其中的15项下放至市级交通部门，共有17项行政许可实现在线办理。

总而言之，这一阶段是江苏交通发展史上投入最多、速度最快、质量最高、成效最好的重要时期，更是未来江苏交通事业进一步实现科学发展、保持先行发展与和谐发展的重要开端。新时期江苏交通最重要的发展目标就是构建现代综合交通运输体系，而统筹兼顾正是实现这一目标的根本方法。可以预见，江苏交通事业在未来相当长时期仍是这一阶段的时空延展和生动发展。

二、主要成就

改革开放30年，江苏交通事业在艰苦创业、开拓创新中迅猛发展，交通面貌发生了翻天覆地的变化，其巨大成就有目共睹。

（一）交通基础设施

高标准、高质量、高速度建设了一批事关全局的战略性重点工程和众多惠及民生的基础工程，交通基础设施支撑和保障能力大幅提升，综合交通网络规模迈上新台阶，为江苏经济社会持续快速发展奠定了坚实的基础。

1. 公路率先基本实现现代化

1978年全省公路建设投资额为0.088亿元；2007年全省公路建设投资额为311.28亿元，是1978年的3 500多倍。1978年江苏公路总里程17 721公里、公路密度17.27公里/百平方公里；2007年底全省公路总里程、密度分别为13.37万公里、130.35公里/百平方公里，均为1978年的7.5倍，公路里程实现了跨越式增长，密度位居全国前列。1979年江苏一、二、三、四级公路里程分别为24.7、672、2 222、10 953公里；2007年这四类公路里程分别为6 490、19 399、15 351、72 900公里，分别是1978年的262.8、28.9、6.9和6.7倍，路网结构显著提升。1978年江苏没有高速公路；2008年高速公路通车总里程达3 725公里，密度达到3.63公里/百平方公里，居全国各省（区市）之首，提前10年建成“四纵四横四联”高速公路网，在全国率先实现高速公路联网畅通，“五纵七横”国道主干线江苏部分全部建成高速公路，高速公路建设总体达到了国内领先水平，沪宁高速公路江苏段成为样板和示范工程。1978年全省公路桥梁6 503座，多为中小桥梁；2007年全省公路桥梁总数达57 203座，是1978年的8.8倍。特别是跨江大桥，1978年江苏仅有一座南京长江大桥，至2008年新建成江阴大桥、南京二桥、润扬大桥、南京三桥、苏通大桥5座世界级桥梁。其中苏通大桥创造了4项“世界第一”，获得国际桥梁协会乔治·理查德森奖，成为我国由桥梁大国变成桥梁强国的标志性工程；润扬大桥被交通部党组授予“交通建设项目典型”荣誉称号。此外还有泰州长江大桥、南京长江第四大桥和崇启大桥等正在建设中。1978年全省农村公路大多处于自然状态，至2007年底全省农村公路总里程已突破12万公里，实现了100%行政村通公路，为建设社会主义新农村作出了重大贡献。

2. 水路基础地位作用更加巩固

1978年江苏内河航道里程23 657公里，但大多处于自然和原始状态；2007年内河航道总里程达24 785公里，是1978年的1.05倍，尤其是等级航道里程达7 625公里，四级及以上航道占7.5%，航道总里程和密度均居全国第一，形成以长江为东西、京杭运河为南北的“十字”主动脉为骨架的内河航道网。京杭运河苏北段“三改二”、苏南段“四改三”全线提档升级，京杭运河两淮段、常州市区改线段工程列为全国水运建设示范工程，高良涧复线船闸和淮安三线船闸获水运建设工程“鲁班奖”。1978年全省港口投资仅有0.01亿元；2007年全省港口完成投资90亿元，是1978年的9 000倍。至2007年底全省共拥有万吨级以上泊位286个，全省港口通过能力达到9.16亿吨，分别是改革开放初期的36倍、19倍。1978年江苏没有亿吨大港，至2006年江苏省已有苏州港、南京港、南通港3个亿吨大港，亿吨大港数全国第一。

3. 铁路、航空快速发展

1978年江苏铁路里程仅有732公里；2007年全省境内铁路营运总里程为1 655公里，是1978年的2.3倍。1978年江苏境内只有建国前建成的京沪铁路、陇海铁路、宁芜铁路3条铁路；目前江苏新增了新长、宁启、合宁等铁路，结束了苏中腹地不通铁路的历史，还有一批现代化高速铁路、南京大胜关长江铁路大桥及重要枢纽正在抓紧建设。1978年江苏只有南京大校场机场有民航运输业务；目前全省已有南京禄口、常州奔牛、徐州观音、连云港白塔埠、无锡硕放、南通兴东、盐城南洋7个民用机场，此外淮安民用机场已奠基。

（二）交通运输生产

扩大运输线路，提高运输装备，改进营运组织，运输生产不断取得新突破，区域和城乡交通发展不平衡明显改善，综合交通运输保障能力跃上新高度，现代交通服务业增长迅速，为经济又好又快发展和百姓多选择出行提供了稳定的支撑。

1. 公路运输持续快速增长

1978 年江苏公路客运量为 1.87 亿人、旅客周转量为 49.93 亿人公里，货运量为 0.45 亿吨、货物周转量为 11.24 亿吨公里；2007 年全省完成公路客运量 17.92 亿人、客运周转量 1 241.13亿人公里，货运量达到 9.74 亿吨、周转量 638.59 亿吨公里，分别是 1978 年的 9.6 倍、24.9 倍和 21.6 倍、56.8 倍。同时，省市（县）际公路客运、农村客运、道路货运运力等运输方面发展迅速，目前全省已开通公路客运省际班线 2 545 条，遍布国内大部分省区，省内市际班线 2 879 条。2007 年全省符合通车条件行政村客运班车通达率达到 99.9%，所有行政村客运班车通达率达 92.65%；全省营运载货汽车发展到 35.7 万辆，其中厢式货车、集装箱车等专用货车达到 9 万辆、53 万吨位，道路货运能力跃上 200 万吨平台。

2. 水路货物运输大幅增长

1978 年江苏水路货运量为 0.66 亿吨、货运周转量为 87.97 亿吨公里；2007 年全省完成水路货运量 3.79 亿吨、货运周转量 2 930 亿吨公里，分别是 1978 年的 5.7 倍和 33.3 倍，水路货运周转量占到 5 种运输方式总量的 71.5%。1978 年江苏港口货物吞吐量仅为 0.59 亿吨；2007 年全省完成港口货物吞吐量 10.5 亿吨，位居全国第一，是 30 年前的 17.8 倍。港口集装箱运输经历了从无到有、从落后到高速增长的发展历程，直至 20 世纪 90 年代初，全省港口集装箱吞吐量还只有 11 万标准箱；进入 21 世纪，全省港口集装箱吞吐量以每年 40% 以上的速度增长，2007 年全省集装箱吞吐量达 625 万标准箱，集装箱吞吐量超百万标准箱的港口达 3 个。

3. 铁路运输增长平稳

改革开放初，江苏境内铁路均为客货共线铁路，货运方面，承担燃料、原材料、工业和农副产品调进调出的运输任务，同时承担大量的过境运量；客运方面，是江苏对外的主要长途客运工具。随着一批新铁路的建成和老线路的电气化改造完成，江苏铁路运输能力和运输量不断增长。目前经过全省铁路干线 6 次大提速，主要干线客车时速达到 200 公里；开行了动车组，沪宁间每日开行的客车达 122 对。新长铁路新增 5 对始发省外的客车，新长、宁启铁路开行的客车已达 21 对。2007 年全省铁路完成客运量 7 657.8 万人、旅客周转量 309.8 亿人公里，完成货运量 5 176.7 万吨、货物周转量 424.1 亿吨公里。

4. 航空运输增长加快

1978 年江苏民用航空运输完成旅客吞吐量 3.352 万人、货邮 0.131 万吨，仅有 7 条航线、7 个航点；2007 年全省航空运输旅客吞吐量达 1 076 万人，货邮 21.1 万吨，有航线 190 多条、航点 74 个，分别是 1978 年的 321 倍、161 倍、27 倍、10 倍。1978 年江苏全年飞行架次约 500 次；目前全省每周进出港航班 3 000 个左右，其中开通国际航线 30 条，通达国际（地区）城市 24 个。同时，航空旅客运输呈现高速增长态势，2007 年全省旅客吞吐量同比增长30%，增幅居华东地区第一。其中无锡硕放机场在全民航前50家机场中，增幅居第一位；南通、徐州、盐城机场旅客吞吐量增幅在50%左右。

（三）交通行业管理

不断锐意进取、深化改革，积极推进管理职能调整、管理机制转换、管理手段革新，切实履行各项行业管理职责，加强了交通行业管理力度，提高了交通行业管理水平。

1. 交通市场实现健康有序发展

改革开放初，由于是传统的计划经济模式，交通运输和建设领域无市场可言。30年来，坚持开放公路水路运输市场，鼓励各种经营主体和多种经济成分共同参与，目前江苏公路客运企业已达6 810家、公路货运企业超过28万多家、水上货运企业2 330家，机动车维修企业已超过17 000家，参与市场竞争的驾驶员培训机构约500家、汽车综合性能检测机构85家，全省客运班线公司化经营率达到61%，在全国率先形成农村客运企业覆盖全省的格局。不断开放和规范交通建设市场准入，制定了一整套工程质量检测评定标准、质量管理体系和企业资质管理系统，交通建设市场健康发展。不断加强交通市场政策法规建设，初步形成了指导和完善交通建设市场、养护市场、维修市场、运输市场、检测市场的政策法规体系。目前江苏交通行业已拥有各类资质施工企业360家、监理企业58家，其中公路养护施工企业74家、航道养护施工企业有13家，特别是在江苏备案的交通施工和监理等企业已达2 356家，其中参与投标企业多达2 253家、中标企业961家。

2. 交通工程质量和水上安全监管能力明显提升

改革开放初，交通工程质量和水上安全监管体系尚未建立。目前，在工程质量监管方面，制订《江苏省交通建设工程质量监督实施办法》等制度，形成了相对完善的制度体系，同时在全国率先对重大工程实行监理工程师现场派驻制，组建了公路、桥梁、水运、交通工程、房建、试验检测和定额造价7个质量监督专家组，形成了可靠高效的工作体系。近年来江苏交通工程质量一直处于领先水平。在水上安全监管方面，逐步建设了内河交通安全救助保障体系、船舶检验质量管理体系、航运企业安全管理体系、危险化学品船和油污应急体系、水上交通安全信息体系、海事执法体系和船员考培体系等7个内河交通安全监管体系，形成重点航段和重点水域水上交通突发事件的快速反应、处置和联动机制，全省内河搜救成功率达到100%。近年来全省水上交通事故逐年下降，因此多次受到交通部表扬，并连续3年受到省政府的表彰。

3. 交通科研与创新扎实有效开展

30年来，江苏交通科研经费逐年增加，特别是“十五”以来累计投入科研资金约3.75亿元，取得科研成果400多项，获得省部级科技进步特等奖3项、一等奖6项、二等奖16项、三等奖34项。在全国率先解决了软土地基处理、沥青路面早期损坏、桥头跳车等工程质量难题。特大型桥梁建设、公路建设与管理养护、交通信息化建设等技术总体水平位居全国前列。《江苏特大跨径桥梁施工测量规范》通过鉴定成为省级规范；润扬大桥《南锚碇深大基坑排桩冻结法关键技术研究》达到国际领先水平；苏通大桥创造的9项工法上升为国家和省级工法；率先在全国建立与主体工程同步配套的高速公路监控、通信、收费系统，实现了联网收费“一卡通”；研制并在全省推行公路养路费征稽管理系统、航道规费联网收费系统、客运站联网售票系统、运政在线系统；建成了覆盖省市交通主管部门和业务机构、连接交通部和省市政府的交通信息高速公路。

（四）人才队伍建设及其他

1.“人才强交通”战略持续有效推进

1978 年，江苏交通建设和管理人才严重匮乏；通过学校培养、人才引进、在岗培训等有效措施，到 2007 年，全省交通人才资源总量超过 10 万人，高级职称人才超过 2 000 人，其中正高级职称人才 140 人，享受国务院政府特殊津贴的高级专家 42 人，入选省“333 人才工程”的高级专家 44 人，当选交通部“青年科技英才”的专家 7 人。目前现代综合交通运输体系下的交通“十百千”人才工程（用 5 ~ 10 年培养 10 名国内外有较大影响的领军人才，100 名省内有一定影响的拔尖人才，1 000 名年轻优秀的后备人才）正式启动。1978 年江苏交通教育系统仅有教师 113 人，其中双师型教师、硕士及以上学历者人数为零，拥有高级职称和中级职称的分别为 2 人和 9 人；截至目前，教师队伍已有 1 732 人，是 1978 年的 15. 3 倍，其中双师型教师、硕士及以上学历者分别为 951 人和 369 人，拥有高级职称和中级职称的分别为 434 人和 538 人，是 1978 年的 217 倍和 59. 8 倍。1978 年全省交通教育系统各类学校招生专业数仅有 14 个；2008 年招生专业数范围扩大到 215 个，是 1978 年的 15. 4 倍。1978 年仅南通航运职业技术学院培养毕业生 108 名；到 2008 年全省交通教育系统学校毕业人数达到 15 971 名，是 1978 年的 147. 9 倍。

2. 其他方面也取得显著成绩

到目前为止，江苏在全国各省区中率先开展综合交通运输规划战略研究，并率先制订和完善《江苏省综合交通运输规划》。“千里江苏一日还”、“十年路面百年桥”、“优质工程 = 科学设计 + 优质材料 + 精细施工 + 严格监管 + 科技创新”等成为享誉全国的品牌。近几年按照平均每年推出一部省级地方性交通法规的力度，加快交通立法和法制工作，在全国率先形成了一套较为完整的交通行政执法规范体系，《江苏省机动车维修管理条例》、《江苏省治理公路超限运输办法》等在全国交通系统具有开创意义。全省交通系统先后创建成省文明行业、全国交通系统文明行业，连云港新浦汽车站“雷锋车”组、润扬长江公路大桥、李瑞班等重大先进典型在全国具有较大影响。从严落实党风廉政建设责任制，深入开展治理商业贿赂工作，多层次、宽领域、全方位加强交通廉政文化建设，交通厅被省纪委、省委宣传部确定为廉政文化示范点。率先提出并实施的重点工程纪检监察派驻制、农村公路纪检监察巡查制，分别被交通部评为全国交通系统廉政建设创新案例一等奖，巡查制还被省纪委授予“2005 年度纪检监察工作创新奖”，交通部先后两次在江苏召开现场会，向全国交通行业推广应用。

三、基本经验

改革开放 30 年，江苏交通事业在机遇与挑战并存、责任与期盼同在的发展实践中，既取得了辉煌成就，也积累了十分宝贵的经验。

（一）坚持先行发展与全面协调可持续相结合

改革开放以来，江苏在遵循交通发展规律和把握经济社会发展需求特征的基础上，坚持先行发展不动摇，超前组织开展各类交通规划，率先实现公路运输基本现代化，率先加快交通建设投融资体制改革，率先出台《机动车维修管理条例》等重要法规，率先在全国推行客运线路服务质量招投标和公司化经营，率先在全国形成现代综合交通运输管理体制等。这些既使江苏交通事业在相对较短的时间内走过了恢复发展期、实现了跨越发展，更为江苏实现从交通大省向交通强省转变创造了极为有利的条件。实践证明，只有坚持先行发展与全面协调可持续相结合，才能加快形成多种运输方式既衔接协调又各展所长、交通建设与行业管理同步发展的生动局面，实现交通事业又好又快发展，更好地发挥交通服务经济社会发展的基础性、先导性作用。

（二）坚持服务大局与造福百姓相结合

服务大局与造福百姓在本质上是统一的，始终都是交通发展的根本使命。改革开放以来，江苏交通主动服从、服务于经济社会发展大局，坚持把造福百姓作为江苏交通服务大局的出发点和落脚点，一方面加快建设经济社会发展急需的跨江大桥、高速公路、普通国省干线公路、干线航道、亿吨大港，一方面扎实推进惠及百姓的农村公路、客运站点建设和客运联网售票、异地购票系统以及撤渡建桥工程等，不断改善全省交通运输条件，着力提升交通发展能力和服务水平，努力促进全省国土均衡开发和产业布局调整，让百姓共享更多建设成果和更大社会福利。实践证明，交通发展只有站在服务全局和造福百姓的高度，统筹谋划、务实推进，才能调动一切积极因素，汲取源源不断的发展动力，真正实现交通事业的和谐发展、持续发展。

（三）坚持解放思想与抢抓机遇相结合

每次思想大解放都将带来新机遇，每轮新机遇都将推动交通大发展。坚持解放思想和抢抓机遇相统一，是改革开放以来江苏交通克服诸多“瓶颈”制约、实现加快发展的重要前提。抓住国家扩大内需的重要机遇，江苏交通突破原有的建设投融资体制，在全国基建项目中率先发行股票，推行社会募集方式股份制，解决了交通建设资金短缺问题；抓住贯彻邓小平同志南巡谈话的机遇，江苏交通突破已有的交通经济模式，着力加快发展交通服务业，使全省交通经济跃上新台阶；抓住贯彻落实科学发展观的机遇，江苏在全国各省区中率先形成构建现代综合交通运输体系的发展新格局。实践证明，只有思想解放，交通才能更大发展；只有抢抓机遇，交通发展才能赢取主动。只有思想解放在先、抢抓机遇在前，才能真正激发交通活力，增创交通率先发展、科学发展、和谐发展的新优势。

（四）坚持改革促发展与开放增活力相结合

30 年来，江苏交通始终坚持以改革和开放思路破解发展难题。在建设资金紧缺的情形下，积极推进投融资体制改革，建立“政府投资、地方筹资、社会融资、利用外资”新机制，广开交通建设筹资新渠道。在运输供给紧张的情形下，打破运输市场的地区分割和部门垄断，鼓励各类经营主体和多种经济成分参与运输经营。在质量风险增大的情形下，全面放开交通建设市场，以竞争机制选择一流的建设队伍和最好的材料、设备进入交通建设领域。在挑战世界难题的情形下，深入推进国际技术交流和合作，推进苏通大桥等重大工程项目顺利实施。实践证明，每一次改革都促进了交通发展，每一次开放都增强了交通活力，只有坚持深化改革，扩大开放，才能不断推进江苏交通发展迈上新的台阶。

（五）坚持政府主导与调动各方积极性相结合

推动交通工作从部门主导向政府主导的转变，调动各方积极性合力推进，成为促进江苏交通持续健康快速发展的关键因素。近年来，在国家宏观调控力度加大、征地拆迁难的情况下，江苏大规模交通建设能够顺利实施，一个重要的原因在于形成了政府主导下的交通建设新体制。省政府与交通部建立了联合协调机制，规模大、标准高、技术难的跨江大桥建设得到了组织保证和技术保证。其他重点交通工程建设采取“省市共建”，各级党委、政府在财政投入、征地拆迁、项目审批、用地办理、税费征收等方面均给予大力支持。也正是在政府主导下，江苏在全国率先形成了现代综合交通运输管理体制。实践证明，凡是政府对交通发展重视程度高、支持力度大的地区，交通发展的成绩就更突出、后劲就更大、前景就更好。

（六）坚持优质高效与推进创新相结合

优质高效的江苏交通始终建立在自觉推进创新的坚实基础上，江苏交通的优质高效发展又对深化创新提出新要求。改革开放以来，针对人口密度全国最高、矿产性资源全国最少、人均环境容量全国最小的特定省情，江苏交通坚持推进制度创新、管理创新、科技创新和服务创新。通过多层次全方位的创新实践，江苏交通产业结构更优化、建设更节约、管理更高效、服务更优良，进一步促进了交通发展方式的转变。实践证明，只有扎扎实实地推进创新工作，走优质高效发展道路，才能把交通事业建设成富有活力的行业，才能积极应对交通发展中的新挑战，保持交通持续发展的良好态势。

（七）坚持推动发展与带好队伍相结合

坚持一手抓交通发展、一手抓队伍建设，协调推进交通发展与干部队伍建设，是江苏交通实现又好又快发展的重要保证。改革开放以来，江苏交通以增强宗旨意识和大局意识为重点的思想建设和政治建设，以教育培训和选才荐贤为重点的组织建设和能力建设，以民主集中制、科学决策和反腐倡廉为重点的制度和作风建设等均取得了显著成效。一大批既想干事又能干事、既干成事又不出事的领导干部和高层次人才，在交通大发展的生动实践中成长起来，已经成为江苏交通未来发展的最宝贵资源。实践证明，只有坚持推动发展与带好队伍相结合，才能造就适应大交通建设需要、为民务实清廉的交通干部队伍，才能为交通深化改革促进发展提供动力支持，不断开创交通事业发展的新局面。

四、发展前景

目前，江苏交通部门正深入贯彻落实科学发展观，加快构建全国领先的现代综合交通运输体系。

（一）指导思想和总体目标

江苏构建现代综合交通运输体系的指导思想是，以科学发展观为指导，以服务江苏“两个率先”为导向，以提供更优质更均等的运输服务为目的，以综合交通一体化与衔接优化为主线，着力优化交通运输结构，以最节约资源和可承受代价提供效率更高、成本更低的交通保障，在全国率先建成现代综合交通运输体系。

江苏构建现代综合交通运输体系的总体目标是，到2020年，全面建成与江苏地理条件和经济特征相适应的“规模适度、能力充分、布局合理、结构均衡、衔接顺畅、管理科学、节能环保”的全国领先的现代综合交通运输体系，为经济社会发展提供坚实的基础保障和强劲的发展动力。

（二）构建思路和发展重点

江苏构建现代综合交通运输体系的总体思路是，以一体化与衔接优化为主线，推动五种运输方式、城乡交通（城市内与城市外）、区域交通三个一体化和实现网络、通道、枢纽、信息系统的四个衔接优化。

1. 加快交通运输结构调整，在保持公路率先发展的同时，突出加快铁路、水运、航空发展

坚持公路交通的基础性地位不动摇，整体把握好全省公路、铁路、水运、航空的发展节奏，加强对轨道交通、集装箱干线港和枢纽机场的倾斜力度。围绕产业布局、城镇布局和新农村建设规划，继续加快已列入规划的高速公路新建扩建，积极推进国省干线改造和农村公路通达项目建设。同时突出长三角城际铁路网建设，推进京沪高铁、沪宁城际、宁杭客专、宁安城际、沪通铁路江苏段等项目，构架长三角新型快速轨道交通网。加大向连云港港和苏州太仓港这两个集装箱干线港的倾斜，着力推进连云港港30万吨级深水航道、码头及集疏运体系和长江12.5米深水航道延伸至南京的建设。并向南京禄口国际机场、苏南国际机场这两个大型枢纽机场倾斜，大力发展国际航线，提升南京禄口国际机场功能，尽快将无锡硕放机场建成为区域性国际机场。

2. 强化区域交通协调发展，重点支撑沿海开发和长三角一体化，促进苏南、苏中、苏北共同发展

紧紧抓住长三角区域经济社会协调发展和江苏沿海地区综合开发相继上升为国家战略这一历史性机遇，主动把江苏交通发展融入进去。突破行政区划界限，建立和完善边界区域交通规划建设的协调机制，加强与相邻省市交通网络的衔接，重点加快推进长三角区域内的交通基础设施一体化，加快沪宁杭三地间的新型轨道交通网和高速公路网的建设，加快推进苏皖出省通道建设。加快建设连云港区域性国际航运中心，完善沿海港口与苏北和内陆地区直接相连的集疏运系统，强化沿海地区与长三角核心区域之间的时空联系，大力构建沿海地区综合交通运输体系，支撑江苏沿海开发国家战略的实施。加强苏北地区综合交通大通道建设，通过基础设施的不断提升来改善苏中、苏北地区投资开发环境，促进苏南、苏中、苏北共同发展。

3. 突出综合交通枢纽建设，努力实现客运“零换乘”和货运“无缝衔接”

枢纽建设集中体现了“以人为本”科学发展观的核心理念，是解决运输方式之间衔接松散和城乡交通之间衔接不畅的对症之举，也是当前江苏推进现代综合交通运输体系建设的切入点、突破口。建设交通枢纽要以实现客运零换乘、货运无缝衔接为目标，突出加强交通运输枢纽的整合，引导各种运输场站共建共享和加强连接性设施建设，积极筹划对现有单一功能的场站进行复合化提升改造，形成功能健全、转换便捷、衔接流畅的综合运输枢纽。客运枢纽方面，紧紧抓住全省铁路大发展的大好机遇，依托京沪高铁、沪宁城际等重点铁路项目，加快推进综合客运枢纽建设，做到铁路、公路、城市轨道、快速公交和常规公交紧密衔接；以提升基本公共运输服务为目标，加强县乡客运站场建设，将乡村客运与城市客运两个系统进行连接、形成覆盖全社会的服务网络。在货运枢纽建设方面，重点加强港口、机场以及大型工业、产业园区的铁路、公路和内河航道集疏运通道建设，提升港口、机场的服务能力和物流功能。

4. 加强城乡交通一体化发展，以信息化建设提升交通运输服务水平

按照城市化发展、社会主义新农村建设和城乡经济一体化的要求，统筹考虑交通资源配置问题。突破城乡交通的壁垒，强化城市交通与区域交通的衔接，研究出台扶持农村运输发展的政策，积极发展城乡公交，大力推进运输管理、服务和实现城乡道路运输的一体化。积极推进农村道路与客运站点的建设，逐步构建城乡一体的客运网，提高农村交通公共服务水平，实现城乡基本交通服务均等化，为发展农村落后地区经济、改善城乡二元经济结构提供基础支撑条件。以运输管理和公众出行信息服务为重点，实现区域间信息资源的互通与共享，提升行业的市场监管能力和服务水平。加强交通应急指挥系统建设，建设和完善公路路网调度系统、水上交通搜救应急指挥系统和交通运输保障指挥调度系统，提高应急处置能力。建设交通公共信息服务平台，实现“门户网站、服务热线、交通广播”三位一体的信息服务。

（三）江苏现代综合交通运输体系的组成部分

江苏现代综合交通运输体系主要包括综合交通基础网络、综合运输系统和行业管理体系三大组成部分。

1. 建立功能完善的综合交通基础网络

到 2020 年，全省综合交通网络总规模约 180 000 公里。公路网规模约 150 000 公里，其中：高速公路 5 200 公里、普通国省干线公路约 10 000 公里、农村公路总里程超过 135 000 公里。铁路网规模约 4 200 公里。内河航道网规模 25 000 公里，其中四级以上的骨干航道网约 3 500 公里。输油管道规模约 2 000 公里。省域范围内综合交通网络的面积密度约为全国 2020 年规划目标值的 4 倍。

至 2020 年，全省规划布局形成沿海、中部中轴、宁连、徐宿宁杭、沿东陇海、徐宿淮盐、沿江、沪宁“四纵四横”综合运输大通道。形成南京、徐州、连云港 3 个国家级综合交通枢纽和 16 个左右的省级综合交通枢纽（节点城市）。沿海沿江形成以连云港、南京、镇江、苏州、南通 5 大亿吨大港和江阴、扬州、泰州、盐城、常州 5 个重要港口为支撑的港口布局，规划货物通过能力 19 亿吨、集装箱通过能力 3 300 万标准箱；内河主要形成以京杭运河沿线港为主的港口布局，规划货物通过能力10亿吨、集装箱通过能力200万标准箱。形成“两枢纽（南京、无锡）、一大（连云港）、六中（常州、徐州、南通、盐城、淮安、苏中）”航空机场空间布局体系，9个机场共规划旅客吞吐能力1亿～1.2亿人次和货物吞吐能力360万～400万吨。

2. 建立便捷高效的综合运输系统

优化客货运输结构。在充分发挥各种运输方式技术经济特性的同时，使得运输结构模式与社会经济发展水平、产业结构、人口布局等要素相适应。通过各种运输方式之间的调整，使各种运输方式发挥各自的优势，在各自合理的运距内运输绝大部分适合本身运输的客货。

完善运输组织方式。通过运输组织活动，促进客货的合理流动；通过运输组织工作，推动体系灵活高效运转；通过运输技术应用，提高综合服务质量。加快发展现代物流，分层次、有重点地发展产业特色和交通地理相结合的物流中心；加快发展以集装箱为重点的联合运输，积极发展大宗货物联合运输。

培育交通服务企业。形成以大型运输服务企业为龙头，以骨干运输服务企业为主体，以大量中小运输服务企业为补充的运输服务产业组织体系。形成以综合交通运输服务企业和代理企业为主的现代综合运输服务体系，以开展跨地区和跨国运输服务的企业集团。到2020年，交通运输服务业增加值达到4 000亿元左右。

提升交通运输装备。制定资源环境节约的实施步骤和时间表，分阶段实施资源环境节约目标，推进交通运输工具现代化，逐步引导和规范运输装备向专业化、标准化、智能化、信息化和节能环保、安全舒适的方向升级。2020年，实现单位运量节能20%、单位运量减排10%的目标。

3. 建立科学合理的行业管理体系

(1)改革运输市场管理模式。切实转变运输管理职能，集中力量解决市场本身无法解决的问题；通过规划、标准和规范及产业政策的制定，维持公平的市场环境；建立统一的省内及区域运输市场，加大运输市场对外开放力度。

(2)建立交通科技创新体系。实现交通发展方式从要素驱动向科技驱动的根本性转变，提高科技进步对交通发展的贡献水平，推动交通向着运输安全型、质量效益型、资源节约型、环境友好型方面全面发展。努力建立和完善创新型交通运输发展的体制和机制，营造良好的创新氛围，培育高素质的创新主体和创新型人才。

(3)构建交通信息服务平台。交通信息资源开发利用工作、重点应用项目的资源整合和业务协同取得突破。运用信息化手段对交通行业的整体监管水平明显提高。为公众提供的交通信息服务取得显著效果，出行交通信息服务系统、主要港口EDI货运信息服务、主要业务的审批实现网上办理。

(4)健全交通安全保障体系。健全和完善安全规范，提高综合交通运输系统的安全性；建立和健全公共突发事件的应急保障机制，不断降低交通公共突发事件灾害损失；推进交通安全监管工作规范化和标准化。

(5)提高交通运输文明服务水平。加强全行业职工的职业道德建设，为社会和人民群众提供热情、周到、诚信、优质的运输服务。

陆水并举绘宏图

浙江省交通厅

党的十一届三中全会开启了我国改革开放新时期。浙江抓住改革开放的历史性机遇，率先推进市场化改革，推动经济持续快速增长，促进经济社会全面发展，创造了从资源小省成长为经济大省的发展奇迹，成为中国改革开放中涌现的最有活力的地区之一。浙江交通抓住机遇，坚持改革创新，持续快速发展，基本形成了以高速公路网络、沿海四大港口、内河骨干航道为主的公路水路运输系统，实现了公路水路交通的跨越式发展，为浙江经济社会协调发展发挥了重要的支撑、保障和服务作用。

一、发展历程

改革开放以来浙江交通发展大体可以划分为四个阶段，在每个发展阶段，浙江交通都紧紧抓住服务经济社会发展这个主题，推动交通事业又好又快发展。

（一）“恢复发展”阶段（1979 年 ~ 1990 年）

改革开放给浙江交通事业带来了大发展的机遇。浙江交通人解放思想，开拓创新，积极探索具有浙江特色的交通发展之路。因“文化大革命”而几乎徘徊不前的浙江交通逐步“恢复发展”，交通事业的面貌发生了深刻变化：公路运输市场空前活跃、公路运输独家经营的格局开始打破、公路管理体制改革迈出新的步子；改革水路交通体制，放宽搞活、开放口岸，扩大外贸运输、港口航道建设迈出新的步伐。1990 年底，浙江公路密度 29.6 公里/百平方公里，为全国平均水平的 2 倍以上。基本完成了杭州、宁波、温州等城市进出口道路的改造，改善了车辆拥堵状况。公路部门切实做好施工路段的“三度一排”工作（指公路改建、扩建中确定合理的供单向行车避让的公路长度、宽度、平整度和及时排水），为车辆通行提供必要的道路条件。通过新建、改建贫困地区公路，使浙西南老少边穷地区的公路状况也有了一定的改善。该时期我省境内的 320 国道养护质量居各省之首，104 国道湖州段养护工作受到交通部表彰。加快了车站建设速度，一大批车站的建成并投产使用，改善了旅客候车条件，增强了客运服务功能。

党的“十二大”把交通列为国民经济发展的战略重点之后，20 世纪 80 年代初开始掀起建设新港和老码头技术改造的热潮，推动了浙江港口建设的进程。到“七五”期末，全省地方沿海港口建设投资 2.8 亿元，建成泊位 28 个，新增吞吐能力 304 万吨。到 1990 年，我省已建成了万吨级以上深水泊位17个。在“六五”、“七五”计划建设期间，在内河航道建设方面，重点实施了浙北与浙东航道的连接贯通、主要干线航道“卡脖子”航段的改造等工程基本完成，船舶轧档堵航事故有所减少。同时，为了适应日益发展的海岛经济，浙江增加海岛交通基础设施建设投人，建设了一批交通码头。

但随着该时期浙江率先市场化改革和经济社会发展进程的逐步加快，交通作为先行行业，各方面期望较高，需求和供给能力的矛盾非常突出。浙江交通无论是在基础设施、运力结构和经营管理方面，还是在财力、物力、人力紧缺方面，都严重滞后于经济社会发展的需要。

（二）“突破发展”阶段（1991 年～1995 年）

浙江交通部门编制了浙江省公路、水运“八五”期发展规划。通过改革交通建设投资体制，充分调动和发挥各级积极性，有计划有重点地加快干线公路、新建高等级公路、加快航道和港口的建设步伐，特别是进入 20 世纪 90 年代后，浙江交通着重对全省公路和水路“卡脖子”路段和干线航道进行各类改建和新、扩建工作，重点突破，打破瓶颈制约。经过 5 年不懈努力，公路交通“卡脖子”路段有所减少，公路路况明显改善，公路交通紧张状况初步缓解；干线航道的通航条件有所改善，船舶轧档堵航现象有所减少，水路运输紧张状况得到初步缓解。浙江交通与经济社会发展供需之间的矛盾得到“基本缓解”。至 1995 年，浙江境内形成了由 6 条国道、66 条省道组成的干线公路网，与分布全省各地的县乡公路一起，形成以杭州为中心的内接外连、四通八达的公路网。内河有钱塘江等七大水系，河道纵横，内河航道总里程 10 600 公里，主要干线航道有京杭运河、长湖申线、杭申线等 10 条。沿海港口 58 个，各类泊位 600 多个，其中万吨级以上深水泊位 36 个，主要港口有宁波、舟山、温州、乍浦、海门等。但从总体上看，浙江交通基础设施建设与国民经济发展的需要，仍有较大差距。

（三）“全面发展”阶段（1996 年～2002 年）

跨入 21 世纪，浙江交通在历经改革开放近 20 年的赶超发展，与浙江社会经济发展需求的差距逐步缩小，进入“全面发展”阶段，交通紧张状况已经得到全面缓解。浙江交通坚持发展是硬道理，注重以规划引领发展，以改革促进发展，提出并全面布局“建设大交通，促进大发展”，开始从“走（运）得了”向“走（运）得好”的方向发展。

在公路交通建设方面，按照“抓重点、通干线，先缓解、后适应”的方针，调整公路建设规划，实施“三八双千工程”（即从 1996 年开始，用三年时间继续全线拓宽国道 104、320、329、330 线和省道 03 线等主要干线约 1 000 公里，形成杭州向市地辐射的一级或二级加宽公路网；同时，用八年左右时间，建成杭甬、杭沪、甬台温、杭金衢、杭宁、上三和金丽温等高速公路约 1 000 公里，形成杭州向市地辐射的高速公路网）。2002 年建成“四小时公路交通圈”（即杭金衢、金丽高速公路开通后，浙江省会杭州到各地级市之间的车程都在四小时之内，杭州到陆上各地级市都有高速公路相连），标志着“三八双千工程”目标提前一年完成。

在水路交通建设方面，从 1996 年起，浙江进行港口结构调整，逐步转变到建设集装箱专用泊位、石油化工泊位、车客渡滚装泊位和高速客运泊位为主。同时建设相应的堆场和仓库，疏浚整治进港航道，港口能力严重不足的局面得到全面缓解。在航道建设上，基本形成以京杭运河、长湖申线、杭申线、乍嘉苏线和六平申线5条航道，以浙境段为主的杭嘉湖内河五级以上主要干线航道网，使该地区水路交通紧张状况得到全面缓解，也为长江三角洲江南航道网的“成网、直达”打下了良好的基础。

（四）进入“科学发展”阶段（2003年至今）

浙江交通系统贯彻党的十六大精神，落实省委、省政府实施“八八战略”、建设“平安浙江”的战略部署，围绕“两个率先”（即率先在全国同行业中实现现代化，率先在省内各行业间实现现代化）奋斗目标，组织实施了高速网络工程、干线畅通工程、乡村康庄工程、水运强省工程、绿色通道工程、廉政保障工程等六大工程。根据十七大提出的实现全面建设小康社会的新要求和省委提出的“创业富民、创新强省”的发展战略，落实交通部提出的提高“三个服务”的能力和水平、加快发展现代交通运输业的战略部署，提出并组织实施了大港口、大路网、大物流建设。全省交通运输系统着力把握发展规律、创新发展理念、转变发展方式、破解发展难题、提高发展质量和效益，实现了又好又快发展。公路、水路交通不适应经济社会发展的状况得到显著改善，总体趋向基本适应。

这5年，是迄今为止浙江公路、水路交通发展史上投资规模最大，建设任务最重，推进速度最快，改革力度最强，惠民举措最多，综合效果最好的5年。五年累计完成公路、港航基础设施投资2 517亿元，位居全国首位，是前一个五年的3倍多，掀起了交通基础建设的新高潮。

高速公路建设任务超额完成，全省高速公路网络骨架成形。累计建成高速公路1 678公里，远远超过本届政府新增1 000公里的指标，使浙江高速公路总里程达2 763公里，并全部联网运行。

港航事业发展迅猛，宁波—舟山港吞吐量居世界前列。港航建设投资迅猛增长，累计完成270亿元，超过前53年的总和。2007年全省沿海港口完成货物吞吐量5.7亿吨，集装箱吞吐量987万标准箱。内河高等级航道新增318公里，总里程超过1 200公里，居全国第二位。宁波、舟山港口一体化快速推进，一大批重大项目启动建设，2007年货物吞吐量突破4.68亿吨，集装箱吞吐量940万标准箱，分别为2002年的2.4倍和5倍，规模居于世界前列。

运力规模迅速扩大，运输结构日趋优化。五年营运货车新增78.9万载重吨，达137万载重吨，增长135.8%；运输船舶新增650万载重吨，达1 200万载重吨，增长逾一倍。大吨位车辆占总吨位的比重提高到49%，大型班线客车比重达到26%；运输船舶平均吨位提高近2倍，水泥船基本已退出水运市场，挂桨机船已退出杭嘉湖内河和其他主要航道。

二、辉煌成就

30年改革开放彻底改变了浙江交通的落后面貌，极大地解放和发展了运输生产力。

（一）公路水路交通基础设施建设实现了大发展大跨越

改革开放以来，浙江交通基础设施投资逐年增加，1978年总额为3 002万元，占当年全国交通基本建设投资总额的1.21%。而2007年达到了511.1亿元，列居全国各省区市第1

位。浙江交通基础设施建设无论是高速公路、干线公路、县乡公路，还是沿海港口、内河航道均实现了跨越式发展。

1978年，浙江公路基本建设投资仅0.15亿元，2007年浙江完成公路基本建设投资425.7亿元，是1978年的2 838倍。1978年浙江公路总里程为1.86万公里，公路密度为18.29公里/百平方公里，2007年浙江公路总里程为9.98万公里，公路密度为98.05公里/百平方公里。2007年浙江公路总里程是1978年的5.37倍。

1978年浙江水路基本建设投资仅0.14亿元，2007年浙江完成水路基本建设投资85.4亿元，是1978年的610倍。1978年浙江航道总里程为100公里，2007年浙江航道总里程为9 667公里，其中一级航道14公里，二级航道12公里。2007年浙江航道总里程是1978年的96.67倍；1978年，浙江主要港口吞吐量为867万吨，没有万吨级泊位，2007年，浙江拥有沿海港口泊位1 107个，其中万吨级以上泊位115个，年货物综合通过能力45 063万吨，其中集装箱吞吐能力612万标准箱。2007年浙江拥有内河港口泊位5 117个，年货物综合通过能力达32 031万吨。

1. 高速公路从无到有实现跨越式发展

1991年，浙江建成了浙江“高速公路第一路”——沪杭甬高速公路钱江二桥段7公里后，高速公路建设快速推进。2002年杭金衢、金丽高速公路的建成通车，浙江“四小时公路交通圈”建成。在此基础上，坚持向“接轨上海、拓展沿海、推进腹地、贯通省外”，“加密、成网、贯通”和“高起点、高标准、高质量”的发展方向，进一步完善了省内网络，强化了与上海、江苏、福建、江西、安徽等邻省、市的连接，新开工建设一批高速公路项目。2005年，全省第一个高速公路大环网建成，标志着浙江高速公路网络骨架基本形成。至2007年，浙江高速公路总里程已达到2 763公里。

2. 干线公路建设取得突破性进展

安全畅通的国省道干线是构建通达城乡的公路网络的关键环节。为实现公路运输现代化，浙江省不断加强干线公路技术等级改造。1995年，省委、省政府提出公路建设坚持“抓重点、通干线、先缓解、后适应”的方针，组织实施“三八双千工程”。2003年，组织实施“干线畅通工程”，在提高公路等级的基础上，通过强化路面、标准化设施、提高路网容量等措施，县道以上公路全部实现路面硬化。2007年底，一级公路达到3 617公里，二级公路达到8 207公里。

3. 县乡公路建设取得丰硕成果

1995年浙江省县乡公路达到26 523公里，不但数量有很大增长、技术等级也有较大提高。20世纪90年代末，浙江进一步调整县乡公路建设规划，建立以县（市）为主的县乡公路建设体制，县乡公路数量有较大增长。自2003年开始，浙江大地上掀起了建设农村公路的热潮，乡村康庄工程成为交通建设的最大亮点，五年累计完成乡村康庄工程6.58万公里（路基+路面），超额完成本届政府建设5.5万公里的指标，建设规模为历史空前。行政村通等级公路率由57.7%提高到96.2%，通村公路路面硬化率由48%提高到94.4%，63个县（市、区）实现“双百”目标。新建农村客运站251个、港湾式停靠站1.1万个。全省行政村客运班车通达率达88.5%，城乡客运一体化率达36%。浙江省农村发展经济、提高生活质量的交通基础设施发生了根本改变，通达深度和技术等级明显提高，运输和出行条件明显改善，为建设“生产发展、生活宽裕、乡风文明、村容整洁、管理民主”的社会主义新农村提供了有力的交通保障。

4. 桥梁隧道建设达到国际先进水平

1978 年，浙江拥有公路桥梁 5 300 座，111 411 延米。2007 年，浙江拥有公路桥梁 40 289座，1 737 062 延米，其中特大桥梁 115 座，218 748 延米。2007 年浙江拥有公路桥梁数量是 1978 年的 7 倍。1984 年建成的温州瓯江大桥是我国第一座建立在高速公路上的四车道大跨度斜拉桥。1989 年建成通车的飞云江大桥长 1 718. 86 米，是当时浙江省内最长的桥梁。2008 年建成通车的杭州湾跨海大桥全长 36 公里，是目前世界上最长的跨海大桥，是中国自行设计、自行管理、自行投资、自行建造的跨海桥梁，标志着浙江公路桥梁建设实现了小跨径向跨江、海，科技含量高的大型桥梁发展，进入了建造特大型公路桥梁枢纽工程阶段。2007 年全线贯通的西堠门跨海大桥是舟山大陆连岛工程的第四座跨海大桥，也是其中技术要求最高的特大型跨海桥梁，是目前仅次于日本明石海峡大桥的世界第二长悬索桥，也是目前世界上最大跨度的钢箱梁悬索桥。1995 年建成通车的甬江水底隧道，填补了“沉管法”施工新工艺在我国软土地基上建造水下隧道应用的空白，开创了我国沉管隧建空设的新纪元。2007 年贯通的诸永高速公路括苍山隧道，是诸永高速公路控制性工程，有“浙江第一隧道”和“华东第一长隧道”之称。

5. 港口建设取得跨越式发展

20 世纪 80 年代初开始掀起建设新港和老码头技术改造的热潮，推动了浙江港口建设的进程。1978 年建成的宁波港镇海港区两个连续式煤码头，奠定了宁波港从中小型港口过渡到大型港口的基础，也是宁波港第一个万吨级深水泊位，从此拉开了深水港口建设的帷幕。20 世纪 90 年代浙江加快了港口建设的步伐，我省沿海开始形成了以宁波港为中心，温州、海门、舟山、乍浦港为骨干的大中小配套、布局合理、分工协作的港口群。进入 21 世纪，浙江提出将水运大省建设为水运强省，2007 年又提出了建设港航强省的战略目标，即充分发挥港航资源丰富、运输需求旺盛的优势，强化龙头“宁波—舟山港”，做大两翼“温台和浙北港口”。2007 年底，宁波—舟山、温州、台州和嘉兴 4 个沿海港口，共拥有生产性泊位 1 107 个，港口通过能力 4. 5 亿吨，其中万吨级以上深水泊位 115 个（不含洋山港区)。

6. 内河航道改造取得稳步发展

组织实施了杭甬运河航道改造工程、京杭运河与钱塘江沟通工程。对浙北杭嘉湖水网干线航道进行了大规模改造。该干线航道网基本覆盖了杭州、嘉兴、湖州、宁波、绍兴、金华、衢州等 7 个市，陆域面积占全省 62%。主要干线航道有 8 条：京杭运河、长湖申线、杭申线、乍嘉苏线、钱塘江、六平申线、杭湖锡线和杭甬运河。其中湖嘉申航道按三级航道标准改造。改造完成后的京杭运河浙江段被交通部正式命名为国家级文明样板航道，成为浙江省首条文明样板航道。2007 年，全长 238 公里、素有浙东地区“黄金水道”之称的杭甬运河改造工程基本完成，成为浙江省迄今为止投资最大的单体水运工程项目。浙江内河航道实现了由五级、四级向四级、三级改建跨越。

（二）公路水路交通运输保障能力快速提高

在改革、开放、搞活政策的指引下，浙江交通运输运力运量迅猛增长，运输方式向高速运输、集装箱运输和特种运输转变，车辆船舶结构向大型、专业化发展，交通运输现代化水平取得了长足发展，基本适应了浙江省国民经济发展和人民生活水平提高的需要。

1. 公路旅客运输快速发展，形成人便于行的公路客运发展新格局

不断改革客运市场，大力发展省（市）际直达旅客运输，形成旅客运输竞争格局；依法治理整顿客运市场，淘汰农用客车，提高客运车辆档次，发展快客、快线、快旅等高质量的运输经营方式；推进城乡客运一体化，强化服务质量，旅客运输向舒适、安全、环保方向发展。

2007年全省拥有民用客车231.6万辆，比2002年增长2.87倍，其中营业性客车7.84万辆，115.9万客位。营运客车中，班线车3万辆，旅游车3 948辆，出租车3.6万辆，公交车4 488辆；全省舒适、安全、能耗低的高档班车达7 789辆，占班线客车的26%，班车平均客位达到24.56。2007年，全省客运经营户下降至0.58万户，拥有的客车数上升到7.48万辆，户均车辆从2001年的不到5辆上升到12.9辆，其中客运班线经营户的户均车辆32辆，旅游经营户的户均车辆18 .5辆，出租车经营户的户均车辆7.5辆，都有不同程度的提高，呈现规模化的经营趋势。至2007年，农村客运班线达3 788条、12.6万班次，行政村班车通达率88.5%，经过验收的通等级公路的行政村全部通了班车；城乡公交一体化率达36%。全省共有客运班线8 210条，其中，省际客运班线2 243条，营运客车3 057辆；班线客车中，大型车比重达到24.6%，高档客车比重达21%；旅游车辆及经营户呈快速发展态势，满足了人民群众对旅游的需求。站场建设按照城市总体规划、各功能区、客源点分布和客流方向，完善了国家级、省级公路主枢纽和市县站场设施，加快了乡镇客运站的建设。2007年，全省共有客运站721个，比2006年增加了24%；其中一级站25个，二级站96个，三级站99个，四级站118个，五级站114个，简易站269个。同时建成一批农村港湾式停车站、招呼站。2007年，全省道路运输总量持续增长，完成旅客运输量17.9亿人，旅客周转量761.1亿人公里，比2002年增长1.39倍和1.46倍；2007年，全省铁路、公路、水路和航空客运量之比为3.2∶94.7∶1.6∶0.5，公路运输在综合运输体系中继续占据主导地位。

2. 公路货物运输迅速增长，开拓货畅其流的公路货运发展新局面

开放、活跃货运市场，创办公路集装箱运输，初步形成零担货物运输网；完善承包经营责任制，发展快速货运，强化道路运输服务业管理；引导公路货运运力结构调整，推进传统货运业逐步向现代物流业转型，浙江公路货运在较高起点上实现快速发展。

1978年，货物运输量为0.27亿吨，货物周转量为6.69亿吨公里；2007货物运输量为9.87亿吨，货物周转量为493.6亿吨公里，30年间分别增长了36倍和73倍；1978年，全省拥有营运货车0.3万辆，2007年，全省拥有营运货车43.6万辆，30年间增长了145倍。

2007年，全省的营运货车中有普通货车34.7万辆，专用货车2.14万辆，厢式货车6.2万辆；集装箱车达到9 948辆，危险品运输车达到9 940辆。全省共有道路货运经营业户

30.4 万户，其中个体经营户近 26.2 万户，占全部经营户的 86%；从经营类型分，普通货运经营户 29.5 万户，占了绝大多数；集装箱运输 413 户，比 2001 年增长 3.6 倍，户均拥有集装箱车 24.2 辆，发展较快；危险货物运输 497 户，户均拥有危险品专用车 20 辆；大型物件运输 52 户。

2007 年，道路货运业以发展快速货运、培育现代物流业为主线，提升行业服务水平，成立了“浙江快运”联盟机构，推进“小件快运”标准化作业服务体系，完善小件快运县级网络，推出 20 年市县的“站到门”业务，开展城乡配送网络研究和试点，推动长三角地区道路货运业的一体化进程。至 2007 年底，物流服务业户 1 157 户，货运代办业户 5 345 户，信息配载业户 1 020 户，客运代理业户 73 户，全省货运从业人员达 53.4 万人。至 2007 年末，全省共有道路货运场站 137 个，其中一级货运站 1 个，二级货运站 20 个，三级货运站 66 个，四级货运站 50 个。拥有年运量 10 万吨以上的道路货运市场 37 个，直达发送全国各省市（除台港澳）的经营线路 1 900 余条，年运量 8 000 余万吨，成交额 100 多亿元。

3. 内河旅游客运发展迅速，内河运输持续增长

内河运输稳步发展，现有杭州港、湖州港、嘉兴内河港、绍兴港、宁波内河港、金华兰溪港、丽水青田港 7 个内河重点港口。其中，杭州港、湖州港、嘉兴（内河）港被列入全国内河主要港口名录。2007 年，全省内河港拥有生产性泊位 5 117 个，港口通过能力 3.2 亿吨。全省拥有运输船舶 24 874 艘，运力总规模已达 1 203.8 万载重吨，其中，内河运输船舶的平均载货吨位达到了 144 吨，通过淘汰内河水泥质船舶 4.2 万余艘，钢质挂桨机船 1.4 万艘，内河船舶结构调整取得突破性进展，内河船型已逐步实现标准化。2007 年内河港口完成货物吞吐量 3.12 亿吨（居全国第 2 位，位于江苏省之后）。全省最大的内河港——杭州港 2007 年完成货物吞吐量 0.55 亿吨（居全国第 7 位）。而 1978 年我省内河港口完成货物吞吐量 0.38 亿吨，30 年间增长了 8.21 倍。1978 年杭州港完成货物吞吐量 527 万吨，30 年间增长了 7.21 倍。

2002 年到 2007 年，内河运输企业货运船舶从 232 万载重吨发展到 306 万载重吨，增加 32%，年均增长 5.7%；货运量从 1.62 亿吨发展到 2.5 亿吨，增加 54%，年均增长 9.1%；货物周转量从 180 亿吨公里发展到 337 亿吨公里，增加 87%，年均增长 13.4%。2007 年底，内河运输船舶的平均载货量达到 144 吨，运输船舶继续向大型化专业化方面发展，通过淘汰内河水泥船舶 4.2 万余艘，钢质挂桨机船 61.4 万艘，内河船舶结构调整取得突破性进展，内河船型已逐步实现标准化。

4. 远洋运输扬帆远航，国际集装箱运输蓬勃发展，沿海运输规模不断扩大

改革开放以来，浙江沿海运输迅猛发展，全省现有宁波—舟山、温州、台州和嘉兴 4 个沿海主要港口，共拥有生产性泊位 1107 个，港口通过能力 4.5 亿吨，其中万吨级以上深水泊位 115 个（不含洋山港区）。水深大于 10 米的港口深水岸线达 471 公里，居全国第一位。其中，宁波—舟山港、温州港被列入全国沿海主要港口名录。2007 年全省沿海港口完成货运量 2.62 亿吨、货运周转量 3 796 亿吨公里。截止 2007 年底，全省海上运输船舶达到 898 万吨，是 2002 年底的 2.6 倍，2002 年至 2007 年的 5 年运力平均增长约 19%；2002 年 ~ 2007 年的 5 年沿海港口货运量平均增长约 11%，2002 年 ~2007 年的 5 年沿海港口货运周转量平均增长约32%。1978年我省沿海港口完成货物吞吐量0.059亿吨、货运周转量18.92亿吨公里，30年间分别增长了44.41倍和200.63倍。

2007年底，全省已拥有从事国内海运的企业370家，从事国际海运的企业25家；全省海上运输船舶已达到3 612艘、898万载重吨（其中，远洋船舶运力52艘、145万载重吨）、4.05万客位，改革开放30年来海上运输船舶运力净增约885万载重吨、3.2万客位。全省形成了运力总量仅次于中国远洋运输（集团）总公司、中国海运（集团）总公司，位居全国各省市第一位的海上运输船队。

浙江省海运企业规模化程度不断提高，船舶向大型化、专业化发展，运输结构不断趋向优化。截止2007年底，全省万吨级以上海上运输船舶达到436万载重吨，占全省海运总运力的49%，特种运输船舶达到148万载重吨，占全省海运总运力的16%，船舶平均载重吨从1978年底的约175吨提高到2 486吨，改革开放30年来平均增长约10%。

到2007年底，全省共有从事水路运输及其辅助业务的企业1254家，其中从事水路运输业务的企业580家、代理等辅助性业务的企业674家。在从事水路运输业务的企业中，从事国内海运的370家、国际海运的25家、内河运输的209家；在从事水路运输代理等辅助性业务的企业中，从事国内水路运输代理等辅助性业务的227家、国际海运辅助性业务的企业423家。合计总资产505亿元，资产净值240亿元，年营业收入190亿元，从业人员达11万人。

通过改革开放30年来的发展，海运已成为沟通浙江省国民经济建设大动脉的主要运输方式之一，为全省经济社会发展和对外交流作出突出贡献。特别是在重点物资运输和对外贸易运输中，浙江省约70%的重点物资（如电煤）和85%的国际贸易货物通过海上运输完成，海运已成为支撑浙江国计民生、出口创汇的重要力量。

（三）交通行业管理与服务水平显著提升

改革开放以来，伴随着交通基础设施建设规模的不断扩大，现代化交通运输的蓬勃发展，浙江交通行业管理与服务水平显著提升。

1. 交通管理理念发生了重大变革，改变了以往单纯以行政手段进行管理的模式，更多地应用政策引导

浙江交通充分认识到行业管理工作的重要性、持久性，牢固树立“建设是发展、管理也是发展”的理念，适应经济社会发展的新形势，提高管理的科学化程度，以管理促发展，向管理要效益。1979年和1980年执行交通部修订后颁发的《水路货物运输规则》、《水路货物运输管理规则》、《水路旅客运输规则》、《水路旅客运输管理规则》，重申客运实行安全正点的定船、定线、定班、定时、定码头泊位的五定制度。1981年，省交通厅将运输管理与运输经营分工，以利各自行使职权。1983年，根据交通部提出“有河大家走船，有路大家走车”的方针，鼓励扶持社会运输发展。1984年，浙江进一步贯彻“各部门、各行业、各地区一起干，国营、集体、个体及各种运输工具一起上”的方针，打破“三统”模式，逐步形成以公有制为主体，多种所有制经济共同发展的新格局。1987年起，浙江开始治理整顿公路运输市场。1989年起，开始治理整顿水运市场。党的十四大后，进一步放开运输市场，引入竞争机制，同时不断治理整顿公路和水路运输市场秩序。1996年开始，浙江交通以创建文明样板路活动为载体，路况路貌明显改善。1997 年，浙江开展创建京杭运河浙境段部级文明样板航道，并在全省开展创建文明航道活动。1998 年开展以“三深化、一加强”为重点的水运市场整治。1999 年省交通厅对港航设施建设使用岸线实行分级管理。浙江积极探索运输市场宏观调控与微观搞活的互补机制，努力谋求既放开搞活，又竞争有序、充满生机的运输市场，取得了良好成效。2006 年以来，在交通工作中落实“三个服务”理念，即服务于经济和社会发展全局、服务于社会主义新农村建设，服务于人民群众安全便捷出行，取得显著效果。

2. 重视人才教育和培养工作，将其视为优化行业管理、提高服务水平的基础

20 世纪 90 年代初，浙江交通根据运输生产和建设的实际需要，加强职工教育和培训工作。随着“八五”期末和“九五”的交通基础设施建设任务的繁重，浙江交通着力培育和发展建设队伍，建立起一批有资质的勘测设计、工程监理和施工单位，培养一批有资质的工程监理人员和与建设相适应的工程管理人员。1999 年制订实施交通“人才工程”，认真实施“283 拔尖人才”计划，建立一支由 400 名左右能在交通各专业领域起骨干作用的、三个层次组成的技术（学术、学科）带头人和经营管理拔尖人才队伍。第一层次，20 名在技术、学术、学科领域具有较大影响、能进入本省或交通部“人才工程”序列的专业技术人员；第二层次，80 名能代表省内交通系统技术（学术、学科）领先水平的专业技术人才；第三层次，300 名在交通专业领域有较高水平、成绩显著、起骨干作用的年轻优秀人才，逐步完善人才资源整体性开发的措施，加大培养和引进高层次专业技术人才。2003 年以来，浙江交通在人才培养上主要有以下举措：以培养、选拔“一把手”和年轻干部为重点，大力加强领导班子和干部队伍建设；以培训为主渠道，着力提高领导干部队伍和机关人员的综合素质；实施人才兴交战略，围绕新的跨越，加强专业技术人员队伍建设；将技能型人才培养建设纳入交通人才规划，加强技术工人队伍的建设；切实抓好创建文明行业这一系统工程，全面提升全行业职工的综合素质，实现队伍建设的跨越式发展。

3. 大力推进交通依法行政工作，建立健全了交通法规体系，规范了交通执法工作

1995 年 ~2007 年，颁布了《浙江省公路养路费征收管理条例》、《浙江省公路路政管理条例》、《浙江省道路运输管理条例》、《浙江省水上交通事故处理办法》、《浙江省渡口安全管理办法》和《浙江省航道管理办法》、《浙江省实施〈国防交通条例〉办法》等 10 多部交通地方性法规规章，涉及公路建设和管理、道路运输管理、港航建设和管理、水路运输管理、运输安全监管等交通行政管理的重要领域，初步构建起了浙江省交通法规规章体系的基本框架。在完善法规规章体系的同时，积极探索执法体制改革，根据《国务院关于进一步推进相对集中行政处罚权工作的决定》，2002 年省政府决定在衢州、义乌进行综合行政执法试点。温岭市交通局、舟山市交通委经过当地政府的同意和编委的批准，先后组织实施了在交通系统内部的综合行政执法，将公路路政、运管稽查合并组建成交通行政执法机构。2003 年在杭州市交通局进行了公路联合执法的试点，为进一步改革交通执法体制积累了经验。通过全面清理行政许可事项，各级交通部门的行政审批事项大幅度减少。通过岗位培训，交通行政执法人员依法行政、依法监管的能力和水平不断提高。

4. 建立健全交通惩治和预防腐败体系

浙江交通以建立健全惩治和预防腐败体系为重点，不断强化权力制约和监督，全面落实惩防体系建设任务，初步建立起具有浙江交通特色的惩防体系基本框架。加快制度建设进度，制定和完善了行政审批、工程建设、财务管理、干部人事等重点领域的相关制度。建立完善了招投标、双合同、执法监察、全程跟踪监察和廉政建设奖罚五项制度。推进信用体系建设，建立了诚信考核、监督、奖惩机制。开展了治理商业贿赂专项工作，突出抓好长效机制建设，工程转分包、工程监理、质量监督、设计变更等环节的管理制度已初步建立。加强依法行政意识，提高执法人员思想素质和业务水平，巩固公路、水路无“三乱”的成果，建立了全省查处公路“三乱”案件快速反应机制和公路无“三乱”达标摘挂牌制度。完善政务、事务公开制度，规范公开程序，扩大公开范围，并将全部建设计划向社会公开。

（四）交通体制机制改革创新取得重大突破

1. 政企分开与交通企业改革

浙江交通通过政企分开、下放企业和管理部门与企业脱钩，实现了交通管理部门与交通企业的社会职责的分开。从1998年开始，省交通厅根据党的十五大精神和省委、省政府的部署，结合浙江交通企业的实际，抓住深化改革、增强企业活力的关键，以企业产权制度改革为突破口，对全省交通企业进行了改革。2001年省政府组建浙江省交通投资集团有限公司，作为省级交通类国有资产营运机构，实行国有资产授权经营。

2. 推进交通行业管理体制改革

公路管理体制改革方面，将专业公路管理机构与县乡公路管理机构合并、公路管理机构与路政管理机构合并，同时将高速公路养护管理职能纳入各市公路管理机构，设立统一、高效的公路管理机构；将公路管理与养护生产分开、事业与企业分开，把养护管理中生产性和经营性部分剥离出来，按市场化运作方式组建养护公司，引入企业经营机制，使养护公司成为自主经营、自负盈亏的养护实体；加快公路养护市场化进程，养护公司通过招投标获得养护工程，公路管理机构对养护实体实行合同管理，计量支持养护资金，逐步建立起公平竞争、规范有序的公路养护市场。通过改革，公路管理机构与养护公司之间关系初步理顺，基本做到了管养分开、事企分开，同时建立并完善了省、市、县三级公路（路政）管理体制。港口管理体制改革方面，建立现代港口管理体制和现代港口企业制度。2002年成立宁波市港口局，将港口行政管理职能划转给市港口局，同时按照现代企业制度建立宁波港集团公司。加快推进宁波舟山港口一体化进程，成立了宁波—舟山港管理委员会，从2006年1月1日起正式启用“宁波—舟山港”名称。

3. 探索交通建设投融资体制改革

1992年12月浙江省人民政府下发的《关于加快交通基础设施建设的通知》明确规定要积极利用外资、多渠道筹集内资，支持地方政府实施公路“四自工程”，即自行贷款、自行建设、自行收费、自行还贷。逐步建立了“国家投资、地方筹资、社会融资、引进外资”和“贷款修路、收费还贷、滚动发展”的投融资体制。在内河航道建设中也积极积极推行“四自”工程，2004年省政府批准了内河航道“四自”工程建设方案，启动了妙湖线等一批内河航道“四自”工程。同时，推进多元化的投融资体制改革，采取土地捆绑、合资合作、收费权转让、发行股票债券等形式拓宽投融资渠道，吸引民间资本和境外资本进入交通建设领域。省交通厅会同省公路局、港航局，先后与国家开发银行杭州分行、浙江省工商银行加强银企合作，工商银行批准对省公路局授信70亿元，对港航局授信25亿元的贷款额度，有效缓解了交通建设资金紧缺的矛盾。

4. 推进交通建设市场体制改革

浙江彻底打破以交通主管部门为主体的单一建设格局，出台以“七统”、“五包”为核心的建设体制，由省里实行统一规划、统一标准、统一设计、统一招标、统一对外、统一对上、统一运营管理，项目所在地各市、县（市）、区包投资、包征迁、包管理费、包工期、包质量。各地高速公路建设由业主直接建设或委托指挥部建设，并以协议形式明确投资各方的权利、义务。推行一路一公司的项目法人体制，改变了以前在高速公路建设上存在的一路多公司、管理混乱和难以协调的状态。积极推行高速公路项目代建制。完善交通建设招投标，大力推行无标底招标。

三、基本经验

改革开放以来，浙江交通人解放思想、抓住机遇、积极探索、大胆创新，积累了许多十分宝贵的经验。

（一）坚持解放思想，探索交通跨越式发展道路

30年来，浙江交通人不断打破传统思维模式和发展方式，探索交通发展规律，不断丰富和深化对交通科学发展的认识，树立起了交通先行、建管并重、城乡统筹、区域平衡、现代物流、集约节约、港航强省、综合交通、“三个服务”、以人为本等科学发展理念，并善于抓住机遇，不断改革创新，走出了一条有浙江特色的跨越式发展道路。20世纪80年代，抓住城乡经济快速发展和浙江外贸急剧增加对交通提出迫切需求的机遇，举全行业之力大力推进交通基础设施建设，充分调动全社会发展交通的积极性，浙江交通呈现出快速发展的态势，逐步缓解了交通对经济社会发展的瓶颈制约。20世纪90年代初，抓住发展社会主义市场经济的机遇，在交通建设上引入市场机制，实施“自行贷款、自行建设、自行收费、自行还贷”的“四自”为公路建设投资政策，解决了发展需要和政府财力投入的严重不足之间的矛盾，进一步加快了发展速度。1996年，省委、省政府提出公路建设的“三八双千工程”，抓住1998年亚洲金融危机、国家实施积极财政政策的有利时机，掀起了交通建设高潮，在2002年实现浙江全省“四小时公路交通圈”。2003年实施交通“六大工程”，推动浙江交通事业适应经济社会发展的需要，对经济社会的基础性、先导性功能得到切实加强和发挥。2006年以来，浙江交通深入贯彻落实科学发展观，以十六大、十七大精神为指导，提出了建设大港口、建设大路网、建设大物流的浙江交通发展新战略，加快交通发展方式转变，大力发展现代交通运输业，切实提高“三个服务”的能力和水平，推动浙江交通向更高水平、更高层次迈进。实践证明，只有坚持解放思想、与时俱进，把发展作为第一要务，牢固树立科学发展理念，抓住发展机遇，聚精会神搞建设，一心一意谋发展，积极探索发展道路，才能从根本上保证交通又好又快发展。

（二）坚持统筹协调，以科学规划引领交通全面协调可持续发展

浙江交通人准确判断经济社会发展形势，以大视野、长眼光来审视交通工作，高度重视交通规划，以交通规划指导交通的全面、协调、可持续发展。1996年，根据浙江省“九五”经济和社会事业发展纲要，结合全国公路、水运“三主一支持”的长远发展战略，修编了1994年的交通规划，编制了《浙江省公路水运交通建设规划（1996—2010）》。1998年，根据省第十次党代会提出的“建设大交通，促进大发展”和提前基本实现现代化的宏伟目标，调整修编了《浙江省公路水路交通建设规划（2001—2015）》。2003编制了《浙江省公路水路交通建设规划纲要（2003—2010）》、《浙江省公路水路交通“十一五”规划》、《浙江省国家高速公路网路线规划》、《长三角都市圈高速公路网规划方案》、《浙江省内河航运发展规划》、《浙江省沿海港口布局规划》（含《宁波—舟山港口资源整合规划》）等一系列综合、区域和专项规划。各市、县也都完成了本地区的交通发展规划。交通规划体系的完善增强了交通发展的前瞻性、科学性、有序性和指导性，实现了“思路—规划—项目—政策—投资”的良性互动。2006年以来，省交通厅党组按照省委提出了转变浙江经济发展方式、推进经济转型升级的战略部署，围绕“三个服务”和转型发展，提出和实施现代交通“三大建设”的新的发展战略和发展目标，为浙江经济特别是现代服务业发展提供强大的交通运输支撑。在规划指导下，积极推进公路水路和城乡交通协调发展，推进建设与管理的协调发展，实现了交通发展与资源、生态、环境的统筹兼顾。浙江交通从浙江经济社会发展全局出发，制定并不断完善交通规划，推进交通全面协调可持续发展，是浙江交通30年改革创新取得巨大成就的重要经验。

（三）坚持政府主导，充分发挥市场基础性作用

30年来，浙江交通人不断深化对交通地位和属性的认识，通过市场化改革大大解放和发展了运输生产力，在交通基础设施建设中坚持政府主导并引入市场机制，建立分工合作的建设机制，使公路水路交通基础设施建设实现了又好又快发展。在运输领域积极推进市场化改革，从1983年起就放开运输市场，允许非国有成分从事运输，从而逐渐形成“国营、集体、个体一起上，多家经营、共同发展”的新格局。以理顺政府与企业的关系为重点，通过政企分开、下放企业和管理部门与企业脱钩等方式，实现了交通管理部门与交通企业社会职责的分开，使企业真正成为市场竞争的主体。同时积极推进交通行业管理体制改革，在公路管理体制改革方面，形成了统一、高效的公路管理机构；水路交通行业按照规划、建设、品牌、管理“四个统一”的原则，逐步在宁波港等港口建立现代港口管理体制和现代港口企业制度。交通基础设施建设发挥政府主导作用的同时发挥市场基础性作用，实行贷款建路、收费还贷政策，建设公路“四自工程”，并将此政策扩展到内河航道建设中。在建设中逐步形成了“统筹规划、条块结合、分层负责、联合建设”的机制，充分发挥各方面的积极性，走全社会办交通的路子；紧紧依靠地方各级党委、政府的支持，在交通发展的重大问题上凝聚共识，形成合力，增强交通服务地方经济发展的主动性；在全社会营造理解交通、关心交通、支持交通的良好氛围，形成加快交通发展的合力。实践证明，浙江交通在改革开放的前沿，在实践中不断深化认识交通的公共产品的属性，准确把握交通市场规律，坚持政

府主导，积极发挥市场机制的作用，建立合力推进交通发展的体制机制，有力地促进了交通事业发展。

（四）坚持科技进步，着力增强交通科技创新能力

浙江交通提出转变交通发展方式，坚持“科学技术是第一生产力”，完善科技创新体系，提升交通科技创新能力，提高科技含量，加快交通科技进步，走资源节约型、环境友好型交通发展之路。着力完善科技创新体系，建立了以政府为主导的管理调控体系，以企业为主体、“产学研”结合的技术创新体系，以科研、教育、院所（校）为主体的知识创新体系，以各种中介机构为纽带的科技服务体系。经过多年的不懈努力，政府的监管与服务系统开始形成，企业、院所、中介诸要素的定位日益明确，作用逐步得到发挥，交通科技工作不断得到强化。大力实施技术创新政策，交通科技整体实力不断增强，推进技术政策创新，加强了软科学研究。大力推进信息化建设，坚持“归口管理、分头建设、统筹资金、加强监管”的原则，制定《浙江省交通信息化建设管理暂行办法》，通过组建机构加强组织保障，编制规划理清发展思路，推进电子政务建设，开发建设各类交通业务应用系统，深入挖掘、开发、整合和利用各类交通资源，浙江省交通部门逐步形成了以电子政务为龙头、以有效监管为重点、以公众服务为落脚点的公路和水路信息化管理服务体系，将信息技术融入到交通建设与运输管理的全过程，加快了行政管理科学化步伐，提高了政府行政管理水平，为公众提供更多的信息服务。实践证明，交通科技创新在浙江交通跨越式发展中发挥着重要作用。浙江交通高度重视交通科技创新，在建设、管理中运用科技创新成果，不断提升交通基础设施建设质量，大力推进交通运输现代化进程，这是浙江交通30年改革发展的重要经验。

（五）坚持文化建设，不断增强交通发展软实力

改革开放以来，浙江交通人在推进交通基础设施建设、提高运输服务能力的同时，根据交通部《交通文化建设实施纲要》、浙江省《关于加快建设文化大省的决定》精神和省交通厅《浙江交通文化建设实施意见》要求，大力加强交通行业先进文化建设，构建交通核心价值体系，逐渐在全行业形成统一的指导思想、共同的价值理念、强大的精神支柱和基本的道德规范，创造了颇具现代意识和行业特色的交通行业文化，增强交通发展的软实力，以先进文化引领交通全面发展。培育和弘扬浙江交通精神，在交通发展实践中培育和形成了“开拓进取、敢为人先、埋头苦干、无私奉献”、“团结务实、开拓创新、无私奉献、一心为民”、“惠民、奉献、服务”的交通精神，“无私奉献先行官，一心为民孺子牛”的浙江交通共产党员先锋形象。推进行业文明建设，从治理“脏乱差”，整治“冷横硬”开始，到组织实施“三文明一提高”、“一构建四推进”，实现了由单纯精神文明建设到创建文明行业的转变。1997年根据交通行业建设、服务、执法三大特点，把创建文明行业活动归纳提炼为“三文明一提高”工程，即实现建设文明、服务文明、执法文明，全面提高干部职工队伍的素质。先后制定了一系列规范性文件，确立了文明行业、文明单位、文明示范窗口、星级服务单位、文明公路、文明航道、文明客运七大创建体系，组织领导、创建标准、目标考核、工作保障、社会监督五大创建机制。全社会形成了条块联动、齐抓共管、合力攻坚、整体推进的创建氛围，全行业形成了交通主管部门主管、行业管理部门主抓、业主单位主创、相关

部门配合、人民群众参与的创建模式，单位形成了党委统一领导、主要领导亲自抓、班子成员分工抓、职能部门牵头抓、党政工团齐抓共管的创建格局。“十一五”期又提出“一构建四推进”创建文明行业的战略任务，即构建交通精神文化体系，推进工程建设领域、行业管理领域、交通服务领域的文化建设和职工文化建设，力争到“十一五”期末，初步形成适应浙江经济社会发展要求，符合浙江交通发展战略，具有鲜明时代特征和地方特色浙江交通先进文化架构，促进全省交通系统形成勤奋好学、追求卓越的新学风，务实创新、廉洁高效的新政风，团结和谐、服务奉献的新行风，为建设“文化交通”奠定坚实的基础。构建和谐交通行业，以实现职工的劳动权益为中心，保障和谐劳动关系的建立；依托交通文联增强队伍凝聚力。实践证明，浙江交通文化建设，使全行业树立了共同目标，增强了交通发展的使命感和责任感，引领广大交通员工自强不息、奋斗不止；弘扬了行业精神，使浙江交通精神成为推动交通事业发展的强大精神动力，激发交通员工的积极性和创造性；强化了团队意识，提高交通行业的凝聚力和战斗力，为实现交通又好又快发展提供了强大的精神动力、有力的制度保障和良好的环境条件。

四、发展展望

改革开放30年浙江交通不断适应经济社会发展的需要，在较长时期内保持了大建设、大发展的势头。当前浙江经济社会处于现代化的关键阶段，浙江交通运输必须站在新的起点上，取得新的成就，满足经济发展和群众生活对交通运输提出的更新和更高的要求：

（一）客货运输增长对交通支撑服务能力的要求

浙江客货运输将保持快速增长，需要交通运输提供强有力的基础支撑和服务保障。预计到2010年全社会客运量和旅客周转量将达20.7亿人次和1 100亿人公里，年均分别递增5.5%和5.6%；货运量和货物周转量将达18.85亿吨和5 680亿吨公里，年均分别递增8%和10.7%。

（二）资源优化配置对交通运输方式布局的要求

浙江交通建设将在国家加强和完善宏观调控，严格控制固定资产投资，严格土地管理制度和土地审批程序，切实保障在社会稳定的大背景下进行。优化各种交通运输方式的空间布局，加快各种交通运输方式向综合集成转变，发挥各种交通运输方式的比较优势，实现各种交通运输方式的有效衔接，有利于减少交通建设对土地、线位等紧缺资源的占用，有利于资源的集约利用和运输整体效能的提高。

（三）生产力布局对交通运输网络的要求

浙江正处于工业化、城镇化加快发展阶段，环杭州湾、温台沿海、金衢丽三大产业带和杭甬温都市经济圈、以浙江为中心城市群的空间发展布局将进一步形成。综合交通发展必须与生产力布局相衔接，通过建设大通道、主枢纽，构筑完善、配套的综合交通运输网络，促进生产力布局优化和全省经济社会发展。

（四）进出口贸易与战略物资储运对对外运输系统的要求

浙江进出口贸易仍将快速增长，对外经济技术交流将不断深化。进出口贸易的快速增长，国际商务人员的频繁往来，进口能源和重要原材料运输任务的加重，需要我省加快港口物流、战略物资储运和临港工业三大基地建设。特别是宁波—舟山港承担着长三角大宗货物储运基地的功能，需改扩建空港基础设施，建设大型专业化深水码头，提高集疏运能力。

（五）新农村建设和城乡一体化对交通运输可达性的要求

新农村建设和城乡一体化步伐的加快，需要浙江加快农村交通基础设施建设，提高农村交通基础设施的通达深度和通畅水平，形成城乡一体化客货运交通格局，为城乡提供普遍服务，使浙江农村接受城市经济辐射，解决农民出行和农产品运输困难，带动交通基础设施沿线村镇的发展。

（六）国防安全对国防交通运输的要求

浙江地处东南沿海，交通运输布局和运输系统建设要有利于国防交通战备保障能力的提高，以满足部队快速机动反应和战略物资输送的需要。

满足浙江新的发展阶段的交通运输需求，是浙江交通重大的历史使命。浙江交通将继续以邓小平理论和“三个代表”重要思想为指导，深入贯彻落实科学发展观，深入实施“创业富民，创新强省”总战略，按照浙江省“全面小康六大行动计划”部署，紧紧围绕浙江交通“推进转型发展、建设现代交通”总目标，优化交通运输布局，加强运输方式衔接，着力构建“布局合理、结构优化、能力充分、资源集约、协调发展”的公路水路交通体系，大力推进大港口、大路网、大物流建设（“三大建设”），全面提升浙江交通“三个服务”的能力和水平，巩固和提高浙江交通在经济社会发展格局中的基础地位和先导作用，以交通的科学发展确保浙江经济社会发展继续走在前列。努力在以下几方面加强建设：

一是加快推进大港口建设。充分发挥我省港航资源优势，加快港航强省建设，扩大对外开放，发展海洋经济，增强浙江的国际竞争力。着力构建六大体系：结构合理、功能完善的沿海港口体系；干支直达、通江达海的内河航道体系；水陆配套、江海联运、高效衔接的集疏运体系；安全便捷、经济可靠的航运体系；信息畅通、优质高效的服务保障体系；生态高效、相对集聚的产业支持体系。沿海积极推进梅山港区和金塘港区建设，强化龙头“宁波—舟山港”，做大两翼“温台和浙北港”；内河以京杭运河为主轴，全面提升浙北航道网和浙东航道网，全面推进钱塘江和瓯江航运开发（一河两网两开发）。到2012年，沿海港口初步形成功能完善、优势互补的港口群，内河骨干航道网络布局框架基本形成，航运业形成以超百万吨企业为龙头的运力结构体系。

今后5年，全面实施港航强省“2468”工程，即内河新增三级航道200公里，运输能力新增400万载重吨，沿海港口新增60个万吨级以上深水泊位，新增集装箱吞吐能力800万标准箱。其中，宁波—舟山港新增货物吞吐能力超过2.5亿吨，新增集装箱吞吐能力超过650万标准箱。

二是加快推进大路网建设。以全面适应经济社会发展为目标，以打造“五型公路”为载体，以加快疏港类公路建设、出省通道建设，服务于三大产业带和浙中城市群的公路建设为重点，全力提升省际之间、省城至各县之间、各地级市之间及各主要港口、物流基地、机场、铁路枢纽之间的公路交通保障能力，继续加快农村公路建设，努力构筑城乡协调发展、区域间协调发展、与大港口和大物流建设协调发展，建立功能齐全、路况良好的大开放、大立体、大民生路网。

构筑以省级中心城市辐射全省并融入长三角、畅通周边省的大开放路网。以杭、甬、温都市圈及以浙中城市群，环杭州湾、温台沿海、金衢丽三大产业带为中心，加密服务于这些区域的高速公路、国省干线公路网密度，力争打通13项413公里的“断头路”，建成53项1 682公里的“联网路”，改造36项614公里的“瓶颈路”，实现骨架干线高速化、次干线快速化、支线密化，带动公路沿线农业、高新技术产业、装备制造业和现代服务业发展。畅通与沪苏皖赣闽接口，在现有40个与外省接口的基础上，完善其中的15个接口，新建12个接口，加快长三角“半日交通圈”建设进程，服务于长三角区域经济合作战略，服务于区域经济、文化的合作与交流。

构筑与现代化其他交通方式全面对接的大立体路网。加快与我省4个主要港口、7个机场相连的公路集疏运网络的建设，无缝衔接港口枢纽、铁路枢纽、机场枢纽。规划建设直接为大港口和大物流服务的疏港公路及通港口码头、通物流基地的公路项目22个，新建连接铁路站场、机场的公路约60公里，增强港口和物流基地的集疏运能力，加快高速公路、国省干线、农村公路之间的立体成网，实现路网结构及网络配置的社会效益最大化。

构筑服务于社会主义新农村建设和基本公共服务均等化的大民生路网。继续加大对欠发达地区交通基础设施建设的扶持力度，加快农村公路建设，服务于广大农民群众安全便捷出行，改善农村经济发展环境。并切实加强农村公路管养，使交通发展成果更多地体现在改善民生上，使全面建设小康社会的成果惠及全省人民。

争取到2012年实现“1127”公路建设工程，即公路总里程增加1万公里以上，新建成高速公路1 000公里，新增国省道及重要县道2 000公里以上，新增农村公路7 000公里以上。全省公路总里程达到11万公里，公路密度达到108公里/百平方公里。力争到2012年，全省公路平均好路率达到80%以上，国省道公路好路率达到90%以上，高速公路优等路率达到95%，全省公路养护水平继续保持全国前列。

三是加快推进大物流建设。充分发挥浙江经济大省、市场大省、外贸大省的优势，通过引导、扶持、支持和培育，形成以物流园区为基础，物流信息平台为支撑，技术标准为手段，龙头企业为示范，全程物流为方向的全省交通物流体系，用现代物流理念、组织方式、技术改造提升传统运输产业。按照科学发展观的要求，通过规划引导、政策引导、管理引导、服务引导、舆论引导、资金引导，转变交通运输业发展方式，实现传统运输业向现代服务业转型。

通过五年的努力，以大力发展物流业为抓手，进一步提升物流业的增加值，提高对经济社会发展的贡献率，降低物流成本占GDP的比重，使交通运输业走出一条集约化、规范化、可持续发展的新路子。重点构建“三个体系”：完善以物流园区为核心、物流中心为骨干、配送中心为基础、农村物流站点为补充的物流节点网络体系；形成服务国际物流、区域物流、配送物流的龙头企业体系；建成现代物流公共信息服务体系。

徽风徽韵走安徽

安徽省交通厅

弹指一挥间，交通展宏图。在历史长河中，30 年是短暂的，但是改革开放短短的 30 年，安徽交通发生了天翻地覆的变化。从“汽车跳，安徽到”，到全省公路管理和养护水平进入全国前十名；从 1978 年长江淮河上仅有 3 座大桥，到现在长江、淮河上各有 3 座、12 座大桥，在建的各有 1 座，基本实现“天堑变通途”；高速公路从零的突破到接近 2 500 公里，只经过短短的 17 年时间；从破旧的客车、木质的船舶到高档客车比例占到省市际营运班车的 35.6%，木帆船、蒸汽机船、水泥船被全部淘汰，实现船型标准化，平均吨位从几十吨发展到现在的 400 多吨等等，无不说明 30 年安徽交通发展之路，正是改革开放进程和辉煌成就的高度浓缩。

一、辉煌成就

1978 年，安徽省完成交通固定资产投资还不到 1 亿元，2007 年当年完成交通固定资产投资达到 248 亿元。“十五”期间，全省交通固定资产投资完成 706 亿元，是“九五”的 2.6 倍，超过前 3 个五年计划的总和。“十一五”前两年，完成交通固定资产投资就超过了 500 亿元。

1978 年，安徽省公路水路客运量 11 601 万人，客运周转量 325 848 万人公里；货运量 9 512万吨，货物周转量 442 688 万吨公里。2007 年，全省公路、水路共完成客运量 8.3 亿人，旅客周转量 604.9 亿人公里，分别是 1978 年的 7.2 和 18.6 倍；完成货运量 7.2 亿吨，货物周转量 991.4 亿吨公里，分别是 1978 年的 7.6 和 22.4 倍。

1977 年底，安徽省公路总里程 22 812 公里，其中国省干线公路里程 9 369 公里，县乡公路 12 293 公里，专用公路 1 150 公里。1978 年底公路通车里程也仅 23 680 公里。到 2007 年底，全省公路总里程已突破 14 万（148 372）公里，是 1978 年通车里程 6.27 倍，公路密度 106.44 公里/百平方公里。按照行政等级分，国道 3 241 公里（含国道主干线 677 公里），省道 8 473 公里，县道 23 876 公里，乡道 36 224 公里，村道 75 554 公里，专用公路 1 004 公里；按照技术等级分，高速公路通车里程达到 2 206 公里，一级公路 362 公里，二级公路 9 824 公里，三级公路 13 848 公里，四级公路 102 001 公里，等外公路 20 130 公里；按照路面等级分，有铺装路面 32 712 公里，简易铺装路面 32 851 公里，未铺装路面 82 809 公里；全省桥梁 27 362 座，总长 1 088 633 延米；隧道 87 道 52 701 延米。全省高速公路通车里程位居中部地区第 3 位，全国第 9 位，基本实现省辖市市市通高速，六车道高速公路里程 68.4 公里。到 2008 年 6 月底，高速公路通车里程已经达到 2 363 公里，年底有望突破 2 500 公里。全省农村公路总里程达136 648公里，乡镇公路通达率100%，建制村公路通达率99.56%，提前实现了乡乡通水泥（油）路、村村晴雨能通车的目标。

1978年，安徽全省仅有营运车辆6 236辆，到1980年只增长了800辆。截止到2007年底，全省营运汽车超过34.86万辆，是1978年的55倍。其中载客汽车7.99万辆，载货汽车26.87万辆公路运输经营业户达到145 092家，从业人员达到735 502人；营运客车中，中高级客车1.35万辆，占客车总数的17.2%，省际班线中，中高档客车已经超过83.9%。出租汽车46 662辆，出租车公司222家，从业人员15万多人。11 000多台营运车辆安装了GPS。汽车维修业户达到7 999家，综合性能检测站61个，机动车驾驶员培训机构166所，汽车租赁业公司219家。全省危货运输企业212户，从业人员达13 140人；运输车辆5 382台，其中危货专用槽罐车3 313台，厢式车795台，集装箱车64台，专用车辆比重高达77.5%。全省共开通农村客运班线3 504条，农村班车17 333辆，座位248 186座，1 340个乡镇100%通了班车，21 700个行政村中通班车的行政村达到19 681个，建制村班车通达率为90.6%。1980年全年完成公路客运量13 801万人，旅客周转量384 996万人公里，货运量5 196万吨，货物周转量109 380万吨公里，而2007年全年完成客运量8.22亿人，旅客周转量604.12亿人公里，货运量6.21亿吨，货物周转量542.81亿吨公里。

1978年，安徽全省内河航道总里程5 489公里，目前达到6 507公里，比5 489公里增加了1 018公里，通航里程5 596公里，其中一级343公里，三级391公里，四级350公里，五级688公里，六级2 527公里，七级707公里，七级以下590公里。长江、淮河、沙颍河、合裕线、芜申运河为国务院批准的全国内河高等级航道，合计里程达1 122公里、占全省通航里程的1/5。目前，安徽省在淮河、合裕线、青弋江、新安江、巢湖湖区等40条航道（航线）上设置各类助航标志658座（其中发光标137座），设标里程1 430公里，航标维护正常率达到100%。1978年，全省营运船舶仅16 500艘、36万载重吨，平均吨位22吨，目前已发展到30 518艘、1 477万载重吨，平均吨位达475吨，内河营运船舶总量与总吨位居全国第二位，分别是1978年的1倍和42倍。全省港航企业由20世纪70年代末不足100家发展到现在的1 000多家，水运业公司化经营船舶比例达到70%以上。1978年，全省港口吞吐量刚刚超过1 000万吨，到2007年底，港口吞吐量达到2.4亿吨，位居中部六省第一位。沿江1 000吨级及以上泊位超过200个，港口数量居中西部地区第一位；集装箱运输自20世纪90年代初起步以来，发展势头强劲，集装箱吞吐量已经达到21.8万标准箱。其中芜湖港口吞吐量达到4 680万吨，位居全国内河十大港口行列。改革开放以来全省累计完成港口吞吐量24.5亿吨，货运量15亿吨，货物周转量5 100亿吨公里，货运量和周转量占各种运输方式的比重分别达到11%和19%。

二、历史进程

回首改革开放30年，安徽的交通发展大致经历了恢复起步（1978年~1990年）、重点突破（1991年~1997年）、全面加快（1998年~2002年）和科学发展（2003年~2008年）四个阶段。

（一）起步恢复阶段（1978年~1990年）

1978年党的十一届三中全会后，全国工作重点转向经济建设，进行了全面的拨乱反正。

经过十年文革，国民经济处于崩溃的边缘，党中央、国务院及时确定了改革、开放、搞活的政策，安徽交通也步入恢复阶段。

邓小平提出“让一部分人先富起来”之后，广大农村群众对“路”的需求越来越迫切，“要想富，先修路”、“要快富，快修路”，成为这一发展阶段的显著标志。这一时期交通建设的最大特点就是集中力量办大事。在公共财政对交通建设投资一片空白，交通建设资金缺口很大的情况下，安徽省交通厅调动各方面、多层次的积极性，采取了多渠道集资，并通过出台发展政策、减免相关税收等措施，促进交通建设和发展。1985 年起对全省 18 条干线公路全面拓宽改造，大力修建山区公路和旅游公路。至 1990 年共改造拓宽公路 1 373 公里，其中达到一、二级公路标准的有 800 公里，使全省国省干线公路质量上了一个新台阶。1989 年通车的蚌埠淮河公路大桥为安徽省最早的预应力混凝土斜拉桥。这一时期，随着农村经济的活跃，通过“民需民办、自建自养”，区乡公路发展较快，初步改善了“行路难、运输难”的状况，基本形成了“乡建道班，区（镇）建站”的管养模式。原宿县栏杆区于 1981 年～1984 年，首先实现村村晴雨通车。

1980 年 7 月安徽省公路管理局成立以后，首先恢复和健全规章制度，重点抓好养路费收支计划管理，同时加强工程、技术、养护、路政、机料、财务等工作的全面管理。同时，根据“用路者养路”的原则，安徽省计划委员会、交通厅、财政厅、中国人民银行安徽省分行联合颁发《安徽省公路养路费征收和使用实施办法》，将“行驶公路的车辆”改为“凡领有牌证的车辆”都应缴纳养路费。1984 年省公路管理局进行公路机构改革试点，以宣城地区公路总站为主，成立安徽省公路管理局芜湖分局。1990 年，为加强公路养护管理，省公路局将工养科分为工程科和养护科两个科室，大大加强了对全省公路养护的指导工作。

在农村联产承包责任制的启示下，全省公路部门对公路养护工作进行了改革。1978 年，萧县公路站率先实行“三包、四定、一奖、一集中”的养路经济责任制；1980 年，《安徽省公路养护道班“四定一奖”（试行办法）》在全省推行。这种以经济手段为主的改革公路养护的管理方法，既基本解决了养路工人长期“吃大锅饭”的问题，又较好地调动了养路工人的积极性和主动性，提高了工效和质量，降低了养护成本，好路率稳步上升。

这一时期，公路的路政管理重点工作是加强打场晒粮、摆摊设点、骑路集市等违规行为的整治。1983 年，省委、省政府召开电视电话会议，部署清理路障工作，在全省开展清障大检查，初步解决公路设障的“顽疾”。1986 年，安徽省出台了《安徽省公路管理条例》，1987 年国务院颁发了《中华人民共和国公路管理条例》和交通部制定的“实施细则”，公路路政管理正式迈入法制化轨道。全省公路各级部门及时组织力量，加强对“两个条例”的宣传工作，路政管理部门建立路政管理档案，对侵占路基、破坏路产路权、违章建筑的单位和个人进行登记，逐一依法妥善处理，全面做好路政管理工作。

水运建设取得良好发展。1982 年，安庆、芜湖大件码头先后建成，结束了安徽省无大件码头的历史。1980 年和 1985 年，芜湖、安庆、马鞍山港口先后经国务院批准为对外贸易港。新建的芜湖朱家桥外贸码头有两个万吨级泊位，可以接纳来自世界各地的万吨轮。到 1988 年底，全省通航里程包括长江 401 公里在内已达 5 926 公里；有通航建筑物 33 座，其中船闸 29 座、升船机 4 座；实现渠化航道 2 400 公里，占通航总里程的 44%。到 1990 年底，随着肖濉新河的通航，结束了淮北无水运的历史；枞阳、杨桥船闸的建成使用，使通航条件大大改善；全国交通重点工程——淠淮航道沟通工程的积极推进，必将结束六安地区封闭的水运史。

站场建设实现较快发展。1985 年在国内率先出台《征集汽车站建设专用基金实施办法》，安庆、淮北、合肥、滁县、马鞍山、巢湖、黄山等汽车站相继建成，运输保障能力和服务水平有了较大提高。同年 6 月，安徽省政府授权省交通厅批准全省首家固镇县懈保桥收费站收取过往车辆通行费。1987 年在全省实施了养路费超收地（市）全留政策，使公路养路费征收率大幅提高。1990 年底，全省征收公路养路费 44 341 万元，是 1977 年 7 706 万元的 5.75 倍。

同时，按照“对外开放、对内搞活”的方针，公路水路运输空前繁荣。1984 年，安徽省汽车运输公司撤销，人、财、物三权下放给地方，同时成立安徽省公路运输管理局。这是安徽公路运输发展过程中的一个重要转折，创造了运输市场的开放格局，形成了多层次、多渠道、多种经济成分和多种经营方式并存的公路运输经济结构。在“有河大家走船，有路大家走车”和“国营、集体、个人及各种运输工具一起上”的原则指导下，单一所有制的禁锢和交通部门包办公用运输的封闭状态被打破，公路水运市场全面开放，国营、集体、个人运输主体都得到快速发展，尤其是个体运输迅猛增长。至 1990 年，其运力占社会总运力的 50% 以上。1982 年中国远洋运输公司安徽省公司成立，首次开辟了安徽至我国香港、东南亚、日本、朝鲜等国家和地区的远洋航线，结束了安徽省无远洋航线的历史。至 1990 年，全省共有各类船舶 199 万吨，居全国第三位，其中专业运输船舶达到 1.22 万艘 88 万吨。

随着个体运输的蓬勃发展，水上运输安全问题凸显出来。乡镇运输船舶逐步成为内河运输战线上一支活跃的力量，对国营、集体运输起到了有益的补充作用。但这些船舶技术状况差，人员素质低，违章冒险航行现象十分严重，由此而造成的翻（沉）船死人事故不断发生。1985 年以前，平均每年死亡人数在 100 人以上，最高年份 1983 年达 152 人，其中乡镇船舶死亡人数比例逐年上升。为保障乡镇运输船舶安全，1981 年以后先后制定了《安徽省农副业船、渔船、渡船安全管理办法》、《安徽省渡口管理办法》、《安徽省挂桨机船安全技术管理》等管理办法。1987 年，经安徽省编制委员会批准，成立了安徽省港航监督局和船舶检验局，同时，在地市一级设立了 15 个港监船检处，在县一级设立了 54 个港监船检所，实行统一领导、统一政令、分级管理，依照行使港航监督和船舶检验职权。1989 年 5 月 19 日以省 8 号令颁布了《安徽省乡镇运输船舶安全管理暂行办法》（下文简称《办法》），是安徽省内河交通安全管理的一个重要法规。这一《办法》的实施，理顺了内河交通安全管理关系，落实了乡镇人民政府的具体领导责任，明确了交通、港监、公安、工商、税务、保险等有关部门的分工责任，体现了分工管理、各司其职、密切协作、综合治理的统一管理形式，从而使内河交通安全基本走上了依法管理的轨道。

（二）重点突破阶段（1991 年～1997 年）

邓小平南巡讲话和党的十四大将建立社会主义市场经济制度作为经济体制改革的目标，并明确提出在全国范围内形成总体开放格局。改革开放在全国范围内各行业深入推进，交通建设发生了许多前所未有的变化，建设、管理、改革等各项事业都取得了重点突破。

长期以来，交通公共投入与人民群众日益增长的出行需求之间存在较大的差距，成为制约交通事业发展的瓶颈。社会主义市场经济体制的初步建立为解决这一矛盾提供了新的途径，传统的依靠财政投入的单一交通融资体制逐步向以市场为基础的社会融资渠道转变，逐步形成了国家投资、社会融资、群众集资、外商投资等多元化的筹资新格局。1996 年 11 月 13 日，安徽皖通高速公路股份有限公司在香港联交所成功上市发行 H 股。

随着交通建设投融资体制改革不断深化，交通基础设施建设取得突破性进展，一批标志性的工程陆续建成，公路、桥梁、港口码头、航道、车站建设都发生了翻天覆地的变化，大大地改变了交通面貌。合宁、合巢芜高速公路，205 国道马鞍山过境线和天长段、104 国道文明样板路、318 国道宣广段、312 国道六叶段、合淮路改造工程完工或建成；铜陵长江大桥、黄山太平湖大桥、陇西立交桥、淮河蚌埠、凤台公路大桥、安庆皖河大桥等一批特大桥梁建成通车。1995 年建成的铜陵长江公路大桥，不但结束了安徽省境内 400 公里皖江无跨江大桥的历史，也是安徽省利用日本协力基金贷款，依靠社会融资、收费还贷建设公共交通设施的成功范例。

这一时期，最具有划时代意义的就是，1991 年 10 月 4 日，合宁高速公路建成通车，实现了安徽省高速公路零的突破。早在 1986 年，安徽省就成立了省高等级公路管理局和省高等级公路工程建设指挥部；同年 10 月 1 日，安徽省内第一条高速公路——全长 136 公里的合宁高速开工兴建。当时全国还在争论要不要修高速公路时，安徽交通人就发扬小岗村“敢为天下先”的精神，掀开了安徽高速公路建设的序幕。1991 年夏，安徽省遭受特大洪灾，省会合肥通往外地的铁路、国省干线全部中断，唯有合宁高速如长龙卧波，畅通无阻。正是有了合宁路，中央领导得以前往灾区指挥抗洪救灾，大批救灾物资得以源源不断运进灾区，人民群众亲切地称合宁路为“救命路”。许多公路界的同行感慨地说，合宁高速不仅是安徽人民的救命路，也是全国高速公路建设的救命路。

公路管理体制改革工作不断深化。这一阶段，公路建设招投标和工程监理制度、重点工程建设业主负责制等制度相继建立，公路建设逐步由“数量型”向“质量效益型”转变。沪蓉高速公路高界段、合徐高速公路等工程质量有明显的提高。《安徽省道路管理运输条例》、《安徽省高速公路管理条例》、《安徽省水路运输管理条例》、《安徽省公路路政管理条例》等一批地方性法规相继出台，交通法制建设逐步完善，交通运输市场、交通建设市场逐步走向规范化。

1994 年，安徽省政府印发了《全省公路分级管理实施意见》，对全省公路管理体制进行改革，明确了省公路管理局依据交通厅授权，负责全省公路建设、养护和管理工作；国道、省道的修建、养护管理由地、市、县公路管理机构负责；县道的建设、养护和管理由行署、市、县交通局内设县乡公路管理科、股负责；乡道实行由乡（镇）人民政府负责修建、养护和管理的公路分级管理新机制。公路养护组织改革试点推进，由长期管养一体的格局向以市场为导向的养管分离新模式迈进。在 1997 年全国公路养护与管理综合检查评比中，安徽省名列第 10 位。从 1994 年开始，连续每年开展路政管理宣传月活动，加强对公路路政管理法规的宣传工作，不断提高群众的爱路、护路意识。

伴随着公路管理体制和养护机制的完善，公路规费征稽工作逐步规范化。1991 年，全省公路养路费征收业务从路政管理中分离出来。1992 年，经省交通厅、公路局与省高级人民法院协商确定全省各地（市）中级人民和各地（市）、县人民法院成立公路巡回法庭，并派驻在公路管理部门，负责养路费征收和路政管理案件的处理。1994年，经省政府批准，地方政府管理的收费站移交公路部门归口管理。1995年3月28日，安徽省人民政府发布《安徽省公路养路费征收管理办法》（60号令），使养路费征收有了法律依据。

这一时期，全省交通系统以转换经营机制为重点，以建立现代企业制度为目标，开展了产权制度改革的试点工作。省海运股份公司、滁州扬天汽车股份公司、灵璧运输集团等企业的改制、改组、改造均获成功。全省交通部门运输企业苦练内功，加强内部管理和技改工作，企业经营实力进一步增强，经济效益普遍有所提高。

1996年，党的十四届六中全会审议并通过了《中共中央关于加强社会主义精神文明建设若干重要问题的决议》，将思想道德文化建设作为精神文明建设主题。为推动交通文明行业创建任务，进一步巩固治理公路“三乱”成果，全面提高干线公路通行能力和规范化水平，自1995年开始，安徽省先后完成了部级文明样板路G104、G312，省级文明样板路G206合安段、S105、S202等的创建任务。全省交通系统涌现出一大批先进典型和模范人物，如入选“全省精神文明十佳人物”的交通职工李道玉、吴长全，职业道德建设十佳标兵周全胜，被誉为“文明之花”的淮北运管处等先进个人和先进集体。

（三）全面加快阶段（1998年~2002年）

1997年，亚洲金融危机爆发，亚洲和世界经济受到严重冲击，周边经济形势恶化；1998年，全国大部分地区遭受严重自然灾害，面对国际国内通货紧缩和有效需求不足的严峻形势，党中央、国务院提出加大基础设施建设、拉动经济增长的战略方针。安徽省交通系统抢抓机遇，加快公路建设步伐，建设投资逐年攀升，交通步入全面加快发展阶段。

这一时期最大的特点就是交通基础设施建设全面提速。仅1998年当年两次调整交通基础设施建设计划，从原计划31亿元调整到57.4亿元。至1998年底，全省实际完成建设投资63.3亿元，相当于第八个五个计划期间交通建设投资的总和。各地都紧紧抓住这一历史机遇，把加快交通建设作为促进本地区经济发展的重要因素。不少地方主要领导亲自挂帅抓交通重点工程，使交通建设由单一的行业行为转变为政府行为和社会行为，给交通建设创造了一个前所未有的良好外部环境。

1998年~2002年全省交通固定资产累计完成投资400.35亿元。其中，2002年全省交通固定资产投资首次突破百亿元大关，达到108.4亿元。在这五年里，沿江二级公路、312国道合叶段、南淝河航道、沪蓉路高界高速公路、南照淮河公路大桥、芜湖长江大桥南北岸接线、界阜蚌一二期工程、318国道宣城南环线、合徐路南段、连霍高速公路、合安高速公路等一批重点工程相继建成通车。5年新增公路里程4 472公里，其中，高速公路601公里，一级公路148公里，二级公路2 491公里。至2002年底，公路总里程达67 547公里，其中，高速公路866公里，一级公路300公里，二级公路7 480公里。2002年底与1997年底相比，二级以上公路里程由5 422公里上升到8 646公里，公路密度由27公里/百平方公里增加到48.4公里/百平方公里，高级、次高级路面由18 111公里增加到30 808公里，好路率由64.8%提高到70.2%，公路绿化里程由23 640公里上升到47 281公里。全省不通公路的乡减少到3个，不通公路的村的数量由1997年底的3 373个减少到2001年底的1 492个。

同时在此期间加大对水运建设投入力度。这一时期，安徽航道建设以“江淮水运振兴工程”为重点，围绕全国“一纵两横两网”和安徽水运主通道建设规划，按通航300~500吨级为标准，重点建设了长江淮河水系主要支流航道，并将重点转移到淮河及其重要支流。相继建设了合裕航道、颍上船闸等一批重点工程，改善航道里程116公里，新增通航能力8 000万吨。内河航道总里程达6 504公里，通航里程超过5 600公里，分别居全国第七位和第八位。在1996年~1998年间，历时3年完成了全省范围内内河航道技术等级评定工作。

公路水路管理体制改革进一步深化。完成了5 000公里重要县道养护上收工作，出台了《安徽省公路系统深化改革实施意见（试行）》，大部分市初步实现养护工程走向市场的目标。“建设是发展、养护管理也是发展，而且是可持续发展”的养护管理新理念得到贯彻，逐年加大养护资金投入，加大日常养护和预防性养护，委托中介机构开展路网养护质量巡检，提升公路养护水平，确保公路畅通和安全。为了提高公路养护积极性、提高公路养护水平，陆续建成了51个机械化养护工区、100个中心道班和200个普通道班，给每个工区配备机械设备约200万元，中心道班的主要设备配备也由省公路管理局统一组织招标采购。调整水上交通管理机构，规范了全省地方水上安全监督机构名称。顺利完成水上管理机构的合并、更名，省航运局、省航道局合并，成立省地方海事局、省港航局、省船舶检验局，三块牌子一个机构。积极推进长江双重领导港口管理体制改革，完成长江五港下放工作，交由所在市政府管理。

路政管理内容逐步转变为以贯彻《公路法》、《安徽省高速公路管理条例》、《安徽省公路路政管理条例》为主要内容，以制度建设为抓手，坚持依法行政，提高依法行政的水平和能力；按照“通畅、安全、和谐、服务”的管理理念，使路政管理工作迈向规范化、法制化轨道。提请省人大修订了《安徽省高速公路管理条例》和《安徽省路政管理条例》，明确了公路管理机构路政执法主体资格。

全面开展了《安徽省高速公路网规划》、《安徽省道路运输业规划》、《安徽省农村公路发展规划》和《安徽省水运中长期发展规划》的编制工作，完成了全省公路运输枢纽总体布局规划评审和全省第二次全国公路普查资料编印工作及第二次全国内河航道普查的试点工作。

这一时期初步形成了投资主体多元化的公路建设筹融资体系。首次争取到世行项目Ⅰ 2 500万美元用于合安路路网建设，世行项目Ⅱ铜陵至汤口公路顺利实施。民营企业开始进入高速公路建设和经营领域，合巢芜、徽杭路安徽段、蚌宁、亳阜等高速公路经营权全部或部分转让给民营企业，并尝试了利用BT方式改扩建国省干线公路。省高速公路总公司皖通A股成功上市。按照“谁建、谁用、谁受益”的原则，鼓励货主、企业自建码头，逐步将港口建设推向社会，使港口建设的步伐进一步加快。

经省政府批准，安徽省交通投资集团有限责任公司于2001年5月正式挂牌成立；安徽省交通职业技术学院于2001年6月，由原安徽大学交通分校和安徽交通学校合并组建完成。

（四）科学发展阶段（2003年~2008年）

进入21世纪，我国人均GDP超过1 000美元，从国际发展经验来看，1 000~3 000美元是社会转型的关键时期，是社会利益格局发生剧烈变化和各种矛盾突显期。按照科学发展观的要求，全省交通系统坚持调整交通结构，转变增长方式，注重推进创新，强化行业管理，践行“三个服务”（服务于国民经济和社会发展全局，服务社会主义新农村建设，服务人民群众安全便捷出行），战胜了淮河特大洪水、非典疫情、禽流感、特大雪灾等各种灾害，各项工作都取得了显著的成绩。

这一时期，交通事业发展的最大特点就是发展的科学性、协调性、可持续性得到高度统一，交通行业逐步由传统行业向现代服务业转变，由传统的注重基础设施建设向基础设施建设和管理服务并重方向发展。强调科学规划，用规划指导建设，统筹公路水路交通与其他运输方式的充分衔接和配套，服务于全省国民经济和社会发展的全局。强调“科教兴交”战略，积极运用最新规划成果，吸收最新设计理念，大力推广新技术、新工艺、新材料、新装备，集约利用土地，强化生态环保。强调公路水路同步协调发展，既抢抓机遇加速推进高速公路建设，又把农村公路摆在交通工作重中之重的位置，在加快高速公路发展和农村公路建设的同时，稳步推进国省干线改造，加大对水运建设投资力度，充分发挥水运优势。强调统筹协调各类资源，充分发挥系统整体优势，不断提升运输保障能力，推进交通基础设施建设和客货运输网络协调发展，努力实现社会效益与经济效益相协调、建设规模与发展速度相协调、建设管理养护与运输相协调、运行质量与服务水平相协调。强调以人为本，强化服务意识、质量意识、安全意识，加快构建和谐交通，认真解决好群众反映强烈的突出问题，维护好人民群众的根本利益，最大限度地保护人民群众的生命财产安全。

安徽省公路局自2002年开始，陆续出台了《安徽省公路桥梁大中修工程管理暂行办法》、《安徽省公路桥梁大中修工程强制性规定》（试行）、《安徽省公路养护管理暂行办法》、《安徽省公路养护管理考核办法》、《安徽省公路桥梁养护管理工作制度》、《安徽省公路小修保养工程考核实施细则》（试行）、《全省公路路面大中修工程质量检测实施方案》等一系列的规范性文件，加强对路网大中修工程的管理。自2004年开始，对养护工程实行准入制度，以养护工区、中心道班为依托组建养护公司，对大中修等养护工程实行招投标制度，规范和培育养护市场。委托建立健全桥梁养护机制。并自2004年开始，对国省干线公路上的急弯、陡坡、视距不良路段实施安保工程，全面消除干线公路、旅游公路和重要县道的交通安全隐患；自2006年开始，在全省范围选取部分市山区公路的地质灾害点实施灾害防治工程，实施灾害防治工程后的路段抗灾能力明显提高。

2003年~2007年，交通基础设施建设继续保持高速增长，全省完成交通固定资产投资1 028亿元，是2003年前5年投资额的2.6倍，投资量年均增长19.1%。各项指标均创历史新高，公路建设完成投资998亿元，其中高速公路607亿元，国省道改造102亿元，农村公路建设投资270亿元，全省争取中央投入农村公路建设资金43亿元，省交通厅投入资金35.5亿元，带动地方共计完成农村公路建设投资269.8亿元，是建国以来安徽省农村公路建设投资力度最大的时期。水运建设完成投资28亿元，港口建设也开始全面提速，安庆马窝港区主体工程竣工，芜湖朱家桥集装箱码头开工建设，马鞍山港改扩建工程完成投资19 665万元，颍上船闸主体工程基本完成，巢湖港巢城港区一期工程和铜陵港件杂货码头改建工程开工兴建；全省小港站建设项目共完成投资1 220万元。预计2008年将完成建设投资超过200亿元，高速公路通车里程有望突破2 500公里，完成全部高速公路网规划近一半的里程。铜黄高速公路建设实现了“最小程度影响、最大限度保护、最强力度恢复”的环境保护目标，黄塔（桃）高速公路积极创建交通部典型示范工程。

2003年，安徽省公路局制定了《安徽省公路养路费委托银行代收业务管理暂行办法》，并在合肥市公路局和合肥商业银行试行。2004年，全省路桥收费站点正式启动计重收费。2007年6月，建成全省养路费联网征收系统，实现了异地缴费。同年7月，联通CDMA无线接入工程开通，实行了养路费路面无线稽查、流动征费；12月，启动了全省范围内银行代收公路养路费工作。

继续强化收费公路管理，从严控制新设站点，规范通行费征收。公路养路费从2001年的123 361万元增加到2007年的288 151万元；公路通行费从2001年的119 961.25万元增加到2007年的302 554.33万元。2005年，按照国家七部委联合下发的《全国高效率鲜活农产品流通“绿色通道”建设实施方案》［交公路发（2005）20号］和原交通部印发的《关于开展全国鲜活农产品流通“绿色通道”示范通道建设工作的通知》［交公路发（2005）407号］文件，安徽省交通厅等七部门联合印发了《关于印发安徽省开展全国鲜活农产品流通“五纵二横”、“绿色通道”及示范通道建设工作实施方案的通知》，对合法运输鲜活农产品的车辆在“绿色通道”上行驶免征或减征通行费，降低农产品运输成本，切实保证农产品生产、流通。并于2005年底前完成高效率鲜活农产品流通“五纵二横”、“绿色通道”建设，建成全国鲜活农产品流通“绿色通道”、“哈尔滨—海口”安徽示范段示范通道。对从事田间作业的拖拉机免征养路费和农机跨区作业免费通行的政策，切实保障农业增产和农民增收。

交通发展规划体系初步形成。《安徽省高速公路网规划》和《安徽省内河航运发展规划》获省政府批准实施。全省17个港口总体规划全部启动，其中，马鞍山港、巢湖港、宣城港总体规划已批准实施，安庆港、蚌埠港、芜湖港已通过交通部组织的专家审查，其他港口的总体规划都进入审批阶段。出台了《安徽省“十一五”干线公路建设规划》、《安徽省农村公路建设规划》等其他子规划，各市也基本建立符合本地实际的规划体系。

2003年，安徽省高速公路建设、经营和管理实行政企分开，并形成了以两大国有交通企业——安徽省高速公路总公司和安徽省交通投资集团公司为主，地方参与，利用世界银行贷款，省内外国有企业、民营企业独资或合作的投融资主体多元化的体制，省交通厅主要履行“规划、监管、协调、服务”的职能。

农村客运蓬勃发展。2005年，安徽省交通厅下发了《关于农村客运班车通达工程的实施意见》，成立了农村客运班车通达工程领导小组，提出了农村客运班车通达工程的主要目标和应达到的标准。随后，又下发了《关于加强农村客运站点与农村公路建设协调发展的通知》，坚持“路站运”一体化发展思路，进一步明确了农村客运站点规划建设要与农村公路同步规划、同步设计、同步建设、同步交付验收。截至2007年年底，全省共有农村乡镇等级站319个，建成候车亭1 932个，招呼站2 820个。全省乡镇全部通了班车，实现乡镇班车通达率为100%，建制村公路通达率99.56%。21 700个行政村中，通班车的行政村达到19 681个，行政村班车通达率为90.6%。全省共开通农村客运班线3 504条，农村班车17 333辆，方便了群众出行，改善了农民出行条件。农村客运网络的逐步形成，使多年困扰农民的“出行难、乘车难、运输难”的问题开始引起重视并逐步得到解决，加快了地域之间、城乡之间，人员、物资和信息的流通，促进了农村经济发展。同时，自2008年起，按照《关于印发2008年农村公路工作若干意见的通知》要求，安徽省交通厅将不断加大渡改桥和渡口改造力度，逐步规范渡口、渡船管理，消灭小渡船和小渡口，切实保障出行安全。

路政管理进一步深化。自2004年开始，在全省开展了统一治理超限超载活动。在全省全面推行了计重收费政策，运用经济手段和价格杠杆遏制车辆超限超载的现象，取得了良好成效，受到全国人大代表和交通部的肯定。2006年以来，连续在全省开展以清除非公路标志、纠正错误指路信息为主要内容的“平安公路集中整治活动”。开展了路政评价指标体系的研究，初步建立路政评价指标体系。积极争取地方各级党委、人大、政府、政协的支持，全省17个省辖市均由市政府牵头开展路政达标县创建活动。2007年以来，加快固定治超站点建设，积极探索以政府为主导的治理超限超载的常效机制。

提请安徽省人大修订了《安徽省高速公路管理条例》、《安徽省路政管理条例》和《安徽省道路运输管理条例》。开通了运政服务热线96333、高速公路服务热线96566和水上救助热线12395。“建设是发展、养护管理也是发展，而且是可持续发展”理念在行业内逐步得到认同。安徽省交通集团汽车运输公司和合肥汽车客运总公司获得客运一级资质，结束了安徽省无一级客运资质的历史。新修订的《安徽省道路运输管理条例》明确出租车行业由交通部门管理，2007年经省编办同意成立了安徽省客运出租车管理办公室，与省运输管理局合署办公，制定了《安徽省出租汽车行业管理及稳定工作责任制方案》。成立了全省规范出租汽车行业管理专项治理工作领导小组。印发了《安徽省出租汽车行业突发群体性事件应急预案》，实行四级预警机制。出台了《安徽省公路运输站场投资管理暂行办法》，到2007年底，全省汽车客运等级站达到494个，道路货运站86个。拟订了《安徽省道路旅游客运管理规定》，截至2007年底，全省共有旅游客运企业44家，车辆1 100辆，科技信息化建设力度加大。安徽省被纳入长三角区域联网收费示范工程，路政网上审批系统全面推行。省高速公路总公司进入“中国服务企业五百强”和“全国交通企业100强”。

交通事业的科学发展、和谐发展得到了各级政府的充分肯定。五年间，全省交通系统有153个单位创建成省部级以上文明单位，省交通厅命名的文明单位571个，文明系统12个，文明子系统24个，文明子行业20个，文明示范窗口2个，46人获省部级以上表彰，260人获省交通厅表彰。新安江千岛湖至深渡段被交通部命名为“全国文明样板航道”，105国道安徽段顺利通过了交通部“全国文明样板路”验收。6个厅直单位被命名为省直机关“三优文明单位”。在全省范围开展文明样板路创建工作，建成16条线共996公里文明样板路，各市公路局至少建成1条省级文明样板路段。

三、基本经验

历史和事实证明，改革开放是强国之路，是中华民族实现伟大复兴的必然选择。回顾建国近60年历史，改革开放以来的30年无疑是我国经济社会快速发展、人民生活水平显著改善、综合国力大幅提高的30年。回首30年，安徽交通不仅取得了辉煌的成就，而且积累了宝贵的经验。认真总结这些经验，指导我们今后的工作，必将促进交通走上更加科学的道路，取得更加辉煌的成就。

（一）坚持解放思想，不断激发行业发展活力和动力

从20世纪80年代的“集中力量办大事”、打破单一运输所有制限制，到90年代的深化

公路管理体制改革，推进国有企业产权试点改革，再到20世纪末、21世纪初的加快基础设施建设、拉动经济增长和以人为本，坚持全面、持续、协调的科学发展，无一不是交通行业坚持解放思想，改革开放的缩写。30年的实践证明，解放思想是事业发展的前提，改革开放是事业发展的动力，每一时期思想的解放，观念的转变，都会带来交通运输业的全面发展，这是30年来交通事业跨越发展最宝贵的经验。

（二）坚持以人为本，以科学发展观统领交通发展全局

改革开放30年来，交通部门将发展作为第一要务，始终坚持以人为本，努力增加交通有效供给，提升服务品质和服务满意度；坚持规划先行，以科学规划指导交通建设；坚持建养并重，实现速度、质量、结构和效益的统一；坚持统筹城乡交通协调发展，统筹公路、水路协调发展，注重综合运输体系建设。30年的改革开放特别是最近五年的经验和教训告诉我们，要实现交通事业又好又快发展，就必须坚持全面、协调、可持续的发展观。

（三）坚持“两个依靠”，把交通发展转变为政府行为、社会行为

改革开放30年来，交通部门坚持“统筹规划，条块结合，分层负责，联合建设”的方针，充分相信、依靠各级政府和广大人民群众，调动一切有利因素，不断推进交通建设、改革和发展的步伐。同时，各级党委、政府高度重视，切实把交通建设摆在优先发展的位置上，帮助协调解决交通发展中的各种困难、矛盾和问题。应该说，各级党委政府的有力领导和支持是搞好交通工作的坚强后盾和可靠保证。只有紧紧依靠各级政府，依靠广大人民群众，调动社会兴办交通运输的积极性，才能把部门行为转变为政府行为、社会行为，才能为运输事业的发展提供各方面的条件和良好的外部环境。

（四）坚持依法行政，不断提升行业公信力和满意度

把依法行政作为行业管理的核心，健全地方性交通法规体系，规范履行监管职责，提升全行业依法行政能力；把队伍建设作为行业管理的重点，以能力、作风、先进性建设为主要内容，提升全系统干部职工队伍的整体素质，不断推进行业健康发展，树立行业良好形象。事实说明，坚持依法行政是做负责任行业的核心，是提高三个服务能力的保障，是提高行业公信力和群众满意度的重要途径。

（五）坚持两手抓，促进两个文明协调发展

坚持把精神文明建设纳入交通发展规划，在加快基础设施建设和加强行业管理的同时，狠抓精神文明建设。精神文明建设搞好了，可以提高人的素质，振奋人的精神，鼓舞人的斗志。实践证明，只有坚持两个文明一起抓，才能实现两个文明互相促进，协调发展。

四、发展展望

成就属于过去，未来更加辉煌。虽然安徽交通还要面对着宏观经济环境和全省经济社会发展格局的深刻变化，面对前所未有的重大挑战，但是有改革开放30年积累的财富和经验，有科学发展观为指导和统领，有顽强拼搏、勇往直前的交通队伍，全省交通事业一定能够在

服务崛起中率先发展，在宏观调控中科学发展，在统筹兼顾中和谐发展。只要不断解放思想，始终保持昂扬向上的精神状态，提高领导科学发展的能力，创造性地开展工作，就可以使交通基础设施建设更加注重可持续性，综合运输体系更加注重结构优化，民生工程更加注重以人为本，现代交通业发展更加注重改革创新，和谐交通建设更加注重统筹兼顾。

按照《安徽省高速公路网规划》，到2020年，全省高速公路网总里程将达到5 500公里，形成“四纵八横”的高速公路网。全省对外高速公路出口总数约39个，沿省界平均约100公里有1个出口，按照东西向划分，东向出口24个，西向出口15个；按省际划分，江苏方向17个，浙江方向5个，河南方向9个，江西方向4个，湖北方向3个，山东方向1个。长江上新建4座高速公路大桥（马鞍山、芜湖、池州、望江），相邻长江公路大桥之间的平均间距小于50公里；淮河上新建4座高速公路大桥（阜周路、合淮阜路、寿县正阳关、五河），相邻淮河公路大桥之间的平均间距小于30公里。高速公路与重要港口均在20公里以内，民航机场、铁路枢纽半小时内上高速公路，形成承东启西、连接南北、结构合理、协调配套、高效快捷的现代化高速公路网络体系。

根据《安徽省内河航运发展规划》，到2020年，改善航道里程约1 000公里，四级及以上高等级航道里程达到2 000公里，基本形成由“两干三支国家高等级航道”（长江、淮河两大干流航道，合裕线、芜申运河、沙颍河三条支流航道）和“五条地区重要航道”（兆河—西河、涡河、浍河、青弋江、新安江）共同组成安徽省内河航道的骨架体系；以芜湖、马鞍山、安庆、合肥、蚌埠5个国家主要港口和铜陵、池州、巢湖、淮南、阜阳、亳州、六安、滁州8个地区重要港口为依托，以一般港口为补充，形成层次分明、布局合理、大中小结合的全省港口体系。长江干流航道可通航大型江海直达船舶；港口年吞吐能力超过6.0亿吨，基本形成煤炭、石油、矿石、水泥、集装箱、汽车滚装等专业化运输系统，主要港口现代物流中心作用明显，沿江港口群与皖江经济带的发展实现良性互动；运输船舶标准化率达到90%以上，长江干流船舶平均吨位达到1 200吨以上。

“十一五“期间，安徽交通按照适度超前、保障有力的要求，以构建现代化综合交通运输体系为目标，全面加快公路、水运基础设施建设，努力提升运输管理和服务水平，促进铁路、公路、民航、水运和城市交通体系的有机衔接，适应加速崛起和全面建成小康社会的需要。根据“十一五”交通建设规划，将完成建设投资1 000亿~1 200亿元。

高速公路：按照“加密、联网、扩容、提速”的要求，形成承东启西、贯通南北、高效便捷的高速公路网。加速推进高速公路“东向发展”，与周边省份的6个省会城市、19个地级市连接成网。重点解决好高速公路的过境、过江、过河问题。

国省干线公路：完成5 000公里国省及重要县道改、扩建任务，实现高速公路与干线公路的对接联网。

农村公路：在2005年13个县开展村村通水泥（沥青）路试点的基础上，全面开展村村通工程建设。五年建设农村水泥（沥青）路6万公里，新建农村客运站1 000个，候车亭和招呼站11 000个，渡改桥500座。

水运建设：新增四级以上航道里程325公里，使四级以上航道达到1 400公里。加快主要港口和区域性重要港口建设，新增泊位221个、港口吞吐能力1.36亿吨。到2010年，全省船舶保有量达到1 500万载重吨，内河港口吞吐量达到2.8亿吨，集装箱吞吐量32万标准箱。

支持和保障系统：大力推进船舶大型化、标准化、专业化进程，加快国家、省公路运输枢纽、农村客运站、港口运输体系建设，大力发展物流产业，重点建设合肥、芜湖等5大物流园区以及13个物流中心。大力发展快速、舒适的直达客运，提高直达客运服务质量。健全农村客运网络，确保通公路的行政村通车率达到96%以上。利用现代信息技术改造交通建设和管理的各个系统，提高交通行业信息化管理水平，实现以信息化带动交通产业升级和交通现代化。

2008年~2012年，安徽交通预计完成固定资产投资1 000亿元，新增高速公路通车里程1 300公里。到2012年底，全省高速公路通车里程将超过3 500公里，新改建改善国省干线公路5 000公里，建成农村公路4万公里，新增港口吞吐能力1.5亿吨，实现安徽高速公路东西向3小时过省境、南北向6小时过省境，合肥至十六个省辖市当日往返，县城基本半小时内上高速公路，全省具备条件的行政村实现通水泥（沥青）路的目标，长江黄金水道安徽段建设取得重点突破，基本形成“两干三支”国家高等级航道网和沿江港口群。

吹响海西交通奋进曲

福建省交通厅

一、福建交通30年发展回顾

（一）福建交通发展的现实基础

福建交通事业的自然、历史条件，是改革开放30年来福建交通事业发展的基础和前提，是决定福建交通发展态势的重大因素，也是确定福建交通发展思路的主要依据。

首先，自然地理条件。从中华文明发展史上看，整个东南沿海地区文明开化较晚，主要原因之一是交通闭塞，其中又以福建为甚。福建素有“东南山国”之称，山地、丘陵面积占全省土地总面积的82.4%。所谓“八山一水一分田”、“闽道更比蜀道难”，正是福建地形地貌的形象概括，山重水复造成严重的天然屏障。在福建，常常是相邻的两个县，虽然只隔着一座山，但是却有彼此无法沟通的两种方言，这种全国罕见的文化现象折射出福建交通的闭塞。同时，福建作为一个沿海省份，在海洋资源和港口资源上都有着得天独厚的优势。福建大陆的海岸线3 752公里，居全国第一位；深水码头岸线达246.3公里，可建设20万～50万吨超大型的深水码头岸线约40公里，居全国首位。历史上，福建是我国对外通商最早的省份之一。因此，面向广阔的大海是福建的基本省情，“因海而立，因港而兴”是福建发展战略的重要基点。

其次，社会历史条件。一方面，得益于改革开放，福建交通部门不断解放思想，加快交通基础设施建设，不断开拓创新释放市场的活力，推动公路水路运输快速健康发展；另一方面，福建交通建设底子较薄、历史“欠账”较多。长期以来，由于福建地处海峡前沿，国家的历次重大工业项目布点，福建都无缘入选。在交通基础设施建设方面，无论公路、铁路或港口方面的投入，福建均有“先天不足”之憾。历史积欠导致的交通滞后，长期成为福建经济建设的“瓶颈”，虽经改革开放30年来的不懈努力，交通面貌有了很大的改观，但是仍与省委省政府建设“两个先行区”的要求存在差距。这些决定了福建交通在相当长时间里，必须保持较高的速度发展以适应海西建设的要求。

第三，福建直接面对海峡东岸的宝岛台湾，闽台之间在地缘、人缘、商缘、文缘、法缘方面有着悠久的传统和密切的联系，两岸间经济上的交流、合作、互动由来已久，血脉相通。基于此，改革开放以来，在党中央、国务院和省委省政府的领导下，福建交通作出不懈努力和改革创新，拓展了福建沿海与金门、马祖、澎湖间海上客货运往来，为密切两岸经贸往来和文化交流作出积极贡献，为推动两岸早日实现“三通”提供了宝贵的经验。如今，台湾是福建的第二大吸收外资来源地，第一大进口来源地，第三大贸易伙伴。早有专家提出构建“环海峡经济圈”的大胆构想，现在随着两岸“三通”的实现和关系的日益密切，这种构想成为更加令人鼓舞的现实可能，福建交通因此承担着更为重大的责任。

长期以来制约福建发展的重要原因就是“通”的问题。

（二）改革开放30年福建交通发展的脉络

1. 普通公路

第一阶段（1978年~1992年）：普通公路建设全面启动。

改革开放，把全党全国的工作中心转移到经济建设上来，这也是交通事业发展的历史拐点。1979年党中央、国务院批准广东、福建在对外经济活动中实行“特殊政策、灵活措施”，并决定在深圳、珠海、厦门、汕头试办经济特区，福建成为全国最早实行对外开放的省份之一，站在了改革开放的前沿。福建省抓住历史发展机遇，相继提出了“大念山海经、建设八大基地”、“沿海一条线、山区一条线、沿海山区一盘棋”等发展战略，特别是1988年国务院作出《关于福建省深化改革、扩大开放、加快外向型经济发展的批复》，批准福建为全国综合改革试验区之后，福建改革开放的力度进一步加大，提出“大中小项目一起上、港侨台外都欢迎”、“以侨引台、以港引台、以台引台、以港澳台引外”等重大决策，有效促进了福建省初步形成包括经济特区、经济技术开发区、沿海开放城市、开放地区在内的多层次、全方位发展的新格局。

福建更加开放格局的形成和经济的加快发展，对交通运输提出更高的要求，交通发展迎来了难得的历史发展机遇，福建的普通公路建设发展思路从过去以国防为中心，转变到以服务于经济发展为中心，从过去单纯抓专业公路养护，转变到大规模的公路建设上来。为弥补交通建设上沉重的历史积欠，福建全面贯彻交通部提出的“全面规划，积极改善，重点发展，科学管理，保证畅通”的建设方针，采取开放式的多层次、多渠道、多形式的集资办法来修建、养护公路。狠抓经济体制改革，放宽搞活公路工作。相继修建了福州鼓山隧道、水口大桥、泉州大桥、建阳水南大桥、泰宁金湖猫儿山悬索桥、“三桥四线”（即：洪塘大桥、赛岐大桥、浮宫大桥；福鼎—福州—漳州—诏安沿海线；浦城—南平—朋口内陆线；国道316线；国道319线）及油路铺设等工程。基本建成了以省会福州为中心，联结全省各地市县、工矿基地、主要港口、旅游胜地的公路网。

第二阶段（1993年~2003年）：普通公路快速发展。

这期间，福建省委提出“南北拓展、中部开花、连片开发、山海协作、共同发展”、“加快闽东南开放开发”、“建设海峡西岸繁荣带”和“构建三条战略通道”等发展战略。随着战略的实施，全省开放开发的积极性和创造性得到进一步的发挥，新经济体制构建步伐明显加快，工业化进程加速推进。

全省经济的快速发展，开始对公路交通造成巨大的压力，一是机动车猛增，交通干线不堪重负，无论公路的规模与质量都无法支撑经济发展日益活跃的局面；二是主要交通干线普遍出现超负荷运行，这是经济总量不断增长和追求运输效益带来的直接结果。为适应新一轮的经济增长，解决交通瓶颈，省委省政府1992年8月在福建福州召开了“加快福建公路发展步伐研讨会”。1993年，提出了加快农村改革开放、促进经济发展战略，作出在约4 000公里的公路主干线及繁忙路段上实施公路“先行工程”的重大决策，确立了以打通国省道断头路、提高公路技术等级和路面等级为重点的路网建设，带动县乡公路的等级改造建设，全面提高了福建省公路通行能力的目标。公路建设从部门行为上升为政府行为之后，福建普通公路建设就此翻开了新的篇章，进入快速发展阶段，全省“先行工程”项目共改造两纵三横（5条国道，1条三郊线）2 292公里，建成繁忙路段1 769公里，总投资153亿元；铺设高级、次高级路面5 416公里（水泥1 890公里，沥青3 420公里），完成总投资37亿元。“先行工程”极大地改善了福建的公路状况，为福建经济社会发展奠定了坚实有力的交通支撑。

1998年交通部在福建福州召开加快公路建设会议后，福建省普通公路建设投资力度进一步加大。1999年~2001年，福建省实施“县通地市工程”项目共21个，总建设规模为748.5公里，完成总投资20.6亿元。解决了福州、莆田、漳州、龙岩、南平、三明、宁德7个地市，共22个县区通往地市所在地的交通问题，这些公路全部达到二级或三级公路技术标准。同时重点建设“入闽通道”公路，到2003年10条“入闽通道”建设全面完成，建设规模为376.84公里，完成投资16.5亿元，解决了福建省4个地市12个县区市的出省通道，实现福建省与江西、浙江、广东三省的二级公路对接通道。其中龙岩永定、漳州平和县与广东省的梅州市联结；宁德寿宁、南平政和、建瓯、浦城与浙江联结；南平武夷山、光泽、三明建宁、龙岩武平与江西省联结。

第三阶段（2004年~2008年）：农村公路蓬勃发展。

党的十六大明确提出统筹城乡发展的战略后，福建认真贯彻落实“工业反哺农村、城市支持农村”的发展思路，加快发展现代农业，着力推进社会主义新农村建设。福建省交通部门按照省委省政府和交通部的重大部署，加快改变福建省农村公路技术等级低、路面硬化率低、抗灾能力弱“两低一弱”的状况，将农村公路建设摆在重中之重的位置，掀起了农村公路的建设高潮。2003年12月，省政府召开了全省农村公路建设工作会议，决定在全省实施“年万里农村路网工程”，计划投资140亿元，建设农村公路4万公里，到2010年全省乡镇和建制村基本实现通达硬化公路的目标。全省交通系统以此为契机，全力推进农村公路建设，取得了丰硕的成果：“年万里农村路网工程”启动之前，全省1 025个乡（镇）中还有63个乡（镇）通县公路路面没有硬化；15 123个建制村中共有8 000个建制村通达公路未硬化，其中845个建制村不通公路或仅通路基宽不足4.5米的简易路。“年万里农村路网工程”启动后，2004年全省完成水泥路面7 500公里，2005年完成5 500公里，2006年完成6 300公里，2007年完成6 000公里。“十五”期间，新增等级硬化农村公路3.1万公里，全省93%的建制村通硬化公路，7个设区市基本实现了每个建制村通一条等级硬化公路的目标，农村交通条件得到了明显改善。2008年全省农村公路预计新增5 000公里以上，比“十一五”提前两年基本实现全省建制村通硬化公路的目标。

在农村公路建设蓬勃发展的同时，福建省还积极推进通往港区、重要景区、红色旅游、连接高速公路等为主的重要网络公路建设。2006年完成国省干线网络投资74.3亿元，基本完成国道316线、205线、省道203线漳平至永定、省道205线武夷山星村至邵武、省道306线三明至明溪等路段总计650万平方米的路面重铺；国道319线文明样板路创建顺利通过交通部验收。2003 年 ~2007 年期间，福建省加大力度完善国省干线路网，新增二级以上干线公路 794 公里，国省干线二级以上公路总里程 5 055 公里，占国省干线总里程的 63.4%，比 2002 提高 5.4%；完成路面改造 1 680 公里、危桥改造 346 座、安保工程 2 000 公里，公路综合服务水平显著提升。

通过 30 年的改革发展，普通公路建设成效显著，公路总量快速增长，路网结构得到优化，技术等级和路面铺装情况得到了较大的提高。到 2007 年底，全省公路通车里程为 86 926公里，按面积计算公路密度 71.6 公里/百平方公里；按人口计算公路密度 24.4 公里/万人。全省等级公路 63 275 公里，占总里程的 72.8%；二级以上高等级公路里程 8 329 公里，高等级公路比例为 9.58%；水泥、沥青路面铺装率 68.68%；100% 乡镇和 93% 的建制村实现了通硬化路面。2003 年 ~2007 年期间，国省干线路网更加完善。新增二级以上干线公路 754 公里，国省干线二级以上公路总里程 4 903 公里，占国省干线总里程的 61.6%，比 2002 提高 5.4%；完成路面改造 1 680 公里、危桥改造 346 座、安保工程 2 000 公里；新增等级硬化农村公路 3.1 万公里，全省 93% 的建制村通硬化公路，7 个设区市基本实现了每个建制村通一条等级硬化公路的目标，公路综合服务水平显著提升，为福建经济社会发展和海峡西岸经济区建设提供了有力的支撑。

2. 高速公路

福建省高速公路建设“醒得早、起步晚”。早在 1982 年，福建省委就已经开始考虑高速公路建设。时任交通部副总工的福建人王世锐，去英国考察归来后对发达国家高速公路的地位和作用感触很深。出于对家乡腾飞的希望，王世锐接受时任福建省委书记项南的邀请，从北京赶到福建，勾勒出一幅福建高速公路的美丽画卷，得到了福建省委领导的赞赏。1988 年 ~1990 年，我国沪嘉、沈大、广佛等高速公路相继通车，高速公路建设在国内逐渐兴起并形成热潮。这一时期，福建正处于新经济体制构建步伐明显加快、工业化进程加速推进的阶段，全省经济的快速发展对公路交通造成了巨大压力，发展“主动脉”功能的高速公路成为迫切需要。1994 年 6 月 3 日，福建省第一条高速公路泉厦高速公路于全线开工建设。此后，福建高速公路一直保持快速而平稳发展的态势，“九五”期间高速公路完成投资额度为 141 亿元，“十五”期间为 385 亿元。经过十余年发展，2004 年全省高速公路建设投资完成 73.8 亿元，三福高速公路、漳龙高速公路全线建成通车，新增高速公路 316 公里，全省高速公路通车里程突破 1 000 公里；省会福州至各设区市都通高速公路，提前一年形成“四小时交通经济圈”。2007 年全省高速公路完成投资 162.6 亿元，同比增长 58.5%。龙长高速公路建成通车，新增高速公路通车里程 136 公里。截至 2007 年，全省高速公路达到 1 366 公里，建成了以福州、厦门港为起点通向内陆省份的两条主通道，全省提前一年形成“一纵两横”高速公路主骨架，9 个设区市全部连通高速，74% 的县城 1 小时内上高速。2008 年全省高速公路将达 1 765 公里。见图 1。

福建高速公路的建设有两个主要特点：一是调动了地方积极性，建设主体从原来的以省为主转变为以地方政府为主，极大地推进了全省高速公路的迅猛发展；二是投资渠道从单纯依靠财政投入，到多种融资方式并存，推进滚动发展。福建省在加快高速公路建设的同时，大力推进运营管理改革创新。在建立统一的收费软件、实行“一卡通”全省联网收费的基础上，按照效益最大化原则，合理划分运营管理区域；为转换收费模式，鼓励车辆合法装

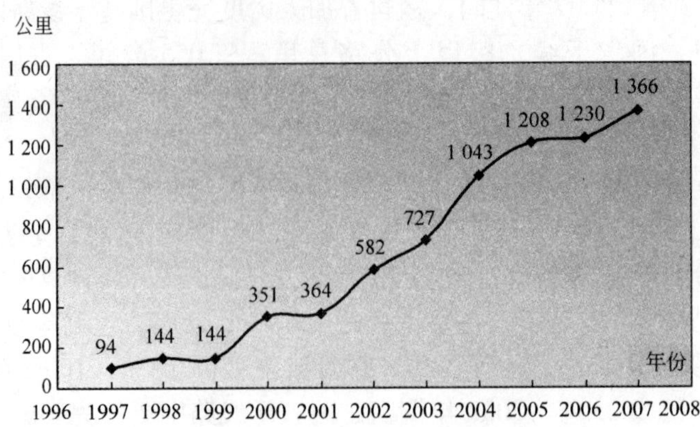

图1　1996年~2008年高速公路通车里程图

载，限制超限运输和保护路产路权，2007年5月20日起在全省高速公路对载货类汽车实行计重收费；2007年10月1日起对部分车辆试行电子不停车收费，2008年1月15日向全社会开放电子不停车收费业务，6月1日起对载货汽车开放闽通卡电子收费业务，全面推行入口自动发卡，明显提高了通行速度。这些管理和服务措施，有效提高了高速公路的通行效率、服务质量和管理水平。

3. 港口发展

第一阶段（1978年~1990年）：起步发展。

十一届三中全会以后，随着改革开放政策的实施，《告台湾同胞书》的发表，福建港口经济发展的大环境得到改善，沿海港口面临新的发展机遇。但是由于本省的经济基础薄弱，临港工业发育不足，产业聚集度较低，陆路交通不发达等原因，福建港口建设的起步相当艰难。同时，由于对港口在沿海省份经济建设全局中的战略性地位认识不够，缺乏前瞻性的宏观规划，因此这一阶段的港口码头建设，基本上局限于为地方经济发展服务，建设的重点主要集中在厦门港东渡港区和福州港闽江口内港区，其他港口大多只有1~2个泊位，主要建设散杂货码头，规模普遍偏小，集约化程度低。因此，总的来说处于起步发展阶段，虽然通过努力实现港口落后状况有所改善，但没有取得根本性的突破。

20世纪80年代以后，福建港口兴起建设高潮。1980年8月，莆田秀屿港动工兴建；1984年，秀屿千吨级煤炭浮码头投产。1985年厦门东渡港区第一期工程建成5万吨级、1.5万吨级和万吨级深水泊位4个。1989年，福建炼油厂的10万吨级油码头前期工程动工，崇武码头作为第一个对台贸易专用码头通过验收正式启用。1990年，福州松门港区2.5万吨级煤码头竣工投产。据统计，1986年~1990年合计投入资金40 837万元，且出现了中外合资、农渔民集资建码头泊位等创举。至1990年，福建省沿海共拥有大中小泊位66个，其中万吨级以上的泊位10个，全省进出港内外物资基本能够得到及时的集疏运，初步适应了经济发展的需要。

第二阶段（1991年~2001年）：稳步发展。

1992年召开的党的十四大，明确提出要加快广东、福建、海南等地区的经济发展，并把加快闽东南地区开放开发写入党的十四大报告，这是首次把“闽东南地区”与长江三角洲、珠江三角洲、环渤海地区并列为“经济开放区”。省委省政府及时作出了加快闽东南开放开发的战略部署，提出要以厦门经济特区为龙头，加快九龙江口三角洲、闽江口三角洲、湄州湾地区的发展，力争用20年左右时间把闽东南建设成为率先实现现代化的地区，由此福建沿海港口获得新一轮发展的重大契机。同时，90年代中后期以后，随着我国外向型经济格局的逐步形成，以及蓬勃发展的世界航运船舶大型化、集装箱化趋势对福建省临港工业的巨大推动，出现了港口建设和经营主体多元化的格局，进一步促进了福建省港口的发展。

这一阶段，福建沿海各港纷纷开辟新的港区和作业区，在发展散杂货码头的同时开始建设集装箱泊位，福建沿海港口建设得到较快发展。福州港因闽江航道的制约，开展建设松下深水港区，着手罗源湾、江阴二个深水港区的前期论证工作；厦门港开始建设嵩屿、海沧港区；泉州港开始建设石狮石湖、晋江围头、深沪作业区；漳州港开始建设招银港区、后石港区。这一时期福建省的港口建设的积极性得到激发，出现了全面提速、稳步发展的良好势头。但是，福建省港口码头建设仍存在力量比较分散，缺乏统一规划，战略布局和重点不够突出的问题。

福州港建设进入迅速发展的新时期。1990年闽江通海航道二期整治工程开工，1993年、1995年青州港区（现为青州作业区）一、二期工程相继建成投产，1994年松下港区的3万吨级元洪码头建成投产。2000年江阴港区起步工程动工建设，标志着福州港从此由河口港走向深水海港，跨入了河口港和深水海港并存、共同发展的新时期。厦门港的生产规模也不断扩大，集装箱生产发展尤为迅速。1998年，厦门港集装箱吞吐量为65.4万标准箱，位居世界集装箱百强的第67位。泉州港相继开辟了日本、香港、韩国等集装箱班轮航线，在港口经济发展方面则大力开发商贸与服务功能，扩大外贸运输，以港口的发展带动外向型企业的发展。2002年，泉州港被列为对台试点直航口岸，实现与澎湖、金门客货直航。漳州港发展开始起步，1992年香港招商局等7个投资方在漳州龙海港尾镇设立了招商局漳州开发区，启动了厦门湾南岸的港口建设，兴建漳州市第一座深水码头——招银港区3号泊位，拉开了漳州市大规模建设沿海港口码头的序幕。1994年，漳州港口管理局成立，主要管理漳州开发区的港口建设。1996年8月，交通部同时批准招银港区与台湾高雄港开展两岸试点直航，后石、石码港区也随着后方工业的发展而形成规模。1997年交通部正式批准漳州市所辖各港点统称“漳州港”，下设港区，至此，漳州市一港六区正式启动。莆田港继续加快发展，至1990年秀屿3 000吨级散杂泊位、三江口3个500吨级泊位相继投入使用，拥有年设计吞吐能力20万~30万吨的泊位2个、10万~20万吨的泊位3个、10万吨以下的泊位6个。“八五”、“九五”期间，莆田港陆续建成了秀屿万吨级杂货码头、3 000吨级液体化工码头、5万吨级多用途泊位、东吴的电厂过驳码头、三江口千吨级杂货码头、枫亭的500吨级杂货码头、湄州岛陆岛交通码头及对台3 000吨级客运码头等一批泊位，可以进行各种散、杂货及集装箱等货种比较齐全的作业，港口也初具货物运输、临港工业带动、陆岛交通、旅游客运等功能。1999年12月，秀屿港区、东吴港区、湄州港区成为对外开放的一类口岸。宁德港进入新的发展时期，依托大型深水港口资源优势，以临海产业开发带动港口发展，加快综合交通配套，支持港口资源规模化开发，逐步发展散杂货、近洋集装箱运输。

第三阶段（2002年~2008年）：快速发展。

随着2001年我国加入WTO，福建省按照WTO规则全面调整了对外经贸政策，市场开放水平明显提高，外经贸发展大踏步迈上新台阶，工业化、城市化发展步伐不断加快，国民经济持续快速发展，对外贸易高速增长，临港工业迅猛发展，为福建港口的快速发展迎来新的契机，沿海港口进入历史上发展最快时期。特别是福建省委提出建设对外开放、协调发展、全面繁荣的海峡两岸经济区战略构想，指明了福建港口发展方向："充分发挥港口优势，整合港湾资源，细化港口布局规划和开发方案，积极参与全国港口分工……逐步形成规模化、大型化、信息化的海峡西岸港口群。"这标志着福建省港口将以海峡西岸现代化港口群的战略高度，掀起新一轮的建设和发展高潮。福建港口成为支撑海峡西岸经济区发展的重要基础、服务中西部发展的重要出海通道以及加强两岸产业对接和经贸合作、交流，促进祖国统一的前沿平台。福建省交通部门相继提出：发挥港口资源优势，以港口为龙头，打通四条高速公路通道，让宁德港、福州港、湄州湾港、厦门港都有便捷的通道和辽阔的经济腹地，把港口经济做大做强；港口发展要突出重点，省级层面重点推进厦门港和福州港江阴港区为主的两个集装箱运输中心、湄州湾和福州港罗源湾两个散货转运中心的"两集两散"重要港区建设。

"十五"期间福建港口取得长足的发展，初步形成以厦门港、福州港为主枢纽港，大中小泊位相结合，集装箱、散货、石化液体等专业化码头泊位相配套的港口布局。2002年，沿海港口建设投资突破5亿元，完成物货吞吐量突破亿吨大关，集装箱吞吐量突破200万标准箱，三项指标逐年提高；2007年沿海港口投资突破60亿元。2003年~2007年五年期间，港口发展实现历史性飞跃，新增生产性泊位206个，其中万吨级以上37个；新增货物吞吐能力7 500万吨，其中集装箱416万标准箱；2007年底货物吞吐能力、集装箱吞吐能力、万吨级以上泊位分别是2002年底的1.87、2.17和1.7倍。货物吞吐量完成9.56亿吨，其中集装箱2 547.4万标准箱，分别是上个5年的2.7倍和3倍。沿海港口货物年吞吐量和集装箱年吞吐量分别突破了2亿吨和600万标准箱大关；厦门港位于全国八大集装箱干线港之列。截至2007年底，全省沿海港口共有495个生产性泊位（含陆岛交通码头）、综合通过能力1.73亿吨，其中万吨级以上深水泊位89个；沿海港口货物吞吐量大幅度增长，2007年货物吞吐量达2.36亿吨，集装箱吞吐量突破600万标准箱达686.1万标准箱，厦门港2006年集装箱吞吐量首次突破400万标准箱，福州港、泉州港集装箱吞吐量也分别于2006和2007年首次突破100万标准箱。通过近几年发展，沿海港口吞吐能力明显增强，初步满足经济发展需要。在加快港口建设的同时，港口管理体制的改革也全面稳步推行，将原来的港务局分为港务（口）管理局（行政管理）和港务集团（企业），实现了政企分开，为建立福建省"公平、公正、平等"的港口经营竞争环境奠定了基础。

"十五"期间，福建港口推行了重要改革，2005年11月25日福建省人民政府第44次常务会议通过了厦门港管理体制改革方案，决定将厦门港原有的5个港区与漳州招银港区、后石港区、石码港区整合成一个全新的厦门港。重组整合后的新厦门港，由东渡、海沧、嵩屿、刘五店、客运、招银、后石、石码8个港区组成，深水岸线增加14公里，总长达40公里，可容纳万吨级以上深水泊位114个。

"八五"以来全省港口货物吞吐量、外贸货物吞吐量、集装箱吞吐量发展情况分别见图2、图3、图4。

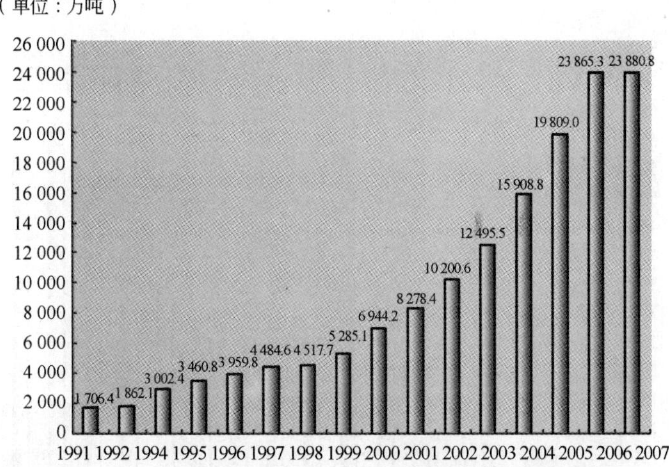

图 2　“八五”以来全省港口货物吞吐量发展情况

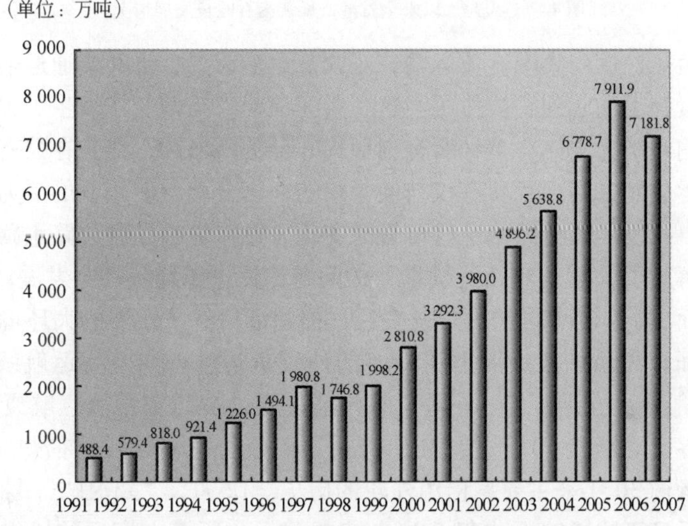

图 3　“八五”以来全省港口外贸货物吞吐量发展情况

4. 公路、水路运输

改革开放以来，各级交通主管部门采取了一系列有力措施，解放了运输生产力，改善了运输结构，促进了运输市场的规范发展，呈现“人便于行、货畅其流”的繁荣景象。

第一阶段（1978 年～1988 年）：起步发展。

公路运输方面，这一阶段交通运输行业推进改革，变“统”为“放”，变“独家经营”为“多家经营”，变“单一运输”为“多种运输”，出现了多层次、多渠道、多种经济形式的新型运输格局。按照交通部提出的“有河大家走船，有路大家走车”的开放政策，福建省充分发挥全社会所有运输工具的潜力，汽车运输个体联户蓬勃发展，国营运输企业一统天下、独家经营的局面被打破，形成了国营、集体、个体从事运输的新格局。1984 年以后的 4 年间，福建省运输企业发展到 4 000 多户，拥有大小客货车 1 万多辆。这些车辆活跃在广大

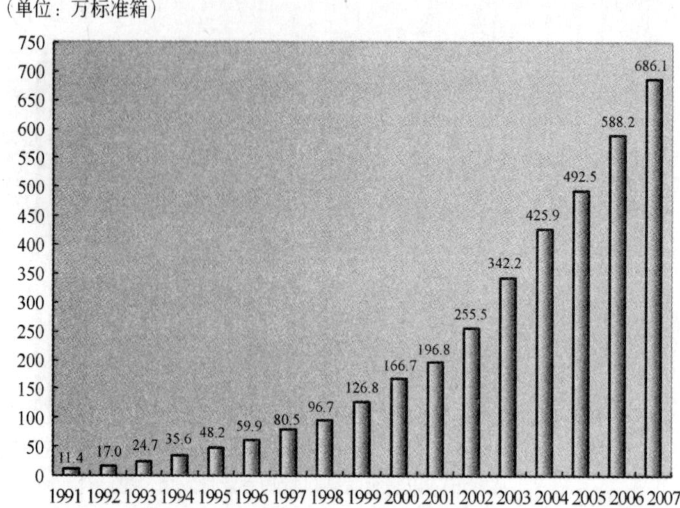

图4 “八五”以来全省港口集装箱吞吐量发展情况

农村和城镇，担负短途区间集散客货运输，对调节运输市场，缓和交通运输紧张状况，方便群众出行和疏散货物运输起到积极作用。这一期间福建省运输经济发生了深刻变化：一是形成了以公有制运输经济为主体、多种所有制形式并存的新格局；二是在公有制运输经济企业内部，通过推进承包制，实现了所有权与经营权的适当分离，使企业的活力得到增强，逐步走上自主经营、自我发展的道路。这些可喜的变化，意味着福建省公路水路运输市场注入了改革活力，初步解决了“乘车难、运货难”的问题，促进了经济社会发展。

水路运输方面，《告台湾同胞书》发表后，福建港口经济发展的大环境进一步改善。在港口航线发展方面，先后恢复或开辟了众多的外贸货运、近洋客货运航线。1979 年 5 月，“闽海 105”号轮船自大连港，经马尾港、泉州港，通过金门东海域直航厦门港，结束了福建沿海以泉州为界南北断航 30 年的历史。10 月，“鼓山”号轮船从福州马尾港直航香港，结束了福建外贸运输 30 年来主要靠租用外轮的历史。12 月，“鼓浪屿”号客轮试航厦门—香港成功，翌年元旦正式通航，结束了 30 年来福建无省际海上客运的历史。同月，福建省政府批准北起福鼎的沙埕港、南迄诏安的宫口港等 20 个沿海港口或码头为国轮出口港、澳外贸物资的起运点或装卸点。1980 年 2 月，国务院、中央军委联合批准台湾海峡恢复自由通航。“鼓山”号轮船自福州马尾港装运外贸出口货物首航新加坡，成为福建冲出国门的第一艘轮船。同时，海上集装箱运输从无到有，开辟福州—日本、福州—香港和厦门—香港间 3 条直达航线及支线。福建水路运输逐步构成以省内沿海港口内联江河，外通省际沿海、港澳台地区，以及向世界五大洲开放的沿海、近洋、远洋全面辐射线网络。

第二阶段（1989 年 ~2003 年）：规范发展。

按照国家 1989 年提出治理整顿经济秩序的统一部署，福建省交通部门致力于建立和完善市场竞争机制与规则，规范市场秩序，在促进福建省道路水路运输发展的同时开展道路客货运和水路运输秩序清理整顿工作，重点开展加强源头管理，打击非法营运，建立公平、竞争的运输市场秩序活动。对凡未取得交通运管部门核发的《经营许可证》从事非法经营活动的非法停车场、售票点、配货中心，坚决予以取缔；严厉查处车站违规行为，严肃查处私自接纳非法营运车辆进站经营或手续不齐全的车辆进站经营，在排班和售票上做好“公开、公平、公正”；对超范围、超类别经营，异地经营，欺行霸市、搞不正当竞争等违章经营行为进行严肃查处，严厉打击“拉客、宰客、甩客、兜客、卖客”等严重损害旅客利益的违章违法经营行为。货运市场重点对货运代理市场和零担线路专营等进行全面清理，严厉打击居间盘剥、垄断货源、欺行霸市等违章违法经营行为。通过努力初步建立起了开放、竞争、规范、有序的道路运输市场体系。

在整顿规范的同时，福建继续加快公路水路运输发展。福建经济社会的快速发展和交通基础设施的不断完善，为公路水路运输市场的繁荣奠定了基础。据统计，至1990年底全省普通公路里程达41 011公里，平均每百平方公里国土拥有公路34.1公里；其中等级公路达30 246公里，占公路总里程的73.8%；全省共有港口泊位293个，其中深水泊位10个，中小泊位283个，吞吐能力1 191万吨、66万人次。内河通航里程达3 888公里；运输能力不断增强，全省民用汽车拥有量达11万辆，民用轮驳船实有数达59.9万吨位、3.98万客位。以往“乘车难、运货难”的状况进一步得到缓解，特别是交通部门较好地完成了重点物资和抢险救灾物资的运输，保证了市场的供应，促进了工农业生产的发展和社会的稳定。对外运输业务不断扩大，至1990年已经开辟了日本和东南亚等11个国家、62个港口航线。骨干汽车运输企业积极开展通行香港的货物运输五年创汇100万美元。

至2000年底，全省共有经营性机动车23.31万辆。拥有营运客车3.08万辆、货车10.21万辆，分别比“八五”末增长14.53%和35.36%；拥有出租汽车1.47万辆。全省共有营业性机动船舶2 963艘、208.71万净载重吨。水运航线进一步延伸，已开辟国内沿海及长江中下游各港口航线以及港澳、东南亚、日本、韩国等近洋航线。分别完成客货运量、周转量726万人、1.44亿人公里，4 245万吨、581.71亿吨公里，分别比“八五”末增长9.99%、5.58%、37.01%和93.37%。至“十五”末，福建省公路、水路运输在综合运输体系中地位突出，承担全省公、水、铁、空总客运量的96.1%，总货运量的91.1%，总旅客周转量的64.8%，总货物周转量的87.1%。

第三阶段（2004年~2008年）：发展提高。

这一阶段，福建交通部门认真贯彻落实科学发展观，积极引导运输企业按照现代企业制度和集约化、规模化经营的要求，帮助企业不断发展、壮大，进一步提高运输效率和企业经济效益。积极引导运输经营者实行线路改制，走股份化联合的道路。促进运力结构优化，淘汰老旧运输车船，提倡更新低能耗、环保型、高等级的客运车辆和大型货运车辆；鼓励发展集装箱船舶、大吨位船舶、油船等专业船队，努力推进企业向规模化、专业化、集约化方向发展，不断提高航运的总体水平。福建省道路水路运输业由此进入一个新的发展阶段，运输市场向纵深层次发展，运输企业由以数量扩张为特征转向以质量提高为特征的方向发展，由粗放式经营转向集约化经营；行业管理部门也由单纯行政审批管理型向服务于社会、企业的服务管理型转变。

期间，福建省的道路、水路运力显著增强。截至2007年底，全省营业性客货汽车共有19.68万辆，其中载客汽车3.47万辆/53.46万客位，载货汽车16.21万辆/71.72万吨；福建省共有航运企业333家，全省机动船舶2 788艘/391万载重吨，2.55万客位；全省道路客运线路班次约5 690条、平均日发约65 214班次，其中：跨省客运线路约1 416条、平均日发约1 978班次，跨地（市）客运线路约1 383条、平均日发约7 446班次。

道路、水路运输业在综合运输体系中地位突出。2007年，全省共完成道路客运量6亿人，旅客周转量375亿人公里；货运量3.48亿吨，货物周转量完成317亿吨公里。全省完成水路客运量1 320万人，旅客周转量1.75亿人公里；货运量1.21亿吨，货物周转量完成1 554亿吨公里。2007年，全省公路水路客运量、货运量、旅客周转量、货物周转量占综合运输体系的比重分别为95.4%、91%、62.6%、89.6%；2003年~2007年，公路、水路客运量分别增长32.11%、86.62%，周转量分别增长45.78%、57.13%；公路、水路货运量分别增长45.83%、91.81%，周转量分别增长64.05%、86.07%。交通运输业在国民经济发展中的支撑作用日益凸显，交通运输业增加值对GDP的贡献率约为4.15%，交通运输业拉动0.6%的GDP。

5. 闽台海上通航

福建省充分发挥与台湾地区具有地缘、血缘、文缘、法缘、商缘的区位优势，积极推动海峡两岸集装箱班轮试点直航、福建沿海对金门、马祖、澎湖间客货运直航以及两岸三地弯靠运输等模式的对台海上客货运运输，首创两岸海上直航的“福建模式”，取得了显著成效，为密切两岸经贸、人员往来和文化交流作出贡献，为推动两岸“三通”积累了宝贵经验。

在交通部的直接指导下，海峡两岸集装箱班轮试点直航于1997年4月19日在厦门港、福州港和台湾高雄港之间正式开通，至今已经运行11年。截至2007年底，参与福州港、厦门港与台湾高雄港间海上集装箱班轮试点直航的两岸10家船公司10艘船舶（大陆6艘、台湾4艘），共营运18 740航班次，中转集装箱500.81万标准箱。

福建沿海地区与台湾地区金、马、澎海上客货运直航（即“小三通”）。客运直航方面，2001年1月2日开始正式运作，至今已经7年。客运直航方面，两岸先后共投入16艘5 710客位船舶（大陆5艘1 376客位，台湾11艘4 334客位），至2007年底共营运26 048航次，运送旅客268万人。货运直航方面，2001年8月27日开始正式运作，两岸先后共投入24艘货船21 809总吨（福建20艘17 613总吨，台湾4艘4 196总吨），至2007年底共运营4 546航次，运送货物536.4万吨。个案运输方面，澎湖地区“满天星1号”轮分别于2002年7月、2006年10月直航泉州，实现了福建省沿海与台湾澎湖地区海上客运直接往来的新突破。2006年8月2日颁布实施的《福建沿海地区与金门、马祖、澎湖间海上直接通航运输管理暂行规定》，标志着“小三通”运输市场的管理更加规范。2007年5月15日，台湾澎湖的“全富”轮从福州首航澎湖，福建沿海与台湾澎湖地区实现海上货运直航常态化。

两岸三地弯靠运输。包括两岸三地弯靠集装箱班轮运输和两岸三地弯靠不定期散杂货运输，前者于1998年开通，后者于1997年开通。2003年~2007年底，福建省参与两岸三地弯靠集装箱班轮航线共运营2 084个航次，承运集装箱49.4万标准箱。

6. 信息化建设

面对信息化发展大趋势，1994年福建省交通厅党组作出了福建省的交通信息化建设三步走的战略：第一步从1993年~1997年，主要任务是普及计算机和推广应用信息技术；第二步从1998年~2000年，在普及计算机的基础上重点建设数据库和信息资源网；第三步从2000年~2010年，全面建成福建省交通运输信息网络，实现全省交通系统大联网。

为了落实厅党组的部署，1994年福建省交通厅编制印发了《福建省交通系统计算机应用3~5年发展规划纲要》，1998年编制印发了《福建省公路、水运交通信息化1998—2000年发展规划》，2002年制定了《福建省公路、水路交通信息化（2003—2005）实施方案》，2004年组织编制了《福建公路、水路交通信息化“十一五”专项规划》规划文本等。经过多年来的实施，福建省交通系统信息化建设取得可喜成果，建成了机房、主机和网络服务器等硬件设施建设与软件配置，为交通信息化建设提供良好环境和平台；开通了福建交通网站（www. fjjt. gov. cn），在互联网上打开了宣传福建交通发展的一扇窗口，发布交通政务、公路运输、水路运输、交通法规、交通科技、工程建设、旅游交通、运输企业、招投标等信息；完成了政务网接入工程，厅机关、厅各直属单位、各设区市交通局（委）、沿海各港口（务）管理局均接入了政务网，建成了全省交通电子政务专网；组织研发并运行了办公自动化、全省交通地理信息管理系统等重要业务软件，有力地提升了交通部门行政效能、管理水平和服务能力。

信息化建设取得了丰硕成果。完成公路规费征收计算机管理系统的推广应用，为车户交费提供了便捷的服务；完成普通公路地理信息系统建设，为公路建养管的数字化管理奠定了基础，并获得省科技进步三等奖；建成了连接全省高速公路内部的广域网，全面推行办公自动化系统，形成了覆盖全省高速公路的通信专网；全省三级运政管理信息网络已经于2007年建成，在福建省运输管理局及各设区市已建成局域网，86个运管所已有1/3建设了局域网。

7. 教育培训

“八五”期间，福建省交通系统职工队伍14万人，各类专门人才达2.6万人，占职工总数的18.6%，其中大专以上1.3万多人，加强了领导干部和管理人员的岗位培训，提高了决策能力和管理水平；各类培训近8万人次，其中资格岗位培训1万人，并有2 400余人取得岗位培训证书，继续教育工作已经走上轨道，初步建立并实行继续教育证书登记制度。通过培训使管理干部和专业人员在政治素质、专业知识、管理水平等方面进一步提高，形成一支专业较为合理、知识结构和学历层次恰当的能够掌握现代化管理和科学技术知识，具有改革创新精神的交通干部队伍。职业教育方面，交通部门举办的全日制普通中专为福建省交通系统输送中专学生1 905人，技校毕业生3 197人；交通部举办的函授教育成人毕业生及在校生400多名；职工中专和电视中专毕业生及在校生1 100多名；各类学校在校生共达6 000多人。工人培训方面，以岗位培训为中心，以技术业务培训为主要内容，通过培训切实提高工人的操作技能和岗位任职能力，使实际技术水平达到高级工的占工人总数的10%左右，中级工占50%，建立起以技师和高级技工为骨干、以中级技工为主体的技术队伍。

“九五”期间，干部培训加强政治理论和专业知识培训，开展岗位培训，专业技术人员推广继续教育及成人学历教育。每年都举办各类继续教育培训班和中高级研修班，轮训各类干部。1996年，职工教育培训共投入资金500多万元，培训职工2.37万人次；完成成人大中专学历教育432人，普通中等学历教育1 608人，专业继续教育3 842人次，对1.2万人进行了职业道德和法规教育，还为西藏林芝地区培训了12名路桥专业人员。1997年福建代表队参加全国汽车驾驶员技能竞赛，取得团队第二名的好成绩。1999 年交通教育改革迈出新步伐，福建交通学校、福建船政学校，省交通干校、省公路工程技工学校合并成立福建交通职业技术学院，秋季首批招生 461 名。职业教育培训走上有序发展轨道，一年共培训道路运政、公路路政、水路运政等执法人员 2 581 人，提高了交通干部职工队伍的政治、业务素质等。至“九五”期末，全省交通系统专门人才拥有量达到职工总数的 25%，大专学历占职工总数的 15%；全省交通系统干部职工年培训量 2 万多人次，专业技术人员初、中、高比例达 30∶55∶15；广泛开展工人技术业务培训，技术工人培训率达 60%，实现工人等级初、中、高比例达 3∶6∶1，增加了技师和高级技师的数量。福建省交通系统职工培训体系逐步完善，建立起以岗位培训、任职资格培训为主要内容的岗位培训体系，以适应经济建设、社会发展对交通从业人员素质的要求。

“十五”期间，抓好交通行政领导的岗位培训，做好市（区）县交通局长、公路局长、路政局（分局）长、运管局（处、所）长和港航局（处）长等交通行政领导比较系统的交通业务知识岗位培训；开展关键岗位人员的资格性岗位培训；贯彻落实《福建省专业技术人员继续教育条例》，加大专业技术人员的继续教育力度；交通企事业单位领导干部，特别是科级以上（含科级）领导干部都受过工商管理培训；工人培训则以职业道德教育和技能培训为重点，凡已列入国家职业资格序列的岗位人员，都做到持证上岗。学历教育方面，以本系统的学校、培训基地为依托，加强函授站、自学考试助学班的管理，1999 年底开始与长沙交通学院、重庆交通学院、省自学考试委员会办公室联合举办自考助学班，年均在校生 2 000 多人。到 2005 年，全省各地（市）交通局、公路局、运管局、港航局等单位的 45 岁以下处级以上领导干部，达到本科以上文化水平；科级领导干部达到大专以上文化水平；在岗 45 岁以下执法人员达到大专文化层次或经培训后取得岗位适任资格要求；45 岁到 50 岁的执法人员，达到中专（高中）文化层次要求。“十五”期末，全省交通系统专门人才比例总体上达到 35% 左右，各单位专门人才比例比“九五”末提高 5%，大专以上学历达到职工总数的 25%，并具有一定数量的硕士学位研究生等高素质人才。

二、福建交通改革开放重要成就与基本经验

（一）改革开放 30 年的重要成就

在省委、省政府正确领导和交通部的指导支持下，福建省交通状况由相对闭塞、阻隔到基本实现“物畅其流，人便于行”，公路、水路基础设施从非常薄弱到现在的基本适应经济社会发展需求。截至 2007 年底，全省公路通车里程为 86 926 公里，其中高速公路 1 366 公里，形成了“一纵两横”高速公路主骨架，公路密度 71. 6 公里/百平方公里，高等级公路比例为 9. 58%，水泥、沥青路面铺装率 68. 68%，100% 乡镇和 93% 的建制村实现了通硬化路面；全省港口货物通过能力 1. 73 亿吨，其中集装箱能力 771 万标准箱；交通运输装备能力显著增强；道路水路运输蓬勃发展，并在综合运输体系中占据主导地位，福建 90% 以上的外贸货物通过码头中转运到世界各国；交通队伍规模和人员素质明显提高。交通主要指标变化情况如表 1。

福建省交通主要指标2007年与1978年对比表 表1

序　号	指标名称	单　位	1978年	2007年	2007年为1978年的倍数	年均增长（%）
1	公路总里程	公里	29 109	86 926	2.98	3.85
	其中：有铺装和简易铺装里程	公里	1 761	51 852	29.45	12.37
2	港口吞吐能力	万吨	215	17 317	80.54	16.34
3	营运客车	辆	1 307	34 652	26.51	11.96
4	营运货车	辆	3 992	162 200	40.63	13.62
5	机动船舶	艘	695	2 788	4.01	4.91
	机动船净载质量	万吨	6.05	390.85	64.6	15.46
6	港口货物吞吐量	万吨	408	23 881	58.53	15.07
	其中：集装箱吞吐量	万标准箱	0	686.1	—	—
7	道路客运量	亿人	0.63	6.01	9.54	8.09
8	道路旅客周转量	亿人公里	20.5	375.5	18.32	10.55
9	道路货运量	万吨	2 957	34 800	11.77	8.87
10	道路货物周转量	亿吨公里	22.6	317.44	14.05	9.54
11	水路客运量	万人	923	1 320	1.43	1.24
12	水路旅客周转量	亿人公里	1.96	1.75	0.89	-0.39
13	水路货运量	万吨	856	12 130	14.17	9.57
14	水路货物周转量	亿吨公里	14.9	1 553.8	104.28	17.38
15	固定资产投资	亿元	0.4	356	890	26.39

30年来的改革开放进程中，福建交通呈现翻天覆地的巨大变化，面貌焕然一新，为福建经济社会全面发展和海峡西岸经济区提供有力的支撑。历年来，福建交通发展和改革取得的重要成就如下：

1. 先行工程

20世纪90年代初，福建省现有公路等级标准低、路网功能不完善，严重制约了全省对外开放和经济社会发展。为了迅速改变公路落后状况，1992年福建省政府作出了实施公路“先行工程”加快全省交通设施建设的重大决策，确立了以打通国省道断头路、提高公路技术等级和路面等级为重点的路网建设重点，带动县乡公路的等级改造，全面提高福建省公路通行能力。经过4年公路“先行工程”建设，福建省构筑了“两纵三横”高等级公路干线网络，到1996年底全省高等级公路达到4 000多公里，是1992年的8.6倍，初步形成了以国省干线为主骨架、城乡沟通、四通八达的公路网，有力促进了全省经济发展和对外开放。

为了更好地推动“先行工程”，福建省作出改革公路建设管理体制的重大决策，将当时的国道、省道由省“统一管理、统一筹资、统一建设、统一养护”改为“统一规划、定额补助、逐级分段、承包建设”的新建设体制和“统一收费、比例分成、分段养护”的新管理体制，此举大大激发了地方政府的积极性。

2. 年万里农村路网工程

根据国家关于加快农村公路建设的总体部署和全省经济社会发展战略，福建省委、省政府提出了加快农村公路建设的有关举措，决定从“十五”后期开始在全省全面实施“年万里农村路网工程”，加大投入，全面改善农村路网结构格局和服务水平。2003年12月，福建省政府专门召开了全省农村公路建设工作会议，时任省长卢展工同志亲自致信会议，正式将福建省农村公路建设命名为“年万里农村路网工程”，要求各级政府、各有关部门切实负起责任，抓紧、抓实、抓出成效，把“年万里农村路网工程”建成“放心工程”、“满意工程”。2004年1月，卢展工在十届人大二次会议政府工作报告中明确指出：实施“年万里农村路网工程”，投资140亿元，建设惠及8 000个建制村的4万公里农村公路路面硬化工程，确保到“十一五”末基本实现全省每个建制村至少有一条路面硬化的公路通往乡镇或主要干线的目标。

为了保证目标的实现，福建省交通厅提出了三个实施阶段，有步骤、分阶段推进“年万里农村路网工程”：第一阶段是到“十五”期末，全省要实现县通乡镇公路路面硬化，其中厦门、泉州提前实现通建制村公路路面硬化的目标；第二阶段是到2007年底，福州、莆田要争取全面完成通建制村公路路面硬化，漳州、龙岩基本实现通建制村公路路面硬化；第三阶段是“十一五”末，全省包括南平、三明、宁德基本实现通建制村公路路面硬化，顺利完成“年万里农村公路工程”目标。

经过多年实施，“年万里农村路网工程”已经取得丰硕成果。“年万里农村路网工程”启动之前，全省1 025个乡（镇）中还有63个乡（镇）通县公路路面没有硬化；15 123个建制村中共有8 000个建制村通达公路未硬化，其中845个建制村不通公路或仅通路基宽不足4.5米的简易路。“十一五”以来，福建省新增等级硬化农村公路3.1万公里，全省93%的建制村通硬化公路，7个设区市基本实现了每个建制村通一条等级硬化公路的目标。到2008年，“年万里农村路网工程”将提前2年完成“十一五”规划任务，基本实现每个建制村通硬化公路的目标。

福建省交通部门在实施“年万里农村路网工程”的过程中，积极创新、优化管理，出台了诸多重要政策。一是创造了农村公路以库立项的计划管理方式。按照全省在2010年前实现每个建制村通一条硬化路的目标，省交通厅在对全省通行政村公路进行全面调查的基础上，建立了农村公路建设项目数据库，采取敞开式计划管理办法，即只要列入数据库的项目视同列入实施计划，只要经省市验收合格即给予省级补助。这一敞开式计划管理方式，适应了福建省农村公路点多面广的情况，有效推进了“年万里农村路网工程”的顺利实施。二是实行阳光补助政策。省交通厅根据沿海山区等不同情况，制定适当向山区、经济不发达地区倾斜的省补标准，并通过主流媒体向社会公示。通过阳光补助政策和以库立项的敞开式计划管理，只要列入项目库的农村公路，实施后验收合格，即可按照标准享受省补政策，从而杜绝了“多跑多拿”的现象，让地方交通部门将精力和时间花在加快建设步伐、加强工程管理、提高建设质量方面。三是采取了“一县一议”和“代建制”等多项有针对性的措施，极大地调动地方建设农村公路的积极性，保证了工程质量。

3. 四个小时交通经济圈和一纵两横

自福建省第一条高速公路泉厦高速公路于 1994 年 6 月 3 日全线开工建设以来，高速公路快速发展，跨过三个“五年”规划后全省高速公路上了新台阶。2004 年全省高速公路建设投资完成 73.8 亿元，三福高速公路、漳龙高速公路全线建成通车，新增高速公路 316 公里，全省高速公路通车里程突破 1 000 公里，省会福州至各设区市都通高速公路，提前一年形成了“四小时交通经济圈”。2007 年完成投资 162.6 亿元，龙长高速公路建成通车，新增高速公路通车里程 136 公里；全省高速公路通车里程达 1 366 公里，形成了以福州、厦门港为起点通向内陆省份的两条主通道，全省提前一年形成“一纵两横”高速公路主骨架。

4. 闽台海上通航

福建是唯一兼具海峡两岸集装箱班轮试点直航、福建沿海对金门、马祖、澎湖间客货运直航以及两岸三地弯靠运输等 3 种两岸海上通航模式的省份。自福建 1997 年 4 月 17 日开通海峡两岸集装箱班轮试点直航以来，福建与台湾的海上客货运往来不断发展，成果不断拓展，相继发展了福建沿海对金门、马祖、澎湖间客货运直航以及两岸三地弯靠运输等海上通航模式，为密切闽台经贸和人员往来、促进两岸交流作出积极贡献，为推动两岸实现直接、双向、全面“三通”积累了丰富经验。

在福建省委省政府的领导和交通部的指导下，福建省交通部门在积极推进对台海上运输特别是福建沿海与金、马、澎海上直航的过程中勇于先行先试，取得了两岸海上通航中的多项突破。一是船舶挂旗方式取得重大突破。福建省很早就研究两岸海上直航的挂旗方式，根据 1998 年福建省厦门轮船总公司首次承担金门—厦门之间的红十字交流任务时采取挂公司旗的成功实践，建议福建沿海与金门、马祖、澎湖海上直接通航进入对方港口时船舶可以采取挂公司旗的变通方式。2001 年，金门、马祖首航过来的“台马轮”、“太武轮”和厦门轮船总公司的“鼓浪屿轮”首航金门进入对方港口时均采用挂公司旗的方式。二是创造了船舶进出港的另纸签注模式。福建沿海与金、马、澎海上直接通航船舶在进入对方港口查验时，创造性地采取了另纸签注的方式，即在对方的相关船舶证书上，采取通融的方式另附纸张签注。三是建立了有效的沟通协商机制。为了保障试点直航营运的顺利开展，在交通部的指导下，福建省交通厅牵头组织两岸航商召开多次两岸试点直航航商例会，协调解决运营中的相关问题，增进了两岸参航企业的沟通和感情交流，促进了两岸试点直航运营的顺利开展。为了规范两岸的直接往来，福建省重视加强与金门、马祖、澎湖方面的沟通和协商，双方以民间行业组织的名义，本着直接双向、互利互惠、平等协商的原则，进行了多次协商，达成多项共识。

5. 厦门港一体化

厦门湾位于台湾海峡西岸，东望宝岛台湾，南北承接珠江三角洲和长江三角洲两大经济圈，是海峡西岸港口群最主要的深水良港之一。2006 年之前，厦门湾由于行政区划的原因，港口资源被九龙江分为南北两部分：北部港口隶属厦门市行政辖区，形成东渡、海沧、嵩屿、刘五店、客运 5 个港区；南部港口隶属漳州市行政辖区，形成招银、后石、石码 3 个港区。厦门湾南北两岸共用一个航道、共用一个锚地，却因行政区划不同长期各自为政，港口管理体制不顺，港湾资源得不到统筹利用，影响了厦门湾港口的发展壮大。

为加强厦门湾港口资源整合和综合开发，更好地发挥厦门龙头港作用乃至全国内地纵深腹地的辐射效应，福建省委、省政府采取整合湾内港口资源的重大战略举措，从2006年1月1日起，将原漳州市港口管理局所辖的后石、石码港区及招商局漳州开发区漳州港务局所辖的招银港区，与原厦门市港务管理局所辖的东渡、海沧、嵩屿、刘五店、客运5个港区合并，组成新的厦门港；同时组建厦门港口管理局，负责统一管理厦门港，实行港口资源的统一规划、统筹使用以及港政统一、规划建设统一、港口生产统计分析统一、港口航道执法统一、水路运输行政管理统一等，解决了长期困扰厦门湾两岸“一湾多港”问题，从战略高度做大做强厦门港铺平了道路。厦门港是真正意义上的全国第一个跨行政区港口一体化管理的港口，这一创举获得了交通部的首肯。

新的厦门港形成之后，深水岸线增加了14公里，总长达到40公里，可容纳万吨级以上深水泊位114个，锚地面积达到19平方公里。厦门港港口生产大幅增长，全港货物吞吐量由2005年的4 771万吨发展到2006年的7 792万吨；集装箱吞吐量由2005年的334万标准箱发展到2006年的401万标准箱，在全国沿海港口居第七位。随着港口一体化管理改革的不断推进，厦门港口岸一体化改革也在逐步推进中。目前，在国家有关部委的支持下，厦门、漳州检验检疫实施整合，漳州检验检疫局成建制从福建局划转厦门局管理，实现了在厦门、漳州分装分卸，从厦门港口岸进出的货物一次报检、查验、检验检疫和出证放行，提高了通关效率。

6. 编制全省重要港区控制详细规划

按照科学发展观的要求，根据沿海港口布局规划和各港口总体规划，为深层次挖掘、保护港区岸线资源，进一步明确港区内部的功能分工，对港区水域、陆域利用和重要配套设施的布置作出进一步的安排，与港区外部的相关规划进行衔接，为港口建设与管理提供依据，福建省开展了福州港罗源湾等重要港区控制详细规划编制工作。这一工作对于协调好港、城间的土地、岸线、通道利用等关系，加强与城市总体规划、土地利用总体规划、海洋功能区划、城市详细规划、交通基础设施建设规划、产业发展布局的衔接，有效合理配置宝贵的港口岸线资源具有重要意义，进一步加强了港口的规划和管理，推动福建港口可持续发展。

（二）基本经验

在福建交通改革开放30年来翻天覆地的变化过程中，我们总结出以下5条基本经验。

1. 坚持以科学发展观统领全局，是福建交通又好又快发展的保证

福建交通在发展过程中，始终坚持“发展是第一要务、第一责任”，牢固树立“又好又快”的发展理念；坚持规划主导、科学有序推进发展，先后完成了《海峡西岸经济区公路水路交通发展规划》、《福建省高速公路网建设规划》、《福建省省级干线公路网规划》、《福建省沿海港口布局规划》、《福建省农村公路发展规划》、《福建省公路枢纽规划》和各个时期的“五年规划”并认真实施；坚持“以人为本”，高度重视民生，加强安全监管，不断提升交通“三个服务”的能力；坚持可持续发展，走资源节约型、环境友好型发展道路，在交通设施建设中注重保护环境和珍惜岸线资源；坚持做到“五个统筹”，统筹经济社会与交通发展，统筹区域经济与交通发展，统筹城镇化与交通发展，统筹新农村建设与交通发展，统筹资源环境与交通发展。

2. 中央部委的关心指导和大力支持，是促进福建交通事业持续发展的强大动力

改革开放30年来，国家交通主管部门等中央部委研究制定出台促进交通发展的一系列重大政策，在改革开放初期就高瞻远瞩地提出“有河大家走船、有路大家走车”的开放政策，打破了国营运输企业一统天下、独家经营的局面，为推动运输生产能力的发展提供了机制和理念上的坚实支持。国家交通主管部门还深入调查研究，有效解决了制约交通建设的资金紧张问题，出台了车购费、公路收费、港建费等一系列重要政策，从而为交通基础设施建设的快速发展开辟了新的资金渠道，缓解了交通建设资金严重不足问题。特别是国家交通主管部门长期以来十分关心和支持福建交通发展，在指导福建开展与台湾地区的海上客货运往来，从政策、资金等方面支持福建交通基础设施建设等方面给予了巨大的支持，并率先提出支持海峡西岸经济区建设，为福建交通的发展提供了强大的动力。

3. 全省各级党委、政府的坚强领导和社会各界的积极参与，是全省交通发展的直接动力

省委主要领导指出，长期以来制约福建发展的重要因素是“通”的问题，要求福建交通加快发展；《海峡西岸经济区建设纲要》中，把构建现代化的交通列为九大支撑体系之一，提到了海西发展的战略高度。各级党委、政府把交通发展作为国民经济社会发展的工作重点，把发展交通运输业作为影响国民经济全局的战略性任务。交通发展还得到了社会各界的高度关心和鼎力支持，“要想富、先修路”、“无路不富、大路大富、高速公路快富”、“交通通、百业兴”的意识深入广大人民群众心中。福建人民上下一心、齐心协力，积极投身于交通发展事业，形成合力推进交通发展的格局。

4. 坚持改革创新和勇于探索，是福建交通发展的活力之源

积极探索改革创新思路和办法，破解交通发展道路中的新问题。交通发展由主要依靠基础设施投资建设拉动向建设、养护、管理和运输服务协调拉动转变；由主要依靠增加物质资源消耗向科技进步、行业创新、从业人员素质提高和资源节约环境友好转变；由主要依靠单一运输方式的发展向综合运输体系发展转变；由传统交通产业向现代交通业转变。推进体制机制创新，促进交通事业发展，全省实施普通公路建设、养护管理体制改革，航道养护体制改革，厦门港一体化管理，高速公路推行“一市一公司”，农村公路实行“以库代立项”的敞开式计划管理等改革创新的措施，有效激发了各地的积极性，解放了生产力，提高了管理水平和服务质量，推进福建交通事业快速发展。

5. 坚持“两手抓、两手硬”，是福建交通健康发展的重要保障

在加快交通基础设施建设的过程中，福建省交通部门坚持加强党风、政风、行风建设，在全系统深入开展精神文明活动，树立锐意进取、奋发有为的交通人形象；加强交通文化建设，提炼“一通百通海西八方纵横”的福建交通精神，不断增强全省交通系统的凝聚力、向心力；加强反腐倡廉建设，狠抓制度建设，加大监督力度，深化政务公开，建立了具有鲜明交通特色的惩防体系，确保交通机体的健康；注重专业人才的培养，加强干部梯队建设，建设业务精通、公正廉洁、尽职奉献的交通队伍，为福建交通持续健康发展提供有力的人才保证。

三、发展展望

经过改革开放30年来的发展，福建交通已经呈现全新的面貌，为福建经济社会的全面发展提供了交通支撑。但是，与福建建设“两个先行区”的要求相比，交通发展仍然存在差距，交通发展存在的一些深层次的矛盾和问题有待在发展中进一步解决，主要是：一是交通发展的速度、质量、结构同海峡西岸经济社会发展对交通的需求不相适应；二是交通发展理念上，还存在着传统交通与发展现代综合交通、公共交通、智能交通在观念、思路、措施、政策环境配套上不相适应情况；三是港口建设发展速度、规模同先进省份差距较大，主要指标在全国同行中处于中下游，与港口资源大省的身份不相称，与海峡西岸经济社会发展不相适应；四是交通管理尚不能完全适应现代交通发展的精细化、信息化、智能化管理要求；五是交通队伍素质、数量、结构同现代化交通的人才要求不相适应等。

全省交通系统将继续坚持以科学发展观为指导思想，按照省委省政府关于建设海峡西岸经济区“两个先行区”和交通部实现“三个转变”、提升“三个服务”的重大部署，继续解放思想，坚持改革开放，重点推进“大港口、大通道、大物流”的“三大体系”建设，着力构建改革开放、对接两洲、拓展中西部、服务祖国统一的“四大通道”，持续抓好五项重要任务，健全完善六项保障机制，努力实现福建交通又好又快发展，为海峡西岸经济区建设作出新的更大贡献。

重点突出“大港口、大通道、大物流”的发展思路，以“大通道”支撑“大港口”的发展，以“大港口”推动“大物流”的繁荣，以“大物流”促进交通综合能力的进一步提升。

（一）加快推进“大港口”建设

一是集中力量推进“两集两散”港口建设。即以厦门港和福州港江阴港区为主的两个集装箱运输中心，以湄州湾和福州港罗源湾为主的两个散货转运中心的港区建设，提高福建省港口集约化水平。争取到2010年，厦门港集装箱吞吐能力达到745万标准箱，福州港江阴港区集装箱吞吐能力达到200万标准箱，形成两个主要集装箱干线港；湄州湾散货吞吐能力达6 000万吨，罗源湾散货吞吐能力达2 100万吨，形成两个散货转运中心。并努力争取国家在罗源湾、湄州湾布局建设矿石、煤炭、油品等大型散货中转码头，使海西大港口将成为中西部矿石、煤炭等大宗货物新的出海口。

二是整体开发、连片发展，着力培育亿吨大港。根据港区控制性规划，对重点开发港区的码头泊位、后方陆域进行整体综合开发。对港口建设项目进行连片开发，着力提高港口吞吐能力和规模。重点建设一批规模化、专业化和信息化程度高的现代化码头，力争“十一五”末形成2个亿吨大港，至2012年形成3个亿吨大港。

三是完善港口集疏运体系。重点建设以港口为起点通往中西部地区的交通通道，形成拓展纵深腹地的铁路、公路网及港区专用铁路和疏港公路，形成完善的港口集疏运通道。有效拓展港口的经济腹地，将海西大港口发展成为大陆面对亚太、面对海峡东岸的门户港。

（二）加快推进“大通道”建设

以高速公路、快速铁路、大型海港和空港为主骨架，以福州、厦门为主枢纽，形成综合运输走廊，并与城市群和产业群的发展布局相匹配，构建起为改革开放、对接两洲、拓展中西部、服务祖国统一服务的“大通道”。

一是，构建改革开放通道。福建是率先实行改革开放政策的省份之一，必须解放思想，打破地理局限、地域限制，构建跨越省界、联通境外，促进福建经济快速主动融入区域经济发展、国际经济发展，对外开放、服务全局的交通大通道。

二是，构建对接长江三角洲和珠江三角洲的“两纵”大通道。“第一纵”贯穿沿海六个设区市，以沈海高速公路福建段、福厦快速铁路、温福铁路、国道104和324以及管道等构成的综合运输“大通道”目前已基本形成，并根据经济快速发展需求进行扩容。“第二纵”是一条贯穿福建省西部山区，以长（春）深（圳）高速公路福建段、205国道为主轴的“大通道”。形成“延伸两翼、对接两洲，拓展一线、两岸三地”的交通运输新格局。

三是，构建拓展中西部的南北“两横”大通道。以厦门空港和海港、城市综合交通枢纽为核心，以厦（门）成（都）高速公路、龙（岩）厦（门）和赣（州）龙（岩）铁路为主干，建设连接江西等中西部地区的南部横线通道；北部横线通道将以福州海港和空港、城市综合交通枢纽为核心，以福（州）银（川）高速公路、（北）京台（北）铁路为主干，连接江西等中西部地区。通过着力建设一南一北横线“大通道”，福建省将拓展中西部经济腹地，加强区域经济合作，构建全国区域性物流集散中心。

四是，构建服务祖国统一大业大通道。加快形成以福州和厦门两个国家级交通运输枢纽为中心的涵盖整个海峡西岸的“半日交通经济辐射圈”，涵盖江西、浙江西南部，广东东北部，湖南南部等地的“一日交通经济辐射圈”，并快速形成集疏运体系。福建省力争形成连接海峡两岸“大通道”，实现对台“三通”新突破，服务祖国统一大业。

（三）加快推进“大物流”发展

现代物流业是衡量一个地区的综合竞争力的重要标志，也是产业聚积和扩散的基础，修路、架桥、建港的目的就是要实现“人便于行、物畅其流”。

一是，转变观念，主动作为，把发展物流业作为交通部门的一项主业来抓。不断优化路网的通达通畅状况，推动物流业发展，吸引中西部省份、周边省份的货源和国际中转货物在福建省中转，早日建成航运、物流大省。

二是，着力培育物流骨干企业。积极引进国外、省外知名物流企业，充分吸取它们先进的管理经验和理念，带动本地物流业的发展。培育海、铁、空等多式联运物流企业，力争2010年在福州、厦门、泉州各形成一家初具规模的物流企业。

三是，进一步做好物流园区（场站）规划衔接，实现立体转换、无缝链接。在编制高速公路、普通公路、沿海港口布局规划及其他交通运输方式规划时，统筹做好与保税港区、临港物流园区、交通综合枢纽物流园区的发展规划衔接，争取将物流园区规划纳入城市总体规划和土地利用总体规划。本着“谁投资、谁受益”的原则，积极引导吸收民营资本、社会资金和外资投资物流园区基础设施。

四是，进一步推动临港物流业发展。重点完善沿海港口集装箱运输系统、大宗散货运输系统，利用深水港湾的优势，以港口带动临港工业大规模开发；初步构建海峡滚装运输系统；完善集疏运、口岸等综合服务配套体系，积极协调铁路部门，将疏港铁路专线（支线）建设列入线路建设规划中，加强港口与铁路货物运输承接能力，充分发挥港口经济优势。

五是，深入开展物流业发展专题研究，积极争取地方政府支持，争取地方政府财政投入，对符合规划，已完成立项审批的场站新（改）建、改造项目给予资金扶持。并积极向土地、税务、市政、金融等有关部门呼吁、协调，争取在土地划拨、基础设施建设、市政配套、地方税费、交通规费、物流企业融资等方面出台一揽子扶持政策，促进物流业发展。

红土地上的丰碑

江西省交通厅

30年弹指一挥间，时空变幻、万物更新。回顾历史，路曾经是江西人心头难言的痛。颠颠簸簸进老区，摇摇晃晃出江西，是江西交通难以回首的一幕；定格今昔，路又是江西人豪迈的宣言，高速公路纵横赣鄱，国省道路联线织网、农村公路进镇入村、水运航道通江达海，江西人用一部交通“序曲”奏响了崛起的强音。

天作棋盘星作子，地当琵琶路当弦。这是江西交通人独有的豪迈与气概，这是江西交通人在红土地上战天斗地的真实写照，这也是支撑江西交通30年改革与创新的精神源泉。

正是靠着这样一种精神，党的十一届三中全会以来，江西交通系统在省委、省政府正确领导下，通过解放思想，改革创新，迸发出了惊人的创造力和战斗力，他们披荆斩棘、开天辟地，用省内4小时、省际8小时高速网把江西推入了“长珠闽”的怀抱，用纵横交错的国省道和农村公路把革命老区变成了交通要冲。

正是靠着这样一种精神，党的十一届三中全会以来，江西交通系统以邓小平理论和“三个代表”思想为指引，以科学发展观为指导，在交通建设中，既加快速度，又优化结构、提升品质；既突出重点，又全面发展、均衡协调，使江西交通建设从追求数量迈向追求质量、从通道建设转向网络建设，更使一项项纪录，一个个历史被刷新、被改写。

交通运输事业发展全面加速，交通基础设施服务水平全面提升，交通运输结构全面优化，交通综合运输能力全面增强。如今，交通已成为江西国民经济与社会跨越式发展的强力支撑，交通已引领着江西从封闭走向开放，从内陆走向沿海，迈上了崛起之路、小康之路。交通当仁不让、一马当先，勇当江西崛起的先行官。

一、交通30年辉煌历程

改革开放30年，江西交通走过了一条从落后到崛起，从缓解、改观到基本适应经济与社会发展，从交通瓶颈到快速通道和人便其行、货畅其流的发展之路。不仅彻底改变了江西交通一贯落后的面貌，而且在交通建设上创造了惊人的江西速度。

（一）公路建设实现跨越式发展

曾几何时，公路建设滞后一度成为制约江西经济和社会发展的瓶颈。1979年，我省开展的一项公路普查显示：当时，全省公路总里程仅为29 600公里，其中，符合技术等级的里程仅为12 014公里，只占总里程的40.59%。这当中，高级次高级路面仅有2 072公里，只占总里程的7%。此外，二级路169公里，三级路516公里，四级路11 329公里。高等级公路少、低等级公路多，等外公路更是占据了公路总里程的一大半，是当时江西交通基础设施的基本面貌。

改革开放以后，随着生产力得到全面解放，江西经济社会各方面得到迅速发展，交通基础设施的瓶颈制约开始显现出来，并越来越明显。面对矛盾，“要想富，先修路”、“要快富，修高速”，“经济发展，交通先行”的理念逐步深入人心。

30年来，江西公路建设发展经历了开放搞活、向高等级发展阶段，缓解改观、快速推进阶段，全面加速、跨越发展阶段等三个阶段。公路交通建设大步跨越，公路路网布局日臻完善，公路通达深度大幅提升，公路通行能力明显改善，全省公路交通条件由过去的瓶颈制约，迈向基本适应国民经济与社会发展需要。

统计显示：1978年~2007年，全省公路建设累计投资1 245亿元，其中1979年~1990年公路建设完成投资8.5亿元。而进入“十五”以后，每年完成投资100多亿元，2001年~2007年共完成投资1 024亿元，是1979年~1990年的120倍。30年来，高速公路从无到有、不断跨越发展，新建高速公路2 206公里，基本完成高速公路主骨架建设，省会南昌至各设区市实现一日往返。国省道基本消灭等外路，等级公路比例达96.8%，二级以上公路比例达80.4%，构成了以南昌为中心的井字型国省干线公路网；农村公路交通条件显著改善，公路通达、通畅率大幅提升，全省通油（水泥）路乡镇1 608个，通畅率为99.6%，通公路的行政村18 823个，通达率为94.3%，通油（水泥）路行政村14 187个，通畅率为71.06%。截至目前，全省公路总里程达130 515公里，较1978年增长了4.41倍，公路密度达78.2公里/百平方公里、30.08公里/万人。等级公路达70 368公里，较1978年增长了4.86倍，其中，高速公路达2 206.195公里；一级公路872.394公里、二级公路9 257.561公里，增长了近60倍；三级公路6 891.069公里，增长了13.35倍；四级公路53 347.178公里，增长了4.71倍；高级、次高级路面为65 165.761公里，较1978年增长了31.45倍。

1. 高速公路纵横赣鄱、崛起中部，实现承东启西、对接长珠闽

“八五”以前，江西始终与高速公路无缘，自“八五”开始，江西进入了以高速公路为代表的现代化交通发展新阶段。高速公路从起步到快步到跑步再到全面加速，从通道建设到网络建设，十几年来赣鄱大地高速公路不断扩展、延伸，不断跨越发展。

“八五”期间，江西从昌九高速公路“起步”，迈开了高速公路建设的第一步，从而改写了我省高速公路“零”的历史，尝到了高速公路建设和发展的甜头。“九五”期间，江西高速建设进一步发力，“快步”建成了昌樟、机场、温厚、九景4条高速，年均新增高速公路76公里。“十五”期间，江西高速建设再次提速，“跑步”建成了胡傅、梨温、昌泰、泰赣、赣定、温沙、昌金、泰井和乐温等10条高速，年均新增高速公路238公里。“十一五”头两年，江西高速公路建设开始全面“冲刺”，先后建成了景婺黄、南昌西外环、景鹰、赣大和武吉5条高速，年新增高速公路367公里。特别是2003年以来的5年间，全省高速公路建设总投资578.355 1亿元，建成了13条高速路，新增里程1 540公里，5年新增里程是前13年的2.31倍，投资额是前13年的4.55倍，年均建设里程是前13年的6倍，相当于一年干了6年的活。

江西高速公路完成的是“加速跑”。江西高速公路通车总里程的第一个1 000公里用了

14 年，第二个 1 000 公里只用了 4 年。不到 20 年时间，全省高速公路通车总里程从零开始，一举跨越了 2 000 公里的标志线，在全国的排名从 2002 年的第 15 位跃至第 9 位，并在周边省市中率先全部打通出省高速通道，实现省会至各设区市公路高速化，全省大部分县（市、区）通高速。

除了在通车总里程上的突破，江西高速公路建设还是一个不断织“网”的过程。从 2002 年底梨温高速通车，打通我省第一条出省通道——浙赣出省通道开始，2004 年，赣粤高速顺着昌泰、泰赣、赣定高速一路南下，直抵粤赣边界；2005 年，温沙和昌金高速又携手在赣鄱大地写出了一个巨大的“八”字，打通了闽赣和湘赣通道。之后，我省出省通道和省会至各设区市通道全面实现高速化，形成了由九景—景婺黄高速、梨温—温厚—昌金高速、赣粤高速、乐温—温沙高速组成的“天字形”高速公路主骨架。紧接着，江西高速再接再厉，迈向了从通道建设向路网建设的战略转折，泰井高速、景婺黄高速、景鹰高速、武吉高速朝着“三纵四横”的目标，在“天”字骨架上不断延伸、扩展，使全省高速公路密度不断增加。与此同时，乐温高速、南昌西外环高速、景德镇外环高速的通车，也像一个个“结”，把纵横交错的高速公路网有效地编织在一起，使中心城市的路网结构大幅优化。如今，在这张日益扩张的高速公路网内，已经网入了全省 60 个县（市、区）和省内主要的历史名城及国家级风景名胜区。

里程不断增长，品质也不断提升。从温沙和昌金高速开始，生态理念、环保理念、人文理念贯穿于江西高速建设全过程。温沙和昌金高速倡导在施工中保护环境，提出了“多保护，少破坏，不留伤痕”、“建设一处、绿化一处，施工一片、恢复一片”、“施工不流土，竣工不露土”的全新理念。泰井高速则进一步倡导在设计中保护环境，追求“自然式设计”、“乡土化设计”、“保护性设计”及“恢复性设计”等先进设计思路，使高速公路与沿线自然及人文环境和谐统一，线形走向与山川、河流、大地的走势相吻合。而景婺黄高速更是在设计前就本着“全国高速公路典型示范工程”的设计理念和方法，创新性地提出要建设成为一条“理念新、质量优、环境美、特色强”的一流高速公路。近 5 年来，江西建成通车的 13 条高速公路投入到绿化工程的资金比例不断增多，一个个工程被当成工艺品、精品来精心雕琢。

速度加快、结构优化、品质提升。5 年来，我省高速公路建设实现了从追求数量迈向追求质量、从通道建设转向路网建设的两大突破。如今，驱车从省会南昌至各设区市只需 4 小时、至周边省份省会也只要 8 小时。大开放的江西依托承东启西、沟通南北的高速公路网凸显出交通区位优势，以高速公路的快速对接，加速了与长珠闽的对接，加速了在中部地区崛起的速度。

2. 干线公路提升等级、全面改造，实现公路网络化、通畅化

1981 年，交通部联合原国家计委、经委颁发了《关于划定国家干线公路网的通知》，全国共划定了 70 条国道，其中，经过江西境内有 6 条，长 3 474. 238 公里。时至 1983 年，江西省又划定省道 91 条，长 6 070. 34 公里。国、省道干线公路路线的划定，不仅为江西推进干线公路的重点改造提供了依据，而且，让江西看到了干线公路建设落后于经济社会发展需要的紧迫形势。

为适应改革开放以来车流量日益增长、运输市场快速发展的需要，改变国道交通量超负荷、省道行车条件差的状况，从20世纪80年代开始，江西以优先改建105、320国道，形成以南昌为中心纵横交叉的十字骨架为重点，加快国、省道干线公路改造和高级次高级路面建设，大步向高等级公路建设进军。

1978年~1990年底，江西先后完成了105国道南昌至龙南中村坳段，320国道玉山太平桥至上饶、鹰潭至东乡、万载至宜春、萍乡芦溪至老关4个区段二级公路建设，对206、316、319、323这4条国道择主要路段进行了改建，共建成国道二级公路756公里；通过省投资补助发动群众拓宽改善、铜基地与水电站投资整修改善、省县合力与民工建勤改造省际出口路与交通量较大路段等有效手段，江西集中力量“攻克”省道重要路段，共新、改建省道14条454.8公里（水泥混凝土路15.9公里、沥青路337公里），大提高了交通量较大路段的技术等级和行车效率。其中，1988年~1990年按照“一年缓解，三年改观”的要求，开展公路建设、养护三年大包干，三年完成新建、改建公路904.89公里，其中，建成二级公路619.9公里、三级公路269.7公里，完成高级次高级路面839公里。1989年，南昌—高坊岭一级公路建成通车，成为江西省第一条一级公路。

进入20世纪90年代，江西在“八五”、“九五”经济建设取得快速发展的基础上，抓住国家实行积极财政政策的机遇，全面加速国、省道干线公路提升等级。省委、省政府及时出台政策，全面推行按照公路建设技术等级、基数包干的公路改造模式，实行省、地联合建设，由省投资建设路面、桥涵工程，地方配套完成征地拆迁、路基土石方工程，“谁积极，谁先上”、“条件优惠、优先安排”等多项鼓励措施，在全省上下掀起了新一轮干线公路建设高潮。从1995年大力推进地县通油路建设，到1998年实施公路建设五年决战，全省新、改建公路里程由年增500~800公里，达到年增1 000公里以上。同时，全面完成了105、320、323、206国道二级公路改建，建成了昌抚、昌厦一级公路等一批省重点工程。

2003年~2007年，全省干线公路新建、改建里程继续保持年增1 000公里的速度，新改建6283公里，完成投资121亿元，全省6条国道、10条主要旅游景区公路基本完成二级公路改建，一级公路里程大幅增长，全省形成以105、206、320、323国道为骨架的井字形高等级干线公路网，各设区市至省会南昌的公路全部达二级以上标准。至2007年底，国省道干线二级以上公路里程达9 316公里，是2000年底的2.1倍；一级公路达687公里，是2000年2.8倍。

3. 农村公路迅猛发展，实现通达通畅

改革开放前，江西农村公路只有2万公里。“晴天一把刀，雨天一团糟”，是那时全省绝大多数农村公路的真实写照。改革开放以后，随着联产承包责任制的普及，极大地推动了农村生产力的快速发展，农民迫切地希望走出大山，农产品也迫切地需要进军市场，农村公路建设与发展迎来了前所未有的历史机遇。

30年来，江西农村公路先后经过了“以工代赈”建设、县乡油路水泥路建设和大规模建设3个时期，公路通达深度、通畅能力大幅提升，农村公路交通条件发生了天翻地覆的变化。

20世纪80年代中后期，江西农村公路建设开始起步。我们通过积极利用世界银行贷款，国家调拨粮、棉、布和工业品补助以及交通部专款补助，修建、改建农村公路2 800多公里。1996年以来，江西在坚持以地方建设为主的基础上，推出了每公里5万~8万元的省资金补助政策，大力推进县乡公路油路水泥路建设，投资规模不断扩大，建设速度不断加快，通达深度不断增加，年建设里程从500公里迅速提高到1 000公里、甚至2 000公里。特别是加快公路建设五年决战的1998年~2002年间，全省农村公路建设完成投资40.3亿元，改造油路、水泥路8 409公里。

2003年以来，在党中央、国务院把解决“三农问题”作为推动我国经济社会又好又快发展的着力点，不断加大农村基础设施投入的新形势下，江西按照交通部“修好农村路、服务城镇化，让农民兄弟走上油路、水泥路”的要求，启动了新中国成立以来规模最大的农村公路建设工程。2003年~2007年，农村公路建设一年一大步、连跨三个台阶——2003年，全年硬化农村公路6 895公里，一年就超过“十五”原定6 000公里目标；2004年起，连续4年每年硬化公路突破1万公里；2007年全省农村公路硬化里程突破6万公里。至2007年底，农村公路通车里程达到119 948.7公里，为改革开放前的5.99倍。等级公路达57 765.9公里，是改革开放前的4.19倍；路面硬化里程达6万余公里，是改革开放前的162倍。全省1 614个乡镇，已通油（水泥）路乡镇为1 608个，通畅率为99.6%；19 965个行政村，已通公路的行政村为18 823个，通达率为94.3%，通油（水泥）路行政村为14 187个，通畅率为71.06%，较“十五”末分别提高31.2%、16.5%和48%。江西公路对比图（1978年~2007年）见图1。

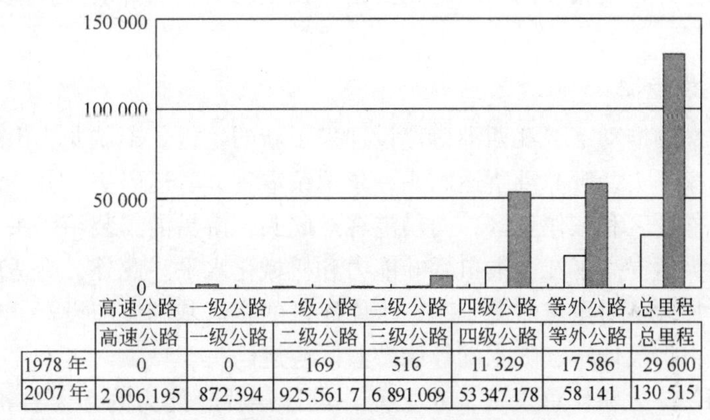

	高速公路	一级公路	二级公路	三级公路	四级公路	等外公路	总里程
1978年	0	0	169	516	11 329	17 586	29 600
2007年	2 006.195	872.394	925.561 7	6 891.069	53 347.178	58 141	130 515

图1　江西公路对比图（1978年~2007年）

农村公路的勃勃生机使我省农村面貌焕然一新。从昔日的羊肠小道到砂石公路，再到硬化的水泥公路，路的形态变了，农民的观念、思想、生产、生活方式也随之有了深层次变化——农民思想活跃了，行为更文明了，生产方式更科学了，生活也越过越精彩。全省3 000万名农民兄弟终于走上了致富之路。

（二）水运建设迈出新步伐

江西地处长江中下游南岸，在长江流域经济发展格局中，具有承东启西的战略地位。与此同时，境内水资源丰富，有152公里的长江干线，是长江黄金水道的重要组成部分，与长江沟通的鄱阳湖及赣江、抚河、信江、饶河、修水五大水系，通航里程5 560公里，具有发展内河航运的优越条件。

改革开放以来，江西内河航运建设加速发展，赣江、信江等水运主通道得到升级改造，重要港口及与长江多式联运的集装箱码头建设取得了显著成绩，江西丰富的水运资源得到充分发挥，“百舸争流”的景象再现了江西水运大省的辉煌。

1. 加大航道建设力度

由于历史欠账，全省水路一度通航里程少、通航标准低，水资源利用率长期徘徊在低水平。新中国成立以来至1980年，各级财政用于赣江干流航道整治的资金仅为1 367万元。然而，令人欣慰的是，江西人并没有甘于落后。1983年8月，以投资6 000万元、按五级航道标准建设的昌江渠化工程开工建设为标志，江西拉开了内河航运建设的序幕。

1992年~1997年，我省完成国家“八五”期间大中型重点工程建设项目——集航运、发电、防汛于一体的信江界牌航电枢纽工程。进入21世纪，全省水运建设实现历史性跨越，“十五”期间，共投入8.37亿元，是“九五”期的3.5倍。集中的投入，我省先后建成了赣江航道南昌—湖口段三级航道156公里，樟树—南昌五级航道92公里，吉安—樟树五级航道151公里整治、赣江（樟树—南昌）三级航道整治工程94公里，南昌港集装箱码头工程以及64个内河港站项目，使全省等级航道达到5 000多公里。其中，南昌—湖口三级航道的建成，实现了我省高等级航道零的突破，使千吨级船舶从此畅通无阻，为江西水运融入长江水运发展提供了一条“黄金水道”。干流航道等级的提高，有力地推动了全省运力快速增长和运量大幅度上升，使我省内河水运主要指标在全国名次明显前移，重塑了江西水运大省形象。

2. 加快港口建设步伐

在改革开放大潮的推动下，江西港口建设迎来了新的生机。丰城龙头山煤运机械化装卸作业线、吉安港肖家码头，鹰潭港货运码头，景德镇港货、客运码头，九江港外贸港区和客运港区，南昌港一作业区和三作业区，南昌港客运码头，南昌港集装箱码头等一大批客货码头的建成投产，极大地提高了江西港口吞吐能力和机械化水平。此外，为适应水上旅游客运迅猛发展的需要，加大了对重点旅游景区、水库库区的客运基础设施投资，先后建设了仙女湖、柘林湖、龙虎山、汉仙岸、陡水湖等旅游景区客运码头。

2005年5月12日，项目总投资1.6亿元，设计年吞吐能力为5万标准箱的南昌港国际集装箱码头建成投产。至此，南昌的港口城市优势得到了进一步发挥，我省水路运输结构得到了进一步调整，并促进了各种运输方式的协调发展，完善了全省交通综合运输体系。

2007年10月30日，九江港核心港区——城西港区一期工程以及沿江20个重大项目正式开工，迈出了与上海洋山港对接的第一步。至此，我省唯一通江达海的外贸港口城市——九江，正式启动了152公里岸线的沿江大开发。以集装箱、件杂货、散货及汽车滚装等货种为主，以物流化、规模化、专业化、机械化为方向，九江将逐步成为布局合理、功能齐备、分工协作、优势互补的长江中游综合运输核心枢纽港口。

截至2007年底，全省已拥有年吞吐量1万吨以上港口63个，生产性码头泊位1 875个，泊位总长度60 462米，最大靠泊能力5 000吨级，拥有1 000吨级以上泊位121个。港口建设为水运快速发展奠定了坚实的基础。2007年，全省港口完成货物吞吐量14 088万吨、旅客吞吐量460.33万人、集装箱吞吐量12.63万标准箱，水路货运量和货物周转量与1978年比较，分别增长1倍和6.3倍。

3. 加强水上监管和救助设施建设

20世纪80～90年代，江西水上交通安全监管装备十分落后。“九五”以来，随着技术装备投入的逐步加大，这一状况在“十五”时期开始大大改善。截至2007年，全省拥有海巡艇81艘、快艇53艘，并购置了一批配备先进的内视频巡航自动监控检测系统、雷达自动导航系统、GPS自动全球定位系统等设施的海事搜救指挥艇。水域监控、水上搜救、船舶防污染、海事设施和技术装备四大系统已初步建成，应急救援等应用系统、安全监管、水上搜救和应急保障能力明显提高，基本上实现了安全监管系统化、应急反应快速化和行政执法规范化。目前，还正在重点建设全省水上搜救中心及鄱阳湖分中心、赣江（樟树—湖口）VHF安全通信、仙女湖与柘林湖区CCTV监控系统等工程。

（三）交通运输持续快速发展

乘车难、运货难，这是改革开放初，江西交通运输“瓶颈”制约的突出表现。一方面，是受交通基础设施建设不完善的影响；另一方面，更有交通运输能力不强，运力严重不足的掣肘。

为彻底破除交通运输对经济发展的制约，提升交通运输能力，提升交通服务水平，1983年，在交通基础设施建设逐步改善的基础上，交通部推出了“有河大家走船、有路大家走车”和“国营、集体、个人以及各种运输工具一起上”等一系列鼓励和支持交通运输发展的政策，以推进运输投资主体的多元化。江西道路和水路运输积极落实交通部的部署，深化开放搞活，使运输供给能力持续增强。由此，江西交通运输事业实现了从计划安排向市场运作、从能力短缺向基本适应的重大转变。

进入“十五”以来，各地交通主管部门从当地经济社会发展和人民群众出行需要出发，加强了对运输工作的组织领导，加大了投资力度，道路水路运输的供给能力、装备水平、服务质量和安全状况取得了长足进步，保持了良好的发展势头。交通运输在综合运输体系中的基础性作用不断加强，为经济社会发展、新农村建设和人民群众安全便捷出行作出了贡献。

1. 运输市场的开放推进了客货运输快速增长

1988年2月，经省政府批准，省交通厅撤销了江西省汽车运输总公司和江西省航运公司，其所属公司（厂、场）成建制下放地方管理，打破了交通运输业“政企不分、统得过死、集中过多”的局面，形成了国营、集体、个体运输业户一齐干、各种运输工具一起上的新局面。在这一改革的推动下，全省公路、水路运力大幅度增加，运量快速增长，运输市场发展日趋繁荣。到2007年，全省民用汽车拥有量由1978年的37 821辆增加到810 864辆，增长20.4倍；全省营运客车由1978年的1 175辆增加到24 852辆，增长了20倍；营运货车由3 969辆增加到142 568辆，增长了近35倍；客运量由4 103万人增加到41 118万人，增长了9倍，旅客周转量由160 947万人公里增加到2 194 727万人公里，增长了12.6倍；货运量由613万吨增加到30 032万吨，增长了48倍，货物周转量由33 457万吨公里增加到2 405 748万吨公里，增长了71倍。

与此同时，为加快社会主义新农村建设，提升农村交通运输水平，促进城乡统筹发展，江西省提出“把公路修到农民家门口，把车站设到农民家门口，把班车开到农民家门口”，实行“路、运、站”一体化。在引导个体经营者自愿参与的基础上，江西通过股份制或股份合作制改造等形式组建公司制客运企业，推行一线一公司、一片一公司的管理模式，大力推进农村客运网络化建设。近5年来，建成36个县级以上汽车客货运站、335个乡镇客运站、3 070个农村候车亭或招呼站，全省农村客运班线由2005年的2 053条发展到3 011条，增幅为46.7%；乡镇开通班车率达99.9%，行政村开通班车率由2005年的67.9%提高到82.3%，做到路修到哪里，车开到哪里，客运网络延伸到哪里。水路运输运力和运量也同步提升，全省客运由1978年的9 130客位增加到2007年的14 789客位，货运载质量由187 750载重吨增加到1 374 093载重吨；完成货运量由1978年的880.04万吨增加到2007年的4 328万吨，货物周转量由15.01亿吨公里增加到89.68亿吨，分别增长近4倍和5倍。

2. 运输市场管理更加规范

为了适应新形势下运输市场的变化，强化对运输行业的管理，1988年，省交通厅成立了江西省公路运输管理局和江西省航运管理局，分别对公路和水路运输行使全行业管理职能，全省各地（市）、县也相应成立了行业管理机构。省人民政府于1996年颁布《江西省道路运输管理办法》，省交通厅相继出台《江西省公路运输客运价管理规定》、《江西省道路快速客运管理暂行规定》、《江西省旅游汽车客运管理暂行规定》等管理规定，使全省道路运输市场管理有章可循。

同时，针对道路运输市场在转机换制初期暴露出来的问题，各级交通运管部门常年组织全省统一的客运市场整顿行动，并陆续开展了汽车维修、汽车客运站、危险品运输市场、打击“黑车”和非法营运专项行动、道路客运安全专项整治等一系列整顿活动，强化了运输市场监督管理，有效维护运输市场秩序，努力构建统一开放、公平竞争、规范有序的道路运输市场体系。

此外，全省港航管理部门也依据省人民政府颁布的《江西省水路运输管理办法》和《江西省港口管理暂行办法》，加强了水路运输市场准入资质管理，强化对水运市场监督检查，规范业户经营行为。建立了老旧运输船舶强制报废制度，促进了航运企业和船舶的结构调整。制定了《江西省水路重点物资运输管理暂行办法》、《江西省水路客运票证管理办法》《江西省设立港埠企业暂行办法》等20项管理办法，使全省水运市场和港口运行秩序进一步规范。

3. 运输结构调整取得明显成效

从2004年开始，江西在全国领先一步，开展清理营运客车挂靠经营工作，运输企业组织化程度明显增强。在清挂工作中，全省客运企业投入3.34亿元资金收购挂靠客车，挂靠客车从2005年的13 875辆下降到2 561辆，占全省营运班车的比重从81%下降到16%。

通过清理挂靠，运输企业的公司化经营水平进一步加强，运力结构加快调整，车辆档次明显提升，安全制度逐步完善。到2007年底，全省中、高级客车发展到5 200多辆，占客运车辆总数的32%；同时，营运货车平均吨位都在4吨以上，其中大吨位、高效率的大型货车快速发展，吨位在5吨以上的货车所占比例达到41.8%，高出全国平均水平的10%。

水路运力的大幅度增长，也有力地促进了其运输结构的日趋优化，运输船舶朝着三个方向不断发展：一是钢质化、大吨位、节能性；二是顶推式运输方式；三是快速、旅游、舒适性。在此推动下，从2002年开始，全省船舶运力连续5年保持两位数的增长，船舶客位和载质量分别增长1倍和6.3倍，船舶平均吨位由1978年的26吨提高到2007年的265吨，增长9倍多。

（四）科技教育开创新局面

科学技术是第一生产力。改革开放以来，随着科技和教育工作日益受到各方面的重视，江西交通始终坚持走“科教兴交”之路，始终把科技工作和教育事业放在首要位置。以科研、新产品开发和新技术推广为重点，不断强化科技与交通的紧密结合，促进科技成果向现实生产力的转化，充分发挥了科技先导作用，有力地推动了交通运输事业的发展。同时，以交通职业技术教育为重点，始终把教育放在优先发展的位置，时刻根据交通建设现实需要，创新教育形式，为经济社会和交通建设培养了大批优秀人才。

1. 交通科技成果显著

1978年以来，围绕江西高速公路、国省道干线公路、农村公路和水运主通道建设，江西交通大力开展多领域的关键技术研究和新技术的推广应用，全省共完成交通科技项目525项，安排经费3 500多万元，配套经费2 300多万元。其中2007年安排交通科技项目37项，安排经费300万元，配套经费3 800多万元，分别是1978年的7倍、15倍和127倍。截至2007年，江西省交通科技项目共获得省部级科技进步奖46项，其中多项获国家及省部级一、二等奖，多项科研成果达到国际或国内领先水平，取得了巨大的社会和经济效益。如《高速公路填砂路基关键技术研究与应用》开发的新技术，在我国首次成功采用河（江）沙直接填筑长达46.5公里的六车道高速公路路堤，节约耕地5 000余亩，取得近亿元的直接经济效益。

在江西交通现代化进程中，交通信息化发挥了不可替代的推动作用。30年来，江西交通信息化建设从无到有，实现了质的飞跃。特别是“十五”以来投入达到1亿元，信息化建设明显加快。目前，省交通厅已建成机关局域网，开发的办公自动化系统在全省交通系统广泛应用。江西交通信息网总访问量已超过680万人次，开发各类信息应用系统120余项，其中的交通运输安全GPS监控系统，成为全国唯一按省级规模集中式架构、已开通至三级运政管理部门的省级统一的平台；江西公路GIS公众出行辅助查询系统作为网上动态电子地图，为全国交通类网站上的首创性应用；农村公路电子地图实现全省一县一图；96122公众出行交通服务热线日均接电话量900余人次，大大方便了群众获取出行交通信息。

2. 交通教育飞速发展

1978年，江西交通教育仅有一所中专学校——江西省交通学校，在校生606人。改革开放以来，又先后成立了江西省交通技工学校、江西省交通干部学校等一批教育基地。2002年，交通学校升格为大专层次的职业技术学院后，其校园规模、在校学生、教师队伍、教学设施等方面得到极大发展，省交通厅和学院共投入2.3亿元，扩大了校区面积，加大了新、老校区建设，学院占地面积达到587亩，建筑面积31万平方米，在校生规模近万人，学院成为江西交通高素质技能型人才的重要培养基地。

经过30年的发展，我省交通现有高等职业技术学院1所，干校1所，技校3所，电视中专1所，职工学校和培训中心17所，本科、专科函授站3个，研究生函授站2个，远程教育中心2个。已形成以江西交通职业技术学院、江西省交通干部学校为骨干的多学科、多层次、多渠道、多形式的交通教育与培训体系。30年来，全省交通各类学校围绕行业发展和社会需要，以提高交通队伍文化素质为核心，以开发人力资源为导向，深化教育培训改革，调整教育布局，增强教育与培训机构的服务能力，为提升行业队伍文化素质和专业水平作出了积极贡献。目前，全省交通系统专门人才2.29万人，占职工总数的49%。全省交通系统研究生以上学历的有175人，本科学历的有4 538人，大专学历的有11 692人，大专以上学历占职工总数30%。全省交通具有专业技术职称人员5 721人，其中正高级职称人数23人，副高级职称人数573人，中级职称1 442人。2004年，江西省组织实施推荐青年科学家活动，交通系统有2人入选。2006年，根据《江西省新世纪百千万人才工程实施方案》，交通系统有4人入选新世纪百千万人才工程。现在，全省已建成一支结构合理、素质优良的行业技术队伍，极大地促进了江西交通事业的发展。

（五）法制建设提高到新水平

改革开放30年，我省交通法制建设不断走向成熟。交通系统各单位坚持邓小平同志“一手抓建设，一手抓法制”的思想和党中央提出的“依法治国方略”，认真贯彻实施《全面推进依法行政实施纲要》，交通法制建设有了长足的发展。交通立法由起步到成熟、由短缺到基本覆盖全行业，交通行业法律体系已具一定规模。一支门类齐全、具有较高素质的交通行政执法队伍基本形成。执法监督机构、配套法律法规制度不断完善。交通法制建设在依法行政、建设法治交通的道路上迈出了新的步伐，取得了新的进展。

1. 完善地方交通法规体系

“八五”以来，江西省人大先后审议通过了《江西省渡口管理条例》、《江西省公路规费征收管理条例》、《江西省高速公路管理条例》和《江西省公路路政管理条例》等4部地方性法规和《江西省水路运输管理办法》、《江西省公路路政管理办法》等七部地方政府规章，通过近20年的地方立法，江西已基本形成了公路水路交通法规体系框架。同时制定了加强交通基础设施、质量监督管理、工程定额管理、农村公路建设管理、公路养护管理和整顿规范运输管理秩序等方面的规范性文件50余件。对有关法规、规章和规范性文件进行了全面清理。

2. 大力推进依法行政

2005年，江西制定了《江西省交通厅关于分解落实全面推进依法行政工作任务建设法治交通的意见》，明确了深化交通行政管理体制改革、建立科学民主决策机制、提高制度建设质量等7个方面的工作任务，提出了27项具体办法和配套措施，并全部予以分解，明确了牵头处室和配合单位。2006年和2007年，分别制定了《江西省交通厅关于深化交通行政执法责任制的实施意见》、《关于全面推进依法行政预防和化解交通行政争议的实施意见》和《关于进一步落实2007年全省依法行政工作主要任务的通知》，就规范行政权力运行、提高科学民主决策水平、健全和化解行政争议机制三项重点工作作出了具体布置。按照省推进依法行政工作领导小组的统一布置，交通厅每年都组织了专项检查，同时，每年都接受了省检查组的检查，并受到了省推进依法行政领导小组的通报表扬。

3. 进一步规范执法行为

认真梳理执法依据，印发了《江西省交通行政管理部门行政执法依据目录》，包括行政执法主体、行政执法依据和行政执法行为的三大类。在制定相关配套制度方面，先后制定了《交通行政执法公示制》、《江西省交通行政执法监督检查规定》等20多项工作制度。1994年以来，加大了治理公路“三乱”的力度，严肃查处“三乱”案件，每年组织明察暗访，行程上千公里以上。经省政府批准，撤销各类站卡318个，1996年，我省被公布为第二批实现国省道基本无“三乱”的省份。自2004年6月全国集中开展治理车辆超限超载以来，交通部门不断加大源头和路面治理力度，使集中治理工作稳步推进，逐渐深入，治超工作取得了阶段性成果。车辆严重超限态势得到有效遏制，超限比例从治理前的80%以上下降到10%，“大吨小标”车辆基本恢复标准吨位，公路设施得到有效保护，道路交通安全形势明显好转。

4. 交通行政许可审批制度逐步完善

《行政许可法》颁布之后，江西交通部门对行政许可事项和实施主体进行了清理和规范。经省审改办确认，省级交通部门保留的行政许可实施主体共7个，实施的行政许可项目由原来的100多项精简为43项。为落实行政许可招标、拍卖、听证制度，以道路客运班线审批为突破口，创新许可方式，在对省内57条客运线实行了以服务质量为主要内容的招投标的基础上，又扩大到省际客运班线许可，与广东省交通厅在全国率先实行了两省联合招标。结合交通行政复议实际，健全和完善了有关制度，统一了交通行政复议文书。2005年以来，共受理32件行政复议申请，均在法定时限内作出了行政复议决定。

（六）行业文明创建跃上新台阶

对于改革开放30年以来江西交通行业取得的辉煌成就，许多人认为，这背后有一股强大的精神动力。没有这股动力，江西交通不可能在短短30年之内发生翻天覆地的变化；没有这股动力，江西交通就不可能从瓶颈制约转变为发展引擎。

剖析这种精神动力，它来源于改革开放30年以来，全省交通系统始终把行业精神文明建设摆在重要的位置，始终坚持以“服务人民，奉献社会”为宗旨，以“三学六建一创”和“学树创”活动为主要内容，以抓队伍、夯基础、强素质、树形象为工作重点，紧紧围绕全省交通改革发展稳定的大局，采取一系列重大举措，贴近实际、贴近生活、贴近群众，组织和引导广大干部职工积极参与行业文明创建活动，从而为构建和谐平安交通、实现交通新的跨越式发展提供了强大的精神动力和思想保证。

1. 加大行业文明创建力度

1996年，江西省交通厅党组下发了《关于加强全省交通系统社会主义精神文明建设的意见》，各单位进一步建立健全了精神文明建设工作机构，加大了经费投入和工作力度。1998年11月在江西南昌召开了“全省交通系统创建文明行业经验交流会”，会议总结了全省交通系统创建文明行业活动情况，交流、推广开展创建文明行业活动的经验，进一步动员广大干部职工更积极地投入到创建活动中去。省交通厅党委自2003年成立以来，把精神文明建设纳入党委工作的重要议事日程，在制定交通发展规划和年度任务目标时，把精神文明建设纳入统一规划，做到“两个任务”一起布置，“两项工作”一起安排，“两种成果”一起检查。2006年又专门召开了全省交通系统精神文明建设工作会议，会议讨论并通过了《江西省交通系统精神文明建设工作先进单位和文明示范“窗口”实施与管理办法》、《全省交通文化建设实施意见》、《江西省交通系统“十一五”精神文明建设工作规划》和《江西省交通厅开展“学先进、树新风、创一流”主题实践活动实施方案》等规范性文件，进一步完善了相应的各类行业或单位的创建标准体系。

2. 不断丰富交通文化建设内涵

为不断加强对外宣传报道和内部文化建设，省交通厅在紧紧围绕全省交通中心工作，整合调动各种宣传资源，先后创办了一系列宣传载体，进一步提高宣传工作的绩效性，扩大覆盖面，增强影响力和渗透力。中国交通报社于1985年3月批准成立驻江西记者站，及时反映江西交通系统广大干部职工的精神风貌和交通改革开放的成就经验。1992年，经省新闻出版局批准，省交通厅创办了《江西交通报》，2003年，《江西交通报》改版成《江西交通》杂志，是全省交通系统两个文明建设和思想政治工作的重要载体。1981年3月成立厅史志机构，经过26年的努力，结出了丰硕成果。全省交通史志书藉已出版88部、约2 726万字。《江西省志·交通志》1997年荣获全国地方志奖一等奖，2001年、2006年江西交通年鉴分别荣获全国年鉴编校质量评比一等奖。2001年11月，江西交通信息网正式开通运行，截至目前，网站访问量680万人次，已成为宣传江西交通的重要窗口，在“江西省第三届优秀网站评选活动”中，江西交通信息网荣获一等奖。各级交通宣传部门坚持以优秀的作品鼓舞人，推出了一批健康向上的精神文化作品。“九五”以来，先后编辑出版了《闪光的铺路石》、《公路的脊梁》、《小康路上的先锋》、《路标》、《时代的英雄——记新时期交通职工的优秀代表熊文清》、《鏖战风雪保畅通——2008江西交通部门众志成城抗灾救灾纪实》等一批反映江西交通系统先进典型事迹的书；出版了《崛起高速路——江西高速公路建设五年决战的辉煌历程》等大型宣传画册；制作了《龙腾赣鄱绘彩虹》等光盘，全面记录和反映了我省交通建设的光辉历程和成就。

各级交通部门日益重视交通文化建设，注重丰富交通发展的文化内涵，积极组织开展群众性的文娱体育活动，呈现出领导支持，组织落实，因地制宜，形式多样的局面。一是交通文化社团蓬勃兴起。以省公路管理局、省高等级公路管理局为代表，成立并发展了江西省高速公路文学艺术联合会、江西公路艺术团、江西公路摄影协会等艺术团体。二是全省交通系统每年都要举行各类文娱活动百余次。三是职工体育活动实现普及与提高并举。全省交通系统每年举办各项比赛活动达100多项次，全年参加健身活动人数达万人以上。省交通厅每二至三年开展一次全省“交通杯”男女篮球赛；先后组团参加了历届江西省运动会和“江西省首届机关运动会”，每次都被大会组委会评为群众体育先进集体，在江西省第十一届、第十二届运动会上连续两次荣获社会部（行业系统）金牌总数、团体总分、奖牌总数分别第一名的优异成绩。

3. 努力提升行业文明程度

交通部门注重充分发挥先进典型引导人、教育人、鼓舞人、激励人的示范作用。一方面，以全国交通行业的先进典型为榜样，号召和鼓励干部职工广泛开展“学先进、见行动，立足本职，多做贡献”、“干一流工作、树一流品牌、创一流业绩”等典型教育活动；另一方面，坚持用身边的事教育身边的人，先后集中宣传、学习了一批本省交通系统涌现出的先进典型人物。2006 年 7 月 9 日，江西公路开发总公司梨温高速公路公司职工熊文清同志不畏艰险，倾尽全力从发生严重车祸的旅游客车内连续抢救出 27 名受伤乘客，救人之后悄然离去。为把熊文清同志的崇高精神和典型事迹作为交通文化建设的宝贵精神财富不断发扬光大，厅党委及时下发了《关于开展向熊文清同志学习的决定》，交通部党组也专门下发了《关于开展学习熊文清同志先进事迹活动的通知》，号召全国交通行业广大干部职工广泛开展学习熊文清同志先进事迹的活动。层出不穷的先进典型为江西交通文化建设熔铸了一座又一座精神的丰碑，使广大干部职工赶有目标，学有榜样，进一步提高了交通行业的创造力、凝聚力和战斗力。开展文明行业创建活动以来，江西省交通系统深入持久地组织开展文明行业、文明单位、文明样板路、文明示范窗口、高速公路文明畅通通道、青年文明号和巾帼建功文明岗等文明创建活动，行业精神文明建设不断迈上新台阶，喜获新成果，共涌现出全国劳动模范和先进生产者 23 人，省、部级劳模、先进工作者 430 人，全国优秀党务工作者 1 人，荣获全国五一劳动奖章者 26 人。全系统先后有 1 个单位被评为全国文明单位，7 个单位被评为全国文明创建先进单位等。省交通厅机关连续四届被评为省级文明单位，全省交通系统 43% 的基层单位获市级以上精神文明建设单位先进称号，381 个次单位被评为省、部级文明单位，2007 年，全省交通系统荣获江西省第三届文明行业称号，提前三年实现“十一五”行业文明创建工作目标。

二、经验总结

回顾江西交通 30 年来的发展历程，之所以能够取得如此辉煌的成就，关键一点，就是江西交通始终坚持以邓小平理论、“三个代表”重要思想和科学发展观为指导，同时，立足江西交通实际，抓住交通发展机遇，创新发展思路，最终闯出了一条经济欠发达地区加快交通发展的成功之路。

（一）坚持把科学发展观作为促进交通改革发展的指导思想

发展是执政兴国的第一要务，牢牢抓住发展这条主线，改革开放 30 年来，江西交通人以时不我待的精神，利用一切可以利用的积极因素，借力发力，使交通发展赢得了一项又一项突破。

为有力地推动农村公路建设，江西交通抓住省政府与交通部签署《关于落实中央 1 号文件农村公路建设任务的意见》的机遇，组织实施“五年千亿元”工程，使五年间农村公路建设一年一大步，农村公路面貌发生了翻天覆地的变化。全省乡镇通油（水泥）路率、行政村通油（水泥）路率和通公路率分别由“十五”末的 68.4%、22.9% 和 77.8% 提高到如今的 100%、70% 和 92%。

为推动水运行业的发展，依据长江沿线七省二市与交通部共同制定“十一五”期长江黄金水道建设总体推进方案，江西交通编制完成江西省内河航运发展规划，使一大批航道建设项目纷纷上马。赣江上，樟树—南昌 94 公里三级航道整治工程已交工验收；信江上，双港—褚溪河口88公里航道整治工程也正在按三级航道标准实施建设；赣江东河上，南昌—瓢山航道整治工程即将开工。如今，一个以水运主通道长江干线江西段、赣江和信江为骨架（“两横一纵”），布局合理、技术先进、管理科学、港航船协调发展的现代化内河航运体系已呼之欲出。

发展要快，但这种发展必须始终行驶在科学发展的轨道上。为此，江西交通始终把握科学发展观的深刻内涵和基本要求，把科学发展观落实到交通事业的各个环节，贯穿于发展的全过程。

为增强交通发展的系统性、前瞻性和科学性，江西交通部门及时编制国家高速公路江西境内路线规划、江西省2020年高速公路网规划、江西省农村公路建设规划、江西省干线公路网规划等，指明了江西交通未来发展的航向。

为实现“以人为本”，江西交通围绕货畅其流、人便于行，出台了一系列扶持交通运输发展的政策措施，健全交通运输服务保障体系。同时，围绕提高交通行业公众服务水平，开展了全省高速公路命名、高速公路服务区综合环境质量整治工作，认真落实“绿色通道”畅通保障措施，对“绿色通道”车辆减免车辆通行费，对旅游汽车、出租车、大中型运输企业的交通规费给予优惠，带动了相关行业的加快发展。

为确保发展“全面协调可持续”，江西交通走资源节约性和环境友好型发展之路，做到交通建设与自然环境和谐统一。按照省委、省政府“生态立省、绿色发展”的战略部署，统筹人与自然和谐发展，大力推进绿色交通、环保交通和生态交通，开展了绿色生态公路建设三年专项行动，全面提高了绿色生态公路建设水平，达到公路景观与自然、人文景观和谐统一，为江西的青山绿水增添新的光彩。

为坚持“统筹兼顾”，江西交通深入实施统筹发展战略，促进城乡和经济社会协调发展。坚持“路、站、运一体化”的发展思路和建管养兼重的原则，把农村路、站、运建设作为交通工作的重中之重来抓，全面组织实施“十一五”期间加快农村公路建设的发展目标和具体措施，使农村交通建设有了新的突破。

（二）坚持把资金筹措作为促进交通改革发展的关键环节

俗话说，巧妇难为无米之炊。随着江西交通建设不断提速，特别是自“八五”时期开始启动大规模的公路建设，建设发展任务与资金总量不足的矛盾日益突出。经济发展，交通先行，但交通先行，钱从何来？手中缺钱的江西交通人，敢为人先，敢闯新路，他们以交通规费（收费）收入为依托，充分利用银行、证券市场和企业等新型融资平台，采用贷款，盘活资产，发行股票、债券，收费公路统贷统还等灵活方式，巧借东风，不仅筹集了大量资金，基本满足了江西交通建设资金的需求。

一是挖潜。不断改善规费（费收）征费手段，增加规费（费收）收入。江西交通规费（费收）系统加大征费力度，不断增大规费（费收）规模。2007年，全省交通规费（收费）收入92亿元，是1978年的125倍。二是借贷。积极落实交通部（车购税）拨款和银行贷款资金。在交通基础设施建设中率先引进银团长期贷款、银行信托货款及农村公路政策性贷款等新的融资形式，已建成的高速公路共利用车购税投资119亿元、银行贷款359亿元。三是引资。通过招商引资吸引社会资金参与交通建设。1994年，105国道流芳坳—赣州段二级公路改扩建工程，首先采用了中外合资建设收费经营的模式，开创了江西省实行公路建设招商引资的先河。1997 年，我省第一次将省管收费还贷公路 320 国道玉山—东乡段、105 国道南康—信丰段分为三个项目实施收费权转让，为高速公路建设项目筹得资本金 7 亿多元，从而获得银行项目融资。此举为后续高速公路网建设筹融资奠定了基础。四是盘活。实行“以存盘现、以小盘大、以优盘劣”的方式，盘活现有公路资产，目前已置换国有资本金 13.5 亿元。五是融资。充分发挥交通厅下属的高速公路建设控股公司、赣粤高速公路股份有限公司、江西公路开发总公司等收费公路经营性公司的融资平台作用。通过证券市场进行配股、国有股减持、资产注入和发行公司债券、创新型证券化产品等手段，筹措公路建设资金。截至 2007 年底，已累计融资逾 150 亿元。六是运作。通过灵活利用金融手段，降低贷款利率、压缩贷款规模；丰富融资品种，充分利用短期贷款，节省财务费用；合理安排贷款资金到位，充分利用交通项目建设用款季节性和时间差，发挥沉淀资金的效用，压缩贷款规模。七是打包。建立省管收费还贷高速公路、普通公路项目与农村公路建设项目统贷统还机制，使收费还贷公路项目作为一个统一单元，提高整体的融资效能。

（三）坚持把开拓创新作为促进交通改革发展的持续动力

改革开放 30 年的基本经验告诉我们，只有坚持解放思想，转变观念，深化创新，我们才能从不合时宜的传统观念、思维模式中解放出来，从而，通过创新思路，破解发展难题。

江西交通行业的发展，也始终是在不断打破旧机制，不断创建新机制的道路上一路走来。一是推进行政管理体制改革。1988 年，为适应城市经济体制改革的深入发展，进一步实行政企分开，交通厅率先对交通运输体制进行了改革，将省属运输企业及其附属工业全部下放给地、市管理，并撤销省汽车运输总公司和省航运公司，成立江西省公路运输管理局和江西省航运管理局，负责全省公路水路行业管理；2003 年，江西省公路体制实行改革，省属的各公路分局及其所辖各市、县（区）公路段和直属单位成建制下放给各设区市人民政府管理，业务上接受省公路部门的行业管理。为了推进政企分开、事企分开，2002 年将江西省工程管理局一分为二，分别成立江西省交通质量监督站和江西交通工程咨询监理中心，交通设计院也由事业单位企业化管理转为企业。二是推进人事制度改革。大力推行干部公开选拔和竞争上岗，2001 年以来，省交通厅先后拿出 22 个处级职位，面向全省交通系统和南昌地区事业单位公开选拔。同时积极探索人事制度改革的新路子，早在 20 世纪 80 年代，江西交通系统率先在干部人事管理中引进竞争机制，改干部委任制为聘任制。1988 年，在江西省公路桥梁工程公司首次推行公开选拔处级领导干部，对公司经理职位实行公开选拔。90 年代初，省公路管理局对局机关开展了优化组合、双向选择。2006 年 8 月，省公路管理局面向局机关和直属单位，对 5 名局机关副处级领导职位进行竞争上岗。三是持续深化养护运行机制改革。“九五”期间，根据交通部提出的“管养分离、事企分开”的原则，全省公路系统大胆实践，稳步推进，积极培育公路养护工程市场，计划经济条件下长期形成的“大锅饭、铁饭碗”体制基本打破。公路养护工作初步实现了“三个转变两种制度”，即：养护生产单位由事业型向企业型转变、养护任务由指定养护向合同养护转变、养护投资由经费制向养护定额管理和养护工程费制转变；公路养护管理实行管养分离，推行公路养护公司制，公路养护大中修、小修保养等各类公路养护工程，均实行招标制。四是推动交通建设管理的创新。1978开改革开放以来，江西对公路建设管理由传统的计划经济管理模式逐步转向市场经济管理模式。1989年开工建设的南昌至九江汽车专用公路是江西公路建设中首次引入“FIDIC”条款，实行施工招投标制、合同制、工程监理制的项目，这种管理模式逐步在江西公路基本建设项目中推广实行，一直延续到20世纪末。进入新世纪，江西公路已全面推行了工程招投标和工程合同管理，建立了项目法人、项目及技术负责人责任制和全员风险责任制。在全面实行施工招投标的同时，积极推行设计、监理招投标，并试点推广BOT形式、项目代建制、设计施工总承包制、项目业主招投标制等管理模式。

（四）坚持把抓住机遇作为促进交通改革发展的有效途径

人们常说：机不可失，时不再来。可见机遇对发展的重要性。改革开放30年的交通发展历程，同样给我们深刻启示：必须牢牢抓住历史机遇，不失时机地加快交通发展步伐。

“八五”时期，国家调整了产业政策，金融宏观调控适度从紧，大力压缩基本建设规模，优先发展交通能源等基础产业，加大了交通基础设施建设力度，交通建设获得难得的发展机遇。省交通厅审时度势，抓住机遇，积极工作，使优先发展交通的产业政策落到实处。与此同时，省委、省政府给予了极其有力的支持，若干具有重要意义的优惠政策相继出台，为“八五”期我省开始大规模的公路建设开辟了新的资金渠道。

20世纪90年代末，省委、省政府从全省经济发展全局出发，把加快公路建设作为贯彻中央扩大内需发展方针、保持经济较快增长的一项重要措施来抓，公路建设迎来了又一次发展良机。交通厅及时调整部署，研究提出了“九五”期后三年加快公路建设的总体目标和“三个加快”的工作思路，全面加快高速公路主骨架、国省道公路改造、县乡公路建设。在遭受特大洪涝灾害、资金严重短缺、项目储备不足的情况下，始终抓住加快发展这个核心，全力以赴夺取了公路建设三年决战的胜利，为新世纪实现交通跨越发展打下了基础。

近年来，国家从紧控制新开工项目，审批程序更加严格，在耕地、资源、水土保护、环境评议要求更高的情况下，省交通厅党委主动适应新变化，抓住建设项目向中西部倾斜的机遇，积极主动地做好“十一五”期间重点建设项目的各项前期工作，使我省“十五”计划的几大项目迅速得到落实，为全省交通建设步入一个高起点、超常规发展的阶段奠定了基础。

（五）坚持把行业文明创建作为促进交通改革发展的重要保证

物质文明和精神文明“两手抓、两手都要硬”。按照这一方针，省交通厅党委（组）始终把文明创建工作放在突出位置，加强对创建工作的领导，为交通改革发展提供精神动力、智力支持和思想保证。特别是党的十五大以来，交通厅党委多次召开全省交通系统精神建设会议，加大了行业文明建设工作力度，取得了精神文明和物质文明协调发展、共同进步的显著成绩。

服务大局是做好文明创建工作的核心。精神文明建设工作是为完成党的政治任务和中心工作服务的，只有全面贯彻党的基本路线，坚持围绕交通发展这个中心，服务服从于交通改革发展的大局，交通精神文明建设才能为贯彻落实科学发展观和全面推进全省交通又快又好发展提供强大的动力，才能取得实实在在的效果。为此，江西交通牢牢抓住这个核心，在精神文明建设的内容、载体、手段等方面，力求创新，使精神文明建设工作更具活力、动力和吸引力，为交通事业凝聚力量。他们通过典型引路做好示范工作，营造一种学习先进、崇尚先进、赶超先进的浓厚氛围，激发交通系统干部职工的工作热情，促进他们扎实工作，争创一流。他们坚持贴近实际、贴近生活、贴近群众的原则，持之以恒地开展“文明窗口”、“文明道班”、“文明工地”、“文明处（科）室”等群众性创建活动，把创建工作落实到基层，植根于群众，不断增强创建工作的针对性、实效性和感染力。他们还充分调动广大交通干部职工的积极性和创造性，做到学有榜样，赶有目标，立足本职，努力工作，为交通改革发展贡献力量。

三、交通运输发展展望

面对新形势，把握新机遇，应对新挑战，江西交通运输发展的总体要求是：坚持以邓小平理论和“三个代表”重要思想为指导，深入贯彻落实科学发展观，按照健全综合运输体系的要求，充分发挥交通运输优势，做好“三个服务”，加快交通运输的结构调整、升级和转型，实现科学发展、安全发展、和谐发展，推进我省交通运输现代化。

（一）远期目标

到2020年，交通发展的质量和效率显著提升，运输服务和管理水平显著提升，行业创新实力显著提升，资源节约、环境保护能力显著提升，交通企业竞争实力显著提升，基本建成更安全、更通畅、更便捷、更经济、更可靠、更和谐的交通运输服务体系，交通发展成果惠及城乡、人民共享，适应全面建成小康社会的需要，为21世纪中叶实现交通现代化打下坚实基础。

1. 高速公路网规划目标

形成以南昌为中心，连通各市县、全面打通与相邻省份高速主通道的高速公路网，高速公路通车里程达4 650公里，基本实现省内4小时、省际8小时经济圈，县（市）基本半小时进入高速公路网络。实现纵贯南北、承东启西、覆盖全省、通达四邻的高速公路网。布局方案是：由国家高速公路网江西境内段（即“三纵四横”主骨架及二条联络线）和地方加密高速公路两部分组成。

2. 干线公路网规划目标

适应全省社会经济发展的需求，形成通道能力充分、网络结构合理的干线公路网，成为江西高速公路网的重要高等级辅道网及高速公路网与农村公路网有效衔接“桥梁”。干线公路网当量里程（二级）达到13 406公里，等级水平为1.85，干线公路力争全部达到二级及以上标准。布局方案是：“十纵十横”网络型布局，总里程11 402公里，其中主线9 053公里，支线2 349公里（共线总里程497公里，干线实际规划里程10 905公里）。

3. 农村公路网规划目标

适应农村经济发展的需求，为现代农村经济发展和农村全面实现小康提供便利的交通条件，实现所有的乡镇和行政村通油（水泥）路，并逐步实现农村公路的“网络化工程”。全省主要县道达到三级以上公路技术标准。县城与县城之间的农村公路50%达二级路标准，80%以上的乡道达到四级以上公路技术标准。

4. 航道港口规划目标

内河航运资源得到合理开发和充分利用，建立起与经济社会和综合运输协调发展需要相适应、与水资源综合开发和利用相协调，以国家高等级航道长江干线（江西段）、赣江、信江为骨架的布局合理、技术先进、管理科学、港航船协调发展的江西内河航运现代化体系；实现航道高等级化、深水化，港口装卸机械化、经营规模化，船舶大型化、标准化，支持保障系统完备化，航运市场规范化、管理信息化，为经济社会发展提供高效、可靠、安全的内河航运服务；确立中西部地区水运交通强省形象。

5. 道路运输规划目标

以科学发展观为统领，充分发挥道路运输的比较优势，着力提高“五个能力”（运输供给能力、安全监管能力、农村道路运输发展能力、可持续发展能力、市场监管能力），重点构建“四个网络”（客货运输网络、站场服务网络、维修救援网络、驾驶员培训网络），努力做好“三个服务”（服务国民经济社会发展全局、服务社会主义新农村建设、服务人民群众安全便捷出行），全面提升“两个水平”（运输服务水平、信息化水平），基本建成“一个体系”（安全高效、服务优质、规范有序的道路运输业体系），使我省道路运输在综合运输体系中的主导地位进一步增强，与其他运输方式共同构筑布局协调、衔接顺畅、优势互补的现代化综合运输体系，为经济和社会发展、人民生活改善提供有力的运输保障。

（二）近期目标

“咬住一个总目标，坚持两个不动摇”。一个总目标就是争取完成“十一五”期900亿元投资规模；两个不动摇，一个是2012年完成3 500公里高速公路，另一个就是要确保2010年基本实现村村通油路水泥路。

1. 高速公路建设

至2010年，高速公路通车里程突破3 000公里，基本形成“三纵四横”高速公路主骨架，江西交通的重点将逐步从通道建设转到路网建设。

2. 农村公路建设

每年硬化1万公里，新增5 778个行政村通油路水泥路，1 142个行政村通公路，2010年基本实现行政村村村通油路水泥路；2012年全面实现行政村村村通油路水泥路。抓好“渡改桥”工程，建成600座大桥、撤销800个渡口；建设以县道为骨干、乡村公路为基础的干支相连、布局合理、具有较高服务水平的农村公路网。

3. 国省干线网建设

要抓好全省“十纵十横”干线公路网规划的实施，以105、316、320国道改造为重点，每年完成改造800公里，实现国省道公路全部达到二级以上标准，主要省际出口路、设区市至各县区市、县至高速公路主通道达到二级以上标准。

4. 水运建设

要抓住推进长江黄金水道建设的机遇，展开沿长江和鄱阳湖经济圈水运布局。建立鄱阳湖生态经济区是省委、省政府的一项重大决策，是落实温家宝总理“一湖清水”重要指示的实际行动。要加强“两横一纵”高等级航道、主要港口和赣江石虎塘航电枢纽等重大项目和水上搜救、监控等支持保障系统的建设，促使鄱阳湖城市圈产业布局、交通网络、城镇体系、生态环保等更趋合理化，为鄱阳湖生态经济区建设提供交通支撑，带动沿江开发和现代化物流业发展。

5. 交通运输建设

通过加强道路运输基础设施建设，由主要依靠单一运输方式的发展向综合运输体系发展转变。到2010年，编制规划完成南昌、九江、赣州、宜春、鹰潭、吉安等6个枢纽，建成800个农村客运区乡站和10 000个候车亭；加快交通运输结构调整，培育2～3家进入全国前100名的一级道路客运企业，发展规模化、集约化、网络化运输，逐步实现货运无缝衔接和客运零换乘；构建由高速干线客运、城际客运、城市客运、农村客运、旅游客运组成的多层次客运网络服务体系；推进城乡客运一体化，建设“衔接为主、并轨为辅、合理配置、方便换乘”的城乡公共交通体系，使交通运输网络化程度、信息化水平和运营管理水平得到提升；资源利用水平明显提高，单位运输能耗和污染物排放量明显下降；安全监管和应急保障能力显著提高。

6. 法治交通建设

认真贯彻国务院《全国推进依法行政实施纲要》及省政府制定的五年规划，按照“合法行政、合理行政、程序正当、高效便民、诚实守信、权责统一”的要求，强化法律意识，提高行政效能，降低管理成本，创新管理方法，增强管理透明度。通过不懈的努力，在政府职能转变与行政管理体制改革、科学民主决策、制度建设、行政执法体制与行政程序建设及行政监督等方面取得阶段性成果，为基本实现法治交通的目标奠定坚实基础。

7. 交通科技教育

以建设创新型行业为目标，把提高行业自主创新能力摆在突出位置。积极推进科技体制改革，进一步形成科技创新的整体合力，建设适应江西省交通现代化要求、符合交通科技自身发展规律的科技创新体系。按照“以人为本、需求引导、综合集成、强化创新、重点突破”的方针，集中力量支持对江西省交通发展具有基础性、全局性、牵动性的科技项目，力争在交通基础设施建设养护关键技术、一体化运输技术、交通环境保护技术和交通安全保障技术等方面有所突破。加大科技攻关、技术集成和推广应用力度，充分发挥科技对交通发展的支撑和引领作用。按照交通厅信息化近中期规划要求，抓好各项交通信息化工程实施。继续加快信息化建设步伐。加强交通人力资源建设，以培养交通管理人才、中等级专业技术人才、技能型紧缺人才为重点，大力开展交通职业培训和职业技术教育，努力建设一支富有创新精神和创新能力的交通人才队伍。

8. 交通精神文明建设

经过努力，实现交通干部职工思想道德素质、科学文化素质和业务技能显著提高，交通行业精神深入人心，凝聚力进一步增强，精神文明建设长效机制进一步完善，文明创建工作取得新的突破，“两个负责任”和廉政交通形象得到社会普遍认可；不断深化以“学、树、创”活动为载体的群众性文明创建活动，初步建成具有江西特色的交通文化体系，创造一批既体现时代精神又具有行业特色的优秀交通文化产品；形成更加完善的评优制度和激励机制，继续选树和推出若干在全省乃至全国交通行业有较强影响力的重大典型，打造更多的交通优秀服务品牌，为新时期江西交通事业的改革发展作出新的贡献。

齐鲁大地的先行官

山东省交通厅

一、光辉历程

党的十一届三中全会以来，山东交通系统在省委、省政府和交通部（交通运输部）的正确领导下，始终高举中国特色社会主义伟大旗帜，坚持以邓小平理论、“三个代表”重要思想为指导，深入贯彻落实科学发展观，振奋精神，顽强拼搏，紧跟改革开放的每一次脉动，把握改革开放不同时期的每一次战略机遇，走过了一条不平凡的跨越式发展之路。

根据山东交通发展不同阶段所呈现的不同特点，改革开放30年的山东交通大致走过了三个发展阶段：变革调整期（1978年~1988年）、战略转移期（1989年~1998年）、综合发展期（1999年~2008年）。

（一）变革调整期（1978年~1988年）

这一时期，山东交通抢抓改革开放的大好机遇，解放思想，大胆进取，对交通行业进行全面变革调整，开展了一系列体制机制改革创新，推动政企分开，大力整顿行业，加快交通基础设施建设，使山东交通建设与生产恢复活力，得以突飞猛进发展。

1. 体制和机构沿革

1979年，全省交通工作会议就公路运输市场管理与体制改革进行了讨论，这是改革开放后山东省就运输管理体制改革而进行的首次思想革新。同年12月，山东省革命委员会交通局更名为山东省交通厅。进入80年代，山东省公路、港航、公路运输管理体制相继调整，全面推动了交通政企分开、简政放权的历史进程。1983年山东省革命委员会交通局公路处正式更名为山东省公路管理局，公路管理机构正式明确。1984年10月，山东航运管理体制变革，省航运管理局成立，实行港航分设。1985年，省政府下发《关于水上民间管理机构设置的通知》，明确要求各市地、县交通主管部门分别设置航运管理处（所）。到1988年底，沿海7个市地全部成立了航运管理处；黄河、小清河、济宁、枣庄分别设立了河系航务管理局（处）。1986年12月省编委批准成立了山东省交通厅公路运输管理局，运输管理权限得以明确。1985年6月，省交通厅依据《山东省一九八五年经济体制改革试行方案》，开始实行政企分开，不再经营企业，从而拉开了山东交通企业改制的序幕。两年后，烟台港、青岛港、石臼港等港口下放地方，实行双重领导。1985年海运体制首次引入竞争机制，青岛海运公司、烟台海运公司成立。山东道路运输坚持“改革、开放、搞活”的方针，改革管理体制，调整产业结构，到1983年，运输管理体制从过去封闭式的“三统”管理逐步向开放式的宏观控制及全行业管理转变。从1982年起，省交通厅分批对全省大中型道路运输企业进行全面整顿，调整充实领导班子，完善经济责任制，整顿规范劳动组织和劳动纪律。通过整顿，运输企业的生产和精神面貌发生了很大变化。

2. 公路业

公路建设重点转向了提高质量和等级标准，一批公路改建成为二级路。与此同时，启动并修建了一大批山区、湖区、海岛、旅游区和扶贫公路。到1988年底，山东的公路建设规模和等级都已名列全国前茅，并拥有了“山东的路”之美誉。港航业。港口泊位不断增加，地方港口达到22处，泊位90个，8个港口实现对外开放。港口吞吐量增势迅猛，装卸机械化程度大为提高，青岛、烟台港口货物吞吐量年均递增6.4%、6.9%。海河联运大力实行。国营海运走出国门，开始向远洋运输发展，先后开辟了日本、新加坡、马来西亚、泰国和香港航线。

3. 道路运输业

坚决贯彻交通部提出的“各部门、各行业、各地区一起干”、“国营、集体、个人以及各种运输工具一起上”的发展运输新方针，开放道路运输市场，打破部门专营，鼓励有序竞争，支持个体和联户发展运输，改革国有运输企业经营管理体制，大力发展道路运输生产力。道路运输业中的市场经济因素开始活跃，长期存在的道路运输“乘车难”、“运货难”状况迅速改变。

（二）战略转移期（1989年~1998年）

1988年，山东省委、省政府召开全省交通工作会议，提出了“交通必须先行，交通必须打通，交通必须适应”的发展原则，作出了以改革总揽全局，坚持大家办交通方针，逐步形成高效、协调发展的综合运输体系的战略部署，要求千方百计筹集资金，动员各方面力量，加快交通基础设施建设，发展运载工具，从而开创了山东交通发展的崭新局面。进入90年代，山东交通迎来以高等级公路建设为重点的基础设施建设时代。这一时期，交通被摆在全省优先发展的战略地位，有关部门积极配合，人民群众积极参与，交通事业得到快速发展，面貌发生深刻变化。山东高速公路从无到有，实现了零的突破；港航建设和运输业快速发展；伴随市场经济发展大潮和基础设施建设进程，交通企业改制扎实推进；交通管理走上宏观调控和依法行政的道路；基础设施建设进程中，交通科技得以广泛研发和应用；交通行业精神文明建设全面有效推进。

1. 体制和机构沿革

1988年省政府下发了《关于加快发展交通运输的通知》，全省统一领导、分级管理的公路建设机制从此确立，省、市、县（市区）在公路建设管理中的事权划分进一步明确。1995年10月，山东交通稽查机构成立。1996年，山东省委、省政府按照党中央、国务院部署，实施省级机构改革，省交通厅调整为内设10个职能处室和机关党委。港航管理体制改革逐步到位，1991年省属沿海港监从港口分离，独立行使安全监督管理职能；1998年5月实施政企分开，原山东省航运管理局撤销，分别组建山东省交通厅航运管理局、山东航运集团有限公司和山东省交通厅京杭运河续建工程建设办公室。除临沂、淄博和莱芜没有水运的3个市以外，全省14个市地都设立了港航管理机构，实施全省各市的水运行业管理。

2. 公路业

1988年，山东省人民政府下发通知，要求进一步加强交通基础设施建设，提高我省交通运输能力。1993年12月18日，全长318公里的济青高速公路建成通车，山东交通实现高速公路零的突破。1994年，山东省委、省政府召开全省公路建设工作会议，果断决策："山东公路建设向以高速公路为主战略转移，集中力量加快高速公路建设"。随后，烟威、东港、济聊等一批高速公路项目相继建成通车。1998年，党中央国务院提出扩大内需，实施积极财政政策，加快公路基础设施建设的重要决策。山东省交通厅紧紧抓住中央实施积极财政政策的机遇，三次调整投资计划、加大投入，以超常规建设的气魄和胆略，发起了第一个"150战役"：当年完成公路建设投资152.2亿元，高速公路里程达到914公里，跃居全国第一位。1998年，山东二级以上公路通车里程达18 862公里，高级、次高级路面里程达49 790公里，均居全国第一位。

3. 港航业

山东省委、省政府开始实施沿海经济发展战略，"九五"期间，全省水上交通事业成就显著，沿海新增港口两处，新增泊位39个，吞吐能力增加4 639万吨，建成了一批大型矿石、原油、集装箱等专用码头，青岛港成为全国最大的原油进口港。海运企业积极开拓市场，经营结构发生重大变化，全面开辟了远洋和沿海的内外贸集装箱班轮航线，客货滚装运输获得大发展。

4. 道路运输业

省会济南市与青岛、烟台两大重要港口城市被纳入国家公路主枢纽。山东省利用交通规费中划定的专项资金投入运输站场建设，并在货运站场建设方面引入开放、竞争机制，广泛吸收国内外资金，采取政府投资、股份合作、民营企业投资、引进外资等多种形式开展站场建设。公路运输管理逐步摆脱计划经济模式，从管理方式上由基本管直属企业转为管全行业；从管理政策上实行开放运输市场、多种经济成分一起上；从市场运行上出现打破国有企业独家经营、依靠社会办交通运输事业的活跃景象。深入推进运输企业改制，开展现代企业制度试点工作，集中抓好国有企业战略性改组，运输企业获得了重生和大发展。1996年，省人大通过《山东省道路运输管理条例》，成为山东省道路运输行业建国以来第一部地方性法规。

（三）综合发展期（1999年~2008年）

1998年，山东省委、省政府再次召开全省交通工作会议，总结了十年来全省交通发展成就和经验，明确提出构筑总体规模适应、路网布局合理、运力结构优化、运行管理科学、各种运输方式协调发展的现代化立体交通总框架，全面提高交通整体通过能力和服务水平，2010年基本实现交通现代化，山东交通由此进入了飞速发展时期。这一时期是山东交通事业发展最快、最好的历史时期，以快速发展、科学发展、全面协调发展为主线，山东交通紧紧围绕省委、省政府的战略部署，立足全省经济社会发展实际，深入贯彻落实科学发展观，交通基础设施建设跨入现代化轨道，运输生产连年创历史最高水平，农村“三通”民心工程得到社会热烈反响，行业管理和服务不断加强，安全生产形势持续稳定，依靠科教振兴交通战略的深入实施，精神文明建设成效明显，山东交通各项工作均步入科学发展的良性轨道，实现了又好又快发展。2001 年，省交通厅受到省政府通报表彰；2002 年，受到省委、省政府通令嘉奖，是建国以来第一个获此殊荣的省直部门；2006 年，省厅再次被省政府通令嘉奖。

1. 体制改革

2000 年，省政府进行新一轮机构改革，全省交通战备工作由省经贸委划归省交通厅管理，沿海 7 个市地行政区域内水域、沿海海域和港口的水上安全监督管理，上划交通部统一管理，省交通厅机关内设机构调整为 9 个职能处室和离退休干部处、机关党委。济青高速公路管理局更名为省交通厅公路局，同时撤销省公路管理局、省京福高速公路建设管理办公室，有关职能划归省交通厅公路局承担。省交通厅公路运输管理局更名为省交通厅道路运输局。省交通厅航运管理局更名为省交通厅港航局，同时挂省地方海事局、省交通厅船舶检验局的牌子。2002 年 6 月调整组建了青岛、烟台、威海、济南船舶检验局。同年 8 月，山东省人民政府办公厅下发《关于深化全省港航管理体制改革的意见》，从 8 月 1 日起，中央和地方双重领导的青岛、烟台、日照三个港口和沿海省属港航企业一并下放所在城市管理，驻济内河航运企业由省交通厅实施联合重组，成立山东省交通运输集团，撤销山东航运集团。港口企业实行政企分开，不再承担行政管理职能。2004 年 6 月，厅属省高速公路有限责任公司、省交通运输集团等大型企业整体移交省国有资产监管部门。2005 年 1 月 1 日，全省车购费征收管理机构及人员正式移交省国家税务局。同年 3 月，省交通厅港航局机构规格调整为副厅级。2007 年 6 月，省交通厅道路运输局机构规格调整为副厅级。

2. 公路业

抓住中央实施积极财政政策的大好机遇，迅速行动，自 1998 年起连续 3 年实施了三个“150 战役”，山东高速公路 1999 年实现首次跨越，在完成投资 154 亿元，建成 19 个项目后，通车里程在全国率先突破 1 000 公里大关，达到 1 359 公里。从 2000 年到 2007 年，山东高速公路连续 8 年居全国第一位。全面开展高速公路信息化建设，全省高速公路联网里程 2007 年底达 4 056 公里。2003 年，省委、省政府决定，用 3 ~ 5 年时间，改造农村公路 8 万公里，基本实现全省行政村通油路。省十届人大一次会议通过决议，将农村公路改造确定为政府的一项重要任期目标。2003 年 5 月，在“非典”防治形势极为严峻的情况下，省政府在德州召开会议，出台专项政策，对全省农村公路改造工作进行了全面动员和部署。2005 年以来，每年的省委 1 号文件都将农村公路建设管理养护工作确定为人民群众所办的重要实事之一，纳入重要议事日程。到 2007 年底，山东 94. 3% 的行政村通了油路，提前实现全省村村通油（水泥）路目标。

3. 港航业

“以港兴市、以航兴市”战略逐步实施。2005 年 8 月，省政府下发了《关于加快沿海港口发展的意见》。自 2005 年起，连续 3 年召开了 3 次全省沿海港口工作会议，2007 年省领导亲自带队赴外省参观考察，进一步激发了各市港口建设发展的热情，全省港口建设步入良性发展快车道。2005 年～2007 年全省共投资 212.7 亿元，新增生产泊位 69 个，新增吞吐能力 10 689 万吨。内河水运取得明显成绩。京杭运河济宁—台儿庄 171 公里三级航道于 2000 年 11 月 22 日全线贯通，航道通航能力从过去的百吨级提高到千吨级。

4. 道路运输业

山东道路运输业因高速公路的修建驶入高速发展快车道。1998 年，山东省委、省政府明确提出，加快高速客运、快速货运系统建设，纳入交通发展总体规划。交通部门迅速反应，作出了加快车辆更新、改善运力结构的调整战略，一系列限制普通客车和中型货车增长，引导发展中高级车辆的行业政策随即出台，全省运力装备水平逐步提高，运力结构逐步优化。2003 年，山东省提出“三年内基本实现村村通客车”的目标，到 2007 年底，行政村通客车率达到 99.2%，全面实现村村通客车目标。道路运输业的发展推动了相关服务业水平的提升，全省年机动车维修量已突破千万辆次，汽车维修行业连锁经营、专业维修迅猛发展，维修技术水平不断提高，全省 24 小时区域性的维修救援网络初步建立。驾培管理体制正在理顺，培训监管体系基本建立。

二、辉煌伟业

30 年来，山东交通风雨兼程，以解放思想为先导，以改革创新为动力，抢抓机遇，奋发进取，顽强拼搏，交通基础设施建设连续取得突破，管理与服务水平不断提升，山东交通面貌发生历史性深刻变化，取得了令人瞩目的伟大成就，在全省乃至全国树立起品牌，成为展现山东形象的重要标志之一。

（一）公路建设实现新跨越

建国之初，山东交通基础薄弱、百废待兴。在 15.24 万平方公里的土地上，能正常通行汽车的公路仅有 3 152 公里，其中绝大部分为土路，晴雨通车里程仅为 65 公里。“晴天一身土，雨天一身泥”是对当时路况的真实写照。改革开放 30 年来，山东公路发生了翻天覆地的变化。“山东的路”成为全国流传最广赞誉山东的话题之一。“崇山莽原通天路，千里征程一日还”正成为山东公路新时代的写照。

1. 公路现代化水平显著提升

改革开放后，随着经济社会的快速发展，山东公路建设迈入了普及与提高并重、以提高为主的发展阶段，公路建设被摆在了全省优先发展的战略位置。山东省委、省政府明确提出“交通必须先行，交通必须打通，交通必须适应”的指导思想，并相继出台了一系列政策措施，对公路建设实行重点扶持。各级党委、政府高度重视、统筹规划，广大人民群众大力支持、无私奉献，交通部门解放思想、抢抓机遇，全省公路建设不断跃上新台阶，整体水平显著提高。到 20 世纪 80 年代末，山东公路建设规模和等级都已名列全国前茅。进入 90 年代后，全省公路通车里程更以每年 3 000 公里的速度迅猛增长。2005 年，全省各市驻地到各县（市、区）实现由二级以上公路相连，100% 的乡镇和 99.8% 的行政村通达公路。在 2005 年的全国干线公路养护与管理大检查中，山东省获总评分、高速公路和普通干线公路三个第一名。到2007年底，全省公路通车里程达到212 236公里（含村道），比1978年净增177 992公里，其中，高速公路从无到有达到4 033公里，居全国第二位；一级公路6 353公里，二级公路23 836公里，分别是1978年的85.6倍和9.4倍，二级以上公路里程居全国第一位；公路密度从1978年的每百平方公里22.3公里，提高到2007年每百平方公里135.08公里（含村道）。全省形成了以高速公路为主动脉、以国省道为经络，以农村公路为毛细血管，干支相连、纵横交错、四通八达、畅安舒美的公路交通网络，为全省经济社会发展和改革开放提供了强力支撑。

2. 高等级公路网基本形成

20世纪90年代初，山东省实行了以高速公路为主的高等级公路建设的战略转移。1993年首条高速公路——济青高速公路建成通车。90年代中期后，山东高速公路以每年新增300公里的速度延伸，在全国率先实现了1 000公里、2 000公里、3 000公里三次历史性突破，2002年在全国率先实现了"市市通高速"。用了不到10年的时间，走完了西方发达国家几十年的发展历程。2007年，山东高速公路又完成了向4 000公里的历史性跨越，达到4 033公里，全省有118个县（市、区）通达高速公路，通达率达84%，全省半日生活圈基本实现。一个以省会济南为枢纽，贯通各市、连接周边省份的"五纵四横一环"高速公路网主骨架初步形成。

3. 农村公路实现村村通

农村公路是农村经济社会发展的重要支撑。进入20世纪80年代，在国家加快贫困地区公路建设方针的指导下，山东省人民政府拟定了《帮助沂蒙山区尽快改变面貌的意见》，交通部门迅速行动，打响交通扶贫战役。1992年11月，沂蒙山区第一条大通道，全长163公里的沂蒙公路全线通车。经过10年的扶贫公路建设，到1994年，革命老区临沂全市实现乡乡通公路（其中92.8%通油路）。自2003年起，按照省委、省政府部署，全面实施了村村通油（水泥）路工程。截至2007年底，全省累计完成农村交通建设投资380多亿元，新建、改造农村公路10.8万公里，全省农村公路通车里程达到185 910.1公里，其中，县道22 211.4公里，乡道31 384.9公里，村道132 313.8公里，94.3%的行政村通了油路，提前实现全省行政村通油路目标。山东农村公路网络干支相连、脉脉畅通，全面改善了农村出行条件，广大农民兄弟告别了昔日晴天一身土、雨雪天一身泥、泥泞坎坷、难进难出的道路交通状况，走上了全面建设小康社会的康庄大道。

4. 工程质量得到有效保障

在公路建设中，始终把工程质量、安全生产、廉政建设作为三条"高压线"严格控制，认真贯彻执行项目业主责任制、招标投标制、工程监理制和合同管理制，加强公路建设市场管理，严把准入关，强化全过程质量控制，依靠科技进步推动公路建设，有效确保了工程质量，杜绝了安全责任事故的发生，没有发生大的腐败案件。济南黄河公路大桥获鲁班奖，济南燕山立交获国家优质工程银奖，小许家立交工程获山东省优质工程奖，济南隧道工程获"泰山杯"，滨州黄河二桥创造了"五个全国第一"，京沪高速公路化临段获交通部优质工程一等奖，同三高速公路日照段被交通部确定为当今全国高速公路建设代表工程。

山东公路事业的蓬勃发展，圆了山东人民世代的梦想，铺就了山东经济腾飞的通天大道。2003 年 12 月 12 日，中共中央总书记、国家主席、中央军委主席胡锦涛同志来山东视察时对山东公路建设给予了高度评价，指出：“山东基础设施建设步伐加快，一批交通、通信、能源项目相继建成，特别是公路建设突飞猛进，成为全国公路最发达的省份之一。”

1978 年 ~ 2007 年山东省公路通车里程图和 1993 年 ~ 2007 年山东省高速公路通车里程图分别见图 1 和图 2。

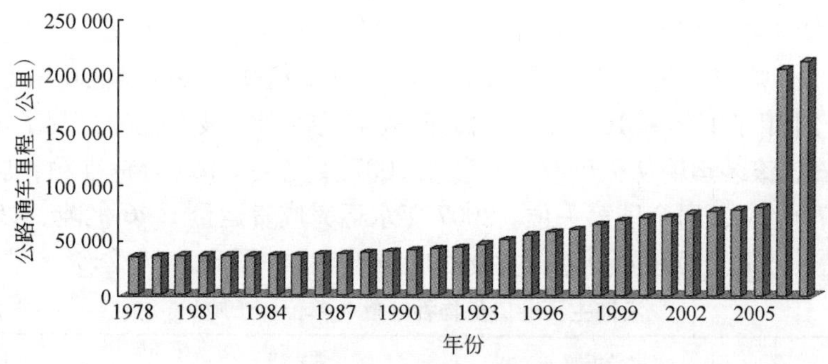

图 1　1978 年 ~ 2007 年山东省公路通车里程图

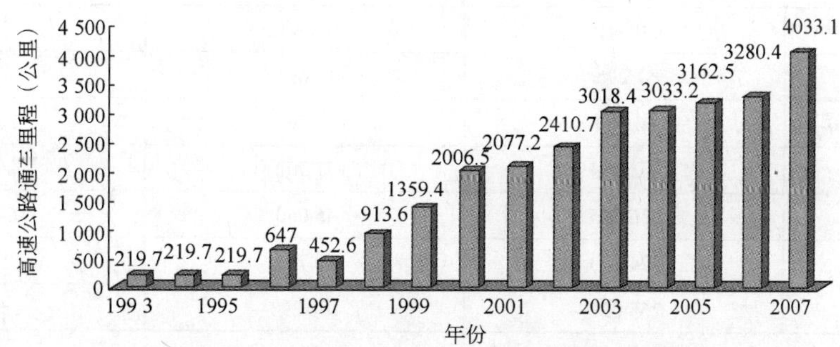

图 2　1993 年 ~ 2007 年山东省高速公路通车里程图

（二）港航整体实力显著增强

山东大陆海岸线长 3 100 多公里，位居全国第二位。其中 2/3 岸线属基岩湾海岸，岬湾相间，具有优越的建港条件，深水岸线多达 228 公里。30 年来，山东港航坚持解放思想、实事求是、与时俱进、勇于创新，随着中国经济发展而跨越发展，港航综合实力居全国第四位，95% 以上的外贸进出口货物通过海上运输完成，为全省国民经济发展，特别是外向型经济发展作出了突出贡献。

1. 沿海港航基础设施建设快速发展

改革开放初期，山东沿海只有港口 17 个、生产性泊位 88 个，万吨级以上泊位 12 个，吞吐能力只有 3 000 多万吨，设施设备简陋、靠泊能力差、货物过驳倒载、装卸肩挑人抬。经过 30 年的建设与发展，全省已拥有对外开放一二类港口（港区）25 个，生产性泊位 351 个，其中万吨级以上深水泊位 150 个。初步形成了以青岛、日照、烟台港为国家主要港口，以威海港为地区性重要港口，以潍坊、东营、滨州等港为补充的现代化港口群，成为了长江以北唯一拥有三个亿吨大港的省份。

2. 港航生产大幅度跃升

港口吞吐量大小是当今世界上衡量港航业强弱的水银柱。改革开放初期，山东沿海港口吞吐量只有3 194万吨。经过17年努力，1995年突破亿吨大关。特别是进入新世纪，沿海港口吞吐量更以平均每年超过5 000万吨的速度增长，2002年以来先后突破2亿吨、3亿吨、4亿吨，2007年12月，山东沿海港口吞吐量突破5亿吨，达到5.7亿吨，一个月完成的吞吐量就相当于1978年全年的1.7倍。山东从新中国成立到沿海港口吞吐量突破1亿吨用了46年时间，从1亿吨到突破2亿吨用了7年时间，从2亿吨到突破3亿吨用了2年时间，从3亿吨到4.7亿吨用了1年零10个月时间，而从4亿吨到突破5亿吨只用了短短1年时间。集装箱、铁矿石、滚装运输从无到有，集装箱2007年完成1 165万标准箱，居全国第三位；铁矿石完成1.71亿吨，居全国第一位。2007年水运完成货运量1.46亿吨、4 048亿吨公里，客运量8.18亿人公里。沿海主要港口货物吞吐量见表1、图3。

沿海主要港口货物吞吐量（单位：千吨） 表1

年　份	青岛港	烟台港	日照港
1980	17 080	5 060	—
1990	30 341	6 680	9 250
1995	51 296	13 611	14 522
2000	86 360	17 736	26 738
2001	103 983	21 902	29 334
2005	186 785	45 060	84 208
2006	224 153	60 755	110 074
2007	265 022	101 293	130 633

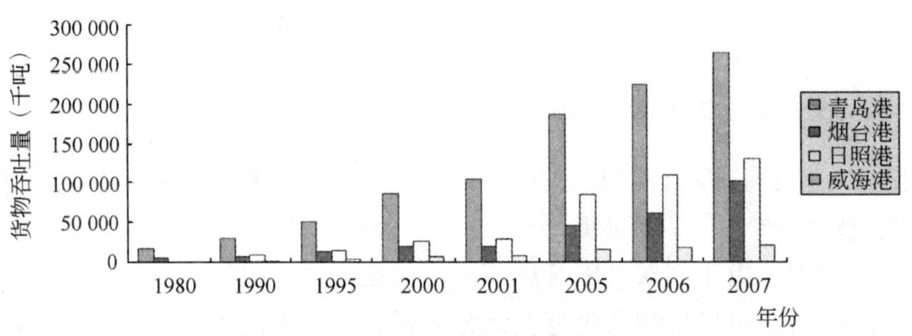

图3　沿海主要港口货物吞吐量

3. 京杭运河山东段成为黄金水道

改革开放初期，全省内河通航里程有2 402.5公里，但航道等级普遍偏低，京杭运河山东段只能通航50吨以下的驳船、木帆船。经过30年的改造和疏浚，全省内河现有航道2 364公里，通航航道1 012公里，其中高等级航道400公里。济宁至台儿庄段171公里的主航道，全部改造为三级航道，大部分航段已达到二级通航能力，内河重要支线航道及进港航道都升级为高等级航道，1 000吨级船舶可由济宁区域南下达江入海；沿线17处港口的177个泊位，形成了2 500万吨的吞吐能力。内河港口自2002年突破1 000万吨后，也先后突破了2 000万吨、4 000万吨，2007年完成5 448万吨，真正成为了黄金水道。

4. 运输船舶结构发生质的变化

进入20世纪80年代以来，山东运输船队从弱小到壮大，从大量租船到拥有大型船队，由小型、机帆船向大型化、专业化、现代化发展，一大批专业化的集装箱、原油、铁矿石船舶成为水上运输主力。海上航线遍布世界150多个国家和地区的450多个港口，基本实现了全球通航。内河先进环保、节能的一列式拖队和1 000吨级机动船代替了木帆船、水泥船、挂机船。2007年，山东海河已拥有营运船舶15 325艘、878万载重吨，其中远洋船舶达到231万载重吨，沿海71万载重吨，内河576万载重吨。通过淘汰老旧船舶，建造新型船舶，沿海平均船龄缩短为9.5年，内河平均船龄为7.8年，船舶结构更加合理。

5. 港航服务保障体系日益繁荣

加快结构调整步伐，先后建立了一批大型船公司、港埠企业和服务企业；随着外资的进入，国外办事处、外资公司也迅速发展。至2007年底，全省已拥有水运、港埠企业1 046家，其中运输企业254家、国际船舶代理企业262家、无船承运人141家、船舶管理企业110家、港埠企业278家。积极推动港航现代化、信息化建设，将计算机技术广泛应用于港航管理、数据交换、生产调度、监督监控、装卸操纵等方面，港航生产和管理能力大幅提高，一大批技术指标达到世界先进水平，不断适应了现代管理的发展要求。

6. 港航对外开放与合作不断拓展

30年来，山东港航投资体制几经改革，由政府财政拨款、“拨改贷”，到“以港养港”、港口企业统贷统还、实行资本金制度等，逐步发展到港航建设多种投资主体并存，融资渠道多元化。通过大力引进外资参与港航业建设和经营，建立了一大批外资、独资、控股、合资合作港航企业，建成了一批大型、专用泊位、航道及内河港口等基础设施项目。据不完全统计，改革开放以来，全省港航系统利用外资先后签订合作项目100多个，合同利用外资达220多亿元，不仅有效解决了国内建设资金的不足，而且引进了国外先进的设备和管理技术，推进了山东港航建设的发展，推动了与世界发达国家的技术交流与合作。

（三）运输经济实力不断壮大

新中国刚成立时，山东道路运力状况与运量需求间矛盾十分突出，全省仅有2 700多辆民用汽车，而从事公路运输的只有1 800多辆，寒酸的汽车站点甚至租用民房，或借用庙宇、祠堂。到1978年，道路运输滞后经济发展的状况仍然没有得到本质性改变。改革开放以来，山东公路运输市场逐步开放，各种形式、各种经济成分的运输组织蓬勃发展，国营大中型运输企业进入市场，省、市、县、乡四级运政管理机构和市场管理规则循序健全，一个多种经济成分、多种形式、多家经营，开放活跃的道路运输市场基本形成，在综合运输体系中发挥了主导作用。

1. 综合站场网络体系初步形成

改革开放以来，山东全面加快了客货运场站建设步伐，对县级以上汽车站逐步进行改造，不断完善运输场站服务功能。进入20世纪90年代以来，按照设施现代化、管理智能化、服务人性化、功能综合化的目标，启动和完善了济南、青岛、烟台、淄博等12个国家公路运输枢纽的规划及建设，统筹安排了区域中心城市和县级客货站场及农村客运站项目建设。大力推广乡镇客运站“站所合一”、“四位一体”等建设模式，2004年以来共建设、改造乡镇五级以上客运站447个，建成6.5万个行政村招呼站、候车棚、站牌，全省拥有等级客运站的乡镇占到全部乡镇的1/3，行政村通客车率达到99.2%，为农民群众创造了良好出行环境。截至2007年底，山东省等级客、货运站分别达到737个和453个，初步形成了以济南、青岛、烟台三个国家公路运输枢纽为核心，以省级集疏运中心为枢纽，以区域重点城市为中心，以乡镇客运站为节点，以农村停车点为末梢，集疏便捷、辐射城乡的综合站场网络体系。

2. 运输装备水平不断提高

改革开放以后，随着运输市场的放开，道路运输车辆迅猛增长。截至2007年底，全省营业性汽车达到61.3万辆，其中营业性载客汽车10.9万辆，营业性载货汽车50.4万辆，与1978年相比，客、货车辆分别增长了61倍和50倍，实现了由运力供给不足到运力基本满足需求的转变。运力结构调整取得显著成效，通过政策引导与制度规范，鼓励发展高档、快速客运和厢式、集装箱运输，大力推行客运集约化、货运公司化经营，客运班车高、中、普的比例调整为19∶36∶45，中高级客运班车占线路班车的比重达到54.5%；在营业性载货汽车中，重型货车、集装箱运输车、厢式货车分别达到11.3万辆、1.2万辆和7.8万辆，比重进一步增加，增长速度远高于普通货车增幅，全省运力结构得到全面优化。同时，经营主体规模化程度进一步提高，全省共有1 400条集约化客运线路，4 700辆集约化经营车辆，全行业规模化、网络化经营渐成发展主流。

3. 道路客货运量迅猛增长

30年来，通过大力提高运力装备水平，全面加快公路运输场站建设，不断调整运输组织和经营结构，积极推进信息化建设，山东省道路客、货运输发展迅速，客、货运输量大幅度增加，公路运输市场空前繁荣。自1991年以来，在全省社会新增旅客运量中，道路客运量占到99%，自1995年起，客运周转量占全省总客运周转量的比重也已超过50%。尤其进入21世纪以来，客货运量更是一年一个大台阶。2004年道路客、货运量突破“双十亿”，2007年完成道路客运量15.9亿人、货运量16.4亿吨，胜利突破“双十五亿”，货运量连续多年居全国第一位，在综合运输体系中分别占到95%和83.5%。

（四）行业管理体系日趋完善

改革开放以来，我省交通管理由高度集中的计划管理，计划指导与市场调节相结合，逐步向运用市场机制调控转变，建立了市场经济条件下交通管理新机制。全省逐步建立和完善了交通四级行政管理体制，形成了路政、运政、航政、港政、交通稽查和水上交通安全为主要职能的交通行业管理体系。交通管理的重点放在统筹规划、掌握政策、信息引导、组织协调、提供服务和监督检查上，管理方式实现了由直接管理为主向间接管理为主转变，由抓直属为主向抓全行业管理为主转变，由单一的行政管理手段为主向综合运用法律、经济和行政手段转变。

1. 依法管理、依法行政取得重大成果

1991年7月，全省首次交通法制工作会议在养马岛召开，确定了“一手抓建设和改革，一手抓法制”的方针，全面加强交通法制建设。针对行业管理中存在的矛盾和问题，研究制定相应的法规、规章，健全法规体系，完善市场规则，依法规范交通市场，强化行业管理手段。认真贯彻实施了《公路法》等国家法律法规，先后提请省人大颁布实施了《山东省道路运输管理条例》、《山东省公路规费征收管理条例》、《山东省高速公路条例》、《山东省水路交通管理条例》、《山东省农村公路条例》，提请省政府制定出台了《山东省旅游船舶安全管理办法》、《山东省关于加强水路安全管理的若干规定》、《山东省渡口管理办法》、《山东省航道管理办法》、《山东省水路运输安全管理办法》、《山东省超员和超限运输车辆管理办法》、《山东省港口管理办法》、《山东省渡运管理办法》等政府规章，为交通依法行政奠定了坚实基础。加强法制宣传教育，积极推进普法进程，在全行业广泛深入学习宣传国家基本法、市场经济法及交通专业法规，增强了广大干部职工的法律意识、法制观念和依法办事的自觉性。加大依法管理力度，强化执法监督检查。以法律为武器，果断处置104国道济泰段合作纠纷和烟威高速公路转让经营权问题，有效维护了国家权益和山东形象。加强交通执法队伍建设，建立交通系统行政执法人员全面培训、考试和持证上岗制度，全面推行交通行政执法责任制、执法质量评议考核制和执法公示制等制度，切实提高了依法行政水平。

2. 行业监管有效加强

全面加强安全生产工作，制定实施了一系列加强交通安全生产工作的规定、规范、标准，完善各类应急处置预案，逐步健全安全生产责任体系，深入开展以海上客（滚）运输、内陆水域客渡、道路客运、危险货物运输、公路安全保障、厅直单位消防为重点的专项整治活动。推进党风廉政建设，认真落实党风廉政建设责任制，突出加强重点领域、重要环节廉政建设和反腐败工作，树立了山东交通清正廉洁品牌。在全系统大力推行以规范化、标准化、集约化、人本化为主要内容的“四化”管理，不断增强管理的针对性和有效性，打造交通管理品牌和亮点。加强规费征收管理，规费收入连年保持高比例增长，为交通建设提供了有力的资金支持。依法加强路政管理，开展路域环境治理，在全国率先开通96660路政服务电话，综合服务水平不断提高，路产路权得到有效保护。加大了运输和建设市场管理力度，严把市场准入关，严厉打击倒客、宰客和工程非法转包、分包等行为，促进了交通市场统一、开放、竞争、有序格局形成。

3. 治理车辆超限超载成效显著

2003年底，山东省在全国率先开展了集中治理车辆超员超限行动，国家8部委作出统一部署后，全省又进一步加大了治超力度，先后多次组织开展大规模集中整治活动，始终保持了路面执法的高压态势。建立完善交通、公安联合治超工作机制，各市普遍建立了联合执法队伍。货物集散地派驻监管制度在全省逐步推广，道路运输源头治理得到加强。全省联网高速公路全部实行计重累进加价收费。经过集中治理，超限超载车辆所占比例从治理前的80%以上下降到10%以下，严重超限超载得到有效遏制，道路安全状况、交通秩序明显改观，通行效率有较大提高。

（五）科技教育成果卓著

改革开放以来，山东交通始终坚持科教振兴交通战略，不断加强科技力量建设，加大人才培训和引进力度，为交通发展提供了强有力的技术智力支持。

1. 交通科技进步成效明显

改革开放以来，随着交通现代化建设的步伐加快，山东交通科研发展的步伐也相应加快。1995 年党的十四届五中全会确立了“科学技术是第一生产力”的战略思想，省交通厅召开全省交通科技教育工作会议，明确提出加快实施“依靠科教振兴交通”战略。不断加大科技经费投入，由改革开放初期的几十万元，增加到2000 年的800 万元、2008 年的1 800万元；2005 年企业自筹资金达到8 000 余万元，2008 年自筹资金投入超过1 亿元。科技项目由原来的不足 50 项增加到 2008 年的 80 余项。山东交通将科技工作面向交通建设主战场，以满足公路水路交通发展扩充能力、提高质量、降低成本、改善服务、保障安全、缓解制约的需要为出发点，改善科研条件，壮大专业技术人才队伍，深化技术交流与合作，创新能力不断增强，在公路沥青路面技术、黄泛区基层处置技术、公路工程灾害预防与治理综合技术、公路养护关键技术、港口航道工程设计及建设技术等一批关键技术取得重大突破，同时加快先进技术成果推广应用，科技进步对交通发展的贡献水平不断提高，科技对交通发展的引领与促进作用充分发挥。据不完全统计，30 年间共完成厅级以上科技计划项目 1 000 余项，评选出厅科技进步奖 261 项，共有 171 项成果获省部级科技奖励，10 项获国家科技进步奖，这些先进技术的研究应用，有力推动了全省交通现代化进程。

2. 交通信息化建设稳步推进

把交通信息化与高速公路、现代化港口、高速客运、现代物流一同作为代表交通先进生产力发展要求的五项重要内容，作为交通建设的重中之重。大力推进以“三网一库”为基本构架的交通电子政务建设，实现了省厅与 17 个市交通局（委）、厅直专业局互联互通，构建了全省交通信息化建设基础支撑平台。结合交通部信息化建设示范工程“省级交通信息资源整和工程”建设，基本建成了以车辆、船舶、路网、航道、港站、组织机构、建设项目、科技项目、行政、人员等十大主题数据库为基本内容的全省交通信息数据资源中心，面向全行业提供数据支持。建成并投入使用全省高速公路信息管理系统、部信息化建设示范工程“公众出行交通信息服务系统”、全省交通视频会议系统等一批先进信息化工程。此外，公路、运输和港航等管理部门针对各自业务开发建设了公路规费征稽网、道路运政网、水上运政网、港口信息网、稽查信息网等，运行良好。立足交通实际，开发应用了各类重点业务信息系统。厅机关、厅直专业局和各市交通局（委）均开发应用了 OA 系统，有效提高了办公效率。基于全省交通专网，开发了来访管理、交通行政执法综合管理、农村公路改造工程信息管理、审计工作管理、交通行业人才管理、交通行业教育综合管理、生产事故管理、治理公路三乱等二十多项业务系统，应用效果良好。全省高速公路联网里程达 4 056 公里，实现新建高速公路同步开通联网收费系统的目标，继续在全国保持领先地位，取得了巨大的经济效益和社会效益。

3. 交通教育发展成绩显著

改革开放 30 年以来，紧密结合交通发展实际，深化改革，调整结构，全面加强人才引进和交通职工培训，大力发展交通职业教育，取得了显著成绩。仅“十五”时期，全省交通系统累计培养各类专门人才2.4万人，累计培训各类干部职工30.9万人次。目前全省交通拥有各类专门人才16.3万人，占职工总数的60%，比改革开放之前的1977年增长10.9倍。加强交通各类院校建设，扩大办学规模，改善办学条件，调整办学方向，全省交通各类学校发展到54所，28个专业，在校生达到2.3万人，培训规模发展到1万人，比改革开放之前的1977年分别增长11.5倍和8.3倍，初步形成了专业学科齐全，层次结构较为合理，基本适应交通发展需要的交通教育体系。

（六）精神文明建设成果丰硕

改革开放以来，山东交通事业大发展的历程，也是行业精神文明建设不断推进的过程。全省交通系统各级党组织始终坚持两手抓、两手都要硬，行业文明程度不断提高，树立了山东交通良好形象。

1. 创建文明行业成为交通两个文明建设的总抓手

把创建文明行业作为交通系统实践“三个代表”、落实科学发展观的重要环节，在大力弘扬先进文化的同时，加快发展交通运输生产力，最大限度地满足人民群众日益增长的运输需求，使精神文明建设和物质文明建设有机融合在一起，真正做到了相互促进、共同提高。把创建文明行业纳入交通发展总体规划，做到创建工作长期有规划，年度有计划。切实加强组织领导，层层成立创建文明行业领导小组，落实机构和人员，坚持和完善“一把手两手抓”，班子成员分工抓，党政工团齐抓共管的组织领导体制，形成了创建合力。积极探索创建模式，由点到线，由线到面，点面结合，整体推进，使创建文明行业工作不断向纵深发展。健全完善规章制度，先后研究制定了《山东省交通系统创建文明行业标准》、《检查考核评比办法》、《创建文明行业考评实施意见》及文明示范“窗口”93项优质服务标准和43项保证措施等，健全完善了文明创建考核机制、内外监督制约机制、投入机制等。

2. 文明创建活动丰富多彩

在全系统广泛组织开展了各种形式的文明创建活动，公路系统、道路运输系统、港航系统及市县交通局都结合各自实际，细化深化创建内容，努力增强创建工作的广泛性和实效性。工会、共青团、妇联等群团组织，围绕创建文明行业的总体目标，发挥各自优势，组织开展了一系列各具特色、丰富多彩的文明创建活动，形成了全方位、多层次的文明创建格局。大力加强交通各级机关思想作风建设，全面增强了广大干部职工宗旨观念和服务意识。

3. 交通文化建设迈出新步伐

积极组织开展文化建设年活动，努力在交通文化建设上取得新突破。广泛开展各具特色的行业文化、系统文化、廉政文化、安全文化等文化研讨活动，推出了一批精品文化研究成果，推动了文化建设实践。启动了交通行业核心价值观、行业精神等征集活动，在全行业逐步形成了体现交通特色、广大交通干部职工普遍认可的交通行业精神。大力选树交通各条战线先进典型，充分发挥先进典型的示范带动作用，先后树立了许振超、陈刚毅、王青云等一批先进典型以及“山东交运”、“情满旅途”、“诚纳四海”、青岛红飘带等服务品牌，在社会上产生了广泛影响。切实加强基层规范化建设，制定了基层规范化建设的具体实施意见，以点带面，在全省全面推开。

4. 行业服务水平进一步提高

注重提高行业服务水平，普遍推行了首问负责制、限时办结制和服务承诺制，开展了“温馨服务”、“微笑服务”和“一站式服务”。积极创新交通服务手段，山东公众出行交通信息网全面建成投入使用，电子营运证、网上审批、高速公路跨区联网收费、交通规费银行代收、道路客运网上售票、船舶登记号网上注册等得到广泛应用，人民群众享受的交通服务更便捷、更通畅、更高效、更安全，逐步树立起了山东交通“责任为民、管理亲民、服务便民、执法爱民”的良好社会形象。围绕解决群众反映强烈的热点、难点问题，抓党风、带政风、促行风，切实转变职能。精简行政审批事项，简化审批程序，缩短审批时限，压缩会议和文件，全面推行政务公开、执法公示，优化服务环境。畅通服务渠道，广泛接受社会监督，有力地推进了行风建设。

2003年，全省公路系统、交通稽查系统被交通部授予全国交通文明行业，高速公路公司成为创建文明行业先进单位，京杭运河山东段创建成为全国文明样板航道。2005年，全省交通行业、道路运输系统、港航系统被交通部授予全国交通文明行业，成为全国第一个整体创建为文明行业的省级交通行业。目前全省交通系统已建成全国文明单位2个，全国精神文明建设先进单位10个，全国创建文明行业工作先进单位4个，全国交通系统文明示范窗口7个，全国交通系统先进集体24个。省级文明行业、子行业总量达到95%。培养和树立了新时期产业工人的杰出代表许振超等一大批先进典型，“振超精神”已成为推动我省交通事业发展的宝贵财富和重要精神动力。

三、巨大贡献

经过30年的艰苦奋斗，我省交通面貌发生了深刻变化，整体实力有了一个大的飞跃。交通事业的快速发展，大大增强了对国民经济和社会发展的支撑能力，为全省经济社会又好又快发展作出了巨大贡献。

（一）有效改善了乘车难、运货难状况

30年来，我省高速公路从无到有，亿吨大港从无到有，远洋运输船队从无到有，运输场站旧貌换新颜，车船运力由少到多，运输实力由弱变强，交通运输整体面貌显著改观。至目前，全省多种运输方式相互衔接、四通八达的立体交通网络初步形成，安全快捷、舒适方便的运输服务实现普遍化，不仅改变了改革开放之初乘车难、运货难的被动状况，而且较好地满足了人们多样化的运输需求。

（二）直接拉动了国民经济增长

交通基础设施不仅为经济发展提供支撑服务，而且它本身就是拉动内需的一个重要领域。据权威部门测算，每亿元公路建设投资带动的社会总产值接近3亿元，相应创造GDP约4 000万元，可为公路建筑业创造2 000个就业机会，而为公路建设直接和间接提供产品的各部门相应就业机会是公路建筑业的2.43倍。多年来的交通基础设施建设，直接带动了钢铁、水泥、化工等相关产业发展，为社会创造了大量就业机会。

（三）促进了生产力合理布局和区域经济发展

交通基础设施作为重要的社会生产要素，对其他生产要素产生强烈的吸附作用，在发达的交通网络联结下，产业要素在空间布局上将会发生位移。伴随着高速公路里程的延伸、现代化港口的崛起，高新技术、外向型经济、高产高效农业、仓储物流、商业、旅游业等各类产业不断兴起。据统计，全省90%以上的经济技术开发区和工业园区都分布在高速公路沿线，仅济青高速公路沿线就建有5个国家级高新技术开发区、3个国家经济技术开发区，工业园区、外商投资区更是星罗棋布，形成了密集的产业群。交通发展使我省对外开放不断扩大，投资环境日趋改善，外商投资企业由沿海扩展到内地，由大中城市向中小城市和乡镇延伸，外商投资企业已遍布全省17个市地。随着“一体两翼”和“五大板块”区域经济发展战略的实施，板块内部交通有机统筹发展，板块之间交通有效连接，日益发达的交通一体化，为区域经济的一体化提供了坚实的支撑。

（四）促进了产业经济的发展

据研究，交通与农业、工业、建筑业、商贸业等产业的回归系数都在0.9以上，这充分说明交通和产业经济存在着极大的协同性。交通基础设施条件的改善，推动了农业向高效、高产、优质方向发展，快捷方便的运输，促使农产品外运量大大增加，提高了农产品的产销率和商品化程度。乡镇企业借助交通优势，依托农村城镇大市场，开展第二次创业，向高、精、尖层次迈进，向贸、工、商多领域延伸。现代交通刺激了特色农业的迅速发展，进一步奠定了我省蔬菜大省、水果大省的地位。随着交通基础设施的逐步完善，新兴工业产业得到较快发展，我省机电一体化设备、新型材料、微电子、生物工程、现代物流等已在全国占据了一席之地，并成为新的经济增长点。四通八达的交通网络，促进了我省商贸业的发展。交通的发展还促进了沿线旅游景点的开发，特别是高速公路以及客货滚装航线的开通，进一步缩短了各景点间的时空距离。目前，高等级公路网已把以济南、泰安、曲阜为主的“一山一水一圣人”人文景观旅游线和以青岛、烟台、威海为中心的半岛沿海观光旅游线，以及潍坊、淄博民俗旅游线更加紧密地连在一起，如今北京人开着车可以到蒙山来度周末，一度封闭落后的聊城也兴起了江北水城旅游热，良好的交通条件使山东旅游资源的开发初步形成规模效益，呈现出强劲的发展势头。

（五）促进了社会进步和文明建设

随着交通的发展，人流、物流、信息流的高度聚集和流动，推动了人们思想观念的转变，增强了人们的现代意识、开放意识、竞争意识和市场意识，进取、超前、效率等观念深入人心，日益改变着人们的思维和行动。交通的发展大大缩短了时空距离，加快了人与人之间的交往，密切了人际关系，提高了办事效率，丰富了人民日常生活。高速公路等现代化交通设施的快速发展，以及城市出入口道路和港站设施面貌的改善，美化了城市，提高了城市建设的现代化水平。同时，加快了小城镇建设步伐，促进了城乡一体化进程。我省沿公路主干线规划建设了许多各具特色、环境优美的现代化小城镇，为齐鲁大地增添了一道道亮丽的城市风景线。

四、丰富经验

30年的交通实践，积累了许多成功的经验，概括起来主要有以下几点。

（一）必须把交通摆在优先发展的战略位置，坚持加快发展不动摇

经济要发展，交通是先行。历届省委、省政府高度重视交通发展，始终把交通作为优先发展的战略重点之一，把交通工作摆到了突出重要位置，明确提出了“交通必须先行，交通必须打通，交通必须适应”的发展原则，实施了“贷款修路、收费还贷”政策，提高了养路费征收标准，开征客货运基金、欠发达地区公路建设还贷资金，以及实行了公办民助、民办公助、民工建勤等一系列政策措施，对交通建设实行重点倾斜。各市县党委、政府把发展交通作为加快本地区经济发展和对外开放的紧迫任务，制订规划措施，列入任期目标，广大人民群众踊跃参与交通建设，做出了无私奉献。坚持大家办交通，由国家单一投资转变为多元化投资，交通建设由部门行为上升为政府行为，由行业行为转变为社会行为，形成了发展交通的强大合力。正是由于各级党委、政府把交通摆在了优先发展的战略位置，调动了方方面面的积极性，交通事业才取得了长足的发展。

（二）必须牢牢抓住历史机遇，不失时机地加快交通发展步伐

“抓住时机，发展自己”，是邓小平同志的一个重要思想，也是改革开放30年来我省交通发展的一条重要经验。党的十一届三中全会以来，我们坚持“有河大家走船、有路大家走车”，“国营、集体、个人一齐上”的方针，放开搞活运输市场，交通运输经济空前繁荣。1988年省政府召开全省交通工作会议，出台了加快交通发展的12条政策措施，我们抓住这一机遇，因势利导，极大地调动了各级各方面的积极性，形成了“全民大办交通”，加快交通基础设施建设的新局面。1992年邓小平同志南巡谈话后，全省交通行业解放思想，更新观念，积极探索交通发展的新路子，并于1994年适时提出了公路建设向以高速公路为主的高等级公路建设战略转移，加速了我省高等级公路建设步伐。1998年，国家作出实施积极的财政政策，加快公路等基础设施建设，拉动国民经济增长的重大决策，为交通发展带来了千载难逢的历史机遇，省政府再次召开全省交通工作会议，明确了交通跨世纪发展的目标和建设重点。全省交通系统快速反应，抢抓机遇，连续实施三个“150”战役，掀起了加快高速公路建设的高潮，使我省高速公路建设上了一个大的台阶。党的十六大后，按照科学发展观的要求，及时理清发展思路，加快工作指导转变，推动交通全面走上科学发展道路，促进其又好又快发展。

（三）必须坚持改革促发展，推进交通市场化进程

改革开放以来，我们不断深化各项改革，扩大对外开放，为交通发展注入了生机和活力。尤其是党的十四大以来，我们以社会主义市场经济理论为指导，遵循市场经济原则，进一步探索实践了交通发展的新路子。各级交通主管部门切实转变职能，实行政企分开，简政放权，理顺关系，交通行政管理体制改革取得了较大进展。积极推进公路管理体制改革，实行分级管理，明确事权划分，试行了公路养护事企分开。加快公路运输管理体制改革，下放

了运输企业，强化市场监督和宏观调控，积极发展中介组织，逐步向“政府监管，中介服务，企业自律”方向迈进。航运管理实行事企分开，调整了水上交通安全管理体制。深化交通投融资体制改革，积极推进交通基础设施市场化进程，实施“贷款启动、收费还贷、综合补偿、滚动发展”，不断加大招商引资力度，多渠道筹集资金取得明显成效。实践表明，只有坚持改革开放，才能为交通事业发展提供不尽的动力源泉。

（四）必须坚持统筹规划，突出发展重点

交通建设投资大、周期长，必须坚持科学规划，集中力量保重点。改革开放以来，我们始终坚持交通服从、服务于经济建设的指导思想，根据全省经济和社会发展总体战略，及时调整制订交通发展规划，抓好分步实施，不断理清了交通发展的思路。在规划实施中，本着先急后缓、分步实施、突出重点的原则，集中人、财、物力，突出抓了对经济发展有重要影响的大型骨干交通项目建设，使交通基础设施规模、等级和通过能力大大提高，交通整体面貌有了明显改观。实践告诉我们，只有坚持统筹规划，突出重点，才能集中有限的资金，解决交通发展中的关键环节和问题，避免重复建设和工作的盲目性，使交通发展保持合理的速度，适应经济发展的需要。

（五）必须坚持依靠科技进步，转变发展方式

科学技术是第一生产力，教育是基础。只有加快科技进步和人才培养，才能有效地转变发展方式。改革开放以来，我们始终重视发挥科学技术在交通生产建设中的重要作用，积极推进技术进步，制定并实施了“依靠科教振兴交通”的战略，紧密结合基础设施建设、运输生产中的关键技术问题，通过软科学研究、重大装备开发、行业联合科技攻关、引进技术消化吸收、科技成果推广等多种形式，开发应用了一批先进适用的成套技术和装备，使交通的整体技术水平发生了显著变化。同时，加快了交通专门人才的培养，为交通的发展输送了大批合格的适用人才，促进了交通运输生产力的发展。通过实施“依靠科教振兴交通”战略，加大科研投入，加强科技攻关，提高了交通技术创新能力。搞好科研与生产管理结合，改变传统落后的建设和管理方式，引入先进技术，提高装备水平，促进了交通经济由粗放向质量型、效益型增长转变。

（六）必须坚持两手抓，大力加强行业文明建设

“两手抓、两手都要硬”，是社会主义建设的重要指导方针。我们始终坚持以科学的理论武装人，以先进的思想、高尚的道德教育人，充分发挥政治工作优势，大力推进社会主义精神文明建设，努力倡导“艰苦奋斗、爱岗敬业、服务人民、奉献社会”的交通行业精神，调动了广大干部职工的积极性、主动性和创造性，在全系统形成了健康向上、积极进取的良好风尚，职工队伍素质和行业文明程度显著提高，为交通事业的发展提供了强有力的精神动力、智力支持和政治保证。特别是党的十四届六中全会以来，全省交通系统以创建文明行业为总抓手，积极开展“创一流、树形象”、“学树建创”等活动，抓“窗口”带行业，职工队伍素质明显加强。

五、美好未来

（一）2012年交通发展思路及目标

未来五年山东交通工作的总要求是：认真学习贯彻党的十七大和省九次党代会精神，以科学发展观统领全局，按照科学发展、和谐发展、率先发展和“三个服务”的要求，自觉将交通工作融入全省经济社会发展大局之中，在工作重心上做到“五个更加注重”，在工作目标上实现“三个着力提高”，正确处理好“三个关系”，加速推进交通由传统产业向现代服务业的转变，在新起点上努力实现全省交通又好又快发展。

“五个更加注重”，即在发展理念上，更加注重以人为本、好中求快、全面协调和可持续性发展；在发展模式上，更加注重资源节约和环境保护，走资源节约和环境友好的发展道路；在发展内容上，从注重建设向注重建设、运输和服务并重发展，促进量的增加和质的提升；在发展方式上，更加注重效率与公平并重，统筹城乡、区域交通发展；在发展动力上，更加注重依靠创新，实现质量型、效益型增长。其核心就是要进一步把握交通发展的本质属性和规律特点，调整工作重心，明确主攻方向，推动发展转型，不断提高交通有效供给的针对性、适应性。**“三个着力提高”**，即着力提高交通现代化水平，着力提高对经济社会发展的适应度，着力提高公共服务能力。其核心就是要立足服务经济社会发展这个大局，进一步明确交通发展的目标任务，努力使我省交通在省委、省政府确定的总体发展战略中，始终发挥基础性、先导性作用，在国家实施的东部率先发展战略中，始终保持强劲发展势头，走在全国前面。**处理好“三个关系”**，即处理好转型与发展的关系，基础产业与服务业的关系，做好“三个服务”与强化服务能力的关系。其核心就是要明确加快交通产业转型本质上是发展，发展不仅要做到质量、效益、规模、速度相协调，更要主动适应经济社会发展的新要求；在充分发挥交通运输基础性、先导性作用的同时，更加突出其服务性功能；把转变不适应新形势的观念、习惯、体制、机制的过程，作为落实“三个服务”、实现发展转型的过程，制定具体实施措施，加快转型进程，提高服务能力。

在具体发展目标和实现途径上，总的设想是着力实施**“三大工程”**，即构建大路网，建设大港口，发展大物流；做好**“两大保障”**，即优质高效管理和高素质干部职工队伍建设；实现**“一个促进”**，即促进综合运输体系建设。

实施**“三大工程”**：第一，构建大路网。以系统化、区域化、功能化网络为目标，围绕发挥路网整体效益，优化项目建设序列，重点加快东西南北大通道、省际高速通道、环海疏港大通道等高速公路建设，确保到2012年全省基本建成“五纵四横一环八连”高等级公路网络，形成13个省际高速公路出口，高速公路通车里程突破5 000公里，全省公路通车里程达到21万公里（含村道）。市与市之间、半岛城市群区域内中心城市之间和重要港口、机场等交通枢纽之间全部由高速公路直接相连；全省96%以上的县（市、区）通达高速公路；国省道全部达到二级以上标准，市到县由二级以上公路连接，县到乡镇由三级以上公路连接，乡镇间由三级或三级以上公路连接，具备条件的行政村全部通油路。第二，建设大港口。突出发展重点，加快关系我省经济发展和对外开放全局的重点港口、码头建设，完善大型集装箱、矿石、煤炭和原油四大运输系统，打造青岛、日照、烟台三个亿吨大港，初步建成以青岛港为龙头，以日照港、烟台港为两翼，以半岛港口群为基础的航运中心。加大港口资源整合力度，合理定位港口功能和发展方向，切实增强沿海港口群的集约效应和整体竞争实力。到2012年，沿海港口吞吐量达到7亿吨。统筹京杭运河发展，完善京杭运河济宁以南山东段配套设施，实现济宁至东平湖段复航，尽早将通航水域扩展到泰安、菏泽两市，打造内河“黄金水道”。第三，发展大物流。以建设设施完备、快速高效、安全经济的运输服务网络为目标，加快济南、青岛、烟台、淄博等12个国家公路运输枢纽的规划及建设，同步推进区域中心货运站场和农村站点布局建设；鼓励发展高档、快速和厢式、集装箱运输，全面提高运力装备水平，到2012年重型货车比重达到25%，海运和内河船舶分别达到400万和500万净载重吨位。充分发挥交通优势，整合物流资源，加大基础设施投入，集中培育青岛、烟台、威海、日照四大临港物流中心和济宁、枣庄两大临河区域物流中心。坚持以市场为导向，以政策为引导，大力支持和鼓励交通运输企业与其他企业开展合作经营，充分激发交通运输企业活力，努力培植一批重点物流示范点及综合物流企业，引导和推动交通运输企业向第三方物流服务转化，积极培育交通经济新的增长点。

做好**“两大保障”**。一是实施优质高效管理。坚持依法行政，加强交通立法，规范执法，文明执法，积极稳妥地推进执法体制改革。全面推行以规范化、标准化、集约化、人本化为主要内容的四化管理，夯实管理基础，在重点部门和岗位形成较为完善的四化管理运行模式，努力打造山东交通管理品牌和亮点。正确处理好政府与市场的关系，在坚持政府主导的前提下，广泛吸纳境外和社会资金，缓解建设资金紧张的矛盾。依法强化行业监管，确保国家权益和公众利益不受损害。依靠信息技术手段，大力推行现代化管理，建立完善包括组织管理、指挥调度、安全救助、公共信息服务等内容的交通综合信息系统，用信息化推进交通管理规范化、现代化。转变管理观念，树立节能减排和环境保护意识，制定实施针对性强、符合交通行业特点的政策措施，推动交通走可持续发展之路。二是努力建设高素质干部职工队伍。突出抓好交通各级领导班子的思想、组织、作风建设，不断提高交通适应经济社会发展的能力，提高统筹规划和协调发展的能力，提高公共服务和组织保障的能力，提高依法监管交通市场的能力，提高交通安全管理、维护稳定和应对突发事件的能力。始终把队伍建设作为强化管理的基础，着力提高职工的理论素养、知识水平和操作技能，打造一支敢打硬仗、勇于创新、争创一流、无私奉献的“四有”交通职工队伍。重视人才培养、选拔和使用，营造人尽其才、人才辈出的良好环境，为现代交通业发展提供有力的人才智力支持。

实现**“一个促进”**，即促进综合运输体系建设。建设综合运输体系是现代交通运输发展的必然趋势。从节约资源能源、降低运输成本、发挥组合效率出发，按照着眼长远、统筹规划、突出重点、配套完善的原则，在统筹公路水路交通发展的同时，积极搭建平台，做好与其他各种运输方式的有效衔接和协调发展，提高各大运输系统的整体效率，努力构建海陆相连、空地一体的立体化交通网络，实现公路、铁路与港口、站场无缝衔接，促进综合运输体系建设。

（二）2020年远景目标

到2020年，山东交通在继续保持基础设施建设适当发展速度的同时，加强各项管理工作，加快智能化和信息化的建设，形成以高速公路网为骨架，以现代化的港口群为依托，布局合理、结构优化、四通八达、安全便捷、经济可靠、持续发展的公路水路交通系统，全面实现交通现代化。

1. 建成现代化的公路水路交通基础设施

(1)建成现代化公路网。公路总规模达到24万公里。形成“五纵四横一环八连”较完善的高速公路网络，高速公路通车里程将达到约6 000公里；一级公路约8 000公里，二级公路约36 000公里。

(2)建成现代化的港口群。建成以青岛港为龙头，以日照港、烟台港为两翼，以半岛港口群为基础的东北亚国际航运中心。内河港口建成以济宁港为中心，枣庄、滕州港等港口为重点的内河港口群体。

(3)建成现代化的站场网络。建成以12个公路运输枢纽为核心，市、县站场为配套，农村客货站点为补充的设施先进、功能完备、服务优质、管理智能化的现代化站场网络。

2. 建成完善的支持保障系统

到2020年，交通支持系统适应交通运输发展需求，建立起运输安全型、资源节约型、环境保护型的公路水路运输系统。基本建立全方位覆盖、全天候运行、具备快速反应能力的现代化安全管理体系。交通运输的科技含量显著提高，人才队伍的整体素质接近发达国家水平，管理决策基本实现科学化、信息化，公众出行能够得到便捷的信息服务，智能交通系统发挥显著作用。主要目标如下：

(1)安全保障。运输安全：公路营业性车辆万车死亡人数较目前下降65%；万艘运输船舶重大事故数较目前下降10%。海上救助：救助和监管范围为200海里专属经济区，50海里内应急到达时间为90分钟。

(2)科技进步与人才队伍。交通科技：科技进步贡献率达到65%。信息服务：出行信息服务系统覆盖率100%。交通人才：交通人才队伍中大专以上学历人员达到85%。

(3)可持续发展。国土资源利用：每亿车公里占用土地面积较目前下降40%；每万吨吞吐量占用码头长度较目前下降25%。能源消耗：公路营业性车辆、内河运输船舶单位运输能耗分别较目前下降30%和25%。

中原交通的崛起

河南省交通厅

党的十一届三中全会以来，在邓小平理论和“三个代表”重要思想指引下，在省委、省政府和国家交通部（交通运输部）的正确领导下，河南省交通系统广大干部职工，认真贯彻执行党的十一届三中全会以来的路线、方针、政策，深入贯彻落实科学发展观，坚持交通建设为经济和社会发展服务，坚持紧紧依靠各级党委、政府，坚持紧紧依靠广大人民群众，抢抓机遇，锐意改革，同心协力，开拓奋进，使河南交通面貌发生了巨大变化，取得了令人瞩目的成就。全省高速公路通车总里程和农村公路通车总里程均位居全国第一，并率先在我国中西部地区实现所有建制村通水泥（油）路，受到了省委、省政府的表彰。

一、公路建设蓬勃发展

新中国成立后，河南省公路建设坚持普及与提高相结合的原则，以较快的速度向前发展，到1978年，河南省公路通车里程已达31 549公里。然而河南公路仍然存在数量少、路况差、等级低的状况，全省没有高等级公路，不少农村和山区不通公路，交通闭塞，极不适应交通量日益增长的需要，严重制约了国民经济和社会发展，“瓶颈”矛盾十分突出。党的十一届三中全会以来，改革开放的方针给河南公路建设带来了动力和勃勃生机，公路建设步伐大大加快，实现了跨越式发展，取得了前所未有的成就。改革开放的30年，是河南公路建设大发展、大提高的30年。

（一）高速公路建设突飞猛进

经济要发展，交通须先行。早在1986年，河南省交通厅就提出了建设高速公路的构想，并对第一条高速公路开封至郑州高速公路进行规划和设计，但由于资金短缺而没有动工。20世纪80年代末90年代初，河南省政府提出“政治动员，经济补偿，行政干预，各方支持”和“集资建设，有偿使用，收费还贷，滚动发展”的“双十字”方针。省交通厅积极贯彻落实这一方针。一方面广开门路，挖掘内部潜力，积极自筹和利用省内资金，同时争取交通部的大力支持；另一方面广泛招商引资，利用国际金融组织贷款进行高速公路建设，争取世界银行贷款4.7亿美元用于郑州至洛阳、安阳至新乡高速公路建设。1991年至2000年，在短短10年时间里，建成了开封至郑州、郑州至洛阳、安阳至新乡6条高速公路。同时对郑州至新乡一级公路进行改造，其中有42公里达到了高速公路标准。到2000年底，全省高速公路通车里程达507公里，结束了河南无高速公路的历史，跨入了全国高速公路先进省份行列。

进入21世纪，河南省交通厅积极进行投、融资改革，加大招商引资和贷款力度，加大高速公路建设投入，同时发展民营集资修建高速公路，使河南高速公路建设实现了跨越式发展。2001年，河南省高速公路建设完成投资68.1亿元，新增高速公路570公里，新增里程居全国第一。全省高速公路通车里程达到1 077公里，由上年全国的第十三位跃居第六位。2004年，河南省完成高速公路建设投资202亿元，建成新乡至郑州等5条段高速公路，新增高速公路340公里，全省高速公路通车里程达1 758公里，实现了高速公路投资规模和建设成果的历史性突破。2005年，河南省完成高速公路建设投资280.4亿元，同比增长38.6%，建成叶集至信阳等高速公路14条段，全省高速公路通车总里程达到2 678公里，居全国第四位。全省18个省辖市全部实现了高速公路连接。2006年，河南省全年完成高速公路建设投资397亿元，比上年增长41.6%，建成大（庆）广（州）线濮阳至周口段等15条高速公路，新增高速公路里程761公里，当年通车里程居全国第一位，全省高速公路通车总里程突破2 000公里大关，达到3 439公里，跃居全国第一位。全省高速公路在建总里程达到1 696公里（含改扩建项目158公里），居全国第一位。2007年，河南省高速公路建设完成投资245亿元，完成郑州至石人山等23个高速公路建设项目，全省高速公路通车总里程达到4 556公里，稳居全国第一位。目前，河南省已基本形成纵横南北、连接东西、辐射八方的高速公路网络。

河南省交通厅切实加强对高速公路建设的领导，认真做好勘察设计和前期准备工作，采取面向社会公开竞争招标，择优选用施工队伍。在施工中，无论是业主，还是施工、监理单位，都严格按照技术标准和有关规定办事。严格控制质量标准，加强质量监管，不断提高全员质量意识，实行施工单位自检、驻地监理抽检、中心试验室抽查的三级质量控制体系。并对施工组织、材料选购以及施工规范、施工工艺等都进行严格把关。同时采用先进监测手段，增加了先进的监测设备和先进的机械设备，加强施工全过程、全方位的质量监控。全省每年组织两次高速公路质量大检查，检查结果通报全省。实行“黑名单”制，对违犯建设市场行为和工程质量不合格的从业单位，列入“黑名单”，并在媒体上公布。通过这些措施，促进了高速公路建设水平的提高，确保了工程建设质量。全省所有高速公路建设项目工程质量合格率达到100%，优良品率达到93%以上。

（二）国省道干线公路建设长足发展

改革开放30年来，河南省交通厅及各级交通部门，解放思想，抓住机遇，多方筹措资金，加大国省道干线公路建设和改造，使干线公路建设取得了长足发展，公路面貌有了很大改观。大致分为六个阶段：第一阶段是为了改变河南公路交通落后面貌。1985年至1986年，依靠各级地方政府，在全省范围内开展了大规模的公路扩宽改造工作，共完了拓宽干线公路3 763公里，拓宽县乡公路1 733公里，干线公路路基一般加宽到12～16米，通过城镇的公路加宽到20米以上。在公路路基拓宽基础上，省交通厅又投入大量资金安排路面和桥涵配套工程建设，因地制宜，提高公路技术等级，并适时改建城镇出口公路、“卡脖子”路段和接通省际、地市之间的断头路。经过拓宽改建的公路，以郑州为中心向四面辐射，东通开封、兰考、周口；西去洛阳、三门峡；南至许昌、漯河、驻马店、方城；北至新乡、安阳等公路，都基本达到二级标准。公路拓宽改造后，面貌有了很大改观，平均时速提高了20%以上。同时，结合城市规划，使全省80多个城镇出入口公路得到了改善，其中80%达到二级标准。第二阶段是从1988年开始，省交通厅提出了实行公路建设养护5年目标管理责任制，同省政府签订了公路建设养护5年目标管理责任书。5年大包干，即把全省公路的5年收支都作了预测和安排，明确5年的责任目标，使各地市每年公路建设养护计划和工作内容心中有数，工作由被动变主动。通过公路大包干，调动了省和地方共同办交通的两个积极性，促进了公路建设和养护工作的发展。第三阶段是从1991年开始，各级交通部门遵照省委、省政府提出的“集资修路、有偿使用、收费还贷、滚动发展”的方针，多渠道、多形式筹措资金，大力发展“商品路”、“商品桥”。省交通厅一方面积极争取世界银行贷款用于高速公路建设，另一方面鼓励支持地方集资、贷款和引进外资，改善改建一般公路，拓展公路网。1994年，全省一般公路建设16亿元的投资规模中，省内资金筹措仅占3.2亿元，其余全部是集资、贷款和引进外资，修建了一大批“商品路”、“商品桥”。1994年，全省通过集资、合资、贷款等形式，共新建改建干线公路4 720公里，大中桥梁18座、2 510延米。第四阶段是20世纪80年代末至90年代初，河南省干线公路建设虽然以改建改善和大修为主，但也新建了一批公路和桥梁，主要是打通干线公路断头路、修建干线公路连接线、新建城市出入口公路和环城路、改建重要县道升省道。1988年至1995年，全省新建国省道干线公路565公里，其中一级公路65.9公里，二级公路567公里，三级公路133公里。第五阶段是从1996年开始，省交通厅和各市地交通公路部门，解放思想，转变观念，打破过去单靠养路费搞公路建设的做法，多渠道、多层次筹措资金，加大公路建设投入，加大对国省道干线公路的改造，提高二级路的比重，提高以郑州为中心的干线公路整体水平。到2000年底，全省公路通车总里程达到66 824公里，位居全国第9位。第六阶段是进入新世纪以来，省交通厅和各级交通公路部门，以新的发展思路，加大改革开放力度，把公路建设全面推向社会，在集中力量抓好高速公路建设的同时，抓好国省道干线建设和养护工作，使干线公路建设和高速公路建设齐头并进，蓬勃发展。2001年，全省干线公路建设完成投资60.3亿元，新增公路通车里程4 587公里，其中二级路1 320公里，新增里程居全国第一位。2004年，河南干线公路建设取得新发展，全年完成干线公路建设投资90亿元，新增二级公路3 543公里，年增幅仍居全国第一位。改造新增二级公路2 145公里，使全省二级以上公路比重达28.6%。2005年，河南干线公路建设完成投资61亿元，新改建里程1 554公里，新建大中桥322座、13 376延米，改造危桥63座、隧道5座。2006年，河南干线公路建设再上新台阶，全年完成干线公路建设投资60.23亿元，新改建里程1 723公里，全省二级以上公路总里程达2.7万公里，干线公路中二级公路比例达到86%；实施安保工程6 588公里，改造危桥103座，确保了道路安全畅通；备受全省关注的郑开大道顺利建成通车；中原黄河公铁两用大桥已经开工建设；105国道南段顺利通过交通部“文明样板路”验收。2007年，河南干线公路建设取得新突破。全年新建改扩建干线公路里程900公里，其中新改建一级公路里程458公里；全省干线公路总里程达到2.24万公里，二级以上公路里程占干线公路里程的比例达到88.5%。公路建设质量不断提高，干线公路工程质量合格率达100%。通过新建和改扩建，河南省干线公路的技术标准和通行能力大为提高。

（三）农村公路建设实现新突破

改革开放以来，在省委、省政府的正确领导下，经过各级地方政府的认真组织和广大群众的积极参与，各级交通部门的艰辛努力，河南省农村公路建设快速向前推进，特别是2003年以来，省委、省政府提出要到2007年实现全省所有行政村村村通公路的要求之后，河南省农村公路建设规模逐年加大，步伐逐年加快。省交通厅和各级地方政府，多方筹措资金，动员社会各方面力量，依靠广大农民群众，掀起农村公路建设的高潮，取得了辉煌的成绩。2003年至2007年，在短短5年时间里，全省累计投入农村公路建设资金278亿元，新改建里程10.1万公里，其中县乡公路3.4万公里，乡村公路7.6万公里，解决通油（水泥）路行政村48 081个，新建桥梁940座。到2007年，全省提前3个月完成了所有行政村村村通油（水泥）路的目标。

河南省农村公路建设的特点是，以“村村通”工程为重点，整体推进快，筹资力度大，建设标准高，质量控制严，凸显又好又快发展态势。采取了以下几个做法：一是加强组织领导。省委、省政府对农村公路建设高度重视，把农村公路建设列为为民办好“十件实事”之一，作为解决“三农”问题、建设社会主义新农村的突破口，还将农村公路建设列为省委省政府重点督察项目，明确一位副省长专管。省政府每年专门召开一次全省农村公路建设工作会或现场会，总结经验，表彰先进，提出当年的建设目标和任务，并与各省辖市和5个扩权县（市）签订农村公路建设目标任务责任书。省委书记徐光春、省长李成玉，经常过问农村公路建设情况，并不断深入县乡视察公路建设，提出具体要求。2006年9月27日，省人大常委会专题审议并一致通过了《全省农村公路建设专项工作报告》。省发改委、省财政厅等省直有关部门按照各自职能，密切配合，上下联动，加强了对农村公路建设的服务和监督。各市、县（市）均成立以党委、政府主要领导任组长的农村公路建设领导小组，把农村公路建设列入政府目标考核，明确各部门的职责，加大对农村公路建设的组织、协调力度，确保了农村公路建设目标的顺利完成。二是加大筹资力度。省交通厅每年筹集大量资金投入农村公路建设，加上国家补助资金，省交通资金和国家补助资金占到全省农村公路建设投资总额的50%以上。在国家和省加大农村公路建设投入的同时，各级地方政府也相继出台了支持农村公路建设的政策，不等不靠，迎难而上，多渠道多层次筹措农村公路建设资金。郑州、洛阳、新乡、焦作等市加大财政列支专款，“村村通”工程补助标准大幅提高；南阳、周口、驻马店、许昌、新乡等市利用冠名权拍卖路边资源开发权、绿化权等方式筹措建设资金。据统计，2006年，全省18个省辖市和5个扩权县（市）财政共安排农村公路建设资金达3.2亿元，较上年增加一倍。三是制定完善的管理制度。为加强农村公路建设管理，省交通厅先后制定下发了《河南省农村公路建设管理办法》、《河南省行政村通水泥（油）路验收实施意见》、《河南省农村公路建设检查办法及细则》等相关规定。各市交通局也相继制定农村公路建设具体的管理办法和意见。商丘、周口、焦作、鹤壁、濮阳、新乡、开封、永城、项城等市交通局，对工程建设的组织管理、施工队伍选择、项目实施、技术要求、质量管理、竣工验收等方面，制定了具体的管理办法，提出了具体的指导性意见。开封、驻马店、商丘、漯河等市交通部门，严格招投标制度，择优选取施工、监理队伍，建立三级质量保证体系。洛阳、济源、三门峡等市，进一步完善各县（市）试验室建设，依托检测手段，控制建设质量，取得较好效果。四是加强监督检查。省交通厅对农村公路建设实行分片督导，厅主要领导和分管领导亲自带队，对在建项目进行督查。厅公路局领导班子成员分片包干，经常深入到各市、县（区）检查农村公路建设情况，协调解决各种存在问题。省交通厅每年组成检查组，对全省农村公路建设情况进行全面检查，并将检查结果在《河南日报》公示，省级监督覆盖面达到50%以上。同时开展农村公路建设速度质量“回头看”活动，及时纠正质量上存在的问题，杜绝质量缺陷。各市、县（区）也都成立了不同形式的督查组，分片负责，检查质量，督查进度，省辖市建设项目监管覆盖面达到80%以上，县级覆盖面达到100%。五是实行质量责任追究制度。全省各级交通部门对所有农村公路建设项目实行质量责任追究制，对出现质量问题的项目，严肃查处，将其列入本辖区农村公路建设市场“黑名单”，通过文件、电视、报纸等进行通报批评。2006年，驻马店有3个施工项目质量较差，市交通局检查发现后严肃处理，在《驻马店日报》头版头条公开曝光，对业主单位通报批评，黄牌警告，责成施工单位返工，驻地监理驱逐出场，列入全市公路建设“黑名单”，三年内不得在驻马店市公路建设市场从业，起到了重要的警示和教育作用。六是专群结合监管质量。在农村公路建设中，在发挥专业管理和监理人员作用的同时，充分发挥群众监督的作用。省交通厅编写印发了《河南省农村公路建设知识问答》辅导教材，加大对基层管理人员和群众的培训力度，使一部分群众掌握质量控制要点，参与到质量监督管理中来；各级交通部门还从社会各界、项目所在乡镇、村委会，聘请“义务监督员”和“群众监督员”，对农村公路建设进行监督。同时，农村公路建设项目实行新闻媒体公示和现场公示，接受社会监督。通过专群结合，多层监督把关，有效地确保了工程质量和投资效益。七是加强宣传工作主要通过中央和省、市报纸，电视台，广播电台等媒体，宣传农村公路建设的重大意义，宣传河南农村公路建设政策，宣传河南农村公路建设取得的成就和经验，宣传公路建设给农村带来的新变化，大造农村公路建设舆论氛围。仅2006年，国家和省级新闻媒体共播发了河南省农村公路建设稿件90余篇，其中《建设“民心工程”的河南模式》、《快马加鞭未下鞍》、《把幸福路修到农民家门口》等多篇报道，在社会上产生了很大反响。

（四）桥梁建设放异彩

随着公路建设的快速发展，河南省桥梁建设也取得了很大成就。改革开放30年来，河南在各种不同的河流上设计修建了各种不同类型的公路桥梁。特别在滚滚的黄河上修建了郑州、开封、三门峡、焦作、小浪底、刘江等黄河公路大桥和大广高速开封黄河大桥，使滚滚黄河天堑变通途。

河南的公路桥梁建设是从河南的实际出发，根据各地的不同情况修建的。河南大部分为平原地区，大的河流不多，除在黄河、沙河、淮河上修建了一些特大桥梁外，其他均为一般大中小桥梁。随着桥梁的发展，桥梁结构也在不断改进和创新，采用新技术、新工艺、新材料，已成为河南建桥的一大特点。改革开放以前，由于条件限制，河南多采用拱桥，修建了不少砖拱桥、石拱桥和双曲拱桥、桁架拱桥、钢架拱桥等。改革开放以来，桥型结构有了新发展，修建了不少预应力混凝土空心板桥、预应力混凝土T形梁桥、预应力混凝土连续梁桥，还有悬索桥、刚架构桥、箱形拱桥和斜拉桥等新型桥梁。这些桥型施工方便，节约材料，适合河南省的实际情况。从20世纪80年代开始，河南桥梁技术向大跨径高科技含量方向发展，施工技术、施工速度也大大加快。20世纪80年代和90年代相继修建了郑州、开封、三门峡、焦作等黄河公路大桥和进入新世纪以来修建的刘江黄河公路大桥、大广高速开封黄河大桥以及目前正在修建的中原公铁两用大桥，代表了河南建桥技术的最高水平。

桥梁下部结构。20世纪60年代河南首创的钻孔灌注桩继续普遍采用，其技术水平不断提高，桩径已达2.2米，桩长已达70～80米，成桩工艺由现灌实桩发展到下沉预制空心桩施工，由滩地到深水，建桥长度由几十米中桥、小桥发展到几公里长的特大桥，与传统的施工方法比较，工程造价也下降了50%，工期可缩短一半以上。钻孔灌注桩具有设备简单、操作方便、安全可靠、节约材料、降低造价、保证质量的特点，是我国桥梁基础施工技术的一项重大技术成果，为河南乃至全国桥梁建设发挥了重要作用。

几千年来，山西平陆至河南三门峡之间，因黄河阻隔，只靠摆渡来往，不知有多少条生命被黄河吞噬。三门峡黄河公路大桥的建成通车，结束了三门峡与山西两岸人民几千年来靠摆渡沟通的历史，对加快山西晋南和河南豫西地区的经济与交流，改善两岸人民的生产和生活，起到了重要的作用。同时，也为黄河旅游新添一处景观。

二、道路运输蒸蒸日上

（一）道路运输能力显著提高

改革开放30年来，河南省汽车发展迅速，机关、企事业单位和个体户等非交通部门的运输工具剧增，舒适、方便的高、中档客车和大型货车不断增多，道路运输服务国民经济和社会发展的能力显著提高，使河南道路客货运输适应了经济社会发展的需要，适应了改革开放的形势，呈现着日益繁荣的景象。到2007年底，道路运输部门，载客汽车保有量6.8万辆，载货汽车保有量78.6万辆，比1978年分别增长6.5倍和15.9倍，年均分别增长18.5%和49.7%。同时，为适应与满足人民生活水平提高和旅客不同层次的乘车需要，客运车辆逐步向舒适型、及时型和设备豪华型的方向发展。进入新世纪以来，大型化、高档豪华客车已经逐渐占领市场的主导地位。到2007年底，全省3.8万辆营运班车中，中高档客车达到2.28万辆，占客运车辆总数的62%。大型、厢式、专业化的货车已拥有18万辆，占货车总数的23%。1998年，河南组建了以全省18家地市参股的河南宇通快运股份有限公司，采取统一管理、集约经营的运输组织形式，购置了50部高档客车，专门从事以郑州为中心的跨省客运，标志着河南道路运输发展到了一个新的阶段，使道路客运面貌焕然一新。从2006年开始，河南对大型运输企业实行改制，通过改制，市场集中度进一步提高，运输能力进一步增强，客运企业拥有车辆年均增长7.8%，公司化营运客车占总数的10%以上；货运企业车辆发展地很快，到2007年，全省货运车辆发展到70多万辆。许昌万里运输集团货车发展到1万多辆，洛阳二运公司货车发展到1万辆。加上社会车辆、个体货车的迅速发展，道路运输货运难的问题得到了基本解决。出租汽车发展也较快。河南出租汽车出现于20世纪80年代后期，到1990年，全省出租汽车发展到2 470辆，2000年发展到2.3万辆，2007年发展到3万多辆。出租汽车的发展，为城乡人民群众随时提供服务，受到普遍好评。随着运输车辆的剧增，道路运输市场的开放搞活，汽车修理业也有较快的发展。到2007年，全省各类汽车维修业户已发展到 1.35 户，其中，二类以上维修企业达 2 229 户，从业人员 10 万多人之多，年维修车辆 483 万台。进入新世纪以来，汽车维修设备逐步向现代化发展，不仅加快了维修进度，而且提高了维修质量。同时，各运输部门普遍建立了现代化汽车监测站，全省目前已注册登记 69 座，定期对车辆技术状况进行监测，发现问题及时进行维修，使车辆始终保持良好的技术状况。汽车维修能力和质量的提高，为河南道路运输的健康发展，提供了有利条件。

（二）道路旅客运输遍及乡村

改革开放之前，河南旅客运输均由省、市、县汽车运输公司组织承运，加上很多乡村不通公路，交通闭塞，群众“乘车难”的问题十分突出。改革开放后，随着中央 3 个 1 号文件（1982 年、1983 年和 1984 年的中央 1 号文件）的贯彻，发展非公有制经济政策的实施，打破了旅客运输独家经营的局面，形成了国家、集体、个体一起上，各行各业多家办客运格局，旅客运输有了较快发展。进入新世纪以来，随着公路建设的快速发展，村村通了油路和水泥路，乡乡建了客运站，以郑州为中心，遍及全省乡村连接省际间客运线路的河南道路旅客运输有了迅速的发展。到 2007 年底，全省道路客运班车线路已发展到 9 716 条，客车 4.2 万辆，日发班车 9.4 万个班次，日均运输旅客近 302 万人次。其中通往北京、天津、上海及各省地市的跨省班车线路达 2 058 条，日发班车 4 328 次。除西藏外，河南客运线路已通达中国大陆所有省级行政区。由于村村通了公路，农村客运的通达深度和覆盖范围显著增加，通客车的乡镇数占 100%，通客车的行政村数占 97%，大大改善了农村的交通条件，从根本上改变了农民群众出行的条件。今日的河南，做到了路修到那，客车就通到那里。同时，随着改革开放以来旅游事业的发展，往来于古都洛阳、开封、安阳和黄河游览区、少林寺、新郑皇帝陵的客运班车“一日游”专用班车，更是行车如梭，川流不息，呈现一派繁荣景象。2007 年，全省道路旅客运输完成客运量 11.5 亿人次，客运周转量 601.8 亿人公里，比 1978 年分别增长 17 倍和 19.7 倍。

汽车客运站是道路客运为旅客服务的重要保证条件，改革开放以来，特别是近几年来，本着方便旅客整洁、舒适的要求，省交通厅依靠各级地方政府，统一规划，多方筹措资金，先后在各市、县、乡（镇），新建和改建汽车站，取得了显著的成绩。2007 年，全省完成投资 2.365 亿元，建成乡镇客运站 378 个，实现了“乡乡有客运站”的目标。全省道路客运汽车站，已由 1978 年的 216 个，发展到 1 931 个，其中一二级站达 173 个。还在农村道路客流比较集中的地方，共修建了近 2 万个招呼站。这些客运站设备齐全、服务周到、舒适方便，为旅客提供了良好的出行环境。

（三）道路货物运输飞速发展

1978 年以前，河南货运难人所共知。全省仅有 4.94 万辆货车，其中营运货车只有 1.3 万辆，国营运输公司承担了所有的指令性运输任务，货运市场发展滞后。20 世纪 80 年代后，在国家、集体、个体一起上的开放政策号召下，河南运输市场由封闭到开放。1978 年到 1988 年，全省个体营运货车发展到 4.55 万辆。社会车辆、个体货车的发展，彻底解决了道路货物运输难的问题，使货运市场呈现了良好的发展局面。1989 年，为迅速扭转货运市场开放后出现的经营主体分散、交易不规范、运输效率低下、货运实载率不高、货运市场放任自流和盲目运行等不良状态，省政府批准省交通厅出台了《关于治理整顿道路运输市场的意见》，在全省范围内开展运输市场整顿。整顿以治乱为中心，大力倡导计划指导下的合同运输，培育发展公开、平等的货物运输交易市场，取得了显著的效果。1990年，全省大力组织兴办货运中心，为货源承托双方提供货源、车辆信息，组织回程配载，代结运费等服务，极大地推动了货运市场的发展。1992年以来，通过深化道路货物运输机制改革，放宽搞活运输市场，扩大运输经营自主权，实行利税引流、利润包干、单车承包等形式，使全省道路货物运输得到了进一步发展。随着道路货运业的快速发展，货运的车辆结构也发生着变化。1990年后，农村货运市场农用汽车代替了拖拉机跑运输，汽车活跃在农村，开进农产品所在地，服务上门、送货到家，受到广大农民群众的欢迎。城市货运逐步兴起，出现了搬家公司和货运出租车，为城市人民的生产生活服务，也受到好评。在道路货物运输和运输量迅速发展的同时，适应城乡商品经济发展和物质交流需要的集装箱运输、零担运输、大件运输、罐装运输、冷藏运输和危险品运输也在迅速发展。1992年10月，经省政府批准，省交通厅成立了河南公路港务局。公路港务局为进出口的货运承托双方代理组货、理货、运输、仓储、装卸、报检、租船、保险、结汇等业务，并为承托双方办理海关、商桥、质检、动植物检疫等手续，实现全程运输，一票到家，为承托双方提供快捷的运输服务，效益甚为显著。随着物流业的快速发展，河南原有传统的货运业务，开始向现代物流业发展。2008年，省交通厅把河南豫鑫物流、河南公路港物流、许昌万里运输集团、郑州交运集团、郑州长通物流公司和漯河双汇物流六家有实力、有信誉的物流企业作为骨干，重点支持，促其发展，已取得了明显的效益。据2007年统计资料表明，全省货运量达8.35亿吨，货运周转量681.9亿吨公里，比1978年分别增长7.4倍和31.6倍。

（四）道路运输管理体制改革不断深化

河南道路运输改革大致分为4个阶段。从党的十一届三中全会到1985年，是放宽运输政策，搞活运输市场阶段。1983年，为适应改革形势的发展，建立了省、市（地）、县、乡四级运输管理机构，有力地推动了全省道路运输的改革，坚定地开放了道路运输市场。从1985年到1986年，是转轨变型，实行行业管理阶段。经省人民政府批准，于1985年7月，将原属省经营的河南省汽车运输公司下放到市地管理，简政放权，还权于企业，企业实行生产经营型向经营管理型转变，运输管理部门由管理直属企业向管理行业的转变，使运输管理部门和运输企业面对道路运输行业大市场，有力地促进了道路运输发展。从1986年开始，是对运输企业进行行业治理整顿、理顺市场管理阶段。经过三年的整顿，道路运输市场关系基本理顺，出现了多层次、多渠道、多种经营成分并存的运输新局面。1989年，省政府批准了省交通厅“关于治理整顿道路运输的意见”，又对货运市场进行深化治理整顿。通过整顿，解决了货运市场经营混乱问题，建立了计划指导下的合同运输，培育发展了公开、平等的货物运输市场，取得了良好的效果。到1994年，全省大宗货物运输合同签约率达到55%，重点物资和指令性货物运输合同签约率达到90%，在很大程度上改变了货运市场营运混乱的状况。从1992年开始是贯彻《全民所有制工业企业转换经营机制条例》（下文简称《条例》）阶段。以《条例》为标志，运输企业改革在适应社会主义市场经济体制下步入建立现代企业制度的轨道。各级交通部门加大了对运输企业的扶持力度，在资金、规费征收、行业改革等方面给予支持。运输企业自身以转轨建制为目标，在优化结构、深化改革、转换机制、加强管理、技术改革、多种经营等方面下功夫，全面加强了市场竞争力和经营管理水平。1997 年，全省近 270 户专业运输企业，有 98% 进行了以车辆租赁、班线承包为主要内容的内部经营机制改革，有 20 户大的运输企业在当地政府部署下进行了公司制改造，初步建立了现代企业制度，这些大中型运输企业营运车辆发展近 1 万辆，净资产已达 12 亿元，全部扭亏为盈。进入新世纪以来，是持续发展阶段。其突出表现是：企业联合、租赁和改制步伐加快。到 2007 年，河南 21 家大型运输企业中已有 9 家完成了改制，培育出郑州交运集团、河南万里集团等一批具有全新经营理念和较高管理水平的规模化运输企业，初步形成了具有较强实力的大型专业运输集团主导运输产业结构日趋合理、多样化发展的新格局。除客、货运输外，出租客运、旅游客运、城乡公交客运迅速发展。现代物流运输试点取得了新发展，形成了一批以豫鑫物流等 6 家试点企业为主骨干的道路运输、仓储、货运、代理和信息配载于一体的专业物流企业。农村客运网络化步伐加快。全省乡镇客运车通达率达 100%，行政村客车通达率达 93%，农村客运站启用率达到 72%，使农村客运实现了“开得通、留得住、有效益”。广大农村出行难、运输难的问题，得到了彻底解决。大力开展货运信息化建设，各省辖市都建立了货运信息联网、资源共享，取得了良好的社会效益和企业的经济效益。

三、内河航运焕发了青春

改革开放 30 年来，河南省各级航运部门及广大干部职工，解放思想，知难而进，奋力拼搏，克服各种困难，使航运事业很快得到恢复和发展，焕发了青春，开始踏上复兴路，其成就甚为明显。

（一）加快航道港口建设，改善航运条件

河南省水资源丰富，境内河流众多，具有发展内河运输的自然条件，历史上曾是一个水运比较发达的省份。但到 20 世纪 70 年代，由于历史的原因，很多地方在修闸建坝时，对水资源的综合利用考虑不周，修闸建坝时未配套建设过船设施，致使大部分原本通行的河流断航。1978 年上半年，全省通航里程由 1960 年的 6 103 公里，降到 2 302 公里，且多为季节通航和库区航道。加上公路、铁路（包括地方铁路）的快速发展，致使河南内河航运逐渐萎缩。自“六五”开始，为尽快扭转主要航道因闸坝碍航而致航道处于严重困境的局面，解决航道主要矛盾，在交通部和省交通厅及地方各级政府的重视支持下，于 1986 年起，先后投资 4 千多万元，相继对涡河和沙颍河进行了通航工程建设。涡河鹿邑船闸位于涡河上游，周口市鹿邑县城东北 1.2 公里处。根据 1985 年 4 月，交通部、水利电力部召开的“综合利用水资源解决碍航闸坝复航经验交流会”精神，在交通部和河南省政府支持下，河南省交通厅与安徽省有关部门，共同组织，对涡河恢复通航进行可行性研究和论证。1986 年，鹿邑船闸工程被列入年度建设计划，总投资为 1 379 万元。该船闸按六级航道、100 吨级船舶设计，船闸建筑总长 1 329.2 米，闸室长 100 米，宽 12 米，门坝水深 2 米，最大工作水头 7.9 米，年单向通航能力为 180 万吨。工程于 1986 年 11 月开工，1987 年 11 月竣工。沙颍

河沈丘船闸，位于沈丘县城关。沙颍河是淮河最大支流，贯穿周口地区，汇入淮河，是河南通往长江的重要水道，历史上常年通航。自20世纪60年代后，在沈丘周口两地修建拦河闸，没有同时修建船闸，使整个航道隔断。1986年，在交通部和河南省政府的重视下，沈丘船闸工程列入了河南省1986年度建设计划。该船闸按五级航道、通航300吨级一顶三船队过闸标准设计，总长度约2 000米，闸室长130米，宽12米，门坎水深2.5米，年设计通过能力510吨，最大工作水头12米，总投资2 884万元，工程于1987年11月动工，1992年4月竣工。以这两座船闸兴建为河南航运的转折点，为改变河南航道的衰退状况迈出了关键一步。接着于1992年8月，投资2亿多元，建设沙颍河周口至省界复航工程，这是继沈丘船闸建成后又一项较大的复航工程，被列入了交通部和河南省“八五”计划。1994年，郑埠口至周口段38公里复航工程开始实施，2000年，郑埠口一期工程完成。2004年8月，沙颍河复航工程重新开工建设，在交通部的大力支持下，经过河南省交通厅和周口市委、市政府及航运部门的共同努力，克服各种困难，仅用15个月时间就完成了预计两年完成的续建任务，实现了通航。沙颍河实现复航，标志着河南淮河通道中一条水运交通实现了通航，打通了河南省通往长三角地段的一条便捷通道。同时，省交通厅投资6 000多万元，对淮河淮滨至润河集段航通进行整治。该工程位于淮河中上游，上自河南淮滨县城关起，下至安徽颍上县润河集镇止，跨越豫皖两省，全长98公里。工程治理技术标准为五级航道标准，通行300吨级一拖三驳船队，设计航道底宽40米，最小水深1.5米，最小弯曲半径260米。于1998年12月18日开工，2002年3月竣工。经过整治，使淮河中上游逐年淤浅不能正常通行的航道，恢复了全年通航。为改变豫南贫困地区的水上交通滞后局面，促进资源开发利用，充分发挥淮滨水上集散地的作用，并使濒临倒闭的航运企业走出了困境。

港口码头建设同时兴起。1984年以来，先后建设沙颍河刘家湾港、周口港、淮河固始望岗港、丹江水库库区马蹬港、丹江河南码头、淮河新蔡练村码头、淮河固始望岗码头、黄河小浪底库区新安南石山码头、峪里码头、渑池南村码头、小浪底库区中心码头等。港口码头建设，扩大了水公铁联运业务，使在省外搞运输的河南船舶纷纷用于省内重要货物运输。1997年，沈丘刘湾港完成货物吞吐量40多万吨，成为河南省第一个机械装卸码头。它与漯阜铁路构成水铁联运，煤炭由铁路运到刘湾装船运往华东各地，成为豫东南至华东的水运通道。2006年4月16日，驻马店市中原燃气电厂，在上海购置的重达760吨价值2亿多元的燃气体和定子，从上海港启航，经长江、京杭大运河入洪泽湖进淮河到达安徽阜阳枢纽，再从沙颍河逆流而上到达周口港，成功中转。不仅赢得了时间，而且节约了运费。

（二）船舶运输实现了机动化

改革开放以来，河南省通过多渠道筹措资金，新建和更新船舶。1983年，采取国家、集体、个人一起上的办法，积极筹集资金更新建造船只。当年省交通厅投资150万元，自筹资金7.8万元，新建钢质拖船2艘，270马力，钢质货驳35艘，315吨，增加了运输能力。1984年，国家改变船舶更新改造方式，由拨款改为贷款，由国家计委、交通部给河南下达船舶更新改造专项贷款指标，省工商银行提供专项贷款。省交通厅抓住机遇，及时向交通部和省政府反映和申请，得到交通部和省有关部门的关心和支持。1984年，“拨改贷”当年，省交通厅争取到银行贷款900万元，自筹资金230.72万元，更新改造钢质拖轮15艘，7 270

马力，钢质驳船114艘，1~2万载重吨，改善了船舶技术状况，提高了运输经营效益。到1987年，河南航运部门共贷款2 586万元，更新各类钢质船舶373艘，34 780载重吨，使全省运输船舶发展到3 293艘，18.8万载重吨，100%的船舶实现了机动化，淘汰了木帆船。20世纪90年代以来，随着社会主义市场经济的深入发展，河南水运市场逐步开放，航运企业走向市场，成为自主经营、自负盈亏、自我约束、自我发展的生产经营实体，船舶更新改造进一步加快，水上运输船舶艘数、总载重吨都发生了历史性变化。“十五”期间，船舶载重吨位年均增长41.4%，单船年均载重年均增长32.5%，平均单船载重吨达459吨。2007年的统计数字表明，全省运输船舶5 150余艘、11 672客位、258万载重吨、106万千瓦。船舶平均吨位由1978年23吨增加到571吨，并出现了千吨以上的船舶。由于船舶数的增加和载重吨位的提高，促进营运效率的提高，经济效益上升。目前河南省除在省运输外，已延伸至安徽、江苏、浙江、山东、湖南、湖北、江西及上海市等省市航运，航线延长，充分发挥了船舶运输效能，提高了运输效益。2007年，全省内河航运共完成货运量1 858万吨，货运周转量839 514公里，为1978年运量的14倍，周转量的41倍，比1960年的货运周转量增加80亿吨公里；完成客运量160万人次，客运周转量7 757万人公里，分别比1978年增长256%和520%。

（三）水上安全管理得到加强

1978年以来，河南省水上交通安全工作坚持“安全第一，预防为主”的方针，严格监督，依法管理。1985年，水上交通安全监督工作日益完善，开展了包括船舶登记、船舶防污染、安全检查、船员考试、船员进出港签字、海损事故调查处理、船舶检验、船厂技术条件认可、焊工考试等多项管理工作。贯彻国务院和交通部有关文件指示精神，加强船舶安全管理和现场监督检查，对水上运输秩序进行整顿。1987年，港航监督和船舶检验归属交通厅后，水上交通安全管理得到进一步加强，建立起了水上交通安全管理机构，省交通厅设港航监督总所，14个市地设立港航监督所，13个县设港航监督站，重点管理水上运输船舶的安全生产。另外，各市（地）、县还配备兼职港航监督员，管理乡镇渡运船舶运输，形成了水上交通安全管理网络。认真执行交通部颁发的《水上交通工作纲要》，定期开展船舶、船员证照整顿工作，完善内部管理，健全各项管理制度，做到有章可循、有法可依、依法治理水上安全。特别加强对游览船和渡口船只的安全管理，使水上交通事故逐步减少。1992年，省交通厅航运局，在全省开展了“做一个称职的港监、船检人员”活动，提高了港监、船检人员的思想和业务素质，调动了港监、船检人员的积极性。1994年，根据交通部的通知精神，在全省航运系统开展了“安全生产周”和“反三违月”（反对违章指挥、违章操作、违犯劳动纪律）活动，重点检查了淅川丹江水库、信阳南湾水库、鲇鱼山水库、驻马店逐平渡口、沈丘刘湾码头、洛阳故县水库、博爱青天河水库及部分航运企业和旅游单位水上安全管理情况，发现问题，及时处理，消除了一些事故隐患，收到较好效果。2001年5月至6月，在全省开展水上交通运输安全专项治理整顿工作，取得了明显成效。2004年，省政府出台了《河南省人民政府关于加强水上交通安全管理的意见》。明确了水上安全由政府统一领导下的属地管理原则，建立以安委会为召集人，交通部门为联络人，相关部门参与的联席会议制度。根据省政府的意见，省交通厅制定了具体措施，做好水上交通安全管理的协调指导工作。2007年，省地方海事局建立“四项机制”安全监管工作。“四项机制”即：（1）承包机制。海事机构各级领导实行分片包干，责任到人；（2）监察机制。省海事局建立4个监察组，负责监察省辖市及县（市）、乡（镇）、村及库区、渡口的安全制度落实；（3）日报机制。各省辖市地方海事局每天将前一天的水上安全情况和客运量、运力、签证情况，报省地方海事局，省地方海事局第二天上将前一天全省情况上报省交通厅；（4）奖惩机制。省地方海事局每年奖励省海事机关和省辖市海事机构，省辖市海事机构对辖区县先进单位和个人进行奖励。对监管不到位，存在重大隐患整改不及时或发生重大安全事故的单位和个人，进行处罚。对水上安全管理工作起到了很大推动作用。同时，积极实施库区安全基础设施建设“八个一”（一座管理站房、一条斜坡道、一艘港舰艇、一套通信监控设备、一套管理制度、一支监管队伍、一个应急救助体系）工程和“五个有”（有渡口、有防滑坡道或百石砌台阶、有候船棚、有安全告示牌）工程。到2007年底，全省31个库区水上交通安全基础设施已基本得到了完善，极大地改善了库区渡口条件。

四、精神文明建设和科教工作成绩斐然

改革开放以来，河南省交通厅党组和全省交通系统各级党委，坚持以邓小平理论和党的基本路线为指导，深入学习贯彻科学发展观，在集中抓好交通建设的同时，抓好精神文明建设，不断提高对精神文明建设的认识，从多方面加强精神文明建设，推动交通事业的快速发展。特别是党的十四大、十五大、十六大、十七大以来，按照中央和省委的要求，结合河南交通的实际，坚持“两手抓，两手都要硬”的方针，把精神文明建设纳入交通工作总体部署，保证必要的投入，做到常抓不懈，取得了可喜的成绩。

河南交通系统精神文明建设是紧密结合交通工作实际来开展的。一是自上而下加强领导，把精神文明建设摆到突出的位置。1984年，省交通厅成立了以厅主要领导为主任，厅党组成员和各处局负责同志参加的精神文明建设委员会，下设办公室，配备得力干部专抓此项工作。1996年，党的十四届六中全会以后，厅党组进一步加大精神文明建设的领导力度，把原厅机关党委改为厅直机关党委，充实加强力量，抓好厅直属单位的党建和精神文明建设工作。同时，加大精神文明创建的资金投入，在经费紧张的情况下，设立精神文明建设专项资金，保证了各项活动的需要。省交通厅每年召开全省交通工作会议，部署安排交通工作，同时安排精神文明建设，厅和处局领导下基层检查工作，同时检查精神文明建设，做到了两手抓。省交通厅每年专门召开一次精神文明建设和党风廉政建设会议，总结精神文明建设和党风廉政建设取得的成绩和经验，提出新的要求，表彰奖励搞得好的单位和个人，推动了全系统精神文明建设的深入发展。各市交通部门对精神文明建设也十分重视，均成立了领导机构，党政主要领导亲自抓，形成了党委统一领导，党政领导亲自抓，各方面分工负责的精神文明建设领导体制和工作机制，真正把精神文明建设放到了重要位置，做到常抓不懈。二是组织干部职工认真学习邓小平理论和“三个代表”重要思想，学习党的十四大、十五大、十六大、十七大报告，学习实践科学发展观，提高了建设有中国特色社会主义的自觉性。交通部门各级领导干部，身先士卒，积极参加各种学习，提高自身的理论修养，加强了领导的工作能力。运用多种形式进行了以为人民服务为核心、集体主义为原则的爱国主义、集体主义和社会主义教育以及民主法制教育和思想道德教育，还结合交通工作实际情况，广泛进行

了“三观”（世界观、人生观、价值观）、“三职”（岗位职责、职业职责、职业纪律）和“三德”（社会主义公德、职业道德、家族美德）教育，对提高干部职工的思想道德水平，树立良好的社会风气，发扬敬业爱岗精神，产生了积极作用。2005 年 2 月至 6 月，省交通厅按照省委的统一部署，第一批开展了保持共产党员先进性教育活动。在先进性教育活动中，采取“五个结合”（大集中与小集中相结合，个人自学与集体学习相结合，领导干部上党课与党员个人撰写学习体会相结合，听专题辅导报告与组织党员开展讨论相结合，看教育录像片与学习身边先进人物相结合），取得了良好的效果。通过此次党员先进性教育活动，提高了党员干部的思想素质，增强了党性意识，坚定了理想信念，加强了基层党组织建设，各级党组织的凝聚力、战斗力进一步增强，促进了各项工作的发展。三是积极做好新闻宣传工作。省交通厅成立新闻中心，各市交通局也成立相应的新闻宣传机构，配备专人搞好此项工作。省厅新闻中心和交通系统各级宣传部门，围绕交通工作重点，利用各种媒体，大力宣传河南交通发展，宣传在交通建设中涌现出来的先进单位和模范人物，为完成各项交通工作，促进精神文明建设深入发展，提供了强有力的舆论支持、精神动力和思想保证。2006 年，省交通厅新闻中心在中央和省报刊广电媒体上刊播河南交通新闻报道共 883 篇次。做到报纸有文、电视有形，电台有声、网络有名。2006 年 3 月，省交通厅举办回顾“十五”、展示“十一五”为主题教育系列活动。首先通过新闻媒体向社会发布河南“十五”交通建设成就，举行大型户外图片展览，用真实精美的画面，展示河南“十五”时期交通建设成就，多位省人大、省政府和省政协领导和广大群众参观了展览，取得了很好的效果。四是坚持开展“讲文明、树新风”等多种形式的群众性行业文明创建活动。厅机关开展了“文明处室”、“文明楼院”创建活动，制定了《河南省交通厅机关工作人员行为规范和服务规范》、《文明处室评选标准》、《文明楼院评选标准》和《厅机关文明创建奖罚制度》，并定期进行检查和评选。在厅机关政务大厅实行了首问负责制、限时办结制、服务承诺制、责任追究制；坚持阳光行政、阳光作业，使各项便民措施得以很好落实。公路系统通过开展“好路杯”竞赛，开展了创建“文明行业”、“文明单位”、“文明示范路”、“文明道班”、“文明收费站”、“文明治超核查站”、“青年文明号”和“文明岗位能手”活动；运输业以车、站、路为载体，开展了“文明运管所”、“文明班线”、“文明客车”、“文明窗口”、“文明司乘人员”活动；高发公司和中原股份公司结合高速公路营运特点，开展了“文明公司”、“文明示范高速公路”、“文明收费站”、“文明收费员”、“文明路政员”、“星级服务区”、“十大杰出青年”活动。还在全省交通系统开展学习先进典型活动，认真学习系统内外的先进典型，发现、培养、树立本行业、本单位的先进典型，积极向上级部门推荐先进典型，做好各项宣传工作，充分发挥了先进典型群体的示范导向作用。同时，结全交通部门的特点，开展了丰富多彩的文化体育活动，鼓舞了士气，陶冶了情操，促进了内部和谐，推动了行业文明建设。通过这些行业文明创建活动，使全省交通系统的服务水平和文明程度有了明显提高，涌现了一大批文明单位、先进集体和先进个人。到 2007 年底，全省交通系统国家级文明单位达到 5 个，省级文明单位达到 209 个，文明单位比例达到 82%。省交通厅从 1992 年到 1996 年连续五年被省委、省政府授予省级文明单位，1997 年和 2006 年重新命名时，又获此殊荣。2006 年，省公路局被交通部评为“十五”全国公路养护工作先进单位和全国交通文明行业。全省公路系统 18 个省辖市和 5 个扩权县中，商丘、信阳、南阳市公路局和洛阳市县乡公路管理处被国家文明委授予国家级文明单位，其他均为省级文明单位；18个市级公路系统中有10个已建成省辖市级文明行业。全省130个县（市、区）公路分局（段），已有52个建成省级文明单位。五是把党风廉政建设作为精神文明建设的一个重要内容。党的十一届三中全会以来，特别是近几年来，河南省交通厅认真贯彻执行中央和省委关于党风廉政建设的一系列指示和规定，狠抓领导班子的思想建设、组织建设和党风廉政建设，积极开展领导干部廉洁自律，及时纠正不正之风，对少数领导干部的违法违纪案件，认真进行查处，取得了明显成效。特别是近年来，进一步加强廉政工作的监督检查，认真贯彻落实中央廉洁从政的五条要求，省委十二条规定和省交通厅“五条禁令”、“十条规定”。加强对禁止领导干部违反规定，干预和插手工程招标投标微观经济活动规定落实情况的监督核查，加强对违反规定收送现金、有价证券赌博等问题的监督检查，规范党员的行为。开展了清理、整顿厅直单位所办公司的专项工作，先后撤销一批运营不规范的公司。省厅严肃查处了厅质监站违规办理公司及其挥霍浪费行为，将该公司的240万元及利息退回相关企业，并通报批评。注重交通基础设施建设领域廉政建设，针对交通基础设施建设关键环节，加强对工程建设市场的监管，抓住易出现问题招标投标、工程分包、材料采购，变卖设计和资金拨付环节，健全规章制度，加强监督检查，规范企业单位和人员的行为，净化交通建设市场。省交通厅出台了规范公路工程招投标活动办法，深化资格预审工作，改进评标办法，提高评标活动的公正性和透明度。全省按照分级管理原则，实行向高速公路建设项目派驻纪检监察人员和财务总监制度，加强对工程建设的监督检查。认真落实重点项目廉政合同制度、廉政告示制度、黑名单制度和责任追究制度，会同检察机关，共同开展预防职务犯罪工作，加大执法监察力度，并取得较好的效果。2004年，省交通厅会同省监察厅，对许昌至洛漯河高速公路严重工程质量问题进行了调查处理，将3家施工单位、19个从业人员列入河南省公路建设黑名单；查处了济源高速公路项目第二合同段工程转包问题，将出租资质、转包工程的北京某公司列入黑名单，永远不得参加河南公路建设。2006年，开展了交通商业贿赂治理工作。全省高速公路、国省道干线、县乡道238个项目，904个参建单位，203个设计单位，238个监理单位，59个中介组织，30 428个交通系统在职公务人员，全部进行自查自纠。全省交通系统共审查企业财务资金32.2亿元，清理合同（副本）或补充协议书及备忘录1 741件，取得了明显成果。六是加强政风行风建设。省交通厅成立了专门的政风行风评议领导小组和办公室，每年都印发全省交通系统政风行风情况调查表，虚心听取群众意见自觉接受监督。各级交通部门坚持以评促建，评建结合，开门征求意见，认真自查自纠，针对群众反映的突出问题，积极进行整改。1997年，省交通厅向社会推出《河南省交通系统优质服务九条承诺》公布了5类21个单位为全省交通系统优质服务承诺窗口示范单位，请求社会予以监督，对群众反映的突出问题，省交通厅责成有关单位认真进行整改，受到了好评。2006年，省交通厅向社会做出了五条承诺，并根据群众反映的意见，认真地进行了整改，维护了良好的交通形象。在2006年省直单位的政风行风评议活动中，交通系统总评排名由2005年的32位，上升到16位。同时，把治理公路“三乱”工作作为行风治乱工作的重点。作为全省治理公路“三乱”的牵头部门，省交通厅和各级交通部门，始终坚持不懈抓好治理公路“三乱”工作。先后制定出台了各种治理办法和意见，建立健全各项治理制度，实行治理公路“三乱”工作动态管理，向社会公布治理公路“三乱”举报投诉电话，接受社会各界监督，扩充治理公路“三乱”督察人员，加大明察暗访力度，对易发生公路“三乱”的重点时期、重点路段和重点单位，实施重点监控。2007 年，省交通厅先后组织了 5 次大规模的暗访活动，取得了良好的效果。交通部对河南交通部门治理公路“三乱”取得的成绩给予了充分肯定，以信息形式介绍河南治理公路“三乱”的做法。省交通厅监察室被交通部评为全国交通系统治理公路“三乱”先进单位，三位同志被评为先进个人。

改革开放以来，河南在交通科技和教育工作中，贯彻“科技兴交”战略方针，依靠科教进步促进交通事业的发展。在科技方面，围绕交通建设中心，积极开展交通科技研究，大胆进到科技创新和新技术推广，加强科技成果转化，应用到生产建设中，加快了工程进度，提高了工程质量和经济效益，取得了可喜的成果。自 2001 年以来，全省共安排交通科研项目 486 项，获河南省科技进步奖 61 项，获国家级 QC 小组称号 19 个，获部级 QC 小组称号 37 个，获省级 QC 小组称号 84 个，上报省科委科技发展项目 11 项。在教育方面，积极发展职业技术教育和成人教育，河南交通职业技术学院（原河南省交通学校，2004 年升格为交通职业技术学院）和河南省交通技工学校办学规模不断扩大，办学条件有了很大改善，办学质量不断提高，省交通职业技术学院已进入了大专系列，省交通技校被评为交通部规范化技工学校。除办好交通职业技术学院和交通技工学校外，还采取多渠道、多形式培养交通专门人才，省厅各企事业单位同有关学校联合，举办各种大专班和本科班，鼓励在职干部职工参加各类形式的学历教育，2007 年，全省交通系统在职干部职工参加成人高校学习的 8 620 人。同时举办各类培训班，通过这些培训，对提高干部职工的专业技术和管理水平，起到了很大的作用。

回顾河南交通 30 年的发展，我们深深体会到，河南交通工作，必须坚持交通为经济和社会发展服务的指导思想，深入学习贯彻科学发展观，在市场经济条件下，不断增强竞争力和自我发展能力。只有不断拓展新的发展空间，把握交通发展的新形势，搞好交通管理体制、投资体制、运输体制和养护管理体制改革，妥善处理好省、市之间公、运、水之间的关系，加强行业管理，努力实现交通企业两个根本性转变，河南交通运输事业才会取得又好又快发展。

党的十七大为我国今后的发展提出了重大战略部署，对交通运输工作提出了新的要求。我们要高举中国特色社会主义伟大旗帜，以邓小平理论和“三个代表”重要思想为指导，深入贯彻党的十七大精神，深入学习实践科学发展观，在已取得成绩的基础上，以新的起点，新的思路，继续深化改革，努力推进交通运输事业又好又快发展，实现由公路交通大省向公路交通强省的跨越。高速公路方面，到 2010 年，全省高速公路里程超过 5 100 公里，密度超过 3.05 公里/百平方公里，国家高速公路网线全部完成，95% 的县（市）平均 30 分钟以内抵达高速公路网，出省通道达到 13 条，省界出口达到 22 个。干线公路方面，全面改善国省道干线公路状况，从根本上缓解公路建设对经济社会发展的制约。干线公路 95% 以上达到二级及二级以上公路标准；平原区 100% 达到二级及二级以上公路标准；山区 100% 达到三级及三级以上公路标准。农村公路方面，全省农村公路网初步形成，进一步增强县市与乡镇、经济区、旅游区、行政村以及相互之间的连接，基本实现行政村通客运班车。县乡道路基本消灭等外路；县道基本达到三级或三级以上标准，乡道达到四级或四级以上标准；基本解决县乡道路有路无桥、宽路窄桥和危桥问题，平原区乡镇均有一条三级出口路。全省农村公路总规模达到215 000公里，通水泥（油）路里程达到160 000公里。道路运输方面，加快结构调整，转变增长方式，完善市场机制，加强市场监管，全面提升服务质量和运输效益，着力建设支柱型大产业，服务型大网络，创新型大系统，文明型大窗口，努力打造金象快客、河南快客、中原快修三大服务品牌，建立安全高效，文明诚信，规范秩序，协调发展的道路运输市场新秩序。内河航运方面，以“三个服务”为目的，以恢复航道通航和提升航道等级、建设和改造港口设施、推广标准船型、完善支持保障、加强行业管理为手段，航道发展强化7条通道，港口发展突出10个重点，形成辐射周边、干支联网、水陆联运、港航配套、船舶先进、畅通高效、安全环保的河南航运体系。

九省通衢天地宽

湖北省交通厅

党的十一届三中全会开创了中国历史的新纪元，湖北交通事业也掀开了历史的新篇章。改革开放30年，全省交通系统以解放思想为先导，坚持以经济建设为中心，以改革开放为动力，以实现湖北振兴崛起为己任，勇立潮头，团结拼搏，开拓进取，实现了全省交通事业的跨越式发展。

这30年，是广大交通干部职工思想观念由封闭向开放转变，不辱使命，敢闯敢试，抢抓机遇，应对挑战，不断解放思想，不断创新理念，不断改革体制机制，促进交通生产力获得巨大解放的30年；这30年，是交通经济由计划经济向市场经济转变，运输市场全方位开放，多种所有制运输经济成分竞相发展，运力总量大幅增加，运输结构明显优化，总体实现“人便于行，货畅其流”的30年；这30年，是交通投融资由单一政府投资、依靠交通规费向投资主体多元化、筹资方式多样化转变，政策导向投入和市场化投融资机制基本建立，交通投资规模不断扩大，屡创历史新高的30年；这30年，是交通建设由部门行为向政府行为、社会行为转变，各级党委政府高度重视，全社会高度关注，人民群众积极参与，政策支持力度不断加大，凝聚各方力量，汇聚多方资源，合力发展交通事业的30年；这30年，是交通管理由管直属的直接管理向管行业的间接管理转变，适应湖北交通发展需要的行业法规体系基本形成，行业管理体系全面健全，宏观调控有效实施，依法行政逐步规范的30年；这30年，是交通发展由外延式增长向内涵式发展转变，交通科技含量明显提高，基础设施和运力技术水平显著提升，职工教育体系日益完善，质量效益型交通大步创新的30年；这30年，是交通精神文明建设和党风廉政建设由抓部门向抓系统、抓行业转变，始终坚持以人为本，“两手抓，两手硬”，高扬主旋律，年年新主题，打造新平台，创造新特色，促进物质文明、精神文明、政治文明协调发展的30年。总之，经过这30年，全省交通经济持续性增长、保持长期繁荣，交通行业突破性变化、呈现勃勃生机，交通产业超常规发展、凸现先行作用，提供公共产品和公共服务的保障支撑能力极大地增强，有力地服务了国民经济和社会发展全局，服务了社会主义新农村建设，服务了人民群众安全便捷出行。

一、改革开放30年湖北交通发展历程

湖北省地处我国中部，具有承东启西、接南纳北、通江达海、得中独厚的区位优势。1978年以前，全省交通公路技术等级低、结构不合理、车辆堵塞，江河直达不畅、航道淤积、闸坝碍航，车船运力不能满足人民群众和社会需要，出现了交通不便、运输紧张、乘车

难、运货难的状况，交通成为国民经济发展的“瓶颈”。党的十一届三中全会后，湖北交通进入新的发展阶段。纵观30年历史进程，可分为三个改革发展阶段。

（一）第一阶段：1978年~1992年，党的十一届三中全会到党的十四大期间，为湖北交通的恢复振兴发展阶段

1. 解放思想，全面谋划交通发展

党的十一届三中全会确立了以经济建设为中心、建设有中国特色社会主义的发展纲领。随着全党工作重点的转移和改革开放的不断深化，湖北交通事业进入了恢复振兴的新时期。

根据经济发展阶段性的变化情况与趋势，经过科学的论证，湖北省适时制定了交通建设规划，力争具有超前性、可操作性；确立了建立“大三角”交通骨架的构想，提出了湖北水运开辟航道大通道、建立港站大枢纽的总体构思；提出了交通发展的政策导向，即实现三个转变——变“重陆轻水”为“水陆并举”，变“要我修”为“我要修”，变“独家办”为“多家办”。

2. “八大突破”昭示湖北交通进入恢复振兴阶段

本阶段，湖北交通的亮点主要体现在“八大历史性突破”。

(1)交通行业管理实现新突破。行业职能实现“两个转变”——由抓直属转向抓全行业，由直接抓生产事务转向抓间接宏观调控。推出了以“五定一奖赔”为核心的公路养护承包责任制、单车单船承包经营责任制等经验。

(2)水陆运输市场呈现新突破。从1984年5月起，通过实施“四条规定”、取消“四个限制”、提出“五条措施”的放宽搞活运输“三步曲”，形成了多层次、多成分、各种运输工具一起上的运输新格局，运输市场呈现“千车竞发，百舸争流”的一派繁荣景象。

(3)国省干线公路建设实现新突破。自1978年起，除采取以工代赈等措施，加快老少边穷山区公路、县市出口路、县乡公路建设外，开始以建设湖北大三角经济干线主骨架为重点，包括107、207、汉施等干线在内的六路七桥建设，使国省干线公路技术状况有了较大提高。到1992年底，全省一级专用、一级公路达273公里，二级公路达2 670公里，为1982年的35倍；高级次高级路面达12 972公里，比1982年增长44.4%；实现省会武汉到各地市州干线公路全部黑色化。

(4)高速公路实现零突破。1986年5月，开工建设武（汉）—黄（石）一级汽车专用公路，1991年1月通车试运行，后改名为武黄高速公路，被称为“楚天第一路”，是全国第四条高速公路。1990年9月，省编委发文将省高等级公路管理处改名为“湖北省高等级公路管理局”。

(5)科技成果实现新突破。共开展227项科技项目的研究和开发，其中取得成果并获奖114项：国家自然科学发展奖2项，国家科技进步奖3项，省、部科技成果、科技进步奖54项；国家、省、部新产品、新设计奖14项；国家、省、部优质产品、工程奖41项。加快科技成果转化为交通发展生产力的速度，如郧阳汉江大桥为地锚式预应力混凝土斜拉桥，跨径414米，居亚洲第一。

(6)规费收入实现新突破。1983年费收种类达14个，比1978年增加了8种；1992年费

收总额等于“六五”前30年的1.88倍，等于“六五”的1.6倍，为“七五”的45.5%。其中，养路费收入接近前30年总和，拖养费收入相当于20世纪80年代全省养路费收入。

(7)车船技术状况实现新突破。建立了车船技术发展基金，贷款对老旧车船进行大批量更新，全省东风汽车占66%，钢质船舶占93%，一举改变了全省车船技术落后的状况，实现了运力装备质的飞跃。

(8)公路站场建设实现新突破。公路客货附加费的开征，拓宽了公路客货运站场建设资金的新渠道，为改善客货运输环境，全面启动了公路客货运站场建设。“山东的路、广东的桥、湖北的站”，湖北的公路站场受到社会广泛的赞誉。

3. 改革开放调动了交通发展积极性

党的十一届三中全会后，紧紧把握改革的机遇，我们确定了“企业下放，管理集中，面向全省，搞活交通”的指导思想，先后实施“三放一管”等深化改革举措。

(1)企业下放，实行政企分开。从1984年8月开始，在不到一年的时间里，分三批将4个运输公司、7个交通工厂全部下放给所在地城市管理，共移交固定资产总额2.3亿元、职工2.2万人；从1987年开始，根据生产单位独立、生产过程分散、劳动成果直接的运输生产特点，探索具有交通特色的以单车单船承包为主要内容的承包经营责任制，为交通企业转换经营机制提供了很好的基础。

(2)市场放开，鼓励竞争发展。根据城乡商品经济迅猛发展的形势，陆续推出了放宽搞活运输市场，鼓励多种经济成分发展运输业的一系列改革措施。提出大力发展农村交通运输，支持农村集体、个体和联户经营运输业和装卸搬运业的“四条规定”；对公路货运市场取消运输企业省、地、县三级分工，社会车辆不得跨行业搞运输，厂矿企业车辆不准从事营业性运输，统一货源运力调度的“四个限制”；提出了鼓励货运企业、城建旅游部门、厂矿企业、乡镇企业和个体联户经营公路客运的“五条措施”，突破了以“三统”为特征的封闭型的运输市场，初步适应了经济发展的要求。

(3)简政放权，深化体制改革。从改革计划体制入手，将原来由省集中统管的公路、航道新改建和养护计划，改由省、地、县三级管理，使各地在建设项目安排、资金使用上享有更大的自主权；实施以“五定一奖赔”为核心的公路养护承包责任制，提高了公路养护效率；开展多种经营，部分解决了公路养护经费不足问题；制定了养路费切块分成、超收分成和多种定比补助措施，使责、权、利结合更紧密，改变了交通建设单方投资一家办、资金来源少、设施标准低的落后面貌。

(4)加强管理，转变职能。调整和新组建了省公路、公路运输（公路养路费征稽）、航务（港航监督）及高等级公路四个直属业务管理局，在全省设立了1 000多个乡镇交管站，并纳入国家事业机构编制系列，形成省、地、县、乡四级交通行政管理体系；组织实施交通运输设施的对外开放，新建客运站的站运分离；制定“四定一挂，车头向下，干支搭配，区乡始发”的公路客运管理原则，调整客运线路布局，基本形成车归站、人归点，统一排班、调度、售票、结算的“两归四统一”管理格局；长航局在湖北省境内5个港务管理局及所属站点下放给所在地的市、州、县（市），按行政区划成建制接收，实行地方政府与长航局“双重领导、以地方为主”的体制；公路渡口实行统一收费标准，统一收费，社会渡口纳入公路行业管理。

(5)广开渠道，增加建设资金。为加快交通发展，提出新的筹资政策措施。不断调整交通费收标准。对公路养路费费率进行多次阶段性调整，先后开征了客、货运附加费，促进了客货运站场建设；建立高等级公路专项资金。把公路养路费的调整部分实行单列，作为宜黄公路专项资金，又把公路养路费（含过渡费）“两金”实行定额上缴，超过部分纳入专项资金，积极争取补助和内外贷款：一方面积极争取原交通部给予投资补助，另一方面对一些经济价值大的高等级公路和独立大桥，采取贷款修建、收费偿还、滚动发展的办法。

(6)贷款修路，收费还贷。1984 年，为加快公路建设发展，缓解公路建设资金紧缺的矛盾，国务院制定出台了“贷款修路、收费还贷”政策，为湖北公路建设发展注入了强大活力。省委省政府、省交通厅积极贯彻落实此项政策，当年即建设完成湖北省第一条收费还贷性公路咸宁—通山公路，并设立了湖北省第一个收费站。到 1992 年年底，全省共有 48 条路、11 座桥为贷款修建。

4. 交通运输对国民经济的瓶颈制约得到初步缓解

公路基础设施基本通畅。从 1980 年开始，侧重建设大中城市出口路，干线公路技术改造和修通连接邻省公路。1984 年，省交通厅用发放粮、棉、布和以工代赈、群众集资、交通部门补助的方式修建边远贫穷山区公路，两年间集资 4 100 万元，修建乡村公路 896 公里。自 1985 年起，开始建设以武汉市为中心，连接黄石市、襄樊市、宜昌市的“大三角”经济区公路网络。1986 年开始修建武汉—黄石、武汉—黄陂、武汉—施岗一级汽车专用公路、207 国道和 107 国道、汉口—十堰、鄂东柳子港—界子墩等线路。省会武汉市通往各地、市、州干线公路全部黑色化。

水路运输优势初显。全省港航建设主要是扩大港口通过能力、航道通航功能。先后对长江、汉江及主要支流重点港口进行改扩建，共有 16 个港口的 62 个码头泊位先后开工新建或改扩建，新增设计吞吐能力 1 143 万吨。对汉江中游的金蛙滩、清江长滩、通顺河下游河口段、巴河等进行航道整治，共整治、疏浚航道 341 公里。1989 年，汉江襄樊—汉口航运建设工程开工建设，整治 IV 级航道 532 公里，新建总吞吐能力 500 万吨的余家湖港 2 个 500 吨级泊位，建设襄樊—汉口 532 公里微波通信，开工建设复航工程 11 项。

民众出行条件大为改善。20 世纪 80 年代初，原交通部提出“有河大家走船、有路大家走车”，开放运输市场，全省运输量大幅增加，公路客运量 10 年中增加两倍以上。逐步淘汰老旧普通型客货车，发展高级大中高档客车、豪华大巴、中巴。公路客运线路不断增加，开始开通省际班线，并逐步向农村辐射。开放水运市场，倡导跨行业、各种经济成分经营水运业，开始出现外资、合资、股份、个体等水运企业（户），水运一片繁荣。1986 年 ~ 1991 年，船舶发展开始由增加数量转向提高质量和技术水平。长江上游川江客运发展，汉江丹江口以下及支流客运为沿江公路、铁路客运取代，库区、湖泊旅游客运迅速兴起，江河渡口客运遍布全省城乡。

（二）第二阶段：1993 年 ~ 2002 年，党的十四大到十六大期间，为湖北交通的加快发展阶段

1. 适应市场经济要求，调动多方积极性发展交通

党的十四大第一次明确提出了建立社会主义市场经济体制的目标模式，提出“三个有

利于”标准，提出加快国民经济和社会发展，重点发展基础工业、基础设施和第三产业；应对亚洲金融危机，采取了扩大内需的对策；先后做出了长江流域开放开发、西部大开发和加入 WTO 的重大决策。宏观政策的调整和支持，为湖北交通加快发展提供了良好的环境。湖北交通自 1992 年开始实施交通基础设施建设投入产出目标责任制（简称“大包干”），省交通厅制定了《关于贯彻省委、省政府 <决定> 精神，加快湖北交通改革开放和发展的实施意见》，提出要按照商品经济和市场机制的要求，坚决把企业推向市场，逐步实现客货运输市场化、交通基础设施商品化、行业管理规范化。

2. “八大跨越”昭示湖北交通进入加快发展阶段

本阶段，湖北交通的亮点主要体现在“八大跨越”。

(1)交通建设模式实现新跨越。“大包干”政策在当时较好地调动了各级地方党委政府和人民群众发展交通的积极性，交通建设变部门行为为政府行为、社会行为，形成了加快交通建设的新格局。推行交通基础设施建设投入“三个为主”政策办法，即公路征地拆迁以地方为主，路基土石方以乡镇为主，桥涵和路面以公路部门为主；港口征地拆迁、三通一平以地方为主，港口机械以企业自筹为主，水工部分以省补为主。坚持贯彻公办民助、民办公助、民需民办和民工建勤的原则，实行统一标准、定额补助、优先立项等“谁积极、支持谁”的政策措施，增强地方自筹资金的能力。1992 年 7 月，省政府批准全省贷款、集资修建高等级公路及桥梁的申请项目、收费、收费站场设置等由省交通厅审批。运用市场机制，拍卖转让高速公路经营权，进一步拓宽建设资金筹措渠道。

(2)交通建设投资规模实现新跨越。抓住国家实施积极的财政政策，拉动经济增长的机遇，加快交通建设步伐，年度投资和建设规模屡创历史之最，2001 年全省交通建设投资首次突破百亿元大关，2002 年达到 120 余亿元。襄荆高速公路首次引进社会资金，加快了交通建设投资步伐。

(3)高速公路主通道建设实现新跨越。宜黄高速公路全线贯通；黄黄高速公路通车，湖北拥有了第一条出省高速公路；京珠高速公路湖北段全线贯通。高速公路总里程逼近千公里大关。同时开工建设 6 座长江大桥（建成通车 4 座），在我国建桥史上前所未有。

(4)国省干线公路建设和农村公路实现新跨越。路网建设大规模启动，对国省干线二级路新改建工程实施“258”政策，即：路基土石方和大小桥涵以及防护配套工程以地方政府为主，省给予补助，大中桥和路面工程由省定额投资；路基按 20 万元/公里补助，大中桥和路面工程，沥青路面补助 50 万/公里，水泥混凝土路面补助 80 万元/公里。2001 年出台的《湖北省农村公路建设管理办法》规定，县通乡新铺油路补助 5 万元/公里，县通乡等级公路改造补助 2 万元/公里。

(5)市场主体培育实现新跨越。国有、集体交通运输企业按照建立现代企业制度的要求，实行改制改组，涌现出湖北金路高速公路建设开发有限公司、捷龙快速客运公司、湖北公路客运集团有限公司、湖北捷龙快速货运股份有限公司等为代表的一大批骨干运输企业。股份制企业、民营企业蓬勃发展。个体经济成为新的经济增长点，1992 年个体运输客运量和旅客周转量分别占全省公路客运总量的 9.6% 和 7.8%，到 2003 年，个体运输客运量和旅客周转量分别占各自总量的三分之一。

(6)依法治交实现新跨越。1995 年 4 月，省人民政府发布了《湖北省港口管理办法》，这是我省第一部省人民政府交通规章。1996年11月，省人大颁发了《湖北省公路规费征收管理条例》，这是我省第一部交通地方性法规。这一时期，还颁布了《湖北省水路交通管理条例》、《湖北省道路运输管理条例》、《湖北省公路路政管理条例》、《湖北省道路运输管理办法》、《湖北省乡镇船舶安全管理办法》、《湖北省公路路政管理暂行办法》等地方性法规和省政府规章，全省交通地方法规规章体系初步建立，为依法治交提供了较好的法律支持，依法治交氛围基本形成。

(7)水陆运力结构调整实现新跨越。全省公路运力技术质量和专业化水平提升，高档客车成为主力车型，到2002年，高中档客车已经达到4 960辆，主干线上高档客车比例达到50%以上；专用特种货车达5 700辆。涉外旅游船从少到多，运力达14艘、2 173客位；川江高速客运从无到有，从国外引进水翼船达11艘、1 595客位；液化气船从无到有，运力达10艘、10 800立方米；汽车滚装船从无到有，达到35艘、898车位；江海直达船迅猛发展，达到116艘、19.34万载重吨。

(8)交通行业精神文明建设实现新跨越。连续开展了以“弘扬奉献精神，创立交通新风”、“服务人民，奉献社会”为主体，以“三学四建一创”为载体的精神文明创建活动，形成了“领导重视、重点突出、点线结合、整体推进”的创建工作格局。1998年的抗洪斗争，交通系统在承担水毁抢修、救灾运输、维护江堤等急难险重任务方面，快速反应，冲锋在前，确保了抢险物资运输和人员疏运，确保了公路、水路畅通，省交通厅被评为全国抗洪救灾先进单位。

3. 深化改革加快了市场化进程

按照市场经济要求，以体制改革、机制创新，推动交通四大转变。

(1)把握政策导向，实施行业管理角色转换。“大包干”政策的核心就是依靠各级政府的领导、依靠人民群众发展交通事业，拓宽建设资金筹措渠道。在建设上，由交通一家办变为社会多家办。对社会各单位投资修建公路、桥梁、港口、车站的，一律实行“谁修建、谁受益”的政策；对高等级公路、大型桥梁及隧道的建设，逐步建立“多方筹资、有偿使用、按章收费、滚动发展”的机制。对具备还贷能力的经济干线公路或独立大桥，允许贷款修建。将各市交通部门管理的109个收费站纳入全省公路行业统一管理。

(2)扩大招商引资，推进高速公路管理体制转轨。1999年9月，国有独资的湖北金路高速公路建设开发有限公司（2002年11月更名为湖北省高速公路集团有限公司）正式成立，根据省政府授权，负责经营管理由省交通厅投资形成的高速公路和长江、汉江大桥等资产，交通厅履行出资人的职能。2000年11月，湖北宜黄高速公路经营有限公司、湖北楚天高速公路股份有限公司、湖北京珠高速公路经营有限公司相继成立。

(3)启动事企分离，加快养建体制转型。20世纪90年代初，以“事业单位企业化管理”为核心内容的公路行业改革开始进行，推动了公路部门事企剥离、主辅分离和人员分流的进程，一些施工企业和公路三产企业依托市场得到迅速发展。至2002年初，公路行业改革全面加速，推进公路施工企业改制，促进养护生产社会化，公路其他附属生产单位彻底放开搞活。89%的施工企业与公路管理机构剥离，80%注册为独立法人并启动改制工作，73%的养护单位与机关剥离，77%的科研监理单位与公路管理机构剥离。汉江航道养护管理下放地（市），实行省地两级管理。

(4)推进市场化，加速运输经济转向。突出运输经济市场化改革，适时提出了“四取消、五鼓励”的措施，全方位放开运输市场，客运实行热线拍卖、支线敞开的政策，货运逐步放开运价。指导企业转换经营机制，成为独立企业法人。加快了多种运输经济成分的培育与发展，加快了市场的网络化、规范化建设，整顿和规范了运输市场秩序。全省公路水路运输经营业户由1994年的4.1万家增加到2003年的10.7万家，中外合资企业从无到有，达到60家。《关于进一步加快道路运输发展的若干意见》启动了“集团工程”和“转制工程”，加快了股份制改造和企业兼并重组，形成了一批实力较强的运输集团公司。对新开工站场建设项目严格实行项目法人负责制，依法组建独立的站场运营管理股份有限公司；对原有交通规费投资建设的站场、港口码头，明晰国有资产产权。全省航务部门实行运政与代理分离，建立有形客货运市场。

4. 交通对经济发展的瓶颈制约基本得到缓解

确立发展重点，加快基础设施升等。以“联网、配套、升等、扩口”为目标，加快公路网建设和高速公路建设，扩展大中城市出口路、改善县乡公路、高速公路上等升级，提高路网运载能力。1998年，省政府召开全省加快公路建设会议，提出“湖北省加快公路建设发展五年规划”，1998年~2002年，全省交通建设投资大幅增长，投资规模400亿元，年均80亿元。采取倾斜政策，将水陆货物运输附加费净收入的50%用于港航建设，港航建设进入快速发展阶段，港口设施继续得到大力投资，投资额比上个阶段增加3.7倍，机械化作业水平达到70%，比上个阶段增加20个百分点。

汉江航运建设工程和江汉航线工程两个部省合建的重点项目实施，标志着港航建设开始由线到面的布局发展。

水陆运输加快发展，运力运量大幅增加。2002年全省完成道路、水路客运量、旅客周转量、货运量、货物周转量分别为6亿人、308亿人公里、3.6吨、356亿吨公里。全省民用汽车达到56.5辆，千人拥有客车数达到5辆。全省公路客运线路大幅增长，达6 725条，比1991年增长51%。跨省线路从零起步，到2002年已达到72条。运输船舶达到493万载重吨。加强运输市场整顿，实行“两归四统一”(即车归站，人归点；统一排班、调度、售票、安排发车时间)，开展“五清”(即清理整顿客运站点、经营者、客运车辆、客运班线、经营行为)，服务质量明显提高。

(三) 第三阶段：2003年~2008年，党的十六大以后，为湖北交通的科学发展阶段

1. 科学发展成为交通发展主旋律

党的十六大提出了全面建设小康社会的奋斗目标，提出了科学发展观的一系列要求，将我国国民经济和社会发展提高到又好又快的要求上来。

省政府于2004年出台《关于加快交通发展的决定》，加快了交通市场全方位开放。鼓励民间资本、外国资本进入交通基础设施建设领域。加快运输管理体制改革，加快养护管理体制改革，加强交通专项资金管理，加大对农村公路建设的资金投入，省财政等部门用于汉江航道建设和养护的专项资金在原有的基础上逐年增加，建立收费公路统贷统还制度。坚持

依法治交，建立和完善科技创新体系。省政府把交通发展目标的完成情况纳入对市、州、直辖市、林区政府的考核体系。

2005 年 8 月 22 日，胡锦涛总书记视察湖北，专门听取了林志慧厅长关于湖北省骨架公路网规划汇报，并强调要把湖北打造成中部崛起的战略支点。

这一时期内，武汉城市圈被国务院批准为“两型社会”综合改革配套试验区，省委、省政府决定开展武汉城市圈交通网、武汉新港、仙洪新农村试验区交通、鄂西生态旅游圈交通建设。

湖北交通全面创新观念、体制和机制，实践科学交通发展观。近几年，连续确立“质量管理年”、“提速创优年”、“服务创新年”、“质量效益年”，交通发展在“量的突破”与“质的提升”上实现双赢，努力做到又好又快科学发展，努力做好“三个服务”。

2. “十大超越”昭示湖北交通努力追求又好又快

本阶段，湖北交通的亮点主要体现在“十大超越”。

(1)交通固定资产投资取得新超越。新增交通投资 1 184 亿元，是上个五年的 2.7 倍，相当于建国 53 年交通投资总和的 2 倍，年均增长 24.9%。

(2)高速公路和国省干线建设取得新超越。新增高速公路 20 条共计 1 422 公里，建成阳逻、巴东等 7 座长汉江公路大桥。全省高速公路网络已经辐射全省 86% 的县市区，覆盖 90% 左右的人口和 96% 左右的经济总量。

(3)社会主义新农村交通建设取得新超越。建设通村沥青水泥路 803 707 公里，覆盖了全省 74% 左右的农村人口，解决了 14 603 个行政村不通沥青水泥路的问题，行政村通沥青水泥路率、通客车率分别较 2002 年增加 54.7 和 12 个百分点，完成乡镇渡口改造 1 860 处，农村交通发展日新月异。

(4)水运振兴工程取得新超越。完成水运投资 40.2 亿元，是上个五年的 6.3 倍。全省交通发展史上第一个航电枢纽工程—崔家营航电枢纽建设顺利推进，武汉新港建设全面启动。

(5)公路水路运输生产取得新超越。公路水路旅客运量、周转量、货物运量、周转量分别较 2002 年增长 32.3%、34.2%、41.4%、43.2%，港口吞吐量和集装箱吞吐量较 2002 年增长 86.5%、441%。高级客车、专用货车增长 189.7%、55.9%，地方船舶运力增长 48.3%，运力结构明显优化，水路交通安全保持稳定态势。

(6)交通多元化筹融资取得新超越。完成规费收入 404 亿元，是上个五年的 2 倍；争取原交通部投资 115.5 亿元，同比增长 154%；新增世行贷款 5.5 亿美元，在全国交通行业中排名居各省第一；组织银行贷款 568.1 亿元，楚天高速上市融资 8.1 亿元，引进社会投资 280.4 亿元。

(7)交通中长期战略规划研究取得新超越。省政府颁布了《湖北省公路水路交通发展战略规划》、《湖北省骨架公路网规划》、《湖北省港口布局规划》、《湖北省内河航运发展规划》以及《湖北省交通发展“十一五”规划纲要》等一系列行业规划。

(8)交通法制和政策建设取得新超越。省人大颁发了《湖北省道路运输条例》、《湖北省农村公路条例》；省政府出台了《湖北省机动车维修业管理办法》、《湖北省出租汽车客运管理办法》、《湖北省港口管理办法》、《湖北省公路规费征收管理实施办法》，出台了《关于加快交通发展的决定》、《关于加快全省长江水运业发展的意见》和《湖北省农村公路管理养护体制改革实施方案》等一系列支持交通发展的政策。

(9)交通体制机制改革进程取得新超越。省厅确立了“六个并举、六个统筹”的科学交通发展观，实施了“四个转变”、“八个转向”改革举措。经省编委批准成立了省交通厅高速公路管理局，探索了企业投资项目“委托管理”新模式，在全国率先实现了高速公路“多元化投资、一体化管理”的新突破；经省政府批准，高路集团对武英高速公路实施代建，开创了全省交通政府投资项目代建制先例；车购税管理体制改革、长江水监体制改革顺利完成；公路行业改革、乡镇交管站改革和交通行政审批制度改革稳步推进。

(10)交通行业精神文明建设取得新超越。陈刚毅作为全国重大先进典型推出，“见义勇为英雄”蒋雪峰、“节油大王”王静、“文明出租车司机”王书凤、“公路养护标兵”王长山等一批“刚毅式英模”脱颖而出。建成全国精神文明建设先进单位、国家级文明单位6个，全国创建文明行业先进单位1个，全国交通系统文明行业4个，全国青年文明号9个，全国劳模9名，省部级劳模71名，全国“五一”劳动奖状（章）获得者19名，湖北省“五一”劳动奖状（章）获得者39名。省交通厅、省公路局获得全国文明单位称号。

3. 改革创新增添发展后劲

湖北交通与时俱进，全面实施交通发展理念以及体制、机制的改革创新，为湖北交通又好又快发展确立了观念和体制机制保证。

(1)加快观念创新，统筹科学发展。

确立了“六个并举、六个统筹”的科学交通发展观，即：坚持高速公路建设和农村公路建设并举，统筹高速公路、国省干线和各层次路网建设协调发展；坚持水陆并举，统筹公路建设和港航建设协调发展；坚持建设和运输并举，统筹基础设施建设和客货运输协调发展；坚持建养管并举，统筹交通建设、养护和管理协调发展；坚持交通建设与生态环保并举，统筹人和自然协调发展；坚持科教兴交和依法治交并举，统筹交通全面协调可持续发展。科学交通发展观，为推进湖北交通又好又快发展奠定了坚实的思想基础。确立了“整合资源，合力发展；统筹规划，科学预算；政策引导，分级管理；依法行政，公平和谐”的“32字”交通发展新理念；提出了“四个转变”：变“部门办交通”为“社会办交通”，变“大包干”为“资金跟着项目走、项目跟着规划走”，变交通厅一级预算管理为交通厅与市州交通专项资金分级预算管理，变粗放型管理为集约精细化管理。形成了“政策引导、多方筹资、合力建设、加快发展”的新格局。又推出了“八个转向”的交通发展改革新举措：交通发展由“数量扩张型”转向“质量效益型”，交通建设由“资源消耗型、环境损害型”转向“资源节约型、环境友好型”，交通管理思维由“立足本部门”转向“立足大交通”，高速公路招商引资及建设由“以省为主”转向“以市州为主”，港航建设由“以部省投资为主”转向“多元化筹资”，交通筹融资由“招商引资”转向“招商选资”，交通建设管理由以“指挥部为主”转向“项目代建制”等多种模式，交通行业管理由“方便管理部门”转向“服务社会公众”，湖北交通在科学发展上迈出更坚实的步伐。

(2)加快体制创新，强化行业管理。

一是理顺高速公路管理体制。根据国务院《收费公路管理条例》和原交通部关于“高速公路投资多元化、管理一体化”的要求，成立了京珠、汉十高速公路管理处，沪蓉西、随岳中、崔家营建设管理处，撤销了京珠、襄十高速公路公司，省交通厅高速公路管理局明确了职责，为全省高速公路集中统一管理提供了组织保障。对荆东、汉孝等企业投资建设项目，在全国率先实行了委托管理，形成了以高管局为龙头、以路段高速公路管理处（公司）为主体的集中统一、规范管理的新格局。

二是深化公路、水路行业改革。从交通规费中挤出2.6亿元为全省公路职工办理了养老保险，解决了公路职工的后顾之忧。全省公路系统81%的施工企业和53%的养护企业进行了改制，公路养护市场化、社会化进程进一步加快。省路桥公司、通世达公司全面移交省国资委管理。根据国务院有关文件精神，深化港口管理体制改革，将由交通部和地方政府双重管理的长江干线港口改为由地方政府直接管理，长江干线9个港务局全部下放，由当地政府管理，实行政企分开，一城一港，一港一政，建立完善的港口行政管理体系，积极实施推进长江干线湖北段水监制改革，从2005年5月1日起长江干线湖北境内水上交通安全监管由长江海事局负责。

三是推进交通行政审批制度改革。按照《行政许可法》和行政审批制度改革要求，全面清理了涉及交通行政许可文件37件，省政府对36项交通行政许可事项进行了确认和公布。全省70%的公路路政部门、80%的港航海事部门、85%的运管部门、90%的征稽部门实现了“一站式”服务，提高了行政审批效率。

四是开展乡镇交管站改革。积极争取省委、省政府将乡镇交管站改革纳入了全省乡镇综合配套改革的范围，积极宣传和争取各市州党委、政府加大对乡镇交管站按照经济区域进行改革的领导和支持力度，通过总结推广咸宁市交管站改革的经验，抓点带面，促进了交管站改革的开展。

(3)加快机制创新，彰显发展活力。

一是建立高速公路项目招商引资机制。全面开放交通建设市场，积极鼓励社会资金、境内外资本投资全省高速公路建设。签订投资项目9个、862公里，投资金额达280.41亿元。企业投资项目已经建成的有襄荆等4条高速公路，共计298公里，占全省高速公路通车里程的17%，在建项目有荆宜等10个项目，共计691公里，占全省在建高速公路的46.4%。新增世行贷款5.5亿美元，在全国交通行业中名列各省第一。组织银行贷款568.1亿元，楚天高速上市融资8.1亿元。

二是改革高速公路建设机制。2004年，针对有的招商项目资金不到位、进展滞后、政企不分等突出问题，根据《国务院关于投资体制改革的决定》，建立并实施了“业主负责、政府服务、行业监管、依法行政”的建设管理新模式，回撤了随岳南等8个招商项目的42名交通技术管理人员，实现了政企分开；依法协商解除了杭瑞等5个项目的投资意向，作为政府投资项目争取交通部给予了投资建设；及时修订完善了《高速公路特许权协议格式文本》，从体制机制上理顺了关系、明确了职责。2006年，对政府投资项目建设模式进行了代建制改革和探索。2007年，实施高速公路建设由“以省为主”转向“以市州为主”等“八个转向”的改革举措。

三是完善依法管理机制。针对交通管理薄弱环节和热点难点问题，争取省人大颁发了《湖北省道路运输条例》、《湖北省农村公路条例》；省政府出台了《湖北省机动车维修业管理办法》、《湖北省出租汽车客运管理办法》、《湖北省港口管理办法》、《湖北省公路规费征收管理实施办法》，出台了《关于加快交通发展的决定》、《关于加快全省长江水运业发展的意见》和《湖北省农村公路管理养护体制改革实施方案》等一系列支持交通发展的政策。

四是推进费收机制改革。实施了以“规划项目管理”为核心的交通规费投资体制改革，打破了一成不变的交通规费刚性计划管理机制，取消了“定比分成、超收全返”的“大包干”政策。积极争取费收激励政策，对交通规费征收进行综合目标考核，充分调动了一线征稽人员的积极性。稳步推进公路计重收费和高速公路通行费调标工作。建立了高速公路、面上公路及农村公路建设的“统贷统还”新机制。

4. 交通发展基本适应国民经济和社会发展

(1)谋划发展战略，制定两型交通发展规划。省政府颁布了《湖北省公路水路交通发展战略规划》，从总体上规划湖北交通发展；省交通厅牵头负责编制了《武汉城市圈综合交通规划》，启动“1+8”城市圈交通一体建设；编制了《武汉新港总体规划》，制定了“亿吨大港、百万标箱”的发展目标；编制了“一圈一市两条线”生态公路、鄂西生态旅游圈、仙洪新农村试验区交通发展规划。

(2)健全农村交通发展机制，着力改善农村交通条件。省委将农村交通建设纳入《湖北省“十一五”社会主义新农村建设规划实施纲要》，明确各县市对通行政村沥青水泥路建设配套补助每公里不低于1万元；印发了省政府《关于加快农村公路建设的会议纪要》，统一了全省农村公路建设补助标准，明确了提高全省高速公路通行费征收标准、实行统贷统还、建立资金预拨制度和客货附加费营业税集中用于农村公路建设等四项支持政策；省人大颁发了《湖北省农村公路条例》，落实县级人民政府在农村公路养护管理工作中的主体地位，地方财政按每年每公里不低于1 000元标准安排专项资金用于农村公路日常养护。在全省确立四个层次农村公路建设联系点，建立了农村路站运渡建设的分片包干制度。切实加强了跟踪指导和协调服务，先后在谷城、荆州、天门和鄂州等地组织召开了社会主义新农村交通建设现场推进会。积极探索农村公路管养模式，推广了谷城五山镇“协会管养模式”和潜江“委托管养模式”。在交通规费十分紧张的情况下挤出资金，对全省非列养农村公路安排了专项养护资金，推进农村交通建设养护管理协调发展。提出了“严格按规划推进、严格按范围实施、严格按标准建设、严格按程序办事、严格质量监管、严格一事一议”的“六个严格”原则，做到不修农民不需要、不满意的路，积极稳妥地推进农村交通建设。省政府连续四年向全省人民承诺的农村公路建设任务全面超额完成，农民群众行路难、乘车难、过渡难的问题得到明显改善。全国中西部地区农村公路建设现场会在我省成功召开；潜江市作为全国农村公路建设示范工程单位受到交通部表彰；在全国交通工作会议上交流了湖北农村公路建设经验。积极开展仙洪新农村试验区建设，试验区先期启动的交通项目已完成投资1.7亿元。为解决山区公路急段、弯段、险段行车安全问题，全省共投资6.561 67亿元，实施安保工程，共改造555公里公路。

(3)构建综合交通运输体系，夯实中部崛起战略支点。省政府明确交通厅承担大交通发展规划和协调职能，交通发展重点由“立足本部门”转向“立足大交通”，由“注重单一的公路、水路交通”转向“铁、水、公、空、管”等综合运输方式并举，努力做到客运零换乘、货运无缝衔接，已经取得初步成果。交通运输部将武汉新港规划作为两型交通建设部省合作的重大项目给予大力支持。2003年~2007年，武汉城市圈共完成交通固定资产投资493.73亿元，占全省同期交通固定资产投资完成额的41.64%。高速出口通道和高速公路网络基本形成。累计新增高速公路437公里，高速公路总里程达1 179公里，占全省高速公路总里程的49.83%。路网结构全面改善，通达深度全面提高。新增公路总里程35 844公里，公路密度比全省平均水平高出15个百分点。100%的乡镇通公路，89.7%的乡镇通沥青（水泥）路，高于全省平均水平3.8个百分点。改善航道里程209公里。航道里程达3 753公里，占全省内河航道总里程的44.76%。新增港口泊位42个，新增港口吞吐能力1 029万吨，占全省新增量的48.9%；新增集装箱吞吐能力76万标箱，占全省新增量的96.2%。以武汉、黄石公路主枢纽为重点，建成客运站8个，占全省的57.14%，2007年建设农村五级客运站47个、候车亭836个、招呼站1 690个。道路运输一体化建设取得明显进展。

(4)追求自然和谐，实现持续发展。湖北第一条生态旅游路——神宜公路建设中，坚持适用就是最好的，将保护好生态环境作为设计的第一追求；坚持自然就是最美的，将恢复好生态环境作为施工的第一原则；坚持集成创新原驱动，将科技创新促进生态环保作为建设的第一动力；坚持动态跟踪强监管，将实现自然环境原生态作为验收的第一关口。该工程大量使用了环保新技术，避免了对生态资源的大量破坏。将“美人昭君、诗人屈原、圣人炎帝、神秘野人”等“美、诗、圣、野”文化元素有机地联为一体，丰富神宜公路的文化内涵，力求打造“路在林中展、溪在路边流、车在景中行、人在画中游”，公路与自然相和谐的神宜公路品牌，实现了“路景相融，自然神宜”的建设目标，为探索资源节约型、环境友好型发展之路树立了成功典范，成为交通部科学生态环保示范工程，其建设理念和经验在全国推广。按神宜路的建设理念，湖北又开展了以武神公路为重点的鄂西生态文化旅游圈交通建设。

水运是最环保的运输方式，湖北启动航运振兴工程。省政府每年拿出1个亿投入港航建设，发挥了很好的导向作用。以汉江、清江、江汉平原航道网为重点的港航基础设施建设全面展开，港口建设向布局合理化，集装箱化稳步推进。以崔家营航电枢纽工程为重点，推进航道升等联网工程建设；以武汉新港建设为龙头，推进“四主十九重”港口建设，采取合资、合作、合股等多种方式建设港口。最近5年成为湖北水运建设的黄金期。

二、改革开放30年湖北交通发展成就

经过30年的改革发展，全省交通面貌发生了巨大变化。

（一）从无到有，构建了“三纵两横一环”的高速公路骨架网

相继建成宜黄、黄黄、京珠、汉十、襄荆、樊魏、十漫、随岳中、武汉外环等共计2 365公里的高速公路，目前在建沪蓉西、随岳北、大广南、武英等高速公路里程达1 200公里。到2007年止，连接全省经济大三角（武汉、襄樊、宜昌）、江汉平原腹地以及周边省会城市的“三纵两横一环”高速公路骨架网基本建成，武汉城市圈一体化现代交通网络已具雏形。高速公路已经连接所有周边省市，高速公路网络辐射全省86%的县市区，覆盖90%左右的人口和96%左右的经济总量。

（二）从疏到密，构建了“四通八达”的普通公路网

湖北公路发生了翻天覆地的变化，由不通到通、由通到畅，由数量型到质量效益型，由瓶颈制约到基本适应，湖北公路不断步入新的发展阶段。到2007年年底，全省公路通车里程达到183 780公里，公路密度达到98.87公里/百平方公里，分别为1978年的403.38%和403.39%。一、二级公路达到17 103公里，比1978年增加了17 058公里。公路桥梁达到23 389座、1 021 418延米，比1978年增加了18 289座、866 081延米。等级公路比重达到80.06%，比1978年增加了37.46%。高级次高级路面达到98 579公里，比1978年增加90 869公里。全省国省干线基本达到二级以上公路，国省干线省际出口路全部打通，形成了省到市、市到县、县到乡、乡到村、各层次公路联网配套、衔接紧密、结构合理、四通八达的公路网，公路对湖北社会经济发展所起的作用更加突出。

（三）从城到村，构建了“通乡达村”的农村公路网

改革开放后，随着国家对农村改革的深入推进，农村公路建设发展逐步摆上交通工作的重中之重位置。特别是进入21世纪，农村公路步入全面发展期。到2007年年底，全省农村公路里程达到167 155公里，其中通乡公路27 080公里、通村公路112 500公里。农村公路中有路面里程达到82 285公里，占49.22%，比1978年增加8 065公里。农村公路覆盖了全省74%左右的农村人口，解决了14 603个行政村不通沥青水泥路的问题。全省实现85.34%的村通公路、73%的行政村通沥青水泥路率，分别较1978年增加70和62个百分点。建成乡镇客运五级站200个，候车亭600个、招呼站10 762个，行政村通客车率达到81%；完成乡镇渡口达标改造1 966处。农村公路、乡村招呼站、达标乡镇渡口的建设，极大优化了全省路网结构，为区域经济发展和社会主义新农村建设、边远山区脱贫致富作出了突出贡献，被人民群众誉为“民心工程”。

（四）从弱到强，构建了“层次分明”的内河港口网

全省已初步形成以武汉、宜昌、荆州、黄石等4个主要港口为核心、其他重要港口和一般港口相补充的层次分明的港口布局。千吨级以上泊位成为装卸作业主力，大型港口机械取代了肩挑背扛，载重汽车和集装箱专用卡车取代骡马大车。港口作业实现从“人挑背扛”向“机械化作业”的跨越。2007年，全省共有生产性泊位2 058个；全省港口年综合通过能力达到2.1亿吨，是1978年的3.6倍；港口机械化程度超过70%，比1978年增加了30多个百分点。1991年12月在武汉青山建成长江中上游最大的外贸港区。2007年11月在武汉沌口建成长江上规模最大的商品汽车滚装码头。武汉杨泗集装箱港区运用国内较为先进的TOPS码头营运管理系统、无线终端系统及电视监控系统进行生产管理，实现港口作业实时控制，并已发展成为目前长江中上游最大、最先进的集装箱码头。

（五）从阻到畅，构建了“通江达海”的内河航道网

相继对汉江、江汉航线、香溪河、江汉平原航道网、清江等实施了整治，崔家营航电枢纽工程开工建设，航道实现从“自然状况”向“专业化治理”的跨越。到2007年年底，全

省共建成复航船闸24座，疏浚整治航道里程1 853公里，恢复直达通航里程649公里，等级航道里程增加了2 560公里。形成229条通航河流、292条航道、8 383公里通航里程的水运通道，其中，等级航道里程5 860公里，占航道通航里程的70%，通航里程居长江水系第五位、全国第六位。现在，国家规划的全国内河“两横一纵两网十八线”高等级航道中，在湖北境内就有一横两线即：长江、汉江和江汉运河。

（六）从窄到宽，构建了多元化、多层次的筹融资体系

交通筹融资渠道从单一政府和部门投入，不断拓宽到政府投入、社会投资、商业贷款、世行贷款、交通规费投入和证券市场融资等多种渠道。2007年交通规费收入达到104亿元，比1978年增长近20倍。全省交通建设累计贷款余额826亿元，其中利用外资和世界银行贷款61亿美元。全省高速公路通行费自1991年开征至2007年，总计征收200多亿元。

为了确保交通建设资金运行安全，交通内部审计工作不断加强。1989年～2007年，全省交通审计部门累计对31 993个单位（项目）进行了审计，审计资金总额2 013亿元。

（七）从次到优，构建了“结构优化、成龙配套”的车船运力体系

市场主体形成多元结构，运输能力突破瓶颈制约呈现大幅增长。2007年年底，拥有营运汽车30万辆，比1978年增长42.6倍。运力结构不断改善，高中级客车从无到有，全省高中级客车已达6 686辆，主干线上高级客车比例已占总运力的75%。集装箱车、专用特种货车已成龙配套，GPS等先进技术初步应用于运输领域。全省共开通客运线路30 734条，为1978年的19.8倍。高速客运、干线客运基本实现公司化经营，运输主体规模化、集约化明显提高。客运“三优、三化”服务体系建立。船舶运力实现从“小船木船”向“大型标准化”的跨越。至2007年年底，全省运输船舶为341万载重吨，平均吨位达到580吨，均为1978年的17倍；船舶钢质化率达到99.9%。集装箱船、汽车滚装船、液货危险品船、江海直达船、大吨位干散货船，从无到有，比重达到总运力的70%以上。其中，涉外旅游客船18艘3 119客位，载货汽车滚装船56艘2 919车位，外贸内支线集装箱船21艘3 009标箱，江海直达船220艘82万载重吨。全省万吨运力以上航运企业43家，运力规模10万吨级的有3家。船舶不断向大型化、专业化、标准化方向发展，水运企业正朝集约化、多样化、规模化方向发展。

（八）从粗到精，构建了“内联外畅、优质服务”的运输服务体系

着力提高交通服务社会的能力，公路水路交通在全省综合运输客货运量的比重由1978年的32%提高到2007年的40%。

除神农架林区外，全省各市州基本实现高速通达，从省会武汉到各市州都成为半日经济圈，实现了省内12个市州4小时到达，周边省会城市朝发夕至的高速客运网络。高速客运引进了空勤式服务。从武汉东至上海，南下广州，北上首都，都实现了朝发夕至，人们出行方便快捷。

共投入站场建设资金27.9亿元，新、改建等级客运站448个，新建货运站48个，省内各市（州）、县均有符合规范的等级客运站，部分市（州）、县拥有符合规范的货运站（物

流中心)，布局合理、配套适当的公路客货运站场网基本形成。

航运服务实现从“单一内河”向“通江达海”的跨越。航运平均运距达507公里，比1978年的延伸了397公里。1988年11月全省第一艘江海直达航“黄鹤1号”首航拉开了全省航运通江达海序幕。1997年5月“江夏”轮满载进口铁矿石由宁波直达武钢，首次使海矿运输由“三程”变为“两程”，降低了矿石进江运费的37%。2007年9月我省万吨级货轮从宁波成功首航武汉，改写了长江武汉段不能行驶万吨轮的历史，建立通江达海的服务体系。2007年，全省完成港口吞吐量1.5亿吨、水路货运量9 028万吨、周转量458亿吨公里，分别是1978年的2.6倍、4倍、18倍；完成集装箱吞吐量48.96万标箱，完成滚装车吞吐量44.78万辆。与周边省市相比，水路货运量、港口吞吐量等指标均排名第二，集装箱吞吐量排名第一。

(九)从制到治，构建了“依法行政、规范管理”的交通法规体系

交通立法从少到多，逐步形成了具有湖北特色的交通法制体系。省人大和省政府共颁布7部地方性法规和9部政府规章，形成了较为完整的，涵盖公路、运输、征稽、港航等各个管理门类的交通法制体系，交通管理做到了有法可依、有章可循。交通执法从依习惯到靠制度，逐步建立了规范化的交通执法体系。交通普法依法治理工作由浅入深，逐步形成了覆盖面广、影响力大的普法机制。经过连续五个普法教育工作的开展，全省交通普法依法治理工作成效明显。2006年省交通厅被评为全国法制宣传教育先进单位。

自2002年《行政许可法》颁布以来，积极开展行政审批制度改革，对交通行政审批事项进行清理、精简和规范，共取消、下放、转移58项，占原有审批项目的53%，同时对保留的35项进行了梳理，编制了工作流程，实施网上电子监察。推行行政许可“一个窗口”对外工作，目前70%的公路部门、80%的港航海事部门、85%的运管部门、90%的征稽部门都实现了“一站式”服务，提高了行政审批工作效率。

(十)从低到高，构建了“人才强交、科教兴交”的科教创新体系

实施“百千万”人才工程，重视专家工作，成立交通专家委员会。全省交通享受国务院特殊津贴人员15名，享受省政府津贴人员4名。厅直单位先后引进博士、硕士74名，本科生420余名。行业培训人员达到80多万人次。分期分批选送了200余人到高校学习。仅最近5年，就组织交通执法人员岗位培训3万余人、职业资格和公务员培训15万人、技术工人等级培训5万人次。行业从业人员大专以上学历人员比例由4.3%提高到23%，行政执法人员大专以上学历达到100%。同时，采用多种形式开展劳动竞赛，培养高技能人才，涌现了年收费两千万元无差错的“收费状元”杨丽、全国“节油大王”王静等一大批高技能人才和技术能手。

开展了725项科技项目的研究和开发，其中，获国家科技进步奖5项，省部科技成果、科技进步奖419项，国家、省、部优秀设计奖7项。宜昌长江公路大桥获省科技进步一等奖、詹天佑奖和鲁班奖；军山长江公路大桥获省优秀设计一等奖、詹天佑奖；襄十、十漫高速获詹天佑奖等10多项国家级科技奖项。推广应用科技成果已产生直接经济效益9.74亿元，为促进湖北交通又好又快发展起到了重要推动作用和技术支撑保障作用。

逐步建设了以湖北交通学校、湖北航运学校、湖北汽车学校为主体，以职工培训、电视中专为基础，覆盖全省、布局基本合理的交通教育体系。2001年组建湖北交通职业技术学院，使交通职业学院跨入高等院校行列，成为培养交通高级应用型人才的重要基地。

（十一）从学到创，构建了“服务大局、争创一流”的三个文明保障体系

全省交通行业以邓小平理论和“三个代表”重要思想为指导，实践科学发展观，以“服务人民、奉献社会”为宗旨，围绕经济建设中心，服务改革发展大局，始终坚持“两手抓、两手都要硬”的方针，坚持“始终围绕一个中心，一段明确一个主题，系统推出一批载体，每年突出一个重点，年年争上一个台阶”的思路，在全省交通行业相继开展了以“弘扬奉献精神、创立交通新风”、“三学一创”、“三学四建一创”、“学习陈刚毅、岗位创一流”和“学刚毅精神，创文明新风气，建和谐交通”为内容的行业精神文明建设主题活动。党风廉政建设常抓常新，交通特色惩防体系基本建立。实现了廉政主题教育制度化，交通工程建设监管规范化，交通、检察、审计部门联动长效化。针对交通行业特色，在行政执法领域开展了执法达标和争当执法标兵活动，在交通建设养护管理领域开展了争创精品工程、文明路、文明样板路、文明航道、星级公路管理站、星级收费站、重点工程、青年文明号信用建设活动，在运输服务领域开展了争创文明车、船、港、站，文明客运（公交）示范线，出租车创十佳企业，百佳标兵，农村路站运一体化示范线等活动，使文明创建活动载体覆盖了交通各行各业、各个领域，为全方位、全员参与文明创建提供了平台。全省交通行业精神文明建设呈现出重点突破、整体推进、亮点频出、蓬勃发展的良好态势，走出了新形势下为民创建、整体创建、联动创建、文化创建、品牌创建的新路子。全省交通行业精神文明创建活动，有力地推动了交通两个文明建设协调发展。改革开放30年来，全省交通系统有9人被授予全国劳模称号，51人获全国“五一”劳动奖章，216人被授予省劳动模范称号，65人被授予省“五一”劳动奖章。全省交通行业建成国家级文明单位9个，部级文明行业8个，省级文明单位122个，全国青年文明号22个，省部级青年文明号198个，青年岗位能手19名。在抗击1998年洪灾、2008年雪灾、汶川震灾中，湖北交通充分展示了科学决策、快速反应、高效执行的应急保障能力，充分展示了交通干部职工共克时艰、特别能战斗的精神风貌。湖北交通抗雪灾、保畅通的做法受到时任中共中央政治局常委李长春的高度肯定。

三、改革开放30年湖北交通发展的主要经验

回顾30年湖北交通改革发展历程，有以下八点实践经验。

（一）坚持发展第一要务，当好交通先行，努力适应社会经济发展需要

认真贯彻落实党中央、国务院、湖北省委省政府的战略部署，始终把交通置于社会经济发展总体布局中谋划，围绕国家及省的战略重点，科学规划交通中长期发展目标，有序推进；围绕经济建设中心，始终坚持发展第一要务不动摇，咬定发展不放松，抢抓各种机遇，克服各种困难，积极主动创造条件，加快交通建设发展，建立完善交通基础设施服务体系，努力提升交通对国民经济的服务功能，适应国家改革发展需要，为社会经济发展当好交通先

行。通过发展解决交通面临的突出问题，始终保持交通发展的先行地位。

(二) 坚持改革开放，解放思想，建立充满生机与活力的交通发展体制机制

在国家及省的宏观政策指导下，坚持解放思想，更新理念，牢固树立开放的意识，结合湖北交通实际，不断推进体制机制创新，适应新形势、新要求。着力构建与市场经济相适应的全省交通运输管理体系、交通建设管理体系、交通企业市场化运作体系，以及交通窗口服务体系，全面建立与市场接轨、与国际接轨的交通管理体制机制。坚持把解放思想作为行动的先导，把改革作为发展的动力，把创新作为发展的引擎，不断改变那些与形势要求不相适宜的思想观念、思路理念、办法措施和政策制度，使之成为交通持续发展的活力源泉。

(三) 坚持以人为本，质量安全第一，做负责任的交通行业

始终把满足社会经济发展需要、满足人民群众安全便捷出行需要作为交通发展的出发点和落脚点，做到交通改革发展为了人民、交通改革发展依靠人民、交通改革发展成果由人民共享，努力解决交通发展速度、发展质量、发展安全等人民群众最关心、最直接、最现实的交通利益问题，努力建设使老百姓能够安全出行、便捷出行、舒适出行和信誉出行的交通运输环境。在交通发展中，必须坚持质量安全第一，尽最大努力改善交通安全状况，提高交通安全保障水平，建立安全管理长效机制，坚决杜绝重大安全责任事故；始终把质量放在交通首位，努力建设社会满意、人民群众放心的交通工程。把农村交通作为交通战略重点，使交通发展能够惠及更多的社会群众，成为服务社会主义新农村建设的重要支撑。

(四) 坚持科教兴交，人才强交，走可持续发展道路

积极实施“科教兴交”战略，坚持科技、人才是第一生产力，积极推进新技术、新材料、新设备、新工艺的推广和应用，提高交通科技含量。把握交通发展的规律性，增强前瞻性和预见性，根据新形势、新要求，不断深化和更新交通管理理念、管理方式、管理内容和管理手段。依托交通建设实践，加大交通科研力度，加大人才培养力度，把科技人才作为交通持续快速健康发展的重要动力。

(五) 坚持依法行政，依法治交，树立交通良好社会形象

坚持立法与执法并重、学法与用法结合，努力建设涵盖公路、运输、征稽、港航等各个管理门类的交通法制体系，使交通管理做到有法可依、有章可循；不断优化交通发展法治环境，健全监督制约机制，实施有效的执法监督检查，严肃查处各种不规范执法行为，做到“研究问题先学法、决策问题遵循法、解决问题依据法、言论行为符合法”，形成“办事依法、群众信法、为官学法、行政用法”的交通法治氛围，为交通事业持续快速健康发展奠定坚实的法制基础。

(六) 坚持依靠各级党委政府，变部门办交通为社会办交通

加快交通发展，必须紧紧依靠各级党委政府的正确领导，紧紧依靠相关部门的密切配合，紧紧依靠人民群众的积极参与，把交通发展始终置于党委政府的领导之下，依靠政府、

社会力量推动交通发展，变交通发展部门行为为政府行为和社会行为，由“要我发展”转变为“我要发展”，努力创造各级领导大力支持、奋力推进交通发展，人民群众高度关注、积极参与交通发展，全社会踊跃投资、大办交通的良好发展环境，形成“政府亲自管、社会多家办、交通部门组织干、合力发展交通事业”的格局。

（七）坚持以中国特色社会主义理论体系为指导，促进交通科学发展

在交通发展中，必须正确处理好交通与社会的关系，充分发挥交通在社会经济发展中的基础性作用；正确处理好交通与环境的关系，积极贯彻落实国家关于环境保护的各项规定和要求，做到建设中最小程度地破坏、建设后最大程度地恢复，积极践行“适用就是最好的、自然就是最美的”理念；正确处理好交通自身协调发展的关系，贯彻落实好“六个并举、六个统筹”的科学交通发展观，建立交通协调发展的长效机制。

（八）坚持“三个文明”建设一起抓，为交通发展提供有力保障

围绕经济建设中心，坚持“两手抓、两手都要硬”，坚持不懈地推进精神文明建设，提高交通行业的文明程度和交通干部职工的综合素质，为交通事业发展建立一支创新意识强、工作作风实、勤政廉政的干部职工队伍。结合交通行业特点，创新丰富多彩的文明建设活动载体，积极培树交通先进典型，将精神文明建设、政治文明建设寓于交通经济发展之中，为交通持续健康发展提供有力的智力支持和精神保障。必须始终把党风廉政建设作为交通发展的重要保障抓住不放，坚持制度与教育并举、预防与惩处并举，不断构建交通党风廉政建设制度体系，防止腐败案件发生，保持交通发展始终有一个良好的外部环境。

湖北交通的快速发展，得到了各级领导的高度关注。2005 年胡锦涛总书记视察湖北，听取了湖北省骨架公路网规划汇报。交通部历任领导高度重视，李盛霖部长多次视察湖北交通，积极支持湖北交通发展。交通部充分肯定湖北交通建设，潜江、仙桃成为全国农村公路建设示范点，神宜旅游公路被交通部树为全国首条科技环保示范公路，沪蓉西高速公路成为全国四个科技示范工程之一。中西部地区农村公路建设现场会、全国规范收费公路管理座谈会等会议在湖北成功召开。历任省委、省政府领导正确领导、大力支持交通发展。省委书记罗清泉、省长李鸿忠多次视察交通，谋划决策交通发展，提出了不怕负债、不怕负重，超常规、超常态的交通发展新思路，为新时期湖北交通发展提出了重要指导思想，湖北交通将迎来新一轮更大发展。

回顾 30 年改革开放，湖北交通事业成绩斐然，但交通发展中还存在着一些突出矛盾和问题：目前东中部地区交通发展势头迅猛，“前有标兵、后有追兵”的竞争态势更加明显，把湖北建成中西部的交通强省面临巨大压力；交通质量安全管理特别是山区高速公路、危桥改造、公路安保工程建设任务十分繁重，道路危险品运输、水上安全管理有待进一步加强；水运优势不优，港航建设发展不够；全省交通系统腐败案件时有发生，廉政建设形势依然严峻。

四、推动湖北交通又好又快发展

辉煌成就鼓舞人心，时代使命催人奋进。我们又站在一个新的历史起点，新一轮的交通

改革发展正在揭幕，湖北交通将由此进入科学发展的新阶段。学习实践科学发展观，我们将创新发展理念，理清发展思路，破解发展难题，强化“四个着力”，推动湖北交通又好又快发展。

（一）坚持解放思想，着力查找和更新不适应不符合科学发展的思想观念

遵循“七个既要、七个又要”的新理念，即：既要依法依规，又要超常规、超常态；既要严格程序，又要好中求快；既要解放思想，又要脚踏实地；既要超越创新，又要尊重科学；既要敢闯敢冒，又要遵章守纪；既要保质保量，又要安全有序；既要青山绿水，又要做大交通，引导交通职工正确认识“好”与“快”的关系，努力在“量的突破”和“质的提升”上实现双赢。

（二）注重破解难题，着力推进湖北交通发展实现新突破

以优化武汉城市圈、鄂西生态文化旅游圈高速公路布局为重点，将2020年全省高速公路规划里程由5 000公里调整到6 000公里左右，新增近1 000公里；将2012年建设目标由4 000公里调整到4 500公里左右。打造“亿吨大港、千万标箱”的武汉新港。着力加快崔家营航电枢纽工程、引江济汉通航工程建设，着力构建连接长汉江经济带、环绕江汉平原的长江—江汉运河—汉江810公里千吨级航道圈。

（三）突出实践特色，着力打造湖北交通科学发展示范点

将沪蓉西高速公路作为学习实践科学交通发展观的实践载体，打造全国交通科技示范工程和党风廉政建设示范工程；将仙洪、武神、赤壁科技环保示范路作为学习实践科学发展观的实践载体，着力打造“两型交通”示范工程。

（四）增强危机意识，着力推动湖北交通新一轮大发展

国家宏观政策的调整，为交通基础设施建设创造了千载难逢的发展机遇。湖北交通将贯彻落实中央、省重大决策部署作为当前最大的政治任务和最紧迫、最重要的中心工作，牢固树立“时不我待、只争朝夕”的机遇意识和“前期就是投资、前期就是发展”的理念。努力在解决人民群众反映最强烈、最现实、最迫切的交通问题上出实招，为加快湖北富民强省进程、构建促进中部地区崛起的重要战略支点当好交通先行。

芙蓉国里尽春晖

湖南省交通厅

邓小平同志曾经说过："改革开放到底怎么样，要看30年。"① 以中共中央十一届三中全会为标志的改革开放历史新时期发轫，到现在整整30年了。但正是这30年，中国发生了一场前所未有的变革，取得了空前的成就。

伴随改革开放的大潮，作为先导性、基础性产业的交通运输同样发生了翻天覆地的变化，实现了一个又一个跨越式的发展。与此同时，回顾30年改革开放的历程，我们还看到，中国改革开放事业均与交通运输息息相关。交通运输实际上起着先行作用。

一、发展历程

1978年12月中共十一届三中全会的召开，中国迎来了改革开放的新航程，湖南的交通事业迎来了蓬勃发展的春天。

（一）公路建设完成了三级跳

从县（市）县通公路到乡（镇）乡通公路进而到村村通公路，形成国道、省道、县（市）道、乡（镇）道、村道联成一体的路网结构，这是三级跳的显著标志。1978年底，全省通车公路总里程为59 541公里，当时没有国、省、县（市）、乡（镇）公路之分，个别县还不通公路，有的县只有"一根筋"，即由公路所经市、县直达县城的公路；有的两县相依，骑仑分水为界，却无公路可通，客货往来要绕道数十以至上百公里。2007年，全省通车公路总里程为175 415公里，30年间增加近12万公里，其中国道10条5 321公里、省道64条9 004公里、县道26 532公里、乡道44 911公里、村道88 493公里，专用公路1 153公里；市（州）之间、县（市）县之间、乡（镇）之间、村村之间基本上形成了道路交通网络。

重要的还在于路质的三级跳——由无等级到上等级进而创出高等级，一步一个台阶。1978年，按现行《公路工程技术标准》（JTG B01—2003），全省五万多公里公路，几乎都不够等级，就连最好的长（沙）潭（湘潭）线，还有一处与铁路平交的道口，个别路段路幅宽不足8米，最大纵坡超过12%，行车视距仅100米左右。长潭如此，其他线路就更不

① 《新华文摘》2008年14期第25页。

如了，而至2007年，全省等级公路共有91 453公里，高级、次高级路面里程达76 240公里。特别是高速公路、一级公路从零开始分别达到1 765公里和626公里，超过1949年全省通车公路总长一千多公里，成为湖南道路交通史上一道亮丽的风景线。

（二）桥隧建设实现了大跨越

湖南在山重水复、江河纵横的条件下，路与桥是不可分割的联体，“垒石为墩，架木为桥”，建桥历史颇为悠久。

但是到改革开放前，湖区无桥，山区少桥，大中城市进出口和国、省、县道相会处无立交，公路所经上无天桥下无明洞等缺陷一如往昔。1978年全省公路桥梁只有9 807座、205 965延米，在技术标准上无特大桥、大桥、中桥、小桥之分。2007年，全省公路桥梁达到22 272座、742 651延米，比1928年~1978年间所建桥梁之总和多12 402座、536 700延米。其中特大桥29座、46 017延米，大桥1 153座、220 912延米，仅大桥的总延米就比1978年前所有公路桥梁多了近两万延米。由于高速公路、一级公路皆绕城而不进城，各道相连处的环状、蝶形、花瓣形的分离式互通立交桥数以百计，高速公路所经上空建成的天桥近千座，有的可通行小型机动车；公路与铁路交会处大多以立体交叉桥取代道口，铁路与公路分道行驶，迅疾无前。

重要的还在于桥梁质量的大提升，创造了不少的一时之“最”。诸如1983年10月动工1986年9月建成的常德沅水大桥，系当时全国最大跨径预应力钢筋混凝土箱形连续梁特大桥，获省优秀工程勘察一等奖和优秀工程设计一等奖、全省重点工程第一名、国家优秀工程金质奖。1988年5月动工1989年1月建成的洞口淘金大桥为自锚上承式悬带桥，填补了建桥技术的空白，居当时世界第三位。同期建成的津市澧水大桥，其连续刚构主跨135米，居全国第二。1988年10月动工1990年12月建成的凤凰乌巢河大桥为全空腹式石肋拱，结构牢固而新颖，工艺精湛而独特，获四项科技成果。1987年动工1990年建成的长沙湘江北大桥，又为国内预应力单索面双塔斜拉桥之最。2001年动工2003年竣工的凤凰王村特大桥，复创净跨200米的钢管混凝土肋拱桥新记录，称为“湘西第一桥”。

显然，“最”中之“最”当数1997年8月15日由当时国家主席江泽民亲笔题写的“洞庭湖大桥”。1995年春，湖南国际工程咨询公司组织省内外桥梁专家会审预可报告，并到岳阳实地考察，一致认为建设洞庭湖大桥是必要的，预可方案是可行的。1996年春节刚过，大桥设计组开始深入地细化初步设计，确定桥位于洞庭湖与长江交汇处，主桥由二主孔二副孔组成，全长达5 747.82米，抗风能力超9级。设计结构系用三塔斜拉索，是中国桥梁史上的重大突破，历经四年零两个月的努力，终将此举世瞩目的特大桥建成。

湖南古有“山国”之称，民间传有“七山二水一分田”的俗谚。全省山、丘、岗地占全境土地总面积70.5%。在经济技术条件和地理地质条件许可情况下，兴建隧道是解决山区交通不便的必然选择。1979年全省公路普查时统计，全省共有隧道21道、3 306延米；而到2007年，全省公路隧道共123道、62 571延米，比1978年增加了102道、59 265米。也就是说，30年中隧道增加了4.8倍，其总延增长了17.9倍。

湖南省境内隧道中的“王牌”当属雪峰山隧道。2002年规划设计兴修邵怀高速公路时，决定建雪峰山隧道。根据地质特征，分左右二隧，左隧长6 946米，右隧长6 956米，每隧皆四车道。湖南交通人攻克了一道道难关，历经三年多时间终于高精度贯通，横向贯通误差仅18毫米（规范极限差300毫米），水平高程贯通误差为13毫米（规范极限误差为70毫米），所有质量指标（包括环保）都准确到位。至今，雪峰山隧道仍是国内贯通长度位列第三的公路隧道。

（三）千里湘江开发二度春

纵贯省境南北的湘江是湖南的名片。湖南简称“湘”就源于这条母亲河。湘江干流在省境长达773公里，流域面积近全省土地总面积的一半。

中共十一届三中全会后，省航道局恢复，鉴于资水、沅水已“横切二刀”（资水有柘溪、马跡塘电站，沅水有凤滩、五强溪电站），湘水衡阳以下尚无锁江碍航大坝，便将整治工作重点放在湘江航道开发上。自1979年至1982年整治滩险63处，基本实现300吨级船队常年通航。1983年湖南“北水”建设计划定妥，国家交通部与省人民政府共同投资，对湘水干流衡阳松柏—岳阳城陵矶497公里航道进行初步开发性整治。1989年秋，省航道局邀集国内11所大专院校和科研机构对湘江干流河段进行河床沉积钻探、水工模型试验、水流量流态分析、水沙检测、滩险成因、分汊机理等进行研究，完善“工可”报告。采用有湘江航道特色的整治理念与实践经验，展开疏浚、炸礁、切嘴填潭、导水归槽、裁弯取直、合理分汊、整治护岸、育草封沙等水道生态环境标本兼治工程。至1994年底，将株洲—城陵矶257公里千吨级航道建设成功，航道水深超过2米，航宽80～90米，弯曲半径750米，通航保证率98%。

1995年，湘江二期整治工程开始进行，基本目的是将衡阳—株洲182公里航道由300吨级提升到1 000吨级，与下游株洲—城陵矶航道联体，经过几番工程论证和比篩研究，最终决定在上距衡阳港62公里、下距株洲港120公里的衡山县境大源渡建航电枢纽，以航运为主，兼顾发电，兼顾灌溉，以电促航，梯级渠化，滚动发展。

大源渡航电枢纽船闸是省境首座千吨级大型现代化船闸。1998年12月船闸正式建成通航，第一台机组同时并网发电。1999年10月四台机组全部并网发电，一顶四艘千吨级船轮驳畅通无阻，以电促航初见成效。

21世纪初，国家“十五”重点建设项目——株洲航电枢纽建设随之启动。经过有关职能部门、科研单位、大专院校三番五次的考察、试验、论证，最终选址于湘江流经株洲县境的空洲滩，整个枢纽由大坝、船闸、电站、坝顶公路桥组成。安装总容量14万千瓦贯流式水轮发电机组。2006年8月，全部工程顺利完成，国家交通部定为全国内河航电枢纽示范工程。从此，衡阳—城陵矶439公里航道由五级提升到三级，一顶四艘千吨级船舶畅通无阻，“以电促航”成效显著。

在湘江航运开发的同时，流程最长的沅水渠化工程和洞庭湖航道的整治工程也都取得了阶段性成果。至2007年，常德—鲇鱼口192公里航道亦已达三级航道标准；益阳—芦林潭116公里航道已按工程计划完成近半。现有通航河流共373条，连通全省70%的县市，航道总里程达11 968公里，居全国第三位。以一湖四水为通道，以公路、铁路干线为主骨架，以黄花国际航空港为空中走廊的立体交通格局，谱成了湖南交通改革开放的新华章。

（四）港站兴建方兴未艾

中共十一届三中全会后，随着水陆交通的发展，市场的开放，城市建设范围的不断扩大，省境港站变化很大。特别是1993年—2008年的十五年间，按照科学规划、合理布局、适度超前、协调发展、集中投入、突出重点的原则，港站基础设施建设因投资规模的扩大，其覆盖的广度、深度达到了前所未有的水平。

1978年，全省共有年吞吐量100万吨以上的港口6个，总吞吐量不足2 000万吨；共有汽车站1 142个，开行班线896条，平均日发送旅客18.25万人次。由于整体设施落后，港站堵塞时常发生，曾发动过多次“运输大会战”进行疏通。以后十余年间，港站建设虽逐步推进，但仍不适应市场开放与站场面向社会的需求。1993年起，根据水陆两路交通运输快速发展的新形势，港站建设的投入大增。1993年—2007年港站基本建设投资共达51.61亿元，为1978年—1992年的16倍，新建港区4个，新建汽车站232个。千吨级泊位、千台车停位、千人以上的候车室从无到有，从有到好。实现了港站景观化，景观人文化，人文自然化，软硬兼顾（“软件”建设主要是营造文明、优质、高效服务，“硬件”建设主要是站房、库场整体结构质量与外观风貌以及配套设施的契合），主（主体）客（服务对象）同构，是新时期港站建设中的一大特色。2007年，省境主要港口有2个，重要港口有13个，年总吞吐量12 166万吨，为1978年的6倍。同期，有等级的汽车站683个，其中16个为一级站，开行客运班线10 505条，日均发送旅客95.30万人次，分别为1978年的11倍和5倍。其中，城陵矶港已升格为国家一类对外开放口岸，长沙汽车南站被交通部评为“一级甲等汽车站”和“全国文明汽车站”。

（五）运输要素市场提升了高品位

1984年以前，省境水陆两路交通运输是计划经济指导下的统一经营制，运输企业是全民所有制和集体所有制一统天下，企业数量少，车船老旧，运输效率很低，不能适应千变万化千差万别的流通、消费需求，严重制约了社会经济发展。

1984年1月1日，中共中央1号文件对农村经济改革作出若干规定，鼓励农村发展个体、集体运输业。同年2月27日，国务院行文允准农民个人或联户购置机动车船从事运输；国家交通部积极倡导放宽搞活水上和道路交通。湖南省交通厅动员“国营、集体、个人一齐上”，使运输市场全面放开。自此，民营联户与个体的客货车船如雨后春笋生发于三湘四水。至1989年民用和私人客货车辆36 837辆，客货船9 453艘，超过原湘运、湘航车船拥有总量。此后的运输市场则完全放开。

至2007年底，全省水运共143家，拥有各类船舶13 000余艘，120万总吨，完成水路货运量8 160万吨、周转量187亿吨公里，分别比1978年增长3倍和8.5倍。同期，汽车经营业户为29 705家，拥有客货车辆353 285台，完成客运量11.67亿人次，客运周转量548.12亿人公里，分别比1978年增长近14倍和20倍。

更重要的是运力结构随着科技为主导的工业大发展已全面更新。1978年内河货运由蒸汽轮船拖运木驳的方式仍占1/3左右，该方式航速慢，对环境污染大，长沙—上海的货运每航次最长达43天。到80年代中期才开始由大马力内燃机和分节驳配套。到21世纪基本上是集装箱货轮批量发运，一次直达，长沙—上海每航次最长不超过72小时。

汽车的更新就更明显了。2007年，全省49 800辆客车高档的已占36%，货车303 485辆，良好大型的占28%，所有车辆的舒适性、安全性、时效性、便捷性与保质性等综合参数指标大大超过了1978年。人便于行，货畅其流是实实在在的了。

（六）三大文明建设高奏凯歌

通过拨乱反正实行改革开放的80年代，把社会主义精神文明建设摆在战略地位，建立长效机制。到风云变幻的90年代，致力于“两个文明”一起抓，使基础设施建设与基本队伍建设在全面、协调、可持续发展中并驾齐驱。21世纪以来，面对国际新形势，在国内经济持续增长的基础上，紧跟党中央的战略部署，适时转入社会主义精神文明、社会主义物质文明、社会主义政治文明建设。发扬民主，完善法制，规范行业服务标准，专业监督“窗口”前移，建立社会监督体系，推行项目建设与廉政勤政建设双合同制，实施政务公开、阳光工程、服务承诺、挂牌上岗制度，使三大文明建设在各个方面、各个层面全面展开。

培育、打造高素质的交通队伍，是三大文明建设的基本前提。近十年来，职工教育、培训投入逐年加大，培训干部职工5万多人次；与此同时引进高层次专业技术人才和高技能人才2 000余人。在人事制度上实行考察预告制、任前公示制、试用业绩考评制；在干部选拔中，加大民主力度，落实群众对干部特别是领导干部工作的知情权、选择权、参与权和监督权；在企事业单位积极推行竞争上岗，营造公开、公正、公平、择优、选贤、任能的用人环境。至2007年，全省交通系统有各种专业技术人员3万余人，其中有享受国务院特殊津贴的专家和有关专业领军人物21人，入选国家、交通部和省新世纪121人才工程的专家21人，国家教授级工程师56人，高级工程师600多人，为交通事业三大文明建设提供了人才资源保证。

三大文明建设耕耘近30年，截至2007年，全系统有1 712家企事业单位跨入县级以上先进文明单位行列，其中获得市（州）和厅级文明单位称号的637家，获得省部级以上文明单位称号的166家，涌现了“全国交通文明行业”——湖南省交通规费征稽局，“全国劳动模范”陈明宪等四人。

（七）科技兴交铸造新辉煌

历史有其自身的发展规律。蒸汽机的发明率先应用于交通，造就了火车和铁路，大大加速了欧洲的工业革命，进而影响整个世界。事实证明：交通建设总是新科技应用的亮点、新科技展示的平台、新科技传媒的热线。湖南交通改革开放30年，由量变到质变、由暂变到突变充分显示了科技的力量。30年来，全省交通系统共获各类科技进步奖242项，其中获国家和省部级以上科技进步奖165项。这些科技成果主要聚焦在高速公路、大型桥隧、航电枢纽的建设上。

1993年~2007年的15个年头中，全省共有15项“工可”报告获省部级优秀工程咨询一等奖。

高科技的系统组合，也是人才工程的具体体现。至2007年止，湖南交通部门有2人入选国家“百千万人才工程”第一层次，4人入选国家交通部“新世纪十百千人才工程”，1

人获交通部“优秀科技工作者”荣誉称号，5人获交通部授予的“青年科技英才”荣誉称号，4人获湖南“科技兴湘奖”和“湖南省光召科技奖”，15人获“湖南科技兴交奖”。

湖南的交通工作者，为科技兴交，为湖南交通的现代化，呕心沥血，霜了鬓，白了头，造就了新的辉煌。

二、基本经验

回眸几代湖南交通人为之奋斗、为之自豪的30年，可以强烈感受到湖南交通顺应时代要求、回应人民期待的不懈追求。湖南交通30年的伟大实践，为推进交通的新一轮大发展，加快实现现代化目标积累了宝贵经验。具体可以概括为以下八个方面。

（一）坚持把党的路线方针政策贯穿于交通改革发展的全过程，是湖南交通保持正确发展方向的根本

交通运输是国民经济的基础性、先导性产业，长期以来又是制约经济社会发展的“瓶颈”。30年前交通的一个共性表现是基础设施历史欠账多，底子薄，运输能力增长不能满足经济社会发展的需要。改革开放30年来党的总的路线方针政策就是解放思想、解放生产力。从党的十一届三中全会到党的十七届三中全会，都十分重视交通产业，明确要求把交通发展作为影响经济社会发展的全局性、战略性和紧迫性任务，加快发展步伐，尽快改变交通运输的落后状况。30年来，湖南交通紧紧围绕服务国民经济发展目标，坚持解放思想、实事求是的思想路线，一切从实际出发，理论联系实际，不断认识和把握交通的基本情况和基本特点，把开拓创新的勇气和科学求实的态度结合起来，解放和发展交通运输生产力，努力探索有自身特色的交通发展道路。一是牢固树立发展是硬道理的思想，抓住交通对经济社会“瓶颈”制约这个主要矛盾，将加快发展、艰苦奋斗、破解难题作为交通工作的中心任务。二是把调动各个方面的积极性和发挥科技的支撑保障作用结合起来，既集中力量办大事，又借助科技创新提升传统产业，努力缩短与交通发达地区和世界先进水平的差距。三是借鉴和吸收国内外交通发展的先进经验，消化吸收再创新，在自我提升中创出交通特色。

（二）牢牢把握并紧紧抓住历史机遇，是湖南交通发展步伐不断加快的关键

20世纪80年代，中央提出整个经济发展战略中的重点，“一是农业，二是能源交通，三是科技教育”。我们按照中央决策和湖南省委省政府部署，采取有力措施，使公路水路交通很快走上了正常发展轨道。1984年国务院决定提高养路费征收标准，开征车辆购置附加费，确立“贷款修路、收费还贷”政策后，我们抓住机遇，建立了多元化的筹融资体制，促进了公路交通的快速发展。90年代，伴随着人民生活水平由温饱向总体实现小康的逐步转变，经济社会对交通运输的需求进一步增加，地方各级政府和广大人民群众改变交通落后状况的呼声高涨。我们顺应时代要求，研究提出了交通运输上新台阶的目标和深化改革、扩大开放、加快发展的政策措施，充分调动了社会各方面办交通的积极性，“要想富、先修路”，“要快富、修高速”，这已成为共识，至此公路水路交通发展驶入“快车道”。特别是1998年亚洲金融危机时，我们抓住中央扩大内需、加快基础设施建设这一难得机遇，乘势

而上，加快建设。1996年我省第一条高速公路建成通车，到“九五”末，全省公路通车总里程达60 848公里，其中高速公路449公里，等级公路33 380公里，航道通航总里程10 041公里，无论建设的投资规模还是组织实施的强度，都是以往任何一个历史时期所不能比拟的。进入新世纪，我们抓住国家实施“中部崛起”战略、建设社会主义新农村和贯彻落实科学发展观的机遇，加快以高速公路为龙头的交通基础设施建设，使湖南交通步入了历史上发展规模最大、建设速度最快的新一轮加速发展期。2001年初～2007年底，全省新增等级公路通车里程58 073公里，高速公路1 316公里，等级航道1 215公里，新改建农村公路87 113公里。

（三）科学制定发展战略、发展目标和长远规划，是湖南交通持续快速健康发展的前提

保持交通事业持续快速健康发展，必须有明确的战略目标、科学的长远规划和可行的战略步骤，并坚持不懈地组织实施。30年来，我们着力加强了交通发展总体目标、长远规划和战略步骤的研究，对公路主骨架、水运主通道、港站主枢纽和支持保障系统建设规划进行了深化和细化。公路主骨架重点建设“五纵七横”高速公路网，改建73条国省道，同时大力发展农村交通；水运主通道重点建设“一纵一横三枢纽”；港站主枢纽重点建设岳阳、长沙主枢纽港、沿湘江和洞庭湖重要区域性港口以及长沙、衡阳公路主枢纽；支持保障系统主要是实施科教兴交战略，为交通发展提供智力支持，加强水上支持保障能力建设和交通信息化建设。30年来，我们坚持“统筹规划、条块结合、分层负责、联合建设”的方针，使公路水路交通保持了持续快速健康发展的态势，基础设施和运输装备的总量不断扩大、质量不断提高。实践证明，把交通发展的长远规划和阶段性目标结合起来，扎实做好每个阶段的每项工作，就能使交通发展的蓝图逐步变成现实，从而为交通的长远发展奠定坚实的基础。

（四）不断解放思想、深化改革、扩大开放，是湖南交通发展的持久动力

改革开放30年是我国由计划经济向社会主义市场经济成功转型的历史时期。围绕解放和发展交通运输生产力这个根本任务，我们把深化改革、扩大开放作为推进交通各项工作的动力，在建立适应社会主义市场经济体制和符合科学发展要求的交通体制机制方面，进行了积极探索。一是坚持以市场为导向，发挥市场配置资源的基础性作用，培育和发展交通运输市场。同时着眼微观放开、宏观管住，严格各类市场主体的市场准入，鼓励和引导公平竞争，培育和完善统一开放、公平竞争、规范有序的交通运输市场。二是贯彻中央“抓大放小”的方针，积极推进交通国有企业改革，实现了政府与企业的脱钩。三是在交通建设资金筹措上，进一步改革投融资体制，制定了贷款修路、收费还贷和转让公路收费等多项改革措施，进一步开辟了资金渠道，缓解交通建设资金不足的矛盾。四是按照精简效能的原则，实行了交通管理体制改革。通过多次改革，湖南省交通厅在转变职能、精简人员、加强行业管理方面取得了积极进展；省级交通部门建立了“交通厅＋行业管理局”的管理体制架构；海事管理建立了一水一监、一港一监体制。此外，还进行了交通科技教育体制改革。在理顺职责、政企分开和转变职能方面取得了实质性进展。

（五）各级党委政府和人民群众的支持，是湖南交通事业不断取得进展的力量源泉

30年的实践表明，交通事业要保持又好又快发展，必须紧紧依靠各级党委、政府和人民群众，形成推进交通发展的强大合力。党中央国务院将交通列入发展重点，并提出了优先发展的战略。湖南各级党委、政府高度重视，将交通建设纳入经济建设的总盘子，以强有力的政策措施抓交通、促交通，保证了交通建设的顺利进行。广大人民群众将对交通寄予的厚望转化成支持交通发展的实际行动，形成了“党政办交通、社会办交通、全民办交通”的良好氛围，为湖南交通的又好又快、更好更快发展提供了不竭动力。

（六）贯彻科教兴交战略、推进交通科技进步，是湖南交通加快发展、促进交通产业升级的重要因素

科学技术是第一生产力，是经济和社会发展的首要推动力。30年来，我们坚定不移地实施“科教兴国”、“科教兴湘”、“科技兴交”和可持续发展战略，坚持“经济建设必须依靠科学技术，科学技术工作必须面向经济建设”的科技工作方针。交通科技工作注重面向交通发展的主战场，紧密结合基础设施建设、运输生产中的关键技术问题，通过软科学研究、重大装备开发、行业联合科技攻关、科技成果推广应用等多种形式，开发应用了一批先进的成套技术。在桥梁与长大隧道的设计与施工、沥青路面设计、岩溶及采空区路基路面处理、桥头跳车的防治与处理、公路小型构造物建筑、航电枢纽设计与施工、内河集装箱船设计建造、内河航标船设计建筑等技术领域步入全国先进行列，有的达到同行业国际先进水平，推动了交通事业的全面发展。同时，坚持以人为本，加大了教育投入，开展了多种形式的职业技术教育，积极实施了“十百千人才工程”，加快培养交通学科和技术带头人，在大规模的交通基础设施建设中，锻炼和造就了一大批技术人才和专家，为交通事业的发展提供了人才保障。

（七）推进法制建设和坚持依法治交，是湖南交通事业发展的可靠保障

加强法制建设，坚持有法可依、有法必依、执法必严、违法必究，是社会主义市场经济条件下交通事业顺利发展的必然要求。20世纪80年代以来，我们按照立法与执法并重、执法与监督并举的方针，以贯彻实施《公路法》、《港口法》、《公路收费管理条例》为契机，相继出台了《湖南省高等级公路管理条例》、《湖南省道路运输条例》、《湖南省实施 < 中华人民共和国港口法 > 办法》、《湖南省港口管理办法》、《湖南省水上交通安全管理办法》等一批地方性交通行政法律、法规和规章，其中地方性法规8部、省政府规章6部、长沙市政府规章2部，初步建立起我省地方性交通法律、法规体系框架，为交通改革和发展提供了法制保障。加大交通执法力度，强化了市场监管，积极开展公路水路“三乱”和公路超限超载治理，健全和完善市场监管机制，公路水路运输市场和交通建设市场秩序得到规范，交通基础设施建设的质量稳步提高，安全生产形势趋于好转。同时积极推进交通行政执法制度建设，严格执法人员资格审查认证制度和行政执法责任制，积极引入交通行政执法复议制度，交通行政执法队伍建设不断加强，促使我省交通事业逐步走上了科学化、制度化、规范化发展的轨道。

（八）始终保持交通文化的先进性，是湖南交通推进“三个文明”建设的坚实思想基础

在推进交通改革与发展中，我们始终坚持“两手抓、两手都要硬”的方针，把“三个文明”建设作为统一的工作目标，一起部署，一起落实，一起推进。湖南交通在30年的文明创建中取得了丰硕成果，形成了以“创新、负责、规范、团结、奉献、坚韧”为主体的行业理念，铸就了交通敢为人先的“开路先锋”精神、埋头苦干的“铺路石”精神、辛苦一人幸福万家的奉献精神、携手并肩团结奋进的团队精神，构建了以“安全、节约、环保、便捷、优美”为主体的先进发展文化和以“慎权、慎欲、慎微、慎独”为主体的先进廉政文化。交通制度文化建设也取得重要进展，基础工作、基本规范、基础管理不断加强，形成了依法依规按程序办事的制度环境和现代行政管理模式。同时交通物质文化建设稳步推进，工作环境、工作手段和干部职工福利待遇逐步改善，交通形象有了较大改观。

在湖南交通科学跨越、后发赶超的新征程上，我们将在坚持基本经验的基础上，以邓小平理论和“三个代表”重要思想为指导，全面贯彻落实科学发展观，敏锐把握和自觉适应交通运输生产力发展的客观趋势和要求，继续研究新情况、解决新问题、总结新经验，推进湖南交通又好又快、更好更快发展，为全面建设小康社会提供有力的交通保障。

三、展望未来

党的十七大提出了实现全面建设小康社会的新要求，确保到2020年实现全面建成小康社会的奋斗目标。围绕实现这一总体目标，湖南省委、省政府提出了坚持科学发展、构建和谐湖南、加快富民强省的奋斗目标，要求加速推进新型工业化，切实加强基础设施、基础产业和基础工作。

交通作为国民经济的基础性、先导性产业，先行发展势在必行。在客观分析我省交通现状的基础上，湖南交通研究制定了21世纪头20年奋斗目标为：到2010年，全省公路水路交通运输紧张状况全面缓解，对国民经济和社会发展的制约状况得到全面改善；到2020年，基本适应国民经济和社会发展的运输需要，为全面建设小康社会和人民群众的出行提供更畅通、更安全、更便捷的交通运输条件。具体来讲，公路方面就是优先建设国家高速公路，加快重要经济干线及旅游公路建设，打通出省通道，加强农村公路及站场建设，形成高速成网、城乡一体、内外通畅的公路运输体系；水运方面就是积极推进全省水路交通各项基础设施建设，形成干支直达、通江达海的内河航道体系以及与航道布局规划相协调、与综合运输有机衔接的港口体系。确定21世纪头20年湖南交通发展思路为：深入贯彻落实科学发展观，全面建设小康社会，努力构建和谐湖南，抢抓中部崛起机遇，突出重点，完善配套，提高对经济社会发展的承载能力，为跨越式发展奠定坚实基础。

为此，湖南交通描绘了更加辉煌的公路水路交通发展蓝图：

1. 公路发展规划

到2020年，全面完成我省“五纵七横”高速公路网建设，所有国省干线公路全部建成二级以上公路，建成以水泥和沥青路为主体的农村公路网。公路网技术等级和服务水平得到大幅度提升，路网结构和布局进一步优化，公路通达深度明显提高，运输能力和运输结构基

本适应社会经济发展的需要，为全面建设小康社会提供更畅通、更安全、更便捷的公路交通运输条件。

高速公路：全面建成连接全省 14 个市（州）和人口在 20 万以上城市的“五纵七横”高速公路网，实现省内各地通达、当日往返，90% 以上的县市可在半小时内、所有县市可在 1 小时内上高速公路。高速公路通车总里程达到 5 800 公里。

干线公路：全部国省干线公路建成二级以上公路。

农村公路：全部县道建成三级以上公路，所有乡道建成四级以上公路，实现村村通水泥（或沥青）路。

2. 水路发展规划

内河航道：到 2020 年，建成以洞庭湖为中心，以长江、湘江、沅水等水运主通道为骨架，以澧资航线、资水、澧水、耒水、淞虎航线等区域性航道为干线，其他航道为基础的通江达海的内河航道体系。基本满足区域经济社会发展的需要，实现湖南省内水运资源丰富地区间 300 吨级以上船舶和船队的直达运输，提高内河航运的运输效益和服务质量，推动湖南省内河航运持续和健康发展。

内河港口：适应水运规模化、集约化的发展趋势，加快港口结构调整步伐；建成全省的集装箱、件杂、石油及液化气等专业化运输系统；与城市规划相协调，拓展港口的服务功能，主要港口的现代物流中心作用明显。到 2020 年，形成以岳阳港、长沙港 2 个主要港口为核心，以衡阳港、湘潭港、株洲港、益阳港、常德港、桃源港、津市港、南县港、沅江港、泸溪港、辰溪港、邵阳港和资兴港等 13 个地区重要港口为基础，其他一般港口为补充的，布局合理、层次分明、功能明确、与区域经济发展水平相适应的港口体系。

3. 汽车站规划

到 2020 年，全面建成长沙、衡阳两个国家公路主枢纽，基本建成株洲等 12 个省级公路枢纽，初步完成全省县级客货站和农村客运站点建设，实现全省各市（州）和各县（市、区）政府所在地的汽车站建成二级以上站、所有乡镇客运站建成等级站，为人民群众的出行提供良好的候车乘车条件。

为实现我省公路水路交通事业持续快速、协调健康发展，保障我省交通建设规划目标如期实现，21 世纪头 20 年全省交通发展的理念将从侧重技术经济转向注重提高人民生活质量，体现“以人为本”和“人与自然和谐”。发展的内容将从偏重基础设施建设转向注重基础设施、运输服务和管理的全面发展，强调运输系统的整体性、功能性和协调性。发展的方式将从注重资源配置效率转向效率与公平并重，增强交通运输的国土开发功能。发展的动力将由注重依靠传统技术应用和劳动者数量投入转向高新技术应用和劳动者素质提高，以信息化提升传统交通运输业，实现质量型、效益型的超常规快速发展。

开放前沿　敢为人先

广东省交通厅

作为改革开放前沿的广东，改革开放30年来，在省委省政府和交通部（交通运输部）的正确领导下，广东交通建设者发扬“敢为人先，务实进取，开放兼容，敬业奉献”的新时期广东人精神，坚持科学发展不动摇，科学改革不停步，科学管理不松劲，科学调整不厌烦，坚决落实交通运输部提出的“三个服务”，以一往无前的进取精神和波澜壮阔的创新实践，谱写了广东交通人自强不息、辛勤耕耘、顽强奋进的壮丽史诗。

一、广东交通运输业30年辉煌发展历程

经过30年的快速发展，广东交通运输业取得了辉煌的成就：公路通车里程、高速公路、一级公路、等级公路、公路密度、水泥路面、集装箱车辆、高级客车、客货运量、客货周转量等指标均居全国前列；水运基础设施不断完善，水运大省的地位和作用得到进一步的巩固和加强；交通运输保障体系日臻完善；物质文明、政治文明、精神文明协调发展，行业社会形象不断提升。全省公路水路交通运输业总体适应当前经济社会发展的需求，在全面建设小康社会、推进社会主义现代化进程中作出了杰出的先行保障。

（一）坚持发展是硬道理、科学发展是真道理，交通基础设施建设取得显著成就

1. 公路、桥梁建设取得突破性成就

(1)1978年至20世纪80年代末，通过投融资体制改革，广开投资渠道，大力筹措资金，掀起全省公路桥梁建设热潮。

20世纪80年代以前，广东省公路建设完全依赖国家财政拨款，每年只有600多万元，发展十分缓慢。改革开放初期，广州连接各地级市的公路都是低等级的沙土路，不但路窄弯多，还被众多江河分割成段，广（州）深（圳）、广（州）珠（海）、广（州）湛（江）等主要公路渡口多。从广州到珠海，汽车要过4个渡口，到深圳也要过3个渡口，待渡塞车现象非常突出，特别是广湛公路的九江渡口，每昼夜的交通量超过1万车次，是广东堵车现象最为突出的一个渡口。“乘车难，出行难”问题普遍存在，使得人们不能方便往来，物资不能即时运送，商品不能顺利流通，大量的境外投资者望而却步，交通已成为严重制约经济社会发展的“瓶颈”。

为扭转交通严重滞后于社会经济发展的状况，广东省交通部门在省委省政府的支持下，大胆探索，于1981年率先提出了“贷款修路、收费还贷”的设想，在全国开创了“以桥养桥，以路养路”的先河。当年，省交通主管部门向外商集资1.5亿港元，并自筹资金8 000万元，将广深线的两个渡口和广珠线的四个渡口改渡为桥。1984年1月1日，107国道广深线东莞中堂大桥建成通车，成为全国首个路桥收费站，通过收取车辆通行费来偿还贷款，闯出了通过“贷款修路、收费偿还”加快公路基础设施建设的新路子。1984年国务院第54次常务会议作出决定，“贷款修路、收费偿还”成为全国推行的政策。广东省政府于1985年、1988年分别颁发了《关于自筹资金建桥筑路的项目收取过桥过路费问题的通知》、《广东省集资贷款修建桥梁公路收取车辆通行费的实施办法》，“贷款修路、收费还贷”的政策得到进一步的完善。“以路养路，以桥养桥，有偿使用，滚动发展，良性循环”政策的实施，把市场经济机制正式引入路桥建设，极大地调动了各地修桥建路的积极性，各级政府纷纷通过银行贷款、引进外资、合作合资等多种办法筹集公路建设资金，拓宽了公路这一带有社会性、公益性基础设施建设的资金筹措渠道，全省路桥建设取得了突破性进展。

1988年，广珠线上的重要桥梁，全长1 916.04米，中国第一座大跨径（180米）连续刚构桥、当时居亚洲同类桥梁首位的洛溪大桥建成通车。1989年8月8日，广东第一条高速公路、第一条利用外资的中外合作高速公路、第一条经营性收费高速公路——广（州）佛（山）高速公路建成通车，揭开了广东高速公路建设的序幕。到1990年，全省改渡为桥52座，新建桥梁1 195座，总长73 516延米，实现了广珠、广湛、广深、广汕等全省国省道公路主干线无渡口通车。1988年，广东省国省道公路主干线无渡口通车被评为广东省改革开放十件大事之一。

(2)20世纪90年代，是广东省公路基础设施建设快速发展时期，高速公路、国省道主骨干网络基本完善，公路运输紧张局面得到极大缓解。

随着改革开放的不断深化，公路运输车辆迅速增加，公路上经常堵车，交通成为制约经济社会快速发展的主要矛盾。20世纪90年代初，广东省委省政府适时提出公路建设“要从抓建桥转变抓公路建设，从抓主干线公路改造转变兴建一批高等级公路”的思路。1990年12月，省委省政府在陆丰县召开“广汕公路改造会议”，决定全面改造324国道广（州）汕（头）公路，省市签订合同，首次实行以省给定额补助投资（每公里补助50万元，水泥路面增加补助10万元），不足部分由各地方政府自筹解决的方式进行公路建设。1991年，广汕公路改造工程拉开序幕。这是广东公路建设由单一的部门行为向政府行为转变成功的第一步。在“广汕模式”的推动下，广东省公路建设走上快车道。

1992年，广东省委省政府召开了全省交通能源通信工作会议，随后制定颁发了加快交通基础设施建设的28条措施。各级党委政府及交通公路部门抓住机遇，实行重点转移，按照“统筹规划，条块结合，分层负责，联合建设”的原则，实行干线公路由沿线地方政府组织分段承包征地拆迁，县、乡公路实行自筹自建、民办公助或省、市补助等办法，把公路建设由交通公路部门“包打天下”转移到依靠各级党委政府上来，动员社会力量参与公路建设，有效地促进了公路建设的快速发展。广深、深（圳）汕（头）、佛（山）开（平）高速公路及清（远）连（州）一级公路等一大批重要干线公路与桥梁隧道工程项目全面动工并建成通车，县、乡公路建设全面加快，公路建设进入了新高潮。建设了一大批有着重要意义的交通基础设施建设项目。1992 年建成了国内第一座，也是目前世界最大跨径的预应力混凝土箱梁悬索桥——汕头海湾大桥。1997 年 7 月 1 日香港回归之日通车的虎门大桥，总投资近 30 亿元，大桥全长 4 606 米，是我国第一座大型悬索桥，其主航道跨径 888 米，居当年全国之首，被誉为“世界第一跨”，辅航道桥为三跨预应力混凝土连续刚构箱型梁，主跨 270 米成为连续刚构桥当时的世界纪录。2000 年建成的广州丫髻沙大桥，是世界最大跨径的中承式钢管混凝土拱桥，创下多项世界纪录：跨径第一，达 360 米；平转转体每侧质量达 13 680 吨，是世界同类型第一座万吨转体桥梁；竖转加平转相结合的施工工艺世界领先。

至 2000 年年底，广东省公路通车里程达 102 604 公里（县、乡、行政村公路通达率达 100%），与 1978 年比，增长 96.58%。拥有桥梁 819 770 延米/19 668 座，与 1978 年比，增加桥梁 550 433 延米/8 983 座。全省公路密度达到 57.5 公里/百平方公里。1997 年 10 月 1 日，由省委宣传部、《南方日报》等单位、媒体向全省征求选票评出“广东桥梁建设已进入世界先进行列”和“广东高速公路主骨架初步建成”入选广东省“党的十四大以来的两个文明建设十大成就”。

(3)“十五”以来，广东省公路基础设施建设投资不断加大，公路事业实现了跨越式发展。

2001 年以后，广东省交通厅根据省委省政府的部署，提出把高速公路建设当作“重中之重”、“当务之急”，坚持“抓两头、促中间”（抓高速公路和农村公路建设，促进国省道建设）的工作思路，采取超常规的工作方法和措施，千方百计加快高速公路建设步伐。重点抓好山区与中心城市通高速公路、所有地级市通高速公路、与所有陆路相邻省（区）通一条以上高速公路建设任务的落实。坚决贯彻时任中共中央政治局委员、省委书记李长春同志关于高速公路建设要创出“造价低、质量高”的路子的批示精神，将“降低造价，提高质量”作为工作的重中之重，通过强化行业管理、实施项目招投标、加强项目监管等措施，“降低造价，提高质量”工作取得明显突破。2006 年 7 月，省委省政府召开以“建设大交通，促进大发展”为主题的全省交通工作会议，时任中共中央政治局委员、省委书记张德江同志率先提出了在广东建设综合交通运输体系的重要构想；随后，省委省政府出台了《关于加快交通业发展的若干意见》。广东省交通厅围绕省委省政府提出的“建设大交通，促进大发展”战略决策，统筹协调，创新思路，注重公路、铁路、轻轨、港口、航道、机场等运输枢纽的统筹协调，在广州、深圳、东莞等地建设了一大批综合性运输枢纽，加快推进公路、航空、铁路、水路、管道等多种运输方式的“无缝衔接”，进一步促进交通一体化发展进程。

2001 年以来，是广东省公路建设的黄金时期，建成了许多在全国享有声誉的重、特大建设项目。据统计，1978 年～2007 年，全省公路建设投资累计达 3 266 亿元，其中：2007 年全年交通公路建设投资 370 亿元，是 1978 年的 600 多倍。至 2007 年年底，全省公路通车里程达到 18.2 万公里（含村道里程 6.7 万公里），是 1978 年的 3.5 倍，二级以上公路通车里程从零上升到 2007 年的 30 757 公里，公路密度由 1978 年的 29.3 公里/百平方公里上升到 2007 年的 101 公里/百平方公里。

①高速公路建设取得历史性突破。至 2007 年年底，广东省高速公路通车总里程 3 520 公里，居全国前列。“十五”以来，广东省高速公路建设取得了跨越式发展，实现了

省委省政府部署的高速公路“三年三大步”的战略目标：2003 年实现山区与中心城市通高速公路、2004 年实现所有地级市通高速公路、2005 年实现与所有陆路相邻省（区）通一条以上高速公路。广东成为继山东、浙江、辽宁之后我国第 4 个全部地级市（共 21 个）通高速公路的省份。基本形成以珠江三角洲为中心、连接港澳、以沿海为扇形面向山区和内陆省份辐射的高速公路网络，全省形成了“一日生活圈”。同时，广东高速公路建设项目也取得了“三高”（高标准、高质量、高效率）、“两优”（工程优质、干部优秀）和“一合理”（工程造价合理）的成绩，实现了高速公路建设完成里程多、速度快、质量好、造价廉的目标，打造了一批以开阳高速公路、渝湛高速公路、西部沿海高速公路新会崖门大桥、湛江海湾大桥为代表的质量好、造价合理、管理有效的“阳光工程”、“精品工程”、“生态环保路”，向省委省政府交出了一份满意答卷。

◆开阳高速公路：开（平）阳（江）高速公路是我国同三国道主干线的重要组成部分，是连通粤西和我国西南的经济大动脉。全长 126 公里，于 2000 年 10 月开工建设，2003 年 8 月完工。该工程全面实现了“两高”（高质量、高效率）、“两新”（新机制、新技术）、“两廉”（造价低廉、干部廉洁）的目标，为全国高速公路建设创造了一种新的经验、新的模式。开阳高速公路是广东第一个进入广东省建设工程交易中心全面招标的高速公路项目，项目的监理、土建工程、机电工程以及材料采购全部在交易中心面向全国公开招标。通过市场化招标，合同价比预算价降低 10%，节省投资约 3 亿元。首创一步到位组建项目法人，首次省地合作建设，是广东省交通系统政企分开后按市场法则建设和运营的第一条高速公路。该公路第一次把公路项目的全面管理与计算机应用技术结合起来，自主研究开发了“IICS 公路项目建设管理系统”专业软件，并在开阳项目中全面使用，发挥了巨大的管理效益。

◆渝湛高速公路粤境段：2005 年年底建成通车，是国家规划的重庆至湛江国道主干线的末段，项目全长 73 公里，是广东首条生态环保高速公路，也是交通部立项的“南亚热带生态环保路”项目，在环保建设方面取得了重大突破。项目自动工之日起，就注重加强施工过程中的环保工作，根据项目所经地带土壤的特点，对边坡的处理采用客土喷播技术，使路段出现的中、强风化的岩石边坡可以完全告别浆砌片石护面墙等非生态护坡形式，从而使高速公路更符合生态环保。

◆湛江海湾大桥：广东省继虎门大桥之后建成的最大规模的桥梁工程，全线包括全长 3 981 米桥梁和 21 公里的一级公路。大桥桥型为双塔双索面的混合梁斜拉桥，是广东省交通厅科技示范工程之一。在施工技术方面，先后攻克了五大施工难关；在科技创新方面，实现了“一个国际首创、二个国内首创、五个广东第一”的技术创新成果；在工程建设管理方面，取得了质量、安全“双优”的成绩；在工程耐久性方面，采取多种工艺技术措施，确保大桥的百年寿命。

②国、省道干线公路建设焕然一新。到 2006 年年底，广东省十条出省国省道全面建成通车，到 2007 年年底，全省国道里程达到了 5 465 公里，其中高速公路及一级公路占 77.9%；省道 15 195 公里，其中一级及二级公路占 80.5%。实现全部国道（国道 G323 青架山段除外）建成为一、二级公路的目标，国省道基本消灭沙土路，地级市到县全部通高等级公路，路面状况明显改善，安全设施不断完善，彻底改变了过去“路难行”的状况。

③农村公路建设取得跨越式发展。改革开放之初，广东省农村公路通车里程为

38 777 公里，其中县道为 37 263 公里、乡道通车 1 514 公里，没有村道。为促进县域经济发展，服务“三农”，方便群众出行，广东省于 2000 年通过“两大会战”基本实现了所有行政村通机动车的目标。2003 年，根据省委省政府提出的“十项民心工程”，广东省实施了“镇通建制村公路路面硬化工程”，从 2003 年起用 8 年时间实现镇通行政村 4.8 万公里农村公路路面硬化任务，以及在 2005 年前基本实现县到镇通三级公路的目标。2003 年 ~ 2007 年，广东省投入 45 亿元，完成了农村公路路面硬化 3 万多公里。截至 2007 年年底，县、乡、村公路里程达 16 万多公里，较改革开放之初翻了 4 番，其中：县道为 17 702 公里、乡道为 76 633 公里、村道为 67 010 公里。

2. 港航建设取得历史性突破

(1)航道建设取得长足发展。

从新中国成立至改革开放前，广东共投入航道建设的资金仅 0.81 亿元，高等级航道数量明显不足，相当一部分航道处于天然状态。改革开放后，逐渐加大对航道建设与维护资金的投入和整治力度。“六五”期间，内河航道完成投资 3 213 万元；“七五”期间，投资 5 335万元，整治西江干流（广东段）航道 287 公里和陈村水道 24 公里，实现了西江干流航道达到 3 级航道标准，陈村水道达到 4 级航道标准。“八五”期间，广东内河航道在加强维护的基础上，开展了大规模整治。共投资 1.9 亿元，整治了江门水道、东莞水道、东平水道、白坭水道和崖门出海航道共 161.5 公里，实现了崖门出海航道全潮通航 3 000 吨级海轮，乘潮通航 5 000 吨级海轮和东平水道达 3 级航道标准，白坭水道上游 18 公里 5 级航道标准，其余均达到 4 级航道标准。

“九五”期间，广东省委省政府出台了加快航道建设的一系列政策措施，加大了整治力度，投资 14.2 亿元，整治了西江下游出海航道、莲沙容水道、榕江、北江下游、小榄水道和横门出海航道等共 710 公里。“十五”以来，省委省政府高度重视内河航道建设，2004 年“五一”黄金周，广东省委书记张德江，省委副书记、省长黄华华与专程前来广东考察的时任交通部部长张春贤一起，乘船沿西江顺流而下踏察“黄金水道”，共商发展广东内河航运大计。随后，广东省决定斥资 25 亿元，用 5 ~ 8 年时间打造珠三角高等级航道。“十五”期间，根据《广东省内河航道总体布局规划》和《广东省内河航运发展规划》的部署，广东航道投入 14.4 亿元，重点对西江主通道、北江、陈村水道、莲沙容水道、潭江、小榄水道、横门出海航道等 13 条、648 公里航道进行了全面的整治。

1978 年 ~ 2007 年之间，全省航道建设共投入资金 36.7 亿元，整治航道 2 060 公里，仅 2007 年就投入建设资金 3.5 亿元。截至 2007 年，全省航道总里程为 13 596 公里，其中通航里程 11 843 公里；等级航道（七级以上）4 305 公里。全省航道通航里程居全国第二。基本形成以珠江三角洲“三纵三横”千吨级深水航道网为骨干，以四级航道为基础，江海直达，连通港澳的航道运输网，有效覆盖了珠江三角洲 7 个地级市所辖 68% 的县级以上城镇及主要港口；与西南等省区衔接的省际通航能力大大提高；沟通粤东、粤北地区的主要航道以及琼州海峡出海通道通航条件得到了改善。航道的快速发展，形成了与公路、铁路、民航、管道等运输方式共同构筑起的各展其长、优势互补、协调发展的综合运输体系，为珠江三角洲地区的江海物资运输、粤港澳间的集装箱运输和西南地区物资江海联运提供了畅通、高效和有竞争力的内河水运服务，极大地推动了经济的发展。

◆佛山东平水道：全长仅68公里，但却是沟通西江、北江和珠江三角洲的重要经济航道。自1985年开始整治建设以来，佛山市5个主要外向型港口集中在东平水道上，货运量从整治前的约700万吨到现在已突破6 000万吨，江苏、浙江、福建、海南等沿海省份的千吨级江海轮可直接进入东平水道，实现江海直达。同时，东平水道两岸新建的较大型的工厂、企业达50多家，新增就业机会近10万个；形成了以陶瓷、钢材、家具、机械为重点的沿江产业经济带。经东平水道为其经济腹地带来的税收超过7.2亿元，是建设投资的22倍，已经成为一条名副其实的“黄金水道”。

(2)港口投资不断加大，港口经济蓬勃发展。

1978年以来，随着加强港口规划指导、进一步拓宽投融资渠道和增强港澳运输能力，广东省港口得到了蓬勃发展。广州、深圳、珠海、惠州、东莞、江门、中山、佛山、肇庆等市加快建设港澳运输码头口岸，到2000年，全省水运一二类口岸达到129个，居全国第一。全省港口完成货物吞吐量2.91亿吨，集装箱吞吐量达到852万标准箱，占全国集装箱吞吐量的三分之一，其中广州港、深圳港、中山港位列全国集装箱港口前十名。

自1978年~2007年的30年间，全省共投入港口建设资金520亿元，其中2001年~2007年投资382亿元，仅2007年全省就投入港口建设资金113亿元。2001年至今是广东省港口历史上发展最好的时期，至2007年年底，全省共有生产性泊位总数2 669个，其中万吨级泊位218个，港口通过能力达到7.6亿吨/年，率先建成了全国第一个30万吨级原油码头，并拥有20万吨级铁矿石码头和10万吨级集装箱码头等一批专业化规模化泊位。2007年全省港口共完成货物吞吐量9.36亿吨，其中外贸货物吞吐量3.65亿吨，集装箱吞吐量3 798万标准箱，外贸货物吞吐量和集装箱吞吐量高居全国首位。广州港随着黄埔新港、新沙港区和南沙港区的建设和发展，不断做大做强，至2007年年底，广州港货物吞吐量达到3.7亿吨，居全国沿海港口第三位，世界第五位。广州港已从我国古代“海上丝绸之路”的起点，发展成为我国华南地区最大的综合性主枢纽港。深圳港至2007年年底已开辟通往全球各地的国际集装箱班轮航线197条，2007年集装箱吞吐量突破2 100万标准箱，连续五年居世界集装箱大港第四位，是国际贸易和航运网络中的重要枢纽港口。湛江港货物吞吐量突破9 000万吨，连续五年每年以超1 000万吨的增量实现跨越式发展。依托珠三角外向型经济的发展，珠江口港口货物吞吐量创纪录达到6.56亿吨，集装箱吞吐量3 321万标准箱，在世界区域港口发展中处于领先地位。

改革开放30年来，广东省港口事业快速发展，港口面貌日新月异，已基本形成以广州港、深圳港、珠海港、汕头港、湛江港等为沿海主要港口，佛山港、肇庆港为内河主要港口，其他地区性重要港口和一般港口为补充的分层次发展格局，为进一步实现港口科学发展打下了坚实的基础。

（二）公路、水路运输体系不断健全和完善，保持快速增长，多项指标走在全国前列

1. 公路运输保持快速健康发展，成为引领全国同行业的新亮点

改革开放初，广东省道路运输业彻底改变旧的计划经济模式，实行“有路大家走车”、“国营、集体、个人一起上”的开放竞争体系。20世纪90年代，随着我国正式提出建立社

会主义市场经济体制，广东省道路运输业全面推行现代企业制度。“十五”以来，随着我国加入世贸组织，广东省道路运输业全面开放，依托广东的资源优势和区位优势，道路运输生产保持快速增长，基本形成了现代化的道路运输市场格局和体系。公路运输成为广东交通经济新的增长点，涌现出位居全国前列的“八大亮点”。

(1)亮点1：机制和管理方式创新引领同行。按照精简、统一、高效的原则，广东省交通厅进一步转变政府职能，大胆改革，推进管理机制和管理方式创新，大力提倡行业自律，将政府审批中的技术性、事务性的工作委托中介机构（如道路运输协会）开展，推行客运站投融资体制改革和新建客运站业主招投标。2002年，在全国首次举行了广东省春运公路客运价格听证会；从2002年起，客运班线实行公开服务质量招投标。

(2)亮点2：客货运输量连续多年全国第一。截至2007年年底，全省高级客车达2.7万辆，占全国的1/5，位居全国第一。公路客货运输站场共807个，其中一级客运站31个，一级货运站21个；机动车维修业户4.5万多家，占全国的12.6%。完成客运量持续保持全国第一，特别是广东历年春运旅客运输量居全国之最，货物运输保障能力持续走在全国前列，有效确保了春运、黄金周等重点时期和煤炭等重点物资运输任务的完成。

(3)亮点3：运输车辆和从业人员居全国之最。据统计，目前广东省客货营运汽车已超过100万辆，约占全国的11.5%；道路运输从业人员200万人，占全国道路运输业从业人数的12%。道路运输业作为第三产业的组成部分，其国民生产总值约占全省GDP比重的2.5%。

(4)亮点4：运输装备科技含量水平居同行前列。全省运力改造步伐不断加快，大力发展高效低耗的营运车辆，基本实现了城市间高速公路和国省道主干线客运以中高级客车为主经营，城乡客运逐步以中级客车为主经营。货运车辆逐步向重型化、特种专用化、普通厢式化发展，车辆结构趋向合理，运输装备水平进一步提高。

(5)亮点5：运输站场建设与管理水平全国先进。按照全国公路主枢纽的总体布局规划以及广东省省级枢纽规划，广州、深圳、湛江、汕头等主枢纽建设全面展开，东莞、江门、云浮、韶关等省级枢纽加快建设步伐，一大批新建、改造的现代化大型道路运输站场相继建成投入使用，特别是全国首家生态环保型的广州海珠客运站和以人为本、打造现代客运文化的全新管理与服务的番禺汽车站，在全国树立了现代化客运站建设与管理的典范。同时，客运站普遍采用计算机管理、电子屏幕、联网售票、IC管理等先进技术，大大提高了管理水平和效率。

(6)亮点6：运输企业规模和服务水平位居前列。自1996年以来，广东省率先在全国推广航空式高速客运经营服务模式，先后涌现出新锦湖、粤运等一大批快速直达班车客运品牌，大大推进了企业的集约化、规模化经营进程。目前，全省有16家客运企业进入全国道路客运100强企业行列，16家道路货运企业进入全国物流100强，企业规模位居全国第一。广东发往各省市班车、班线全国最多，跨省客运班线2 500多条，覆盖了除新疆、西藏和东北地区之外的所有省份和港澳地区。另一方面，广东省道路运输企业在激烈的市场竞争环境中经营理念、方式不断创新，服务水平不断提高。

(7)亮点7：运输信息化智能化建设全国先进。广州、深圳和中山三个城市，分别以广州市智能交通系统共用信息平台、深圳市现代物流信息系统和中山市城市交管系统和公交指挥系统被国家科技部列为首批“全国智能交通系统应用示范工程”的试点城市。全省道路运政管理信息系统采用集中式数据库和数字电子签章等技术，实现了省、市、县和部分镇四级道路运管机构联网，2005 年、2007 年两次被省政府列入全省电子政务示范工程之一，被省政府授予 2007 年科技进步三等奖。全省交通、公安、保监部门将有关车辆、驾驶员等信息实现共享。全省财政、交通、银行部门实施非税系统与运政信息系统联网，实现了运管费征收网络化。

(8)亮点 8：机动车维修和救援能力居同行前列。至 2007 年年底，全省共有 4.3 万多家汽车、摩托车维修业户，占全国的 12.5%，已基本形成了跨部门、跨行业、多种经济成分并存的，以中心城市骨干企业为依托，辐射全省、遍及城乡，整车修理、维护、快修、特约维修等门类齐全、分工合理的维修市场体系。此外，4S 维修企业和品牌连锁维修企业的数量和规模均居全国前列。

2. 水路货运保持快速增长，为广东经济发展做出了重大贡献

改革开放以来，广东水运市场逐步开放，各种经济所有制、各种形式的水运企业纷纷成立，港澳运输企业大量增加，水路货运量稳步增长，港口货物吞吐量、集装箱吞吐量持续大幅增长。

“十五”以来，广东省委省政府和交通部高度重视广东航运事业的发展。2004 年，广东省出台了《广东省内河航运发展规划》，掀开了全省内河航运发展史新的一页。广东航运事业坚持科学发展观，抢抓机遇，坚定信心，不断深化改革，建立健全公平开放、竞争有序的航运市场秩序；加快发展综合竞争力强的大型化、专业化、现代化的船队；加快培育规模大、信誉好、国际竞争力强的航运企业和一流的全球物流经营人，广东航运服务能力不断增强，航运市场体系逐步形成。截至 2007 年年底，广东省有水路运输企业 740 家，仅 2007 年全省新投入船舶运力 314 艘，620 073 载重吨，平均船舶新增吨位 1 830 吨/艘。全省注册的外商独资船务公司分公司有 28 家，境外航商常驻代表机构 200 多家，无船承运企业 500 多家、国际船舶代理公司 216 家，水路运输服务企业 470 多家，船舶管理企业 27 家，海运集装箱中转站场 10 多家。全省船舶总运力位居全国前列，总数达 12 669 艘，706.15 万载货吨，7.5 万客位；全省水路客货运量分别达到 2 069 万人次和 3.099 亿吨。一批以广东省航运集团为龙头的大型物流航运企业优势凸现，通过资本市场运作，企业规模化、专业化、集约化水平不断提高，企业实力迅速增强，为繁荣广东省内河及沿海运输、带动经济发展，起到了举足轻重的作用。广东省水路运输量在全省综合运输体系中占近 18.7%，货物周转量高达 68.7%（包括广远、广海）。

航运能力的显著增长，保障了广东省所需的煤炭、石油等重点战略物资的调运。由于广东与港澳地区的特殊地缘经济关系，进出口货物大幅度增加，目前仅珠江内河输港集装箱量占香港集疏运量 30% 左右，并且这个份额在逐年提高。

（三）撤并整合路桥收费站取得历史性突破，极大优化了公路通行环境

广东首创的“贷款修路，收费还贷”和“谁投资，谁收益”的交通基础设施市场化运作模式，对改善基础设施落后的局面，加快经济发展和改革开放步伐，发挥了巨大的作用。但随着经济社会的发展，路桥收费站过多过密、运输成本高、债务负担过重等一些负面问

题，影响了公路通行效率，社会反响大。1996年开始，广东省交通厅根据交通部和国务院纠风办的要求和省委省政府的部署，按照“统一管理，合理布局，总量控制，统贷统还”的原则，研究和探索年票制、统贷统还等多种收费管理新模式，大力开展收费站撤并工作。2005年，由广东省公路部门向银行贷款32亿元偿还16个贫困县的政府还贷性收费站的债务，撤销几乎所有的政府还贷性收费站；从2003年起全省二级以下（含二级）公路上不再新设收费站；全省高速公路于2005年实现6个区域联网收费，至2007年年底，全省63条高速公路中，有61条纳入了联网收费，总里程达3 448公里。

1996年~2007年，广东省共撤并公路收费站203个，撤并幅度超过40%，至2007年年底，普通公路收费站减少至254个，基本解决了收费站过多、过密问题，提高了公路的畅通程度。2005年10月，广东开通了5条鲜活农产品“绿色通道”，对符合条件的鲜活农产品运输车辆给予减收车辆通行费的优惠。自开通到2007年年底，这项优惠使全省路桥通行费减收11 037万元，仅2007年就减收5 412万元，减轻了农民负担，保障了鲜活农产品运输快捷便利。

（四）规费征收工作成效卓著，为广东省交通基础设施建设提供了稳定的资金来源

交通规费特别是公路养路费，是广东省交通基础设施建设和养护的最主要资金来源，对交通事业的发展起着极为重要的作用，是公路发展的“生命线”。全省交通系统认真贯彻落实《公路法》和《广东省公路养路费征收管理实施细则》，不断优化征费环境，创新征费方式，采取了许多便民措施：车主可以通过刷卡、刷存折、邮政网点、自助交费机以及网上缴费等多种方式进行缴费。至2007年11月2日，广东省2007年度汽车养路费征收达100.1亿元，成为全国首个突破百亿元大关的省份。政府还贷公路收费站年还贷比例达75%。“十五”以来，全省共征收交通规费745亿元，为我省交通建设提供了有力的资金保障。

（五）强化行业安全生产监督与管理，创建平安交通、和谐交通工作取得新的突破

坚持“安全第一、预防为主、综合治理”的方针，抓好行业安全监管，大力营造平安交通、和谐交通。

1. 加强行业安全监管，落实安全生产责任制

严格落实公路水路交通运输安全监管职责，督促各类交通企业落实安全生产主体责任。着力加强水路运输安全监管，重点抓好“四客一危”船舶和琼州海峡轮渡运输安全，积极协助县乡政府加强乡镇渡口、渡船安全管理；着力加强道路运输安全生产监管，严格履行“三把关一监督”职责；着力加强交通基础设施建设、航道和港口安全监管，大力开展各项安全专项整治工作，逐步完善了交通行业应急预案体系建设。按照国家统一部署，先后于2002年、2004年开展了危险化学品道路运输专项整治；2007年5月至7月针对国家“两防”要求，在全省范围内部署开展道路危险货物运输安全隐患排查工作，全面开展水上“两防”专项整治工作。

2. 加大交通安全设施建设投入

大力实施公路“安保工程”，强化对国、省、县道危险路段和四、五类桥梁的加固、改造工作，加大专项资金补助比例，按先急后缓的原则逐步列入年度桥梁改造计划，确保桥梁安全，提高公路抗灾能力。加快推进325国道九江大桥修复工作。“十五”以来，全省共投入5.3亿元，整治国省道危险路段4 045公里，改造、加固危桥及承载力不足的桥梁3 254座157 700延米。落实乡镇渡口渡船更新改造的资金投入，继续开展乡镇渡口渡船的更新改造工作。“十五”以来，广东省交通厅共投入补助资金1.95亿元，改造渡口858座、渡船1 495艘、渡改桥42座。认真落实国务院、省政府关于加强琼州海峡轮渡运输安全管理的指示，省交通厅投资4 000多万元，建成了广东省琼州海峡轮渡车辆危险品检测站三条检测线，检测站自2007年3月25日正式投入使用以来，实行24小时不间断对载货过海车辆进行检测，大大减少了夹带危险品运输的情况，确保了琼州海峡轮渡运输安全。

3. 车辆超限超载治理工作成效显著，长效治超机制基本建立

广东省自2004年6月全面开展治超执法以来，在路面联合执法、加强源头治理、固定治超站点规范化建设、高速公路执法、治超流动巡查试点等方面，取得了明显的成效。至2007年年底，全省共布局了87个固定治超站点、32支流动治超队伍、241个流动巡查路段。经过集中治超，取得了可喜的成果。路产损失逐年下降。据统计，2004年广东省因超限超载造成的路桥经济损失是35亿元，比2003年下降了6亿元；2005年因超限运输给公路造成的经济损失较2004年下降了3.6亿元；2006年比2005年减少损失4亿元。2007年比2006年减少损失1.5亿元。交通事故也明显下降，2004年广东省汽车净增52.37万辆，治超工作开展以来，交通事故四项指标较比2003年同期全面下降，其中死亡人数减少了385人；2005年全省汽车净增45.3万辆，而死亡人数又较2004年同期减少了698人；2006年，在汽车净增53.8万辆的情况下，道路交通事故的四项指标与2005年同期相比全面下降，其中死亡人数同比减少1 131人；2007年，在汽车净增76.6万辆的情况下，死亡人数同比减少834人。

（六）坚持法治交通，交通法制体系建设取得历史性突破，交通法制体系日益完善

1. 交通立法步伐不断加快，交通法规体系框架不断完善

根据广东省委省政府“要加强立法、通过立法来治理交通”的指示，广东省交通厅充分利用地方立法先行的优势，在行业管理的重要领域加快了立法步伐，交通法制建设取得了重大进展和明显成效。1995年至今，省人大常委会先后颁布施行了《广东省道路运输管理条例》、《广东省公路路政管理条例》、《广东省航道管理条例》、《广东省高速公路管理条例》、《广东省公路条例》、《广东省港口管理条例》等6个交通地方性法规；省政府颁布实施了《广东省航道养护费征收和使用办法》、《广东省公路养路费征收管理实施细则》、《广东省公路收费站管理办法》、《广东省航标管理办法》等15个交通政府规章；省交通厅还制定了《广东省交通基础设施建设征地拆迁补偿实施办法》、《广东省公路、水运工程质量监督实施办法》、《广东省公路水运工程施工和监理企业信用评价管理办法》等一系列加强和

规范行业管理的规范性文件。根据国家、省的要求和部署，完成了历次对现行交通法规、规章的清理工作，维护了法制统一和政令畅通。目前，已初步建立了地方公路、水路交通法规体系，行业管理逐步规范和完善，为依法治交、依法行政奠定了基础。

2. 交通执法监督不断加强，行政复议机制不断健全

根据交通部《交通行政执法监督规定》、《广东省行政执法责任制条例》的规定，广东省交通厅着力加强制度建设，把执法监督纳入了制度化、规范化的轨道，建立了以执法评议考核为手段的一整套监督制度。严格实行责任追究，使权力与责任紧密挂钩，监督与责任密切联系。自觉接受民主监督、社会监督、新闻舆论监督，积极配合监察、审计等专门监督，拓宽监督渠道，完善监督机制，将各项监督有机结合，充分发挥作用，确保依法行政。

遵循合法、公正、公开、及时、便民的原则，认真履行复议职责，坚持有错必纠，依法纠正违法和不当的具体行政行为，有效地将行政争议化解在基层、化解在初发阶段、化解在行政系统内部，密切了政府与人民群众的关系，维护部门和政府的形象，保障法律、法规的正确实施，保护公民、法人或者其他组织的合法权益。“十五”以来，广东省交通厅共受理行政复议51件。

（七）坚持科教兴交、科教强交战略，交通科技创新取得历史性突破，极大提升了科技的贡献率

改革开放以来，广东省交通系统坚持人才是第一资源的理念，大力推行科技创新、科教兴交战略，在科教改革与创新方面取得了丰硕成果。据统计，30年来，广东省交通科研项目获得国家级、省部级科技进步奖96项，其中：国家级科技进步奖4项（含二等奖2项，三等奖2项）；省部级科技进步奖92项（含特等奖1项，一等奖5项，二等奖33项，三等奖53项）。广东高速公路建设科技创新及应用获2006年度广东省科技进步特等奖（共设2个特等奖）。

1. 交通基础设施建设领域科技水平不断提高，研发能力不断增强

(1)桥梁建设方面：广东是桥梁大省，是“桥梁之乡”，至2007年年底，广东省共有桥梁3.6万余座，约157万延米。其中：洛溪大桥、虎门大桥、崖门大桥和丫髻沙大桥获得詹天佑土木工程大奖。

广东省现代梁桥建设始于20世纪80年代。1984年建成的顺德容奇大桥开20世纪80年代预应力混凝土连续梁桥的先河。随后连续刚构、斜腿刚构等新桥型，如广州大桥、惠州东江大桥等陆续出现。1988年，采用节段预制悬臂拼装施工建成的江门外海桥和主跨达180米的预应力混凝土连续钢构桥——番禺洛溪大桥，代表了当时我国梁式桥的最高水平。2000年建成的丫髻沙大桥是当时我国，也是世界最大跨径的中承式钢管混凝土拱桥。

斜拉桥、悬索桥是现代桥梁中大跨径桥梁的主要形式之一，它集中了当代建筑学最尖端的理论、工艺、材料，成为目前大跨度桥梁的主流。自1987年以来，广东省建成了多座斜拉桥，如崖门大桥、湛江海湾大桥、西部通道深圳湾大桥等。其中崖门大桥是广东交通系统自行设计、自行施工、自行监理的一项精品工程，大桥合龙时，两端高差仅2毫米，其精密度达国际先进水平。汕头海湾大桥、虎门大桥以及在建的珠江黄埔大桥是标志性的大跨度现

代悬索桥。其中虎门大桥主跨888米是当时我国已建成最大规模的悬索桥，也是我国现代大跨度钢箱梁悬索桥的开端。

（2）高速公路建设方面：在高速公路建设、运营和技术研发方面，项目管理技术、山区高速公路建设技术、路面路基及软基处理技术、生态环保技术等都得到进一步的创新发展。如，京珠高速公路粤境北段工程建设成套技术的研究，是以京珠高速公路粤境北段工程建设为依托，对极其复杂地质地形的山区高速公路的设计与施工，关键技术问题的解决、病害防治与治理、项目建设管理进行了分析总结，形成了一整套山区高速公路建设成套技术，成果获2004年度广东省科技进步一等奖；2006年，广东省交通厅和省交通集团以广东省高速公路建设为依托，积极开展科技和管理模式创新，在软土地基处理、山区高速公路岩土工程、大跨度桥梁、南方高温多雨地区沥青路面、高速公路生态防护与排水、收费技术等方面取得了一批创新成果。该科研项目获2006年度广东省科技进步特等奖。

（3）航道建设方面：围绕航道建设、维护、管理以及企业生产中的关键技术和急待攻克的难关，广东省交通厅开展了数十个科技攻关项目，取得了明显的成效，促进了航道科技进步。国家“八五”重点科技项目珠江崖门口航道整治技术研究，研究成果获1996年交通部科技进步二等奖；国家“八五”重点攻关项目，伶仃洋3.5万吨级航道的整治技术，获1997年交通部科技进步二等奖；广东省交通厅“九五”科技攻关项目，珠江三角洲快速客船内河航道边坡冲刷及保护研究，研究成果获2003年广东省科技进步三等奖；珠江三角洲航道网水沙及数学模型研究，研究成果获2003年广东省科技进步三等奖；广东省主要航道低水位变化趋势研究，研究成果获2005年广东省科技进步三等奖。

2. 不断加大交通信息化建设力度，推进交通现代化进程

广东交通行业信息化建设始于2001年省交通厅办公自动化系统建设的启动，并在“十五”期间迅猛发展。2004年，交通信息化“十五”规划的重点建设项目广东省高速公路联网收费系统顺利完成，全省实现区域联网收费，标志着广东省高速公路的信息化管理进入一个新的台阶；2005年全面完成的“三网”（即省交通厅“内、外网”、广东省道路运政网一期和交通规费征收稽查专网）建设工作。“十一五”以来，广东省交通厅正式启动省级公路信息示范工程推广工程的建设工作，提出了“省级交通信息资源整合与服务工程”实施方案，围绕“十一五”广东交通信息规划建设“一个网络、一个中心、二个平台、一个系统、一个支撑体系”的总体目标，进一步完善全省交通信息化工作的有关制度和管理办法，加强对交通信息资源整合的科学管理，建立和完善全省交通道路视频监控框架和电子政务畅通工程。

3. 大力发展交通教育，交通队伍整体素质明显提高

改革开放30年来，广东省紧紧围绕交通行业体制改革、结构调整和交通建设对人才的需求，以提高交通职工队伍整体素质为核心，以人力资源开发为导向，实施交通科技与人才培养先行的优先工程，积极发展交通职业技术教育和继续教育。

1984年广东省交通队伍专门人才拥有量占职工总数比例的3.24%，经过近30年的不断培养和引进，到2005年全省交通队伍专门人才比例达到25%左右，其中厅直属单位专门人才占人员的80%以上。加快实施“百千万人才工程”，培养了一批在全国乃至国际上有较高知名度的学科和技术带头人。仅2005年~2007年，全省交通系统共有34人取得正高级工程师专业技术资格，有1 082人取得副高级工程师专业技术资格。“九五”以来，省交通厅每年在交通规费中平均提取5 000万元作为科教经费，用于发展交通高、中等职业教育及培训。重点建设广东交通职业技术学院、广东省高级交通技工学校。至2008年上半年，全省交通系统有广东交通职业技术学院等13所交通类职业技术学校，在校生超过3.8万人，为交通事业可持续发展提供智力支持和人才保障。

（八）坚持解放思想、创新观念，交通行业改革取得历史性突破，为交通发展奠定体制、机制保障

广东交通30年的发展历程是一个伴随着思想解放，革新创造，开拓进取，实干兴邦的过程。通过解放思想，广东交通实现了大解放、大飞跃，改革和创新为交通的发展注入源源不断的活力。

1. 深化交通行政管理体制改革，为建设廉政、务实、高效交通奠定了坚实的基础

广东省交通厅是1983年在原广东省交通厅和广东省航运厅合并基础上重组成立的，是主管全省公路和水路交通行业的省政府组成部门。1999年，积极配合交通部、省政府做好水上安全监督管理体制改革和双重管理港口下放地方管理工作。2000年，广东省交通厅顺利完成了厅机关及下属事业单位机构改革，理顺了航道管理体制，公路管理体制改革也不断深化；完成了交通企业与行政单位脱钩工作，组建了广东省交通集团有限公司，实现政企分开。2004年，省交通厅内设的交通厅港航管理局正式挂牌运作，完善了全省港航、港口管理体制，加强了全省水路交通、港口经营、引航等港口辅助业的管理，促进了岸线布局更加合理，标志着全省港航事业迎来了新一轮的发展。2007年7月，省交通厅内设的省交通厅综合行政执法局正式挂牌成立。新成立的综合执法局承担原来系统内的公路路政、道路运政、水路运政、航道行政、港口行政、交通规费稽查等6大执法职能，改变原来公路、交通、航道、港务等部门各管一块的现状，提高交通执法效率，降低执法成本，解决多头执法、重复处罚、执法扰民等问题。

大力加强行政审批制度改革，建设阳光政务。2000年以来，按照“合法、合理、效能、责任、监督”的原则，对广东省交通厅内原有的行政审批事项进行清理和改革。经省政府批准，目前，保留了49项行政审批事项，取消了10项，下放管理了5项，还有1项转移由事业单位管理。率先在运输市场实施汽车客运线路牌招投标。2002年、2006年广东省交通厅分别颁布实施《广东省跨市客运标志牌招标投标暂行办法》、《广东省交通厅市际、省际客运班线经营权招标投标管理办法》。2002年8月，在国内首次实施了以安全生产与服务质量为主要内容的客运经营权招投标。2003年5月，广东省交通厅与江西省运管局联合实施了粤赣两省跨省公路客运标志牌经营权招投标。至2007年年底，广东省交通厅共实施市际、省际客运班线经营权招标4次，确定了54个项目共391块客运标志牌的经营权。

2. 创造性地改革和探索交通建设投融资体制模式，为交通基础设施建设提供多渠道的资金来源

改革开放前，交通建设资金基本是国家投资。改革开放后，广东省对交通建设的融资机制进行改革，交通建设资金由单纯依靠财政投资，逐步发展到政策筹资和社会融资，从主要

依靠交通规费发展到向银行贷款、向社会发行债券、股票、利用外资等，逐步建立了“国家投资、地方筹资、社会融资、利用外资”和“贷款修路、收费还贷、滚动发展”多形式、多层次、多渠道的投融资机制，开创了广东省国有资金、外资、民资全面参与公路建设的新局面，是全国第一个实行高速公路项目业主社会招投标的省份。2003 年 2 月，广东省选取两个高速公路通过招标形式确定建设项目投资主体：一条是粤赣高速公路河源（埔前）至粤赣交界（上陵）段；另一条是潮州至揭阳高速公路。

3. 改革公路建设管理机制，促进公路快速发展

积极落实中央宏观调控措施，严格项目审批，坚持地方配套资金不到位项目不列入计划，超规划、超标准的项目不予立项，从源头上堵住拖欠工程款的漏洞；实施公路建设管理新办法，使地方政府在交通建设征地拆迁、配套资金等方面切实承担起责任；创新工程管理手段，在工程项目设计中坚持节约、合理，集约使用土地，确保经济社会的可持续发展。积极探索在高速公路项目中采用政府还贷模式进行投资建设的试点工作。2005 年动工的韶赣高速公路粤境段，开创由广东省公路局与地方政府合作建设非经营性高速公路的先河，按 8:2比例共同投资、合作建设。

推进公路养护体制改革。从 1989 年开始，广东省公路系统积极探索养护管理新模式，走公路养护市场化的路子。开始建设大道班（养护中心），实行科技化、机械化、规模化养护。经过十多年的努力，广东省大道班建设任务已经基本完成，至 2007 年年底全省共有大道班（养护中心）566 个，在有效提高养护水平的同时，也让 3. 8 万养护工人共享了公路改革成果。2006 年，广东省交通厅、发改委、财政厅等三部门联合印发了《广东省农村公路管理养护体制改革示范点工作方案》。按照“统一领导、分级管理、以县为主、乡镇配合”的原则，积极探索改革的有效途径，初步建立健全以县为主的农村公路管理养护体系，建立稳定的农村公路养护资金渠道。

（九）坚持党的宗旨不动摇，党风廉政建设和行业精神文明取得明显成效，促进三个文明建设协调发展

改革开放以来，广东省交通系统始终将党风廉政建设和行业精神文明建设贯穿于交通经济发展全过程，坚持一手抓交通基础设施建设、一手抓行业管理、一手抓党风廉政建设和行业精神文明建设，行业风气进一步好转，行业社会形象不断提升。

1. 坚持以提高党的执政能力建设为重点，充分发挥党的领导核心作用，建设高素质的行业干部队伍

广东省交通系统广大干部职工，坚持用马列主义、毛泽东思想、邓小平理论和“三个代表”重要思想武装头脑，深入学习实践科学发展观，坚持不懈地巩固和加强党的基层组织建设，扩大党的工作覆盖面，提高党的凝聚力和战斗力。“十五”以来，通过开展保持共产党员先进性教育、“三服务一促进”、“三创建三促进”、“党纪、政纪、法纪”教育等主题实践活动，积极参与省政府纠风办和省电台联合主办的“民声热线”节目；进一步夯实了党的执政基础和能力，强化了党要管党、从严治党方针的落实。全力抓好各级领导干部的素质教育，2003 年，举办了各地级以上市交通局、公路局长培训班；2007 年，举办了各地

级以上市交通局长、航道局长、港航局长、公路局长等“四局长”的培训。认真执行《党政领导干部选拔任用工作条例》，以干部轮岗交流工作的正常开展为突破口，全面推进干部人事工作的制度化和公开化。落实民主集中制，严格遵守“集体领导、民主集中、个别酝酿、会议决定”的议事和决策制度；以重大项目审批、重大资金拨付、重要人事任免为重点，实行领导集体决策；应用审计手段和政务公开等方式加强纪律监督；认真执行领导干部述职述廉制度，建立诫勉谈话制度。

2. 坚持反腐防变的科学思想，建设务实、为民、清廉的行业，树立优良的行业形象

改革开放以来，广东省交通厅始终注重反腐防变，着重抓好各级领导班子党风廉政建设和领导干部廉洁自律工作，着力构建交通行业的教育、制度、监督并重的惩治和预防腐败体系。认真吸取广东交通系统“5.28”腐败案件的教训，加大以交通建设领域为重点的反腐倡廉工作力度，健全和完善制度建设，强化行政审批、工程招投标、资金使用等关键环节和部位的反腐保廉工作。

(1)工程建设市场、交通运输市场法制化和规范化建设不断加强，建设公平、公正、公开的市场秩序。

2001年以来，广东省所有国省道重点交通工程建设项目全部进入交易市场进行公开的招、投标。行业主管部门全面退出招投标具体业务，从过去既当运动员又当裁判员，转为监督者，将招、投标工作全面交由市场，委托社会中介组织独立进行，形成竞争、开放、有序的市场运作体系，市场化程度在全国交通系统中处于领先水平，是全国仅有的两个省级交通主管部门内部不设招投标机构的省份之一（另一个是上海市）。广东省所有跨市客运线路牌也于2003年起全部进行公开招投标，创全国之先河；在运输企业资质、等级的评审和线路牌招投标中，实行中介组织实施、专家评审、行政监督制度。

(2)切实抓好建设领域的廉政工作，大力推进市场诚信体系建设。

紧紧抓住工程建设招标投标、转包分包、物资采购、设计变更、资金拨付等关键环节，加强监督管理和源头治理。认真贯彻落实《广东省交通系统建立健全教育、制度、监督并重的惩治和预防腐败体系实施方案》，深入开展治理交通建设领域的商业贿赂工作。加强评标专家动态监督和管理，完善评标专家库，形成了“专家评标、项目法人定标、政府部门监督”的评标体系。坚持在所有交通工程项目中推行廉政合同制，实行交通工程合同和廉政合同一起签，积极推行揭（阳）普（宁）高速与所在地的检察机关开展同步预防职务犯罪的经验。从2003年1月起，广东省所有新建高速公路项目和国家、省重点交通基础设施建设工程项目，都开展了与检察机关共同开展预防职务犯罪的活动。公路、水路建设市场诚信激励和失信惩戒机制初步建成。建立完善建设市场“黑名单”制度，加大对从业单位履约情况的监督，对履约差、信誉差的企业，以及弄虚作假的监理、试验人员进行通报批评，并依法清退或限制其进入交通建设市场；对履约能力强、信誉好、工程质量优良等方面表现突出的单位予以通报表彰，并给予相应免资格预审等奖励。经过不懈努力，近年来，广东省交通基础设施建设领域涌现出大量质优价廉的项目工程。

如，被誉为“阳光之路”的开（平）阳（江）高速公路就是其中的杰出典范。开阳高速近三年的建设过程，创建了“规范工程管理，增强创新意识，加强科技攻关，完善监督制约”建设价廉、质高、高效、廉洁的“精品之路”、“阳光之路”为主要内容的“开阳”

经验。2004 年 2 月 23 日，省委、省政府和省纪委专门召开开阳建设经验推广会，并分别授予开阳项目“模范建设工程”和“廉洁工程”荣誉称号。同年 5 月，中华全国总工会授予开阳高速公路有限公司“全国五一劳动奖状”。同年 8 月底，交通部在开阳现场召开了“全国交通系统基础设施建设项目廉政工作经验交流会”。2005 年 3 月，国家人事部、交通部授予开阳公司“全国交通系统先进集体”荣誉称号。开阳经验在全省、在全国交通系统不断得到推广。开阳高速的“阳光工程”、“阳光操作”在行业内外得到广泛的认可。

(3)加强行政效能监察，不断健全和完善行政审批电子监察系统建设。

大力推进行政审批电子监察系统建设，将行政审批行为置于“阳光”监管之下，提高行政审批的公开性和透明性。自 2006 年 8 月 1 日我厅纳入省纪委、省监察厅的行政审批电子监察系统运行以来，我厅各审批事项都能在规定期限内办结，没有受到一张黄牌或红牌警告，在省直 48 个部门中，广东省交通厅每月排名均比较靠前。通过行政电子审核系统的监督，提升了监督的效能，促进了政务公开载体创新，杜绝了行政审批中各种不作为、乱作为、慢作为现象，在全系统起到了良好的表率作用。

(4)健全治理公路“三乱”快速反应机制，实现了全省所有公路基本无“三乱”的阶段性治理工作目标。

根据国务院有关部委、省委省政府的部署，自 1995 年以来，广东省交通厅大力开展以治理公路“三乱”为重点的纠风治乱工作，始终保持对公路“三乱”现象的高压态势，对行业任何不正之风不回避、不护短，坚决查处；纠风治乱工作取得显著成效，特别是在清理整顿道路站点，解决群众关心的热点问题及建立治理工作长效机制等方面取得了明显成效。经过十多年的努力，2006 年初，广东省通过交通部、公安部、国务院纠风办考核验收，实现了全省所有公路基本无“三乱”的阶段性治理工作目标。

3. 坚持三个文明建设协调发展，围绕创建“文明交通、法治交通、和谐交通”的理念，行业精神文明建设上新台阶

改革开放以来，广东省交通厅坚持交通工作以整体推进、协调发展的思路，大力开展以“服务人民，奉献社会”为主要内容的创建活动、积极实施交通部提出的“三学四建一创”活动，践行《公民道德建设实施纲要》，加强以为人民服务为核心、以集体主义为原则、以诚实守信为重点的道德教育。2004 年，根据时任省委书记张德江的重要指示，广东省交通厅在深圳市交通局召开了“全省交通系统思想政治建设现场会”，推动了全行业思想政治建设的不断深化。认真贯彻落实《广东省交通厅政务公开管理办法》，坚持阳光服务，在窗口部门大力实行“一个窗口受理、一站式完成”的“一站式”服务。采用现代管理科学和技术成果，提高服务效率和质量。积极推行承诺制、公示制、首问负责制。健全和推进高速公路营运收费服务标准、高速公路服务区服务标准、汽车客货运输服务标准和施工现场规范管理标准化建设。积极开展文明示范窗口、巾帼文明岗、青年文明号、文明样板路、文明样板航道等创建活动；弘扬奉献、友爱、互助、进步的青年志愿者精神。

党的建设不断加强，行业队伍素质不断提高，广大干部职工的精神面貌焕然一新，行业文明程度不断提升。据统计，改革开放以来，全省交通系统先后涌现出全国精神文明建设先进单位 2 个，全国交通系统文明行业 1 个，全国“五一劳动奖章”获得者 66 人、“五一劳动奖状”获得者 82 人，省部级文明单位（集体）35 个、全国劳动模范（先进工作者）

105人，省部级文明示范窗口12个，全国十佳交通文明示范岗、站、车、船1个，全国十佳交通基础设施建设优质廉政工程1个。创建了广东首条国家级文明样板航道——西江南江口至肇庆段，建成107、324、205、321国道广东段国家级文明样板路。

30年的改革开放历程，弹指一挥间。回顾改革开放以来广东交通建设的历史进程我们看到，30年的交通实践，是一个不断总结和运用经验的历史进程，是在实践中开阔视野、深化认识、提高水平的过程，是将改革创新精神全面贯穿于交通经济发展的过程。

二、广东交通运输发展30年经验与启示

改革开放30年的发展实践，使我们进一步加深了对“经济要发展、交通须先行”的认识，也积累了宝贵的经验。

（一）必须坚持省委省政府的重大决策和战略部署，科学谋划，抓好落实，这是交通发展的根本前提

广东交通改革开放30年的辉煌历程启示我们，交通的每一步发展历程，必须在思想上、认识上、行动上自觉统一到中央和省委省政府的重大决策和科学部署上来，科学谋划，积极主动，不折不扣地落实和执行。

20世纪80年代初，针对交通成为社会经济发展的“瓶颈”，而建设资金不足的情况，广东省委省政府实行“贷款修路，收费还贷”和“谁投资，谁收益”的市场经济办法，引进建设资金；20世纪90年代初，省委省政府决定在全省推行“广汕模式”，加快国省道建设步伐；20世纪90年代后期，时任省委书记李长春同志非常关注交通工作，亲自参加省交通厅党组民主生活会，针对当时广东省高速公路建设存在“价高质次”问题作出重要批示，要求认真做好“提高工程质量、降低工程造价”工作。2002年，张德江书记到广东工作后，对交通工作更是关怀备至，多方听取各地的意见，提出高速公路通地级市的要求，要高投入、高质量、高效率地建设高速公路，并先后20多次对交通工作作出重要批示。2003年，张德江书记提出把高速公路建设当作“重中之重”、“当务之急”；黄华华省长到交通厅现场办公，制订具体办法。2004年、2005年，张德江书记就加快高速公路建设多次作出重要批示。省委省政府出台了一系列得民意、暖民心、富民生的政策，极大推动了交通基础设施建设。2003年~2005年广东省高速公路建设实现“三年三大步”战略目标，“十五”期建设的高速公路是以前总和的1.6倍。2006年，省委省政府召开了全省交通工作会议，省四套班子主要领导参加会议，张德江书记到会作重要讲话，提出了“建设大交通，促进大发展”这一重大战略决策。随后省委省政府出台了加快交通业发展的28条纲领性意见，成为推进广东大交通建设的重要政策依据，为交通发展指明了方向。2007年12月30日，中共中央政治局委员、省委书记汪洋同志对交通工作作出重要批示：“五个新业绩可喜可贺，四个不适应矛盾突出。当年广东交通靠改革创新解决了许多前所未遇的矛盾，引领了全国的交通建设管理趋向。现在仍然需要解放思想，用改革创新来解决各种不适应。既破解发展难题，又为全国做出新的贡献。”汪洋书记的批示，既是对广东改革开放30年交通工作成就的充分肯定，更是对如何解决广东交通事业发展过程中所遇到的困难和问题的鞭策。历任省委书记对交通工作的亲切关怀，省委省政府的科学决策，是广东省交通事业快速、可持续发展的重

要保证，是我们做好交通工作的坚强后盾。

（二）必须坚持以科学发展观为统领，始终抓住发展不放松，准确把握交通工作的规律性，创造性地开展工作，这是交通发展的本质要求

广东交通改革开放30年的辉煌历程启示我们，坚持科学发展观，必须始终树立发展是第一要务的理念，增强发展意识、危机意识，转变观念，创新思路，不断提高总揽全局、驾驭市场经济的能力，创造性地开展工作。

“十五”以来，是广东省交通建设发展最快、效果最好的一个时期。关键就是坚持以科学发展观为统领，坚持科学发展、可持续发展的结果。

一是坚持科学规划，坚决贯彻落实省委第九次党代会关于加快区域协调发展战略的部署，结合区域经济水平不平衡的现状，坚持统筹协调发展的原则，在加快珠江三角洲交通基础设施建设发展的同时，加快东西两翼交通建设，对欠发达地区实行倾斜、扶持，适当调整东西两翼路网建设规划，将部分“十二五”、“十三五”的项目提前实施，促进区域协调发展。

二是紧紧围绕“建设大交通，促进大发展”的目标，坚持发挥公路、水路各自的优势，积极推进交通大发展，构建综合运输体系。通过深化改革开放，立足体制创新、管理创新和技术创新，促进各种运输方式的发展和衔接，发挥组合效率和整体优势，推进便捷、通畅、高效、安全的现代综合交通运输体系建设，构建大交通发展格局进程。

三是在加快交通基础设施建设的同时，遵循工程建设规律，坚持科学规划、科学设计、科学施工，保证质量和合理施工工期。通过一系列有效举措，广东交通工程造价和质量得到有效控制：项目合格率达100%，全省高速公路平均造价四车道控制在3 000～4 600万元/公里（2004年），六车道控制在4 500～7 000万元/公里（2004年），与国内其他省份比较属中等偏下水平，实现了“提高质量、降低造价”的要求。普通公路坚持以路面质量为中心，加大改造力度，合理确定技术标准和投资规模，以提高公路的安全性能和通行能力为重点。坚持工程建设与生态环境相统一，严格执行环境保护政策，把“资源节约”、“环境友好”的要求落实到交通规划、设计、建设和管理各个环节中。如，渝湛高速公路从设计开始就非常注重环境保护和水土保持，废水通过处理后再排放，实现了交通基础设施与自然环境的和谐统一，修成了一条“车在路上走，人在画中游”的亚热带生态路；隧道口的黄色警示杆、下坡段的自动警灯等高科技含量设置，蕴含着对驾驶员的人性关怀；路两边边坡草木共生，野花组合，多姿多彩，充分体现路与自然环境的和谐统一。

（三）必须坚持以人民的根本利益为价值取向，把实现好、维护好、发展好人民群众的根本利益作为交通工作的出发点和落脚点，这是交通发展的根本宗旨

广东交通改革开放30年的辉煌历程启示我们，必须坚持交通建设经济效益与社会效益相结合，做负责任的政府部门和负责任的行业。始终坚持立党为公、执政为民，把实现好、维护好、发展好最广大人民的根本利益作为党的核心价值，始终保持党同人民群众的血肉联系，让改革的成果惠及全省群众。

在交通30年改革发展历程中，广东交通建设者始终坚持党的群众路线，在思想感情上贴近人民群众，下大气力解决好群众反映强烈的突出问题，下大气力做好关心困难群众生产

生活的工作，多办顺应民意、化解民忧、为民谋利的实事。按照省委省政府提出的“十大工程”和“十项民心工程”的部署，为全面实现省第九次党代会提出的“区域协调发展战略”目标。“十五”以来，围绕“抓两头，促中间”的科学思想，在政策、资金上向东西两翼、粤北山区、老少边穷地区倾斜，将社会效益放在第一位，加快完善通山区高速公路、县通镇公路、农村公路和地方经济线路建设。“十一五”国省道建设规划突出了山区及经济欠发达地区的省道建设，全省50个山区县和东西两翼地区省道建设里程占总规划的75%以上；新的《广东省公路、桥梁建设省投资补助标准》全面提高国、省、县、乡道新（改）建补助标准，较原标准新增补助资金53亿元，增幅达38.4%。为彻底解决农民“出行难”问题，让改革开放成果惠及农民，广东省交通厅制定了大幅降低农村客运的客运附加费征收标准等多项扶持措施，优先发展农村客运。积极推行绿色通道建设，让惠于农。

交通基础设施的完善，为全省经济社会发展创造了良好的环境和条件，现在，从广州出发，5个小时以内可以到达广东最边远的粤东、粤西城市梅州、汕头、湛江等地，而港澳进入这些地区的时间也大大缩短，全面改变了这些地区的区位落差，提升区位优势，突破长期以来经济发展的交通“瓶颈”，从而更快捷地融入到珠三角。同时，公路产业带尤其高速公路产业带的形成，大大推动了地方经济的发展，提高了沿线地方综合运输能力，进一步沟通了沿线与大中城市、交通枢纽、工业中心的联系，增强了外商投资的吸引力，促进了沿线农业、高新技术产业、企业、商业、旅游业的发展和产业结构的变化。如清远市、河源市、韶关市等山区市经济发展速度排在全省前列，交通基础设施建设发展起到了巨大的拉动作用。

（四）必须坚持结合广东的实际，深化改革，创新理念、创新思路、创新举措，这是推动交通又好又快发展的持久动力

广东交通改革开放30年的辉煌历程启示我们，必须根据经济社会的发展变化，结合广东的实际坚持用新理念、新思路、新举措推进交通工作，坚持用时代发展的要求和眼光审视交通状况，以改革创新精神加强和完善交通发展，不断为交通发展注入新活力、增添新动力。这是交通事业具有蓬勃活力的根本保证，也是改革开放以来广东交通建设与管理工作不断取得成就和进步的关键所在。

纵观30年的发展历程，广东交通建设者始终将市场经济的观念贯穿于经济发展全过程，始终把握着体制、机制要适应社会生产力发展、促进生产力发展这一主要矛盾，永无止境地探索交通改革与发展的全局性、前瞻性、战略性问题，勇于实践，不断探索广东交通改革与发展的新鲜经验，创造了一个又一个的全国第一、全国领先。广东交通领域无论是建设市场，还是运输市场，开放的程度是全国较高、操作较为规范和完善的省份之一。广东是全国第一个根据市场经济发展规律要求，实行“以路养路、以桥养桥”、“贷款修路、收费还贷”的省份，也是第一个大规模撤并收费站的省份；是民营资本最早进入建设、运输领域的省份，是第一个开展高速公路项目业主、实行跨市线路牌招投标的省份；修建了全国第一个环保客运站——广州海珠客运站；是第一个引进具有世界先进水平的高速客轮，推行水路高速旅客运输的省份；客货运输业无论是质和量始终领先于全国；交通基础设施建设的投资与建设速度始终排在全国前列；交通信息化管理的质量与水平领跑全国，等等。广东省交通系统较为完善和规范的市场体系，使交通部门在思想上、观念上、理念上更为开放和成熟，也更

为强烈地体会到成熟的市场体系对拉动交通经济快速发展的积极意义，确保了交通发展保持着旺盛的生机与活力。

（五）必须坚持不懈地加强党风廉政建设和推进行业文明建设，弘扬正气，保持昂扬向上、拼搏奉献的精神风貌，这是做好交通工作的政治保障

广东交通改革开放30年的辉煌历程启示我们，切实加强和改进党风廉政建设和精神文明建设，不断提升交通行业的软实力，是为交通建设与发展提供智力保障和优良环境的重要保证。党风廉政建设抓好了、精神文明建设水平提升了，交通工作就能快速发展；否则，建设和管理工作就会产生重大的影响，交通工作就会陷入停滞不前，甚至会严重损害党和人民的利益，损害行业的形象。

2001年，发生在广东交通系统的“5.28”特大受贿案，牵涉到国家公职人员达89人之多，发生了“大面积塌方”，令人触目惊心。其根本原因除了制度、体制方面的问题外，更重要的是领导班子和党组织涣散，思想政治工作严重脱节，党风廉政建设流于形式。造成20世纪90年代后期、21世纪初期，广东交通事业受到重大影响，广东公路建设也暴露出不少矛盾和深层次的问题，高速公路工程“造价偏高、质量偏低”就是其中一个社会群众广泛关注的焦点问题。

2001年初，时任中共中央政治局委员、广东省委书记李长春作出了广东高速公路造价要降低20%的重要批示。全省交通部门围绕“提高工程质量，降低工程造价”这一目标，迅速行动，以“5.28”为反面典型，把反腐败工作作为重大的政治任务来抓，大力建设“阳光政府”、“阳光工程”，用铁的纪律保证党的根本制度和方针政策的执行。认真落实《全省建设工程招标投标执法监察实施方案》、《广东省交通厅工程建设廉政督察工作实施方案》，严格执行基本建设程序，提高前期工作质量，严格公开招投标制度，加强质量和造价的监管，一举扭转了高速公路“价高质次”的被动局面，全面提高公路建设的整体水平，全省高速公路建设“提高质量，降低造价”工作取得了明显的成效，广东交通建设与管理水平有了质的飞跃，特别是2003年~2005年广东高速公路建设取得了“三年三大步”的重大历史性突破；涌现出一个个行业典范：被誉为“阳光之路”的开阳高速公路，荣获全国首届“十大桥梁建设英雄团队”称号的湛江海湾大桥公司、高质高效建成被洪水冲毁的乐昌市武江大桥、长来大桥的广东省长大公路工程有限公司，抗冰英雄、全国“五一劳动奖章”获得者黄文立等。他们这种改革创新、奋勇争先的开拓进取精神；艰苦奋斗、奋发图强的创业精神；胸怀大局、团结协作的无私奉献精神；勤学苦练、扎实工作的爱岗敬业精神，成为广东省交通系统宝贵的精神财富。

目前，一种一心一意求发展、干净干事、奋发有为的氛围在全系统已经形成，在处一级、厅一级领导干部中营造了一种再苦再累也要干好工作的开拓进取精神；2007年省委巡视组到广东省交通厅巡视时，厅党组被誉为政治坚定、真抓实干、公道正派、干净廉洁的领导班子。这种优良的环境与氛围，极大地推进了交通事业的发展，确保了广东交通业在全国交通行业的排头兵地位。

三、发展与展望

雄关漫道真如铁，而今迈步从头越，历史将铭刻着改革开放30年的辉煌。根据省委开

展“思想大解放、促进大发展”的部署，为贯彻落实《国务院办公厅关于加快发展服务业若干政策措施的实施意见》、交通部《关于加快发展现代交通业的若干意见》和《关于促进道路运输业又好又快发展的若干意见》，以及省委省政府加快现代服务业发展的有关文件要求，今后5年，广东省交通事业的主要任务是推进公路水路交通由传统产业向现代服务业转型，工作总体目标是：建成布局合理、结构优化的公路水路交通运输体系，基本实现客运快速化、货运物流化、运营职能化、信息网络化，基本达到公路、水路交通的安全、通畅、高效、便捷、可靠，为全省全面建设小康社会、率先基本实现社会主义现代化做出贡献。

（一）加大投入，加快交通基础设施建设的速度，构建健全、完善的综合运输网络

加大交通基础设施建设投入，预计未来5年交通基础设施投资3 600亿元。

加强高速公路和国省道出省通道建设，扩大通行能力，彻底解决省际交通不畅顺的问题。加快完善珠江三角洲地区高速公路网络，提高国省干线公路等级，进一步强化与港澳的衔接，促进大珠三角交通网络的一体化。继续向山区和东西两翼倾斜，加快干线公路的升级改造和疏港公路建设，积极引导和协调珠三角地区干线公路的快速化改造，促进珠三角城镇群快速交通系统的形成。进一步改善农村公路行车条件，打通断头路，提高农村公路网络化水平，力争到2009年，全面完成通建制村约2.5万公里的公路路面硬化工程建设任务。到2010年，县道以及通乡、通建制村公路基本达到简易铺装路面及以上技术标准，为农村客运发展创造良好条件。扶持综合运输枢纽建设。加快中心城市综合换乘枢纽，国家和省级枢纽站场，以及火车站、机场和港口的配套汽车客运站建设，完善现有客运站场的城市公交、农村客运、出租车和地铁等公共交通配套，方便旅客安全出行和换乘。以货运站场为载体，加快全省物流中心建设，促进货运的物流化。

加大港口投资建设力度，促进港口结构调整。进一步优化主要港口布局和港区结构功能，合理配置资源，逐步建成优势互补的珠江口一体化国际航运中心和东西两翼两个主枢纽港群，主要港口进港航道基本适应到港船舶大型化发展要求，重点加快集装箱和煤、油、矿等大型专业化泊位建设。

加快航道网络建设，建设黄金水运网。建设完善以西江水运主通道和珠江三角洲“三纵三横三线”为骨干的珠江三角洲航道网；加快东江、北江和韩江等主要河流中上游航道的整治力度，力争所有地级市通四级及四级以上高级航道，初步形成全省高等级航道网，引导珠三角产业向粤北和东西两翼地区转移。

（二）促进运输能力、水平上新台阶，实现各种运输方式“无缝衔接”和“零换乘”，形成便捷、通畅、高效、安全，基本适应经济社会发展需要的综合运输体系

1. 深入贯彻落实省委省政府提出的“建设大交通，促进大发展”科学战略部署，加快制订广东综合运输发展规划

从发展大交通的战略角度出发，以国家相关规划为指导，以经济和社会发展需求为导向，以建立综合运输体系为目标，主动适应交通“大部制”改革的需要，完善全省综合运

输体系规划。树立以建设为主转向以综合运输管理为主，优先发展运输业的理念。大力开展公路与水路、公路与铁路等多式联运，鼓励建设铁路与公路、长途客运与城市公交一体化的综合枢纽，支持开行公路与铁路、民航无缝衔接的客运线路，实现各种运输方式“零转乘”，构建大交通运输网络。着手规划与城际轻轨无缝衔接的公交网络，优先将过剩的市际客运班线运力调整为轨道交通接驳班线，方便群众出行。

2. 大力发展现代物流业，积极引导传统货运业向现代物流业转变，培育交通经济新的增长点

加快运输结构调整，促进产业升级。充分发挥港口、机场、站场在物流中的结点作用，大力拓展交通运输的服务链，提供延伸服务和增值服务。在道路货运站场规划建设中积极引入现代物流理念，根据本地区的港口、铁路货运站和产业布局，打破区域限制，合理科学规划货运站场和物流中心，在全省范围内形成布局合理、衔接顺畅的物流网点。重点扶持培育深圳、广州、东莞、佛山等重点物流园区建设。鼓励运输、仓储、配送、货运代理，多式联运企业通过多种形式进行资产重组，扩大经营规模，由单一的运输承运人向现代物流经营人转换，通过产权结构调整和经营模式创新，实现道路运输企业规模化、集约化、网络化经营。逐步培育服务水平高、竞争力强、跨所有制跨区域的大型专业物流企业，形成以大型企业为主导、中小企业和个体运输为补充的货运市场体系，不断提高运输的专业化、社会化服务水平。

3. 坚持以人为本，不断提升运输服务质量和服务水平

牢固树立交通基础设施建设为运输服务的理念，打破行业分割和部门阻隔，打造建设、养护、管理、运输为一体的交通产业链，努力构建分工协作、连接贯通、布局合理的综合运输网络体系，实现运输高效率、经济高收益、服务高质量，推进交通建设与运输全面协调发展。积极构建干线快速运输网络、以珠三角试点积极推进城乡客货运输一体化模式、以县为主的农村运输网络和机动车维修救援网络。整合跨区域公交线路和城际直达班车停靠点布局，优化结构，加大发班密度，鼓励各城市周边地区公交线路互联互通。大力开发和应用运输一体化的关键技术，发展智能交通运输系统，有效整合运输资源、优化网络布局，实现多种运输方式的协同发展，全面提升广东公路、航道、港口的通行能力。按照同一技术标准，统筹协调建设珠三角地区公交 IC 卡互联互通的技术平台，逐步使公交 IC 卡在全省公交、地铁和轻轨交通中实现非现金缴费“一卡通”，推动形成具有国际竞争力的珠三角都市群。

（三）以创新为动力，健全和完善交通保障体系建设，实现交通可持续发展

1. 坚持科技创新，加强交通基础设施建养技术研究及应用，提高科技贡献率

完善行业科技管理运行机制，构建以企业为创新主体、产学研相结合、开放型的行业科技进步体系；通过科技创新，开发和应用新结构、新材料、新工艺、新装备，提高质量，降低成本。完善科技成果转化和产业化机制，积极推动技术创新和技术成果的应用；依托重大建设项目和交通科技示范工程，力争在交通基础设施建养技术、一体化运输技术等领域突破一批关键性技术，取得一批具有自主知识产权的、达到国内乃至国际先进水平的科研成果，创建一批广东交通科技创新品牌。重点解决桥梁隧道的健康诊断与监控、桥梁检测加固和养

护成套技术、复杂路段路面养护新技术应用、新材料开发和推广应用等问题，以提高交通基础设施的建养品质和耐久性。加强技术标准规范工作，进一步完善标准规范体系，积极引进、消化和吸收国外先进标准，把先进、适用的科技成果及时纳入行业标准规范。

2. 大力推进交通信息化建设，切实提高行业信息化水平与质量，推进广东交通智能化进程

大力发展和应用数字化交通管理技术，以信息化带动基础设施建设，逐步实现交通信息资源共享、智能化的监控系统、数字化的行业管理、人性化的社会服务的发展目标。加快推进广东交通系统综合信息化建设。进一步加快交通电子政务、数字交通信息服务平台的研发，完善广东公路水路地理信息系统（GDGIS），整合、开发并完善集公路和站场、港口和航道、运营车船和从业人员、交通科技、档案信息等为一体的公路水路交通基础数据库和应用数据库，建立交通公共信息平台。积极推进智能型交通运输技术、公路水路物流信息技术等，以完善广东省公路水路保障支持系统，全面提升交通运输水平和行业的管理能力。建设集各种交通要素的指挥、协调为一体的全省交通综合监控中心。

3. 坚持“人才资源是第一资源”的理念，大力实施交通人才发展战略

坚持“科教兴交”和“人才强交”战略，建立符合交通行业实际的科学的人才评价标准和体系，创新人才引进、培养和使用机制，加强管理人才、专业技术人才和技能型人才队伍建设。以“百千万人才工程”为目标，培养造就一批学术、技术带头人和一批后备人才队伍。大力发展交通职业教育，整合教育培训资源，进一步完善交通教育与培训体系，强化品牌和特色建设，构建行业、企业、职业院校和培训机构的联动管理机制，全面提升交通行业整体科技水平和人才队伍的综合素质，为实现广东交通现代化提供人才保障。

4. 加强交通公共安全保障能力建设，树立完善的交通安全保障体系

强化行业安全管理，加强对公路水路运输、公路交通设施安全、危险货物运输车辆、超限运输的监管。遏制重特大事故发生，严格落实客运站“三不进站”、“五不出站”制度，加强对货运站场、物流园区和主要货源单位的监管。完善交通突发公共事件应急预案和应急体系，加快交通应急平台建设，加强交通应急队伍建设，提高应对突发公共事件的能力。建立和完善公路航道畅通保障、节假日旅客运输和重点物资道路运输等应急保障方案，提高应对突发事件的能力；重点结合2008年春运抗冰救灾工作，进一步完善恶劣天气条件下公路航道保畅通方案，健全春运和节假日旅客运输应急预案，建立滞留旅客劝返和疏运的工作机制，保障特殊情况与紧急状态下农副产品、煤、电、油等重要物资运输，维护经济和国防安全。

（四）加强交通行业法规和制度建设，推进交通法制体系进一步完善，促进行业干部职工法治水平进一步提升

强化依法立交、依法治交、依法兴交的意识，依靠和运用法律法规不断增强市场监管的能力，引导和规范交通运输市场和建设市场。要简化和改革程序，切实转变以审批代管理、以管理代服务的传统做法，将工作重心从审批、处罚转向为市场主体服务和创造良好的公平竞争环境上来；要健全交通法律法规体系，加快《广东省道路运输管理条例》等一批地方法规的制订和修订工作，进一步完善相关规范性文件，完善市场准入和退出机制，打击非法

运营，引导行业中介组织充分发挥作用，完善行政执法、行业自律、舆论监督、群众参与相结合的市场监管体系；逐步建立诚信考评体系，引导企业讲信誉、树品牌、加强企业文化建设，做到公开、公正、公平，不断提高交通行业诚信度。

（五）深化交通行政体系改革，建设创新型交通

1. 加强和改进交通行政体制改革，建立适应现代交通业发展的行业运行体系

深化交通基础设施建设投资体制改革，鼓励和引导社会资本以多种方式参与高速公路、港口等经营性的基础设施项目建设，继续探索政府还贷高速公路的建设路子，拓宽农村公路建设资金来源渠道；全面贯彻国务院农村公路管理养护体制改革方案，积极推进农村公路和国省道公路养护体制改革，继续推进公路、航道养护体制改革；完善收费公路管理，重点研究制订收费公路管理养护办法，保证收费公路处于良好的技术状态；规范高速公路管理，解决高速公路管理主体多元问题，落实和完善交通主管部门及公路管理机构对高速公路的行业管理，积极探索适合本省的高速公路特许经营管理模式；积极稳妥推进交通综合行政执法改革和事业单位机构改革；逐步建立决策科学、权责对等、分工合理、精简高效、执行顺畅、监督有效的交通行政管理体制。

2. 转变政府职能，创造公平竞争的良好环境

不断转变政府行政职能，加强政府行政能力建设，着眼于建设人民满意的服务型政府，建设充满活力的团结、廉洁、务实、高效型政府，严格依法行政的法治型政府，不断创建工作方式、方法和思路。推行客运站投融资体制改革和新建客运站业主招投标，鼓励客运站投资主体与经营主体的分离，真正实现交通主管部门和运输企业脱钩。进一步建立透明、公平、公正的交通建设、运输市场秩序，着力解决我省交通运输秩序存在的合法经营者利益受到损害，地方公路建设拖欠工程款，克扣、挪用征地拆迁补偿款等现象，重点深化交通建设、运输服务质量招投标和质量信誉考核制度改革；进一步提高政务公开工作水平，提高行政审批的公开性和透明度，规范各种业务办理，完善和落实业务限时办理制度，维护市场公平。建立健全重大决策的专家咨询、社会公示、听证和信息公开等制度，增强科学决策、民主决策、依法决策的能力与水平。

（六）加强党风廉政建设和行业精神文明建设，建设廉政、高效的交通，大力推进和谐交通建设，树立行业良好的社会形象

不断深化党风廉政建设，以党风促政风带行风，深入贯彻落实中共中央关于《建立健全惩治和预防腐败体系 2008 ~2012 年工作规划》，健全和完善党风廉政建设及预防和惩治腐败的长效机制。着力加强党员干部的党纪、政纪、法纪教育，加强党性修养，锤炼政治品质，提升道德境界。坚持用发展的思路和改革的办法，完善交通建设与运输市场的监管，规范市场秩序。进一步完善、落实工程建设项目招标投标、材料设备采购、设计变更等制度，加强评标专家的管理与监督；继续深入开展交通领域的治理商业贿赂专项工作，完善规范市场竞争行为和惩治商业贿赂的制度，探索并形成防治商业贿赂的长效机制。要完善领导干部廉洁从政行为规范，严格执行廉洁自律规定。坚决治理和纠正损害群众利益的不正之风，继

续把治理公路“三乱”作为纠正损害群众利益不正之风问题的重要工作，巩固治理公路“三乱”工作成果，积极探索从源头上预防公路“三乱”的长效机制；加大行业精神文明创建的力度，大力倡导以人为本，依法行政，努力提高服务水平和服务质量，创新文明创建和行业文化建设的载体，推进交通文明进程，不断提升行业发展的软实力。

大手笔、大交通、大发展，站在改革开放30年辉煌成就的新平台，广东交通运输业将不断发展，综合运输体系将不断完善，现代化的交通运输业将责无旁贷地肩负起广东经济社会发展的“先行官”之重任。继往开来，通过广东交通人共同的努力、拼搏，广东交通必定迎来更加灿烂与辉煌的明天！

八桂交通的历史跨越

广西壮族自治区交通厅

党的十一届三中全会以来，广西交通部门在交通部（交通运输部）关心支持下，在自治区党委、政府的正确领导下，坚持以邓小平理论和“三个代表”重要思想为指导，全面贯彻落实科学发展观，坚持把加快发展作为交通工作的第一要务，把构筑出海出边国际大通道、优化综合交通网络、增强运输保障能力、服务广西经济社会发展和多区域合作需要，作为最大的政治、最硬的道理、最突出的任务，抓住机遇，突出重点，克难攻坚，奋力拼搏，努力推进交通实现又好又快发展。目前，广西的交通以出海出边高速公路为主骨架、市县二级公路为干线，水陆联运、四通八达的交通运输网络正加快形成，交通服务国民经济和社会发展全局、服务社会主义新农村建设、服务人民群众安全便捷出行的能力和水平明显增强，在多区域合作中的地位和作用进一步显现。广西交通实现了跨越式发展。

一、广西交通30年发展辉煌成就

（一）交通投资实现新的突破

30年来，广西交通固定资产完成投资由1978年的4 058万元增加到2007年的203.8亿元，增长了502倍；年均完成交通固定资产投资由改革开放前的3 358万元增加到党的十六大以来的146.1亿元，增长了435倍。特别是2003年党的十六大以来，广西交通建设进入了“又好又快”的科学发展新阶段，一年迈上一个新台阶。2003年，全自治区交通固定资产完成投资91.36亿元，同比增长35.12%。2004年交通固定资产完成投资达到133.6亿元，同比增长46.2%。2005年交通固定资产完成投资达到147.5亿元。2007年交通固定资产完成投资达203.8亿元，年均增长22.5亿元，年增长率为24.6%。五年累计完成交通固定资产投资730.6亿元。其中公路建设完成605.6亿元，水运建设完成76亿元，道路运输站场建设完成12.4亿元，为1998年~2002年5年之和的2.2倍。预计2008年交通固定资产完成投资225亿元，约占全自治区全年固定资产投资的10%，对广西经济增长的贡献率达6%。

（二）公路交通基础设施建设取得新的进展

30年来，全自治区公路总里程由1978年的29 773公里增长到2007年的94 202公里，增长了3.16倍，实现了量和质的双重历史跨越。1992年4月党中央确定把广西作为西南地区出海通道以后，给广西交通建设带来了前所未有的发展机遇。各级交通部门按照自治区党委和政府“建设大通道，服务大西南”的决策，始终紧紧抓住“通道”建设不放松，进一步加大了投资力度，加强项目管理，加快建设步伐。到1998年年底，全自治区公路里程达5.1万多公里。1999年~2007年，随着国家推进西部大开发、中国—东盟合作深化和广西北部湾经济区开放开发兴起，广西交通事业进入了全面跨越发展的崭新阶段，全自治区公路里程以年均4 100多公里的速度递增，到2007年年底，全自治区公路总里程达到94 202公里。其中一级公路达734公里，二级公路达7 326公里。公路密度从每12.99公里/百平方公里提高到39.8公里/百平方公里（以国土面积计算）；公路运输站场达558个，面积达89.1万平方米。广西以出海出边高速公路为主骨架、市县二级公路为干线，水陆联运、四通八达的交通运输网络正加快形成。

高速公路突飞猛进：

(1)广西高速公路“零”的突破——桂林至柳州高速公路。1993年10月，广西开始建设自己的第一条高速公路——桂林至柳州高速公路。桂林至柳州高速公路是322国道湖南衡阳至广西凭祥的一段，也是国家公路“五纵七横”主骨架的一段。路线全长138.4公里，路基宽24.5米（山岭区为21.5米）。采用水泥混凝土路面，设计行车时速为100~120公里/小时。1996年10月初，时任国务院总理李鹏视察了建设中的桂林至柳州高速公路，并为该路题名为“桂柳高速公路”。1997年5月1日通车，工期比原定的4年缩短了5个月。它的建成实现了广西高速公路“零”的突破。

(2)“南疆国门第一路”——南宁至友谊关高速公路。2005年12月底，广西建成中国第一条通往越南等东南亚地区的高速公路——南宁至友谊关高速公路。该公路是国道主干线衡阳至昆明公路支线以及广西公路网主骨架的重要组成部分。路线起于南宁吴圩，接南宁机场高速公路，止于凭祥友谊关，路线全长179.2公里，双向四车道，全立交、全封闭，设计行车时速为100公里/小时（部分为80公里/小时）。该公路是广西第一条沥青混凝土路面的高速公路，是我国第一条同时利用亚洲开发银行、欧洲投资银行联合融资贷款修建的高速公路，是我国通往越南等东南亚地区最便捷的陆路通道，被誉为“南疆国门第一路”。

(3)通向百色革命老区幸福路——南宁至百色高速公路。2007年12月底，南宁至百色高速公路建成通车。该公路是国家规划建设“五纵七横”国道主干线广西境内的一段，是我国贯通中西部地区的重要通道之一，也是云贵等省通往广西沿海港口和粤港澳地区最便捷的出海通道，更是百色革命老区人民热盼的幸福之路、红色之路。路线起于南宁环城高速公路，止于百色市罗村口，主线全长187.67公里，采用双向四车道，路基宽28米。该高速公路是目前已建成的广西高速公路中建设里程最长、投资最大的项目。

随着柳州至宾阳（王灵）、宾阳（王灵）至南宁、南宁至钦州、钦州至防城港、钦州至北海、灵川至临桂、合浦至山口、宜州至柳州、兴业至六景、南宁至坛洛、河池（水任）至南宁公路南宁环城段、南宁机场高速公路等13条高速公路的建成，至2003年12月底，广西高速公路通车里程突破了1 000公里，成为我国第一个高速公路突破1 000公里的少数民族自治区；2004年实现了西南出海公路通道广西境段的全线贯通；2005年建成我国连接东盟的第一条国际大通道——南宁至友谊关高速公路，至2005年年底，建成高速公路1 411公里。2007年年底，建成高速公路1 879公里。预计到2008年年底，高速公路里程将突破2 100公里。

（三）水路建设有了飞速发展

30年来，广西内河水运建设取得了多层次、多渠道、多形式的发展，特别是1998年以来，在交通部“三主一支持”规划的指导下，广西抓住西部加快发展以及中国—东盟自由贸易区的构建等战略机遇，大力推进内河航运和沿海港口基础设施建设，西南出海通道初具规模，迎来了广西水运历史发展的黄金时期。1998年~2007年这10年之间，全区水运基础设施建设共完成投资103亿元，相当于1950年~1997年投资总和（34.83亿元）的2.96倍。其中，沿海完成投资66亿元，内河完成投资37亿元。至2007年年底，全区内河航道通航里程为5 591.2公里，其中三级以上航道573.6公里，四级航道247.2公里，五级及以下航道4 770.4公里，横贯广西、广东的水上运输大动脉南宁至广州854公里水道达到了通航2×1 000吨级船队的国家三级航道标准，成为了一条连接资源丰富的大西南地区与经济发达的粤港澳地区的便捷的出海通道。

截至2007年年底，广西全区拥有生产性泊位810个，码头长度45 523米，港口综合通过能力达到10 616万吨，集装箱通过能力26万TEU，与1998年相比，全区港口综合通过能力增加了6 049万吨。2007年全年完成港口货物吞吐量11 321.06万吨（外贸完成5 044.91万吨），集装箱吞吐量为39.05万标准箱。其中，沿海货物吞吐量完成7 191.7万吨（外贸完成4 965.19万吨），内河港口吞吐量完成4 129.36万吨。

近年来，广西水运承担了全区90%以上的外贸货物进出口运输任务。广西沿海三大港口分别与世界上100多个国家和地区的200多个港口有贸易运输合作，西南地区经广西沿海港口集疏运的货物占沿海港口吞吐量的比重达35%以上。西南各地从南非、澳大利亚等国进口的大宗矿石等物资以及出口的煤炭、矿石等，都分别经广西沿海、内河的主要港口集疏运。西南出海三大水路通道以及广西沿海诸港，为西南地区与珠三角乃至世界各地的物资交流提供了水路运输保障。

1. 广西西江航运干线全面开发工程启动铺开

1981年国家批准建设广西西江航运干线。1985年启动一期工程，包括建设桂平航运枢纽、贵港中转港、整治桂平至梧州航道、通信工程以及广东境内航道整治等项目。其中，一期工程桂平航运枢纽是国内首家试行交通办电、航电并举、以电养航的中型航运枢纽。工程于1987年动工，1989年2月船闸建成通航，1992年4月首台机组并网发电，1995年工程全部竣工，工程总投资5亿多元。桂平航运枢纽航电并举、以电养航的成功经验，为振兴内河航运，解决资金困难开拓了一条新路，于1993年被评为“全国交通系统改革开放十大水运工程”。1998年时任国务院副总理邹家华视察桂平航运枢纽后说，“桂平航运枢纽以电养航，发挥了综合效益，达到了防洪、灌溉、发电、通航的目的，是我国内河航运建设滚动发展的典型，很有新意。”近两三年来，桂平船闸年过闸船舶、过闸货物量基本稳定在7万艘次、1 300万吨的水平。从1995年建成至2008年6月，船闸开闸次数13.25万闸次，过闸船只132.43万艘，核载吨位2.999亿吨，实载吨位1.619亿吨。

1993年二期工程正式启动，主要建设项目为贵港航运枢纽工程。工程于1994年11月全面开工。1997年10月大江截流成功，1998年1月全长约2公里的人工运河（包括船闸和上下引航道）通航。到1998年5月底，坝区河道和拦河大坝基本完成，在建的64个库区防护工程（包括防洪堤、排灌站等）建设进度加快。1999年9月1日4台机组全部并网发电，标志着贵港航运枢纽主体工程建设基本完成，并开始进入全面产生经济效益和社会效益的崭新阶段。贵港航运枢纽工程是继桂平航运枢纽投运后，我区第二个建成的“航电结合”的水运基础设施，总投资为20.08亿元，其中利用世界银行贷款8 000万美元，是我国第一批、广西第一个水运工程利用外资、采用“菲迪克条款”与国际接轨的项目。从1999年建成至2008年6月，船闸开闸次数3.08万闸次，过闸船只20.15万艘，核载吨位5 840.58万吨，实载吨位3 035.53万吨。

2. 内河航道建设

1998年以来，广西着重建设“一线三通道”及左江、桂江、沙坪河、贺江。“一线”指西江航运干线。“三通道”包括：西南水运出海北通道都柳江、融江、柳江、黔江；西南水运出海中线通道南盘江、红水河；西南水运出海南通道剥隘河、右江及郁江上段。经过多年的航道整治和疏浚建设，西江航运干线南宁至梧州航段570公里，可常年通航1 000吨级船舶。2008年年底，贵港至梧州段将实现Ⅱ航道试通航。红水河（蔗香—石龙三江口）航道乐滩至石龙三江口175.1公里航段，经过整治已基本接近Ⅴ级航道标准，可通航250吨级机动驳。右江百色水利枢纽建成后，渠化剥隘河干流107公里和7条支流共300多公里，形成深水航道至云南富宁市地区。1993年以来，按国家Ⅴ级航道通航300吨级船舶标准对柳黔江滩险进行整治，柳黔江航道条件得到改善。

(1)西南出海通道中线起步工程红水河恶滩至石龙三江口航道整治工程。2000年12月开工建设西南水运出海通道中线起步工程红水河曹渡河口—石龙三江口航道里程共长550公里，设计整治滩险57个，整治里程238公里。根据自治区发展计划委员会的批准，工程近期按Ⅴ级航道、通航250吨船舶，通航保证率为90%，航道尺度为1.3米×22米×140米（航深×航宽×曲率半径）进行建设，工程总概算为1.706亿元。工程分两阶段建设，先期实施的是恶滩以下至石龙三江口175.1公里航道整治工程，工程概算为7 401.08万元。2003年7月通过交工验收。工程建成后，航道等级由Ⅵ级提高为Ⅴ级，可常年通航250吨级以上船舶。

(2)柳黔江重点滩险航道整治工程。1993年起对柳、黔江航道自柳州始至桂平三江口共284.6公里航道的重点滩险，按国家五级航道标准通航300吨级船舶，航道设计尺度：柳江为1.5米×22米×260米，黔江为1.6米×30米×260米，通航保证率95%的标准进行建设，2003年全部完工。工程总概算为7 435.233 8万元，工程建成后，航道等级由Ⅵ级提高为Ⅴ级，从柳州至桂平可常年通航300吨级以上船舶。

(3)西江航运干线贵港至梧州航道整治工程。西江航运干线贵港至梧州航道整治工程是交通部和自治区“十一五”水运重点建设项目，工程起于贵港航运枢纽，止于梧州界首，全长290.5公里，按内河Ⅱ级航道、通航2 000吨船舶，通航保证率为98%，航道尺度为3.5米×80米×550米（航深×航宽×曲率半径）标准进行建设，工程总概算为5.95亿元，是广西有史以来内河航道投资最大的工程。工程于2006年4月正式开工建设，计划于2008年年底实现2 000吨级航道试通航。贵梧航道工程建成后，航道等级由Ⅲ级提高为Ⅱ级，结合西江广东段航道建设，2 000吨级船舶将从贵港直航广东、港澳。2008年广西内河航道主要在建项目有贵港至梧州段二级航道整治工程、右江航运建设那吉航运枢纽工程、桂平二线船闸工程等。

3. 沿海港口

广西积极建设沿海水运基础设施建设，努力打造我国西南地区对外开放的窗口和最便捷的出海通道，先后进行了沿海基础设施大规模的建设。至2007年年底，全区沿海港口生产性泊位达到180个，其中万吨级以上泊位达到34个，进港航道共123.6公里，港口综合通过能力为6 853万吨，401万人。其中较1998年港口新增能力5 328万吨，万吨级以上泊位增加16个。

(1)防城港。防城港是广西最大海港，全国25个沿海主要港口之一，国家一类对外贸易口岸，目前与世界上70多个国家和地区有贸易往来，是西南出海大通道的主要门户和最便捷的陆上口岸。截至2007年，防城港共有生产性泊位29个，其中万吨级以上泊位18个，泊位设计最大靠泊能力为20万吨级，最大航道通过能力为15万吨级，港口年设计通过能力为2 631万吨，2007年完成货物吞吐量3 032万吨。截至2008年，防城港港口项目在建共10个泊位，其中5万吨级泊位2个、7万吨级泊位1个、10万吨级（码头水工按15万吨级设计）泊位4个、1万吨级2个、5 000吨级1个。码头岸线长2 752.5米，建成后将形成1 127万吨的通过能力。

(2)钦州港。钦州港是我国大西南最便捷的出海口岸，国家一类口岸，是广西地区性重要沿海港口之一。截至2007年，钦州港共有生产泊位45个，其中万吨级以上泊位10个，最大靠泊能力为7万吨级，年通过能力为2 261万吨，2007年完成货物吞吐量1 206万吨。1998年以来主要建设的项目有：钦州港3万吨级进港航道、广西东油沥青码头、钦州港二期工程码头、钦州麻蓝岛交通码头、天盛5万吨级油气码头、天盛7万吨级散货码头、华润红水河5万吨级散货码头、钦州港10万吨级进港航道、钦州港三期工程、钦州港中石油10万吨级原油泊位等工程项目。截至2008年，钦州港在建项目共14个泊位，其中10万吨级泊位4个、5万吨级泊位1个、5 000吨级以下泊位9个，建成后将形成2 303.61万吨的通过能力。

(3)北海港。北海港是东南亚、西亚、非洲、欧洲抵达中国内陆海上航程最近的港口之一，为广西地区性重要沿海港口，现与世界98个国家和地区218个港口有贸易往来。此港共有22个泊位，其中万吨级以上泊位4个，设计货物通过能力为508万吨、客运通过能力374万人次，最大靠泊能力为3.5万吨级，2007年完成货物吞吐量594万吨、旅客吞吐量91万人。1998年以来主要建设的项目有：北海铁山港电厂码头、北海石步岭5万吨级进港航道、北海斜阳岛交通码头、北海涠洲岛客货码头、铁山港航道疏浚工程、北海铁山港中外合作12万立方米LPG冷冻储存库配套码头工程等。截至2008年，北海港在建项目共4个泊位，其中10万吨级（码头水工按15万吨级建设）通用泊位2个，码头岸线长732.2米，建成后将形成600万吨的通过能力；涠洲岛1 000吨级客货泊位2个，码头岸线长120米，设计年通过能力为25万人次、车辆1.23万辆。

（四）农村交通得到新的改善

30年来，交通部门把发展农村交通摆在突出位置，加强组织领导，制订行业规范，提高补助标准，强化管理措施，农村交通建设力度不断加大。特别是2003年党十六大以来，广西实施重点工程、农村交通“两头抓、两头都要硬”的建设思路，农村交通步入了大规模跨越式发展阶段。广西先后组织实施了东巴凤三县基础设施建设大会战、百色革命老区农村公路建设、南宁市武鸣和原邕宁县社会主义新农村建设试点以及大石山区五县农村基础设施建设大会战等大规模的农村交通建设。近五年，新建改建通乡油路5 538公里、通村公路31 276公里，新建农村客运站389个、便民码头408个。到2007年年底，通二级公路的县城由2002年的60个增加到77个，通油路的乡镇由821个增加到1 026个，通公路的行政村新增加了3 417个。全自治区实现了95%的县通二级公路，基本实现所有少数民族乡和91%的乡镇通油路，81.51%的行政村通公路，100%的乡镇和79.74%的行政村通班车。农村公路通达深度和通畅程度明显提高，农村地区交通条件进一步改善。

（五）公路水路客货运输实现新的增长

30年来，全自治区公路水路客货交通运输结构不断优化，交通运输和港口生产持续攀升，综合运输保障能力明显提高。全自治区营运客车从1978年的1 373辆、5.53万客位增长到2007年的3.79万辆、63.87万客位；营运货车从1978年的4 010辆、1.77万吨位增长到2007年的13万辆、54.96万吨位。营运船舶运力从1978年的4 684艘、21.1万载重吨、1.33万客位增长到2007年的8 582艘、310.49万载重吨、8.86万客位。2007年底全自治区公路水路客运量、旅客周转量、货运量、货物周转量在综合运输体系中所占比重分别达到94%、75%、79%和39%，承担起了全社会客货运输的重任。港口货物吞吐量从2002年的3 729万吨发展到2007年的11 321万吨，增幅为203.59%，其中贵港港货物吞吐量2003年突破千万吨，2005年超过1 500万吨，成为广西地区第一个达到千万吨级吞吐量的内河大港。

（六）交通法制科教工作取得新进展，行业监管和服务能力得到新的加强

30年来，广西交通部门认真贯彻《全面推进依法行政实施纲要》的基本方针，围绕建设法治、服务、责任和效能政府的目标，党的十六大以来先后出台和修订地方性交通法规2个。2005年9月23日自治区人大常委会通过《广西壮族自治区实施<公路法>办法》，并于当年12月1日正式施行。它是广西第一部对《公路法》进行细化的法规，是广西公路交通发展史上一件大事，标志着广西公路法制进入了一个新的阶段。2007年5月自治区人大常委会通过《广西壮族自治区道路运输管理条例》，并于当年9月1日正式施行，它是广西贯彻国务院《道路运输管理条例》而制定的地方性交通法规，为规范广西道路运输管理起了重大作用。实施自治区人民政府规章1个。2007年3月自治区人民政府常务会议审议通过《广西壮族自治区船闸管理办法》，并于当年5月1日正式施行，它是我国第一部由省一级人民政府制定的对船闸建设、运行、养护、监管进行规范的政府规章，它的颁布施行，标志着广西船闸的建设、运行、养护、监管走上了法治的轨道。另外，近年来，还清理6个地方性交通法规5个、政府规章和200多个规范性文件，废止规范性文件45件，交通依法行政能力不断增强。

全面实施“科技兴交”战略围绕交通工作中心，不断深化科技体制改革，科研投入进一步加大，2003年~2007年共投入资金1.44亿元，安排科技项目193个，有14个项目获

得交通部和自治区科技进步奖。新世纪交通人才工程深入推进，专业技术人才和高技能人才队伍建设得到加强，《干部教育培训条例》全面落实，2003 年～2007 年共选送 209 名中青年技术骨干到国内外脱产学习深造，安排了 10 万多人次进行岗位培训。广西交通职业技术学院、航运学校等交通院校的办学条件明显改善，教学水平不断提高，职业教育工作成果显著。交通工程质量监管力度加大，工程建设质量总体保持较高水平，公路水路项目交工验收质量评定合格率达到 100%。大规模开展了船舶“两防”和桥梁安全隐患排查工作，累计安排 21 644 万元用于安保工程，投入 5 000 多万元对全区公路标志标线进行修缮，安全专项整治不断深化，交通安全生产形势总体保持稳定。超限超载车辆治理和人情车、特权车清理初见成效，超限超载率从治理前的 90% 以上下降到 6% 左右。各种违法违章运输行为得到有效整治，运输市场秩序进一步规范。实施减免交通规费、降低通行费、开通鲜活农产品运输“绿色通道”等惠民利民措施，减轻社会负担近 10 亿元。公路养护和航道维护管理继续加强，国省干线公路路况稳定，路容整洁，好路率不断提高，航道通航保证率、标志和灯光正常率均超过规定要求，没有发生航道航标管理责任事故。

（七）交通改革开放呈现新的局面

1. 公路管理养护体制逐步适应发展需要

1980 年 7 月，自治区交通厅把公路养护管理等业务科室从公路运输公司划出与交通工程公司合并，改名为自治区公路工程公司，由其负责全自治区公路养护、修建工作。1984 年 6 月，自治区公路工程公司改名为自治区公路管理局。1988 年，根据自治区人民政府批准进行公路管理体制改革，将原由自治区公路管理局直接领导的公路段（总段）下放给地方管理，同时制定《公路养护经济承包责任制试行办法》，明确责、权、利，促进公路养护质量的提高。2006 年，全自治区公路管理机构上受自治区交通厅直接管理。2006 年 11 月 30 日，自治区出台了《广西农村公路管理养护体制改革实施细则》，明确了以县级人民政府为主的农村公路管理养护体制，为促进农村公路管理养护正常化和规范化提供了政策保障。

2. 交通征费体制改革

1985 年自治区人民政府批准在汽运客票中开征公路建设基金。1988 年 3 月批准开征交通基础设施建设基金。1989 年，按照“一家征费，归口管理，收支分开，提高效益”的改革思路，自治区交通厅进行交通规费征收管理体制改革，把公路养路费征收管理业务从公路部门划出，成立自治区交通规费稽征处，下设 10 个稽征所，110 个稽征站。1992 年 7 月，自治区人民政府批准同意开征公路货运和水运交通基础设施建设基金。1994 年 7 月 12 日，自治区交通征费稽查处更名为自治区交通征费稽查局。成立交通征稽法庭或交通征稽执行室，由当地人民法院派员常驻征稽部门办公，1991 年 7 月 25 日广西第一个交通征稽法庭在柳州地区融安县成立，至 1995 年年底全自治区共建立 83 个交通征稽执行室、12 个征稽法庭。1994 年，在全国率先实行“多种规费，一家征收”的体制改革，将养路费、客运建设基金、货运建设基资、车辆建设基金、运管费、车辆购置附加费共六种公路交通规费全部集中到交通征稽部门一家征收，改变过去“政出多门、多家征费”的旧体制。1996 年 1 月，自治区人民政府决定将全自治区各级交通征稽机构和人事权收归自治区交通厅直接管理，交通征稽机构实行局、处、所、站四级管理体制。2001年年底，自治区交通厅对全区交通征稽体制进行改革，将全自治区交通征稽系统划归自治区公路管理局管理。通过改革，各种力量得到充分的发挥，全自治区交通规费征收逐年大幅度增长，为广西交通建设跨越式发展提供了有力的资金支持。

3. 开放交通运输市场

1984年自治区人民政府出台了《关于搞活交通运输的规定》，极大地调动了社会办交通的积极性，实行国营、集体、个体一齐上，使运输生产力得到了大解放。党的十四大后，根据建立社会主义市场经济体制的改革目标，按照“宏观管好，微观放开”的原则，运力的投放管理主要实行市场调节和平等竞争，取消新增运力额度审批办法，进一步加强培育和发展运输市场。对公路货物运输和内河运输运力的审批采取全放开的办法，实行分级管理；1992年自治区人民政府办公厅印发了《广西壮族自治区营运客车经营招标实施办法》，对新增公路客运运力一律实行招标经营。此后，对交通运输业一直采取积极引导，稳步发展的方针，通过宏观调控逐步调整运力机构。1999年以后，随着中国—东盟、泛珠三角等多区域合作深入开展，不断扩大交通运输对外开放与合作，签定了泛珠三角区域道路旅游运输一体化合作等一批协议、协定，与东盟（越南）开通了10多条国际道路运输线路，把友谊关口岸和昆明—百色—南宁—友谊关运输线路正式纳入《大湄公河次区域便利货物及人员跨境运输协定》试点，开通了南宁至香港、澳门的旅游运输线路。

4. 建立多渠道的交通筹融资体系

改革开放后，广西交通建设先后采取了“几个一点”、以工代赈（国家转改拨款）、民办公助、民工建勤等办法，实行投资主体多元化，打破单纯依靠国家投资的格局，有效缓解了建设资金不足的难题。20世纪90年代后，逐步探索走出市场化筹措交通建设资金的路子。1992年12月20日，由自治区交通厅、财政厅、中国人民建设银行广西区分行共同发起的广西交通投资股份有限公司正式成立，是广西第一家以交通建设为重点募集股金的股份制企业（后更名为广西五洲交通股份有限公司）；1994年5月，该公司进行增资扩股，新增中国工商银行广西分行、自治区公路管理局、公路运输管理局、交通基建管理局和广西交通科研所等5家法人股东；1998年8月，该公司扩大交通利用外资工作力度，从1985年首次利用世界银行贷款500万美元建设农村公路以来，到2006年年底全自治区交通建设累计利用国内外贷款251.33亿元。1998年12月24日，广西高速公路债券首次面向全国发行。2000年，广西首次采用BOT模式（投资、建设、经营、管理）建设高速公路，党的十六大以来，按照“要够国家的、借足银行的、引进国外区外的、吸纳民间的、管好用好自己的”筹资引资新思路，继续深化交通筹融资改革，初步形成了“政府引导、市场运作、社会参与、多元投资”的交通建设筹资引资新格局。到2007年年底，以BOT模式建设高速公路项目13个、建设里程830公里，引进区内外资金296亿元，市场开放度位居全国前列。

5. 掀起交通建设新高潮

2008年年初，新一届自治区党委、政府站在把广西建设成为连接多区域的国际大通道、交流大桥梁、合作大平台，促进广西北部湾经济区开放开发的战略高度，作出了加快交通发展、掀起交通建设新高潮的重大决策。2008年7月17日，自治区党委、自治区人民政府出台了《关于掀起交通建设新高潮的决定》，明确提出了“深入贯彻落实科学发展观，围绕把自治区建设成为连接多区域的国际大通道、交流大桥梁、合作大平台的战略部署，抓住机遇，解放思想，以改革创新、开放为动力，动员全自治区力量，实现交通优先发展战略，全面推进铁路、公路、水运、航空建设，掀起交通建设新高潮，实现交通新突破、大发展，为建设富裕文明和谐新广西奠定现代化交通基础”，提出了力争到2012年，总投入3 000亿元以上，全力加快交通建设，掀起交通建设新高潮，基本形成区内综合交通网络主骨架，建成通往周边省份和东盟国家的快速运输通道，西南出海大通道进一步完善，出海出边国际大通道初步建成的目标。

（八）党风廉政建设稳步推进，行业文明建设取得新的成果

长期以来，自治区交通厅积极推进党风、政风、行风建设，解放思想再讨论，保持共产党员先进性教育，转变干部作风，加强机关行政效能建设等活动取得积极成效；《建立健全教育、制度、监督并重的惩治和预防腐败体系实施纲要》得到全面贯彻落实，党风廉政建设各项制度不断完善，党（组）委统一领导、党政齐抓共管、纪委组织协调、部门各负其责、职工群众积极参与的廉政工作机制初步形成。对工程招投标、材料采购、资金拨付、合同变更等重点环节的监督力度继续得到增强，违法违纪案件得到有效查处，内部审计力度加大，各级交通领导干部廉洁自律意识进一步加强。深入开展以解决社会舆论反映强烈、人民群众普遍关心的突出问题为主要内容的创建文明行业活动，形成了行业主管单位组织协调，党政工团发挥优势，基层创建各具特色，各级文明单位、行业和车、船、港、站、路不断涌现的良好局面，行业文明程度进一步提升。2004年广西成为全国第四批实现所有公路基本无“三乱”的省区，2005年10月自治区高速公路管理局荣获全国首批“全国文明单位”称号，自治区公路管理局荣获“全国交通文明行业”称号。自治区交通厅于2005年被国务院授予“民族团结进步模范单位”荣誉称号，2005年、2006年被自治区党委、政府评为“扶持县域经济”先进单位、“四五”法制宣传教育工作先进单位。2003年以来共有500多个集体和个人获得了国家、自治区表彰或被授予各种荣誉称号。

二、30年经验总结

回顾改革开放30年，广西交通部门努力解放思想，开拓创新，各项工作取得了显著成绩，为广西交通建设再腾飞积累了宝贵的经验。

（一）始终把坚持中国特色社会主义道路和党的正确领导作为交通发展的基本保证

党的十一届三中全会召开后，全党工作重点逐步转移到以经济建设为中心的社会主义建设轨道上来，自治区交通系统在“改革、开放、搞活”总方针的指导下，逐步进入了由计划经济向市场经济的转变。特别是1992年党中央确定把广西作为西南地区出海通道以后，给广西交通建设带来了前所未有的机遇，各级交通部门按照自治区党委、政府关于“建设大通道，服务大西南的决策”，交通建设取得了质的飞跃。党的十六大以来，自治区交通部门坚决贯彻落实自治区党委、政府的决策部署，把构筑出海出边国际大通道 、优化综合交

通网络、增强运输保障能力、服务广西经济社会发展作为最大的政治、最硬的道理、最突出的任务。交通建设取得了显著的成绩，以南宁为中心和以沿海港口为龙头，通往周边省份和东盟国家的综合交通运输通道总体框架已初步形成，为广西北部湾经济区发展规划的实施打下了交通基础。

（二）始终把实践科学发展观作为统领交通工作全局的发展理念

牢固树立以人为本、好中求快、全面协调和可持续发展的理念，在加快交通建设发展、扩大投资规模的同时，正确处理进度、质量和安全的关系，注重速度、质量和效益的平衡与统一。既突出高速公路和沿海港口建设的主导地位，又切实加强农村交通状况的改善，把路网改造、发展农村交通摆在突出位置，积极推进通乡油路和通村公路的建设。既重视加快交通基础建设，又重视公路水路运输的发展，着力优化运力结构，提高运输技术水平，增强运输服务能力，促进运输与建设同步协调、齐头并进。既重视基础设施建设和行业监管，又注意统筹推进人才科教、党风廉政建设等各项工作，努力推动交通事业全面协调发展。

（三）始终把加快发展作为交通工作的首要任务

认真贯彻落实自治区党委、政府对交通工作提出的部署要求，紧紧围绕年初制定的目标任务，明确进度，落实责任，狠抓督查，主动协调，加强沟通，坚持每月项目建设进展通报制度和每季生产调度会制度，连续组织人员深入工地检查指导，及时发现和解决问题，千方百计抢时间、抓进度，全力以赴推进项目建设进展。特别加大了对自治区政府为民办实事农村公路建设项目的组织实施，在自治区政府与交通部签订省部意见后，及时召开全区加快农村公路建设动员会，与14个地级市签订责任书，分解目标任务，层层落实责任，同时建立进度旬报制度，加强督促检查，协调解决实际问题，有力推动了农村公路建设进展。

（四）始终把统筹规划、突出重点、整体推进作为交通工作的主要方针

立足于全区经济社会发展全局，组织开展了《广西高速公路网规划》、《广西沿海港口布局规划》、《广西内河航运发展规划》、《广西道路运输站场总体布局规划》、《广西公路水路交通发展“十一五”规划》、《广西农村公路建设“十一五”规划》等综合和专项规划的编制工作，为我区交通事业站在新的历史起点实现又好又快发展奠定了基础，指明了方向。在“十一五”规划的框架下，我们采取定人员、定项目、定时间、定责任的非常手段，加大项目前期工作力度，突出抓好高速公路建设，积极落实国家和我区高速公路网规划，加快连通与周边省份和国家的高速公路网络；突出抓好农村交通建设，坚持“路、站、运”同步规划、同步建设、同步发展，积极投资建设农村客运站点，鼓励发展农村客运班线；突出抓好沿海基础设施建设，以建设大型泊位和深水航道为重点，加快完善北部湾经济区交通体系，以重点突破带动和促进整个交通行业的快速发展。

（五）始终把强化行业监管和服务作为推进交通又好又快发展的重要手段

认真贯彻落实《全面推进依法行政实施纲要》，大力推进交通依法行政工作。制定规范性文件程序规定、交通行政执法投诉查处办法和交通行政大厅首问负责制暂行办法，完善民

主决策、科学决策、行政许可和行政执法监督机制。采取发放补贴、调整运价、减降费税等措施化解燃油价格上涨带来的不利影响，在全区道路运输行业全面推行道路运输承运人责任保险制度，继续开展运输市场专项整治活动，严厉打击非法营运行为。推广使用第二代信息交换系统，建立国省干线一类治超检测站点，保持治理超限超载运输的严管高压状态。建立交通系统突发公共事件应急机制和交通事故安全隐患联合排查机制，深入开展以农村客运、水上危险品运输、渡口渡船为重点的安全管理专项整治和公路建设市场督查活动，市场监管能力进一步增强，运输服务水平进一步提高。

（六）始终把深化改革、扩大开放作为推进交通又好又快发展的动力和活力

努力适应新任务新要求，根据自治区党委、政府的部署，深入调查研究，加强协调沟通，提出了构建主体多元的交通投融资体系的改革方案，启动了广西交通投资集团公司的组建工作。在坚持扩大交通建设市场开放的同时，不断加强和规范 BOT 项目的管理，加大行业监管和协调力度，积极为项目业主排忧解难。继续深化公路建设、管养体制的改革，完成了桂林等 8 个地级公路管理机构的上收工作。加强对二级以下公路建设管理体制改革后的调研和指导，制定了《广西农村公路管理养护体制改革实施细则》，建立稳定的农村公路养护资金渠道，有效促进了农村公路的管理养护工作。积极推进与东盟、泛珠三角等周边国家、地区的运输交流与合作，加快广西与越南连接的界河桥规划建设步伐，达成共同建设东兴北仑河二桥和龙州水口河二桥的共识；开通了崇左至越南高平、桂林至越南下龙等多条国际道路运输线路，凭祥电子口岸、物流园区等基础设施建成投产，区域交通一体化进程进一步加快。

（七）始终把党风廉政建设作为推进交通健康发展的政治保障

以开展治理商业贿赂和纠风工作为契机，按照标本兼治、综合治理、惩防并举、注重预防的方针，积极推进党风廉政建设和反腐败工作。建立和落实廉政预防机制、责任机制和约束机制，加强党风廉政教育，落实党风廉政建设责任考核和追究制度，严格监管和约束领导干部从政行为以及交通基础设施建设过程中的权力运行，加强工程招投标、资金使用、计量支付、工程变更、材料采购等关键环节的监督检查，严肃查处各种违法违纪行为。进一步转变交通部门的行政管理职能、工作作风和工作方式，加强外部监控，畅通群众监督渠道。加强对征地拆迁、民工工资发放等涉及人民群众切身利益的热点问题的解决和处理，坚决纠正各种不正之风，加强内部审计监督，推进综合治理工作，促进交通行业和谐稳定，为交通建设健康发展提供了有力的政治保障。

三、发展展望

当前和今后一个时期，是广西改革发展的关键时期，也是在新的历史起点上推进广西交通科学发展加快发展的重要战略机遇期。党的十七大为我们继续夺取全面建设小康社会新胜利、开创社会主义事业新局面描绘了宏伟蓝图，也对交通运输发展提出了新的更高要求。2008 年全国交通工作会议作出了把握“六个适应”、实现“三个转变”、加强“四个环节”、在“八个方面”下功夫、提高“三个服务”能力和水平、大力推进现代交通业发展的全面

部署。新一届自治区党委、政府更加重视把广西建设成为连接多区域的国际大通道、交流大桥梁、合作大平台这一重大历史任务，将建设发达的现代交通体系摆在了更加突出、更加紧迫的位置。特别是国务院批准实施《广西北部湾经济区发展规划》，自治区党委、政府于2008年7月做出了《关于掀起交通建设新高潮的决定》后，新形势新要求赋予了广西交通新的责任和使命。未来一段时期，广西交通部门将按照国家交通运输部和自治区党委、政府的决策部署，重点推进交通基础设施建设宏伟目标。

（一）基础设施建设目标

1. 远期目标

力争到2020年，建成以南宁国际综合交通枢纽为中心，以海港、空港为龙头，以泛北部湾海上南宁—新加坡陆路和南宁通往东盟国家航空三大通道为主轴，以广西通往广东、湖南、贵州和云南方向运输通道为主线的“一枢纽两大港三通道四辐射”的出海出边国际大通道，基本形成各种运输方式布局合理、结构完善、便捷通畅、安全可靠的现代化综合交通体系。

2. 今后5年目标

力争到2012年，总投入达1 680亿元以上，基本形成区内综合交通网络主骨架，建成通往周边省份和东盟国家的快速运输通道，沿海现代化港口群初具规模，区域性国际航空枢纽基本建成，南宁国际综合交通枢纽初步建立，西南出海大通道进一步完善，出海出边国际大通道初步建成，我区在全国交通网络中通向东盟的枢纽地位初步确立。

(1)公路方面：

投入1 450亿元以上，新开工高速公路1 800公里以上，建成高速公路1 700公里以上。到2012年，全区公路通车里程达到10万公里，高速公路通车里程超过3 600公里，二级公路通车里程超过12 000公里。与周边国家、邻省建成14条高速公路通道，其中通往广东5条，湖南3条，贵州3条，云南1条，越南2条。区内通往广西北部湾经济区的出海高速公路通道全部贯通，广西北部湾经济区建成较完善的公路出海通道网络。所有设区的市通高速公路，所有县（市、区）通二级及以上公路；国家一、二类口岸基本实现通二级及以上公路，全区所有乡镇通油路，所有具备条件的建制村通公路，65%的建制村通油路。

(2)水路方面：

投入230亿元以上，新增港口吞吐能力超过1.2亿吨，到2012年总吞吐能力达到2.3亿吨。其中沿海港口投入170亿元以上，新增吞吐能力8 500万吨，总吞吐能力突破1.5亿吨，基本建成功能完善、分工合理的现代化沿海港口群。内河港口投入60亿元以上，新增吞吐能力4 300万吨，总吞吐能力达到8 000万吨以上，基本实现西江扩能和右江渠化，红水河龙滩及以下所有电站过船设施全部建成，航道全线贯通；加快西江长洲水利枢纽3线、4线船闸建设，进一步提升西江水运整体通过能力，更好地服务沿江产业布局和承接东部产业转移。

为实现今后5年和更长时期我区综合交通体系建设目标，首先要确保全面完成“十一五”交通规划的各项目标和任务。力争到2010年实现所有设区的市通高速公路，所有县

(市、区)通二级及以上公路，所有乡镇通油路；沿海新增万吨级以上泊位18个，新增吞吐能力4 200万吨，总吞吐能力超过1亿吨；内河新增千吨级以上泊位36个，新增吞吐能力2 300万吨，总吞吐能力超过6 000万吨。全区综合交通运输体系进一步完善，初步适应连接东盟、沟通泛珠、对接西南和加快广西北部湾经济区开放开发的需要。

(二)加快交通建设的创新和落实政策措施

1. 多渠道筹措交通建设资金

(1)放开交通建设投资领域。

进一步加大交通建设领域的开放合作力度，完善和规范招商引资机制，鼓励和支持国内外有能力、信誉好的投资者，依据国家规定，以合资、合作、合股、独资等形式，采取BOT、BT、TOT、PPP等方式开发建设交通项目。加强与国内外金融组织的合作，扩大交通项目商业银行贷款和利用外资规模。

(2)积极争取和落实国家相关部委的交通建设补助资金。

加强与国家有关部委的沟通合作，积极争取国家各部门财政性建设资金的支持，落实与国家有关部门签订的相关协议资金，最大限度地争取国家支持。

(3)调动地方参与交通建设的积极性。

探索采取公路收费权质押、统贷统还等方式筹措交通建设资金。完善以工代赈、以奖代补、投工投劳、一事一议等办法，鼓励社会集资、企业赞助、个人捐款等民间资金投入交通建设。统筹安排各类农村交通建设资金，加快农村交通建设。

(4)加大各级财政对交通建设的支持力度。

从2008年起，自治区本级一般预算中逐年增加对交通建设的资金投入，市、县级财政每年安排一定数额的财政性资金，专项用于交通基础设施建设，确保交通建设项目各级配套资金及时到位。

(5)完善扶持交通建设的相关税费政策。

自治区统筹推进的重点交通建设项目占用耕地应缴纳的耕地开垦费，项目业主自行完成占补平衡任务并经自治区国土资源部门确认后，不再另行征收耕地开垦费。严格执行国家和自治区政府各项交通规费的使用规定。在全区收费公路对载货类汽车推行计重收费，深化“大吨小标”和外挂车辆专项治理，确保交通规费应征不漏。按照国家有关规定，在全区范围开征内河货物港务费，筹集水运项目建设资金。推进水运领域市场化，拓展水运项目建设资金来源。

2. 切实解决交通建设用地征地问题

(1)努力争取国家的用地指标。

做好交通项目前期工作，积极与国家有关部委对接，对有条件的项目要争取列入国家规划，使用国家计划指标；对不能列入国家计划指标的，从2008年起，自治区对交通建设用地指标予以专项安排。征占用林地定额指标的，优先保障交通建设项目使用的需要。

(2)修改完善重大交通建设项目征地拆迁办法。

根据新形势要求，抓紧组织对现行建设项目征地拆迁有关政策文件进行修改完善，尽快出台新的办法和标准。

附表

1985年~2007年广西交通发展情况简表

指标名称	计算单位	1985年	1990年	1995年	2000年	2005年	2007年
交通投资总额	万元	11 900		252 986	555 100	1 475 675	203 800
公路里程总计	公里	32 972	36 214	40 904	52 910	87 084	94 202
高速公路	公里	0	0	0	812	1 411	1 879
一级公路	公里	0	8	66	53	546	747
二级公路	公里	104	358	1 330	2 628	6 299	7 663
内河通航里程	公里	4 521	4 521	4 521	5 618	5 591	5 591
港口货物吞吐总量	万吨	798.58	963.5	1 401	2 917	6 877	10 616
交通规费征收	万元	（未统计）	59 230	240 683	301 724	445 365	559 240

天涯不再遥远

海南省交通厅

改革开放30年，尤其是建省办经济特区20年来，在省委、省政府直接领导和交通运输部的大力支持下，海南省交通厅始终高举中国特色社会主义的伟大旗帜，坚持以邓小平理论、“三个代表”重要思想为指导，紧抓发展第一要务，认真落实科学发展观，围绕省委、省政府提出的发展战略，把握发展机遇，以思想大解放引领大开放，敢闯敢干、锐意创新，交通建设实现了跨越式发展，基础设施建设取得显著成绩，综合运输体系基本形成，为国民经济和社会发展做出了突出贡献。

一、发展历程

1950年5月1日海南全岛解放后，公路得到了前所未有的发展。但由于海南作为我国的前沿阵地和南海前哨，交通发展相对内地较为缓慢。海南交通的真正大发展，是从海南建省办经济特区开始，历经20年的改革开放，实现了海南交通发展最伟大、最辉煌的一次跨越。回顾改革开放这30年，海南交通发展大致可划分为四个阶段：

第一阶段为改革开放后至建省初期，是自我摸索、自我发展阶段。

由于海南底子薄，财力有限，这一阶段，海南交通发展基本上处于蹒跚前行的状况。

在公路建设方面，据统计，海南建省前，全省公路通车里程仅为12 816万公里，初步形成了“三纵四横”的公路网络，实现了南北联结、东西贯通目标。但除了海榆东线、中线、西线3条国道为黑色路面外，其他基本是土路。路网不完善，断头路、砂土路比重大，技术等级非常低。

在道路运输方面，20世纪70年代以前，海南道路运输管理实行的是计划经济管理模式，营业性道路客货运输业务基本上由海南省汽车运输公司独家经营。党的十一届三中全会后，海南逐步开放运输市场，引入市场机制，允许各种经济成分的车辆经营运输。随后，各市县均成立第二汽车运输公司，各机关单位、农场、林场和个体户也购置车辆投入运输市场，海南道路运输形成了多渠道、多层次、多种经济成分并存的格局，初步形成了由客货运、维修、搬运装卸和运输服务组成的运输市场格局。

建省前，海南航运企业规模很小，只有117个泊位，3个万吨级泊位，全省年货运吞吐量仅1 000万吨。

1988年，海南建省办经济特区，按“小政府、大社会”框架，海南省交通运输厅正式成立，实行“海陆空铁邮”大交通体制，风靡一时。但因各方面原因，海南只是在地方交通改革的层面上运行了短暂一段的时间。

第二阶段为建省后至“八五”时期，是夯实基础、稳步建设阶段。

这一时期，海南水陆并重，开始大规模投资建设岛内公路和水上运输通道。海南是岛屿省份，岛内交通以公路为主。1988 年刚建省时，由于公路建设资金的短缺，海南公路建设发展缓慢。到 1992 年底，全省公路通车里程仅有 12 937 公里，比建省前增加公路里程不到 200 公里，等级公路 8 729 公里。这种状况远远满足不了新的特区发展需要，成为制约经济发展的瓶颈。

为了顺应改革开放的潮流，为海南经济社会发展创造良好的交通条件，1993 年，在省委、省政府和交通部的领导和支持下，按照《海南省国民经济和社会发展“九五”计划和 2010 年远景目标》，海南省制定了今后 15 年公路建设总目标，形成以高速公路为主动脉，以“三纵四横”为主骨架的公路网，高等级公路沟通市县，辐射开发区、港口、机场和旅游区，乡乡通油路，村村通公路的岛内公路网，逐步形成一个以“田”字型为主骨架的安全高效、舒适便捷，具有海南热带特色、四通八达的公路网。按照这一规划，从“八五”起，海南公路建设进入适度超前阶段。

为缓解公路建设资金严重紧缺的制约，海南交通发展坚持“规划与建设并举、改革与发展同步”，不断创新交通投资体制改革，率先在全国实行燃油附加费征收体制、交通基础设施股份制等重大改革，大开发、大建设开始启动，环岛高速公路等项目分段实施。

水运方面，建省初期，在海南经济落后、基础差、底子薄、起点、要求高的情况下，海南省坚持全方位开放水运市场，坚持超前发展运力，在积极依靠和发展本地航运力量的同时，利用优惠政策，吸引全国各地资金、人才来海南办水运，这一时期，初步建立起多种类、多层次、多功能，沿海、近洋、远洋运输初具规模的船队。

第三阶段为“九五、十五”时期，是快速发展、提升质量阶段。

“九五、十五”时期，海南与全国一样，公路建设进入大发展时期，建设的规模、速度和质量均达到历史最高水平。1993 年，国家实行宏观调控政策，紧缩银根。为寻找公路建设新的融资渠道，1996 年，海南省交通厅与中国农业银行海南省分行合作，落实 9 亿元的贷款用于建设西线高速公路洋浦至八所。1998 年，抓住国家实施积极的财政政策的机遇，进一步加大公路融资力度，累计从省农业银行贷款 16 亿元，建设西线高速公路，筹措 6 亿元建设市县出口路，投资 5 亿元打通了“四横”公路。1999 年 9 月，西线高速公路建成，基本实现环岛高速公路贯通。

从“十五”起，海南公路开始由打基础转向大规模路网改造升级，提高公路通达深度。为保障后续公路建设资金需求，海南省充分利用国家开发银行贷款政策性强、期限长、利率低的优惠，与国家开发银行海南分行建立了长期合作伙伴关系，实施“置换贷款、借新还旧”，利用开行贷款置换其他金融机构到期贷款，减少偿债压力，扩大融资空间，确保了良性的现金流和稳定的资金来源，有力地促进了公路持续快速发展。

在道路运输方面，建省初期放开道路运输市场，促进了运输行业的不断发展壮大。但由于运力增长过快，客运市场无序竞争的现象逐渐显现，如海口至三亚跨市县班线，宰客、甩客等现象严重，服务质量低劣，在社会上造成诸多不良影响。为了从根本上扭转这种状况，1999 年，海南省实施了客运班车“滚动发班”管理模式，实现了“车进站、客归点”的目标，既规范了道路运输市场、提高营运企业的经济效益，又节约能源、节能减排，实现了社会效益和经济效益双丰收的目标。2007 年，滚动发班被交通部确定为全国交通运输行业首批节能减排示范项目。

2005 年 1 月，海南大规模整合琼北地区的港航资源，成立了海南港航控股公司，实行“三港合一”，即把海口港、海口新港和马村港合为一体。这意味着琼北海口港、新港和马村港通过重组组建的海南省目前最大的国有港航企业诞生，其目的是实现琼北三港统一管理、统一规划、统一建设、统一经营，提高港口资源的可持续发展能力，深化国企改革，建立产权多元化的现代企业制度，引进战略投资者，把港航企业做强为新的支柱产业。

第四阶段为“十五”后期及“十一五”中期，是理顺体制、转变职能阶段。

2005 年以来，海南省交通厅按照省委、省政府的要求，积极推进职能转变，探索建立适应省情的公路建设管理体制，把一批农村公路项目下放给市县政府组织实施，推行公路建设代建制，把工作重点由直接参与公路建设转到对公路建设市场的完善和监管上来。

建立分层管理、分级负责的公路管理体制。2006 年 3 月，省政府先后出台了《海南省农村公路建设养护与管理体制改革实施意见》、《关于加快公路建设的决定》，基本确立了公路建设“以省为主、受益市县分担”的投入机制和分级负责的管理机制，改变了多年来公路建设由省政府“统贷、统建、统管、统还”的体制。

推进公路建设项目代建制。先后把海口绕城高速公路、三亚绕城高速公路、三亚雅亮大桥等省重点公路建设项目下放给市县组织实施。对新开工的公路项目全部实行代建制和公示制；制定了《海南省公路建设从业单位信誉动态考核管理办法》，对公路从业单位实行信誉动态考核；规范工程项目招投标，有效控制工程造价；加强质量监管，实行“黑名单”制，凡信誉不良、履约不力的从业单位退出公路建设市场。

构建“一厅三局”格局。从 2006 年起，海南省交通厅积极转变职能，恢复了海南省公路管理局，把公路养护职能划出去；成立了海南省道路运输局，具体负责全省道路运输管理工作；将海南省航道管理局改名为海南省港航管理局，赋予其相应管理职能。

下放 11 项交通行政管理事项。在 2008 年 8 月 1 日对 45 项交通行政审批事项实行集中办理之后，根据海南省政府的统一部署，从 10 月 1 日起，把涉及农村公路建设、运输、驾驶员培训等内容的 11 项省管行政事项下放给各市县。

1996 年 5 月，海南开通了国内第一条绿色通道即海口至北京通道。之后，又相继开通了海口至上海、哈尔滨等十多条绿色通道，总里程达 13 000 多公里，海南成为全国人民的“菜篮子”、“瓜果店”。11 年来，全省鲜活农产品出岛运输量达到 1 350 多万吨，老百姓直接增加收入 600 多亿元。

经过建省 20 年的努力，现在海南注册的航运企业有 130 多家，总运力 140 多万吨，比建省初期增长 30 多倍。目前，海南已建立起一支多种类、多层次、多功能，沿海、近洋、远洋运输相结合的初具规模的船队，国内航线可到达沿海及长江中下游各港口，国际航线可到达俄罗斯、日本、朝鲜、东南亚、非洲和欧洲等国家和地区。

二、辉煌成就

改革开放30年和建省办特区20年，海南用于公路及站场建设资金180亿元，至2007年底，全省公路通车总里程达17 794公里，比1987年的12 791公里增长43.3%，二级以上公路2 120公里，比建省前的1987年的152公里增长12.9倍；建成生产性泊位223个，其中万吨级深水泊位43个，分别比1987年增长了3.6倍和13倍；全社会实际货物周转量619.89亿吨公里，比1987年的16.25亿吨公里增长了37.14倍；全社会旅客周转量319.59亿人公里，比1987年的38.96亿人公里增长了7.2倍；港口货物实际吞吐量4 511万吨，比1987年的770万吨增长了4.9倍。

“一环三纵四横”的路网主骨架已形成，“3+1小时交通圈”呼之欲出；高等级公路沟通市县，辐射开发区和旅游区，乡乡通油路、村村通公路的岛内公路网，成为带动海南社会、经济发展的“火车头”；生态建设使公路变成风景，“人在花中游、车在景中行”成为海南公路生态建设的真实写照；“四方五港”的水上运输格局基本形成，航线到达国内沿海任何一个城市，世界顶级邮轮频频驶进海南，邮轮经济方兴未艾；燃油附加费征收体制改革；“一脚油门踩到底”成为海南饮誉全国的一张交通名片；绿色通道畅无阻……

（一）公路建设突飞猛进，实现新的跨越

(1)路网结构明显优化，通达深度明显提高。建省后至“八五”初期，海南公路建设发展缓慢，难以适应经济的快速增长。为实现海南省经济建设的整体目标和推进海南经济建设，1993年，海南制定了公路建设目标，决定对“三纵四横”干线公路及山区县城出口路进行改建，海南公路总量大幅增长，路网结构得到优化，通达深度得到加强。1995年底，海南“三纵四横”主骨架网络基本形成。“十五”期间，公路建设继续以提高工程质量和公路等级为重点，完善了全岛公路网络，提高了通达深度。

(2)高速公路主动脉基本建成。环岛东线高速公路是海南第一条高速公路，全长250公里，是国家“五纵七横”路网主骨架的重要组成部分，其中，海口至黄竹段65公里1987年动工建设，1992年12月竣工。它的通车，标志着海南高速公路建设实现了零的突破。之后，其左右幅建设共用了10年时间。

“九五”期间，为实现建成以高速公路为主动脉，以“三纵四横”为主骨架的公路网，高等级公路沟通市县，辐射开发区和旅游区，乡乡通油路、村村通公路的岛内公路网的目标。1995年11月29日，西线高速公路动工兴建，该路是海南省第一条全封闭、全立交、鲜花与绿叶簇拥的全幅高速公路。1996年12月28日，开始实施环岛东线高速公路扩建工程。至1999年9月26日，西线高速公路建成，实现了环岛高速公路贯通，提前两年实现“九五”计划目标。

截至2007年底，全省公路通车总里程达1.78万公里，其中高速公路通车里程为625公里，一、二级公路1 495公里；全省18个市县都建成了二级标准以上的出口路，乡镇通达率100%，行政村基本通达，公路等级和路网服务能力明显提高。建省办特区20周年前夕，环岛高速公路被评为海南十大建设项目。

(3)建设一批通达、通畅等惠民工程。截至2007年底，全省公路通车总里程达17 794公

里，比1987年的12 791公里增长43.3%；高速公路通车里程占全省公路通车总里程的3.5%，公路密度达52.49公里/百平方公里，比全国平均水平高出近2倍。新、改建农村公路3 200公里，全省92%的乡镇通沥青（水泥）路，全省乡镇、行政村通公路率均达100%。

"十一五"期间，海南将投入补助资金28亿元，把农村公路全部改造为水泥路面。届时，一批通达、通畅的农村公路建成通车，将惠及海南百万农民兄弟。随着农村公路的大规模建设，农民的思想观念得到了改变，不少农民变过去的人挑牛驮为放下扁担绳索学驾驶，考驾照买车成为农村新时尚。

2008年4月，建省办经济特区20周年前夕，全省农村公路建设工程列为海南十大建设项目之首。

(4)公路养护体制改革取得突破性进展。建省后，海南公路养护顺应改革开放的历史潮流，大胆对公路养护体制进行改革创新，加强行业管理，注重养护质量，积极采用新技术、新工艺、新材料和新设备，公路养护取得了突破性的进展。

改革养护管理体制，为公路养护注入新活力。建省初期，海南面临着公路等级低、砂土路面多，质量低、抗灾能力极差，沥青路数量少、比率低，危桥多，公路建设与养护资金严重短缺等一系列棘手问题。当时，公路行业实行的是"生产按计划安排，经费按人头划拨"的养护模式，随之带来了管养不分、职责不清、效益低下，干部职工安于现状、不思进取等弊端。

为了迅速适应经济发展需要，1983年，海南从公路养护体制改革着手，引入竞争机制，打破劳动分配和用工制度的旧框框，改革道班生产管理和劳动分配制度，实行养护承包责任制，以承包的形式明确道班的责任，并按承包内容核算道班完成的生产任务，采取"定额记分，以分记酬"的分配形式进行工资分配，大胆进行公路养护单位内部分配制度改革，做到按劳动生产实绩分配，打破"大锅饭"，拉开分配差距。

1994年，按照公平、竞争、择优的原则，对道班劳动力实行双向选择，优化劳动力组合结构，增强了职工的责任感和事业心，提高了工作效率。同年，在全省开展了以落实各项经济责任制为中心的各项竞赛活动，采用百分考评，逐一将各项工作分解为若干指标要求，每年坚持定期进行综合检查评比，奖优罚劣，全省公路好路率连续5年保持全国最高水平。

"九五"期间，为彻底改变"重建设轻养护"的观念，建立与社会主义市场经济体制相适应的公路养护管理新体制，1996年4月，海南撤销了省公路局，将其原有路政和养护管理职能并入了省交通厅。

1998年后，针对公路等级低，砂土路面里程多，油路超期使用老化严重，抗灾能力差的特点，海南公路部门贯彻"建养并重、协调发展、强化管理、提高质量、保障畅通"的方针，坚持"修、养、管并重，以养管为主"的原则，以国道、省道干线公路为重点，加大投资力度，把公路养护管理推上了一个新台阶。1999年6月，在全省范围内又推行以内部招标抵押承包养护为主要内容的养护体制，在全省25个道班进行"减员增效"和"打破用工等级，实行同工同酬"的试点，增强了道班工人的主人公意识；2000年，又实行以"风险承包、双向选择、优化组合"为主要内容的养护体制改革，激发了公路职工的竞争意识、忧患意识，公路养护效益得到进一步提高，为"九五"公路养护划上一个圆满的句号。

2006年7月13日，省交通厅转变职能，实行建管分离、政企分开，成立了省公路管理局，公路养护职能从省交通厅划分出来。从2006年下半年起，省公路局实行了一系列养护体制改革，开始探索市场化养护的新路子，并相继对省养公路实行内部招投标，招投标里程占养护里程的80%，以梁才兰为代表的一批养护项目经理脱颖而出，目前，这些经理已达60名，成为公路养护走向市场化的中坚力量，活跃在公路养护市场。实行招投标养护后的公路好路率明显提高，实现了畅、洁、绿、美的目标。从2007年1月1日起，省交通厅将环岛西线高速公路和海文高速公路委托海南高速公路股份有限公司实行养护，这是海南省公路实行市场化、专业化、集约化和规模化的重要里程碑。

(5)积极开展文明创建活动，展现了良好的行业风貌和社会形象。改革开放以来，海南公路部门积极开展"文明公路分局"、"文明养护道班"、"文明样板路"、"GBM工程"和多种形式的劳动竞赛活动，一批养护工被评为全国劳动模范，有的还获得了"五一"劳动奖章，一批"十有道班"、"先进道班"等纷纷涌现，充分展现了海南公路行业良好的精神风貌。1988年，为适应建省后公路发展的需要，省公路局开展文明创建活动，推行"四绿三白两平台"标准文明路，开创海南公路养护史上用"公路整体美"理念进行养护的先河。截至目前，已建成省级文明样板路600公里以上。

(6)生态建设大大提升了海南公路整体形象。改革开放以来，尤其是建省后，海南公路部门全力建设多层次的热带生态长廊，生态公路成为海南一道亮丽的风景线，大大提升了海南公路的整体形象。

①生态景观高速公路通向世界。环岛东线高速公路是海南东部沿海的一条"经济走廊"，也是我国第一条颇具热带特色的生态景观长廊。它不仅是海南的黄金旅游通道、瓜果蔬菜运输要道，还是博鳌亚洲论坛年会、世界小姐选美等国际国内重要活动的必由之路。2002年4月，出席博鳌亚洲论坛的韩国总理李汉东途经该路时，欣然提笔写下"良好高速公路，美丽农村风景"12个汉字。不少出席博鳌亚洲论坛年会的政要称之为"通向世界的生态景观之路"。2007年11月10日，国际自行车联盟副主席豪里捷克先生说："我去过很多国家，就海南提供的比赛路况最棒！无可挑剔！"

②传播公路文化的重要载体，一道道亮丽的风景线。海南环岛东线高速公路由北向南延伸。目前，正在实施高速公路生态战略，对环岛东线、西线和海文线三条高速公路进行规划，实行一路一景，把它们作为生态景观长廊建设和传播公路文化的主要载体，并结合沿途人文景观、风土人情、自然风貌、历史故事、神话传说等元素，凸现沿线景物的层次感，使山景活起来，海景露出来，风貌亮出来，气势造出来，文化显出来，形成有地域标志的特色公路。

③生态公路成为一张海南交通名片。建省以来，全省已投入上亿元，在环岛高速公路及国省道等干线公路建设公路生态景点500多个，达到花园式"十有"（即有一段样板路，有一套完善的管理制度，有一个文明集体，有一个院子，有一个整洁的舍住环境，有一套实用的作业机具，有一个办公室，有一个活动场所，有一个材料设备场库，有一些生态作物）标准的道班占80%以上，文明样板路达600公里以上，国、省、县道绿化里程达4 800多公里，绿化率95%以上。生态公路成为海南又一张交通名片，公路变成风景，行车成为一种享受。

④生态建设迈上制度化、法制化轨道。近年来，海南在公路建设中始终坚持“服务发展、生态优先、可持续经营”和“在建设中保护、在保护中建设”的理念，在设计、施工、养护等环节把好生态环境保护关。结合省政府制定的“三边”（田边、路边、屋边）防护林规划，研究确定了全省公路绿化规划和实施方案，出台了《海南省公路绿化管理办法》，使公路生态建设制度化、法制化。

截至2008年上半年，全省公路绿化里程达12 000公里以上，公路绿化率达80%，全省好路率达78.2%以上。具有热带特色的生态公路成为吸引广大游客的一道亮丽风景线。

(7)交通管理体制改革。海南交通体制改革主要分三步进行：第一步，1988年5月初成立的省交通运输厅，下辖省公路局（副厅级，1996年4月撤销后，改名为省公路养护质量监督中心）、省交通规费征稽局（1993年底成立）、航道管理局、交通工程质量监督站、公路勘察设计院、公路职工中专学校等8个单位，由省交通运输厅管理；第二步，1993年下半年，批准海南公路局公路勘察设计院和公路职工中专学校与省公路局脱钩，省公路局下辖的3个工程队，改制为3个具有独立法人资格的工程公司，从1994年1月1日起挂牌运作，对外承揽工程，利用自己的资金、设备、技术优势走向市场，实行自主经营、自负盈亏、自我管理和自我发展，迈出了市场化改革的第一步；第三步，1996年4月，省政府撤销了省公路局，在省交通运输厅内增设公路养护管理处和安全路政处，其原有的路政管理职能分别并入省交通运输厅路政安全处和公路养护管理处。

2006年7月13日，经省编委批准，省公路管理局在原省公路养护质量监督中心的基础上恢复设立。为了推行市场化、专业化、集约化养护，实行建养分离，2007年12月，西线高速公路和海文高速公路委托海南高速公路股份有限公司养护。之后，省公路管理局进一步深化公路养护运行机制改革，在全省范围内推行内部招投标养护，实行市场化的运作模式，改“管养合一”为“管养分离”。

（二）交通投融资体制改革成效显著

改革开放以来，为了解决公路建设资金严重短缺和管理体制不顺等问题，海南省交通厅以交通投融资体制改革为切入点，开始踏上了大规模为公路建设资金融资的征程。

(1)在全国率先实行基础设施建设股份制。1993年，海南省委、省政府审时度势、果断决策，在全国率先实行基础设施建设股份制，设立海南高速公路股份有限公司，负责建设环岛高速公路。1993年4月，海南高速公路股份有限公司成立，并募集股金14.65亿元，在不到两年时间里，将需要十年建成的海口至三亚东线半幅高速公路建成通车，创造了海南公路建设奇迹。为了筹集更多的公路建设资金，1997年12月，海南高速公路股份有限公司社会公众股7 700万股在深圳证券交易所上网发行成功，并于1998年1月上市，“海南高速”从而成为了公众公司。

此外，海南还通过贷款、发行公路建设债券和采用BOT等方式筹资，成为除通过股份合作制筹资外的重要高速公路建设资金来源，仅贷款项目就筹措资金近20亿元。

1993年4月，海南省政府颁布了《海南经济特区基础设施投资补偿条例》，吸引了一批企业参与海南公路建设。省交通主管部门也适时向社会各界推出首批19个项目，其中公路项目9个（其中高速公路项目6个）。

(2)率先在全国实行燃油附加费征收改革。1993年12月19日，海南省政府参照国际通行做法，决定改革公路养路费征收办法，率先在全国实行燃油附加费，将公路养路费、道路运输管理费、过路费、过桥费“四费合一”，通过燃油销售价外计征，并以第39号令发布了《海南经济特区机动车辆燃油附加费征收管理办法》。在两年实践的基础上，海南省人大以地方立法的形式颁布《海南经济特区机动车辆燃油附加费征收管理条例》。实行“四费合一”，征收燃油附加费，撤掉全省公路上所有收费站和路卡，实行“一脚油门踩到底”，此举充分体现了“用路者付费、多用路者多付费”的合理、公平原则，开创了全国先河，取得了显著的社会效益和经济效益。“一脚油门踩到底”的燃油附加费改革，是大特区先行先试的亮点之一，在提高公路通行效率、简化手续、推动公路建设体制改革等方面做出了贡献，在全国独树一帜。1998年海南建省十周年之际，燃油附加费改革被企业评为“最满意的政府十件事之一”。2008年4月，又被评为建省办经济特区20周年十大新闻事件。

截至2007年，全省燃油附加费累计征收100亿元，以燃油附加费征收权作为质押，向银行贷款用于公路建设的资金超过100亿元，为海南省经济社会发展提供了重要的交通保障。同时，海南撤销了所有公路沿线收费站卡，从源头上根治公路乱设卡、乱收费、乱罚款的“三乱”现象，海南成为全国唯一没有公路收费站卡的省份。

(3)在全国率先向银行贷款修路。1997年7月，海南省交通厅在全国率先向海南省农业银行贷款9亿元建设环岛西线高速公路和海文高速公路等交通基础设施项目。这是当时国内最早也是最大的一笔投向公路交通基础设施建设项目的专项贷款。

由于与大银行携手合作，全长324公里的环岛西线高速公路仅三年时间就建成通车，并于1999年9月26日与环岛东线高速公路实现对接，这标志海南环岛高速公路全线贯通。该路的建设，有效地带动了当地产业的形成与发展，为以洋浦经济开发区及洋浦保税港区、东方化工城、老城开发区等为龙头的西部工业走廊建设创造了良好条件。

为了改善侨乡文昌的交通条件，建设了岛东北部地区的重要通道。1998年，通过与大银行携手，贷款建设海口至文昌高速公路。该路全长51.66公里，2000年3月28日开工建设，2002年9月30日竣工。它的建成通车，大大改善了沿线地区的交通和投资环境，促进了文昌市工、农、商、贸、旅游和城镇建设等多项事业的发展。

(4)加快主通道和大路网建设，促进全省经济社会发展。作为琼州大地的主通道，海南环岛高速公路建成后，公路产业带迅速崛起，沿线出现了“一路通达，百业待兴”的势头。一是沿线工业迅速崛起。依托海口、八所、洋浦等大型港口，澄迈、临高、儋州、东方等市县规划为西部工业走廊，“大企业进入、大项目带动”商潮涌动，一批投资超过10亿、上百亿的特大型工业项目在海南西部投产；二是沿线热带高效农业开发热渐成规模，每年海南鲜活农产品出岛量达350万吨，反季节瓜果菜运往国内各大中城市和港澳地区；三是旅游大省建设步伐加快，正在朝着具有热带特色的国际旅游岛迈进；四是区域经济高速发展。沿线各市县都着手研究本地区经济规划和发展战略等问题，形成“东西联动，南北响应，沿线开发，整体推进”的格局。

（三）统一开放、竞争有序的运输市场基本建立

建省以来，省政府为规范市场经营管理，相继颁布了《海南省道路运输管理暂行规

定》、《海南省汽车摩托车驾驶员培训管理办法》等地方性法规，为道路运输业和各级交通主管部门、运政管理机构提供有力的法律保障。2004 年 7 月 1 日，《中华人民共和国道路运输条例》颁布实施，成为海南规范道路运输市场的重要法宝。2007 年 8 月 1 日，省道路运输局正式挂牌成立。

(1)道路客运运力大幅度增长。改革开放以来，海南客运运力从无到有，从少到多，得到了大幅度增长，实现了跨越式发展。建省 20 年间，全省客运车辆已发展到 1.79 万辆，其中，班线客车 3 345 辆，出租车 4 293 辆，旅游车 2 336 辆（含三亚一日游车），公交车1 441 辆，为建省前的 11.6 倍；2007 年，全省累计完成客运量 3.77 亿人次、旅客周转量 12.82 亿人公里，分别为建省前的 12.5 倍和 13.75 倍。至 2007 年底，海南省货运车辆已发展到 4.5 万辆，为建省前的 14.8 倍。完成货运量 8.98 亿吨、货物周转量 90.83 亿吨公里，分别为建省前的 27.5 倍和 30.4 倍。

2008 年以来，一批大型化、规模化、专业化程度较高的货运企业开始筹建，预计 2008 年全省客货运输量将有新的增长。此外，海南省已开通的省际快车班线达 20 多条，到达内地 60 多个城市，每年运送旅客 50 多万人次。

对于驾驶员培训行业管理，海南用新理念、新举措，创新了信息化条件下培训业务管理模式。按照"有条件录入，无条件审批"的原则，率先在全国驾培行业实行培训业务审批信息化。全省现有驾校 30 多家，教学车辆 808 辆，年培训能力达 6 万人次以上。

(2)统一开放、竞争有序的客运市场健康发展。90 年代，随着运输行业的不断发展壮大，一时间，运力增长过快，客运市场无序竞争的局面逐渐显现。为了改变海南客运市场日趋混乱的局面，1999 年 8 月，海南省在全国率先实施客运班车滚动发班管理模式，实行"风险共担、营收共享"，做到了"车进站、客归点"，大大提高了客运班车实载率，客运市场秩序明显改观，实现企业满意、社会满意、行业满意的目标。2007 年 6 月，滚动发班模式被交通部确定为全国交通行业首批节能示范项目，并在全国推广。目前，全省已有 30 多条客运线路 1 027 辆班车实行滚动发班。

2005 年 10 月，成立了省统一旅游汽车服务中心，对全省旅游客运车辆实行"统一调度、统一结算"的管理模式，有效地遏制了"零负团费"，既整合了旅游运输资源，又改变旅游客运"零、散、小、乱"，恶性削价、无序竞争、服务质量低劣的局面，维护了合法经营者的切身利益，解决了海南旅游汽车市场无序竞争的问题。

(3)市场开放程度有所提升，服务水平明显改善。1988 年建省后，为适应经济社会的飞速增长，海南加快了道路运输业改革发展的步伐，基本建立起一个符合社会主义市场经济体制要求的统一、开放、竞争、有序的道路运输市场体系。

①运输能力和服务水平不断提升。一是民用汽车拥有量不断增加，运输结构逐步完善。1987 年，全省只有机动车 23 896 辆，其中载客汽车 8 429 辆，载货汽车 14 862 辆。到 2007 年底，全省机动车发展到 82 750 辆，其中载客汽车 49 449 辆，载货汽车 22 123 辆，分别增长了 246.3%、486.7%，全省民用汽车达到 145 548 辆，是建省前的 6 倍多；现有道路营运客车 12 275 辆，196 603 客位；营运货车 194 46 辆，56 907 吨位；设有公路客运大小车站或站点 127 个，年平均日旅客发送量达 68 865 人次。运输能力得到提高，运输结构得到逐步完善；二是站点设置逐步优化，运输工具向高质量转化。建省前，海南各市县汽车站简陋、

狭小，条件落后。建省以来，为了提高运输服务质量，海南汽车运输集团创建了“海汽快车”、“海汽商务车”、“省际直通客车”、“李向群班组”等一批为民、便民、利民等颇具市场竞争力的品牌，实行了航空式服务。同时，加大对站点设置的投入。先后新建了海口南站、三亚、屯昌、澄迈、文昌、儋州车站；扩建改造了琼海、万宁、琼中车站和海口东站。为了实现生态车站建设目标，在全省车站进行规划，已建成一批高档次，服务设施齐全、环境优美的生态车站。

②加强法规建设，规范行业管理。建省初期，海南客货运输得到长足发展，各种车辆增长迅猛，但道路运输市场一度陷入混乱。为了规范道路运输市场，海南相继颁布《海南省道路运输监督检查与违章处罚暂行规定》、《海南省道路运输管理暂行规定》、《海南省汽车、摩托车驾驶员培训行业管理办法》、《海南省旅游汽车客运管理办法》、《海口市出租汽车定线汽车客运管理条例》、《海南省交通行政执法人员行为准则及违规处理规定》等，交通法规的不断健全和完善，依法管理行为得到强化，道路运输市场经营行为得到进一步规范，有效地维护了货主、旅客的合法权益。

③客货运输市场整顿成效显著。随着道路运输市场的日益完善，道路客货运输业发展迅速。但由于市场机制不健全，经营行为不规范，客货运市场比较混乱，宰客、甩客、超载现象和治安问题比较严重，无证无照经营客货运的车辆屡禁不止。部分营运车辆有站不进、当街乱停乱靠，随意压价或抬价，欺行霸市。

为了加强管理，维护正常运输秩序，保障旅客合法权益，确保道路客运的安全畅通，1993年，省交通厅积极探索有效的办法，引导运输业户优化运力结构，提高整体素质和管理水平，有效地促使海南道路运输业步入统一开放、竞争有序的市场化发展。同时，大力推行“三制”（直接办理制、窗口服务制、社会承诺制）服务，为经营者创造更加良好的市场环境。1997年1月30日，省政府发布《关于印发海南省整顿道路客运市场秩序实施方案的通知》，开始对全省的道路客货运输市场进行整顿。

1999年，省交通厅加强运输市场宏观调控，按照“一年不更新运力，两年不新增运力”的原则对道路运输市场整顿，严格市场准入管理，规范运输市场无序竞争的行为。在省政府的支持下，在全省车站推行“车进站、人归点”，遏制乱拉客、乱刹价现象，清理一批不符合规定的临时性客运站场，促进了客运站场规划布局和管理科学化、合理化、规范化。

同时，全面整顿旅游客运市场。2000年初，省交通、公安、工商、旅游等部门联合整治旅游汽车客运市场，对全省旅游客运公司约730辆旅游车进行整顿，组建了12家上规模的旅游车客运公司，共收编296辆旅游车，解决了旅游车辆数量不足和结构不平衡的问题。

④绿色通道运输成为绿色品牌。从1996年5月开通第一条绿色通道开始，海南已相继开通到上海、西藏等数十条绿色通道，总里程达13 000多公里，鲜活农产品源源不断运往内地，运输量从当年的75万吨增加到2008年的540多万吨。12年间，共运输3 021.54万吨，既满足了国内各大中城市对海南农产品的需求，也给海南农民带来了近600亿元的整体经济效益。

1998年，绿色通道被评为“建省十周年企业最满意的政府十件事”之一。2002年～

2003年，省交通厅绿色通道办公室连续两年被评为全国先进单位。

(4)运输企业兼并潮不断涌动。改革开放30年，海南道路客运行业最大的亮点，就是客运企业之间互相兼并、重组、改制和收购，而引发这一股热潮的，就是1999年8月实施的滚动发班模式。

2002年7月，海南银亚汽车运输有限公司整体收购“金鹿”巴士，首开了道路客运行业运用资本方式实现规模扩新之先河，2003年12月，又跨地区整体收购了海口金伦运输服务有限公司；2003年8月，海口广隆公司和定安海裕客运公司组成了新的联合体；2004年，三亚平海旅游汽车有限公司和海南省旅游汽车公司也被有实力的企业整体收购；2005年，省汽车运输总公司完成了对琼山耀兴旅业有限公司的收购。

(四) 港航业发展如日中天

海南是典型的岛屿经济，进出岛交通是全省经济的命脉，特殊的地理条件决定了海运是海南对外经济联系的主要运输方式，进出岛90%的货运量和60%以上的客运量是通过港口来完成的。

改革开放前，海南水运业十分落后，列入统计的港口（含港区、码头）只有9个，48个泊位，其中万吨级深水泊位仅有3个，自有运输船舶241艘，其中钢质船45艘，大部分为木质船，有192 600吨位、3 186客位，1千吨左右的船仅5艘，其余多为百吨级小船，绝大多数是几吨、十几吨的木帆船和机帆船，铁壳船最大的只有1 000载重吨，总货运能力不足4万载重吨。建省初期，海南只有117个泊位，3个万吨级泊位，全省年货运吞吐量仅1 000万吨，港口装卸和通过能力难以满足经济社会发展要求。

1988年7月，刚组建不久的省交通运输厅坚持全方位开放水运市场、坚持超前发展运力，探索发展大特区水运业的新路子。经过20年的努力，现在海南注册的航运企业有130多家，总运力140多万吨，比建省初期增长30多倍。全省已开发港口24个，形成北有海口港、西有洋浦港和八所港、南有三亚港、东有清澜港的“四方五港”分布格局。北部实行“三港合一”，建成全省的主枢纽港和物流中心；南部三亚凤凰岛已建成大型国际邮轮码头。1996年，新加坡丽星邮轮公司开辟了香港至三亚旅游航班。2006年11月10日，意大利邮轮“爱兰歌娜”在三亚国际客运码头靠泊，标志着邮轮航线有了新的发展；近几年来，世界第一、亚洲第二的意大利大型邮轮“歌诗达”号每个月都定期停靠该码头；东部文昌清澜港将建成中国卫星发射中心的后方保障基地。

目前，全省拥有港口泊位153个，其中万吨级以上的深水码头43个，包括1个30万吨原油码头，年货运吞吐量7 000万吨以上，是建省前的7倍。截至2007年底，海南航运船队国内航线可到达沿海、珠江三角洲及长江中下游各港口，还开通了海南至广州、香港、湛江、北海集装箱航线。国际航线到达港澳台、远东、东南亚、非洲和欧洲国家和地区，与世界24个国家和地区经常有航运业务往来，与俄罗斯、日本、韩国、东南亚各国往来密切。2007年，全省靠泊30万吨超大型船舶139艘次，码头靠泊能力位居国内前列。

在抗击非典和禽流感、“香蕉风波”以及2008年抗冰灾保障运输畅通工作中，港航企业均圆满完成各种物资抢运任务，成为承载海南岛内外往来物流、人流的主力枢纽。目前，海口港马村中心港区一期和海口港二期工程正在加紧建设之中。一期工程建设规模为5个两万吨级散杂泊位，年设计吞吐能力265万吨；二期工程建设规模为4个5万吨级散杂泊位，年设计吞吐能力250万吨。根据海口港总体规划，马村港区为未来海口港的中心港区，可建设50个左右的深水泊位，整个港区年吞吐能力达亿吨，未来将发展成为以能源、集装箱、散杂货及危险品运输为主，设施先进、功能完善、文明环保的现代化综合性港区；海口港是国家级枢纽港和集装箱干线港。其二期将扩建2个3万吨级集装箱泊位，其中一个泊位可兼停靠国际大型豪华邮轮。

海南是我国最早接待国际邮轮停靠的省份之一。建省以来，许多世界大型豪华邮轮停靠过马村港等港口。与马村港遥相呼应的三亚凤凰岛国际邮轮码头，是我国第一个4万总吨级的邮轮码头。2006年11月，该码头投入使用，结束了海南不能停靠国际邮轮的历史。三亚建成了我国首座最大的国际邮轮母港，其凤凰岛国际邮轮码头成为世界级高端豪华邮轮定期停靠的码头。

洋浦港是海南西北部工业走廊出海通道的重要出海口，是自然条件最好的深水港区，也是区域性重要港口，国家一类对外开放口岸。2007年9月24日，国务院正式批准在洋浦设立我国第四个保税港区。2008年9月，洋浦港三期工程如期完工，洋浦经济开发区成为我国南方重要的石油加工与石油化工、林浆纸一体化基地。全省集装箱专用码头的步伐明显加快。

2004年是海南省港航业发展的一次重要转折。省政府提出了整合港航资源，加强港口规划，促进港航业良性发展的目标。省交通厅按照职责要求，积极参与，做好协调，主动服务，为八所港的重组和琼北三港整合等一系列港航体制改革创造了条件。2005年1月，海口港“三港合一”重组工作启动，海南港航控股有限公司挂牌成立。同年7月，中远集团与海南省政府签署了建设马村港和发展航运业务协议。2007年2月8日，省政府与中国海运集团总公司签署了合作框架协议，双方将进一步加强在集装箱海上运输和集装箱码头装卸以及原油、成品油和化学品等运输领域的合作。此外，海南还编制了《海南省“十一五”公路水路发展规划纲要》、《海南省港口总体布局规划》、《海口港总体规划》、《八所港总体规划》，编报了《洋浦港总体规划》等。

（五）理顺公路建设体制，切实转变政府职能

长期以来，海南公路建设一直实行由省政府“统贷、统建、统管、统还”的体制，省政府因此背上了沉重的包袱。

(1)进一步理顺农村公路建设体制。2005年6月，省交通厅作出了将农村公路“通达工程”和“通畅工程”交由各市县政府组织实施的决定。2006年3月，省政府办公厅印发了《海南省农村公路建设养护与管理体制改革实施意见》，明确农村公路建养以市县政府为主，2006年12月，省政府《关于加快公路建设的决定》正式颁布实施。这两份文件都进一步确立了海南公路建设“以省为主、受益市县分担”的投入机制和分级负责的管理体制，改变了多年来公路建设由省政府“统贷、统建、统管、统还”的体制，建立了可持续发展的新机制，明确了市县政府作为农村公路建设的主体，明确了省交通部门和市县政府的责任，充分调动了全社会加快公路建设的积极性，形成了“政府主导、群众参与、社会支持”的新格局。同时，各市县可制定鼓励社会资金投入公路建设项目的办法。《决定》实施后，各市

县政府不断加大资金投入，积极性进一步提高。

(2)大力推进公路建设项目代建制。2005 年以来，海南省交通厅积极转换职能，提出“只当裁判员，不当教练员”的理念，积极推行公路建设项目代建制，推行公路建设按市场化模式运作，先后将海口绕城高速公路、东线高速公路陵水至万宁路面改造工程、陵水大桥、博鳌南港大桥及新雅亮大桥实行代建，产生了良好的社会和经济效益。2006 年，新开工的 57 个公路工程项目全部实行代建制。这种做法既培育了公路建设市场，提高了企业竞争力，也促进了反腐倡廉。

(3)建立公路从业单位信誉动态考核体系。先后制定了《海南省交通厅公路施工企业公路建设市场行为动态管理暂行规定》、《海南省公路建设从业单位信誉动态考核管理办法》，对 9 家问题突出的施工单位进行通报批评，对 3 家提供虚假材料投标的企业记入“黑名单”，招投标工作进一步规范，有效地控制了工程造价。

(4)构建“一厅三局”交通行政管理新格局。从 2006 年起，海南省交通厅积极转变职能，对管不好、不该管的事坚决不管。2006 年 7 月 13 日，恢复了省公路管理局，把公路养护职能从厅机关划出去；2008 年 8 月 1 日，成立了省道路运输局，具体负责全省道路运输管理工作；2007 年 1 月，经省编办批准，原海南省航道管理局更名为海南省港航管理局，承担省级港口、水路运输、航道管理等职能。2007 年 8 月 6 日，省港航局正式挂牌成立，这标志着海南省在推进港口建设、加强航运管理，完善港航管理体制、促进水运事业发展等方面进入了一个新阶段。

(5)切实转变职能，下放 11 项交通行政审批事项。在 2008 年 8 月 1 日对 45 项交通行政审批事项实行集中办理之后，根据省政府的统一部署，从 2008 年 9 月初起，开展相应的培训，以确保下放的审批项目放得了、管得住、不缺位。10 月 1 日起，省交通厅已把涉及农村公路建设、运输、驾驶员培训等内容的 11 项交通行政审批事项下放给各市县审批。

三、宝贵经验

(一) 坚持改革开放，以改革促发展

2008 年 4 月，海南建省 20 年前夕，新华社在有关海南交通发展的一篇报道中指出：如今，海南已不再遥远。岛上的环岛高速公路、国际机场、港口、码头、铁路，共同架构起一个快速的立体交通运输网，把南国宝岛和祖国大陆及世界各地紧紧地联在了一起。

建省后，从尘土飞扬的乡间小道到四通八达的高速公路，从吱吱作响的短途运力牛车到安全舒适的豪华大巴，从简陋的小码头到现代化的国家主枢纽港，沧桑巨变折射出海南交通突飞猛进发展的壮丽篇章。

(二) 坚持围绕省委省政府重大战略部署，推进交通先行

海南建省办经济特区后，为适应大特区发展的需要，省委省政府提出“用政策、打基础，抓落实、求效益、公路建设适度超前发展”的要求，为此海南省交通厅谋划建设重点高速公路和完善岛内公路网，“八五、九五”期间，公路建设投入达百亿之多，促进了公路

的腾飞。

按照《海南省国民经济和社会发展“九五”计划和2010年远景目标》，海南省全面完善岛内公路网，打通了“四横公路”和国省干线公路网，打通了主通道环岛高速公路，打通市县出口路，每个市县都有一条二级以上公路，每个乡镇至少通一条油路或水泥路，全省基本形成了以高速公路为主动脉，“三纵四横”国省干线为主骨架，县乡村道支干相连，贯通东西南北、辐射全岛的公路网格局。

海南是典型的岛屿经济，全省约98%的进出岛货物通过港口运输，加强港口设施建设，对海南的国民经济和社会发展，有着非常重要的基础支撑作用。经过“十五”期间的建设与发展，海南省港口吞吐能力滞后状况明显改变，已初步形成北有海口港、南有三亚港、西有洋浦港和八所港、东有龙湾港的“四方五港”的发展格局。

（三）坚持解放思想，创新交通体制机制

作为全国最大的经济特区、改革开放的排头兵和试验田，改革开放30年和建省20年来，海南交通人解放思想，创新体制机制，用自己的聪明和智慧创造了20多项全国第一。1988年4月20日，建省伊始，“大交通”管理体制在全国率先试水，成立了省交通运输厅，除公路、水路运输外，把航空、铁路和邮电部门也纳入了行业管理。

被称为“一脚油门踩到底”的公路燃油附加费征管体制改革，时至今日，海南仍是全国唯一实行燃油附加费征收管理体制改革的省份。1994年1月1日起，海南实行燃油附加费征管改革，方便了车主，树立了海南经济特区快捷、高效的形象。类似的还有海南首创的、正在全国推广的班线车滚动发班，旅游车统一调派模式，公路建设项目全部实行代建制，实施公路建设从业单位和从业人员信誉动态管理等。

此外，1984年，海南率先推行公路养护经济承包责任制，在国内公路养护行业第一个创造了“三白四绿两平台”的公路绿化模式，成立全国第一家以公路基础设施为主业的股份制企业，开通了全国第一条绿色通道即海南至北京绿色通道，率先向银行最大单笔贷款9亿元用于公路交通基础设施项目建设，首次成功地把30万吨级的油轮“诺神”引入洋浦港，在三亚凤凰岛建成了我国第一个10万吨级邮轮码头，这些都是海南交通人解放思想，勇于实践，敢于创新的有力佐证。正因为这些创新，海南交通得到飞速发展。

（四）坚持“三个服务”，实现又好又快发展

按照经济社会发展和改革开放的要求，统筹规划，科学安排，强化管理，不断加强公路水路交通基础设施建设，形成安全、方便、快捷的交通运输网络，提高了现有通道的利用率和运输服务水平。

坚持把加强农村公路建设作为重中之重，大规模建设全省农村公路，推进城乡一体路网，改善农村生产条件，为促进农村经济发展、产业结构调整和农民增收创造条件。

坚持以人为本，把安全放在交通工作的突出位置，加大对全省交通环境的改善和整治力度，增加交通有效供给能力，为人民群众安全、便捷出行提供了优质、高效、舒适的交通服务。

四、发展远景

“十一五”期间，是海南全面落实科学发展观，建设小康社会的关键时期。省交通厅将紧紧围绕“三个服务”、“四个创新”的发展理念和服务全省经济社会发展大局，构筑起由公路、水路、铁路、航空等多种运输方式组成的立体化交通运输体系，为海南经济社会又好又快发展提供交通保障。

（一）科学谋划，努力实现交通新的跨越式发展

“十一五”期间，是海南全面建设小康社会、构建和谐海南的关键阶段。按照省委、省政府提出的“南北带动、两翼推进、发展周边、扶持中间”的区域经济发展方针，加快推进三亚绕城公路、海口至屯昌高速公路市场融资和省市县共建试点、海口至洋浦一小时交通圈、洋浦出口高速公路省市合资建设试点以及洋浦湾、文昌清澜湾通道收费公路建设试点项目，促进琼北综合经济区、琼南旅游经济区和中部地区发展。

按照省委、省政府提出的实施“大企业进入、大项目带动”战略，加快产业结构调整，发展壮大支柱产业，加大园区出口路、港口建设，为项目落户提供良好的基础设施条件；按照生态省建设战略，建设节约型交通，加快生态公路建设；按照省委、省政府推进体制创新，转变政府职能的要求，要加强科学谋化，强化行业监管，大力建设服务型交通，实现交通新的跨越式发展，以适应海南经济社会发展要求。

(1)继续加大资金筹措力度。“十一五”期间，交通发展必须创新发展理念，要坚持以“服务发展、生态优先、可持续经营”为方针，尽力而为，量力而行，合理投入，适度超前发展。按照“十一五”交通发展的总体目标，将投资170亿元建设公路和港口等基础设施，其中，公路投资110亿元，是“十五”期间的1.8倍。重点要加快主干线公路建设及路网等级升级以及建设好为开发区及项目基地与公路主干线的连接路，为大项目落户创造良好条件。

截至2008年，海南公路负债高达112.37亿元。根据“十一五”全省公路交通发展规划，2008至2010年，海南省将续建和新建三亚绕城高速公路、海口至屯昌高速公路和农村公路通畅工程等重点项目，组织对海榆东线、西线国道改造和东西线高速公路大中修，共需投入资金67.6亿元。但是，今后3年公路建设贷款额度只有26亿元，仅能解决农村公路通畅工程、三亚绕城高速公路部分配套资金，缺口高达41.6亿元。要满足“十一五”交通项目资金需求，靠以燃油附加费质押方式向银行贷款难以奏效。

从2009年起，每年至少将安排两亿元支持公路建设，但这对急需巨额公路建设资金的海南来说，仅仅是杯水车薪。为打破无钱还贷、无钱修路的僵局，需要开展公路建设投融资主体多元化试点，探索新的筹资途径。首先，允许市县修建收费路桥。今后，国省道、省投资建设的高速公路仍然不允许设卡收费，但对市县投资建设的一些服务局部区域的公路、独立桥梁（隧道）项目，只要符合国务院《收费公路管理条例》和全省路网规划，并经省政府批准三个条件，都允许市县修收费路桥，如定安县海定大桥、洋浦白马井大桥等；其次，省与市县共同投资；再次，引进战略投资者，用财政资金偿还。海口至屯昌高速公路可作为独立项目向社会招商，可由公司代建，也可由其出资，建成后不收费。

目前，部分市县投资建设公路的积极性和需求日益提高，自筹资金配套通畅工程建设的力度逐年增大。截至2008年，各市县计划投入资金12亿元，已到位7.2亿元。

(2)以完善路网主骨架为重点，公路建设要保持适度超前。“十一五”期间，是海南公路交通快速发展的关键时期，要建成高速公路约184公里，完成投资约58.8亿元，一是重点抓好海口绕城高速公路一期和二期工程、三亚绕城高速公路、海口至屯昌高速公路、海口至洋浦一小时交通圈、省市县试点项目和现有高速公路大、中修及配套设施建设，做好东线高速公路海口至琼海段扩建工程的前期研究。共分为三大层次：

一是继续完善高速公路路网结构。海南高速公路主骨架由连接南北海口、三亚两大核心城市的东线、中线、西线三条纵向高速公路组成，要加快连接东、西的万宁至洋浦经济开发区的高速公路建设，构建“田字型”的高速公路路网格局。

二是继续完善以国省道和出口路为主的公路主干线。抓好海榆东线223国道改建工程、海榆西线225国道改建工程和白马井至春兰改建工程等省道工程，抓好马村港疏港公路、东部滨海旅游公路等一批直接服务于地方经济的交通项目，为大企业进入和大项目落户创造条件。

三是继续完善以县道为主的公路次干线、农村公路和枢纽建设。重点是完善与公路主骨架、公路主干线起连接作用的地方道路，对东部，北部和南部经济较发达地区，人口较集中地区，如文昌、琼海、万宁、陵水等地的断头路进行建设，与主干线公路一起构成各市县区域内的1小时公路交通圈。农村公路建设重点是完成“通达工程”、“通畅工程”和渡口公路建设，形成农村公路网。

“十一五”期间，海南将新增二级以上公路里程1 380公里，比“十五”期末增加63%。到2010年，公路通车里程将达到21 565公里，公路密度达63.58公里/百平方公里；高速公路总里程达到810公里，二级以上公路总里程达3 510公里，农村公路通畅工程达10 000公里以上。届时，公路网络将更加完善、路网等级明显提高，实现全省乡镇、农林场场部公路通畅率100%，行政村通畅率90%，基本实现岛内“3+1小时公路交通圈”（即市县间3小时到达，乡镇与其市县间1小时到达），公路运输基本达到畅通、安全、高效。

(3)要刮起一场“洗脑”风暴，敢闯敢干，在重点交通项目上取得新突破。目前，海南交通建设举步维艰，要解放思想，改变一切妨碍交通科学发展的观念，打破阻碍发展的“瓶颈”，建立多元化的投资体制。

建省以来，尤其是近年来，海南省交通厅在转变政府职能方面取得了一定成效，今后要集中力量履行好规划、指导、协调、监管和服务职能，少搞具体事项审批，把主要精力放在研究行业发展全局问题和政策上。要围绕构建立体交通体系，发挥对公路、水路交通基础设施的宏观指导与协调。结合海口港二期工程，抓好集装箱码头与海口市区交通的衔接，完善货运大道，真正做到货畅其流。

要解放思想，进一步转变政府职能，从四个方面寻求新突破：在公路建设市场管理上有新突破。要加强公路质量管理和进度控制，把质量监督作为重中之重；在道路运输管理上有新突破；在港航管理上新突破；在公路养护管理体制改革上有新突破。

（二）以服务“三农”为立足点，调整运输产业结构和布局

(1)扎实推进农村公路和客运场站建设。“十一五”期间，要以服务“三农”为突破口和立足点，按照“村村互通、乡镇联网、城乡互动”的目标，建设农村公路 11 500 公里；要加快以县道为主的公路次干线、农村公路、客运场站和中心枢纽建设，同步建设一批中心城镇的客运场站，使通公路的乡镇、行政村通班车率分别达到 100% 和 90% 以上；重点推进“通达工程”和“通畅工程”，到 2010 年，全省 85% 的行政村通沥青（水泥）路。

(2)要进一步调整运输产业结构和布局。结合节能、环保的要求，并按照“路、站、运一体化”的原则，加快全省农村客运站场建设规划布局，建成一批环保、节能、生态的农村客运站场。要尽快出台一系列发展农村客运的优惠政策，吸引社会资金投入农村客运，加快城市客运一体化、产业化进程，做到公路通到哪里，班线车就通到哪里，让农民兄弟坐上方便车、放心车。

（三）统筹规划，整合港航资源，为大改革、大开发、大建设服务

为进一步适应海南建设国际旅游岛和自由贸易区的要求，海南将统筹规划，合理利用港航资源，充分挖掘和利用岸线和港区土地资源，探索“港区联动”机制，融航运、仓储、加工为一体，形成运输与生产联动的产业群；利用洋浦深水良港的优势，探索在洋浦开发区建立物流园区，促成国家石油战略储备基地、商业石油储备项目落户海南；突出加快运力增长与运力结构调整，引入国内外有实力的大公司，对现有的国有资产进行重组和专业化分工，鼓励、支持大型化、专业化、标准化船舶的发展。

(1)把海南建成东南亚重要的区域性物流中心。根据海南“十一五”港口规划，未来 5 年海南将新建港口项目 8 个，新建泊位 28 个，新增吞吐能力 3 768 万吨，2010 年全省泊位将达到 169 个，总吞吐能力 9 694 万吨，实现翻一番的目标，初步建成结构合理、功能完善、信息畅通的港航体系，充分发挥港口优势和区位优势，把海南建成东南亚重要的区域性物流中心。

2008 年 4 月，中共中央政治局常委、国务院副总理李克强在洋浦经济开发区视察时指出，海南面向东南亚，背靠珠三角，有 1 500 多公里的海岸线，区位优势十分明显，海运交通方便，港口条件优越，要注重运用好这些优势，集中力量办好洋浦经济开发区，发挥龙头带动作用，打造面向东南亚的航运枢纽、物流中心和出口加工中心，形成对外开放新格局。

(2)建立符合海南省情的港航管理体制，实现港航业的跨越式发展。要强化“三个服务”理念，坚持依法行政，大力推进管理权限下放，完善行业管理，逐步把省级交通主管部门的职能转变为研究制订政策、制定规划、服务、培育和规范水运交通市场上来。要加快港口基础公共设施建设，构建国家能源海运服务保障通道和南海地区旅游大通道，加快港口重点项目公用设施建设，多渠道筹措资金，形成码头建设投资多元化局面，实现港航业的跨越式发展。

(3)加快推进琼州海峡跨海通道工程。海南正在积极推进一项跨世纪的伟大工程——琼州海峡跨海通道工程。目前，两部两省（铁道部、交通运输部、广东省、海南省）正加快推进其前期准备工作，尽快向国家申报立项。不久的将来，举世瞩目的琼州海峡跨海通道项

目将进入实质性阶段，海南将与全国高速公路网、铁路网相连。

(4)探索“港区联动”机制，尽快建立港航与产业互动的发展模式。要参照天津新区的做法，将海口马村中心港区列入国家“港区联动”试验区，利用岸线和港区土地资源。融航运、仓储、加工为一体，形成生产与运输联动的产业群，并把马村中心港区建成服务全省经济发展的主枢纽港。此外，对沿海地区离海岸线10公里范围内的土地重新测量和评估，对已确定为不适农耕的盐碱、滩涂地，建议变为建设用地，以解决沿海地区土地储备不足的问题。

加强港口生产能力建设。按照“十一五”交通发展的总体目标，港口建设进入大投入、大建设、大发展的时期，计划投资60亿元，完成投资同比增加4.8倍，新增港口吞吐能力1 500万吨，总吞吐能力近1亿吨，港口码头结构基本合理，主枢纽港海口港和三大重要地方港初具规模，基本形成“四方五港”的总体布局。要培育几家适应市场发展要求、极具竞争力的“航母型”港航企业。

山城大交通序曲

重庆市交通委员会

1978 年党的十一届三中全会胜利召开，中国历史翻开了崭新的一页。伴随着滚滚向前的改革开放潮流，重庆交通不断谱写辉煌篇章。30 年来，在党中央、国务院的关心和支持下，在重庆市历届市委、市政府和交通部的领导下，重庆交通面貌发生了翻天覆地的变化，特别是直辖十年来，重庆交通步入了蓬勃发展的黄金时期，交通运输对经济发展的“瓶颈”制约得到明显缓解，为全市经济增长、社会和谐发展提供了有力保障。

一、改革历程

1. 改革开放 30 年来，重庆市经历了计划单列、区划调整、直辖等重要发展阶段，重庆交通的发展也主要经历了直辖前与直辖后两个阶段。

(1)1978 年~1997 年。改革开放前，重庆交通运输基础薄弱，设施落后，运输结构不合理，再加上辖区主要分布在长江沿线，以丘陵、山地为主，地势从南北两面向长江河谷倾斜、起伏较大，由于地理条件等因素的制约，交通基础设施建设严重滞后，广大地区处于十分闭塞的状态。1978 年改革开放以来，随着经济的快速发展和对内搞活对外开放的不断扩大，运输需求急剧增长，运输矛盾日趋突出。解决经济发展的制约问题，成为交通的中心工作。彻底改变交通落后面貌，当好经济发展的先行者，助推重庆经济的起飞，既是时代发展对交通的迫切要求，也是重庆交通责无旁贷的历史使命。为此，重庆交通在各级领导的关心和支持下，全系统励精图治，社会各界广泛参与，使得交通彻底走出了“漫步”阶段，步入了正常发展时期，这也是重庆交通打基础、筑平台、求发展的重要时期。通过 20 年的发展，截至 1997 年，全市公路总里程达到 27 045 公里，比 1978 年净增 11 624 公里，其中等级公路 16 886 公里，成渝高速公路建成通车、实现了高速公路“零突破”；域内通航里程2 468 公里，港口码头达到 1 122 座，年吞吐能力 100 万吨以上的港口共 5 座，100 万人次吞吐能力的港口共 9 座；市域铁路形成了“一枢纽、三干线、二支线”的布局；重庆江北国际机场建成并投入使用，重庆民航实现历史性跨越，重庆交通初步形成了公路、水路、铁路、民航同步发展，相互促进，相互衔接，互为补充，各种运输方式较为齐全的交通体系，为重庆直辖后加快发展打下了坚实基础。

(2)1997 年至今。虽然改革开放至直辖前的 20 年，重庆交通状况得到了有效改善，但交通的落后面貌仍未根本改变。直辖之初，重庆交通发展极不均衡，骨架公路建设处于起步阶段，出口通道仍然不畅，县际干线公路等级低、路况差。当时城口县至重庆需要 3 天时间，巫溪、巫山、秀山等县至重庆也至少需要1天以上的时间，同时水运等交通发展十分缓慢，交通成为重庆经济社会发展的重大制约。直辖10年来，重庆交通紧紧抓住西部大开发、三峡移民和直辖等重要战略机遇，负重自强，大胆创新，为交通发展注入了新的生机与活力。

直辖以后，历届重庆市委、市政府主要领导对重庆交通发展十分重视。1997年，安排将1998年~2000年作为"交通建设年"，并提出了"5年变样、8年变畅"的目标，同时将地方公路建设权限下放，由区县政府负责实施，提高了各区县建设地方公路的积极性。2000年，提出了"8小时重庆"方案，着手解决秀山、巫山、巫溪、城口的交通落后状况。依托渝长、长涪高速公路和长万高速公路，重点建设国道319涪陵至秀山、省道103万州至巫山以及省道202万州至城口的公路。建设总里程为922公里，总投资约为34.84亿元，工程于2001年全面开工建设，2003年底"8小时重庆"工程全部竣工，"五年变样"的目标顺利实现。2002年，将原规划2020年建成的"二环八射"2 000公里高速公路，全部提前到2010年前实施，并实现了全面开工，同时全面加快农村公路建设，并取得了显著成绩，交通步入了大建设、大发展时期。2005年，"十一五"规划顺利推进，市委、市政府提出了"一圈两翼"发展战略，继续加大对交通的支持力度，专门出台了《进一步发挥黄金水道优势，加快建设长江上游航运中心的决定》，对加快长江黄金水道建设起到了极大推动作用。2007年3月8日，胡锦涛总书记提出"314"总体部署，即：重庆加快建设成为西部地区的重要增长极、长江上游地区的经济中心、城乡统筹发展的直辖市，在西部地区率先实现全面建设小康社会目标，为重庆市经济社会发展导航定向。随后，中央决定将重庆作为统筹城乡综合配套改革试验区。市领导为此提出重庆要建设长江上游经济中心，必须形成长江上游交通枢纽，市委三届三次全会通过了《关于进一步扩大开放的决定》，把"建设大西南综合交通运输枢纽"作为加快发展、扩大开放的首要任务，重庆交通建设与发展迎来了一轮新的机遇。

2. 着力打破各种体制、机制的束缚，顺应社会主义市场经济的发展要求，不断推进交通重点领域和关键环节的改革。

(1)推进交通综合管理体制改革。改革开放至直辖前，重庆市的交通行政管理分属不同的部门，多头管理、交叉管理、缺乏综合的矛盾非常突出。2000年，重庆市政府组建了交通委员会，在原市交通局、市公用局、市经委交通处、市港口局、市交通战备办的基础上，统一了公路、水路和城市公交运输（公共汽车和出租车）的行业管理职能。通过机构改革，重庆大交通管理的体制初步建立，精简了机构，提高了行政效能，实现了城市客运与公路客运、水路客运的统筹规划和有效衔接，并与铁路、民航部门建立协调机制，初步建立了综合运输协调机制。综合交通运输体系优势得以发挥。

(2)实施交通综合执法体制改革。1994年4月，重庆第一条高速公路即114公里的成渝高速公路重庆段开始试行，"统一管理、综合执法"的"重庆模式"也正式启动。1998年3月，直辖后的重庆市第一届人民代表大会常务委员会第八次会议按照"建立办事高效，运转协调，行为规范的行政管理体系"和《行政处罚法》关于相对集中处罚权的要求，通过了《关于加快高等级公路建设和加强高等级公路管理的决议》，在全国率先以地方立法的形式确立了这一"重庆模式"。全国交通行业和25个省、自治区、直辖市的人大、政府曾先后组团来重庆考察，均肯定“重庆模式”成效明显、改革成功。2005 年，在试点成功的基础上，组建了重庆市交通行政执法总队，统一承担公路水路行业内的路政、运政、港航、征费稽查、高速公路五个方面的监督处罚职能，解决了分散执法、多头执法、重复执法等体制弊端，实现高速公路安全、征稽、运管、港航、路政执法“五位一体”，并收到了明显成效。2007 年，高速公路交通安全事故在通车里程同比 2006 年增加 30%、车流量同比上升 17.36%、车辆行驶里程增加 15.73% 的情况下，实现了事故绝对数和相对指标双下降的目标，全路段交通事故同比下降 10.3%，百公里死亡数 14 人（低于全国高速公路死亡率），同比下降了 15.02%，没有发生一次死亡 5 人以上的特大交通事故。水上交通安全形势总体稳定，管辖水域未发生重特大交通安全事故，同时交通规费稳步增长，2006 年 ~2007 年，养路费年均增长 1.8 亿元，均超额完成了征收计划。重庆交通综合执法体制改革成功在实践中得到检验。

(3)推进交通投融资体制改革。长期以来，因资金短缺重庆交通基础设施十分落后。在重庆进行经济体制改革试点计划单列后，市交通部门征收的养路费与省实行全额分成，交通建设虽然有了稳定的资金来源和安排使用权，但仅仅靠收取的养路费和上级拨款是难以改变资金短缺局面的。为破解资金短缺难题，重庆市于 1994 年 8 月成立了重庆高速公路开发总公司，并于 1995 年按公司法对其改组，成为国有独资的高速公路发展有限公司，其主要任务是代表市政府负责高速公路的筹资、建设、经营。成渝高速公路是重庆首次利用外资，以世界银行贷款和交通部拨款以及发行债券向社会融资修建成功的范例。直辖后，重庆交通发展大提速，资金仍是交通建设的首要制约。为此，重庆拓宽筹融资渠道，广泛吸纳社会资金参与交通建设，在组建重庆高速公路发展有限公司的基础上，先后组建了重庆公交集团、重庆港务物流集团、重庆高等级公路投资有限公司、重庆航运建设发展有限公司、重庆交通投资有限公司、重庆交通运输集团、重庆交通建设集团等交通投融资平台，进一步整合了多方资源，提高了企业投融资能力和自我发展能力，为全市交通发展任务的完成创造了雄厚的实力和良好的外部环境。同时，大胆招商引资，成功转让成渝、渝涪、垫忠、渝遂、渝黔等高速公路项目的经营权，组建股份制企业，上市发行股票，向社会募集交通资金。1999 年，以原重庆港口管理局所辖企业为主体，联合成都铁路局、重庆铁路分局、重庆长江轮船公司、张家港港务局共同发起成立重庆港九股份有限公司，成为西南地区最大的股份制港口企业。通过改革交通投融资体制，改善了投资环境，吸引了大量国内企业、集体、个人等社会资金，为交通基础设施建设发挥了积极作用。

(4)深化运输市场改革。改革开放初期，重庆市交通局设有运输处和区县交通运输管理站，对公路运输企业实行“统一计划、统一承揽、统一调度”的管理，既统得过死，又政企不分。1986 年 5 月，原市交通局决定撤销运输处和区县交通运输管理站以及原永川地区交通运输管理站，组建市交通局公路运输管理处，同时改变专业交通运输企业独占经营性运输的局面，以“有河大家走船，有路大家走车”为指导思想，尽可能放开运输市场，取消了不准社会车辆从事营业运输的限制，极大地调动了全社会各方面力量办交通运输的积极性，形成了国家、集体、个体一起上的局面，非公有经济成分在重庆运输行业发展迅速，道路班线客运和主城公交、货物运输市场空前繁荣。交通运输需要人、车、路协调发展，同时也需要规范的市场环境作保障。为此，直辖以来，重庆市调整和规范了社会客运车辆，将

19座及以下中巴车全部强制退出主城核心区，社会客运经营主体大幅度减少、营运区域得到相对固定。同时，实施公交综合体制改革，按照城市公交优先发展的基本要求，充分发挥国有公交的主导和带动作用，实行公交客运线路特许经营，优化公交线网、站场资源配置，理顺公交客运市场监管体制，改善公交客运市场发展环境，加快公交国有资产重组步伐，更新运行车辆，大力推行IC卡，加快站场设施建设，严厉打击非法经营行为，颁布施行了《道路运输管理条例》等地方性法规规章。通过一系列有力措施，重庆客运市场秩序明显规范，车容车貌大为改观，初步建立了国有公交为主导、多种所有制经济和谐共生、市场统一开放、竞争适度有序、服务规范优质的客运营运和管理体制，服务质量和安全保障能力显著提高。

重庆水运优势得天独厚，水运在重庆综合运输体系中一直占有重要作用。1984年11月，重庆市组建了航运管理处、港航监督处、船舶检验处，统一行使对各区县航务、航政、和船舶检验的管理职权，加强了全市水运行业的管理。2000年11月，重庆市组建了港航管理局，将原重庆港口管理局行政职能并入，理顺了水上运输的管理体制。三峡工程的建设，使重庆航道等级明显提高，为重庆水运带来了前所未有的发展机遇。直辖后，重庆紧紧抓住三峡工程建设的重大机遇，进一步深化水运市场改革，使重庆水运得到迅猛发展。一是加快水运结构调整。水运企业发展到2007年的400家（其中运输服务企业130家），长江干线90%以上的普通货运实现了公司化经营，公司化经营企业的运力占总运力的93%以上；公司平均运力上升到2007年的10 980吨，10万吨以上运力的企业发展到5家，企业规模明显增大，抗风险能力增强。此外，丹麦马士基、美国总统轮船、日本丰藤海运、中国香港东方海外、荷兰铁行渣华等世界著名航运企业前20强，均已在重庆设立办事处。中远、中海等国内航运巨头已在重庆设立了子公司，拓展长江内河航运业务。二是优化运力结构。大力发展标准型集装箱船、滚装船、油船及化学品船等专用船舶，2007年专用船舶比重达到28%；全市货运船舶平均吨位达到2007年的1 100吨，长江干线已达1 300吨以上。目前，326TEU的集装箱船、单船载重吨达8 000吨的散货船、800车位的商品汽车滚装船已投入运行，420TEU集装箱船、450客位的豪华涉外旅游船已开工建造，运输船舶大型化、专业化、标准化进程加快。三是大力发展新型运输方式。干散货运输由过去的轮驳搭配的船队改变为以机动船运输为主的运输组织方式，货船由1 000吨左右为主力船型，发展到以3 000～5 000吨为主力船型，最大的货船载重吨达到8 000吨。载货汽车滚装在2001年开始出现并得到快速发展，滚装汽车吞吐量增长到2007年的57.05万辆。2007年，集装箱运输发展迅猛，集装箱内支线运输企业达到14家、集装箱船舶120艘、运力19808TEU、年运输集装箱50.94万TEU。化学危险品专业运输企业达到34家、船舶106艘、载重吨16.6万。普通客运向三峡旅游发展，长江干线普通客运已基本转为旅游客运，豪华涉外游轮得到快速发展，凯蒂、世纪之星等一批世界一流品质的豪华游轮相继投入营运，使三峡旅游形态逐步从单一的观光游向休闲、度假等多元化、复合性方向发展。

（5）深化公路养护体制改革。改革开放以来，重庆的公路建设和养护管理体制在变革中不断完善。1984年，原市交通局对重庆和永川两个养路总段实行经费切块包干和年度目标为主要内容的经济承包责任制。1991年12月永川公路养护总段撤销，其管养范围和下属3个分所移交到了重庆公路养护总段，工作人员均妥善分流安置。这是重庆公路管理机构一次大的调整，对于统一管理、统一安排养路经费、统一高度使用设备及资源起到了积极作用。1997年，重庆市将近郊六区进出口公路和国省道干线公路除外的原市管公路和养护队伍成建制地下放区县，由各区县负责辖区内的公路养护、建设和管理，养路经费由原市交通局按一定基数和比例逐年递增下拨。这一举措极大地调动了区县建好、管好、养好公路的积极性，为公路建设快速发展奠定了基础。1998年8月，为适应直辖后公路建设和养护的需要，重庆撤销了市公路养护总段，组建市公路局，负责全市国、省、县、乡道路的路政、养护、管理以及公路水毁抢险工程等行业管理。市公路局成立后，面对公路总量不断增加、路网结构明显变化的新形势，以事企分开、管养分离为指导思想，进一步推进养护机构改革，在全市各区县逐步推行成立了专业养护公司。加强路产路权保护，启动实施车辆超限超载治理，大力改造国省干道，实施文明样板路建设，认真抓好基础性日常养护，积极推广预防性养护。按照全寿命周期理念，对公路进行了早期观测和评估，及时处治细微病害，降低了周期养护成本；狠抓农村公路养护，加大了市级补助力度，建立了稳定的资金来源渠道，逐步实现了农村公路“有路必养”；着力提高公路应急保通能力方案，在百年罕见的旱灾、洪灾、低温雨雪冰冻等特大自然灾害期间，保障了道路的安全畅通。

(6)推进行政审批制度改革。改革行政审批制度是完善社会主义市场经济体制的必然要求，也是转变交通管理部门职能、促进交通快速发展的具体举措。改革开放以来，重庆交通不断改变计划经济条件下的管理模式，坚持“非禁即入”的原则，放开和规范市场准入，适时对各项审批事项进行全面梳理，取消了一批没有法律法规依据、不适应市场经济要求、不属于政府管理职能或不应当由政府直接管理的审批事项，同时将管理权限下放基层。直辖后到2007年，重庆交通将行政审批项目从73项合并精简到28项，14项管理权限下放到了基层，重庆交通行政管理实现了从微观到宏观、从管理到服务的有效转变。同时，为最大限度地方便群众办事，重庆交通公路、运管、港航等部门，着力打造阳光行政，对行政审批项目、程序等全面公开，主动接受社会监督。并建立了“一站式”行政审批大厅，不断减少审批环节，缩短审批时限，有效提高了审批效率、优化了发展环境。推动了交通的快速发展。

二、辉煌成就

改革开放是中国经济社会发展的“分水岭”，直辖是重庆经济社会发展的“里程碑”。改革开放特别是直辖以来，重庆交通建设驶入了“快车道”，保持了持续快速健康发展的良好态势。

1. 固定资产投资规模持续扩大

改革开放特别是直辖以来，重庆公路水路交通基础设施建设投资总量持续增长，1997年~2007年共完成交通投资1 430亿元，其中1997年固定资产投资为29.7亿元，到2007年达到334亿元，增长了10.2倍，保障了大规模交通建设的顺利推进，对全市投资增长和经济发展起到了强有力的拉动作用。

2. 交通基础设施建设突飞猛进

改革开放特别是直辖以来，全市公路通车里程迅猛增加，路面等级和通行状况显著改善，水运基础设施建设成绩斐然，铁路、民航等运输方式协调发展。

(1)公路供给总量显著增加、路网结构不断改善。1978年重庆公路总里程共15 421公里。2007年末，全市公路里程达到104 706公里，增长5.8倍，年平均增幅6.8%；等级公路49 959公里，占总里程的47.7%；等外公路54 748公里，占总里程的52.3%。等级公路中，高速公路1 049公里、一级公路386公里、二级公路6 300公里，比直辖之初的1996年分别增加935公里、268公里和5 698公里。每百平方公里国土面积上拥有公路通车里程由直辖初的32.6公里提高到127公里。

(2)骨架高速公路建设快速推进、运输大通道内畅外联。改革开放以前，重庆没有高速公路。1994年，全长114公里、总投资18亿元的成渝高速公路建成通车，重庆告别了没有高速公路的历史。直辖以来，重庆高速公路开工项目之多、通车里程之长、在建规模之大前所未有。“二环八射”30个、2 000公里高速公路项目全部纳入国家高速公路网，并实现全面开工，先后建成了渝万路、渝涪路、渝黔路、渝邻路、渝武路、綦万路、万开路、渝遂路等高速公路项目，形成了“一环七射”的高速公路骨架网，高速公路对外出口通道达到5个，高速公路通过或直接服务的区县达到28个。截至2007年底，全市高速公路里程已达到1 049公里，比直辖初增加935公里，高速公路密度由1997年直辖初的0.14公里/百平方公里增加到1.3公里/百平方公里，居西部地区第一。

(3)地方干线公路网加快完善、通行服务能力明显提高。1999年，伴随着交通部启动西部通县油路工程和县际公路建设工程，重庆市启动了“8小时重庆”建设工程，2001年～2003年投资近40亿元，顺利完成“8小时重庆”工程。同时，完成三峡移民公路建设1 900多公里，三峡库区和渝东南地区的交通条件得到极大改善；2004年全面启动县际联网公路建设，目前纳入规划的36个项目2 000公里基本建成；全市所有区县之间、省际之间至少有一条高等级公路相连，有力促进了区域经济互动、协调发展。截至2007年底，全市一、二级公路里程达到6 686公里，占总里程的比重为6.4 %，比直辖初增加5 946公里，提高了6.1%。

(4)农村公路建设成为社会主义新农村建设的最大亮点、农村交通面貌得到根本改变。2003年，重庆市启动了大规模农村公路建设，全市各级党委、政府及市级相关部门紧紧围绕“修好农村路，服务城镇化，让农民兄弟走上油路和水泥路”的建设目标，加大投入、齐抓共管，农村公路建设取得了显著成绩。2003年至2007年，全市共建设农村公路31 600公里，实现了620个乡镇通畅、1 928个行政村通达、2 012个行政村通畅。截至2007年底，全市乡镇通畅率为65.1%，行政村通达率为71.8%，通畅率为27.9%。农村公路建设改变了长期以来广大农村地区的对外封闭状况，惠及了千百万农民群众，被称为社会主义新农村建设和服务“三农”的民心工程。

(5)水运建设实现长足发展，水运聚集辐射能力显著增强。改革开放初期，重庆市的内河航运基础薄弱，全市内河航道通航里程444公里，其中能通机动船的只有177公里，水运总体水平较低，重庆港年货物吞吐量仅为369.8万吨。改革开放特别是直辖以来，重庆水路交通日益受到重视，建设投入成倍增长。三峡工程建设为重庆水运发展创造了重要发展机遇。直辖以来，重庆以三峡工程蓄水为契机，全力推进长江上游航运中心建设。航道建设方面，完成了长江航道丰都至忠县段航路运行改革、长江干线涪陵至铜锣峡河段炸礁工程、涪江富金坝航电枢纽工程和大宁河、小江、梅溪河等支流156米蓄水炸礁等航道工程，重点推进了嘉陵江草街、利泽航电枢纽工程和乌江彭水、银盘航电枢纽工程建设。截至2007年底，全市内河航道通航里程达到4 337公里，比1978年增长9.0倍，年平均增长8.3%。其中等级航道1 819公里，占总里程的41.9%，增长9.3倍，年平均增长8.4%。港口建设方面，28个库区淹没复建码头项目先后建成并投入使用，完成了寸滩集装箱码头一期、郭家沱重载汽车滚装码头、万州红溪沟散货码头、奉节宝塔坪和巫山龙门旅游码头等一批大型化、专业化、机械化的码头建设。截至2007年底，全市港口货物吞吐能力达到7 400万吨，集装箱通过能力达到56万标箱，已基本形成以主城、涪陵、万州3个枢纽港区和江津、永川、合川、奉节、武隆五个重点港区为龙头的港口体系，拥有各类生产性码头泊位1 344个，码头岸线长度99 031米。重庆内河航运的竞争力明显提升。

(6)铁路、民航协调发展，综合交通体系日趋完善。直辖以来，重庆市相继新增了达万、渝怀和遂渝三条干线铁路，形成“一枢纽、六干线、二支线”的布局。新增铁路里程共594公里，使全市铁路通车总里程达到1 136公里，新增货运能力2 570万吨，使铁路运能达到6 270万吨。铁路出境通道由直辖之初的3个增加到了6个，路网密度达到每百平方公里1.38公里，改变了渝东南和渝东北地区不通铁路的历史。1978年至1990年重庆市只有小型的白市驿机场，1985年，重庆江北国际机场开始兴建，1990年投入使用，至此重庆市的民用航空开始了跨越式的发展。2003年万州五桥机场建成并投入使用，2009年黔江舟百机场即将建成投入使用。截至2007年底，从重庆起飞的航班已通达国内58个城市、国外7个城市和地区，同时江北国际机场年旅客吞吐量突破1 000万人次，跻身全国十大机场之列。

3. 运输服务能力显著提高

改革开放30年来，重庆市道路运输企业规模化、集约化经营水平有效提高，运输装备数量大幅增加，运力加快升级换代。1978年重庆市载货汽车仅1 321辆，大客车128辆。2007年重庆市公路营运载客汽车41 330辆，比1978年增长321.9倍，年平均增长22.0%；公路营运载货汽车187 973辆，比1978年增长141.3倍，年平均增长18.6%；主城区各类公交和班线客运的中高级车比重达36%，营运质量明显提升；龙头寺换乘枢纽及江北机场旅客换乘汽车站等一批客运设施建成使用，公共交通和长途班线客运线网布局不断优化，群众出行方式选择更具多样性、舒适性、快捷性。农村客运加快发展，截至2007年底，全市已实现所有乡镇通公路，通公路的行政村达到7 395个，已开行客车的乡镇和行政村分别为851和4 251个，通车率分别为97.4%和57.5%，农民出行条件得到根本改善。

依托长江黄金水道，抓住三峡工程建设的机遇，重庆水运发展实现历史性飞跃。水上运力向大型化、标准化、专业化方向加快发展，目前大型自航船已经成为运输主力。到2007年，1 000吨以上过闸船舶达到66%，2 000吨级以上过闸船舶达到33%，集装箱、滚装船、油船及液货危险品船等专业化船运能比重达到28%，长江干线普通客运已基本转为旅游客运。2007年，重庆水运货运量总计49 970.2万吨，比1978年的4 816.0万吨增长9.4倍，年平均增长8.4%；完成货物周转量总计1 049.8亿吨公里，比1978年的119.0亿吨增长7.8倍，年平均增长7.8%；港口货物吞吐量6 433.5万吨，比1978年的369.8万吨增长16.4倍，年平均增长10.4%。客运量总计77 187万人次，比1978年的5 294万人次增长

13.6倍，年平均增长9.7%；水运平均运距已达1 185公里，成为综合运输体系中平均运距最长的运输方式，全市90%以上的外贸物资是通过水路运输完成的，水路货运周转量占重庆全社会总量66.72%，位居综合运输体系第一位。同时，水运旅客周转量总计393.9亿人公里，比1978年的29.4亿人公里增长12.4倍，年平均增长9.3%。

4. 交通行业监管日益加强

重庆交通彻底改变了计划经济体制下以行政命令为主的行业管理方式，逐步建立起了在社会主义市场经济体制下以经济手段、法律手段为主的行业管理新模式，充分发挥市场配置资源的基础性作用，大力加强交通法制建设，交通市场体系不断健全，对交通市场的宏观调控能力大大增强。一是加强道路运输市场监管，客运宏观调控、企业经营信誉考核、市场准入和退出等机制在实践中不断健全，运力投放更加科学、透明。严厉打击非法营运，清理整顿社会客运车辆，组成“一大一小”的城市交通格局基本形成。客运车辆日益高档化、舒适化、环保化，中、高级客车成为公路主干线运输主力。城市公共交通服务能力显著提升，线网进一步优化，车容车貌明显改观。陆上箱式运输、快件运输等新型运输方式成为亮点，并呈逐年快速增长之势。货运车辆超限超载行为得到治理深入。运输企业在市场竞争中加快联合重组，现代物流业蓬勃兴起，物流设施进一步完善。二是加强水运市场监管。出台了《重庆市水路运输管理条例》、《重庆市水路运输管理业务审批程序》等法规、规章制度，先后将市内普通货船企业年审、市内普通货船年审以及普通货船营运证办理权限下放区县，行政管理更加合理有效；严把市场准入关，加强对企业经营资质的监管，促进了企业规范管理；通过年度核查以及开展沙船超载整理、客运经营专项整治、危险品经营联合检查等多种形式的专项治理活动，集中清理打击非法及不规范经营行为，水路运输市场秩序保持良好；强化水运结构调整，水上集装箱、汽车滚装、化危品、大宗散货等运输方式快速发展，引导水运市场合理发展，增强了企业的综合竞争能力和抗风险能力。三是加强建设市场监管。正确处理好安全、质量、进度的关系，将安全和质量摆在首要位置，建立健全了行业管理部门、项目法人、社会监理、施工企业齐抓共管的质量监管机制。增强全寿命周期成本意识，优化设计，进一步完善招投标制度，规范和整顿建设市场秩序，加大对从业单位履约能力的检查力度。完善建设市场诚信体系，健全从业单位和从业人员信用管理系统，加强行业自律和社会监督，在全市交通建设领域形成了时时讲质量、人人抓质量、处处促质量的良好氛围，交通建设未出现重大质量安全事故。

5. 交通安全保障水平明显提升

改革开放30年来，重庆交通行业始终坚持把人民群众生命财产安全放在首位，认真落实安全源头管理，健全安全生产领导责任制和目标考核制，针对薄弱环节和突出问题开展专项整治。注重安全宣传教育，进一步增强了从业人员安全意识。实施了“五大工程”，有效改善了安全基础设施条件。一是安保工程。投入7.52亿元，实施“生命工程”4 800多公里，在全国率先对所有国省道危险路段安装防护栏，国省道危险路段“安保工程”实施率达到100%，县乡道危险路段“安保工程”实施率达到20%。2004年4月，交通部在重庆召开公路安保工程现场会议，总结和推广重庆经验。二是渡船标准化改造与渡口整治工程。累计投入约4.3亿元，改造渡口码头950处；投入专项资金补贴4 000万元，完成标准客渡船改造908艘，同时淘汰老旧客渡船约800艘，并调整优化了水上交通布局；陆续新建并投放了一批库周渡船，重庆水上交通特别是三峡库区的安全航行与渡运安全条件得以改善。三是车船GPS监控工程。从2004年起连续三年，全市水上交通投入1 500余万元，应用GPS技术建设“重庆市水上交通管理监控系统”，并逐步发展成为涵盖2 500余艘船舶和209个监控分中心终端的完善网络，创新了监管模式，实现了对船舶的远程动态监管。同时，对全市超长途客车、高速路客车和危险品货车实施了道路运输“两客一危”车辆GPS监控系统工程建设，以及全市42个区县运管部门二级平台建设。截至2007年末，安装GPS车辆5 500辆，为企业提供适时监控手段，实现了车辆安全运行的全天候监控。四是桥梁安全隐患整治工程。2001至2007年投入专项补助资金1.639亿元，完成了国、省道及县乡道危桥改造412座（危隧5个）；2004至2007年投入资金2.262亿元，对72座桥梁实施了改造。五是航道整治工程。改革开放特别是直辖以来，重庆航道条件不断改善，2003年三峡成库至库区蓄水156米，重庆新增航道54条，新增通航里程225.35公里，全市航道总数达到190条，通航总里程达4 336.36公里，三峡成库后改善航道里程854.3公里，形成深水航道72条1 079.65公里，长江干线涪陵李渡至大坝成为常年深水库区航道，3 000吨级船舶畅行其间。大宁河、小江、乌江等支流航道变宽变深，船舶通行能力增大。库区实行定线制，船舶分边通行，航行秩序更加规范，大大降低了事故发生率。

6. 交通科技工作深入推进

改革开放30年来，重庆交通系统紧紧围绕建设创新型、节约型交通行业这条主线，认真组织实施科技攻关，积极推广应用新技术、新成果，深化科技改革，大力完善行业科技创新体系，交通科技工作取得显著成绩，引领和支撑着交通基础设施建设又好又快发展。一是特大桥梁建设技术取得突破性进展。特大桥梁集群监控技术、特大桥梁钢管混凝土拱桥的设计施工关键技术、大跨度宽桥面结合梁斜拉桥设计与施工关键技术等项目的研究，解决了重庆公路桥梁建设中的关键技术难题，为建成“一环七射”和“8小时重庆”提供了有力的技术支撑。“巫山长江大桥设计施工关键技术研究”刷新了主跨跨度、吊装质量等5个世界第一。二是长大隧道通风照明技术成效显著。围绕隧道通风、照明、智能控制、防灾减灾方面开展研究，提高了隧道建造技术水平，有效节约了能源和资源。三是路面新材料研发取得创新性成果。为解决现行普通水泥混凝土路面刚度大、行车舒适性差的技术难题，组织研究的聚合物改性水泥混凝土路面，采用水泥做原材料却具有沥青路面的使用效果，被称为“第三种路面形式”。四是交通运输技术发展迅速。通过现代船舶建造技术改造船舶，长江干线货运平均吨位达到1 300吨以上，货运量排名为沿长江七省二市第三位，脱离了原有的亏损局面，开始走向赢利。五是交通行业节能减排新技术取得明显成效。开展了LNG、CNG清洁燃料汽车研究与推广应用、工业固体废弃物作为路面修筑材料的再利用、沥青与水泥路面的再生与利用等研究，有力推进了交通行业节能减排工作。六是交通现代信息技术水平明显提升。政务信息化建设顺利推进，建成了全市交通办公自动化系统，开通了“重庆交通”网站，搭建了重庆交通行业对外的公共信息服务平台；交通营运领域信息化建设成效显著，建成了“高速公路联网收费系统”、“公交IC卡系统”、“重庆市陆上货运交易中心”、“高速公路建设工程项目管理系统”、“重庆高速公路养护综合管理系统”、“重庆市港航综合信息管理系统”、“重庆市道路运政管理信息系统”、“船舶交通安全监控管理系统”、“重庆市道路运输GPS信息服务系统”、“重庆市公路养路费联网征费系统”、“重庆市公路规费移动稽查系统”等。信息化建设步伐的加快，极大提高了管理水平、工作效率和服务质量。七是交通科技创新体系不断完善。坚持“大胆创新、积极开拓、强化服务”的理念，以创新的思维方式，引入多种管理机制和模式，整合科技资源，促进产学研结合；开展重大科研项目招标探索，吸引更多优势科研资源，提高科研水平；成立专家咨询委员会，设立“重庆交通科学技术奖”和“重庆交通金点子奖”，营造了交通行业勇于创新求变的良好氛围。改革开放以来，重庆交通系统研发的科研成果获国家、部市级以上科技进步奖110多项，其中获国家科技进步一等奖1项，获重庆市科技进步特等奖、合理化建议特等奖各1项，一等奖11项，二等奖29项，三等奖68项。

7. 交通党的建设、行业文明建设和反腐败斗争成绩突出

重庆交通系统全面加强党的建设，切实强化各级领导班子组织建设，严格按照干部“四化”方针和德才兼备原则及选拔程序任用干部；加大干部调整交流力度，制定了一系列干部交流的规定和办法，适时进行领导干部的调整和充实配备工作，增强了领导班子的整体素质和领导水平；大力推进干部能上能下的竞争激励机制；加强对领导干部的监督管理，建立健全了干部谈话等10个制度和办法，增强了干部的自我约束能力和班子的凝聚力和战斗力。30年来，推出了一系列干部人事制度的重大改革，实行民主推荐考察对象、考察预告制、考察差额制、领导干部任前公示制、公开选拔领导干部、任职试用期制、竞争上岗、双向选择以及党委票决制等，为交通持续发展提供了有力的人才支撑。大力宣传交通发展成就，认真开展“学、树、创”、社会主义荣辱观教育、先进性教育以及“执政为民，服务发展”和“作风建设年”等活动，积极培育交通人文精神，行业作风明显改进，塑造了一大批全国和全市先进典型。截至2008年上半年，全市交通行业建成国家级文明单位1个，全国精神文明建设先进单位1个，全国交通文明行业4个，创建全国交通文明行业先进单位1个，全国交通行业文明单位4个，全国交通文明示范窗口13个，市级文明单位标兵23个，市级文明单位91个，委级文明单位116个，全市交通系统文明行业13个，区县交通局（委）创建文明单位的覆盖面达96%以上。认真落实党风廉政建设责任制，建立完善学习与教育、制度与监督并重的具有交通特色的惩治和预防腐败体系，切实开展商业贿赂专项治理，强化交通基础设施建设领域廉政监督和审计，向重点项目派驻纪检监察员，实现了廉政建设关口前移。全面推进政务公开工作，确保交通系统党风廉政建设和反腐败工作始终朝着健康方向推进。

三、基本经验

改革开放30年特别是直辖10年，重庆交通的快速发展主要得益于：

1. 坚持解放思想，始终将加快发展作为交通的第一要务

重庆交通之所以快速发展，最关键的是依靠解放思想。重庆直辖后，党中央、国务院赋予重庆搞好移民开发、增强中心城市综合实力，发挥辐射作用、大城市带大农村三大历史任务，解决三峡百万移民、300万贫困人口脱贫、振兴工业经济、保持生态平衡和治理环境污染四大难题，而这中间的每一项都和交通密不可分。没有交通的大发展，没有交通的强力支撑，就无法完成这些历史使命。为改变严酷的现实，直辖后的重庆市委、市政府将交通摆在全市经济社会的首要位置加以优先发展，把重庆市交通建设推向了一个新的高度。特别是2002年黄镇东同志到重庆市委主持工作后，站在新的战略全局，与新一届市委、市政府领导班子重新审视了重庆交通1997年～2020年规划，通过反复比较、考证，征求各方意见，提出交通要解放思想，“能快则快”地加快建设，将2020年公路、水路规划提前10年，即在2010年全面实现建成“二环八射”2000公里高速公路网，基本建成长江上游航运中心，并将交通发展的着力点放在打通对外通道上。围绕市委、市政府提出的奋斗目标，重庆市交委带领全市交通系统广大干部职工，解放思想，克服了时间紧迫、任务繁重，建设成本高、资金短缺，技术要求高、施工难度大等一道又一道困难，通过不懈努力，在短短两年多时间内把2 000公里高速公路的前期工作全面完成，2005年实现了全部开工，2007年全市高速公路突破1 000公里。2005年重庆市又再次调整了发展规划，提出到2020年建成“三环十射三连线”3 600公里骨架公路网，高速公路密度和服务水平达到欧洲发达国家水平。目前，重庆“三环十射三连线”高速公路建设正按计划有序推进。重庆交通改革开放30年、特别是直辖10年的飞速发展的实践充分证明，解放思想是重庆交通不断创造辉煌成就的重要法宝。

2. 坚持统筹协调，努力推进交通科学发展

交通是国民经济的基础性产业，也是服务人民出行的服务性行业，改革开放以来，特别是直辖10年来，重庆交通始终推进交通科学发展，实现了交通发展速度、质量和效益的统一。

(1)着力把握以人为本的核心理念。改革开放30年来，重庆交通行业坚持发展为了群众、发展依靠群众，顺应民意、紧贴民心，把满足人民群众对交通的需求作为交通工作的出发点和落脚点，跳出行业看行业，从服务对象的愿望和要求中看本行业存在的问题，以人民群众是否满意作为行业成绩的最终评价标准，认真解决好群众关注的热点、难点问题。直辖以来，面对重庆主城扩容、人口增长迅速的实际情况，着重解决群众安全便捷出行问题，延长公交车收班时间，增设夜间线路条，开辟新建居民小区公交线路。把安全放在突出位置，实施了“生命工程”、危桥危隧整治工程、客渡船标准化改造工程、乡镇渡口改造工程、科技兴安工程，编制了《交通突发公共事件应急体系建设规划》，完善了公路水路交通突发公共事件应急体系，公共突发事件的应对处置能力明显提高；加大交通建设领域清欠工作力度，建立了解决拖欠征地拆迁费、工程款和民工工资的有效机制；深入整治公路“三乱”问题。2004年，重庆市成为全国第四批实现所有公路基本无“三乱”的省市；开辟了鲜活农产品、电煤等重点物资以及各类救灾车辆免费通行的“绿色通道”，下调高速公路收费标准。出台购买公交服务以及对公交和出租车给予燃油补贴等多项惠民政策，切实减轻了群众负担。在重庆市委、市政府组织的多次考评中，群众对重庆交通的满意度都位于前列。

(2)着力实现全面协调发展。推进渝西地区与三峡库区、渝东南少数民族地区交通协调发展，通过政策引导、因地制宜、分类实施，实现了三大区域交通相融共进；推进城市交通与农村交通协调发展，在主城坚持公交优先、大力发展城市公共交通的同时，着力解决区县农村地区老百姓的出行问题，加快农村公路建设、大力发展农村客运，使广大地区农民群众走上了柏油路、坐上了方便车、乘上了放心船；推进高速骨架公路、国省干线与县乡公路建设的协调发展，初步建立了完善畅通、层次分明的公路网；推进公路运输与水路运输协调发展，有效发挥长江黄金水道优势，三峡成库后重庆水运增长迅猛，比较优势更加突出，成为大运量、长距离的首要运输方式；推进交通建设与行业管理协调发展，初步建立了交通行业完善的制度体系，实现了交通各类市场的有序规范运行；推进建设速度与工程质量协调发展，严把设计、施工、监理、验收等环节，使交通工程质量处于受控状态，实现了工程内在功能与外在形象的有机统一。

(3)着力实现可持续发展。大规模的交通基础设施建设和运输业必然要占用大量的资源，如何优化资源配置，既满足支撑经济发展的需求，又满足生态环境的可持续性，降低对生态环境的破坏，这是实现交通科学发展统筹发展的必然选择。改革开放、特别是直辖以来，重庆交通依靠科技进步，最大限度地保护环境。按照安全、经济、环保、实用的理念，提升行业管理水平，加强工程项目审批、工程设计和施工管理，尽量利用荒地和废弃耕地，避免大填大挖，节约了交通建设用地；努力降低交通建设、运输能耗，开展了LNG、CNG清洁燃料汽车研究与推广应用，工业固体废弃物作为路面修筑材料的再利用等，有力推进了交通行业节能减排工作，实现了交通发展与自然的和谐统一。

3. 坚持规划为先，使交通发展不断适应和满足经济社会的发展需求

作为经济社会的基础性产业，交通发展必须坚持从全局出发，充分考虑与经济社会发展的协调性。改革开放30年来，特别是重庆直辖后，西部大开发战略实施的快速推进，以及全面建设小康社会总体目标的提出，交通发展形势发生了明显变化。重庆按照未来经济发展需求，从战略上审视交通发展目标，深入研究交通运输与经济发展的内在规律，使之融合到经济社会的整体发展之中，科学规划、合理建设，编制完成了各类交通规划，并根据形势发展不断调整完善。公路方面编制完成了《重庆市高速公路网规划》、《重庆市县际公路建设规划》、《重庆市农村公路建设规划》等；水运方面分别完成了《重庆长江上游航运中心建设规划》、《重庆市农村渡口改造规划》、《重庆市港口布局规划》等；城市交通方面编制了《重庆市“半小时主城”交通规划》、《重庆市主城区综合交通规划》、《重庆市公交发展规划》等，同时还编制了《重庆市乡镇客运站点规划》、《重庆市红色旅游交通规划》、《国省县道危桥危隧整治规划》等一系列规划，总体规划和各专业规划的制定，使重庆交通始终做到了发展目标明确、建设科学有序，适应和满足了经济社会发展需求。

4. 坚持依法治交，为交通运输行业的健康发展营造良好环境

改革开放30年来，重庆交通行业始终牢固树立依法立交、依法治交意识，交通法制建设取得新进展。积极推进交通立法工作，按立法程序上报了一批地方性法规和政府规章，并由市人大、市政府审议通过、颁布实施。如《重庆市水路运输管理条例》、《重庆市公路养路费征收管理条例》、《重庆市公路路政管理条例》、《重庆市水上交通安全管理条例》、《重庆市港口管理办法》、《重庆市船舶修造业管理办法 》、《重庆市船舶安全管理办法》等，适应了重庆交通行业管理的需要。强化交通执法监督，实施了《交通行政执法监督检查办法》，在全市建立了交通行政执法监督检查队伍，做到了专门监督与社会监督、群众监督相结合，基本实现了执法监督的规范化管理。规范执法行为，提高交通执法队伍素质，实施了《重庆市交通法制工作考核管理办法》、《重庆市交通行政执法队伍管理办法》、《重庆市交通行政执法证件年审办法》，建立了交通行政执法责任制、法制工作评议考核制度，进一步充实完善了末位淘汰制、错案追究制、罚缴分离等制度，为规范行政执法行为提供了保障。把好交通行政执法队伍进人关，严格上岗培训和日常业务培训，不断强化正规化建设，树立了严格执法、热情服务的良好形象。

改革开放30年来，虽然重庆交通发展全面提速，但交通仍是经济社会发展的制约因素，发展水平还较落后，主要表现骨架公路网尚不健全、辐射聚集功能没有有效发挥，不适应重庆交通实现“加快”和“率先”发展的需要；道路等级偏低、通行条件差，不适应运输需求的快速增长；农村交通面貌没有根本改变、城乡运输一体化格局未形成，不适应社会主义新农村建设；长江上游航运中心还未完全形成、黄金水道作用未充分发挥，不适应重庆外向型经济的快速发展和对外开放水平的提高；交通发展不平衡，三峡库区和渝东南地区的交通较为落后，不适应区域经济的协调互动；运输服务水平较低，不适应科学发展、和谐发展的要求。对这些问题，重庆交通将认真研究解决。

四、发展展望

今后一个时期，重庆交通面临许多重大机遇。按照科学发展观的要求，贯彻落实好中央“314”总体部署，重庆提出到2012年基本建成大西南交通枢纽，2020年交通基本实现现代化的发展目标。具体目标是：

1. 公路交通

高速公路：2012年前建成以都市圈为中心，连接全市40个区县的“二环八射”高速公路网。通车总里程达到2100公里，除城口外的所有区县通高速公路，建成“4小时重庆”；与周边省市接壤的主要城市全部实现高速公路连通，重庆主城在8小时内能直接抵达成都、贵阳、昆明、西安、武汉、长沙6个省会城市，建成“8小时周边”。到2020年使高速公路总里程达到3 600公里，形成“三环十射三联线”高速公路网。县际和农村公路：到2012年使乡镇通畅率达到100%、有条件的行政村通达率达到100%，公路里程达到11.5万公里，公路密度达139公里/百平方公里、居西部第1位；一、二级公路里程达到8 000公里；等级公路比重提高到67%。到2020年实现县与县之间连接公路全部高等级化，农村公路实现乡乡、村村通水泥路或油路。

2. 水路交通

到2012年基本建成长江上游航运中心，使四级及以上航道里程达1 400公里，高等级航道比重达26%，长江干线航段可通行3 000吨级船舶和万吨级船队。港口货物吞吐能力达1.4亿吨，集装箱达220万标箱，船舶运力达550万载重吨，主要水上运量指标在2006年基础上翻一番。到2020年，形成便捷、高效的内河航道体系，完善的支持保障系统，现代化的重点枢纽港区，形成以水运为载体，以腹地为支撑，充分依托铁路骨架、高速公路网和机场的强大辐射作用，通过各种运输方式之间的有机衔接，利用长江、嘉陵江、乌江“一干两支”国家高等级航道的巨大通行能力，以高密度的集装箱班轮产生的聚集效应和优越的航运、金融、贸易、信息、口岸等服务，带动临港经济发展，使重庆港形成对周边地区的产业聚集优势，将重庆建成长江上游辐射西部地区最大的集装箱集并港、大宗散货中转港、旅游客运集散中心、汽车滚装运输主通道、船舶生产基地和交易中心、航运信息中心和人才高地，全面建成长江上游航运中心。

3. 铁路交通

到2012年基本建成西部地区最大的铁路枢纽，形成“一枢纽八干线三支线”（“一枢纽”为重庆铁路枢纽，“八干线”为成渝线、渝黔线、襄渝线、遂渝线、渝怀线、兰渝线、达万线、万宜线，“三支线”为三万线、万南线、南涪线）的铁路网布局，运营里程达1 500公里，运输能力达240对/日；货运能力达15 000万吨/年。到2020年形成“一枢纽十干线三专线六支线”铁路网布局（“一枢纽”为重庆铁路枢纽；“十干线”为成渝线、渝黔线、襄渝线、遂渝线、渝怀线、兰渝线、达万线、万宜线、渝利线、安常线；“六支线”为三万线、万南线、南涪线 、涪万线、渝石线、渝滇线；“三专线”为成渝、渝万、沪汉渝蓉客运专线），铁路营业里程达2 420公里，单位面积拥有铁路294公里/万平方公里，复线营业里程达1 430公里，复线率达59%，电气化营业里程达2 191公里，电气化率达91%。

4. 民航交通

到2012年形成由重庆江北国际机场、万州五桥机场、黔江舟白机场组成的“一大两小”的机场布局，旅客吞吐量达到2 000万人次，货邮吞吐量达到23万吨。到2020年形成由重庆江北国际机场、万州五桥机场、黔江舟白机场和巫山旅游支线机场组成的“一大三小”的机场布局。

5. 公共交通

到2012年，主城公共交通压力进一步缓解、服务水平明显提高，公交分担率提高到43%；区内公交线网覆盖率提高到87%；平均换乘次数下降到1.1次；平均出行时间不超过40分钟。完善与高速公路、水运、铁路、民航等相配套的客货运输站场，实现全市所有区县政府所在地都有客货枢纽站；大力发展农村客运，全市100%的乡镇和90%的行政村实现通客车。到2020年，建成安全、便捷、舒适的城市公交体系，全市所有乡镇、行政村通客车，形成城乡运输一体化格局。

为完成上述目标，今后一个时期重庆交通将在以下“六个致力于”上狠下功夫。

(1)致力于深化交通重点领域的改革。实现交通“加快”和“率先”发展，推进现代交通业发展，核心在解放思想，关键在改革创新。今后一个时期，重庆将重点在交通行业管理体制、行政审批体制、公路养护管理体制、农村客运发展、交通投资融资等领域进行改革和创新；以促进统筹城乡协调发展为目标，重点开展城乡交通建设与管理模式、城乡交通运输管理体制等改革探索，力争在一些关键环节取得突破。

(2)致力于加强交通行业管理。将始终坚持“建设是发展、管理也是发展”的理念，重点加强交通建设、运输市场、安全生产等行业管理，将准入管理从注重企业资质，转向注重从业人员资质。适应大规模交通建设需要，加大施工、监理、检测市场监管力度，严格资质审查和资格审批，以诚信考核把住市场准入关；加强道路运输企业和从业人员资格、市场信誉和经营行为考核，强化交通行政执法，严厉打击非法营运等行为；完善水运企业市场准入、退出机制，进一步提高对水运市场的监管能力；以道路客运、危货运输、渡口渡船为重点，加大对道路和水路运输的安全监管力度，提升交通安全营运水平。

(3)致力于推进区域交通协调发展。大力推进以主城为核心的渝西地区现代综合运输体系建设，重点促进城镇化建设和产业结构调整；大力推进以万州为中心的渝东北地区交通建设，重点促进库区产业发展和移民就业；大力推进以黔江为中心的渝东南地区交通建设，重点促进渝东南地区经济增长和扶贫开发。大力推进城乡交通一体化，实现干线公路与农村公路的连接，推进通乡公路城镇化建设，完善农村客运站点，逐步将城市公共交通延伸到农村，促进城乡间、区域间人员物资往来。

(4)致力于转变交通发展模式。将进一步提高交通领域的创新能力，加快行业科技创新体系建设，加大促进交通先进生产力发展的重大关键技术攻关力度；加强智能交通、现代管理、信息技术、交通安全、环境保护、减灾防灾以及新材料、新能源等高新技术在交通领域的研发和应用；建立和完善建设创新型交通行业的政策措施和激励机制，加强创新型人才队伍建设。抓好交通节能环保，把落实节约资源和环境保护贯穿于交通规划、设计、施工、运营的全过程，积极推广应用交通节能新技术、新设备、新产品、新工艺；完善运输装备的市场准入和退出机制，严格执行车船排放标准，控制和减少营运车辆、船舶的污染排放。

(5)致力于解决交通民生问题。重点加大对干线公路断头路、农村公路建设的投入，完善干线公路网，提高农村公路通达深度和通畅水平。设立农村公共交通发展基金，对农村客运经营者给予燃油费、保险费补贴或政府购买公共服务等支持，逐步解决农村客运发展难的问题。提高基础设施安全水平，重点推进县道危险路段“安保工程”建设，促进干线公路危桥、危隧以及渡口码头、客渡船和渡改桥的改造建设。关注交通从业人员的生产生活，妥善处理土地补偿、农民工工资等问题。

(6)致力于建设服务型交通行业。积极推进交通部门转变行业作风、转变工作方式，强化公共服务职能，完善交通公共服务体系。减少和规范行政审批事项，推进行政审批网上办理。加强交通信息资源开发利用，建立和完善综合交通信息化保障体系，努力为公众提供更多、更好的交通信息服务。深入推进交通行业精神文明创建活动，切实加强交通干部职工队伍建设，大力提升行业文明形象和服务水平。

回顾过去，重庆交通成绩斐然；展望未来，重庆交通任重道远。重庆交通将继续以党的十七大精神为指导，深入贯彻落实科学发展观，按照“314”总体部署，紧紧抓住推动交通大发展的战略机遇，继续解放思想，深化改革开放，努力把重庆建设成为大西南综合交通枢纽，为重庆市经济社会又好又快发展提供坚强有力的交通运输保障。

万里蜀道展新姿

四川省交通厅

一、改革开放的历史进程

改革开放的大潮，推动着巴蜀大地百业兴旺，蓬勃发展。四川交通事业在改革大潮中走过了极不平凡的30年，经历了普及与提高相结合、数量型向质量型发展的辉煌历程，改写了“蜀道难”的历史。改革开放30年，是四川交通取得辉煌成就的30年，更是四川交通系统广大干部职工拼搏进取的30年，大体而言，可分为以下几个历史阶段：

第一阶段　大转折时期（1978年~1990年）

改革开放以来，国家工作重点转移到以经济建设为中心，四川交通事业进入了历史上新的发展时期。四川交通加快建设进程，路网结构逐步完善，等级质量不断提高，“蜀道难”的面貌逐步改观。在这期间，四川多渠道筹集建设资金，加宽干线公路和大中城市进出口公路改造，兴建高等级公路，修建大型公路桥梁，加快老、边、少地区的公路建设，建设“标美路”和“整型路”。先后完成了岷江、大渡河整治，改善航道400多公里，建成38处重点船闸、码头小码头70座，整治小河航道780公里。

为改变制约盆周山区经济发展的公路落后状况，省委、省政府把发展山区公路交通作为“富民升位”和全面开创四川经济工作新局面的战略决策来抓。1984年，我省最后一个不通公路的甘孜州德荣县通车，实现全省县县通公路，至1985年底，全省加宽改造公路30 841公里。1978年至1988年10年间全省共新建山区公路12 737公里，从而使全省的县乡公路由1978年的63 982公里增加到1988年的76 719公里，其中绝大部分是在盆周山区和甘孜、阿坝、凉山三州。

由眉山倡导并推广到全省的公路加宽改造，拉开了公路技术改造的序幕，使四川公路建设开始从“数量型”向“质量型”转变。全省16个地、市、州的大部分县（市）以国、省道为重点进行加宽改造工作。干线油路整治完成700公里，建成标准路1 700公里，路况太差的状况有所改变。全省先后完成成灌、成温邛、大件路北段、成都—乐山—峨眉、18个大中城市进出口公路改造以及20座特大桥等重点公路建设项目，新（改）建山区公路1万公里，新建桥梁1 821座69 000延米，重点整治油路2 597公里，公路好路率由1985年的37%提高到56.8%。其中大件路北段（成都至德阳）51.67公里高等级公路，是全国设计承载能力最大、省内技术标准最高的公路，可通行总荷重720吨平板拖车，大件公路建成后，解决了特大重装设备的进出川运输问题。“七五”期间新建公路6 135公里，1990年底全省公路总里程达到9.7万公里，建成二级以上高等级公路717公里，新建100米以上的大桥就有 130 多座，2.6 万延米。

1984 年国务院在专门研究公路交通建设的会议上作出三项规定：养路费由 12% 提高到 15%，增加部分全部用于公路建设；开征车辆购置费，用于公路发展；允许利用外资、贷款、集资、发行债券等办法，筹集公路建设资金，建成后收费偿还。同年省交通厅请示省政府同意后决定：对渡运量大的 10 处重点公路渡口征收过渡费，集资建桥。1985 年 2 月 1 日，四川省第一条收费公路——宜宾吊（黄楼）白（沙）路开始收取过路费；1986 年 11 月 1 日，四川省第一座收费桥——眉山岷江桥开始收取过桥费。

这一时期，我省公路桥梁建设有了很大的发展。1978 年全省公路桥梁为 12 911 座 323 996延米，1988 年发展到 14 927 座 434 089 延米，增加 2 016 座 110 093 延米，其中建成特大桥 33 座 12 731 延米，建成大桥 431 座 52 308 延米。1979 年建成的宜宾马鸣溪金沙江桥，主孔净跨 150 米，是国内跨径最大的无支架吊装箱型拱桥；1983 年建成的铜街子大渡河桥是国内承载力最大的钢筋混凝土箱型拱桥；1980 年建成的重庆长江公路桥，主孔净跨 174 米，是国内同类型桥梁中跨径最大；1982 年建成的泸州长江公路桥，桥总长 1 255.6 米，是我省跨越长江最长的公路桥；1986 年在巫山龙门峡首次应用无平衡重转体施工法建成的单孔净跨 122 米的钢筋混凝土箱型拱桥，在全国是一次新的突破。

纵观这一时期我省交通的发展变化，走的是顺应商品经济发展之路，解放了思想，更新了观念。“要想富，先修路”，“交通需先行”已成为各地政府发展经济的一个前提条件或重要手段，成为群众自觉的行动，成为社会各界的共识。根据我省财政困难、贫困地区面大、地方财政拿不出多少钱修公路的实际情况，走出了一条“以路养路、滚动发展”的路子，改变了长期以来单一依靠国家投资办交通的格局，多形式、多渠道集资或贷款修建公路和桥梁。坚持“民工建勤、民办公助”的方针，提出“谁修建、谁受益”的原则，实行“交通补一点、单位筹一点、地方拿一点、政策放宽点、群众辛苦点”的办法，调动各方办交通的积极性。

这一时期，交通部门广大职工艰苦奋斗，涌现了很多优秀团队，如，养路为业、艰苦为荣、扎根高原、助人为乐的甘孜州养路段雀儿山五道班，按科学规律养路、用共产主义精神工作的雅安总段天全养路段二郎山道班，自力更生、艰苦创业 20 年使公路面貌大改变的万县总段同乐道班，自强不息养好“双超”油路的乐山总段峨眉养路段九里道班。同乐道班、二郎山道班、雀儿山道班先后被交通部授予“双文明”单位。

第二阶段　深化改革时期（1991 年~2000 年）

“八五”期间，通过采取“以工代赈”、“公路建设大包干”和开展“交通发展年”等活动，全省新（改）建公路 10 458 公里，桥梁 167 座 24 919 延米，新建标美路 5 071 公里、水泥路 2 934 公里，公路好路率比“七五”期末提高 17%。大件汽车运输专用公路，纳（溪）大（方）、绵（阳）江（油）等高等级公路先后建成通车。同时，成绵高速公路、国道 108 线广元北段、内宜高速公路、广邻高速公路等一大批高速公路相继建设。“八五”期间最突出的成果是：全长 340.2 公里，投资 40 亿元，历时五年的成渝高速公路如期竣工通车，结束了四川没有高速公路的历史。

“九五”期间，四川公路交通发展速度明显加快，以高速公路为主骨架的三级公路网络（国道干线建设、区域路网建设与改造、农村通达工程）初步形成。不仅建成成绵、成都城北出口、成都机场、内宜、成乐、成灌、国道108线凉山段、隆纳、成雅、达渝路罗江至大竹段、广邻等11条高速公路，还有在建高速公路里程500公里。至2000年底，行政区划调整后的新四川，公路总里程达108 529公里，居全国第二位，建成高速公路1 000公里，居全国第六位，西部第一位，基本形成以成都为中心、以高速公路和国省干线公路为骨架，连接城乡、沟通山区、贯通相邻省区的公路网。

“九五”期间，全省建成航电枢纽工程2个，渠化航道里程108公里，整治航道里程491公里，整治险滩73个，使全省3～7级航道达2 383公里，占航道总里程6 089公里的39.14%。2000年6月竣工的乐山大件码头，码头岸线长115米，设计750吨泊位1个。其直立式桥吊跨度39米，高28.5米，起重最大单件550吨，是当时国内内河起重和跨度最大的桥吊，被誉为“岷江大力神”。

这一时期是我省交通建设快速发展和改革创新的重要历史时期，成为四川交通建设的重要里程碑。

(1)进一步深化投融资体制改革，形成多元化投资新局面。省委省政府高度重视高速公路的建设，制定了以高速公路为龙头的三级公路网络宏伟蓝图，省政府出台实施了收费公路政策，使我省公路建设融资能力大大增强。“九五”时期，除了交通规费、国家补助和地方投入外，银行贷款、招商引资、政策融资和社会集资占了交通建设总投资的65%以上。

1995年9月21日，我省第一条利用世界银行贷款、实行国际竞争性招标和实施中外工程师联合按“菲迪克”条款进行工程监理的大型公路建设项目成渝高速公路如期竣工通车，结束了四川乃至西部没有高速公路的历史，成为四川公里建设史上的里程碑。成渝高速全长340.2公里，投资40亿元，历时五年，连接成都、内江、重庆三大工业城市，途径14个市县区，不仅使成都重庆的行车时间由12小时缩短为4小时，与原成渝公路相比，成渝高速公路缩短98公里，比成渝铁路里程减少164公里。成渝高速的建成通车，改善了沿线的投资环境，带动了产业结构的调整，连通了旅游网络，对于加强四川的对外交往，带动成渝社会经济的发展，具有重要的意义。

中国西部第一条中外合资高速公路——成绵高速，是新加坡、中国内地、中国香港地区41家企业联合组成的新中港集团投资12.8亿元建成的，于1998年12月21日正式全线贯通并投入运营。成绵高速是交通部规划新建的国道主干线GZ040二连浩特—河口的一段，是四川省高等级公路主骨架的重要组成部分，是四川省南北向的一条主要经济干线。该高速公路从成都至绵阳全长92公里，设计时速为100公里，是全封闭、全立交、高标准配套的现代化高速公路，途经广汉、德阳，穿越川西平原经济发达区。成绵高速公路的建成对提高四川南北交通通行能力，促进沿线的经济发展，发掘成（都）、广（汉）、德（阳）、绵（阳）一带的潜在资源，使中国西部电子高科技城绵阳、工业重镇德阳与省府成都连成一片，在商贸、科技、文化、旅游等诸方面优势互补，对于改善投资环境，拓展旅游事业等，都起到不可低估的巨大作用。

自1995年成渝高速和1998年成绵高速建成通车后，成都城北出口、成都机场、内宜、成乐、成灌、国道108线凉山段、隆纳、成雅、达渝路罗江至大竹段、广邻等高速公路陆续完成，同期开工建设还有成南、绵广、成都绕城等多条高速公路。

(2)进一步深化公路养护体制改革，发挥地方和群众的积极性。通过权、责、利的重组和调整，实现养护生产力的解放，调动地方管养公路的积极性，为新的公路管养体制和运行机制创造条件。我省旧的公路养护体制存在条块分割、机构重叠、管理交叉、生产效率低、“养路”与“养人”的矛盾突出、地方积极性难以发挥等问题。1988 年实施的第一步改革就是将省属 18 个总段、109 个分段，18 000 公里国省干线公路和 4 万多名养路职工成建制地下放给地方管理。1993 年 12 月，省政府批准实施第二步改革。改革的核心内容是改养路费“切块包干、超收分成”为“全额分成或定额补助”，进一步下放计划权和财权。各级政府和交通部门积极参与，初步建立了“统一领导、分级管理、市（地、州）为中心、县为基础”的公路管养体制，推行“一县一段，建立直属段，分流人员，离退休包干，管理企业化，建立大道班”的管理模式，较好地理顺了省、市、县三级公路管养关系，明确了各自的职责。到 1995 年底，全省各地养护体制改革基本到位，调动了职工积极性，提高了公路养护工程投资效益。全省养路部门积极实施“拓展工程”，分流富余人员，多业并举，既提高了技术人才和设备的服务效率，又增加了养路部门的生存能力和竞争能力。据统计，全省精简科（室）668 个，新办经济实体 99 个，分流富余人员 5 998 人。公路养护机制转换取得实质性进展，养护生产向企业化迈进，事企分开，管养分离，职工思想观念更新，工作积极性和主动性明显提高。至 1995 年底，全省建成标美路 6 000 多公里、整形路 30 000 多公里，宜林路段绿化 35 609 公里，达到 64.8%。全省公路养护行业在改革中推行了多种模式，都取得了较好的效果。在公路养护生产中，1996 年 10 月，在全省推广大竹县撤销道班，组建机械化养护中心的试点经验，是全省公路养护机械化的新起点。1998 年进一步推行“事企分开，管养分离，养护生产企业化”。为提高公路质量，开展了标美路、文明样板路、整治烂路、整治危（病）桥等养护工程和安保工程建设。

(3)进一步深化交通行业管理体制。逐步重视对交通行业的管理和规范，初步形成以改革促发展、以法制为保障的交通行业发展体系。交通法制建设进一步加强。省人大先后颁布了《四川省公路路政管理条例》、《四川省水路交通管理条例》、《四川省道路运输管理条例》、《四川省公路养路费征收管理条例》、《四川省水上交通事故处理条例》等地方性法规，初步形成了我省交通法规体系大体框架。1997 年省交通厅印发了《交通行政执法工作报告》、《交通行政执法监督检查制度》等七项制度，全面实施行政执法责任制，规范执法行为、执法文书和执法程序，执法人员全部培训上岗，执法监督体系基本建立。

第三阶段　大发展时期（2001 年至今）

“十五”期间，四川交通发展任务重，投资规模大，增长速度快，建设质量好，成绩优异。其主要表现为：全省交通基础设施建设完成投资 751.6 亿元，比“九五”期间增长 59%，超过新中国成立至“九五”期末完成投资的总和；建成成南、绵广、南广、达渝、成都绕城、成彭、成温邛等 759 公里高速公路，高速公路通达 17 个市州；全面完成 47 个项目、4 276 公里三州通县油路建设任务，使三州州府所在地与各县城间全部以油路相连，行车时速平均提高一倍以上，实现三州交通事业一步跨越 20 年。至 2005 年底，全省公路总里程达 11.5 万公里，比“九五”期末增加 2.4 万公里。其中，高速公路通车里程达 1 759 公里，新增 759 公里；二级以上公路达 1.3 万公里，新增 4 000 公里；公路密度为 23.5 公里/百平方公里，增加 5 公里；高级、次高级路面铺装率达 42 %，提高 7.6 个百分点。2006

年，四川公路交通保持持续快速健康发展势头，全省公路总里程达16.6万公里，其中高速公路里程达1 788公里。2007年底，全省公路总里程达到18.9万公里，高速公路达到1 939公里。

水运方面，“十五”期间四川内河航运基础设施建设的重点是嘉陵江航道梯级开发、渠江渠化、二滩库区港口、南充港和宜宾莱园沱码头建设，并充分借用长江“黄金大通道”，建成与高速公路衔接的水运主通道，以形成港航配套、干支相通、通江达海的水陆联运网络。至2005年底，嘉陵江渠化开发初见成效，规划建设的13个航电枢纽，已建成4个，在建7个，渠化四级航道112公里；建成渠江金盘子航电枢纽；完成岷江大件航道续建工程和岷江成都至乐山段航道整治工程，整治航道348公里；建成泸州集装箱码头、二滩库区港口、广安港、南充港一期工程等重点项目，新增港口泊位19个，全年港口新增年吞吐能力318万吨、200万人次、集装箱2.5万标箱，建成农村渡口1 307座。

这个时期是我省交通建设取得辉煌成就的重要时期，投入最多，发展最快，质量最好，改革成果最显著，精神文明建设成效最大，对四川经济社会发展成就最突出，在四川交通史上写下了崭新的一页。

一是进一步加大高速公路建设力度。按照交通部和国家高速公路网规划，四川克服在山岭重丘修建公路技术难度高、投资大等困难，抢抓机遇，加快发展，在社会各界的大力支持下，实现了高速公路建设的高速度，在2000年高速公路通车里程达到1 000公里的基础上，又相继建成成都绕城、成南、绵广高速等具有重大影响和经济作用的多条高速公路，在两年内四川高速公路通车里程达到1 500公里。建成成南、绵广、南广、达渝、成都绕城、成彭、成温邛、宜（宾）水（富）、遂渝路等高速公路相继建成，高速公路通达17个市州，都汶路、邻垫路、南渝路、攀田路、广巴路、海竹段、郎川路、沐新路等续建项目按计划有序推进，达陕、广陕、雅西、纳贵、宜宾经泸州至重庆高速等已进入实施阶段。

二是加强了对农村交通的建设。2003年交通部提出“让农民走上油路、水泥路”的号召。四川省政府作出规划并实施补助政策，通乡油路（水泥路）每公里补助40万元，通村公路每公里补助10万元，通村水泥路（油路）每公里补助10万元，推进了农村公路的快速发展。近5年时间建成农村公路8.4万公里，完成投资314亿元。其中建成通乡油路（水泥路）1万公里，通村水泥路（油路）2万公里，修建通村公路5.4万公里。全省实现了乡乡通公路，有54.8%的乡通油路（水泥路），60%的村通公路。我省农村公路建设的发展速度，跃居全国前列。我省先后召开两次邛崃会议和元坝会议，放手发动群众，掀起农村公路建设高潮，创造出“元坝模式”和“仪陇模式”，促进了我省农村公路建设的顺利进行。同时交通建设积极服务“三农”，实施了农村公路、农村客运、农村小码头和“绿色通道”等四项民心工程。2006年省政府出台了《关于加快四川农村公路发展的实施意见》，明确到“十一五”末，四川省除三州外的其他地区将基本实现村村通公路，全省90%的乡、50%的建制村通水泥路或油路。

三是民族地区交通建设取得突破。2001年6月，国务院总理朱镕基来四川视察，决定由国家资助三州州府所在地到各县的油路建设，立项47个4 276公里，按三、四级公路标准实施，每公里补助50万元，不足部分由省、州自筹。工程建设分四个阶段：第一阶段为工程项目前期准备。时间是2001年6月到2002年春节前，落实建设方案，成立组织机构及大会战动员，抢在冬季冰冻之前完成全部工程项目的测设和招投标工作。第二阶段是狠抓工程项目的全面开工，时间是2002年春节至6月以前。第三阶段开展全面攻坚战，主要以工程质量、工期、投资控制为核心，并于2002年6月、8月、12月分别在甘孜州康定、阿坝州川主寺、凉山州西昌召开通县公路建设工作会议，交流经验，解决存在的问题。第四阶段从2002年底到2003年9月底，进入最后决战阶段，调整和加强了组织管理力量，对工程质量进行拉网式大检查，对检查出来的问题，除下达整改通知，还约谈部分施工、监理单位法人。通过各项有效的监管措施，于2003年9月全部工程项目交工验收均达到合格及优良工程。

四川自身也加大了对甘孜、阿坝、凉山三州公路建设资金的投入，改造了九寨环线旅游公路，打通了二郎山、鹧鸪山公路特长隧道，分段实施了川藏南线改造工程和川藏北线油路工程，全面完成47个项目、4 276公里三州通县油路建设任务，三州州府所在地与各县城间全部以油路相连，行车时速平均提高一倍以上，2008年通车的攀西高速公路南北贯穿凉山州，建成九寨黄龙机场、二郎山隧道、鹧鸪山隧道、川九路、二康路等重点项目，基本完成三州通乡公路建设任务，三州通县公路建设极大地改善了民族地区交通条件，使三州交通事业一步跨越20年。

四是日益重视交通的服务功能。及时调整高速公路发展思路，重点突出进出川大通道建设，服务“大通关”，服务“三农”，加大了旅游公路建设力度。如川九路和九寨黄龙机场的建成开通，九寨沟旅游环线的改建，从成都进景区500多公里，1天就可朝发夕至，深受社会各界和中外游客的赞赏。四姑娘山、贡嘎山、乐山、峨眉山、青城山、稻城亚丁、泸沽湖、蜀南竹海等近20个重点旅游景区的公路通过新建和改建，基本适应了旅游业发展的需要；全面推行政务公开，强化优质服务，推出各项交通便民利民措施，服务群众；政府回购公路债务、撤并收费站点，向群众提供免费通道，服务公众出行。如2006成都市金堂县和青白江区出资8 000万元回购公路债务而使唐巴路成都段成了一条全免费通道，成都绕城高速、成彭高速、成温邛高速也已陆续对本地车辆免收通行费。

二、辉煌成就

改革开放30年来，四川交通系统干部职工奋力开拓，积极拼搏，狠抓交通的投入、建设、管理、创新，取得了辉煌的成就，缓解了“蜀道难”的局面。

（一）交通基础设施建设成就显著，瓶颈制约基本缓解

截至2007底，全省公路总里程由1978年的82 391公里增加到189 395公里，增加了2.3倍。公路密度每百平方公里39.05公里，每万人有公路21.71公里；公路技术等级和路面等级进一步提高。全省等级公路里程达11.57万公里，其中二级及二级以上高等级公路里程1.4万公里，占公路总里程的7.42%，一、二级公路由1978年的28公里增加到12 133公里，有铺装和简易铺装路面70 777公里，占全省公路总里程的37.37%。全省高速公路从零起步，成渝、成绵广、成雅成乐、成灌、成都机场、广邻、成温邛、成南、成彭、南广、内宜、宜水、成都绕城、隆纳、达渝、遂渝高速等陆续建成通车，截至2007年底，高速公路通车里程达1 939公里，路网结构进一步改善。全省公路总里程中，国道6 767公里，省道

12 087公里，农村公路170 541公里，基本实现乡乡通公路，56%的乡通油路、62%的村通公路。全省公路桥梁达27 463座、997 361延米，其中特大桥梁46座、50 203延米，大桥1 908座、311 785延米，中桥5 759座、281 466延米，小桥19 750座、353 907延米。全省公路隧道达191处、98 290延米，其中特长隧道5处、19 673延米，长隧道24处、35 363延米，中隧道31处、23 353延米，短隧道131处、19 901延米。

水运建设方面，确立并实施“综合利用水资源，航电结合，联合建设，滚动开发，发展航运”的全新水运发展战略。嘉陵江渠化初见成效，嘉陵江川境段13个航电枢纽已建成5个，在建7个，完成岷江大件运输航道建设工程、岷江成都至乐山段整治工程、乐山大件码头、泸州集装箱码头、渠江金盘子航电枢纽等重点项目，长江四川段航道整治工程全面提速，长江航道泸州至重庆段整治工程基本完成。

（二）交通运输生产持续发展，竞争有序的运输市场基本形成

2007年全省道路客运量达到197 033万人次，是1978年9 724.6万人次的20倍，旅客周转量由346 831万人公里增长到5 679 567万人公里，货运量由6 638.5万吨增加到68 667万吨，货物周转量由226 073万吨公里增加到3 428 005万吨公里，分别是1978年改革开放之初的16倍、10倍和15倍多。全省水路客运量达到4 107万人次，旅客周转量28 946万人公里，货运量3 644万吨、货物周转量563 940万吨公里，完成重大装备运输84批次、2.17万吨，泸州港共完成货物吞吐量1 017万吨，实现集装箱吞吐量5.2万标箱，外贸吞吐量完成19.7万吨，集装箱及外贸运输依然保持了高速增长，发展迅猛；九黄机场旅客吞吐量达到156万人次。旅游客运、超长客运、农村客运市场协调发展，到2007年底，全省农村客运车辆总量达到2.6万辆，以高速公路为依托的快速客运网络辐射16个市州；以成都为集散地的旅游客运网络基本形成；跨省超长客运延伸到全国27个省（市、区）。

道路运输市场基本规范，运输组织化程度较高。按照市场经济规律积极推进运输企业公司化改造，全省三级资质以上的客运企业和货运企业基本完成改制工作，全面实现了国有客货运输企业的民营改制工作，推向市场，建立了一套管理规范、运行有效的运输市场管理体系。运输组织加强，运力结构优化，市场规模不断扩大，技术水平和服务质量显著提高，运输企业经营效益稳步提高，自1998年全行业实现扭亏为盈以来，运输企业盈利稳步增长，专业运输企业2006年盈利达2.2亿元。运输企业加快结构调整，运输车辆继续向高档化、专业化、低能耗方向发展。启动了道路客运驾驶员职业化培训教育和认证管理，开展了“安全优质服务明星驾驶员”评选活动。同时，加大运输市场管理力度，严把市场准入关，积极开展旅游客运、出租车客运、驾驶员培训、危险品运输等专项整治，严厉打击倒客、宰客等行为，打击非法营运，取得阶段性成果，统一、开放、竞争、有序的交通运输市场格局基本形成。

（三）交通行业管理体制日趋完善，交通法规体系初步形成

改革开放30年来，我省交通管理由高度集中的计划管理逐步向运用市场机制调控转变，建立和完善了交通行政管理体制，形成了路政、运政、航政、交通稽查和水上交通安全为主要职能的交通行业管理体系。交通管理的重点放在统筹规划、组织协调、提供服务和监督检

查上，管理方式实现了由直接管理为主向间接管理为主转变，由抓直属为主向抓全行业管理为主转变，由单一的行政管理手段为主向以综合运用法律、经济和行政手段转变。实行依法管理、依法行政，加强了交通法制建设。认真贯彻实施了《公路法》等国家法律法规，省人大、省政府先后颁布实施了《四川省公路路政管理条例》、《四川省道路运输管理条例》、《四川省公路养路费征收管理条例》、《四川省水上交通事故处理条例》、《四川省道路货物运输管理办法》、《四川省道路旅客运输管理办法》等地方性法规、规章，初步形成了我省地方交通法规体系。

交通安全管理体系基本形成，建立了水上交通安全管理长效机制，乡镇船舶安全监管责任基本落实。2007 年水上交通事故死亡人数仅占省控指标的 8.3%。积极实施道路旅客运输企业安全生产状况评估，推广运用运营客车 GPS 动态监控系统，建立了“96515”免费运输投诉处理机制，道路运输未发生因源头管理原因造成的重特大责任事故。交通建设市场管理进一步加强，收费公路管理进一步规范，5 个市 8 个项目实现公路属性复位。全省高速公路联网收费系统基本建成，省管联网高速公路实施货车计重收费。养路费、客附费、货附费征收进一步增加，2007 年达 39.3 亿元。坚持“疏堵结合、以疏为主、标本兼治、以治本为主”的原则，治超工作取得明显成效。

（四）科技教育成效显著，为交通发展提供了有力的智力支持

经过 30 年的发展，我省交通科技力量由弱到强，研究领域不断扩大，围绕交通行业整体技术水平的提高，面向交通生产建设主战场，把交通发展中的关键技术问题作为科技工作的主攻方向，加强科技攻关，加大科技投入，加快科技计划的实施，取得了突出的科技成果，先后荣获国家、省、部级科技进步奖、优秀勘察设计奖和詹天佑土木工程奖等各项科技成果 200 余项。省公路规划勘察设计研究院，先后完成了包括全国第一条山区高速公路成渝高速、全国示范工程川九路等在内的 5 万多公里公路、200 余座大型桥梁、100 余座公路隧道的勘察设计；省交通厅交通勘察设计研究院相继完成了大中型水运工程项目勘察设计和公路勘测设计 6 000 余公里，取得了乌江和长江汇合口的浅滩及乌江涪陵至龚滩航段大整治工程、泸州集装箱码头工程、宜宾菜园沱码头等码头设计工程、嘉陵江全江渠化工程、国道 213 线犍为段及复线公路工程、国道 318 线二郎山至康定公路改建工程等一批有影响的勘察设计施工成果。

立足加快专门人才培养，扩大办学规模，改善办学条件，调整办学方向，四川交通职业技术学院被教育部确定为全国示范高职建设院校。30 年来，交通战线涌现出以全国工程设计大师、全国交通系统先进工作者、全国交通系统优秀科技工作者谢邦珠为代表的一大批出色的交通科技专业人才，其中全国设计大师 1 人，省级工程设计大师 3 人，国家、部省级专家 40 余人，科教发展已成为四川交通经济增长方式转变和向现代化迈进的巨大推动力。

（五）精神文明建设成果丰硕，行业文明程度不断提高

改革开放 30 年，是我省交通事业大发展的历程，也是交通行业精神文明建设不断推进的过程。交通系统各级党组织坚持不懈地用邓小平理论、“三个代表”重要思想、科学发展

观武装党员干部，教育职工群众，适应交通改革发展的需要，积极推进思想解放和观念更新，干部职工的思想观念发生了深刻变化，交通厅机关多次被评为“全国精神文明建设工作先进单位”和“全省思想政治工作先进单位”。以“服务人民、奉献社会”为宗旨，以创建文明行业为目标，广泛开展了建设文明样板路、文明客运站、文明路桥收费站、文明客运港站等多种形式的群众性精神文明创建活动，“十五”时期全省交通系统文明单位建成面达到90%，交通稽征和航务管理部门文明单位建成面达到100%，厅稽征局荣获全国“五一”劳动奖状，厅运管局建成全国交通系统文明行业。

坚持“从严治党”的方针，认真吸取教训，切实加强党风廉政建设，深入开展反腐败斗争，交通各级党组织的凝聚力、战斗力不断增强。认真纠正行业不正之风，基本消除“三乱”现象，树立了良好的行业形象。改革开放30年来，几代交通人克服重重困难，爱岗敬业，拼搏奉献，始终保持了旺盛的革命斗志和良好的精神状态，涌现出以全国优秀共产党员、“五一”劳动奖章获得者陈德华为代表的一批又一批具有时代精神的全国、省部级劳动模范、先进工作者、“金锚奖”、“金桥奖”获得者和被树为全国公路系统先进典型的雀儿山道班、具有“特别能吃苦、特别能战斗、特别能奉献”团队精神并荣获“全国五一劳动奖状”的318指挥部等一大批先进单位和集体。他们为全省交通事业的发展做出了突出贡献，成为全系统学习的楷模。

三、基本经验

回顾四川交通30年的实践，交通发展取得的成绩，是省委、省政府和地方各级党委、政府高度重视和正确领导的结果，是交通部等国家部委、省级有关部门及社会各界大力支持的结果，是人民群众热情关心和积极支持的结果，是行业上下团结奋斗和努力拼搏的结果。总结起来主要有以下几点经验和体会：

（一）坚持改革开放是振兴四川交通的强大动力

四川交通之所以能取得如此巨大的成就，与坚持改革扩大开放是分不开的。四川交通战线全体人员解放思想，更新观念，敢于冲破一切不利于发展的旧观念旧体制的束缚，坚持将“以改革为发展开路，以开放促发展”作为重要方针。

深化投资体制改革，形成多元化投资新局面，从20世纪70年代末的一家办交通发展到多家办交通，改变单一依靠国家投资的格局，积极引进外资、利用贷款等多种方式筹措交通建设资金。成绵高速公路利用外资进行合作开发建设，成渝高速公路建设成功运用了世行贷款并于1997年在香港联交所成功上市，成南高速利用亚洲开发银行贷款2.5亿美元，四川路桥在中国A股市场上市；依据省政府出台的“贷款修路，收费还贷”政策和经营性收费公路政策组建了四川高速公路建设开发总公司，积极利用股份制吸纳资金，让地方参股高速公路公司，按照国家有关公路收费权质押和公路经营权转让的规定，通过项目经营权转让等多种方式筹集交通建设资金。积极推行BOT发展高速公路。乐山到宜宾高速公路，是四川省第一条进行BOT国内公开招标试点的建设项目，也是全国首条采用最短收费年限招标选择BOT项目业主法人的高速公路。2005年9月，山东省高速公路集团有限公司一举中标，成为乐宜高速公路项目投资、建设、经营、开发和管理的业主法人。利用BOT方式发展我省高速公路是一个良好的开端，为经济欠发达地区发展高速公路取得了成功的经验。

交通运输方面，从封闭性转变为开放性，放开了运输市场，放开货运价格，开放汽运站点，实行“三个一起上，一起干”，方便了群众出行，缓解了运输紧张状况。积极发展信息服务，培育有形市场，开展线路招投标试点，使运输市场体系不断完善。开辟鲜活农产品运输的“绿色通道”，受到中央肯定并向全国推广。

同时，不断更新发展理念，全面创新体制、机制、制度和运作方式，开创性地推进交通各方面的工作。在全国示范工程川九路改造中，在建设理念、技术方法和管理模式上实现了一系列革命性的创新，创造了“设计上最大限度地保护，施工中最小程度地影响，建成后最大努力地恢复”的川九成功经验，在全国产生较大影响。在全国首创BOT项目最低经营年限中标办法，并在乐宜高速公路BOT项目法人招标中成功实施，顺利完成高速公路资金信托融资计划和成雅公司贷款置换，直接融资近60亿元；在全省交通建设领域全面推广最低评标价法和与之配套的保证金制度、设计变更管理制度，既有效防止了腐败现象的发生又最大限度降低了建设投资，与业主估算价相比，西攀路等9个重点项目共减少投资33亿元。

（二）充分依靠党政，调动各方面的积极性是加快四川交通发展的基本途径

改革开放以来，在我省的交通建设事业中从主要依靠交通部门转变为紧紧依靠政府、依靠群众。“要致富先修路”是四川率先提出的口号，也得到了社会各界的广泛认同。在四川的交通建设中，充分依靠各级党政，调动各方面的积极性，形成了政府牵头，部门配合，分级负责，全民参与，大办交通的良好局面。

四川省委省政府高度重视交通事业的发展，给予了许多扶持政策和经济投入。20世纪90年代初，四川省委省政府提出“改善交通条件是加快四川经济发展的当务之急和关键之举，也是扩大对外开放的先决条件，在各项经济工作中，交通是重中之重”，30年来先后出台了“两金”包缴、划定料场、民勤代金、提高养路费额、开征客货运附加费、以工代赈等多项政策。各地也纷纷出台支持交通事业发展的行之有效的倾斜政策，有力地支持了四川交通事业的快速发展。

在交通建设上坚持实行“交通补一点，单位筹一点，地方出一点，政策放宽点，群众辛苦点”的办法，充分调动各方面的积极性，加快交通基础设施建设。在改革开放的初期涌现出一批热心交通建设的“路市长、路县长”。在交通建设中，充分发动群众，投工投劳修建公路，我省农村公路建设中创造的农村公路建管养运一体化发展模式和农村公路建设中民主决策和民主管理的四项机制和四权模式就是依托“村民自治”，调动村民积极性而由农民自主创造出的伟大成果，有力地推动农村公路快速建设和建管养协调发展。“四项机制”即自上而下的宣传机制、自下而上的民主决策机制、公开透明的群众监督机制、全社会支持参与的援助机制，保证了政府决策以充分尊重农民意愿为基础，实现了农民意愿与政府规划相一致。通村公路建设的“仪陇经验”，村党支部行使领导权、村民会议行使决策权、村委会行使执行权、村民行使监督权的“四权管理模式”得到了交通部的充分肯定。革命老区广元市元坝区通过“村民自治、一事一议”合理使用财政补助和以奖代补，自筹了大部分公路建设资金；他们“党政主导、多方联动，合力修建惠民路；因地制宜、控制造价，合

理修建实用路；村民自治、专群结合，民主修建连心路；专业监管、群众参与，精心修建优质路；综合配套、连接城乡，统筹修建致富路”促进了部门办交通向全民办交通的转变，创造了“元坝模式”，在全省得到推广。

同时，通过实行“谁投资谁受益”，拓宽思路，广开财路，积极通过与外资合作、利用国际金融机构贷款、采用BOT模式、“贷款修路、收费还贷”等多种方式筹措交通建设资金，调动全社会参与交通建设的积极性，广泛吸引社会资金参与交通基础设施建设，解决了交通建设资金不足的瓶颈，加快了交通基础设施的建设。

（三）统筹兼顾，突出重点，妥善处理条块点面的关系是四川交通持续稳定协调发展的重要原则

当前我省交通的主要矛盾是基础薄弱，在一个较长时期内都要集中精力抓建设，但管理薄弱的突出矛盾也会制约建设的发展。改革开放以来，交通行业逐步步入规范化法制化轨道。在重视交通建设的同时，重视行业管理机制的改革和完善，坚持建养并重，全面提高路网质量；启动公路养护机制转换，实行事企分开，精简机构，减员增效，推行养护工程费制度，对现有养护道班实施调整改组，养护生产开始向社会化企业化、专业化、机械化方向发展。加快交通法制建设，初步形成了我省地方交通法规体系。全面实施行政执法责任制，规范执法行为、执法文书和执法程序，执法人员全部培训上岗，执法监督体系基本建立。纠正行业不正之风取得成效。对公路三乱进行集中整治，规范和撤并公路收费站，1996年实现全省国、省道公路基本无三乱。加强水上交通安全管理，管理区域的重点从大江大河转移到所有通航水域，管理对象的重点从大型客运企业转移到乡镇船舶，管理办法的重点从单纯业务管理转移到行业管理。乡镇船舶安全管理责任进一步落实，绝大多数县、乡镇“四落实”基本到位，70%以上乡镇由正式在编干部兼任船管员，从而走上了各级政府、各部门齐抓共管的良性循环轨道。

交通建设任务重、资金短缺是我省交通建设的显著特点。我省交通建设只有突出高速公路等重点建设项目，只有尽快形成全省高速公路主骨架网络，以此带动国省干线和农村公路发展，才能最终形成重点突出、层次分明、功能完善的公路运输网络，保证我省交通事业的顺利实施，构筑起四川经济社会发展的大通道。“八五”以来，我省始终将高速公路建设作为工作的重中之重。但在保证重点干线公路建设的同时，进一步完善二级路网规划，积极构建与高速公路、出川大通道相衔接的地方二级公路干线网络，提高地方路网的通行能力和服务水平。加快断头路、联网路建设，完善高速公路、干线公路、农村公路三个层次的相互衔接配套。在农村公路建设方面，积极调动各方面积极性，截至2007年底，我省农村公路总里程达17万余公里，力争到2010年农村公路总里程达到20.1万公里，基本建成农村公路网，实现具备条件的建制村通公路，90%的乡、50%的建制村通水泥路（油路）。同时，加强公路与其他交通方式的协调衔接，建设连接火车站、机场、港口的公路，发挥综合交通的整体效应。

在加强交通枢纽建设的同时，加强民族地区交通事业，为促进民族地区经济文化发展，为稳定藏区做出贡献。1988年，省交通厅被国务院授予“全国民族团结进步先进集体”。我省相继在民族地区重点建成了九环线、国道318二郎山隧道、二康路、海竹路、映日路、郎

川路等公路，“十一五”期间，还将开工建设国道317线汶川至马尔康公路，国道318线康定至东俄洛公路和东俄洛至炉霍连接线，通过藏区公路建设带动产业、资源、旅游，为培育民族地区旅游、矿产、水能等支柱产业创造条件。

（四）加强思想政治工作，狠抓队伍建设是四川交通发展的有力保障

30年来，全省交通系统针对行业内存在的突出问题，制定措施积极整改，抓住典型事件，大力开展教育整顿，党的思想、作风和组织建设全面加强，党组织建设、领导班子建设和职工队伍建设都取得明显进步。建立党风廉政建设责任制，坚持纠建并举、标本兼治，加强对交通建设中腐败行为的预防和查处，以创新招投标机制为突破口，重点从机制和源头上防止了交通建设领域腐败案件的发生，努力构建教育、制度、监督并重的预防和惩治腐败体系。全面贯彻落实中央关于领导干部廉洁自律和制止奢侈浪费的规定，减少会议，清理超标车和住房，廉政建设各项制度得到加强，党风廉政建设工作取得明显成效，改变和扭转了交通系统在社会和公众中的不良印象，有利于获得社会各方面对交通事业的持续支持。

精神文明建设以“创建文明行业、重塑交通形象”为总体目标，“七五”期间涌现出的公路战线的“两山两班”精神和航运战线的“川航精神”，长期培养树立的先进典型陈德华同志，使全省交通系统广大干部职工深受教育，极大地激励和鼓舞了大家艰苦奋斗奉献四川交通的信心和决心。尤其是我省交通建设中铸就的“巴中精神”，使“交通不畅，经济难上”、“山区要脱贫，交通要先行”的道理家喻户晓，深入人心，摒弃了“贫穷落后，交通难搞”和“等、靠、要”的落后思想，树立了“宁肯苦干，不愿苦熬，再穷也要修公路”的新观念，实现了“要我修路”到“我要修路”，掀起了真抓实干，大办交通的热潮。

在全省交通战线广泛开展的建设文明车船、队站（班组）、港段和文明机关单位活动和治理三乱、狠刹行业不正之风，坚持“以评促建、以建促纠”，推动行风建设有效开展，使四川交通行业文明形象明显提升，交通职工队伍的整体素质和交通行业的文明程度进一步提高，为四川交通快速健康发展提供了有力保障。

30年来，我省交通工作虽然取得了巨大成就，但还必须清醒地认识到我省交通事业面临的矛盾、存在的困难和问题。

我们清醒地看到，发展不快、发展不足、发展水平不高、发展差距扩大，是四川交通最大的问题。四川交通发展还任重而道远。

四、发展展望

四川省委九届四次全会明确了“加快发展、科学发展、又好又快发展”的总体取向，提出了建设西部经济高地的宏伟目标和着力打造“一枢纽”、“三中心”、“四基地”的工作重点，提出形成以成都枢纽为支撑，以省内次级枢纽和节点城市紧密衔接为基础，以出川综合运输通道为纽带，与产业布局规划、城镇建设规划相协调，全面对接国家规划的“五纵五横”综合运输大通道的西部综合交通枢纽的宏伟蓝图，把建设“贯通南北、连接东西、通江达海”的西部综合交通枢纽作为建设经济高地的基础性、决定性因素，放在突出位置，对四川交通发展提出了新的更高的要求。交通作为经济发展的基础性、先导性产业，打通出

川通道、构建运输主骨架、形成综合交通枢纽是建设西部经济高地的重要基础。在以后的交通工作中，我们将全面深入贯彻党的十七大和省委九届四次全会精神，抢抓发展机遇，以科学发展观为指导，以深化改革、创新管理为动力，以构建综合交通枢纽为纲，以优先建设出川高速公路和水运通道为重点，以加快项目前期工作和建设进度、扩大交通投资规模为总抓手，紧密结合四川交通实际，加快发展综合运输体系和现代交通业，奋力推进我省交通事业又好又快地发展。

（一）突出重点加快交通建设，构筑经济社会发展大通道

四川省委九届四次全会对交通建设发展提出了新的更高的要求，全省交通事业面临新的发展机遇和新的任务。我们将认真贯彻落实省委全会精神，强化枢纽意识，把构建西部交通枢纽作为我省现阶段交通运输体系建设的纲，紧紧围绕支撑高地、构建枢纽、打通通道、完善路网，努力实现我省交通事业的突破性发展。按照我省确立的“三向拓展、四层推进”开放合作战略，以出川高速公路和水运通道为重点，以打通西北和东南方向出川通道为重中之重，尽快打通广元至陕西界、达州至陕西界和攀枝花至云南界、广元至甘肃界、纳溪至贵州界、成都经茂县至甘肃界、达州至万州界等一大批出川通道，力争在2012年取得实质性突破，架设将西北客货流引入我省及四川连接中亚、欧洲的新欧亚公路桥，形成连接北部湾、珠三角的东南出海大通道，打通北向和西南方向通道，连接中原、华北、华东地区以及环渤海和连云港等沿海港口，连通云南及大湄公河次区域；打通东向和连接中部出川公路水运通道，服务成渝经济区发展，连接华中和长三角地区并出海。

我省高速公路规划建设总里程为8 400公里，出川大通道23条，成都引入线16条，使成都成为在全国占有重要地位和西部最大的综合交通枢纽，实现成都与周边多数省市中心城市朝发夕至，形成北抵环渤海、东达长三角、南至珠三角和北部湾等经济区及出海港口的22小时公路交通圈。在今明两年，将集中力量开工建设一批出川重要通道和主要经济区之间连接的重大项目，今后五年高速公路将上大的台阶。预计今年将建成南充—重庆界、邻水—垫江、西昌—攀枝花、攀枝花—田房等4条高速公路（西攀高速已于日前正式建成通车，原计划建成通车的都江堰—汶川高速公路因地震原因推迟），邻垫高速公路建成后，国道主干线成都至上海高速公路四川段将全部通车，只需20个小时就可从成都直达上海，全省高速公路通车里程达2 162公里；出川通道将建成9条（其中高速公路7条），在建5条；绵阳—遂宁、达州—陕西界、邛崃—名山3条高速公路将全面开工建设，纳溪—贵州界、广元—甘肃界、宜宾—重庆界、广元—南充、内江—遂宁、成什绵等6条高速公路也将陆续开工，并力争开工成都—自贡—泸州、达州—万州等高速公路。到2012年，我省将建成高速公路3 500公里，建成和在建高速公路总规模达到5 700公里，高速公路出川通道建成14条，在建4条，达到西部领先水平。

按照“合力建设黄金水道、促进长江经济发展”高层会议精神，抓住内河航运发展机遇，突出长江干流核心地位，促进长江港口向大型化、专业化、集约化方向发展，创造水运口岸优势，支撑以成都为中心的西部综合交通枢纽建设，带动嘉陵江、岷江支流实现共同发展。加快泸州、宜宾两个枢纽港口集约化建设，扩建宜宾和泸州两个港口大吨位、集装箱码头，短期内尽快形成与西部综合交通枢纽相适应的100万标箱集装箱吞吐能力，打通宜宾—

泸州出川的长江黄金水道，加快推进岷江航运综合开发和乐山港的规划建设，实现嘉陵江四川境段全江渠化和岷江航道（乐山—宜宾）常年具备大件运输通行条件，形成以长江、嘉陵江、渠江、岷江等高等级航道为骨架，干支结合、水陆联运、功能完善的内河航运体系，打通嘉陵江至长江、岷江至长江水运出川大通道，提升长江水运通行能力和服务能力，有效对接长三角。

围绕加快构建主枢纽、分层次形成枢纽。加快干线公路和农村公路建设力度，完善路网结构，加快断头路建设，提高路网技术标准和服务水平，充分发挥国省干线公路和农村公路网络对西部综合交通枢纽的纽带和集散作用。加快与铁路、航空等运输方式的衔接，适应产业发展的需要，促进城乡统筹发展。2008 年到 2012 年，我省将新改建一、二级干线公路 4 000公里，使全省一、二级公路达到 1.6 万公里，实现内地干线公路和三州国道、重要省道基本达到二级公路标准。新增通乡油路和水泥路 1.8 万公里，通村油路和水泥路 6 万公里、通村公路 6 万公里，基本实现乡乡通油路和水泥路、村村通公路、60% 的村通油路和水泥路。

同时，加快民族地区、革命老区、旅游区公路建设。“十一五”期间，甘孜州将形成以国道 318 线和 317 线为主骨架、通过泸石路快速连接雅西高速公路的干线公路网络；阿坝州形成以国道 213 线和 317 线为主骨架、通过都汶公路快速连接高速公路的干线公路网络；凉山州将形成以国道 108 线为主骨架、纵贯全州的高速公路大通道及干线公路网络；巴中市通过建设广巴高速公路，构筑大通道，实现与成都的快速连接；仪陇县完成“两路一桥”项目建设，通过加快农村公路建设，实现油路到乡、公路到村的目标；完善大九寨旅游环线公路建设，加大川西自然生态旅游和重点红色精品旅游线路交通项目的投入，加快香格里拉旅游干线公路建设，四姑娘山旅游公路将被打造成为全国旅游公路建设新的示范工程。

5.12 汶川地震发生后，我省高度重视发挥交通在灾后恢复重建中的先导性、基础性作用，注重功能恢复和保障能力的提高，优先恢复重建生命线工程，迅速启动了一批灾区恢复重建和群众生产生活急需的公路项目，安排先期启动都江堰—映秀、广元—陕西界、广元—巴中、雅安—石棉 4 条在建高速公路 355 公里、国道 213 等 19 条国省干线公路约 1 228 公里、农村公路 3 000 公里和德阳什邡、绵阳涪城区平政客运站项目。我省编制完成了《四川汶川地震灾后综合交通恢复重建规划》，纳入灾后恢复重建的交通项目可提前实施。如国道 317、省道 303 等一批国省干线公路，原规划“十二五”期间开工，将提前启动建设，并新增了绵竹－茂县等重要国省干线公路项目。绵竹－茂县、成都－汶川等重要国省干线公路、成都双流、九寨黄龙机场等纳入国家《汶川地震灾后恢复重建总体规划》。国家将在政策、资金等方面加大对灾后恢复重建项目的支持力度，我们要按照省委要求，做好灾后交通恢复重建规划的组织实施工作，抓紧再启动一批具有先导性、基础性作用的交通恢复重建项目，为全面推进灾后恢复重建奠定基础。

（二）开拓创新，建立适应加快交通发展的新机制

以构建枢纽为纲，树立大交通和大物流理念，加快建设创新型交通行业。创新交通建设体制机制，建立政府主导、统一规划、分级负责、部门联动、多元主体、市场运作的高速公路建设新体制；建立政府主导、统一规划、省市联动、以市为主、以企业为主体、市场运作

的水运港口建设新体制；努力构建“政府主导、分级负责、各方参与、共同推进”的农村公路建设、管理、养护、运输发展新机制。完善农村公路建设体制，主动搞好农村公路建设的监督、指导和服务。基本实现“油路到乡、公路到村”的总体目标，步入农村公路建设、管理、养护、运输一体化发展轨道，充分发挥农村公路在社会主义新农村建设中的先导作用。

创新公路养护管理方式，全面推广路面管理系统和桥梁评价系统，实现预防性养护和及时大中修，力争尽快取得突破和进展。加快建立交通建设、管理、养护、运输服务一体化发展机制，加快新时期公路水运建管养运体制改革，加快建设、加强管理、改善养护、发展运输，实现统筹协调发展。按照事企分开、管养分离的原则改革现有公路养护体制，不断提高交通服务能力。

创新交通建设投融资机制，搭建融资平台，加强金融合作，拓宽融资渠道，增加融资工具，增强融资能力，扩大融资规模；充分发挥市场机制作用，组建高速公路项目业主公司，主要采用股份制方式，原则上都要有社会投资主体和受益市县的资本金进入；加大交通领域对外开放、吸纳境内外社会资本的力度，高速公路、高等级公路、大型桥隧、水运港口等项目，更多地通过 BOT 等市场运作方式面向国内外招商。

创新运输行业管理方式，切实实行政企分开。发挥市场对配置运输资源的基础性作用，政府不再有直属企业，只承担行业管理、运输法规和规章制定、运输安全监督、运输市场准入等职能。进一步建立和发展公开、公平、公正的运输市场，建立运输市场准入制度，放开运输经营，反对运输行业垄断和不正当竞争。按照建立现代企业制度的要求推进交通运输企业改革，全面推进股份制建设，按照抓大放小的原则，大中型企业走集团化、集约经营道路，小型运输企业采用合作股份制等多种形式进行改革。

大力推进科技创新，增强自主创新能力，加强对关键技术、节能环保、信息服务、交通安全等方面的科技研究。建立科技人才培养激励机制，深化科技体制改革，形成以市场为导向、以企业为主体、产学研结合的科技创新体系。

（三）推进转型，积极发展现代交通业

推进交通由传统产业向现代服务业转型，转变交通发展方式，提高交通基础设施现代化水平和交通行业综合服务能力，发展现代交通业，促进经济社会发展。努力转变依靠单一运输方式的发展，加快建立统筹协调、衔接配套的综合运输体系。建立客货运输枢纽设施、综合物流设施、市政、铁路、公路、港口统一规划建设的协调机制，发挥公路水路运输方式的比较优势，加强公路水路与铁路航空等运输方式的有效衔接。做好旅客运输、物流货运站场的综合规划，提高服务能力，完善综合运输物流园区和节点建设，加强与工业开发区、物流园区和货物集散地的协调，完善多式联运节点布局，为发展综合交通运输体系，构建综合交通枢纽发挥基础和骨干作用。积极发展现代交通物流业，开辟交通发展的新领域。鼓励发展集装箱运输，促进一体化联运和第三方物流的发展，引导市场主体发展规模化、集约化运输。加快培育和鼓励发展跨区域、网络化、规模化经营的运输企业、货运代理企业和大型现代物流企业。打破行业和区域封闭格局，实现货运无缝衔接和客运“零换乘”，降低物流成本，提高物流效率，服务西部物流中心建设。

强化交通公共服务功能，拓展服务范围，规范服务标准，提高服务水平。整合交通信息资源，积极推进智能化、信息化、数字化交通运输系统建设步伐。加快城乡、区域交通一体化进程，加快道路运输城乡一体化和运营公交网络化改造。加快农村公路和农村客货运发展，促进城乡运输服务均衡化，为加快城乡群众提供完善的运输服务。全面落实川九建设理念，建立覆盖交通建设各个环节的资源节约和环境保护措施，科学布局线路走向，节约、集约利用土地和岸线资源，建设公路、港口环保工程。建立节能减排指标体系和监测考核体系，大力发展污染小、运能大的运输方式，推广车船节能技术，提高运输装备水平，建设生态交通。

回顾过去，我省交通事业走过了30年辉煌的历程。展望未来，四川交通将发生更加深刻的历史性变化。我们坚信，在党的十七大和省委九届四次全会精神的指引下，在交通运输部的大力支持下，在社会各界的广泛参与下，经过广大交通干部职工的团结拼搏，艰苦奋斗，一定能够克服前进中的困难，夺取交通现代化建设的新胜利，创造更加美好的明天，为推进我省构建枢纽、建设高地做出新的更大的贡献！

贵州发展的金光大道

贵州省交通厅

贵州地处云贵高原东麓，境内山高谷深，沟壑纵横，山地占全省总面积的87%。到中华人民共和国成立之时，贵州能够通车的公路里程仅有1 950公里，落后的交通严重影响贵州与其他省区的交流和沟通，制约着贵州经济社会的发展。

党的十一届三中全会给贵州交通发展注入了强大的动力，在贵州省委、省政府的正确领导和交通部（交通运输部）的大力支持下，经过全省上下30年来的艰苦努力，贵州交通迅猛发展，实现了重大突破，由此而呈现出划时代的巨大变迁。

一、改革开放的历程回顾

贵州交通改革开放以来的30年，是风起云涌、波澜壮阔的30年，是锐意改革、不断进取的30年，也是硕果累累、成就斐然的30年。其间，贵州交通曾经历了改革开放过程中的困难和阵痛，逐步走上快速、协调可持续发展的科学发展道路。按照30年来不同发展特点和发展成效，可简略分为四个时期。

第一个时期：1979年~1985年，运输业开始向市场化方向发展，全社会办交通的局面开始形成。

1978年前，贵州省公路营运车辆基本都属国有交通运输企业，经营管理体制高度集中。非营运性车辆虽然数量较大，但所属单位较多，主要用于自有物资的运输，全省民用车辆总数为34 692辆，其中，公路运输部门拥有各类营运车辆5 116辆。人民群众“乘车难”、“出行难”问题十分突出。党的十一届三中全会召开后，特别是改革开放后，农业生产、生活需要和农产品量的大幅增长，带来了更加严重的运力紧缺矛盾，交通系统大胆对运输市场和运输管理体制进行改革。

一是逐步放开运输市场，鼓励个体（联户）、集体或其他经济实体车辆参与市场运输，解决运力严重不足问题。特别是1983年全国交通工作会议提出“有河大家走船，有路大家行车”，1984年全国交通工作会议提出“各部门、各行业、各地区一起干”和“国营、集体、个体一起上”的运输发展方针，交通运输市场逐步放开，出现了多家经营、多层次、多渠道、多形式的运输格局，长期困扰人民群众的“乘车难、运货难、修车难”问题在很大程度上得到缓解。二是针对市场放开后出现的运价混乱、空驶增多、运效不高等问题，制定了《公路运输市场“四统”管理暂行规定》，对运输市场实行“四统”：统一管理货源、统一平衡运力、统一计费标准、统一供应油料。“四统”办法的实施，在一定程度上整顿了运输市场秩序，但又出现了资源配置不合理的问题，束缚了运输业的发展。1984 年颁行了《贵州省改进公路运输管理实施办法》，取消了“四统”，将一般物资运输列入指导性计划，开始引入市场竞争机制。三是制订了《贵州省公路运输暂行办法管理实施细则》等一系列行业管理法规、标准，加强对运输从业人员的法规宣传和行业培训，运输行业管理和市场调控能力得到不断提高。四是明确贵州航运管理体制实行省、地、县三级管理，重申各级航运管理机构是代表各级政府管理水路运输行政、业务的归口管理部门。

这一时期的公路、水路交通基础设施建设受资金紧缺等因素的影响，总体发展情况还不尽如人意，但以赤水河大桥、榕江大桥、鲤鱼塘转体桥、惠水卧龙大桥、剑河大桥等桥梁的竣工通车为代表，标志着交通基础设施建设开始逐步加快。特别是 1984 年，时任总书记的胡耀邦同志在视察贵州公路时指出，“不要搞‘单相思’，过去一讲交通，就只想到铁路，没想到水路、公路，云贵川要帮助农民富起来，就要把公路提到非常重要的地位，没有交通，就没有商品，产品就要变成废品，需要把各部门的思想弄通”。胡耀邦同志讲话在贵州引起强烈反响，公路交通在贵州经济社会发展中的地位和作用得到加强。结合国家库存粮、棉、布补助，采取“民办公助”、“以工代赈”等办法加快建设县、乡公路的政策，贵州省农村公路建设迎来了新一轮发展。与此同时，高等级公路建设问题被提上议事日程，省政府成立了以分管副省长为指挥长的公路重点工程建设指挥部，贵阳至黄果树、贵阳至花溪、大方至纳溪高等级公路前期工作开始启动，省、地、县共办交通的局面开始形成。

在公路养护体制上，1979 年，省政府决定将原下放各地、州、市的公路养护体制收归省管，公路养护逐步推行道班养护、道群合养及群众养护三种形式。

第二个时期：1986 年 ~ 1997 年，高等级公路建设开始启动，干线公路保畅取得积极进展，行业体制改革迈出新的步伐。

1986 年 8 月 15 日，贵阳至黄果树汽车专用公路的开工建设，拉开了贵州高等级公路建设的帷幕，标志着贵州交通发展一个新的时期来临。在随后几年里，贵阳西南环线公路、贵阳至花溪公路、大方至纳溪公路等一批高等级公路开工建设并竣工通车。贵州省委、省政府出台了《省人民政府关于贵阳至黄果树等重点公路工程项目征地及拆迁补偿的通知》等一批文件，解决公路建设征地拆迁中存在的问题，采取“自家娃娃自家抱走”的办法，加快征拆进度。并明确从省级财政拿出一定的资金支持交通加快建设，全省高等级公路建设开始起步。与此同时，“以工代赈”、“民工建勤”、“民办公助”建设县、乡公路进入较快发展时期。县乡公路通行条件得到较大改观，省粮棉布补助修公路办公室多次荣获国务院颁发的“全国民族团结进步先进集体”奖牌。同期，北盘江航道百层至两江口 85 公里航道和赤水河赤水至岔角 103 公里航道整治工程完工，内河通行能力得到较大改善。

1987 年，时任贵州省委书记的胡锦涛同志对贵州交通工作给予高度评价——“近几年交通建设成绩显著。望交通厅继续在深化改革、抓好落实上下功夫。”胡锦涛同志的批示给了全省交通系统广大干部职工以极大的鼓舞，基础设施建设全面推进，交通建设成为当时经济社会发展的一大亮点。交通系统广大干部职工克服了建设资金严重不足等问题，相继开工建设了贵阳至遵义、贵阳东出口、贵阳东北绕城线等高等级公路，制定了“一横一纵四联线”公路骨架路网规划，加快高等级公路建设的指导思想开始明确，高等级公路建设的一系列配套措施和规定开始制定完善。

在行业管理和体制改革方面，这段时期调整变化较大，涉及到了公路建设、运输管理、水运建设、征费稽查、管理体制等等方面。

1. 高等级公路建设管理机构发生变化

1992年，经省编委批准同意，为有利于全省高速、高等级公路集中统一指挥，提高管理效益，撤销省高等级公路征费处、管理处及所属各机构，建立省高等级公路管理局，省高等级公路管理局的主要职能是：负责全省高等级公路及公路设施的修建、养护、维修和路政、运政、稽查、收费等工作；负责道路绿化、监控、车辆救援和服务设施的经营管理以及公路正式接养前的临时养护管理。1993年，经贵州省人民政府办公厅批复同意，在原省重点公路建设指挥部基础上成立贵州高速公路开发总公司，负责全省高等级公路的筹资、建设和建成后的营运工作。

2. 交通监理和车辆养路费征收管理体制发生重大变化

1986年10月，根据国务院《关于改革道路交通管理体制的通知》（国发〔1986〕94号）文件要求，原交通监理机构及人员划归公安部门，留下的部分人员继续征收养路费。1987年1月，省交通厅撤销所有监理机构，设养路费征收处，原属监理所、站相应改为养路费征收所和养路费征收站，实行条块结合、以条为主，分级管理体制。1993年10月，经省编委同意，成立贵州省交通厅征费稽查局，各市（地、州）成立征费稽查处，各县（市、区）成立征费稽查所，形成局、处、所三级管理。1996年9月和1997年1月，贵州省人大分别审议通过了《贵州省公路养路费征收使用管理条例》和《贵州省公路养路费征收实施办法》，明确了交通征稽机关的法律地位，推进了公路养路费征收工作法制化、正规化建设。

3. 公路养护体制经历了“下放”又“收回”一个变迁轮回

1994年，根据省政府《关于交通管理体制改革中几个问题的决定》文件精神，原省交通厅所属9个公路养护总段及68个养护段、9 870公里国、省、县道公路改变隶属关系，划归各市、州、地归口管理。实践中，受资金、体制等方面的影响，公路养护水平和质量出现较大滑坡，全省公路完好率大幅下降，社会反响较大。针对出现的问题，贵州省委、省政府果断作出决策，由省拿出专项资金贴息向银行贷款，并在交通部的大力支持下，实施了声势浩大的公路“保畅工程”，1996年~1997年共改造公路502公里，使省会贵阳到各市、州、地政府（行署）所在地和重要县市的通行能力、通行条件得到较大改善。在此基础上，于1997年将下放的公路养护机构全部收归省管，明确了国省干线由省交通厅负责养护管理，并将省公路局明确为副厅级事业单位，县、乡、村道由各市、州、地政府（行署）负责养护管理。至此，贵州省国省干线公路管养体制经历了三次下放、三次收回的历程，用实践再次证明了公路管养体制的确立必须结合各省特点，由省统筹管理干线公路，更适合贵州这样一个经济欠发达、欠开发的西部省份。

4. 对港航监督管理体制进行改革

1987年省政府黔府（1987）248号文转发省交通厅《关于改革港航监督管理体制的报告》，将全省港航监督管理体制从原来按处、所、站三级设置、以条条管理为主，改为条块结合、以块为主，各港航监督所、站全部改由地方为主管理，省航运局负责业务指导。

5. 公路运输体制改革与探索走出新路子

这段时期，是公路运输管理体制从计划型向市场型转变、运输市场从封闭型向开放型转变力度较大的一个时期。在管理体制上，1988 年，针对公路运输市场迅速放开，行业行政管理滞后的实际，经省编委批准，在撤销省交通厅运输管理处和省汽车运输公司的基础上成立了贵州省公路运输管理局；1994 年，按照省政府下发的《关于交通管理体制改制中几个问题的决定》，将省直管的 11 户汽车运输企业 3 808 辆营运车辆、252 个车站、27 085 名干部职工整体划转所在市、州、地管理，省公路运输管理局集中力量加强对全省道路运输行业的管理。在法规制度建设上，1996 年颁布实施的《贵州省道路运输管理条例》，是贵州省第一部道路运输行业管理地方性法规。它的出台，标志着贵州道路运输行业管理工作逐步走上了法制法、规范化的发展道路。除《贵州省道路运输管理条例》外，全省还出台施行了大量的管理规范性文件，内容涉及公路客运、货运、驾驶员培训、汽车维修、检测等方方面面，仅“九五”期间，就先后制定行业管理规范性文件和技术标准 20 多个，运政管理法规体系初步建立完善。在市场培育上，1998 年开始推行运输企业经营承包制，允许个人购车从事客货运输，允许各类经济部门、社会团体、企事业单位自备车辆参加社会运输，公路运输市场全面放开。随着改革开放的不断深入，运输企业内部改革不断深化，“自主经营、自负盈亏、自我约束、自我发展”的经营主体地位逐步建立。企业管理体制不断健全，市场竞争机制不断形成，运输组织结构、运力结构调整力度不断加大，中、高档车辆和专业运输车辆急剧增加。高等级公路资源优势建立的快速客运系统、开往沿海省区的跨省超长客运、深入乡村的农村客运得到较快发展。货运配载、信息服务网络等有形货运市场逐步建立，汽车维修、检测能力和水平明显增强，统一开放、公平竞争、规范有序的道路运输市场初步形成。

第三个时期：1998 年～2001 年，基础设施建设提速，行业建设有喜有忧

1998 年，国家开始实施西部大开发战略，给贵州这样一个欠发达、欠开发的西部内陆山区省份带来了难得的发展机遇。国家有关部委在政策上、资金上向西部地区倾斜，交通部加大了对贵州的帮扶力度。贵州省委、省政府提出，坚持把以公路为重点的交通基础设施建设摆在经济社会发展的当务之急和重中之重，银行等金融组织积极支持交通建设，前几年的发展形成了一定的发展经验和人员、队伍、设备等储备，全省交通由此揭开了新的发展篇章。

1998 年 9 月 2 日，贵州省人民政府作出《关于加快公路建设的决定》，要求各级、各部门要进一步提高对加快公路建设重要意义的认识，把公路建设作为全省交通建设的重中之重抓紧抓落实；积极为公路建设提供宽松的投资环境；切实做好公路建设征地拆迁工作；强化管理，抓好工程质量，加快公路建设；抢抓机遇，以公路建设带动全省经济加快发展。2000 年 5 月，贵州省委、省政府下发《关于实施西部大开发战略的初步意见》（省发［2000］9 号），明确指出，要加强以公路为重点的交通建设，从战略眼光出发，下更大的决心，以更大的投入，先行建设，适当超前，集中力量解决基础设施落后这个主要矛盾。

从这个时期开始，贵州的重点公路建设速度全面加快。高等级公路建设充分利用“贷款修路、收费还贷、滚动发展”政策加快建设步伐，国家补助资金和省财政投入资金使用效益得到极大发挥，贵阳至新寨、贵阳至毕节、凯里至麻江等高速、高等级公路相继建成通车，玉屏至铜仁、关岭至兴义、镇宁至水城、清镇至黄果树等一批高速、高等级公路开工建设。依托国道主干线经过贵州省境内路段，提出了构建“二横二纵四联线”高等级公路骨架体系的发展规划，计划于2020年前完成，规划完成后，贵州可形成以贵阳为中心、连接各市州地的高等级公路主骨架，该规划的出台，为一段时期贵州加快高速、高等级公路明确了发展目标和方向。

从这个时期开始，贵州的公路路网改造和农村公路建设也开始提速。前两年完成的公路“保畅工程”主要解决了省会贵阳至各市、州、地政府（行署）所在地的公路保畅问题。全省公路路面通行能力和水平整体还较差，为此，贵州省委、省政府提出，要加大力度实施公路路网改造工程，加快提高县县之间以及通往邻省、工矿区和旅游区的公路等级，逐步提高公路的通达深度，尽快形成连接邻省、沟通城乡、适应经济社会发展的公路运输体系。从2000年和2001年的每年3 000公里县乡公路改造工程，到随后几年提高到每年5 000公里，公路路网改造成为当时除重点公路建设以外的另一个建设重点，省委、省政府每年均把县乡公路改造工程纳入当年承诺要办的“十件实事”，在政策、资金上给予大力支持，公路通行能力得到了很大程度的提高。

水运工程建设加快发展进程。对乌江的大乌江至龚滩264公里航道按五级航道标准进行了系统整治，兴建了一批港口码头及配套设施，贵州北入长江的水路主通道通行能力和条件得到较大改善。开工建设了重点水运交通建设项目——西南水运出海通道中线起步工程(贵州段)。

行业管理力度不断加大。一是交通法制建设加快推进。1999年7月《贵州省高等级公路管理条例》经省人大常委会审议通过颁布施行。《贵州省公路路政管理条例》经省人大常委会议审议通过，并于2001年11月颁布实施，为依法治路、依法行政，强化公路路政管理提供了可靠的法律依据。清理交通行政审批事项和地方性法规规章取得实效，2001年，按照全省统一部署，对交通行政审批事项进行了清理，共清理行政审批项目236项，同时对地方性法规、地方政府规章和其他政策措施也进行了对照清理，共清理地方性法规5个、政府规章2个、政策措施148个。二是公路建设市场构建和建设过程监管开始展开。这个时期，交通部出台了《公路建设市场管理办法》、《公路建设监督管理办法》等文件，对构建“统一、开放、竞争、有序”的建设市场秩序、加强对公路建设过程的管理等做出了明确规定，贵州规范公路建设市场秩序的工作开始推进，公路从业单位资信等级管理办法开始实行。其间，由于制度、体制等还不够健全完善，发生了卢万里腐败案，给贵州交通造成了严重的负面影响。强化制度建设，理顺管理体制，保障交通事业健康发展，成为更加迫切和现实的需要。三是道路运输结构调整逐步展开。2000年，按照交通部要求，对道路运输企业资质进行重新评定，以此为切入点，道路运输企业组织结构调整和运力结构调整开始启动。四是整顿道路客货运输市场秩序初见成果。按照国家和省关于清理整顿道路客货运输市场秩序的有关意见及方案，从2001年起，对非法营运车辆和无牌无证“黑车”、“黑户”，以及靠不正当竞争手段争抢客货源，欺行霸市，严重损害合法经营者权益，经营行为不规范，运输秩序混乱，行业乱收费等问题进行认真清理整顿，查扣处理了一批违规车辆，清理整顿了一批从业人员，全省道路运输市场秩序逐步规范。五是多渠道筹集建设资金取得新成果。为解决交通建设资金不足问题，经招商引资，将贵阳至清镇和贵阳东出口高等级公路经营权转让给香港招商局，成为贵州第一条招商引资成功的交通项目，为拓展筹资渠道进行了积极的探索。

六是车辆购置费改税工作开始启动。2000 年 10 月，根据国务院《批转财政部、国家计委等部门〈交通和车辆税费改革实施方案〉的通知》（国发〔2000〕34 号）精神，车辆购置附加费改为车辆购置税，并暂由征稽部门代征。同年交通发展基金改为客货运附加费，并明确主要用于公路及其配套设施、全省汽车站场和征管设施的建设。

第四个时期：2002 年至今，用科学发展观统领交通各项工作，和谐交通建设取得显著成就。

2002 年，党的十六大提出了科学发展观的发展理念，确立了加快小康社会和社会主义和谐社会的发展目标，给贵州交通工作指明了前进的方向；国家决定继续实施西部大开发战略，给贵州交通工作增添了强大动力，全省交通工作迎来了千载难逢的黄金发展期。这个时期成为了有史以来贵州交通建设投资最多、规模最大、效益最高、质量最好、速度最快的一个时期。

1. 基础设施建设全面发展，成效显著

重点公路、公路改造和农村公路建设齐头并进。2002 年～2008 年，全省新增高速高等级公路 1 220 公里，其中高速公路 787.8 公里。清镇至黄果树、崇溪河至遵义、三穗至凯里、玉屏至三穗、镇宁至胜境关、扎佐至南白、玉屏至铜仁、镇宁至水城、关岭至兴仁、兴仁至兴义等一批高速高等级公路相继建成通车。西南公路出海通道全线贯通，上海至瑞丽和重庆至湛江公路经过贵州的一横一纵两条国道主干线基本建成。开工建设了贵阳西南绕城公路、都匀至新寨、百腊坎至茅台、水口至格龙、格龙至都匀、贵阳至都匀、贵阳南环线绕城公路、水城至盘县等一大批高速公路，目前在建里程达到 638 公里。国家高速公路网项目和一批省规划高速公路项目前期工作全面展开。

在交通部的大力支持下，启动并实施了通县油路工程和西部县际油路工程，围绕重要城镇、工矿区、旅游区、出口路，实施了二级公路建设工程，加大了公路路网改造力度，累计改造公路 10 602 多公里，其中开工建设二级公路 1 925 公里，全省所有县市均通了沥青路或水泥路，国省道路面铺装率达到 92.73%，公路路网服务水平大幅提高，"贵州到，汽车跳"的屈辱历史从此一去不再复返。

为认真落实国家有关"三农"问题的决策部署，积极支持社会主义新农村建设，贵州省启动了有史以来规模最大的农村公路通达通畅建设工程。全省共投入建设资金 144.1 亿元，建成通乡油路 152 公里，建成通村道路 72 180 公里，新增 9 个乡通公路、450 个乡通油路和 8 800 个行政村通机动车。同时启动了通村油路试点工程，实现了乡乡通公路、76.4% 的乡镇通油路和 73.9% 的建制村通公路，农村群众生产出行条件得到大幅改善，农村公路建设成为全省近年来交通发展的一个亮点，成为农民群众拥护欢迎的民心工程和德政工程。

公路枢纽和农村客站建设工程全面开建。按照交通部的统一规划，贵阳公路主枢纽和各市（州、地）的公路枢纽项目开工建设并基本建成投入使用。在继续加大对县级以上汽车站场建设和改造力度的基础上，启动了农村客运站场建设工程，开工建设了农村客运站场 448 个，建成农村客运站 400 个，部分农村公路还建设了方便沿线群众乘车的汽车招呼站。全省实现了所有的县（市、区）、部分乡镇和重要的旅游景区均有等级客运站，为促进城乡客运一体化创造了条件。

水路出省主通道基本形成。南北盘江、红水河航道整治工程和赤水河航运建设工程完工，至此，贵州省北入长江、南下珠江的三条出省水运主通道全部打通。结合“西电东送”库区增多，水域面积增大的实际，加快库区水运基础设施建设。共整治内河航道514.5公里，新增通航里程1 310公里，其中新增五级航道413.9公里，建成港口10个、泊位25个，新增港口货物吞吐能力562万吨、客运吞吐能力250万人次，全省内河通航里程达到3 442公里。实施了渡口改造和渡口改桥梁工程，共完成渡口改造项目460个，渡口改人行桥项目11个。

2. 公路、水路运输长足发展，运输市场秩序更加规范

随着基础设施建设力度的不断加大，运输业市场化、制度化、规范化建设的不断推进，运输企业生产能力大幅提高。中高档车辆和适航船舶数量增多，道路干线班车基本达到中级以上，市州地所在地到贵阳的班车基本达到高一级以上。车船类型更趋舒适、安全、合理，规模化、集约化、专业化、网络化发展方向成为运输企业发展的主流，传统货运业不断朝现代物流业方向转变提升。

这个时期，交通运输业发展的关键词是整顿、完善、提高，发展的目标是满足人民群众由“走得了”向“走得安全、走得便捷、走得舒适”转变。在2001年清理整顿取得的成果基础上，继续加大了道路运输秩序清理整顿工作。对无证经营的黑车，以及交通行业的行政收费和汽车客、货运站收费项目、收费标准进行了全面清理。对汽车客运站按照开放式经营、封闭式管理的要求，加强了行业管理工作，规范了经营行为。整顿、规范了汽车维修市场，对危险品货物运输进行了专项整治，道路运输市场秩序进一步好转。采用服务质量招投标的办法确定客运班线经营权，得到了社会好评；通过道路运政信息系统和运输公众信息服务网络传递和发布道路运输信息，得到了社会的欢迎；采取有效措施推进农村客运网络化建设，得到了农村群众的拥护。建立健全行业管理制度和规定，整顿了秩序，强化了管理，提高了效率。全省公路客货运输量大幅增加，在综合运输体系中所占比重稳列首位。水路运输效益不断体现，社会兴办航运的积极性不断增强。省际区间短途运输量、水上旅客运量快速增长，北入长江、南下珠江的长途运输取得长足进步。年货运量打破过去在180万吨徘徊的局面，2005年完成货运量首次突破500万吨大关。

3. 交通法制建设不断加强，依法行政能力明显提高

《贵州省水路交通管理条例（草案）》省人大常委会审议通过并颁布，《贵州省收费公路管理条例（草案）》、《贵州省道路运输管理条例（修订）》列入省人大立法调研项目。制定了《贵州省交通行政执法过错责任追究规定》等一批内部管理制度，形成了交通依法行政体系。认真贯彻落实《行政许可法》，交通行政审批制度改革取得阶段性成果，政府职能进一步转变。加强对各级交通领导干部和行政执法人员的培训，完成了“四五”普法教育有关工作，“五五”普法教育工作全面展开。从2003年开始，在全省启动了车辆超限超载治理工作，坚持用经济、法律等手段综合治理车辆超限超载运输，恶性超限超载车辆从治理前的80%下降到4%左右；实行了电煤、煤气用煤“一卡通”，保障电煤、煤气用煤的运输；全面开通了鲜活农产品流通绿色通道，对整车合法装运鲜活农产品的车辆行驶省内所有收费公路一律免收通行费。积极推进外挂调驻车辆清理整顿工作。大力抓好公路收费站的清理整顿，2005年2月实现了全省所有公路基本无“三乱”。

4. 交通改革取得重要进展，交通发展活力不断增强

坚持把深化改革作为加快发展的根本动力，针对影响交通科学发展、和谐发展的体制机制性矛盾，积极稳妥地推进重点领域和关键环节的改革。

交通建设投融资体制改革取得突破，充分利用好国家倾斜政策、补助资金和交通规费资金，鼓励和引导各级地方政府和社会力量以多种方式参与建设，共办交通取得新进展。将效益好的路和效益不好的路进行捆绑融资，实行统贷统还，为筹措二级以上公路建设资金趟出了新路。贵阳至都匀高速公路项目采用 BOT 方式招标选择投资人取得实质性成果。对水城至盘县等高速公路项目采用施工总承包加部分投资人招标筹集建设资金进行了新尝试。

公路养护管理体制改革稳步推进，按照事企分开、管养分离、权责统一、分级负责、强化监管、照章畅通的基本思路，公路养护运行积极推进养护工程市场化运作和招标投标制，小修保养工程费制、定额养护、合同管理和计量支付已在全省公路养护管理系统广泛推行。《贵州省农村公路管理养护体制改革实施方案》经省政府批准在全省推行，进一步明确和落实了农村公路管养主体、养护资金来源、养护队伍精简、建立养护市场机制、提高管养效率等问题。在全省高速公路全面启用了计重收费和联网收费系统，提高了收费效益，增强了服务质量，方便了过往车辆和司乘人员。

公路建设市场管理体制改革取得新成绩，在二级公路建设上积极探索并推行政府投资项目代建制和施工设计总承包制。研究探索形成了一整套以合理低价中标制度为主要内容的招投标管理办法，减少了人为因素对招投标工作的干扰。交通建设市场诚信体系建设全面推进，实行动态管理，确保信誉好、能力强的施工建设队伍进入贵州省交通建设市场，对进入交通建设领域的重点产品实施认证制度。

国有交通企业的改革改制逐步推进，完成了思南船厂“国退民进”股份制改造和企业职工身份置换工作；红枫湖旅游轮船公司整体移交贵阳市进行管理；乌江轮船公司调整经营结构、实行经济性裁员初见成效；省交通科研所和交通规划勘察设计研究院平稳转制，生存发展的空间得到有效拓展。其他企业改革改制工作方案正在抓紧制定。

在重点抓好以上改革的同时，经省政府批准，2004 年划归省国资委管理的贵州高速公路开发总公司 2007 年重新划转省交通厅管理。建立健全了全省海事机构，统一了机构名称、规格和编制，落实经费和分级管理责任。完成了车购税费业务和人员移交国税部门进行管理的工作。在省交通学校、省驾驶技校和省交通干部学校合并基础上组建了贵州交通职业技术学院，该院经过组织评审，成为全国示范性重点职业技术学院。

5. 交通可持续发展能力明显增强，和谐交通建设取得新的成绩

坚持规划先行，完成了到 2020 年以前《骨架公路网规划》、《旅游公路发展规划》、《经济公路发展规划》、《内河航运发展规划》和《贵州省公路水路交通“十一五”规划》、《贵州省公路水路交通发展战略研究报告》、《农村公路发展规划》、《贵州省农村乡镇客运站建设规划》、《贵州省乡镇渡口规划》等一批行业发展规划的编制和报批工作。经“十一五”交通规划中期评估，“十一五”前 3 年各项交通建设指标完成情况较好，在此基础上，启动了“十一五”和到 2020 年规划的修编工作。

坚持以人为本，关爱生命，大力实施公路“安保工程”和危桥改造工程，加大渡口船舶改造力度，改善安全生产设施、环境和条件，强化安全监管，安全生产形势总体平稳，事故起数和死亡人数持续降低，水上安全生产连续多年刷新最佳历史记录，2005 年首次实现年内无重、特大事故。

坚持建养管并重，切实加强公路养护管理工作，公路技术等级、养护质量和服务水平不断提高。

坚持科技兴交战略，紧紧依托交通部西部科技项目和省内项目的研究，鼓励科技创新，加强科技攻关。攻克了一批交通建设关键技术，培养了一批交通科技人才，一批科技项目荣获省部级科技进步奖。

坚持统筹交通与社会自然环境和谐发展，基础设施建设上全面实施“三同时”制度，高度重视环境保护和水土保持，节约使用自然资源，落实最严格的耕地保护政策，高度重视并正确处理好工程建设与保护生态和环境的关系，高度重视人民群众最关心、最直接、最现实的利益问题和热点问题，正确处理好工程建设与沿线群众的关系、交通发展与经济社会发展的关系，畅通社会诉求渠道，维护社会稳定，交通服务质量和服务水平不断提高。

6. 深入扎实抓好交通系统党的建设和党风廉政建设，行业文明建设取得较好成绩

巩固和加强党的基层组织建设，稳步推进新党员发展工作，干部职工思想素质不断提高。坚持民主集中制原则，大力推行科学民主决策，制定了《党组会议制度》、《交通厅工作规则》等 8 个议事决策制度。强化交通基础设施建设中的廉政工作，坚持一年一个主题抓好反腐倡廉教育，加快构建教育、制度、监督并重的惩防体系，坚持做到用制度管人、管事、管权。这一个时期，也是贵州交通系统的制度建设期，省交通厅及下属单位指定了大量周密的管理制度和管理办法，涵盖了基础设施建设、行业管理、反腐倡廉建设、党的建设和精神文明建设等等方方面面，并通过狠抓制度落实，始终保持了公路、水路交通事业又好又快发展，树立了交通良好社会形象。坚持以“学树创”和“三优一满意”活动为载体，大力开展行业精神文明创建活动，创建交通文明执法、文明窗口、文明行业示范工程成效显著，一批单位和个人获得“青年文明号”、“青年岗位能手”称号，近千余人次、300 多个单位获得地厅级以上的表彰。文明大道创建取得丰硕成果，先后建成贵遵、贵黄、贵新、贵毕公路文明大道，320 国道和 210 国道贵州段被评为部级文明样板路。

二、辉煌成就

改革开放以来的 30 年，是贵州省公路、水路交通发展最快的 30 年。交通固定资产完成投资大幅增长，建设规模全面宏大，公路、水路运输能力迅猛提升，科技创新水平显著提高，统筹发展的能力不断进步，服务经济社会发展的作用更加凸显，交通各项工作取得突破性进展。

1. 固定资产投资跨越发展

30 年来，全省公路、水路交通建设累计完成投资 1 181. 3 亿元，是中华人民共和国成立到 1978 年完成投资总和的 253. 3 倍。2008 年全省预计完成投资 200 亿元，是 1978 年完成的投资 1 799 万元的 1 124 倍。30 年交通固定资产投资实现四步大的跨越：分别是 1988 年完成投资上亿元（1. 29 亿元），1996 年上 10 亿元（11. 87 亿元），2004 年上百亿元（105. 3 亿元)，2008 年计划上 200 亿元。交通建设完成投资之巨，增长幅度之快，是历史上前所未有的。特别是西部大开发战略实施以来，全省公路、水路交通建设每年新增投资均达到数十亿元，年均增幅为 16.8%，年完成投资额占当年全省固定资产投资总额的 10% 以上，为拉动贵州经济社会发展做出了重要贡献。

2. 公路通车里程大幅增加

1978 年，全省公路通车里程 30 558 公里，公路密度为 17.98 公里/百平方公里，其中大部分为等外级公路，近 5 000 公里公路晴通雨阻不能正常通车，路面主要是泥结碎石路面，仅有高级、次高级路面 2 473 公里。改革开放后，贵州公路建设高潮不断掀起，通车里程大幅增长，特别是实施西部大开发战略后的几年，每年均以 10 000 多公里的速度递增。到 2007 年，全省公路通车总里程达到 123 247 公里，公路密度达到 69.96 公里/百平方公里，比 1978 年分别增长 92 689 公里和 51.98 公里/百平方公里。等级公路里程大幅增加，全省 55 517 公里等级公路基本均为改革开放后三十年建成，高级、次高级路面里程达到 26 113 公里，2001 年全省实现了县县通油路，2006 年消除了全省国省干线公路上的所有等外级公路。全省公路通行条件显著改善，干支结合、四通八达的公路运输网络基本形成。

3. 高速高等级公路从无到有

1978 年前，贵州省境内基本都是等外级公路，三级以上公路里程十分稀少，没有二级以上公路。1987 年贵阳至黄果树高等级公路的开工建设，拉开了该省高速高等级公路建设的新篇章，特别是西部大开发战略实施以来，建设步伐不断加快，建设里程快速增多。到 2007 年底，全省已建成二级以上公路 3 702 公里，其中高速公路 924 公里，在建 638 公里，省会贵阳到各市州地政府所在地实现了高等级公路连通，国道主干线重庆至湛江公路和上海至瑞丽公路在我省境内路段全部建成，“一横一纵四连线”高速、高等级公路主骨架网成为贵州省公路运输的主动脉。公路快速通道的加快形成，缩短了全省城乡以及周边邻省间的时空距离，改变了山区地形地貌制约，更加凸显了贵州作为西部公路交通枢纽的战略位置。

4. 农村公路建设成就显著

1978 年前，贵州省农村公路通达率很低，即使已建成的农村公路标准也很低，抗灾能力很弱，晴通雨阻问题十分突出，农村群众运输出行非常困难。改革开放后，国家加大了对农村公路建设的投入力度，20 世纪 80 年代后期到 90 年代中期，依靠“以工代赈”、“民工建勤”、“民办公助”建设了一批农村公路。特别是 2003 年后启动了大规模的农路公路建设工程，每年农村公路建设里程均在 10 000 公里以上，公路通达通畅率迅猛增长，2003 年全省实现了乡乡通公里。到 2007 年，全省实现了 68.7% 的乡镇通油路、64.8% 的建制村通公路、23.7% 的建制村通油路。农村公路建设成为群众欢迎、社会满意的民心工程和德政工程，为支持“三农”发展、社会主义新农村建设和维护社会和谐稳定提供了强有力的交通支持。

5. 汽车站场建设快速推进

1978 年，贵州省大多数县（市、区）都已建有公路客运站，但都是场地窄、设施差、功能单一的简易站场。从 1982 年开始，省交通厅开始投资新建、改造客运站场，截至 2007 年，共新建、改建县级以上客运站 295 个，总投资达到110 841万元，全省县、市、区以上城市均建有等级客运站。公路主枢纽和各市、州、地公路枢纽项目开工建设，部分项目已建成投入使用，客运站的面貌和功能得到极大改善。从2004年起，全省还启动了农村客运站场建设工程，截至2008年，建成乡镇客运站400个，农村群众乘车条件逐步得到好转。

6. 公路养护水平不断提高

改革开放前，贵州省内公路通车里程短、标准低，以泥结碎石路面和无路面公路为主，仅对少数主要干线部分路段作沥青表处，每年能够投入用于养路的资金十分有限。1978年，全省公路养路费总计支出仅为6 102万元，公路养护技术含量较低，专业技术人才较少，设施设备简陋，公路通行能力较差。改革开放后，随着公路建设里程的不断增加，建设标准的不断提高，全省汽车拥有量的大幅上升，全省投入公路养护的资金快速增多，公路养护技术含量和养护水平飞跃发展。2007年，全省投入用于公路养护管理的资金达到11.6亿元，是1978年的189.5倍。全省公路养护管理系统共有各类专业技术人才1 915名，其中高级职称171名，拥有各类专业养护设备近6 000台（套）。高速高等级公路、国省干道、县公路好路率分别达到100%、84.77%和76.2%，公路通行能力显著增强，基本实现了“顺畅、清洁、绿化、美化、安全”的管养目标。

7. 内河航道等级全面提升

1978年前，全省虽有通航里程2 802公里，但全部是没有水运配套设施的自然航道。其中，能够通行机动船的航道里程只有1 257公里，航道小（通航里程短、标准低、无等级）、散（航道零星、分散、不连贯）、弱（运输能力弱）、险（航行安全系数低）。改革开放后，尤其是实施西部大开发战略以来，贵州省航道建设突飞猛进，乌江、赤水河和两江一河（南、北盘江、红水河）3条出省水运主通道全部整治完工，其他航道等级全面提升，新增五级以上航道543公里，全省通航里程达到3 322公里，全省港口码头客运通过能力达到1 100万吨，货物通过能力1 000万吨。2008年还开工建设了贵州省第一条高等级航道——南、北盘江、红水河四级航道整治工程。水运建设工程的快速发展，有效解决了沿江地区人民群众的生产出行条件，加快了立体交通网络构建进程。

8. 公路、水路运输发展迅猛

1978年，全省拥有各类民用汽车32 459辆，到2007年，已增至650 502辆，是1978年的20倍。其中，1978年全省道路客、货营运车辆分别仅有823辆和2 892辆，到2007年，分别增加到26 472辆和103 682辆，年均增长12.7%和13.1%。1978年前全省没有中高级客车，2007年，全省中高级客车已达8 601辆，中高级客车已占客运车辆总数的32%。随着基础设施建设的不断加快和运输车辆的不断发展，公路客货运输量增长迅速，客运量和旅客周转量年均增长分别达到12.6%、11.3%，2007年完成客运量70 377万人和货运量18 834万吨，分别是1978年的31倍和27倍。公路运输占综合运输体系的比例从1978年的69.39%上升到2007年的96.88%，公路运输逐步实现向快捷、舒适、安全、高效转变，成为各项运输方式的排头兵和主力军。30年来，安全性更高、运输能力更强的机动船舶得到大力发展，曾经作为运输主要工具的专业木船全部退出运输市场。2007年全省机动船舶总数为1 991艘，比1978年增长1 884艘。2007年完成水运客运量1 084万人和货运量665万吨，分别是1978年的19倍和10倍。公路、水路交通对经济社会的贡献率不断提高，人便于行、货畅其流的交通运输网络加快形成。

三、经验总结

回顾三十年来的发展历程，贵州省交通工作加快发展，离不开党中央、国务院改革开放的英明决策，离不开贵州省委、省政府的坚强领导，离不开交通部等国家有关部委的大力支持，是全省上下共同努力的结果，是交通系统广大干部职工求真务实、艰苦奋斗的结果，工作中贵州省交通厅积累了一定的工作经验，总结了许多有益的成功做法。

1. 交通工作加快发展，必须坚持解放思想、实事求是的思想路线

改革开放以来的发展历程，是我国从计划经济向社会主义市场经济转型的过程，也是交通发展思想观念不断转变的过程。30 年来，贵州省交通工作紧密结合时代发展的新形势、人民群众的新要求、改革开放和现代化建设的新实践，坚持向社会主义市场经济体制转变，解放思想，积极探索，与时俱进，聚精会神搞建设，一心一意谋发展，大力争取社会各界支持交通建设，广泛发动和引导社会各方力量参与交通建设，努力建立完善适应交通加快发展的新体制、新机制，充分建立、发展各级交通干部职工投身改革发展伟大实践的信心和决心，解放和发展社会主义生产力。积极运用好有利于交通加快发展的政策、措施，逐步形成有利于交通加快发展的社会环境和内部环境。伴随着交通系统广大干部职工思想的不断解放，交通发展理念不断创新，发展手段不断强化、发展步伐不断加快、发展效益不断提高。可以说，没有解放思想、实事求是，就没有贵州交通快速发展的今天。

2. 交通工作加快发展，必须坚持改革开放、锐意进取的指导思想

面对艰苦的条件，30 年来，贵州交通系统坚持以改革求发展，在改革中谋出路，利用改革的办法解决影响交通加快发展的困难和问题。通过改革开放，交通建设资金不足问题得到有效解决，筹资渠道大为拓展，国内外许多金融组织贷款和社会民间团体及个人投资正在成为交通建设的重要来源。通过改革开放，适应交通发展的体制机制不断建立完善，产业结构不断调整，增长方式不断转变，各种经济成分在交通市场都得到了蓬勃发展，社会化、市场化、规范化、制度化的发展道路加快形成。通过改革开放，交通内部发展活力得到有效调动和发挥，机构人员不断精简，工作效率不断提高，激励约束机制不断建立完善，交通职工精神振奋，各项产业欣欣向荣。改革开放成为我省交通加快发展的重要武器。

3. 交通工作加快发展，必须坚持抢抓机遇、自力更生的发展方略

交通发展滞后，是贵州欠发达、欠开发的症结所在，然而由于欠发达、欠开发，发展交通的资金又十分匮乏。在自身造血功能不足情况下，国家支持力度的大小，决定了贵州交通发展速度的快慢。贵州交通改革开放 30 年取得的巨大成就，是国家大力支持的结果，是全省抢抓机遇、艰苦奋斗的结果。改革开放 30 年的前 20 年，即 1978 年至 1998 年，贵州交通运输业发展较快，而基础设施建设相对较慢，主要源于国家支持交通运输业发展改革的政策较多，基础设施建设只有粮、棉、布轻工产品“以工代赈”资金投入。全省交通基础设施建设发展较快的十年，即 1998 年至 2008 年，主要得益于国家出台了大量政策，拿出大量资金支持交通基础设施建设，内容涵盖贫困县连接国道、通县油路改造、农村公路建设、国道主干线高速公路建设、国家高速公路网项目建设，以及高速公路建设投资主体多元化和贷款修路、收费还贷政策等。应该说，国家的支持帮扶政策，是推进贵州交通基础设施建设的强大主动力。在抢抓发展机遇的基础上，全省上下坚持自力更生、艰苦奋斗，举全省之力加快交通发展步伐，省政府及各级地方政府出台政策、拿出资金支持交通发展，全社会及全省人民群众积极支持交通加快发展，交通系统广开资金渠道，盘活用足发展政策和资金，广大干部职工求真务实、顽强拼搏，致力推进交通加快发展，形成了全省共办交通的良好局面。

4. 交通工作加快发展，必须坚持突出重点、统筹兼顾的发展途径

交通工作涉及面广，千头万绪。30年来，全省交通工作坚持“突出重点、聚力完成、统筹兼顾、全面提高”的原则，紧密结合经济社会发展重点和全省交通实际，既集中力量办成了许多难以办到的大事，又促进了交通各项工作的全面进步。80年代，结合建设资金有限的实际，交通工作利用民工建勤和粮棉布以工代赈等办法，大力实施“八七扶贫攻坚计划”，加快通乡公路建设，根据经济社会发展的需要，集中力量开工建设了贵州第一条高等级公路——贵黄高等级公路。90年代，在继续加快高等级公路建设的同时，根据全省国省道公路损坏较为严重的实际，实施了公路“保畅工程”，使“贵州到，汽车跳”的屈辱成为历史。西部大开发以来的10年，贵州省在重点加快推进高速公路和农村公路建设的同时，全面推进汽车站场、水运设施、安保工程、危桥改造工程、公路养护工程建设，交通建设目标明确，成效显著。“统筹兼顾、突出重点”是“实事求是抓交通、集中力量办大事”的具体体现，实践证明是符合贵州省省情和交通发展实际的。

5. 交通工作加快发展，必须坚持科技兴交、人才强交的发展战略

交通加快发展，必然面对许多难以破解的技术难题。贵州交通系统坚持科学技术是第一生产力，举大力推进科技进步，在政策上、资金上、项目安排上向科研项目倾斜，制定了科技攻关计划，积极组织参加交通部西部科技项目的研究。通过30年来的不懈努力，许多技术通病和建设难题得到解决，大量新技术、新工艺、新材料、新设备在建设中得到广泛运用，科研成果多次获得省部级以上表彰，一些科研技术达到国内外领先水平。在抓好科技攻关工作的同时，省交通厅还坚持把人才引进和培养工作摆在突出位置，健全完善人才培养教育和选拔任用机制，积极引进交通发展所需人才，结合生产实践锻炼和发现人才，依托科技攻关培养人才，组织抓好职工再培养再教育工作，干部职工素质不断提高，高学历、高层次人才已成为交通建设的主力。科研水平的不断进步和人才智力结构的不断上升，为交通加快发展提供了强有力的技术支撑和人才保证。

6. 交通工作加快发展，必须坚持科学发展、和谐发展的思想观念

交通建设涉及面广、影响力大，与人民群众生产生活息息相关，没有科学发展、和谐发展的理念，就没有交通的健康发展、快速发展、可持续发展。改革开放以后，特别是进入21世纪以来，交通系统坚持以服务经济社会发展为宗旨，结合经济社会发展需求制定了交通发展规划，并努力做到规划先行，确保发展成果与经济社会发展目标相一致，最大限度为经济社会加快发展服务。坚持交通建设与环保生态相和谐，深入开展节能增效活动，走资源节约、环境友好的交通发展之路，大力发展交通循环经济，交通生态文明建设成效显著。坚持以人为本，努力促进交通与社会和谐进步，高度重视工程建设质量和安全生产，大力构建平安交通，正确处理好涉及到人民群众切身利益的问题，正确处理好社会反映强烈的热点、难点问题，努力为广大人民群众提供方便、快捷、安全的服务，交通建设与社会和谐共生、共同进步的良好氛围基本形成。以科学发展观统领交通各项工作，依然是今后交通工作必须长期坚持的重要原则。

7. 交通工作加快发展，必须坚持依法行政、强化管理的保障措施

好的目标需要好的纪律和制度做保障，需要好的队伍来完成。30 年来，贵州省交通厅大力推进交通法制建设，依法治交、依法行政能力不断提高。大力推进政府职能转变，在服务中实施管理，在管理中体现服务，服务型政府建设卓有成效。大力推进党的建设和党风廉政建设，基层党组织的战斗堡垒作用和党员先锋模范作用得到充分发挥，工作程序更加公开透明，教育、制度、监督并重的惩防体系初步建立。大力推进行业文明建设，外树形象，内挖潜力，交通凝聚力和战斗力不断增强，营造了一个团结奋进、风清气正的发展氛围，打造一支昂扬向上、敢打善拼的干部职工队伍，全系统政令畅通，目标一致，精神振奋，战略决策和工作部署得到坚决贯彻落实。

四、交通加快发展未来展望

30 年交通改革开放的发展成就，为全省经济社会加快发展奠定了良好基础，当前贵州省委、省政府提出了“交通引领经济”和“交通优先发展”战略，为全省交通工作提出了新的更高要求，下阶段交通建设任务更加繁重，发展前景更加广阔。今后交通建设的基本思路是：

1. 进一步加快高速公路建设

全面推进“三横三纵八联八支”骨架路网规划项目，力争在 2010 年前开工建设国家高速公路网在贵州省境内的所有项目，预计到 2012 年贵州省高速公路通车里程达到 1 700 公里，全省市、州、地政府所在地与省会贵阳实现高速公路联通。在提前 8 年完成国家高速公路网项目和省规划的高速公路建设项目的基础上，积极调整全省骨架公路网规划，力争利用 3 ~ 5 个五年计划，实现全省县县连通高速公路。

2. 进一步加快公路路网改造和农村公路建设

积极推进国省干线公路改造，继续做好安保工程、危桥改造等项目建设。大力实施农村公路通达通畅工程，力争 2010 年实现 96% 的乡镇通油路、95% 的建制村通公路，建制村通油路比例有明显上升，争取到 2012 年实现乡乡通油路，所有具备条件的建制村通公路，全省公路通车总里程达到 150 000 公里。

3. 进一步加快汽车站场建设

抓紧完成贵阳公路主枢纽和各市州地枢纽项目，积极推进县级汽车客运站建设，大力推进农村客运站建设，确保到 2010 年实现 75% 的乡镇建有等级客运站。

4. 进一步加快水运基础设施建设

加快实施洪家渡库区航运建设工程和“两江一河”高等级航道工程。尽快完成乌江航运高等级航道建设工程前期工作，并争取早日开工建设，使贵州省一南一北都建有一条较高等级的水运出省通道，水运落后面貌得到较大改善。到 2010 年，建设农村渡口 900 个，农村通航条件取得明显进步。

5. 进一步加快公路、水路运输业发展

积极推进道路运输产业转型、优化、升级，加快构建由快速客运、干线客运、农村客运和旅游客运等组成的多层次客运网络体系，推进城乡交通一体化和区域交通一体化。研究促进货运业加快发展的政策措施，引导发展规模化、集约化、网络化运输，推广厢式运输、甩挂运输，逐步实现公路、水路、铁路、航空货运无缝衔接。改造和提升传统货运业，加快现代物流发展，完善物流网络布局，扩展交通运输在供应链中的服务功能，积极发展第三方物流，加强物流技术研发应用，强化物流信息平台建设，促进物流资源的整合。确保公路、水路客货运量保持一定合理增速。力争到2012年，全省营运客车总数达到32 207辆，营运货车达到133 617辆，运输船舶达到3 200艘。公路、水路交通运输客运量、旅客周转量、货运量、货物周转量分别达到8.78亿人、262亿人公里、2.6亿吨、182亿吨公里，满足经济社会发展和人民群众生产生活出行基本需要。

云岭高原飞彩虹

云南省交通厅

云南省位于祖国西南边陲，与越南、老挝、缅甸毗邻。在这片神奇美丽的土地上，山高谷深是主要的地貌特征。云南的海拔高差达6 664米，山区占全省国土面积的94%。全省26个民族和睦共处，民族文化瑰丽多姿。长期以来，由于交通困难，各族群众的生产生活处于封闭落后的状态。1925年，昆明西站至碧鸡关公路建成通车，云南才终于有了第一条公路。但是，因交通发展缓慢，直至1949年新中国成立时，云南公路通车里程仅2 783公里。

新中国成立后，特别是改革开放的30年，云南交通发生了翻天覆地的变化。至2007年，全省公路通车里程达20万公里，居全国第2位。其中，高速公路2 508公里，居全国第7位，西部省区第1位。一条条公路、水路在彩云缭绕的云岭高原穿行，犹如彩练一般铺陈大地，构成了以高速公路为骨干，省、县公路和乡村公路衔接沟通，水路为补充的公路、水路交通运输网。我国最早的陆上国际大通道之一——西南丝绸之路，焕发出新的荣光。从此，云南各族群众踏上彩云之路，终于走出深山峡谷，扬帆出海，走向世界。

一、辉煌成就

改革开放30年，云南交通基础设施建设取得突飞猛进的发展。一是国道主干线改造建设基本完成；二是开通了国内最长水运航线，国际水路航运取得重大突破；三是客货运输通达全国和东南亚部分国家，实现了通边、出省、达海的交通发展目标，云岭高原扬起了前进的风帆。

（一）公路建设实现质的飞跃

1. 交通固定资产投资连创新高

“七五”期间，云南省公路建设完成投资12.9亿元；“八五”期间完成投资70.7亿元；“九五”期间完成投资382.42亿元，比“八五”期间投资总额增长4.07倍，年均投资突破“八五”期间投资的总和。2000年投资首次突破100亿元。进入“十五”和“十一五”时期，全省公路建设投资迅猛增长，年均交通投资先后突破200亿元和300亿元大关。2003年~2007年，全省交通建设投资达1 248亿元，在全国排名第6位。其中，2006年、2007年连续两年交通投资排在全国第4位。

2. 公路通车里程快速增长，农村公路通达深度提高

到2007年年底，全省公路通车里程达20万公里，比1978年年底的4.18万公里增加了4.79

倍；晴雨通车里程达11.98万公里，比1978年年底的3.20万公里增加了3.75倍；年均增长分别为16%、12.5%。按行政等级分，国省道达1.79万公里，比1978年年底的1.45万公里增长了19%，县道以下农村公路达18.26万公里，比1978年年底增加了7.51倍，年均增长25%。

30年来，全省新修公路15.85万公里，平均每年新修公路5 284公里。全省129个县全部实现通等级公路；2 684个乡（镇）中，2 492个通等级公路，占乡（镇）总数的92.85%；27 920个行政村中，16 950个通等级公路，占乡（镇）总数的60.71%。

3. 公路技术等级全面提高，高速公路建设快速发展

至2007年年底，全省高等级公路里程从108公里增加到7 477公里，增长了68倍，年均增长2.27%，在全省路网中的比例由1.88%提升到了3.73%。其中，高速公路总里程达2 508公里，一级公路600公里，二级公路4 370公里，三级公路9 469公里，四级公路8.78万公里，等外公路9.56万公里；按路面等级分，高级路面2.05万公里，次高级路面1.47万公里，中级路面1.48万公里，低级路面6.22万公里，无路面里程8.82万公里。次高级以上路面由5 545公里增加到了3.5万公里，增加了5.3倍，年均增长17.8%。2003年通县油路工程实施后，实现了全省县县通油路。

高速公路建设自1996年起步后，经十多年的拼搏奋斗，先后开工建设了昆明南过境高架公路、楚雄至大理、昆明至玉溪、曲靖至陆良、玉溪至元江、砚山至平远街、昆明至石林、嵩明至待补、元江至磨黑、鸡街至石屏、通海至建水、安宁至楚雄、水富至麻柳湾、昭通至待补、曲靖至嵩明、罗村口至富宁、富宁至广南、广南至砚山、新街至河口、蒙自至新街、平远街至锁龙寺、思茅至小勐养、小勐养至磨憨、磨黑至思茅、保山至龙陵、昆明至安宁、永仁至武定、元谋至武定、昆明东连接线、江底至石林、保山至腾冲、昆明西南绕城线等30多条高速公路。全省高速公路总里程达2 508公里，居全国第7位、西部第1位。全省高速公路已初步形成了连点成线、连线成面的网络。公路技术等级和路面状况得到了全面提高，公路承载和公路通行能力明显提升。

4. 出省通边国际大通道具备雏形

中越公路通道、中老泰公路通道、中缅公路通道以及经缅甸至南亚公路通道（昆明—腾冲—印度雷多）等4条连接周边国家的干线公路国内段全部实现了高等级化，通向毗邻省（区、市）的7条干线公路除滇藏线外，其余6条基本实现了高等级化。至2008年年底，全省将提前两年实现“十一五”规划的省会昆明到15个州市通高等级公路的任务。公路大通道与路网、农村公路有机衔接，形成了我省独具特色的公路交通网。如今，云南的公路能出省、通边、达海。汽车从昆明出发，可东出黔桂，西达缅印，南连柬泰，北上川渝，省内从昆明到15个州市行政中心的旅程均在一天内抵达。

（二）水路运输发展成就显著

云南河流众多，水资源丰富。全省六大水系，主要支流有68条，还有大小湖泊30多个。1978年，云南省通航里程仅1 006公里。改革开放后，云南加大了金沙江黄金水道的整治力度，兴建了绥江港和水富港。1983年4月，云南船队从水富港出发首航至上海，开通了我国内河最长直达航线，打通了云南水运出省通道，实现了云南水运从短途到长途的重大突破。

澜沧江—湄公河被誉为“东方多瑙河”，改革开放以来，云南不断加大对行船航道进行整治的力度，使其达到了五级航道标准，建成了思茅港和景洪港，并经国家批准为一类口岸。景洪港关累码头成为云南对外开放的第一个“水路窗口”。走出大山，奔向大海，融入世界，是云南各族人民世代期盼的夙愿。1990 年中、老两国首次联合对航道进行考察并进行载货试航。1993 年，中、老、缅、泰四国联合开展了上湄公河航道考察。2000 年，中、老、缅、泰四国签署了《澜沧江—湄公河商船通航协定》，相互开放从思茅到琅勃拉邦的 14 个港口。澜沧江—湄公河景洪至清盛航道通航期由 6 个月提高到 11 个月，运输船舶逐步走向大型化。从此，澜沧江—湄公河国际航运发展迅速，至 2007 年年底，从事国际航运的船舶由最初的 8 艘增加到 98 艘，总运力达到 1 256 吨、570 客位，最大单船载重从 80 吨增加到 350 吨。国际货物运输量从 1990 年的 45 吨增加到 2007 年的 53. 97 万吨（其中出口 17. 98 万吨，进口 35. 99 万吨），旅客运输完成 2. 10 万人次，国际航行船舶进出港 5 910 航次。初步形成 4 国船舶你来我往繁忙的运输格局。同时开展了冷藏集装箱等大件运输，开通了云南景洪—泰国清盛国际旅游客运。现在澜沧江—湄公河水路已成为连接四国人民友谊的桥梁和纽带，成为造福沿岸人民的黄金水道。

进入 21 世纪以来，云南以建设“两出省、三出境”水运通道为重点，积极开发右江——珠江水运通道，努力发展库湖区旅游航运，完善了大理港等港航、海事基础设施建设，全省水运建设实现了历史性跨越。到 2007 年，全省水路运输完成客运量 599 万人次，客运量相当于 1978 年的 20 倍。

（三）道路运输实现跨越式发展

对 92% 以上的客货运输量都要依靠公路运输来完成的高原山区省份来说，道路运输业具有举足轻重的地位。

截至 2007 年，全省拥有道路运输经营业户 21 万户、从业人员 50. 73 万人；拥有营运客车 5. 02 万辆，营运货车 22. 84 万辆；2007 年全省道路运输实现运输生产产值 271. 7 亿元；完成旅客运输量 4. 3 亿人次，完成旅客周转量 265. 8 亿人公里，分别比“十五”初期增长 39% 和 55%；完成货运量 6. 55 亿吨，完成货物运输周转量 450. 83 亿吨公里，分别比“十五”初期增长 36% 和 52%。

（四）科技创新为交通发展提供有力支撑

在云南交通建设中，省交通厅高度重视科技工作，明确提出“修一条公路，出一批科研成果，培养一批人才”。科学技术在云南交通事业发展中发挥了重要作用。在公路测设中，航测技术、遥感技术、全球卫星定位系统（GPS）得到广泛应用，设计人员告别了手工画图和设计的历史，实现了测设一体化和三维动态设计，缩短了设计周期，提高了设计质量。在施工过程中，针对难题，与国内实力较强的科研单位合作，开展科技攻关。交通建设为交通科技提供了广阔的舞台，交通科技又为交通建设提供了强有力的支撑。

楚雄至大理高速公路西洱河一级电站大桥在全国首创横向悬臂大桥，创造了“悬空桥”

新桥型，创下了桥梁横向悬臂11米、悬臂比例达50%的全国之最。这项成果荣获云南省科技进步一等奖。这是云南公路行业获得的第一个省科技进步一等奖。楚大高速公路开展的“加筋土技术”、“土工格栅加筋柔性桥台”和“膨胀土路基的加固技术”、“多次扩裂控制爆破新工艺”应用研究同样取得可喜成绩，3个项目获省科技进步二等奖，1个项目获三等奖。

玉溪至元江高速公路上的红河大桥是一座五不等跨预应力混凝土连续刚构桥，建成时墩高为同类桥型世界第一。在施工中采用了6项新技术，攻克了道道难关，265米长的主跨合龙误差仅为2厘米，123.5米的连续刚构柔性高墩，施工误差也在1厘米以内。该项成果荣获云南省科技进步一等奖。这条高速公路上还有一座新颖的“S”桥，平面处于反向曲线上，既有圆曲线，又有缓和段。通过科技攻关，对施工过程中收集到的资料进行计算机模拟分析、实验验证，为施工提供了强有力的技术支撑，有效解决了山区小半径反向曲线建桥的难题。

科技支持在安宁至楚雄高速公路长田水库大桥拼宽改建中同样得到了充分展示。大桥在云南首次采用扁斜桩基础，既大量减少了土石方开挖量，确保了老桥的安全，又最大限度地避免了对水库造成污染，解决了新老桥拼宽改建的难题。在吊装施工中还首次采用钢绞线代替钢丝绳、千斤顶代替滑车组及卷扬机，收到了“少、快、好、省”的效果，省时省力省投资，与常规吊装方法相比，节约吊装费用20%以上。

江河挡道，桥梁跨过去。大山挡道，隧道穿过去。桥梁多，隧道多，是云南高速公路的一大特点。在隧道建设中，科技人员运用地质CT勘探技术探查隧道病害成因，对大断面公路隧道围岩稳定性进行分析研究，对公路隧道防排水提出了防渗漏水综合整治措施，还通过科技攻关探明了连拱隧道围岩与结构力学转换机制。这些科技创新成果解决了云南各种地质条件下隧道施工的难题。

在蒙自至新街高速公路建设中，隧道从大溶洞里穿过，建设者们创造性地在洞中架设桥梁，形成了洞中桥奇观；在水麻高速公路建设中，采用螺旋式展线升坡，于老堡山山腰螺旋交叠，通过分离式隧道1座、连拱式隧道1座和6座大桥、1座中桥，螺旋展线长度达5 525米，集中升坡88.91米，形成壮观的“水麻之结”。像这样大转角的螺旋曲线和桥、隧相连，在全国属首创，在世界高速公路建设史上也极为罕见。

围绕特殊的地质构造和工程病害开展的科技攻关，是云南高速公路建设的又一特点。大理至保山高速公路大部分路段为“滇西红层”地质构造，滑坡区域多，由此引发的工程病害也多。项目建设中开展的云南高原山区“滇西红层”地质与桥梁桩基承载力影响因素综合研究，成功实现了滑坡区域偏斜桥墩及桩基的纠偏和加固；安宁至楚雄高速公路建设中开展的红层软岩地区公路修建技术研究，解决了红层软岩对路基及边坡稳定造成的不良影响，提出了红层软岩地区公路修建的成套技术，荣获四川省科技进步一等奖。

在膨胀土地区筑路技术研究、边坡病害防治技术研究、填方路基非均匀沉降综合处治技术研究等方面取得了丰硕成果。这些成果有效解决了各种地质条件下路基和桩基的稳定问题。

在云南高速公路建设中，新材料的开发应用，也令人耳目一新。获省科技进步一等奖的“硅藻土改性沥青路用性能的应用研究”，使硅藻土在高速公路建设中派上了用场；“机制山砂在水泥混凝土路面中的应用技术研究”，为山砂应用于水泥混凝土提供了依据，降低了水泥混凝土路面的材料成本；“粉煤灰在高等级公路水泥混凝土路面中的应用研究”，变废为宝，既拓宽了材料应用的渠道，也为治理相关工业污染找到了一种科学合理的方法。

（五）交通建设实现环保、生态化

公路建设如何减少对环境造成的负面影响，保护、恢复和改善公路沿线生态环境，一直是公路建设者们追求的目标，也是云南高速公路建设的一个显著特点。10 多年前，在昆明至嵩明高速公路和楚雄至大理高速公路建设中，生态恢复便提上了云南高速公路建设的议事日程，两条公路引进国外先进的公路边坡生物防护技术，进行了植被喷播试验，使大部分边坡被植被覆盖，起到了固土护坡作用。

1997 年，“控制公路有害影响研究”课题被交通部列为联合科技攻关项目，云南大理至保山公路建设指挥部与有关科研院所合作，承担了“新建公路路域生态恢复技术研究”子课题的研究任务。课题组首次提出我国公路路域生态环境 9 个区划及生态恢复原则、西南地区公路边坡植物群落演替规律，提出了新建公路边坡植被恢复的策略、措施和加快公路路用植物新品种培育的方法、途径，提出了适用于我国不同地区几十个公路路域生态恢复植物配置模式以及 10 种公路边坡生物综合防治类型和公路生态恢复效益数量分析方法。课题组还收集了我国路用的野生植物资源 100 多份，其中马棘、山毛豆和祥云狼尾草已在全国推广使用。这项研究成果由于创新点多，观念新颖，于 2004 年获云南省科技进步一等奖。

安宁至楚雄高速公路在云南率先落实环保水保工程与主体工程“同时设计、同时施工、同时投入使用”的原则，施工中严格落实环境保护和水土保持方案，环保水保工程一次性通过国家验收。特别是在项目建设中开展的岩石边坡生态恢复及环境治理关键技术的研究，使岩石边坡披上了绿装，荣获省科技进步二等奖。

思茅至小勐养公路是我国唯一一条穿越热带雨林的高速公路，有 37.21 公里从国家级自然保护区穿过，其中 18 公里为自然保护区的核心区。项目建设中把以人为本、全面协调可持续的科学发展观贯穿公路建设全过程，落实到每一项工作中，明确提出了“自然、环保、快捷、安全、和谐”的建设目标，把工作思路细化为“融、弱、细、突”四字方针。融，就是将公路融入自然；弱，就是尽量弱化公路的结构形式，淡化人工痕迹，避免工程施工破坏公路沿线的自然之美；细，就是做到精细管理，精心施工，注重工程的细节；突，就是突出重点，突出特色。

思茅至小勐养高速公路在细微处精心打造，成为一条高品质的生态大道、旅游大道，成为云南最美的一条高速公路。党和国家领导人先后视察过思茅至小勐养高速公路，对思茅至小勐养高速公路的建设给予了充分肯定。胡锦涛总书记强调，我们的一切工作，都要全面落实科学发展观，科学发展观落实了，环境就可以得到保护；要是科学发展观落实不好，在建设中就会对环境造成破坏。2008 年 2 月 19 日，思茅至小勐养高速公路通过国家 AA 级旅游景区评定，成为我国第一条，也是唯一一条国家 AA 级旅游景区高速公路。

（六）交通扶贫成绩斐然

怒江傈僳族自治州经济社会发展滞后，境内澜沧江、怒江、独龙江“三江”并流，群山纵横，峻岭逶迤，谷深林密，行路难，过江难，修路架桥更难。新中国成立后，怒江州虽然修通了多条公路，架设了一批桥梁，但交通仍然比较落后。为从根本上改变怒江州的落后面貌，1990 年 3 月，交通部、云南省交通厅将怒江州定为扶贫联系点，在怒江州实施交通扶贫。交通部领导先后到怒江州进行考察，省交通厅、公路局领导也多次到怒江州了解扶贫项目进展情况并帮助解决具体问题，8个扶贫公路建设项目相继竣工交验，里程达363公里。全长177.216米的碧福桥，净跨130米，1990年10月开工，1992年建成通车。这座大桥建成时为云南跨度最大的5肋7节箱形拱桥。全长70公里的瓦（窑）贡（山）线跃进桥至碧福桥路段改造工程，1992年开工，1995年9月建成验收。全段铺为弹石路面。片（马）古（浪）岗（房）公路起于跃进桥至片马公路83+800米处，止于中缅边界，全长35公里，1991年5月开工，采用以工代赈方式修建，1995年5月竣工验收。

为解决边疆各族群众过江难问题，交通部在怒江州架设12座人马吊桥，其中3座建在澜沧江上。1995年12座吊桥全部建成，有的吊桥还可以通过手扶拖拉机；1994年8月，交通部又确定了3项新的扶贫项目：改建六库至片马公路、新建跨越怒江的贡山茨开汽车大桥、建设六库汽车站。

1995年以后，部、省加大了对怒江州的交通扶贫力度，投资2亿多元，上马5个项目。其中六（库）片（马）公路改建工程、瓦（窑）贡（山）线沧江口至漕涧三级油路改建工程、福贡过境油路工程、贡山县城油路工程、剑（川）兰（坪）线大白甸至金顶公路改建工程5个项目竣工验收后，使怒江州新增油路143公里、弹石路59公里，大大提高了公路等级和抗灾能力。六片公路为怒江州增加了对外通道，加快了片马口岸的开发，促进了中缅边境贸易的发展。

独龙江公路建设是怒江交通扶贫的一项重要成果。独龙江乡是独龙族的主要聚居地，位于滇西北高黎贡山与担当力卡山之间，独龙江纵贯其间，是我国唯一一个没有通现代公路的少数民族乡。全乡总人口只有4000多人，其中独龙族占总人口的90.87%。1995年11月18日，全长96.2公里的独龙江公路正式动工兴建。经过近4年的艰辛努力，1999年8月27日下午5时，6辆农用汽车通过独龙江公路，将一批扶贫救灾物资运进贡山独龙族怒族自治县独龙江乡孔当村。这是汽车第一次开进独龙江乡，它标志着独龙族无公路的历史正式终结。

交通扶贫使怒江州的交通发生了历史性巨变。2001年12月，怒江州首条高等级公路——全长3.84公里的瓦（窑）贡（山）线花桥坝至州府六库二级公路建成。截至2007年年底，全州已建成干线公路7条，县乡村公路上百条，公路通车里程达3816.809公里。这些新建公路中，技术等级为二级路的有10.075公里，三级路110.205公里，四级路959.998公里，等外路2736.531公里。

二、发展的历史进程

改革开放30年来，全省交通行业根据党中央、国务院和省委、省政府不同时期的改革重点，结合行业实际，实事求是地制定贯彻落实措施，提出明确的工作思路，不断推进全省交通事业的改革与发展，走出了一条符合云南省情特点的交通发展路子。

（一）第一阶段（20世纪80年代初至90年代中期）：云南交通建设迈入高速时代，农村公路建设掀起新高潮

全省交通行业根据云南交通基础设施建设基础差、底子薄、欠账多的特点，提出了“抓住国家改建国道和经济干线的历史机遇，促进全省路网建设，重点对经济干线按高等级

技术标准进行改造，推进农村公路建设”的基本工作思路。省政府高度重视交通工作，在充分调研的基础上，得出“干线不畅，支线难活”的结论，确立了“交通建设以公路建设为重点，以昆明为中心，向四面辐射改造公路，同时修建县乡公路”的方针。在这一思路的指导下，云南成为在全国修建高等级公路较早的省份之一，并经历了从非议到共识、一直到共同努力修建高等级公路的过程。

1989年9月23日，在突破了“修高等级公路花钱多，不如多修几条低等级公路”的非议后，全省第一条高等级公路——石林至安宁一、二级公路建成通车，刷新了云南无高等级公路的记录。这条公路建成后，以它快捷、安全的显著效果，向全省人民昭示了交通向现代化发展的必由之路。

为促进公路建设，1984年，国家出台了“贷款修路、收费还贷”政策，提出在坚持发展非收费公路为主的前提下，可以适当“贷款修路”，建成后“收费还贷”，以弥补政府投资的不足。这一政策的实施，有力地促进了云南省的交通建设。进入20世纪90年代，随着对外开放的扩大和现代化进程的推进，修建高速公路提到了议事日程。但从哪里开始修同样经历了从分歧到共识的过程。“摸着石头过河”，1993年10月29日，省政府主要领导主持召开了加速昆明地区高等级公路建设现场办公会，集中讨论高等级公路建设问题。1996年10月25日，全长45公里的昆嵩高速公路建成通车，实现了云南高速公路零的突破。之后，随着经济的快速发展、社会的不断进步，人们的观念也发生了深刻的变化，建设高等级公路和高速公路成为云南各族人民群众的迫切愿望。省委、省政府采取一系列措施，节约其他方面开支，“勒紧裤带上交通”，由省财政每年拿出5亿元投入公路建设。1993年9月，交通部部长黄镇东视察云南交通建设时，感慨地说：“云南并不富裕，但省财政每年拿出5亿元投入公路建设，这很不简单，没有哪个省拿出这么多。”全省交通行业转变发展观念，在“贷款修路、收费还贷”政策的激励下，提出了“借钱也要上交通”的思路，首次采取股份制形式修建高等级公路，通过向亚洲开发银行借款、发行公路建设债券、调整公路养路费、转让公路经营权等方式筹措建设资金，逐年加快高速公路建设步伐。以后，云南98%的高等级公路，都是利用“贷款修路、收费还贷”政策修建的。

同时，抓住国家实行以工代赈的机遇，在全省掀起了改革开放以来第一次县乡公路建设高潮。20世纪80年代初，农村经济体制改革取得积极进展，商品经济发展迅速，交通量日益加大，对县乡公路的数量、质量和路网功能提出了更高的要求。交通部提出“全面规划、加强养护、积极改善、重点发展、科学管理、保障畅通”的方针，省政府也做出了“开发云南、首先要建设交通”、“解决云南省交通问题最现实的是修公路”等指示，省交通厅为贯彻落实国家和省的部署，决定这一时期的县乡公路建设，一方面要对已有公路进行改造，提高道路等级标准，充分发挥运输效益，另一方面要大力新建县乡公路，改善交通状况，改变老少边穷地区的贫困面貌。国务院从1984年冬开始，在3年内动用国家库存粮、棉、布，实行“以工代赈”帮助贫困地区修建县乡公路，全省遵循“地县自筹、省给补助、多方筹资、群众投劳”的原则，3年时间投入粮、棉、布折款1.76亿元，省财政配套投资2.2亿元，共改建县乡公路1.3万公里，新建县乡公路1.11万公里。到1989年年底，全省县乡公路里程达3.32万公里。县乡公路的大发展，大大改善了县以下农村交通运输状况，促进了当地经济社会的发展，加快了全省城乡脱贫致富的步伐，各民族群众得到了实惠，亲切的称它为“扶贫路、致富路”。

公路管养方面，通过借鉴农村推广家庭承包责任制的经验，对“投资包干、节约分成”的经济责任制进行了试点，打破了养路大锅饭的格局，在干线公路管养中全面推行养护目标责任制，探索推行家庭承包及领工承包等公路养护方式。至1996年，干线好路率由1979年的21.6%提高到64.5%。

（二）第二阶段（“九五”末期至“十五”中期）：大通道建设如火如荼，农村公路建设再掀高潮

全省交通行业根据国家和省的部署，实施省县、县际之间油路建设和通畅通达工程，较快改变云南交通落后面貌”的工作思路，根据省政府的部署，制定了“大干5年，重点完成昆明至瑞丽、昆明至打洛、昆明至河口、昆明至罗村口、昆明至曲靖至胜境关、昆明至水富等6条干线公路的改造；进行昆洛、滇缅、滇越、滇川4条国道主要路段的改造任务，形成西达缅甸、南下泰国、北上四川、东达贵阳的高等级公路网络格局；对内连接上海至成都的国内最长的东西向高速公路干线，西连东南亚地区的亚洲公路网，直通向东南亚”的目标任务，掀起了建设国际大通道的高潮，干线公路建设步入从高等级化到高速化再到建设国际大通道的发展过程，云南的公路建设迈上了一个新的台阶。2000年，全省交通建设投资首次突破百亿元。2002年，省政府出台《关于加快公路建设的决定》，由省级财政预算每年继续安排不少于5亿元的公路建设资金，规划了以“四出境、七出省”（四出境：昆明至河内、昆明至仰光、昆明至曼谷、昆明至印度雷多；七出省：北京至昆明、重庆至昆明、杭州至昆明、上海到昆明、广州至昆明、汕头至昆明、拉萨至昆明）为主的云南高等级公路网建设目标。

农村公路建设也掀起了改革开放以来的第二次建设高潮，结合国家和省的扶贫攻坚计划，按照省委、省政府提出的“三通”（通路、通电、通电视）目标，在县乡公路建设中认真贯彻“民办公助，民工建勤”方针，坚持“地县自筹、多方集资、群众投劳、省给补助”的原则，促进了县乡公路建设的长足发展。农村公路的通达率快速提高，农民群众的出行难问题进一步得到缓解。

（三）第三阶段（“十五”中后期至今）：公路建设跃进式发展，农村公路建设再创新高

全省交通行业按照“全面贯彻落实科学发展观，以加快发展为第一要务，解放思想，实事求是，与时俱进，创新理念，促进全省交通又好又快发展”的工作思路，全力加快了全省交通建设步伐，开工建设了20多条高速公路。2004年上半年，争取到交通部一次批准罗村口至富宁、小勐养至磨憨等8条高速公路的工可报告，同年开工了10条高速公路，创下了交通部批复之最。这一时期建成的高速公路最多，并实现了建成的高速公路一条比一条好的目标。公路建设质量不断提高，涌现了一大批国优、部优、省优重点工程项目，昆明至玉溪高速公路荣获鲁班奖，安宁至楚雄高速公路被评为全国交通建设优质管理十佳项目；玉溪至元江高速公路、昆明至石林高速公路、砚山至平远街高速公路、安楚高速公路荣获国家优质工程奖，云南成为高速公路建设荣获国优奖最多的省份。

在高速公路建设的实践中，全行业以科学发展观为统领，不断创新建设管理理念。一是坚持“资源节约型，环境友好型”的交通发展之路。建设“自然、环保、快捷、安全、和谐”的高速公路，思茅至小勐养高速建成全国典型示范工程，安宁至楚雄高速根据沿线城市发展规划和人民群众的需要完善设计，新增投资6 000多万元，较好地处理了施工与保通的尖锐矛盾，营造了和谐环境；水富至麻柳湾高速在全国高速公路建设项目中率先实行环境监理，确保各种环保指数均在国家控制指标内。二是推行交通“十项改革”（实行最低评标价法；推行第三方监理；勘察设计招投标；改革物资采购办法；调整设计变更审批权；以招标方式进行经营权转让，选择项目业主；推行会计委派制；建立项目跟踪审计制；建立民工工资兑付合同制；实行党内书记、纪检组织、监察专员三项派驻制）。在全行业推广了基础设施建设的“十项改革”，极大地提升了公路建设的规范管理。三是努力推进交通“集约化、市场化、社会化”进程。大力引进社会资金修建高速公路，成功拍卖了“世界第一高桥”玉溪至元江高速公路红河大桥的冠名权，置换楚大高速公路的亚行美元贷款，对已建成的收费公路开展经营权转让，以BOT等多种方式筹资建设高速公路，组建了云南公路开发投资有限责任公司，努力探索公路投融资体制改革的新路子。公司成立后，坚持以科学发展观为统领，千方百计筹措建设资金，努力加快公路建设步伐。

根据交通部“修好农村路，服务新农村”的战略目标，科学实施农村公路通畅工程，坚持一个原则（路不在于宽，而在于畅；不在于等级高，而在于适用），两个重点（提高农村公路桥涵等构造物的配套率；提高路面硬化率），两个结合（在经济条件好的地区水泥路和弹石路结合；以弹石路为主，在过村镇路段铺筑水泥路面），三小工程（小水泥路；小油路和小弹石路工程）。同时，坚持“等级多标准、路面多样化、筹资多渠道”的原则，建设资源节约、环境友好的农村公路。省委、省政府高度重视农村公路建设，出台了《云南省人民政府关于进一步加快农村公路建设的若干意见》，有力地推动了全省农村公路的快速发展，农村公路建设进入历史最好发展时期，通乡通村路面硬化工作有重大突破，农村公路的综合服务能力、通过能力得到了明显提高，2003年~2007年，全省农村公路和县际公路建设投入超过100亿元，独具云南特色的弹石路面技术得到创新和发展，铺筑弹石路面超过8 500公里。弹石路面创新课题得到交通部的大力支持和肯定，成为全国农村公路建设路面类型之一进行推广。

千车竞发走城乡。随着道路条件的改善，公路运输正给云南各族人民带来更多的便利和实惠，为云南经济发展、社会进步和人民生活的改善发挥了重要作用。

道路运输发生了巨大的变化，走过了从“大篷车”、农村赶街车到长途夜班车、卧铺客车以及高速客车的发展历程。改革开放初期，云南客货运输滞后的问题日益显现，运货难、乘车难的矛盾十分突出，但云南道路运输行业不等不靠，积极应对挑战，创新之举层出不穷。缺少载客班车就把解放牌货车改装成客车，被群众形象地称之为“大篷车”；1985年，文山汽贸总公司率先开行了夜班车；1989年，昆明汽贸总公司在全国率先研发出卧铺客车；为配合建设旅游大省的目标，云南还大力发展了旅游快速客运，一辆辆豪华快速客车行驶在云岭高原的一条条高速公路上，不仅节省了游客宝贵的时间，提高了舒适性，还极大地提升了云南旅游的形象。

20世纪80年代初，云南省坚决贯彻执行国家放开搞活的方针，逐步放开道路运输市场，全民、集体、个体一起上，基本形成了各种经济成分共同参与的运输市场；还对全省运输企业进行了战略性改组，组建了16个区域性交通运输集团，为企业做大做强创造了条件。符合省情的改革措施有效缓解了因国有运输企业运力短缺，运输市场供给不足的矛盾，群众出行"走得好、走得舒适、走得安全"，货物流通"运得及时、运得经济"，彻底扭转了改革开放初期交通运输滞后的局面。

云南汽车客运线路连通了全省城乡，开通了周边省区的客运线路和越南、老挝、缅甸等国的国际汽车运输线路16条。近几年来，云南还加快了农村客运建设步伐，推行路、站、运、管、安一体化发展模式，缓解了农民出行难的问题。同时，通过开展文明创建活动，建成了一批"文明公路运输线"和"文明公路运输网"，服务质量得到了社会各界的广泛认同。

三、基本经验

改革开放30年，是云南交通创新交通建设与交通运输管理体制与机制，探索符合国情、省情交通发展道路的过程。30年的改革和探索，积累了宝贵的经验，成为进一步推进云南交通事业又好又快发展的宝贵财富。

（一）省委、省政府的高度重视和关心支持是全省交通事业快速发展的基础

改革开放30年来，历届云南省委、省政府都高度重视和关心支持全省交通事业，把加快云南交通建设发展作为加快云南经济社会发展的重要工作来谋划，先后提出了一系列关于加快交通建设的思路，做出了建设通往东南亚、南亚国际大通道的战略决策，并将交通列为云南省社会经济发展的三大战略之一。30年中，多次专门出台关于交通建设的文件，为交通的发展提供了有力的政策支撑，并且在省财政并不宽裕的情况下，坚持每年挤出专项资金用于交通建设，为全省交通的又好又快发展奠定了坚实基础。

（二）国家有关部委的大力关心帮助，是全省交通事业发展的保障

国家发改委、交通部长期以来对云南交通建设给予政策上的倾斜和特殊支持，改革开放的30年中，1997年～2007年，交通部补助我省交通建设资金达234.28亿元，国债资金（含地方国债和中央国债、战备金）75亿元。近年来又在通县油路、县际油路和通畅通达工程方面给予了倾斜照顾，2008年还对云南给予特殊支持，仅建设通乡油路项目总投资就达到57.4亿元，占全年农村公路建设计划总投资的64%；使我省的农村公路建设完成7 270公里，又一次迎来加快发展的大好机遇。没有国家的资金支持，云南的公路建设不可能取得如此巨大的成就。

（三）有一个坚强的领导班子和科学的工作思路，是全省交通事业快速发展的前提

30年来，历届交通厅党组团结协作、开拓进取、清正廉洁，为全行业做出了表率，团结带领全行业广大干部职工，以发展交通为己任，锐意创新，努力奋进，紧紧围绕党在各个历史时期的中心工作，制定了切合全省交通实际的工作思路和措施，促进交通的快速发展。

特别是2003年以来，厅党组紧密团结、开拓进取，结合云南实际，提出了一系列新的工作思路，开创了全省交通建设的全新局面，取得了重大成绩。实践证明，一个坚强的领导班子和科学的工作思路，是全省交通事业快速发展的前提。

（四）建设一支作风过硬的干部职工队伍，为交通事业快速发展提供了强大动力

30年来，历届厅党组始终把加强党的建设、职工队伍建设作为行业发展的重要战略任务，放在突出位置抓紧抓实抓好，通过加强学习教育、制度创新、言传身教等各项工作，全行业党的建设、领导班子建设、队伍建设取得明显成效，干部职工队伍素质明显提高，先后涌现了赵家富、杨晓川等英雄模范人物，精神文明建设取得累累硕果，建成了一支特别能忍耐、特别能吃苦、特别能战斗、特别能团结、特别能奉献的职工队伍，为交通事业的快速发展提供了强大动力。

四、发展展望

云南是边疆山区省份，公路运输在综合运输体系中据主体性地位，建设满足全省经济社会发展需要的公路，仍然是今后交通工作的主要任务。根据《云南省公路网规划》，云南省干线公路网规划总里程1.9万公里，其中，高速公路6 000公里，一、二级公路1.255万公里，三级公路960公里。这一规划实现后，云南将基本形成横贯东西、纵贯南北、覆盖全省、连接周边，层次分明、结构合理的高等级公路网。高速公路网连接所有州市首府，形成以昆明为中心的高速公路放射状路网，实现75%的县城30分钟内可驶上高速公路的目标。

（一）云南交通事业发展的工作思路

1. 全省交通工作的基本思路

以邓小平理论和“三个代表”重要思想为指导，更加自觉主动地以科学发展观统领全省交通工作，进一步深化改革、扩大开放，贯彻落实省委、省政府和交通运输部的各项安排部署，做好“三个服务”：服务国民经济和社会发展全局；服务社会主义新农村建设；服务人民群众安全便捷出行。加快全省交通建设，努力推进现代交通事业的发展，为云南全面建设小康社会提供更加有力的交通运输保障。

2. “十一五”期间我省交通建设的发展目标

以加快交通发展、缓解瓶颈制约、完善路网结构、发挥路网效能、推进连接南亚东南亚国际大通道建设为重点，加快“通边、出省、达海”通道建设，建成以昆明为中心的公路运输网络，加快区域交通一体化建设步伐，加强区域之间的交通衔接；充分发挥连接广西、贵州、重庆、四川、西藏的交通干线以及昆（明）河（内）、昆（明）曼（谷）、昆（明）仰（光）国际大通道的纽带作用；不断提高农村公路公共服务水平，努力改善老、少、边、穷地区和人口较少民族聚居区的交通条件，构建区域间相互贯通的交通运输体系，推进全省交通事业又好又快发展，形成优势互补、相互促进、共同发展的经济发展格局。重点实现以下目标：一是全面完成国家下达的国道主干线和西部开发省际通道建设任务，基本形成全省

高速公路网骨架，高速公路达3 200公里；二是完成省会昆明到全省各州市通高等级公路建设任务，实现全省二级及二级以上高等级公路达8 000公里；三是深入实施通畅工程、通达工程和乡镇客运站、渡改桥及渡口码头建设改造工作，完成50 000公里农村公路路面硬化任务，基本实现所有具备条件的乡、镇和建制村通公路，具备条件的乡、镇通沥青或水泥路，7个人口较少民族聚居地区都通1条沥青路，切实加快全省农村公路建设。同时，积极推进农村公路管理养护体制改革，初步建立符合云南实际的农村公路管理养护体制，做到投入有力、有路必养、安全畅通。

3. 全省交通工作的指导思想

更加自觉主动地以科学发展观指导交通工作，进一步解放思想、深化改革、扩大开放，积极探索新的交通发展模式，以更大的力度、更有效的举措，促进全省交通事业持续发展、科学发展。要坚持以下四项原则。

(1)坚持突出重点，有保有压的原则。根据交通运输部投资重点转向农村交通建设以及国家实行宏观调控政策的实际，科学制订全省公路建设规划，按照轻重缓急和需要与可能，合理安排建设项目。重点抓好保国省干线、农村公路和兴边富民工程建设，适当调整并暂缓启动部分州（市）、县（市、区）的地方公路项目，确保全省公路建设循序渐进，又好又快发展。

(2)坚持分级负责、分级管理的原则。根据国家规定，国道和省道由省人民政府负责建设和管理；各州（市）行政辖区内的地方经济干线由州、市人民政府负责建设和管理；农村公路（县道、乡道、村道）的责任主体是县级人民政府。

(3)坚持尽力而为、量力而行的原则。要结合我省实际，根据实际需要和资金情况，合理实施建设项目，确保有限的公路建设资金取得实实在在的效益。要避免出现上马后因资金无法到位而长期拖延工期的胡子工程、尾巴工程；避免出现因拖欠工程款和民工工资而引发社会矛盾；避免脱离实际需要、过分超前，片面追求高等级化的公路工程，努力维护边疆的民族团结和社会稳定。

(4)坚持少花钱、多修路的原则。要严格公路建设工程的设计和施工管理，加强成本控制，倡导路面多样化、等级多标准、安保多样化的建设理念。要积极采用新技术、新工艺、新材料建设公路，大力推广预制整齐块体弹石路，努力节约建设资金，实现少花钱、多修路的目标。

（二）全省交通工作的重点

1. 把农村交通工作作为重中之重，抓紧抓实抓好

紧紧抓住国家加快农村公路建设的机遇，全力推进全省农村公路建设，加大通达工程、通畅工程建设力度，努力改善7个人口较少民族居住地区的交通条件，完成全省100%乡（镇）通硬化路面和98%的建制村通公路的目标；完成全省85%的乡（镇）客运站建设和90%的农村公路渡口改造；继续推进农村公路安保工程建设，初步建立符合云南实际的农村公路管理体制和养护机制，做到投入有位，有路必养，保证安全畅通。同时，量力而行，逐步发展州市县之间的路网建设。

与加快农村公路建设同步，坚持政府主导，政策扶持，市场运作，协调发展的原则发展农村客运。坚持县政府统一领导，协调各方，积极探索农村客运发展的路子，切实推广丘北县“路、站、运、管、安”五位一体发展农村客运的经验，保证农村群众安全便捷出行，确保农村客运“开得通、留得住、有效益、保安全”。农村客运站点建设坚持多标准，站点经营坚持多形式，运力投放坚持经营主体公司化、运输组织多样化、运输车型规范化，力争未来5年内，全省所有乡（镇）建有客运站、场，行政村基本建有招呼站和候车亭，实现“一乡一路一站”和“一村一路一牌”的目标。所有通公路的乡（镇）和行政村力争开通客运班车，经济较发达地区客车通车率达到100%，边远地区乡（镇）客车通车率达到95%，行政村通车率达到85%。基本完成全省农村客运网络建设，农村群众乘车难的问题基本得到解决，农村客运安全和服务水平有明显提高。

2. 加快重点公路建设和国省干线公路改造

积极争取国家高速公路网云南境内段改造剩余路段全面开工建设，基本完成西部开发省际通道建设任务，全面完成省会昆明通州市的高等级公路建设任务，加快推进昆明至西藏的滇藏公路建设，完善经缅甸至南亚公路通道龙陵经过蚂蟥箐至腾冲高等级公路改造，推进昆明环线高速公路建设。国省干线公路争取国道路段基本达到三级以上公路标准，基本消除断头路；省干线公路力争消除砂石路面和无路面路段；结合国省干线公路改造，积极推进沿边公路网建设，全面完成新三年“兴边富民”工程建设任务，继续加强国省干线公路危桥、安全隐患和灾害防治路段的改造。

3. 打响云南水运牌，大力发展云南水运

按照我省水运发展规划，以长江、珠江、澜沧江为龙头，以梯级库群及高原湖区航运开发为重点，以水运安全、航道管养支持系统为保障，促进云南水运的全面发展。实现水富和富宁港的千吨级船舶水上运输；完善澜沧江—湄公河、红河、伊洛瓦底江的水上通道；连接长三角、珠三角，沟通太平洋、印度洋，建成通往沿海及东南亚、南亚的国际水上大通道。形成公路、铁路、水路、航空有机结合，协调发展的综合交通运输体系，全面推进我省交通发展，为全省经济社会发展提供有力的交通保障。

4. 拓宽交通建设筹融资渠道，努力筹集交通建设资金

(1)积极争取国家支持和省财政投入。认真研究和总结我省公路建设的经验和教训，多向国家相关部委汇报工作，多研究国家的规划、标准和政策，争取国家对云南的更大支持和倾斜。同时，要认真贯彻落实省委、省政府关于交通建设的战略部署，及时向省委、省政府汇报交通建设进展情况及存在问题，吁请省财政进一步加大对全省交通建设的投入，缓解公路建设资金严重紧缺的局面。

(2)提高收费公路通行费征收标准。适度提高客车车型收费基本费率，推行货车计重收费，促进我省收费公路收费还贷的良性循环和可持续发展，同时也为招商引资建设收费公路和转让公路收费权创造必要的条件。

(3)大力开展交通建设的招商引资。努力引入战略投资者，积极引入非银行机构如信托投资公司、证券公司、保险公司、企业集团的投资公司等战略投资者，采取股权或债权投资的合作方式进行融资。引入社会资金以独资、合资、联营等形式投资高等级公路建设，形成多元化投资格局。通过改革创新，使全省公路建设形成投资主体多元化，资金来源多渠道，项目运作企业化，价格逐步市场化，融资借、用、还一体化的格局，以此破解公路建设发展中面临的诸多难题。

(4)转让收费公路经营权。要进一步加快收费公路经营权转让工作，尽快盘活公路的优质存量资产，以优质公路资产整合社会资源，扩大和完善我省交通建设的融资体系，力争达到降低负债、增加投资的目的，推动我省公路建设发展战略目标的顺利实施。

5. 进一步加强行业管理

以科学发展观为统领，全面提升行业管理水平。公路管理养护工作要按照“科学管理，精心养护，文明执法”的工作要求，通过推进干线公路“管养分离”改革和农村公路管理养护体制改革，加快行业实现“三个转变”（从劳动密集型向管理效益型转变、从手工操作型向机械化规范化养护型转变、由粗放生产型向节约科学型转变）的步伐，推进行业专业化、管理科学化、养护机械化和路基社会化的工作，确保全省干线公路完好畅通。道路运输管理要充分发挥道路运输的比较优势，以发展现代道路运输业为中心，坚持“以人为本，协调发展”的原则，努力做好“三个服务”，积极推动道路运输业的改革和结构调整，提高行业监管能力和公共服务水平，提高道路运输保障能力，进一步完善便捷、通畅、高效、安全的道路运输体系。交通规费征收工作要坚持以质量提高促进数量增长，更好地为交通发展筹集资金；要坚持以行政管理体制改革促进依法行政，更好地履行公共服务职责；要坚持促进行业文化建设，更好地塑造征费新形象；要坚持以廉洁勤政促进行风建设，更好地提供思想政治保障，实现多征费、征好费的目标。路政管理工作要按照“落实一个目标，强化两个理念，推进三个加强，突出四个提高”的工作要求（一个目标：维护路产路权，保护国有资产；两个理念：服务理念和依法治路理念；三个加强：加强路政基础工作，加强路政管理体制改革，加强农村公路路政管理；四个提高：提高依法行政水平，提高规范化管理水平，提高对公路的管控，提高综合治理水平），立足发展，着力创新、强化管理、提升服务，不断提高管理和服务水平。安全监管工作要继续全面贯彻落实安全生产的各项方针政策、法律法规、规章制度、重大决策部署和具体工作措施，全面加强水路运输、道路运输、农村客运和公路养护及建设施工的安全监管，确保全省交通行业安全形势的持续稳定。

到2020年，云南将全面完成《云南省公路规划网》建设任务，完成“四出境”（昆明至河内、昆明至仰光、昆明至曼谷、昆明至印度雷多）、“七出省”（北京至昆明、重庆至昆明、杭州至昆明、上海到昆明、广州至昆明、汕头至昆明、拉萨至昆明）公路通道和“兴边富民”沿边通道建设，实现骨架公路高速化、干线公路畅通化，县乡公路舒适化，乡村公路网络化，运输结构合理化，运输经营集约化，交通管理信息化，实现交通初步现代化，人民群众出行将更加便利、更加可靠、更加舒适、更加经济，为云南省社会经济发展提供更加有力的保障。

雪域高原的交通变迁

西藏自治区交通厅

党中央、国务院历来十分关心和支持西藏经济社会发展，党的十一届三中全会后，国家不断投巨资改善西藏交通基础设施建设，动员全国各省区市加大援助力度，交通基础设施建设取得了举世瞩目的成就，以公路运输为主，航空、铁路、管道运输为辅的立体交通运输格局基本形成，公共服务能力和水平快速提高，拉近了雪域西藏与兄弟省市、乃至世界的时间和空间距离，促进了区域经济社会跨越式发展，改革开放的成果惠及西藏各族人民。

一、改革进程

（一）公路交通跨越式发展

党的十一届三中全会以后，西藏公路建设事业步入了快速发展时期，公路建设由数量型逐步向质量型转变，区域路网布局渐趋完善，通行条件得到明显改善，公路交通发展实现了质的飞跃。

1. 建设步伐不断加快

1950 年西藏实现和平解放，人民解放军“一面进军，一面修路”，修筑了举世闻名的川藏、青藏公路，开创了西藏公路交通新纪元。到改革开放前，西藏公路网雏形基本形成，为公路建设全面、快速发展奠定了坚实的基础。

(1)国省干线公路整治改建全面铺开

党的十一届三中全会召开后，中央对西藏实行了一系列特殊政策，西藏公路建设进入了快速发展时期。1979 年 ~ 2000 年，经过 21 年的建设，初步形成了以拉萨为中心，五条国道连接区内外的公路交通网。

①青藏公路全线实现黑色化。1980 年 3 月第二次西藏工作座谈会要求“尽快铺完青藏公路的黑色路面”，国家加大投资，原交通部加大技术支持力度，抽调工程兵部队和大型机械设备参与工程施工。经过两万余军民的艰苦奋战，世界上平均海拔最高、里程最长的二级沥青公路改建工程于 1985 年建成，揭开了西藏公路建设史上崭新的一页，为高海拔、低纬度的多年冻土地段大面积铺筑沥青路面积累了经验。1991 年 ~ 2002 年，国家投资巨资对该线进行了三期整治改建。

②干线公路改造步伐加快。1983 年，拉（萨）贡（嘎）机场公路黑色化改建动工，1985年5月投入使用；1995年，按照二级公路标准再次进行改建，行车时速平均可达60 ~

80km/h。贡嘎机场至泽当三级油路改建工程此前也已建成。中尼公路曲水大桥至日喀则段改建工程于1986年10月开工，1993年全线分段先后竣工，使拉萨至日喀则的交通条件明显改善。该项目中的尼木、仁布、妥峡三座大桥的成功建设，标志着新藏桥梁建设已进入成熟时期。"九五"期间，西藏公路建设步伐进一步加快，完成投资40.8亿元，有效延长了通车时间、改善了行车条件。对川藏公路金沙江至拉萨段部分路段进行整治改建，对滇藏公路昌都至邦达段126.6公里进行了黑色化改建，建设了新藏公路"一路三桥"等工程。这些工程的实施，有效改善了拉萨至各地区的公路交通条件，增进了区域间的经济联系，为全区经济的快速、协调和均衡发展打下了坚实的基础。

(2)公路建设跨越式发展时期

"十五"以来，在西部大开发和中央第四次西藏工作座谈会精神指引下，西藏公路建设步入跨越式发展时期，建设投资成倍增长，建设步伐全面加速，路网布局不断完善，通达深度逐步延伸，技术等级明显提高，通畅状况有效改善。一是建设速度最快。7年新建、改建公路19 935公里，新增里程10 112公里。二是完成投资最多。"十五"完成投资146.92亿元，是"九五"的3.6倍，2006年、2007年分别完成投资40.58亿元和41.5亿元，公路建设完成投资屡创新高。三是建设成就最显著。国道完成了青藏公路三期整治改建，川藏公路整治改建16个项目528公里，新藏公路整治改建4个项目440公里，中尼公路对曲水至大竹卡、日喀则至拉孜、拉孜至老定日、聂拉木至樟木段整治改建，省道日喀则至亚东、曲水至江孜公路黑色化改建，新改建了拉萨至贡嘎机场公路"两桥一隧"等一批重点公路建设项目。

2001年以来，西藏农村公路建设实现了历史性突破，建设农村公路15 119公里，全区90%的乡镇和60%的建制村通了公路。农村公路投资力度之大、建设里程之长、经济社会效益之好是前所未有的，被西藏各族人民称赞为"民心工程"、"致富工程"、"德政工程"。

(3)建设管理体制机制不断完善

十一届三中全会以后，西藏公路建设打破了封闭的建设管理模式，公路建设的前期工作、施工和监理引入竞争机制，区内外公路设计、施工、监理企业角逐公路建设市场，促进了公路基础设施条件的迅速改善和提高。在从计划经济向市场经济的转变过程中，公路建设管理模式也发生了根本性的变化。

①公路建设管理体制逐步完善。随着全区公路建设市场的发展，逐步形成区、地两级公路建设管理体制，由自治区交通厅和各地市交通局分级承担公路建设管理职责，负责职责范围内公路工程项目的前期工作、建设的组织实施和管理。为进一步强化公路工程组织实施能力，2003年在拉贡公路新改建项目中开展了成建制项目法人援藏试点工作，2008年班戈至纳木错、滇藏公路类乌齐至昌都段改建项目开展了项目代建制试点工作，积极探索适应西藏公路建设新的管理模式。

②公路建设市场准入制度初步建立。引入市场竞争机制后，参建队伍资格审查最初由自治区建委和自治区交通厅负责，1987年自治区建委撤销后，由自治区计经委和自治区交通厅管理。1988年自治区交通厅正式建立了参建资格审查制度，对公路工程参建单位进行审查，审查合格的发给《公路工程承包许可证》。1996年，公路工程承包资质改由交通厅签署意见、建设厅备案确认。

③招投标制度不断完善。1985 年，在建设青藏公路工区房时，自治区交通厅首次进行了公开招标。1989 年，交通厅制定了《关于公路建设工程对外承包工程的规定》，明确了公路工程承包必须进行招投标和合同管理。招投标制度的确立和完善，有效加强和改善项目建设管理工作，提高了投资效益。

④三级质量管理体系基本建立。1990 年 7 月，自治区交通厅设立了公路基本建设工程质量监督站，代表政府依法对全区在建公路基建项目进行质量监督，在开展工作过程中，先后制定了《关于加强公路建设质量的决定》等一系列规范性文件，有效地促进了公路工程质量监督工作的开展。1990 年 10 月以来，为建立公路工程施工监理制度，在交通部质监总站的支持下，先后举办了 5 期监理学习班，为交通系统培养监理人员 170 多名，并从 1992 年青藏公路第一期整治工程开始正式建立施工监理制度。同时，健全了前期工作、招投标、项目建设、交竣工验收等过程中的质量管理制度，建立了从业单位、主要从业人员动态管理档案和“黑名单”制度，有效保证了公路建设工程质量。

2. 管养服务水平持续提高

1952 年，康藏公路工程处设立养路科，开启了西藏公路养管事业。改革开放以来，不断地完善公路管理养护体制和运行机制，提高管养能力和水平，公路养护里程从 1978 年的 7 247 公里提高到 2007 年的 50 038 公里（含农村公路 39 879 公里）。

(1)公路养护机构的沿革

和平解放以来，为适应经济社会发展形势，西藏公路养护管理机构曾经过数次撤并增设。1980 年 3 月，西藏自治区公路管理局恢复成立，负责全区的公路养护与管理工作。青藏公路第二次改建时，首次按每 30 ~ 50 公里设置工区，其后公路新改建均设工区。1995 年 5 月，全区公路交通部门正式组建路政管理机构。

(2)管理养护体制机制改革

为适应新形势下的公路管养服务需求，不断深化养护运行机制改革。一是结合西藏公路养护与管理自身发展的实际，实行按交通量、养护里程、海拔高度、养护难易程度定公路养护责任的“三定一包”（定公路养护等级、定人员编制、定养护经费、包公路养护责任）目标责任制等系列改革；二是先后出台了《关于进一步改革和完善公路养护管理运行机制的实施意见》、《西藏公路管理局公路养护管理运行机制改革安排意见》，特别是 2007 年自治区人民政府出台了《关于加强农村公路养护管理的意见》，进一步规范了公路管理养护工作，为养护运行机制改革指明了方向。

3. 道路运输业加速发展

随着改革开放的深入，道路运输市场逐步放开，以职工个人承包单车自主经营取代了原有国有运输企业根据计划指令统一组织客货运输的形式。20 世纪 90 年代，全区货运市场全面放开，客运市场走向多元化，个体私营车辆挂靠企业自主经营成为客货运输经营的主要形式，道路运输业在改革中得到快速发展，运力运量大幅度增长。

(1)道路运输管理体系建设

为适应道路运输快速发展的形势，根据《道路运输管理条例》和《西藏自治区道路运输管理条例实施细则》，1996 年 8 月正式设立自治区交通运输管理局，负责全区道路客运、货运、汽车维修、驾驶员培训、运输服务等行业管理工作，在各地市以及青海格尔木市、四川双流县分别设立交通运输管理处，作为其直属分支机构。2000年自治区人大常委会颁布了《西藏自治区道路运输管理条例》，于2007年3月进行了修订，为进一步规范公路运输行业管理提供了法律依据。

(2)客货运输有序发展

"九五"开始，西藏道路客运发展全面加速，客运车辆数量迅速增加，车辆档次明显提高，服务水平得到提升，客运线路覆盖面不断扩大，开通了拉萨到各个地区和拉萨至成都、兰州、西安、西宁等城市的省际客运线路。"十五"期间，通过积极培育和不断规范，道路运输市场得到了进一步发展，营运汽车达到3万辆以上，客运班线137条，县级覆盖率达到98.6%，建成汽车客运站23个、货运站17个，客货运量比"九五"分别增长7.4倍和11倍。城市客运在"十五"期间得到充分发展，城市出租车数量逐年增加，公交线路覆盖范围扩大。青藏铁路开通后，西藏旅游业蓬勃发展，旅游客运市场规模增大，基本覆盖了全区各大旅游景点（区），满足了游客出行需求。

(3)国际运输开始起步

根据1994年中尼两国政府签订的《运输协定》，2005年5月1日，拉萨至加德满都客运直通车正式开通，成为中国与尼泊尔之间的第一条国际客运线路，也是西藏自治区第一条国际公路客运线路。根据中尼两国借道运输协议，积极配合尼方开展借道运输，2007年分五批顺利完成了772吨借道运输货物的监管任务。

(4)地方海事工作逐步规范

2005年6月，西藏自治区地方海事局在拉萨正式挂牌成立，标志着西藏水运发展和水运安全管理步入了规范化轨道。启动了渡口改造工程，完成了山南地区桑耶渡口的改造，购置了救生衣、救生圈等安全配套器材，保障群众出行安全。2007年，在交通部海事局和四川省海事局的支持下，对西藏的23艘船舶首批次进行了实船检验。制定并完善了船员考试发证制度，开展了船员培训工作，已有16名船员取得了船员适任证书。

（二）民用航空快速崛起

1. 探索发展阶段

改革开放至1985年，西藏民航部门紧紧抓住历史机遇，积极探索改革发展的新路子，逐步健全了调度、气象、通信、机务、场务、运输等生产保障部门，相继开通了北京—成都—拉萨、兰州—格尔木—拉萨、西安—格尔木—拉萨3条航线，波音707型大型客机投入成都—拉萨航线运营，一定程度缓解了长期困扰旅客进出藏难问题。1984年6月，民航西藏自治区管理局开始筹建，并于1985年正式成立，西藏民航步入了企业化经营轨道。

2. 稳步发展阶段

随着西藏经济社会加快发展和中央第三次西藏工作座谈会的召开，民航事业迎来了稳步发展时期。

(1)贡嘎机场扩建全面完成

作为国家和自治区"七五"重点工程，1989年7月拉萨贡嘎机场扩建工程动工，1993

年9月通过国家验收委员会验收。

(2)邦达机场修复使用

1990年7月，江泽民总书记来西藏视察工作时指示："启用邦达机场具有政治、经济的双重意义，一定要下决心解决。"1993年5月，昌都邦达机场修复工程全面开工，1995年4月建成通航，成为区内继拉萨贡嘎机场后的又一重要航空港。

(3)航线的开辟和机型的更新

先后开通了上海—拉萨、广州—拉萨、拉萨—北京、拉萨—重庆—广州、成都—昌都、成都—北京—西安—拉萨、拉萨—西宁、拉萨—昌都航线（部分航线短期飞行后停航）。1987年9月，拉萨—加德满都国际航线开通，标志着拉萨成为西南地区对外开放又一窗口。在此期间，波音767－300、空客A300－300、麦道MD－11、美国湾流Ⅳ等机型相继在拉萨贡嘎机场进行演示飞行，波音757－200、空客A340－300先后投入拉萨运营。

3. 快速发展阶段

2000年，党中央、国务院出台了西部大开发战略。西藏民航紧紧抓住这一历史机遇，制定了"两扩建、一恢复、四新建"（即扩建贡嘎机场、邦达机场，恢复日喀则机场，新建林芝、阿里、那曲、拉萨东郊机场）目标，勾勒出以拉萨为中心、辐射各地区的机场建设蓝图。

(1)拉萨贡嘎机场第二次扩建

2000年扩建工程动工，2004年竣工投入使用。2006年，旅客吞吐量首破100万人次大关。目前，拉萨贡嘎机场飞行区改扩建及配套工程正在加快前期工作，助航灯光等部分项目已进入实施阶段。

(2)林芝米林机场建设

2004年动工建设，2006年正式通航，成为区内第三个民用机场，为藏东南地区经济社会发展开辟了空中通道。

(3)昌都邦达机场改扩建、阿里昆莎机场建设

2007年，昌都邦达机场改扩建工程、阿里昆莎机场新建工程相继奠基，日喀则和平机场恢复通航工程得到国务院、中央军委批复。

4. 民航管理体制改革

改革开放之初，中国民航局为中国人民解放军建制，民航拉萨站实行以民航成都管理局为主和空军拉萨指挥所双重领导的体制，为半军事化管理单位。1980年3月，国家民航总局由军队建制改为国务院直接领导，民航拉萨站实行民航成都管理局和西藏自治区人民政府双重领导体制。1985年2月，在民航拉萨站的基础上组建民航西藏区局，仍由民航成都管理局和西藏自治区人民政府双重领导，内部实行局、科两级管理体制。1993年1月，民航西藏区局所属科级单位升格为处级，实行局、处、科三级管理体制。1994年，民航昌都站成立，实行由民航西藏区局和昌都地区行署双重领导。

（三）邮政网络逐步完善

1978年，全区邮路总长度为1.2万公里，邮运车辆183辆。邮件分拣、封发、转运、

装卸基本上靠人背肩扛。党的十一届三中全会以后，自治区制定并实施了各项特殊优惠政策，大大推动了西藏邮政事业的发展。

1. 邮电分营前的西藏邮政

(1)邮政业务

邮递业务。函件业务量在改革开放初期随着经济社会的快速发展保持了持续增长势头。1990 年达 791.8 万件，比 1980 年增长 37.4%。1995 年，函件量大幅度增长，达到 1 653 万件，1998 年邮电分营时，受电信业快速发展影响，函件业务量下降为 1 317 万件。包件业务量保持了连续增长，1990 年达到 11.6 万件，比 1980 年翻了一番，1998 年达到 27.79 万件，是 1990 年的 2.4 倍。改革开放以来，虽然受新兴媒体的冲击，报纸和杂志订销量仍保持稳定增长，从 1979 年的 3 548 万份和 106 万份增长到 1995 年的 5 131.9 万份和 403.4 万份。1988 年西藏邮政快递营运当年，业务量就达到了 6.5 万件，1990 年猛增至 65.6 万件。1986 年 7 月 1 日开展特快专递业务时，仅限于拉萨与成都之间，1991 年 7 月 1 日，拉萨市邮政局全面开办通达全国各地的特快专递业务，日喀则、那曲、林芝也相继开办了此项业务，1991 年即达 893 件，到 1995 年达到 26 000 件。

邮政金融业务。随着商品经济日益繁荣，西藏的汇兑业务持续增长。1980 年为 44.6 万张，1995 年增至 63.3 万张，比 1980 年增加了 42%。自 1986 年 10 月 1 日，拉萨市邮政局正式开办邮政储蓄业务以来，邮政储蓄业务在全区相继开办。到 1998 年，储蓄余额达到了 24 571.8万元。

邮票业务。1983 年 1 月 1 日，西藏自治区邮票公司成立。1984 年 9 月 5 日，西藏自治区集邮协会第一次代表大会举行。1995 年 4 月，《中国西藏邮政邮票史》经西藏人民出版社出版，并成为自治区成立三十周年大庆献礼图书之一。至 1998 年年底，由西藏送展的《可爱的西藏》、《历史的结论》等邮集分别在全国和亚洲邮展上获奖。

(2)邮路建设

步马班邮路仍然发挥着不可替代的作用。随着“六五”计划的实施，步马班邮路逐步从一、二级邮路中退出。至 1984 年，一、二级马班邮路仅 80 公里；1986 年，一、二级步班邮路减为 34 公里。但农村马班邮路直到 1995 年年底仍保持在 3 万公里左右，步班邮路保持在 2 万公里左右。

自行车邮路逐步延伸。1980 年为 3 793 公里，1990 年达到 6 146 公里。

摩托车邮路相对减少。1980 年为 2 915 公里，至 1995 年，总长度始终保持在 1 000 公里左右。

汽车邮路成为主要邮递方式。至 1998 年，川藏干线、青藏干线、拉萨至亚东、拉萨至樟木口岸、拉萨至阿里的五条一级干线邮路总长度达到 7 895 公里。二级干线汽车邮路的发展始于 20 世纪 50 年代中期，至 1995 年，共开通了 36 条汽车邮路总里程达 10 193 公里。

(3)邮政设备

改革开放以来，西藏的邮政设备由原来的基本上靠手工操作向现代化、自动化转变。1977 年，第一台邮票自动出售机安装使用；1978 年，第一台包裹自动收寄机安装使用；20 世纪 80 年代后，装卸车、叉车、拖车、邮件传送机等主要设备投入使用；从 20 世纪 90 年代起，现代科技逐步应用至邮政通信生产经营工作中，信函过戳机、电子秤、挂号登单机、报刊捆扎机等新兴现代邮政设备广泛用于邮政通信生产各个环节。1995 年后，随着邮政储蓄微机处理系统（即“绿卡工程”）相继在全区开通，加之利用微机收寄信函、包裹、快件、特快，开发汇票、受理查询的电子化支局的实现，西藏邮政现代化程度大大提高。

2. 邮电分营后的西藏邮政

随邮政改革的深化，1999 年西藏邮政与电信实现分离。邮政行业主动面对挑战，不断改革和完善自己，按照“科技兴邮”的发展战略，确立了改造传统产业，建设电子邮政，发展现代邮政“三步走”发展思路，通过申请专项资金、自筹等方式大力改善实物传递网，投资 5 230 万元建设了拉萨二级邮区中心局及附属设施，提高了全区邮件处理集散能力；分别投资 141 万元和 200 万元建设了昌都然乌和格尔木邮件转运站，同时新增和更新干线邮运、物流、运钞和投递车辆，使全区邮政运递能力、服务水平有了明显提高。为提高速递业务运递时效，增强市场竞争能力，开通了机场至拉萨、日喀则两条快速邮路，大大提高了区内大部分高时限要求邮件的运递速度。到“十五”末，西藏邮政完成援藏建设项目 21 个，完成投资 2. 76 亿元，基础设施落后问题得到初步缓解，网络能力显著提升，经营状况明显改善。

2007 年 9 月，按照国务院关于邮政体制改革的总体安排，西藏自治区邮政管理局和西藏自治区邮政公司分别挂牌成立。在最短的时间内完成了新的内部机构设置，明确了部门工作职责，邮政政企分开的改革工作基本到位，标志着西藏邮政步入一个新的历史发展阶段。

（四）电信事业迅速突起

改革开放之初，虽然电报、电话等已经兴办，但电信通信面临基础差、服务面窄、手段落后等问题，经过 30 年的建设发展，建成了固话网、移动 G 网、移动 C 网、卫星通信网、无线好易通网等传输网络，通信业务形式多样，信息传输功能强大。

1. 市内电话建设

1977 年，日喀则地区邮电局第一个开通了 400 门纵横制自动电话。到 20 世纪 80 年代后期实现了所有地市和部分县城的市内电话自动化。1993 年 4 月 2 日，拉萨市电信局 S1240 5000 门程控电话正式投入运行，到 1995 年，拉萨市内电话扩容到 2 万门，号码升至七位，全区所有的地县也实现了市内电话程控化，数字程控率达到 99% 以上，绝大部分县城实现国内长途直拨。1998 年 6 月 29 日，林芝地区（墨脱除外）建成开通了全区第一个本地电话网。2000 年 8 月，无线市话小灵通在拉萨投入市场。2004 年 6 月，唯一不通公路的墨脱县也通过卫星电话纳入本地网。

2. 电报通信建设

1978 年，昌都、日喀则两地区无线电传电报电路开通使用。1983 年 1 月，拉萨—成都、拉萨—昌都、昌都—成都开通了有线载波电路；1989 年，林芝地区至波密县的无线电传电报电路开通，拉萨市开办了用户传真业务。至此，全区六个地市（除阿里外），人工电报改成了电传电报，提高了通信效能。1989 年 9 月，拉萨—成都电报电路实现自动转报。拉萨—北京、拉萨—成都电报电路进入国内自动转报网。1993 年 10 月，拉萨 64 路自动转报系统顺利割接开通，进入全国自动转报网和分组交换系统。

3. 卫星通信建设

按照西藏自治区“有线无线并举，以无线为主，大力发展卫星通信”的电信通信建设方针，1985年9月，昌都卫星通信地球站建成，开通4条话路投入通信生产，到1990年七个地市全部建设了卫星站，形成了区内卫星通信骨干网。1995年，拉萨卫星通信地球站完成了IDR改造工程，增加长途数字电路450条，标志着我区长途传输开始向数字化发展。1994年11月，墨脱县开通了话音VSAT卫星通信系统，到1995年8月，全区建成73座话音VSAT卫星通信地球站，实现了全区所有的县进入全国长途自动交换网。2003年8月，西藏“十五”卫星通信网络正式开通。

4. 光缆通信建设

1995年8月，拉萨至日喀则、拉萨至山南的光缆工程建成投入运营。1996年，全区第一条地区到县的光缆日喀则经白朗至江孜的通信光缆建成开通。1998年8月，开通了林芝至昌都光缆工程和兰州—西宁—拉萨光缆工程西藏段。2000年10月，拉萨—那曲—昌都通信光缆正式开通。2001年7月，昂仁—阿里光缆建成开通。2004年6月，第二条出藏光缆昆明—拉萨光缆开通。截至2008年4月，全区光缆总长度达到25 075.39公里。

5. 移动通信建设

1989年6月，拉萨市电信局正式开通无线寻呼系统，此后陆续开通了日喀则、林芝、山南、昌都、那曲、阿里地区行署驻地的无线寻呼系统。

1993年8月，拉萨市电信局900兆蜂窝式模拟移动电话系统投入运行。1997年上半年，陆续建成开通了各地区行署所在地900兆蜂窝式模拟移动电话系统。8月，拉萨电信GSM网交换局正式开通。2001年12月，CDMA移动通信网一期工程投入使用。2002年5月，移动GPRS业务正式在拉萨投入商用。2003年3月，山南地区率先实现“县县通移动电话”。2004年8月，那曲地区聂荣县基站建成，移动信号覆盖了全区所有县城。2004年10月，中国联通西藏分公司正式启动GSM网络建设工作。2005年5月，移动边际网建设第一期工程全面启动。2005年5月14日，拉萨10G城域网主环顺利割接并投入运行。2006年6月23日，青藏铁路网络覆盖工程那曲段建设全面完工。2006年8月15日，CMNET网建设顺利完成。2007年4月25日，西藏移动软交换项目拉萨本地网割接成功。

6. 农牧区通信建设

1979年起，逐步采取有线和无线相结合的方式发展农牧区电话通信业务，1981年开展了有线无线并举组织试点建设，1984年，推广单边带设备开通农话通信。从1993年10月开始，采用一点多址无线特高频技术逐步发展农牧区电话建设，到1998年林芝县贡仲村成为西藏第一个电话村，全区通电话乡镇达到349个、行政村347个，进入专话自动网乡镇82个。2001年以来，以卫星通信技术为主，无线“好易通”为辅，光缆、电缆接入并用方式，建设乡镇村卫星小站1 000余座，实现全区所有乡镇和大部分行政村通电话。到2007年年底，通电话的行政村3 889个，占行政村总数的65.57%，并实现了“乡乡通传真”。

7. 其他通信建设

1979年，拉萨—北京、拉萨—各地区（阿里除外）会议电话试通，1995年，北京—拉萨开通电视电话会议系统。2006年9月13日，双湖特别区作为最后一个县级行政区成功开通电视电话会议系统。

2002年5月，西藏第一家100M宽带高速网吧在拉萨建成。2006年1月，西藏电信网络转型标志性工程——固网智能化改造工程在拉萨割接开通。2006年8月23日，墨脱县城开通互联网业务，互联网业务覆盖到全区所有县城。

8. 电信体制改革

随着电信业的快速发展，原有管理体制不再适应通信产业飞速发展的新形势，1998年12月邮政、电信分离，分别成立了自治区邮政局和自治区电信局。2001年4月10日，成立了全区电信行业的行政监督管理部门——西藏自治区通信管理局。在此前后，中国移动、中国电信、中国联通、中国网通、中国铁通分别成立西藏公司或分公司。至此，电信行业由一家企业垄断的局面被彻底打破，几家通信运营商立足各有特色在相同或相似的业务领域内进行竞争，有效地促进了电信行业基础设施的建设和服务水平的提高。

二、辉煌成就

改革开放30年，西藏交通基础设施建设不断加速，取得了辉煌成就，雪域高原发生了深刻变化，为西藏改革开放、经济社会发展和人民群众生活水平提高奠定了坚实的基础。

（一）公路建设全面提速，路网布局逐步完善

1979年~2007年国家投资290.93亿元，改建完善5条国道和区域重要经济干线，新建通县、通乡、通村公路32 800多公里。公路通车总里程从15 852公里增加到48 611公里，等级以上公路达到40.1%。其中，二级公路952.44公里，占1.96%；三级公路4 644.34公里，占9.6%；四级公路13 913.4公里，占28.6%；国省道等级以上公路分别达到4 455.03公里和3 093.43公里，占国省道公路总里程的79.2%和49.4%。以拉萨为中心，“三纵、两横、六个通道”为主骨架，东联四川、云南，西接新疆，北连青海，南通印度、尼泊尔，区内省道相接，地市相通，县乡连接的公路交通网基本建成，技术等级和行车条件不断提高改善，公路交通面貌发生了翻天覆地的变化，西藏各族人民的出行更加便捷。

1. 国省干线公路技术等级明显提高

先后组织完成了青藏公路一次改建、三次整治；分段实施了川藏公路、新藏公路、滇藏公路、中尼公路整治改建；对日喀则至亚东、拉贡公路“两桥一隧”、贡嘎机场至泽当、那曲至昌都等干线公路进行了整治改建。全区高级、次高级路面从1978年的（青藏公路羊拉段）75公里发展到2007年的4 714公里，五条国道到“十一五”末基本实现黑色化。全区有5个地市、43个县，以及贡嘎机场、邦达机场和米林机场均通了油路。国省干线公路通畅水平得到有效提高，川藏、青藏两条重要进出藏公路实现无特大自然灾害情况下全年通车，滇藏公路、新藏公路、中尼公路、川藏北线的通行能力也得到大幅度提升。

2. 农牧区交通条件快速改善

改革开放以来，农村公路建设持续发展，特别是“十一五”以来，交通部实施农村公路通达工程，西藏农村公路建设实现了历史性突破，安排农村公路建设项目709个，总投资

35.219亿元，建设农村公路15 119公里，解决了169个乡镇和1 538个建制村通公路问题。截至2007年年底，全区683个乡镇、5 900个建制村中已有612个乡镇和3 525个建制村通了公路。2004年拉萨市率先在全区实现“村村通公路”目标。2008年，农村公路建设投资7.82亿元，实施197个项目4 666公里，解决32个乡镇和423个建制村通公路问题。2008年年底山南地区也将实现“村村通公路”，全区乡镇和建制村通公路率将达到94.3%和67%，西藏农村公路网络基本形成，路网布局日趋完善。在实施农村公路通达工程的同时，拉萨、林芝、山南等地市的农村公路通畅工程建设已经启动，水泥路、沥青路修到了世代居住在大山深处的农牧民群众家门口，有193个乡镇通了沥青水泥路。

3. 养管能力大幅提升

在交通部的大力支持和全国交通系统的援助下，西藏国省干线公路养护初步实现机械化，养护和管理能力大幅提高。到2007年年底，全区公路设养里程达到50 038公里，其中农村公路39 879公里，油路好路率达到84.08%，综合值83；砂土路好路率52.1%，综合值为56，基本达到了路况良好，路容整洁，路肩平整密实，横坡适度，边坡稳定，排水畅通，桥涵等构造物完好，沿线设施完善。2007年，自治区财政投入补助养护资金9 467万元，大部分农村公路得到养护，通行条件明显改善。同时积极实施公路安全保障工程，有效减少了道路交通事故，提升了公路通行能力和安全服务水平。

4. 道路运输业蓬勃发展

随着公路里程的迅速延伸，全区民用车辆拥有量从1978年的3 733辆增加到2007年年底的15万辆，其中营运汽车3万辆以上，建成国家一级客运站3个、二级客运站7个，三级客运站22个，货运站17个（其中等级货运站4个）。开通客运班线137条，县级覆盖率达98.6%，开辟了拉萨至加德满都国际客运班线。整顿了市场秩序，加强市场准入制度，较好地规范和改善了客货运市场，促进了道路运输业的健康有序发展。仅2007年，完成客运量460万人次，客运周转量18.9亿人公里，货运量360万吨，货物周转量37.48亿吨公里。城市公交和汽车出租业亦得到快速健康发展，全区已有城市公交车627辆、出租汽车2 000余辆，方便了人民群众便捷出行，基本适应了区域经济发展需要。

5. 交通环保工作有效加强

根据国家和自治区有关规定，在交通建设发展中高度重视环保工作，坚持施工与环境保护并重，强化建设项目环保审查，认真落实环境影响评价和“三同时”制度，制定了《西藏自治区交通建设项目环境保护管理办法》，积极开展环保监理试点。2007年召开了交通系统环境保护会议，出台了加强交通环保工作意见，明确了交通环保工作的指导思想、目标任务、各项措施和长效机制，为交通环保工作更加规范有序提供了保障。

公路建设步伐的加快，现代运输业的发展，提高了区域农牧产品的商品率，为农牧民走出大山闯市场创造了条件，密切了农牧区与外界的交流、沟通和融合。公路沿线的不少乡村形成了“一乡一特色，一村一品牌”的布局，具有西藏地方特色的农牧民新居拔地而起。以公路交通为支撑的区域旅游产业呈现出蓬勃发展之势，住宿餐饮、交通运输、邮电通信、金融、文化娱乐等相关产业得到大力发展，农牧业占绝对主导地位的传统产业格局被打破，经济社会充满生机和活力。

（二）民航设施逐步完善，航线班次不断增加

改革开放以来，西藏民航得到长足发展，为促进区域经济社会发展、边防巩固和民族团结做出了积极贡献。

1. 机场布局趋于合理

在中央第二、三次西藏工作座谈会议精神的指导下，随着西部大开发战略的实施，国家逐步加大对西藏民航机场建设投入，机场布局不断完善，航线网络不断扩大。拉萨贡嘎机场经过两次改扩建后，机场飞行区等级达4E级，设计站坪7个机位，货运仓库0.8万吨/年，能保障A340、A330、B757等大型飞机起降，满足年旅客吞吐量110万人次、高峰小时1 300人次。昌都邦达机场修复使用后，飞行区等级达4D级，满足B757、A319等机型的起降和过站要求，结束了昌都地区只有公路运输的历史。林芝机场的建成通航，改善了藏东南地区的综合交通运输条件，有力推动地方社会经济的发展。

2. 航线网络不断扩大

随着西藏经济社会的加快发展，民航旅客进出藏客运量迅速增加，旅客出行多样化需求与航线少的矛盾日益突出。根据经济社会发展需求，西藏民航系统加大航线开辟力度，截至2007年年底，西藏民航航线14条（其中国内航线12条、地区航线1条、国际航线1条），通航城市12个（北京、上海、广州、成都、重庆、昆明、西安、迪庆、昌都、林芝、香港和尼泊尔加德满都），初步形成以拉萨贡嘎机场为中心，辐射周边城市的航线网络。同时，航班密度不断增加，进出藏航班由开航时的每周不足1班发展到80多班。

3. 现代管理系统建设加快

为提高西藏民航飞行保障能力和航班正常率，确保西藏航线飞行安全，先后引进建设了TP8020型分组交换设备、卫星通信地球站、民航数据通信（PES）网拉萨卫星站、8信道甚高频（VHF）共用系统、NORMARC系列仪表着陆系统等先进通信导航设备，形成了人力、技术、物资共同保障安全的局面。2006年，在林芝机场成功进行了首次RNP验证飞行，为区内复杂地形机场安全正常运行提供了科学依据。

改革开放30年来，西藏民航共保障运输飞行8.15万架次，完成旅客吞吐量1 070.3万人次（其中出港运量564.9万人次、进港运量505.4万人次）、货邮吞吐量21.3万吨（其中出港运量6.1万吨、进港运量15.2万吨），三项指标分别以年均10.4%、12.2%、17.9%的速度递增。2007年，西藏民航共保障运输飞行1.2万架次，完成旅客吞吐量131.38万人次、货邮吞吐量1.19万吨，分别是1978年的13倍、21.9倍和14.3倍，创造了连续保障安全飞行42周年的纪录。

（三）邮政网点覆盖全区，邮递服务不断延伸

1. 硬件条件得以改善

1978年全区仅有112个邮政营业局所，县以下除为党政军专门服务和重点城镇专门设立的营业所以外，基本上未设营业局所，且房屋简陋，设备落后，基本上靠人工作业。从20世纪90年代中期开始，各地市邮政局（所、点）进行全面改造，先后建成7地市邮政综

合楼，成为集营业大厅、包裹作业场地、汇兑处理、报刊发行、邮件作业场地、培训场地、办公场地为一体的地区级邮政作业中心。邮政网点建设也得到了加强，全区现有邮政网点127处，其中城市局所111处，设在边防部队、林场、农场的邮政局所15处，委代办网点13处，邮政服务局所覆盖了除墨脱县以外的全部县城和口岸。

2. 邮递功能进一步增强

目前，西藏共设3个邮区中心局，其中拉萨为二级邮区中心局，昌都、日喀则为三级邮区中心局。西藏全区日均平信处理量约为11万件，包裹处理量0.3万件，平刷处理量1.6万件，报纸处理量22万份，杂志处理量0.3万份。共有邮路44条16 983公里。其中，一级干线邮路12条7 706公里；二级干线邮路32条9 277公里。拥有邮运车辆202辆。一级干线航空邮路1 307公里，即拉萨—成都邮路，为逐日班，运能为600袋。一级干线汽车邮路10条4 443公里，二级干线汽车邮路32条9 277公里。

3. 网络平台逐步完善

随着邮政储蓄微机处理系统（即“绿卡工程”）的开通，西藏邮政步入了现代化、信息化时代。经过10多年的建设，初步建成了集广域网、局域网、邮政内部电视电话会议系统为一体的邮政综合计算机网，完成了全区邮政语音系统、“两网”备用电源系统、邮政储蓄网点联网系统、邮政邮资票品开发管理系统、电子汇兑系统的建设和电子化支局系统改造，实施了报刊发行系统及速递跟踪查询系统切入综合网运行工程，开通了“11185”邮政客户服务系统。同时，立足统一、高效、安全、稳定的原则，完成了邮政二期新系统建设，使邮政全国联网储蓄网点达到37处、39台ATM柜员机并入全国绿卡网，联入全国“银联卡”系统。西藏邮政信息网络涵盖了邮政储蓄、电子汇兑、电子化支局、邮运指挥调度、邮资票品管理、速递邮件信息查询和报刊发行等各种业务，技术层次、覆盖能力、运行效率和管理水平进一步提高，服务功能进一步完善。

4. 服务农牧区能力明显提高

邮电分营前，广大农牧区基本没有邮政分支机构，也没有邮路延伸。县到乡镇的邮件、报刊只有通过亦工亦农的乡邮员进行投递，业务不能就地办理。2005年5月，编制完成了全区71个县到乡镇的邮路组网方案，明确邮件和报刊的固定班期及邮运频次，新投入邮运车9辆，县至乡镇邮件运输车73辆，摩托车60辆，自行车254辆，招聘了包括乡邮员、驾驶员、营业员在内的乡邮工作人员700多人。加密了部分区内二级干线的邮运班期，加快了党报党刊和邮件的传递时限。全区所有地区到县（除墨脱县）的邮运班期都在周二班以上。截止到2007年年底，全区通邮乡镇675个，占全区乡镇总数的98.8%，通邮行政村3 950个，占全区行政村总数的64.88%。农牧区邮路2 993条117 398公里。邮路、邮运班期得到加密延伸，规章制度不断完善，乡邮通信网络基本形成。

（四）现代通信“井喷”发展，通信手段丰富多样

党的十一届三中全会后，西藏电信行业充分利用国家优先发展通信政策，实施高起点、高技术、高质量的发展战略，千方百计筹措资金，加快通信建设和发展步伐，建成了兰西拉光缆、昆明至拉萨光缆和拉萨至各地区光缆，完善了网络结构，提高了电信保障能力。完成

了县以上电话交换机自动化，电话交换程控化、长途传输数字化改造、电信网完成了由人工向自动、由模拟向数字的过渡，实现了历史性的大跨越。全面实现“县县通光缆、乡乡通电话”、“县县通移动电话”、“乡乡通传真”等目标，拉萨市在全区率先实现村村通电话目标。中国移动通信网络成功覆盖了世界顶峰，测试开通了珠峰6 500米基站。经过30年的建设发展，市内电话、电报通信、卫星通信、光缆通信、移动通信、农牧区通信等建设成效显著，固话网、移动G网、移动C网、卫星通信网、无线好易通网等传输网络规模不断扩大，电信服务和终端产品种类繁多。到2008年年底（预计数），西藏电信业全年业务收入将达到17亿元，电话用户达到157万户，交换机容量达到231万门，分别是30年前的6 773倍、502倍和411倍；电话普及率达到55部/百人；互联网用户达到10万户；长途光缆达到2.26万公里。到2008年，全区将实现76.87%的行政村通电话，达到4 559个，从根本上解决边远农牧区通电话难的问题，为推动地方经济发展和信息化建设创造必要条件。

（五）管道建设不断加大，输送能力明显提高

改革开放以来，中国石油天然气集团公司西藏分公司发挥能源供应主渠道作用，建立和推行QHSE管理和内部控制管理体系，基础设施进一步完善，管理水平大幅度提高。2007年，石油基本建设投资增加到1.31亿元，加油站从60座增加到107座，库容量从12.7万方增加到14.6万方，固定资产从2 180万元增加到64 653万元，购进成品油从1978年的12.28万吨增加到2007年的37.27万吨，年平均增长速度为4.04%；销售量从9.73万吨增加到39.16万吨，销售收入从9 451万元增加到209 370万元，为西藏的经济发展、国防巩固、社会稳定以及人民生活水平的提高做出了积极贡献。

三、基本经验

回顾西藏改革开放30年，自治区党委、政府充分运用国家宏观经济政策和中央对西藏一系列特殊优惠扶持政策，紧紧抓住历史性发展机遇，基础设施建设取得了举世瞩目的成就，积累了宝贵的经验。

（一）中央关怀和全国大力支援，是实现西藏交通基础设施建设新的跨越式发展的强大动力

西藏基础设施建设与发展，始终倾注着党中央、国务院的亲切关怀，凝聚着全国各族人民的无私支援。在西藏社会主义建设和改革开放的各个历史时期，中央三代领导集体和以胡锦涛同志为总书记的党中央十分关心西藏基础设施建设，分别于1994年和2001年召开第三次、第四次西藏工作座谈会，明确了新时期西藏工作指导方针和21世纪初西藏工作的历史任务。制定了加快西藏发展、维护西藏稳定的政策措施、确定了一批批西藏交通基础设施建设项目。

在中央关怀和全国人民大力支援下，西藏交通基础设施建设高潮迭起，从20世纪八九十年代中期43项、62个建设工程的实施，贡嘎机场改扩建、拉贡公路改扩建等大批项目的建成使用，有效改善和提高了西藏交通基础设施的服务水平和能力；21世纪初，国家进一步加大了西藏基础设施建设投资力度，第四次西藏工作座谈会落实了青藏铁路二期工程

（格尔木至拉萨段）等117个项目，总投资312亿元。中发［2005］12号文件和国务院167次常务会议确定了西藏“十一五”规划建设项目180个，总投资778亿元，进一步完善西藏基础设施条件，增强西藏自我发展能力。

（二）持续稳定的政治环境，各级党委、政府的坚强领导及广大人民群众的积极参与，是西藏基础设施建设加快发展的关键所在

1989年以来，在中央的坚强领导下，自治区党委、政府始终坚持“一手抓发展、一手抓稳定”的方针，西藏实现了18年的持续稳定，为基础设施建设提供了有力的发展环境。自治区政府先后出台了一系列优惠政策，并多次与国家有关部门积极衔接。项目所在地政府、群众在征地拆迁、材料取用等方面给予了大力支持。广大干部职工继承和发扬老西藏精神，紧紧抓住发展机遇，立足各自岗位，兢兢业业，扎实工作，为基础设施建设做出了巨大贡献。

（三）紧紧围绕“一加强、两促进”历史任务，抓住机遇，深化改革，不断适应社会主义市场经济发展的需要，是加快基础设施建设的动力源泉

全区各级政府和有关部门认真贯彻落实中央第三、第四次西藏工作座谈会精神和区党委、政府各项方针政策，按照与时俱进的要求，紧紧抓住国家实施积极财政政策和西部大开发战略机遇，按照社会主义主市场经济发展的需要，以建立覆盖全区的综合交通运输体系、综合通信体系为目标，大力解放思想，积极推进体制机制改革，按照经济发展规律不断完善市场化操作手段，提高基础设施建设能力，为基础设施建设的健康快速发展提供了有力保障。

（四）坚持科学发展观，实现项目建设与自然社会相和谐，是基础设施建设可持续发展的客观要求

在基础设施建设中始终重视生态环境保护工作，实行最严格的耕地和生态保护，保护西藏的碧水蓝天。重视基础设施内外关系的和谐，注重“以人为本”，对内关心职工，对外沟通协调，注重安全生产，为基础设施建设全面发展营造了良好的社会环境。

（五）坚持强化科技、人才工作，是基础设施条件不断改善的智力保障

坚持依靠科技进步，在基础设施建设领域提高科研水平，不断将科研成果转化为现实生产力，有效地推动基础设施建设。始终把人才工作放在重要位置，坚持人才培养、引进工作，实施人才“走出去、引进来”的特殊培养模式，在人才的使用过程中加强培养，努力提高基础设施建设领域职工队伍的整体素质；依靠各兄弟省市的人才、技术的支援，不断引进先进的管理模式和经验，为基础设施条件改善提供了智力支撑。

四、发展展望

随着西部大开发战略的进一步深入，中央对西藏基础设施建设投资力度将进一步加大，西藏基础设施建设将迎来前所未有的发展机遇，综合交通运输体系、综合通信体系、电力工

业体系将进一步完善，基础设施对经济社会发展的“瓶颈”制约将进一步得到缓解。

（一）强化综合交通运输体系功能，提升公共服务保障能力

统筹规划各种交通运输方式的发展，加大不同运输方式之间的衔接，合理规划建设航空港、火车站、汽车站、码头，抓好交通运输统一调度指挥体系建设，实现各种交通运输方式的无缝对接，努力提高综合交通运输体系的服务能力和水平。

1. 提高公路技术等级，不断延伸通达深度

“十一五”期间，国家对西藏公路建设投资将超过200亿元。到2010年年底，全区公路总里程将达到50 000公里，高等级公路实现零的突破，高级、次高级路面达到15%，公路技术等级、抗灾能力和服务水平得到显著改善，公路交通对西藏经济发展、社会进步和国防建设的瓶颈制约得到有效改善。国道公路的技术等级明显提高，通行能力得到明显改善，路面基本黑色化，公路网主骨架大部分路段达到三级及三级以上标准。完成覆盖“一江两河”流域的藏中经济干线的建设，重要省道和经济干线技术等级达到三级及三级以上标准，实现拉萨到各地区的干线公路基本黑色化；通县油路达到59个，不通油路的县基本实现通等级公路。口岸公路和边防公路建设进一步加强，连通国家一类口岸公路全部实现等级化，加快口岸公路路面黑色化建设，具备条件的边防站点全部通公路，修通墨脱公路。乡村公路建设取得明显进展，以“通达”工程为重点，兼顾“通畅”工程建设，具备条件的乡镇和80%以上建制村通公路。

到2020年，公路网主骨架进一步完善，在已建“三纵、两横、六个通道”骨架公路网基础上，修编路网规划，增加连通林芝、山南和日喀则南部主要边境县到达仲巴县里孜口岸的第三横，逐步形成“三纵、三横”功能更为完善的公路网主骨架。五条进出藏公路通道和藏中经济干线公路有条件的路段建成二级及以上技术标准。按照国家高速公路网规划，启动青藏高速公路建设。

2. 适度开发水路运输，适时增建运输管道

适当开发水路交通，对雅鲁藏布江江流平缓段分段开发，分段通航，减少对公路的运输压力。加快第二条输油管道、石油天然气管道铺设进藏。

3. 机场布局更趋合理，航线网络更加完善

到2010年，西藏区内机场总数将达5个，新增阿里昆莎机场，日喀则和平机场恢复通航；到2020年，西藏区内机场总数达到9个，增加区外航线31条，区内航线5条，国际航线6条，逐步形成以拉萨贡嘎机场为枢纽，昌都邦达、林芝米林、阿里昆莎、日喀则和平、山南、那曲、定日、帕里机场为支线，覆盖全区重点区域和重要旅游景点的机场布局和以拉萨贡嘎机场为中心、辐射全国大部分主要省会城市和部分中亚、欧洲国家城市的航线网络，西藏区内机场密度将不断加大，机场设施不断改善，航线网络逐步扩大。

4. 加快邮递网络建设，延伸邮政服务范围

将邮政运输纳入综合交通运输体系，“十一五”新增100个农牧区邮政网点，新增10个全功能的城市邮政网点。加强邮政局所的标准化、规范化建设，提高内部运营效率，提升邮政服务质量。邮件处理与运输逐步向机械化、自动化发展，实现动态调度，实物与信息资

源的整合取得实质性进展，邮件传输效率大幅提高，邮政服务范围进一步扩大。

（二）强化综合通信体系建设，提高通信服务水平

到2020年，建成“普遍服务、人人受益”综合信息通信网络，实现基本电话服务覆盖全区，城镇地区实现“户户多媒体，服务移动化”，农牧区实现“村村能够获得宽带信息通信服务”。

2010年~2020年之间，着力推动以宽带接入、移动服务、综合多媒体和个性化应用为特征的信息通信网络建设，促进以数字家庭、电子政府、信息化企业和信息小康农村为要素的信息社会的形成，使电子就业、电子医疗、电子教育、电子商务和健康的电子文化娱乐等得以广泛应用，为自治区全面小康社会战略目标的实现提供强有力的支撑。

改革开放30年来，在中央的亲切关怀和兄弟省市区的无私支援下，通过全区各级党委、政府和各族人民的不懈努力，西藏公共基础设施建设取得了辉煌成就，但与经济社会的发展需求和全国发展水平还有较大差距，建设任务还很重。西藏的发展关系全国的发展，西藏的小康关系全国的小康，根据党的十七大和中央［2005］12号文件精神，中央将进一步加大西藏基础设施建设投入，加速改善公共基础设施条件，西藏交通、电力、通信公共服务保障能力将进一步提高，为建设小康西藏、平安西藏、和谐西藏做出应有的贡献。

八百里秦川今胜昔

陕西省交通厅

一、辉煌成就

改革开放30年，陕西交通实现了由封闭型交通到开放型交通，由管理型交通到服务型交通，由传统型交通到现代型交通的历史性跨越。全省交通面貌发生翻天覆地变化，交通生产力水平大幅度提高，交通综合实力全面增强，基础与先导作用显著提升，为经济社会快速发展和人民生活奔小康发挥了重要支持保障作用。

（一）交通基础设施实现由严重短缺到基本满足的跨越发展

1. 投资力度空前加大，公路规模显著增加

全省交通投资从1978年的约1.2亿元提高到2007年的300亿元，增长了250倍。其中，交通固定资产投资从1978年的0.38亿元，增加到2007年的274亿元，增长了720倍。累计交通固定资产投资1 485亿元，占全省GDP比重由0.47%提高到5%以上。其中，公路建设投资累计1 457亿元，占总投资的98%。西部大开发以来，特别是"十一五"以来，陕西省交通投资强度进一步加大，2001年突破100亿元，2006年突破200亿元，2008年预计突破300亿元，占同期全省社会固定资产投资的10%左右。交通投资加大，促进了以公路为重点的交通基础设施大规模、高质量发展。全省公路总里程由1978年的3.84万公里增加到2007年的11.3万公里（含村道）。每百平方公里公路密度由1978年的18.7公里增加到2007年的58.95公里，增加了2.2倍。2008年预计将达到12.3万公里，公路密度将提高到59.8公里/百平方公里。过去无路可走和有路难行的局面得到根本改善。

2. 高速公路迅速崛起，"米"字形骨架基本形成

1990年，全长24公里的西安—临潼高速公路建成通车，实现了陕西高速公路零的突破。2003年全省高速公路通车里程突破1 000公里，2007年一跃突破2 000公里，2008年年底将达到2 500公里。连霍、沪陕、京昆、青银等4条国家高速公路陕西境内1 560公里全部贯通，高速公路连接省内三大区域9市1区、71个县（市、区），并实现与周边河南、山西、内蒙、宁夏、四川等省区高速公路通道连接，成为陕西通往华北、华东、华南、西南、西北等经济区域"通江达海"大动脉。

3. 农村公路加快建设，交通面貌焕然一新

改革开放前，全省农村公路少，质量差，既有公路90%以上为砂石路和土路，晴通雨阻，出行困难。改革开放推动了农村公路不断发展，“十一五”以来，我省实施大规模通村油路（水泥路）建设。2007年年底全省农村公路里程达到10.82万公里，路面铺装率达到52.8%，晴雨通车率达到63.4%。全省通公路乡镇、行政村分别达到99%、75%，通油路乡镇、行政村分别达到87%、60%。

4. 干线公路加强改善，通行质量全面升级

全省国省干线公路达到11 243公里，其中，新增关中公路环线等国省干线公路4 367公里。全省国省干线公路51%达到二级以上标准。2006年以来全面加强路况整治，大力加强公路养护，强化公路治超，改善公路服务。2007年末，全省公路好路率平均达到79%，较1981年提高49%。

5. 桥梁建设成就斐然，隧道建设跻身前列

2007年年底，全省公路桥梁达15 611座、821 861延米，较1978年增加了12 744座、736 103延米。其中特大桥有47座、76 297延米，大桥有1 682座、376 953延米。桥型由石拱桥、混凝土简支梁桥发展到高墩大跨连续刚构、钢管拱桥等。全省公路隧道达到363处、222 023米，较1981年增加了339处、219 862米。其中特长隧道有12处、85 818米，长隧道有35处、51 194米，在秦巴山区形成了高速公路隧道群。尤其是包茂高速公路建成全长18.02公里，建成规模居世界第二的秦岭终南山特长隧道。一大批桥梁隧道穿越秦岭沟壑，横跨江河，天堑变通途，成为三秦大地风景线。

6. 站场建设趋向网化，港航设施明显改善

2007年年底，全省公路等级客运站达到643个，较1982年增长了349.6%；等级货运站从无到有，达到14个；乡镇五级客运站达到458个，招呼站2706个。全省内河通航里程达到1 100公里，内河港口94个。

（二）交通运输供给实现由全面紧张到明显缓解的重大突破

1. 客货运力快速增长，交通需求基本满足

全省民用汽车保有量2007年突破百万辆大关，达到122.6万辆，比1978年增加26倍。民用汽车中营业性汽车18.2万辆，较1978年增长31倍；营业性车辆中，客、货车分别增长42倍和29倍。内河营运船舶达到1 011艘，净载重量达到15 693吨位，载客量16 949客位，货运船舶吨位突破400吨级，较1978年分别增加870艘、15 383吨位、15 392客位。小汽车进入家庭，成为百姓代步工具。全省私人车辆达到88万辆。人民群众出行实现从要求“走得了”向“走得好”的实质转变。

2. 客货运量稳步增加，主导作用显著增强

2007年道路运输完成客运量、旅客周转量4.35亿人、244亿人公里，货运量、货物周转量3.97亿吨、255亿吨公里，分别为1978年的11倍、18倍、7倍、24倍。公路客货运量在综合运输中的比重，分别由1979年的63.2%、66.5%，提升到2007年的87.9%、71.8%。公路交通成为陕西最主要的运输方式之一。水路运输完成客运量、旅客周转量由1978年的1万人、41万人公里，增加到2007年的369万人、6 290万人公里，货运量、货物周转量由 1978 年的 27 万吨、1 378 万吨公里，增加到 2007 年的 118 万吨、3 270 万吨公里，均创历史新高，在综合运输中发挥重要补充作用。

3. 运输网络加快完善，交通方式愈益多样

由省际区域间快速客运、省内大中城市间直达客运和农村客运构成的三级运输网络基本形成。道路客运班线和平均日发班次，分别由 1979 年的 562 条、1 754 班次，增加到目前的 4 576 条、43 216 班次。其中跨省客运线路由 18 条增加到 635 条，农村客运线路从 318 条增加到 1 875 条，营运客车达到 9 243 辆。全省 99. 12% 的乡镇、83. 4% 的行政村通班车。由整车、零担、快捷、直达货运及冷藏、特种、危险品货运等构成的道路货物运输网络，覆盖广大城乡，通达全国各地。道路旅客与货物运输平均运距，分别由 1978 年的 36 公里和 22 公里，提高到 2007 年的 56 公里和 64 公里。

（三）交通运输结构实现由极不平衡到基本合理的重要转变

1. 公路水运技术构成显著改善

全省公路总里程中，高速公路所占比例由 1990 年的 0. 4% 提高到 2007 年的 1. 7%；等级公路占总里程比重由 1981 年的 63. 4% 提高到 2007 年的 74. 88%；二级及以上公路里程占到总里程的 7. 3%；路面铺装率由 1978 年的 44. 0% 提高到 2007 年的 55. 9%；等外公路由 1981 年的 36. 6% 下降为 25. 1%。内河通航里程中等级航道达到 558 公里，比 1978 年增加 200 公里。

2. 道路客货运输结构趋向合理

改革开放之初，全省公路货运由汽车、人力车和畜力车承担，货运汽车以普通货车和挂车为主，缺轻少重。1981 年重型货车仅占载货汽车的 5. 29%。公路客运车辆以普通客车为主。而目前道路货运主要由汽车承担。2007 年，全省道路载货汽车中，大型、中型、小型分别占 32. 2%、9. 7%、58. 1%。大吨位、高效率、节能型大型货车达到 4. 4 万辆，占营运货车总数的 32. 2%。营运客车中，2007 年大型、中型、小型客车比重分别调整为 11. 4%、51. 4% 和 37. 2 %。其中高级、中级客车分别占 8. 2% 和 43%。运输市场集中度提高，全省道路客运经营业户，已达 1 834 户。快速客运、直达客运、旅游客运、出租客运和农村客运竞相发展。道路零担货运、快捷货运、冷藏货运、特种货运、危险品货运取得长足发展；机动车维修、驾驶员培训、汽车综合性能能检测、汽车租赁、货运信息配载等运输服务业更加兴旺；物流园区、物流配送中心建设方兴未艾。

3. 三大经济区交通差距加速缩小

全省关中、陕南、陕北三大经济区的公路比例，分别由 1980 年的 37. 54%、24. 58%、37. 88%，发展到目前的 45. 38%、31. 94%、22. 69%；公路密度分别由 1980 年的 24. 7 公里/百平方公里、11. 2 公里/百平方公里和 19. 7 公里/百平方公里，提高到目前的 99. 2 公里/百平方公里、55. 2 公里/百平方公里和 34. 4 公里/百平方公里。等级公路比重分别提高到 79. 61%、65. 62% 和 78. 45%。陕南、陕北高速公路分别占全省高速公路 14. 4% 和 39. 3%。同时，三大经济区乡镇、行政村通路率差距也明显缩小。陕南水运得到稳步发展。

（四）交通运输技术实现由较低层次到创新提高的显著跃升

1. 交通科技创新能力显著增强

围绕交通改革开放和规划、建设、运输、管理与服务，攻克一大批重大和关键课题。30年共取得省部二等奖以上重要科技成果47项，其中获国家科学技术二等奖3项、省科学技术一等奖6项、中国公路学会科学技术特等奖1项。2007年科技进步对交通增长的贡献率达到67%。依托黄土高原、陕北沙漠地区和秦巴山区高速公路建设，联合或参与研究的黄土地区高速公路修筑成套技术、沙漠地区修筑高速公路关键技术、高墩大跨公路桥梁设计与建设技术、高速公路隧道建设与管理技术等，取得重大技术创新并在高速公路建设中应用。黄延高速公路洛河特大桥主墩高达143.5米，被誉为"亚洲第一高墩"；秦岭终南山公路隧道被誉为"世界级工程"，隧道防灾救援、监控和运营服务系统技术居于国内领先水平。穿越秦岭的西汉高速公路拥有目前我国最密集的公路隧道群，被誉为"生态环保路"。以机场高速公路排水性路面工程为突破，改性沥青等新技术、新材料、新工艺得到普遍推广应用。西三一级公路、榆靖高速公路、西安绕城高速公路和机场高速公路六村堡立交，分别获得国家优质工程奖银奖、"鲁班奖"、"詹天佑奖"。

2. 交通信息化建设跃上新台阶

全省高速公路联网收费、通信、监控系统中心相继建成，高速公路实现了"一卡通"联网收费。建立完善道路客运联网售票系统、候车电子显示系统、高速客运营销信息和旅客查询系统。全省交通行业专网，路况信息服务系统，交通公众信息网，公路信息网以及运政、征稽、水运信息网，道路货物交易信息网等相继建成使用并不断完善。GPS技术、3S技术及计算机辅助技术等在交通规划、设计、施工、管理中得到广泛应用。在全省各市均建成道路运输GPS行驶记录仪监控中心，目前已有1.64万辆客货运输车辆安装了GPS车载机，实现了车辆运行动态实时、全程监控。

3. 交通运输装备加快更新换代

道路客运车辆向高档化、舒适化发展，一批技术含量高、运行速度快、安全性能好、乘坐舒适的大型客运车辆（如沃尔沃、五十铃、安凯、金龙、宇通车型等）投入运输市场。适合农村短途零散客运的小型客车大量增加。货运车辆逐步向大型化、专业化方向调整，重型车辆、厢式车辆和专用车辆明显增加。公路施工引进和采用国产的大型先进成套路基、路面、桥隧施工设备，以及先进的勘察设计、质量检测装备，实现公路建设机械化，加快现代化进程。

4. 交通教育跃上了大台阶

全省交通教育形成全日制教育、业余教育和岗位资格培训、继续教育等多形式结合的教育体系。原省交通学校升格为陕西省交通职业技术学院，原省交通技校升格为陕西省交通技师学院。两校共培养了毕业生4.8万余人。市级交通部门举办的培训学校也发展到了6所。

（五）交通运输市场实现由封闭分割到统一开放的深刻变化

1. 交通运输市场基本健全

全省道路运输、汽车维修、搬运装卸和运输服务市场全面开放，并与区域市场和国内统一市场加速融合。国有、集体、私有和个体经济共同发展。非公有经济成为道路运输主要力量，个体运输业户占到85.8%，拥有车辆占到21.6%，完成客货运输量分别占8%、50.1%，客货周转量分别占到5.4%、28.9%。公司化成为国有企业主要实现形式，一批按现代企业制度重组或建立的股份制、股份合作制企业发展壮大。道路运输除遇抢险救灾等紧急运输实行指令性计划外，其他均实行市场调节。运输价格除客运外实行市场调节价或指导价。运输集约化、规模化程度明显提高，“多、小、散、弱”局面改善，市场竞争秩序明显好转。

2. 交通建设市场规范发展

全省公路、水路的建设、养护、设计、融资市场全面开放。凡具备资质的设计、施工、监理企业，不论行业、区域和所有制，均可参与公开竞争。国有大型集团制施工企业和设计单位主导公路建设市场。民营公路施工、设计企业得到较大发展。以合同制、工程招投标制、工程监理制、项目法人负责制、投资控制责任制、质量监督制、质量终身负责制、信誉评价制、廉政合同制等制度构成的市场运行规则建立健全，市场秩序不断规范。

3. 交通法制建设成效显著

在贯彻国家有关交通法律、法规、规章的同时，先后出台了《陕西省公路养路费征收管理条例》、《陕西省道路运输管理条例》、《陕西省公路路政管理条例》、《陕西省水路交通管理条例》、《陕西省农村公路建设养护管理办法》、《陕西省收费公路管理办法》等地方性法规和一批政府规章。建立健全交通建设、养护、运营、管理、服务等行业规范标准。依法实施道路运输市场秩序、公路建设质量、公路建筑控制区、公路“三乱”、公路收费、交通运输安全、公路超限运输等专项治理活动。持续开展普法宣传教育，全行业法治意识普遍增强。交通企事业单位建立法律顾问制度。交通行政执法走向公开、公正、透明、规范。

（六）交通管理体制实现由审批管理到公共服务的创新转型

1. 交通管理改革取得重大进展

先后进行了以精简机构，转变职能，精简人员，理顺关系，规范行为，提高效率，强化服务为主要内容的交通行政管理体制改革。通过交通厅机构、高速公路建设管理体制、干线公路管理体制、农村公路管理养护体制和道路运输管理体制等五项改革，建立健全了省、市、县三级交通行政管理体系，形成交通厅（局）统一领导，公路、运输、征稽、水运四个专业机构按分工管理的体制。

2. 交通公共服务品质全面跃升

交通行政审批事项由20世纪90年代初的74项减少到17项。推行政务公开，民主执政，科学管理，规范交通行政许可、规费征收、证照办理、资质考核、行政处罚、受理部门、办事依据、条件、程序、时限、结果和投诉举报等。建立路政、运政、征稽三个系统政务大厅。加强交通运输安全建设，实施公路安保工程，改造危桥险路，强化运输生产和水上交通安全工作机制，提高出行安全保障水平。建设公路沿线服务区及紧急救援设施，营造舒适、便利、整洁、美化交通服务环境，提供餐饮、购物、加油、救助、维修及休闲服务。严格规范公路收费站点，先后撤并收费站点36个。开通鲜活农产品和果品绿色通道5 895公里，累计减免通行费6.38亿元。建立公路路况信息查询系统和公路气象信息服务，多方式提供出行信息服务。

3. 交通建设筹资能力显著增强

改革过去主要由国家投资为国家投资、地方筹资、市场融资、社会集资的多元投入格局，形成国家与地方政府投资、利用国内外银行贷款、收费经营权转让、经济组织投资建设、社会集资捐助等多元筹资方式。全省公路建设利用国外银行和政府贷款共5.4亿美元，修建高速公路721公里。利用收费还贷政策修建收费公路5 809公里。加强公路交通规费征收管理，全省公路养路费由1978年的8 300万元，增加到2007年的30亿元，增加了35倍，累计征收262亿元。2007年收取公路通行费59.5亿元。

4. 交通应急保障机制建立强化

建立健全应对重大自然灾害、重大安全事故和突发社会事件的交通应急保障体系，快速反应和应急处置能力大大提高。在应对春运和“黄金周”客流高峰，组织煤电油粮等重点物资运输，陕南、渭南等地抗洪抢险救灾，抗击“非典”疫情和冰雪灾害中，做到了运力充足，反应快速，调配得当，保障得力。特别是“5.12”汶川大地震发生后，第一时间做出自救陕南、外援汶川的决策，迅速开通救灾绿色通道，免费提供通行服务，加强公路养护保畅，保障西汉高速公路等6条入川通道畅通无阻。到2008年6月底免费通行救灾车辆173万辆，投放入川客货运力6 000余辆次，运送入川旅客12.47万人次、救灾物资1.28万吨，受到中央领导和社会各界高度赞扬。

（七）交通行业文明实现由传统文明到现代文明的巨大进步

1. 职工队伍素质得到较大提升

深入开展学习邓小平理论、“三个代表”重要思想、保持共产党员先进性、实践科学发展观等一系列教育活动，加强交通职工理想、信念、职业道德、法律法规、纪律作风培养教育，树立与时俱进、艰苦奋斗、团结协作，努力拼搏、勇于奉献、争创一流的行业精神。加强职工培训教育。加强交通人才培养。全省交通系统拥有各类专家57人，其中国家级专家2名，省部级专家23名。厅直系统具有大专以上学历职工占67%，中级以上专业技术职称职工占28%。

2. 党风廉政建设持续扎实推进

坚持标本兼治、综合治理、惩防并举、注重预防的方针，交通反腐倡廉工作机制加快完善。运用行业和社会上典型腐败案件进行反腐倡廉警示教育，增强干部廉洁自律意识。健全交通廉政制度，制定领导干部“九不准”、国有企业领导干部“十不准”的廉政守则，强化警示训诫防线。依法从严查处权钱交易等违法违纪案件。深入开展治理商业贿赂、公路

“三乱”及政风行风作风等专项治理活动。建设项目、建设资金和经济责任等审计监督力度不断加大。具有交通特色的教育、制度、监督并重的预防和惩治腐败体系初步建立，并在推进廉洁交通建设中发挥重要作用。

3. 交通精神文明建设成果丰硕

创建全国“五一”劳动奖状单位 1 个、全国文明单位 3 个、全国精神文明建设先进单位 7 个、全国创建文明行业先进单位 2 个，全国交通文明行业 2 个、示范窗口 6 个、先进单位 74 个、运输十佳文明畅通工程 1 个，部级文明样板路 8 条、部级文明客运汽车队 1 个，省级文明单位标兵 37 个、省级文明单位 188 个、省级文明机关 3 个、先进集体 5 个、省级“创佳评差”竞赛活动最佳单位 19 个、省级文明公路 3 个，省级文明校园 2 个。厅直系统有 5 名交通职工被评为全国劳模，53 名被评为省部级劳模。

4. 交通文化建设加快起步发展

以建设高素质职工队伍为中心，以路、桥、隧、站、车、船为载体，拓展交通文化建设内涵。积极开展培育行业精神、服务宗旨、管理理念、经营理念等活动。结合重要节庆和重大交通活动，组织形式多样的群众性文艺演出。开展陕西交通歌曲、读书征文等文化实践。成立交通作协，鼓励交通文学创作。建设了西汉高速秦岭服务区大型“华夏龙脉”雕塑群、厅机关《文明之脉——奋进·陕西交通》等交通文化工程，彰显交通文化力量与魅力。

改革开放以来交通史无前例的发展变化，被公认为陕西改革开放最为辉煌成就之一。陕西区位环境和对外开放条件显著改善，促进了人们思想解放和思维方式变革，加强了与全国及国际市场交流联系，带动了城乡与区域之间对接融合，促进了资源开发和生产要素合理流动，带动了生产力发展和产业结构合理调整，并且为劳动力就业创造了大量机会，基本满足了人民群众不断增长的交通需求，使人民群众享受到交通改革发展的成果，有力地保障了全省改革开放和经济社会发展，并为科学发展现代交通奠定了物质基础和体制条件。实践表明，改革开放是交通发展进步的强大动力，是实现交通现代化的必由之路。

二、改革历程

自 1978 年党的十一届三中全会至今，陕西交通改革开放大体经历了四个时期。

（一）1978 年～1992 年，交通改革开放起步，交通运输重视发展的时期

1978 年党的十一届三中全会吹响改革开放的号角，工作重点转移到现代化建设上来。交通改革开放拉开帷幕，解放思想，拨乱反正，简政放权，搞活企业，开放市场，由高度集中计划经济向计划与市场调节相结合转变，解放和发展交通运输生产力，缓解交通供给严重不足。

1. 简政放权，搞活企业

推进交通部门政企分开，从直接管企业生产经营转向加强行业管理。将交通厅六个直属运输和修理企业下放所在地市管理，并将企业干部任免、劳动人事管理 、机构设置、生产经营、奖金支配、运价浮动权下放给企业，扩大企业经营自主权。推行厂长经理负责制、任期目标责任制和承包经营等经济责任制，增强企业活力。

2. 开放交通运输市场

贯彻交通部“有河大家走船，有路大家走车”，“各部门、各地区、各行业一起干，国营、集体、个体一起上”的方针，打破国营垄断，实行多家经营，鼓励个体运输发展。改革计划管理，除客车改装、载货挂车和船舶制造等少数产品，抢险救灾、军事运输等紧急运输外，其他实行指导性计划。货运大宗物资、重点物资、下站物资运输，基本放开由市场调节。个体运输异军突起，跨区域运输发展，西安等大中城市出租运输兴起，运输生产力增长，道路、水路运输量在全社会运输量中比重上升。1987 年个体与私营车辆达到 1.1 万辆，货运量 1 554 万吨，均首次超过交通部门。1988 年个体与私营完成货物周转量超过交通部门，达到 123 224 万吨公里。

3. 开放交通建设市场

结合西三一级公路利用世行贷款建设，引进国际通用菲迪克条款，实行国际招投标和工程监理，首开公路项目采用国际通行惯例建设之先河。运用公路收费还贷政策修建收费路桥起步。1988 年开工的西临高速公路利用招商行贷款 5 000 万元建设，开陕西高速公路国内贷款的先例。重点公路建设推行合同制和招投标制，一般公路建设项目推行投资包干，公路养护实行大包干。西三一级公路招标文件编制与项目监理，与英国、德国工程技术人员合作。

4. 重视发展公路和港航设施

1984 年省政府批转省交通厅关于加快我省公路和航运建设的报告，提出更要重视大力发展公路和航运建设，把交通运输尽快搞上去，建成以西安为中心，陕北为重点，国道、省道为骨架，县道、乡道为网络的四通八达公路网，同时大力开发黄河和汉江航运，并提出七条措施，加快公路和港航建设。20 世纪 80 年代末提出“建设以西安为中心的米字形主干线公路网系统”。公路实行新建与改建相结合，以改建为主，建设规模扩大。先后建成西安—三原一级公路、西安—临潼高速公路和榆林—神木、杨家坡—店塔、咸阳国际机场汽车专用公路等二级公路。积极开发黄河、汉江航运，推进港航设施建设。

5. 改革交通管理体制

20 世纪 80 年代初公路管理总段实行省公路局与地方双重领导，以省公路局为主。1987 年将全省 10 个公路管理总段及其管理的国省道养护下放所在地市，实行目标责任管理。按照国务院城乡交通管理体制改革决定，交通监理移交公安部门管理。组建省交通厅交通规费征收稽查局，负责汽车养路费征收；将拖拉机养路费下放到县征收，用于县乡公路建设。1989 年成立省高等级公路管理局，承担全省高等级公路建设运营管理。成立交通厅交通质量监督站、交通工程定额站、运输经济信息站、公路运输管理局、航运管理局，全省道路运输管理机构和有水运市县航运管理机构相继建立健全。

（二）1993 年～1999 年，交通改革开放推进，交通运输加强发展的时期

1992 年 10 月党的十四大提出建立社会主义市场经济体制，到 1999 年 6 月中央提出实施西部大开发战略这一时期，交通运输由计划与市场调节相结合，向建立社会主义市场经济体制转轨，改革开放总体格局基本形成，交通运输市场经济体制逐步建立。抓住国家支持高等级公路发展和应对亚洲金融危机，实行积极财政政策向公路建设倾斜机遇，加强公路主骨

架建设和运输发展，支持国民经济与社会快速发展。

1. 以统一开放为目标推进交通运输与建设市场发展

1992年省交通厅先后制定颁布培育和发展道路运输市场两个“十条意见”，全面放开道路运输、汽车维修、搬运装卸、运输服务市场，下放客运审批权限，取消货运运力额度控制，鼓励私有、外资等非公有制经济发展。调整道路运输客运价格，允许按一定比例上浮；放开个体与私营客运票价，由其自主确定；公路与水运货运价格放开由市场调节。推进汽车站对外开放，为各种运输经营者服务。鼓励以运输枢纽、港站和商品集散地为依托，发展有形市场。发展运输信息、货代、中转联运等服务市场。1993年道路客运量中，个体与私营及社会其他单位完成占53.2%，超过交通部门。交通建设市场允许具备资质施工队伍参与重点公路项目竞争，优胜劣汰。在高速公路等重点项目扩大推行合同制、招投标制、工程监理制。推行公路建设项目法人负责制。出台陕西省养路费征收条例、陕西省道路运输业管理办法等地方性法规和规章。治理公路“三乱”和运输市场秩序。零担运输、快捷货运、运输服务及中介服务快速发展。高速客运起步。交通运输领域非公有制经济得到进一步发展，出现了陕西平安运输集团公司、陕西大件汽车运输有限公司、陕西恒丰汽车运输有限公司、香港金秀交通有限公司等私有、外资交通企业。公路建设与运输市场体制基本建立，交通运输市场化、社会化程度明显提高。交通信息化建设起步。

2. 以拓宽筹资渠道为重点推进交通投资体制改革

争取交通部公路建设补助。争取省和市县政府对公路建设投入和优惠。先后实行提高汽车养路费标准，养路费能源交通基金返还、预算调节基金定额包干和开征公路客运附加费等政策，扩大公路建设投入。扩大利用世行、亚行和科威特政府贷款建设高等级公路和农村公路。利用国内银行贷款修建收费公路形成高峰。按照以“存量换增量，以项目换资金”思路，1996年将西临高速公路收费经营权以35 000万元人民币转让给香港金秀交通有限公司。西蓝高速公路采用陕西华通有限责任公司与西安市交通局合资合作建设模式。同时，交通厅设立省交通投资公司，承担一般收费公路建设经营。

3. 加强以高等级公路为重点的公路建设

推进以西安为中心的“米”字形公路主骨架建设。制定《陕西省三十年公路网规划》，提出“建设以高等级公路为主的米字形公路主骨架”。加强公路项目前期储备。利用国家应对亚洲金融危机，实行积极财政政策，加大公路建设投资的机遇，扩大公路建设投资，先后建成西安—宝鸡、西安—铜川、临潼—渭南等高速公路，蓝田—小商塬汽车专用公路，西宝南线东段、周至—马召等二级公路。贯彻省政府批转省交通厅的《全省农村公路发展纲要》，以扶贫攻坚为重点，推进县乡公路和贫困地区公路建设，实施农村“三通”（通路、通邮、通水）工程，实现县县通油路，乡乡通公路，村村基本通路（包括土路）。内河航运发展重点转向汉江。

4. 以承包经营和产权制度为主推进交通企业改革

运输企业全面推行单车联产计酬承包、单车租赁承包、单车风险抵押承包等承包经营责任制，所有权与经营权逐步分离。鼓励企业以运为主，多种经营，内引外联，提高效益。20世纪90年代中期之后，以建立现代企业制度为方向，推进企业产权改革。鼓励采取联合、改组、兼并、股份合作、租赁、承包经营等方式，抓大放小，发展运输集团，搞活中小企业。组建陕西高速客运集团有限责任公司。深化企业内部人事、分配和用工制度改革。咸阳运输公司、西安市汽车客运公司、铜川第一运输公司、汉中汽车修理厂等一批国有运输企业，改制为运输集团有限责任公司或者股价合作制企业。组建民营参股的陕西高速客运集团有限责任公司。

5. 以职能转换为中心推进政府交通部门改革

围绕建立市场经济体制目标，1995 年省交通厅机构改革，精简人员，转变职能，推进政企分开、政事分开，理顺关系。机关处室编制由原来的 15 个减为 9 个，人员编制由原来的 100 多名减为 84 名。增加公路、水路运输市场与建设市场、受委托管理交通国有资产和地方民航管理职能，加强宏观调控、规划、协调、监督、服务和指导职能。全省三级交通部门经过改革，交通行政管理体系基本完善。

（三）2000 年 ~2004 年，陕西交通改革开放扩大，交通运输加速发展的时期

这一时期，适应西部大开发和加入世贸组织新形势，交通运输市场经济体制由基本建立向建立完善发展，交通改革开放在更大范围推进。抓住西部开发以公路等基础设施建设为重点的机遇，以“米”字形国道主干线和西部大通道高速公路、一纵三横两环次骨架公路建设为重点，加大投入，加速发展，支持西部大开发和西部经济强省建设。

1. 完善交通运输市场机制

道路运输不再下达指导性计划。客运站进一步开放，经营业户自主选择站场。民营企业开始进入运输站场建设领域。公路客运价格改为政府统一定价，同时调整客运基价。建立出租汽车公路运价与油价联动机制。由政府定价引进公开听证方式。道路运输有形市场加速发展，西安欧亚、贝斯特等货运市场形成规模，并向物流中心拓展。汽车租赁业快速成长。提出公路建设与运输“两轮驱动”，继续推进道路运输结构调整，国有运输经济向快速客运、危险货物运输等重点领域集中，高速公路客运、农村客运加快发展。道路货运向物流服务延伸。交通信息化统一规划，加强建设。出台陕西省道路运输条例。

2. 探索公路建设市场化途径

公路、水路建设全面推行合同制、招投标制、工程监理制、质量终身负责制等，并由重点项目向一般项目和公路设计、养护工程推进。完善交通工程三级质量监督体系。对各市公路建设进一步明确包干建设标准，加强投资责任控制。规范项目法人责任。西安绕城高速公路建设首推廉政合同制。推行公路建设无标底招标评标、双信封无标底评标及投标诚信与履约诚信承诺等制度，完善公路招投标。黄延、蓝商高速公路尝试 BOT 方式建设。将省高等级公路管理局改制为由省政府领导的省高速公路建设集团公司，并出资控股上市公司陕国投。由省公路局与有关地市联合承担部分高速公路建设。扩大公路收费经营权转让融资，先后转让咸永一级公路、西铜高速公路各 70% 收费经营权。出台陕西省公路路政管理条例。这一时期出现高速公路建设运营过度市场化，行业监管缺位，一些项目违规招标，建设进度不能保证等问题，并发生了原省高速集团董事长陈双全受贿重大腐败案件。黄延高速公路项目因投资方资金不落实而被中止 BOT 方式建设。蓝商高速公路项目由于承包商组织不力和

违规招标等也未能按期开工。探索改革中，我们很快意识到问题的存在，并采取措施，弥补漏洞，经过一系列的调整、完善和认真细致的工作，公路建设走上了市场化的健康道路。

3. 加速高速公路为重点的公路建设

贯彻省委“抓紧机遇、加快建设、提高等级、增加密度、形成网络”的方针，和省政府批转的《适应西部大开发，加快公路发展规划及实施意见》，确立建设“米”字形国道主干线和西部大通道高速公路、一纵三横两环次骨架公路建设目标，加大建设投资，加强前期工作，转变增长方式，加速公路发展。2001 年交通固定资产投资突破 100 亿元，2003 年高速公路里程突破 1 000 公里。先后建成渭南—潼关、铜川—黄陵、延安—安塞、西安—蓝田、西安—阎良—富平、西安—户县、西安绕城、勉县—宁强、榆林—靖边、靖边—王圈梁、咸阳国际机场等高速公路 580 公里，降帐—法门寺—汤峪汽车专用公路 34 公里。实施公路安保工程。同时加强农村公路发展，实施通县油路、县际公路、通畅工程和通达工程，改善农村公路交通。

4. 推进交通行政管理改革

2000 年实施交通厅机构改革，精简人员，转变职能，不再直接管理交通工程建设项目评估、评优等事项；有关行业培训等事务性工作交给社会中介；企业经营性项目投资、生产计划、运输班线调整等生产经营权交给企业。增加汽车出入境运输管理、城市客运管理、汽车驾驶学校及驾驶员培训行业管理等职能。之后，将驾驶员培训审批、机动车维修审批分别下放市、县管理。地方民航管理职能随长安航空公司并入海南航空而取消。先后三次组织交通行政审批项目清理，审批项目由原来的 74 项精简为 33 项，将部分行政审批项目改为核准制或备案制。推进交通政务公开，向社会公开审批事项、办事依据、程序、时限、结果及行政处罚、投诉举报等。公路路政、规费征稽、运政管理等设立政务大厅，实行便民服务。清理交通行政执法依据，上报省政府公布交通行政执法法律法规目录 65 项。2000 年 7 月起对全省收费还贷公路实施“统一计划、统一收支、统一票据、统一收费标准和统一缴纳税费”的“五统一”管理。2002 年在厅航运局加挂省海事局牌子，并建立健全有水运市县海事管理机构。

5. 引导交通企业深化产权制度改革

继续调整交通运输国有经济布局，探索国有经济多种实现形式。宝鸡市运输公司、延安市运输公司、西安市运输公司、渭南地区运输公司等一批国有运输企业，分别改制为汽车运输（集团）公司，初步实现产权多元化。原西安市国有的第一、二运输公司相继破产或被兼并。以全面推行客货运输企业资质管理为契机，引导个体运输实行公司化经营，交通运输民营经济发展壮大。国内快运公司宅急送在西安设立陕西宅急送快运有限公司。省路桥总公司与浙江广厦集团联合经营。

（四）2005 年以来，交通改革开放深化，交通运输全面加快突破发展的时期

2005 年 8 月以来，按照省委、省政府关于交通新一轮加快发展的要求，交通改革开放全面深入推进，交通运输市场经济体制加快建立完善。贯彻科学发展观，践行交通“三个服务”，着力推进新一轮思想解放，确立“发展现代交通，奉献一流服务”新理念，实施

“一个龙头，两个重点”，全面持续加快公路建设，推动交通又好又快发展，完成高速公路建设第一阶段目标，实现交通瓶颈制约明显缓解。

1. 全面推进“四个开放”，持续加大交通建设投资

2005年10月提出公路设计、融资、建设、养管市场“四个开放”，推出一批高速公路项目，鼓励国内外经济组织以多种方式投资建设经营。榆神高速公路由中铁二局以BOT方式投资建设已经开工。宝牛高速公路由宝鸡市交通局作为项目法人负责实施。坚持项目带动战略，积极争取交通部对陕西高速公路和农村公路建设投资补助。加强与金融机构合作，加大举债建设规模，运用收费权质押贷款、账户质押贷款、信用贷款、资本金置换等方式，争取更多贷款用于高速公路和农村公路建设，取得近4年交通投资达1 000亿元的重大突破。

2. 实施“一个龙头、两个重点”，推动公路发展新突破

贯彻省委、省政府进一步加快高速公路建设的决策和加快全省高速公路建设会议精神，实行以高速公路建设为龙头，带动干线公路、农村公路建设两个重点的发展方针，确立高速公路三阶段发展目标，精心组织，强力推进。先后建成靖边—王圈梁、富平—禹门口、榆林—陕蒙界、靖边—安塞、吴堡—子洲、子洲—靖边、黄陵—延安、西安—汉中—勉县、凤翔路口—永寿、永寿—咸阳、蓝田—商州、商州—丹凤、丹凤—商南、西安—柞水、柞水—小河、宁强—棋盘关及秦岭终南山高速公路隧道等项目。三年建成高速公路1 000公里。开工建设商州—漫川关、宝鸡—牛背、安康—毛坝、毛坝—陕川界、清兰高速陕西境、十天高速陕鄂界—安康、安康—汉中、汉中—陕甘界、榆林—神木和西安—铜川等高速公路项目。确立“高速公路新跨越、干线公路树形象”和干线公路“一年打基础、三年变面貌”目标，加强国省干线公路建设改造，建成全长480公里关中公路环线。2006年～2007年共安排养护资金50多亿元，全面整治、提升高速公路和干线公路路况，同时大力改善公路服务区。抓紧实施省政府办公厅《关于进一步加快农村公路建设的通知》，完善农村公路发展规划，抓紧被交通部确定为全国农村公路建设试点先行省的机遇，以通村油路（水泥路）建设为重点，实行部省联建和“群众打底子，政府铺面子”的办法，通达、通畅工程综合推进，大规模、高标准建设。2006年、2007年两年共投资108亿元，新改建农村公路42 000公里。2008年投资78亿元，新改建预计25 000公里。

3. 抓住“四个重点”深化交通管理体制改革

改革重组高速公路建设管理体制。按照省政府2005年10月调整重组高速公路建设管理体制的决定，将高速公路建设集团由省政府领导、国资委行使出资人职责，调整为国资委行使出资人职责，由交通厅领导和实际管理，同时整合其他高速公路建设单位，组建省交通建设集团，形成交通部门主导，两大国有高速公路企业参与，以收费还贷为主建设管理高速公路新体制，为高速公路大规模、高速度建设提供了体制保障。改革调整后的2006年，陕西一年建成5条高速公路，新增通车里程345公里。2007年，将厅收费公路管理中心改为高速公路收费管理中心，加强收费公路监管。推进国省干线公路管理体制机制改革。强化省公路局公路养护行业管理职能，理顺省公路局—市交通局—市公路管理局工作关系，市公路管理局与市公路管理处合设。同时加快推进事企分开、管养分离，剥离生产性养护单位，组建公路养护公司，推行干线公路养护大修工程异地招标，加快培育养护工程市场。全面实施农村公路养护管理体制改革。根据国务院办公厅和省政府办公厅关于农村公路养护管理体制改革的通知精神，从2006年起，推行农村公路养护责任以市县政府为主，投入以公共财政为主，管理以交通部门为主，养护作业以市场化为主的农村公路养护管理改革，2009年将全面完成。同时，推进道路运输市级统一管理。总结汉中市道路运输统一管理经验，2008年提出实行由市级交通部门对县道路运输管理机构垂直管理体制。这项改革正在实施。按照省政府决定，省交通战备办公室交由交通厅管理，交通厅城市客运管理职能移交建设部门。

4. 强化交通部门公共服务能力建设

强力推进责任目标管理，建立健全目标责任管理体系，加强督查考核奖惩，坚决推行问责制。继续清理规范行政审批，行政审批项目精简为17项。推进政务信息公开，建立健全政务公开指南、目录、文件及依申请公开办法。加强机关思想作风建设，深化干部人事制度改革，加大力度推进处级干部竞聘、干部交流、挂职锻炼、任前公示、收入申报、述职述廉、戒勉谈话等制度。以项目招标、干部任用、资金拨付和设备采购等为重点，建立健全交通廉政机制。着力强化交通行政能力，建立完善以应对抗震抢险救灾、重大安全事故和社会突发事件等为重点的交通应急保障机制。强化公路养护服务，加大投资整治路况，提升服务区设施功能，强化超限运输治理，显著提高交通服务品质。适应公路建设、养护管理和治理超限运输需要，增设厅养管处、治超办和协调办等机构。

5. 推进交通运输与建设市场规范提高

贯彻省政府全省道路运输工作会议精神，确立路运并举发展战略，推进道路运输由传统产业向现代产业转型。高速公路客运、干线客运、农村客运向网络化迈进，物流服务加快发展。引导运输企业联合重组，向规模化、集约化发展，形成一批有竞争力的品牌运输企业。大力进行西汉、西禹、西延、延榆、西柞等客运班线资源整合，组建产权明晰的股份制线路运营公司。深入开展清理车辆挂靠经营、打击黑车非法经营等专项整治。应对抢险救灾等突发事件，加强紧急运输组织，确保了“5.12”抗震救灾运输和北京奥运会客运服务。针对燃油价格上涨影响，实行公路客运燃油附加费制度。交通建设市场围绕加快建设，确保质量，控制投资，规范竞争，建设优质廉洁工程，加强制度创新，完善有关招标、质量、投资、进度及农民工工资兑付等规范性文件，健全建设项目目标责任管理制度、施工承包人上级公司合同履行承诺书制度、施工单位信用评价及违规企业“黑名单”制度。加强项目执行检查监督和考核奖惩，果断收回招标和施工存在严重违法、违规、违约行为，工期严重滞后的蓝商高速公路项目建设经营权，避免了重大经济损失，并组建强有力的工作班子精心组织项目实施，确保了2008年建成通车。出台了陕西省水路交通管理条例和陕西省收费公路管理办法。

三、重要经验

陕西交通改革开放30年，是以中国特色社会主义理论为指导，以建立市场经济体制为取向，以改变交通落后面貌为目标，以推进交通不断加快发展为中心，创新交通运输体制机制，探索符合国情省情的交通发展道路的过程。改革开放发展实践，给我们许多深刻启示和重要经验。

1. 坚持解放思想，更新观念，创新理念，是推进交通改革开放的基本前提

解放思想，实事求是，是党的思想路线，是中国特色社会主义理论精髓，也是交通改革开放发展的思想基础。交通改革开放发展的不断推进，伴随着思想观念不断解放和创新。从真理标准讨论、生产力标准讨论，破除自然经济、计划经济思想，到践行“三个代表”重要思想，贯彻科学发展观的学习实践，极大地促进了交通系统思想解放，观念更新，推动了改革开放步步深入。特别是新时期以来关于陕西交通发展是快是慢，如何抓紧机遇，加快发展，如何坚持又好又快，实现科学发展的讨论等，围绕解决思想解放不够、改革魄力不大、发展步子不快、发展质量不高等问题，着力破解乐于知足、小成即满；怕担风险、不敢创新；盲目乐观、不思进取；粗放管理、不善一流等思维定势与传统习惯，坚定改革开放意识，强化发展机遇意识，树立进取创新意识，牢固确立以人为本、团结合作、努力拼搏、积极奉献、勇于负责、周到服务、追求卓越、敢为人先、争创一流和可持续发展理念，开创了思想解放新境界，促进交通改革开放发展迈向新阶段。

2. 坚持抢抓机遇，加快发展，科学发展，是推进交通改革开放的中心任务

坚持以经济建设为中心，推动交通加快发展，实现科学发展，是党的基本路线的核心，是科学发展观的要求，也是交通改革开放的目的。抓紧发展机遇，加快发展交通，是交通工作第一要务。利用20世纪80年代国家重视交通发展的机遇，率先利用世行贷款建设一级公路，较早起步建设高速公路；20世纪90年代利用国家实行积极财政政策机遇，加强高等级公路为重点的交通基础设施建设；进入21世纪的头几年里，抓住实施西部大开发机遇，加速以国道主干线和西部大通道高速公路为重点的交通发展。2005年抓紧新一轮加快交通发展机遇，以思想大解放，投资大增加，规模大提高，质量大提升，推动交通良好开局，跨越发展。2008年，抓住国家应对冰雪、地震等自然灾害和全球金融危机，拉动内需，确保经济平稳增长，加大对交通等基础设施建设投资新机遇，调整优化交通发展规划，确立交通科学发展上水平新目标，把握主动，争抢先机，迅速掀起全省交通第二轮加快发展新高潮，短短三年，使全省交通投资从100多亿突破300亿，高速公路从1 000公里跃升至2 000公里，新建通村油路以年均1.4万公里的规模推进，走出市场经济体制下一个西部经济欠发达省又好又快发展交通新路子。

3. 坚持扩大开放，改革体制，完善机制，是推进交通改革开放的关键环节

改革开放实质是按照市场经济体制创新体制机制。交通改革开放把体制改革与机制完善结合起来，实现了从计划经济到社会主义市场经济的制度创新。推进简政放权、政企分开、事企分开，打破交通长期由政府垄断局面，促进了市场培育发展，形成了多层次发展交通格局。改革交通行政审批、计划、价格管理，引入市场调节与竞争机制，市场在交通资源配置上基础性作用得到较好的发挥。调整交通运输国有经济布局，增强了交通国有经济活力，并为各种经济成分发展拓展了空间。改革高速公路、干线公路、农村公路和道路运输管理体制，形成规范、统一、高效的管理系统。全面推行目标责任管理，加强督办，强化问责，严格奖罚，确保交通发展责任落实和目标实现。强化在开放中加强国际国内交通领域合作，推进了交通发展技术和创新能力显著提高。适应交通改革开放新要求，不断加强交通法制建设，实施依法、依德治交，推进统一开放、竞争有序市场建立和完善，巩固了改革开放发展成果，促进了交通服务公平正义。

4. 坚持着眼全局，争创一流，强力推动，是推进交通改革开放的重要动力

把交通置于我省党和政府中心工作及经济社会发展大局，置于全国交通不断加快发展的全局，思考陕西交通发展定位，调整发展思路，完善发展目标，不断增强发展责任感、使命感，着力破解制约交通发展的思想观念、体制机制等难题。特别是"十一五"以来，坚持以"三个服务"新理念和"实践科学发展，发展现代交通，奉献一流服务"的科学发展新载体，统一全省交通系统思想和行动，确立高速公路"三阶段"建设目标，"高速公路新跨越、干线公路树形象"和"一年打基础、三年变面貌"的公路养管目标，"路运并举"和"大运输、大物流"的道路运输发展目标，以敢为人先的开拓精神，争创一流的创新气魄，自加压力，强力推进，高标准要求，高水平发展，实现全省交通发展由被动为主动，由慢发展为快发展，由低水平发展为高水平发展的历史性跨越。

5. 坚持统筹协调，重点突破，带动全面，是推进交通改革开放的科学方式

改革开放是对交通各方面利益关系重大调整和重新安排，必须要把握好改革、开放、发展与稳定的关系。把改革总体要求与交通实际结合，选择交通改革开放目标、路径和时机，避免盲目性；把改革开放总体目标与阶段目标结合，分阶段有步骤地推进；把改革力度、发展速度与社会可承受程度统一起来，使改革开放发展稳步推进，避免大的震荡；把重点突破与整体带动结合，将解决交通发展突出瓶颈与关键环节，作为交通改革开放重点，通过试点总结经验，再普及推广促进整体提高。现代交通行政管理创新，从简政放权、职能转变，走向打造责任型、创新型、服务型部门；交通企业发展壮大，从扩大经营自主权，实行承包经营，走向改革产权结构，建立现代企业制度；交通两大市场建立完善，从扩大开放，引入竞争，培育主体，发育要素，健全规则，走向融合统一，机制完善，有序竞争；交通运输发展，从局部地区和重点项目建设为主，走向城乡、区域统筹，建设、养护、运输、服务和管理协调，并且更加注重资源节约和生态环境保护。正是坚持统筹协调，重点带动，交通改革开放发展才步步深入并不断跃上新台阶。

6. 坚持立足实际，大胆实践，勇于创新，是推进交通改革开放的重要路径

把国家有关交通发展方针政策与陕西交通实际相结合，积极探索，大胆创新，敢为人先，勇于实践，才能突破传统思维定势，破解发展难点热点，走出具有陕西特色交通发展之路。利用外资修建西三一级公路率先引进招投标制和工程监理制，高速公路建设推行双合同制和履约承诺制、信誉评价制等，创新公路建设制度。公路、港航设施建设实行政府主导发展，高速公路建设实行收费还贷为主建设运营，道路水路运输实行主要由市场调节发展，形成切合陕西实际、有利加快发展的模式。以公路建设为重点，同时加强养护管理、运输发展、服务保障投入与建设，使交通进入全面协调发展轨道。从注重建设投资、速度、规模，转向更加注重发展质量、科技创新、资源节约和环境保护，实现交通发展方式重大转变。为保护公路建设成果，敢于向非法超限超载运输出招，创新治超政策，改革治超方式，全省公路超限超载率由治超前的20%以上，降至3%以下。立足服务大局，瞄准一流水平，好快结合推进，公路建设超常规、跨越式发展，取得三年建成1 000公里高速公路，两年新改建45 000公里农村公路的新跨越。积极引进消化先进技术，鼓励自主创新，建成了一批具有先进水平的公路、桥梁和世界规模第二的秦岭终南山高速公路隧道，提升了交通创新发展能力。

7. 坚持党政领导，依靠群众，保障民生，是推进交通改革开放的根本所在

党的领导的政治优势，政府统筹协调优势，是交通改革开放发展重要保证。交通部门主动汇报工作，提出交通改革发展目标、政策建议，争取各级党委政府领导支持。省委、省政府把交通工作纳入全省改革开放发展总体布局规划，多次召开全省交通工作和公路、运输发展会议，制定颁布加快交通改革开放发展的一系列方针和政策，有力指导了交通改革开放发展。各级地方党委政府把交通改革发展作为重点工作，制定扶持政策，协调各方关系，增加资金投入，组织动员实施，有力支持了交通改革开放发展。人民群众是交通改革开放发展的主体。人民群众发展交通的高度热情、巨大投入和积极创造，丰富了交通改革开放实践，提供了交通发展丰富经验。实践表明，交通改革开放发展，必须坚持为了人民群众，依靠人民群众，爱护群众改革发展热情，维护群众最根本利益，把满足人民群众交通需求，作为交通改革开放发展出发点和落脚点，把人民群众是否满意作为衡量交通改革发展根本标准。这样，交通改革开放发展才能具有强大生命力。

8. 坚持以人为本，建好班子，带好队伍，是推进交通改革开放的重要基础

交通职工队伍是推动交通改革开放发展的中坚力量。没有一支善于改革创新的队伍，就不可能推动改革开放前进，也就不可能推动交通加快发展。把建设高素质交通职工队伍放在交通改革开放发展的突出位置。我们通过坚持中国特色社会主义理论教育，推进职工队伍解放思想，更新观念，创新理念；通过理想信念、法制观念、作风纪律和职业道德教育，培养职工共同价值、人格操守和行业精神；通过学习、树立、推广先进模范典型，营造行业学比赶超、争创一流的环境氛围。把加强干部队伍建设作为职工队伍建设重点环节。把加强干部特别是领导干部思想作风教育与改革干部队伍管理制度相结合，通过干部竞聘、轮岗交流、挂职锻炼、述职述廉、民主测评、任前公示、坚决问责、收入申报、戒勉谈话等制度，治庸治懒，激励干部勇于进取，敢于担责，奋力拼搏，干事创业，约束干部正确用权，严格自律，规范行为，树好形象，带好队伍。同时大胆启用思想解放、敢干有为、作风正派的年轻干部，优化干部队伍结构，培养责任型、创新型、服务型、廉洁型交通干部团队。把反腐倡廉作为职工队伍建设重点内容，围绕交通突出薄弱环节，通过深入思想作风教育，加强思想道德约束；通过完善廉政规则，加强制度约束；通过健全监督体系，加强监督约束，打造廉洁队伍，建设廉洁工程，塑造廉洁行业，使交通改革开放发展持续健康推进。

四、发展展望

经过30年改革开放发展，陕西交通步入了适应经济社会发展要求，建设现代化交通的历史新阶段。但总体上，陕西交通基础设施规模仍然不足，技术构成还不尽合理，运输网络还不完善，服务保障水平还不够高，市场经济体制还不完善，交通发展资源、环境、生态约束加剧，交通瓶颈制约尚未根本消除，还面临着进一步加快发展、科学发展，建设现代交通的繁重任务。陕西交通必须立足新起点，肩负新使命，进一步深化改革，扩大开放，加速奋进，科学发展，努力建设西部交通强省，为经济社会发展和人民生活水平提高，提供更好的服务。

（一）今后交通工作指导思想

坚持以邓小平理论和“三个代表”重要思想为指导，以党的十七大精神为统领，坚持交通“三个服务”新理念，以“践行科学发展，发展现代交通，奉献一流服务”为载体，以建设现代综合运输体系为目标，以优化交通运输结构为主线，以深化改革开放为动力，以体制、科技、政策创新为手段，以提升发展能力和服务水平为突破口，抓紧应对全球金融危机，扩大内需，确保经济平稳增长，加快交通等基础设施建设新机遇，掀起第二轮加快交通发展新高潮，推进交通又好又快发展，实现科学发展上水平，着力构建服务型、创新型、廉洁型、和谐型交通，为2012年实现全省交通比较适应、2020年实现交通初步现代化的目标努力奋斗。

（二）交通改革发展基本思路

1. 坚持服务大局，科学发展，推进现代交通业发展

坚决落实中央和省关于扩大内需、促进经济增长的重大部署，抓住加快发展主题，进一步完善发展规划，建设全面提速，规模持续扩大，强力推进高速公路、农村公路建设，构建高标准、高质量的路网系统。

2. 坚持路运并举，优化结构，提高交通运输服务水平

继续实施“大运输、大物流”战略，以完善网络、调整结构、规范市场、加强管理、提升服务为重点，加快道路水路运输产业转型升级，提高运输规模化、集约化、网络化水平，加快形成便捷、通畅、高效、安全的综合运输体系。

3. 坚持深化改革，自主创新，加强改善交通行业管理

大力推进理念创新、体制创新、科技创新和政策创新。继续深化交通行政管理体制改革，着力构建有利于交通科学发展的体制机制。大力推动技术进步，加快用现代科技成果装备和改造交通，用现代信息技术和管理技术提升交通，全面提升交通创新能力和管理效能。

4. 坚持开放市场，优化环境，构建规范有序的市场体系

进一步拓展市场开放深度与广度。加强政策引导，健全竞争规则，强化市场监管，壮大市场主体，深化依法治理，规范竞争秩序，建立完善的交通建设与运输市场体系与运行机制。

5. 坚持好快结合，质量优先，推进交通可持续发展

进一步强化建设质量管理，努力建设“设施完善、工程耐久、质量可靠、群众满意”的工程。坚持把珍惜生命、保障安全放在首位，不断提高交通设施和运输可靠性、安全性。坚持交通发展与节约土地、降低能耗和保护环境协调推进，实现交通可持续发展。

6. 坚持以人为本，文明和谐，建设服务优质交通行业

强化交通公共服务责任意识，抓住关系民生的突出交通问题，健全交通公共服务体系，让广大群众充分享受现代交通发展成果。坚持两个文明建设一起抓，进一步加强交通廉政建设、队伍建设和文化建设，提升干部职工思想道德水准，筑牢行业反腐倡廉战线，构建文明和谐交通行业。

（三）交通改革发展目标任务

未来5年，全省公路总里程将达到13.5万公里，路网密度达到65.5公里/百平方公里，公路客货周转量分别增长30%和35%，使交通瓶颈制约得到根本缓解，比较适应经济社会快速发展要求。

1. 公路建设

按照“畅通高速公路，便捷出口通道，优化干线路网，完善农村公路”的发展战略，加快实现公路总量上规模，结构更合理，路网更完善，服务更优质。高速公路在建规模保持1 000公里以上，到2010年通车里程突破3 000公里，2012年达到4 000公里，实现全省所有市和80%以上县（市、区）通高速公路，形成以西安为中心通达周边1 000公里范围中心城市的“一日交通圈”。进一步加强国省干线公路改善提高，所有县（市、区）由二级以上公路连接。持续加快农村公路建设，新改建农村公路规模约9万公里，实现乡乡通等级油路，具备条件的建制村通铺装路面。全省公路平均好路率达到90%，公路路况达到全国一流水平。

2. 运输服务

发挥公路水路比较优势，加强与其他运输方式合理布局衔接，发挥综合运输优势。基本建成西安、宝鸡、汉中、延安、榆林公路主枢纽，建成一批物流配送中心，实现市有一级客运站，县有二级客运站，80%乡镇有等级客运站，60%行政村有停靠点。形成城际快速客货运输与农村客货运输紧密结合的运输网络，实现800～1 000公里当日到达，400～500公里一日往返。乡镇、行政村通客运班车率分别达到100%和95%。全省道路客运量超过5亿人次，旅客周转量达到308亿人公里，货运量达到4.7亿吨，货物周转量达到310亿吨公里。

3. 深化改革

以体制完善、机制创新为重点，推进交通运输市场经济体制进一步完善。以转变职能、理顺关系、精干机构、强化服务、提高效率为重点，深化交通行政管理、公路管理和运输管理体制改革，形成统一高效、行为规范、服务公正、廉洁高效的交通行政管理体系。

4. 科教创新

坚持实施“科技兴交”和“人才强交”战略，加强产学研结合的交通科技创新体系建设。大力发展交通信息化，推进交通智能化。建成高速公路综合监控系统、高速公路非现金收费与不停车收费服务系统、道路运输电子稽查系统、运输物流平台及车辆动态监控系统。完成电子政务和专网建设工程，实现省、市、县三级交通网络办公互相联通。基本建立全省交通行业人力资源支持保障体系，交通行业高技能人才比例达到25%以上。

5. 行业管理

基本完成与国家法律法规配套的地方性交通法规制定工作，形成符合市场经济体制要求的交通法规体系。加强城乡、区域交通发展统筹协调，初步实现区域、城乡道路运输一体化。继续保持超限超载治理高压态势，基本建立超限治理长效机制。健全交通突发公共事件应急预案和应急体制，提升应急保障能力。

6. 文明建设

坚持不懈推进党风廉政建设，坚持开展治理商业贿赂专项工作，不断加强以交通建设领域为重点的反腐倡廉建设，完善具有交通特色的教育、制度、监督并重的预防和惩治腐败体系。丰富交通精神文明建设载体和内容，深化“学树创建”活动，繁荣交通文化建设，打造一批在省内外有影响的交通文明单位和服务品牌。

在此基础上，再经过几年坚持不懈努力，到2020年全省公路总里程将达到15万公里，公路密度将达到72.9公里/百平方公里，实现骨架公路高速化、干线公路畅通化，县乡公路舒适化，乡村公路网络化，运输结构合理化，运输经营集约化，交通管理信息化，实现交通初步现代化，人民群众出行更加便利、更加可靠、更加舒适、更加经济，为全面小康社会和西部强省建设提供更加有力的保障。

丝绸古道换新颜

甘肃省交通厅

甘肃地处西北内陆腹地，是东中部地区通往西北、西南边境的交通枢纽，具有特殊的交通区位和重要的战略地位。历史上，闻名中外的古丝绸之路横穿甘肃全境，对促进中西方经济、文化交流发挥了重要作用。当今，随着“新丝绸之路”的建设和“新亚欧大陆桥”的贯通，甘肃的交通枢纽地位更加突出。党的十一届三中全会以来，我国进入了改革开放的历史新时期。在省委、省政府的正确领导和交通部（交通运输部）的大力支持下，甘肃省交通系统坚持以邓小平理论、“三个代表”重要思想和科学发展观为指导，认真贯彻落实交通工作“三个服务”的要求，以加快发展为主题，以项目建设为重点，以结构调整为主线，以深化改革为动力，以行业文明建设和廉政建设为保障，抢抓机遇，锐意进取，加快发展，全省交通运输面貌发生了历史性变化。交通基础设施建设实现跨越式发展，路网整体服务水平明显提高，道路运输紧张和对经济的“瓶颈”制约状况得到有效缓解，运输服务保障能力全面提升，交通体制机制改革迈出新的步伐，各项交通工作全面进步。甘肃交通行业建成全国交通文明行业和省级文明行业，为促进全省经济社会又好又快发展和方便人民群众出行做出了重要贡献。

一、辉煌成就及历史进程

（一）公路建设取得了巨大成就

30年来，甘肃公路建设伴随着改革开放的步伐，保持了持续快速发展的良好势头。特别是“九五”以来，全省交通系统紧紧抓住“贷款修路、收费还贷”的机遇、中央实施积极的财政政策、加强基础设施建设的机遇和西部大开发的机遇，按照“抓两头、带中间”，即抓好高速公路建设和农村公路建设，带动国省干线公路网改造的思路，适度超前，加大投入，加快前期，公路建设取得了令人瞩目的成就。全省基本形成了以省会兰州为中心，以连（云港）霍（尔果斯）、丹（东）拉（萨）2条国道主干线和10条国道及32条省道为干线、以县乡公路为分支、沟通全省城乡、连接周边省区的四通八达的公路运输网络。

1. 公路建设投资规模持续快速增长

1978年以来，全省公路建设投资规模逐年增加，从1978年的2 799万元，“七五”时期的2.4亿元、“八五”时期的19.7亿元，增加到“九五”时期的125.7亿元、“十五”时期的437.2亿元，“十一五”以来，全省公路基础设施建设年度投资连续突破120、130亿元大关，2007 年达到 136 亿元，占全省全社会固定资产投资的 13%。30 年累计完成投资 996 亿元。公路建设投资规模的扩大，对加快交通基础设施建设和拉动全省经济增长发挥了重要的作用。

2. 高速公路建设实现跨越式发展

1994 年，天水至北道高速公路建成通车，实现了甘肃高速公路零的突破。1998 年以后，甘肃高速公路建设全面驶上快车道，按照交通部“五纵七横”公路网规划，重点加快推进连霍、丹拉两条国道主干线的高速化进程。从 1998 年至今，甘肃省先后开工了定西巉口—兰州柳沟河、兰州柳沟河—忠和、白银—兰州忠和、尹家庄—中川机场、古浪—永昌、永昌—山丹、兰州—临洮、兰州忠和—海石湾、山丹—临泽、临泽—清水、刘寨柯—白银、树屏—徐家磨、清水—嘉峪关、武威过境段、嘉峪关—瓜州（安西）、天水—宝鸡（牛背）、平凉（罗汉洞）—定西、天水—定西、康家崖—临夏、武都—罐子沟、西峰—长庆桥—凤翔路口、天水过境段等 23 条高速公路，开工建设和建成的高速公路里程达到 2 193 公里，总投资规模达到 707. 6 亿元。2005 年，全省高速公路通车里程突破 1 000 公里，成为全国第 18 个突破 1 000 公里的省份。到 2007 年年底，全省建成高速公路 16 条 1 316 公里，居全国第 19 位，完成投资 285. 6 亿元。以兰州为中心呈放射状的高速公路网初步形成，省会兰州的六个出口公路全部实现了高速化。京藏高速公路甘肃境内路段全部实现高速化，甘、青、宁三省区省会之间实现了高速公路连通；连霍国道主干线甘肃境内路段建成和在建高速公路里程超过 80%。高速公路的快速发展，极大地改善了全省路网结构，优化了投资环境，促进了国土资源开发，推动了甘肃经济社会持续快速发展。

3. 农村公路建设突飞猛进

30 年来，甘肃省采用扶贫开发、以工代赈、民办公助、民工建勤等方式，充分发挥县乡政府的主体作用，广泛调动人民群众投工投劳和社会各界捐资修路的积极性，不断加快农村公路建设步伐。“七五”、“八五”时期，重点对革命老区、贫困地区、少数民族地区和边远山区的县乡公路进行了改造，初步解决了贫困山区和边远地区群众行路难的问题。特别是 2004 年以来，甘肃省政府与原交通部签订了《关于落实中央 1 号文件农村公路建设任务的意见》，积极配合全省社会主义新农村建设，以实施“通达”、“通畅”工程为重点，启动了历年来规模最大的农村公路建设，农村公路建设走上了“省部联手、各负其责、统筹规划、分级实施”的新轨道。农村公路建设年度投资规模先后突破 20 亿元和 40 亿元，2007 年达到 49. 16 亿元，每年新建改建农村公路在 6 000 公里以上，2007 年新建改建农村公路 13 904 公里。到 2007 年年底，全省农村公路通车总里程达到 85 790 公里，比 1978 年增长了近 4 倍。实现了全省所有乡镇通等级公路，91. 2% 的行政村通了公路，97. 24% 的行政村通机动车，74. 3% 的乡镇通了油路（水泥路），63. 7% 的建制村通了等级公路，22. 1% 的建制村通了油路（水泥路）。金昌、兰州两市实现乡乡通油路，嘉峪关市实现村村通油路。一大批农村公路的建成通车，极大地改善了甘肃农村公路的通达条件和通行条件，为建设社会主义新农村、构建社会主义和谐社会发挥了重要的先导作用。

4. 路网改造工作取得显著成效

1978 年以来，甘肃省先后对 109、211、212、213、215、309、312、316 等 9 条国道和

全省32条共5 344公里省道进行了改造。特别是“八五”以来，按二级公路标准对一些重要国省干线公路进行了全面改建，从1994年建成第一条二级收费公路柳园—猩猩峡公路以后，先后建成了金川—永昌、界石铺—谗口、木钵—板桥、牛背—北道、江洛镇—天水、江洛镇—武都、天水—巉口、临夏—合作、合作—郎木寺、华亭—庄浪、莲花—叶堡、河口—屯沟湾、敦煌—瓜州、甜水堡—木钵等38条3 046公里二级和一级公路。“十五”期间，先后建成了22条1 189公里国扶县连接国道公路、19条1 561公里通县油路、43条3 528公里县际公路，全省实现了从市州到县区通油路的目标。目前，迭部—九寨沟、迭部—红星、会川—宕昌、靖远—会宁及靖远黄河大桥、马峪口—安口、庄浪—莲花、礼县—武都、元山子—白庄子、东乐—清泉—双卧铺、兰州—阿甘镇以及铁尺梁隧道、祁家黄河大桥等一批路网改造及旅游公路项目正在建设当中。大力加强国防交通基础设施建设，对影响部队机动的迂回线和断头路等重点战备公路进行改造，特别是“十五”以来先后投资4.5亿元，建成了568公里战备专用公路，维修改造了一批“军营畅通工程”，极大地改善了部队机动条件。少数民族地区、革命老区和红色旅游公路也取得了长足进展。全省路网结构得到极大改善，路网整体服务水平明显提高。到2007年年底，甘肃省公路通车里程由1978年的34 521公里增加到100 612公里，增长了2.91倍，居全国第19位；公路密度由7.6公里/百平方公里提高到22.14公里/百平方公里。其中二级以上公路由1978年的257公里增加到6 536公里，增长了25倍。高级、次高级公路里程由1978年的7 068公里增加到2007年的27 771公里，增长了3.93倍。

5. 交通发展规划编制工作取得显著成绩

《甘肃省高速公路网规划》、《甘肃省内河水运发展规划》和《甘肃省公路水路交通“十一五”规划》分别经省政府和省发改委批复实施。《甘肃省干线公路网规划（2006～2030年）》、《甘肃省“十一五”农村公路建设规划》编制完成。各市州交通部门也制定了本地区交通发展规划及专项规划。加大交通建设项目前期工作力度，甘肃交通“东部会战”框架下的项目全部落实。金川—永昌、徐家磨—古浪、瓜州—猩猩峡、营盘水—双塔、雷家角—西峰、兰州南绕城、临洮—渭源等一批高速公路项目的前期工作取得较大进展，将于近两年开工建设。

（二）道路运输面貌发生显著变化

30年来，在经历了改革开放初期的全面开放阶段、20世纪90年代后的市场培育阶段和1998年以来的快速发展阶段后，甘肃道路运输面貌发生了翻天覆地的变化，道路运输基础设施明显改善，道路运输结构不断优化，装备水平和条件显著提高，道路运输公共服务能力和保障水平全面提升，道路运输对经济社会发展的“瓶颈”制约状况得到明显缓解，对国民经济和社会发展的支撑和保障作用日益增强。

1. 道路运输基础设施明显改善，基本适应综合运输网布局的需要

从1978年全省第一个等级汽车站——兰州汽车西站建成运行，全省客货运输站场建设快速发展。1988年甘肃省开征公路客货运附加费后，全省运输站场建设有了稳定的资金来源，投资力度逐年加大。特别是“十五”以来，全省道路运输站场完成投资47.17亿元，新建改建等级客货运输站场55个，全省所有县区拥有了等级客货运汽车站。到2007年年底，全省等级汽车客运站达到1 033个，等级汽车货运站达到44个。2004年以来，启动了“千乡万村”农村客运网络化建设工程，全省新建乡镇汽车站588个，行政村汽车停靠站3 048个，覆盖了全省38.1%的乡镇，16.3%的行政村。基本形成了以兰州公路主枢纽为中心，市、州区域性枢纽为依托，县、乡、村三级站场为基础的点线相连、辐射到面的道路运输基础设施网络。同时加大道路运输装备和信息化建设投入，道路运输装备水平全面提升。

2. 道路运输经济稳步增长，对国民经济的贡献率不断提高

1985年甘肃省改革公路交通管理体制，省交通厅将直属的27户国有道路运输企业下放地方管理，使全省道路运输业形成了“一家管、多家办”、“国营、集体、个体运输业户一齐干”、“各种运输工具一起上”的新局面，掀起了社会各界投资发展道路运输业的高潮。全省道路运输生产力得到了较快发展，运力短缺、紧张的局面有了明显改善。尤其是“十五”以来，全省交通部门按照“建运并举、和谐发展”的思路，全力实施道路运输“提速中部、东联西拓”战略，全面加快运输结构调整，规范和培育运输市场，有力推动了甘肃道路运输业的快速发展。全省道路运输业产值以年均8.7%的速度增长。到2007年年底，全省道路运输从业人员达到29.93万人。2007年，全省道路运输产值达到270亿元，增加值130亿元，增加值占全省生产总值的5.19%。道路运输在服务业中处于主导地位，已成为甘肃省经济社会发展的支柱性产业。

3. 道路运输市场不断规范，运输生产能力持续增强

全省各级交通主管部门及道路运输管理机构深入开展了整顿和规范运输市场秩序工作，先后对客运线路、汽车维修、驾驶员培训、道路危险货物运输、出租汽车客运市场进行了专项整治，全省道路运输市场秩序明显规范。加强运输组织、协调和管理，春运及“黄金周”假日旅客运输保持安全有序。建立了突发公共事件交通保障的快速反应机制，在非典、禽流感、抗震救灾、奥运保障等特殊时期发挥了重要作用。引导运输企业大力调整运力结构，加强运输装备建设，改进生产组织方式，全省运力结构明显优化。到2007年，全省营运性车辆达到13.54万辆，比1978年增长19.09倍。中级以上客车比例达到42.51%，全省高级客车在高速公路客运、旅游客运、一类客运班线营运比例达到65%；货运车辆大力发展集装箱车、厢式货车、特种专用车辆和载质量在8吨以上的重型柴油货车，加快普通敞篷货车的厢式化进程，在普通载货汽车中，大型车占42.12%。全省道路客货运输生产持续快速增长，2007年全省道路运输完成客运量1.85亿人、旅客周转量120.93亿人公里、货运量2.53亿吨、货物周转量156.5亿吨公里，分别比1978年增长了8倍、11倍、11倍和13倍，在综合运输体系中分别达到90.57%、34.62%、85.83%和15.27%。

4. 道路运输网络不断完善，社会公共服务能力显著提高

在发展传统运输服务业的同时，大力开展物流配送、运输信息中介等现代运输服务业，积极发展与周边省区的区域运输合作，道路客货运输网络进一步完善。全省开通客运班线已由改革开放初的820条增加到3 592条，营运里程已由22万公里增加到69.2万公里，目前已延伸到了全国24个省、区、直辖市，货运遍布全国。全省76%的县（区）开通了快客班车，省内快件运输已实现24小时送达。按照“路、运、站”一体化原则，同步发展农村客运，实行公交下乡、农线进城、税费趋同，大力推进以城市、城际、城乡、乡村公交网络为主的城乡客运一体化建设，全省乡镇通班车率达到99.84%，建制村通班车率达到86.98%。道路运输网络的不断完善，提升了道路运输保障能力，基本满足了不同层次、不同地域的运输需要，适应了人们出行从“走得了”向“走得好”、“走得舒适”的转变，货物流通从“运得出”向“运得及时”、“运得经济”的转变。

5. 道路运输企业竞争实力不断增强，运输市场主体不断优化

改革开放以来，甘肃省道路运输企业从20世纪80年代实行的单车承包经营、风险抵押承包经营和融资租赁等以单车为核心的改革，到2002年以来“职工身份转换、产权转换”等以产权制度改革为核心的企业改制，实现了从计划经济体制到社会主义市场经济体制的转变。通过调整运输企业结构和深化国有运输企业改革，组建了陇运、东运、西运等多家区域性运输集团，道路运输市场主体不断优化。到2003年年底，全省道路运输企业整体实现扭亏为盈。到2006年年底，全省国有86户客货道路运输企业全面完成改制，非公有制经济成分主导了全省道路运输市场。目前，甘肃省已经形成了以东运、兰运集团为龙头，20家区域性运输企业为骨干，300家客货运输企业竞争发展的合理格局。运输企业竞争实力的提升，为繁荣运输经济、推动行业发展发挥了积极的促进作用。

（三）公路养护管理水平全面提升

30年来，全省各级交通主管部门和公路管理机构始终坚持建、管、养并重的方针，围绕方便人民群众安全便捷出行，加强对现有公路的养护、管理和技术改造，坚持高速公路、普通干线公路和农村公路养护协调发展，层层落实养护工作责任制，提高了路况服务水平，保证了公路的完好、安全和畅通。

1. 公路养护维修工程投入不断加大

“十五”以来，投入资金1.4549亿元，实施养护大中修工程135项4077公里，对重要经济干线公路、城市进出口、省际连接线、高速公路连接线和旅游公路以及病害较多路段进行了集中维修改造。积极开展预防性养护、季节性养护和全寿命周期养护，并在旧沥青利用、路面病害处理、水毁防治等方面总结和推广了一批先进实用的养护技术，大大提高了公路养护科技水平。

2. 以“消除隐患、珍视生命”为主题的“公路安全保障工程”成效明显

从2004年开始，对35条国省干线公路上的急弯、陡坡、视距不良等行车危险路段进行了综合整治，及时补充完善各类标志、标牌和安保设施。先后投入1.9913亿元，改造安全隐患路段11207处2352公里，使公路行车安全水平明显提高。

3. 公路桥涵、隧道的养护管理不断加强

全面落实了桥涵、隧道养护管理责任制和日常巡查制度，大力实施危旧桥改造工程。特别是2006年以来，对国省干线公路的107座危旧桥梁和200道涵洞进行了加固、改造和维修，桥梁养护监管水平明显提高。

4. 公路路政管理得到加强，车辆超限超载治理工作效果明显

全省公路路政管理机构坚持依法治路方针，不断完善路政管理体制，加大执法力度，有效地保护了路产，维护了路权。自2004年6月开始，省交通厅联合省有关部门，在全省范围内对超限超载、“大吨小标”和非法改装等不法行为进行集中整治。车辆超限超载现象得到有效遏制，超限超载车辆从治理前的72%以上下降到6%之内，公路桥梁基础设施得到有效保护，因超限超载引发的道路交通事故明显下降。

5. 高等级公路养护管理水平全面提升

理顺了高等级公路养护管理体制，组建专业养护队伍，加快养护队伍专业化、管理规范化、作业机械化进程，高等级公路养护生产逐渐由粗放型向集约型转变，由手工作业向机械化作业转变。建立完善了公路灾害预防抢修预案，建立了高等级公路救援网络、地质灾害及气象预警预报系统。加强高等级公路服务区建设和管理，向社会公众提供了良好的出行服务。全省路网整体服务水平显著提高，2007年年底，全省干线公路平均好路率达到80.4%，县乡公路平均好路率59.6%。

（四）水路交通发展取得显著成绩

甘肃属非水网省份，境内有黄河、长江、内陆河3大流域、9个水系、152条河流，有45个库区。甘肃水路交通基本上是以黄河干流航道开发为主、白龙江和洮河局部航道开发为辅；水路运输主要以短途客运、渡运、旅游运输为主，货物运输主要是零担货物和建筑材料运输。30年来，甘肃省交通部门按照“建运并举、水陆并进、和谐发展”的思路，不断加快水运基础设施建设，先后组织进行了几次大规模的航运规划、整治工作，对航运工具进行了更新换代，开展了水上客运业务，水路运输能力显著增强，为满足沿河地区人民群众基本出行、加快水上旅游资源的开发与利用，促进沿河地区经济社会发展起到了积极的推动作用。

1. 水运基础设施建设快速发展

30年来，甘肃省交通部门不断完善内河水运发展规划，更新观念，创新思路，摒弃“等、靠、要”思想，积极争取交通运输部等国家有关部门的支持，全力以赴抓项目、抓前期、抓筹资，加快水运基础设施建设。30年来，全省水运基础设施建设累计完成投资31 203万元，其中“九五”期间完成投资5 169.45万元，建成了黄河兰州段钟家河至包兰铁路桥38.4公里航道整治工程、临夏莲花码头、向阳码头、陇南港工程、白银大峡码头、洮河三甲水库码头等一批水运设施。“十五”期间，全省水运基础设施建设累计完成投资15 300万元，建成了黄河白银段龙湾至四龙110公里、黄河刘家峡库区段41公里航运工程，兴建了红崖山、崆峒山等28处码头和7艘多功能趸船。“十一五”前两年，甘肃水运基础设施建设完成投资达10 031.45万元，开工建设了黄河兰州段航道延伸整治工程和盐锅峡库区航运建设工程，完成了兰州港客运码头、刘家峡库区海事码头、陇南市碧口库区大坝码头改造工程。同时积极服务于社会主义新农村建设，对全省90处农村公路渡口进行了改造，甘肃水运基础设施条件明显改善。到2007年年底，甘肃省内河航道总里程1 294.42公里，通航里程达到873.77公里，其中七级以上等级航道347.2公里，占通航里程的39.7%，其余为等外航道。通航河流主要集中黄河、洮河、白龙江及其支流白水江、让水河等河流上。全省有27条营运航线，港口生产用码头泊位67个，其中公用码头泊位33个，规模较大的有兰州港、白银港、临夏港、陇南港四大港区。全省有各类渡口116个，其中汽车渡口22个、农用车渡口41个、客运渡口53个。

2. 水路运输市场健康稳定发展

30年来，甘肃省交通主管部门及水运管理机构按照“以水上旅游运输为重点，因地制宜，发展块状水网和水路经济”的思路，大力发展水上旅游客运。加强水运市场管理，严把水运市场准入关、资格年审关，加强对各类船舶、渡口、水运作业户的监督管理，深入开展水路运输市场专项整顿，逐步形成了统一开放、竞争有序的水路运输市场。加大对水路运输企业的行业指导和管理，引导和鼓励个体水运户走联营和公司化的发展模式，企业经营规模不断扩大，服务质量逐年提高。大力开展水路运输节能减排工作，积极推广节能减排船用科技产品，引导运输企业选用安全环保、能耗低、污染小的船舶，建立了老旧运输船舶强制报废制度，推荐了7种标准化内河船型，促进了水路运输企业船舶结构的调整。坚持以市场需求为导向，大力调整水上运力结构，优先发展旅游船舶，修建旅游码头，开辟景区航线，建成了刘家峡库区至炳灵寺、兰州40公里黄河风情线、景泰黄河石林、白龙湖风景旅游区以及河西地区众多库区的水上旅游航线，极大地促进了水上旅游业的发展。加强水运组织协调，根据节假日客流情况，合理安排运力，春运及“黄金周”旅客运输实现了“安全、有序、优质、高效”的目标。到2007年年底，全省有水路运输企业41家，船舶数量从1978年仅有70余艘简单的木船和皮筏，发展到拥有客船、滚装船、高速快艇等各类船舶1 438艘，其中营运船舶490艘，总吨位8 550吨，总载客11 835客位，功率27 381千瓦。2007年全省水路运输完成客运量246万人、旅客周转量2 340万人公里；货运量53万吨、货物周转量758万吨公里，分别比1978年增长35倍、40倍、48倍、49倍，年均增长率分别为12.6%、13.1%、13.8%和13.8%。

3. 水上交通安全生产形势保持稳定

30年来，全省各级交通主管部门和海事管理机构始终把安全生产作为水路交通管理的永恒主题，依法加大行业监管工作力度。重点加强乡镇渡口和渡船的管理，严格落实乡镇船舶安全管理责任制和责任追究制，组织开展了渡口渡船、低质量船舶整治、防船舶碰撞防泄漏及河道采砂等专项整治行动。重点水域、重点船舶、重点时段、重点环节的安全监管措施得到全面落实。加强羊皮筏子漂流管理，划定漂流水域，采取了机动船舶、漂流皮筏定线通航制。启动了水上交通“安保”工程，为全省各渡口和重点航线船舶配备了救生衣和救生圈。加强对船员、漂流工、水手和渡工的安全业务培训，不断强化动态管理，船员的安全生产意识不断增强。加强船舶检验工作，严格按照船检法规和船舶检验管理规范要求开展船舶入籍检验工作，强化对船舶修造厂的业务管理与监督，确保无一艘船舶逃检、漏检。加强水上搜救能力建设，制定了水上交通事故应急处理预案，建立了水上动态待命救助值班制度，每年定期举行水上搜救演练，提高了水上搜救组织能力和救援能力。

4. 甘肃省水运（海事）管理体制得到完善

1974年甘肃省人民政府批准成立了甘肃省水运处（1995年更名甘肃省水运管理局）。1985年，在省交通厅所隶属的原省交监理部门组建了甘肃省港航监督处和船舶检验处。1987年，将甘肃省港航监督处和船舶检验处（两块牌子一套机构）从原省交监理部门划归省交通厅水运处，具体负责省境内河的勘测规划、航道整治、船舶运输管理、水上安全管理和船舶检验工作。2001 年，按照国务院确定的水上安全监督机构“一水一监，一港一监”的管理体制设置原则，对全省水上交通安全监管体制进行了改革。在甘肃省水运管理局加挂“甘肃省地方海事局”的牌子，将原港监、船检机构更名为海事局（处），与省水运管理局合署办公，原甘肃省港航监督处、船舶检验处人员归属甘肃省地方海事局，实行省水运管理局、省地方海事局、省船舶检验处三块牌子一套机构的管理体制。2002 年，省交通厅对水上交通安全管理体制进行调整理顺，在临夏、陇南、兰州和白银市设置了 4 个地方海事机构。至此，在甘肃重点水域地区形成了省、市（州）、县三级海事管理机构，实行“条块结合、以块为主”的管理模式。经过多年的发展，甘肃省水运管理体制趋于完善，管理机构不断健全，海事执法人员达到 168 人，水上监管工作得到规范，有力地促进了水运事业的持续快速健康发展。

（五）交通规费征稽事业稳步发展

公路养路费是国家开征最早的规费项目之一，是我国公路建设和养护的主要资金来源。根据交通部《公路养路费征收暂行办法》，甘肃省从 1951 年起正式起征公路养路费，1951 年 ~ 1987 年，由交通监理部门负责征收。1987 年 8 月，根据国务院《关于改革道路交通管理体制的通知》精神，甘肃省正式实行交通监理和交通规费征收分离，成立了甘肃省交通厅养路费征稽处，各地、州（市）成立了养路费征稽所，各县（区）成立了养路费征稽站，1996 年分别更名为甘肃省交通征稽局、地州（市）交通征稽处、县（区）交通征稽所，负责征收公路养路费和车辆购置附加费。改革开放 30 年来，全省交通主管部门和征稽管理机构认真贯彻落实国家有关法律法规和政策规定，坚持依法征费，文明服务，交通规费征收事业取得了显著成绩。

1. 交通规费征收成绩显著

甘肃省交通征稽局成立 21 年来，管辖征费车辆数从 1987 年的 71 998 台，增长为 2007 年的 397 002 台；征费吨位从 260 045 吨，增长为 2007 年的 859 049 吨；年征费额从 1987 年的 1.638 0 亿元，增长为 2007 年的 13.738 3 亿元，年征费额增长了 7.54 倍。交通征稽部门组建 21 年来，为全省公路建设和养护累计征收资金 125.8 亿元，为促进甘肃交通事业的持续稳定发展奠定了坚实的基础。

2. 交通征管体系不断健全和完善

21 年来，甘肃交通规费征管政策、征费方式等随着国家经济体制改革的不断深入发生了许多变革。废止了沿用多年的报停制，全面推行包缴制；费源管理由静态管理转变为以车辆缴费档案为主的动态管理；开发完成了《甘肃省机动车辆交通规费征收计量标准数据库》，建立健全了全省车辆电子档案，夯实了征管基础，大大降低了漏费率。全面推行计算机管理，规范了养路费票据使用管理，实现了票据的申领、下发、查询和票号跟踪一体化管理，使手工票的使用率大幅下降。从费源管理、计量标准管理、车辆包缴管理、滞纳金征收等方面，加强和规范了基础管理工作，推进了征管工作的规范化、标准化建设。

3. 征管科技水平发生质的飞跃

甘肃养路费征收从1989年开始启用微机开票征费，到1993年全省建成养路费征稽信息系统，2002年建成全省养路费征收局、处、所三级“分布式”数据库，启动了电子稽查手段。2006年顺利完成“甘肃省交通规费征稽管理信息系统”工程建设，全系统建立了“大集中”车辆数据库，养路费征稽管理科技化、信息化水平有了质的飞跃。2006年11月在全省范围内开通了“异地缴费”业务，并实行了银行代征公路交通规费的试点工作，极大方便了广大车主缴费。各级交通征稽管理机构普遍配备了“车牌通”、“掌上通”等先进的电子稽查设备，通过无线联网、下载数据、公路监控、自动识别牌照，改变了逢车必查的执法方式，提高了车辆通行能力和稽查效率。征稽部门还建立了短信平台，通过短信向缴费人提供公路交通规费征收、告知、咨询、宣传等服务，并通过短信对暂扣违章车辆进行实时上报，运用现代技术实现一车一号一个暂扣凭证的绑定，通过短信及时统计和掌握车辆的查扣状况，增加内控环节，实现了动态管理。这个系统的开发和运用在全国征稽系统尚属首家。全系统初步实现了征稽管理网络化、稽查清费电子化、办公系统自动化、会计工作电算化，提高了征管工作效率和科技水平，保证了规费征缴的及时、安全、高效。

4. 便民利民服务全面推进

各级交通征稽机构坚持以人为本的服务理念，服务车主，奉献社会，全面推行政务公开，将征稽法规、规章和征稽管理规定全部向社会公开，让广大车主缴“明白费”、“放心费”，增进了征缴双方的理解和配合。实行了局（处）长接待日和处长上“窗口”办业务制度，实施首问负责制、限时办结制、延时服务等工作要求和制度，降低了滞纳金计征费率和计征日期。在执法过程中坚持秉公执法、依法征费、文明服务，开展送票上门、预约缴费、短信催缴、帮助落籍、转户等服务活动，便民利民服务水平不断提高。

5. 高等级公路运营和收费服务管理水平全面提高

积极开展收费所站标准化建设和优质服务活动，加强交通服务热线、短信平台、路况信息、气象信息发布等服务工作，提高了高等级公路综合服务水平。开通了电煤公路运输快速通道，建立了鲜活农产品运输“绿色通道”，确保了煤炭、鲜活农产品等重点物资运输的畅通。从1994年建成第一条收费公路以来，甘肃省累计征收车辆通行费79.7亿元，为加快公路建设提供了有力的资金支持。

（六）交通体制机制改革成效显著

30年来，随着我国改革开放的不断深入和社会主义市场经济体制的建立，随着甘肃交通基础设施建设的突飞猛进和运输市场组织方式的深刻变化，甘肃省交通体制机制改革不断深化，取得显著成效。

1. 建立了符合甘肃实际的高等级公路运营管理体系和公路路政管理体制

按照“建管分离、管养分离”的思路，对全省高速公路养护职能和运营管理模式进行了调整。由省高等级公路运营管理中心统一负责高速公路的收费运营管理及综合服务工作。由省公路局统一负责高速公路养护的行业管理和监督，各公路总段（分局）具体负责辖区内高速公路的养护管理工作。全省高速公路实现了由建设业主多头管理养护变为集中管理，从而提高了高等级公路的运营管理和服务水平。深化公路路政管理体制改革，将全省公路路政职能从省公路局剥离出来，建立了以公路路政管理总队、支队和大队为框架的路政管理体制，规范了公路路政执法行为，提高了路政执法水平。

2. 交通建设体制及投融资体制改革取得积极进展

组建了4个公路建设业主单位，代表省交通厅行使全省高等级公路的建设管理职能。完善政府引导、市场运作、法人主体到位的项目建设机制，促进了项目建设的程序化、规范化和科学化。在交通基础设施建设中全面推行项目法人责任制、招投标制、工程监理制、合同管理制四项制度，规范交通建设市场秩序，交通建设市场的开放度和透明度明显提高。充分利用“贷款修路、收费还贷”政策，扩大筹融资渠道，初步建立了“国家投资、地方筹资、社会融资、利用外资”的高等级公路建设投融资机制。充分发挥国家投资的导向作用，进一步拓宽投融资渠道，在综合运用国家补贴、地方配套、银行信贷、民间投入等多种投资方式方面进行了有益探索。成立了省交通厅信贷管理委员会及信贷办公室、引进外资管理办公室和信贷资金监督管理办公室，建立了全新的融资、投资、资金收益评价，加大银政、银企合作，搭建了省级交通融资信用平台和“统贷统还”的信贷管理机制。同时，引进外资工作取得重大突破，实现了交通项目建设与资金供给的良性互动。

3. 积极推进农村公路管理养护体制改革

甘肃省政府批转了《甘肃省农村公路管理养护体制改革实施意见》，省交通厅印发了《甘肃省农村公路管理养护体制改革实施办法》，成立了甘肃省农村公路管理养护体制改革领导小组。按照“先试点、再完善、后推广”的思路和有路必养、确保质量的要求，在28个市、县、区进行了农村公路管理养护体制改革试点，并将于2009年在全省范围内全面实施。重点明确各级政府对农村公路管理养护的责任，强化各级交通主管部门的管理养护职能，初步建立了以县为主的农村公路管理养护体制和以政府投入为主的养护资金渠道，保障了农村公路的日常养护和正常使用。

4. 国有交通企业改革不断深化

1978年改革开放后，省交通厅所属企业规模从小到大，实力从弱到强，无论在企业生产规模、工程质量和整体管理能力，还是在经营理念、企业法人治理结构和人才储备上都有了长足进步和发展，形成了一支具有较强设计施工能力和现代管理体制的本地化队伍。30年来，交通企业坚持以市场为导向，以产权制度改革为核心，以机制创新、管理创新为重点，加快建立现代企业制度和现代产权制度，规范企业法人治理结构。坚持“一企一策、因企制宜”的原则，突出机制创新，围绕交通主业抓项目，突出行业特色抓经营，发展优势产业增效益，企业管理水平和经济效益普遍提高。2007年，省交通厅直属8家企业共完成产值156 318.77万元，实现利税3 676.85万元。甘肃路桥建设集团通过股份制改造，目前已经发展为具有公路工程总承包一级资质的大型公路施工企业。甘肃交通勘察设计院有限公司和甘肃交通科研所有限公司已分别于2003年和2005年完成改制工作，成为甘肃省交通公路工程勘察设计、可研调查、咨询和公路科研、试验检测的主要力量。

5. 道路运输管理体制改革逐步深化

1984年，甘肃省人民政府批准组建了省、市、县三级道路运输管理机构，按行政区划实行“条块结合、以块为主”的管理体制。2003年以来，全省运政管理体制改革不断深化，在全面完成交通主管部门与道路运输管理机构分设的基础上，甘南、定西、嘉峪关、临夏、陇南、庆阳道路运输管理机构实行了市（州）以下垂直管理，并按照运输管理和执法监督相对分离的原则，组建了省、市、县三级运政执法队伍，履行运政执法、运政稽查和执法监督职能，强化了市场监管，提升了道路运输服务保障能力。

（七）交通法制建设和行业管理进一步加强

甘肃省交通执法体系最早以交通监理为基础，历经30年交通管理体制的改革，目前实行“统一管理、条块结合、分类执法、分级负责”的交通行政执法体制，有交通行政综合、公路路政、道路运政、交通规费征稽、水运、港航监督、船舶检验、工程质量监督等八个执法门类。各执法门类主要通过地方法规授权执法。全省公路路政、公路交通规费征收、道路运输和内河（水域）水路交通管理执法工作分别由省交通厅授权省公路路政总队、省交通征稽局、省公路运输管理局和省水运（海事）局统一负责。截至2007年，由甘肃省政府公布确认的交通行政执法机构321个，现有交通行政执法人员6 000多人。目前，甘肃省交通行政执法逐步走上更加规范化、科学化、人性化轨道，依法行政的能力和水平明显提高，行业监管职能、服务职能基本到位，执法行为明显规范，行业管理明显加强，形成了符合交通法规体系要求和具有甘肃省情特色的交通行政执法体系。

1. 交通立法工作取得显著成绩

改革开放以来，特别是“九五”以来，甘肃省交通立法步伐逐步加快。甘肃省人大常委会先后颁布了《甘肃省公路路政管理条例》、《甘肃省道路运输管理条例》、《甘肃省公路交通规费征收管理条例》、《甘肃省水路交通管理条例》和《甘肃省高速公路管理条例》5部地方性法规，甘肃省政府先后发布了《甘肃省公路交通规费征收管理办法》、《甘肃省水上交通事故处理办法》和《甘肃省民用运力国防动员办法》3部政府规章。根据这些法律、规章的颁布和实施，省交通厅制定了一系列规范性文件，初步形成了以国家法律、法规、规章为主体，以地方法规、规章及规范性文件为配套的交通法规主框架，为甘肃交通事业健康有序发展提供了坚实的政策基础和法律保障。

2. 交通行政执法责任制得到全面推行

省交通厅从1998年开始推行行政执法责任制，先后两次修改完善了《甘肃省交通厅交通行政执法责任制规定》等九项执法责任制制度，2006年制定了《甘肃省交通厅行政许可责任追究规定》和《甘肃省交通厅行政执法标准》，形成了规范、系统的制度体系。2006年以来，集中力量对省厅及厅属具有行政执法职能的单位的行政执法依据进行了全面梳理，向社会公布了厅属321个交通行政执法机构的执法依据。狠抓了基层交通行政执法单位执法责任制的落实工作，将交通执法的目标、任务、要求分解落实到部门、落实到岗、到人，有效地推进了交通依法行政和行业管理工作的开展。

3. 交通行政执法程序和执法行为不断规范

省交通厅统一规范了各交通执法部门的执法文书，要求执法人员必须熟练掌握执法文书的制作，从案件的受理、立案、办案、处罚、结案都要有详细记录。实行了路政执法“五不准"、征稽执法"六条禁令"等措施，规范执法人员行为。制定了《道路运输行政处罚裁量适用规定（试行）》，细化了道路运输行政处罚裁量标准，规范道路运输执法行为。不断规范交通行政许可、交通行政处罚等执法行为，做到执法主体、执法依据、执法程序、执法监督、执法结果和当事人权利六公开。强化交通执法监督检查，规范交通执法人员在执法过程中的基本举止行为，做到了持证上岗、亮证执法、仪容整洁、语言文明，较好地杜绝了违法执法、随意执法、以言代法，维护了交通执法的严肃性。

4. 交通行政执法队伍建设成效显著

按照"内强素质、外树形象"的要求，加强交通行政执法队伍建设，坚持不懈地开展了普法活动，交通法制宣传教育不断深入。严把执法人员"准入关"，推行行政执法人员入门考试制度，实行凡进必考，公平竞争，择优录取。严把执法人员政治素质、文化水平和职业道德关，交通执法人员原则上必须具有本科以上文化程度，新上岗的执法人员必须接受系统的法律、法规、规章和执法业务培训，经培训合格取得执法证后方可上岗。充分发挥行政执法评议考核制的作用，通过内部民主评议和社会评议的方式，对执法人员进行全面考核，对考核不合格或在执法中存在明显错误的人员限期调离执法岗位。加强了交通执法监督检查，完善层级监督机制，强化上级交通管理机构对下级交通管理机构的监督，开展定期和不定期的执法监督检查，发现问题及时纠正。注重发挥行政复议在执法监督和化解矛盾方面的作用，制定了《甘肃省交通厅行政复议工作规则》，进一步健全了行政复议工作机构，形成了有效的运转机制。

5. 交通行业管理工作全面加强

深入贯彻《行政许可法》，深化交通行政审批制度改革，通过清理和减少交通行政许可、审批项目，入驻政府政务大厅和建立交通运政大厅，实行集中统一审批，交通行政审批行为进一步规范。积极推行交通政务公开，推进行政权力透明运行，实行首问责任制、限时办结制、"一站式"服务等承诺制度和服务形式，交通公共信息服务体系不断完善。加大行业依法监管工作力度，狠抓安全生产管理，严格落实安全生产责任制和责任追究制。海事部门不断完善重点水域、重点船舶、重点时段、重点环节的安全监管措施和动态待命救助值班制度，着力加强水上搜救能力建设，取得了明显效果。运输管理部门认真履行"三关一监督"职责，重点加强了道路客运和危险货物的运输安全管理。进一步加强交通建设项目施工安全监管，开展了以桥梁为重点的交通基础设施安全隐患排查治理行动。认真贯彻《突发事件应对法》，完善交通突发公共事件应急预案和应急体系，提高了应对突发公共事件的能力。全力推进平安交通建设，深入开展矛盾纠纷集中排查化解活动，交通系统治安综合治理工作受到省委、省政府表彰。积极开展治理机动车辆乱收费和整顿道路收费站点工作，预防和治理公路"三乱"，实现了全省所有公路基本无"三乱"的目标。建立了清理拖欠工程款和农民工工资的长效机制，认真解决交通建设领域拖欠工程款和农民工工资问题，切实维护了人民群众的利益和交通系统的稳定。

（八）交通科技创新及人才队伍建设取得新成果

30年来，甘肃交通系统认真贯彻科教兴交通和人才强交通战略，把提高交通科技创新能力摆在突出位置，大力推进交通科技创新，强化科研成果的转化和应用，不断推进创新型行业建设。

1. 围绕解决交通生产建设中的关键性技术难题，加大科技攻关力度

重点在公路长大隧道设计、施工、运营及安全技术、高等级公路桥梁隧道建设关键技术、高等级公路养护、农村公路建设、特殊地质条件下的筑路技术、沥青路面早期破损养护技术等方面开展科技攻关，取得了积极的成果。开展了交通科技项目绩效评价，注重先进技术的引进、消化、吸收和推广应用，提高科技进步对交通发展的贡献率。

2. 交通科技投入力度不断加大

30年来，甘肃省交通厅千方百计筹措资金，加大科研投入。“八五”以来，每年投入科研经费在80万元以上。特别是“十五”以来，投入科研经费8 300万元，取得各类科研成果70余项，其中通过省部级成果鉴定项目40项，获得省级科技进步奖6项，三等奖4项。“十一五”以来，交通科技投入力度进一步加大，仅2007年投入科研经费3 270万元，实施各类科研项目33项，有力地促进了交通科技事业的发展。

3. 加快交通信息化建设

坚持以信息化带动交通产业升级，广泛采用信息技术提升交通运输产业，实现信息化向全面支撑交通管理和服务拓展。智能化客运管理系统、GPS全球卫星定位系统在全省汽车站和客车上得到广泛应用。公路数据库、高等级公路联网收费系统、交通规费征稽管理系统等全面建成使用。建成了全省道路运输行业省、市、县三级信息网络，实现了16个市（州）级道路运输信息中心、86个县（区）道路运输信息站、38个三级以上汽车站、14个运输企业信息站和130个企业GPS监控应用平台的全面联网，完成了交通运输部与省交通厅及全省各级道路运输信息中心的联网工程。加强交通信息资源的整合，实施了交通征稽、运管与高等级公路运营管理部门信息化资源的全面整合。

4. 交通行业节能减排工作深入开展

认真落实国务院和省政府关于加强节能减排工作的部署和要求，制定了交通系统加强节能减排工作指导意见和加强机关节能减排实施方案，深入推进公路水路运输、交通基础设施规划设计与建设、公路运营和养护等方面的节能减排及机关日常节能工作。坚持将运输安全型、质量效益型、资源节约型、环境友好型的交通可持续发展理念贯穿到交通设计、建设、施工、监理等各个环节，在公路建设中重视节约资源能源，保护生态环境。

5. 大力实施人才强交通战略，交通人才队伍结构不断优化

加强交通职业技术教育，甘肃交通职业技术学院积极拓展办学思路，深化教育教学改革，办学质量全面提高。30年培养各类专门人才11 600人，2007年在校学生规模达到3 972人。全面推进人才工作，坚持领导人才、企业经营管理人才、专业技术人才、技术工人四支队伍一起抓，人才队伍结构明显优化。“十五”以来引进专门人才1 705人，实施了百名优秀专业技术人才工程。积极推进干部人事制度改革，加大干部教育培训工作力度，交通系统干部队伍的整体素质和工作能力进一步提高。

(九)行业精神文明及党风廉政建设迈上新台阶

30年来,甘肃交通系统始终坚持“两手抓、两手都要硬”的方针,加强思想政治建设,坚持不懈地用社会主义先进理论武装干部职工的头脑。广泛深入地开展了“三学四建一创”和“学先进、树新风、创一流”活动,通过下大力气抓认识、抓领导、抓主体、抓示范、抓投入,行业文明程度显著提升。始终坚持以“服务人民、奉献社会”为宗旨,坚持与时俱进,不断深化文明示范窗口、青年文明号、文明单位、文明样板路等文明行业创建活动,培育推出了一批省级文明“示范窗口”、文明单位和全国“青年文明号”,总结推广了一批先进典型,在全系统产生了广泛深刻的吸引力和感召力,激发了广大交通职工在新时期奋发向上、立足本职、干事创业、为实现交通跨越式发展多做贡献的积极性。到2007年年底,全省交通行业共建成国家级文明单位6个,省部级文明单位(文明行业)32个,市(州、厅)级文明单位114个,县(区)级文明单位122个。省交通厅被中央文明委授予全国精神文明建设工作先进单位,被交通部命名为全国交通文明行业,被甘肃省委、省政府命名为省级文明单位,被国家国防动员委员命名为全国交通战备工作先进单位,被交通部和省委、省政府分别表彰为抗震救灾工作先进单位,尤其是2008年10月被中共中央、国务院和中央军委表彰为“全国抗震救灾英雄集体”。在厅直属单位中,省、部级以上文明单位占到48.1%,市、厅级以上文明单位占到70.3%,县区级以上文明单位占到81.5%。全行业共建成国家级青年文明号10个,省级58个;3人获得全国劳动模范,54人获得省部级劳动模范称号;5个集体获得全国五一劳动奖状,6名个人获得全国五一劳动奖章;7个单位10次获得甘肃省思想政治工作先进集体称号;另有一大批集体和个人分别获得国家和省部级各种奖励。高度重视党风廉政建设和反腐败工作,坚持标本兼治、综合治理、注重预防、惩防并举的方针,加大从源头上预防和治理腐败的力度,建立健全了具有交通特色的教育、制度和监督并重的惩治和预防腐败体系。重点加强了交通基础设施建设领域的反腐倡廉工作,实行了重点建设项目纪检监察组派驻制和双合同制。围绕公路建设征地拆迁、工程招投标、设备采购、劳务用工、设计变更、交竣工验收等环节,深入开展了治理交通建设领域商业贿赂活动,推进了交通建设领域廉政工作的深入开展。通过严格落实“四个不准”和厅党组六条廉政禁令,各级领导干部从政行为进一步规范,廉洁自律意识明显增强。交通干部职工的为民之心、务实之举、清廉之风得到了上级领导和社会各界的充分认可。

二、基本经验

回顾改革开放30年来甘肃交通运输改革发展的历程,甘肃交通运输事业发展取得的辉煌成就,是省委、省政府正确领导的结果,是交通部等中央有关部门大力支持的结果,是全省交通系统广大干部职工团结奋斗、艰苦创业的结果,是全省人民大力支持和无私奉献的结果。30年的光辉历程表明,要把甘肃交通运输事业不断推向前进,必须重点坚持和把握好以下几点。

(一)必须坚持以科学发展观为统领,树立全新的发展理念

充分认识又好又快发展是全面落实科学发展观的本质要求,把“以人为本、好中求快、

又好又快”的发展理念贯穿到交通发展的各个方面。从全省经济社会发展的大局出发，准确把握经济社会发展的趋势和交通运输需求，实现交通又好又快发展。坚持交通发展与自然环境和谐统一，在加快发展中充分考虑环境、能源、资源的约束；坚持“抓两头、带中间”，即抓好高速公路网建设和农村公路网建设，带动国省干线公路网改造；坚持交通建设规模、结构、速度、质量、效益相协调，努力在调整结构、提高质量和效益的前提下，加快交通发展步伐，走质量型、效益型和可持续的跨越式发展之路。

（二）必须全面贯彻落实“三个服务”的要求，不断提高交通服务于国民经济和社会发展全局、服务于社会主义新农村建设、服务于人民群众安全便捷出行的能力和水平

要从深入贯彻党的十七大精神、推进交通科学发展的高度，增强做好“三个服务”的自觉性、主动性和创造性，在工作实践中不断提高做好“三个服务”的能力和水平。服务国民经济和社会发展全局，就是要按照省委、省政府的决策部署，准确把握全省经济社会发展的趋势，主动发挥好交通在经济社会发展中的先导作用，适应各市州区域经济发展的要求。通过加快交通基础设施建设、加强公路养护管理、强化运输组织协调和行业管理，为经济社会发展提供交通运输保障。服务社会主义新农村建设，就是要认真落实省委、省政府建设社会主义新农村的部署和要求，坚持统筹兼顾，统筹城乡区域交通协调发展，把加快农村公路建设、运输发展以及农村渡口码头改造等作为服务“三农”和新农村建设的实质性措施，因地制宜地推进农村公路建设，解决好建养管运的问题，最大限度地扩大农村公共交通服务，为农村经济发展、农业产业结构调整、农民增收提供良好的交通条件。服务人民群众安全便捷出行，就是要坚持以人为本，把维护、实现和发展人民群众的根本利益作为交通工作的出发点和落脚点，牢固树立交通发展为了人民、交通发展依靠人民、交通发展成果由人民共享的理念。在交通基础设施设计、建设、运营、养护、管理等各个环节充分体现人文关怀，强化安全监管，改善服务条件，加强与其他运输方式的衔接，搭建综合运输平台，提供延伸服务和增值服务，为人民群众出行提供便捷、畅通、安全、高效的运输服务，让人民群众出行放心、满意。

（三）必须把贯彻国家宏观调控政策与发展抓项目有机统一起来，坚持发展抓项目不动摇

要坚持服从大局，按照中央和省委、省政府的决策部署，着力于推动全省经济结构调整和增长方式转变，把抓好投资和项目建设作为交通工作的重要任务，紧紧抓住国家支持基础设施建设和西部大开发的历史机遇，抓紧争取和实施一批重大交通项目，以项目来解决甘肃交通基础设施总量不足和技术标准不高的问题，实现交通适度超前发展，更好地发挥好交通在经济社会发展中的先导和支撑作用。同时要加强公路养护管理、强化运输组织协调和行业管理，为经济社会发展提供有力的交通运输保障。

（四）必须充分发挥各方面的积极性，走全社会办交通的路子

要紧紧依靠地方各级党委、政府的支持，在交通发展的重大问题上凝聚共识，形成合

力，增强交通服务地方经济发展的主动性；要在发改委、财政、国土资源、建设、物价、林业、水利、环保等有关部门的大力支持下，紧紧依靠广大人民群众，在全社会营造理解交通、关心交通、支持交通的良好氛围，形成加快交通发展的合力。

（五）必须把加快发展与深化改革有机统一起来，坚持以改革促发展

改革是发展的动力。必须正确处理好改革、发展、稳定的关系，坚定不移地推进各项交通改革，努力消除制约交通发展的体制性和机制性障碍。坚持改革抓创新，创新发展理念，改革发展模式，提高发展质量，做到发展要有新思路，改革要有新突破，工作要有新举措，不断为交通发展不断注入新的活力和动力。

（六）必须坚持以人为本，全面提高行业管理和服务水平

交通运输是服务性行业，又是与人民群众关系密切的“窗口”行业，必须坚持服务至上的理念，倡导以人为本、精细化服务。车站、码头、客车、船舶、收费站等交通“窗口”单位要全面推行标准化管理和规范化服务，不断改进服务手段和方式，努力为人民群众提供安全、优质、便捷的交通设施和服务。要全面加强政风行风建设，树立执政为民、求真务实、公正执法、清正廉洁的新政风，树立敬业奉献、诚实守信、文明服务、开拓创新、团结和谐的新行风。

（七）必须加强交通部门行政能力建设和队伍建设，为交通发展提供坚强保障

行政能力建设是交通部门履行职责、服务社会的前提，职工队伍建设是加快交通发展的重要保证。要切实加强交通部门的行政能力建设，全面提高交通运输统筹规划和协调发展的能力、交通运输公共服务能力和组织保障能力、交通运输和建设市场依法监管的能力、交通安全管理和重大突发事件应急处置的能力，全面履行政府职责，做负责任的政府部门，建负责任的交通行业。要坚持不懈地加强干部职工队伍建设，努力造就一支适应新形势新任务的高素质的干部职工队伍，为交通发展提供强大的智力支持和人才保障。

三、发展展望

我国改革发展已站在一个新的历史起点上。甘肃交通运输事业正处加快发展的最好时期，交通运输在国民经济中的基础性和先导性作用正在日益凸现。把握机遇，乘势而上，进一步加快甘肃公路交通发展，是全省人民的共同愿望。今后一个时期，甘肃省交通系统将深入贯彻落实党的十七大精神和科学发展观，按照省委、省政府“四抓三支撑”的部署要求，围绕发展现代交通业和提高交通“三个服务”的能力水平，做到“四个坚持”，即坚持好中求快，着力推进交通基础设施建设，提高交通发展的质量和效益；坚持创新驱动，着力推进交通体制机制改革，促进交通发展方式转变和结构调整；坚持统筹兼顾，着力推进“路运并举、水陆并进、建管养并重”，区域交通、城乡交通协调发展；坚持以人为本，着力推进和谐交通建设和行业文明创建，努力实现交通事业又好又快发展。要力争经过5～10年的努力，使交通发展的质量和效率显著提高，运输服务和管理显著改善，行业创新实力显著提

升，资源节约、环境保护显著增强，基本建成更安全、更通畅、更便捷、更经济、更可靠、更和谐的交通运输服务体系，交通发展成果惠及城乡，人民共享，适应经济社会发展和全面建设小康社会的需要。重点将做好以下几个方面的工作。

（一）全力实施交通建设“东部会战”战略，实现高速公路建设的新跨越

坚持把抓项目作为交通工作的中心环节，以实施交通建设“东部会战”战略为重点，加快交通建设步伐。认真落实《甘肃省高速公路网规划》，按照“近期联通、中期成网、远期完善”的思路，优先建设对经济增长有重大推动作用、有利于优化产业布局的关键性高速公路，形成以兰州为中心，以国家高速公路网省内路线为依托，并与之衔接、协调的省域高速公路网络体系，充分发挥其支撑经济发展、推动社会进步、服务全面建设小康社会的运输大通道作用。要重点实施甘肃交通建设“东部会战”战略，在甘肃东南部地区形成“中路直插、两翼齐飞”的高速公路主骨架。继续实施“挺进西部”和“突破中部”战略，进一步完善国道主干线和西部省际通道在甘肃境内线路。到“十一五”末，甘肃省高速公路网建设要实现省会兰州与11个市、州政府驻地以高速公路连接，甘肃东、西、北三个出口实现高速化，南出口实现局部高速化或高等级化，建成天（水）嘉（峪关）千公里高速线。新建、改建二级以上公路3 000公里，其中高速公路1 000公里以上。新建、改建农村公路60 000公里以上。同时要对全省重要的干线公路、跨省通道进行全面改造，进一步完善省内路网布局，提高技术等级，建设以二级公路为主的快速干线公路系统。

（二）服务于建设社会主义新农村的需要，进一步改善农村交通设施条件

认真贯彻落实党在农村的一系列方针政策，把农村公路建设作为改善农村基础设施的一项重大任务，作为“十一五”交通工作的重中之重，不断完善政策措施，切实抓好农村公路规划、建设、管护，为建设社会主义新农村做出新贡献。要认真实施农村公路发展规划，加大对农村公路运输基础设施的投入力度，推进农村公路“通达”、“通畅”工程建设，实现全省县、乡道通四级及以上等级公路，所有具备条件的乡镇和50%的建制行政村通沥青（水泥）路。要充分发挥地方政府对农村公路建设的责任主体作用，争取地方政府加强对农村公路建设的领导，充分发挥地方交通主管部门的职能作用，引导好、保护好、发挥好农民群众投工投劳、建设农村公路的积极性，加快农村公路建设步伐。继续推进“村村通班车”客运网络化工程，加快乡镇汽车站和行政村汽车停靠站建设，完善农村客货运输网络。坚持“路运站一体化”，做到路通车通，实行农村客运公交化，方便农民群众出行。

（三）以实施道路运输“提速中部”战略为契机，全面提高交通运输保障能力

要以高等级公路和运输枢纽为依托，整合运输资源，加快运输产业升级、运输网络升级、运力装备升级和管理信息化升级，打造快速客运、物流配送专线，形成以兰州为中心的甘肃中部地区快速运输网络。加强区域运输合作，建立甘、青、宁三省区黄金运输线；加强城乡公交网络建设，率先实现中部地区村村通班车、县区通公交、城乡客运一体化，从而全面提高中部地区运输服务保障水平，进一步发挥省会兰州的区位优势和在经济发展中的辐射

带动作用。要进一步加快道路运输基础设施建设，以运输枢纽系统和农村客运网络建设为重点，实施一批公路主枢纽、区域性物流中心及客货站场项目。采用高新技术和先进适用技术改造提升运输产业，积极推动运输企业技术装备的更新换代和升级，提高车辆技术装备水平。到“十一五”末，全省要建设20个国家级公路主枢纽项目、30个省级枢纽项目，50个区域枢纽项目，1 000个乡镇汽车站、10 000个行政村汽车停靠站。建成兰州1小时交通运输圈。建设2条国际运输线路，20条省级快速运输线路，3个公路运输口岸。调动社会资金更新85 000辆（台）班线客车、出租车、货车及仓储装卸设备。全省乡镇通客车率达到100%，行政村通客车率达到95%。公路运输供给能力明显增强，公路客、货运量年均增长6%～7%，道路运输业产值年均增长10%。要引导运输企业加快改革重组步伐，培育一批产权清晰、管理科学、资产优良、竞争力强的现代化道路运输企业，形成优势企业集团主导运输市场的格局，促进运输经营的规模化、集约化、网络化。要加强政策引导，提高传统运输服务业，发展现代运输服务业，培育新的经济增长点。积极发展快速客运、现代物流、集装箱运输、旅游客运、汽车租赁、快速货运、农村客运、货运代理等运输服务方式，促进交通运输服务多元化产业结构的形成。要着力营造交通运输服务业发展的良好环境，建立健全运输市场准入、监管、退出机制，加强运输市场监督管理，建立统一开放、竞争有序的运输市场体系。

要继续加快内河水运发展，加强水运基础设施建设，以黄河干流航道开发为主，支流和库区航道为辅，改善航道通航条件。重点实施“6302”工程，即建设6段航道、30处港点泊位、2座航电结合枢纽工程。加大码头建设改造力度，优化船舶船型，不断发挥水路运输的优势。健全和完善水运市场体系，加强水上安全管理、船舶检验及搜救体系建设，提高安全保障和搜救能力。

要进一步做好军交运输保障工作，调整完善各类交通重点目标保障计划、方案、预案。充分发挥交通综合保障旅的作用，建立具有交通专业特点的应急、应战交通保障骨干队伍。加强国防交通专业保障队伍整训点验和储备器材管理，促进专业保障队伍组织落实、任务落实、装备落实和训练落实，进一步提高快速反应能力和综合保障水平。

（四）加强公路养护管理工作，提高公路安全行车水平

坚持建养管并重的原则，统筹高等级公路、干线公路与农村公路养护协调发展。改革和完善国省干线公路养护运行机制，加强路网改造工程和养护维修工程，实现高速公路及国省干线公路管理养护的科学化和标准化。基本建立符合甘肃农村实际和社会主义市场经济要求的农村公路管理养护体制和运行机制，实现农村公路管理养护的正常化和规范化。到“十一五”末，国省干线公路好路率达到85%，综合值83；农村公路好路率达到61%，综合值70。要继续把车辆超限超载治理作为公路路政管理的重点，抓规范、抓队伍、抓整治、抓服务，力争在建立长效机制上有新突破。加大公路巡查和路政执法力度，及时查处公路沿线的违法违章建筑，清理非公路标志牌。

（五）进一步深化交通领域改革，推进交通体制机制创新

按照完善社会主义市场经济体制的要求，着力解决影响交通发展的深层次矛盾和体制性

机制性障碍，以改革促发展。进一步完善国省干线公路管理养护体制，强化省公路局的行业管理职能，理顺省公路局与各公路总段的养护管理职责，加强对全省公路养护计划执行、资金使用、养护质量的监督。积极推进农村公路管理养护体制改革，建立健全以县为主的农村公路管理养护体制和以政府投入为主的养护资金渠道，保障农村公路的日常养护和正常使用。深化高等级公路运营管理体制改革，进一步理顺关系，明确职责，健全机制，完善高等级公路收费运营三级管理体制，不断提高高等级公路运营管理和服务水平。继续推进国有交通企业改革，以产权制度改革为核心，推进以股份制为主要形式的改革，加快建立现代企业制度和现代产权制度。要完善落实支持政策，优化发展环境，促进货运物流、出租汽车、汽车维修等领域交通非公有制经济企业加快发展。要继续推进运政管理体制改革，进一步完善运政执法体制。全面完成站场国有资产清理确权工作，深入探索站场资产监管、资本运营的有效途径。

（六）依法做好交通规费征收工作，不断提高征收管理水平

进一步加强费源管理，强化车辆动态监控。大力推行电子缴费业务，不断改进征收方式，进一步完善异地征费业务，最大限度地方便车主缴费，确保各项规费及时、足额、有序征收。进一步加强车辆通行费征收管理，提高高等级公路综合服务水平。加强鲜活农产品“绿色通道”建设管理，落实省内外运输车辆无差别减免通行费政策。选择重点路段，积极稳妥地开展计重收费工作。要按照省上关于深化部门预算、国库集中支付、非税收入收缴、政府采购等预管理制度改革的要求，进一步加强交通规费预算管理，优化预算支出，硬化预算约束，促进预算管理的科学化、精细化。针对交通基本建设、财务预算执行及领导干部履行经济责任等情况，有重点地加强内部审计工作，确保各项资金的安全、合理使用。

（七）强化科技创新驱动，加强交通科技进步和节能减排工作

要充分发挥科技对交通发展的技术支持和保障作用，进一步加强产学研结合，加强与高校和科研院所的合作，增强甘肃交通行业自主创新能力。加强科研项目立项管理，突出解决制约交通发展的难点问题。加大已有科研成果的转化和推广力度，推进科技成果在公路设计、施工、灾害预防、公路养护等方面的应用。要进一步提高交通信息化建设水平，加快厅属单位信息资源整合进度，实现“一张图、一个号、一张网、一个中心、一个平台”的“五个一”整合目标。努力用信息技术改造和提升交通规划、建设、运输、管理、政务、信息服务水平，实现全省交通行业跨区域、跨业务部门的综合管理。加强交通政府网站及各单位网站建设，进一步强化为社会公众提供交通政府信息服务的职能。切实加强交通行业节能减排工作，扎实推进交通行业节能减排统计、监测和考核体系建设。重点加强交通基础设施建设、公路水路运输、公路运营与养护生产等过程中的节能减排工作，发展交通循环经济，推广应用能源节约与替代、材料再生等节能技术。加强队伍建设和人才培养，深入推进交通系统技能型紧缺人才培养培训工程，进一步加强交通职业技术教育，不断创新人才培养模式，拓宽培养渠道，注重实践锻炼和专业研修，培养一批拔尖人才和领军人才。强化干部职工的在职学习和继续教育，提高专业人才、急需人才、适用型人才等各类人才的综合素质和创新能力，建立符合交通现代化要求的人力资源支撑体系。全省交通系统专门人才比例从目

前的23%提高到30%，交通职工队伍思想政治和文化业务素质明显提高。

（八）加强交通法制和精神文明建设，促进和谐交通建设

坚持依法治交通，认真贯彻实施《全面推进依法行政实施纲要》，抓好交通法律法规的宣贯工作，努力提高全体干部职工的法律素质和全行业法治化管理水平。推进交通立法进程，提高立法质量。健全交通行政处罚、行政许可、行政强制等各项制度规范。坚持用科学理论武装干部职工，深入开展理想信念教育，着力推进交通系统领导班子的思想建设、组织建设、作风建设、制度建设和反腐倡廉建设，增强贯彻落实科学发展观的自觉性和坚定性。以社会主义核心价值体系为根本，加强思想道德建设，大力倡导和践行社会主义荣辱观。以开展“学、树、创”活动为载体，进一步深化行业文明创建活动，发挥先进典型的示范导向作用，提高交通职工文明素质和行业文明程度，着力形成一批影响广泛的先进典型，一批社会公认的执法窗口，一批富有特色的文明站所，一批效能突出的文明机关。继续开展交通文化建设实践活动，增强行业软实力。要充分认识新形势下加强交通系统反腐倡廉建设的重要性和紧迫性，坚持不懈地打造廉政交通。坚持加强思想道德建设与加强制度建设相结合，廉政建设与勤政建设相结合，加强对干部的监督与发挥干部的主观能动性相结合，更加注重治本、注重预防和制度建设，拓展从源头上防治腐败工作领域。以加强交通基础设施建设领域廉政工作为重点，探索治理交通建设领域商业贿赂的长效机制。要严格贯彻落实党风廉政建设责任制，加强对权力运行重点岗位、重点环节和重点领域的制约和监督，全面完成反腐倡廉各项工作任务，为实现交通事业又好又快地发展提供有力保证。

青海湖畔路纵横

青海省交通厅

青海省地处青藏高原北部，全省面积72.12万平里，约占全国总面积的1/13，仅次于新疆、西藏、内蒙古这三个自治区的面积，居全国第四。全省平均海拔3 000～4 000米以上的地区占全省总面积的61%，属典型的高原大陆性气候区。全省辖6州1地1市，46个县（市、区、行委），人口551.6万。世居少数民族主要有藏、回、土、撒拉、蒙古族等，少数民族人口占全省的46.3%。解放前，全省公路总里程只有3 143公里、桥梁71座、汽车216辆，公路标准低、质量差，可勉强通车的公路仅有472公里。由于交通状况差，青海经济发展十分落后。解放后至改革开放前，青海的交通事业在一穷二白的基础上从头开始，当地党和政府为了加快青海经济和社会的发展，尽快摆脱贫困、落后的面貌，艰苦创业，励精图治。但由于自然条件、经济条件、社会条件和生产力发展水平的影响和制约，青海的交通及经济发展仍然十分滞后，属于不发达的省份之一。

一、辉煌成就

（一）公路、水运、地方铁路事业发展成就

改革开放以来，青海省交通厅在青海省委、省政府的正确领导下，带领全省交通职工解放思想、实事求是，乘全国改革开放的春风，抢抓西部大开发历史机遇，发扬“扎根高原、艰苦创业、献身交通、造福人民”的交通行业精神和“特别能吃苦、特别能战斗、特别能忍耐、特别能团结、特别能奉献”的青藏高原精神，使青海交通事业获得了快速发展，取得了累累硕果。

1. 公路交通的发展

1978年，青海公路行车里程13 675公里，其中晴雨通车里程9 837公里。干线公路8 853公里，县乡公路4 337公里，专用公路485公里；按技术等级状况划分，二级公路1 108公里，三级公路1 144公里，四级公路5 786公里，等外公路5 637公里，合计等级公路8 038公里。按路面技术状况划分，高级、次高级路面1 947公里，无路面公路3 838公里，养护里程11 262公里。改革开放30年来，青海省共完成交通固定投资446.892亿元。到2007年底，全省公路通车里程52 626公里，其中国道主干线1 487公里，国道4 483公里，省道8 739公里，县乡道路17 604公里，专用公路1 292公里，村道20 508公里。按技

术等级分，高速公路215公里，一级公路176公里，二级公路4 868公里，三级公路6 489公里，四级公路18 888公里，等外公路21 990公里；按路面等级分，沥青混凝土路面6 611公里，水泥混凝土路面4 750公里，次高级路面4 658公里，未铺装路面（中级、低级、无路面）36 607公里。2007年比1978年公路行车里程增加了2.8倍，高级、次高级路面增加了7.2倍。“十五”期间是青海交通发展史上前所未有的投资力度最大，基础设施建设速度最快，公路通车里程增长最多，技术等级提高最为明显的发展时期，取得了“一个突破、两个率先完成、三个通达、四个较快增长”的良好成绩，也是青海省县乡公路发展最快的时期之一，呈现出规模大，建设速度快，建设质量高，群众得到实惠最多的局面。5年间全省县乡公路建设总投资达到46亿元，新建县乡公路6 391公里，改建县乡公路5 759公里。至2005年，全省县道总里程达到10 713公里，乡道总里程达到9 873公里，县乡道路桥梁1 380座31 142延米，全省398个乡镇全部通了公路，3 968个行政村通了公路。特别是从2004年开始启动的农村公路建设，按照交通部“修好农村路，服务城镇化，让农民兄弟走上沥青路和水泥路”的目标，投资16亿元实施的“通达”、“通畅”工程，使全省841个村、近百万人从村道硬化中得到实惠。至“十五”末，全省实现县县通油路、乡乡通公路（东部地区乡镇通油路）、行政村基本通公路的目标。至2007年，全省州县通公路率达到100%，乡镇通公路率达到91.6%，乡镇通油路率达78.1%，建制村通等级公路率达56.95%。全省以“两纵三横三条路”为主骨架、连接全省各乡镇的公路网已初步建成。2001年7月平安—西宁首条高速公路建成通车，使青海高速公路从无到有，实现了零的突破，并为今后青海高等级公路建设奠定了基础。全省公路交通事业实现了青海人民企盼已久的人繁荣、大发展，大部分地区人民群众享受到了畅通、整洁、舒适、优美、快捷的公路交通环境，为青海经济发展发挥了巨大的促进作用。

2. 水运事业的发展

1995年，黄河龙羊峡库区开辟通航里程108公里，组建运输企业3家，共有驳船21节、趸船4艘、机动船舶13艘。至1997年，青海湖、黄河龙羊峡及李家峡库区3个水域通航里程达到216公里，机动船舶发展到69艘，载重吨位2 535吨，总客位760个，船舶总功率3 682千瓦。至2007年，青海湖、黄河龙羊峡等5个水域通航里程达317.74公里，机动船舶发展到124艘，年完成客运量33.33万人，旅客周转量446.62万人公里。全省共建海事机构10个，配备海事人员80人，结束了无现代水运交通的历史。

3. 地方铁路交通的发展

“十一五”开局之年，青海地方铁路筹建办公室启动了青海省首条地方铁路——柴达尔—木里铁路（简称柴木铁路）建设。柴木铁路全长142.04公里，1座隧道长4 495延米，46座桥梁共长19 747延米。区内设5个车站，预算总投资24亿元，设计年运输能力1 400万吨，预计在2009年建成。青海省首条地方铁路的建设，对加快青海省重点资源（煤炭、铁矿等）开发，促进地方经济发展和加强对外交流有着十分重要的意义，也为青海交通事业改革开放30年的辉煌成就增添了新的色彩。

（二）公路养护、干部职工队伍及运输管理事业的发展

改革开放30年来，青海不仅公路、水运、地方铁路交通发生了显著的变化，而且公路

养护、运输事业也同样取得了令人瞩目的成就。

1. 生产用固定资产及机械设备的发展

省公路局前身为青海省交通厅公路养护处，1978 年有固定资产 3 037. 1 万元（原值）。公路养路工人宿舍大部分为砖木结构的平房，养护工具为铁锹、人力车、双牛或双骆驼、手扶拖拉机牵拉的钢板式刮路机，养护路面大部分为砂砾路面和土路面。局属每个公路总段北京吉普车超不过 3 辆。2007 年底，省公路局固定资产达到 12 958. 9 万元（原值），比 1978 年约增加 3. 3 倍；大部分公路养护工人住上了漂亮美观砖混结构的公寓化工区，养护工具新增了装载机、压路机、修路王等机械化设备，养护职工上下班均乘坐上了农用车或中巴面包车；养护路面大部分为沥青混凝土、水泥混凝土路面，养护职工劳动强度大幅度降低；省公路局所属各单位固定资产、机械设备大幅度增加。各总段、段办公楼建设均成为当地文明建设的亮点。

2. 职工队伍建设

截至 2007 年底，省交通厅直属处级、副处级以上单位 43 个（内含临时机构 1 个），职工 8 296 人。省交通厅坚持“科教兴青”战略，认真贯彻落实人才是“科教兴青”之本、是科技的载体、是第一生产力的开拓者、是现代化建设骨干力量的精神，促进职工队伍建设，取得了可喜的成绩，形成了一支公路设计、建设、养护、管理技术过硬的专业化队伍，曾受到国家副主席曾庆红同志的肯定。值得一提的是，公路养护部门圆满完成了六届环青海湖国际公路自行车赛的公路保通任务，受到省内外人士及国际自行车联盟官员的好评。交通职工队伍用自己的实际行动提升了青海形象，向青海、向全国、向世界充分展示了良好的精神风貌。

3. 运输管理事业的发展

1978 年，青海省民用汽车 19 289 辆，其中载客汽车 3 057 辆，货车 13 922 辆，客运量 158 万人，客运周转量 17 982 万人公里，货运量 780 万吨，货物周转量 47 212 万吨公里。2007 年底青海省民用汽车达到 270 287 辆，比 1978 年底增长 13 倍；其中载客汽车 99 111 辆，比 1978 年底增长 31. 4 倍。货车 52 162 辆，比 1978 年增加 2. 7 倍。客运量 5 214 万人，比 1978 年增长 32 倍，客运周转量 283 556 万人公里，比 1978 年增长 14. 8 倍；货运量 6 720 万吨，比 1978 年增长 7. 6 倍，货物周转量 555 921 万吨公里，比 1978 年增长 10. 8 倍。改革开放 30 年运输事业的快速发展，有力地支持了青海经济社会的大发展，彻底改变了青海解放初期一穷二白的面貌。

（三）蓬勃发展的交通事业为青海经济腾飞奠定了坚实的基础

自 1979 年 12 月建成全长 55. 5 公里的龙羊峡专用公路，先后建成了李家峡专用公路、互助北山、清水—孟达、李家峡—坎布拉、环青海湖、玛多黄河源头旅游公路，西宁—塔尔寺高速公路，西宁—互助一级公路等，为推进全省旅游业蓬勃发展夯实了基础。2007 年，青海旅游总收入 47. 38 亿元。经抽样调查，2007 年进入青海省自驾车旅游车辆约 12. 24 万辆，人数约 36. 73 万人次，全省旅游直接从业人员 3. 3 万人，即拓宽了群众就业门路，又增添了地方经济收入。随着青海公路建设力度的加大，公路等级的提高，路面质量的提高，外资企业、外省企业在青海投资力度也随之加大。据有关资料统计，2007 年青海省引进外资（签订合同外资）达4.16 亿美元，而在1978 年，引进外资数量为零。1978 年全省国民生产总值15.54 亿元，人口364.86 万，人均收入426 元人民币。2007 年底全省人口达到551.6 万人，全省国民生产总值783.61 亿元，实现人均收入14 206 元。与1978 年相比，生产总值增长49.4 倍，人均收入增长32.3 倍。青海改革开放30 年交通事业的快速发展，有力地促进了青海地方经济的发展，为青海经济又好又快发展奠定了坚实的基础。同时，使全省人民充分享受到了改革开放和西部大开发的成果。

青海省面积在全国各省（区）中排第四位，但在贫困落后的旧中国和改革开放之前，其知名度远远低于西藏、内蒙古等相似地区，经济条件与内地发达省份根本不能相比。改革开放30 年中，随着青海交通事业的高速发展，青海连续举办了6 届结构调整暨投资贸易洽谈会，3 届黄河极限挑战赛，6 届郁金香艺术节，6 届环青海湖公路国际自行车拉力赛。截至2007 年，青海在全国乃至世界的知名度大大提高，国内外游客纷至沓来，为青海经济的发展注入了强大的后劲。

（四）精心打造青海高原知名品牌——高原千里文明通道

2002 年5 月，青海省交通厅制定了创建高原千里文明通道的计划。高原千里文明通道是指东起民和马场垣、西至格尔木的109 线国道，包括西宁—湟中、西宁—大通、西宁—互助、西宁—共和以及环青海湖等干线公路在内的青海省主要公路。高原千里文明通道以省会西宁为中心，辐射涵盖了青海省东部农业区和西部重点开发区，是青海经济发展的主动脉，也是青海对外开放的主要走廊。高原千里文明通道建设对于全省经济、文化的发展和社会的进步都产生了极大的促进作用和带动作用，其意义十分重大。

(1)明确目标任务，加强组织领导。创建高原千里文明通道的目标是：线形顺直流畅，设施配套完善，工程优质廉洁，养护争创一流，运输文明畅通，服务规范礼貌，管理有序有效；行业效益好，沿线重环保，无“三乱”，军民关系、民族关系融洽，为国内外乘客和过境车辆提供安全、文明、便捷、高效服务。主要任务和措施是：实施“四项工程”，即建设“交通基础设施优质廉政工程”、“交通行政执法素质形象工程”、“交通运输通道文明畅通工程”、“交通运输企业安全效益工程”。在创建工作中，各相关单位领导及职工站在“三个代表”和立党为公、执政为民的高度充分认识公路畅通的重要性和紧迫性，把109 国道过境公路的路政管理及公路养护提高到事关青海省经济社会发展大局抓紧抓好，党政领导齐抓共管，根据省交通厅制定的目标任务精心部署认真实施。

(2)在深入开展高原千里文明通道创建活动中，省交通厅成立督导小组，召开动员大会，出台建设计划，印发宣传提纲，分解年度目标，落实单位责任。交通厅所属相关单位广泛发动群众、强化文明施工、文明运输、文明执法、文明养护、文明收费、文明管理，大力开展与公路沿线政府和军警民共建活动，使高原千里文明通道建设活动在公路沿线职工群众中家喻户晓，在全社会引起积极响应。

(3)坚持百年大计，建设优质的高原千里文明通道。在建设高原千里文明通道过程中，有关单位严格执行高起点、高标准、高质量、高速度和决策科学化、管理精细化、作业标准化、施工规范化的“四高四化”工作标准，严格执行把好设计关，不留质量隐患；把好监理关，对施工过程的每一道工序一丝不苟、严格监理；把好质量关，加大质监频率和严格质监责任制，在施工单位大力开展以“比质量、比速度、比管理、比环保、创无血迹工程”为内容的“四比一创”劳动竞赛，促使工程合格率达100%，验收项目均为优良工程。

(4)突出和谐理念，建设绿色的高原千里文明通道。为建设“绿色、自然、环保、美化”的公路，实现路与自然、人与自然和谐发展的目标，各相关建设单位切实处理好建设文明通道与节约土地、资源和保护环境关系，认真贯彻公路建设环保工程同时设计、同时施工、同时投入使用的原则，大力加强通道沿线与环保工程建设，对施工中形成的取土坑和砂石料场及时回填，废弃物资、废油及时回收，统一处理。民和马场垣—西宁—倒淌河段公路绿化资金投入7 700余万元，种植草坪面积达到227.34万平方米，种植乔木25.68万株、灌木81.83万墩，置石、塑石7 347立方米，形成了一条环境优美、绿树成荫的风景线。特别是平西高速公路建成的“奇石大道”，实现了人文景观与周边环境的和谐统一，已成为省会西宁对外开放交流的重要窗口。

(5)强化安保意识，建设安全的高原千里文明通道。为保证车辆和旅客的安全，省交通厅对事故易发地段实施安全保障工程或改线重建，累计投入安全保障工程资金1.4亿元。文明通道K2267～K2279+100米处连续12公里下坡，重载车辆频繁使用制动极易发生交通事故，省交通厅于2004年投资370万元进行改线重建，极大地提高了安全保障系数。参与文明通道建设的600余名养路职工大力弘扬无私奉献的“铺路石”精神和“五个特别”青藏高原精神，风雨无阻、默默奉献，使千里文明通道养护好路率平均达到83.84%，养护质量综合值达到85.75。

(6)落实人本理念，建设社会满意的高原千里文明通道。在建设文明通道过程中，大力倡导和落实以人为本的服务理念，以社会满意为服务标准，不断提升文明通道的管理水平和服务质量。一是通过客运线路招标，明确文明通道经营的客车技术标准、驾乘人员的资质标准和优质服务承诺，并接受乘客和社会监督。二是制定《文明客运站工作标准》，加强检查考核，规范客运服务，使乘客乘上安全车、放心车、干净车。三是广泛开展“服务人民群众，满意在交通”活动，通过评选表彰驾乘人员优质服务形象大使，营造文明运输社会氛围。在收费工作中，以加强基础管理工作为突破口，以大力开展“同心铸就文明路”为活动载体，推行首问负责制、站长上岗日等制度，做到“四心三声、八个一样”。各收费站均设立便民服务台，免费提供茶水、咨询等服务，收费员还自己动手绘制地区图，熟悉掌握周边环境，对驾乘人员做到了有问必答，有释必清，好人好事层出不穷，树立了良好的交通形象。规范执法、文明执法是社会满意的关键。为此，省交通厅切实加强执法队伍建设，对全省1 700多名交通执法人员轮岗脱产培训、严格考试考核，不合格者不上岗。依法建章立制，同时加强执法人员的稽查和社会监督，加强法制和职业道德教育，严肃查处违纪人员。这些措施使交通执法满意率逐年提高，投诉率逐年下降。同时对文明通道沿线加强源头控制，减少上路检查，杜绝“三乱”等违纪行为。2004年，青海省被国务院纠风办宣布为全国第四批所有公路“无三乱”省份。

(7)服务沿线群众，建设利民富民的高原千里文明通道。在建设高原千里文明通道过程中，各单位都把建设活动的着眼点放在便民、利民、富民上，积极开展“结对共建”、

“扶贫帮困”、“义务助学”等活动，切实为沿线群众办好事、办实事。通过广泛持久的共建，既使沿线广大群众得到了实惠，又为文明通道建设营造了良好的外部环境。经过4年10 000多名交通职工队伍团结一心、奋力创建，全面实现了创建高原千里文明通道的目标。

2006年7月26日，西宁—格尔木被青海省人民政府、交通部命名为“高原千里文明通道”。千里文明通道的顺利创建，给青海省带来了巨大的经济效益和社会效益。西宁—格尔木1 270公里的行程由14小时缩短为8小时，车辆周转时间缩短45%，轮胎行驶里程平均延长1万公里，汽车大修间隔里程延长5万公里，汽柴油耗降低12%。以文明通道建设为重点的青海公路交通有力地促进了青海经济发展和产业结构的调整，加快了资源开发和招商引资的步伐。“十五”期间全省生产总值年均增长12%，一大批能源、原材料、有色金属工业企业相继建成投产，增强了全省发展后劲。同时加快了对外开放步伐，青海的旅游业迅猛发展，继2004年接待旅游人数突破500万人次后，2006年旅游人数突破600万大关。高原千里文明通道创建为青海交通改革开放30年谱写了新的篇章。

（五）规费征收事业的发展

1986年国家交通监理体制改革，交通安全机构监理机构划归公安系统。青海省交通厅紧跟国家体制改革步伐，于1987年成立青海省交通征费稽查局。20年来，青海省征稽局广大职工在省交通厅的领导下，坚持规范、文明服务，紧紧围绕年度目标任务，创新思路、奋力拼搏。一是规费征收持续增长。青海省征稽局以“征好费、带好队”为目标，克服了自然条件差、工作条件艰苦、征费点多线长、人员少等困难，坚持规范执法与文明服务相结合，促使交通规费征收不断增长。1987年~2007年累计征收各种交通规费57.13亿元，为青海交通事业的发展提供了可贵的资金保障。二是服务水平不断提高。征稽部门既是行政执法部门又是服务部门，青海省征稽局在规范服务、文明服务上狠下工夫。从1998年告别手工开票到“十五”末实现全局覆盖全省50个处所计算机网络征费、电子智能稽查等现代化管理，从根本上强化了征稽体系的建设，规范了行政行为，提升了服务水平。同时，通过公开征费依据、咨询投诉电话，落实首问负责制、限时办结制、逢一值班制、延时服务制，推广“一次性告知”，缴费告知卡等制度；采取短信提示、上门征收、邮寄养路费票证等办法，把便民措施落到了实处，赢得了车主和广大群众的好评。三是征稽队伍素质明显提高。截至2007年底，青海省征稽局共辖10个征稽处（副县级单位）、42个征稽所（科级单位），在册职工350人。省征稽局高度重视干部队伍建设和干部职工素质的提高，通过职工培训、在岗学习、继续教育等方式提高干部职工的业务能力和综合素质，培养和锻炼了一支纪律严明、作风过硬、业务精湛的交通征稽队伍。到2007年底，全局具有大专以上学历235人，占职工总数的67%。四是基层处所办公条件进一步改善。改革开放以来，在青海交通厅的关心下，征稽系统基础设施建设力度逐年加强，基层处所95%以上的办公场所及职工宿舍得到新建和改造，职工办公和生活条件大大改善，征稽部门对外形象显著提高。2007年，青海省征稽局征收公路养护费3.339亿元，为年计划的101.48%；征收货物附加费2 919万元，为年计划的100.65%。“两费”上解率100%，及时率100%，实现了交通规费征收20年以来的最高点。

（六）交通融资呈现良好势头

2003 年，青海省交通厅根据省政府提出的能否转让青海省现有收费公路收费经营权、盘活公路建设资金的任务，成立了青海省交通投资公司，并组织两组人员分别赴陕西省、河北省进行调研，结合本省实际提出：根据国家现行政策，青海省收费公路符合转让收费经营权条件的只有国道 109 线民和—西宁段及平西高速公路；任何投资都要取得合理收益，要有利润，公路作为商品也不例外，购买方首先要对收费公路进行评估，年收益率最少要达到 9%；转让现有收费公路较为困难，能否置换平西高速公路部分资金，提高贷款比例，缓解建设资金紧张的局面。同时将调研报告报送省政府，建议省政府及交通厅采纳。至此青海交通融资工作拉开序幕。天竣—木里二级公路是开发木里煤炭资源的先导性工程，根据青海省发展计划委员会《关于天竣（经木里）至刚察（热水）公路可行性研究报告的批复》及青海省交通厅与海西州政府 2003 年 3 月 18 日召开的天竣—木里公路建设“协调会议纪要”精神，经过反复磋商，在组建公司并由公司具体运作可行性研究报告以及《公司章程》拟定前期工作的基础上，2004 年 3 月 10 日，在海西州政府的主持下，召开了由参与组建的青海交通投资有限公司、义马煤业集团、青海义海能源有限公司、青海庆华矿业有限公司、青海紫金矿业煤化有限公司 5 家发起人等有关人员参加的筹备会议，发起人本着效益与风险共担的原则，共同出资成立海西州天木公路建设管理有限责任公司，其中青海交通投资有限公司出资 10 000 万元，其他 4 家煤炭开发企业各出资 2 250 万元。天竣—木里二级公路 2003 年开工建设，2006 年 10 月 15 日建成通车。截至 2007 年底，累计完成车辆通行费收入 2 939 万元，实现利润 2171 万元。天木公路交通融资的成功，为经济发展滞后的青海开创了交通融资的先例，呈现了交通融资好势头。

（七）廉政建设工作卓有成效

改革开放 30 年来，青海省交通系统反腐倡廉不断迈上新台阶。特别是进入“十五”以来，省交通厅党委带领全系统广大干部职工围绕青海交通事业发展，解放思想、抢抓机遇，紧密结合实际，狠抓党风廉政建设和反腐败工作，不断创新机制，采取有力措施，突出交通基础设施中廉政建设工作重点，在治本抓源头，构建交通教育、制度、监督并重的预防和惩治腐败体系方面取得了明显成效。一是强化廉政教育。利用多种形式进行党风党纪、政风政纪和廉洁自律教育。特别在党员干部中进行重大案例专题讲座和领导干部廉洁自律知识讲座，巡回播放警示教育片，组织党员干部到省警示教育基地接受教育，与检察机关共同建立预防交通基础设施建设中职务犯罪工作机制，坚持领导干部上任前廉政谈话制度，开展“廉内助”各项活动，拒收礼金达 160 多万元，使干部廉政意识不断增强。2006 年、2007 年连续两年被评为青海省廉政文化建设宣传月活动优秀组织奖。二是健全廉政制度。多年来，先后出台《青海省交通厅八条禁令》等有关制度和配套制度 30 多件，2007 年出台了《青海省交通厅领导干部廉洁从政监督办法》，并成功地召开了“柴木地方铁路廉政教育制度现场观摩会”，发挥了廉政建设典型经验的示范引导作用。三是加大监督力度。实行双合同管理，对新开工的公路建设工程在签订《工程合同》的同时都签订了《廉政合同》。八年来共签订《廉政合同》1 580 份，签约率达 100%。把工程质量与进度、建设资金管理情况与《廉政合同》贯彻情况结合在一起，先后多次组成检查组，深入建设工地对840个施工、监理单位进行了认真细致地检查。在检查中对“双合同”贯彻不力的68个施工、监理单位进行了通报批评；有30个施工、监理单位当场给予黄牌警告；对工作失职或因严重违反《廉政合同》规定的50余名监理人员清除出场。从2000年实行公开招标以来，对1 335个施工、监理合同段全部进行了依法招标，招标金额达246亿元，依法招标率为100%。与此同时，省交通厅纪委对厅属单位和各州（地、市）治理商业贿赂专项工作质量进行了一次重点抽查。四是重视信访举报工作。充分发挥纪检检察部门查办案件的职能作用，及时处理群众来信来访，并认真做好案件线索的初步核查工作。2000年至今，共核查群众举报和反映信件347件，其中立案查处12件，挽回经济损失96万元，各级纪检检察部门在办案中认真剖析典型案件，发挥了查办案件的治标功能。五是开展纠风治乱。以治理公路“三乱”为重点开展纠风工作，省交通厅履行牵头责任，每年都会同省政府纠风办、省公安厅、省林业局多次深入基层和线路明察暗访，查处和纠正了一些违规行为，巩固了全省公路基本无“三乱”成果。积极开展民主评议行风活动，制定下发《省交通行风建设实施意见》，省交通厅与各州、地、市交通局负责人签订了《交通行风建设责任书》，及时部署和动员开展“作风建设年”和“抓党风建设、促工作落实”活动，促进了各级领导干部风气进一步好转。六是实施责任追究制度。把党风廉政建设责任制作为“龙头”紧抓不放，每年都将全年的党风廉政建设和反腐败任务逐一量化分解到厅直各单位和厅直机关各处（室、委），并层层签订《党风廉政建设责任书》，确保责任到位。同时对按《省交通厅党风廉政建设责任制责任追究办法》规定，对责任履行差的有关单位领导人进行责任追究，并实行评先进“一票否决”制。省交通厅领导班子连续6年被省纪委评为全省党风廉政建设责任制工作考核优秀领导班子，并受到表彰。进入21世纪以来，省交通厅党风廉政建设和反腐败工作成就多次在《中国纪检监察报》、《内参》、《青海日报》、《昆仑之剑》等刊物上发表。2005年8月，国家副主席曾庆红同志视察青海期间曾讲：“……青海的路修得好，队伍不出事，很值得肯定，需要重视他们的经验。什么是党的先进性，对基层交通部门来说，就是要全面发挥部门的职能作用，重点抓住修好路，管好路，养好路。有了这三条，再加上一条严格管理不出事，可以讲就体现了党的先进性，也是人民群众对交通部门的基本要求。”曾庆红同志的讲话对青海交通改革开放30年反腐倡廉、党风廉政建设给予了高度的评价和总结。

（八）党建工作呈现新格局

改革开放以来，青海省交通厅党委认真贯彻执行党的路线、方针、政策，坚持党要管党、从严治党的原则，党的建设在青海交通跨越式发展中不断得到加强。特别是十六大以来，党的建设新的伟大工程扎实有效，党的执政能力建设和共产党员先进性教育深入进行，并取得重大成果。按照中央和省委的要求，青海交通厅党的建设坚持以提高执政能力为重点，以先进性建设为主线，认真贯彻落实党的建设一系列决策，全面加强交通系统党的建设，使党建工作在交通事业大发展中不断前进。

1. 坚持理论武装，提高理论水平

坚持理论与实践、学习和运用、言论和行动、改造主观世界与客观世界相统一的原则，以毛泽东思想、邓小平理论、“三个代表”重要思想和科学发展观为指导，以解放思想、转

变观念为措施，把学习党的创新理论与解决青海交通发展中的实际问题结合起来，进一步深化对实际问题的理论认识，在实践中认真总结经验教训，坚持实事求是、与时俱进，在实践中彰显理论武装工作的活力，在处以上和机关干部中形成自觉学习的好风气、民主讨论的好风气、积极探索的好风气，求真务实的好风气，提高了广大干部职工的理论水平，推进了工作的落实。

2. 加强思想政治建设，提高执政能力

青海省交通厅党委坚持把思想政治工作摆在首位，先后在全厅党员中兴起学习贯彻“三个代表”重要思想新高潮、开展保持共产党员先进性教育活动、学习《江泽民文选》、学习科学发展观等一系列重大活动。2004年，召开了省厅领导班子思想政治建设座谈会，对领导班子思想政治建设作出了部署，并将领导班子思想政治建设不断引向深入，在全厅上下形成了领导机关、领导班子思想政治建设整体推进、共同提高的良好局面。2006年后，认真落实党中央、青海省委先进性教育长效机制文件和省交通厅及各单位在进行先进性教育活动中制定的各项制度，形成了“党员长期受教育、永葆先进性”的长效机制。通过深入开展“三个代表”重要思想、科学发展观、构建和谐交通、践行“八个方面”坚定理论信念、抓好理论学习、坚持民主集中制、加强内部团结、牢记党的宗旨、不断开拓进取、保持清廉从政、坚持求真务实良好风气为主要内容的领导班子“作风建设年”等主题活动，全厅各级领导班子思想政治建设得到了新的加强，执政能力和领导水平明显提高。

3. 落实民主集中制原则，加强领导班子团结

青海省交通厅各级领导班子按照“集体领导、民主集中、个别酝酿、会议决定”的原则，根据党章和有关文件要求，坚持领导班子议事和决策规则，严格执行议事决策程序，保证了工作的正常运行。“十五”期间发展新党员368名，为党组织增添了新的活力。截至2007年底，青海省交通厅共有共产党员1 046名，占职工总数的13%，每名共产党员在各自的工作岗位上发挥了应有的先锋模范作用，为青海交通事业大发展作出了应有的贡献，一大批共产党员在全国劳模等先进光荣榜上留名。

4. 狠抓基层党建，提升自建功能

交通厅所属各级党委紧跟交通发展需要，严格落实“关键在领导、基础在支部、落实靠党员”的责任机制，进一步完善党委负总责，主要领导亲自抓，分管领导具体抓，一级抓一级的党建工作格局，把责任压给支部、方法交给支部、工作落实到支部。同时，延伸保持共产党员先进性教育活动，表彰先进典型等，加大投入，改善党员活动室条件，充实学习资料；分期分批培训党支部书记，使党支部战斗堡垒作用和党员先锋模范作用得到有效发挥，广大党员积极投身交通建设实践，做自觉扎根高原、艰苦创业、献身交通的表率。

5. 加强制度建设，力创交通特色

交通厅党委在组织力量广泛调研的基础上，积极研究探索，紧贴交通行业特点，制定了《青海省交通厅党委加强自身建设的措施》，从“八个方面”对党委及其成员的行为进行了规范，要求班子成员认真学习，全面掌握，自觉遵守执行。通过重点帮助基层党支部开展党建活动，充分发挥基层党组织的创造力、凝聚力和战斗力。结合进行《体现科学发展观要求的党政部门领导班子和领导干部综合考核评价办法》试点工作，集中力量对全厅22个党委和处级（含非领导）干部进行了综合考核评价，摸清了问题，探索了按中组部《综合考核评价办法》考核班子和领导干部的路子，通过建章立制，规范工作，初步形成了具有交通行业特点的党建工作新格局。由于党建扎实有效，有力地促进了交通事业大发展，为青海人民营造了畅通、整洁、舒适、优美、快捷、便利的公路交通环境，交通厅党委多次受到青海省委的表彰。

（九）行业文明建设成绩突出

改革开放30年来，在省委和部党组的正确领导下，省交通厅高举中国特色社会主义伟大旗帜，以邓小平理论和“三个代表”重要思想为指导，坚持理论联系实际的原则，全面贯彻落实科学发展观，不断创新行业精神文明建设工作活动载体，大力加强行业精神文明建设，取得了显著成效，树立了交通行业新形象。

1. 创新机制、统筹安排，为行业精神文明建设提供强有力的组织保障

多年来，厅党委始终坚持“两手都要抓、两手都要硬”的方针，以树立文明行业新风，建人民满意交通为总体目标，按照“围绕大局、服务中心、加强领导、健全机制、抓好示范、整体推进、创新理念、打造品牌”的工作思路，确立“以人为本、以德兴业、内强素质、外树形象、服务人民、奉献社会”的基本原则，建立健全文明创建领导体制和工作机制，明确党委书记是第一责任人，行政领导一岗双责，政工部门牵头组织，工会、共青团紧密配合，每年都分解落实单位责任，实行严格考核，同时发挥职工群众在精神文明建设中的主体作用，形成了上下一心、左右联动、目标明确、措施得力的文明单位创建领导机制和工作机制。自1986年以来，省厅相继制订了“七五”至“十一五”5个《青海省交通系统社会主义精神文明建设规划》，为了使规划任务落到实处，省厅2~3年召开一次全省交通系统精神文明建设工作会议，总结交流经验，表彰奖励先进，安排部署工作。厅文明委还建立了精神文明建设目标责任制考核评价制度，从组织领导、职工教育、民主管理、遵纪守法到群众性精神文明建设创建活动，都有具体明确可操作的考核内容，与经济技术指标的考核同步进行，对考核结果及时通报，并与单位领导的奖金挂钩。近年来考核评价制度已延伸到全省交通行业的最基层单位，许多段、队、站、所、项目经理部都有量化考核指标，形成了全行业层层坚持三个文明建设任务一起下达、一起检查落实、一起考核评价、一起兑现奖惩、积极争创文明行业、文明单位的可喜局面。

2. 服务大局，勇于创新为精神文明建设工作注入不竭动力

交通“窗口”单位联系千家万户，是创建文明单位的一个重要阵地。多年来，省厅大力加强厅级文明示范窗口单位创建工作，在“窗口”单位广泛开展“创优美环境、优良秩序、优质服务、使人民满意交通”活动，建设“六个一”工程（即建设一流班子、培养一流队伍、创造一流管理、提供一流服务、树立一流形象、争取一流效益），大力推行优质服务承诺制，限时办结制、首问负责制、公示制、举报监督制，并出台了20多条便民措施。省厅每年坚持对拟命名文明示范窗口单位进行三个文明建设指标的定性定量考核，在广泛征求服务对象意见的基础上进行通报命名。为保证文明示范窗口单位质量，省厅制定了《省交通厅文明示范窗口单位申报命名届期制管理暂行办法》，并适时召开文明示范窗口单位现场观摩会，交流推广先进经验，从而达到了辐射、延伸、整体推进的目的。截至2007年底，全省交通行业共建成文明示范窗口单位228家。文明示范窗口单位的创建有力地促进了文明行业、文明单位的创建工作。

3. 各具特色，效果显著，精神文明建设工作保证了交通事业又好又快发展

多年来，全省交通行业各单位根据省厅安排，积极开展“三学一创”、“学树创”、“讲文明、讲卫生、讲礼仪、树新风”、“向许振超同志学习，为交通大发展建功立业”、“十五创新立功”、“安康杯劳动竞赛”，“岗位练兵比武”、“红旗客车”等各具特色的系列创建活动。如西宁市交通局开展的“精品线路”、“服务明星”、“百名形象大使”、“服务人性化，满意在交通”活动，省高管局开展的“同心铸就文明路”，“星级收费员考核达标”、“爱高速、展风采”活动，省公路局开展的“奉献在高原，奉献在柴达木”活动，省运管局系统开展的“岗位大练兵”活动，交通执法部门开展的“半军事化管理”活动等等。这些活动的开展，使全体职工逐步树立了“自信、开放、创新”的青海意识，并把青海意识转化为抢抓机遇、应对挑战、加快青海交通又好又快发展的精神动力，转化为自强不息、艰苦创业的实际行动。截至2007年底，省交通厅相继被国务院命名为“民族团结进步先进集体”，被中央文明委命名为“全国精神文明建设先进单位”和“全国文明单位”，被省委、省政府命名为“军民共建高原千里文明线”先进单位、青海省“文明单位标兵”、“青海省文明机关标兵”，全省交通行业被省文明委命名为“青海省文明行业”。全省交通行业共建成县级以上文明单位180家。2005年全省交通行业10家单位被中央文明委命名为“全国文明单位”和“全国精神文明建设工作先进单位”，厅直属单位全部建成省部级文明单位。2007年全行业又有12家单位被省文明委命名为“青海省文明单位标兵”，占全省标兵单位总量的1/5。青海交通系统精神文明建设工作成绩取得了历史性的辉煌，为青海交通事业大发展注入了强有力的精神动力。

（十）科技教育成效喜人

改革开放30年来，青海省交通科技教育紧紧围绕全省交通建设和运输生产中的关键技术问题开展技术研究，使多年困扰交通发展的一些重大技术问题得到解决，产生了较好的社会效益和经济效益。交通教育促进了交通人才的培养和成长，为发展现代交通事业提供了人才和技术支持。

1. 交通科技投入逐年加大

30年来青海交通系统共完成各类交通科研和技术改造项目150多项，投入经费达9 600多万元。其中“十五”期间完成科研项目50项，投入经费6 600多万元；2006年～2007年，共立项16项，投入经费1 400多万元。尤其是“十五”以来所投入的科研经费是前20多年经费总和的8倍。从项目立项范围来看，从改革开放初期的以企业技术改造为主，到现在的技术创新和再创新为主，研究方向已延伸到新技术、新材料在实践当中的应用，交通信息化技术，公路水路交通运输技术，交通可持续发展，特殊地质条件下的筑养路技术研究。通过多年的发展，青海交通科研基础设施建设也得到了一定程度的改善。20世纪90年代中期，为了对全省多年冻土进行长期观测，省交通厅在海拔4 000多米的花石峡修筑了冻土观测站，建起了自动气象观测站。通过科研，配置了大量的试验设备和设施，为进一步实施科研项目奠定了一定的基础。

2. 科技成果获奖情况

30 年来，几代青海交通科技工作者爬雪山、穿戈壁、走沙漠，驻无人区，足迹遍及省内个个角落，矢志不移地为青海交通科技事业辛勤工作。通过多年的努力，有 40 多项科研成果获得了省部级和行业奖励。其中获得国家级科技进步一等奖 12 项，中国公路学会特等奖 1 项，一等奖 4 项，二等奖 6 项，省政府科技进步奖 8 项，其他各种奖励 20 多项。

3. 人才队伍建设状况

30 年来，青海省交通厅实施“科技兴交”战略，把吸收人才和人才培养作为技术创新和日常工作的重点，常抓不懈。通过实施交通建设科技项目，极大地推动了青海交通行业技术进步，促进了青海交通科研水平的提高。据不完全统计，通过科研尤其是西部交通科技建设项目培养出研究生多人，近百名专业技术人员参加了项目的研究工作；通过科研工作，有多人晋升为高级职称和中级职称，有 2 人成为享受省政府特殊津贴的专家，有 1 人以基层科技工作者的身份当选为党的“十七大”代表。通过科研，提高了科技工作者的理论水平和实践工作能力，大部分科技工作者成为工作岗位的骨干，全省交通科研梯队初步建立。

4. 职工培训方面

在职工培训工作中，坚持为广大职工创造多层次、多样化的学习机会为出发点，疏通渠道，创新培训方式，狠抓培训成果和质量，确保全省交通专门人才比例和素质稳步提高。交通教育与岗位培训工作多年坚持教育培训为交通建设服务的方针，以人为本、多方位、多层次、多渠道开展培训，全力培养交通事业发展所需的建设和管理人才，采用送出去、请进来多种方式，立足省内培训基地，同时积极争取交通部支持西部地区干部培训项目，邀请“名师西部行”来青海讲课。2000 年以来，青海省交通厅投入各类培训经费 630 万元，有 34 953 人接受了各类岗位培训，每年超过培训指标的 20%。截至 2007 年底对全省交通职工调查统计，专门人才的比例为 53.33%，比“九五”以来提高了 28.7%，为青海交通的快速发展提供了有力的人才支持和智力保障。

（十一）安全工作扎实有效

30 年来，省厅始终把交通安全工作列为全盘工作的重中之重，坚持“安全第一，预防为主”的方针，以创建“平安交通”为中心，抓基层、打基础、强监管、加大安全投入，强化安全生产专项整治，建立健全安全生产监管体系，形成安全生产齐抓共管的良好氛围。在安全生产中主要狠抓了如下工作：

1. 强化领导，明确责任

在牢固树立“安全发展观”，建立健全安全生产管理规章制度的基础上，确立“安全责任重于泰山，一把手亲自抓”的原则，明确职责，夯实基础。

2. 广泛开展安全宣传活动，增强交通安全意识

充分利用广场、报刊、板报、网络等宣传工具，通过发放交通运输安全资料的卡片，悬挂安全横幅，张贴安全标语等多种形式加大宣传力度，营造了良好的安全氛围，进一步提高了全社会的交通安全法律意识和责任意识；通过车站、码头、港口等人员密集场所摆放安全生产宣传展板，发放宣传资料，开展安全知识咨询等多种形式的集中宣传活动，充分宣传交通安全法律常识，强化交通安全法律意识和责任意识，倡导交通安全理念，在全社会营造了良好的交通安全生产法制环境，进一步提高了交通系统广大职工和人民群众自觉遵守交通安全法规意识。

3. 切实做好安全教育培训，提升全员安全素质

把面向基层、面向职工作为安全生产管理工作的主体方向，以安全教育培训、安全知识竞赛、安全生产问答等活动为载体，以推动安全生产工作为目标，从实际出发，在全交通系统组织了一些规模较大和影响面广、丰富多彩的群众性宣传活动，提高了全社会全行业的交通安全意识和安全管理水平。

4. 深入开展明察暗访活动，作为安全监督

对公路养护、管理、运输、道路安全设施，水上交通安全，工程建设安全进行了全面检查整改。节日期间管理人员现场监督。为了确保交通系统各单位把安全工作抓紧抓好，落到实处，取得实效，经常采取不打招呼，直接到重点企业和隐患部位检查车船、检查记录，对各单位在安全生产中发现隐患的整改落实情况进行监督指导。

5. 深化交通安全专项整治，抓好事故源头预防

依据开展安全专项整治活动是从源头上预防安全事故发生的有效途径，在全系统大力开展了以“严监管、除隐患、降事故、保安全”为重点的交通安全专项整治活动，取得了明显成效。

二、基本经验

青海交通30年的大发展，离不开党中央、国务院的关怀，离不开交通部的关心和支持，离不开省委、省政府的正确领导，离不开全省交通系统广大干部职工的辛勤努力，也离不开社会各界和广大人民群众的支持和热情参与。改革开放以来青海交通的发展，不仅取得了历史性的成就，而且积累了许多宝贵经验。

1. 党中央、国务院的关怀和交通部的关心支持是青海交通大发展的最大推动力

由于青海经济发展滞后、经济总量小、财政收入少等原因，全省能投入交通基础设施建设的资金十分有限，加之地处偏远，高速公路投资收益低，难以吸引社会资金。因此，青海交通基础设施建设投入主要依靠国家支持。“九五”后期，为抵御亚洲金融危机的影响，国家采取了积极的财政政策，扩大内需，加大基础设施建设力度，以拉动经济的增长。之后，国家又开始实施西部大开发战略。这些政策的实施，为青海交通建设带来了前所未有的历史机遇，国家对青海交通建设的投资逐年增加。青海交通人在解放思想、转变观念的大潮中抓住了历史机遇。“十五”期间，青海省完成交通固定资产投资230.5亿元。2006年完成投资50.48亿元，2007年完成投资80.08亿元。在这些投资中，交通部和国家发改委给予了极大的支持，为青海交通实现跨越式发展起到了推动作用。全厅开放省内公路勘察设计、施工、监理市场，引进省外先进的管理经验，提高了勘察设计、施工质量，加快了公路建设的速度，提高了工程质量和投资效益，促进了公路建设事业健康发展。

2. 青海省委、省政府对交通工作的重视是青海交通大发展的重要保证

改革开放30年来，省委、省政府立足青海实际，把加快交通基础设施建设作为全省经济社会持续快速健康发展的当务之急，把交通发展作为全省全局性、战略性的重大问题，充分利用全省资源大力发展交通事业。2001年，青海省政府出台了《关于加快全省公路建设的决定》，为公路建设制定了多项优惠政策，如公路施工营业税先征后返、免征耕地占补平衡基金、公路建设征地拆迁由沿线地方政府负责等，为全省公路建设提供了良好的发展环境。同时，省党政主要领导和主管领导经常听取交通工作情况汇报，多次在现场办公协调解决交通建设中面临的困难，为交通发展创造了良好的条件。

3. 加强交通系统领导班子和干部队伍建设是交通大发展的关键

多年来，青海省交通厅一直十分重视全系统各单位的领导班子建设和干部队伍建设。在领导班子配备上坚持新老结合、优势互补，充分发挥干部的能力和潜力，为各级干部施展才华搭建良好的工作平台。青海工作条件艰苦，大部分地区高寒缺氧，为保证广大干部把时间和精力投身于交通事业发展之中，交通厅不断加强对干部的教育力度，培养广大干部树立正确的人生观、价值观，同时加强干部的作风建设，对领导干部下基层调研和检查指导工作提出了明确要求。广大干部在交通系统这个大熔炉的锻炼培养下，爱岗敬业，不辞辛苦，兢兢业业，埋头苦干，为青海交通发展付出了大量的心血。

4. 解放思想，转变观念，增强工作的责任感、紧迫感是交通大发展的基本要求

青海地处青藏高原，地广人稀，生态脆弱，环境艰苦，经济社会发展比较落后。在这些地区发展基础设施，不能只算经济账，还要与基层政权建设、巩固党在广大农村牧区的执政地位、发展民族经济、促进民族繁荣、加强民族团结以及巩固国防结合起来。交通是基础的基础，为经济社会发展提供最基本的服务，是一切事业发展的前提。要缩小与东、中部地区的差距，首先要大力发展交通事业。青海省交通系统各级领导班子自我加压，奋力而为，为改变青海交通落后面貌付出了坚持不懈的努力，也取得了丰硕的成果。经过多年的艰苦奋斗，青海交通面貌发生了翻天覆地的变化。现代化的高速公路宽阔通畅，农村公路也成为当地一道美丽的风景线。

5. 加强规划和前期工作是交通大发展的基础

要实现交通的持续快速健康发展，必须有符合交通发展客观规律的科学规划做指导，有扎实细致的前期工作做保证。在充分调研论证的基础上，青海交通厅编制了《青海省公路网规划》、《青海省农村公路建设规划》、《青海省公路水路运输发展规划》以及五年规划、年度计划，正是这些规划计划指导了青海交通事业的科学发展。同时，按照统筹安排、适度超前的原则，全省各级公路建设管理部门扎实细致地做好项目的前期工作，加强科学论证，提高了项目储备的数量和质量，保证了交通建设的持续发展。

6. 高度重视交通工程质量是交通大发展的核心工作

质量是工程的关键，是工程的灵魂。省厅各级交通部门一直十分重视工程质量，牢固树立“百年大计、质量第一”的观念，省交通厅对各建设单位也是从严要求。各建设单位认真执行交通部、省交通厅的各项质量管理规定，从工程可行性研究、施工设计、招投标、施工技术力量、机械设备到施工管理、驻地监理、检测试验、交竣工验收，对每一个环节质量管理工作都高度重视，确保了工程质量。多年来，青海交通建设工程没有发生大的质量责任事故。

7. 坚持“科教兴交”战略，加强人才队伍建设是交通大发展的前提

青海省地处青藏高原，地质类型复杂，山大沟深，既有大面积的多年冻土地区，也有分布广泛的湿陷性黄土、重盐渍土地区，还有大量的滑坡体。另外，如何保护长年在高海拔地区公路养护职工的身心健康也是一个重要课题。为解决这些问题，青海省交通厅及厅属有关单位组织科研力量，联合中科院兰州冻土研究所、中科院青海盐湖研究所、交通部第一公路勘测设计院、交通部公路科学研究院、青海省高原医学研究所做了大量的科研工作，攻克了一个又一个技术难题，同时培养和锻炼了省内交通人才队伍，为青海交通又好又快发展提供了强有力的支持。

8. 坚持公路建设、养护和运输并重，协调发展，是交通大发展的内在要求

公路建设、养护和运输都是为经济社会发展提供基本服务，是三位一体，缺一不可。在青藏高原，由于气候严寒，天气多变，紫外线辐射强，导致公路病害较多。如果不加强公路养护，很难保证在使用期内为社会提供良好的服务。为此，青海省各级政府及交通部门一直十分重视公路的养护管理工作，尽力为公路养护提供良好的条件。各养护单位和广大养护职工更是一心扑在公路养护事业上，发扬“高原铺路石”精神，长年累月地在人烟稀少、条件艰苦的地方辛勤工作，保证了公路的四季畅通。同时，各级交通部门也十分重视公路运输事业的发展，针对全省运输业普遍存在的小、弱、散状况，积极引导企业整合资源，走联合发展之路。先后成立了省运输集团公司、省联运集团公司、省申青出租车公司、省物流公司等中型企业，运输企业在发展中不断壮大，在为社会提供优质服务的同时，也促进了自身向现代化、集约化经营转变。

9. 以人为本，充分发动群众，一切为了群众，是交通大发展的力量源泉

农村公路建设是社会主义新农村建设的重要内容，直接服务于群众的生产生活。因此，群众对修建农村公路的热情很高，愿望强烈。而农村公路建设涉及面很广，有时需要征用农民群众的耕地和宅基地，个别的还要拆迁群众住房。而且青海省各级财政都比较拮据，农村公路建设除国家和省上给予的补助资金外，还需要群众以“一事一议”的方式筹措少量配套资金或投工投劳解决。在青海农村公路特别是通村公路、村道硬化工程中，沿线受益群众表现出了极大的热情，有钱的出钱、有力的出力，有的群众主动配合征地拆迁工作，不惜牺牲自己的部分利益。

10. 坚持改革开放，加强行业管理，是交通大发展不竭的动力

改革开放初期，青海与东部地区的差距，不仅表现在经济社会的发展上，而且体现在思想解放和市场开放的程度上。为了提高交通行业资源配置效率，20 世纪 80 年代中期，青海逐步放开了公路运输市场，“有路大家走、有钱大家赚”，虽然短时间内对国有运输企业经营造成了一定冲击，但从长远看，对提高公路运输企业资源配置效率和整体服务水平发挥了重要作用。21 世纪初，为推进政企分开，增强行业发展的活力，青海省交通厅将省属运输企业、省路桥集团公司推向市场，同时对省公路科研勘测设计院、省交通工程监理处等具有经营性质的单位进行了企业化改制。在事业单位改革方面，不断深化人事、用工、分配制度改革，增强了事业单位活力，激发了广大干部职工的积极性，进一步强化了他们的爱岗敬业精神。西部大开发以来，为了抓住新一轮的历史机遇，实现青海交通建设的跨越式发展，从2000年开始，青海交通厅对所有三级以上公路建设项目施工和监理在全国范围内进行公开招标。通过公开招标，吸引了全国各地优秀施工、监理队伍参与青海的公路建设，既保证完成了繁重的公路建设任务，同时省外单位也带来了先进的管理方式、技术装备和施工工艺，提高了青海的公路建设水平，实现了双赢。

11. 大力加强行业精神文明建设，是交通大发展的精神动力

多年以来，青海交通人以“特别能吃苦、特别能战斗、特别能忍耐、特别能奉献”的青藏高原精神和“自力更生，艰苦奋斗”的创业精神，克服种种因自然、经济造成的困难，坚持不懈，真抓实干，为党和人民交上了一份满意的答卷。特别是进入21世纪以来，青海交通厅不断将精神文明建设向纵深推进，广泛深入地开展了建设高原千里文明通道、民族团结进步、“十五”建功立业、“三学一创”、“三型”机关建设等群众性精神文明创建活动，增强了行业凝聚力，并取得了显著成绩。青海省交通厅领导班子连续多年被青海省委省政府评为优秀领导班子。

12. 深入持久地开展党风廉政建设，是交通大发展坚实的政治保证

改革开放以来，随着交通基础设施建设投资的加大，交通建设成为腐败多发的领域，特别是近十年来部分省区市交通行业发生了一些腐败案件，给整个全国交通行业抹了黑。针对这一问题，青海省交通厅坚持标本兼治、综合治理、惩防并举、注重预防的方针，认真扎实构建教育、制度、监察并重的反腐倡廉机制，较早在全国放开公路建设市场，较早在全国实行工程建设施工合同和与廉政合同“双合同”制度，率先联合纪检监察部门向交通重点工程派驻纪检监察组，防止交通建设领域腐败案件的发生，为青海交通事业大发展起到了保驾护航的作用。

三、发展展望

《中华人民共和国国民经济和社会发展第十一个五年规划纲要》中明确提出：“‘十一五’时期是全面建设小康社会的关键时期，具有承前启后的历史地位。既面临难得机遇，也存在严峻挑战”。并在纲要第十六章第一节“优先发展交通运输业”中提出：“进一步完善公路网络。重点建设国家高速公路网，基本形成国家高速公路网骨架，继续完善国道、省道干线公路网络，打通省际通道，发挥路网整体效率。公路总里程达到230万公里，其中高速公路6.5万公里。”

根据国家“十一五”规划纲要，青海省委、省政府提出了“富民强省、建设小康”奋斗目标，坚持贯彻“扎扎实实打基础，突出重点抓生态，调整结构创特点，依靠经济增效益，改革开放促发展，富民强省奔小康”的总体思想，重点实施5个方面的战略：“科教兴青战略、基础优先战略、开放带动战略、重点开发战略、可持续战略”。并提出：“十一五”期间，国内生产总值年均增长10%以上，人均生产总值比2000年翻一番以上，财政预算收入年均增长13%以上，全社会固定资产投资5年累计达到2 500亿元，城镇居民人均可支配收入年均增长8%，农牧民人均纯收入年均增长7%。到2050年，青海省将基本实现现代化，一个经济繁荣、社会进步、生活富裕、山川秀美的新青海将展示在世人面前。

（一）公路交通发展思路

按照青海省经济发展布局战略的要求以及全省人口、经济发展分布的特点，结合交通部制定的全面建设小康社会交通发展目标，依据青海不同地区的交通需求和地形、地理特点，确定今后青海省公路发展的总体思路为：东部成网、西部便捷、青南畅通，确定以线串点，改善路面，兼顾生态，珍爱生命的建设方针。

1. 东部成网

在西宁和海东人口稠密地区，加大干线公路建设力度，提高公路等级，提高车辆快捷通过能力，同时注重环境保护，以人为本理念，在公路建设当中突出人文景观以及公路美化、绿化，针对农业结构调整城镇化建设要求，加大路网建设，适度增加公路密度，提高省会城市和其他重要城镇出口公路的通行能力，提高辐射的带动能力。

2. 西部便捷

海西地区是青海省主要矿产资源的蕴藏区，结合资源开发的要求，重点抓好区域内干线公路的改造，提高路面行车条件，对区域内重要运输通道，按快速、高效、安全的要求建设具有西部特色的现代公路交通，重点建设其他重点工矿区、旅游景区支线公路，形成与线路和居民点轴状分布相适应的公路网布局，构造便捷、快速、安全的交通运输网络。

3. 青南畅通

青南地区是青海省气候严酷，地形、地质较为复杂的区域，公路建设应重点提高干线公路的通行条件，提高路面舒适性和使用寿命，按照“以线串点”的要求，在抓好农村公路通达的基础上，实施畅通工程，同时结合“三江源”生态保护的要求，将公路建设与周边环境改善有机结合起来，尽可能减少对草原牧场的破坏，建成通畅、安全、通达、环境优美的具有青南特色的以社会效益为目标，地质、环境为重点的公路交通。

4. 农村公路建设

到2020年，全省改建农村公路23 418公里，新建公路10 796公里，全省实现379个乡镇通公路，通车率达到乡镇总数的95%；4 109个行政村（牧委会）全部通等级公路；行政村（牧委会）通公路总里程达到19 191公里，全省基本建成以国、省道为主骨架，县乡道路为网络的四通八达、功能齐全、适应不通层次交通需求的路网体系。农村公路的通达程度和通达质量，适应农村（牧区）全面建设小康社会的需要。

根据全省行政村落布局，人口分布对农村公路发展需求和交通量增长的实际及公路建设筹措可能，全省农村公路规划总里程40 468公里。其中县道12 879公里，乡道8 398公里，村道19 191公里，农村公路发展投资总体规模200亿元。“十一五”期间，投资60亿元，新、改建县道4 231公里，新、改建乡道6 911公里，新、改建村道11 153公里。到2020年，新增县乡公路17 177公里，县乡公路达到全省公路总里程的80%以上，县乡公路油路路面铺装率达到95%以上，为全面建设小康社会奠定强有力的基础。

5. 规划思路

到2020年，全省公路通车里程达到90 000公里，公路网等级结构配置得到改善，建成全省“五纵五横”骨架网络，全部达到二级以上标准，实现省会至州府基本达到一级或高速公路标准，通县达到二级，乡乡通油路，行政村基本通高级次高级路面。公路交通完全适应国民经济发展的需要，适应建设小康社会的需要。

（二）青海水运发展思路

到2020年，青海水运在建成黄河贵德段、龙羊峡水库、李家峡水库、公伯峡水库和青海湖5个通航水域的基础上，增加拉西瓦、积石峡、寺沟峡3个通航水域。同时增加湟水河、大通河等旅游观光水域。建成码头16个，通航总里程700公里，完成水路运输（旅游）年客运量100万人，旅客周转量1 339.86万人公里。

（三）地方铁路发展思路

到2020年，青海地方铁路在完成柴达尔—木里142.04公里地方铁路建设的基础上，适时增加海西地区地方铁路，与规划格尔木—敦煌铁路接轨，加快青海西部地区重点资源（煤炭、锂矿、芒硝、石棉、石油、电石用炭岩、化肥用蛇纹岩等）开发，更进一步促进地方经济发展，充分发挥资源大省的优势。

（四）道路运输发展思路

到“十一五”末，基本建成西宁公路主枢纽和国家二类公路枢纽场站系统，以西宁地区为核心，西北地区联网的，向东拓展的国家公路主枢纽场站网络体系；重点建设以国家重点公路为依托，省内重点州（地区）为核心，区域性中心城市为结点的道路客运场站服务网络。“十一五”期间，规划建设一级客运站7个，二级站6个，三级站7个，四级站22个，五级站158个，停靠站338个，招呼站405个，总建筑面积17万平方米，总投资4.2亿元。争取到2010年，全省80%以上县级城市建有二级以上客运站，70%的乡镇建有等级客运部，50%的行政村建有停车站点。在运输方面，2010年~2015年，65%的车辆实现公车公营，逐步减少挂靠或其他经营模式；2015年~2020年，80%的车辆实现公车公营。

塞上江南绘通途

宁夏回族自治区交通厅

宁夏旧有“交通梗阻，远介朔陲”之称。改革开放之前的30年，回汉儿女白手起家，艰苦奋斗，努力改善交通设施。但由于欠账太多，经济基础又十分薄弱，到1978年底仍只有5 227公里技术等级很低的公路和近万辆民用汽车。群众出门乘车难，找车运货难上难。中部及南部山区，近一半村庄山大沟深，不通汽车，很多民众没到过县城，没见过汽车、火车。交通闭塞，严重制约着宁夏经济社会的发展。

1978年12月召开的中共十一届三中全会作出把党和国家的工作重点转移到经济建设上来、实行改革开放等重大决策。1982年9月召开的中共十二大，将交通列为国民经济发展的战略重点。此后，中央的历次重大战略部署包括实施西部大开发战略，都强调要加强交通基础设施建设。宁夏交通部门按照中央的部署，在“统筹规划、条块结合、分层负责、联合建设”方针指导下，坚定不移地实行改革开放，始终不渝地加强公路基础设施建设。经过30年的艰苦拼搏，交通事业实现了跨越式发展。一个以首府银川为中心，以国省道为骨架、县乡道为脉络，通边达海、联络周边、辐辏城乡的公路网已初具规模，一个公平竞争、开放有序的运输市场已经形成，为经济社会发展奠定了坚实的基础，也给人民群众的生产、生活提供了舒适、便捷的交通条件，美丽的塞上江南，处处是通途。

改革开放30年，是宁夏交通发展的黄金时期。

一、发展历程

（一）运输市场改革开放

宁夏运输市场改革开放进程大致分以下3个阶段。

第一阶段：开放运输市场。1981年，宁夏运输市场出现新的变化：各机关团体、企事业单位的车辆（当时统称社会车辆），以承包给个人的形式，大量进入市场参加运营。当时的民用汽车保有量中，社会车辆比重大，货车占87.7%，客车占89.9%。这部分车辆进入运输市场后，对交通部门专业运输企业的经营带来很大冲击：原来是独家经营“吃不了”，现在突然变成“吃不饱”。当年，交通运输企业完成的货运量比上年下降12.1%，货物周转量下降18.2%。到下半年，自治区汽车运输公司历史上首次出现货车停驶待货现象。1984年4月，自治区交通厅为贯彻交通部“有河大家走船，有路大家走车”的方针，提出“公路运输实行以计划为主、市场调节为辅”，允许企业、集体、个体车辆进入运输市场的意见。1984 年 9 月，自治区政府批复将公路货运改为指导性计划。市场闸门一开，立即扭转了长期存在的运输紧张局面，大大方便了人民群众的生产、生活。群众要乘车，路边一站，“招手即停”；要车运货，打个电话汽车开到家门口。

第二阶段：加强行业管理。市场开放后，交通运输行业的所有制成分发生很大变化，营运车辆分散在千家万户，尤其是占绝对优势的个体业户，有人乱跑线路，随意提价，宰旅客、欺货主现象时有发生。鉴此，加强行业管理迫在眉睫。具体措施有四：一是加强法制建设，1980 年～1997 年，先后出台地方性法规 1 部、政府行政规章 6 部，做到运输管理依法行政。二是建立运管机构。1990 年 9 月 12 日，设立自治区、地（市）、县（市）、乡镇的 4 级运输管理机构，并赋予其管理职能。三是调整计划管理体制和价格体系，客运实行指导性计划、国家定价，货运除抢险救灾、军用物资为指令性计划外，其余放开经营，实行市场调节价。四是严格调控客运市场。1987 年 4 月 13 日，自治区交通厅制定《公路客运统一实行定点、定线、定班运输的规定》，同时规定客运线路须进行审批并挂线路牌经营，简称“三定一挂”。为了实现市场准入的公平、公正和有序竞争，从 1992 年 12 月 29 日开始，对客运班次实行有偿使用招标经营。至 1997 年 11 月，先后 3 批招标拍卖 105 条线路的 576 个班次。拍卖收入全部作为车站建设费用。这种办法公开、透明，在全社会受到好评。为了对经营车辆进行调控，1997 年又实行营运客车“先审批、后购置原则”。

第三阶段：培育科学、和谐的道路运输市场。进入 21 世纪后，宁夏交通部门全面贯彻中共十六大、十七大精神，树立科学发展观，加快现代化的道路运输市场建设，构建和谐交通，以适应全面建设小康社会的需要。这一阶段的主要改革措施有：加快发展农村客运，提高客运班车的通达深度和覆盖面，在各行政村发展“便民车”；大力发展省际高速客运，已基本形成以银川为中心、辐射周边省区的高速客运网络；加快道路运输产业升级，实现运输服务规范化、网络化、集约化、标准化；客运线路停止拍卖经营方式，实行资质审核、规模化经营，资质很低、一户一车的业户被市场淘汰；改善站场设施，建成了设施先进的银川、中卫汽车站，目前正在全区各乡镇建设农村客运站，行政村通班车的比例已达 91.7%。

（二）坚持加快公路基础设施建设

改革开放 30 年，宁夏始终不渝地坚持加强公路基础设施建设，主要进程如下。

1. 改善路网结构

经过充分论证，自治区交通厅于 1985 年 2 月制定并呈报自治区政府批准《关于加快公路发展的意见》，首次提出建设科学合理、干支结合的宁夏公路网。重点是抓“两头”：干线公路和农村公路建设。为建设公路主干线，确定“七五”计划中公路建设重点工程为两桥（中宁及石嘴山黄河大桥）两路（沿山公路及 109 国道改建），“八五”期间为一隧（六盘山隧道）两桥（青铜峡及银川黄河大桥）四条路（银古一级公路、汝西煤运公路、312 国道及 101 省道改建）。为提高通达深度，确定农村公路建设基本方针为：从 1984 年起，连续 10 年“以工代赈”扶持贫困地区修建公路；经济条件稍好的市县，则调动地方政府、群众的积极性，交通厅适当补贴。至 1996 年底，全区公路通车里程达 8 738 公里，比 1978 年增加 3 511 公里。二级公路从 181 公里增加到 1 304 公里，并有一级公路 87 公里。

2. 改渡为桥

397公里黄河自西南向东北贯穿宁夏，1979年前仅有一座叶盛黄河桥。其他地方的公路所跨河段虽设渡口，因夜间、流凌、封冻、开河要停渡，所以黄河长期成为制约南北交通的巨堑鸿沟。1985年制定"改渡为桥"的目标后，相继建成9座黄河公路大桥，平均间距仅36公里，极大地方便了两岸群众，也将原来被分割的南北经济区连成一片。

3. 以建设高速公路为中心的跨越式发展

1997年为应对亚洲金融危机，中央决定实行积极的财政政策，加快包括交通在内的基础设施建设。1999年国家开始实施西部大开发战略。宁夏交通部门抢抓机遇，推进以高速公路建设为中心的交通基础设施建设。短短10年，宁夏公路实现了5个巨变：技术等级大幅提高；高级次高级路面显著增加；城市出入口交通拥堵现象彻底消除；高速公路建设取得突破性进展。自2000年11月宁夏第一条高速公路项目姚叶公路竣工通车，到2008年8月，竣工通车的高速公路已达1 001公里；农村实现了"村村通"公路，总里程已达2.1万公里。

（三）不断深化企业改革

宁夏交通企业主要有公路施工企业、公路运输企业，以及与公路运输息息相关的汽车维修、搬运装卸、运输服务、汽车配件企业。1984年后民营运输企业与日俱增，不断购置营运车并很快在运输市场占主导地位。在激烈的市场竞争中，由于国有运输企业管理体制不顺、经营机制不灵，经济效益大幅下滑，改革势在必行。这种渐进式的改革经历了以下4个步骤：

第一步，转换经营机制，将企业推向市场。从1985年起，交通厅陆续与直属企业脱钩。各企业实行自主经营，普遍打破铁饭碗，职工能者上，无能者下，收入与效益挂钩。同时划小核算单位，实行单车核算。

第二步，实行目标管理或承包经营，超收自留，亏损自补。各运输企业找米下锅，开展多种经营。1987年，宁夏汽车运输总公司与自治区经委、财政厅、交通厅等6个部门签订为期4年的承包经营责任书，企业保利润、保固定资产更新目标，实行运输周转量与工资总额挂钩；政府解决企业所需贷款并免征所得税。固原运输公司因地处贫困山区，本地基本无货源，此后10多年中，所属车队走出宁夏到全国运输市场中竞争，在山西建立了晋煤运输基地，在四川和青海从事进藏物资运输，曾多次被交通部、自治区政府授予各种荣誉称号。

第三步，"抓大放小"，对中小型企业实行拍卖或资产抵押、租赁经营。大型骨干运输企业则实行货车产权转让、挂靠经营，客车产权部分转让或全部转让，部分融资或全部融资，形成股份合作制的雏形。

第四步，对大中型企业实行股份制改造。2000年~2003年，原宁夏汽车运输总公司、宁夏公路工程局、宁夏汽车贸易公司、宁夏公路勘察设计院先后改制成为股份制企业并冠以新名。这些企业通过建立现代企业制度，经营搞活，都在发展壮大。

（四）管理机构及体制逐步理顺

1. 行政机构改革

改革开放以来，宁夏交通行政机构经历了五次机构改革。第一次为1983年，将原自治区交通局更名为交通厅；领导班子按革命化、年轻化、知识化、专业化标准重新配备，并确定了内设机构。随后两次机构改革都是精简机构和人员编制。第四次为1995年6月27日，自治区政府确定自治区交通厅为“管理全区公路和水路交通的职能部门”；行政编制67人；另设机关服务中心，事业编制9人；设公路运输工会，编制6人；机关内设机构9个处室。第五次为2000年7月12日，自治区政府批复自治区交通厅机构改革方案，除内设机构新增交通战备办公室外，其他变化不大。最后两次机构改革，宁夏各地（市）、县（市、区）均独立设交通局。

2. 公路建养体制改革

1982年10月6日，将原公路工程处、公路养护处合并成立宁夏公路局，实行建设、管养合一。1989年2月，分设公路管理局和公路工程局，前者负责已建公路的管理及养护，后者专司公路建设项目施工（事业单位企业化管理）。1996年8月8日，为适应高速公路发展形势，宁夏高等级公路管理局成立。1996年后，为管理高速公路建设项目，先后设姚叶、石中、古王高速公路指挥部为事业单位，由交通厅厅长兼任指挥长。从1999年开始，公路管理局按照“事企分开、养管分离的原则”，推进养护运行机制改革。先后组建25个实行企业化管理的养护中心、2个养护工程股份有限公司，并在用工、分配、投资、核算等方面进行配套改革。2006年1月，按照“统一管理、分级负责、整合资源”的原则，交通厅对公路建管体制进行大刀阔斧的改革：将原公路管理局、高等级公路管理局、高速公路路政总队、六盘山隧道管理处撤销，合并成立宁夏公路管理局；将原石中、古王高速公路指挥部及公路建设管理中心合并，成立宁夏公路建设管理局；两局均为交通厅直属副厅级单位。至此，宁夏公路建设及养护管理体制理顺了关系。公路建管体制的改革，也促进了公路养护，农村公路都纳入养护里程，实现了“有路必养”。

3. 道路运输管理体制改革

宁夏公路运输管理长期由运输指挥部负责，人畜力车搬运装卸由各地民间运输管理站负责。为了适应营运车辆剧增、运输市场日趋繁荣的新情况，于1990年9月12日成立四级运管体制：自治区设运输管理局；地市设运输管理处；县市设运输管理所；业务繁忙的乡镇设运管站；原民间运输管理站全部撤销。

4. 公路建设项目管理改革

宁夏公路建设一直实行统一领导、分级管理。但在改革开放前，建设市场属封闭式，由交通部门直属的公路处或公路工程局独家施工，交通行政部门既是投资方，也是业主，质量监理体系没有形成。从1986年后，开始试行质量监理、工程总承包等改革试验。1992年公路建设工程先对区内外的国有施工企业开放，然后逐步对民营施工企业开放。1995年后，公路建设项目管理按国际惯例进行改革。从1996年7月11日起，按交通部发布的《公路建设市场管理办法》强化三项管理：一是对进入公路建设的法人主体进行资质管理，制订准入制度，严格审查建设单位（业主）和勘测设计、施工、监理、咨询单位的资质条件。二是实行招投标制度。1985年先在沿山公路、中宁黄河大桥等工程尝试区内议标。1992年，首次对银川黄河大桥工程实行国内邀请招标。1997年2月28日，首次在姚叶高速公路一期工程实行公开招标，共有10家企业投标。1998年，首次在古王高速公路实行国际招标。此后，所有公路工程项目均实行公开招标、投标，成为定制。三是建立工程质量保证体系。1986年，宁夏交通厅制定的《贺兰山沿山公路工程质量监理暂行办法》，是宁夏第一份有关工程质量管理的规范性文件。经过5年多的摸索，从1992年后，公路工程实行“政府监督、社会监理、企业自检”的三级质量保证体系并向“政府监督、法人管理、社会监理、企业自检”的四级质量保证体系过渡。1998年开工的古王高速公路，因使用世界银行贷款，项目管理包括前期论证、招投标、质量监理等，全部执行国际通行的FIDIC条款，效果极佳。此后，宁夏交通部门以此为样本，在各个项目中沿用，对节约投资、保证质量、保证工期有着极大的促进作用。

5. 交通规费征稽管理体制改革

宁夏公路养路费征收长期由交通监理部门征收。1986年10月7日国务院决定将交通安全管理工作移交公安部，宁夏于同年12月8日成立养路费征收稽查处。此时的运输管理费、客运附加费由运管部门征收，道路通行费由公路管理局和公路建设的开发企业（宁夏交通建设开发公司）征收。1996年9月17日，交通厅将各种交通规费统一交该处征收，并更名为“交通规费征稽局”。目前，汽车养路费、客运附加费由交通规费征稽局征收，道路通行费由公路管理局征收，拖拉机养路费由市县交通部门征收。

6. 水上交通安全管理机构

自1960年青铜峡大坝建成后，因无过船设施，宁夏水运一落千丈，黄河长途航运消亡，仅剩渡运或由公路部门管理，或交当地人民公社管理，水运管理机构全部撤销。20多年间，宁夏没有水上交通安全管理的职能部门，也没有人员编制。1962年6月30日，由公社管理的吴忠市古城湾渡口沉船死亡55人。1987年5月31日，由乡镇管理的永宁县东和渡口沉船死亡32人。鉴于两次惨痛教训，自治区政府于1987年6月16日迅速批准在交通厅成立航运（政）监理处，黄河沿线各地（市）县均成立相应机构，专司水上交通安全及船舶管理。此后，宁夏段黄河及各地湖泊水上旅游兴起，每年乘船游客达数十万人次。由于安全管理机构健全，措施得力，20多年再未发生重大事故。2000年，以上机构均更名为海事局。

二、辉煌成就

（一）公路基础设施建设实现跨越式发展

改革开放30年，宁夏公路基础设施出现翻天覆地的变化，实现了跨越式的发展。主要表现在以下几个方面。

1. 整体水平大幅提高

2007年宁夏公路通车里程达到20 562公里，公路密度达到每百平方公里有公路30.97公里，均为1979年的3倍。按技术等级分，原来没有高等级公路，2007年已有高速公路

811 公里（2008 年突破 1 000 公里），一级公路 234 公里；二级公路从 181 公里增加到 2 220 公里；此外还有三级公路 5 735 公里，四级公路 9 934 公里，等外公路 1 628 公里。按路面等级分，高级、次高级路面从 1 415 公里增加到 11 320 公里，占总里程的 55%；中级、低级路面从 2 395 公里增至 9 242 公里；消灭了无路面公路（详见表 1）。宁夏公路基础设施的多项指标，30 年前在全国各省区中居倒数第三、四位，现在居西部各省、区中的前列，略高于全国平均水平，但与东部、中部各省、直辖市相比，差距仍不小。

改革开放 30 年宁夏公路基础设施对照表 表 1

<table>
<tr><th colspan="3">项　目</th><th>单　位</th><th>1979 年</th><th>2007 年</th><th>增长（%）</th></tr>
<tr><td colspan="3">公路密度</td><td>*</td><td>10.31</td><td>30.97</td><td>200.4</td></tr>
<tr><td colspan="3">公路通车总里程</td><td>公里</td><td>6 848</td><td>20 562</td><td>200.3</td></tr>
<tr><td rowspan="6">按技术等级分</td><td colspan="2">高速公路</td><td>公里</td><td>0</td><td>811</td><td>—</td></tr>
<tr><td colspan="2">一级公路</td><td>公里</td><td>0</td><td>234</td><td>—</td></tr>
<tr><td colspan="2">二级公路</td><td>公里</td><td>181</td><td>2 220</td><td>1 126.5</td></tr>
<tr><td colspan="2">三级公路</td><td>公里</td><td>2 271</td><td>5 735</td><td>152.5</td></tr>
<tr><td colspan="2">四级公路</td><td>公里</td><td>3 051</td><td>9 934</td><td>225.6</td></tr>
<tr><td colspan="2">等外公路</td><td>公里</td><td>1 345</td><td>1 628</td><td>21</td></tr>
<tr><td rowspan="4">按路面等级分</td><td colspan="2">有路面里程</td><td>公里</td><td>3 810</td><td>20 562</td><td>439.7</td></tr>
<tr><td rowspan="2">其中</td><td>高级、次高级</td><td>公里</td><td>1 415</td><td>11 320</td><td>700</td></tr>
<tr><td>中级、低级</td><td>公里</td><td>2 395</td><td>9 242</td><td>285.9</td></tr>
<tr><td colspan="2">无路面</td><td>公里</td><td>3 038</td><td>0</td><td>—</td></tr>
<tr><td rowspan="2">桥梁</td><td colspan="2">座数</td><td>座</td><td>610</td><td>3 017</td><td>394.6</td></tr>
<tr><td colspan="2">总长</td><td>延米</td><td>14 093</td><td>112 389</td><td>697.5</td></tr>
</table>

注：* 国土面积每 100 平方公里的公路里程。

2. 路网结构基本完善

至 2007 年底，宁夏已基本建成“三纵六横”公路主骨架及通达城乡、连接周边、布局合理、通畅顺捷的公路网络，并于 2005 年实现了三大目标：所有市、县 1 小时上高速公路；全部乡镇通油路；全部行政村通公路。境内 397 公里黄河，已架起 10 座公路大桥。

（二）重点工程项目彰显辉煌

30 年间，宁夏完成了众多的交通重点工程项目。其中包括特长隧道 1 座，跨黄河公路大桥 9 座，高速公路 5 条。

1. 六盘山隧道

系交通部和宁夏回族自治区“八五”期间的重点建设项目。1991 年 8 月 30 日开工，1996 年 11 月 20 日完成全部土建工程，1997 年 3 月 18 日正式通车。总投资 17 216 万元。隧道东起原州区和尚铺，西止隆德县杨家店，横贯六盘山分水岭，连接 312 国道。其中隧道长 2 385 米，引道长 9981 米。洞内配置通风、照明、消防、通信、排水设施及反光标志。312 国道的旧线翻越六盘山，有 16 公里越岭线，28 个回头弯，最大纵坡达 16%。夏秋多雨多雾，冬季雪盖冰封，路面溜滑如镜，旅客及驾乘人员不寒而栗，公路养护任务也十分繁重。隧道建成，缩短运距6公里，缩短行车时间近1小时，大大减轻了养护工作的劳动强度，更重要的是行车安全有了保障，消除了“欧亚大陆桥”上的一个梗阻点，对我国中西部经济往来、西北各省经济发展、六盘山区广大群众脱贫致富都具有重要意义。

2. 中宁黄河大桥

系宁夏“六五”期间重点建设项目，1983年12月22日开工建设，1986年7月15日竣工通车。桥址在中宁县城与石空火车站之间，沟通当时的包（头）兰（州）公路和迎（水桥）永（宁）公路，连接正在规划改线的国道109线。整个施工工艺都是就近取材，没有购置现代化的吊装及架桥机设备，但大桥却提前半年竣工，节约资金百万元，并达到了优良工程和安全生产无死亡事故总目标，受到宁夏回族自治区党委和人民政府的嘉奖。中宁黄河大桥建成后，沟通银川平原与南部山区，对于发展宁夏经济、促进工农业生产、巩固国防和促进民族团结都具有重大的意义。经过多年使用，2000年投资130万元对桥面翻新改造。新的桥面使用沥青混凝土。

3. 石嘴山黄河大桥

该桥是G109线上的枢纽工程，1987年3月15日开工建设，1988年10月25日竣工通车。桥址位于石嘴山市石嘴山区东侧的国道109线1133公里处，东跨黄河与内蒙古自治区相连。其优点是：既连接了国道109线，又与石嘴山街道衔接。石嘴山黄河大桥是国道北京—拉萨线上的枢纽工程，不仅连接宁夏和内蒙古两个自治区，还是沟通西北、华北、西南的纽带，对于宁夏的政治、经济、文化及国防建设都具有重要的意义。

4. 青铜峡黄河大桥

系宁夏“八五”重点工程，连接吴（忠）青（铜峡）公路，1989年7月14日开工建设，1991年9月13日竣工通车。

5. 银川黄河大桥

是国家高速公路网青岛—银川线上的重要桥梁，1991年12月1日开工建设，1994年7月1日竣工通车。桥址位于银川市东14公里横城渡上游。横城自古以来就是蒙陕甘宁毗邻地区的货物集散地，又是银川市的东面门户。银川黄河大桥建成通车后，银川东大门被打开，对于引进先进技术和资金、促进我国东西部地区的优势互补、加快我国西部地区开发的步伐、银川新机场选址等方面都具有十分重要的意义。后建的青岛—银川高速公路主线仍使用此桥，为分流行人和机动车，又在其北侧另建辅道桥1座。

6. 中卫黄河大桥

是宁夏公路省道202线上的一座重要桥梁，1994年9月1日开工建设，1997年6月18日竣工通车。中卫黄河大桥建成后，使省道202线改渡为桥，对于加快我国西部地区的经济发展、促进宁夏交通事业及两岸民众往来、集散包兰铁路和中宝铁路客货都具有重大意义。

7. 吴忠黄河大桥

位于吴忠市北陈袁滩，系京藏高速公路宁夏段的控制工程。1999年10月15日破土动工，2002年10月6日竣工通车。

8. 平罗黄河大桥

位于平罗县陶乐镇西马太沟，是宁夏境内最长的桥梁。2003 年 12 月 10 日开工建设，2006 年 7 月 24 日竣工通车。

9. 沙坡头黄河大桥

是中卫—营盘水高速公路上的跨河大桥，位于中卫市沙坡头旅游区上游。2006 年 4 月开工，2008 年 8 月 22 日建成通车。

10. 109 国道改建工程

109 国道是宁夏出现公路以来最重要的干线公路，境内全长 340.581 公里，纵贯宁夏平原及宁夏中部地区。1978 年以前，只有银川南北 145 公里是二级公路渣油路面，其余均为三级砂砾路。1979 年后，分五次对全线按二级沥青路标准改建，历时 20 年，总投资 2.2 亿元。京藏高速公路建成通车后，109 国道作为辅道使用，但由于沿线人口稠密，经济发达，因此交通量仍居高不下，银川—贺兰、银川—永宁的日交通量都已超过 1 万车次。

11. 北京—西藏高速（G6）宁夏段

由宁、蒙省界的麻黄沟进入宁夏，经石嘴山、平罗县、姚伏、贺兰县岔口，过银川市东郊后，再向南经永宁县城、青铜峡市的叶盛镇，在陈袁滩跨越黄河，再经吴忠、中宁、桃山岔口、兴仁堡、郝家集入甘肃省，境内里程 352.4 公里。整个线路纵贯宁夏最富庶、人口最稠密、城镇最集中的地区，在宁夏路网结构中起高屋建瓴作用。1997 年 4 月 28 日开工，2003 年 10 月 30 日全线竣工，总投资 73.2 亿元。采用全封闭、全立交、全部控制出入。这条高速公路于 2003 年 11 月 28 日建成通车后，使宁夏—北京客货运输车一日可达，联结我国 3 个民族自治区，其意义重大。

12. 青岛—银川高速公路（G20）宁夏段

由宁、陕边界的王圈梁进入宁夏，经盐池县城北，然后沿明长城内侧经高沙窝、宝塔及灵武市的古窑子、石坝，西越黄河至银川市，境内里程 141.061 公里。采用全封闭、全立交、全部控制出入。工程分两期进行：第一期为古（窑子）王（圈梁）高速公路，长 94.4 公里，1999 年 6 月 12 日开工，2001 年 9 月 28 日竣工通车。此为宁夏第一个利用外资的交通建设项目，由世界银行贷款 5 000 万美元。建设管理与国际惯例接轨，执行通用的规范性合同条款，即 FIDIC 条款。第二期为银古高速公路，西起银川市，东至古窑子，长 47.3 公里，2002 年 6 月 28 日开工，2003 年 8 月 23 日竣工通车，系在原银古一级公路基础上改建。这条高速公路通车后，打通了银川市东大门，形成沟通华北、通边达海的快速通道，也改善了宁东能源基地的交通条件。

13. 福州—银川高速公路（G70）宁夏段

银川—桃山岔口 192 公里线路与青藏高速公路重复。桃山岔口向南经同心县、海原县李旺镇、固原市、泾源县等地，南至沿川子入甘肃境，宁夏境内实际长约 250 公里，已建成通车的 188.7 公里，分两段施工：桃山岔口—同心段 32.7 公里于 2000 年 12 月 19 日开工，2003 年 11 月 25 日建成通车；同心—泾源县六盘山镇 156 公里于 2004 年 5 月 18 日开工，2007 年 12 月 28 日建成通车。六盘山镇—宁甘省界约 60 公里尚未建成。这条高速公路建成后，北通首府银川及富裕的宁夏平原，南通关中、中原乃至沿海，对贫困的六盘山区7个市、县发展经济、脱贫致富有重大意义。

14. 定边—武威高速公路（G2012）宁夏段

是国家高速公路网中青岛—银川高速公路的第二连接线，宁夏境内已建成通车的224.3公里，分两期实施：盐池—中宁段160.4公里，2006年8月20日开工，2008年8月20日完工；中宁—孟家湾段63.9公里，2004年7月8日开工，2008年8月22日建成通车。孟家湾—营盘水宁甘省界约60公里尚未建设。其中盐池—中宁段采用全新的设计理念，在半荒漠草原地带的线路采用缓边坡、低路基（俗称“顺地爬”），尽量少挖少填，极少路堑路堤，也不设防撞护栏，加宽中间隔离带和两侧绿化带。其优点是与周围环境、地形谐调，不但不破坏本来脆弱的生态环境，反而增加了绿化面积，还节约了大量资金。这条高速连接线打通后，将形成一条新的亚欧大陆桥，西起荷兰鹿特丹，东经中亚进入中国，经新疆、甘肃的河西走廊，横贯宁夏中部，再经太原、济南至青岛入海，比原来经兰州、西安、郑州至连云港的线路近500公里。

15. 银川绕城高速

全长60.8公里，南、西、北三面围绕银川市，东面接京藏高速公路。其中南环线23.1公里于2004年9月29日建成通车。西北环线37.7公里于2008年8月竣工通车。

其他高速公路项目详见表2。

宁夏已竣工高速公路工程项目一览表　　表2

项　目	长度（公里）	投资（亿元）	开工时间	通车时间
京藏高速姚伏—叶盛段	83.4	15.4	1997.4.28	2000.6.30
京藏高速麻黄沟—姚伏段	73.3	14.2	1999.9.25	2001.11.12
京藏高速叶盛—中宁段	97.6	22.9	1999.10.25	2002.11.5
京藏高速中宁—郝家集段	98.7	20.7	2000.11.28	2003.11.28
福银高速桃山口—同心段	32.7	6.1	2000.12.19	2003.11.25
福银高速同心—六盘山镇	156	36	2004.5.18	2007.12.28
青银高速银川—古窑子段	47.3	15.7	2002.6.28	2003.8.23
青银高速古窑子—王圈梁	94.4	10.6	1999.6.12	2001.9.28
银川绕城高速南环段	23.1	4.8	2002.9.25	2004.9.29
银川绕城高速西北环段	37.7	16.36	2005.9.10	2008.8.2
银川河东机场高速改扩建	8	2.32	2006.11.30	2007.10.20
银川河东机场—灵武高速	25	1.5	2007.9.20	2008.8.20
盐池—中宁高速	160.4	43	2006.8.20	2008.8.20
中宁—孟家湾高速	63.9	15.8	2004.7.8	2008.8.22
合计	1 001.5	225.38		

（三）农村公路通畅便捷

1978年仅有乡、村公路3 000多公里，1997年增至5 000余公里，2007年底已达16 872公里。宁夏平原已实现“人之所居，公路必达”。山大沟深的六盘山区，也实现了村村通路。东部扶贫纵干线长550公里，西部扶贫纵干线长347公里，已全部建成沥青路，贯通9个县（市）的贫困山区，为农村的脱贫致富发挥了重要作用。

（四）道路运输业蒸蒸日上

公路基础设施的改善，促进了道路业的高速发展。30年中，民用汽车拥有量由10 218辆增至189 715辆，增长17.6倍（未计近20万台从事运输的轮式拖拉机、农用车，下同）。其中从事道路运输的营运车从9 311辆增至86 737辆，增长8.3倍。在民用车中，私车从零增至46 202辆，其中多数为营运车。由于道路条件改善，车型优化，运输效率增长更快。客运量、客运周转量分别增长22.6倍和20.5倍，货运量、货运周转量分别增长38.9倍和41倍（详见表3）。道路运输业给人民群众生活带来的可喜变化，惠及全区600万回汉民众。30年前，宁夏的客运班车到外省的只有西安、兰州两条线路，现在已发展京、冀、蒙、晋、鲁、粤、陕、甘、青、新10多个省区。过去自治境内一半乡镇、70%的行政村不通班车。同心县马高庄乡赵家树几个村的回族群众要出远门，必须半夜起床，找一个壮小伙用自行车托上，骑行30~40公里，送到通班车的下马关或豫旺。现在宁夏67.8%的行政村通了油路，增建了132个农村客运站，新开通201条农村客运班线，100%的乡镇、91.7%的行政村通了班车。赵家树一带的村民要出远门，村口路边一招手就可坐上班车。过去宁夏货车极少跨越相邻省区，自治区境内的营运货车也只有1 170辆，各企事业单位用车运货都很困难，至于农民要找车运取暖煤、农副产品则根本无望。现在，全区有71 690辆营运货车。宁夏平原、南部山区国省道两侧的多数农户，都有从事运输的拖拉机或农用车。西吉县的土豆过去运不出、销不掉，现在由于可用汽车运销全国各地，已形成全县的支柱产业。中卫市香山地区20年前还是贫甲天下，近10年仰仗全新的公路网，发展硒砂瓜（因当地年降水量仅100多毫米，所以在地表铺上一层含微量元素硒的砂砾以保墒种西瓜，故名）产业，全部用汽车运销全国各地，远及重庆、上海、广州。仅2008北京奥运就订货10万吨。这种“从石头缝里长出”的西瓜，因交通便利而名扬天下，也使当地农民凡种瓜者皆已脱贫致富。

改革开放30年宁夏道路运输发展对照表 表3

项目		单位	1978年	2007年	增长倍数
民用汽车拥有量		辆	10 218	189 715	17.6
其中营运车	总数	辆	9 311	86 737	8.3
	客车	辆	223	15 047	66.5
	货车	辆	1 170	71 690	60.3
其中：私有车		辆	—	46 202	—
客运	客运量	万人次	329	7 752	22.6
	客运周转量	万人公里	21 661	465 000	20.5
货运	货运量	万吨	165	6 583	38.9
	货物周转量	万吨公里	18 604	781 800	41

（五）交通工具实现历史性变革

自有文字记载到20世纪70年代，宁夏广大农村一直沿用人背畜驮的运输方式。条件稍好的，才使用人畜力车。所以，牛车、马车、手推车在宁夏沿袭了几千年。改革开放前，相对较富裕的宁夏平原，每个生产队价值最高的固定资产是一二辆胶轮大马车和四五辆牛车。1984年开放运输市场后，牛车、马车、手推车等交通工具很快在平原地区绝迹。1986年交通厅史志办为了拍摄一张牛车的照片，寻访5个市、县，最后才在陶乐县找全废弃不用的车轮、车厢，总算留下历史的“存照”。取而代之的，是各类汽车、农用车、拖拉机、机动三轮、摩托车。尤其是投入运输业的手扶拖拉机，每年以两三万台的数量递增，最高峰时达20万台，而且都投入运输市场。进入20世纪后，手扶拖拉机也逐步淘汰。数百个品牌的大客车、小轿车、货车、特种车遍布城乡。交通运输市场的开放，实现了交通工具的历史变革；古老的牛车、马车，变成了博物馆、收藏者的奇货。

（六）水上旅游运输悄然兴起

自1960年因闸坝碍航水运衰落后，宁夏段黄河仅剩渡运。1984年，青铜峡库区购置2艘游船开展水上旅游。1990年，沙湖又开始大量购置游船，节假日乘船游客达1.4万人次，最大的游船可载600人。至2007年底，全区已建成18个水上旅游区，加上黄河上的渡船、舟桥船，宁夏共有各类船舶1 100艘，总客位8 088座，还有羊皮筏500余副。由于海事部门的严格管理，20多年来从未发生船上游客落水死亡的事故，给宁夏水上旅游业提供了安全保障。

三、主要经验

中共十一届三中全会以来，宁夏交通部门以邓小平建设中国特色社会主义理论为指导，始终不渝地坚持改革开放方针，坚持加快交通基础设施建设，坚持科学发展观，坚持拼搏奉献、自强不息的精神，实现了交通运输的跨越式发展。这是取得辉煌成就的根本所在。总结30年改革开放的历程，有如下主要经验：

（一）合理布局、科学规划

1980年前，宁夏只在国民经济发展的五年计划中包含公路建设的内容，没有专门的交通发展五年计划，更无长远规划。改革开放30年，摒弃了过去主要由首长决策的方式，实行科学决策、民主决策，提出“科学发展、合理布局”的观念。规划的基本原则有5项：一是交通运输要适应国民经济和社会发展需求，并适当超前；二是切合宁夏客观实际，经过主观努力可以实现；三是交通基础设施建设注重路网布局，既重视公路主骨架，也重视支线脉络和乡村公路，提高通达深度；四是立足长远，构建既能通边达海、通连全国，又能沟通城乡、惠及农村的“大交通格局”；五是各种运输方式协调发展，共同构建现代化、高效益的综合运输体系。宁夏交通发展规划分3个层次，即年度计划、五年规划、长远规划。1983年5月，宁夏交通厅制定《1996—1990及1991—2000年交通发展规划》，内容包括“七五”计划和2000年的远景规划。1985年5月9日，又出台《关于加快公路交通发展的意见》，修订了2000年公路交通发展的远景目标和公路布局规划。“八五”初期，宁夏交通部门开始制定《公路水路交通发展规划》，经不断修订、完善，于1995年编制完成《宁夏回族自治区1991—2020年公路网规划》，确立了以首府银川为中心的X形公路主骨架及三纵六横干线公路网长远建设目标。X形公路主骨架是：全部以高速公路组成的石嘴山区—平罗—银川—吴忠—中宁—同心—固原—泾源线，全长537公里；基本以高速公路组成的盐池—银川—吴忠—中宁—中卫线，全长391公里。三纵是：东部纵干线，由石嘴山区沿黄河东岸至灵武市，再向南经惠安堡、豫旺、王洼、彭阳入甘肃界；中部纵干线，由石嘴山区向南经平罗、银川、吴忠、中宁、同心、固原、泾源入甘肃界；西部纵干线，由石嘴山区沿贺兰山东麓至中卫，再越香山经海原、西吉入甘肃省界。六横是：陶乐经平罗至石炭井；盐池经银川至贺兰山头关；盐池经惠安堡至兴仁堡；高岘经海原、黑城至寨科；国道309线；国道312线。规划要求，用几个五年计划的时间，将境内的国道主干线及X形公路主骨架建成高等级公路（高速公路及部分一级公路）。进入2000年后，这份规划又历经两次修订，并将公路主骨架改为“三纵九横”，逐步达到科学合理。

（二）主动争取国家部委和地方党委、政府及社会各界支持

交通基础设施建设投资大、涉及面广，如果没有国家部委尤其是交通部的扶助，没有各级党委、政府和全社会的支持，将寸步难行。自治区交通厅主动争取自治区党委、政府的坚强领导，除经常性的请示汇报外，每有新的规划出台、重要工程上马、重大改革措施部署、重要决策制定，必做专题汇报，以求指示和支持。历届自治区党委、政府主要领导都非常重视和关心交通事业，经常研究过问，常有重要批示，有的甚至经常利用星期天、节假日深入工地与工人打成一片。“八五”计划制订后，自治区政府立即出台对交通事业的扶持政策“两免一提高”：收取的养路费免交能源交通建设基金和预算外调节基金；将养路费征收标准每个吨位提高60元，提高后多收部分用于公路建设。“八五”计划后期，自治区政府又出台公路建设用地按征地补偿费低限执行的政策。1997年宁夏第一条高公路开工前夕，自治人民政府又向全区批转自治区交通厅、财政厅、地税局、物价局、土地局提出的支持高速公路建设的六条优惠政策：第一，公路建设用地的耕地占用税、新菜地开发基金、施工单位营业税及养路费等交通规费应交的营业税，实行先征后返，即征即返，全部用于公路建设；第二，公路建设征地拆迁实行低限补偿；第三，建立公路建设基金，提高养路费、车辆通行费征收标准，提高部分作为基金用于重点公路建设；第四，公路是社会公益性基础设施，必须发挥全社会积极性，动员社会各界以义务劳动等各种方式给予支持；第五，公路建设取土场由各市、县政府无偿划拨荒滩、荒地；第六，其他重点公路建设也按上述政策执行。1998年后，公路建设工程的征地拆迁，都由工程所在的地方政府为主，成立征地拆迁指挥部，为工程保驾护航。自治区人大常委会、政府先后出台4部地方性法规和15部政府规章，促进了交通法制建设。各市、县政府也都把交通建设列入重要议事日程，发动群众义务投工投劳建设乡村公路。交通厅从1991年开始，每年嘉奖两个公路建设先进县（市），对修路积极性高的，在建设计划、资金补贴上予以优惠。

（三）多渠道筹集公路建设资金

宁夏经济发展水平与沿海、内地差距较大，政府财力有限，不可能投资公路建设。宁夏的公路基础设施能实现跨越式发展，主要靠中央尤其是交通部的大力支持，如工程项目补贴资金、国债资金、以工代赈实物折款、扶贫资金等。其他是宁夏交通厅自己多渠道筹集资金。2000年后，每年投入的公路建设资金都超过30亿元。自筹的基本渠道有6条：一是充分利用“贷款修路、收费还贷”政策，收取车辆通行费，专款专用。1988年10月25日，宁夏回族自治区人民政府首次批准石嘴山黄河大桥实行贷款修路、收费还贷。此后，宁夏的公路桥梁重点工程项目及部分交通量大、投资大的国道建设项目，基本都采用这种办法。1985年~2000年底，共收取道路通行费4.5亿元。2001年~2007年共征收34.4亿元。二是国内外商业银行贷款。“八五”期间共贷款2.5亿元。1996年后开始修建高速公路，贷款规模逐步扩大，“九五”期间国内外贷款达34亿元。2000年后，青银、福银高速公路分别向世界银行、亚洲开发银行贷款5 000万美元和2.5亿美元。三是从养路费收入中“挤”出一部分用于公路建设。四是建立公路建设基金。“八五”初期，自治区人民政府批准提高养路费征收标准，将提高部分的资金和国家返还的能源交通基金、预算外调节基金等经费作为重点公路建设基金，专门用于公路建设的重点工程。1997年，自治区人民政府批转交通厅等部门《关于加快姚叶一级公路建设有关政策规定的报告》，再次提高养路费、车辆通行费标准，提高部分作为重点公路建设基金。五是精打细算理财。2003年以来，通过积极开展理财业务创收、争取银行下浮贷款利率、发行企业债券等办法，共创收节支6.18亿元。六是勤俭节约。通过优化设计、招投标节约建设费用，争取各级政府在征地拆迁、税费减免、取土取料等方面出台的优惠政策，也节省了大量资金。

（四）培养能征善战、勇于拼搏奉献的职工队伍

30多年来，宁夏交通部门各级党组织发挥战斗堡垒作用，培养和造就了一支能征善战、勇于拼搏奉献的职工队伍。在物质文明建设任务繁重的情况下，精神文明建设做到5个常抓不懈：政治理论学习常抓不懈；职业道德建设常抓不懈；法制教育常抓不懈；党风廉政建设常抓不懈；创建文明行业活动常抓不懈。2004年，宁夏交通行业被自治区党委、政府命名为“自治区文明行业”。到2007年底，宁夏交通系统有2个全国文明建设先进单位，2个全国交通系统文明行业，55个自治区、交通部授予的文明单位，311个市级文明单位，142个县级文明单位，涌现了一大批劳模、标兵。整个宁夏交通系统，形成了抢时间、抓机遇、上下联动、心齐力合、埋头苦干、开拓进取的良好氛围。自强不息的宁夏交通人，正以豪迈的气魄，紧扣发展主题，为建设现代化的交通运输献身出力。

四、展望未来

党的十七大系统总结改革开放近30年的历史经验，深刻阐述了科学发展观的科学内涵和精神实质，强调要增强贯彻落实科学发展观的自觉性和坚定性，着力转变不适应不符合科学发展观的思想观念，着力解决影响和制约科学发展的突出问题，把全社会的发展积极性引导到科学发展上来。十七大提出的全面建设小康社会奋斗目标，也对我们交通运输提出了更

高的要求。因此，宁夏交通部门必须全面贯彻落实科学发展观，适应经济社会发展的新需求，适应工业化、信息化、城镇化、市场化、国际化的新形势，适应建设新型国家的新要求，开拓资源节约和环境友好发展的新路子，提升服务水平，建立科学高效的综合运输体系。

（一）发展目标

到2020年，全区公路总里程达到2.45万公里，其中高速公路1 600公里，乡镇通往行政村的公路基本达到高级、次高级路面标准；建成比较完善的快速客货运输网络，实现所有行政村通班车；建成更安全、更通畅、更便捷、更经济、更可靠、更和谐的交通运输服务体系，基本适应国民经济和社会发展的需要。

（二）当前任务

当前重点任务是确保《“十一五”规划》超额完成。要抓住国家应对国际金融危机、扩大内需加强交通基础设施建设的机遇，不但加快完成原来规划的项目，还要选定一批经济发展急需上马的新项目，做好论证和前期工作并尽快实施。按照国家加快转变经济发展方式、推动产业结构优化升级、加快发展服务业的部署，做好“三个服务”，改造和提升传统交通运输业。到2011年，公路通车里程达到21 900公里，全部完成国家规划的高速公路网项目宁夏境内段，高速公路通车总里程突破1 300公里，82%的行政村通油路。2012年实现全部行政村通油路。

（三）主要措施

一是加快公路基础设施建设。要乘国家应对国际金融危机、实行积极的财政政策的东风，加快公路建设，实施“抓两头（高速公路和农村公路）带中间（国省干线公路）”战略。将国家高速公路网宁夏境内尚未建成的六盘山镇—沿川子段、孟家湾—营盘水段贯通；新建与国道211线并行的灵武—甜水堡高速公路（全长203公里）、沿贺兰山东麓布设的西线高速公路（全长200公里）。农村公路在已实现“村村通”的基础上，全面提高技术等级，将土路、砂砾路升级为油路。

二是转变发展理念，建设第二条亚欧大陆桥。原来的亚欧大陆桥东起我国的连云港，经郑州、西安、兰州、武威、乌鲁木齐，然后跨中亚、东欧至荷兰鹿特丹港，是目前横跨亚欧最便捷的运输大通道。这条通道的武威、兰州到郑州一段，铁路、公路交通都已十分拥挤。如果将武威经宁夏的中卫、盐池一线建成高速公路，再入青岛—银川高速公路，经太原、石家庄、青岛入海，形成第二条亚欧大陆桥，不但可缓解南线的拥堵，而且比南线近500公里，又不必翻越乌鞘岭、秦岭等山险地带。目前宁夏的中卫—盐池段已建成高速公路，下一步西延约60公里，甘肃境内再修160公里，即可全部打通，所经过的新疆、宁夏、陕北、山西等地，石油、天然气、煤炭资源极为丰富。这条新线用高速公路连接后，将与西气东输管道、兰新铁路及在建的太（原）中（中卫）铁路组成我国最大的能源运输大通道，其意义深远。

三是调整道路运输结构，实现规模化、集约化、网络化运输，发展现代物流业，实现客运的零换乘和货运的无缝衔接。

四是转变发展方式。实行科学决策、民主决策，对建设项目做充分论证，对设计施工实行科学管理。重视公路建设、养护与环境的和谐，重视集约利用土地资源，重视交通建设对宁夏经济可持续发展的作用。

五是提高交通科技创新能力。全面推进学习实践科学发展观活动，发动全体干部、职工，建设科技创新体系。充分利用信息技术、管理技术、新工艺、新材料、新设备，增强交通科技创新能力。

六是强化行业管理。各级交通行政部门及管理机构切实转变职能，树立服务观念，提高行政效能，管好两个市场（道路运输市场、公路建设市场），落实“三个服务”，加强四项管理（公路管理、规费征收管理、水上交通安全管理、工程质量管理）。

大道出天山

新疆维吾尔自治区交通厅

新疆地处祖国的西北边陲，土地面积占全国的1/6。在公路、铁路、民航、管道等多种运输方式中，公路客货运输量分别占95%和84%，处于主导地位。从某种意义上讲，新疆的经济就是公路经济。解放后，新疆的交通事业在党中央的关心和正确领导下，在自治区党委和人民政府的高度重视下，经过几代交通人的不懈努力，取得了天翻地覆的变化，尤其是改革开放30年来的发展更是突飞猛进。截至2007年底，新疆拥有国道7条、省道74条、县道705条、乡村公路和专用公路18 300多条；公路通车里程达到14.5万公里，其中高速公路和一级公路1 900多公里；机动车保有量达到244万辆，其中民用汽车保有量达到82万辆；客货运输站场1 236座，其中客运站730座；对外开通一、二类运输口岸27个，其中国家一类口岸15个；对外运输线路105条，其中客运班线51条，货运线路54条；公路养护水平已进入全国前十位，好路率达到85.5%，交通系统被自治区文明委命名为“自治区文明行业”。2007年自治区党委批准成立了新疆维吾尔自治区交通厅党委、交通厅政治部、交通厅纪委、交通厅党委党校，交通系统党的组织建设、思想建设、干部队伍建设、党风廉政建设明显加强，科技教育、文化建设发展成绩显著，民族团结进步，自治区交通系统呈现出一派欣欣向荣的景象。

一、交通发展的历史演变

新疆古称西域，自古以来就是我国一个多民族聚居的地方，是我国领土不可分割的一部分。新疆与周边8个国家接壤，是通往欧亚的重要门户和桥头堡，与内地各省市区及境外交通历来以陆路交通为主，闻名中外的丝绸之路贯通全境。历史上的丝绸之路沟通了中西方经济、政治、文化交流，促进了人类社会的不断发展和文明进步。

早在春秋战国时期，中西方的交流就已经开始，南北两条丝绸之路开始形成。汉朝张骞两次通西域及西域都护府的设置，促进了丝绸之路的交通发展。隋唐时期，丝绸之路已发展为南中北三条畅通无阻的主干线，还分出了许多支线，建立了许多驿站，新疆南北的陆路交通初步形成网络。五代至宋，内地与西域之间的贸易、政治、文化交往日趋频繁。元代年间的中央政府通往西域和中亚的道路通畅无阻，新疆与内地的丝绸、牲畜交易空前活跃。清代，内地通往新疆的道路进一步改善，驿道主线已有1.3万多公里，光绪年间，开办了迪化（乌鲁木齐）至塔城的畜力客运，到1911年伊犁将军府所属官商合办的羊毛公司从波兰购进了2辆小汽车，开通了惠远—宁远（伊宁）间的汽车客运，自此新疆开始有了汽车客运。

民国初期，新疆的公路交通发展非常缓慢，直到1928年新疆才有了第一条公路，比中国修建的第一条公路晚了21年，到1949年9月新疆解放时，全疆仅有简易公路3 361公里，公路密度0.2公里/百平方公里，破旧汽车371辆，通行能力很差，南北疆大部分地区处于不通公路的封闭状态。

新中国成立后，1949年~1978年改革开放前的29年，新疆交通主要处于恢复和起步时期，其中，1950年~1957年，国家投资3 500多万元，对乌鲁木齐通往星星峡、伊犁、喀什、塔城、阿勒泰等砂砾公路进行恢复和小范围的初步改善。到1957年底，全疆公路通车里程达到12 039公里，是解放初期的3.6倍。

1958年~1978年，在“全党全民大办交通”的推动下，尽管这期间自治区掀起了公路建设的热潮，但受到财力和物力的严重制约，公路建设只能缓慢推进。先后建成的干线公路有：乌鲁木齐—胜利达坂—库尔勒公路，阿勒泰—独山子公路，乌鲁木齐—独山子公路（新疆第一条沥青路面的公路），呼图壁大桥（新疆第一座永久式的公路桥梁），独山子—库车的天山公路（1974年动工兴建）。这期间在南疆干线公路上修建了跨越开都河、孔雀河、阿克苏河、叶尔羌河、玉龙喀什河的永久式公路大桥。在国道312线乌鲁木齐—伊犁、国道314线大河沿—喀什铺上了沥青路面。这一时期公路通车里程增加不多，到1978年全区公路通车里程达到2.4万公里，技术等级有了明显提高，拥有沥青路面的公路达到5 810公里。

无论是古代，或是近代，新疆的交通发展与变化，可从一个侧面反映出新疆经济、社会、政治、军事、文化的变化，政府和群众的共同体会是：“要想富，先修路。”

二、天山南北变通途

说起遥远的地方，人们都知道是新疆。广袤的草原，浩瀚的大漠，耸立的高山，星星点点的绿洲，把中国1/6的大地装扮得神奇美妙。公路又把这些神奇的地方连接起来，使丝绸之路一改往日的悲壮苍凉。

改革开放30年来，给新疆的公路交通事业带来了千载难逢的发展机遇。新疆交通厅抓住机遇，趁势而上，尤其是近十年来得到了迅猛发展。到目前为止，公路通车里程已超过14.5万公里，高速公路和一级公路超过2 000公里，农村公路超过了12万公里。已初步形成了以乌鲁木齐为中心，以7条国道和74条省道为骨架，以农村公路和专用公路为网络，穿越天山、昆仑山和帕米尔，环绕准噶尔和塔里木两大盆地，辐射地州市县乡镇村和生产建设兵团农牧团场和连队，东连内地，西出欧亚，四通八达的公路网。

（一）国家的关心支持

改革开放后，国家进一步加大了对新疆公路交通事业发展支持的力度。

1992年，国家计委在乌鲁木齐召开的有关部委办和西北五省区主要领导座谈会上，国务院副总理邹家华指出：“新疆要加快公路交通设施建设，大西北要联合起来走西口。”如今，国家已批准新疆对外开放了15个一级公路口岸。

1992年8月，交通部部长黄镇东在新疆调研历时15天，与自治区领导商讨把国道312线新疆段尽快建成国际大通道，形成第二座亚欧大陆桥。这一年，自治区高等级公路建设指挥部成立。在两年多的时间里，交通部正、副部长有9人次到新疆考察调研，商讨公路交通发展战略。从此新疆的公路建设进入了快速发展时期。

1993年9月，西北五省区的主要领导聚集乌鲁木齐，商讨发展西北经济大计。会议的中心议题是：共建西北出口大通道。

2002年金秋，交通部部长黄镇东和部党组书记张春贤一起到新疆调研，交通部党组始终惦记着新疆的发展。

2004年，交通部部长张春贤两度来到新疆，深入到天山深处的养路道班和偏远乡村，全面考察了解新疆公路交通状况和需要。2005年新疆第二条穿越塔克拉玛干的沙漠公路阿拉尔—和田开工建设，交通部部长张春贤前来参加开工典礼，并要求建设单位保质保量为南疆人民建设一条幸福路。

2005年10月10日，交通部与自治区主要领导在北京共商新疆“十一五”期间公路交通发展大计，并形成了《交通部与新疆维吾尔自治区人民政府关于加快新疆交通发展会谈纪要》。交通部将采取7项措施支持新疆公路交通发展。

2006年，交通部部长李盛霖到新疆调研，深入到天山深处的建设工地，了解国家“五纵七横”主干道新疆段的建设情况。

2007年为贯彻落实国务院《关于进一步促进新疆经济发展的意见》精神，进一步加快新疆的交通发展，自治区领导与交通部领导举行多次会谈，先后签订了《加快新疆公路交通发展会谈纪要》和《关于落实中央1号文件农村公路建设任务的意见》，对支持新疆重点公路项目作出了具体部署。2008年7月，自治区领导又几次到北京与交通运输部领导协商新疆交通建设发展的重点，并且达成了共识。

尤其是近几年来，中央对新疆公路建设的投资力度不断加大，2000年~2007年共投资185亿元，占新疆同期交通总投资的34%。今年已增加到50亿元。

（二）干线公路建设

回顾改革开放30年来，新疆的公路建设经过了几个跨越式的发展时期。1985年，新疆交通人在西北地区第一个建成乌鲁木齐人民路和地窝堡两座立交桥，建成了乌鲁木齐—昌吉28公里一级公路。1993年，改革开放15年之时，在新疆公路建设史上同时出现了4个之最：一是投资规模最大，为6.73亿人民币；二是竣工项目最多，被列为国家和自治区8个重点项目建成通车；三是交付使用的里程最长，达938.4公里；四是工程质量最好，有6个项目被评为优良工程。一年有8条路建成通车，当时被称之为新疆公路建设史上的一座里程碑。

1993年12月28日，自治区人民政府在八一剧场隆重召开表彰大会，交通系统有9个单位、14个先进集体、13个先进班组和39名先进个人受到了表彰和奖励。自治区人民政府给交通厅的奖牌上写着：“发展公路交通，振兴新疆经济。”新疆的交通人如此风光，这是第一次！

1992年4月，自治区人民政府成立吐鲁番—乌鲁木齐—大黄山高等级公路建设指挥部。自治区主席和副主席分别担任正副总指挥。两个月后，世界银行一行9人，对新疆拟采用世界银行贷款修建的吐鲁番—乌鲁木齐—大黄山项目进行了鉴别调查，同时与新疆交通厅签署了项目工作备忘录，这标志着在国家“贷款修路，收费还贷”政策的指引下，新疆第一条利用世界银行贷款建设的公路正式启动。1995年4月，吐鲁番—乌鲁木齐—大黄山高等级公路建设在吐鲁番奠基开工。1997年，新疆利用世界银行贷款建设的第二条公路，即乌鲁木齐—奎屯高速公路奠基开工。在同一个省区，利用世界银行贷款3.5亿美元同时上两个项目，新疆开了全国的先例。1998年和2000年，吐鲁番—乌鲁木齐—大黄山和乌鲁木齐—奎屯两条高速公路相继建成通车，这是新疆公路建设史上又一座新的里程碑。

1999年，国家实施西部大开发战略以来，新疆公路建设进入了历史上投资规模最大，发展建设最快，建设质量稳定提高的最好时期。2000年以来，新疆公路交通固定资产投资累计达到546亿元，相当于自治区成立以来前45年投资总和的4倍，相继完成了7条国道重点路段的新建、改建任务。目前7条国道，除通往西藏穿越昆仑山的219线没有全部通油路外，其他全部达到等级沥青路面。特别是乌鲁木齐—库尔勒、乌鲁木齐—塞里木湖、阿图什—喀什、乌鲁木齐—克拉玛依和即将建成通车的乌鲁木齐—星星峡高速公路和一级公路，构成新疆东南西北的快速通道。

据初步统计，2007年新疆全区生产总值3 400亿元，其中交通行业完成产值265.13亿元，带动或拉动相关行业创造增加值580亿元，交通建设每完成1亿元固定资产投资直接创造就业岗位1 400多个，带动其他相关行业创造就业岗位3 300多个。

（三）农村公路建设

新疆农村公路建设从20世纪80年代末期起步，由于国家投资力度不大，地方财政困难，自治区农村公路建设发展缓慢。

新疆真正掀起农村公路建设热潮，是从2000年开始。8年共完成农村公路建设投资105亿元，建设农村公路3.5万公里。截至2007年底，全区农村公路里程达到12万公里（含兵团），全区乡镇通公路率达98.6%，建制村通公路率达73.5%；全区95.5%的乡镇（场）通了油路，43.2%的行政村（队）通了油路；改善了268个乡镇及2 370个建制村的通行条件，基本形成了联结千家万户的农村公路网络。

尤其是在2007年，新疆完成农村公路建设投资30.55亿元，建设里程6 700公里，是近年来新疆农村公路建设投资最多、建设规模最大、建设速度最快的一年。“公路通了，脑筋活了，收入多了，面貌变了”，是新疆农村公路大规模建设带给各族农民的切身感受。

家住昌吉市阿什里哈萨克族乡二道水村的乡中心学校初一学生阿依那西·玛坦和弟弟艾登别克·玛坦早上8时30分准时来到村口边，坐上了去乡中心学校的公交车，不到一刻钟就到了学校。和阿依那西姐弟俩一样，今年，昌吉市阿什里乡470名农牧民子女都拿上了昌吉市公交集团发的免费月票。这是昌吉市村村通公交给该市农牧民带来的实惠之一。

在农村道路不断改善的同时，与之配套的农村乡镇客运站点也逐步建立，越来越密集的客运班线，穿梭田间地头和村头巷尾。新疆重点实施了乌鲁木齐公路主枢纽、地（县、市）客运站和农村客运站的建设及配套设施的完善，全区地、州、市、县客运站建设全面完成。截至2007年底，全区农村客运站点达421个，农村客运车辆达14 871辆，占班线客运车辆总数的63%。全区乡镇客运班车通达率为99.9%，行政村客运班车通达率达70%，初步形成了以客运站为依托、辐射全区地州市县及部分重点乡镇的道路客运服务网络。

143团是农八师第一个实现客运班车“村村通”的团场。该团场的三个分场各有一个简易车站，26个连队（村）有17个招呼站，配置了34辆客运公交车。各条线路的公交车每半小时一趟，职工出门就能坐上，老人、学生还可以办月票。

按照规划，今年新疆还将新建、改建农村公路6 000公里，并重点加强不通公路的乡镇、行政村公路建设。条条宽阔的“康庄大道”，将串联起农民的致富梦想，为新农村建设提供了更为便捷的道路交通保障。

（四）公路养护管理

新疆进行了公路养护工程内部招投标、实行养护工程项目管理、养护工程监理、合同管理、计量支付制度，在实行事业单位企业化管理和试点养护企业的改革过程中，都做了积极稳妥的探索和实践。

公路局近年来通过在全系统范围内推行小修养护内部招投标，不仅使传统的公路养护发生了质的变化，而且使公路养护企业化管理找到了一种有效的实现形式。内部养护市场化运行以来，新疆公路养护工作被注入了新的内容，“科学养护、文明养护、及时养护、加强冬季养护”已成为新疆公路行业改革发展中的一种新办法。

1978年～1990年，新疆在养护管理上提出“新建改建公路15年无大修”和“进一步提高公路技术等级”等措施，推出了公路养护管理经济承包责任制，执行了发包、承包管理办法，先后开展了公路普查、路况登记、交通量调查、路政管理、科技档案管理、公路养护管理系统数据库等工作，养护方式上积极推行专业化和机械化养护，使公路养护管理工作上了一个新的台阶。

进入20世纪90年代公路养护管理机构和队伍相对稳定，管理上相继采取了“道班建设”、“加强机械化养护”等措施，改善了一线干部职工的生产、生活、交通条件和环境，推广和应用了CBMS、CPMS系统，制定了《新疆公路养护管理检验评定规程》、《新疆公路养护管理检查办法》和《道班管理二图六表》等各项工作的管理办法，进行了公路养护成本相关因素调研等工作，制定并实施了《公路养护投入产出包干管理办法》，使公路养护管理工作步入了专业化、科学化、规范化、现代化轨道。

“十五”以来是公路养护管理体制、机制改革力度最大的几年，从管理模式上进行大胆探索和尝试，养护管理先后推行了“公路养护大中修和小修保养招标投标”，实行了监理制度、计量支付工程费制度等措施，从过去老的“经济承包责任制”模式，到模拟“企业化养护管理”模式，积极培育新疆内部养护管理市场。随着公路基本建设、路网工程、路网改造工程力度的加大，公路里程、公路等级、公路技术标准得到大幅度提高，好路率由2000年的65.2%上升到2007年的85.5%。

通过加强公路改造和管理养护，新疆公路技术等级、通行抗灾能力和路网整体服务水平不断提高。“十五”末在全国公路养护检查评比中名列第10位。

由于新疆公路多分布在自然条件恶劣的高山、大漠、戈壁、荒原等地段，过去60%以上的道班都远离县城和居民点，道班工人的生活和工作环境极为艰苦，而且诸如吃水难、吃菜难、用电难、乘车难、通讯难、看病难、找对象难、子女上学就业难等问题也一直困扰着他们。

从1997年开始，新疆交通厅从“以人为本”的角度来统筹安排道班建设，对全疆的道班进行重新规划建设。经过多年的努力，在改造过的248个道班（养护站）中，全部安装了地面卫星接收器，建起了文化娱乐图书室，大部分道班（养护站）已建成了“三园一架”（果园、花园、菜园和葡萄架）式道班，有的已成为当地的人文景点，目前已受到全国、自治区有关部门命名表彰的道班、养护站就达100多个。

园林化的院落，古典式的亭阁，公寓化的宿舍，现代化的设备，方便的交通班车……过往的人们都在惊叹公路道班所发生的巨大变化。同时，针对养路工人存在缺房、危房的现实，交通厅和公路管理局认真制定并实施了房建工作规划，共有3 000多户一线养路职工搬进了新居。

现代化养护机械减轻了养路工人的劳动强度。20世纪50年代、60年代养路工人在公路上作业主要用的是铁锨、十字镐、抬把子、板耙、齿耙、独轮手推车等；70、80年代开始大批量配备手扶拖拉机、小四轮拖车、小翻斗车等小型机械等，公路施工及沥青铺筑基本采用机械碾压，人工劳动减少了70%；90年代以后，大型推土机、扫雪车、越野车、巡道车、洒水车、平地机、压路机、挖掘机等现代化养护机械广泛运用到新疆公路行业，极大地减轻了养路工人的劳动强度。

新疆公路管理局养路科原科长、高级工程师曲占柱，1958年从沈阳公路工程学院毕业后，自愿来到新疆。为了新疆的公路事业，30多年来，他凭着对党和人民的无限忠诚，用他坚实的双脚踏遍了天山南北的条条公路。从“万山之祖”的喀喇昆仑山到“死亡之海”的塔克拉玛干沙漠，从西藏阿里地区的冰河峡谷到帕米尔高原的红其拉甫，只要公路延伸的地方，到处都留下了他的足迹。

1987年12月28日，为了营救旅客，老风口道班的两名养路工周林、蒋笃远在与暴风雪搏斗了十几个小时之后献出了自己年轻的生命，牺牲时还不到30岁。

塔城公路总段原总段长胡曼，就是在这样恶劣的环境下，每当险情发生时，总是亲临现场，不顾个人安危指挥抢险，担负起保护人民群众生命和财产安全的重任，现在，忙碌的胡曼也已安息在巴尔鲁克山畔，她和全体公路人一起书写着风抹雪染中的生命赞歌。

一部新疆公路发展史就是几代各族养路工的奋斗史、牺牲史和创业史。从“爱岗敬业、拼搏奉献”的全国劳动模范多力贡·加尼到“富而思源、富而思进”的自治区民族团结先进个人沙地克江，从“干一行、爱一行、钻一行”的优秀养路工代表热比姑·依明到交通厅号召全疆交通系统学习的爱岗敬业、改革先锋、无私奉献的自治区优秀共产党员、模范道德标兵塔城公路总段原总段长胡曼，他们生命中最辉煌的部分都与公路紧紧相连，是新疆公路的脊梁！

三、道路运输蓬勃发展

随着道路运输市场的进一步开放，新疆交通运输逐步形成了多家经营、多种形式、多种经济成分并存的新格局。截至2007年底，全区民用汽车保有量达到82万辆，其中营业性运输车辆25.03万辆，占全区民用汽车保有量的30.6%，比1978年的4.1万辆增长了5倍。新疆公路客运量、旅客周转量、公路货运量、货物周转量分别为36 159万人、326.7亿人公里、38 427万吨、468.8亿吨公里，在公路、铁路、航空、管道4种运输方式中公路的客货运输量分别占95%和84%。形成了人便于行、货畅其流的良好局面。道路运输业带动或推动其他行业创造附加值221.72亿元，对自治区GDP的总体贡献率达10.4%，对自治区就业的总体贡献率达4.83%。

（一）服务管理体制不断健全完善

1983年9月，自治区汽车运输总公司改为自治区运输管理局，统一管理全疆公路运输市场。1988年初，自治区运输管理局改为交通厅下属的县处级职能局，代表交通厅对全疆公路客货运输市场、汽车维修市场、运输站点、搬运装卸及交通工业等进行全行业管理。随后，全疆公路运输三级行业管理体系形成。自治区设公路运输管理局，地、州、市设公路运输市场管理总站（处），县（重点经济区）设公路运输管理站。同年，《新疆维吾尔自治区公路运输管理实施细则》颁布实行，公路运输行业管理工作日趋规范。2001年8月，自治区将新疆公路运输管理局改为新疆道路运输管理局。2003年1月，自治区将道路运输管理体制由“条块结合、以块为主”改为“条块结合、以条为主”。全区道路运输管理实行自治区、地州（市）、县（市、区）三级管理；全区15个地州（市）均设有公路运输管理总站（处）；各县（市、区）设公路运输管理站（所）；边境一类陆路口岸设14个口岸交通运输管理站；国道、省道设27个公路交通稽查站和1个外籍车辆检查站，为道路运输管理机构履行公共事务管理职能奠定了坚实基础。

随着《道路运输管理条例》的颁布实施，企业经营权与监督管理权的分离，道路运输管理局紧紧围绕“建设大交通，发展大物流，搞活大经济”的目标，坚持“政府引导、统规划、多方投资、加强监管、城乡统筹、优势互补”的原则，构建网络化、全覆盖的道路运输市场，引导广大道路运输经营者规模化、集约化、体系化经营，以诚实守信为宗旨，坚持以人为本的经营理念，促进经济社会的发展。通过一次又一次的调整、整合，道路运输事业得到极大发展，推动了新疆经济的快速发展。

（二）城乡客运人便于行

以法律手段为主的道路旅客运输市场宏观调控机制渐趋成熟，客运车辆覆盖面广、运力充足，现代道路旅客运输市场体系基本建立并逐步完善，道路旅客运输向着高速、舒适、便捷方向发展。2007年全区实现客运总量26 348万人次，多年来一直保持每年8%的增长速度，现代道路旅客运输市场体系框架基本形成，各族人民多元化的乘车需求基本得到满足，道路客运事业正朝着现代化方向迈进。基本形成了以长途客运班线为主体，城乡公交车、出租车为补充的客运市场网络。班线客运成为新疆道路旅客运输的主力军。省际客运班线35条，投入客车119辆，地州市之间班线509条，投入客车3 238辆，实现了以乌鲁木齐市为中心往返于地州市所在地和部分发达县、市以及地州市所在地的互通；县际班线共有860条，共投入车辆7 316辆，实现了各地州市和县与县之间的互通。

随着新疆农村公路通达深度不断延伸和农村公路质量等级的不断提高，农村客运快速发展。全区853个乡镇中，839个已通了客运班车，9 195个行政村中，6 578个已通了客运班车，客运班车通达率分别达到98.3%、71.5%，302个乡镇（团场）建设了客运站。全区农村客运车辆达18 570辆，车辆占班线客运车辆总数的75%，基本解决了农牧民群众出行难、乘车难的问题。一些地州市还将农村客运班车改造为城乡公交客运，方便农牧民出行。并积极响应农牧区集中办学的要求，采取了当地政府、学校、客运企业各承担一部分费用的做法，承担起农牧区学生上学接送的公益性运输。阿勒泰地区运管总站结合农牧区实际，提出“牛羊随着水草转、客车跟着毡房走”的要求，青河县率先实现了客车开到农牧民的田间地头和毡房前的目标。

培育品牌，为各族人民群众提供文明、优质的出行服务成为道路运输管理部门的重要职责。昌吉公交集团为全国道路客运百强企业。该公司农村公交网线覆盖了昌吉市8个乡镇84个行政村以及兵团农六师部分团场，通达率100%，形成了村村通公交的良好格局，使昌吉市成为新疆首个村村通公交的县市。该公司积极打造高效、快捷、舒适、方便的公交客运体系，让农牧民共享城市公交资源和改革开放的文明成果。2005年，该公司在市区线路和农村客运线路全部试行了智能公交IC卡收费，农村客运线路上的138辆车全部配置了手持POS机，农牧民与城市居民一样持IC卡乘车。为城乡居民发放月票1.3万张，分设了专线月票、全线月票和区间月票，极大方便了进城的农牧民。为此，该公司每年为郊区月票补贴430万元。公司还每天派出25辆公交车将1 400多名农村学生、教师早晨送到学校，下午送回家，还为阿什里乡中心小学的400多名哈萨克族学生办理了免费乘车IC卡。2006年，农民工进疆高峰时期，新疆道路运输管理局、昌吉州运管总站紧急抽调该公司36辆公交车，及时完成了由大河沿火车站前往阿克苏、奎屯等地捡棉花的农民工1 440人的承运任务，后被道路运输管理局列为紧急预案后备队。

2005年8月21日，新疆首条“文明班线”——乌鲁木齐—石河子阳光快客文明班线正式开通。“文明班线”以窗口建设为重点，以“为乘客服务、向乘客承诺、请乘客监督、让乘客满意”为宗旨，向旅客提供“零距离”服务；推行站务员星级服务和专项活动考评制度，实行与经济责任制挂钩考核。按照统一协调、便民利民的要求，形成了统一停靠站点、线路标志、服务承诺、便民措施、车辆车型、人员着装、服务证牌、站务规范的“八统一”服务标准，为旅客提供了舒适和规范的服务。经过三年多的创建实践，乌石快客联营体取得较好的社会效益和经济效益。班车备受乘客青睐，实载率一年好于一年；乘客体验快乐出行，全程享受优质服务，成为乌奎高速路上一道亮丽的“风景线”。

（三）道路运输货畅其流

2007年末，全区营业性货运汽车完成货运量、货物周转量分别为1978年的4.99倍和11.42倍。在自治区现代综合交通运输体系中处于领先地位，运量排名第一，货物周转量仅次于铁路，排名第二，突破了道路交通运输制约自治区经济建设发展的“瓶颈”，实现了“货畅其流”与国际接轨的管理目标。道路货物运输向着规模化、专业化、快速化方向发展。货运汽车的结构也发生了巨大的变化，不仅大、中、小齐全，并实现了优化。为适应经济建设，适应工农业生产和各族人民生活不断提高的需要，货运经营者在各级交通运管机构的引导下，利用自有资金或银行贷款购置了集装箱车、厢式货车、大型物件运输车（牵引车、平板车）、半挂车、冷藏车、保温保鲜车、水泥搅拌运输车、各类罐车、商品车运输车、自卸车、运钞车、化学危险品运输专用车、工具车等。营运货车占全区营运汽车总数的82%～84%，并不断朝着大型化、专业化、节能环保化的方向发展。

国务院《关于进一步促进新疆经济发展的意见》以及“外引内联，东联西出”战略的实施，使物流需求将持续较大幅度的增长，为道路运输业的发展带来了机遇。同时要求道路运输行业优化运输组织结构，改善运输装备水平，提供高效率、低成本、差异化的物流服务。结合新疆的经济特征，将重点建设四个现代物流体系：建设现代物流基础设施体系，现代物流市场体系，现代物流信息体系，现代物流发展宏观政策体系。建立以乌鲁木齐为中心、重点城市和口岸为节点、以综合运输网络为依托，以国际物流为发展方向的现代物流体系，全面提升新疆物流业的服务水平和竞争能力，促进新疆的经济和社会发展。到2015年，预计总投资9.73亿元，力争完成7个运输枢纽城市中的21个物流中心和货运站场的建设目标，培育出10家左右对新疆道路货物运输发展方向和运输市场有一定主导作用的大型货运物流公司，营运载货汽车总数将达到28万辆。骨干运输企业所占的市场份额达到35%，专业化物流企业达到100家，形成快速货运以大型货运物流公司为主、骨干企业全部公司化经营的发展格局。到2015年，基本建立起信息化、组织化、网络化程度较高、地区间与地区内相协调的货运物流服务系统。

（四）国际运输蓬勃发展

国际道路运输自1990年开展以来，截至2007年底，新疆与周边国家已开通了17个一类陆路口岸、12个二类口岸和5个国际客运站。共开通客货运输线路105条（其中客运51条，货运54条），成为全国国际道路运输营运里程最长、营运线路最多、发展最为迅速的省区。累计完成出入境客运量489.90万人次，进出口货运量1 649.71万吨。1990年~2007年，新疆从事国际道路运输的企业由开始的3家发展到66家；国际道路货运车辆从平均吨位不足5吨到现今超过20吨；车型由普通散货车辆发展到集装箱大型货柜运输车辆及冷藏、危货专用运输车辆；国际道路客运车辆从普通客车发展到高级客车、卧铺客车。车辆数由200余辆发展到3 200余辆；货物运输由当初只能提供一般货物运输到目前可以提供普通货物、危险货物、鲜活易腐货物、长大笨重货物、零担货物等多种国际道路货物运输。国际旅客运输车辆90%以上的客车为22铺以上、中、高级卧铺客车，安全性、舒适性、及时性有了很大的提高。1983年，新疆恢复口岸开放至今，国际道路客货运输量增长迅速。2007年，新疆完成国际道路旅客、货物运输量首次突破“双百万”大关。完成进出口货运量259.20万吨，货物周转量59 152.65万吨公里，出入境客运量103.08万人，旅客周转量17 237.57万人公里，分别较上年同期增长44%、25%、88%、85%。改革开放30年，新疆对外实现了全方位的开放，对外运输实现了大跨度、多层次的发展，已成为对外经济贸易增长不可或缺的运输方式，有力拉动了新疆对外经济贸易的发展。

四、科技教育硕果累累

科技教育是交通行业的立业之本，发展之本，创新之本。交通事业要实现科学的跨越式发展，科技教育必须先行。改革开放以来，新疆交通科技教育事业得到了长足的发展进步。

新疆交通职业技术学院通过整合不断壮大。新疆公路规划勘察设计院，由小到大，由弱到强，稳步发展。1980年，新疆交通科学研究院在改革开放中应运而生。尤其是近几年来，自治区交通厅承担了交通部和自治区各类交通科技研究项目18项，获得科研、优秀工程设计、优秀工程咨询成果奖共31项。新疆交通厅承担的国家“沙漠地区公路建设成套技术研究”项目，在8个方面取得了40项科研成果，有2项填补了国家空白，10项有重大创新，2007年荣获国家科技进步二等奖。《盐渍土地区公路利用风积沙筑路技术开发与应用》荣获2003年自治区科学技术进步一等奖，有近十项工程荣获优秀工程项目设计奖。各类岗位培训和继续教育超过了1.5万人次。

（一）改革创新带来大发展

新疆交通职业技术学院的前身是国营新疆自治区运输公司驾训队，已有55年的历史。进入20世纪90年代后，新疆交通职业技术学院不断发展壮大，已经成为新疆培养交通人才的摇篮。

1997年后，学院先后进行了四轮内设机构和人事用工分配制度改革。改革激活了办学机制，增强了内部活力，使教育质量和办学效益得到提高，成为推动学院发展的重要动力。

1997年7月，为实现交通职业教育的资源共享、优势互补，交通厅决定把交通学校（含交通干部学校）和交通技工学校合并。学校及时制定了发展规划（1998年~2000年），确定了力争用3年的时间，实现自治区重点中等专业学校和自治区重点技工学校及自治区级文明单位的奋斗目标，学校真正意义上的发展也就是从这时起步的。

1999年1月，学校全面启动了首轮内设机构和人事用工制度改革。这轮改革重在建立与学校发展相适应的内设机构，以全员聘用制为核心进行中层干部竞争上岗，教职工双向选择等工作。两年后进行的第二轮改革中，学校以引入工资津贴分配机制为重点，实行了岗位津贴分配制度，推进管理机制的改革和创新，学校整体办学效益明显增强，教职工福利收入水平有了一定的改善。2003年，第三轮改革以强化全日制中等职业教育、成人教育培训鉴定和校办产业三大发展支柱为重点。在此期间，学校又通过了国家级重点技工学校评估和国家级重点中等职业学校复评估，成为教育部批准的国家重点建设示范性职业院校（新疆共有三所），汽车运用与维修专业成为新疆仅有的全国中等职业教育师范专业点。学校以良好的办学规模、办学效益和办学水平，位居新疆各中等职业学校之首，成为新疆中等职业教育的领头羊。

为适应高等职业教育的发展，2005年1月~4月，学校按照高等职业技术学院的管理要求，组织实施了第四轮改革。此轮改革对内设机构进行了较大调整，对教学部门实行了费用包干管理。新的内设机构设置和全员聘用工作为学院发展理顺了关系，明确了责任，建立了适应高等职业教育发展的工作体制。

2001年，学校教师代表队荣获新疆技能比武交通赛区团体总分第一名和各单项比赛第一名的好成绩；2003年，学校囊括了新疆技工学校汽车维修专业应届毕业生教学质量抽考团体总分、学生组和教师组三项第一名。

目前，学院已形成公路与桥梁、汽车运用与维修、交通工程机械、交通运输管理和计算机应用5个主干专业群的20多个专业体系。实现学历教育学生6 000多人，其中全日制中高职在校生近4 000人，本专科函授生1 500多人。毕业生当年就业率保持在90%以上。

同时，学院也形成了以高职教育为主体，融中职教育、成人继续教育、各类职业培训、技能鉴定为一体的多层次、多形式办学格局，充分发挥了交通教育培训的资源优势，向社会输送各类交通技术人才3万多人，为自治区交通人才培养做出了应有的贡献。

（二）踏平坎坷成大道

新疆公路规划勘察设计院1961年成立至今，已完成公路勘察设计4万多公里，特大桥梁近百座，在天山南北、大漠腹地、昆仑雪山、帕米尔高原都留下了这些交通人艰辛的足迹。

风灾、雪灾、盐碱是困扰新疆公路的主要灾害，也是老一辈公路测设者一直在思考、力图突破的问题，但由于当时国力不足，新疆经济欠发达，使得上等级的公路建设受到了一定程度的影响。如：国道218线尉犁—若羌段公路，介于绿洲与沙漠边缘，沿线砂砾等筑路材料奇缺，土壤存在不同程度的盐渍化现象，且部分路段地下水位高、地基湿软，原有老路冻胀、盐胀、翻浆等道路病害并存，通行条件极差，当地建设兵团职工对此意见很大。怎样修，才能使这段路坚固？若用砂砾，需要到别处取材，工程造价会很高。为解决这一问题，新一代公路测设者从1997年就开始了长达5年的“盐渍土地区公路利用风积沙筑路技术开发与应用”的研究。共计完成37种路基、路面结构的理论研究与现场试验，取得了12项主要研究成果，获得了丰富的风积沙、盐渍土等材料的物理力学参数，成功地将风积沙用于路面结构和盐渍土、湿软地基的处理，解决了砂砾料缺乏地区的筑路难题，形成了风积沙在盐渍土地区设计、施工、试验控制完整的研究成果和成套技术。该技术经过自治区科技厅鉴定确认达到了国内领先水平，并填补了国内两项空白，目前这项技术已应用在新疆国道、省道的建设中。

在改革与创新中，提升了设计研究院整体的技术水平。目前，新疆公路规划勘察设计研究院已获得国家建设部颁发的工程勘察综合类甲级资质证书，国家建设部颁发的公路行业工程设计甲级资质证书，国家发展和改革委员会颁发的公路工程咨询甲级资质证书，国家交通部颁发的公路工程监理甲级资质证书等，并取得了累累硕果。《盐渍土地区公路利用风积沙筑路技术开发与应用》获2003年自治区科学技术进步一等奖，新藏公路219线1997年获交通部优秀勘察设计二等奖和自治区第九届优秀工程设计二等奖，国道314线库尔勒过境公路改建工程获自治区第十届优秀工程设计一等奖，吐乌大高等级公路获自治区第十一届优秀工程设计一等奖、全国第十届优秀工程设计项目铜奖，孔雀河大桥获全国第九届优秀工程设计铜奖，“新疆挡土墙交互设计系统软件工程设计项目”获自治区第十届优秀工程设计一等奖，等等。

（三）历史性的突破

沙害、雪害、盐渍土，这是中国公路建设中的三大危害，也是三大难题，新疆交通科研院所将这些难题一一破解。

我国是世界上沙漠分布最多的国家之一，沙漠面积约81万平方公里，许多沙漠地带蕴藏着丰富的资源。塔克拉玛干，一提起这个地名，人们就会马上想到无边的黄沙、不尽的狂风——那是世界第二大沙漠，是尽人皆知的“死亡之海”，但是那里不仅蕴藏着丰富的石油、天然气，而且还生活着众多的人民。在沙漠里修公路，是中国西部亿万人祖祖辈辈的梦想。

2003年，中国国务院在向联合国递交的白皮书里，自豪地向世界宣布：中国新疆有两项科研成果获得历史性的重大突破。其中一项就是《新疆沙漠公路修筑技术》。

自治区交通厅交通科研所的科研人员历尽千辛万苦，经过近20年的不断探索、研究与艰苦实践，积累了大量的数据和丰富的经验，研究总结出一整套固、阻、疏、导治沙的办法，终于使315国道初步解除了沙的危害，自1984年以后，那里的沙阻现象就被彻底改观了，是他们使和田—且末—若羌的公路畅通起来。

其后，在新疆交通科研所工程师的亲自指导下，采取“强基薄面”的方法，以土工布为材料，利用沙漠里的风积沙为路基，修建了第一条沙漠公路，由库尔勒不远的肖塘—塔中1号井，长120公里，为塔中的石油开采大会战建立了功勋。他们十几年里探索的“固、阻、疏、导”的治沙技术在这里几乎全部得到有效应用。而用芦苇编织防沙网和防沙栅栏的做法不仅成为一个创举，也成为沙海大漠里的旷世奇观。

1993年，由中国天然气公司主持修建了由民丰—库尔勒的全长500多公里的沙漠公路。那是一条真正具有历史意义的沙漠公路，所使用的也完全是由新疆交通科研所提供的成套技术。

2002年，由且末—塔中的沙漠公路则是又一次突破。人们知道，由民丰—库尔勒的沙漠公路的走向基本上是顺着沙漠里的沙丘走向修建的（南北走向），从卫星的航拍图片上可以看得到，这条沙漠公路基本上是在两大沙丘的谷地里穿行，不会受到大规模流沙的侵害。而塔且沙漠公路却是“顶沙而行”，这条东西走向的沙漠公路硬是笔直地向大量的沙丘横切过去，碰到最高的沙丘，要横切下100多米深的沙沟，然而在沙海中的这条路还是势不可挡地在风沙肆虐中昂然挺进，由且末直指塔克拉玛干腹地。经过几年的检验，这条沙漠公路在狂风飞沙的猖狂进攻面前安然无恙。

2007年阿拉尔—和田的又一条300多公里的沙漠公路建成通车。

《新疆沙漠公路修筑技术的研究》获自治区1994年度科技进步一等奖，在原来已取得初步成果的基础上，经过专家不断地探索、研究沙漠地质，补充完善，2007年，《公路建设成套技术研究》荣获国家科技进步二等奖。从此中国人可以在世界任何复杂的沙漠地带修建高等级公路。

老风口距乌鲁木齐500公里，是塔城通往外界的咽喉要道。这里经常刮12级的大风，而且，有时狂风一刮，就是几天几夜，狂风常常夹着暴雪，铺天盖地。1980年，新疆公路科研所成立伊始，即派科研人员来到老风口，探索治理风雪的办法。他们在老风口修导风板、阻雪堤、挡风墙、改缓公路边坡……做了无数探索性的防风实验，终于总结出治理老风口的办法，形成了《老风口公路雪害防治研究报告》。他们在老风口打了3眼百米深的水井，种植了3公里多的林草结合的防风雪林带。从打井、耕地、挖坑种树开始，整整奋斗了十个春秋。

1993年，他们的研究成果得到塔城地委、行署和自治区党委、人民政府的高度重视。当年，国家投资4 800万元，在塔城与乌鲁木齐相通的S221线上，接着公路科研所种植的示范林带，开始大规模地植树、种草，几十万塔城男女老少以从来没有过的热情投入这场“生态建设、绿化公路、防风治雪、美化家园”的热潮之中。如今，沿S221线，从老风口开始，直到塔城，一道长几十公里的绿色屏障挡住了冬天的风雪，改变了那儿的气候与自然环境。如今，在老风口立着一块巨大的纪念碑，褒扬治理老风口是“功在千秋，恩泽万世”。

五、文明建设展新貌

新疆交通行业是一个公益性、服务性、社会性很强的“窗口”行业。从业人员多，涉及面广，影响力大。新疆交通系统在创建文明行业工作中，紧紧围绕中心抓创建，抓好创建促发展的创建思路，以“服务人民、奉献社会”为宗旨，以物质文明、政治文明、精神文明建设协调发展为“总抓手”，以“两个延伸”（从窗口向系统延伸；从直属单位向从业单位和从业人员延伸）和“学树创”（学先进、树新风、创一流）活动为载体，在全行业大力开展文明行业创建活动。改革开放以来，交通厅党委坚持“两手抓、两手都要硬”的原则，交通文明建设和交通基础设施建设得到同步发展。尤其是近几年来，自治区交通文明行业创建工作有了新突破和新发展，实现了交通服务设施水平有明显提高，职工队伍素质有明显提高，交通服务质量有明显提高，交通行业整体形象有明显提高。

到2007年底，全区交通系统建成全国文明单位1个（自治区公路管理局），全国精神文明建设先进单位2个（吐鲁番地区交通局、塔城公路总段），全国创建文明行业先进集体2个（哈密地区交通局、交通建设局石河子管理处），全国交通文明行业4个（自治区公路管理局、自治区道路运输管理局、自治区交通建设局、自治区交通规费征收征稽（海事）局），自治区文明行业5个（自治区公路管理局、自治区道路运输管理局、自治区交通建设局、自治区交通规费征收稽查（海事）局、吐鲁番地区交通局），地州市级文明行业13个（乌鲁木齐、石河子、塔城、阿勒泰、吐鲁番、哈密、阿克苏、巴州、伊犁州、克州、昌吉州、博州、克拉玛依市交通系统），建成国家级青年文明号12个，自治区级青年文明号69个，自治区文明单位74个，占独立核算单位的98.7%；建成自治区、地（州、市）级文明行业18个，占89.5%。文明行业建设的职工参与率达到100%。2007年，新疆交通行业被自治区文明委命名为自治区文明行业。

在创建工作中，一是必须把创建工作列入厅党委工作的重要议事日程，党委书记和厅长都是一岗双责亲自抓，并在每年的交通工作会议上进行总结安排和部署。二是必须以科学的方法、务实的精神和创新的思路来进行。在多年的工作中，围绕中心抓创建，抓好创建促发展，努力做到了“六个坚持”（坚持统筹兼顾、坚持机制完善、坚持全员参与、坚持典型引路、坚持文化引领、坚持活动创新），通过统筹兼顾协调创建格局，通过完善机制加强创建领导，通过全员参与激发创建活力，通过典型引路延伸创建成效，通过文化引领发展创建方向，通过活动创新丰富创建内容，一步一个脚印，实现了创建文明行业工作的又好又快发展。

1. 坚持统筹兼顾，围绕中心抓创建、抓好创建促发展，有效防止并解决“两张皮”的问题，促进了创建交通文明行业工作的协调发展

一个行业的物质基础、制度保障、精神文化、思想道德、行为规范和整体形象，无不体现并折射着社会和行业的文明程度。因此，做好行业文明创建工作的重要措施就是“三个文明”一起抓、三个任务一起下、三个担子一起挑、三个成果一起要。近年来，新疆交通厅党委坚持把创建文明行业作为促进交通行业协调发展的重要途径，把创建工作融入各项具体工作进行统筹安排。坚持“三个文明”建设一起部署、一起实施、一起检查、一起考核、一起表彰，努力使创建文明行业工作做到了“‘三个贴近’并‘三个服务于’”，即贴近并服务于交通建设、贴近并服务于社会和谐、贴近并服务于群众利益，切实解决了交通行业“两张皮”现象和“一手硬、一手软”的问题，促进了交通行业“三个文明”建设协调发展。

2. 坚持完善创建机制，通过建立“总抓手”等工作机制，有效解决创建工作难以深入的问题，促进了创建交通文明行业工作的全面发展

创建文明行业的深入发展和整体推进都需要健全的工作机制作保障。近年来，新疆建立健全了创建文明行业的组织领导机制、考核评价机制、奖励制约机制、联动工作机制、运行管理机制、责任追究机制等。建立了政务公开等一系列内外监督保障体系，并在落实机构、落实人员、落实任务、落实经费、落实责任等方面采取积极有效的措施，形成了较为科学的创建机制体系。

一是建立并完善“总抓手”领导机制，强化目标责任制。在工作中，厅党委深刻认识到，不仅要建立“总抓手”创建工作机制，而且完善了分级管理、分类指导、责权明确的目标责任制。把部门行为上升为领导行为和行业行为，逐步把优质工程、项目建设、文明工地、党风廉政、交通安全、劳动竞赛、技术比武以及“青年文明号”、“巾帼建功”、“巾帼标兵”、“三八红旗手”等评比活动，全部纳入到文明创建考核评比之中。坚持做到年初有部署，平时有检查，半年有总结，年底有考核。厅党委每年派出督导检查组，对各地州市交通系统和厅属各单位创建文明行业工作进行督导和检查。形成了党委统一领导、主要领导一岗双责，班子成员分工负责，业务部门各负其责，工会、共青团组织积极参与的分工负责、齐抓共管的创建格局。形成了条块结合、以块为主、上下联动、整体推动、重点突破、不断深化、全面拓展的发展格局。

二是建立并完善奖励机制，强化监督保障。近年来，新疆交通行业建立并完善了创建文明行业工作的考评奖励机制，制定了《自治区交通系统创建文明行业考核评分办法》、《自治区交通厅“文明示范窗口”考核评分办法》、《自治区交通系统“十一五”文明行业建设工作指导意见》、《自治区交通系统“十一五”创建文明行业实施办法》等，使创建工作有目标、有标准、有规范、有措施。每年在计划中安排100万元的专项创建资金，对在创建文明行业中涌现出来的先进集体、先进单位、“文明示范窗口”和先进个人进行表彰奖励。同时，建立健全了单位自查、投诉举报、舆论监督、群众监督、社会评价内外结合的监督机制。对建成的文明行业、文明单位实施动态管理，对出现问题的撤销荣誉称号。坚持把行业评价和社会评价结合起来，把年终综合考评与日常分项考评结合起来。

三是建立并完善联动机制，强化互动效应。近年来，新疆交通系统逐步完善了交通行业条与条之间，块与块之间，条与块之间，机关与基层之间、窗口与社会之间的服务体系，形成了“上下联动、左右互动、整体推动”的工作格局。如公路管理局部分总段之间开展了“手拉手”创建活动，征稽局在全系统开展了“捆绑式”创建活动，各地州市交通局相互之间开展了“联手共建”活动等等。交通系统各单位充分利用片区会议、现场观摩、实地考察、座谈交流、专题研讨等多种形式联合起来，沟通了信息，交流了经验，形成了互动，促进了工作，深化了创建。

3. 坚持全员参与，通过广泛开展“两个延伸”活动，解决了创建盲区和空白点的问题，促进了创建交通文明行业工作的深入发展

创建文明行业必须有广大职工的广泛支持和共同参与，才能深入持久。2002年新疆交通系统在哈密召开的创建文明行业现场会上，首次提出了“两个延伸”的思路。2004年制定并印发了《开展“两个延伸”活动的实施意见》，将道路运输经营业户、公路建设施工、设计、监理等单位及相关从业人员作为延伸对象，逐步建立健全对从业单位、从业人员的考核评价体系，确保活动科学规范、扎实有效。多年来，新疆交通系统坚持把内涵丰富的创建内容延伸到交通行业的各个单位、各个部门和各个岗位，并提出了工作岗位就是创建的最好载体，把形式多样的创建载体延伸到交通行业的各个层面、各个群体和各类人员。基本形成了从内到外、自上而下、由点连线、由线到面、整体推进、全员参与的工作局面。有效解决了创建工作发展不平衡和工作中的盲区、空白点问题，调动了广大交通职工参与创建工作的积极性、主动性和创造性，创建成果和效益日益明显。

4. 坚持典型引路，通过培育和树立先进典型，解决创建工作的示范性问题，促进了创建交通文明行业的健康发展

培养和树立先进典型，发挥示范作用，既是交通行业开展“学先进、树新风、创一流”活动的重要基础，也是创建交通文明行业的现实需要。近年来，新疆交通系统结合不同时期、不同岗位上涌现出的先进典型，坚持把典型引路作为创建文明行业的一个重要切入点，培养树立了以胡曼同志为代表的一大批可亲、可敬、可信、可学的先进典型，让广大交通干部职工学有榜样、赶有目标，在全行业形成了比学赶帮、争先创优的良好氛围。

一是注重在基层一线中培树创建典型。在交通系统涌现出了多力贡·加尼、热比姑·依明、依布拉因·艾白等一批全国劳动模范和青年岗位能手；涌现了乌鲁木齐市“雷锋车队”、地窝堡收费站、奎屯收费站等一批文明班组；涌现了吐鲁番交通局、霍城客运中心、博州运管总站、石河子管理处、北京路征稽所等一批先进集体。这些先进典型具有广泛的群众性。

二是注重在学习实践中宣传典型。一个典型一面旗帜，一个典型一根标杆。公路管理局坚持把学习典型人物与开展“三学四建一创”活动、“十佳养护站”、“十佳养路工”、“文明示范窗口”等争先创优活动结合起来，用典型带群体，以典型的示范作用提高创建工作的层次和水平。通过广泛深入地开展学先进、比先进、赶先进的学习宣传活动，激发了广大交通职工争先创优的工作热情，催生了一批又一批新的先进群体，不仅增强了交通行业的凝聚力、向心力和战斗力，而且提升了交通行业知名度，塑造了交通行业良好社会形象。

5. 坚持文化引领，通过开展文化建设，有效解决软实力的增长问题，促进了创建交通文明行业工作的可持续发展

创建文明行业工作是增强交通行业软实力的重要途径，也是一项系统工程，只有正确引领、科学组织、规范运作、全面推进，才能使创建工作走上可持续发展轨道。全面加强交通文化建设，这不仅是解决交通软实力增长的核心问题，也是创建文明行业实现可持续发展的重要条件。近年来，新疆交通系统在交通文化建设和文化引领方面做了积极有益的探索，并已取得了部分研究成果。

一是在交通基础设施建设中，积极倡导“畅洁绿美、资源节约、环境友好、绿色通道、阳光工程”等现代文明理念，体现了交通物质文化的引领意义。

二是通过在一线开展班组文化建设，在全系统广泛开展“交通精神大讨论”、举办主题演讲、摄影、书法、体育比赛、文艺汇演、读书征文等交通文化实践活动，大力弘扬了“铺路石精神”、“天山路精神”，体现了交通精神文化的引领意义。

三是坚持把文化理念和服务意识延伸到所有交通服务窗口的建设内容中，把现代交通文明意识延伸到对社会服务效能的每一个行为之中，体现了交通行为文化的引领意义。

通过文化建设的积极引领，不仅调动了广大职工的积极性和创造性，而且使创建文明行业工作的发展方向开始由精神文明单位的单项创建向三个文明建设的全面发展转变，由达标式阶段性创建向内涵式长效目标创建转变，由以管理为主的传统创建向以服务为主的文化创建转变。

6. 坚持活动创新，通过创新活动载体和工作方法，有效解决创建工作活力不足、吸引力不强的问题，促进了创建文明行业工作的良性发展

坚持用新理念、新思路、新举措、新载体推进创建工作，实现交通事业的新发展和新突破，这是文明创建工作的持久动力。近年来，新疆交通系统围绕交通中心工作，坚持以人为本，不断创新活动的内容、形式和载体，提出解决检查多、资料多、上墙多、挂牌多的问题，这些新办法、新途径，使创建工作的凝聚力、吸引力和生命力不断增强。在全行业开展了“交通基础设施优质廉政工程”、“交通行政执法素质形象工程”、“交通运输文明畅通工程”、“运输企业安全效益工程”建设活动，把公路交通发展好、建设好、养护好、管理好、服务好、经营好，确保了经济效益和社会效益同步提高。

六、抓住机遇促发展

党的十七大特别强调了“今后一个时期要继续加强基础设施建设，加快发展现代能源产业和综合运输体系”。国务院32号文件明确提出，“公路要加强连接新疆与内地、连接南北疆和连接周边国家的主干线建设；加大国省干线、口岸公路和国边防公路的建设力度，继续推进通畅工程、通达工程，加大农村公路建设力度”。尤其是要紧紧抓住最近中央决定扩大内需，拉动经济，加快发展的机遇，加快建设新疆综合交通运输体系。

自治区党委七届五次全委（扩大）会议和自治区十届人大一次会议明确提出：今后5年新疆国民生产总值要确保年均两位数增长，力争增长12%，全社会固定资产投资平均增长18%，力争五年完成固定资产投资1.5万亿元，比前五年翻一番。同时强调，要实现预期目标，必须坚持优势资源转化战略，大力发展现代农业，大力推进新型工业化，大力发展现代服务业。

交通部党组提出，要紧紧抓住我国经济发展战略转型的历史机遇，加快发展现代交通业，促进发展方式的根本性转变。交通发展由主要依靠基础设施投资建设拉动向建设、养护、管理和运输服务协调拉动转变；由主要依靠增加物资资源消耗向科技进步、行业创新、从业人员素质提高和资源节约环境友好转变；由主要依靠单一运输方式的发展向综合运输体系发展转变。所有这些，都为加快我区交通发展提供了新机遇。

在机遇和挑战并存的形势下，新疆交通行业要站在新的起点，用新理念、新思路和新举措，抢抓历史机遇，抢占发展新机。为此，必须坚持以科学发展观为指导，用改革创新的精神，提出新思路、确定新举措、落实新要求。

新疆今后三年交通发展的**指导思想**是：高举中国特色社会主义伟大旗帜，以邓小平理论和“三个代表”重要思想为指导，全面落实科学发展观，按照党的十七大和国务院32号文件的部署，树立“大交通”的理念，以做好“三个服务”为目标，以加快交通发展为主题，以文化建设为引领，以加强党的建设为保障，以调整交通结构、转变发展方式、推进自主创新、完善行业管理为重点，充分发挥公路交通在综合运输体系的基础和骨干作用，促进自治区交通加快发展、科学发展、和谐发展，不断提高“三个服务”的能力和水平，加快推进现代交通业建设步伐，为自治区经济社会发展提供坚强有力的基础保障和交通服务。

今后三年交通发展的**工作思路**是：紧紧围绕自治区经济社会发展战略，全力构建两大网络（以高速公路、干线公路为骨架，以农村公路为基础的公路网络；以现代客流、现代物流为方向，面向国际的运输网络）；着力打造三个通道（对亚欧的国际战略通道、对内地省区的东西通道、对区内的南北疆通道）；努力提升交通运输服务保障能力（通行保障能力、安全保障能力、突发应急处置能力、信息服务能力）；加快发展交通运输产业（加快优化运输布局，加大运力结构调整，提升运输枢纽等级，发展大型物流企业，形成现代物流中心）；构建“大交通”格局（大网络、大流通、大市场、大产业），努力建设新疆现代交通业。

今后三年，交通工作的**总体目标**是：公路交通固定资产投资在每年100亿的基础上，继续保持增长。重点建成星星峡—吐鲁番、喀什—和田、独山子—库车等公路。开工建设一批国道、省道、国边防和口岸公路。农村公路重点加强不通公路的乡镇、行政村公路建设。支持自治区资源区、旅游区、开发区、工业园区等重要经济区位的建设。三年公路建设总规模3.3万公里，国省干线8 360公里，农村公路2.5万公里。公路乡镇通达率99.8%、行政村通达率98.7%；基本实现具备条件的乡镇和60%以上的行政村通油路的目标。到2010年，新疆公路网总里程达到16.8万公里。

完善运输枢纽布局与功能，加强综合客运、货运枢纽和场站建设，推进物流园区。完善煤炭、石油、矿产、农副产品、集装箱等专业运输系统。加强科技、教育、安全、应急保障等支持保障系统建设。提高基础设施使用效率，实现新疆交通发展质量和效益明显提高，道路运输服务保障水平明显提高，单位运输能耗和污染物排放量明显下降；交通产业向现代服务业转型取得明显成效，现代交通业发展取得阶段性的成效，基本适应自治区经济和社会全面发展的需要。

把握新要求，落实新任务，推进新疆交通加快发展、科学发展、和谐发展，要努力做到“八个必须适应”。一是必须适应自治区实施优势资源转换战略、加快新型工业化进程、推进社会主义新农村建设的新形势；二是必须适应自治区加大对外开放，发展外向型经济的新要求；三是必须适应加快现代服务业、推进交通由传统产业向现代服务业转型的新变化；四是必须适应建设现代交通业的新目标；五是必须适应构建综合运输体系，全面实现公路交通与其他运输方式有效衔接的新格局；六是必须适应全区各族群众日益增长的多样化、便捷化运输的新需求；七是必须适应增强交通自主创新能力、建设创新型交通行业的新举措；八是必须适应资源节约环境友好发展的新路子，建设资源节约、环境友好型交通，增强交通可持续发展能力。

超常规发展的兵团交通

新疆建设兵团交通局

改革开放以来，特别是1995年兵团交通局单设以来，在交通部（交通运输部）等部委的大力支持下，兵团党委始终把公路交通作为一项重要的基础产业来抓，放在优先发展的位置，历届兵团交通局党组领导班子始终坚持解放思想，深化改革，转变观念，认真落实科学发展观，并抢抓历史机遇，创新工作机制，实现了兵团交通事业超常规发展。

一、发展历程

1949年9月，人民解放军挺进新疆，新疆宣布和平解放，驻疆人民解放军为减轻人民负担，克服国家财政困难，发扬南泥湾传统，一手拿枪，一手拿锅，开展了轰轰烈烈的大生产运动。1954年10月，党中央、毛主席命令驻疆人民解放军约17.5万名官兵就地转业，成立新疆军区生产建设兵团，实行党、政、军合一领导体制，坚持工、农、商、学、兵、农、林、牧、副、渔全面发展建设，是一个特殊的政治、经济、军事和社会的集团，执行起屯垦戍边的历史使命。1975年兵团撤销。1981年经邓小平同志提议，党中央、国务院、中央军委决定恢复新疆生产建设兵团。

与兵团发展一样，兵团交通运输事业作为兵团国民经济的一个重要产业，也是在中国人民解放进军西北、解放新疆的伟大事业中发展起来的。新中国成立初期，交通非常落后，由于公路年久失修，省公路局成立后，管理全疆公路修建与养护，但机构不健全，力量比较薄弱。中国人民解放军不但参加修建公路，还以相当的人力、物力参加公路养护工作。兵团成立后，建筑工程部队先后修建乌库（乌鲁木齐—库尔勒）公路、乌艾（乌鲁木齐—艾维尔沟）公路和伊昭（伊犁昭苏县—察布查尔）公路，遍布全疆各地农牧团场，自筹资金自修自养了各垦区内以及联结区间干线的各级道路；运输部队经营范围不断扩大，运输事业蓬勃发展，基本形成了新疆军垦运输体系，承担了新疆最艰巨的运输任务，特别是在完成平息叛乱、剿灭土匪、保卫边疆、维护社会稳定、兴修公路、支援地方工业建设，以及生产、生活物资的内外交流、调剂供需、平抑物价、稳定市场等历次运输任务中，起到了历史性的重要作用。从20世纪50年代到80年代初，兵团先后将一大批公路基础设施和公路运输、汽车维修、汽车装配企业成建制地移交地方自治区，这奠定了新疆公路交通事业的基础，为开发、建设新疆和巩固边防做出了重要贡献。

“文化大革命”给兵团交通运输事业带来严重冲击。随着兵团的撤销，公路建设严重滞后，运输队伍相继解体。1982年党中央决定恢复兵团后，兵团交通运输业经过整顿逐步得到恢复和迅速发展。

（一）公路建设与养护事业实现跨越式发展

新疆兵团各团场自建场开始，即作出道路规划，以沟通团场内部、团场之间以及团场至古老干线的交通。截至1988年，全兵团集资自建自养的县乡公路16 511公里，其中团场内部道路12 900公里，这些公路等级低、质量差、抗灾能力弱，主要是由团场多年修建和养护而形成的砂石路；通往连队的道路仍以机耕道为主，多半以上是土路，受气候和天气的影响较大，团场连队职工群众出行非常困难。

“九五”以前，兵团交通系统没有专门的养护管理机构和专职管理人员，只有2个专业养路队，即农一师阿塔公路养护队和农七师车排子垦区养护队，其他所有线路无固定专业养路队伍，都属于季节性、临时性的义务养路。因为国家和自治区把兵团公路当作企业专用道对待，兵团只能获得很少的养路费返还资金，公路的养护处于团场自建自养状态，因此，道路状况的好坏取决于沿线团场的责任意识。

由于兵团体制和历史的原因，1995年以前国家对兵团内部公路建设没有直接投入，公路建设和养护一直没有固定的资金来源，资金短缺成为兵团公路交通发展面临的一个突出问题。

公路建设的滞后，严重制约兵团经济社会的发展，直接影响到屯垦戍边事业的历史使命的更好履行，成为兵团发展中的一个瓶颈。“要想富、先修路”，这个先进地区发展经济的经验逐步被兵团各级党政和职工群众所认同。

1990年，兵团计划单列以来，兵团党委把公路交通作为一项重要产业来抓，放在优先发展的位置。特别是1995年兵团交通局成立以来，在交通部等有关部委的大力支持下，兵团交通局历届党组领导班子，认真贯彻落实中共中央、国务院《关于进一步加强新疆生产建设兵团工作的通知》中央1998（17）号文件精神，紧紧抓住1997年党中央、国务院决定将兵团列为财政一级预算单位以及西部大开发的历史机遇，认真研究国家加快国省主干公路建设、实施通县油路、县际公路和农村公路建设政策，积极争取国家和自治区对兵团公路建设的支持，集中精力搞好公路建设规划和前期工作，形成了以建设垦区、团场干线公路为主骨架，依托国省干线，联结团场、营连，逐步形成兵团公路网络的发展思路。

“九五”是兵团公路建设的起步阶段。兵团从国家争取到了少量项目，各师提高了对加快公路建设的重要性的认识，充分调动广大职工群众积极性，投工投劳，民工建勤，使该时期的公路建设得到有效发展。期间公路建设完成总投资27.88亿元，其中，国家补助资金7.506 2亿元，建设总规模3 947公里。

“十五”是兵团公路建设跨越式发展的重要阶段。随着西部大开发政策的落实，中央不断加大对西部地区支持的力度，给兵团公路基础设施建设带来了难得的机遇。随着通团油路、通营公路、通连公路项目的不断启动，有力推动了兵团公路建设的快速发展，五年来，累计完成公路建设投资97.4亿元，其中，国家补助资金26.79亿元，公路建设总规模10 720公里。

“十一五”是公路建设稳步推进阶段。期间公路基础设施建设总投资计划为100亿元，其中，国家投资16.4亿元。前两年，已完成投资42亿元。使兵团公路交通状况发生了根本的改变。

通过“九五”、“十五”和“十一五”期间大规模的公路基础设施建设，基本解决了兵团团场公路因长期无建设资金而造成的等级低、通行条件差的问题，而且在兵团经济社会发展中先行效应明显。不仅改善了团场运输条件，提高了运输效率，降低了运输成本，减轻了职工负担，方便了职工群众出行，而且促进了传统观念的变革和思想的解放，加快了信息的传播和对外交流；不仅改善了兵团形象和投资环境，加快了团场城镇化、工业化进程，缩小了与城市的时空，而且促进了团场产业结构调整，扩大了团场职工群众的就业，增加了职工的收入；不仅改善了连队面貌，而且促进了场风的文明，增强了凝聚力、向心力和战斗力，为兵团屯垦戍边使命的履行提供了交通支持。

随着新建公路通车里程的增多，技术等级不断提高，公路养护问题日渐突出。“公路建设是发展，养护也是发展”和“公路建设三分建设，七分养管”等理念逐步被兵团各级党政和职工群众所接受。兵团各级交通管理部门公路养护意识不断增强，充分认识到要保证公路良好的技术状态，充分发挥其效益，就必须将养护工作纳入各级的工作日程。2000年兵团交通局提出了兵团公路养护管理工作的思路，即贯彻“预防为主，防治结合”的方针，坚持公路建养并重和专业养护与社会养护相结合的原则，严格执行公路养护标准和规范，提高养护质量，逐步引进竞争机制，走社会化、专业化、机械化的路子。建立机构精干、灵活、高效，适应市场变化的公路养护管理体系。根据兵团实际情况，2001年兵团又出台了《兵团公路养护管理暂行办法》。2003年兵团交通局在全兵团开展了“公路养护管理年”活动；2004年~2006年又组织开展“公路养护管理达标验收活动”，兵团公路养护工作实现了历史性的突破。从“九五”末到“十一五”初，兵团公路养护管理体系从无到有，从小到大，逐步建立起以师公路养护管理所中心，团场公路养护管理办公室为主体的兵、师、团三级公路养护管理体系和兵、师、团三级筹措，师、团两级积累的公路养护资金管理机制。兵团公路养护管理的体制框架初步建立，公路养护工作基本形成了“统一领导、分级负责，师团管理为主，职工群众参与”的公路养护管理模式和“以团场为主体，专业养护与群众性养护相结合，管理到连队，分片到小区，责任到住户”的通营连及连队内部道路管养方式。基本实现了日常养护承包到人，路面养护专业施工。公路养护的重点逐步从砂石路平整向沥青（水泥）路维护转移，公路养护资金的筹集逐步从以团场职工投工投劳为主，向以纳入师、团财务预算为主的方向转变，探索出一条具有兵团特色的公路养护之路，为兵团公路养护事业的发展奠定了坚实的基础。

（二）道路运输业发展取得了长足进步

党的十一届三中全会以来，随着兵团经济的飞速发展，作为国民经济基础产业的兵团公路运输业在改革中发展，在发展中完善，有了质的、突破性的飞跃，逐步形成了以国有经济为主导，各种经济成分并存发展的运输生产格局。

20世纪80年代以来，兵团一运司、三运司、农五师运输公司、七师客运公司、八师运输公司、九师二运司等一批独立运输企业率先改革，打破铁交椅、铁饭碗、大锅饭，实行三项制度改革，在激烈的市场竞争中闯出了一条具有兵团特色的道路运输业求生存、谋发展之路。

进入20世纪90年代以来，兵团国有独立运输企业认真贯彻落实党的十四届三中全会通过的《关于建立社会主义市场经济体制若干问题的决定》，进一步转换经营机制，按照建立适应市场经济要求，从产权改革入手，以资产经营为核心，盘活存量资产为突破口，开展以“风险抵押承包、租赁承包、车辆产权附条件转移”、融资经营为主要内容的各种形式经营责任制改革，运输企业取得了新的进展。截止 1998 年，兵团多数国有独立运输企业从实际出发，将改革与改组、改造、加强企业管理结合起来，以建立产权清晰、权责明确、政企分开、管理科学的现代企业制度为目标，进行了融资经营、租赁经营、股份制、股份合作制、有限责任公司多种形式改革的尝试。

“十五”大以来，兵团国有运输企业加大了产权改革的力度，实施车辆产权转移和出售，吸纳社会资本融资，培育和发展多元化投资主体，发展混合所有制经济，在扩大国有经济的控制力方面取得了可喜的成效。2001 年兵团《关于加快国有工交建商企业改革和发展的意见》——“1+8”文件下发后，各运输企业制订了改制方案，并开始逐步实施。为增强企业实力，兵团 90% 以上国有客、货运车辆产权已经转移给了个人，17 家国有独立核算运输企业改制成为国有控股或集体股份制有限责任公司。兵团 12 家客运企业为适应交通部对客运企业实施经营资质管理规定进行联合重组，注册成立了新建旅客运输有限责任公司，有力地促进了兵团客运业的发展。兵团道路运输业“多、小、散、弱”的现状有所改变，社会化组织程度进一步提高。自治区最佳客运企业之一的农七师奎屯旅客运输公司进一步完善劳动用工制度和分配制度，强化内部基础管理，完善财务核算指标体系，加速车辆折旧和客车更新，开拓客运市场，不断完善以客运服务质量为核心的工作标准和管理制度，向优质服务要效益，最大限度地发挥国有专业客运企业的优势。同时，积极寻找新的经济增长点，不断探索改革发展之路。

根据党的十六大及十六届三、五中全会提出的科学发展观、“五个统筹”的发展目标和建设社会主义新农村战略决策，兵团各级交通部门牢固树立“公路建设是基础，发展运输是目的”理念，坚持“公路修到哪里，客运站就建到哪里，客车就通到哪里”的原则，确立了客运业“以师中心站管理团场站”、“以站扩线，以线增车，以车增效”发展思路。近年来，兵团各级交通部门根据团场人口密度，经济社会发展水平，按照“小站、大场（停车场），适当超前”的原则，加大垦区团场客运网络化建设步伐和连队通班车工作力度，加快客运站的建设。同时，把发展团场客运确定为“十一五”工作的重点，加强政策扶持，行业引导，制订团场客运线路规划、客运管理办法和连队通客车的目标，积极开展创建团场客运网络化建设示范工程活动，采取社会客运车辆公司化管理、客运线路延伸至连队、为客运车辆定线定班、为学生和老人提供乘车优惠补助等方式，规范团场客运市场，使团场客运网络化工作不断迈进，初步形成了以师、团客运站为节点的干支结合、辐射城乡的客运服务体系，进一步改善了职工群众出行乘候车环境，方便了职工群众出行。

各级交通部门和运输企业不断加强经济运行调控和分析，及时查找问题，制订措施，确立了货运业“以货运站场和货运信息网为依托，组织社会车辆，发展货物运输业”发展思路，保证了运输业整体经济运行质量的稳定提高。规模运输企业充分利用货运信息平台，积极寻找结合点，探索发展物流的新举措，吸引货主、车主参与经营，开展信息、配载等多项服务，实现了运输与电子商务相融合，提高了货源信息的采集量和配货率，已初步形成了一批如新世通、新联运和三运物流等物流企业品牌。一些师、团利用已建成的客、货运站场作为节点，组织社会车辆公司化经营，发展师、团运输业，产生了良好的社会效益和经济效益。

改革开放以来，兵团民营个体运输业也得到了迅速发展，已逐步成为兵团运输经济的重要组成部分。2007年兵团个体运输业户共拥有民用汽车50 133辆，占兵团民用汽车总数的75.6%，完成客、货运量分别占全兵团总量的89%和94.2%，完成客、货运周转量分别占全兵团总量的70%和87.8%。一些股份合作制公司也在逐步规范和发展，农七师的125团、农八师143团等将个体车辆组建成小规模股份合作制运输企业，为社会个体车辆实现公司化经营探索了一定的经验，并取得了一定成效。

改革开放的30年，兵团道路运输业取得了长足进步。目前，一个多种经济成分共存、繁荣活跃的道路运输市场已初步形成。

（三）交通执法不断健全

兵团路政管理在兵师交通主管部门的领导下，从1995年底组建起就高起点、高要求，规范化管理。一是严格执法程。通过积极努力的工作，2001年9月28日新疆维吾尔自治区人大常委会通过的《新疆维吾尔自治区〈公路法〉实施办法》，明确了新疆建设兵团路政管理的法律主体、管辖区域，为兵团路政执法提供了依据。二是探索出适合兵团路政管理的机制和体制。自兵团开展路政执法以来，兵团路政系统逐步建立起上路执法“四四”制巡查制度和“统一领导、分级管理、专职与团场路政员相配合”的兵团公路路政管理运行机制，形成了符合兵团交通实际的公路路政管理模式。同时，通过不断完善早期防控管理，定点、定线、定人、定岗，采取各项针对性的专项治理措施，促进路面执法的时效性，有效地治理和预防了垦区公路污染、损害、占用、挖掘等危害公路的行为和事件。三是团场路政员队伍得到发展壮大。面对兵团公路点多、面广、线长、专职执法人员少和公路技术等级及里程的不断提高和增加的实际，从1999年起兵团各师开始建立团场路政员队伍。兵团路政支队制定了“集中培训，统一使用，严格管理”的团场路政员队伍建设工作方针，将团场路政员纳入兵团路政系统统一管理，并严把选拔、聘用、培训、考核和奖惩关，不断强化团场路政员的培训教育和加强业务指导，注重团场路政员的日常监管，促进了团场路政队伍素质的稳步提升。近年来，团场路政员充分发自身优势，对辖区路政事案做到及时发现，及时举报，占到了兵团路政事案查处的35%以上，并将大量道路安全隐患消灭在萌芽状态，确保了对兵团公路的有效监管。四是强化车辆治超，保证兵团公路完好畅通。2004年6月全国开展车辆超限超载专项治理工作以来，兵团路政系统充分发挥主力军的作用，主动深入厂矿、企业、施工现场和货物集散地，加强源头治理，采取固定站点与流动检测相结合、专职路政与团场路政协调配合等多种方式，在辖区设立固定检查站23个，配备32套称重设备；并坚持区域联动，24小时重点路段监控超限超车辆等措施，初步建立起兵团治超网络，使行驶兵团公路的超限车辆长年控制在4%以下。

2006年9月兵团海事局组建以来，结合兵团管辖水域情况，认真统计兵团水域基本情况，切实做好兵团海事执法人员各项业务培训工作。根据兵团海事局组织构架和工作职责，编制了《兵团海事管理规章制度汇编》、《兵团海事管理实用法律法规汇编》、《兵团海事管理执法程序》，制定了兵团水域管理的具体实施细则和管理办法；并确定了部分重点水域，规划基本建设工作，开展水上安全监管工作。

二、可喜成就

（一）公路建设

截至2007年底，累计完成投资137.4亿元，公路建设总规模13 530公里；使兵团公路通车总里程达31 544公里，是“八五”末16 850公里的1.87倍，是“九五”末20 449公里的1.54倍；其中，等级公路12 139.45公里，是“八五”末4 791公里的2.53倍。初步形成了联结国省干线、贯通兵团垦区、通达连队的公路网络。路网通达深度和公路等级不断提高，路面质量持续改善，使175个团场中的174个团场通了等级油路，1 928个连队走上了沥青水泥路（里程达到6 100公里），2 563个连队实现了通达。兵团连队公路通畅率达到了64%，通达率达到了85%。特别是公路安保、危桥改造和公铁立交等路网改造工程的实施，使垦区公路行车安全性、舒适性得到明显改善，运输效率和服务水平显著提高。

公路建设的快速发展，也带动了公路设计、科研、施工、监理事业的蓬勃发展。目前，兵团有公路设计资质设计院1家，公路科研所1个，公路施工企业16家，监理企业16个，从业人员10万余人。

（二）公路养护

管理体系从无到有，公路养护初步建立起管理体系和模式，形成了三级筹措、两级积累的资金筹措机制和通营连及连队内部道路管养方式。公路养护重点逐步从砂石路平整向沥青（水泥）路维护转移，探索出一条具有兵团特色的公路养护之路。2007年完成养护里程8 510公里，公路养护工程费投入6 070万元，省道、县道好路率分别达到85.1%、75.3%。

目前，兵团各师共建立了13个公路养护管理所，下设13个养护管理中心和14个养护管理站；各团场（单位）建立了175个公路养护管理办公室。全兵团公路养护管理专职人员达到60人，兼职人员约700人；养护机械设备达到200台套，价值5 200万元；养护设施建筑面积36 594平方米，场地面积553 988平方米。

（三）道路运输

按照“路、站、运一体化”的要求，兵团道路运输业不断加快客货运站点建设，全兵团共建成等级客运站173个，等级货运站5个，简易站或招呼站（港湾站）等481个，总投资53 160万元。使全兵团通客运班车连队达到1 143个，覆盖面达到58.6%，受益职工群众达到121万余人，初步形成了以师、团客运站为节点的干支结合、辐射城乡的客运服务体系。同时，积极引导货运企业变革传统的货运经营方式，扩展增值和延伸服务，发展物流业，基本形成以乌北物流中心、喀什、奎屯物流园区为枢纽的兵团货运信息网络。一些团场通过统一货源调配，将团场个体车辆联合组建股份合作制运输企业，不仅规范了垦区和团场的运输市场秩序，强化了安全管理，而且提高了团场的应急运输保障能力。

目前，全兵团拥有各类民用汽车达到72 106辆，是1978年改革开放之初的15倍。其中，载货汽车17 750辆，总吨位数134 728吨，载客汽车26 770辆，总座位数211 816座，农用车26 470辆。2007年全兵团共完成货运量8 328.56万吨，货物周转量62.03亿吨公里，客运量8 197.11万人，旅客周转量40.17亿人公里，比1978年增长约20倍、11倍、204倍和63倍。兵团现有29家公路运输企业，其中，独立核算运输企业17家，国有附营运输企业12家；驾驶培训学校10所，汽车维修1 570户；其中，17家独立核算运输企业年实现利润870万元。道路运输业从业人员达11万人。

（四）交通行政执法

兵团现有两个交通行政执法主体。

1. 兵团路政

1995年底兵团组建成立了路政稽查支队，现下设14个分队，有专职路政人员107人，团场路政人员430名，承担着管理兵团区域内自建、自养的3.2万公里公路的任务。1995年~2007年兵团路政成立十年间，结合兵团公路路网特点，从维护兵团公路产权和保障安全畅通出发，建立起符合兵团交通实际的公路路政管理模式，同时，强化车辆超限超载专项治理，使兵团道路车辆超限超载运输现象由2004年的90%下降到目前的4%左右，有效地维护了兵团公路的合法权益。十年共查处各类路政案件22 442起，为国家挽回直接经济损失2 401.16万余元。无一起申请复议案件、没有发生一起乱收费、乱罚款的违纪事件，在兵团广大职工群众中树立起良好的交通执法形象。

2. 兵团海事

2006年9月兵团正式成立海事局，从体制上理顺了兵团水上交通安全监督管理工作，明确了监管责任，确立了执法主体。按照精简、统一、效能的原则，兵团海事局与兵团路政稽查支队合署办公，各师海事处与各师路政分队合署办公。目前，兵团海事系统已配备海事管理专职人员60人。

（五）交通科教

“十五”以来，兵团交通系统始终坚持科技是第一生产力，大力实施“科教兴交”战略。积极组织行业发展规划的研究和编制；抓住国家启动西部科研项目的机遇，针对兵团公路建设与养护工作的实际，大胆引用新技术、新工艺、新材料，开展公路灾害防治技术和风积沙固化材料等课题的研究；不断加强信息化建设，提高兵团交通发展宏观决策质量，有效解决公路建养工作中质量通病，降低了建设养护成本，提升了网络服务水平和办事效率。《风积沙在兵团垦区公路垫层中的应用研究》和《新疆兵团垦区公路灾害分析评估及防治技术》分别在2005年获中国公路学会科学技术进步奖三等奖。“沙漠地区公路建设成套技术研究”获2006年度中国公路学会科学技术进步奖特等奖。《公路风吹雪雪害防治技术研究》课题获“2006年度中国公路学会科学技术奖”一等奖，研究成果填补了兵团在这一领域的空白。

同时，努力培养科技研究人才。通过“送出去，引进来”的措施，不断壮大科技队伍力量；并结合科研课题研究培养和锻炼技术人才，兵团交通已形成一支科研梯队，初步具备了承担课题研究的能力。“十五”期间，兵团交通科技人员荣获国家级表彰有7人，省部级表彰8人。

（六）交通行业文明和廉政建设

“九五”以来，兵团交通系统紧紧围绕交通现代化建设，以“服务人民、奉献社会”为宗旨，以“学树创”活动为载体，以培养“四有”职工队伍为根本任务，结合兵团交通实际，不断建立健全和完善文明行业建设规划、创建实施办法和考核标准，深入开展创建行业精神文明单位（窗口）、先进文化示范单位、青年文明号、青年岗位能手、巾帼标兵等活动，树立和涌现出一批有代表和示范作用的行业文明集体和个人，交通系统共有13家单位荣获国家、省部级交通系统精神文明创建先进单位和文明示范窗口的荣誉称号，7人获青年文明岗和巾帼文明岗表彰，19人荣获全国交通系统先进个人和劳动模范等荣誉。47个单位通过兵团交通行业精神文明窗口单位验收，兵团路政系统精神文明窗口创建达标率达90%以上，这为兵团交通改革发展稳定提供了思想保证、精神动力和智力支持。

兵团交通党风廉政建设，按照“标本兼治、综合治理、惩防并举、注重预防”的工作方针，不断加强惩防体系建设，加大反腐倡廉宣传教育力度，完善各项廉政制度，提高领导干部廉洁自律意识，健全从源头上预防腐败的工作机制，强化重点环节的监管，着力加强对公路建设资金的监管，对权力运行的制约和监督，严格执行党风廉政责任制，严肃查处违纪违法案件，积极推行政务公开，坚决纠正损害职工群众利益的不正之风，切实解决职工群众反映强烈的问题，为全面推进兵团交通可持续发展提供有力的政治保证。1995年兵团交通局单设以来，从未发生过一起渎职和利用职务腐败的违纪违法案件，连续多年保持了交通纪检案件零发生、零增长的记录。

三、基本经验

（一）紧紧围绕交通部及兵团的决策部署，精心谋划，狠抓落实

“九五”以来，兵团交通系统抓住机遇，紧跟国家的各项重大部署，认真研究和落实国家西部基础设施建设政策，努力争取国家和自治区的支持，重点组织实施了通县油路、县际公路和农村公路等专项建设工程。按照中央解决“三农”问题的部署和要求，交通部提出了“修好农村路，服务城镇化”，“让农民兄弟走上油路和水泥路”的决策，充分发挥职工群众的积极性，结合实际，因地制宜，采取“一事一议”、“一连一议”，大力发展通连公路；坚持“通连公路修到哪，站点就建到哪”的原则，积极开展团场客运网络化试点工作，让职工群众从家门口就能乘上方便车，享受交通带来的实惠，努力推进交通“三个服务”。

根据兵团党委提出的工作目标，坚持“六个结合”，即与团场小城镇建设相结合，与团场产业结构调整相结合，与连队撤并统建相结合，与职工危旧住房改造相结合，与林、田、渠综合治理相结合，与改善职工生活条件相结合；并与自治区的发展规划相衔接，以垦区主干线、通团和通连公路建设为重点，不断提高师与师、师与团、团与团、团与连队的畅通能力；坚持公路建设向边境团场、少数民族单位和贫困单位倾斜；与此同时，尽力改善工交建商、科教文卫以及公、检、法、司、监狱等单位的交通条件。不仅解决了兵团道路因长期无建设资金而造成的等级低、通行条件差的问题，而且在兵团经济社会发展中先行效应明显，为兵团更好地完成守卫祖国边疆，维稳戍边的特殊使命提供了交通支持。

（二）解放思想，转变观念，准确认识和把握发展的主要矛盾

围绕提高交通的五个行政能力建设和做好“三个服务”，认真分析交通的状况，科学地制定和探索了适应兵团交通发展的路子。一是交通工作实现了“四个转变”。即从单纯就公路建设抓公路建设转变到把公路建设作为一个经济产业来抓；从局部的、零敲碎打的规划和建设方式转变到建立完善、优化兵团公路网络和框架上来；从低等级建设、低水平养护转变到逐步适应国家、自治区、兵团发展规划和建设的要求上来，不断上等级、上水平；从公路“建设为主”转变到建、养、运、管并举上来。二是积极探索出具有兵团特色路政管理与养护工作机制。三是确立了道路运输业发展思路。这些探索出的思路、模式，为兵团交通发展提供了前提条件。

（三）加强制度建设，努力苦练内功，促进科学管理

2005年～2007年，针对兵团交通行业起步较晚、管理不规范、效率不高的实际，为加强兵团交通管理，提高工作绩效，兵团交通行业开展了为期三年的交通管理年活动。兵团各级交通部门和单位围绕交通管理年活动主题，按照交通管理年活动的总体要求，以科学发展观为统领，认真组织考核和“回头看”，进一步完善目标考核细则，明确各年度的工作目标，不断理清了工作思路，完善了各项规划，规范和丰富活动内含，使管理活动不断深入。同时，不断加强对干部、职工、路政人员的培训和专业技术人才的培养，持续的开展公路建设、公路养护竞赛和道路运输争强活动；并结合实际，制定和完善了公路建设、公路养护、道路运输、路政管理及机关建设等一系列管理制度和办法，建立起以兵师交通局为行政主体，团场公路办为基础的行政管理体系。不仅推进了兵团交通部门工作方法、工作作风和工作职能的转变，而且增强了职工群众对交通部门信任度，提高了行政的执行力；使兵团交通系统工作程序进一步规范，交通管理水平和做好“三个服务”能力显著增强，管理年为转变兵团交通发展方式奠定了基础、积累了经验。

（四）发挥优势，创新机制，开拓性地开展工作

兵团各级交通部门全面落实科学的发展观，紧密结合兵团的实际，大胆探索，坚持用新理念、新举措、新机制推进交通工作。在兵团财力普遍紧张的情况下，为了保证“民工建勤”修筑公路路基的质量，采取施工、监理等专业技术人员提前介入，指导团场施工；针对通连公路建设项目分散、涉及面广、投资少、技术管理力量薄弱的实际，采用充分利用“老路基、宽基窄面”，“就地取材利用风积砂、土壤固化剂和土工布”和“以大项目带小项目”的办法，不仅降低了工程造价，还保证了质量；采取“从职工家门口修起”的措施，调动了广大职工群众修路的积极性。各师公路养护所积极参加公路建设，开展机械设备租赁，开发土地，兴办沙石料场，筹措和积累养护资金，很多师按照团场沿线公路里程或耕地面积分摊养护资金，或从团场经营收入中直接提取养护资金等，缓解了养护资金不足的矛盾。同时，不断深化运输企业改革，加强经济运行调控和货源集中管理；依靠行政推动和扶持，发展团场连队客运，使兵团运输业整体实力日益壮大。这些适合兵团特点的工作方法，取得了事半功倍的效果，为兵团交通发展提供了动力。

（五）转变发展方式，增强服务能力，建设创新型交通行业

2006年，为认真贯彻党中央、国务院作出的建设创新型国家的战略和建设社会主义新农村的决策，为落实交通部党组提出的建设创新型交通行业的重大战略任务和兵团党委建设屯垦戍边新型团场工作会议精神，针对兵团交通实际，围绕建立城乡协调、结构合理、质量稳固、功能完善的公路网络和运输服务体系，进一步推进兵团交通行业在理念、科技、机制体制和政策方面的创新。

1. 理念创新

坚持把“以人为本”、“好中求快”、“协调发展”、“可持续发展”作为兵团交通行业发展的核心理念，把职工群众满不满意作为评判交通行业发展“好”与“不好”的标准。同时，不失时机地利用好国家重点建设农村公路建设、安保工程建设和坚持向中西部特别是西部地区倾斜、向公益性强的项目倾斜和中央支持兵团发展的政策，统筹兼顾，科学规划，充分尊重职工群众意愿，坚持建职工群众实用之路、安全之路、资源节约之路，加强工程质量与资金监管，建设放心工程，加快兵团公路交通基础设施建设。坚持服务基层，加快站点建设，推进团场客运网络化进程，完善运输服务体系。强化交通安全管理，提高应急运输保障能力。

2. 科技创新

大力普及应用型技术，走科技引领运输发展之路，深入实施“科教兴交”战略。在公路建设中，开展干旱、半干旱地区典型路基路面结构形式研究，采用风积沙固化筑路、沙漠植物绿化公路等技术，降低工程造价，提高低等级公路耐久性、安全性。加强公路设计、养护、节能、环保、合理节约材料和资源新技术的研究，加快科技成果的推广应用。建立交通信息化发展水平评价指标体系，大力开展公路信息化管理，进一步完善道路运输信息基础设施，提高全行业信息化水平。

3. 体制机制创新

用创新的思路和办法，建立健全有效的公路建设与养护质量保障体系和质量监控体系。积极探索和创新兵团垦区、团场运输市场管理体制，充分利用客货运站场资源，加强组织与协调，调整运力结构，引导运输业走集约化、规模化经营之路。依托农业生产资料、生活资料和农产品的物流需求，建设垦区团场物流节点，开展以农副产品、日用消费品和医药等零担货物物流配送，促进团场经济的发展和职工的增收，为“农资集中采购，产品订单收购”提供交通服务。

4. 政策创新

针对以往制定的交通发展的政策性规定和办法，强化跟踪、评估和调整。结合实际，公路基础设施项目投资坚持“四个倾斜”，即向大垦区、大团场倾斜，继续向贫困团场和民族团场倾斜，向路、站、运协调发展较快的师和团场倾斜，以带动兵团交通事业整体的发展特别是客货运输业的发展。同时，强化资金安全的监管和资金使用效益监管的研究，根据经济社会发展和屯垦戍边任务的不同，确定补助投资和自筹资金的比例。进一步探索和完善兵团公路建设、公路养护管理、客运网络化建设、物流发展和道路运输应急保障预案政策措施，为交通发展提供良好的政策环境。

（六）各级党政的支持和职工群众的参与，凝聚了交通发展的合力

“九五”以来，兵团党委、兵团领导始终把交通发展摆在重要议事日程，每年都多次专题研究交通工作，对公路建设和道路运输发展提出了明确的指导思想和具体要求；各师党政对交通工作加强领导，在工作上大力支持，切实为交通发展排忧解难；各团场积极筹集公路建设和养护配套资金，在征地、拆迁等方面都做了大量工作，为运输发展积极创造环境。广大职工群众主动投工、投劳，参加公路建设和养护，自愿担当公路建设和路政管理的义务监督员，促进了交通事业的快速发展，为兵团交通发展提供了保障。

（七）坚持以活动为载体，宣传为手段，营造良好的交通发展社会氛围

针对兵团交通发展实际，认真开展公路建设质量年、公路养护管理年、养护管理达标和交通管理年活动。为保质保量的完成工作任务，每年坚持不懈开展公路建设劳动竞赛活动，群众性公路养护活动，狠抓道路运输企业“扭亏增盈”和“争先创优”竞赛活动，深入开展安全生产月和交通管理年活动，促进了兵团交通事业的持续健康发展。各师交通部门还深入团场连队，利用电视、广播、板报等多种形式，宣传交通工作，提高了职工群众参加公路建设的积极性和爱路护路的自觉性。同时，兵师交通系统建立新闻宣传通讯员队伍，制定奖励办法，积极向报刊和电台、电视台投稿，并自办工作简报，宣传交通战线涌现出的先进典型和事迹，交流经验，传递信息，为兵团交通发展提供了舆论支持。

（八）不断加强党风廉政建设和行业文明建设，塑造兵团交通的良好形象

为做一个负责任部门和负责任的行业，兵团交通系统各级党组织，不断加强政治理论学习，建立健全教育、制度、监督并重的惩治和预防腐败体系，深入开展治理交通建设领域商业贿赂工作，提高了各级党员领导干部的大局意识、责任意识和公仆意识。以“建设一流队伍、培育一流作风、创造一流业绩”为目标，切实开展精神文明创建活动，加强理想信念、宗旨、法制和职业道德教育，带出了一支奋发有为，甘于奉献，开拓拼搏，敢打硬仗的职工队伍。各级交通主管和执法部门克服了工作人员少，体制不顺，任务繁重的困难，自觉地把实现和维护好职工群众的根本利益作为工作的出发点和落脚点，求真务实，知难而上，不断改进工作作风，以饱满的精神状态，扎实工作，为兵团交通发展提供了重要的保证。

四、发展展望

（一）今后工作思路

进一步解放思想，深化改革，努力在“破”、“立”、“行”上狠下工夫，在进一步实现交通工作“四个转变”的基础上，按照落实科学发展观要求，统筹兼顾，推动兵团交通发展由原来主要依靠公路基础设施投资建设拉动，逐步转向公路建设、养护、管理和道路运输服务协调拉动，进一步提高行业科技进步和创新能力，努力建设资源节约环境友好交通，促进兵团现代交通业发展。

（二）工作目标

1. 公路建设目标

到“十一五”末，完成投资规模100亿元，兵团垦区干线实现以等级公路贯通，通营油路比例达到95%，通连油路比例达到80%，重点解决建制营、连出口路建设的目标。加强国边防公路建设，到2010年，力争实现边境团场团部、连队与边防站及哨所有公路联结。同时，加快南疆69个贫困团场的公路建设，优化垦区及团场公路路网，完善和周边区域县、乡、村的公路路网联结，初步形成快速机动、便捷的应急通道。根据兵团产业结构调整和优势资源转换战略，重点支持解决形成一定规模的工业园区、矿产资源、旅游区的出口路建设。

2. 公路养护目标

初步形成畅通、安全、和谐、高效的公路基础设施网络和以人为本、用户至上的公共服务体系。体制环境有所优化，公路养护管理事业可持续发展能力明显提高，公路养护的基础性地位显著增强。到2010年，垦区干线公路平均好路率达到88%，团场干线公路平均好路率达到76%，所有可绿化公路实现绿化，路网整体服务水平明显提高。

3. 道路运输的目标

到2010年，兵团道路运输业将实现道路运输全行业集约化、规模化经营水平和组织化程度明显提高，科技进步、运输服务基础设施建设取得显著成果，建成公路运输的通信枢纽和各级交换中心，道路运输管理规范化进程取得明显进展，基本建立起公平竞争、规范有序的道路运输市场体系，安全、优质、高效的道路运输服务体系起步运作。实现兵团道路运输能力、运输基础设施的有效供给能力明显增加；运输结构基本合理，骨干运输企业主导市场的作用明显增强。基本建立以国道、省道主干线为依托的快速客货运系统，初步形成以兵团公路网为依托的干支相连、长短配套、遍布城乡的道路运输网络；使道路运输业与兵团经济发展和社会进步基本适应。

（三）工作措施

1. 公路建设

(1)继续落实国家关于鼓励支持兵团公路发展的政策。按照国发（2007）32号文件精神，积极做好公路建设项目调整和储备工作，争取国家对兵团更大的支持力度。

(2)加强资金政策研究，创新融资方式。充分利用国家现有政策，加强与交通运输部沟通，力争将垦区主干线列入国道补贴政策，团场干线享受省道补贴政策。继续全面调动各师内部多方面的积极性，筹集公路建设与养护资金；鼓励社会和公路沿线受益企业、职工捐资建设农村公路。

(3)加快构建新时期公共财政框架下的交通融资机制。在目前已开展收费公路试点的基础上，对于其他交通量较大、具备收费条件的干线公路，在充分论证的基础上，积极争取银行贷款；对于旅游公路、资源开发道路以及重要生产基地道路在争取国家投资补助的同时，积极利用开发区与自身潜力，招商引资，拓宽公路建设投资渠道；对矿产资源开发公路，考虑矿产资源开发收益返还的可行性，积极探索以公路沿线土地开发、建设用地有偿使用费返还、经营权转让等方式吸引社会投资的可能性。对公路站场建设，应充分利用市场机制筹措资金，做大做强站场经营公司，推动公路站场的健康发展。

(4)灵活把握建设标准。充分利用老路资源，合理降低工程造价；对确有困难的团场，选择适当的建设标准，可先通达，有条件后再按照通畅要求建设。

(5)建设配套设施。加大干线公路安保工程、救助、服务、旅游、信息系统等配套设施的建设，加强危桥改造，提升运输保障能力，为道路使用者提供更安全、高质量、人性化的服务。

2. 公路养护

(1)健全公路养护管理体制。按照“分级管理”和“事权统一”的原则，科学界定各级公路管理机构对路网养护管理的职责。结合国家行政管理体制改革，科学划分各级管理机构事权，提高管理效率。

(2)加大养护资金投入力度。在积极争取国家和自治区资金支持的前提下，进一步落实师、团场将公路养护资金纳入财务预算工作，同时广开资金筹集渠道，大力筹措养护资金，力争所有公路基本实现正常养护。干线公路实现预防性和周期性养护，并由单一养护、粗放型养护向全面养护、集约型养护转变。

(3)提高养护机械化水平。进一步加大机械设备购置力度，逐步为基层配备适用的设备和机具。同时发挥基层的创造性，鼓励利用农机具改装小型养护设备，提高公路养护效率。争取用三年时间，基本实现路面养护和部分路基养护的机械化。

(4)全面推行预防性养护。树立全寿命周期养护成本理念，以垦区和团场干线公路为重点，围绕路况检测调查、分析评价、养护决策和工程实施四个关键环节，研究制订预防性养护相关制度措施，同时积极推广应用预防性养护新设备、新技术和新工艺。

3. 道路运输

(1)进一步提高兵团道路运输能力和服务水平。以满足兵团经济发展和社会需求作为运输发展的出发点，以结构调整为主线，通过优化结构，在保持运力适量增长的前提下，把发展的重点从“量”的增长转移到“质”的提高上来；建立公平、公正、公开竞争的市场环境，建立和完善市场运行的信用机制。

(2)加快现代科学技术的应用和信息化建设，尤其是要加强货运站场设施和货运信息网络建设，促进货运业和物流业的发展，全面提升行业整体素质。

(3)加快运输服务体系基础设施建设，加强站点管理，加快农村客运的网络化和公交化，在综合运输体系中实现合理分工、共同发展。

(4)深化管理体制改革，建立精简、高效、统一的道路运输管理体系，加快道路运输企业改革改制步伐，使道路运输业的发展适应兵团特殊组织在新形势下完成屯垦戍边、发展经济、维护稳定等任务的需要。

4. 科技教育

(1)整合兵团科技资源，深入开展兵团公路交通发展的战略、规划、政策和体制等问题的研究。研究制定兵团道路运输业发展战略和发展规划；研究兵团道路运输业的管理体制、运输企业改革改制模式、现代物流的发展对策和道路运输的应急反应机制；开发道路运输安全管理体制和安全保障技术和客货运输信息管理系统和信息服务网络。

(2)启动兵团“公路病害防治技术研发基地”建设，重点开展公路病害防治技术，软基处理和路基处理技术，特殊地质和气候条件下的环境保护技术的研究；加强技术应用与普及工作，开展国内外先进、成熟、实用技术在兵团的应用研究。

(3)不断创新人才培养和引进思路，加大在职人员的培养和优秀人才的引进力度，重点要加大公路管理、公路养护、工程质量监督、物流发展、客运网络化建设、道路运输应急保障、信息化管理等方面的培训力度。

5. 行业文明和党风廉政建设

(1)深入开展科学发展观教育，进一步加大行业文明创建工作的力度，不断推进“学树创”活动向纵深发展。加强交通职工队伍作风建设，提高兵团交通系统各部门的服务能力。

(2)继续加强惩防一体的反腐败体系建设，加强宣传教育，不断增强各级党员干部特别是领导干部抵御腐败的自觉性。强化重点环节监管，积极推进政务公开，努力提高监督能力。

大连湾的春之声

大连市交通局

从党的十一届三中全会做出实行改革开放的历史性决策以来，大连的交通运输工作进入了全新发展的时期。30年来，全市交通运输事业在市委市政府的领导下，以邓小平理论、“三个代表”重要思想和科学发展观为指导，积极推进改革开放，得到长足发展。特别是实施东北老工业基地振兴战略以来，全市交通运输工作进一步解放思想，紧紧围绕全面振兴发展的主题，全面加强运输结构调整、交通运输行业监管和和谐交通运输建设，促进了公路建设、道路运输、城市公交、出租汽车客运各项工作的快速发展，为全市经济和社会发展提供了重要的支撑和保证。

一、历史进程

大连交通运输改革开放发展的30年，基本可以分为三个阶段，即从1978年到1992年为探索起步阶段、从1993年到2002年为开拓进取阶段、从2003年到2008年为全面提速阶段。

（一）探索起步阶段（1978年~1992年）

这一阶段，主要是解放思想，转变思想观念，积极探索放开搞活交通运输市场的路子，推动交通运输业开始走向新的发展时期。

改革开放之初，大连交通运输业虽然经过了建国20余年的发展，但总体水平依然很低，运输能力薄弱。全市公路总里程为3 863公里，其中晴雨通车里程仅为1 325公里，占通车里程的34.3%；有路面里程为1 655公里，占总通车里程的42.8%；公路密度为每100平方公里30.72公里；道路客运车辆261辆，客运线路115条，货运车辆11 901台，年道路客运量和旅客周转量分别为2 626万人、47 216万人公里，货运量和货物周转量分别为648万吨、17 539万吨公里。“出行难，运输难”是当时交通运输发展的基本状况，也是制约全市经济社会发展的突出“瓶颈”之一。党的十一届三中全会以后，全市交通运输工作坚持解放思想，贯彻“调整、改革、整顿、提高”的方针，迅速恢复正常的生产和工作秩序。1982年党的十二大召开后，交通运输工作积极实行“两个转变”，简政放权，深化改革，适应经营改革的新形势，加快公路建设步伐，交通运输业开始了多层次、多渠道、多形式的发展。

1. 加快公路建设，提高通达里程

1978年以后，大连地区交通运输工作结合当时“公路技术低、部分路面破损严重、缺

桥少涵”等情况，提出“线型标准化、路面黑色化、桥涵永久化、路树林荫化、养路机械化”的公路建设目标，开始了“以技术改造为基础，以桥涵建设为重点，加快黑色路面修筑”为内容的公路建设。1981年，复县长兴岛斜拉桥竣工交付使用，这是当时全国十余座斜拉桥中主跨径最大的一座，具有结构简捷、新颖美观的特点。1982年9月29日，周水子南桥建成通车，它是建国后大连市第一座大型公路、铁路立体交叉桥，是大连市区连接旅顺北路干线的交通运输枢纽。1985年以后，全市把修建乡道作为发展交通运输事业的重点，发动群众采取民办公助的办法，大力整修新建乡道。“七五”期间，全市乡级公路基础建设补贴投资2 465.8万元，新建乡级公路319.1公里，乡级公路提升为县级公路71.6公里，修建沥青路面119.7公里，新改建桥梁168座4 376.1米，加宽改造路基（8.5米以上）245.5公里，好路率达到74.4%。这一时期是大连公路投资规模最大、建设项目最多、交通运输条件改善最明显的时期。1990年9月，沈大高速公路正式通车，它全长375公里，连接沈阳、辽阳、鞍山、营口、大连五大工业城市，沟通大连港、营口老港、鲅鱼圈港区，是一条集经济路、国防路、文明路、旅游路为一体的现代化交通大动脉。到1992年年底，大连市公路通车里程达4 058公里，其中一级公路达到178公里，二级公路496公里；晴雨通车里程3 938公里，占通车里程的97%，晴雨通车里程比例比改革开放初期增加了62.7%；有公路桥梁1 302座，3.6万延米；公路密度达到每百平方公里32.27公里，比改革开放初期每百平方公里增加了1.45公里。

2. 放开运输市场，搞活交通运输经济

1984年12月，根据国家和省市相关精神，大连市取消了对从事客货运输的限制，打破了部门、行业和所有制的界限，放开运输市场，使各种经济成分的经营者均可从事道路运输、运输服务和机动车维修业，运输市场空前繁荣。1985年，大连市开始将集装箱运输纳入道路运输行业管理，北方集装箱运输有限公司成为全市最早的集装箱运输企业。1988年9月，大连市将原市交通公司划分为市公共电车公司、市第一公共汽车公司、市第二公共汽车公司三个独立法人资格的国有企业。改革后，划小了核算单位，落实了责任制，把社会效益、经济效益与个人效益挂钩，调动了职工的积极性，促进了城市公交事业的快速发展，初步解决市民“出行难”的问题。1989年4月，金州汽车站竣工。1990年12月，大连汽车站主体工程完成，日客运量9 600人次，车辆250台次。1992年，大连市《推进道路运输市场发展十条意见》颁布实施，进一步促进了道路运输市场快速发展。为适应道路运输市场日益开放的需要，加强统筹规划、组织协调、综合平衡、监督服务等各项工作，不断解放思想，深入探索新形势下交通运输管理的新法规，不断强化行政管理职能。1986年以来，先后颁布地方性交通运输法规、规章32件，内容涉及公路、水路客货运输、交通运输安全管理、公路管理、地方港口及货源管理以及机动车维修行业管理等方面，为依法治交提供了依据。管理手段由改革开放初期的单纯依靠行政手段，逐步向依靠行政、经济、法律的综合手段过渡。在强化运输管理中，特别注重变单纯行政管理为服务管理，积极扶植集体和个体运输专业户开拓服务领域，帮助社会运输企业和运输专业户培训机动车驾驶员，解决燃料供应、车辆维修等实际困难，受到社会的好评。

到1992年，全市道路客运汽车达到2 457辆，比改革开放初增加2 196辆，增长8倍多，客位由10 830增加到67 131个，增长5倍多，货运车辆迅猛增加到36 390辆，是改革开放前的2倍多。1992年完成道路客运量6 999万人、旅客周转量244 835万人公里，比改革开放初期分别增长了1.6倍和4倍多。道路货运量和周转量分别为11 470万吨、291 998万吨公里，增长了16.7倍和15.6倍，适应了地区间的经济文化交流和全市经济社会发展的需要。

（二）开拓进取阶段（1993年~2002年）

党的十四大以来，我国进入建设社会主义市场经济体制阶段，全市交通运输工作适应形势，认真总结改革开放以来的经验，着力解决发展中出现的新问题，进一步深化改革，规范管理，开拓进取，在公路建设、公路养护、道路运输等方面不断取得新的突破。

1. 抓好公路网建设，加强公路养护和管理

从1993年起，全市开始推进干线公路和公路网化建设。1994年，全市县际间通油路工程全面完成。1996年，由大连市自行设计并投资的全长123.5公里的大连至庄河一级公路建设工程开工，并于1998年9月2日全线竣工通车，对拓展市区经济辐射能力，培育新的经济增长点，加速黄海沿线的经济发展，产生重要深影响。1999年8月，旅顺南路一级公路改扩建建设工程竣工通车。该工程的建成，促进了旅顺口区产业布局和加快调整及全市旅游业的发展。2000年6月，海皮公路一期工程竣工，全市“乡乡通油路”的公路建设目标圆满完成，全市乡镇全部通上油路。2001年9月，全长223公里的“北三市东西大通道”工程竣工，进一步改善了大连市区与北部黄、渤海之间陆路交通运输，完善了全市“三纵三横”的公路布局，促进了北三市开发建设和区域共同发展。同年10月，旅顺北路机场段南移二期工程竣工通车，缓解了机场周边道路拥挤状况。2002年9月，黑大线改建工程和海皮公路二期工程竣工，进一步改善了大连中部地区特别是普兰店市的交通运输条件。同年10月，经过4年多的续建和完善，大庄一级公路提升为高速公路，大连有了首条市属高速公路。

到2002年年底，全市公路总里程达到4 577公里，比1992年新增公路里程519公里，其中一级公路达到369公里，二级公路1 612公里，比1992年分别增加191公里和1 116公里，增长比例达107%和225%；公路密度达到每百平方公里36.4公里，比1992年增加4.13公里。全市基本建成以沈大高速公路、大庄高速公路、东西大通道、黑大线、海皮路为骨架的“三纵三横”公路网，大连中心城市的功能和辐射作用得到增强。

2. 调整运输运力结构，规范交通运输市场秩序

自1993年以来，在以市场为导向，放开搞活交通运输市场的同时，加大宏观调控力度，运力盲目增长的状况得到遏止，道路运输行业呈现良好发展态势。1993年，新开辟省际超长途客运班线2条、省内市际班线2条、市内跨区市班线17条、乡镇村屯客运线路41条，运输能力大幅度提高。1994年，将北岗桥汽车站改建成为面向社会、独立核算、自负盈亏公用型汽车站，为规范行业管理，发展全市统一的客运市场奠定了基础。为适应集装箱运输业发展需要，进一步完善集装箱运输交易所功能，于1994年将集装箱中转站纳入行业管理，促进了城际快运业的发展。1996年，大连蓝天汽车修配厂成立了全市第一家汽车俱乐部，标志着大连汽车维修救援业务的开始。1996年11月将全市机动车驾驶员培训纳入交通运输行业管理。1996 年，为保障旅客出行，调整了部分客运线路的运行时间、班次，新增通达边远山区和村屯的客运车辆，提高了乡镇村屯的客运能力。1998 年，大连白云汽车修配厂建起了全省首家占地 1 万平方米的机动车维修有形大市场。1999 年，占地面积 1.5 万平方米的大连刘家桥汽车维修配件市场投入运营。同年，大连黑石礁汽车站建设工程破土动工，大连汽车综合性能检测中心、瓦房店检测站、开发区检测站建成并投入使用。全市交通运输系统建成 8 个汽车综合性能检测站，基本形成覆盖全市的汽车综合性能检测网络。同年，根据局部地区运力大于运量的实际，对线路客运车辆和集装箱运输车辆进行了营运审批控制，促进其适度发展。2002 年 11 月，城市货的正式投入运营。

到 2002 年年底，全市道路客运量和旅客周转量分别达到 9 475 万人和 29 亿人公里，比 1992 年分别增长了 35% 和 18%；道路货运量和货物周转量分别达到 16 496 万吨和 369 166 万吨公里，比 1992 年分别增长了 43.8% 和 26.4%；道路客运汽车和货运汽车达到 2 940 辆和 58 458 辆，比 1992 年分别增长了 20% 和 60.6%；厢式货车和城市货车实现从无到有，分别发展到 3 446 台和 275 台，逐步形成搬家、民用液化气、家电等专业化品牌配送车队；城市公交客运量和周转量分别达到 10.79 亿人次和 53.9 亿公里，城市公交线网密度每平方公里达到 2.4 公里，公交万人拥有标车达到 22.2 台，基本达到国家标准。

（三）全面提速阶段（2003 年 ~2008 年）

2003 年，党的十六届三中全会提出树立科学发展观和党中央国务院做出实施振兴东北等老工业基地、建设大连东北亚重要国际航运中心的战略决策，为大连交通运输的加快发展带来了前所未有的发展机遇。全市交通运输工作坚持以科学发展观为统领，按照全面、协调、可持续发展的总体要求，紧紧围绕国际航运中心建设和大连振兴发展的主题，抓住机遇，锐意进取，推动交通运输事业实现跨越式大发展，交通运输组织管理水平极大提高，服务保障能力全面提升，有力地支撑了全市经济社会的发展。

1. 加强科学规划，加快构建“四网一环”公路发展格局

根据振兴东北等老工业基地战略和国际航运中心建设对公路发展的总体需求，对全市公路建设全面规划，确定了加快建立和完善由高速公路网、经济干线网、区域连通网、农村公路网和环滨海公路构成的“四网一环”公路网布局的工作目标，各级公路建设规模和速度空前，创历史最高水平。

高速公路建设全面推进。2004 年 8 月 29 日，沈大高速公路改扩建工程全线竣工通车，扩建后的沈大高速公路双向八车道，实现了分车行驶，昼夜通行能力达到 13 ~15 万辆次。2007 年 10 月 12 日，全长 29 公里的大窑湾疏港高速公路竣工通车，实现了辽宁沿海重点港口与高速公路主骨架网络的直接贯通，构建了东北内陆腹地又一条便捷的出海通道，进一步拓展了沈大高速公路集疏运功能，强化了以沈阳为中心的中部城市群和以大连为龙头的沿海经济带的紧密联系。2008 年 8 月，总里程 85 公里的土羊高速公路、沈大与丹大高速公路连接线和丹大高速公路延长线等 3 条高速公路通车，全市高速公路总里程达到 460 多公里，标志着大连地区高速公路网基本形成，不仅使辽宁省南北走向的两条高速公路通道实现有效连接、直通主要港口，而且通过烟大火车轮渡，打通了东北腹地与华东、华北的高速公路通道，使大连国际航运中心公路集疏运体系主框架基本形成。截至目前，长兴岛疏港高速公路

路基桥梁主体工程完工，大连湾疏港高速公路进入前期工作。

普通公路和农村公路建设再上新台阶。自2003年以来，大连市适应区域经济和新型产业基地建设需要，加大普通公路升级改造力度，共完成国省干线、县乡级普通公路改造大修1 215公里，其中一级公路490多公里。2005年，国道黑大线全国文明样板路创建工程获得一等奖。同年，完成了城八线瓦房店段、盖亮线金州和瓦房店段、鹤大线庄河段、海皮路三期等国省干线改扩建及大修工程。2006年，完成国道鹤大线庄河段、普兰店段、金州段二级路大修，省道盖亮线、城八线长兴岛内段、瓦房店元台至莲山段一级路改建，消除了国省干线超期服役现象。同年，建成金七线一期、兴唐线兴隆堡至莲山段、瓦交线、双西线、锦双线等一批一级公路。2007年，新改建兴唐线莲山至安波段、双西线潘大桥至马场段、复红线、庄龙线、锦双线等一级公路108公里，使一级公路总里程达617.5公里。这些公路的建设和改造，使大连市公路等级状况又上新的台阶，路网的服务水平进一步提高。自2003年以来，新建农村公路3 800多公里，公路通达深度进一步提高，不仅全市所有乡镇、行政村全部通上油路，而且一些大的自然村屯、学校等也通上了油路。实施“五点一线”开发战略，环大连黄渤海岸线的856公里滨海公路将于明年全线贯通。

截至2008年，全市公路总里程达到7 200公里，比2002年增长了57.3%，是改革开放之初的近两倍，公路密度达到每100平方公里57.2公里，比改革开放初增加25.58公里。全市公路技术等级全面提升，高等级公路比例大幅增加，二级以上公路占总里程的42.9%，所有公路全部实现黑色化，各级公路桥梁配套率为100%，平均好路率达到83%。

2. 优化结构，调整运力，道路运输事业得到长足发展

2003年以来，围绕提高货物集疏运和市域物流配送能力，积极发展集装箱运输车辆、厢式货车、多轴重型车、特种专用车辆等主力车型。截至目前，全市营运货车达到93 963台，增长48.37%，4种主力车型分别达到2 770台、12 973台、2 513台和3 010台，城际快运线路目前达到100多条，形成辐射东北腹地、华东、华南、华北、西北、西南等地区和城市的快运网络，以搬家、民用液化气、家电等专业化品牌配送专线为主营业务的市域物流配送网络快速发展，覆盖市内四区，并逐步向农村延伸。2003年，大连市汽车维修救援中心成立，使用省电信局批准的特服电话96122，运用GPS卫星定位系统在统一调度和指挥下开展汽车维修救援业务，形成覆盖全市城乡的汽车维修救援服务网络体系。2004年和2005年，先后对大连至夏家河子和大连至开发区客运线路进行“四统一”（统一车型、统一调度、统一管理、统一核算）的集约化改造，推动了道路客运行业的快速发展。2006年2月，《大连市机动车驾驶培训管理条例》正式施行，这是全国驾培行业第一部地方性专业法规。同年7月，旅顺南路线路开始实行集约化改造，并于2007年7月31日通车，市民享受到了更加舒适、快捷的客运服务。截至2008年，全市长途客车达到2 590台，中高级客车比重由达到37.84%，运力结构更加合理，长途客运线路达到900条，辐射22个省市，行政村通车率达到100%。2007年，全市实现长途客运量1.29亿人、客运周转量38.98亿人公里、货运量2.05亿吨、货物周转量75.08亿吨公里，比2003年分别增长43.9%、46.5%、28.1%和118.9%。

3. 实施公交优先发展战略，改善居民乘车条件

自2003年以来，加强城市公共交通的规划和建设，出台了《优先发展城市公共交通运输实施意见》，确立了公共交通在城市交通中的优先地位，明确了政府主导、政策扶持、有序竞争、优先发展的基本思路和目标，城市公交步入优先发展轨道。2004 年 7 月，全长 11.64 公里的 201 路、203 路有轨电车线路改扩建工程竣工通车。同年 9 月，对大连城市公交发展具有里程碑意义的香炉礁至金石滩的快速轨道交通三号线全线建成通车，为市民增添了一种新的交通运输方式，这是当时我国一次性建成通车里程最长、造价最低、设备国产化率最高的城市快轨交通线路，也是大连建市以来投资最大的城市基础设施之一。从 2006 年开始到 2007 年 12 月，和平广场、香炉礁、兴工街三大公交枢纽站正式投入使用，极大地方便市民换乘公交车出行。2007 年，201 路有轨电车完成线路改造并与 203 路全线贯通运营，新开通北海工业园区至姚家、辛吉街至陆港物流基地以及长兴岛、长海县大长山岛、庄河王家岛等公交线路，改善了城郊及海岛区域的百姓出行状况。2008 年 1 月，全长 13.8 公里的兴工街至张前路的快速公交线路正式通车，进一步方便线路周边居民出行。同年 7 月，快速轨道交通三号线开发区至金州段建成并投入试运行，全市轨道交通线路的长度达到 88 公里。目前，大连市城市公交行业已实现了大公交、小公汽、有轨电车、无轨电车、快轨、快速公交等多种公交方式的全面有序发展，城市万人拥有公交车辆达到 24 标台，市民出行公交方式分担率达到 43%，公交服务和管理处于全国前列，市民出行更加方便、快捷、舒适。2007 年，城市公交完成客运量 90 624 万人次，总行驶里程 1.86 亿公里。出租汽车行业加快发展，全市现有出租汽车 12 304 台，日客运量 60 万人次，占城市日客运总量的 10% 左右。

二、主要成就

经过 30 年改革开放发展，大连交通运输各项工作取得了显著成就。

（一）公路网络体系全面构建

全市交通运输工作从全局战略高度出发，积极争取上级领导的支持和帮助，大力开展横向协调，在管理体制、分配制度、劳动制度、经营方式等方面实行改革，逐步实现由单纯依靠交通运输部门投资向多渠道、多形式、多层次投资转变，“要想富，先修路”、“公路通，百业兴”已经成为各级领导干部和广大群众的共识，全市公路建设取得了显著成绩。从 1978 年开始，“公路技术标准低，部分路面破损严重，缺桥少涵”的状况逐渐改变，取而代之的是“线型标准化、路面黑色化、桥涵永久化、路树林荫化、养路机械化”的良好局面。尤其是近几年，大庄高速公路，海皮公路一、二、三期工程，黑大公路改建工程，大窑湾疏港高速公路，土羊高速公路，丹大高速公路延长线，沈大与丹大高速公路连接线等省、市重点工程相继完工，“四网一环”规划得到顺利实施，实现了大连市区到各区市用高速路或一级路贯通，各区市间用二级以上路连接、乡乡通油路、村村通公路的目标，初步形成以市区为中心，2 小时可以达到任何区市县、3 小时可以到达任何乡镇的经济活动圈。截至目前，全市公路总里程达到 7 200 公里，公路密度达到每百平方公里 57.2 公里，二级以上公路占总里程的 42.9%，所有公路全部实现黑色化，各级公路桥梁配套率为 100%，平均好路率达到 83%。大连市公路目前已经基本形成了辐射东北、连通华北的对外公路大动脉，公路交通运输由不适应经济社会发展转变为积极拉动和促进经济社会发展。

（二）道路运输事业蓬勃发展

改革开放为道路运输行业的发展提供了强劲的动力。大连市交通运输管理部门解放思想，深化改革，合理调节运力投放，努力优化运输结构，积极培育市场体系，使道路运输业逐步成为遍布城乡各领域的大行业，基本上达到了货畅其流，人便其行，为全市经济建设和社会发展创造了良好的交通运输环境。改革开放初期，全市仅有道路客运车辆261辆，客运线路115条，货运车辆11 901台，年道路客运量2 626万人、旅客周转量47 216万人公里，年道路货运量和货物周转量648万吨、17 539万吨公里。截至目前，大连市有道路客运车辆2 590辆、客运线路900条、道路运输货车93 919台（其中包括集装箱运输车辆2 770台），分别是改革开放初期的9倍、7倍和近9倍；2007年完成道路货运量2.05亿吨、货物周转量75.08亿吨公里、道路客运年客运量1.29亿人次、客运周转量38.98亿人公里，分别是改革开放初期的31.6倍、42.8倍、5倍和8倍多；道路客运业户由改革开放初期的6家发展到440家，从业人员达12 798人；机动车维修企业2 165家；城市货运企业7家、车辆623台；快递车辆214台，与国际快递企业合资合作的企业业务通达200多个国家和地区；专业汽车救援网络单位10个，社会维修救援企业50个，救援车辆82辆；汽车站17个，乡镇和行政村通车率均达到100%，道路运输环境得到了极大的改善。

（三）城市公共交通事业得到优先发展

自2005年以来，在国家优先发展城市公共交通政策指引下，大连城市公交事业步入优先发展轨道。城市公交行业逐步解决了过去存在的车辆增长缓慢、基础建设长期欠账、营运车场建设不足、技术设施落后等问题，逐步形成基础设施建设基本齐备、经营管理体制比较完善、资源配置较为优化的良好发展局面。2004年7月，201路、203路有轨电车线路改扩建工程竣工通车。2005年，经过续建的快速轨道交通三号线总里程达到49.15公里。2005年，大连市政府出台了《优先发展城市公共交通实施意见》，对保障城市公交事业持续健康发展具有重要的历史意义。2006年，大连市交通局不断深化行业改革，落实各项优先政策措施，建立优先机构和工作机制，成功地进行公交企业改革，将6家国有公交企业整合成立公交客运集团，同时平稳取消职工专线月票，全面实行IC卡，这些措施的实施使公交事业呈现新的生机和活力。2008年，兴工街至张前路的快速公交线路正式通车，这是东北首条快速公交线路，线路采用公交专用道、智能调度系统、交通运输管制系统和先进大容量车辆，通车后将缓解城市交通运输压力，实现了公交运营模式的创新，提高了泡崖地区及华北路沿线几十万市民的出行质量。同年7月，大连市快轨三号线续建工程大连开发区至金州段建成并投入试运行，大连城市轨道交通线路的长度达到88公里。大连市城市公交行业目前已实现了大公交、小公汽、有轨电车、无轨电车、快轨、快速公交等多种公交方式的全面有序发展，2007年完成客运量90 624万人次，总行驶里程1.86亿公里，城市万人拥有公交车辆达到24标台，市民出行公交方式分担率达到43%，城市公交服务和管理走在全国前列。

（四）行业精神文明建设硕果累累

在交通运输工作中，以创建文明行业为主线，全面加强思想道德建设、党风廉政建设、民主法制建设、行业风气建设和综合治理工作，努力塑造各级领导班子政治坚定、紧密团结、锐意改革、清正廉洁、能够开创工作新局面的新形象，行业管理干部严格执法、公正清廉、优质服务的新形象。通过各种形式的培训教育、严格管理和实践锻炼，培养出一支讲政治、讲原则、讲廉政、讲纪律、熟悉业务、掌握政策、勇于实践、勤奋工作的优良队伍。通过不断纠正不正之风，不断提高文明执法、文明服务水平，不断提高行业队伍自身素质，积极推行社会服务承诺制和行政执法公示制，发挥好文明示范“窗口”的榜样效应，把精神文明建设不断推向新水平，从而保证了各项工作的顺利进行。30 年来，全系统涌现出一大批精神文明建设先进单位，大连市出租汽车管理处被评为全国精神文明建设创建工作先进单位，快速轨道交通三号线被团中央授予全国青年文明号；大连市机动车驾驶员培训管理中心和大连汽车站被原交通部评为精神文明建设先进单位和文明示范窗口单位。

三、基本经验

30 年的实践有力地证明，大连交通运输事业每一步进展和突破，都是通过改革开放的不断深化、不断加大力度取得的。交通运输作为基础性和先导性产业，只有始终坚持把适应经济和社会发展需要作为改革的根本任务，不失时机地加快发展，才能充分发挥保障和拉动作用；只有坚定不移地把深化改革作为交通运输工作的根本动力，不断强化行业管理监督，才能为交通运输生产的顺利进行创造良好的市场环境；只有坚定不移地把强有力的思想政治工作作为加快交通运输改革和发展的根本保证，全面加强党的建设，努力提高队伍素质，才能推动交通运输事业不断向前发展。

（一）交通运输事业的发展必须把发展作为第一要务，促进经济社会又好又快发展

交通运输是国民经济的基础性和先导性产业，对经济社会发展具有配套和服务的功能。在改革开放的历史进程中，交通运输工作始终紧密联系发展这个执政兴国的第一要务来进行，不失时机地加快发展，适应发展的大局，服务于发展的大局。改革开放初期，“出行难，运输难”是当时交通运输发展的基本状况，交通运输问题成为制约改革开放、经济发展、社会进步的突出“瓶颈”之一。为了扭转这一局面，30 年来，大连交通运输始终坚持把适应经济社会发展需要作为根本任务来抓。尤其是实施东北等老工业基地振兴战略以来，交通运输工作紧紧抓住这一历史机遇，按照国际航运中心和城乡一体化战略对公路建设的总体需求，在全市掀起了交通运输建设的高潮，相继建成了土羊高速公路、丹大高速公路及其延长线、大窑湾疏港高速公路、沈大与丹大高速公路连接线等高速公路项目，完成国省干道、县乡级普通公路改造大修 1 215 公里、农村公路 3 800 多公里，开工建设了环大连黄渤海岸线的滨海公路工程。正是由于 30 年的不懈的努力、不断的发展，才使大连交通运输状况发生了深刻的变化，才形成了“四网一环”的公路网布局和辐射东北、连通华北的对外公路大动脉，才使运输服务保障能力全面提升，进而有力地支撑了全市经济和社会的发展。

（二）交通运输事业的发展必须把部门行为向政府行为和社会行为转变，动员最广泛的社会力量

交通运输事业是国民经济中具有全局性的产业，投资大，涉及面广。要实现交通运输事业又好又快发展，靠一个部门的工作是不够的，必须把部门行为转变为政府行为和社会行为，依靠政府办交通运输，依靠社会办交通运输，依靠全民办交通运输。改革开放初期，由于诸多因素的影响，大连交通运输工作进展较慢，尤其是公路建设工作在全省处于落后位置。为改变落后局面，“八五”以来，交通运输部门充分发挥职能作用，主动争取上级领导和支持帮助，大力开展横向协调，逐步实现了公路建设由部门行为向政府行为的转变，由单纯依靠交通运输部门投资向多渠道、多形式、多层次投资转变，由交通运输部门一个积极性向社会积极性转变，形成了有利于交通运输发展的良好外部环境，“要想富，先修路”、“公路通，百业兴”等口号深入人心。大连市委市政府把加快交通运输发展作为全市经济社会持续快速健康发展的重要工作，认真解决交通运输基础设施建设中存在的问题；各有关部门顾全大局，全力支持交通运输发展；各区市县政府也纷纷把交通建设作为促进农村经济发展，改善投资环境，培育新的经济增长点的基础性工作，积极扶持，重点发展，相继出台了一批扶持交通建设的优惠政策，拓宽了投资渠道；全市人民积极参与交通建设，形成了政策有力、社会支持、群众拥护的社会各界共同参与交通建设的良好局面，推动交通建设不断加快发展。

（三）交通运输事业的发展必须把实现好、维护好、发展好最广大人民的根本利益作为工作的核心和出发点

大连交通运输工作坚持以人为本，把方便百姓安全、快捷出行，维护人民群众的利益放在了首位。大连至旅顺（南路）长途客运线路是大连市区与旅顺口区重要的交通运输纽带，是沿线市民的客运交通保障。但是，由于该线路经营主体比较分散，个体车辆各自独立经营，无法形成统一规范的线路调度和服务机制，导致违规经营行为屡有发生，给市民的安全、快捷出行造成了很大影响。2006 年开始对旅顺南路长途客运线路实行集约化改造，新组建线路经营公司，按照公交化模式统一运营，建立以资产为纽带，利益共享、风险共担的股份型线路公司，形成可持续发展的经营新机制，不仅从根本上改变了多元主体恶性竞争的混乱局面，而且经营服务水平显著提高，大大方便了乘客出行，达到了让群众满意的工作目标。

（四）交通运输事业的发展必须坚持扎实有效的思想政治工作，实现两个文明建设协调发展

开展扎实有效的思想政治工作，加强行业精神文明建设，既是“两手抓，两手都要硬”战略方针的根本要求，也是交通运输事业不断发展的重要保证。30 年来，大连交通运输工作在推进交通运输物质文明建设的同时，大力加强行业精神文明建设。结合行业发展需要，突出思想道德建设，坚持用邓小平理论、“三个代表”重要思想和科学发展观教育干部职工，引导干部职工发扬热爱交通运输、献身交通运输的敬业精神，自觉为创建文明行业做贡献；深入开展创建文明行业活动，努力提高服务水平，积极推行社会服务承诺制和行政执法

公示制，自觉接受社会监督；加强党的建设和党风廉政建设，用党风建设带动行业精神文明建设；通过抓党风、正行风、促作风，把思想政治工作贯穿于交通运输改革、建设、管理、服务的全过程和各个环节，在社会上全面塑造交通运输行业勤政廉政、求真务实、热情服务的形象，赢得了各级领导和社会各界的广泛好评。

四、发展展望

今后几年，是大连立足新起点，谋求新发展，实现全面振兴的关键时期。交通运输工作要适应这一新形势新要求，切实树立发展现代交通运输业的思想理念，坚持用现代科学技术、管理技术改造和提升交通运输，提高交通运输基础设施、运输装备的现代化水平和运营效能，适应现代服务业发展要求，不断拓展交通运输服务领域，走资源节约、环境友好发展之路，促进综合运输体系发展，提高交通运输现代化水平，为全市经济社会发展提供更为有力的支撑和保障。

（一）树立超前发展的理念，强化交通运输先导性作用

交通运输是国民经济的基础性和先导性产业，是支撑经济社会发展的重要基础。发展现代交通运输业，首先要按照大连率先全面振兴的要求和“四网一环”公路发展规划，努力打造面向沿海、服务港区、贯通市区、配套园区，以及适应社会主义新农村建设的交通基础设施新格局。一是适应国际航运中心建设需要，加快建设通向主要港口的高速公路通道，完善公路集疏运体系，增强辐射东北，连通华北、华东的功能。二是适应全省“五点一线”沿海经济带开发建设需要，全面推进滨海公路建设，构筑沿海经济带的“脊梁”，将环黄渤海岸的港口、产业园区、旅游度假区和重要产业项目连接起来，促进沿海经济带开发开放，推动沿海地区与腹地经济的互动发展。三是适应新型产业基地建设需要，加大普通公路大修改造力度，进一步提升经济干线网和区域连通网的功能，打通进出各工业园区的快速通道，力争使“一岛十区”产业园区都有一条以上高速公路或一级公路通达。四是适应新农村建设需要，继续深化农村公路建设，为方便农民出行，支撑新农村建设创造交通条件。五是充分利用已建成的高速公路网、经济干线网和区域连通网，加强集疏运输服务的组织，推进现代物流业发展，拓展运输服务领域；利用所有行政村通油路的有利条件，积极推进农村客运网络化，发展适合农产品运输的货车和运输通道，以现代物流供应链运作模式推进农业产业化和市场化经营，全面提升交通运输服务保障能力，发挥好交通运输在国民经济中的先导先行作用。

（二）树立科学发展的理念，实现交通运输发展可持续性

推进现代交通运输业的发展，关键是把科学发展观的基本要求与交通运输工作实践创造性地结合起来，实现交通运输发展方式的根本性转变，尽快改变依靠高投入、高消耗、高污染发展的状况，走经济效益好、资源消耗低、环境污染少的可持续发展道路。一是要把提升交通发展质量和效益放在首要位置，落实到规划、设计、建设、管理的各个环节，保证交通建设工程不仅具有安全、耐久的实体质量和高效、方便的功能质量，而且还要具有可以满足审美要求的外观质量和为沿线居住人群提供方便、降低负面影响的社会质量。着眼长远持续

发展，统筹交通工程建设、运营、养护的关系，在重视建设初期成本的同时，也要充分考虑营运、养护等后期成本，降低全寿命周期成本，同时要加强养护管理，提高使用寿命。二是把推进资源的节约和循环利用作为转变交通发展方式的重要内容来抓。交通运输作为资源占用型、能源消耗型行业，在发展中不可避免地占用和消耗一定的资源，对环境造成一定的影响。但这种占用和消耗如果继续维持现在的水平，交通运输行业不仅无法应对未来的挑战，而且现在的发展也难以为继。因此要把加强资源的节约和循环利用作为推进交通运输可持续发展的战略任务来抓。在交通建设中正确处理适当超前与可承受能力的关系，做到合理利用线位资源，合理确定建设规模和建设方案，避免因重复建设占用耕地良田。积极推进工业废物综合利用、再生资源回收利用、废弃路面材料回收利用等技术，以最小的资源代价满足经济社会对公路发展的要求。三是要充分发挥行业服务、市场监管和政策导向的作用，进一步完善运输装备的市场准入和退出机制，严格执行车辆排放标准，引导运输经营企业推广应用交通节能新技术、新设备、新产品、新工艺，引导营运车辆向标准化、专业化、清洁化方向发展，不断降低能耗、减少污染排放。四是树立“不破坏就是最大的保护”的理念，把工程防护与生态防护结合起来，坚持最大限度地保护、最小程度的破坏、最强力度地恢复，使工程建设顺应自然、融入自然，实现交通建设与自然环境相和谐，努力建成环保之路、生态之路、景观之路。

（三）树立创新发展的理念，提高交通运输发展内在质量

创新是一切事物发展的不竭动力。加快发展现代交通运输业，要求我们必须把创新作为交通运输发展的战略核心，通过加强理念创新、科技创新和管理创新，不断增强交通运输发展的内在质量。理念创新，就是按照科学发展观的要求，不断提升创新发展理念。坚决冲破一切妨碍创新的思想观念，坚决改变一切束缚创新的做法和规定，坚决革除一切影响创新的体制弊端，激发行业的创新活力，把“以人为本”、“好中求快”、“协调发展”、“可持续发展”作为交通运输发展的核心理念，贯穿到交通运输发展的各个方面。把能否让社会公众满意、能否适应国家经济社会发展要求、能否实现全面协调可持续发展作为评判交通运输发展的标准。不断提升发展理念，指导交通运输各项工作。科技创新，就是深入实施“科教兴交”战略，把握好科技教育和创新驱动的原则，在交通建设、运输发展和行业管理中加大科技成果的应用，重视人才培养，切实提高交通发展的根本动力。重点是在公路建设、养护管理和工程质量监督中继续扩大新技术、新工艺、新材料和先进设备的应用，进一步提高工程质量，推进资源节约、生态保护、循环利用；加大信息技术在道路运输管理中的应用深度和广度，建立和完善公路主枢纽信息中心、公交智能调度中心和运输信息公共服务平台，促进货物运输市场的电子化、网络化，为企业经营提供周到、满意的运输服务。运用现代信息技术整合各种交通资源，加强运输组织和运力调配，提高车辆实载率、降低空驶率；推进电子政务系统建设，不断完善“大连交通”及其网站，加快建设和完善出租车呼叫中心、货车呼叫中心和车辆紧急救援系统，推进危险品、集装箱、货车、出租车、公交车、长途客车等各类客货营运车辆GPS监控指挥系统应用，加强行业监管，为市民和企业经营管理提供可靠的交通安全保障。管理创新，就是要用创新的思路和办法，加快政府职能转变，提高交通运输行业管理效能和服务水平。要把宏观调控、诚信监管、维护市场秩序作为重点，加

快完善有利于发展现代交通运输业的管理体系，全领域、全过程地加强行业管理工作。要强化依法治交工作，充分发挥市场配置资源的基础性作用，加快建立以诚信为主要内容的信用体系和以服务为主要内容的市场动态监管体系，形成根治“黑车”的长效机制，打击不正当竞争和各种违法经营活动，维护合法经营者和旅客、货主的权益。

（四）必须树立以人为本的理念，提升交通运输公共服务水平

交通运输是与人民的生产生活最为密切相关的产业之一。发展现代交通运输业，必须以满足人民群众不断提高的交通运输需求为核心，不断拓展交通运输服务的领域，扩大交通运输服务的内涵，满足人民群众日益增长和不断提高的交通运输需求。在交通建设和运输发展中，要把维护人民群众的利益作为工作的出发点和落脚点，把人民群众的整体利益和具体利益、长远利益和眼前利益统一起来，凡涉及群众切身利益的政策和措施，一定要广泛征求群众意见，最大程度地满足群众需求，避免损害群众利益。要加强具体工程施工中的安全管理和道路运输安全监管，提高存量交通设施的安全性能和运输服务安全程度。加强交通运输公共信息服务体系建设，推进政务公开工作，积极开展网上缴费、咨询、投诉等服务项目，让广大人民群众享受到最全面的交通运输信息服务。要不断地扩大交通运输供给能力，不断提高交通运输服务水平，不断改善交通运输环境，让广大人民群众享受安全、便捷、舒适、满意的交通运输服务。加强行业精神文明建设，不断提高交通运输文明服务水平，以和谐交通促进社会和谐与稳定。

今非昔比的岛城交通

青岛市交通委员会

党的十一届三中全会以来，青岛交通系统在国家、省、市的正确领导下，高举中国特色社会主义伟大旗帜，坚持以邓小平理论和“三个代表”重要思想为指导，深入贯彻落实科学发展观，围绕“三个服务”，立足“又好又快”，转变发展理念，深化改革开放，取得了前所未有的辉煌成就，公路、海港等交通基础设施建设实现历史性跨越，交通综合运输服务保障能力大为增强，制约国民经济快速发展的瓶颈全面消除，服务于社会事业全面进步的薄弱环节显著改善，人民群众得到更宽广、更直接、更殷实的交通改革发展实惠，交通生产建设和管理服务结出了丰硕成果，在青岛市乃至全省经济社会发展和构建社会主义和谐社会中发挥了重要作用。

一、历史进程

2004年8月，根据青岛市委、市政府《关于青岛市人民政府机构改革的意见》（青发[2004] 12号）的精神，青岛市交通局更名为青岛市交通委员会，是青岛市人民政府主管协调全市公路、水路、港口、空港等行业的交通部门，“一委三局”的大交通格局初步形成。

（一）公路建设和管理

作为经济社会发展的基础产业，公路交通起着举足轻重的作用，肩负着保障青岛富强文明和谐现代化国际城市建设的历史使命。改革开放30年以来，青岛公路建设突飞猛进，公路通车里程不断增长，技术等级逐年提高，取得了长足发展，发生了翻天覆地的变化。

1978年以前，青岛市除市区外，只管辖崂山郊区，公路通车里程为380公里。1978年12月23日，黄岛、即墨县、胶县、胶南县划归青岛市，青岛市（不含莱西、平度）的公路通车里程为1 477公里，其中晴雨通车里程1 410.8公里，公路质量较低，青岛市没有二级以上的高等级公路，10%的公路雨天不能通车。

十一届三中全会以后，青岛同全国一样，进入经济快速发展时期，公路建设受到越来越多的重视。1983年10月，平度县、莱西县划归青岛市。1984年，青岛市的公路通车里程达到2 587公里，其中晴雨通车里程2 431公里，但路面以砂土路面和简易铺装路面为主，高等级公路几乎为零。

1984年底，青岛市第一条高等级标准的国道308国道（青岛—石家庄）青岛段破土动工，标志着青岛公路建设进入了一个新的发展时期。该路为一级公路，于1987年底竣工，全长31公里，是青岛继小白干路后开辟的另一个公路进出口。2001年对其进行了大规模改造，道路两侧全部绿化、美化，成为进出青岛的景观大道。

从20世纪80年代中期开始，新建公路和旧公路改造工程步伐全面加快。在修建308国道青岛段的同时，对原有公路进行了大规模的改造工程，1986年，80%以上的干线公路达到三级公路以上标准。“七五”期间（1986年~1990年），青岛公路建设“抓辐射、治梗阻、保畅通”，基本解决了城市进出口道路畅通问题。1988年5月，青岛第二条具有战略意义的陆路出口通道——青烟一级公路正式开工，其建成沟通了山东半岛两大沿海开放城市，促进了胶东半岛经济的发展。1991年，青岛境内有国道4条，346.5公里；省道16条，827公里；县道50条，1 277.6公里；乡道45条，417.4公里；专用公路1条，3.6公里；全市公路通车里程为2 872.1公里。

从20世纪80年代末到90年代初，青岛公路建设大力实施“四个转变”，即：由过去的修建一般公路向高等级公路转变；由过去以改建为主转向以新建为主；由过去分散投资转向集中投资，用于重点工程；由过去落后的施工方式转向以专业化、科学化施工为主的转变。“四个转变”促进了青岛公路建设进入蓬勃发展的新阶段。“八五”期间（1991年~1995年），按照向重点工程、新建工程、集中资金、施工方式四个转变的要求，青岛公路建设重点转向发展高等级公路，完成投资达30亿元。

1991年12月，青岛市第一条高速公路胶州湾高速公路开工，1995年12月竣工通车。设计车速110公里/小时，路面宽21米，分离式双向4车道，全封闭、全立交，沿线设9处收费站。该路的建成，增强了青岛港的集疏能力，为青岛市南下江苏、上海、浙江等地提供了快速的通道，并且将济南至青岛、烟台至青岛、威海至青岛、烟台至上海等国道、省道连接起来，促进了胶州湾一线及其周边地区的经济发展，被誉为胶州湾畔的金项链。

“九五”期间（1996年~2000年），适逢全国加快基础设施建设，青岛公路建设实施“加快高等级公路建设，加快县乡公路建设，确保路网改造”的指导方针，高等级公路规划建设全面展开，完成投资66.6亿元。农村公路建设也进入新时期，全市实现了乡乡通油路、村村通公路。“十五”期间（2001年~2005年），按照建设畅通的国省干线网络，县乡公路网络和先进的管理系统的方针，青岛公路建设在继续加快高等级公路建设的同时，全面加快路网改造，逐步提高和完善公路路网的技术状况和服务水平。按照国家、省的统一部署，青岛市开始实施全市行政村通油（水泥）路工程。期间全市公路完成投资117.8亿元。同三线青岛段、青银线青岛段、疏港专用公路、206国道青岛段及潍莱高速公路连接线等项目相继建成并交付使用，产生了巨大的经济效益和社会效益。

国家确定的全国“五纵七横”十二条国道主干线之一的同江—三亚国道（G010），是贯通中国东部沿海地区的南北大通道，同时又是山东省公路“五纵、三横、一环”公路主框架中的一段。同三线青岛段工程总投资54.37亿元，是青岛市公路局首项实行业主代表负责制的合同工程，二期工程2003年12月竣工通车。该路的建成使烟台、青岛、日照三大港口由北向南连接起来，将整个山东半岛区域经济更加紧密地联系在一起，从公路由青岛至上海只需8个小时，由青岛至福州为20个小时，比以前缩短了将近一半的时间，对青岛市和山东省融入全国沿海经济圈发挥了重要作用。

青岛—银川国道（G035）主干线在青岛境内分两段，东段2000年12月竣工通车，是进出青岛市区的一条快速通道，连接流亭飞机场、济青高速公路等交通要冲，具有重要的交通枢纽作用；沿线的大型桥梁等构造物，多姿多彩，同时因地制宜地加以绿化、亮化、美化，因此被称为“生态大道”、“景观大道”，成为青岛市直至目前的重要迎宾窗口。青银线西段为济南至青岛高速公路的一段，1993 年 12 月竣工通车，该路作为济南至青岛高速公路的组成部分，在山东省的政治、经济中具有重大意义，被誉为“山东经济的黄金走廊”。

2003 年中央一号文件中指出：“修好农村路，服务城镇化，让农民兄弟走上油路和水泥路”。青岛市于 2003 年 5 月制定出台了《关于实施全市行政村通油（水泥）路工程的意见》，并于 2003 年下半年，在全市全面实施行政村通油（水泥）路工程。

2004 年 7 月，青岛把行政村通油（水泥）路工程作为建设社会主义新农村的一项必要的政治任务来抓，列为交通建设的重点工作，与公路一般改建及路网改造项目统筹考虑，挂钩安排。交通工程质量监督部门对行政村通油（水泥）路工程办理了质量监督手续，并实施工程质量及安全监督工作。

2003 年上半年，未实施行政村通油（水泥）路工程前，青岛市行政村通油（水泥）路的通达率为 56.2%。至 2005 年年底，全市新增农村公路硬化里程 1 520 公里，完成工程总投资 10 亿元。新增通油（水泥）路行政村 1 725 个，共有 81 万农民群众在这期间用上了沥青路或水泥路，行政村油（水泥）路通达率提高到了 85.3%。至 2007 年年底，累计新改建农村公路 3 460 公里，完成投资 21.2 亿元，新增通油（水泥）路行政村 2 241 个，行政村油路通达率从 56.2% 提高到了 94%。

进入“十一五”以来，青岛公路全面围绕市委、市政府提出的发展县域经济、新农村建设和“环湾保护、拥湾发展”战略，重点向完善县域经济、农村道路、拥湾发展路网结构转变，对高新区、主要港区、县域城区和各乡村公路路网实施建设，同时全面升级国省干线的技术状况和服务水平，实现了建养并举、统筹兼顾。一大批重点公路项目建设取得了重大进展。滨海公路北段于 2006 年 12 月 1 日建成通车，成为全市重要交通动脉，有力拓展了主城区空间，推动了沿线产业结构的优化调整，仰口隧道宽度及等级技术水平居全省、全国前列。我国第二长大跨海桥梁青岛海湾大桥主线工程于 2006 年 12 月 26 日开工，成为我国北方首座冰冻海域特大型桥梁，建设规模、施工难度均达到国内领先水平，项目投资规模多达 90 多亿元，项目法人招标及投融资模式开创先河，打破了曾经单纯依靠政府投资、银行贷款运作的模式，开创了我市基础设施建设市场化运作的先河；其建成后将极大方便公众出行，缩短青岛至黄岛的陆路营运里程 30 公里，营运时间 40 分钟，20 年评价期内总节油量为 20.6 亿升。青岛胶州湾隧道同年 12 月 27 日开工建设，预计 2011 年建成通车。历经多年的建设，青岛初步建成了以高等级公路为主骨架，布局合理、纵横交错、四通八达的现代化公路网络。

（二）道路运输管理

青岛交通坚持公路建设与运输发展并重的原则，认真贯彻国家公路运输政策，不断深化企业改革，逐渐培育完善市场，形成竞争局面，全市营运车辆大幅度增长，客货运输量和运输周转量都创造了辉煌成绩，有力促进青岛乃至半岛国民经济建设又好又快发展。

十一届三中全会以后，随着改革开放和社会主义市场经济的不断深入发展，青岛道路运输事业进入了平稳健康发展的新阶段。到1987年，市辖各县（区）均成立了交通局运输管理所，部分乡（镇）设立了交通管理所，全市7个县（区）共有87个乡镇交管所。1987年6月到1997年12月是快速发展时期，各种运输方式得到有效发展，道路运力较快增长，管理职能不断增加，行业监管力度加大。1997年12月根据青编字［1997］175号文件，市运输管理处升格为副局级事业单位市道路运输管理办公室，行业管理地位进一步得到提高。1997年12月到2006年12月是道路运输各项改革攻坚的关键时期，“深化改革、理顺关系、巩固提高”是这一时期工作的基本原则，市道路运输管理办公室随之更名为市道路运输管理局。经过近30年的发展，青岛道路运输事业实现了从小到大、由弱变强的根本转变。

1. 班车客运实现了“人便于行”，城乡客运一体化取得较大进展

1978年，青岛市道路营运线路有43条，流经10个地市38个县，共173个班次（其中，跨省运行2个，省内跨市（地）108个，县境内63个），交通专业运输单位的营运客车只有85辆，且车辆档次低、车况差。这一时期，“出行难”是整个社会面临的一个难题，农民“早进城、晚回乡”的愿望难以实现。

十一届三中全会以后，随着国家实行对外开放，对内搞活经济政策的全面贯彻落实，道路运输市场逐渐开放，道路班车旅游客运形成了多家经营的局面。特别是1984年国家经贸委、交通部下发了《关于改进公路运输管理的通知》，明确提出“公路运输一律放开，国营、集体、个体一起上”的指导原则后，青岛的道路客运市场发展迅速。1984年，青岛出现首家个体长途汽车客运业户，经营青岛至烟台线路，之后一段时期，机关、企事业单位和个体业户参与道路客运的热情高涨，道路营运车辆特别是非交通专业部门的客运车辆迅速增长。多种经济形式的客运业缓解了青岛的“乘车难”问题，促进商品经济的发展。此后随着运力的不断增加，车辆更新也逐步向舒适性发展；运行方式有城乡车、普通车、快车和直达车。运行方式的多样化，逐渐满足了城乡人民日益增长的需求。

鉴于青岛客运行业的蓬勃发展，2005年8月，首届山东客运高峰论坛在青岛召开。此次论坛以构建“和谐交通、平安客运”为主题，为全省交通主管部门、运输管理机构及客运企业和公路运输领域专家学者提供了一个对话交流的平台，在构建和谐社会的大环境下寻求山东省公路客运的发展方向，增强客运企业责任感，创造良好客运环境，为实现全省公路运输事业和谐发展具有深远的意义。

2. 货物运输实现了“货畅其流”，现代物流业得到快速发展

1978年以前，青岛市只有1家国营和1家集体道路运输企业，集装箱运输处于空白。在计划经济体制下，道路运输纳入计划管理，基本处于由专业运输企业独家经营的局面，这种模式使青岛道路货物运输处于长期徘徊不前的封闭状态。十一届三中全会以后，随着商品经济的迅猛发展和运输市场的开放，青岛的道路货物运输打破了出省跨区运输和经营模式的种种限制，全市各行各业经营道路货物运输的各种经济成分的业户迅速增加。到1984年，非交通运输企业的车辆逐渐超过了交通专业运输企业，货运格局发生了明显变化。

青岛市大力发展道路货运运力的基础上，采取了多种措施加大货运结构调整的力度。一是加快集装箱专业运输市场的培育，专业运输管理走在山东省的前列。1984年2月，青岛市第一家集装箱运输公司成立。随着改革开放的深入，对外贸易量和港口吞吐量大幅增长，集装箱专用车已不能满足需要，行业管理部门正确引导专业运输企业大力发展集装箱专用车，到2008年青岛市集装箱专用车已达到4 360辆，占全省总量的80%以上；同时加强对集装箱专用车运输市场的规范管理，1992年1月依据《中华人民共和国海上国际集装箱运输管理规定》（国务院第68号令）下发了《关于实行国际集装箱道路运输车辆准运证的通知》，规定在全市实行国际集装箱运输车辆“准运证”制度，国际集装箱运输车辆准运证只限市交通专业运输企业和省经贸系统专业运输企业的核定车辆使用，确保集装箱车辆的有效调度与合理利用。二是积极鼓励货物运输企业走专业化、服务化、物流化、集约化的道路。货运企业的快速发展也暴露出了运输企业管理不规范、重效益轻安全、企业之间恶性竞争等问题。青岛市从政策上积极引导货运企业进一步向专业化、集约化方向发展，2003年6月公布实施了《关于加强我市2吨及以下货运车辆管理的通知》，积极引导运力增长向厢式货车发展，鼓励小型货运出租企业合并重组扩大规模，促进了商品配送运输业的发展和繁荣。

随着市场经济的不断发展和对外经贸的持续增长，货运市场的发展由单纯的货车运送物资，逐渐向多元化方向发展。1996年9月，青岛市第一个货运有形交易市场建成开业，标志着青岛道路运输服务业的发展进入规范化轨道，货运市场的发展使道路运输业变无形为有形，变无序为有序，逐步开始从根本上解决车辆空驶浪费运输资源的问题。而货运市场的规范化和规模化发展，也促进了货运企业扩大经营范围和延伸服务领域，逐步向现代物流企业转化，经营形式日趋多样，信息配载、快速货运、汽车租赁等新型服务方式快速发展，不断满足社会各种运输需求，2008年先后有8家外资企业共投资3 000余万美元在青岛市设立物流公司，提升了青岛市物流业的层次和管理水平。青岛道路运输综合能力的显著提高，也为抗击“非典”、防控禽流感等突发事件，交通战备、抗洪防汛、雨雪灾害天气的物资运输，“五一”、“十一”黄金周，节庆活动及军事演习提供了有力的道路运输保障。

3. 公交客运快速发展，城市公共交通网络不断完善

青岛于1926年创办公共交通，也是山东省公共交通之始。解放后青岛公共交通车辆、线路逐年增多，1960年开通无轨电车线路。到1978年，青岛有公共汽车330辆，以国产“解放”牌汽车为主，另有小部分经改造的日美等国老旧汽车；公交线路24条，线路长度442.40公里；无轨电车79辆，多为国产通道式电车，线路2条，线路长度20.35公里。

十一届三中全会后，青岛公交客运进入快速发展时期，但与增长更为迅速的客流量相比，供需矛盾反而递增，长期困扰青岛市民的“乘车难”问题更加突出。1986年，青岛人称“小公共汽车”的公交车应运而生，由个体业户经营，沿公交线路运行，运价略高，但发展迅速，形成规模。小公共汽车的出现，缓解了市民“乘车难”问题，但由于经营不规范，存在一定的社会负面影响。1997年，市政府决定利用3年时间将小公共汽车转营为出租车，享受在营出租车的相关政策。随着青岛城市建设向东部发展和市政府东迁，公交线路也向东发展，以动力较大、车体较小、方便灵活的中型客车开通新线路，一方面填补小公共汽车的空白，另一方面解决公交盲区居民的乘车问题。到1999年，公交线路达到109条（其中包括中巴线路16条），营运车辆总数达到2 275辆，年客运量49 021万人次。从解放后到2000年，青岛的公共交通一直为独家经营。2000年，市政府同意对6条公交线路向社会公开招标，非公共交通系统的企业获得经营权，2003年又新增2条线路。从此，打破了长期以来独家经营公共交通的局面。青岛市所辖黄岛区和市郊5市在20世纪80年代中后期陆续开通公交线路。

截止到2008年上半年，青岛市内拥有公交线路140条，线路长度2 900公里，公交车辆3 913辆，4 888标准台，车日行程65万公里，日客运量200万人次，公共交通汽、电车客运量占市民总出行量的30%以上，初步形成了结构较为合理、四通八达的公共交通网络，公共交通实现了快速、健康发展，为经济发展和人民生活发挥了积极作用，市区居民乘车难现象基本消失。青岛市公交乘车方便程度及乘车环境已走在全国前列，涌现出“日新巴士”、“温馨巴士”等全国知名的服务品牌。

4. 出租客运行业管理服务水平不断提高

1979年4月，青岛组建了第一家出租汽车公司“客车出租专业公司”。1985年年底，部分个人购置低档次轿车参与经营出租客运，个体经济开始进入青岛市出租客运市场。1986年3月，市民政局和香港荣兴国际技术合作有限公司合资组建了天鹅旅游汽车有限公司。到1993年底，青岛市区共有出租汽车经营单位71家，出租汽车4 874辆，其中个体出租车800余辆。出租车作为城市客运的重要组成部分，为青岛城市客运做出了贡献。此时要求经营出租客运的部门和单位日益增多，加强宏观调控成为行业管理部门的当务之急。

为从根本上解决出租客运行业的市场“准入”问题，提高行业管理水平，1996年5月，青岛市成功举办了首次客运出租汽车经营权公开竞投，全市65家出租车企业参加，共拍卖出租汽车经营权315个，总成交额32 682万元。此后，对在营出租车全部实行了经营权有偿使用。1998年2月第二次公开竞投，76家单位和个人参加，新增指标260个，完全实行市场化运作，拍卖总价5 788.2万元。对客运出租汽车经营权实行有偿使用，有效地解决了市场“准入”问题，为青岛地方经济建设和交通基础设施建设提供了财力支持。到2001年全市共有出租车企业106家，其中最大拥有100多辆，最小只有1辆出租车。出租车经营企业“多、小、散、弱”，经营管理不到位，出租企业滥收费，出租车业户坑骗外地游客，服务不规范等问题逐渐暴露出来，严重影响了青岛市的对外形象。为解决上述存在的问题，建立有效的退出机制，2001年4月，青岛市颁布实施了《青岛市出租汽车客运企业监督管理规定》，要求出租客运企业经营规模至少应达到150辆客运出租车。经过一年的组织实施，到2002年年底，全市出租汽车企业由106家整合为40家（市区26家），企业平均拥有出租车数量由83辆增加到300辆，最多拥有出租车1 007辆。出租车客运企业整合工作，初步实现了集约化、规范化经营管理。

2006年8月，为进一步节能减排和提高乘坐舒适度，适应奥帆赛道路运输交通保障的需要，青岛市面向全国进行公开招投标，全国7个生产厂家共计11款车型参与投标。2008年上半年，为迎办奥帆赛，解决运力不足的问题，经法定程序青岛市区新增了1 000辆出租汽车，全部实行了“公车公营”模式，奥帆赛前全部投入市场运行。奥运期间，出租客运行业为奥帆赛和残奥帆赛的成功举办提供了有力的保障，多次受到中外运动员或乘客赞扬。青岛的出租车档次和管理水平又迈上一个新的台阶。

（三）港航建设与管理

青岛港始建于1892年，是具有116年历史的国家主要港口。改革开放初期，青岛港码头落后，年久失修。1978年以来，青岛市以实施港口西移、以港兴市战略，促进港口大建设、大发展，青岛港在中央省市和国家各部委的领导下，走出了一条自主创新型、资源节约型、环境友好型、质量效益型、亲情和谐型发展之路，先后实施了四大战略。

一是1990年~1995年，实施夯基战略，创建名牌港口，做好青岛港。1995年，交通部、山东省政府联合在青岛港召开现场会，把青岛港树为“苦练内功的典型”和全国港口行业唯一的示范“窗口”，并一直保持到现在。同时培育了“诚纳四海”青岛港服务品牌。

二是1996年~2000年，实施超前战略，建设亿吨大港，做大青岛港。适应国际航运市场变化，在全国港口中率先建成投产了大型化、深水化、专业化、信息化的矿石码头、集装箱码头等，引领了中国沿海港口建设发展的大趋势。

三是2001年~2005年，实施中心战略，建设区域性国际航运中心，做强青岛港。面对中国加入WTO和经济全球化不断发展的新形势，加强与大船公司、大货主联盟，把青岛港发展成为区域性国际航运中心。目前已有七家世界500强企业落户青岛港。继2003年青岛港集团与丹麦马士基、英国铁行、中远集团实行强强联合，共同打造世界一流的集装箱码头之后，又先后有香港招商局、迪拜国际、泛亚集团、海丰集团、鲁能集团等国内外和地区的知名企业投资建设港口。青岛港口的发展，促进了山东省航运企业数量和规模相应发展，注册青岛的青岛远洋、鲁丰海运等航运企业初具规模和竞争力。2004年青岛港集装箱吞吐量便超越500万标准箱。同时，与中石化联合经营青岛港的油码头，与日本三菱集团合资建设了散装水泥分拨基地等等，实现了与客户的联合共赢发展，共享青岛港发展成果。

四是“十五”以来，实施创新战略，建设创新型港口，做久青岛港。大力实施港口结构调整，调整主业结构，培育核心业务；调整市场结构，扩大港口辐射深度；调整能力结构，打造港口核心竞争力；调整生产结构，构建现代化生产格局，实现了青岛港的率先发展。特别是“以港兴市”战略的实施，以港口开发建设、临港工业、港口物流、港口贸易为重点的港口经济，为青岛市的经济发展作出了重大贡献。自2002年成功实现港口战略西移以来，围绕着“一湾两翼”的全新港口布局和一系列港口大项目的有力推动，青岛港口产业集群迅速发展，同时，港口的发展壮大使得其产业吸聚能力日益强劲，为其他产业集群和现代物流业的发展奠定了坚实基础。根据《港口法》要求，组织编制完成了《青岛港总体规划》、《董家口港区总体规划》、《青岛港前湾南岸作业区详细规划》等港口发展规划，科学地定位和谋划了青岛港的未来建设与发展蓝图，确定了青岛港“一湾两翼”的总体发展格局，为拓展青岛港口功能，有效保护岸线资源，实现港口经济可持续发展和对水运事业的强力支撑提供了科学依据，奠定了坚实的基础。

港口发展促进了城市功能定位的提升。第一轮港口发展高潮以老港区规模扩张为标志，带动了青岛主城区经济的快速发展；第二轮以“港口西移”战略实施为标志，大力建设前湾港区，带动了黄岛外向型经济的快速发展，拓展了青岛港口经济功能区域外延；第三轮以“董家口港区开发”为标志，跳出胶州湾发展港口经济。三轮港口发展高潮为实施“环湾保护、拥湾发展”的战略和构筑“一主三辅多组团”现代化城市框架提供了发展动力，城市功能定位更明确、资源更集约、优势更明显。

港口发展促进了体制和机制的创新。1994年完成的开发区与黄岛行政区的体制合一，减少了行政运行成本，提高了行政效率，为推动新区港口经济发展提供了强劲动力。2004年港口管理体制改革推动了政企分开、政事分开，成立了港航管理局，体制进一步理顺。2007年4月，青岛市港口引航管理体制改革成功实施，实现了由企业引航向公共引航转变的目标，建立了公正、公平、安全、高效的青岛港引航体制框架，受到了交通部等各级领导及广大港航企业的肯定，为建设现代化港口创造了良好条件，港政管理步入科学发展轨道。近几年，青岛市在寻求港口多元化投资、多元化经营方面进行着不懈的努力，取得重大突破，迈出了实质性步伐。2006年年底，青岛港招商局国际集装箱码头成功开港，成为青岛港第二家公共码头经营商，基本确立了青岛港口集装箱码头经营主体多元化格局，推动了“区港联动”的实施，青岛港向国际自由贸易港区迈出了实质性步伐。

政府出台措施积极支持航运企业发展。青岛市建港以来促进航运发展方面的第一个政策文件《关于加快青岛市航运企业发展的若干优惠措施》于2008年7月正式出台，对青岛市航运企业发展具有巨大的推动作用，开创了山东省航运界的先河，进一步加快了我市航运企业又好又快发展，整合了航运企业优良资源，提升了航运企业对总体经济体系的贡献值。2007年成功取得中韩青岛至韩国平泽海上客货班轮航线经营权，对加深两市经贸合作和推动海上运输的便利化极为重要。

青岛港的改革与发展得到了各级领导的充分肯定，自1995年以来，青岛港一直是全国交通系统学习的典型。进入新世纪，青岛港集装箱桥吊队队长许振超，被树为新时期产业工人的杰出代表，党和国家领导人多次接见，给予高度评价。

二、辉煌成就

与1978年末相比，到2008年年底，全市公路通车总里程将达到14 358.2公里，增长约6倍，其中一级公路、农村公路分别达到959.7公里和11 268.2公里。高速公路从无到有，通车里程突破700公里，居全国同等城市首位，实现全市五市三区高速公路互通和“一小时经济圈”。公路密度达到128公里/百平方公里，继续保持全国同类城市首位，接近发达国家水平。农村公路通达率达到97%。农村客运站密度达到19%，基本实现村村通客车。五百人以上岛屿全部实现通航。新增港口泊位56个、港口吞吐能力1.5亿吨。完成铁路建设投资90亿元。新增空港旅客吞吐能力1 150万人次。

（一）公路建设实现历史性跨越，现代化公路网络体系基本形成

改革开放以来的30年是我市抢抓历史发展机遇，突破公路制约瓶颈，加快完善现代化公路网络的重要时期。我市先后建成了烟青一级公路、济青高速公路青岛段、胶州湾高速公路、西流高架桥、双流高速公路、潍莱高速公路青岛段、乳即一级路青岛段、栖莱高速公路青岛段、同三高速青岛段、青银高速青岛段、流亭立交桥、青银高速与机场连接线、滨海公路北段、威乌高速青岛段、青莱高速公路青岛段（南济青）、荣乌支线、即平高速等一批高等级公路。我市高速公路里程占到山东省总量的六分之一，居副省级城市首位，万人高速公路拥有量高达0.94公里，稳居全国省级和副省级城市首位。开工建设了青岛海湾大桥、胶州湾隧道、滨海公路南段一期工程等重点工程。其中青岛海湾大桥为我国第二长大跨海桥梁，也是我国北方首座冰冻海域特大型桥梁，建设规模、施工难度均达到国内领先水平，项

目投资规模达90多亿元，项目法人招标及投融资模式开创先河，打破了曾经单纯依靠政府投资、银行贷款运作的模式；其建成后将极大方便公众出行，缩短青岛至黄岛的陆路营运里程30公里，营运时间40分钟，20年评价期内总节油量为20.6亿升。全面加强公路养护管理，公路综合好路率达到84%。以高等级公路为主骨架，布局合理、纵横交错、四通八达的现代化公路网络初步形成，极大地改善了青岛经济社会发展和对外开放的基础条件，有力地促进了山东省“一体两翼”发展战略的实施。

（二）海港规划建设全面加快

改革开放以来的30年是青岛市实施港口西移、以港兴市战略，促进港口大建设、大发展的重要时期。我市顺利实施港口发展重心西转移战略，编制完成了《青岛港总体规划》、《董家口港区总体规划》、《青岛港前湾南岸作业区详细规划》等港口发展规划，完成港口管理体制、引航管理体制改革，实现了由企业引航向公共引航的转变。基本确立了青岛港口集装箱码头经营主体多元化格局，推动了“区港联动”的实施，青岛港向国际自由贸易港区迈出了实质性步伐。成功取得中韩青岛至韩国平泽海上客货班轮航线经营权，对加深两市经贸合作和推动海上运输的便利化极为重要。先后建成了青岛港前湾一期、青岛港前湾二期、青岛港前湾三期集装箱深水泊位、液体化工码头一期工程、20万吨级矿石码头接卸能力扩大工程等重点项目。港口吞吐量由1978年的2 000万吨增至2007年的2.7亿吨，货物年吞吐量跃居世界第七位，为全省沿海港口突破5亿吨做出了重大贡献。集装箱吞吐量从20世纪80年代末的2万多标准箱，2007年底达到946万标准箱，跨入全球集装箱大港前十强。2007年完成外贸吞吐量1.9亿吨，继续保持全国沿海港口第二位；完成铁矿石吞吐量8 151万吨，其中完成进口铁矿石6 086万吨，继续保持世界港口第一位；完成石油吞吐量4 470万吨，其中完成进口原油2 773万吨，继续保持全国沿海港口第一位。截止到2008年年底，青岛港口将拥有生产性泊位87个，其中万吨级以上泊位54个。预计2008年完成港口吞吐量2.86亿吨、集装箱吞吐量995万标箱，分别增长2.66亿吨和995万标箱。港口的集聚效应和辐射带动作用进一步增强。

（三）实施农村“三通工程”成效显著，人民群众得到普遍实惠

改革开放以来的30年是我市农村交通条件发生巨大变化，交通成果普遍惠及广大农民的重要时期。30年来全市建成9 900公里农村公路、16个农村客运站和19个陆岛交通码头，新增通油（水泥）路行政村4 436个，422.6万群众受益。行政村油（水泥）路通达率达97%，等级技术居全省前列。截止到2008年年底，全市70%的行政村1公里范围内全部设置客运站点，开通农村客运班线390条，投入客运班车1 556部，日均开行班次7 000个，年旅客运送量近5 000万人次，6 104个行政村实现了村村通客车。陆岛交通方式由1978年依靠渔船运输升级为快速高效的客运船舶运输，日均开行22航次，日运送旅客600人次。农村“三通工程”的实施，加强了政策资金向农村的倾斜和覆盖，提高了我市农村交通基础设施的通达深度和技术等级，农村交通环境和投资环境得到进一步优化和改善，加快了城乡一体化进程。

（四）交通运输管理服务保障能力明显提高，基本适应国民经济安全运行和社会事业快速发展的需要

改革开放以来的30年是我市交通运输市场全面开放，运输行业实现规模化、集约化、标准化发展的重要时期。我市道路客运由1978年的43条班线、85辆车、173个班次跃升至752条班线、3 104辆车和9 000个班次。新增道路客运站30个，达到38个；道路货运由1978年的936家企业、5 031辆营运车辆跃升至50 175家企业、89 468辆营运车辆；水路客货运输企业达到76家。建立机动车排气检测维修信息管理系统，对检测、维修实施在线监控，在全国率先探索出了机动车排气污染防治管理新模式。加强运输市场宏观调控，不断优化调整运输结构，制定出台航运业发展扶持政策，鼓励客车不断提高车辆档次，货车向大吨位、专用车及集装箱、厢式车发展，基本建立了公平竞争、规范有序、统一开放的运输市场体系。预计2008年完成水路客运量1 000万人次、水路货运量5 100万吨；完成道路客运量19 110万人次、道路货运量34 335万吨，分别是1978年的82倍和47倍。运输市场的大繁荣加快了物质文化流通，提高了人民生活水平和经济发展质量。

（五）城市公共交通发展全面加快，轨道交通提上议事日程

改革开放以来的30年是我市大力改善市民出行环境，舒适、便捷、高效、清洁的城市公共交通加快发展的重要时期。30年来，全市公交车发展到3 913辆，公交线路140条，线路长度2 900公里，日均客运量200万人次，分别是1978年的9.6倍、5.8倍、6.9倍和2.7倍，达到国III尾气排放标准以上的公交车占50%，单车主要污染物排放量减少80%，多年来青岛公交车辆老旧、冒黑烟问题得到了有效解决。先后建设了33个公交停车场。公交占路停车总量由2006年的1 569辆减少到目前的547辆（含2006年~2008年净增的315辆公交车），占路停放比例由46%减少至14.5%，共腾让城市道路40余条，全市公交占路停放现象明显得到改善。目前正在建设的和2008年进行前期工作的公交停车场建成后可基本满足现有公交车辆和至2012年增长公交车辆进场停放的需求。适应城市建设需要，不断扩大线网密度，逐步消除公交盲区，进一步满足了市民出行需求，公交客运承担市民出行率达到30%。出租客运从无到有，全市出租客运企业、客运车辆分别达到38家和10 154辆，日均客运量31万人次，先后实施3次行业管理政策调整，是近年来交通发展中最深入、最实质性的政策调整。出租客运管理体制日趋成熟，出租客运行业管理和服务水平明显提升。大运能、快速化的轨道交通规划建设启动实施，地铁试验段工程（一座车站及1.2公里的区间隧道）以及线网规划修编报告、客流预测报告和快速轨道交通建设规划修编全面完成，轨道交通建设规划（2009年~2020年）已正式上报国家审批。城市公共交通的全面加快，极大地提升了城市交通整体运行效率。

（六）现代物流业发展突飞猛进，交通发展转型呈现新的态势

改革开放以来的30年是全市交通转变发展方式，加快实现交通由传统产业向以现代物流业为重点的现代服务业转型的重要时期。30年来，现代物流业从无到有，物流企业突破2 100家，相继建成了前湾国际物流园、招商局保税物流园、中储物流园、空港物流园等一大

批重点物流园区，一大批物流企业被评为全国物流百强企业，引进了联合包裹（UPS）、丹麦马士基、美国普洛斯等30多家著名物流企业和物流地产商，物流网络信息技术得到普遍应用。根据《全国“十一五”现代物流业发展规划》，青岛被规划为半岛物流区域核心城市、全国一级物流节点城市，并成为全国重点向日韩辐射的节点城市。预计2008年全市物流业增加值达到414亿元，占服务业增加值的22%，占全市国内生产总值的9.5%，物流业已成为全市经济发展的支柱产业。

三、历史经验

回顾青岛交通运输改革开放30年的历程，全市交通事业取得了巨大成就，为青岛乃至全省经济社会发展提供了强有力的交通支撑。30年的生动实践证明，交通发展要始终坚持五个不动摇：

一是坚持以发展为第一要务不动摇，推进率先发展。交通是国民经济的基础产业、先导行业，是富民强市的基石。必须按照适度超前的要求，积极争当“两个率先”，率先在全国同行业中实现现代化，率先在市内各行业间实现现代化，当好经济社会发展的“先行官”。

二是坚持改革开放不动摇，推进创新发展。必须认真落实市委、市政府“环湾保护、拥湾发展”战略，树立综合交通、“三个服务”、城乡统筹、现代交通业等新理念，解放思想，深化改革，大力实施人才科技工程，全面建设创新型行业。

三是坚持以人为本不动摇，推进惠民发展。以人为本是科学发展观的核心，是交通工作的出发点和归宿。必须强化交通的公益属性，唱响“惠民、奉献、服务”的主旋律，更加注重社会效益，更加注重公共服务，使交通发展惠及全市人民。

四是坚持统筹兼顾不动摇，推进协调发展。坚持公路、水路、铁路、空港并举，完善公路辐射网络，加快建设东北亚国际航运中心，巩固区域性航空枢纽，促进综合运输体系建设，提高交通建设管理的科学化程度。

五是坚持转变发展方式不动摇，推进集约发展。积极促进交通发展方式的根本性转变，促进交通发展由主要依靠基础设施投资建设拉动向建设、养护、管理和运输服务协调拉动转变；由主要依靠增加物质资源消耗向科技进步、行业创新、从业人员素质提高和资源节约、环境友好转变；由主要依靠单一运输方式的发展向综合运输体系发展转变。

四、发展展望

今后，青岛交通运输将面临科学和谐率先发展，实现由传统产业向现代服务业转型的重要战略机遇期。完成好交通运输的各项工作任务，必须首先认清形势，准确把握大势，不断增强交通工作的预见性和主动性。

从目前的大环境来看，青岛交通实现又好又快发展具备许多有利的条件。首先，党的十七大和省市党代会明确提出了加快发展现代综合运输体系、完善综合交通网络的要求，为青岛交通完善综合运输体系，更好地发挥交通对国民经济发展的基础性、先导性和服务性作用指明了方向。其次，2008年全国交通工作会议明确提出继续做好“三个服务”，积极推进现代交通业发展这一重大目标，系统阐述了现代交通业的发展内涵和实现途径，有利于加快推进交通由传统产业向现代服务业的转型，促使交通继续成为新时期国民经济发展的战略重点。第三，青岛市委、市政府提出了“环湾保护、拥湾发展”和启动胶州湾北岸高新区开发建设等重大战略，将进一步拓展交通的发展空间和服务领域，必将激活青岛交通的发展活力。

新的时期，我们必须适应形势新变化，顺应时代新潮流，认真把握交通发展趋势和科学规律，趋利避害，抢抓机遇，迎接挑战，努力实现又好又快发展。

（一）指导思想

根据党的十七届三中全会要求，未来一段时期，青岛市交通运输改革发展的指导思想是：高举中国特色社会主义伟大旗帜，以邓小平理论和“三个代表”重要思想为指导，深入贯彻落实科学发展观，按照青岛市委、市政府的部署，紧紧围绕“环湾保护、拥湾发展”战略的深入实施，结合民生改善工程的需要，进一步细化完善交通综合运输规划和专项规划，抓好交通大项目的规划建设，提升改善民生工程的档次和水平，全面增强交通综合服务和保障能力，全国交通综合枢纽城市区位优势更加突出，初步形成带动国民经济快速增长、保障社会事业高效运行的现代化综合运输体系。

（二）工作目标

到2010年，交通服务保障“环湾保护、拥湾发展”战略实施取得实质性进展，民生改善质量进一步提高。市域“一小时经济圈”和半岛城市群“三小时经济圈”更加完善，区域性航空枢纽地位更加突出，基本形成现代交通综合运输体系框架。完成30个公路大中修项目。服务于县域经济发展的300公里一级公路建设全面启动。基本实现行政村通油（水泥）路的目标，农村客运站点覆盖率达到42%以上。建成港口泊位14个，新增港口吞吐能力4 000万吨。港口吞吐量达到3.1亿吨，集装箱吞吐量达到1 050万TEU。铁路青岛北站、黄日铁路、青荣城际铁路和轨道交通一期工程开工建设，蓝（村）烟（台）线电气化改造完工。优先发展城市公交，公共交通在城市交通出行中的比重达到33%以上。

到2012年，交通服务保障“环湾保护、拥湾发展”战略实施取得突破性进展，民生改善实惠更加殷实。在山东省率先基本形成以公路运输为基础，海港、铁路、空港运输协调发展，对外运输通道、市域运输网络和港站主枢纽相互衔接，综合运输能力显著增强，运输质量明显提高的综合运输体系。配合山东省交通厅开工建设青龙高速青岛段，青岛海湾大桥、胶州湾隧道、铁路青岛北站建成并投入使用。服务于县域经济发展的300公里一级公路全面展开。全市公路保畅通、保舒适、保安全的能力进一步提高。农村客运站点覆盖率达到65%以上。以环胶州湾港口群为核心，鳌山湾港区和董家口港区为两翼的港口发展布局有序展开，新建扩建码头泊位26个，新增通过能力0.7亿吨。港口吞吐量达到3.3亿吨，集装箱吞吐量达到1 450万标准箱。确立公共交通在城市交通中的主体地位，基本形成近期以公交汽电车为主体，未来以轨道交通为骨干，出租车轮渡为补充，大运能、高效率、立体化、网络化的城市公共交通服务体系。

到2020年，交通支撑带动全市经济社会发展的能力进一步增强，民生工程在更高层次上得到改善。交通综合运输体系现代化水平显著提高，服务保障能力明显增强，在更高层次上适应全市经济社会发展的需要。全市主城区、高新区、海港区、区（市）基本实现高速公路或主干线互连互通，乡镇等级汽车站和农村客运站点覆盖率达到100%，以主干线、次干线和一般干线公路为骨干，县乡公路为支撑，农村公路为脉络的现代化公路网络全面融入全省公路交通体系。“一湾两翼”港口建设发展布局全面展开，新增港口码头泊位124个，综合通过能力超过4亿吨，集装箱通过能力达到3 450～4 200万标箱，港口吞吐量达到3.8～4.2亿吨，集装箱吞吐量2 200～2 300万标箱。区市客运班车集约化、公交化改造基本完成，以轨道交通、快速公共交通系统为主体，常规公共汽电车、轮渡、出租车等协调发展的现代化城市公共交通系统基本形成，轨道交通线路达到87公里。公共交通在城市居民出行中的比重达到43%以上。

10月9日，党的十七届三中全会审议通过了《中共中央关于推进农村改革发展若干重大问题的决定》（以下简称《决定》），是党中央继续解放思想、坚持改革开放、推动科学发展、促进社会和谐的战略部署，是指导当前和今后一个时期农村改革发展的纲领性文件。《决定》对发展农村交通运输提出了明确目标和要求，是新时期进一步做好农村交通运输工作的行动指南。贯彻落实党的十七届三中全会精神，必须进一步解放思想，深入贯彻落实科学发展观，以更加宽广的世界眼光和更为深邃的战略思维谋划交通运输发展，为青岛经济社会发展做出新的贡献！

大港口促进大发展

宁波市交通局

宁波是全国首批 14 个对外开放的沿海城市和计划单列市，也是 15 个副省级城市之一，隶属浙江省，位于东海之滨，杭州湾南岸，面积 9 816 平方公里，户籍人口 564 万，辖 11 个县（市）区。宁波是一座充满活力和富有魅力的港口城市，历经改革开放 30 年，经济社会快速发展，综合实力和竞争力不断提高，城市地位显著上升，人民生活大幅改善。2007 年，实现国内生产总值 3 433. 1 亿元，财政一般预算收入 724 亿元。宁波已成为长江三角洲南翼经济中心和现代化国际港口城市，近年来相继被评为中国优秀旅游城市、大陆最具幸福感城市和首批全国文明城市。

1978 年，党的十一届三中全会的春风吹暖我国大江南北，作为东南沿海国防前哨的宁波，由此翻开了改革开放的历史新篇章，宁波交通事业也进入了一个跨越发展的黄金时期。围绕"以港兴市、以市促港"的发展战略和"建设大港口、构筑大交通、促进大发展"的总体思路，经过 30 年的艰辛探索和不懈努力，宁波逐渐构筑起了以港口为龙头，公路、铁路、水路、航空多种运输方式协调发展的综合交通运输体系，宁波陆路交通区域末端现状得到改变，实现了交通对于经济社会发展和人民群众出行需求由"瓶颈制约"到"基本适应"的历史性飞跃，宁波港口也从区域性内河港发展成为国际性深水大港，货物吞吐量迅速跃居我国大陆沿海港口第二位，居世界第四位。

宁波交通状况的根本改善，有力地推动了经济社会全面、协调、可持续发展，为宁波建设全面小康社会和构建社会主义和谐社会发挥了重要的支撑和保障作用。宁波交通的辉煌成就，以无可辩驳的事实告诉人们：交通，正在以一种前所未有的力量，改变着宁波。

一、历史巨变

（一）洋洋大港崛起东方

1979 年 6 月，经国务院批准，宁波港口正式对外开放。曾经在鸦片战争后被迫开放的"五口通商"口岸之一的宁波港，主动向世界敞开了大门，宁波对外开放也由此肇始。1989 年 9 月，宁波港口被交通部列为我国大陆沿海重点开发建设的国际深水中转港，港口建设开发随即上升为国家战略。1992 年 5 月，时任国务院总理的李鹏同志考察宁波港时，挥毫题词——"洋洋东方大港，改革开放前哨"，确立了宁波港的地位和发展方向。1996 年 1 月，国务院决定建设以上海为中心、江浙为两翼的上海国际航运中心，区域内港口组合发展，宁波北仑港区的深水优势得以充分凸显。2005年年底，浙江省委省政府做出重大决策，打破行政区域限制，整合港口资源，成立宁波—舟山港管理委员会，两港合一，提高了港口的综合实力和国际竞争力。2007年6月，浙江省第十二次党代会提出“大力发展海洋经济，加快建设港航强省”的发展战略，宁波港口发展迎来了新的历史机遇。

30年来，宁波港口抓住国家实施港口开发这个难得的历史机遇，大力推行改革开放，迅速从一个地处海防前哨、设施简陋的区域性内河小港崛起成为一个世界级的现代化深水大港。

1. 港口建设跨越发展

1978年3月，浙江省北仑港建设指挥部成立，从此宁波港口进入大规模开发建设时期。宁波利用得天独厚的自然资源，积极推进深水化、大型化、专业化、现代化的码头建设，率先在国内建成了10万吨级、20万吨级矿石码头，25万吨级原油码头，第六、第七代超大型集装箱码头等一批具有国际领先水平的深水泊位群。伴随着东部沿海地区经济的迅猛崛起，港口事业得到快速发展，30年来累计完成港口建设投资185.5亿元，尤其是近5年来，累计投入77亿元用于码头建设及设施配置，相继建成穿山港区、大榭港区集装箱码头，开工建设了梅山港区集装箱码头等一批港口基础设施。截至2007年年底，宁波港口拥有生产性泊位311座，其中万吨级以上泊位65座，5~25万吨级特大型深水泊位33座，国际集装箱泊位已达到14个。

2. 港口生产蒸蒸日上

改革开放30年来，宁波港口生产经营呈跳跃式上升。1978年港口货物吞吐量仅为214万吨。1985年~1991年，每隔3年上一个千万吨台阶，1985年首次突破1 000万吨大关，1988年跃过2 000万吨，1991年达到3 000万吨。2000年港口货物吞吐量首次跨上亿吨台阶，达1.15亿吨。2002年港口开始“二次创业”历程，全力构建集装箱、矿石、原油、煤炭、液化品五大运输体系，港口货物吞吐量保持了持续快速增长的势头。截至2007年年底，港口核定通过能力2.47亿吨，年货物吞吐量突破3.45亿吨，分别是1978年的254倍、160倍，港口排名位居大陆沿海主要港口第二位，名列全球第四位。卸船机、集装箱桥吊、龙门吊等港口主要生产设备随着港口建设同步增加到11台、65台、191台，港口生产作业能力大幅提升。特别是国际集装箱运输从无到有，快速发展。1984年开始集装箱运输，1991年2座5万吨级集装箱专用码头投入试生产，吞吐量从2000年的90.2万标准箱增长至2007年的935万标准箱，位居我国大陆沿海主要港口第四位、全球港口第十一位；年均复合增长率达40%以上，增幅居世界前三十强港口之首，创造了享誉国内外的“宁波港速度”。2006年，宁波港成为中国大陆唯一一家入围世界集装箱“五佳港口”之列的港口，跻身于国际一流大港行列。目前宁波港已成为我国大陆主要的集装箱、矿石、原油、液体化工中转存储基地，华东地区重要的煤炭、粮食等散杂货中转和储存基地。

3. 港口航线覆盖全球

截至2007年年底，宁波港口与全球100多个国家和地区的600多个港口有贸易往来，形成了覆盖全球的集疏运网络，全球排名前20位的班轮公司都已“登陆”宁波港口，集装箱航线达191条，干线箱量占外贸箱量的比例接近90%，集装箱月航班突破820班。众多世界级的超大型船舶靠泊宁波港，成为我国超大型船舶最大集散港和全球为数不多的远洋运输节点港，港口航线覆盖全球。港口间接腹地已延伸至沪、苏、皖、鄂、湘、川、渝等省市；直接腹地延伸至浙赣两省，并在浙江义乌和江西鹰潭先后建立“无水港”。当时世界最大的集装箱班轮“东方宁波”号和“中远宁波”号先后于2004年、2006年在宁波港命名并首航。2005年3月，宁波港口两次成功装卸比利时籍排水量44万吨级的超大型油轮“泰欧”轮，成为我国大陆乃至亚洲第一个靠泊40万吨级的船舶。全球有300多艘次8 000标准箱以上超大型集装箱轮靠泊宁波港。同年5月，宁波港口又成功靠泊了当今世界最大、载箱量为1.1万标箱的“伊夫林·马士基”集装箱轮。

（二）公路建设成绩显著

1978年~2008年，是建国以来宁波公路建设发展最快、最好的时期。在改革开放的新形势下，加快公路交通建设成为经济社会发展的头等大事，“要想富、先修路”，“小路小富、大路大富、高速路快富”理念逐步深入人心，宁波市掀起了一轮又一轮公路建设的高潮。1978年，宁波公路里程仅为1 921公里，一、二级公路为零。到2007年，总里程已达9 320公里,其中高速公路325.5公里、一级公路665公里、二级公路816公里、三级公路1 456公里、四级公路5 195公里，公路密度达到95公里/百平方公里。

1. 世界第一跨海大桥飞架杭州湾

杭州湾跨海大桥是我国自行设计、自行管理、自行建造、自行投资的特大型交通基础设施，是国道主干线沈海高速公路跨越杭州湾的便捷通道。它北起嘉兴市海盐郑家埭，跨越杭州湾海域后止于慈溪市水路湾，全长36公里，双向六车道，时速100公里，总投资140多亿元，于2003年动工兴建，2008年5月建成通车，是目前世界上最长的跨海大桥。杭州湾大桥的建成通车，有利于宁波主动接轨上海，扩大开放，推动长江三角洲地区的合作与交流，提高浙江省特别是宁波市和嘉兴市对内对外开放水平，增强综合实力和国际竞争力；有利于完善长江三角洲区域公路网布局及国道主干线，缓解沪杭甬高速公路流量的压力；有利于从根本上改变宁波市陆路交通末端的状况，从而变成区域交通枢纽，实施环杭州湾区域发展战略。杭州湾跨海大桥是我国桥梁建设史上的一个奇迹和重要里程碑。

2. “四自公路”打破“瓶颈制约”

1994年浙江省政府出台了自行贷款、自行建设、自行收费、自行还贷的“四自公路”政策，开启了全省公路大建设的高潮。为尽快改变宁波公路交通瓶颈状况，适应建设现代化国际港口城市需要，宁波市连续掀起三轮“交通年”（分别为1995年~1996年、1997年~1999年、2000年~2002年）建设高潮，先后新建、改建“四自”公路12条，里程667公里，总投资达63.89亿元，路网延伸至全市11个县（市）区。“四自”公路建设实现了全市“1小时”交通圈，迅速改变了公路交通的落后面貌。

3. 高速公路构筑成网

20世纪80年代末，宁波市开始建设第一条高速公路——沪杭甬高速公路宁波段。该工程全长64.45公里，双向四车道，于1992年9月开工，1996年12月建成试运营。沪杭甬高速公路宁波段建成通车，结束了宁波境内无高速公路的历史。此后，又于2002年建成甬台温高速公路，2005年建成甬金高速公路。2005年宁波市制订了“一环六射”高速公路网规划（“一环”即宁波绕城高速公路，是整个高速路网的核心和纽带；“六射”即杭州湾跨海大桥及南岸连接线、杭甬高速公路、甬舟高速公路、甬金高速公路、甬台温高速公路、甬台温高速复线宁波段也即象山港大桥及连接线），自此掀起了以杭州湾跨海大桥为标志的高速公路建设新高潮。2007年11月，沪杭甬高速公路由原双向四车道改造成为双向八车道，同年12月杭州湾跨海大桥南岸连接线和绕城高速公路西段建成。2008年5月杭州湾跨海大桥建成。同年9月份绕城高速公路东段全线开工，至此“一环六射”高速公路网主骨架初步形成。

4. 通村公路惠及“三农”

2003年，浙江省委省政府决定实施乡村康庄工程。宁波市抓住时机，切实加强通村公路建设。截至2007年年底，全市完成农村公路投资22.62亿元，建成通村等级公路2 608.96公里，新建和改建2 947个行政村通村公路，在全省率先实现行政村通等级公路100%、通村公路路面硬化100%、工程合格率100%的目标。同时，高度重视陆岛交通建设，先后建成大榭公铁大桥、三门口公路大桥、铜瓦门公路大桥等一批陆岛交通工程。2003年以来的4年时间，宁波农村公路建设投资之巨、规模之大、通车里程增长之多、惠及农村范围之广，是建国以来所未有的。

5. 客货场站凸显“以人为本”

不断完善公路客货场站节点布局，先后完成以市、县两级和主要旅游区为重点的公路客运场站建设。1999年12月，宁波市货运市场建成，逐步形成了以宁波市货运市场为中心，市、县、镇三级货运站场为主体的“1515”货运市场体系（“1515”指一个大型货运市场，5个县（市）级中型货运市场，15个重点乡镇及主要货源集散地为基地的货运场站）。2002年12月，当时全省最大的汽车客运服务中心——宁波汽车客运中心站建成并投入运营，有效地改善了宁波市交通“窗口”形象和对外开放环境。此外，通过以政府搭台、企业唱戏的市场化运作经营模式，于2006年7月建成宁波市出租汽车服务中心，这也是当时浙江省规模最大、设施最为齐全的出租服务中心，受到了交通部、国务院纠风办的高度评价。

（三）水陆运输突飞猛进

伴随着浙江省委省政府“港航强省”和宁波市委市政府“港桥海联动”战略的实施，以及上海国际航运中心、宁波—舟山港的建设，宁波凭借着深水良港优势，大力推动水运业发展，水路运输综合实力迅速增强。

1. 水路运力结构不断优化

1978年宁波水路运力仅为3.4万载重吨，且老旧船舶多，吨位小。改革开放以来，水运业随着区域经济的快速发展不断壮大，呈现出了大、特、新、优协调发展的局面。截至2007年，全市拥有运力262.4万载重吨，比1978年增长了76倍，运力规模居浙江省第一位。运力结构得到明显优化。万吨轮成为水运主力军，拥有万吨轮67艘、167.1万载重吨。特色运输得到进一步发展，拥有多用途船（含集装箱船）53艘、37.67万载重吨，沿海危险品船114艘、24.88万载重吨；平均船龄降到7.4年，大大低于浙江省要求控制在13年以下的标准。此外，水运经济日趋合理，民营企业运力达到180余万载重吨，占全市总运力70%，成为全市水运业发展的主体力量。

2. 海运服务业日趋兴旺

国际海运辅助业从无到有，从小到大，逐步向现代服务业转型。目前，全市已拥有国际无船承运人企业203家，国际船舶代理企业58家，国际集装箱堆场企业49家，国际船公司分公司和办事处51家，国际船舶管理企业4家，宁波本地参与国际海运业的企业6家，世界排名20强国际航运巨头均已进驻宁波。宁波海运股份有限公司作为浙江省首家上市交通运输企业，已成为浙江乃至全国交通运输企业改革的一面旗帜。

3. 江海联运发展势头良好

1982年，为上海宝钢配套的北仑10万吨级矿石中转码头竣工，并于1985年正式投产。1987年4月，进口铁矿石首次经宁波港北仑港区“水水中转”，进入长江转运至武汉钢厂，由此揭开了宁波港进口铁矿石进长江的序幕。20余年来，“水水中转”得到了快速发展，2007年矿石水路中转量达3 100万吨，居我国大陆沿海港口首位。2000年10月，在浙江省交通厅牵头协调下，杭甬运河改造工程启动，计划2008年底完成并通航，年通过能力将达到1 000余万吨，其运输能力相当于再造一条萧甬铁路，不仅能有效缓解宁波港口疏港通道拥堵的现状，还吸引浙北乃至长江中下游货物到宁波港口进出，进一步提升宁波港口的竞争力，起到了至关重要的作用。

4. 公路运能快速提升

1978年，全市仅有营运汽车3 724辆，公路客运量2 311万人次，货运量625万吨，客货运车辆为国有运输企业拥有，且保有量低，车辆老旧，车况差。在国家逐步放开运输市场的政策指导下，多种经济性质的客货运企业相继投入到市场竞争行列之中，呈现多元化经营格局，客货运量快速增长。尤其是个体运输异军突起，公路运输市场“独家经营，一统天下”的局面被打破，逐步形成“有路大家跑，有货各家运”的局面。到2007年，宁波拥有营业性载客汽车1万辆、13.5万客位，其中班线客车4 635辆、出租车5 001辆、旅游车383辆，高级客运班车达到15%；客运班线1 158条，其中高速、快速线97条。拥有营业性载货汽车4.9万辆，其中集装箱车6 309辆，厢式货车8 057辆。形成了从宁波到全国重要城市、省会城市以及周边地区的较为发达的公路运输网络。

5. 农村客运条件根本改善

农村客运班线从无到有，网络不断完善，城乡客运一体化加快推进，全市基本形成了县城至乡镇、乡镇至行政村的二级客运网络。农筒四轮和农用中巴车彻底退出了农村客运市场，客运车辆已全部达到中级以上标准。截至2007年年底，拥有农村客运班线387条，建立简易车站以上客运站47个，农村港湾式停靠站点3 500余个，全市91个乡镇2 947个行政村中除海岛、高山村外全部通客运班车。

（四）铁路交通告别末端

铁路作为国民经济大动脉，随着宁波经济的快速发展，受到了前所未有的重视。以

2007年11月铁道部和宁波市政府签署《关于加快宁波地区铁路建设与发展会谈纪要》为标志，宁波铁路进入了新一轮快速发展时期。

1. 铁路建设不断加快

1978年9月，为开发利用北仑港，沟通港口与铁路的联系，国家计委批复同意修建北仑铁路。1983年12月，北仑铁路建设工程破土动工，1985年12月建成通车，1987年3月投入运营。北仑铁路投入运营20多年来，已为北仑港转运金属矿石、化肥等进口物资6 000余万吨。萧甬铁路不断升级。1991年～1993年，铁道部投资4 990万元对萧甬铁路进行扩能技术改造，对关键区段的车站增延股道、更新信号设备，新建和接长铁路桥梁等。扩能技改后的萧甬铁路，货物列车的牵引定数由原来的2 200吨提高到3 000吨，年通过能力从原有的750万吨提高到1 200万吨。1997年12月萧甬铁路复线工程开工，2002年5月建成投入运营，宁波铁路运输能力大幅度提高。余慈铁路为地方经济发展提供强力支撑。1992年10月，由慈溪市政府筹资1.37亿元建造的浙江省第一条地方铁路——余慈铁路动工，1996年年底建成通车，1997年2月投入运营。余慈铁路的建成，改变了慈溪市无铁路的历史，为慈溪地方经济的进一步发展创造了良好环境。甬台温铁路彻底改变宁波铁路枢纽末端地。1997年6月，宁波市成立宁波铁路建设指挥部，标志着宁波铁路建设拉开新的序幕。2004年10月，国家发改委批准甬台温铁路项目。甬台温铁路全长282.4公里，其中宁波境内93.3公里，设计时速200公里（预留时速250公里），属双线、电气化、国家I级铁路干线，是国家沿海铁路大通道浙江境内控制性项目。2005年10月，甬台温铁路动工，计划2009年建成通车。甬台温铁路将彻底改变宁波铁路末端地位。2007年11月，铁道部与宁波市政府签订《关于加快宁波地区铁路建设与发展会谈纪要》，这是铁道部首次与省级以下地区签订合作建设铁路协议，宁波铁路进入了发展的“快车道”。

2. 运输能力迅速增强

1978年，宁波铁路客车每日仅开行4对，最远目的地是上海。到2007年，旅客列车每日到发达到23对，运行目的地走出上海，直通东北、西南、华南等多个地区。经过铁路6次大提速，客车运行速度由60公里/小时提高到110公里/小时。从1997年起，铁路先后开行了宁波至南京、武夷山假日旅游列车和宁波至阜阳民工专列。1978年，宁波地区旅客到发量仅为243.9万人次，到2007年，旅客到发量达到843.4人次，期间增长了3.46倍。改革开放前，宁波地区铁路到发的大宗货物主要以煤炭、钢铁、水泥为主，且数量较小。随着镇海发电厂、浙江炼油厂、镇海港、北仑港等一大批大型工程相继建成投产，水泥、煤炭、钢铁、木材、矿石、石油制品、化肥等货物运量成倍增加。1978年，宁波地区货物到发量仅为233.7万吨，到2007年，货物到发量达到2 384.4万吨，增长了10.2倍。其中，宁波地区到发的煤炭、钢铁、水泥、化肥、矿石等大宗物资仅为98.6万吨，到2007年达到了1 383.4万吨,期间到发量增长了14倍。

（五）航空运输走向国际

历经20余年快速发展，宁波空港已成为华东地区重要的航空口岸。

1. 庄桥机场民航起步

1984 年，国务院和中央军委批准海军航空兵庄桥机场为军民合用机场。同年 11 月，一架印有“中国民航”字样的苏制安—24 客机在庄桥机场降落，由此开始了宁波民用航空运输的历史。庄桥机场先后开通了宁波至上海、杭州、北京、广州、厦门、武汉等航线，从 1984 年 11 月通航至 1990 年 6 月 29 日停航，共运送进出港旅客 19.95 万人次，起降航班 7 790架次，完成货邮吞吐量 3 421.5 吨。

2. 栎社机场开创新纪元

1985 年 8 月 7 日，国务院、中央军委批准宁波民航机场建设项目，确定在 20 世纪 30 年代修建的栎社军用机场旧址上建设 4D 级民用机场。1988 年 8 月，国家计委批准宁波栎社机场建设项目正式开工，经过近 3 年建设，浙江省第一个独立的民用航空机场于 1990 年 6 月 30 日建成并投入运营。2000 年，国家民航总局与宁波市政府共同投资 8.32 亿元，扩建栎社机场，停机坪由 5.5 万平方米增加至 14.5 万平方米，新建航站楼 4.3 万平方米，跑道由 2 500米延长至 3 200 米。2002 年 10 月，宁波栎社机场新航站楼正式启用，一座现代化航站楼展现在中外旅客面前，成为展示宁波城市形象的又一亮丽窗口。

3. 民航运输跨越发展

栎社机场的建成通航，翻开了宁波民航事业发展的新一页，先后有国际、东方、南方、北方、西北、厦门、港龙、澳门等 10 多家航空公司加盟宁波航线，开辟新航线，增加航班密度，扩大运输机型，机场客货吞吐量逐年提高，1996 年旅客吞吐量首次突破 100 万人次大关。同时，机场认真做好各种服务保障工作，积极筑巢引凤，为航空公司落户宁波创造条件，海航、东航宁波分公司（原长城航空公司）相继落户宁波，结束了宁波机场无驻地航空公司的历史。2005 年 11 月 29 日，经国家民航总局批复，宁波栎社机场升格为国际机场，成为长三角地区继上海、南京、杭州之后第四个国际机场。2006 年 4 月 22 日，开通宁波至韩国首尔首条国际航线。2007 年 4 月，成功地开辟了朱家尖新航路，并开通机场至义乌、舟山、慈溪、余姚等地地面专线班车，机场竞争力进一步提高。截至 2007 年年底，基地飞机达到 11 架，航线 32 条（其中国际、香港航线各 1 条），机场每周起降航班 31 541 余架次，旅客和货邮吞吐量分别达到 330.6 万人次、5.6 万吨。

（六）交通发展贡献巨大

交通在经济社会发展中处于核心地位，起着关键性作用，是支撑国民经济发展的重要基础。宁波作为我国重要的现代化港口城市，改革开放以来交通事业的快速发展，为宁波经济社会的发展作出了巨大贡献。截至 2007 年，交通运输、仓储邮政业增加值占服务业增加值比重达到 11.1%。

1. 凸显了宁波市经济区位优势，推动了宁波城市地位显著提高

交通事业的发展使宁波的区位优势更加明显，长三角南翼经济中心的地位更加巩固，彻底改变了宁波江南小城的城市地位。港口经过 30 年的开发建设，已成为国际一流的现代化深水良港，大大提高了宁波城市的综合实力和国际竞争力。对外大通道迅速打通，特别是杭州湾跨海大桥的贯通，沟通环渤海、长三角、珠三角我国三大经济增长极的沿海大通道将逐步形成，宁波交通枢纽地位正在加快确立。随着时空距离的进一步缩短和拉近，宁波将融入上海2小时交通圈，长三角区域内以上海、杭州、宁波为中心的“金三角”效应日益显现，宁波接轨大上海、融入长三角的区位优势得到了进一步增强。

2. 促进了产业结构和空间布局的优化，保障了经济社会又好又快发展

交通事业的发展为国民经济又好又快发展提供了强有力的保障。交通作为国民经济的基础性、先导性服务产业，是合理配置资源、提高经济运行质量和效益的重要基础，是实现人员、货物、信息及技术流通的载体和纽带。首先，促进了宁波临港工业体系的形成和发展。随着宁波港的迅速发展，临港工业正在加速崛起，规模不断扩大，基本形成了以石化、钢铁、能源、机械、修造船、造纸六大行业为主体的临港工业体系，改变了宁波以商贸为主的传统经济体系。其次，支撑了宁波外向型经济的形成和发展。改革开放以来，宁波凭借港口优势和发达的民营经济，对外贸易发展迅速。到2007年，宁波外贸进出口总额达到550亿美元，占浙江省外贸进出口总额三成，其中出口额达到288亿美元。其三，提供了大量的就业机会。交通运输业产值的增加将引起国民生产总值和劳动就业人数的成倍增长。根据国际通行计算，每1亿元交通运输业产值，提供约1万人的就业机会。

3. 加快了宁波城市化进程，促进了新农村建设

交通运输为改善人民群众生产生活条件，提高人民群众生活质量作出了重要贡献，最直接的表现就是交通运输的发展，彻底改善了宁波人民群众的出行条件。目前宁波已经基本实现了“213”交通圈，即到上海、杭州、金华、温州、台州、舟山2小时，全达市内1小时，城区内30分钟车程，到国内重要城市均有便捷的交通方式可供选择。发达的交通不仅缩短了宁波市区与各县（市）区之间的时空距离，沟通了城乡交流，更重要的是直接带动了农村经济快速发展，加快了城乡一体化进程。

二、基本经验

改革开放30年，宁波交通运输经历了由小步到大步、由粗放到集约、由传统到现代的发展历程，逐步实现了由“瓶颈制约”到“基本适应”的转变、由单一运输方式向综合运输体系发展的转变，开辟了交通发展的新纪元，为推进现代交通业全面、协调、可持续发展积累了宝贵经验。

（一）解放思想，推进市场化改革，是交通事业快速发展的先导

改革开放之初，宁波交通基础设施薄弱，发展缓慢，滞后于经济社会发展，受计划经济体制影响、思想观念束缚，缺乏对交通产业发展重要性和紧迫性的认识。党的十一届三中全会召开，特别是1992年邓小平南方谈话发表后，我国经济从计划经济向社会主义市场经济转轨。宁波市各级交通部门解放思想，开动脑筋，开拓创新，掀起了大交通建设高潮，推动了交通事业又好又快发展。

1. 突破了计划经济的思维定势

遵循市场经济的客观规律，更加注重发挥市场机制的资源配置作用，实现了由“单纯部门办交通”向“政府办交通”、“全社会办交通”的理念大转变。特别是紧紧抓住了国家

关于加快交通基础设施建设的发展机遇，充分运用“四自公路”的政策优势，走出了一条依靠社会力量办交通的发展路子。在国家投资有限的情况下，宁波市通过贷款建设、收费还贷的“四自”公路模式，建成和改造了一批公路，大大缓解了拥堵压力，提高了全市公路网的通行能力，为探索市场经济条件下公路投融资体制积累了许多宝贵的经验。

2. 突破了“小交通”发展的思维定势

随着改革开放的不断深化和经济的快速发展，宁波交通对经济社会发展新的“瓶颈”制约日益显现，单纯依靠县乡公路、内河运输方式的“小交通”已经越来越凸显其局限性、制约性和不适应性。对此，全市各级交通以“跳出交通看交通”、“跳出交通发展交通”的思想理念，推动着由“小交通”向“大交通”、由单一运输体系向综合运输体系发展的交通发展理念的大转变。全市交通紧紧围绕市委市政府关于建设大交通发展格局的战略构想，自觉地把交通工作放到宁波经济社会发展的全局来思考、谋划和推进，在全国形成了公、铁、水、空统筹协调发展的大交通格局。

3. 突破了交通作为单纯经济产业的思维定势

经济社会发展、人民群众期盼、自身发展定位，都要求交通更好地发挥公共服务职能。对交通发展规律认识的不断深化，促成了由传统第三产业向现代服务业转型发展的又一次交通发展理念的大转变，改变了交通作为单纯经济产业的固有属性。全市交通以服务发展、服务民生的崭新理念，自觉把交通发展的着力点转变到服务国民经济和社会发展全局、服务社会主义新农村建设、服务人民群众安全便捷出行的现实要求上来，使交通工作在经济社会发展中的定位更加准确，基础性、先导性作用更加明显。

实践证明，解放思想是应对前进道路上各种新情况新问题，不断开创事业新局面的一大法宝，只有不断解放思想，才能闯出事业发展的新路。

（二）勇于创新，坚持科技进步，是交通事业快速发展的关键

改革开放30年来，改革开放政策始终激励着全市各级交通部门勇于创业，敢于创新，坚持发展惠民的内在动力，并贯穿强化管理力、增强服务力、提升发展力的全过程，主要体现在3个方面。

1. 机构改革激发了体制优势

30年来，宁波交通先后进行了行政机构、行业管理机构和国有企业改革。1988年7月，撤销市交通局和市人民政府交通办公室，设立市交通委员会。2002年4月，市政府决定改市交通委员会为市交通局，11月又增挂宁波市港口管理局牌子，市港口管理局作为市政府主管全市港口行政管理的职能部门，与市交通局合署办公，实行一套班子两块牌子。1989年8月，省交通厅成建制将宁波市公路总段和宁波市航运管理处下放到宁波市交通委员会领导和管理。1991年10月，成立杭甬高速公路建设宁波指挥部（今宁波市高等级公路建设指挥部）。1997年6月，成立宁波市铁路建设指挥部。2004年3月，国家实施港口管理体制改革，对宁波港务局实行政企分开，宁波港集团有限公司正式挂牌成立，并朝着现代企业制度迈出了重要一步。4月，国家实施民航体制改革，栎社机场由华东民航局移交宁波市管理，空港迎来了新一轮发展机遇。此外，宁波在全国率先完成了168家交通企业产权制度改革，

通过体制改革充分发挥了地方积极性，注入了活力，加快了发展。

2. 科技创新奠定了坚实支撑

30年来，围绕加快交通现代化建设主线，针对重点建设、运输生产和交通管理等领域中的重大和关键技术，深化科技体制改革，组织科技攻关，注重科技人才培养，在交通科技发展方面取得了大量成果。公路建设方面，《杭州湾跨海大桥混凝土结构耐久性研究》、《杭州湾跨海大桥超声回弹法检测水泥混凝土强度测强曲线研究》等项目已达到国际先进水平。公路管理方面，在全国率先开发应用养路费银行缴费系统，建立和使用公路客运电子商务系统（实现联网售票等）、高速公路联网收费系统等一批业务管理系统。此外，由宁波路宝科技实业公司研制开发的RB模式多向变位桥梁伸缩装置荣获国家技术发明奖。在水陆安全管理方面，全面应用了GPS卫星定位系统，所有高速、快速客运车辆、危险品车辆均已安装GPS系统。港口管理方面，较早应用EDI技术，实现国际集装箱运输的无纸化操作。

3. 依法行政提供了有力保障

30年来，宁波充分利用拥有立法权的优势，加快地方交通法规建设步伐。1996年11月，市十届人大常委会第二次会议通过了《宁波市公路路政管理条例》，宁波交通史上第一部法规诞生；1997年8月，市十届人大常委会第三十四次会议通过了《宁波市出租汽车客运管理条例》；2005年5月，市十二届人大常委会第二十次会议通过《宁波市公路养护管理条例》，这是全国第一部关于公路养护管理的法规。由此，初步形成了具有宁波地方性特色的交通法规框架体系。与此同时，不断加强交通行政执法行为规范和执法监督制度建设，全面建立和推行交通行政的水平不断提升，为宁波交通事业的健康、快速发展提供了有力的法制保障。

（三）与时俱进，依靠科学发展，是交通事业快速发展的根本

30年的交通建设实践证明，重视规划，狠抓前期工作，是交通事业快速发展的重要基础和必要条件。为彻底改变交通基础设施建设“小打小闹”、“年年有进步，年年在滞后”和“零打碎敲”的局面，交通部门在解放思想、转变观念、明确目标的前提下，认真抓好规划研究和项目前期工作，推动了交通事业科学发展、和谐发展。

1. 与时俱进确保了综合交通健康快速的发展方向

坚持以高起点规划为龙头，逐步健全综合交通规划体系。从20世纪90年代开始，宁波交通部门切实转变重建设、轻规划的观念，认真抓好发展规划编制工作，先后编制并完善了《宁波市综合运输网规划》、《宁波市高速公路网规划》、《宁波市公路水运建设规划》、《宁波市公路主枢纽总体布局规划》、《宁波市县乡公路建设规划》、《宁波市栎社机场总体发展规划》、《宁波市铁路发展规划》，《宁波市综合交通“十一五”规划》、《宁波农村公路建设网规划》、《宁波—舟山港总体规划》等近期、中期、长期的发展规划。这些规划对宁波市交通建设起到了高屋建瓴的指导作用，促使综合交通在高起点、高标准、高层次和超前的基础上发展，推动了宁波交通事业又好又快发展的进程。

2. 科学发展保障了交通作为民生行业的服务方向

科学发展就是以人为本，全面、协调、可持续的发展。30 年来，宁波交通事业发展历程，是从交通总量的扩张向交通质量的提高、从适应经济社会需求向建设以人为本的民生行业逐步转变的历程。宁波交通部门坚持科学决策，统筹发展，服务民生，并切实做到保护环境，节约资源，以人为本。在出行方面实行人性化便民服务，让老百姓走得好，走得了，走得安全。同时，更加坚定了科学发展、和谐发展，建设以人为本民生行业的服务方向，把事关民生的农村公路、陆岛交通、便捷出行，安全畅通等工作作为重中之重，始终把实现好、维护好、服务好广大人民群众的交通需求作为交通工作的出发点和落脚点，赢得了人民群众的广泛赞誉。

（四）锻造队伍，弘扬先进文化，是交通事业快速发展的保障

改革开放以来，宁波历届交通党工委，认真贯彻市委市政府的决策，按照上级交通主管部门的要求，大力加强队伍建设，艰苦努力，奋发进取，党建和精神文明建设取得显著成效。党的建设全面加强，特殊群体党建工作走在全省前列，做到了哪里有建设项目，哪里就有党组织。人才队伍保障有力，截至 2007 年年底，共引进和培养硕士研究生以上高级技术人才 94 名，其中博士 10 名，位居浙江省交通行业之首。文明创建硕果累累，交通文化建设不断深化，争先创优的氛围进一步浓厚，涌现出一批模范典型和文明单位，其中 3561 服务班荣获“全国五一劳动奖状”、“全国青年文明号”等荣誉称号，以夏慧星文明车队为代表的 21 支出租车文明车队活跃在宁波大街小巷，播撒着文明爱心的春风，成为宁波市一个亮丽的“文明流动窗口”；3561 服务班班长金艳婷和全国劳动模范、出租车司机夏慧星荣获 2007 年度“浙江交通十大感动人物”。实践证明，改革开放进一步壮大了交通发展的软实力，而软实力的提升又为改革开放事业的进一步推进提供了强大的精神动力和坚强的政治保证，两者相互促进，相得益彰。

三、发展展望

改革事未已，发展路正长。展望未来，今后一段时期是宁波加快建设现代化国际港口城市、推进“港航强省”等战略目标的关键时期。宁波市要在新一轮竞争中继续走在前列，交通发展必须全面贯彻科学发展观，坚持“优化网络、构建枢纽、提升功能、支撑发展、服务民生”的指导方针，继续推动交通事业又好又快发展。交通发展总体目标：到 2011 年，彻底改变宁波交通末端地位，基本建成长三角南翼综合交通枢纽；到 2020 年，形成以港口为龙头、城市为中心，公路、铁路、水路、空路、管道等多种运输方式协调发展的综合性立体现代化交通运输网络体系，率先实现交通现代化。

1. 港口建设

宁波港将建设成为国际多功能、多层次的综合性港口，成为我国的重要枢纽港、国际深水中转港之一和上海国际航运中心的重要组成部分。积极推进宁波—舟山港的一体化，加快建设梅山保税港区，全力推进浙江“港口联盟”的形成，调整优化港口布局，提升港口的国际竞争能力，进一步合力打造大宗货物物流枢纽港和国际集装箱干线港。规划到 2015 年

宁波港口货物吞吐量7亿吨，集装箱吞吐量2 000万标箱。

2. 水路运输

以杭甬运河改造和开发为契机，基本形成“一横一纵，北部成网，东通西达”内河航道网络，改变内河航运多年来停滞不前的局面，争取开通内河集装箱运输，再现内河运输的优势。规划到2020年，全市内河骨干与重要航道总里程为333.3公里，其中内河骨干航道143.6公里，重要货运支线航道140.9公里。海运船队实现大型化、专业化，大力发展科技含量高、单位附加值高的特种船舶，鼓励开辟新的内贸集装箱航线，从事班轮运输。内河船舶加快更新运力，以杭甬运河的全线贯通为契机，加快内河船舶运力更新，努力实现内河运输船舶的标准化、专业化。到2020年货运船舶达到1 000艘、360万净载重吨，其中内河货运船舶达到300艘，10万净载重吨，平均吨位达到300载重吨以上；沿海货运船舶达到700艘、350万净载重吨，平均吨位达到5 000载重吨。

3. 公路运输

以高速公路建设为重点，完成宁波交通枢纽建设的任务。形成以宁波城市为中心的“一环六射”和以宁波—舟山港为中心的“一港四射”高速疏港公路网，实现城市内外交通的有机连接。基本建成“八横五纵三沿海”为主骨架的干线公路网。在实现通村公路标准化和路面硬化基础上，基本完成农村公路网络化建设；基本完成主要公路枢纽场站建设。规划到2020年，宁波市公路网总里程达到11 100公里，面积密度118公里/百平方公里。其中，高速公路网规划总里程758公里，占全路网的6.8%；干线公路网规划总里程2 850公里，占全路网的25.7%；农村公路网规划总里程7 492公里，占全路网的67.5%。此外，形成以客运班车为主导，旅游包车客运为补充的多层次道路运输网络，逐步实现长途客运节点化，中途客运直达化，短途客运公交化，出租车客运便捷化；以城市经济布局调整为契机，加快道路场站建设和调整步伐，以建设综合运输物流体系为抓手，推动交通从传统运输业向现代物流业转变。

4. 铁路运输

以形成华东地区连接内陆省份的最具优势的海铁联运国际集装箱枢纽港和大宗货物物流港为中心，优化铁路建设布局，全力推进甬台温铁路的建设，加快“一港多站点”的北仑国际集装箱枢纽建设，加快镇海大宗货物海铁联运物流港建设，规划杭州湾跨海铁路、甬金铁路、甬舟铁路；加快杭甬客运专线的前期准备和建设，加快城市轨道交通的申报、建设，加快南站客运枢纽中心区的建设，加快城市“南客北货”的布局调整，实现“零换乘、零换装（卸）”。到2020年基本形成浙东南区域性铁路枢纽。

5. 民航运输

2011年完成机场平行滑行道扩建工程，建成4E级国内干线机场，启动空港物流中心二期建设。同时，加快培育“客货并举，以货为主”的航空市场，争取开通所有到省会城市、重要大中城市和旅游城市的航线，到2020年力争开辟5~10条国际（地区）客货航线，年客货吞吐量力争达到1 000万人次、12万吨，使机场成为联通东亚主要国家的国际航空港和国内重要干线机场。

6. 物流发展

以发展全国运输物流大港为目标，加快构筑“大口岸、大通关、大流通、大辐射”的大物流体系。到2020年，形成比较完善的以物流园区为核心、物流中心为骨干、配送中心为基础、农村物流站点为补充的物流节点网络体系；形成服务国际物流、区域物流、配送物流的龙头企业体系；建成对接海内外的现代物流公共信息服务体系。物流成本占GDP的比重进一步下降，第三方和第四方物流占物流市场的比重达到15%以上。宁波作为长三角重要的综合物流中心城市、全国性物流枢纽和亚太地区重要物流中心的地位进一步确立和提升。

日新月异的厦门交通

厦门市交通委员会

党的十一届三中全会以来，厦门交通系统在市委市政府的正确领导下，坚持解放思想、改革开放、开拓进取、奋力拼搏，交通运输发展取得了辉煌成就，现已基本形成较为便捷高效的综合交通运输体系，促进了厦门经济社会的快速发展，为构筑海峡西岸经济区重要中心城市提供了有力支撑和先导条件。

一、主要成就

（一）公路

30年来，厦门公路交通发展迅速，发生了巨大变化。2007年，全市公路通车总里程达到2 506公里，是1978年的4.16倍，其中高速公路从无到有，达到87公里，公路网密度由0.39公里/平方公里增加到1.61公里/平方公里。公路交通条件的改善，促进了道路运输的快速发展。2007年，全市道路客运量、货运量分别达到4 191.77万人次和2 350万吨，是1981年的22倍、20倍。

1. 公路建设日新月异

1978年，全市公路通车总里程为603公里，其中有路面里程352公里，没有高速公路。2007年，全市公路通车总里程为2 506公里，等级公路1 991公里，其中高速公路87公里、一级公路221.98公里、二级公路278.47公里。基本形成了以国、省道和城市快速路为骨架，县乡公路和镇村道路为筋脉的路网体系。

（1）对外通道建设。1994年完成国道G319建设，1995年完成国道G324改造。1995年动工建设泉厦高速公路，1996年开工建设厦漳高速公路，两条高速公路分别于1998年9月和12月竣工通车，结束了全市没有高速公路的历史。1996年省道S206同集路拓宽改建完工通车。2004年省道S201水浏线建成通车。至此，厦门东西向与南北向的主要对外通道基本建成。

（2）进出岛通道建设。改革开放初期，全市进出岛公路交通仍然依靠20世纪50年代建设的高集海堤。1991年，双向四车道的厦门大桥建成通车，这是大陆第一座跨海大桥，初步解决了北向进出岛交通。1999年，双向六车道的海沧大桥建成通车，有效解决了西向进出岛交通。2008年，双向八车道的集美大桥和双向六车道的杏林大桥建成通车，有效缓解了进出岛交通压力。目前，厦门拥有5条跨海进出岛通道共26个车道，其中桥梁四座24个车道，进出岛桥梁建设累计投入资金79.5亿元。此外，2005年开工建设的双向六车道的翔安隧道，将于2009年底建成通车，这是大陆第一条海底隧道，将进一步改善厦门岛东向的进出岛交通条件。

(3)主要公路网建设。20世纪80～90年代，先后建成了集灌路、同集路、马青路及环岛路一期、二期工程等项目。2000年以来，陆续建成了海沧隧道、云顶隧道、环岛路三期、翔安大道、海沧大道、集美大道、疏港高架桥等项目，开工建设海翔大道、成功大道、环岛干道等项目并建成大部分路段，打造连接城市各片区的主要公路网络，提高了全市公路网服务水平，促进了城市的建设发展。

(4)农村公路网建设。20世纪90年代，全市实现了所有乡镇、行政村通达公路。2003年起，按照交通部的部署要求，加大农村公路建设投入力度，2005年底在福建省率先实现了通行政村公路路面硬化率100%的目标。2006年起，按照福建省交通厅“上衔下延”的农村公路建设要求，加快县乡公路改造和通自然村公路硬化。

2. 公路养护成绩斐然

1978年，全市专业养护公路里程为348.5公里。到2007年底，全市专业养护公路里程达到459.47公里，公路好路率达到87.6%（其中干线公路好路率92.5%），养护质量综合值达到81.2。

1991年起，公路养护改变了以往计划管理的状况，引进竞争机制，实行责任制管理。1999年起，推行养护招投标改革，公路养护市场全面放开，实现了养护作业与管理相分离。标后养护管理日趋规范，养护制度进一步健全。

公路养护逐步由人工向机械化发展，由简单维持通车的粗放型养护向创造“畅、安、舒、美”环境的精耕细作型转变。到2007年底，共有公路养护机械设备714台辆，总值2.85亿元，分别是1978年的8.9倍、158倍，公路养护全面实现机械化。

1996年，绿化正式作为公路养护的一项内容。20世纪90年代率先在国道324线等公路上开展文明样板路建设，形成“绿色走廊”。2000年，公路绿化引入生态理念，讲究观赏性、人性化、环保性的有机统一，如在文曾路上大量运用修复性绿化手法等。同时，一些极具个性色彩及文化内涵的雕塑小品乃至大型文化广场也相继亮相，如同集路上的狮饰石雕公里碑、省道201海沧马青路上的“九龙翻江”石雕和环岛路上的书法广场、“98”金钥匙、马拉松群雕等，与园林般的绿化相映成趣。到2007年底，公路绿化面积达到828万平方米，公路可绿化率100%。

公路路灯从无到有，1994年厦门市公路局开始接管同集路、集灌路等路段路灯，合计3 000多盏，而到2008年管养的路灯已达5万多盏。2000年，在全省率先引进路灯无线监控系统，实现了路灯管理智能化，并于2007年3月成立了路灯管理所，使路灯管理走上专业化的路子。

农村公路养护管理也得到加强。实施农村公路养护管理体制改革，明确责任主体，保证资金投入和管理机构到位，同安、翔安两区成立了专门农村公路管理机构。深入开展“标准化样板路”创建工作，以点带面促进各镇农村公路养护的标准化、规范化。

3. 路政管理严格规范

路政规范化管理始终走在全省前列。1999年，制订了较为完善的路政管理规章制度，规范路政业务管理工作，同时率先导入企业形象识别理念，制作《路政管理VI设计手册》并予以全面实施，实现了路政管理外在形象的规范化。自1998年以来，开发了路政管理系统软件并不断升级、完善，在路政巡查车上配备可无线上网的车载电脑，实现了路政赔偿、处罚工作网络化、移动式办公和路政许可网上审批。2001年，市政府出台99号令《厦门市公路建筑控制区管理办法》，规范加强公路建筑控制区管理。2003年3月，在全省率先实行"行政处罚与行政许可相分离"。

4. 质量监督长抓不懈

改革开放以来，不断加强交通建设工程质量监督工作。1994年，成立了厦门市交通基本建设工程质量监督检测站，加强了交通工程质量监督工作。目前，不论是重点工程还是农村公路建设，工程项目的监督覆盖率均达到100%，自2004年以来，市以上投资管理项目合格率为100%，农村公路合格率也由2004年的60%左右提高到100%，公路工程质量逐年稳步提高，并出现了一批优质工程，如厦门大桥获得鲁班奖、海沧大桥获得詹天佑奖、云顶隧道获得国家优质工程奖等。

5. 道路运输蓬勃发展

公路交通条件的改善，推动了道路运输业的快速发展。改革开放前的人力车、三轮车等落后的客货运输工具逐步被现代化新型运输工具代替。农村客运、旅游客运、中长线快运、城市公交等快速发展，客运市场主体不断整合，运力结构不断优化，客车舒适度、安全性日益提高。货车重型化、厢式化、专业化发展迅速，一大批传统的运输、仓储、货代、贸易、商业流通企业等开始向现代物流服务型企业转变，一批专业的第三方物流服务企业大量涌现。

到2007年年底，全市道路运输行业包括客运、货运、维修、公交、出租车及驾驶员培训企业，共有1 268家，共有客货营运车辆30 761辆（不含挂车）。2007年，全市道路运输完成客、货运输量分别为4 191.77万人次、2 350万吨；客运周转量、货物周转量分别为33.82亿人公里、22.56亿吨公里，道路客、货运量分别占全社会客货运输总量的72.9%和51.3%，在厦门市综合运输体系中占有明显的优势，起到了主导作用。

6. 公路规费快速增长

改革开放以来，各项公路规费收入随着厦门经济的蓬勃发展呈快速上升的良好趋势。1985年，全市公路养路费收入为916万元，1990年，公路养路费、客运附加费、货运附加费"三费"收入为5 561.67万元，2007年，"三费"收入达到7.45亿，跃居全省第一，为1990年的13倍。在籍车辆数从1993年的6 000辆到2007年212 646辆，总吨位达到353 465吨，车辆数翻了35倍。

（二）港口

1. 港口规划不断完善

厦门港始终坚持规划先行原则，妥善处理港口资源利用与保护、港口与城市发展、港口建设与后方陆域的关系。1993 年，开始编制《厦门港总体布局规划》，1998 年，获交通部和省政府联合批复。2000 年，编制完成《厦门湾港口总体布局规划》。2003 年，编制完成《厦门港海沧港区规划》、《厦门港嵩屿港区规划功能调整》和《厦门岛西侧岸线规划》。2004 年，编制完成《厦门港总体规划》，并于 2007 年通过交通部和省政府审查。

2. 港口建设突飞猛进

(1)码头建设。1978 年，厦门全港仅有生产性泊位 21 个，最大靠泊能力 3 000 万吨。1984 年年底，东渡港区一期工程历时 9 年建成，厦门港最大靠泊能力从 3 000 吨级跃升至 5 万吨级，跻身国内先进港口行列。"十五" 期间，厦门港全力推进深水泊位和深水航道工程建设，完成港口建设投资 37.5 亿元，新增万吨级以上泊位 17 个，新增货物吞吐能力 2 414 万吨，其中新增集装箱吞吐能力 215 万标箱。到 2007 年年底，全港共有生产性泊位 129 个，其中万吨级以上泊位 40 个（5 万吨级以上泊位 33 个、10 万吨级以上泊位 12 个），全港货物年吞吐能力达到 8 280 万吨，集装箱年吞吐能力达到 586 万标箱，旅客年吞吐能力达到 1 075 万人次，汽车年通过能力达 60 万辆。

(2)航道建设。厦门港进港航道自湾口外东碇岛附近 20 米等深线处起，经青屿水道至鼓浪屿西南海 2#灯浮附近为主航道，由主航道通向各港区的航道为支航道。2004 年，10 万吨级主航道二期工程竣工，主航道和海沧支航道已疏浚到底高程 -14 m 至 -14.5m、底宽 300m，可满足第六代集装箱船和 10 万吨级油轮乘潮通航的要求。东渡支航道至象屿码头掉头区航段已按底高程 -10.5m、底宽 200m 建设，象屿码头掉头区以北航道底高程 -8.5m；招银港区支航道底高程 -10.1m、底宽 200m，后石港区支航道已开挖至底高程 -13.9m、底宽 250m。

3. 港口生产快速增长

(1)货物吞吐量。1980 年，全港货物吞吐量仅为 190.08 万吨。1997 年，全港货物吞吐量达到 1 753.7 万吨，首次跨入全国十大港口行列。"十五" 期间，厦门港货物吞吐量迅速增长，年平均增长率达到 19.4%，超过全国平均增长率 2.1 个百分点，2005 年货物吞吐量达到 4 770.7 万吨，为 "九五" 末的 1.4 倍。2007 年全港货物吞吐量突破 8 000 万吨，达到 8 117.20 万吨。

(2)集装箱吞吐量。1983 年，厦门港首次启动集装箱运输业务，当年完成集装箱吞吐量 0.329 2 万标箱。1998 年全港集装箱吞吐量达到 65.38 万标箱，首度位居全国港口第六，居世界集装箱港第 67 位。"十五" 期间，厦门港集装箱运输生产进入快速发展时期，年均增长 25.2%，2005 年居世界集装箱港第 24 位。2007 年，集装箱吞吐量达到 462.71 万标箱，居大陆沿海港口第 7 位，世界排名第 22 位。厦门港集装箱吞吐量于 2000 年首次突破 100 万标箱，历经 17 年；2003 年突破 200 万标箱，历经 3 年时间；2005 年突破 300 万标箱，历经 2 年时间；2006 年 12 月 28 日突破 400 万标箱，仅用一年时间。

(3)旅客吞吐量。1983 年厦门港旅客吞吐量仅为 9.9 万人次，2000 年达到 28.8 万人次，2007 年达到 71.19 万人次。

4. 航运市场快速发展

20 世纪 80 年代，厦门海运主要是港澳线运输和短途运输；90 年代，陆续开通了直航新加坡、日本、中国澳门等地的18条国际和地区航线，可通往世界40多个国家和地区的60多个港口。“十五”以来，厦门航运快速增长，客货运船舶发展迅速，货运船舶朝着大型化、集装箱化发展，客运船舶朝着豪华型、大客位船舶发展。到2007年底，全市共有国内航运企业53家，国内运输船舶410艘，合计87.43万载重吨；集装箱班轮航线达到169条，月航班数676班。此外，自2001年开始，厦门港先后启动了厦门至江西南昌、赣州、三明等地的集装箱海铁联运业务，2007年完成海铁联运集装箱6 090标箱，散货360万吨。

5. 管理体制改革不断深化

1998年，厦门港在全国港口中率先实行政企分开，成立了厦门市港务管理局，并在全国率先改革引航管理体制，实行政事分开，成为沿海各港口推行的典范。2004年，实施航道管理体制改革，按照“政事分离”原则，航道管理职能由省里下放厦门市，组建了全省第一家市级航道管理站，开创了航道建、养、管“三位一体”的新局面。

2006年1月1日，实施厦门湾一体化管理改革，厦门港成为跨行政区域管理的港口，厦门湾内原漳州市管理的后石、石码、招银港区与原厦门市管理的东渡、海沧、嵩屿、刘五店、客运五个港区合并组成新的厦门港。整合后的厦门港深水岸线增加14公里，总长度达到40公里，可容纳深水泊位114个，锚地面积达到19平方公里。同时，成立厦门港口管理局，在全国率先实现跨行政区的管理，统一行使港口、航道、航运三大行政职能。

此外，厦门港打破行业垄断，加速外轮代理、外轮理货、船舶拖带等行业的改革，大力推行投资与经营分离的体制，建立适应港口开放要求的港口建设投融资新体制，使码头、堆场等港口经营设施的建设、经营完全向市场开放，形成以资本为纽带，跨行业、跨所有制的港口经营模式。

6. 对台航运取得突破

由于历史原因，1949年以后，厦台之间直接通航中断了近半个世纪。1996年，交通部和外经贸部确定厦门港为海峡两岸的“试点直航”口岸之一。1997年4月19日，厦门轮船总公司的“盛达”轮集装箱船横渡台湾海峡直抵高雄港，两岸“试点直航”正式启动，结束了近半个世纪以来两岸互无商船直接往来的历史。到2007年底，厦门港的试点直航吞吐量累计达到近300万标箱，占大陆试点直航集装箱吞吐量的近70%。1998年，经两岸航运协会协商，开通了“两岸三地”航线，两岸船公司经营的船舶悬挂方便旗，绕经由“第三地”，可以从事两岸直接贸易货物的运输，促进了两岸贸易的发展。

2001年1月2日，180名台商搭乘金门县渡轮“太武”号抵达厦门港，拉开了厦金“小三通”客运直航的序幕；2002年2月27日，启动了厦金航线的货运业务。2006年7月起，厦金直航每日航班增加至20个航班。2008年6月28日，厦门邮轮中心暨厦金客运码头建成投入使用，厦金客运码头从和平码头搬迁至东渡厦金客运码头，码头设施及通关条件大大改善。2008年8月31日，厦金第二航线（五通码头—金门水头码头）开通，厦金直航每日航班增加至24个航班。2007年5月1日，厦金航线旅客运输量累计突破200万人次；2008年9月19日，厦金航线旅客运输量累计突破300万人次。目前，厦金航线已成为两岸同胞交流、往来的最便捷通道，厦门港也已发展成为大陆对台的主要口岸。

（三）航空

1. 机场建设舞动龙头

厦门机场伴随着特区的建设应运而生。1980 年 11 月厦门特区管委会第一次办公会议做出修建厦门机场的决议，1982 年 1 月厦门机场动工建设，1983 年 10 月正式通航，首辟厦门至上海航线，成为国内第一家利用外资和由地方集资兴建的机场，揭开了我国地方发展民航的第一页。

厦门机场实行分期建设。1982 年 1 月 10 日，一期工程在原高崎机场旧址上破土动工，于 1983 年 10 月 22 日正式启用。1992 年 7 月 20 日，二期扩建工程动工，1996 年 11 月 8 日机场三号候机楼启用，候机楼面积为 14.9 万平方米，年旅客吞吐能力为 1 000 万以上人次，成为当时全国机场最大、设施最先进的候机楼，飞行区等级达到 4E 级，可起降 B747－400 等大型飞机，拥有 1 条 3 400 米长跑道和 1 条 3 300 米长的平行滑行道及 7 条联络道；停机坪总面积达到 25 万平方米，可同时停靠 37 架大型飞机。目前，正在进行三期工程扩建，主要建设第二条跑道和国际旅客候机楼。

经过 20 多年的发展，厦门机场已经成为区域性航空枢纽，连续十多年跻身大陆前五大口岸机场，航线可连接全国各地、港澳地区、东南亚、日本、韩国、美国和欧洲等地。1984 年，总飞行起降架次仅 1 094 架次，旅客吞吐量 10 万人次，货邮吞吐量 1 615 吨。2007 年，总飞行架次达到 8.5 万次，旅客吞吐量达到 868.5 万人次，货邮行吞吐量达到 25.1 万吨。截至 2008 年 4 月，在厦门机场实际营运的航空公司有 35 家，其中国内航空公司 18 家、国际及地区航空公司 17 家；实际通航的城市有 62 个，其中国内 44 个、国际 16 个、地区 2 个；开辟航线 171 条，其中客运航线 148 条，全货机航线 23 条，为厦门走向国际化舞台提供了重要的交通条件支持。

厦门机场坚持开展航线营销，不断引进航空公司开辟新航线，机场旅客吞吐量迅速增长。2003 年 5 月 22 日，厦门—芝加哥货运航线开通，是中国民航史上的首例第五航权开放。2006 年 1 月，卢森堡—北京—厦门—曼谷—卢森堡全货机航线开通，是厦门机场通航以来首条定期欧洲全货机航线。2007 年 10 月 28 日，新加坡欣丰虎航开通新加坡—厦门航线定期航班，成为厦门机场继泰国亚洲航空和宿务太平洋航空之后的第三家国外低成本航空公司，标志着厦门机场已初步形成辐射东南亚的廉价航线网络格局。

作为两岸“三通”的重要航点，厦门机场最早与台湾民航界接洽合作。早在 20 世纪 90 年代中期，厦门机场与台湾企业界就开始密切往来，并共同开发合作项目，2003 年厦门航空港货站成为海峡两岸民航界第一个合资项目。2006 年春节，厦门机场成为海峡两岸节日包机新增航点，1 月 25 日厦门机场举行了隆重的两岸春节包机首航仪式，首架台湾地区民航班机 57 年来正式降落在厦门机场。

厦门机场在全国机场中拥有数个“第一”：第一个自筹资金扩建机场、第一个实行属地化管理、第一个实行股份制改造、第一个获得第五航权、第一个与台湾民航界合资项目、第一个按商业模式实现机场间重组，并促成中国、新加坡两国政府的合作项目——中新机场管理培训学院选择在厦门落户，全国 90% 以上机场选择到中新学院学习机场管理经验。

2. 航空运输发展迅速

厦门航空有限公司（简称“厦航”）成立于1984年7月25日，是国内第一家按企业化运作的航空公司，成立之初就以全新的机制出现在航空运输业中。1987年至今，厦航年年盈利，是中国民航唯一连续21年盈利的航空公司，创造了中国民航史上多个第一，取得了良好的经济效益和社会效益。厦航“蓝天白鹭”商标被认定为中国驰名商标。

经过20多年的发展，厦航现有波音系列飞机46架，以厦门、福州、泉州、武夷山、南昌、杭州、天津为运营基地，经营150多条国内、国际及地区航线。1985年，厦航完成旅客运输量4.31万人次、货运量0.06万吨；2007年，厦航完成旅客运输量924.56万人次、货运量12.15万吨，比1985年分别增长了215倍、203倍。

厦航探索出了一套既与国际先进航空安全管理方法接轨，又适合厦航自身发展需求的切实有效的安全管理理念和方法，按照“预防是根本，制度是基础，落实是关键，文化是保障”的安全管理理念，不断强化“从严、从细、从实”的安全基础管理，保证“安全法制、安全责任、安全投入、安全文化”四要素的到位，在“预防”和“落实”上狠下工夫。自民航总局1995年开始设立航空安全流动奖杯以来，成为民航唯一获得“金雁杯”、“金鹰杯”双双“三连贯”的单位。

厦航坚持“以诚为本，以客为尊”的服务理念，不断创新服务举措，为旅客打造从空中到地面的无缝隙优质服务，空地服务单位双双在中国民航首家获得国家级“青年文明号”称号，赢得了广大中外宾客的青睐，历年来获得的各种荣誉称号数不胜数。

3. 航务管理力争一流

厦门航空管制区域历经了三次重大变化。1986年，厦门机场先行从英国引进一、二次管制雷达，基础设施落后的状况有了明显改善。1988年，厦门机场的飞行量达到7 459架次，是开航初期的33倍，旅客吞吐量是福州机场的1.5倍，福建民航业的发展重心已开始移向厦门。1989年11月，经民航总局批准，厦门航管站正式承担整个福建地区的民航高空飞行管制任务。1994年12月，福州以北的飞行区域交由福州管制室临时代理管制。2000年7月，厦门空管站正式担负起福建地区整个高空区域管制任务。

经过20年的发展，目前厦门航管站拥有了国际先进的空管二次雷达系统、双向I类仪表着陆系统、全向信标台/测距仪、甚高频通信和卫星通信系统、气象自动观测系统等一批现代化的空管保障设备，基本实现了航行、气象、情报信息传递、资料处理和产品制作的自动化，能够为厦门管制区内的航空器提供全方位、不间断的空中交通管制服务，具有所有机型、全天候起降的飞行安全保障能力。

2007年，厦门地区航班量持续增长，本场日均起降量达到236架次，区域日均飞行量达到725架次，本场、进近、区域日高峰均突破历史水平，分别达到276、312和810架次。建站至今，共保障飞行3 403 702架次，其中本场起降901 357架次，区域飞行2 502 345架次，保障专机飞行300余架次，保障要客飞行6万多人次，创下了保障飞行20周年无事故的骄人纪录。多次荣获各级荣誉称号，是“旅客话民航”服务活动开展14年来全国民航空管系统获奖最多的单位。

4. 航空油料保障有力

1983 年，厦门高崎机场开始营运，民航厦门站组建油库，临时使用 8 个 25 立方米卧式小罐进行储油。1982 年 2 月，机场油库一期开工建设，建有 1 000 立方米立式油罐 3 座，卧式高架油罐 12 个，10 个车位的铁路卸油站一个，1984 年 9 月正式启用，年设计供油量 7 200吨，并同步建设了站坪供油管线，设有 6 套地井加油栓，并在机坪还设有紧急停泵控制按钮。1992 年 9 月，机场油库二期获准扩建，主要工程项目包括生活区内的综合楼、维修间以及作业区的油罐区、油泵棚、油车库以及 2 座 2 000 立方米消防水池等，油罐区总容量为 20 200 立方，二期工程于 1994 年元月试运行，1995 年验收合格。结合油库二期扩建，1993 年对机坪加油管线进行了扩建，敷设了油库至机坪西机坪的加油管线代替原有的管线，站坪供油管线采用直径 325mm 无缝钢管铺设。

目前，中航油厦门分公司占地约 6 万平方米，拥有 5. 1 公里输油管线一条，2. 3 万立方米储油能力的油库一座，大型罐式加油车 6 部、管线加油车 5 部，自动控制加油系统一套，实现机坪加油作业的自动化控制和对管网、罐群的自动检测。供油系统能够满足厦门高崎国际机场当前高峰 400 立方米/小时的供油量。

（四）铁路

1. 铁路建设拉开大幕

1978 年，厦门只有一条 1957 年建成通车的单线鹰厦铁路，境内全长 32. 6 公里，省内与外福线、漳龙线、漳泉线等支线相连，对外通过鹰厦铁路干线贯通全国。1993 年 12 月 26 日，历时 8 年、总投资约 14 亿元的鹰厦线厦门段全线电气化改造完成。1998 年 7 月 10 日，厦门海沧铁路支线开工建设，1999 年 12 月建成试通车。

在解放后的 50 多年中，福建铁路建设仅强于西藏，大大落后于全国其他省份，严重制约了厦门经济的发展。2005 年 9 月 30 日，福厦铁路正式动工兴建，拉开了厦门铁路建设的大幕。福厦铁路厦门段全长约 55 公里，共设置翔安站、西客站、杏林站、厦门北站、厦门站 5 个站，设计时速 250 公里/小时，双线 I 级电气化铁路，将于 2009 年底建成通车。厦门段预计投资 37 亿元，其中征地拆迁 18 亿元。2006 年，龙厦铁路开工建设，龙厦铁路自龙岩至漳州南，从漳州南至厦门西站与厦深铁路重叠。2007 年，厦深铁路厦门段开工建设，在厦门境内全长 13. 12 公里，为双线 I 级电气化铁路设计时速 250 公里/小时，计划 2011 年建设通车。随着福厦、龙厦、厦深铁路的相继开工建设和建成通车，厦门将成为东南地区铁路枢纽。

同时，厦门地区的铁路场站建设随之启动。2008 年，厦门新站站房开工建设，预计 2009 年底建成投入使用，这是一个集铁路、轨道交通、长途客运、公交、出租汽车等多种运输方式于一体的综合交通枢纽。并且，厦门站改造、前场铁路特大型货场前期工作也在抓紧推进。

2. 铁路运输稳步发展

(1)客运。1978 年，厦门站候车室窄小，客运设备简陋，仅开行到福州、鹰潭、上海方向的 3 对旅客列车，全年客发 28 万人，日均 770 人。1982 年 5 月完成了对原站房的改扩建并投入使用，新站房总建筑面积8 350平方米，改善了旅客购票、候车条件。2007年，厦门站日常到发固定旅客列车15对，完成发送旅客385.6万人，日均约1.05万人，最高月客发53.8万人，最高日发送3.45万人。

(2)货运。厦门辖区有厦门北站、杏林铁路货站2个货站。货运统计自1991年开始，当年厦门地区铁路货运量为162.1万吨，总装车数为30 959车。2007年，厦门地区全年发货量535.2万吨，总发车数92 552车，分别比1991年上升了3.3倍、2.99倍。

（五）城市公交

1. 公交事业跨越腾飞

30年来，厦门城市公交取得了跨越式发展。目前公交线路覆盖了全市建成区，95%行政村通达了农客班线，2007年全市公交行业完成2.3亿公里营运里程，运送乘客5.8亿人次，营运收入达8.3亿元，公共交通出行分担率达到27.5%。城市公共交通的服务能力和服务质量有了显著提高，全市现有全国巾帼文明岗线路、省级巾帼文明岗线路和省级青年文明号线路各1条，市级文明线路29条，主动为特殊人群让座、车厢内互帮互助、依次上下车等成为厦门公交特色，在全国享有良好口碑。

(1)公交线网不断完善。1977年，厦门公交仅有15条基本线路，车辆也比较破旧。20世纪80年代初期，营运中巴应运而生，采取招手即停的方式招揽乘客，弥补了公交线路和运力的不足。2004年开始加快发展农村客运，全市累计开通40条农村客运线路，基本形成城乡公交一体化格局。2007年9月开工建设全封闭、高架式的快速公交系统，2008年9月1日快速公交BRT正式投入运营，首期开通3条BRT线路，并配套开通了25条链接线，标志着厦门城市公交升级进入大运量、快速度的公交时代。到2008年9月底，全市共有公交线路221条，包括BRT线路3条、BRT链接线25条、常规公交线路194条（含中巴线路30条、农客线路40条)，形成了覆盖厦门岛内外、较为完善的公交线网。

(2)车辆状况不断改善。20世纪70年代以来，厦门公交以铰链式通道车为主要车型。1993年成立公交总公司后，开始投放双层巴士，1995年开始投放空调车，1999年开始引进大容量、高科技、环保型的车型。2006年，开始大量投放大型中高级空调车。2008年，配合BRT线路的开通，投入了120辆BRT专用车和90台链接线车辆，其中BRT专用车属于低地板新型公交车辆，采用日野动力、德国ZF前后桥和自动变速箱，车辆安全性较高。到2008年9月底，全市在营公交车辆2 996台，其中BRT车辆120台、BRT链接线车辆90台、常规公交2 786台（含中巴517台、农客213台)。

(3)服务水平不断提升。着力加强对驾驶员、乘务员等各类人员的培训教育，增强服务意识，规范服务行为，积极开展文明创建工作，实行社会服务承诺。2004年开始在所有车辆增设爱心专座和友情提示，服务更加人性化。不断创新售票方式，1996年在国内率先使用TM卡刷卡，1998年全面推行IC卡，新开的线路全部实行无人售票，2004年推行“e通卡”。注意倾听市民意见，2007年开通了“968828”服务热线，2008年建立了“市民与公交”网站，增进了与市民的互动与理解。

(4)公交票制适时改革。1984年，实行公交票价改革，将实施20多年的一站2分钱的票价提高为5分钱。1993年，公交票价实行一票制，把原来的分段计费改为上车一律0.5

元，1998 年将一票制调整至 1 元。2006 年 10 月 1 日，停止使用原成人季票，调整票制结构，改少部分人的票价优惠为普遍优惠。2008 年，再次进行公交票制改革，提高了刷卡折扣幅度，扩大了乘车优惠线路范围，并将城镇低保户和城镇低收入家庭人员纳入补贴对象。

(5)行业管理不断加强。2004 年 8 月 1 日，厦门实行公交管理体制改革，公交行政管理职能划归市交通委；同年 12 月，新成立的公交场站公司从公交总公司中分离出来，公交总公司由市交通委主管，场站公司仍由市政园林局主管，确立了“运站分离”的管理模式。2005 年，市交通委成立了公交发展咨询委员会和公交服务考评委员会，制定出台了公交服务质量考评规定及评分标准，并通过政策引导把全市 28 家中巴企业整合成 6 家。2006 年 6 月 1 日，厦门公交集团挂牌成立，由市公交总公司和厦门特运集团的客运资产合并组成；将 21 条多家混合经营的中巴线路改造为“一条线路一家公司车辆专营”的线路，明确了管理责任主体，经营服务得到明显改善。2007 年开展公交服务质量整顿和“温馨在的士、满意在公交”等活动，2008 年开展争创“五优”（即优秀线路、优秀车组、优秀驾驶员、优秀场站、优秀乘务员）等活动，促进公交行业文明建设，提升公交服务水平。

2. 出租汽车规范发展

1983 年 10 月，厦门首批出租汽车投入营运，改变了此前主要利用人力三轮车这一落后交通工具的状况。经过 20 多年的风雨锤炼，厦门出租汽车已由数量上的增加发展到服务质量上的提升，市场主体结构日趋合理，经营管理日臻完善，从业人员素质普遍提高。

(1)出租汽车数量逐步增加。1983 年 10 月，厦门首批 36 辆出租汽车正式投入营运。1993 年，人力三轮车全面淘汰，出租汽车规模不断扩大，全市出租汽车达到 3 496 辆，居民万人拥有量达到 85.5 辆，仅次于深圳、北京。到 2007 年底，出租汽车开始覆盖全市，共有出租车企业 10 家（岛外 6 家，岛内 4 家），出租汽车 4 143 辆（岛内 3 946 辆，岛外197 辆）。

(2)出租汽车档次逐步提高。从 20 世纪 80 年代的菲亚达、进口二手车到波罗乃茨、伏尔加，再到拉达、夏利。1993 年开始更新投放普通型桑塔纳轿车。根据《厦门经济特区出租汽车营运管理条例》规定，1997 年后投放市场的出租汽车均为排气量 1.6 以上的桑塔纳、捷达等车型。2005 年 9 月投放的 1 000 辆出租车均为排气量 2.0 的北京现代索纳塔等车型，2007 年新投放的出租汽车均为使用环保节能的 LPG 双燃料车型。出租汽车的科技含量一直走在福建省前列，2001 年全面启动出租车卫星定位调度报警税控系统安装工作；2005 年，在新投放的出租汽车上安装 E 卡通 POS 机，2007 年在新投放的出租汽车上增加安装摄像探头。

(3)出租汽车企业整合做强。1993 年，人力三轮车全面淘汰，出租汽车大量增加，形成国有、集体、合资、个体等多种经济形式的多元化经营局面，经营企业 60 家。2002 年 9 月 5 日，厦门海峡、白鹤、友谊、厦港、运发、特运 6 家公司自愿组成“鹭岛联盟”，共创品牌。2005 年 6 月，31 家出租汽车企业整合重组为 6 家，其中厦门海峡、盈华、坤驰、联亿 4 家公司的出租车拥有量达到 700 辆以上，初步实现了规模化经营。

(4)出租汽车管理不断加强。1988 年，厦门市政府修订颁布《厦门市道路交通运输管理暂行规定》。1994 年厦门市政府出台《厦门市道路旅客运输违章处罚规定》、《厦门市客运出租小汽车管理办法》及《厦门市客运出租小汽车经营权有偿使用办法》，为我市规范出租车发展奠定了坚实的基础。2001年11月，厦门市人大常委会审议通过《厦门经济特区出租汽车营运管理条例》，2005年1月对该《条例》进行了修订完善，厦门出租汽车行业管理走上了法制化轨道。2004年5月31日，厦门市交通委制定出台《厦门市出租客运经营行为违章记分考核办法（试行）》，规定出租车企业违章记分累计值将作为“出租客运经营权竞拍资格审查和服务质量招投标的依据之一”，在行业内起到了积极的推动作用。

（六）邮政电信

1. 邮政

1978至1998年，厦门邮电合一。1998年10月28日，厦门市邮政局正式对外挂牌，成为自主经营、独立核算的社会公用服务企业，成立当年邮政业务收入1.47亿元，全市人均用邮83.24元，到2007年厦门邮政业务收入4.39亿元，全市人均用邮180.94元。

2000年8月，厦门邮政局在全国邮政系统首家通过ISO国际标准认证，2001年，正式导入厦门邮政企业CI企业识别系统战略。2006年12月1日，市政府第123号令《厦门市邮政设施管理办法》开始施行。2007年12月25日，《厦门市邮政设施专项规划》获得规划局评审通过，明确邮政设施作为市政基础中的公共服务设施之一，可享受公共服务设施的各项政策。

(1)邮路不断延伸。1979年，全市邮路总长度2 736公里，自办汽车268公里，农村投递路线2 643公里，摩托车1 325公里，邮运汽车15辆。1997年2月27日，由天津—上海—厦门的邮政航空飞机安全着陆厦门机场，标志着我国首条自办邮政航空邮路成功开通。到2007年年底，全市邮路总长度65 285公里，其中航空邮路单程长度62 287公里、水运（机动船）邮路8公里、自办汽车2 907公里、农村投递路线5 028公里，邮运汽车350辆。

(2)网点更加完善。1979年，全市共有自办局所39个，邮政代办所25处，信筒、信箱373个。到2008年9月，邮政服务局所自办网点55个，代办网点39个，邮政储蓄网点50个，ATM机130台，邮政便民服务站755个，报刊亭187座，信筒信箱506个，信报箱群标准信箱29.6万个。1985年厦门市邮政局投入使用的邮件处理场所仅6 000平米，2003年2.94万平方米的邮件处理中心投入使用，目前一个近10万平方米的新邮政物流中心正在建设中。

(3)业务更加丰富。从邮电分营前的普通信函、汇兑、快件、传真电报、特快专递、报刊发行、邮政储蓄、邮票与集邮，逐步丰富到商业信函、邮购商品、电子商务、现代物流、现代金融、邮政礼仪等业务，形成了门类齐全、功能众多的邮政业务体系，较好地满足了社会各方面多层次的通信需求。并于1993年6月11日开始收寄台湾挂号邮件，2006年开办了厦金航线“厦门—金门包裹业务”。

(4)信息化水平不断提高。1978年后，邮政专用机械相继投入使用，厦门邮政装卸搬运和内部操作机械化、半机械化程度逐步提高。1995年，全局基本实现邮政生产电脑化。1998年本地58个支局所建成电子化支局，邮政网点与全省、全国联网，邮政绿卡进入厦门市“金卡”系统（全国邮政首家）。2002年，实现全市71个邮政营业网点的计算机联网，开通“网上邮政礼仪业务”，实现绿卡网上支付。2003年，厦门进出境快件监管中心启用。2004年，成为全国第一个在快包、普包和挂刷的分拣上实现网络分拣的邮政局；二级邮区中心局启用邮运生产作业及指挥调度两个系统，实现生产作业的数据共享和实时调度指挥，实现生产作业的数据共享和实时调度指挥。

2. 电信

改革开放30年，厦门通信实现了超常规的发展，由原来的“瓶颈”产业跃变为特区基础设施中的优势行业。

(1)综合通信能力发生巨大变化。改革开放初期，厦门电信事业家底微薄，1979年投产3 000门纵横制电话，改变了此前市内电话一直沿用日本侵华时期安装的共电交换机1 260门的状况。至1982年长途电路只有300条，通信能力严重不足。如今，厦门通信发生了翻天覆地的变化，已建设交换局点298个，其交换机总容量（有线 + 无线）超过252万门，本地交换容量244万门、长途交换容量8.7万门；光缆总长度达到6 000多皮长公里，宽带接入端口（LAN + ADSL）超过67万个，出口带宽124万兆；帧中继/ATM节点机端口容量1 060个、DDN节点机端口容量9 546。同时，完成了固网智能化改造，建成了全省第一个智能光网络试商用网络，一个覆盖全市，以数字光缆传输为主、卫星和数字微波为辅的现代化公众宽带多媒体通信网络已初步建成，基本上能满足社会信息化建设需要，总体发展水平在全国名列前茅。

(2)技术装备水平发生质的飞跃。1985年1月20日，程控电话开通，厦门成为全国第二个引进程控电话、第一个从交换到传输都实现数字化的城市。1990年在全省率先形成市话本地网。1993年全区实现“两化”，彻底甩掉“摇把子”。1996年以来，引进综合业务数字网、ATM宽带交换系统等高新技术，科技含量不断加大。现在正在进行的“光进铜退”、“光进e家”等建设，建成后将彻底告别小同轴电缆的历史，进入光技术时代。

(3)电信业务功能不断丰富扩展。由以前相对单一的电话、电报发展到现在小灵通、宽带、号码百事通、商务领航、ICT等现代综合信息业务，较好地满足了社会各方面多层次的通信需求。如固定电话不仅扭转了改革开放初期供不应求而出现的“装机难”局面，还实现了网上选号、预约装机、立即装机等服务；小灵通已实现短信、彩铃、上网、定位等功能，固网彩铃、移机不改号等功能也已实现；宽带从无到有并持续提速，目前普遍带宽达到1M以上。声讯、IDC、呼叫中心等增值业务发展迅猛。

(4)整体服务水平不断提升。厦门电信始终坚持“用户至上，用心服务”的服务理念，不断完善服务工作，为广大群众提供简单、便捷、个性化的综合信息服务。如率先全省推出固话装机网上自助选号服务和声控自助服务热线，在营业厅设立“电信业务顾问”专席，主动为客户提供电信业务咨询服务等。厦门10 000号客户服务中心不断致力于客户服务、市场营销及团队建设，走出了一条特色之路，先后荣获了“中国最佳呼叫中心”、“全国级青年文明号”、“中国电信十佳服务窗口”“厦门十大城市名片”等荣誉称号。

3. 移动通信

厦门移动经历了三大发展阶段：1991年5月17日，蜂窝模拟移动电话系统投入使用，翻开了我市移动通信发展新篇章；1995年11月18日，GSM数字移动通信系统投入商用，标志着步入快速发展的数字移动通信时代；1999年10月，在中国电信体制改革中诞生的中国移动通信集团福建有限公司厦门分公司挂牌成立。公司成立以来，业务发展快速，到

2007年6月，厦门移动客户数达到230多万。

(1)打造无线通信精品网络。2000年，启动了厦门岛室内覆盖工程，全市三星级以上酒店、大型写字楼以及交通隧道、大型地下停车场、繁华商业区等重要地点、高话务密度区都实现了室内覆盖，旅游风景区、高速公路、主干线公路和铁路也实现了全面覆盖。2004年，投入近千万元资金实施“村村通电话”工程的建设，使厦门成为福建第一个“所有行政村通手机”的地市。2007年，投入300多万元启动自然村“村村通”覆盖工程，在全省率先实现全市100%自然村移动网络覆盖。2007年，厦门移动圆满完成了TD网络的建设任务，使厦门成为全国10个率先开通3G（第三代移动通信）的城市之一。

(2)实施行业发展品牌战略。2003年，在全市通信行业中率先推行品牌战略，成功搭建了全球通、动感地带、神州行三大品牌。在此基础上，建立了以客户为中心、以品牌为主线的分层服务体系，对不同品牌采取不同的服务策略，创造品牌差异性。如建立全球通俱乐部，为全球通客户搭建其个人资源难以达到的生活、事业、社交平台。

(3)大力推进社会信息化建设。充分发挥“移动信息专家”优势，把最先进的移动通信技术应用融合到政府部门、传统产业、广大农村中。一是大力开展信息化应用，目前已在政府、金融、教育、医疗、公共事业等十大行业的6 000多个企事业单位广泛应用，如为教育系统度身开发并推出的“爱贝通平安卡”系统，已在全市100多所学校应用。二是建立“农村信息服务平台”让村民享受“数字福利”。2005年初建设开通的“农村信息服务平台”，不仅为农民方便获取农业政策法规、市场行情、灾害预警等各类涉农信息提供了有力保障，也使基层政府提高了行政效率和服务水平。2007年，再次投入600多万元完成了“农村数字生态系统”项目的建设。据统计，3年来，加入该平台的村民达12万，发送涉农信息、灾害预警等内容的短信量超过1亿条。三是建设厦门“无线城市”。2008年与厦门市政府达成合作意向，基于TD-SCDMA（HSDPA）为技术建设厦门“无线城市”，现已完成“无线港区”、“无线校园”、“无线会展”等试点工程建设，使厦门成为全国首个3G“无线城市”。

(4)提升服务彰显行业内涵。厦门移动始终将客户需求摆在首位，并不断注入新的内涵，推动各项服务工作的创新和服务质量的提升。注重强化窗口服务，将文明创建工作融入服务管理和服务提升工作中，如率先推出了银行一卡通代扣、网上支付等手段，解决了缴费难问题，在全省率先开通自助服务营业厅，大力推行电子化自助式服务。同时，重视客户投诉申告，开设多种渠道接受客户的申诉和监督，及时解决客户热点、难点问题。如先后开放了10086、12580人工投诉、网上投诉、来人来信投诉等渠道，并专门成立了客户投诉来访组和服务质量监督室。

4. 厦门联通

1995年8月，厦门联通成立。成立13年来，厦门联通从无到有，从小到大，从弱到强，实现了长足发展，已经成为一家全业务综合型的电信服务商，经营的业务包括移动通信、长途通信、数据通信、互联网和电子商务等，拥有覆盖完善、技术先进的GSM和CDMA两大移动通信网络和90万户的移动电话用户，推出的世界风、如意通、新势力等业务品牌深受用户的欢迎和喜爱。

(1)加快网络建设。厦门联通平均每年投资一亿元，建设了成熟的GSM和CDMA移动通信网、本地传输网、数据通信网等。积极参与厦门信息化建设，实施村村通手机工程，消除数字鸿沟，举办网络扫盲活动，取得了良好的社会和经济效益。

(2)努力改善服务。厦门联通以客户为中心，着力强化客户服务工作，有效提升服务质量。建设了10010客户服务中心、客户俱乐部，兴建了20余个自有营业厅（客户服务中心)，推出空乘式服务、外来务工人员服务专席、银鹭U利卡等独创性服务举措。提供个性化的特色服务，相继推出“营业厅免填单、24小时热线咨询、空乘式服务、外来务工人员专席服务、VIP贵宾服务、机场绿色通道”等服务项目。

(3)促进对台“三通”。开通台湾长途和漫游服务，台湾或大陆用户到两地，手机均可正常使用，大大方便了用户之间的沟通与联系；开通96218服务，厦门用户或台湾用户通过96218接入号码拨打台湾电话低至0.5元；建设通信综合枢纽楼，在建的通信综合枢纽楼项目中规划了对台通信出口局。

二、主要经验

改革开放30年，是厦门市交通运输事业快速发展的30年，积累了许多宝贵的经验，值得认真总结。

（一）坚持科学发展，构建综合交通

改革开放以来，从管理体制、综合规划等方面入手，着力构建现代综合交通运输体系，促进各种交通运输方式的协调发展。1996年组建了厦门市交通委员会，主管全市交通运输工作，市口岸办与市交通委合署，市航空港管委会办公室并入交通委，负责统一协调、管理各交通口岸单位，在全国较早实现了“大交通”管理体制；2002年实行机构改革，增加了现代物流产业规划、实施和行业管理的职能；2004年实行公交管理体制改革，增加了公交行业管理的职能。同时，加强了综合交通规划工作，通过统筹考虑各种交通基础设施的规划建设和各种交通运输方式的协调发展，推动建立各种运输方式布局协调、衔接顺畅、优势互补的现代综合运输体系。2007年，市交委和规划局联合编制了《厦门市城市综合交通规划》，提出了“构建枢纽型、开放性和一体化的综合交通运输模式”及“形成与城市发展相协调、以公共交通为主体的城市交通发展模式”。

（二）坚持解放思想，推进改革创新

通过不断推进体制机制和管理方式的改革创新，促进交通事业的又好又快发展。一是改革管理体制。1988年10月，厦门机场成为中国民航第一家下放地方政府管理的机场，实行企业化经营；1998年，厦门港在全国港口中率先实行政企分开，成立了厦门港务集团有限公司，实现了港口经营市场化，增强了港口竞争力。二是创新管理模式。1999年，市公路局推行公路养护招投标改革，引入市场竞争机制，为公路养护管理注入了生机和活力；2005年9月1日，实施公路通行费年费制征收办法，对本市籍机动车辆征收通行费年费，新的收费方式缓解了进出岛交通拥堵，促进了岛外地区经济发展。三是推进技术创新。厦门路桥集团自主研发了“三跨连续钢箱梁悬索桥成套创新技术”，1999年成功建成亚洲第一、世界第三的三跨连续钢箱梁全飘浮体系悬索桥——海沧大桥，项目节省投资约7.84亿元，达到国

际先进水平。2008年建成的集美大桥，海上箱梁施工采用了国内外最先进的“短线匹配法节段预制悬拼”工艺，施工规模全国第一，目前该工艺已获批“国家级工法”，集美大桥成为该项工艺的“样板工程”向全国推广。

（三）坚持多方融资，加快交通建设

改革开放初期，厦门底子薄、财力弱，资金短缺一直是交通基础设施建设的“瓶颈”。为此，不断拓宽融资渠道，放宽市场准入，积极引导社会资本进入交通建设发展领域。一是利用国内外银行贷款。20世纪80年代初，厦门机场率先申请利用科威特贷款约1 800万美元，仅用18个月就建成了国际机场，1993年又追加贷款约1 800万美元，用于机场二期扩建工程；1989年，利用世界银行贷款3 600万美元，建设东渡港区二期工程；之后利用亚行贷款4 135万美元，建设东渡港区三期工程；海沧大桥采用国家、地方和外资相结合的方式解决资金，使用日本进出口银行贷款1.3亿美金及国家开发银行贷款3亿元人民币和商业银行贷款8 300万元人民币；翔安隧道更是首开福建省基础设施银团贷款之先河，成为厦门第一个真正意义上的银团贷款项目。二是利用资本市场直接融资。1996年，厦门机场A股上市，募集资金2.3亿元；1999年，厦门路桥A股上市，募集资金5亿多元；2005年，厦门国际港务股份公司H股上市，募集资金13亿港元。三是利用外资参与交通建设。1996年，厦门港务集团与香港和记黄浦合资建设海沧国际货柜码头，利用港资7 140万美元；2001年，厦门航空港集团与台湾台勤、华航、长荣、远东四家公司合资建设货运站，利用台资1.1亿元人民币；2003年，厦门交通国投与香港百源投资公司合资建设梧村汽车站改造项目，引进港资5 600万元人民币；2005年，厦门港务集团与马士基集团合资建设经营嵩屿集装箱码头，利用外资8.4亿元。

投融资渠道的拓宽，使得全市交通基础设施建设得以顺利推进。随着交通基础设施建设的快速推进，交通条件与城市经济发展的关系也在逐步发生变化，由改革开放初期不适应特区发展的需要，是“瓶颈制约”，到20世纪90年代末期基本适应城市发展需求，再到“十一五”期间为实现厦门新一轮跨越式发展而超前布局。

（四）坚持以港立市，推进港口发展

厦门经济特区成立以来，厦门市委、市政府提出并不断深化“以港立市”的发展战略，加快推动了厦门海港、空港的建设发展。一是积极争取国家、省对厦门海港、空港发展的政策支持。1987年福建省政府将东渡港区下放厦门市管理，1988年民航总局将高崎机场下放厦门市管理，2004年东渡港区和象屿保税区获国务院批准实施“区港联动”试点，2006年实行厦门湾港口一体化改革，2008年获国务院批准建设海沧保税港区。二是加大扶持力度，推动海、空港建设发展。鼓励吸引国内外资本参与投资港口、机场项目，加快海、空港建设等；大力开展海铁联运业务，建立内地“无水港”，拓展港口腹地；出台通关便捷措施，推进电子口岸建设，提高通关效率等。这些措施都促进了海、空港的快速发展，目前厦门海港已成为我国大陆沿海20个主要港口和8大集装箱干线港之一，集装箱吞吐量位居世界21位，厦门航空港成为国内重要的干线机场和国际定期航班机场，位居大陆机场第11位。

（五）坚持以人为本，抓好交通服务

秉承“以人为本”的理念，加快交通基础设施建设，改善交通运输条件，并认真抓好安全管理以及文明服务等工作，促进交通和谐发展。一是加快交通建设发展，极大地改善了交通基础设施的条件，增强了交通服务经济社会发展的能力，方便了广大人民群众的出行。二是改善交通运输服务，增强文明服务理念，在交通各单位持续开展文明创建活动，涌现了像厦航乘务队等一批先进集体及个人，成为厦门特区的窗口形象，助力厦门文明城市建设。三是加强安全生产管理，对交通运输和工程施工安全管理常抓不懈，严格执行安全管理规定，加强安全宣传教育，强化安全检查及隐患整改，积极推广安全生产管理的先进经验和做法。

（六）坚持先行先试，促进对台三通

厦门发挥对台区位优势，积极作为，先行先试，做大做强“小三通”，努力推进海峡两岸直接“三通”。1997 年，启动厦门—高雄集装箱试点直航，运送集装箱累计超过 300 万标箱；1998 年，开通了“两岸三地”航线。2001 年，开通了厦门—金门海上客运直航，即厦金“小三通”航线，2008 年开通五通码头—金门水头的厦金第二航线，截至 2008 年 9 月底，厦金航线客运量累计突破 300 万人次，成为台胞出入大陆最便捷、最经济的“黄金通道”；2002 年，启动了厦金航线的货运业务；2007 年，开通了厦门至澎湖的货运直航航线。同时，厦门在海峡两岸空中直航中也发挥了重要作用，2005 年春节开始，厦门航空公司作为大陆六家获准参与节日包机直航的航空公司之一，圆满完成了节日包机直航任务，2008 年 7 月 4 日开始，成为获准参与周末包机的航空公司；2006 年春节开始，厦门机场成为两岸节日包机的新增航点，2008 年 7 月开始，成为周末包机的大陆航点之一。可见，厦门在对台“三通”方面始终走在最前沿，发挥着重要作用。

三、发展展望

当前，厦门市正在继续推进新一轮跨越式发展，积极构建海峡西岸重要中心城市，交通建设发展面临着重要机遇，也面临着更大的交通需求增长压力。坚持“交通引领城市发展”的理念，科学合理规划，实施项目带动战略，加大公路、港口、铁路、航空、枢纽建设投资力度，预计“十一五”期间共完成交通建设投资 600 亿元，继续完善综合交通运输体系，增强对区域的辐射服务能力，成为海峡西岸经济区的重要综合交通枢纽。

1. 公路方面

围绕完善公路网结构，加快高速公路网和城市主、次干道建设。近期通过加快进出岛通道建设，力争翔安隧道 2009 年底建成通车；加快岛内快速干道建设，建成环岛干道、成功大道；加快岛外快速路网建设，完成国道 324 线改造等项目；加快推进对外通道项目，建设沈海高速扩建工程、厦成高速公路厦门段、厦漳跨海大桥等。预计在“十一五”期间完成公路建设投资 250 亿元，到 2010 年全市公路总里程达到 2 725 公里，城区内的高速路网基本建成。远期在 2020 年前将规划建设第二东通道、绕城（环厦）高速马巷—云埔段、厦门南通道、厦门—金门联络线等项目，进一步完善高速公路网。

2. 港口方面

继续实施“以港立市”的发展战略，推进港口功能的优化整合，立足建设国家主枢纽港和集装箱干线港和对台“三通”重要口岸，不断提升综合竞争能力，做大做强厦门港。预计在“十一五”期间投入145亿元建设资金，加快建设现代码头、海沧港区14－19号泊位、嵩屿港区二期、海沧保税港区、刘五店南部港区、厦门港主航道扩建三期、海沧航道扩建二期和招银航道扩建一期后续工程等项目建设。规划到2010年港口货物吞吐量达到1.2亿吨，集装箱吞吐量达到750万标箱，远期规划2020年港口货物吞吐量达到1.75亿吨，集装箱吞吐量达到1 300万标箱。

3. 铁路方面

加快推进福厦、龙厦、厦深铁路、港区铁路专用线及厦门新站、厦门站改造、前场特大型铁路货场等配套客货运站建设，以构建厦门市辐射周边地区的铁路枢纽网络。预计“十一五”期间厦门市域内的铁路及场站建设投入资金80亿元以上，并规划远期建设沿海货运铁路专线和福建沿海城际铁路。

4. 航空方面

继续推动航空事业发展，预计投资103亿元，主要用于航空港三期扩建、物流园区建设及厦航飞机购置，并在大嶝规划建设厦门第二机场。到2010年，预计厦门航空港完成旅客吞吐量1 000万人次、货物吞吐量30万吨，厦门航空公司完成客运量1 300万人次、货邮运输19万吨。

5. 公共交通方面

继续实施“公交优先”发展战略，大力发展公共交通。通过建设快速公交体系（BRT）和智能交通系统，加快枢纽场站建设，优化公交线网，构建以BRT为骨干，公交枢纽为中心，常规公交干线、支线为基础的层次分明、衔接紧密、功能清晰、覆盖面广的便捷高效公交网络。力争到2010年建成区内公交线网覆盖率达到90%，公交出行分担率提高到30%以上；远期将适时启动轨道交通建设，提升公交服务能力，力争到2020年公交出行分担率提高到40%以上。

深圳交通春来早

深圳市交通局

改革开放之初，当时深圳还是宝安县，没有机场，港口码头、公路设施等处于低级起步阶段，城市公交、长途客货运输、铁路运输、维修驾培等交通运输行业规模小、产值低，而且方式单一、基础设施落后，严重制约了当地经济发展，也给当地群众交通出行带来了诸多不便。

改革开放后，深圳作为试验田，率先在全国扛起了改革大旗，经过30年的不懈努力，深圳特区已从昔日贫困落后的边陲小镇，一跃成为高楼林立、基础完善、环境优美、经济发达、四通八达的现代化、国际化大都市。作为经济社会发展的先导性、基础性和战略性行业，深圳交通运输在中央、省、市各级党委政府的正确领导下，在交通部（交通运输部）、广东省交通厅的悉心指导下，遵照邓小平同志和党中央“杀出一条血路”的郑重嘱托，大力发扬“拓荒牛”精神，解放思想，开拓进取，筚路蓝缕，栉风沐雨，以敢为天下先的勇气和艰苦奋斗的作风，率先在全国交通行业内进行了系列改革创新，走出了一条不寻常的创新发展、科学发展路子，基本形成了陆海空铁邮协同发展的现代化立体综合交通体系，为深圳经济社会发展做出了重大贡献。

一、历史沿革

在深圳建市之前，宝安县的交通管理机构是宝安县交通局。1979年1月，撤销宝安县设立深圳市，交通管理部门更改为深圳市交通局。1982年1月，在市政府办公厅内设立工业交通工作处，统一负责全市交通邮电的行业管理，原来市交通局改为市交通运输公司，市公路局改为市公路公司，均为独立核算的企业单位。1983年11月，增设交通指挥部。1984年1月，撤销市政府办公厅工业交通工作处，由交通指挥部负责管理协调全市公共交通、邮电、航空、公路、水路、港口、铁路的建设、运输和小汽车定编等工作，行使交通行政管理职能。1984年11月，成立市政府交通办公室，负责全市交通邮电的管理协调工作。1987年8月，在市政府机构改革中，市政府交通办公室由市政府的办事机构改为政府职能部门，管理职能不变。1988年9月，市政府交通办公室改为市交通局，主管全市公路运输、水路运输、市内公共交通（含出租小汽车）、航空运输、铁路运输、邮电通信的管理、协调及交通邮电行业安全管理等职能，列入政府序列。经过这次改革，深圳在国内率先形成了综合运输的大交通管理体制。1988年11月，撤销了由各管理区直接管理的交通局及交通管理总站，在5个管理区各设一个交通管理站，为市交通局派出机构，在特区内率先实现了“一城一交”的管理模式。1989年2月，深圳市交通局更名为深圳市运输局，仍为市政府的组成机构，担负的管理职能不变。1991年11月，港口管理职能从市运输局划出，成立深圳港务管理局，为局级事业单位，同时深圳港务监督与深圳港务局合并。1995年12月，深圳港务管理局更名为深圳市港务管理局，列入深圳市政府序列，负责全市港口行政管理工作。2001年7月，深圳市运输局和深圳市港务管理局合并，组建深圳市交通局，加挂深圳市港务管理局牌子，作为市政府组成部门，主管全市交通运输行业（公路、城市公交、水路、港口、铁路、轨道交通、民航、物流）和协调邮政行业，管理市公路局，形成了综合运输大交通管理格局。

二、30年巨变

改革开放30年来，历届深圳交通局领导班子以及广大交通人坚持解放思想，加快改革创新，实施科技兴交，推进依法治运，加强安全监管，在确保交通全行业安全生产平稳运行的基础上，大胆引入市场机制，广泛应用现代科技，攻坚克难，阔步前进，海、陆、空、铁、邮等交通各项事业日新月异，欣欣向荣，整体交通面貌发生了翻天覆地的变化。

（一）公路路网四通八达

改革开放之初，沙土路面，坑坑洼洼，路面狭窄，弯急坡陡，抗灾能力差，晴天满天灰尘，雨天遍地泥浆，是改革开放前宝安县“路难行”的真实写照。改革开放后，深圳市委市政府率先提出并实施“要致富、先修路”的战略思想，加大财政投入，加快国省道公路建设、城市化改造以及农村公路水泥硬底化、城市化改造，2003年率先实现了镇镇通一级公路、村村通水泥路的目标，同年深圳市政府顺利推进了路隧改革，布龙、丹平、同乐、光明、金龟、碧岭、鹤洲等7个非高速公路收费站停止了收费，深圳路隧体制改革取得重大突破，实现了全国第一个撤并除高速公路以外的收费站且不向市民及企业征收费用、第一个设立专项资金采用财政投入方法支持公路事业发展和全省第一个实现全市范围内非高速公路“无收费、不停车”。与此同时，20世纪90年代开始，市委市政府把建设高快速路网摆上了重要的议事日程，在加强路网规划的基础上，先后采取了“贷款修路、收费还贷”、民营修路、上市融资、合股修路、群众集资等措施，高起点规划、高标准建设高快速路，先后建成了广深、惠盐、深汕、梅观、机荷东段、机荷西段及盐坝高速公路A段、盐坝高速、清平高速一期、龙大高速、南坪快速路、盐排高速、南光高速、深盐二通道等高快速路，基本形成“一横八纵”干线路网。沿江高速、外环高速、南坪三期、东部过境高速公路连接段等重点项目的前期工作正在加紧推进。

截至2007年年底，深圳道路总里程达5 273公里（高快速路364.7公里、主干道929公里、次干道987公里、支路2 993公里），初步形成了“高快速路网、国省干道网和局域连通网”层次分明、布局合理、干支协调、高效畅通的现代化路网体系。

（二）深圳港建成世界级大港

改革开放初期，港口只有上步、罗湖等等级较低的小码头及内河自然土坡码头，年吞吐量不足10万吨。建港之日起，深圳港基本实行政府“统一规划、宏观调控、依法管理、优质服务”，企业“自筹资金、自我建设、自主经营、自找货源、自负盈亏”的建设经营模式，通过以港兴市、以城促港、港城共荣，共同创造了世界城市和港口发展史上的奇迹。1979年，香港招商局在开发蛇口工业区的同时，率先自主投资建设，在南头半岛开山填海，建设蛇口港区，开启了深圳港大建设时代。20世纪80年代，蛇口港区、赤湾港区、东角头港区、妈湾港区相继建成开港，盐田港区开始投资建设，成功打开了国际集装箱班轮航线通道，为建设华南地区国际集装箱干线港奠定了坚实的基础。步入20世纪90年代，深圳港加快利用外资，以发展集装箱运输为主，兼顾能源和部分散杂货运输，大力发展临港产业以及物流、金融、保险、信息等现代服务业，以与香港和记黄浦集团合作建设和经营的盐田港区为代表的集装箱大港迅速崛起。步入新世纪，市政府成立了由市领导、各区、局、口岸部门、主要企业集团领导组成的深圳市港口发展委员会，负责领导和协调港口发展工作，负责具体工作的组织、协调和落实，并建立了海运通关联席会议，制定实施了《关于进一步促进深圳港发展的若干意见》，实施以港强市战略和珠江战略，积极推进海铁联运，着力发展集装箱运输，港口发展十分迅猛，相继建成蛇口港区、赤湾港区、妈湾港区、东角头港区、盐田港区、大铲湾港区、福永港区、下洞港区、沙渔涌港区、内河港区共10个港区和孖洲岛修船基地，成为全国综合运输体系中的重要枢纽、华南地区国际集装箱干线港，实现了深圳港由大港向强港转变。2007年，全港完成货物吞吐量1.999 4亿吨，同比增长13.63%，连续15年为内地港口第八；集装箱吞吐量历史性地突破了2 000万标准箱，连续5年位列世界第四。

截至2007年年底，深圳港共建成码头岸线29 222.3米，500吨级以上各类泊位159个（万吨级以上泊位69个），形成年综合吞吐能力14 647.4万吨。马士基、海陆、美国总统等50家中外著名船公司在深圳港开通远近洋国际集装箱班轮航线197条，覆盖全球十二大航区主要港口，是我国国际集装箱班轮航线最多、覆盖范围最广的港口之一；先后开通了成都至深圳、南昌至深圳、长沙至深圳、深圳经我国二连浩特至捷克途经6个国家的国际集装箱班列、深圳至昆明、湖南醴陵至盐田等6条主要的集装箱海铁联运班列；深圳港与德国汉堡港、西班牙拉斯帕尔马斯港等建立了友好港口关系协议。同时完成了《深圳港总体规划》修编，铜鼓航道一期和西部公用航道工程也顺利建成并试航成功。

（三）深圳机场跨入世界单跑道最繁忙机场行列

1983年，深圳直升机场首期工程建成，并组建了中国海洋直升飞机公司，实现了深圳民航事业“零”的突破。1989年5月，深圳机场作为我国民航第一个由地方政府自筹自建、实行企业化运作的机场破土动工，1991年10月正式通航营运，海陆空铁大联动的大交通格局开始形成。进入新世纪以来，我市大力实施“两港齐飞，以港强市”、“客货并举，以质取胜”的发展战略，并于2006年5月制定出台了《深圳市宝安国际机场管理办法》（市政府第148号令），成立了深圳市空港管理委员会及下设办公室（设在市交通局），负责深圳机场发展战略、规划等重大问题、机场重大项目建设的决策，出台实施了《深圳航空业财政奖励资金管理暂行办法》等政策，在政府的强力推动下，深圳机场由小变大、由弱变强，成为我国境内第一个实现海、陆、空联运的现代化国际机场，也是中国境内唯一可以采用过境运输方式的机场。1992年，业务量位居中国内地机场第七位；1993年5月升格为国际机场；1994年7月，深圳机场成为国内第五大航空港；1996年起深圳机场业务量位居中国内地机场第四位；1997年被民航总局规划为国内四大航空货运中心之一；2003年旅客吞吐量突破1 000万人次，正式跨入全球百强机场行列；2007年深圳机场旅客吞吐量历史性突破了2 000万大关，初步建成南中国货运空中门户，跨入世界单跑道繁忙机场行列。

截至2007年年底，深圳机场拥有跑道（3 400m×45m）、滑行道各1条。现有停机坪总面积92万平方米，停机位84个，其中廊桥机位24个，大型货机机位36个。两座候机楼总面积14.6万平方米，设计年旅客吞吐量1 500万人次；有国内货站2个、国际货站各1个，以及现代化的航空物流园，年货物处理能力70万吨。拥有37个国家的国际航权，29家国内外航空公司使用深圳机场，4家基地航空公司（南方航空深圳公司、深圳航空公司、翡翠航空公司、东海航空公司）；开通了99个航点，其中国内航点68个，港澳航点1个，国际航点30个；开通139条航线（国内航线101条、港澳航线2条、国际航线36条），可直达全球98个城市（地区）。2007年，深圳机场完成旅客吞吐量2 061.92万人次，同比增长12.33%；完成货邮吞吐量61.6万吨，同比增长10.2%；完成航空器起降181 450架次，同比增长7.1%；三大指标在内地机场继续保持全国第四，旅客吞吐量、货邮吞吐量在全球机场排名分别为第63位和第33位。

（四）现代物流业蓬勃发展

2000年以前，市政府、企业开始通过组织出国考察、专家讲座，引入物流概念，深圳物流业处于酝酿、起步阶段。2000年，在深圳市委三届党代会上，确定了建设现代物流枢纽城市的战略目标，明确把物流业作为全市经济社会的三大支柱产业之一，强力推进。2002年，成立了由市政府分管副市长为组长、28个相关部门组成的深圳市现代物流业发展领导小组，先后制定实施了《关于加快发展深圳现代物流业的若干意见》、《深圳市重点物流企业认定试行办法》、《深圳市现代物流业发展专项资金管理暂行办法》等政策措施，设立了“物流企业服务奖”，从组织机构、政策、土地、资金、信息等方面加大了对物流产业的扶持力度，物流产业迅速发展壮大。近年来，深圳现代物流业依托区位优势和产业优势，坚持海港、空港、陆港“三港”并举，大力推动海铁联运、区港联动，规划建设七大物流园区，大力发展第三方物流，物流产业正从传统管理型向供应链管理中心转型升级，在深圳经济社会发展中发挥越来越重要的支撑作用。在全国物流百强企业中，我市有10家企业入选（广东省19家），怡亚通供应链股份有限公司和飞马国际供应链股份有限公司成功上市。在全球500强跨国公司和国际知名物流企业中，入驻深圳的已超过100家。2007年，深圳物流业增加值654.22亿元，同比增长19.47%，占GDP比重9.67%；物流总费用为1 021.82亿元，占GDP比重为15.1%，我市物流运营效率接近中等发达国家水平。此外，截至2007年年底，全市共有道路货运经营户49 721户，营运载货汽车126 637辆。作为物流产业的重要组成部分——深圳邮政拥有局所646处，各类运输车辆664辆，邮路211条，邮路单程总长度11.26公里，服务网点遍布大街小巷，速递物流、储汇、函件、代理、电子和集邮业务等快速发展，连续三年入选“深圳市百强企业”。

（五）城市公共交通方便快捷

改革开放之初，全市城市公交非常滞后，仅有4辆公共汽车，10台出租小汽车，2条长

8.6公里的公共汽车线路。随着改革进程的加快，深圳公交在全国交通行业率先引入市场机制，进行体制机制创新，1988年开始先后五次公开拍卖出租小汽车营运牌照，1989年开始先后多次进行了公共中小型客车线路公开竞投。近年来，我市大力实施公交优先、公交优秀和公交优胜战略，从政策、资金等方面进一步加大了对公共交通发展的扶持力度。2000年，深圳地铁一期工程开始建设，2004年12月建成线路2条，营运总里程21.8公里，日均客运量约32.2万人次。2006年我市被建设部评为"全国优先发展城市公共交通示范城市"。2007年特区内公交覆盖率基本实现了100%，宝安、龙岗两区公交覆盖率达60%以上；2007年开始全面推行公交特许经营改革，在2008年年底前将全面完成公交整合，形成三家公交专营公司共同经营的格局。至2007年全市常规公交线路473条，运营车辆10 666辆，出租车运营企业73家，出租车运力12 305辆，初步形成了以轨道交通为骨干、常规公交为主体，各种交通方式协调发展的，具有国际水准、捷运化、智能化、高品质的公共交通体系。深圳市长途客运班线覆盖省内各市县，辐射香港、澳门及海南、广西等20个省市；在深注册具有班车客运经营资质的客运企业45家，客运班车2 390辆。全市具有旅游及包车客运经营资质的运输企业78家，旅游包车1 417辆。全市有罗湖、银湖、福田、东湖、南头、宝安、龙岗汽车客运站等44个。

（六）铁路运输网络日臻完善

改革开放以前，广深铁路发展缓慢。1983年12月成立广州铁路局广深铁路公司以后，打破了建国后完全由国家投资修铁路、铁路运输部门只管运营的传统模式，实行"特殊运价、自主经营、自负盈亏、自我改造、自我发展、以路建路"的大承包形式，自筹资金修建广深复线，广深铁路跨上了一条高速发展的新轨道。1996年，新中国第一家中外企业合资组建的平南铁路正式建成通车，铁路运输形成两家公司共同经营的格局。随着开行至各大中心城市的长途旅客列车越来越多，铁路运输网络越来越完善，截至2008年8月，长途列车可直达北京、郑州、沈阳、武昌、长沙、九江、福州、岳阳、沈阳、泰州、吉安、上海等城市，初步实现了泛珠三角"一日到达圈"、珠三角"1小时商业圈"和深港"30分钟生活圈"。近年来，我市还积极配合国家《中长期铁路网规划》，着力推进广深港客运专线、广深四线、厦深铁路、新深圳站等国家铁路项目建设工作，加快建设广州—东莞—深圳、深圳—惠州等城际轨道。2007年，全年共发送旅客1 875.30万人次，同比增长11.24%；货物发送量为325.10万吨，同比增长4.63%。

（七）汽车维修和驾培业快速发展

伴随着深圳特区的飞速发展，城市经济发展水平和汽车保有量逐年大幅增加，汽车维修和驾培行业均实现了快速发展。深圳汽车维修业，建市时只有几家附属于运输企业的小型维修厂。随着新技术、新工艺、新材料、新设备在汽车维修行业的广泛应用，一批高起点、高科技、现代化的汽车维修企业迅速崛起，汽车销售服务（4S）店、快修连锁店等新兴服务单元尤为突出。近年来，深圳汽修行业导入了现代先进服务理念，通过开展"100个群众信得过的汽车维修厂"评选，"创建诚信经营示范汽修厂"、星级评定、维修质量信誉考核、行业技术竞赛等活动，全行业维修服务质量和服务水平大幅提高，目前，已发展各类汽车维修业户2 873户。其中一类汽车维修业户125家，二类汽车维修业户753家，三类汽车维修业户1 995家。驾驶员培训学校也由改革开放之初的零星几家，发展至现在的机动车驾驶培训机构26家，教练车1 694辆，教练员1 686名，报名点421个。

（八）精神文明建设成绩斐然

30年来，历届交通局领导班子坚持物质文明、精神文明“两手抓、两手都要硬”，在力促交通行业迅猛发展的同时，加强党性教育及干部队伍建设，并通过多形式、多层面的机关文化建设活动，全面加强机关文化和行业精神文明建设。一是加强思想政治工作。大力实施固本强基工程，深入开展了“三讲”教育和保持共产党员先进性教育活动，充分发挥了基层党组织的战斗堡垒作用和共产党员的先锋模范作用。二是加强交通队伍建设。加大干部培养、选拔、交流和培训教育的力度，组织干部职工参加各种形式的在职学习，坚持以德才兼备、业绩突出和群众公认的原则，把肯干事、能干事、能干成事、干净干净的人才选拔到领导岗位，按照用人所长、各尽其能的原则加大干部交流力度，建成一支特别讲党性、特别有能力、特别能战斗的交通队伍。三是积极开展文明机关创建活动。用社会主义核心价值理念融入精神文明建设全过程，引导广大交通人知荣辱、树新风、倡文明、求和谐、扶困济贫，关爱弱势群体，树立良好的行业风气。组织“争先创优”竞赛活动，开展各种形式的积极向上、健康有益的文娱体育活动，营造生动活泼、和谐相处、团结友爱、追求上进的工作氛围。30年来，年年都涌现出了一大批努力工作、开拓创新、成绩突出、无私奉献的先进单位和先进个人，荣获了国家、省、市各级的表彰。市交通局先后多次被评为全国交通系统先进集体、创建全国交通文明行业先进单位、“十五”全国交通战备工作先进单位、全国港建费征管先进单位，被省政府、省交通厅评为春运工作先进单位，被授予全省交通系统创建文明行业先进集体，广东省2007年度安全生产监管工作先进单位，被深圳市委、市政府授予“文明机关”等荣誉称号。深圳市公共汽车公司司机温志强等多人获得全国“五一”劳动奖章。

三、主要经验和体会

改革开放30年，是深圳交通行业解放思想、改革创新、飞跃发展的30年。在风雨兼程、艰苦创业的30年里，我们创造和积累了一些好的做法和经验。

（一）领导关怀，悉心指导，是推动深圳交通行业实现大发展的根本保证

建立经济特区是中国共产党人高瞻远瞩、审时度势的一个伟大创举。30年来，深圳交通行业作为深圳特区建设的先导和保障，得到了中央领导和历届省、市领导，以及交通运输部（原交通部）、广东省交通厅的殷切关怀和悉心指导，为推进深圳交通发展提供了坚强的后盾和强大的精神动力。当我们如火如荼加快建设港口码头、深圳机场、火车站、高速公路、深圳湾大桥、铜鼓航道等重大基础设施项目之时，当我们率先在全国交通行业内进行大交通体制改革、出租小汽车营运牌照拍卖和公交线路有偿使用、推行股份制公路和路隧改革等每一个重大历史时刻，当我们面临体制机制障碍、资金短缺、征地难拆迁、项目难立项、春运黄金周运力紧张等困难时期，在我们最需要的每一个关键时刻，邓小平、江泽民、胡锦

涛等党和国家领导人，交通运输部（原交通部）领导以及历任省、市党委政府和省交通厅领导适时莅临一线视察、指导，及时做出重要指示，指明前进方向，从政策、资金等方面给予支持，建设之时为我们加油鼓劲，创新之时为我们撑腰壮胆，困难之时为我们排忧解难。可以说，没有党的改革开放政策的指引，没有中央、省、市各级和交通运输部、省交通厅等有关部门的坚强领导、亲切关怀和巨大支持，就没有深圳交通今天的辉煌成就。深圳交通30年丰硕成果，是邓小平理论和“三个代表”重要思想、科学发展观实践的产物，是社会主义制度优越性的有力印证。

（二）解放思想，改革创新，是推进深圳交通行业实现大发展的强大动力

没有思想解放，没有改革创新，深圳交通的大发展无从谈起。30年来，广大交通人大力发扬“敢为天下先”的精神，坚持从思想、体制、机制、技术、制度等方面入手，坚持解放思想、实事求是的思想路线，以市场化为基本取向，大胆探索，敢于实践，开拓创新，广泛应用现代科学技术，率先在交通行业众多方面、众多领域进行了一系列的改革和探索，用改革的办法解决前进中的困难和问题。在全国交通行业内，率先进行了大交通管理体制改革、推行了“自筹资金、自我建设、自主经营、自负盈亏、滚动发展”的港口发展模式、实行了机场建设企业化运作、成立了“深圳市现代物流业发展工作领导小组”、采用了贷款修路、收费还贷、股份制公路改革和运用市场机制引进民营经济参与公路建设，全国第一个采用财政投入方法支持路隧建设发展，开创了对高快速路实行招标代建制的先河，最早推行了深圳市营运小汽车（的士）牌照公开拍卖、结合实际创造性开展了公交区域专营等系列公交改革；设立了出租车驾驶员人才交流中心，实现了企业招录、驾驶员报名通过中心双向选择、公开进行，构建规范、透明、阳光的驾驶员招录平台，从制度设计上彻底斩断了出租车“茶水费”；实施驾培IC卡学时记录系统，实现了对学员从报名、培训到考试的全方位跟踪，搭建了行业主管部门、考试部门、驾校和学员之间信息交换的平台。大力推进制度机制创新，制定实施全国第一个地方性《深圳经济特区港口管理条例》、《深圳经济特区出租小汽车管理条例》等规范性文件，推进交通各项工作沿着规范化、制度化和科学化的方向发展，并制定实施了《深圳市宝安国际机场管理办法》、《关于加快发展深圳现代物流业的若干意见》、《深圳市现代物流业扶持资金管理办法》、《关于促进道路集装箱运输行业健康发展的若干意见》，对港航产业、航空产业、物流产业和集装箱拖车行业实行财政资助和奖励，积极帮助行业企业排忧解难，极大推动了交通产业经济发展。在自身建设和应急保障方面，应用现代智能技术，推行网上办公，实现“大容量、高快速、无纸化”，整合交通运营监控中心，不断提高工作效率和应急保障能力。通过一系列卓有成效的改革与探索，及时摒弃了妨碍交通发展的思想观念，转变了思维方式，改变了束缚交通发展的模式和机制，使不同时期的交通瓶颈很快得以破解，为推动全市交通事业发展注入了强大的思想动力和工作推动力。

（三）以人为本，科学发展，是推动深圳交通行业实现大发展的关键所在

坚持把市民呼声当作第一信号，把市民的需要当作第一选择，把市民满意当作第一标准，结合交通行业实际，常谋利民之策，多办利民之事，努力提高交通行业的基础设施水

平，提高行业服务和应急保障能力，是历届深圳市交通局的基本工作理念。30年来，我们紧紧围绕历届市委市政府的战略部署，紧紧抓住市民反映强烈的热点和行业发展的难点，规划实施三级公交线网（公交快线、公交干线和公交支线），优化客运及公交线网，开展公交清洁专项行动，不断提高公交覆盖率，让市民出门有车坐，坐车有选择，坐上干净车、安全车、放心车。组织开展了“四员达标夺星”，车长、车队长、站长“三长责任制”管理，加强职业道德和公民道德教育，提升公交行业整体服务水平。进入21世纪，深圳市政府确立了“大力建设与小汽车相比有竞争力的公共交通系统”的发展目标，大力实施公交优先、公交优秀和公交优胜战略，从政策、资金等方面加大了对公共交通基础设施建设与发展的扶持力度，全面推行公交特许经营制度改革，为广大市民提供了高品质的公交服务体系。在历年春运工作中，大力倡导和发扬“全程以人为本、乘客为大，不仅把建设者送出市门，而且送到家门”的深圳春运精神，连年圆满完成了春运、高交会、黄金周等交通运输保障任务。推行了全市汽车客运站联网售票，实施了春运火车票预售实施电话联网订票，邮政免费送票，多点分散取票的模式以及联网售票制度，变有形的人流为网上无形的人流聚集，从根本上解决春运期间“一票难求”和“黄牛党炒票”现象，使广大建设者春节期间走得了、走得好，平安顺利回家。全面推进特区外公交特许经营改革工作，由原来的近40家公交企业合并整合为深圳巴士集团股份有限公司、东部公共交通有限公司、西部公共汽车有限公司共3家特许经营企业，改变了深圳公交企业多、小、散、弱等落后局面，加快了特区内外公交一体化进程。加强安全监管，督促公路工程公司、港口企业、机场公司、公交企业、出租车企业、长途汽车运输公司、物流企业等交通运输企业健全安全管理规章制度，危险品运输车辆100%安装GPS，有效提高了安全监管效能，安全生产总体形势越来越好。积极会同财政部门制定实施油价补贴，实施老人免费乘公交等优惠便民政策。制定完善了一系列交通运输行业政策，及时清理、废止一些不合时宜的法规和规范性文件，实行政务公开，简化办事程序，优化办事流程，不断提高服务效率和依法办事能力。全面推动行政审批制度改革，行政许可业务由专家组论证审核、局长办公会集体审定，无一例违规操作，无一件延误办理，无一宗投诉举报，实现科学决策，民主决策，推动交通行业科学快速发展。正是由于历届交通局领导班子始终坚持以科学发展观统揽全局，坚持以人为本的理念，以市民需求为导向，以制度为保障，因地制宜，因时施策，实施人文关怀，体现民生意愿和民生利益，才有今天深圳大交通陆海空铁邮比翼齐飞的良好局面。

四、近期规划

面对新形势、新任务和新挑战，我们将在中央、省、市各级党委政府的正确领导下，在交通运输部、广东省交通厅的悉心指导下，在各有关单位和社会各界人士的大力支持下，高举邓小平理论和“三个代表”重要思想伟大旗帜，全面落实科学发展观，坚定地担负起新的历史使命，完成新的历史任务；以全球视野俯瞰深圳交通、以世界眼光审视深圳交通、以国际坐标定位深圳交通，进一步解放思想，振奋精神，承前启后，继往开来，有力、有序、有效地推进工作，抓紧、抓实、抓牢落实工作，推动全市交通事业又好又快发展，为全国交通发展做出新的贡献。

一是加快建设沿江高速、外环高速、南坪高快速等重点高快速路工程，推动特区外城市化公路改造，完善公路网络，力争至2013年基本建成“高快速路网、国省干道网和局域连通网”层次分明、布局合理、功能完善、干支协调、高效畅通的“七横十三纵”现代化路网体系。

二是加大港区开发和航道建设力度，优化港区功能，大力实施“珠江战略”和海铁联运，增开航线，加快建成华南地区超大型集装箱船舶装载中心，与香港港共同建设成为国际航运中心，促进深圳港向综合运输中心和国际商贸物流为主的第三代港口发展。

三是实施“客货并举、以质取胜”战略，加快研究编制深圳机场产业规划、总体规划等系列规划，加快建设机场扩建工程，推动深圳机场管理模式从经营型向管理型转型，实现量型机场向质型机场转变，把深圳机场打造成为中国内地品质最优的大型门户机场，与香港机场共建国际与华南的空中门户、泛太平洋地区的航空枢纽、全球航空物流网络的主要节点。

四是顺应国内外形势变化，坚持海港、空港、陆港“三港”并举，完善发挥七大物流园区功能，大力发展邮政物流和货运行业，推动物流产业向供应链管理中心转型升级，加快构建全球性物流枢纽城市，亚太地区重要的综合交通多式联运中心和供应链管理中心。

五是加快实施“快速公交、干线公交、支线公交”三层次公交线网，加快建设公交场站，加大运力投放，进一步提升公交覆盖率；尽快制定出台出租车行业发展体系和综合配套政策，推动出租车行业健康发展；加快地铁建设，至2011年建成178公里的轨道交通网络，基本形成以轨道交通为骨干、常规公交为主体，各种交通方式协调发展的，具有国际水准、捷运化、智能化、高品质的公共交通体系。

六是积极配合国家《中长期铁路网规划》，着力推进广深港客运专线、广深四线、厦深铁路、新深圳站等国家铁路项目建设工作，加快建设广州—东莞—深圳、深圳—惠州等城际轨道，积极开行至各大中心城市的长途旅客列车，形成泛珠三角“一日到达圈”、珠三角“1小时商业圈”和深港“30分钟生活圈”。

七是将目前分散的各专业领域的运营监控中心，集中整合建设为交通运输运营监控中心（TOCC）；依托TOCC，整合建设交通运输应急指挥中心（ETCC），并建立健全行业应对突发公共事件的应急预案，构建统一指挥、反应快速、平战结合、整体联动、运转高效的综合交通应急指挥体系，进一步提升交通系统安全及应急保障的“即动力”，为广大市民提供高水平的交通综合信息服务。

八是牢固树立“安全第一、稳定第一”的理念，切实落实安全、维稳责任，加强安全监管，深入开展矛盾纠纷排查调处工作，及早化解安全隐患和不稳定因素，确保交通行业安全平稳运行。

九是以解放思想和科学发展观实践活动为载体，进一步加强干部队伍思想、政治、组织、作风和廉政建设，努力开创党建和廉政建设工作新局面。

东方明珠的光彩

珠海市交通局

珠海自1979年建市和1980年设立特区以来，“特区要发展，交通须先行”的理念深入人心，市委、市政府高度重视交通建设，始终把交通建设作为改善投资环境从而带动经济发展的战略任务来抓。经过近30多年的建设，全市交通面貌发生了巨大的变化，初步建立起以“双港（空港和海港）”为龙头、“五纵三横”为主骨架的陆海空立体化综合交通运输网。

一、历史进程

从1979年到2007年的28年间，珠海交通发展主要经历了3个阶段。

（一）第一阶段：起步发展阶段（1979年～1988年）

建市初期，全市境内公路通车里程322.62公里，其中，省养公路149.8公里，地方道路172.8公里。按技术等级分：三级公路29公里，四级公路63.82公里，等外公路229.8公里，没有一、二级公路。公路桥梁81座，总长1588.9延米。

1979年～1985年，随着珠海经济特区的建立，珠海市工农业生产逐步发展，客货需求量迅速增长。由于当时的道路运输市场经营主体比较单一，除国家和集体所有制几家企业经营外，其他运输企业成分所占分量不多，这期间，仅有9家道路客运企业，6家道路货运企业。本阶段运量与运力增长系数为1.314，道路运力平均每年增长40.1%，仍落后于运输量的发展，运力紧张成为制约经济发展的“瓶颈”。

1985年～1990年，交通部门贯彻“改革、开放、搞活”的方针，采取了“有河大家走船，有路大家走车”、“国营、集体、个人一起上”等一系列放宽搞活的政策、措施，收到显著成效。道路运输逐步改变过去单纯靠国家和集体所有制企业经营的模式，这期间，全市道路客运企业已发展到46家、专业货运企业32家、装卸搬运企业14家、汽车及摩托车维修企业156家。本阶段运量与运力增长系数为0.925，道路运力与运量同步增长，运力基本满足运输量的发展需求，乘车难、运货难的矛盾得以缓解，道路运输为特区的经济发展起到了一定的促进作用。

10年间，珠海交通基础设施建设全面启动，修建了凤凰路、迎宾路、九洲大道等多条城市道路，修建了南屏大桥、井岸大桥和斗门大桥等桥梁，建设了九洲港、前山港、香洲港、湾仔港。其中九洲港成为我国旅客运输和集装箱运输的重要港口，曾排在全国前5位。

同时，成立了几家较大型的汽车运输公司、水运公司和港口经营公司，珠海的交通实现了第一次飞跃式发展。

1979 年 10 月 1 日，珠海市公共汽车公司成立，有员工 18 人，大客车 6 台，运营线路 3 条。

（二）第二阶段：全面发展阶段（1988 年～1999 年）

1988 年以后，珠海道路运输进行了一系列体制改革，道路运输市场得到较快发展，特别是在 1990 年～1995 年期间，道路运输企业采取多渠道吸纳社会资金、增加运力投放、加快线路开辟等办法，提高市场占有能力，6 年时间运力增长达 30.3%。仅 1993 年，客运车辆增长 12.25%、货运车辆增长 31.8%，运量与运力增长系数为 0.86，出现了运力大于运量的状况，道路运输业为珠海特区经济的增长提供了有力的交通保障。

1988 年～1995 年是珠海交通基础设施建设最辉煌的时期。1988 年，珠海市委、市政府提出了“城市西推，发展两翼，带动全局”、“大港口带动大工业，大工业促进大经济，大经济带来大繁荣”的发展战略，这些发展战略为珠海交通基础设施建设提供了契机。当时，珠海市委、市政府对交通基础设施建设的思路很明确，那就是实施“一港带全局”和“大港口、大工业、大经济、大繁荣”的战略，为此，珠海相继规划、建设了一批具有战略意义的大型交通基础设施：珠海港高栏港区。1991 年开始建设，以高栏深水港区开发和后方集疏运通道建设为重点的大型港口建设工程，为以后珠海港口的快速发展打下了良好基础；珠海机场。珠海机场按 ICAO4E 标准规划设计和建设，1992 年 12 月开工，1995 年 6 月建成通航；广珠铁路。1985 年设计、1997 年开工建设。该线全长 140 公里，原设计经佛山、南海、顺德、鹤山、江门、新会到珠海，并修支线至高栏港，该线因资金问题在 1999 年停工。以上大型交通基础设施工程，具有极强前瞻性，是珠海交通建设的大手笔，它搭建了珠海海、陆、空立体综合交通体系的总体框架。这些重大交通基础设施建设，初步改变了珠海交通落后的状况，提升了珠海在珠三角、广东省乃至全国综合交通网中的位势。

在公路建设方面，先后建设了珠海大道、港湾大道、黄扬大道、珠峰大道、机场路等干线公路；修建了情侣路、人民路、梅华路等一批城市道路；修筑了板障山隧道；修建了珠海大桥、斗门大桥、南门大桥、莲花大桥、横琴大桥、淇澳大桥等一批大型桥梁；1992 年，实现了全市 200 人以上自然村通公路。至此，珠海交通基础设施建设初具规模，实现了第二次跨越式发展。

2001 年 6 月 15 日，珠海信禾西部公共汽车有限公司成立，有员工 480 人，公交车 110 台，运营线路 19 条。

（三）第三阶段：加快发展阶段（2003 年～2007 年）

从 2003 开始，珠海的许多重大交通基础设施建设项目先后启动，进入加快发展阶段。这 5 年间，先后修建了粤西沿海高速公路、江珠高速公路、广珠西线高速公路，同时，还修建了珠港大道、南琴路，改造了 105 国道。在高栏港区建设了一批万吨级石化、煤炭、集装箱码头，建设了洪湾港，港口的吞吐能力大幅提升。珠港大道、省道 272 线改造正在加紧施工。广珠城际轨道建设已全面铺开，广珠铁路也已动工建设。港珠澳大桥、金海大桥、机场高速公路、香海路等一大批重大交通基础设施项目建设正在全面推动。期间，还加强了农村交通建设，实施“三改一通”工程，改造农村道路250余公里，危桥、渡口一大批，到2007年，全市农村硬底化公路达1 056公里，全面实现了行政村通水泥路、通公共汽车的目标。经过20多年的建设，初步建立起了陆海空立体化的综合交通运输网，为未来的发展打下了坚实的基础。

二、辉煌成就

（一）交通基础设施建设日臻完善

1. 公路建设快速发展

到2007年底，我市公路通车总里程为1 360公里，其中高速公路69公里，三级以上公路917.78公里。公路密度为82公里/100平方公里，见图1、表1。

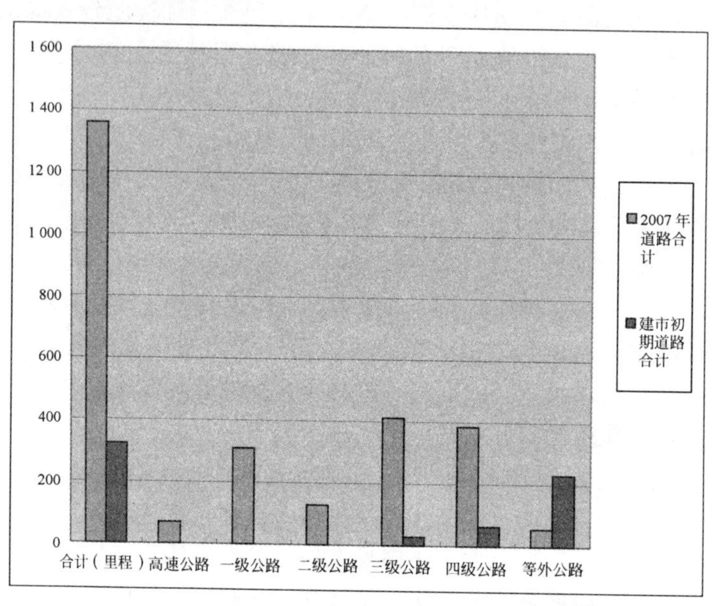

图1 建市初期与2007年底道路建设情况对比图

建市初期与2007年道底路建设情况对比

表1

数值 / 路级 / 时间		高速公路	一级公路	二级公路	三级公路	四级公路	等外公路	合计（公里）
建市前合计		0	0	0	29	63.8	172.8	322.62
建市至07年	国道	4.5	14.6					19.12
	省道	64.7	164.0	16.0	20.9	15.9	0	281.5

续上表

时间 \ 数值 \ 路级		高速公路	一级公路	二级公路	三级公路	四级公路	等外公路	合计（公里）
建市至07年	县道		118.0	40.5	179.1	32.3	0.8	370.6
	乡道		12.3	70.7	212.5	336.8	56.5	688.7
	合计	69.2	308.9	127.2	412.5	385.0	57.3	1 360.0

(1)广东省内第一条中央有分隔带的一级公路——105国道改建。

国道105线珠海路段在1985年改建前，属于三级公路，路面铺设沥青、路基是泥土结构，1985年2月珠海市政府和公路部门决定按照一级公路改造，该项目全长15.3公里，全线于1987年底建成通车。

国道105线珠海段改造工程是我省当时唯一的一段混凝土路面一级公路，并且中央设置分隔带。国道105线珠海段改建后，改善了珠海出口条件，缓解了行车难的问题，对发展对外联系，发展珠海经济发挥了巨大的作用。

(2)S111（港湾大道）改建。

1987年，市政府决定全面改造中拱线珠海段，并将改造工程定名为港湾大道。港湾大道工程南从香洲华子石起，经银坑、唐家、金鼎，北止于金鼎平顶山村，于中拱线K29 + 800中山段连接。全长21.1公里。全线按一级公路线性标准设计，机动车道为24米宽，6车道。该项目于1987年动工，1993年建成通车。港湾大道是珠海东面的重要出口通道。

(3)修建S366（珠海大道）。

在粤西沿海高速公路建成前，珠海大道是珠海连接东部和西部的唯一通道，东起前山立交桥，西至高栏港，全长46公里，沿途跨越前山大桥、珠海大桥、泥湾门大桥、鸡啼门大桥和南水大桥。该大道建于1992年，是当年珠海实施西部开发战略的重大成果。

(4)京珠高速公路广珠段——结束了珠海无高速公路的历史。

京珠高速公路广珠段起于广州市番禺区，止于珠海市金鼎，全长62.4公里，其中，珠海境内4.5公里。作为迎接澳门回归的献礼工程于1999年12月建成通车，结束了珠海无高速公路的历史，并将广州与珠海、深圳两个经济区连成一体，极大地带动了珠江三角洲地区的经济发展。

(5)斗门大桥——结束了进出斗门靠摆渡的历史。

斗门大桥横跨西江干流出海口磨刀门水道，是珠海斗门区（原斗门县）通往珠海市、中山市、广州等地的一座重要桥梁。该桥于1988年1月19日动工，1990年6月25日正式通车。大桥长1 275米，总投资5 000万元。该大桥的建成通车，大大改善了斗门的交通环境，彻底结束了千百年来进出斗门靠摆渡的历史。

(6)修建粤西沿海高速公路。

珠海段全长55.048公里，双向4车道，途经珠海，中山两市，全线共有互通立交6座。总投资35.69亿元。该项目于2003年4月正式开工，2005年12月28日通车。

粤西沿海高速公路是珠江三角洲西部高速公路网的重要组成部分。该路段的建成通车，为广西、海南粤西地区通往珠海、深圳特区提供了一条经济捷径，大大缩短了粤西地区与港澳、珠江三角洲及粤东地区的距离，对于开发粤西黄金海岸线以及加快沿线各市经济发展，具有极其重要的战略意义。

(7)广东第一条民营投资兴建的高速公路——江珠高速公路。

江珠高速是广东首条民企独资的高速公路，南联珠海市珠海大道，北在江门四村接江中、江鹤高速。

该项目于2003年8月正式开工，2007年5月16日，广东江（门）珠（海）高速公路正式建成通车，在广东开创了由民营企业独家按BOT模式投融资建设、经营高速公路的先河。

江珠高速公路全长53.3公里，总投资30.67亿元，由珠海一家民营企业全额投资。作为珠三角经济区外环高速公路网的重要组成路段，江珠高速公路开辟了一条连接珠江东西两岸及通往泛珠三角的捷径，向东直抵东莞、深圳和粤东区，向西直达粤西和海南；中段连接西部沿海高速公路，开辟了另一条进入粤西的快速通道；西北向与规划中的江肇高速公路衔接，经广西梧州、桂林的高速公路与黔、滇、川三省高速公路联网；南端直通珠海港和珠海机场，经珠海大桥直抵澳门，通过拟建的港珠澳大桥可达香港。

江珠高速公路北起江门市江海区四村，经睦洲镇进入珠海市斗门区上横镇，跨越西江主干流荷麻溪水道，南下莲洲镇、六乡镇、白蕉镇，于鹤洲北与珠海大道交会，全长53.3公里，其中珠海段32.62公里。

2. 港口建设突飞猛进

到2007年年末，建成生产性泊位112个，其中万吨级以上泊位11个、客运泊位26个，全港货运通过能力为4 350万吨/年（含集装箱45万TEU/年）、客运到发能力873万人次/年。2007年，珠海港口完成货物吞吐量3 712.6万吨、集装箱吞吐量63.1万标箱、旅客吞吐量580.2万人次。珠海港现已形成包括西部的高栏港区、东部的桂山港区和市区的九洲、香洲、唐家、洪湾、井岸、斗门等港区的总体格局。

(1)九洲港。九洲港于1980年由市政府投资兴建，1982年9月竣工，1981年9月24日，经国务院批准，九洲港对外籍船舶开放。1984年5月，九洲港货运作业区投产，同年12月开通至香港货运航线。

(2)前山港。1985年，前山港建成投入使用，这是一个内河港，主要承担珠海市区建材和旅客水上运输。2007年6月，因洪湾港建成，该港功能转移后撤销。

(3)高栏两个2万吨级件杂货码头。高栏两个2万吨级件杂货码头于1995年7月正式投产，标志着珠海港高栏港区进入一个快速发展时期。

(4)珠海港高栏两个5万吨级集装箱码头。该项目位于高栏港区的南水作业区南顺岸，为新建两个5万吨集装箱专用深水泊位，码头长度824米（含过渡段），吞吐能力80万标准箱，总投资189 114万元，2005年6月22日开始建设，第一个泊位计划在2008年12月份、第二个泊位计划在2009年6月投产。该项目的建设是珠海发展远洋集装箱运输的必备条件。

3. 铁路和轨道交通建设成效显著

(1)广珠城际轨道交通。2005 年 12 月开工，计划 2010 年建成使用。线路从番禺石壁广州新客站引出，经顺德、容奇、南头、小榄、东升、中山、南朗、翠亨，至下栅进入珠海，沿港湾路东侧转入金凤路防洪渠南侧，线路在北师大宿舍区与高尔夫球会之间进入凤凰山隧道，出隧道后沿规划的金凤路中间隔离带往前，进入明珠路、港昌路、昌盛路到终点拱北。除隧道前后外，全线基本以高架通过。珠海段设 5 个站，金鼎站、金唐站、明珠站，前山站，珠海站，线路全长 105 公里。速度目标：直达列车 200 公里/小时，站站停列车 140 公里/小时。投资总额 182. 42 亿元。资金筹措按资本金 50%，国内贷款 50% 考虑。资本金铁道部占 50%，广东省 50%。

(2)广珠铁路。广珠铁路 1993 年经国务院批准立项，1997 年经开工，后因资金问题而停工。2004 年，列为广东省、铁道部合作加快广东铁路建设的重点项目。新确定的广珠铁路从江村编组站引出至高栏港站，全长 186. 9 公里，铁路等级为 I 级，江村至新会南段双线，新会南至高栏港段单线。广珠铁路投资总额为 135. 73 亿元，采用合资方式建设，由广珠铁路有限责任公司为业主。项目资本金占总投资的 40%，其中珠海方出资 50%，广东省 25%，铁道部 20%，江门方 5%，其余为国内银行贷款。

广珠铁路项目 2008 年 4 月复工建设，预计 2012 年建成，建设总工期 4 年。

4. 机场建设实现零突破

珠海机场按 ICA04E 标准规划设计和建设，1992 年 12 月开工，1995 年 6 月建成通航。首期跑道长 4 000 米、滑行道 4 000 米，可起降 B747-400 等大型客货机；机坪面积 68. 5 万平方米，廊桥机位 17 个，远机位 9 个；候机楼面积 9. 16 万平方米。年保障能力为：飞机起降 10 万架次/年，旅客吞吐量 1 200 万人次/年，货邮吞吐量 60 万吨/年；高峰小时飞机起降 23 架次、旅客吞吐量 5 000 人次。从此，珠海拥有了规模较大、设计较先进的民用机场。

（二）道路运输快速发展

2007 年，公路运输完成客运量 5 591 万人次，比 1978 年增长 31 倍；旅客周转量 598 417 人公里，比 1978 年增长 115 倍；货运量 1 840 万吨，货物周转量 130 343 万吨公里；全市营运车辆总数为 26 966（不含公交车 1 212 辆）辆。其中，货车 23 571 辆，客车 3 395 辆，分别比 1978 年增长 74 倍和 34 倍；全市道路运输企业近 12 000 家。其中，道路客运企业 45 家，比 1978 年增长 5 倍；道路货运企业 10 349 家（含个体运输户 9 422 个），比 1978 年增长 155 倍（不含个体运输户）；机动车维修企业 889 家、货运代理企业 101 家；全市一级客运站 1 个、二级客运站 4 个，三级客运站 4 个，等级货运站 2 个；开通省际客运班线 212 条，省内跨市客运班线 204 条。

1. 深化道路运输体制改革

1996 年起，市交通委员会按照市政府“抓大放小”的改革要求，以资产重组为突破口，加大了对国有道路运输企业的资产和组织机构的调整力度，结合交通系统企业实际，制定《交通系统企业改革总体方案》、《交通系统企业改革转制实施意见》，针对道路运输企业大多数是小型企业、经营规模小的实际情况，通过兼并、联合、合并等形式，分别组建了道路长途客运、出租小汽车客运、汽车维修等专业化企业。1998年，把属下管辖的企业交由新组建的交通资产经营公司经营，并根据市政府提出的机构改革“三定”方案要求，增设了行业管理内设科室，进一步强化面向交通运输、民航、港口、通信的大交通行业管理职能，逐步退出微观经济领域，全面转向宏观管理，承担起行业调控、市场监督、协调服务的任务。在市政府的各个职能部门中，率先实现了行政管理与国有资产管理相分离、行业管理与企业管理相分离，实现了真正意义上的“政企分开”，交通管理行业调控、市场监管、协调服务的管理职能得到了进一步的加强。

2001年，在机构改革的基础上进行了审批制度改革，审批事项从原有的106项减少到69项，减幅达35%。加强“服务窗口”建设。筹资35万元，改建了400平方米的交通服务大厅，形成涵盖道路、水路、信访、咨询、投诉等业务，相对集中的多功能服务窗口。

2002年~2004年，在机构改革的基础上，进一步确立了“政府规范市场、市场引导企业、企业自律发展”的行业管理思路，以交通部开展整顿和规范道路运输市场秩序为契机，全面推行道路运输企业资质管理，促进道路运输行业向规范化、法制化、信息化方向迈进，引导企业向专业化、规模化转变；引导客运企业优化运力结构调整，优先发展安全、高效、舒适、环保的高档次车型，限制中档型，淘汰低档型车辆的准入；优先给予三级资质以上企业的省内跨市客运班线续期，优先发展行走高速公路的直达班线，优先开行直达豪华班车。

2. 改革出租车管理体制

珠海市出租小汽车于1993年正式（统一车型和颜色）投入营运，早期对出租车的管理，主要是借鉴深圳及其他城市的经验，把出租小汽车新增由行政审批改为公开有偿拍卖，并结合我市实际相继制定了一系列管理规章：《珠海市营运小汽车牌照拍卖暂行规定》（珠府〔1993〕5号）、《珠海市营运小汽车牌照拍卖暂行规定的实施细则》（珠交字〔1993〕032号）、《珠海市营运小汽车牌照拍卖补充规定》（珠府〔1994〕68号）等；1996年，针对出租小汽车经营管理手段单一，出租车司乘人员素质较低、市场运作不够规范等问题，交通部门在与经营单位签订出租车管理责任合同基础上，起草了《珠海市经济特区出租小汽车管理条例》，1997年列入市人大立法计划，同年9月17日，经市第四届人民代表大会第二十六次会议通过，正式颁布《珠海市出租小汽车管理条例》，自1998年1月1日起正式实施，作为珠海市第一批地方性法规，此条例的出台，使出租车客运市场有章可循、有法可依。2005年12月2日，经广东省第十届人民代表大会常务委员会第二十一次会议批准，公布了我市第六届人大第十二次会议通过修改后的《珠海市出租小汽车管理条例》，进一步完善在出租车行业管理中存在的法律缺陷问题。

3. 旅游包车客运、危险货物运输市场整治成效显著

2001年~2003年开展的旅游包车客运、危险货物运输市场整治收到明显效果。为实现企业重组和运力资源整合、规范市场秩序，在整治过程中，珠海市政府出台了企业重组的减负政策，积极主动为企业排忧解难，有效调动了企业的积极性。通过整治，清理了一批不符合经营资质的旅游客运企业，并及时出台了《珠海市旅游包车政策指引》、《珠海市旅游包车从业驾驶员服务规范》，规范了“个体挂靠车辆”和“以包代管”等不良经营行为，逐步改变旅游客运企业存在的弱、散、小现状。整治前，珠海市经营旅游包车的企业有36户，平均每户拥有旅游包车4.3辆；整治后，经营旅游包车的企业19户，比原来减少了47.2%，平均每户拥有旅游包车11.8辆，比原来增加了172%。

2001年8月开展危险货物运输市场整治，以推动企业实现规模重组为目标，积极向省交通厅、交通部反映情况，陆续解决了火力发电厂的重油运输、自来水公司自运所需化学品、珠澳两地牌危货车辆申办、中外合资企业经营危险货物运输等棘手问题，有效加快了危货专项整治工作进度，促使危货企业由原149家重组为18家，并对危货运输驾驶员342名、押运员380名进行了上岗培训。通过整治，恶性竞争大为减少，市场秩序明显好转。珠海的道路运输市场整治工作得到省交通厅的肯定和表扬，危货整治工作的有关做法还得以在全省范围内推广。

（三）水路运输突飞猛进

自1979年以来，全国水运经济政策的改革，首先是从放宽搞活交通运输业开始，1983年，交通部提出了“有河大家行船”的政策，1984年，进一步明确提出了“各部门、各行业、各地区一起干，国营、集体、个体一起上”，调动一切积极因素发展水运业，从此，珠海水运业有了突飞猛进的发展。

到2007年年底，珠海共有水运企业143家（其中：运输企业73家、水运服务及辅助企业70家）；运输船舶318艘，运力379 557载重吨，比1978年增加32倍，平均单船载重吨1 193吨，比1978年增加69倍。主要经营珠江三角洲、港澳和沿海地区散货、煤炭、油料、液化气、建筑材料和集装箱等运输业务；客船45艘，客位8 735个，主要经营珠海至香港、澳门、深圳、海岛航线和海上旅游观光及澳门环岛游等旅客运输，使珠海水运业逐步向大型化、专业化、集约化、节能化方向快速发展。

2007年，珠海水运行业各项主要指标与珠江三角洲等港口城市排名中：完成客运量427万人次、货运量1 534万吨，客运量、客运周转量均排名第一；载重吨、平均单船载重吨、载客位、功率、箱位均排名第三；完成货运量、货运周转量分别排名第六和第三；上缴水运规费排名第二位。

1. 粤港水路客运明星——珠海高速客轮有限公司

该公司主要经营珠海至香港港澳码头、香港中港城码头、香港屯门码头、香港国际机场航线水上客运业务。是国内最具规模及实力的高速客运船公司，现拥有“海珠”、“海威”等8艘豪华双体高速客轮，设备均符合国际现代标准，具有“安全、快捷、豪华、舒适”的特点。在同行业中具有较强的实力和优势，配备了高素质的乘务人员团队，是首批通过ISM（国际安全管理规则）认证的高速客运船公司；是国内首家开通高速客船夜航的公司；2007年完成客运量208万人次，连续几年位居粤港水路客运首位；所属船舶多次荣获全国和省市先进称号，被誉为同行业楷模；具有较强的技术革新改造能力，技改成效显著，曾获省、市科技进步奖。

2. 拥有南北煤炭运输国内单船最大载重吨船舶——珠海新世纪航运有限公司

该公司由中海集团和神华集团共同出资设立，拥有煤炭运输船舶6艘、共19.2万载重吨，2007年完成货运量616万吨，货运周转量为50亿吨公里，是目前我国南北煤炭运输最大型船舶（其中："广骅"轮载重69 582吨、"鹏骅"轮载重69 421吨），该公司于2007年5月已签订投资12亿元新建4艘各6万载重吨散货船，将在2008年逐步投入营运。

3. 拥有华南地区最大专业液化气运输船舶之一的公司——珠海旺通船务有限公司

1996年6月，由交通部批准成立的经营液化石油气海上运输的专营企业，其经营范围为国内沿海、珠江三角洲各港口间及以广东省港口为主与境外港口间国际近洋LPG运输。目前已拥有自有船舶4艘，光租船舶2艘，共6艘液化气船舶，已成为国内液化气水运行业中初具规模专业化船队，并在珠江三角洲地区具有较大影响力。2007年完成货运量8.87万吨，周转量1 950.73万吨公里，占华南地区水路运量的30%。

4. 全国最大水路客运站——珠海九洲港客运服务有限公司

珠海九洲港位于广东省珠江口西岸，濒临南海，是珠海经济特区的重要窗口，国家一类对外开放口岸。珠海九洲港客运服务有限公司成立于1997年7月2日，原名珠海九洲港客运服务公司，是全国最大的港口客运站之一。自改革开放以来，在公司全体员工辛勤努力下，港站航运事业已形成配套规模，为珠海经济特区创造了良好的投资环境，对珠海的对外开放和经济发展起到了十分重要的作用，被喻为沟通海内外的桥梁。

九洲港的客运服务有四大特点：一是豪华快速船只多，共有20余艘豪华双体客船参与旅客运营；二是航班密度大，每隔15分钟进出一个航班；三是航程短，珠海至香港约70分钟，至蛇口约60分钟；四是客流量大，每天约有9 000余旅客进出港口。九洲港客运站的航班之多，密度及客流量之大、配套服务之完善应为全国之最。2007年完成港口旅客吞吐量为410万人次，在全国水路客运港口名列前茅。1997年至今多次获得全国水路客运行业的最高殊荣——"全国文明客运站"。近年来，为了将港口打造为旅游客运港，增强港口的辐射力，公司投资近2 000万元对港口码头、机械设备设施、客运大楼、广场等更新改造。今年，公司已开通了蛇口航线的夜航业务，2007年开通的香港国际机场航线和汽车站长途客运业务与现有业务形成"海陆空"联运经营模式，成为全国唯一的"海陆空"一站式服务港站。

5. 乡镇渡口改造和专项整治成效显著

珠海市的渡口码头大部分建于20世纪五六十年代，因年久失修，损毁严重，渡船也因久未维护而残旧老化，不符合安全规范要求，绝大部分需要更新改造，任务比较繁重。渡运安全管理工作是水运行业安全管理的一项重点工作，为了解决乡镇渡口渡船的安全渡运问题，2002年以来，除撤销一批不具备安全条件的渡口外，按照省有关部署，采取加大政府投入的办法，经过5年的不懈努力，共筹集乡镇渡口渡船更新改造资金793.38万元，更新改造渡口码头35座，新造渡船13艘，其中，有3艘渡船分别是100、130和150客位，是我省最大渡船之一，极大地改善我市乡镇渡运条件，为提供安全、舒适、快捷的渡运服务打下了坚实的基础，现每年完成渡运居民达200万人次以上。

通过省交通厅和各级地方政府的共同努力，我市渡口渡船管理工作逐渐走向规范化。区、镇、村、船主签订安全责任书，安全管理责任制得到进一步落实；渡船更新制度化，渡口码头设施设备得到较好的维护；形成了以区、镇政府负责制为核心，以交通主管部门和有关部门行业管理为重点，以海事部门水上安全监督检查为保证的乡镇渡口渡船长效管理机制，近10年来，珠海市渡口渡船保持着良好的安全记录，未发生恶性的重特大交通事故。

（四）城乡公交蓬勃发展

到2007年，城市公交企业完成客运量2.72亿人次，旅客周转量40亿人公里。珠海有珠海市公共汽车公司和珠海信禾西部公共汽车有限公司从事城乡公交服务。有员工4 552人（其中，市公共汽车公司3 272人），比1979年增长253倍；线路105条（其中，市公共汽车公司57条），比1979年增长35倍；车辆1 212台（其中，市公共汽车公司880台），比1979年增长202倍。

珠海市公共汽车公司通过改革求发展、求生存，内抓管理、外树形象，依靠服务创品牌，实现最优管理，企业发展取得了长足进步，日均载客量60多万人次，年载客量2.2亿人次。公司多项指标居于国内公交同行前列：线网直达率为1.14（优于全国平均水平1.4）；公共汽车实载率55%（低于全国平均水平）；单车日营运里程369公里（其他城市一般不超过250公里）；完好车率98.12%（国家级为94%），安全间隔里程199.6万公里（国家一级模范城市道路管理标准为125万公里）。据市城调队调查，市内公共汽车服务满意率82%，为珠海市服务行业最高。

1. 积极推进公交优先发展战略

为实现公交优先发展战略，珠海市政府和交通管理部门以及公交企业的广大干部职工做了大量的工作：

(1)减轻企业经营负担。对全市公交车辆免征养路费、路桥费、运管费、客运附加费。

(2)加大宣传力度。2007年9月，我市成功举办了珠海市首届城市公共交通周及无车日活动。“绿色、环保、健康”是本次活动的主题。通过活动，提高了公众对优先发展城市公共交通重要性、必要性和迫切性的认识，使公众认识到无节制地选择小汽车作为主要的出行方式对环境和城市生活质量的负面影响，引发了人们对环境的保护和城市机动化的反思，从而自觉选择有利于保护环境，缓解交通拥堵，促进交通可持续发展的公共交通出行方式。

(3)公交财政补贴补偿制度已初步建立。根据国家优先发展城市公共交通若干经济政策，从2007年开始，珠海市已初步建立了公交财政补贴补偿制度，对老人、学生及特殊人群乘车优惠造成企业政策性亏损部分，实行财政补贴。2007年11月1日起，珠海户籍、年满60周岁以上（含60岁）的老年人，持珠海市老人乘车优惠IC卡，刷卡免费乘坐珠海市范围内的公共汽车。非珠海户籍、年满60周岁以上（含60周岁）的老年人，持珠海市老人乘车优惠IC卡乘坐珠海市范围内的公共汽车，刷卡享受5折优惠。中小学生乘车刷卡享受6折优惠，伤残军警乘车免费。特殊人群乘车优惠额度的分担：市财政分担80%，公交企业分担20%。

(4)设立公交专用道。2007年，结合人民西路的改造，我市首次设置了以醒目红色为标志的彩色公交专用道，为推动公交路权优先，提高了公交运营效率，迈出了可喜的一步。

根据国家对成品油价格的调整，导致公交车运营成本急剧上涨，给公交行业经营带来严重影响的实际，对公交企业因油价上涨增加的运营成本实施补贴。

2. 公交特许经营协议正式签署

2008年8月4日，珠海市公共汽车特许经营签约仪式在珠海度假村酒店隆重举行，此次签约仪式标志着珠海市公交特许经营改革已取得实质性的突破。

协议既吸收了国内外公交先进的管理理念，又体现了珠海特色。市政府只象征性收取1元钱特许经营费，将市公交特许经营权转让给公交企业，自此珠海市公汽经营由政府“养”变成政府“管”。根据协议规定，珠海公交利润限定在7%～10%范围，当公交企业利润低于7%时，政府启动补偿机制，当利润高于10%时，将多余部分转入风险基金。在特许经营期限上，采用“15+5”模式，即特许经营期为15年，期满经考核可延期5年。

珠海市公交特许经营有连续性、专有性、公益性、政府的政策支持性等特点。实行公交特许经营，对推动公交企业实现产权多元化，保护公交企业合法权益，保障公交企业可持续发展，保护广大市民的合法权益，规范公交企业经营行为，规范政府与企业关系均具有重要意义。

3. 实现城乡公交一体化

按照国家新农村建设和交通部行政村村村通公路、村村通公汽的发展战略，珠海信禾西部公共汽车有限公司现投入巨资，购置200多台公交车投放到西部地区。全市121个行政村公共汽车通达率达100%，559个自然村公共汽车通达率达96%，实现了城乡公交一体化。另外，为西部地区近20个工业园开通了公共汽车，为改善该地区的投资环境提供了交通支持。

为了落实市委、市政府珠海教育强市的发展战略，根据珠海西部地区经济相对落后、区域内适龄学生上学交通费负担过重的实际，珠海信禾西部公共汽车有限公司从构建和谐社会的大局出发，为西部工地区的小学、中学、技校学生提供往返学校的交通服务，每人每天只收取1元的交通费，较好地解决了家庭贫困学生上学交通费负担过重的问题。从2002年起至2007年止，公司共接送西部地区学生1 080万人次，因票价过低补贴2 100万元（其中市财政补贴400万元）。

4. 依靠科技进步打造公交品牌

1995年12月，珠海公交成为全国第一个在市区推行乘车IC卡的城市。珠海市公共汽车公司相继推行非接触式IC卡、会计电算化系统，材、油料软件系统；自筹资金2.88亿元，更新购置中国城市硬件设施最高标准的公交车；安装车载监控设备、假币识别机，试行GPS卫星定位系统；推行在线充值业务；依据珠海市整体规划，该公司开展建市以来首次线网优化论证，广泛听取市民意见，调整优化路网资源，合理安排运力，科学调度营运，优化了公交线网布局；新科技运用拓展了公交发展空间，为市民提供更加方便、快捷、优质、高效服务，深受乘客欢迎。

5. 争创文明、硕果累累

30年来，珠海市公共汽车公司以公交车为载体，不断延伸传播先进文化，展现“窗口”行业风采。“爱公交，爱企业，爱岗位，爱乘客”的公交服务宗旨和企业精神文化灵魂得到了一批又一批公汽人的不断传承。公司历年来坚持以教育塑造人，以爱心激励人，实施人本战略，高度重视“三个文明”建设。通过深入开展“职工之家”、“巾帼文明示范岗”、“女职工文明岗”、“青年文明号”、“党员文明示范岗”、技能运动会、服务案例演示会、演讲比赛等活动，鼓励员工立足本职、建功立业。珠海市公共汽车公司先后获得“全国创建文明行业示范点”、“全国五一劳动奖状”、“全国厂务公开先进单位”、“中国企业文化建设先进单位”、“全国安康杯竞赛优胜企业”和“广东省先进集体”、“广东省文明窗口单位”、“广东省文明单位”“广东省厂务公开工作先进单位”、“广东省十大国有诚信企业”、“广东省工会劳动保护监督检查先进单位”、“广东省工会经费审查先进单位”、“广东省首届百家和谐劳动关系先进单位”、广东省第十二届企业现代化优秀成果二等奖、广东省模范“职工之家”、广东省“先进职工委员会”、广东省女职工先进集体、三灶工会分会荣获全国模范“职工小家”称号等诸多荣誉。

（五）航空运输稳步增长

1995年6月18日，从珠海机场起飞的首架飞机升入云霄，标志着珠海机场正式通航。一直以来，珠海机场按照民航总局“五严”要求，坚持“安全第一，预防为主”的方针，落实“以人为本”的管理思想，确保了生产营运连续13个安全年，圆满保障了六届中国国际航空航天博览会的成功举办，并于1999年12月荣获民航总局授予的“全国文明机场”荣誉称号。

近年来，珠海机场实现了主业稳步增长。航空器起降平均15 289架次/年，旅客吞吐量平均63.19万人次/年，货邮行吞吐量平均1.02万吨/年。其中，2004年全年保障航空器起降22 389架次，完成旅客吞吐量75.39万人次，货邮行吞吐量1.37万吨，旅客吞吐量和货邮行吞吐量稳步上升。

2007年，珠海机场旅客吞吐量104.1万人次，货邮行吞吐量1.074 5万吨，运输起降9 460架次，同比分别增长30.3%、20.9%、20%，创机场通航以来最高纪录。

珠海机场自1995年通航以来，受主客观多方面因素的影响，旅客吞吐量一直在75万人的水平浮动，机场利用率仅6%，通过多方面的探索和研究，珠海市政府决定以“先托管经营，后股权合作”的新模式与香港机场进行合作经营。在国家民航总局、港澳办、广东省各级政府的大力支持下，珠港机场管理公司经中国民用航空总局及中华人民共和国商务部批准设立，2006年6月8日，珠海市汇畅交通投资有限公司代表珠海市与香港机场管理局合资成立了珠港机场管理有限公司，于2006年10月1日正式管理和营运珠海机场主营业务，期限20年。

珠港机场合作后，不断融合内地与香港的先进管理理念和积极创新的文化内涵，围绕“安全、诚信、品质、环保”这一核心价值观和“致力成为中国机场管理典范”这一远大理想，建立起系统的营运、服务、财务和企业文化经营管理体系，全面推行了战略管理、预算管理和危机管理、流程管理及体验管理。按照国际一流标准改善了安全保障设施、候机环境和旅客服务流程，吸引了本地及周边城市的旅客前来乘机，获得超过预期的骄人业绩，呈现蓬勃生机。目前在机场作业航空公司包括南航珠海公司、东航云南公司、海南航空公司、春秋航空公司、国航内蒙公司、厦门航空公司、祥鹏航空公司、西部航空公司等8家航空公司，分别开通了北京、上海、成都、贵阳、重庆、杭州、桂林、厦门、西安、武汉、南京、太原、青岛、济南、海口、长沙等主要城市航点，每周航班量超过100班。在安全管理方面，珠海机场严格按照民航管理规定并参照香港国际机场标准，制定珠海机场安全保安硬件设施设备配套和维修维护标准，投入近6 000万元（包括民航总局安全整改资金在内）对机场站坪、跑道、围网、候机楼消防设施和安检、值机设备及机场消防、急救等营运保障车辆和旅客候机楼出发流程进行整改。同时，通过香港机场管理局派出专家带班指导和强化培训的方式，进一步强化安检、保安的服务意识和安全保安技能，建立与香港国际机场安检、机场保安标准接轨的服务流程，积极开展消防、飞行事故紧急救援等应急演练，为机场航空安全营造良好环境。珠海机场的安全保安工作在多次行业检查中，得到行业主管部门和地方政府管理部门的一致认可。2007 年，在全行业 152 个机场的安全管理分类评比中，珠海机场脱颖而出，荣获民航总局颁发的 2007 年行业安全管理最高荣誉奖——“金爵杯”奖。

三、主要经验

回顾珠海交通近 30 年的发展历程，可以总结出以下 6 条基本经验。

(1)坚持“特区要发展，交通须先行”的理念，始终把交通作为改善投资环境，带动社会经济发展的战略任务来抓，发扬敢想、敢干、敢创的精神，打破条条框框的束缚，艰苦奋斗、开拓进取，举全市之力，大力加强以公路、港口、机场为重点的交通基础设施建设，这是特区交通得以迅速发展的关键所在。

(2)坚持全市发展一盘棋思想，紧紧围绕市委、市政府的重大战略部署，正确把握发展方向，依靠上级主管部门和各级政府、部门的支持，形成推动交通发展的合力，这是推动交通加快发展的首要条件。

(3)紧紧围绕经济建设这一中心，始终抓住加快发展不放松，发挥交通的先行作用与引擎作用，把握发展规律，增强前瞻性与预见性，用科学发展观推进各项工作，这是推动交通又好又快发展的本质要求。

(4)坚持以人为本的理念，始终把实现和维护好人民群众的根本利益作为交通工作的出发点与立足点，着力解决好人民群众关心的热点难点问题，满足人民群众对交通的需求，这是做好交通工作的根本标准。

(5)坚持“科技兴交”和“人才强交”战略，加强自主创新建设，充分利用国内外先进科技手段与管理理念，不断提高交通行业管理水平，这是推动交通发展的持久动力。

(6)坚持行业文明与诚信体系建设一起抓，营造文明、健康、积极、向上、和谐的交通发展环境，这是推动交通健康发展的重要保证。

四、发展前景展望

2008 年 6 月，珠海市委、市政府提出了“两年突破交通瓶颈、五年初步建成珠江口西岸交通枢纽城市”的目标，即：到 2010 年，港口、机场、口岸三大枢纽节点的交通瓶颈制约问题基本得到解决，到 2012 年，初步建成珠江口西岸交通枢纽城市，彻底改变珠海交通末梢地位，具体体现在以下几个方面。

(1)公路网主骨架基本形成。到 2010 年，新增干线公路 152.8 公里，其中高速公路 98.5 公里，投资 172 亿元，实现高栏港区、珠海机场和横琴口岸直接与高速公路相接，使港口、机场、口岸交通瓶颈问题基本得到解决。到 2012 年，再增干线公路 150.4 公里，投资 183 亿元，基本完成全市主要干线路网建设，实现市内 15 分钟上高速、90 分钟抵达珠三角其他城市的目标。基本形成“承东启西、接南纳北、内畅外联”的公路主骨架，使珠海交通的地位得到显著提升。

(2)国家沿海主要港口规模基本形成。重点建设高栏港区，加快规划万山港区。到2012年，新建泊位26个，其中万吨级以上泊位14个，新增生产能力8 300万吨/年，其中集装箱310万标准箱，实现全港货物年通过能力1.2亿吨，成为国家沿海的重要枢纽港。

(3)综合运输体系基本形成。到2012年，广珠铁路、广珠城际轨道及其延长线建成通车；公路运输系统进一步完善；水上运输优势得到充分发挥；机场效用明显提升；横琴、高栏油气管道投入使用。公路、铁路、水运、航空、管道5种运输方式齐全的综合运输体系基本形成。

图书在版编目(CIP)数据

中国交通运输改革开放30年——地方卷/中华人民共和国交通运输部,《中国交通运输改革开放30年》丛书编委会编.—北京:人民交通出版社,2008.12

ISBN 978-7-114-07516-2

Ⅰ.中… Ⅱ.①中…②中… Ⅲ.交通运输业—成就—中国—1978~2008 Ⅳ.F512.3-53

中国版本图书馆CIP数据核字(2008)第200161号

书　　名:中国交通运输改革开放30年——地方卷
著 作 者:中华人民共和国交通运输部　《中国交通运输改革开放30年》丛书编委会
责任编辑:张征宇　赵瑞琴
出版发行:人民交通出版社
地　　址:(100011)北京市朝阳区安定门外外馆斜街3号
网　　址:http://www.ccpress.com.cn
销售电话:(010)59757969,59757973
总 经 销:北京中交盛世书刊有限公司
经　　销:各地新华书店
印　　刷:北京市密东印刷有限公司
开　　本:787×1092　1/16
印　　张:42.25
字　　数:987千
版　　次:2008年12月　第1版
印　　次:2008年12月　第1次印刷
书　　号:ISBN 978-7-114-07516-2
定　　价:120.00元

(内部发行)